カーボンナノチューブ・グラフェン ハンドブック

フラーレン・ナノチューブ・グラフェン学会 編

コロナ社

は じ め に

　カーボンナノチューブ（carbon nanotube, CNT）が C_{60} フラーレンの副生成物の中に見い出されてから今年でちょうど20年になる。飯島澄男先生と遠藤守信先生により発見され，育まれたCNTは，人間に例えるなら成人に達することになる。これらのニューカーボンはナノテクを代表する新物質として研究者はもとより一般市民や小学生にも注目され，この分野は急速に成長してきた。成人したCNT研究は，サイエンスとしての成熟とCNTの産業応用の土台への発展がこれからも期待される。今後の新たな発展のステップとなる学術的知見を集大成したのが本書である。

　本書の企画が持ち上がったのは2007年であった。当初はCNTだけを扱う予定であったが，その間にグラフェン（graphene）の研究が驚異的な勢いで進展してきたので，CNTの構造と物性の基礎であるこの物質も実在物質としてこのハンドブックに採り入れることにした。本書の原稿がほぼそろった2010年10月にグラフェンの作製と革新的実験を行ったガイムとノボセロフがノーベル物理学賞を受賞したとの報には驚くとともに，カーボン研究の今後の更なる発展を予感させた。

　この20年の間には，世界的な経済危機を招いたリーマンショックのために，民間企業の研究開発が縮小され，CNTの実用化研究も継続が困難になったことは残念であるが，大学や公的研究機関では，文部科学省の科学研究費補助金特定領域研究（カーボンナノチューブナノエレクトロニクス）や産業技術総合研究所でのナノカーボン研究プロジェクトなどによりCNTやグラフェンの基礎研究と応用開発が着実に進められている。

　本書は，これらのプロジェクトに携わる第一線の研究者はもちろん，編集協力を得ているフラーレン・ナノチューブ・グラフェン学会（旧フラーレン・ナノチューブ学会）において活躍する研究者など斯界の英知が結集して執筆された集大成であり，CNTの基礎からグラフェンの最新研究までカバーする初めてのカーボンナノチューブ関連物質の専門書である。また，最近，ナノ材料のリスクアセスメントが話題になっているが，これに関する章を設けたことも本書の特徴である。物性物理，エレクトロニクス，化学，薬学，ナノバイオロジーなどの先端分野を切り開く研究者，技術者，大学院学生はもちろん，カーボンの新しい構造と特性に興味を持つ大学生，高校生にも役立てていただければ幸甚である。

　本書の刊行にあたり，ご多忙の中にもかかわらず執筆していただいた多数の著者の方々，企画から出版まで忍耐強くサポートしてくださったコロナ社はじめ多くの方々に感謝申し上げる。本書の校正が始まったころ，歴史上まれな大震災と原子力発電所事故が東日本を襲い，将来に対する漠とした不安が我が国を覆っているが，この霧が一日も早く晴れることを切に願って，本書を贈る。

　2011年7月

編集委員会委員長　齋　藤　弥　八

編集委員会

監修 (五十音順) 飯島澄男 (名城大学)
遠藤守信 (信州大学)

委員長 齋藤弥八 (名古屋大学)

委員 (五十音順) 榎 敏明 (東京工業大学)
斎藤 晋 (東京工業大学)
齋藤理一郎 (東北大学)
篠原久典 (名古屋大学)
中嶋直敏 (九州大学)
水谷 孝 (名古屋大学)

執筆者一覧

(執筆順)

丸山茂夫	(東京大学)	1.1.1〔1〕, 8.5
千足昇平	(東京大学)	1.1.1〔1〕, 8.5
本間芳和	(東京理科大学)	1.1.1〔2〕,〔3〕
髙木大輔	(東京理科大学)	1.1.1〔3〕
野田 優	(東京大学)	1.1.1〔4〕, 11.4.3
吾郷浩樹	(九州大学)	1.1.1〔5〕
村松寛之	(信州大学)	1.1.1〔6〕
林 卓哉	(信州大学)	1.1.1〔6〕, 3.3.4
金 隆岩	(信州大学)	1.1.1〔6〕, 3.3.4, 11.3.2
斎藤 毅	(産業技術総合研究所)	1.1.1〔7〕
湯村守雄	(産業技術総合研究所)	1.1.1〔7〕
畠山力三	(東北大学)	1.1.2〔1〕
加藤俊顕	(東北大学)	1.1.2〔1〕
川原田洋	(早稲田大学)	1.1.2〔2〕
安藤義則	(名城大学)	1.2.1
滝川浩史	(豊橋技術科学大学)	1.2.2
菅井俊樹	(東邦大学)	1.2.3
阿知波洋次	(首都大学東京)	1.3
楠 美智子	(名古屋大学)	1.4.1
小塩 明	(三重大学)	1.4.2
藤ヶ谷剛彦	(九州大学)	2.1.1, 9.1, 9.2
片浦弘道	(産業技術総合研究所)	2.1.2
坂東俊治	(名城大学)	2.2, 5.4, 11.8
齋藤弥八	(名古屋大学)	3.1, 3.2, 11.2
湯田坂雅子	(産業技術総合研究所)	3.3.1, 11.9
中村真紀	(産業技術総合研究所)	3.3.1
張 民芳	(産業技術総合研究所)	3.3.1
元島栖二	(豊田理化学研究所)	3.3.2
秋田成司	(大阪府立大学)	3.3.3, 6.1
柳澤 隆	(株式会社GSIクレオス)	3.3.4
竹内健司	(信州大学)	3.3.4, 11.3.1, 11.3.2
竹田精治	(大阪大学)	3.4
吉田秀人	(大阪大学)	3.4
劉 崢	(産業技術総合研究所)	3.5
末永和知	(産業技術総合研究所)	3.5
安藤恒也	(東京工業大学)	4.1〜4.3
中西 毅	(産業技術総合研究所)	4.1〜4.3
中嶋直敏	(九州大学)	5.1, 9.1, 9.2
平兮康彦	(九州大学)	5.1
石橋幸治	(理化学研究所)	5.2
藤原明比古	(高輝度光科学研究センター)	5.3, 11.4.6
中山喜萬	(大阪大学)	6.2, 11.6
山本貴博	(東京理科大学)	6.3
斎藤 晋	(東京工業大学)	7.1
河合孝純	(日本電気株式会社)	7.2
宮本良之	(産業技術総合研究所)	7.3

執筆者一覧

岡 田　　　晋（筑波大学）7.4	金 子　克 美（信州大学）11.7
安 食　博 志（大阪大学）8.1	藤 森　利 彦（信州大学）11.7
齋 藤　理一郎（東北大学）8.2～8.4	田 原　善 夫（産業技術総合研究所）11.9
中 村　新 男（名古屋大学）8.6	薄 井　雄 企（信州大学）11.10, 13.1
篠 原　久 典（名古屋大学）10.1	青 木　　　薫（信州大学）11.10
松 田　和 之（神奈川大学）10.2, 10.3	羽二生　久 夫（信州大学）11.10
真 庭　　　豊（首都大学東京）10.2, 10.3	鶴 岡　秀 志（信州大学）11.10, 13.1
岡﨑　俊 也（産業技術総合研究所）10.4	齋 藤　直 人（信州大学）11.10
北 浦　　　良（名古屋大学）10.5	塚 越　一 仁（物質・材料研究機構）12.1.1
小 海　文 夫（三重大学）10.6	宮 崎　久 生（物質・材料研究機構）12.1.1
藤　　　正 督（名古屋工業大学）11.1.1	日 浦　英 文（物質・材料研究機構）12.1.1
喜 多　　　隆（神戸大学）11.1.2	黎　　　松 林（物質・材料研究機構）12.1.1
金　　　龍 中（信州大学）11.3.1, 11.3.2	陽　　　完 治（北海道大学）12.1.2
張　　　仁 榮（信州大学）11.3.1, 11.3.2	村 上　睦 明（株式会社カネカ）12.1.3
朴　　　基 哲（信州大学）11.3.1, 11.3.2	長谷川　雅 考（産業技術総合研究所）12.1.4
遠 藤　守 信（信州大学）11.3.1, 11.3.2, 13.1	越 野　幹 人（東北大学）12.2.1
川 崎　晋 司（名古屋工業大学）11.3.3	神 田　晶 申（筑波大学）12.2.2
水 谷　　　孝（名古屋大学）11.4.1	白 石　誠 司（大阪大学）12.2.3
粟 野　祐 二（慶應義塾大学）11.4.2	佐々木　健 一（日本電信電話株式会社）12.2.4
松 本　和 彦（大阪大学）11.4.4	藤 井　慎太郎（東京工業大学）12.3
末 廣　純 也（九州大学）11.4.5	福 島　昭 治（中央労働災害防止協会）13.1
山 下　真 司（東京大学）11.5	市 原　　　学（名古屋大学）13.2

（2011年5月現在）

目　次

1. CNT の作製

1.1 熱分解法 …………………………………………1
　1.1.1 熱 CVD …………………………………1
　1.1.2 プラズマ CVD …………………………28
1.2 アーク放電法 ……………………………………40
　1.2.1 不活性ガスおよび水素ガス中アーク ……40
　1.2.2 大気中アーク ……………………………43
　1.2.3 高温パルスアーク ………………………46
1.3 レーザー蒸発法 …………………………………49
　1.3.1 レーザー蒸発法とナノカーボン類の生成 ……49
　1.3.2 加熱炉レーザー蒸発法装置 ………………50
　1.3.3 レーザー蒸発法における初期過程 ………50
　1.3.4 チューブの成長と直径制御 ………………51
1.4 その他の作製法 …………………………………52
　1.4.1 SiC の表面分解 …………………………52
　1.4.2 プラズマフレーム加熱 …………………55

2. CNT の精製

2.1 SWCNT ……………………………………………58
　2.1.1 触媒金属の除去と SWCNT の精製 ………58
　2.1.2 金属と半導体 SWCNT の分離 ……………60
2.2 MWCNT ……………………………………………67

3. CNT の構造と成長機構

3.1 SWCNT ……………………………………………70
　3.1.1 SWCNT の構造 ……………………………70
　3.1.2 SWCNT の成長モデル ……………………71
3.2 MWCNT ……………………………………………72
　3.2.1 MWCNT の構造 ……………………………73
　3.2.2 DWCNT ……………………………………73
　3.2.3 MWCNT の成長モデル ……………………73
3.3 特殊な CNT と関連物質 …………………………75
　3.3.1 ナノホーン ………………………………75
　3.3.2 カーボンマイクロコイルの特性と応用 …77
　3.3.3 カーボンナノコイル ………………………80
　3.3.4 バンブー型 CNT とカップ積層型 CNT ……82
3.4 CNT 成長の TEM その場観察 …………………87
　3.4.1 はじめに …………………………………87
　3.4.2 ETEM 観察 ………………………………87
　3.4.3 CNT 成長初期過程の ETEM その場観察 ……87
　3.4.4 CNT 成長中のナノ粒子触媒の構造 ………88
　3.4.5 CNT 成長方向の変化 ……………………89
　3.4.6 まとめ ……………………………………89
3.5 ナノカーボンの原子分解能 TEM 観察 …………90
　3.5.1 DWCNT の光学異性体の決定 ……………90
　3.5.2 グラフェンの端の観察 ……………………91

4. CNT の電子構造と輸送特性

4.1 グラフェン，CNT の電子構造 …………………94
　4.1.1 ハチの巣格子とカイラルベクトル ………94
　4.1.2 電子状態 …………………………………95
　4.1.3 ニュートリノ描像 ………………………97
4.2 グラフェン，CNT の電気伝導特性 ……………99
　4.2.1 後方散乱の消失と理想コンダクタンス ……99
　4.2.2 完全伝導チャネル ………………………100
　4.2.3 特殊時間反転対称性とその破れ …………101
　4.2.4 曲率と格子ひずみの効果 …………………102
　4.2.5 格子振動と電子格子相互作用 ……………103
　4.2.6 トポロジカル欠陥 …………………………105
　4.2.7 MWCNT ……………………………………107
　4.2.8 まとめ ……………………………………109

5. CNTの電気的性質

- 5.1 SWCNTの電子準位 ……………………… 111
- 5.2 CNTの電気伝導 …………………………… 114
  - 5.2.1 はじめに ……………………………… 114
  - 5.2.2 弱結合領域の伝導 …………………… 114
  - 5.2.3 強結合,中間結合領域における電気伝導 …… 118
  - 5.2.4 半導体CNTの単電子伝導 ……………… 119
  - 5.2.5 まとめ ………………………………… 120
- 5.3 磁場応答 …………………………………… 121
- 5.4 ナノ炭素の磁気状態 ……………………… 123

6. CNTの機械的性質および熱的性質

- 6.1 CNTの機械的性質 ………………………… 128
  - 6.1.1 はじめに ……………………………… 128
  - 6.1.2 CNTの振動による解析 ……………… 128
  - 6.1.3 静的な横方向からのたわみによる解析 …… 129
  - 6.1.4 オイラーの座屈荷重による解析 ……… 131
  - 6.1.5 引張破断強度 ………………………… 132
  - 6.1.6 まとめ ………………………………… 132
- 6.2 CNT撚糸の作製と特性 …………………… 132
  - 6.2.1 はじめに ……………………………… 132
  - 6.2.2 CNTの機械的性質 …………………… 132
  - 6.2.3 ブラシ状CNTからの撚糸 …………… 133
  - 6.2.4 合成反応領域からの直接撚糸 ………… 135
  - 6.2.5 CNT撚糸の特性 ……………………… 135
  - 6.2.6 まとめ ………………………………… 136
- 6.3 CNTの熱的性質 …………………………… 137
  - 6.3.1 熱容量 ………………………………… 137
  - 6.3.2 熱伝導 ………………………………… 138
  - 6.3.3 熱膨張 ………………………………… 141

7. CNTの物質設計と第一原理計算

- 7.1 CNT,ナノカーボンの構造安定性と物質設計 …… 144
  - 7.1.1 はじめに ……………………………… 144
  - 7.1.2 第一原理電子構造計算手法によるエネルギー論 …… 145
  - 7.1.3 CNTにおける詳細構造 ……………… 145
  - 7.1.4 CNTとグラフェンを用いた物質設計 …… 146
  - 7.1.5 今後の展望 …………………………… 147
- 7.2 強度設計 …………………………………… 147
  - 7.2.1 はじめに ……………………………… 147
  - 7.2.2 強度を知るための計算手法 …………… 148
  - 7.2.3 グラフェンの劈開による端形成 ……… 148
  - 7.2.4 グラフェン端の反応性と融合による新奇構造形成 …… 149
  - 7.2.5 CNTバンドルの融合 ………………… 150
  - 7.2.6 グラフィティックネットワークに形成される欠陥構造 …… 152
- 7.3 時間発展計算 ……………………………… 153
  - 7.3.1 はじめに ……………………………… 153
  - 7.3.2 計算手法 ……………………………… 153
  - 7.3.3 計算結果 ……………………………… 154
  - 7.3.4 CNTの光応答 ………………………… 155
  - 7.3.5 まとめ ………………………………… 156
- 7.4 CNT大規模複合構造体の理論 …………… 157
  - 7.4.1 はじめに ……………………………… 157
  - 7.4.2 ピーポッドのエネルギー論 …………… 157
  - 7.4.3 ピーポッドの電子構造 ………………… 158
  - 7.4.4 CNTへの分子挿入 …………………… 159
  - 7.4.5 ダイヤモンドナノワイヤー …………… 160
  - 7.4.6 まとめ ………………………………… 162

8. CNTの光学的性質

- 8.1 CNTの光学遷移 …………………………… 163
  - 8.1.1 エネルギーバンド …………………… 163
  - 8.1.2 バンド間許容遷移 …………………… 164
  - 8.1.3 励起子 ………………………………… 165
  - 8.1.4 励起子発光の磁場による増強効果 …… 165
  - 8.1.5 垂直な偏光の準暗励起子状態 ………… 166
- 8.2 CNTの光吸収と発光 ……………………… 167
  - 8.2.1 CNTの発光の観測 …………………… 167

8.2.2	CNTの光吸収の観測 …………………167	8.4.3	G＋とG－モードの分離 …………………172
8.2.3	光吸収・発光の選択則 …………………167	8.4.4	金属CNTのフォノンソフト化 …………172
8.2.4	カッティングラインの概念 ……………167	8.4.5	CNTの二重共鳴ラマンモード …………172
8.2.5	CNTの励起子 ……………………………168	8.5	ラマン散乱スペクトル ………………………172
8.2.6	CNTの励起子の分類と相互作用 ………168	8.5.1	ラマン散乱 ………………………………172
8.2.7	エレクトロルミネセンス ………………169	8.5.2	SWCNTのラマン散乱スペクトル ……173
8.3	グラファイトの格子振動 ……………………169	8.5.3	共鳴ラマン散乱効果と片浦プロット …174
8.3.1	結晶中の格子振動の構造 ………………169	8.5.4	ラマンスペクトルの環境依存性 ………175
8.3.2	グラフェンの振動モード ………………169	8.6	非線形光学効果 ………………………………176
8.3.3	グラフェンのフォノン分散関係 ………170	8.6.1	非線形分極と光学定数 …………………176
8.3.4	グラファイトのフォノンの観測と計算…170	8.6.2	SWCNTバンドルの非線形光学応答 …177
8.4	CNTの格子振動 ……………………………171	8.6.3	孤立SWCNTの非線形光学効果 ………177
8.4.1	ツイストモード …………………………171	8.6.4	SWCNTの光通信技術への応用 ………179
8.4.2	ラジアルブリージングモード …………171		

9. CNTの可溶化，機能化

9.1	物理的可溶化および化学的可溶化 …………181	9.2.1	バイオアプリケーション ………………185
9.1.1	物理修飾による可溶化 …………………181	9.2.2	エネルギーデバイス ……………………186
9.1.2	化学的可溶化 ……………………………183	9.2.3	光熱変換デバイス ………………………187
9.2	機　　能　　化 ………………………………185		

10. 内 包 型 CNT

10.1	ピ ー ポ ッ ド ………………………………191	10.4.1	はじめに …………………………………202
10.1.1	内 包 CNT ………………………………191	10.4.2	合成法と内包の確認 ……………………202
10.1.2	ピーポッドの高収率合成法 ……………191	10.4.3	有機分子内包によるSWCNT物性の変化…203
10.1.3	ピーポッド生成のメカニズム …………192	10.4.4	SWCNTをテンプレートとした
10.1.4	フラーレンピーポッドの構造 …………192		1次元ナノ構造創製 ……………………203
10.1.5	ピーポッドの電子物性 …………………193	10.5	微小径ナノワイヤー内包CNT ……………203
10.1.6	ピーポッドの電子デバイス応用 ………194	10.5.1	はじめに …………………………………203
10.1.7	ピーポッド内での新しい化学反応 ……195	10.5.2	ナノテンプレート反応を利用した
10.1.8	ピーポッドとナノの反応場 ……………195		ナノワイヤーの合成法 …………………204
10.2	水 内 包 SWCNT ……………………………196	10.5.3	直接ナノフィリング法 …………………206
10.3	酸素など気体分子内包SWCNT ……………199	10.6	金属ナノワイヤー内包CNT ………………208
10.4	有機分子内包SWCNT ………………………202		

11. CNT の 応 用

11.1	複　合　材　料 ………………………………212	11.2.3	光源への応用 ……………………………225
11.1.1	セラミックスとナノカーボンの複合体…212	11.2.4	電界放出ディスプレイへの応用 ………226
11.1.2	樹脂との複合材料 ………………………216	11.2.5	電子顕微鏡用電子源 ……………………227
11.2	電界放出電子源 ………………………………221	11.2.6	小型X線源用電子源 ……………………227
11.2.1	CNTエミッターの種類と作製 …………221	11.2.7	その他の電子源 …………………………228
11.2.2	CNTエミッターの評価 …………………223	11.3	電池電極材料 …………………………………229

11.3.1 リチウムイオン二次電池……………229
11.3.2 燃料電池……………………………232
11.3.3 電気二重層キャパシター…………235
11.4 エレクトロニクス…………………………240
11.4.1 CNT電界効果トランジスター……240
11.4.2 配線応用……………………………245
11.4.3 透明電極……………………………248
11.4.4 バイオセンサー……………………250
11.4.5 ガスセンサー………………………253
11.4.6 スピンデバイス……………………256
11.5 フォトニクス………………………………261
11.5.1 はじめに……………………………261
11.5.2 CNTの光学特性と光デバイス化…261
11.5.3 CNTを用いたモード同期
光ファイバーレーザー……………263
11.5.4 CNTを用いた光非線形機能デバイス……265
11.5.5 今後の展望…………………………266
11.6 MEMS, NEMS……………………………267
11.6.1 はじめに……………………………267
11.6.2 CNT探針……………………………267
11.6.3 CNTピンセット……………………267
11.6.4 質量計測用CNT振動子……………268
11.6.5 ラジオ受信機………………………269
11.6.6 CNTモーター………………………270
11.6.7 まとめ………………………………271
11.7 ガスの吸着と貯蔵…………………………272
11.7.1 CNTの細孔構造……………………272
11.7.2 CNTへの水素吸着…………………274
11.7.3 CNTのバンドル構造制御…………275
11.8 触媒の担持…………………………………276
11.9 ドラッグデリバリーシステム……………279
11.10 医療応用…………………………………282
11.10.1 はじめに……………………………282
11.10.2 がん治療への応用…………………282
11.10.3 再生医療への応用…………………283
11.10.4 生体材料……………………………283
11.10.5 CNTの骨組織への影響……………284
11.10.6 まとめ………………………………288

12. グラフェンと薄層グラファイト

12.1 グラフェンの作製…………………………290
12.1.1 剥離グラフェンの作り方と判定方法…………290
12.1.2 固体上のグラフェン成長技術……297
12.1.3 大面積グラファイト膜の作製と応用……304
12.1.4 大面積グラフェンの低温成長……308
12.2 グラフェンの物理…………………………311
12.2.1 グラフェンの電子構造……………311
12.2.2 電子輸送……………………………315
12.2.3 スピン輸送…………………………317
12.2.4 グラフェンの物理…………………321
12.3 グラフェンの化学…………………………326
12.3.1 はじめに……………………………326
12.3.2 化学修飾の目的……………………327
12.3.3 グラフェンの反応性………………327
12.3.4 グラフェンの化学修飾プロセス…329
12.3.5 応用と展望…………………………330

13. CNTの生体影響とリスク

13.1 CNTの安全性………………………………332
13.1.1 はじめに……………………………332
13.1.2 アメリカ合衆国におけるCNT安全性評価…332
13.1.3 欧州および日本におけるCNT安全性評価…334
13.1.4 CNT安全性評価法…………………335
13.1.5 CNTの安全性評価…………………337
13.1.6 まとめ………………………………339
13.2 ナノカーボンの安全性……………………341
13.2.1 はじめに……………………………341
13.2.2 CNTの安全性評価…………………342
13.2.3 フラーレンの安全性評価…………345

索引……………………………………………………350

1. CNT[†1]の作製

1.1 熱分解法

1.1.1 熱　　　CVD
〔1〕担持触媒法によるSWCNT成長
（1）熱CVD法によるSWCNT合成　　単層カーボンナノチューブ（single-walled carbon nanotube (s), SWCNT(s), SWNT(s), 本書ではSWCNTと表記）の物性・応用に関する実験的研究には高品質のSWCNTが不可欠である。1993年にS. Iijimaらによって SWCNTが発見[1][†2]された際のサンプルはアーク放電法によって合成されたものであり，その含有量は非常に少なかった。そのため，その後のレーザー蒸発法[2]やアーク放電法を用いたSWCNT合成技術の向上で含有量が増加したことにより，SWCNTの実験的研究が広く行われるようになった。

レーザー蒸発法では，黒鉛と微量の金属を混ぜ固めたロッドを加熱し，さらに高出力のレーザーを照射して炭素および金属を蒸発させる。その後，アルゴンガスなどの高温ガス流中での冷却過程において，触媒となる金属のナノ微粒子が形成され，これを核とし炭素原子が6員環構造に再構成されSWCNTが成長する。

アーク放電法では，金属を含む黒鉛ロッドを電極としアーク放電を起こすことで，レーザー蒸発法と同様に炭素および金属を蒸発させ，冷却過程においてSWCNTが成長する。

SWCNTの合成法として中心的な役割を果たしていたアーク放電法やレーザー蒸発法では，炭素を蒸発させるために数千℃という高温が必要となる。そのためには大規模な合成装置が必要であり，生成量を増加させることが原理的に難しい。そのため，化学気相蒸着（chemical vapor deposition, CVD, 本書ではCVDと表記）法によるSWCNT合成が，より簡便で応用性の高い合成法として注目を集めている。CVD法はこれまでカーボンファイバー（carbon fiber）や多層カーボンナノチューブ（multi-walled carbon nanotube (s), MWCNT(s), MWNT(s), 本書ではMWCNTと表記）の合成に用いられていた。

CVD法では，炭素原子を含む気体分子が分解し，炭素原子を触媒に供給することでSWCNTが合成される。この際，炭素源気体分子は触媒微粒子の表面上での分解だけでなく，気相中での熱分解やプラズマ，高温に加熱されたホットフィラメントなどさまざまな手法を用いて分解されることで，SWCNTが効率よく成長するようになる。このため，プラズマやホットフィラメントを用いる場合，それぞれプラズマCVD，ホットフィラメントCVDと呼び，特別なことを行わない熱CVDと区別することも多い。

1996年にアルミナ粒子上に保持（担持）したモリブデン微粒子を触媒とし，一酸化炭素ガスの不均化反応を利用した熱CVD法によるSWCNT合成[3]が報告された。アモルファスカーボンの生成が少ないことから，一酸化炭素ガスの不均化反応は，その後，HiPco法[4]，CoMoCAT法[5]においても用いられた。HiPco法やCoMoCAT法は，現在市販されているSWCNTのおもな合成方法として用いられており，特にCoMoCATサンプルは直径分布が狭いことで知られている。

熱CVD法においては，触媒金属微粒子の種類や微粒子化方法，さらに炭素源気体分子の選択が重要なポイントとなる。初期には炭素源としてメタン，触媒として鉄微粒子という組合せを用いた熱CVD合成がよく行われている[6],[7]。その後，炭素源をエチレン[8]やアルコール[9]とする特色のあるCVD法が提案され，初期から用いられていた一酸化炭素やメタンと合わせ，現在主要なSWCNT成長炭素源になっている。特に，アルコールを炭素源とするアルコールCVD（alcohol catalytic CVD, ACCVD, 本書ではACCVDと表記）法は取扱いが簡便なエタノールを用い，比較的低温で高純度なSWCNTが合成できる方法として広く用いられている。

図1.1に，ACCVD法を用い，ゼオライト粉末に担持した鉄・コバルト触媒微粒子から合成されたSWCNTの透過型電子顕微鏡（transmission electron microscope, TEM, 本書ではTEMと表記）像を示す。互いに絡まり合うものは束（バンドル）構造を成している。レーザー蒸発法やアーク放電法より合成温度が低い熱CVD法で得られるSWCNTは，欠陥構造が生じやすく，その結晶性が低いと懸念されることが多い。しかし，このTEM像からもわかるように，副生

[†1]　カーボンナノチューブ（carbon nanotube (s), CNT (s), 本書ではCNTと表記）
[†2]　肩付き数字は，節末の引用・参考文献番号を表す。

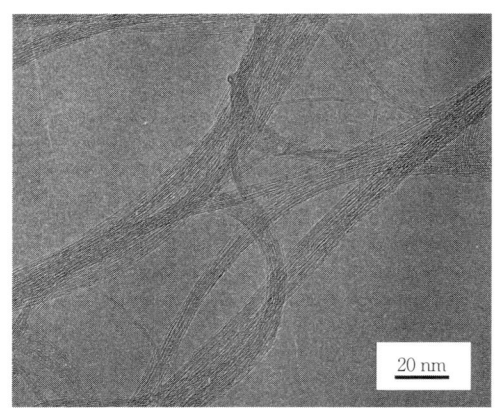

図1.1 束（バンドル）構造を成した多数の SWCNT の TEM 像

成物をほとんど含まず結晶性も高い SWCNT を熱 CVD 法でも合成することができる。

熱 CVD 法において，炭素源気体分子は気相中でさまざまな熱分解反応を起こし，その分解速度は温度や圧力に依存する。そのため，加熱温度だけでなくガス圧力や流速（流量）が重要な実験パラメーターになる。条件によっては炭素源気体分子そのままの場合だけでなく，完全に熱分解された状態や中間生成物として触媒微粒子に供給されることも考慮する必要がある。

(2) 触媒担持法 熱 CVD 法による SWCNT 合成においては，触媒の作製が非常に重要である。アーク放電法やレーザー蒸発法と比較し，熱 CVD 法における合成温度は 700～900℃ 前後と低温であり，一般に触媒微粒子として用いられる鉄，コバルト，ニッケルなどの金属のバルクの融点は熱 CVD 温度より十分に高い。しかし，熱 CVD 中の加熱時において，ナノ微粒子の金属原子は表面拡散や，基板表面との相互作用（合金化やバルク拡散など）を生じるため，安定して微粒子構造を保つことは容易ではない。熱 CVD 法においては，炭素源ガス種や CVD 条件の探索に合わせて，いかに金属微粒子の構造を制御し，安定して基板に担持するかに関する多くの研究が行われてきた。以下に，2種類の担持法（粉末担体および基板への担持法）について述べる。

a) 粉末担体 直径数 μm 程度のアルミナ，ゼオライト，シリカ（またはメソポーラスシリカ）およびマグネシア粒子などが，金属触媒微粒子の担体として用いられることが多い。いずれも，熱 CVD 温度で構造が安定な物質であり，その表面で金属触媒微粒子の担持が可能である。特に，ゼオライトやメソポーラスシリカ表面の細孔構造は特定のサイズ，周期に制御

可能であり，これら担体の構造制御による触媒構造制御の実現の可能性がある。このような粒子への金属触媒担持法には，一般に蒸発含浸法が用いられることが多い。触媒として用いる金属原子を含む金属塩と担体粒子を溶液中で混合したのち，溶液を乾燥させると，担体粒子表面に金属微粒子が得られる。

図1.2 に熱 CVD 装置の例として ACCVD 法による SWCNT 合成装置を示す[9]。触媒として，ゼオライト微粒子表面に担持した鉄・コバルト微粒子を用いる。担持法は，酢酸鉄，酢酸コバルトおよびゼオライト微粒子をエタノール中に混合させ，80℃の温度で徐々に乾燥させる。この鉄・コバルト微粒子が担持されたゼオライト粒子を，アルゴン（またはアルゴン・水素混合ガス（水素濃度3%））中で，CVD 温度（550～900℃）に加熱する。金属触媒微粒子は，ゼオライト微粒子への担持過程または熱 CVD 直前の加熱過程中に形成されると考えられる。

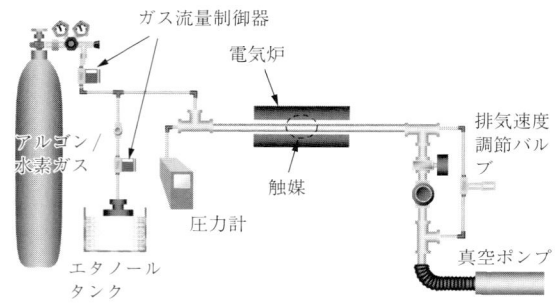

図1.2 ACCVD 法による SWCNT 合成装置例

図1.3 にゼオライト微粒子から成長した SWCNT の走査型電子顕微鏡（scanning electron microscope, SEM，本書では SEM と表記）像を示す。ゼオライト微粒子表面から無数の SWCNT が成長している。

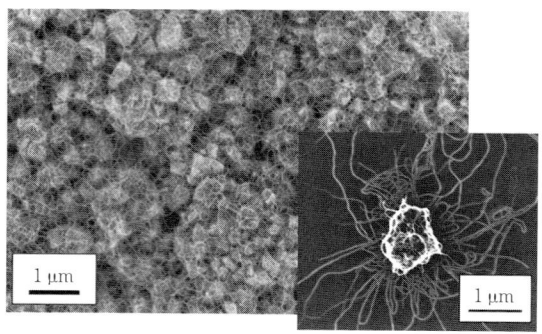

図1.3 ゼオライト微粒子表面に担持された鉄・コバルト触媒微粒子から成長した SWCNT の SEM 像（右下の挿入図は，平滑基板上に孤立したゼオライト微粒子からの成長を示す）

b) 基板への担持法　SWCNT のデバイス応用に向けて既存のデバイス作製技術への展開を図る上で，シリコンなどの基板上への直接合成法は非常に重要である。

しかし，シリコン基板表面に直接金属微粒子を形成しようとすると，シリコンと金属間での合金化や拡散による凝集が起きて微粒子化せず，SWCNT 合成は難しい。そのため，初期には基板上にあらかじめ触媒微粒子を担持したアルミナやマグネシア粉末を島状にパターニングする方法[10]や，アルミナ層などをバッファー層として覆った表面上に金属触媒を担持する方法が多く採用されている。その後，金属微粒子と基板表面についての研究が進み，金属ナノ微粒子を直接基板に配置する方法[11,12]や真空蒸着法やスパッタリング法[13,14]，ディップコート法[15]などが用いられている。金属の種類や担持量を精密に制御することによって，表面に酸化層を有するシリコン基板や石英ガラス基板表面に金属微粒子を作成し，SWCNT を合成することが可能である。

基板上において，高密度に触媒金属微粒子が担持され，さらに SWCNT 生成率が高い場合，図1.4 に示すように基板に対して垂直方向に配向した SWCNT が生成する[16]。

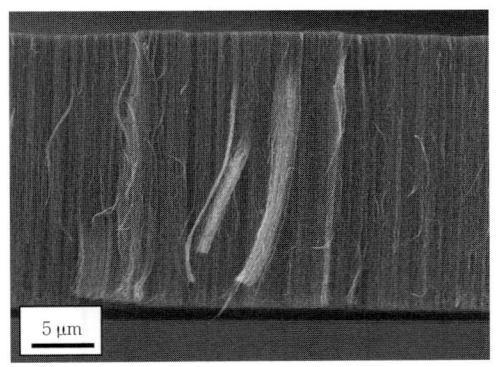

図1.4　石英ガラス基板表面に垂直配向成長した SWCNT の SEM 像

図1.4 に示した垂直配向 SWCNT 合成には，金属触媒微粒子として，コバルトとモリブデンを用いている。酢酸コバルトおよび酢酸モリブデンのエタノール溶液に，酸化膜付きシリコン基板や石英ガラス基板を吊り下げて浸し，ゆっくりと引き上げ（ディップコーティング法），その後，大気中で酸化することによって表面に均一にコバルト・モリブデン微粒子が担持される。このとき，酸化したモリブデンがシリコン基板上でコバルトの微粒子化を促進させており，酸化モリブデン層がサブナノスケールのバッファー層として機能していると考えられている。また，SWCNT 合成中に水分子などを添加することで，成長を促進するスーパーグロース法[17]を用いると，高さ数 mm に達する垂直配向 SWCNT も得ることができる。

さらに，サファイア[18]や水晶[19]といった単結晶基板において，SWCNT が特定の結晶方向に向いて水平配向成長することが知られている。サファイアや水晶基板上に直接触媒を担持することで，成長した SWCNT が基板表面の原子構造に従って特定の方向に成長を続ける。さらに原子構造だけでなく，ナノスケールの構造体を基板表面に形成し，SWCNT の成長方向を任意に制御することも実現し始めており，今後 SWCNT を用いた電子デバイスや配線応用に向け，SWCNT の成長方向制御法は重要な SWCNT 制御合成技術の一つである。

(3) SWCNT 成長メカニズム　これまでさまざまな SWCNT 合成メカニズムが議論されてきているが，いまだにその詳細は明らかになっていない。合成メカニズムを理解し，これに基づいた SWCNT 構造制御合成法の確立が急がれる現状において，SWCNT の成長過程分析は重要な研究テーマの一つである。熱 CVD 法は，レーザー蒸発法やアーク放電法とは異なり，生成温度が低く，触媒が基板や粉末に担持され SWCNT 成長位置が特定できる。このことから担持触媒を用いた CVD 合成法において SWCNT 成長過程の分析が格段に進んでいる。

SWCNT 成長過程の測定として，ラマン分光法[20]や光吸収測定法[21]，TEM[22]，SEM[23] などを用いた，SWCNT 成長のその場計測が行われてきた。これらの SWCNT 成長その場計測結果と多くの合成実験結果から，SWCNT は成長開始直後に急激に成長すること，しだいにその成長速度が減少していくこと，その後 SWCNT の成長が停止することなどが明らかとなっている。

例として図1.5 に，透明な石英ガラス基板上に合成した垂直配向 SWCNT の成長曲線を示す。この成長曲線は，CVD 成長中測定した基板の吸光度の時間変化から求めた。なお，SWCNT 垂直配向膜厚さと吸光度はほぼ比例する。成長初期の成長速度やその減衰率，また成長停止までの時間（触媒寿命）などは触媒種類やその触媒担持法だけでなく，CVD 条件（炭素源気体分子種やその温度，圧力，流速など）にも強く依存することが知られている。

(4) 担持触媒法の応用とその展開　熱 CVD 法において粒子や基板表面に担持された金属触媒微粒子を用いることで，スーパーグロース法のような大量合

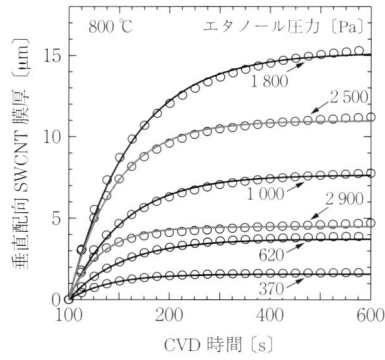

図1.5 その場光吸収測定法によって得られた異なるエタノール圧力でのSWCNT成長曲線（流量は500 sccmで一定とした）

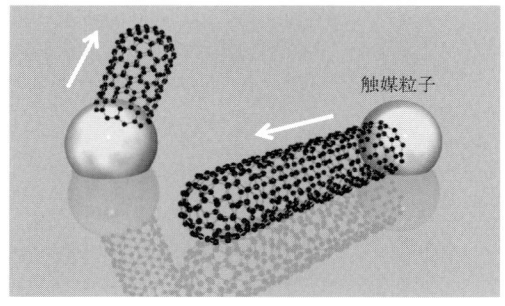

（a） 基板に対する方向

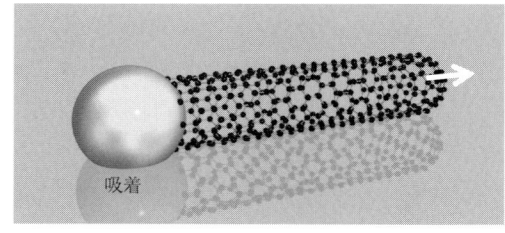

（b） 根元成長

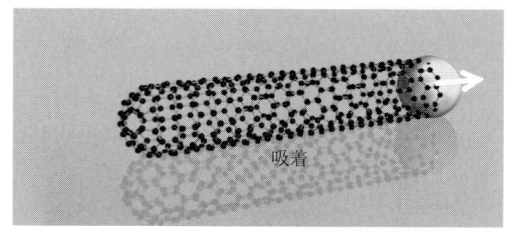

（c） 先端成長

図1.6 基板上におけるナノ粒子からのSWCNTの伸長

成や，垂直配向・水平配向成長といったSWCNTの方向制御合成，さらにはCVDガスの流れを利用し数mmと長いSWCNTを1方向に成長[24]させることもできる。また，これまで触媒として広く用いられてきた金属元素以外の金，銀，銅のような炭素との相互作用がまったく（あるいはほとんど）ないと思われてきた金属でも基板上にナノ微粒子を形成することで，SWCNT合成触媒としての機能することが明らかになった[25]。さらに，金属酸化物微粒子やナノサイズのダイヤモンド微粒子のような化学的にも安定な物質も，触媒としての機能を有することが報告されている[26]。

今後，SWCNTのナノデバイスへの応用が期待される中，SWCNTの直径，長さ，方向，カイラリティなど，より高いレベルでのSWCNT構造制御が求められる。構造を制御されたSWCNTを得るには，生成後の精製・分離による選別技術も重要ではあるが，合成時における構造制御技術も不可欠である。その成長メカニズムを解明し，合成技術を向上していく上で，非常に汎用性の高い触媒担持熱CVD法の重要性はますます増していくと考えられる。

〔2〕 **基板上および架橋SWCNT成長**

（1） **基板上でのSWCNT成長**　基板上でのSWCNT成長には，ナノ粒子を触媒としたCVD法が用いられる[27]。ナノ触媒から生成したSWCNTは，数μm〜数mmの長さに伸長する。基板上での成長では，触媒粒子が基板表面に吸着しているため，多くの場合，基板表面に固定された触媒からSWCNTが伸長することになる（**図1.6**）。

MWCNTの場合には，触媒が成長したSWCNTに持ち上げられるように先端に存在する場合が多いのに対し，SWCNTでは，触媒が基板にとどまる確率が高い。図（b），（c）に示すように，触媒粒子が成長の起点になる場合，触媒が固定されているか否かにかかわらず，成長機構は同じであり，根元成長（root growthまたはbase growth）[28]と呼ばれる。なお，基板に対して触媒が移動するかどうかで，根元成長（触媒が固定），先端成長（触媒が移動）と呼ばれることも多い。

SWCNTがナノ触媒から伸び始めた段階では，その伸長方向はランダムなはずである。図（a）に示すように，初めから基板表面に沿って伸びるものもあれば，空間に向かって伸びるものもある。単独で上方に伸びたものでも，特に外的な要因（ガス流や電場など）がなければ，1μm程度以上の長さに達すると，基板表面に倒れ込む[29]。これは重力の影響ではなく，アスペクト比の高い構造がナノ触媒の上に直立していることが不安定であること，また，ナノ触媒自体が液

相ないしは流動的な状態で，SWCNTの伸長中に形状が変化しているためと考えられる。基板表面に倒れ込んだSWCNTは，単結晶基板上の方向性成長の場合を除き，曲がりくねった形状を示すことが多い。これは，表面の凹凸に沿って伸長方向が変化するためと考えられる[30]。単結晶基板表面では，表面の原子列に異方性がある場合や多段の原子ステップがある場合は，これらに沿った伸長が起こる[31)〜33)]。

シリカやサファイアのような絶縁性基板上では，SWCNTが基板表面に接触しているのか，表面から浮き上がっているかをSEM観察により容易に判定できる。これは，絶縁体の表面が2次電子放出により正に帯電した状態になると，それ以上2次電子を放出できなくなってSEM像では暗くなるのに対し，SWCNTが接触した部分では，SWCNTを導線として電子が供給されることにより2次電子収率が回復し，明るく見えるからである[34]。固体内での電子線の広がりにより，導電領域が幅を持つので，SWCNTの両側に10〜20 nmの幅で明るい領域が形成される。このため，**図1.7**に示すように，SWCNTの分布を容易に観察することができる。表面から浮き上がった部分では，SWCNTは細い線として観察される。

図1.8　ガス流によるSWCNTの方向性成長

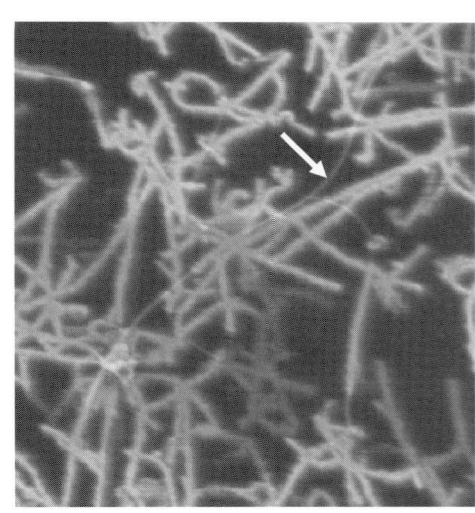

矢印はSWCNTが基板から浮き上がった部分
図1.7　絶縁体基板上におけるSWCNTのSEM像[34]

気相成長に用いるガスの流速が大きい場合，**図1.8**のように，SWCNTが基板に倒れ込まずに，ガス流の方向に凧糸のようにSWCNTがたなびいて方向性が生じる（ガスフロー成長）[35]。方向性は50 μmを超えた長いSWCNTで顕著になり，長さが数mmに達する長尺成長を示す。成長中にはSWCNTが基板から浮上しており，ガス流を止めるときに基板表面に落下するという報告もある[36]。SWCNTの密度が高くなると，互いに絡まり合うので，1 μm当り0.6本程度の密度が限界である[37]。

SWCNTの密度がさらに高くなると，SWCNTは基板に倒れ込まずに互いに支え合いながら垂直に配向して成長する[38]。この場合，SWCNTの間に空隙が多いので，1本1本のSWCNTは曲がりくねり，部分的に複数のSWCNTが束（バンドル）になりながら，全体としてはブラシ状に基板に直立する。長さは一般には数十 μm〜数百 μmであるが，後述のスーパーグロース法では，3 nm程度の比較的直径の大きいSWCNTが高速で成長し，数mmの長さに達することが報告されている[39]。

（2）架橋SWCNT成長　リソグラフィーで形成した微細な凸形パターンの上にSWCNTをCVD法で成長させると，電柱の間の電線のようにパターン間を架橋するSWCNTが形成される[40]。架橋SWCNTは基板に接触せずに空間に保持されているため，基板との相互作用の影響を受けない。また，注意深く成長を行えば，1本のSWCNTだけから成る架橋SWCNTを得ることもできる。このため，SWCNT本来の物性を計測するのに有用である。また，架橋SWCNTは隣接する構造間に自己組織化的に形成されるため，成長の方向制御に応用できる可能性を持つ[41]。

架橋SWCNTは，通常の熱CVDによるSWCNT成長条件を用いて容易に形成することができる。基板として，適当な高さと間隔の凸形パターン列を用いることがポイントである。後述するように，高い収率を得るためには，パターンの大きさ自体よりも，パターン高さに対するパターン間隔の比（アスペクト比）が重要であり，アスペクト比が2より大きくなると，架橋

構造はまれにしか得られなくなる。初期の報告では，柱上部に触媒前駆物質をプリントするという方法で，柱上部からのみSWCNTを成長させているが[40]，架橋SWCNTはパターン形成基板全面に触媒があっても，同様な成長形態を示す[41]。柱上部から飛び出したSWCNTだけが架橋構造を形成する確率が高く，柱側面から成長したSWCNTは柱に沿って成長する（図1.9）。

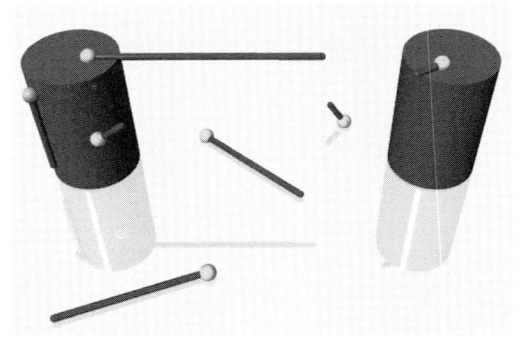

図1.9 微細柱を有する基板上におけるSWCNTの伸長

これは，基板表面のSWCNTの成長と同じように，表面への倒れ込みが起こるためである。基板上のSWCNTや柱側面へのSWCNTの成長を避けるためには，基板表面および柱側面を薄いシリコン層（20～30 nm厚）で覆い，コバルトを触媒として用いる方法がある。コバルトはシリコンとシリサイドを形成し，ナノ粒子の形状を保てないので，シリコン上にあるコバルトはSWCNTを生成しない。図1.10はこれを利用して形成した架橋SWCNTである。SWCNTが柱上部のみから成長していることがわかる。直接成長のほか，架橋SWCNTの形成に，SWCNT直下の基板表面のエッチング，パターン形成基板へのSWCNTのガスフロー成長などを利用することもできる[41]。

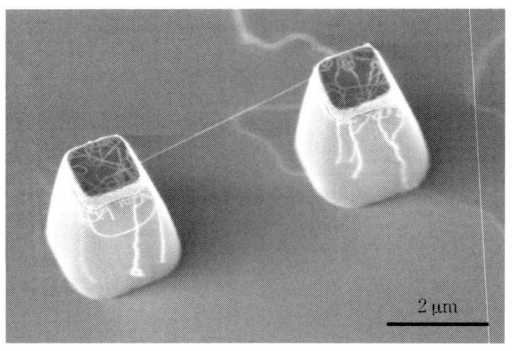

図1.10 基板表面および微細側面の触媒のシリサイド化による架橋SWCNTの選択成長

最近接構造に優先的に架橋構造が形成される傾向は，図1.11の架橋確率の微細柱間距離依存性に現れている。これは，直径200 nm，高さ300 nmのSiO₂微細柱を2次元の正方格子状に並べた試料について，架橋確率の微細柱間距離依存性をプロットしたものである[42]。

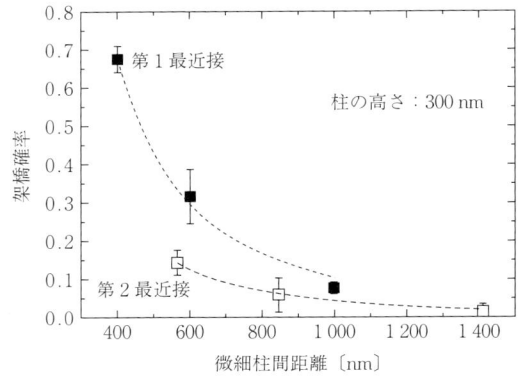

図1.11 正方格子状に配列した微細柱列におけるSWCNT架橋確率の微細柱間距離依存性[42]

ここで，架橋確率は，正方格子の第1あるいは第2最近接について，それぞれの近接サイト数に対して架橋SWCNTが形成されているものの割合である。実験は十分な数の架橋SWCNTが形成されるようにバンドルが形成される成長条件（後述）を用いて行い，一つのサイトに複数の並行する架橋SWCNTが形成された場合も1本の架橋SWCNTとして数えた。すなわち，架橋構造が形成されていれば，その本数にかかわらず1，なければ0として，全サイト数に対して架橋構造が存在する割合を算出した。架橋確率は距離とともに減少するが，興味深いことは，第1最近接と第2最近接との間に明確な差があり，第1最近接に架橋する確率が約2倍ほど高いことである。これは，架橋確率が単純に微細柱間距離とともに変化するのではなく，微細柱の配列にも影響されることを示している。

同様な結果は，微細柱の材質や成長ガスの種類，圧力，ガス流の有無にかかわらず得られた。第1最近接，第2最近接それぞれのグループで見れば，距離依存性は一つの微細柱の頂上から見込む近接微細柱の立体角に比例して減少すると解釈できる[42]。しかし，第1最近接に優先的に架橋するという結果は，SWCNTが等方的に，かつ，途中で方向を変えずに伸びるというモデルでは説明できない。また，ガス流の影響も見られなかった。これらの実験結果に対する合理的な説明は，SWCNTが微細柱の頂上から成長する過程で，伸長方向が大きく振動ないし揺らぐため，最近接構

造に最初に触れるということである[43]。

実際，SEMによるその場観察から，成長中にSWCNT先端の伸長方向が揺らぐことが観察されている[44]。また，TEMを用いたリアルタイム観察により，基板表面に吸着した触媒粒子からSWCNTが生成される過程で，触媒粒子を中心としたSWCNTの旋回運動が見い出されている[45]。このような伸長方向の揺らぎにより最近接構造への架橋確率が高められていることが明らかである。また，それが，一度形成された架橋SWCNTに，遅れて成長したSWCNTが接触してバンドル化が進行する原因にもなっている。このため，一度架橋SWCNTが形成されると，架橋密度はそれほど増加せずに，バンドルが太くなっていく。実際，構造間をくまなく架橋SWCNTで結合するためには，バンドル化が生じるほど十分にSWCNTを成長させる必要がある。バンドルの中に含まれているSWCNTの本数を問わなければ，自己組織化的に構造物間をSWCNTのネットワークでつなぐことができる。一方，1本のSWCNTから構成される架橋SWCNTを得るには，バンドルの形成を極力抑える必要がある。上述の架橋SWCNTの形成過程から，バンドル化を低減するには成長時間を短くするか，微細構造間の距離を高さに比べて長くすればよいことがわかる。いずれも架橋確率を低くする方向であるため，収率は低くなるが，1本のSWCNTを孤立させた架橋構造を形成することも可能である。図1.12には，1本のSWCNTから成る架橋構造のTEM像を示す[46]。

架橋SWCNTは，SWCNTを空間に固定して保持する方法であり，基板の影響を排除できる。さらに，たった1本のSWCNTから成る架橋構造を作ることもできる。このため，SWCNT本来の物性の研究や，振動特性の解析に有用である。その一つにフォトルミネセンス（photoluminescence，PL，本書ではPLと表記）の測定がある[47]。半導体的なSWCNTは直接遷移型のバンドギャップを有するので，伝導帯に励起された電子はそのエネルギーを光子として放出して価電子帯に遷移する。この光学遷移はSWCNTの1次元性を反映した尖端的状態密度の状態間の共鳴的遷移で，かつ，発光よりも高いエネルギーの光で励起できるので，励起・発光エネルギーの組合せからSWCNTのカイラリティを決定することが可能である[48]。しかし，基板上に吸着したSWCNTや金属SWCNTとのバンドルを形成したものでは発光を観測することができない。このため，界面活性剤でSWCNTを包んで水中に分散する方法が用いられている[48]。これに対して，裸のSWCNTを空間に保持する架橋SWCNTは，界面活性剤の影響を受けずにSWCNT本来の特性を調べられ

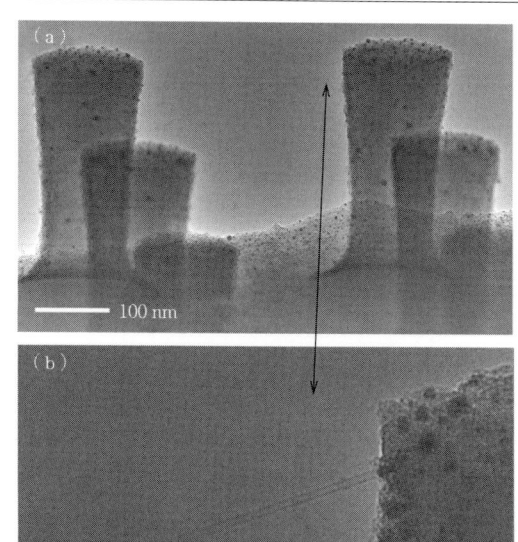

図1.12 単一架橋SWCNTから構成される架橋SWCNTのTEM像[46]。図（b）は図（a）の矢印で示す右上部の拡大図

る。また，SWCNT周囲の環境を真空やガス雰囲気に直接的に変えられるので，分子吸着効果などの評価に有用である[41), 49]。

〔3〕 **貴金属，非金属触媒によるSWCNT生成**

（1） **はじめに**　SWCNTの合成には触媒と呼ばれる金属ナノ粒子が不可欠で，おもに鉄，コバルト，ニッケルが用いられている[50]。これら鉄族の金属は，炭素原料として用いる炭化水素やアルコールを分解する触媒作用を有するとともに，バルク結晶の表面ではグラファイトを形成することが知られている[51]。これらの触媒種からのSWCNTの形成を説明するモデルの一つとして，共融合金からのナノワイヤーの生成に用いられているVLS（vapor-liquid-solid）機構がある[52]。触媒粒子はサイズ効果と炭素との共融合金化により液相をとると考えられ，気相の炭素含有分子は触媒液滴表面で分解されて，液滴内部に溶解する。この結果，液滴中の炭素濃度が過飽和となり，表面に析出してCNTを形成するという考え方である。炭素との共融合金型の状態図を有する鉄，コバルト，ニッケルは，この観点からSWCNTの生成に適した金属であるといえる。ただし，CVDではアーク放電法やレーザー蒸発法に比較して成長温度が低いので，触媒が液相か固相かについては依然論争がある[53]。

一方,アーク放電法のような高温合成法で用いられていたパラジウムや白金に加え,金,銀,銅(以下,銅も含めて貴金属と呼ぶ),アルミニウムなど,多種の金属ナノ粒子に SWCNT の生成作用があることが明らかになった[54]〜[57]。このような金属にとどまらず,半導体であるシリコン,ゲルマニウム,炭化シリコン(SiC)[58],さらにはアルミナ(Al_2O_3)[59] やダイヤモンドナノ粒子(ナノダイヤモンド)[60] でも SWCNT の生成作用が報告されている。また,通常は基板として用いられるシリカ(SiO_2)も限られた条件下では SWCNT を生成することが報告されている[61]〜[63]。これらは炭化水素やアルコールの分解作用を持たない。しかし,ナノ粒子なしでは SWCNT が生成しないので,ここではこれら新種の粒子に対しても触媒という用語を使用する。

(2) 触媒粒子の作製方法 これら新種の触媒に対しては,効率的な SWCNT 生成を起こさせるために,サイズの制御と前処理が重要である[54]。SWCNT を効率的に生成する粒子サイズは 3 nm 以下である。金属触媒の場合には,対象金属を真空蒸着法またはスパッタ法できわめて薄く蒸着し,熱処理により粒子化させる。このとき,堆積する膜厚を 1 原子層以下,すなわち,連続的な膜にはならない量にすることが重要である。平均膜厚として 0.01〜0.1 nm に制御する。ナノ粒子形成に最適な熱処理条件は,金属種や基板の種類に依存するが,シリコン酸化膜やアルミニウム酸化膜を基板として用いる場合,大気中での加熱により 3 nm 以下のナノ粒子を形成することが可能である。

図 1.13 は,0.1 nm の金薄膜を大気中で 900℃ まで昇温し,そのまま 10 分間保持したあと,室温で観察した金粒子の原子間力顕微鏡(atomic force microscope,AFM,本書では AFM と表記)像と粒径分布である。平均粒径 2.4 nm のナノ粒子が得られている。他の金属種の場合にも,不活性ガス雰囲気中熱処理に比較して,大気中加熱では微細で高密度な粒子が得られる。

半導体ナノ粒子の形成には,半導体量子ドットの作製に用いられている単結晶表面での 3 次元島形成を利用できる[58]。これは異種基板上での格子不整合により,連続的な薄膜ではなく 3 次元島が生じる機構である。炭化シリコンは超高真空中でシリコン清浄表面を加熱すると,炭化水素系残留ガス分子との反応により容易に生成される。Si(111)面上では 1 000℃ 程度の加熱で,おもに(111)方位の SiC ナノ結晶が形成される(**図 1.14**)。

ゲルマニウムやシリコンのナノ結晶は,400℃ 程度に加熱した 6H-SiC(0001)基板上にそれぞれゲルマ

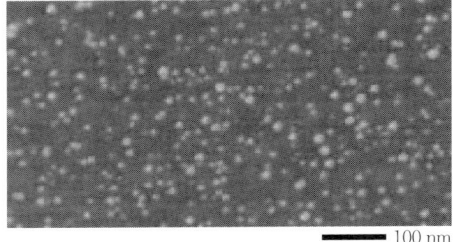

(a) AFM 像

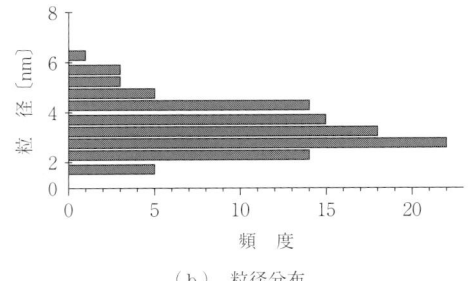

(b) 粒径分布

図 1.13 大気中 900℃ 加熱した金粒子の AFM 像と粒径分布

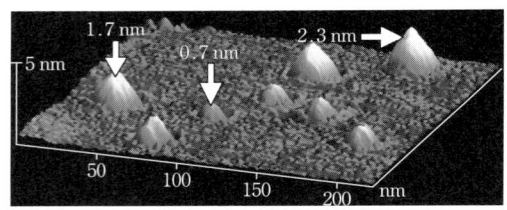

図 1.14 Si(111)面上に形成した SiC ナノ結晶の AFM 像

ニウム,シリコンを分子線として供給することで得られる。成長方位は(111)である。ゲルマニウムのナノ結晶はシリコン基板上への成長でも得ることができる。いずれの場合も,3 次元島の大きさを 3 nm 程度に抑えるように,成長時間を制御する必要がある。分子線エピタキシの手法を用い,島形成を反射型高速電子回折法でモニターすることが役立つ。

アルミナのナノ結晶形成には,ディップコート法を用いることができる[59]。酢酸アルミニウムをエタノールに分散して基板を浸し,基板を液から引き上げることにより基板表面に酢酸アルミニウムを付着させ,その後,基板を大気中で 850〜950℃ に加熱してアルミナのナノ粒子を得る。アルミナの場合は数十〜100 nm の大きな粒子でも SWCNT を生成する。これはアルミナ粒子表面に微細な構造があるためと考えられる[59]。

ダイヤモンドナノ粒子の場合は,爆発法で形成され

たいわゆるナノダイヤモンドを用いる[60]。1次粒子の粒径は4～6 nmであるが，40 nm程度の凝集体を形成しているので，超音波分散により再分散して用いる。基板への塗布は，エタノールに分散したナノダイヤモンドをディップコート法あるいはスピンコート法により行う。ナノダイヤモンドの表面はグラファイトないしはアモルファス層で覆われているので，その除去に大気中での加熱（600℃程度）を行う。

いずれの触媒種でも，CVD前に大気中熱処理を行うことが，SWCNTの収率を増加させるのに有効である。これには，金属粒子の場合は凝集を抑える効果，ナノダイヤモンドの場合には表面層の除去と同時にサイズを低減する効果を持つ。このほか，大気中高温加熱は，触媒粒子表面の炭素系汚染層を除去する効果を持つと考えられる。大気中熱処理後に，ただちにナノ粒子を成長雰囲気にさらしてSWCNTの成長を開始する。

（3）**SWCNTの生成方法** 鉄族触媒では，炭素源として多種多様な炭素含有ガスが用いられるのに対し，新たに見い出された触媒種では，おもにエタノールやアセチレンが使用されている。これは，エタノールやアセチレンは触媒作用なしでも熱分解が容易なためである。エタノールの場合，典型的なCVD温度は850～950℃である[54),58)]。これより低い温度では，ホットフィラメントやプラズマを用いて原料ガスを分解しない限り，SWCNTをほとんど生成しない。また，成長時圧力は$10^2 \sim 10^3$ Paと低めに設定したほうが収率が高い。

現在のところ，これら新種の触媒を用いた垂直配向成長，ガスフロー成長による長尺成長は報告されていない。垂直配向成長を起こすには，短時間に長いSWCNTが高密度に成長する必要がある。ガスフロー長尺成長では，密度は低くても，ガス流に乗ることのできる数十 μmの長さにSWCNTが急速に成長する必要がある。これらは，垂直配向成長，ガスフロー長尺成長が報告されている鉄，コバルトに比べ，新種の触媒では収率，成長速度ともに低いことを示唆している。SWCNTの収率や成長速度を厳密に比較するのは困難であるが，触媒種によるSWCNTの収率は，およそ鉄族金属＞貴金属＞半導体の順である。半導体ナノ粒子の中では，ゲルマニウムが比較的高い収率を持つ[58)]。ゲルマニウムの融点は炭化シリコンやシリコンより低いのでCVD中には融解している可能性が高く，このことがゲルマニウムでSWCNT生成の収率が高い理由と考えられる。ダイヤモンド，アルミナについては粒子の密度制御が確立されていないため，現段階では評価が十分にできていない。ダイヤモンドでは，成長条件によっては，図1.15に示すように密に堆積した粒子の集合体から高密度なSWCNTの成長も生じる。

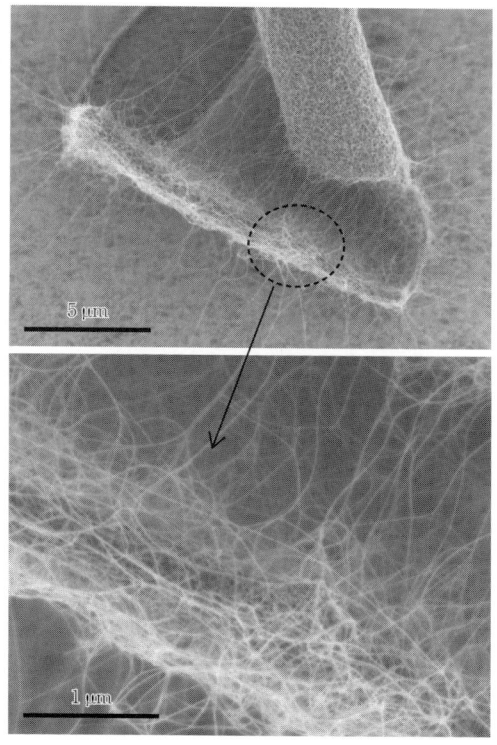

図1.15 ナノダイヤモンドを用いて成長した高密度SWCNT

（4）**貴金属ナノ粒子におけるCNT成長機構**

CNTに用いられている鉄，コバルト，ニッケル，さらには白金やパラジウムも，炭素との間に共融合金型の状態図となる。これらでは，VLS機構をナノ粒子からのCNT生成の説明に用いることができよう。金，銀，銅は炭素の溶解度が低いにもかかわらず，SWCNTを生成する。図1.16のTEM像に示すように，10 nm程度の金粒子はアモルファスの炭素ワイヤーを生成する[64)]。しかもその先端には金の"キャップ"がある。

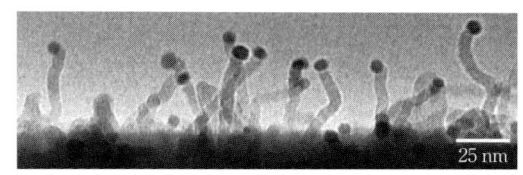

図1.16 金ナノ粒子を用いて成長したアモルファス炭素ナノワイヤーのTEM像

この形状は半導体ナノワイヤーの金の"キャップ"に類似していることから[65]，金ナノ粒子からのアモルファス炭素ワイヤーの生成はVLS機構によることが示唆される．実際，金は共融合金型の状態図を有し，バルクの共融点での炭素の溶解度は約4.7 at.%である[66]．金同様に，炭素の溶解度の低い他の金属についても，ナノ粒子中に炭素が取り込まれるVLS的機構がCNT形成に関与すると考えられる．ただし，VLS機構においては液相（L）が必ずしも本質的ではないことが最近の研究から明らかになっている[67],[68]．融点直下では，ナノ粒子の空孔密度が高く，固相中の原子拡散が容易であると考えられる．したがって，VLS機構の本質は液相を介することではなく，共融合金からの原子（ここでは炭素）の析出，すなわち，粒子内部を介して原子の供給機が生じることである．

（5） 非金属ナノ粒子におけるCNT成長機構

非金属であるゲルマニウム，シリコン，炭化シリコン，アルミナのうち，ゲルマニウムはバルクでの融点が952℃と低いので，VLSのケースに分類できよう．一方，シリコン，炭化シリコン，アルミナはCVD中も固相を保っていると考えられる．バルクの融点はシリコンで1410℃，炭化シリコンやアルミナでは2000℃以上である．これら固相の触媒の場合，VLSとは異なるCNT生成機構を考える必要がある．ダイヤモンドも含め，粒子内部を通じての炭素のバルク拡散は考えにくいので，表面拡散が炭素の供給に重要な役割を果たしていると考えられる．

シリコンのナノ粒子はCVD中に炭素と反応し，表面に炭化シリコンを作ると考えられる．この意味で，シリコンはCNT成長の観点では炭化シリコンと同等である．アルミナはシリコンとは異なるが，サファイア表面ではシリカ表面に比較して炭素の堆積，あるいはグラファイト的な炭素の形成が生じやすい[69]．アルミナの組成はサファイアと同じであるので，アルミナのナノ粒子はCVD中に薄い炭素層で覆われていると考えられる．それゆえ，ダイヤモンド，シリコン，炭化シリコン，アルミナのいずれも炭素被覆ナノ粒子とみなすことができる．

ところで，SWCNTが触媒なしにシリカ基板から成長したという報告がある[61],[62]．実際，CVD前に950℃以上の高温で水素雰囲気にさらしたシリカ基板から，高密度のSWCNTが成長した．この場合，SWCNTの端に接触して炭素ナノ粒子が観察されている[63]．これらの結果から，高温の水素雰囲気中でシリカ表面に酸素の欠損した欠陥が生成され，その欠陥が炭素ナノ粒子の核生成サイトとなっている可能性がある．

固相の炭素系ナノ粒子表面でCNTが生成される機構として，sp^2結合に緩和した炭素固体表面での5員環を含むグラフェン島の形成が考えられる[60]．小さなドメインのグラフェン島の形成の初期段階では，5員環を含むほうが6員環だけで構成される場合よりエネルギー的に安定である[70],[71]．5員環を含むグラフェン島がナノ粒子上に形成された場合，それが端部を除いてナノ粒子表面から浮き上がり，SWCNTのキャップとなる（**図1.17**）．キャップの端部は活性であるので炭素吸着原子の取込みサイトとして働き，SWCNT成長を促進すると考えられる．しかし，キャップ端の原子と触媒粒子の間にどのような相互作用があるのかは不明である．その相互作用は，炭素原子の取込みを妨げるほど強くなく，一方では，キャップが閉じるのを防ぐだけの強さが必要といわれている[72]．また，SWCNTの伸長が続くためには，ナノ曲面に安定に炭素が供給され続けることが必要である．VLS機構は粒子内部を介した炭素供給のパスであるが，非金属の固相触媒では，これとは別にナノ粒子の表面を介して気相からSWCNTの成長端への炭素の供給が生じていると考えられる．

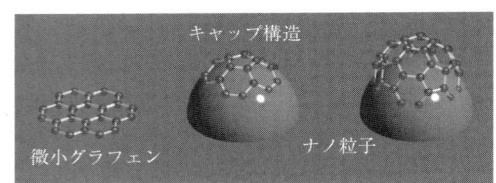

図1.17 ナノ粒子表面でのキャップ生成

〔4〕 SWCNTの垂直配向成長

基板上に触媒を担持してCVDを行うと，しばしばCNTが基板上に垂直方向に配向して成長する．このような成長は，1996年にMWCNTについて報告された．W. Z. Liらは，多孔質シリカに埋め込んだFe触媒を用いることで，多孔質シリカ表面から垂直方向に，直径30 nm程度のMWCNTを2 hで50 μmの高さに成長させた[73]．後に彼らはこの方法を改良し，48 hで2 cmの高さに成長させている[74]．一方で，SWCNTについては，2001年にL. Delzeitらが，基板上での網状成長を報告[75]したが，垂直配向成長の実現までには年数がかかった．S. Maruyamaらは，ゼオライトに担持した触媒を用いて，アルコールを原料に良質なSWCNTを合成するアルコール触媒CVD法を開発後に[76]，この方法を改良して2003年に基板上にSWCNTを数μmの高さに垂直配向成長させることに初めて成功した[77]．続いて，K. HataらはCVDの際に

原料ガスに微量の水蒸気を添加することで，SWCNTを 10 min で 2.5 mm の高さに成長させた[78]。成長速度と高さが 3 桁も向上し，この方法はスーパーグロース法と呼ばれる。

図 1.18 に，SWCNT の垂直配向成長の模式図と，SEM 像を示す。

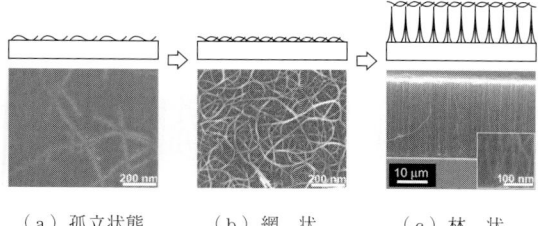

（a）孤立状態　　（b）網　状　　（c）林　状
　（平面）[79]　　　（平面）[79]　　（断面）[80]

図 1.18 SWCNT の垂直配向成長の模式図と，C_2H_5OH を炭素源として Co/SiO_2 触媒により成長させた SWCNT の SEM 像。基板上で SWCNT が成長する際，密度と長さが増大するにつれ，孤立状態，網状，林状へと変化する。図（c）では Mo が助触媒として添加されている。

SWCNT は柔軟なため，基板上の触媒から根元成長モードで成長を始めると，通常は基板上をはって成長する（図（a））。SWCNT どうしが出会うとバンドルと呼ばれる束を形成し，網状構造へと発達していく（図（b））。さらに，SWCNT が高い数密度（典型的には 1×10^{12} cm^{-2} 程度）で長く（典型的には 1 μm 以上）成長すると，面内に成長する余地がなくなり，基板と垂直方向に成長するようになる（図（c））。このような過程で成長するため，垂直配向膜の上部にサブミクロン程度の厚さで配向の乱れた部分が残る。垂直配向膜の内部構造は，TEM 観察により膜厚の垂直方向に焦点深度を変えることで詳細に調べられ，SWCNT は数本で細いバンドルを形成しており，また一部は孤立状態で存在していることが報告されている[81]。一方で，触媒が基板から離れて SWCNT 先端について成長する先端成長モードでは，SWCNT は自由な方向に成長できるため，垂直配向しないようである。なお，剛性の高い MWCNT では，例えばプラズマ CVD で基板上に電界がかかると，チップ成長モードで孤立状態でも MWCNT が垂直配向成長する[82]。

SWCNT の垂直配向成長の報告の一部を表 1.1 に示す。多様な触媒，炭素源，CVD 方法，添加剤が用いられている。

この中でもスーパーグロース法[78]の成長速度は特に高く，水蒸気添加が高速成長の鍵であり[78]，水蒸気は触媒上に析出する炭素を除去する作用がある[88]と報告されている。K. Hata らの発表[78]から 3 年を経て，二つの研究グループから同様の成長が報告された[89), 90]。その際，水蒸気添加なしでも同様の高速成長は可能であり，水蒸気添加は成長条件のウィンドウを広げる一方で SWCNT に欠陥を増やすことが報告された[90]。また，Al_2O_3 は高速成長に不可欠であり[89), 90]，Fe, Co, Ni のいずれの触媒の活性も向上させることが報告された[91]。SWCNT で数百 μm の高さを実現している方法に着目すると，共通して，触媒の担体に Al_2O_3 を用いていることがわかり，その作用としては触媒粒子を小さく密に保つ説[87), 89]が有力である。

炭素源については，表 1.1 においても CH_4，C_2H_2，C_2H_4，C_2H_5OH，CO と多種多様である。炭素源を分子線で触媒付き基板に供給する実験により，12 種類の炭素原料の反応性が検討され，C_2H_2 が特異的に高い活性を持つことが見い出された[84]。また，原料ガスを上流の電気炉でいったん加熱し冷却してから，下流の通電加熱された触媒付きのリボン状基板に供給する実験において，C_2H_4[92] および C_2H_5OH[93] のいずれの場合も気相での熱分解による低分圧（数 Torr）の C_2H_2 生成が mm スケールの高速成長の鍵であることが見い出された。一方，CH_4 はプラズマが併用されることが特徴である[83), 85]。G. Zhong らは，当初はプラズマにより CH_4 が分解されて生成するラジカル種が CNT 成長の前駆体と考察していた[83]が，最近になってプラズマ場で生成した C_2H_2 が前駆体で，C_2H_2 の直接供給により同様の成長が可能であることを報告している[94]。また，C_2H_5OH を原料とした CVD では，ガスフローを止めて C_2H_5OH の気相での熱分解を促進するこ

表 1.1 SWCNT の垂直配向成長の報告例

高さ/時間	触媒/担体	炭素源	備　考	文　献
1.5 μm/60 min	Co-Mo/SiO_2	C_2H_5OH	熱 CVD	77)
2 500 μm/10 min	Fe/Al_2O_3	C_2H_4	熱 CVD，水蒸気添加	78)
170 μm/60 min	Al_2O_3/Fe/Al_2O_3*	CH_4	プラズマ CVD	83)
400 μm/240 min	Fe/Al_2O_3	C_2H_2	熱 CVD，分子線	84)
10 μm/10 min	Fe/SiO_2	CH_4	プラズマ CVD，酸素添加	85)
40 μm/記載なし	Co-Mo/SiO_2	CO	熱 CVD	86)
350 μm/30 min	Co/Al_2O_3	C_2H_5OH	熱 CVD	87)

＊ キャップ/触媒/担体

とでSWCNTが110 μmまで成長することが報告された[95]．さらにC_2H_5OHに低分圧のC_2H_2を添加するとSWCNTの質は落ちるものの成長が加速することが見い出された[96]．また，C_2H_5OHの熱分解によるC_2H_2生成を制御することで，1 mm長のSWCNT垂直配向膜も実現された[97]．純COを常圧で用いた例[96]を除き，多くの場合でC_2H_2が高速成長時の前駆体であると考えられる．触媒と炭素源の組合せについては，C_2H_5OHやCOなどの酸素を含む炭素源の場合はCoが多く用いられ，一方で酸素を含まない炭素源の場合はFeを用いると成長速度が大きい傾向がある．FeはCoよりも酸化されやすいことが原因と考えられるが，気相合成ではHiPco法[98]のようにCOでもFe触媒を用いるケースもある．以上，SWCNTの垂直配向成長は種々の手法で可能となり，長尺・高速成長には，触媒としてはAl_2O_3担体の利用が，前駆体としては低分圧のC_2H_2が有効とわかってきた．

図1.19に，コンビナトリアル法を用い1枚の基板上に多様な触媒を形成することで，温度や炭素原料分圧などの反応条件に対し，最適な触媒条件がどのように変わるかを研究した例[80]を示す．図中で基板が黒くなっている箇所にSWCNTが数μm～数十μmの厚さで垂直配向成長しているが，反応条件と触媒条件は複雑に連動していることがわかる．SWCNTの高さは数年のうちに3桁も向上した．これは炭素源の過剰供給を防いで触媒の炭化失活を抑制したことと，酸化剤を添加して触媒上に徐々に析出する炭素をエッチングしつつ酸化剤を微量に調整することで触媒の酸化失活も抑制できるようになったことなどによると考えられる．しかし，SWCNTの成長速度は時間とともに減衰し[99),100)]，やがては成長が停止してしまい，その高さは5 mmにとどまっている[101]．

SWCNTの成長の減衰は，触媒活性の1次の失活に起因する指数関数的な速度低下[99),102)]や，炭素源のSWCNT膜中の拡散律速による放物線状の速度低下[101]などが報告されている．前者の詳細なメカニズムは明らかでないが，後者については図1.20のようにSWCNTの膜厚が大きくなると基板の中央部で成長速度が低下すること[90]や，触媒をパターニングして炭素源の拡散パスを作ることで成長速度の低下が抑えられること[101]などが示されている．

一方で，mm長の垂直配向成長のその場観察により，MWCNT[103]およびSWCNT[104]の成長が突然停止する現象も報告された．図1.21は，コンビナトリアル法によりFe膜厚に傾斜をつけたFe/Al-Si-O触媒基板上で垂直配向成長するSWCNTをその場観察した例である[104]．CNTはFe膜厚によらず，3～4 μm/s

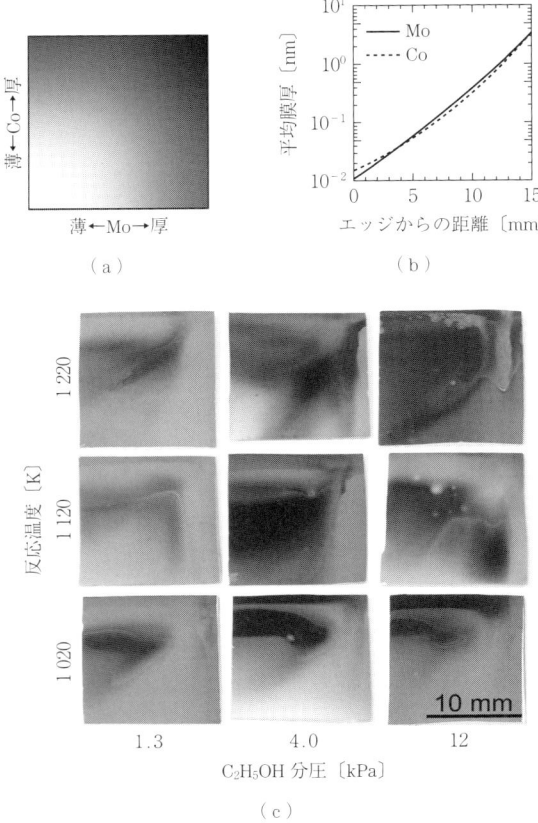

図1.19 SWCNT垂直配向成長における反応条件と触媒条件の連動の様子[80]．SiO_2/Si基板上にCo触媒とMo助触媒の直交する膜厚分布が形成されている（図(a)，(b)）．C_2H_5OHを炭素源とし CVD を行うと，SWCNTが垂直配向成長した領域が黒く変色し，反応条件（温度，C_2H_5OH分圧）によって最適な触媒条件が変わることがわかる（図(c)）．

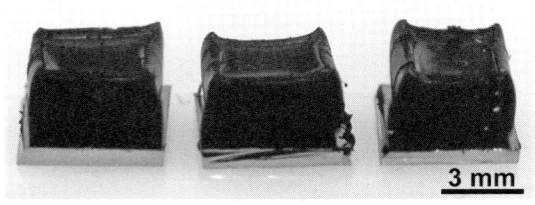

図1.20 SWCNT垂直配向成長に現れたCNT膜中の原料拡散律速の影響[90]．Fe/Al-Si-O触媒とC_2H_4炭素源を用いて30 min合成した際に，原料が届きにくい基板中央で成長速度が低下してくぼんだことがわかる．

と同様の速度で数分間成長したのち，急に成長が停止している．触媒膜厚によるCNT高さの違いは，成長速度よりも触媒寿命で決まっていることがわかる．なお，CNT成長速度はC_2H_4分圧に比例し高温ほど高

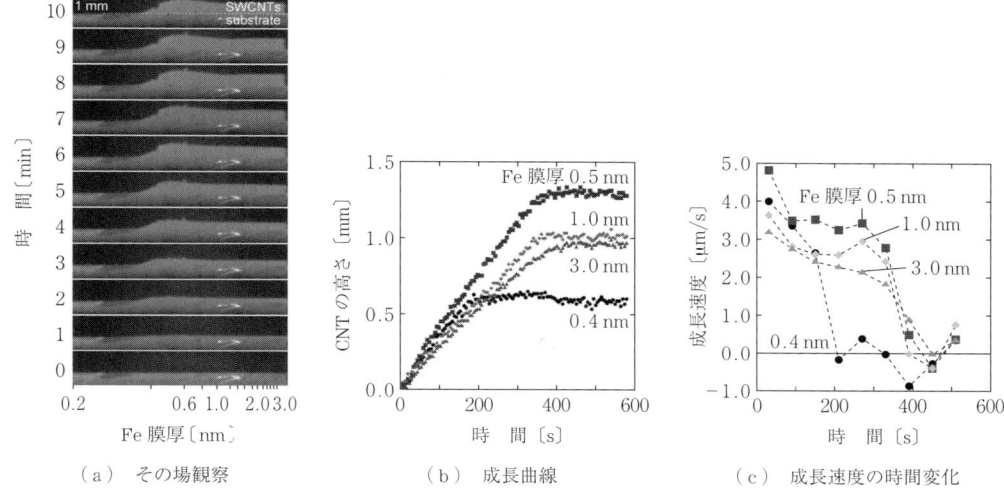

(a) その場観察　　　　　　　（b）成長曲線　　　　　　　（c）成長速度の時間変化

図1.21 SWCNT 垂直配向成長の様子[104]。コンビナトリアル法により平均膜厚を変えた Fe/Al-Si-O 触媒を用いて C_2H_4 炭素源から CNT を合成。Fe 膜厚が 0.4〜1 nm の範囲で SWCNT が成長している。Fe 膜厚が 0.4 nm 以上で 3〜4 μm/s 程度の同様の速度で成長するが，数分後に急に成長が止まっていることがわかる。

く，触媒寿命は C_2H_4 分圧への依存が小さく高温ほど短いことがわかっている。

SWCNT 成長時の触媒失活のメカニズムとして，炭化失活と酸化失活に加え，CVD 中の触媒粒子の粗大化が重要なことがわかってきた。粗大化のメカニズムとしては，触媒粒子のマイグレーションによる凝集と，触媒原子の拡散によるオストワルドライプニング[80),105)]の二つが考えられる。後者の機構は，触媒粒子が小さいほど表面の曲率が高く不安定なため，より高濃度の表面原子と平衡になる（2次元蒸気圧が上がる）結果，小さい触媒粒子から大きい触媒粒子へと触媒原子が移動し，小さい触媒粒子が消滅し大きい触媒粒子が成長するというものである。触媒の失活に加え，**図1.22**のように，mm 長の SWCNT 垂直配向膜において，基板近傍にて SWCNT の配向が急に乱れ[104)]，また膜表面から基板に近づくにつれ直径が徐々に増大する[106)] 現象も見い出された。

これらの現象は，CVD の最中に触媒が徐々に粗大化することにより引き起こされると考えられるが，急な配向の乱れと成長停止との因果関係はいまだ解明されていない。触媒粒子の粗大化は，凝集とオストワルドライプニングのどちらの機構によるかの直接的な証拠を取ることは難しいが，いずれの場合も小さい粒子ほど速く起きるため，細い SWCNT を成長させる際に特に重要な問題と考えられる。10 分間に数 mm と高速に垂直配向した SWCNT が概して直径 3〜4 nm と太くなる[78),90)] ことも，この問題によると考えられる。

より細くより長い SWCNT の垂直配向成長の実現には，成長停止メカニズムの解明が本質的には重要であるが，実用上は触媒粒子の粗大化抑制が鍵となる。粗大化抑制には，プロセスの低温化や高融点の触媒利用が有効であるが，同時に成長速度も低下させてしまう。触媒中ないし表面の炭素の拡散の速さが触媒活性の高さの起源，また，基板表面での触媒の拡散の速さが触媒粒子の粗大化の起源と考えられるため，Co/SiO_2 触媒における Mo 助触媒[77),80)] のように，前者を低下させずに後者を低下させるような技術開発が重要と考えられる。

SWCNT 合成技術の実用に向けては，合成規模の拡大が重要である。SWCNT 垂直配向膜は，0.037 g/cm^3 [107)]〜0.066 g/cm^3 [83)] 程度と低密度であり，1 mm 厚に成長させた場合でも，収量は数 mg/cm^2 と小さい。合成規模の拡大には，大きく二つのアプローチがある。一つは大面積化であり，高価な SiO_2/Si 基板から安価な合金シートに切り替え，大面積基材上で連続合成するプロセスの開発が進められている[108)]。もう一つは基材の 3 次元化で，セラミックスビーズを 3 次元に充填した流動層反応器にて，ビーズ上に CNT を垂直配向成長させ，連続的に回収するプロセスの開発が進められている[109)]。なお，後者の方法では垂直配向膜としての回収は難しく，1 mm 前後の長尺な CNT の大量合成技術となる。

SWCNT の垂直配向成長は，2003 年に実現されて以来，技術開発が急速に進展してきた。一方で，SWCNT の高さは数 mm で頭打ちとなり，かつ直径が太くなることがわかってきた。技術のさらなる進歩の

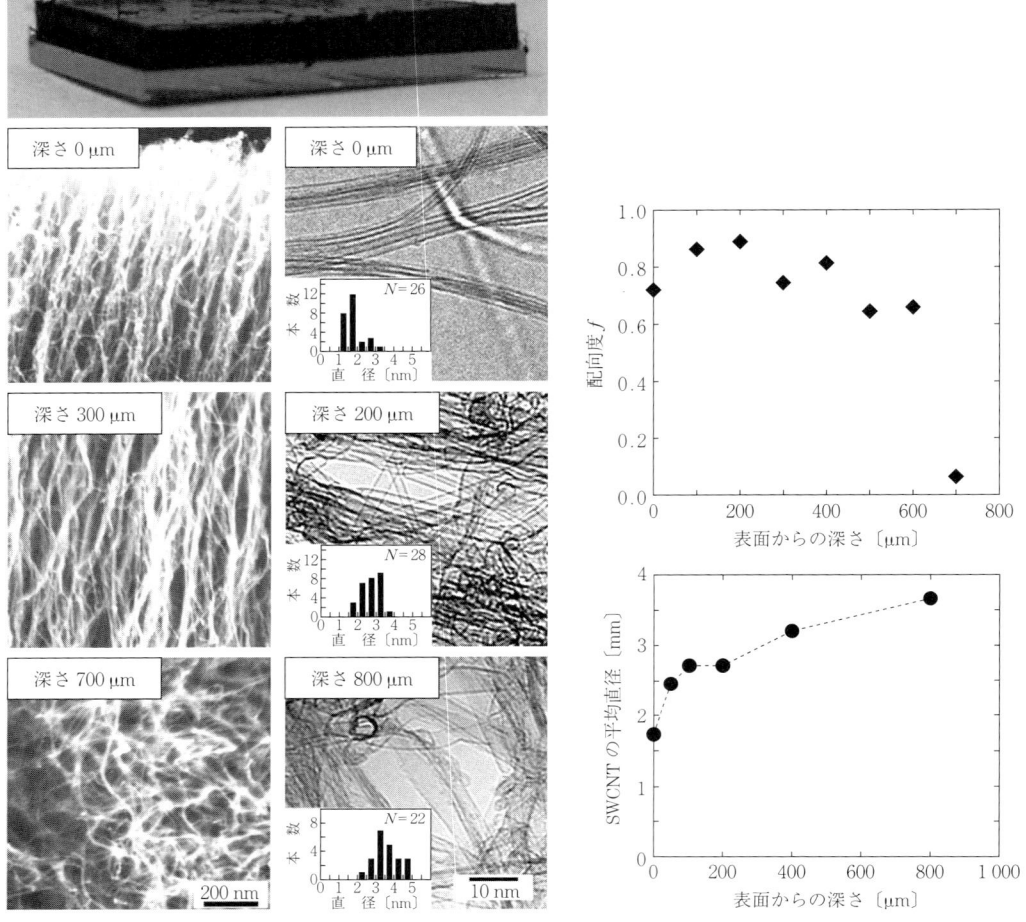

図1.22 mm長のSWCNT垂直配向膜中で見られた成長に伴う配向の低下[104]と直径増大[106]。SWCNTは，Fe/Al-Si-O触媒を用いてC_2H_4炭素源から10分間で合成し，機械的に試料を作製して，形態をSEMで，直径をTEMで評価

ためには，触媒粒子の活性発現および失活の機構の理解が望まれる。また実用化に向けては，合成の大規模化に加え，垂直配向性や長尺性という特徴を生かした用途の開拓が望まれる。

[5] 水平成長SWCNT

（1） **はじめに** トランジスターやセンサー，透明電極などSWCNTを用いた電子デバイスへの応用には，水平方向に並べてSWCNTを配置することが重要となる。SWCNTの向きがそろっていれば，1本あるいは多数のSWCNTに効率的に電極を取り付けてデバイスを作製できる。さらに，水平配向した多数のSWCNTを用いることで高電流の駆動を行い，かつSWCNT間のホッピング伝導に制限されることなく高速での動作が可能になる。SWCNTを構成要素とした将来の集積回路（LSI）のためにも，完全な位置と方向の制御は不可欠である。

水平配向SWCNTの作製法として，ナノチューブ分散液を滴下して，基板の表面改質や交流電場によってSWCNTの向きを制御するという方法もあるが[110),111)]，ここではCVD法によって直接的にSWCNTを配向成長させる方法とその可能性について解説する。CVD法で直接成長させることのメリットは，分散過程で生じるナノチューブの欠陥や短尺化，界面活性剤による汚染を回避でき，表面が清浄で長いSWCNTが得られる点である。また位置の制御も触媒のパターニングによって行うことができる。

（2） **水平配向成長法** 図1.23にこれまで報告されている水平配向成長法のイメージを，**表1.2**にこれらの方法の比較を示す。なお，すべてCVD法を用いている。2003年頃までは反応ガスの流れを用いた

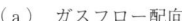
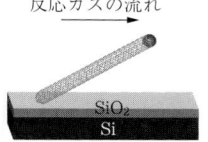  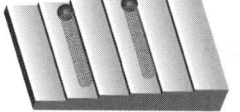 

（a） ガスフロー配向　　　　（b） 電場配向　　　　　（c） ステップ配向　　　　　（d） 原子配列配向

図 1.23　代表的な SWCNT の水平配向成長法

表 1.2　SWCNT の水平配向成長法の比較

配向方法	配向メカニズム	配向度	密度	利点	欠点	文献
反応ガスの流れに沿った配向	SWCNT の先端が浮き上がり，反応ガスの流れに沿って配向する	○	△	10 mm 以上の非常に長い配向 SWCNT が得られる	密度が比較的低く，配向度がナノスケールでは不十分	112), 113)
電場印加による配向	交流（あるいは直流）電場をかけながら成長させ，電場方向に SWCNT を配向させる	△	△	電極の向きにより任意の方向に配向可能	高温の CVD に耐える金属電極や配線が必要　配向度が不十分	114), 115)
ステップに沿った配向	基板表面に作製したステップ構造に沿って SWCNT が配向する	○	○	特殊な装置が不要　シリコン基板にも適用できる	SWCNT の密度や配向度がステップの密度や形状に制限される	116)〜118)
単結晶の原子配列に沿った配向	単結晶の異方性原子配列と SWCNT との相互作用によって配向する	◎	◎	特殊な装置が不要　配向度・密度ともに高い	単結晶基板が安価ではない	119)〜126)

SWCNT の水平配向成長（図 (a)）がおもに検討されていたが，2004 年に単結晶のステップ（図 (c)），2005 年に原子配列に基づく配向成長（図 (d)）が報告されるようになり，近年では配向度の高さや合成の簡便さから，この原子配列に基づく成長法が広く用いられている．以下にそれぞれの方法の特徴を記す．

a）反応ガスの流れに沿った配向（図 1.23 (a)）
シリコン（SiO_2/Si）基板を用いて CVD を行うと，SWCNT の先端が基板から浮き上がって成長する傾向にあるが，これを反応ガスの気流で運んで配向させる方法である（SWCNT が凧糸のように伸びていくことから，カイトモデル（kite model）と呼ばれることもある）[112), 113)]．ガスの流れを層流に制御して均熱部を長くすれば，非常に長い SWCNT を合成することが可能である（現在では 10 mm を超えるものも報告されている）[113)]．また，CVD の際の昇温を急速に行うと，SWCNT の基板上からの浮き上がりがより頻繁に起こり，この配向成長が促されることが報告されている．ただし，成長する SWCNT のすべてが基板から浮き上がるわけではないことから，配向 SWCNT の高密度化は容易ではなく，またガスフローの熱揺らぎを反映して nm レベルでの配向度は十分ではない．

b）電場印加による配向（図 1.23 (b)）　CVD 中に電場を印加して，SWCNT を長軸方向に分極させ，それを利用して電場方向に並行に配向させる方法である[114), 115)]．金属電極が高温の CVD 中に劣化してしまう，配向度が不十分であるといった問題があり，あまり検討されていない．

c）ステップに沿った配向（図 1.23 (c)）
2004 年にイスラエルのグループから，c 面のサファイア（α-Al_2O_3）基板上で，ステップに沿って SWCNT が配向成長することが報告された[116)]．この配向メカニズムとして，ステップエッジと SWCNT との広い接触面積に基づくファンデルワールス（van der Waals, vdW）相互作用の影響，そしてステップエッジに生じる双極子モーメントと SWCNT との相互作用が挙げられている．
筆者ら九州大学のグループと産総研のグループは独立に，このような原理をシリコン（SiO_2/Si）基板に応用することを試みた[117), 118)]．それは，アモルファスの SiO_2 表面に半導体加工技術（電子線描画とエッチング）を用いて周期的なトレンチ構造を作製し，それに沿って SWCNT を配向させるというものである（**図 1.24**）．SWCNT の配向度・密度ともに改善が必要なレベルであるものの，シリコン基板なのでバックゲート構造のトランジスターを比較的簡便に作製できるメリットがあり，かつ現在のシリコンエレクトロニクスとの融合という面でも期待される．

d）単結晶の原子配列に沿った配向（図 1.23 (d)）　2005 年に，筆者らのグループと南カリフォルニア大学のグループからサファイア単結晶上での配向成長が報告された[119), 120)]．サファイアは**図 1.25** (a)

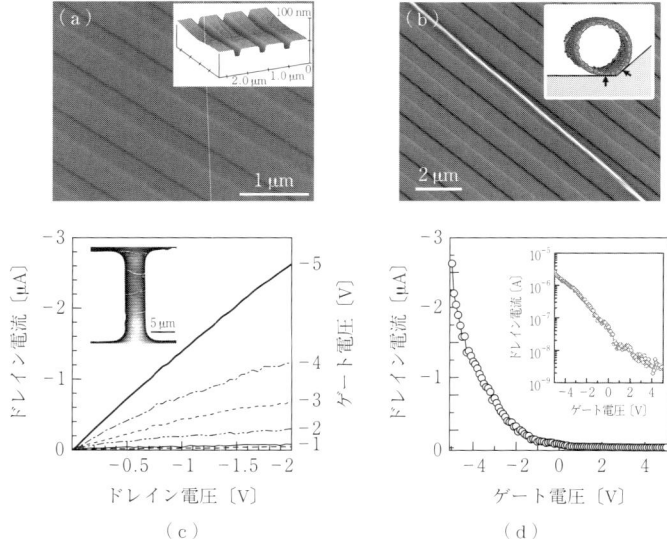

図1.24 （a）シリコン基板上にトップダウンで作製した約200 nmの幅を持つトレンチ構造のSEMとAFM像（挿入図）。（b）トレンチ構造に沿って配向したSWCNT。イラストはエッジに沿ったSWCNTのイメージ。（c），（d）配向したSWCNTのトランジスター特性。金属的なSWCNTをブレークダウンによって焼き切ることで、半導体的な特性を得ている。

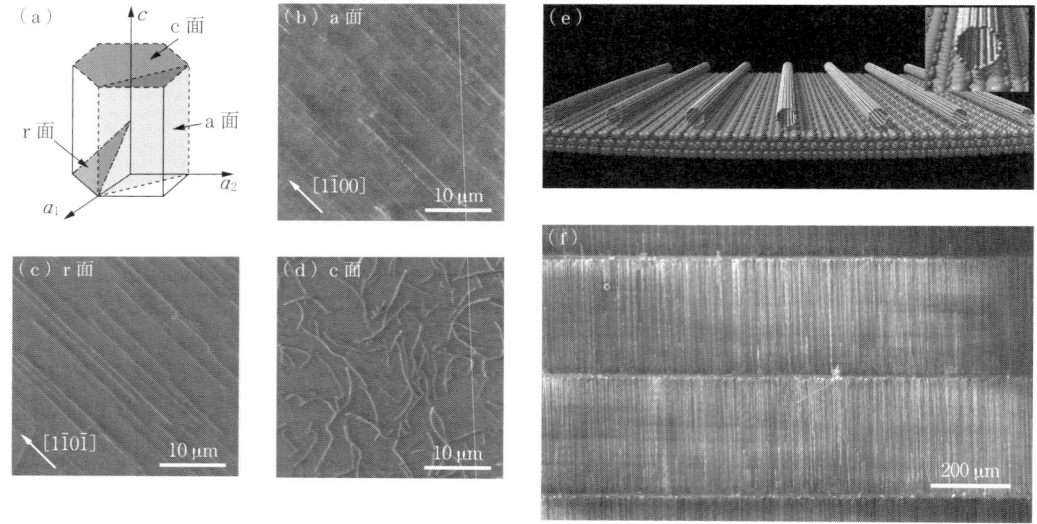

図1.25 （a）サファイアの結晶面（b）〜（d）。サファイアの各結晶面上でSWCNTを合成したあとのSEM像。サファイアが絶縁体であるため，SEMのチャージングが起こり，直径1〜2 nmのSWCNTでも30 nm程度に太く見える。AFMやラマン測定から，これらはSWCNTであるのを確認している。触媒として金属塩を基板全面に塗布している。（e）a面上で水平配向したSWCNTのモデル。小さな球がアルミニウム，大きな球が酸素原子を表している。（f）水平方向にパターニングした触媒ラインから成長したSWCNTのSEM像

に示すようにa, r, c面など異なる対称性を持つ結晶面を有する。図（b）〜（d）は各結晶面の上で成長させたSWCNTのSEM像であり，a, r面でのみSWCNTが配向成長することがわかる。この水平配向したSWCNTの原子モデル（図（e））から，アルミニウム原子と酸素原子が1次元的に並んだ方向にSWCNTが配向する，つまり単結晶表面の特定の原子配列に沿って配向成長していると考えることができ

る。これは，後述するように，SWCNTとサファイア間の異方的なvdW相互作用として説明できる。一方，サファイアc面は原子配列が3回対称を有するため，SWCNTは配向成長せずに，ランダムな方向に成長する。

同じく2005年にイリノイ大学のグループからは水晶（SiO_2）のSTカットという結晶面での配向成長が報告されている[121]。当初はステップによる配向と提案されていたが，その後の研究からは原子配列によるものと解釈されるようになっている[122]。また，2006年にはMgO単結晶上でも水平配向が報告されているが，MgOの反応性の高さを反映して，配向度や密度が他の二つの基板に比べると非常に悪い[123]。ほかの異方性原子配列を有する単結晶基板でもSWCNTを配向成長できると考えられるが，CVDのような高温の還元雰囲気下では多くの単結晶基板が変質してしまうことから，安定性に優れたサファイアと水晶が水平配向に用いられる[†1]。なお，リソグラフィーにより，ストライプ状の触媒パターンを作製すると，触媒のないエリアを清浄に保つことができ，図（f）のような非常に配向度が高く，かつ長いSWCNTを得ることができる[†2]。

ナノチューブの成長モードとして，触媒がナノチューブの先端に位置してナノチューブを導く「先端成長」と，触媒は1箇所にとどまったままナノチューブが伸びる「根元成長」の二つが考えられる。筆者らはCVD中に$^{12}CH_4$から$^{13}CH_4$へと切り替え，1本のSWCNTの中の炭素同位体の分布を調べた。その結果，先に生成したSWCNTが押し出されて成長する「根元成長」が有力であることが明らかとなった[124]。この結果は，触媒と基板の相互作用よりも，SWCNTと単結晶基板間の相互作用が配向に重要であることを示している。また，多様な金属触媒から配向が観察されることも根元成長を示唆しているものと解釈できる[125]。さらに，分子動力学計算からも，SWCNT-基板間の相互作用によって，配向方向が決まると説明されている[126]。

表1.2に示した中で，原子配列による配向成長が現時点では密度，配向度ともに最も優れている。配向度が高いのは原子配列がまさに原子レベルで規則的に並んでおり乱れがないこと，そして一つの原子配列の列を外れても，隣接する列にとらわれて配向することなどが考えられる。

（3）**さらなる方向制御** 表1.2に挙げたいくつかの配向方法を組み合わせることによって，多様なSWCNT構造体を合成できる。**図1.26**（a）はサーパンタイン（serpentine）と呼ばれる蛇のように多重に折れ曲がった構造体である。これはガスフローによって宙に伸びたSWCNTが落下する際に，ガス方向と原子配列（あるいはステップ）が垂直の場合に得られる[127]。

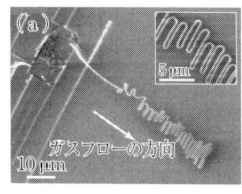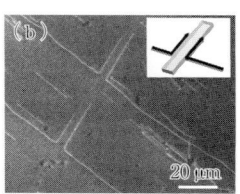
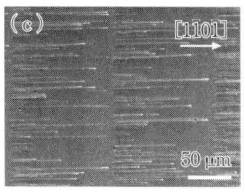

図1.26 （a）ガスフロー配向と原子配列配向が組み合わさって成長したSWCNTのサーパンタイン。（b）サファイア上に人工的に作製したステップ構造によって成長途中で折り曲げたSWCNT。r面サファイア上で見られる（c）一方向成長，および微傾斜基板で見られる（d）二方向成長

筆者らは，原子配列による配向方向に対して垂直な方向に人工的なステップ構造を作製し，原子配列に沿ったSWCNTを成長途中に曲げられることを示した（図（b））[128]。さらに，サファイアr面では触媒パターンから一方向だけに成長できることも見い出した（図（c））[129]。これは，r面サファイアの対称性が低く，SWCNTの成長する方向に沿っても原子の並びは非対称であり，SWCNTが前向き（[$1\bar{1}0\bar{1}$]方向）には進みやすいが，その反対方向には進みにくいことを示している。この結果は，ナノチューブの成長方向が微妙な原子配列の違いに影響されることを示すものであり興味深い。また，r面の微傾斜（ミスカット）基板を用い，直交する二つの方向にSWCNTを同時に成長させることも実現している（図（d））[130]。

以上のように，ナノチューブの成長方向を高度に制

[†1] サファイア基板は高温でアルコールを分解する作用があるため，アルコールCVDにはあまり適していない。一方，水晶上ではアルコールCVDでも比較的安定して高配向のSWCNTが得られており，水晶のほうがより安定性は高いといえる。

[†2] サファイア上でも非常に高密度にSWCNTを合成することで，垂直方向に配向成長をさせることも可能である（K. Yamada, et al.: Appl. Phys. Express, **3**, 65101 (2009)）。この場合，SWCNTどうしが支えあって垂直方向に伸びていくと考えられる。一方，比較的密度が低いとSWCNTは水平方向に成長する。

（4） **転写技術**　絶縁体のサファイアや水晶などから，フレキシブルなプラスチックやデバイスに適したシリコン基板などに転写する技術もいくつか提案されている。図 1.27 に示す方法が最もポピュラーであり，最近では CVD で合成したグラフェンの転写にも広く利用されている。まず，基板表面をスピンコートによって PMMA でカバーし，アルカリ水溶液で軽く基板表面をエッチングする。しばらくすると配向 SWCNT を含む PMMA 膜を単結晶基板から剥がすことができる。これを洗浄後，他の基板に載せ，PMMA を有機溶媒などによって除去することで，SWCNT の配向性を保ったまま他の基板に転写できる。多重転写によるクロスバーの作製や PMMA の折り曲げによる SWCNT の折り曲げも可能である[131]。

（5） **SWCNT の構造制御**　SWCNT のデバイス応用には，方向制御に加えて，カイラリティや金属-半導体といった SWCNT そのものの制御も必要である。そのいくつかの試みについて紹介する。

水晶上での CVD 成長においてエタノール原料にメタノールを添加すると，半導体的な SWCNT の割合が増えることがデューク大学から報告されている[132]。この金属と半導体の分布の評価には，複数の波長のラマン測定が用いられている。しかし，共鳴ラマンを利用していることから直径分布の変化と M-S 分布の変化を区別して見分けることは容易ではない。なお，この研究では FET 特性も評価しており，500 本以上の SWCNT から成るデバイスで on/off 比が 18～32 という値が得られていることから，配向 SWCNT のうち 95～98％が半導体と述べている。今後，半導体選択成長の信頼性やメカニズムを調べていく必要がある。

筆者らは，近赤外蛍光（PL）によるマッピング測定をサファイア上の配向 SWCNT に対して行った[133]。

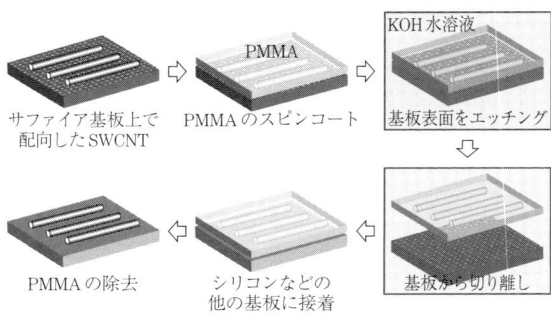

図 1.27　単結晶上で水平配向成長した SWCNT の PMMA を用いた転写方法

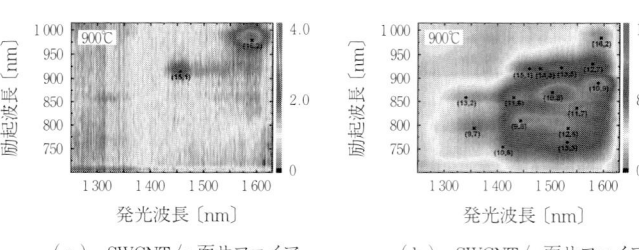

（a）　SWCNT/a 面サファイア　　　（b）　SWCNT/r 面サファイア

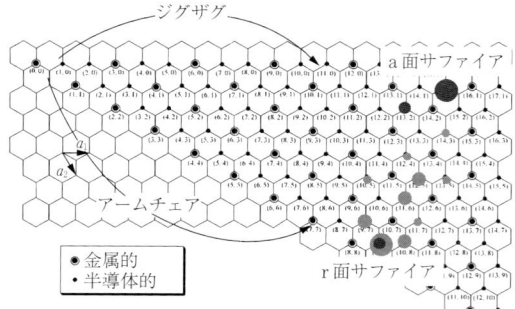

（c）　PL の強度をプロットしたカイラルマップ。黒い丸が a 面上の SWCNT からの PL，灰色の丸が r 面上の SWCNT からの PL を示す。

図 1.28　サファイア（a）a 面と（b）r 面上に水平配向した SWCNT からの PL マップとその強度分布をプロットした図（c）

図1.28(a), (b)からa面とr面上に成長したSWCNTの発光の様子が大きく異なることがわかる。この発光ピークはCVD温度を900℃から下げていくと，より細い直径のSWCNTのPLが強くなること，およびPLの偏光特性が観測されていることから，配向したSWCNTからのPLに由来しているものと解釈できる[†1]。図(c)に900℃で観測されたPL強度をプロットしたカイラリティ分布を示す。r面サファイア上に配向したSWCNTでは（他の合成法で作られたSWCNT試料と同様に）アームチェア寄りのPLが強いのに対し，a面上ではジグザグ寄りのPLが強く観測された。この結果は，SWCNTのカイラル角が基板から影響を受けている可能性を示しており，今後のカイラリティ制御の観点から興味深い[†2]。

これらのほかに，CVD成長中あるいは成長後に，強い光を照射して金属的SWCNTを選択的にエッチングするという報告もある。北京大学のグループは，UV光を照射しながら配向SWCNTを水晶上にCVD合成すると，半導体的な特性を示すものが合成できると報告した[134]。メカニズムは詳しく調べられていないが，成長初期に金属的なSWCNTのキャップが優先的にエッチングされる可能性が提案されている。また，成長後の配向SWCNTにキセノン光かハロゲン光を30分から数時間照射すると，金属的なSWCNTが酸素と反応して，半導体的な振舞いを示すことが南カリフォルニア大学から示されている[135]。これらは興味深い方法ではあるが，半導体的SWCNTへのダメージとそれに伴う電子輸送特性の低下が懸念される。

(6) 水平配向SWCNTの応用 イリノイ大学のグループを中心として，配向したSWCNTを利用した種々のデバイスが作製されている。水平配向SWCNTはPETフィルムなどにも転写できることから，透明でフレキシブルなデバイスに活用できる[136]。また，配向SWCNTはナノチューブが並列に並んでいて，高電流駆動が行えることから，高電流が必要とされる高周波デバイスへの応用に大きな期待がもたれている。図1.29のように，配向SWCNTをチャネルに用いたトップゲート型トランジスター構造が使われ

[†1] 一般的に基板上に接した状態ではSWCNTからのPLはクエンチされ観測できないとされている。この測定でもPLは非常に弱く，かつブロードであった。そのため配向を保持しながら浮き上がった部分のSWCNTからの発光に由来する可能性も考えられる。また，励起光には光強度の強い波長可変のTi-サファイアレーザーを用いている。

[†2] SWCNTが根元成長で0.5～3μm/sの高速で伸びることを考えると[124]，SWCNT生成時（キャップ構造が形成されるとき）にカイラル角が決まると考えるのが妥当なように感じられるが，詳細なメカニズムは明らかではない。

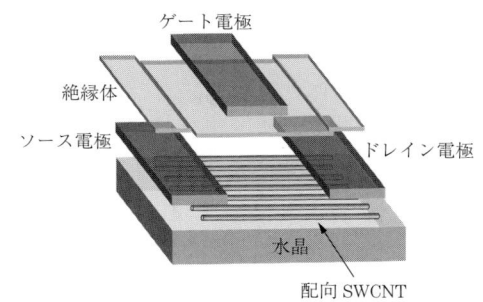

図1.29 水晶上で配向した多数のSWCNTを利用したトップゲート構造のFET

る[137], [138]。さらには配向SWCNTを回路に組み込んだラジオもデモンストレーションされている[137]。

(7) まとめ 水平配向成長は，触媒のパターニングと組み合わせることで位置と方向を制御できることから，ナノチューブの集積化を実現する上で非常に重要な技術である。

デバイス応用を進めていく上では
① SWCNTの高密度化
② 金属SWCNTの除去もしくは半導体SWCNTの選択成長
③ 基板全面での均一性の確保やデバイス作製技術の向上

などが必要とされる。①では，10本/μmが現在の高密度合成の平均的な値であるが，50～100本/μmが必要と考えられている。②に関しては，分散液を用いた金属-半導体分離が基板上ではそのまま応用できないことから，半導体だけの選択成長の実現を含め新たな方向性で検討が必要であろう。③は多方面の知見・技術が総合的に確立される必要がある。

このような成長に関する研究が進めば，トランジスターや高周波デバイスなどのエレクトロニクス分野をはじめ，透明電極，偏光板などオプトエレクトロニクス分野などでの応用が開けてくるものと期待されている。

[6] 担持触媒法

(1) はじめに CNTは優れた構造安定性や電気および熱伝導特性，そして機械的強度などが明らかになりつつある。それらの優れた特性を利用したさまざまな応用研究が展開されており，電気・電子・機械，熱，化学，バイオ，生体と応用分野も多様かつ多彩である。特に，テニスラケットやゴルフクラブ，ゴムパッキン，リチウムイオン二次電池，また医療分野ではカテーテルなどと実際に試作・製品化がなされている。以上のようにCNTは基礎科学から工学へと広範な研究者らに注目されている。

現在までにCNTの合成法として，おもにつぎの3種類が知られている。
① グラファイト電極を利用したアーク放電法
② グラファイトロッドにレーザーを照射し蒸発させCNTを合成するレーザー蒸発法
③ 触媒作用を利用し合成する触媒気相成長法（catalytic chemical vapor deposition method，CCVD法，本書ではCCVD法と表記）

各方法により得られるCNTはその直径や品質，そして純度などが異なる。特にCCVD法におけるCNTの合成法は非常に多くの研究者らによって研究され，各研究者ら独自の考え方や戦略により進められ，多様な研究展開がなされている。そこでの重要なポイントは触媒サイズや組成などをいかにコントロールするかであり，それにより得られるCNTの種類や直径，結晶性などが決まってくる。

CCVD法は，大きく2種類に分類することができる（図1.30）。
① 触媒を電気炉などの反応管中に配置し，温度を上げることで触媒を活性化させ，CNTの炭素源となるベンゼンやメタンなどの炭化水素，またはエタノールなどのアルコールと反応させる担持触媒法
② 触媒成分を含んだフェロセンなどの金属錯体とベンゼンやヘキサンなどの混合液体を過熱した反応炉中にスプレーすることで，触媒を浮遊させた状態で連続反応させる浮遊触媒法

本項では触媒の制御が比較的簡単な担持触媒法でのMWCNT，および2層カーボンナノチューブ（double-walled carbon nanotube(s)，DWCNT(s)またはDWNT(s)，本書ではDWCNTと表記）の合成法について解説する。また，DWCNTについてはその物性についても取り上げる。

（2） CNTの製造方法 現在までにMWCNTの合成法としてアーク放電法やCCVD法が有力な合成法として知られている。アーク放電法によるCNTの合成は比較的高純度で結晶性が高いサンプルが合成されるが，問題点としては工業展開を考えた際にスケールアップが難しいという点が挙げられる。一方，CCVD法によるCNTの合成の利点は量産性に優れていること，そして構造制御性の観点から非常に有効な点である。一方，アーク放電法と比較して結晶性が低いCNTが得られやすい問題点も挙げられ，それには2 800℃程度の高温熱処理による結晶性の改善が行われている。実際に触媒CCVD法により合成され，高温熱処理が施された高結晶MWCNTはすでに商業化が進められている。

CCVD法によるCNTの合成研究は気相成長炭素繊維（vapor grown carbon fibers，VGCFsまたはVGCF，本書ではVGCFと表記）の合成法に端を発することが知られている[139]。遠藤らはセラミックス基板上に鉄ナノ粒子をスプレーし，乾燥させることで鉄ナノ粒子を担持させた基板触媒を得ている。その基板触媒をベンゼンと水素の混合ガス中で1 100℃程度の高温で反応させることにより基板から数cm～数十cm程度の長さまで成長するVGCFを合成した（図1.31（a））。また，電子顕微鏡でVGCFの構造を観察するために極細に成長させることで，VGCFは核となる中空チューブの周りにベンゼンの熱分解で積層した炭素層から成ることを明らかにした（図（c））。この核の中空チューブこそ現在のCNTである。このCNTは単層，2層，または多層であることがわかっている（図（e））。また成長メカニズムにも言及しており，ナノオーダーの鉄がその触媒作用により（図（d））CNTを成長させることも同様に提案している。

これらの知見が現在の担持触媒法を用いたCCVD法の原点となっている。現在までに数多くの研究者らにより担持触媒法が改良発展することによりさまざまな形状のCNTの合成が可能となり，最近では高純度

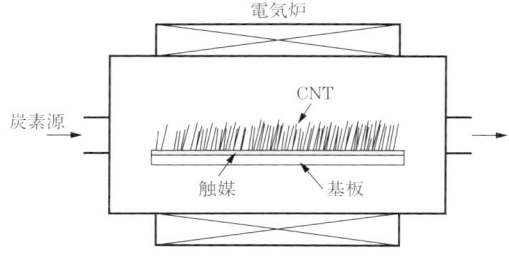

(a) 担持触媒法

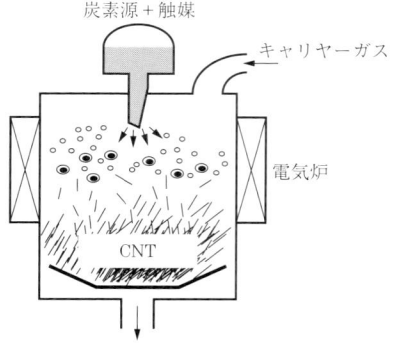

(b) 浮遊触媒法

図1.30 担持触媒法および浮遊触媒法によるCNTの合成方法

1.1 熱分解法

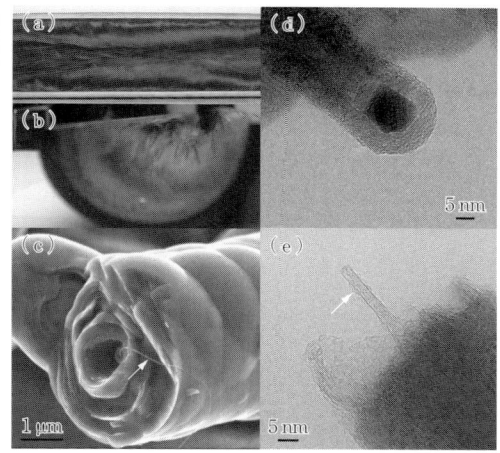

図1.31 (a)(b)セラミックス基板上に成長させたVGCFの光学写真。(c) VGCFのSEM像。芯に存在するCNT(図中矢印)。(d)触媒から成長するCNT。(e) VGCFの核となったSWCNTのTEM像(図中矢印)

で高品質のSWCNTやDWCNTまたはMWCNT合成が可能となっている。担持触媒法を用いたCCVD法の利点としては，ナノチューブを合成するための触媒サイズを制御しやすい点が挙げられる。触媒CCVD法により合成されるCNTと触媒径は密接な関係性があることがいままでの研究経過より明らかになっており，担持触媒法を利用することでSWCNTやDWCNT，またはMWCNTを比較的高純度で合成することが可能である。一般的に用いられるCNTの触媒とは，鉄やニッケル，コバルトまたはモリブデンやそれらの合金などである。また，ナノチューブを触媒から成長させるにはナノメートルスケールで触媒の大きさを調整する必要がある。そのために触媒を担体上に固着安定化させることにより，CNTが成長する際の温度領域における触媒の過凝集による失活が起こりにくくなる。一般的に用いられる担体は，酸化アルミニウムや酸化ケイ素，または酸化マグネシウムやゼオライトなどの粉体や基板などである。触媒活性の高い鉄ナノ粒子などをそれら担体上で高分散させることが可能であり，効率的にCNTを成長させることが可能である。また，基板上に触媒を高密度高分散で担持させれば，CNTが垂直方向に配向しながら成長する。一般的には基板に数nmの鉄を蒸着し，過熱することによりそのナノ微粒子化が高密度で起こることを利用した方法，または触媒溶液に上記の基板上にディップコートやスピンコートすることで皮膜を作り，加熱処理などで触媒粒子を高密度に析出させる方法などが利用される。

最近では，上記のように複雑な触媒合成プロセスを経ないで簡単にかつ効率的にMWCNTを合成する方法も提案されている。例えば，D. S. Suらはイタリアにあるエトナ火山の溶岩石を触媒に用いることで，簡単に効率的にMWCNTやナノファイバーを合成できることを提案した[140]。溶岩石中に含まれる主成分は鉄，ケイ素，アルミニウムなどであり，ナノチューブ合成温度域において鉄触媒がケイ素などに担持され触媒活性を発現すると考えられる。また，遠藤らはガーネット(柘榴石)を触媒に用いることでMWCNTの効率合成に成功している(図1.32)[141]。

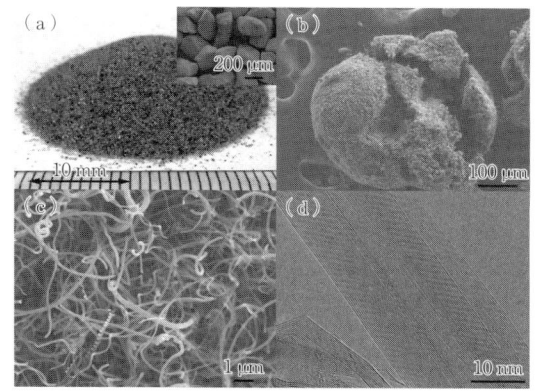

図1.32 (a)天然鉱物であるガーネットの光学写真およびSEM像(右上挿入写真)。(b)(c)ガーネットを触媒にして合成したMWCNTのSEM像，および(d)TEM像。ガーネットから高密度で高結晶CNTが成長していることがわかる。

ガーネットは酸素，マグネシウム，アルミニウム，ケイ素，鉄を主成分としている。硬度の高さから研磨剤や建築分野に利用されることが多く，比較的安価にかつ大量に採掘することができる。ガーネットを空気中1000℃で熱処理することにより，MWCNTの触媒としてさらに効率的に働くことを見い出している。これは鉄がガーネット表面に熱拡散しながら凝集することにより鉄ナノ粒子としてガーネット表面に露出するが，ケイ素などにより担持されているので触媒失活が起こりにくく，MWCNTの触媒として効率的に作用していると考えられる。合成されたMWCNTは図(b)〜(d)に示すように結晶性が高く，かつガーネットの表面を覆うように高効率で成長していることがわかる。また，ガーネットは硬く，密度が高いことから，MWCNTをガーネットから超音波処理で簡単に削ぎ落とすことが可能であり，精製処理が非常に簡単である。合成に利用したガーネットは精製後に再度触媒として利用が可能である。

一般的に担持触媒法で効率的にCNTを合成するには触媒の調製には多くの化学処理や，それらにかかわる装置や技術などが必要である。結果的に合成されるナノチューブのコストにも当然大きく影響する。このように，天然鉱物などをMWCNTの触媒に利用することで複雑なプロセスを省くことができ，CNT合成時のコストなどが大幅に下がる可能性を有している。また，現状ではMWCNTの合成には非常に有用ではあるため，SWCNTやDWCNTの選択合成へと展開されることが今後期待されている。

（3）**DWCNTの合成および物性** SWCNTやMWCNTの物性研究による基礎的な特性の解明やそれらの特徴を利用した電子デバイスなどの応用研究の展開に伴って，2本のSWCNTが同軸入れ子構造をしたDWCNTへの注目が高まっている。DWCNTは直径が1 nm程度と細いことからSWCNTで発現するような量子効果も期待されている。また，内外層のカイラリティの組合せ（内層：外層＝金属：半導体，金属：金属，半導体：半導体，半導体：金属）などに起因したSWCNTとは異なる新機能の発現も期待される。また，SWCNTと比較して熱的にも安定であることが期待されることから，SWCNTで応用が検討されている電子デバイス，エネルギーデバイス，ガス吸蔵材などが同様に期待され，さらに同軸構造に起因した機能を付随させることが考えられる。

現在までに考えられているDWCNTの代表的な合成方法は，アーク放電法[142), 143)]，SWCNTにフラーレンを内包させたピーポッド（peapods）を熱処理することにより得る方法[144)]，CCVD法[145), 146)]がある。特に，ピーポッド熱処理法とCCVD法で得られるDWCNTは，高純度で結晶性も比較的高いサンプルを得られることから世界中で多くの研究者らによって研究されている。

CCVD法によりDWCNTを合成するには担持触媒法がMWCNTの合成と同様に触媒径などを調整しやすく非常に有効であり，合成条件によっては非常に高品質で高純度のサンプルの調製が可能である。一般的に用いられる触媒はSWCNTやMWCNTの合成時に用いられる触媒と同様で，鉄，コバルト，モリブデン，もしくはそれらの合金であり，担体は酸化マグネシウム，酸化アルミニウム，ゼオライトなどである。DWCNT合成条件の最適化と精製処理を組み合わせることで，チューブ径が細く直径分布が狭いDWCNTを高純度で合成することに成功している[146)]。そこでは担体として用いた酸化マグネシウムに鉄を担持させた触媒が利用され，炭素源にはアルゴン希釈したメタンを用いている。またDWCNTの成長を促す調整触媒（酸化アルミニウムにモリブデンを担持させた触媒）を配置することでDWCNTの純度や収率を向上させている（図1.33（a））。

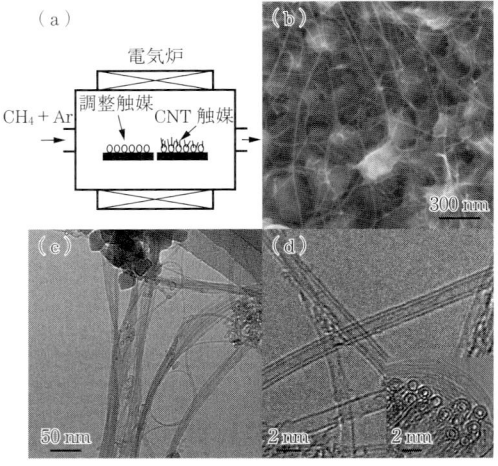

図1.33 （a）調整触媒を利用したDWCNTの合成図。（b）As-grown DWCNTのSEM像，および（c），（d）TEM像。詳細なTEM解析によりDWCNTと同時にSWCNTが成長することがわかる。

合成されるナノチューブはDWCNTが支配的であり，直径分布が非常に狭いために多くがバンドル状態である。しかし，TEMで詳細に観察を行うと，SWCNTが不純物として同時に成長していることがわかる（図（c），（d））。また，低結晶のMWCNTも比較的凝集して大きくなった触媒から成長することがわかっている[147)]。高純度DWCNTを得るには，それらの不純物を除去する必要があるが，DWCNTバンドルの耐酸化特性に優れる特性を利用することで除去可能である。

高温酸化処理を通して不純物として存在するSWCNTや低結晶MWCNTを選択的に酸化除去できる。また，触媒として用いられた，酸化マグネシウムおよび鉄は塩酸処理をすることにより簡単に除去することが可能である。精製処理されたDWCNTは非常に高純度であり，TEMでは粒子状物質などはほとんど観察されない（図1.34（a），（b））。

また，直径分布が非常に狭く，内径は0.8 nm程度と非常に細く，バンドル構造を有していることが顕微鏡観察からわかる（図（c），（d））。また，その断面はDWCNTが三角格子を組んでいることがわかる。得られた高純度DWCNTを溶液中に分散し，ろ過をすることで黒い柔軟性を有したBucky-Paperを作ることが可能であり（図（e）），膜厚を薄くすることにより透明薄膜を作ることも可能である（図（f））。

1.1 熱分解法

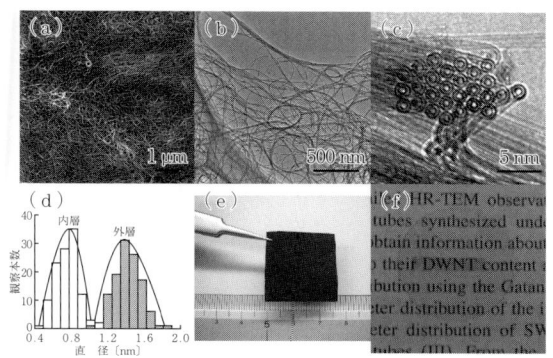

図1.34 (a) 精製処理を施した高純度DWCNTのSEM像,および (b) TEM像。(c) DWCNTバンドルの断面のTEM像。(d) TEM解析によるDWCNTの直径分布。(e) 高純度DWCNTから合成されるBucky-Paperの光学写真。柔軟性を有しており,折り曲げることが可能である。(f) ガラス基板上に堆積させたDWCNT薄膜の光学写真

SWCNTと異なることが提案され,DWCNTではSWCNTと比較してより多くの水素を吸着する結果を得ている[149]。熱重量分析での耐酸化特性を比較した結果が図 (e) である。これからわかるように,DWCNTはSWCNTと比較し200℃程度耐酸化特性が優れている。これはDWCNTの同軸構造に起因し,またバンドル構造の違いも影響していると考えられる。

図 (f) は両サンプルの近赤外蛍光特性比較を示した。DWCNTはSWCNTと同様に,溶液中に単分散させることにより赤外発光特性を有することがわかっている。従来は,DWCNTの内層が蛍光を示すかどうかが議論の対象であった。特に,ピーポッドから合成したDWCNTの蛍光特性が観察されていなかったからである。最近の研究で,ピーポッドから合成したDWCNTは内外層の相互作用が強いこと[150],また内層に存在する構造欠陥が蛍光特性の消失に大きな影響を及ぼしていると提案されている[151]。図 (f) からわかるようにCCVD法で合成したDWCNTの内層はSWCNTと同様にカイラリティに起因するバンドギャップから発光していることがわかる。DWCNTは同軸2層構造に起因する効果によって,内層は外層により保護されているために精製処理プロセスにおける高温酸化処理や,または孤立分散処理における超音波処理などのダメージ,分散剤に用いられる界面活性剤のラッピングによるひずみに対して光学的に安定であることがわかっている[152]。

図1.35はDWCNT,SWCNT (HiPCO) から成るBucky-paperと物性比較した結果である[148]。図 (b) に示すようにラマン分光分析結果ではSWCNTのほうが構造欠陥に起因する1350 cm^{-1}付近のD-bandがより強く現れた。この両サンプルの77Kにおける窒素吸着特性を図 (c) に示す。ここからDWCNTは同等の高いBET比表面積を有しているほか,DFT法による解析では1 nm以下の細孔を有しており,SWCNTとは異なる物性を示す (図 (d))。また,金子らの研究によればDWCNTのバンドル間のポテンシャルは

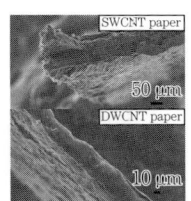

(a) SEMによる観察比較

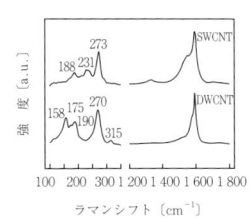

(b) ラマン分光分析結果

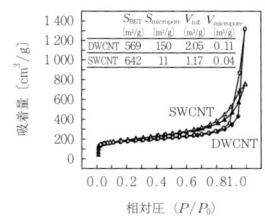

(c) 77Kにおける窒素ガス吸着特性結果

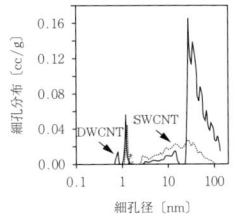

(d) DFT法による細孔径分布結果

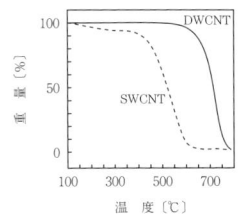

(e) 熱重量酸化特性結果

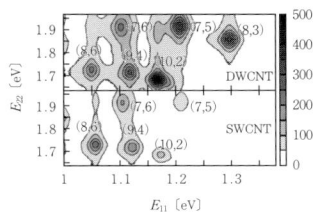

(f) 蛍光特性マッピング結果

図1.35 DWCNT,SWCNTから合成されるBucky-Paperの物性比較

外層による内層の保護機能はフッ素処理のような強力な化学処理においても同様に効果があることがわかっている[153),154)]。図1.36（a）はDWCNTの外層のみがフッ素化されたサンプルのTEM像である。これからわかるように、フッ素処理を施しても同軸2層構造に変化がないことが明らかである。また、ラマン分光分析（図(b)）から、内層に起因するRBMに変化が起きていないことがわかる。蛍光分析結果からも同様に内層からの発光が観察され電子状態が保持され、外層のみの電子状態が変化していることが示唆される[154)]。この知見は各種の複合材料添加材や電子デバイスへの応用が期待される。

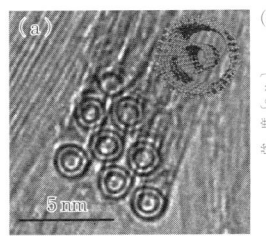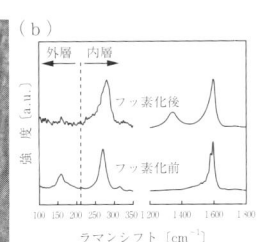

図1.36 （a）外層のみにフッ素化を施したDWCNTのTEM像、および（b）ラマン分光分析結果。フッ素化処理においても同軸2層構造が保たれているが、ラマン分光分析結果では外層に起因するRBMが消失していることがわかる。

以上のような特性からDWCNTは工学的に非常に有用な材料であるといえる。また、SWCNTで応用が考えられているようなアクチュエーターや複合材料、電界放出源、センサー、リチウムイオン電池、キャパシター、バイオマーカーやトランジスターなど多様な応用が考えられる。その同軸2層構造（半導体：半導体、半導体：金属、金属：金属）をさらに利用すれば、SWCNTでは発現しないような機能などを付加させることができると考えられる。

（4） DWCNTの高温熱処理による融合現象

SWCNTは、MWCNTとは異なり、特定の条件下でチューブどうしが接着または直径が増大する特異的な現象が知られている。M. Terronesらの研究では、電子顕微鏡内でSWCNTどうしを融合させ直径を2倍にしたり、交差したSWCNTの接合部を融合させることでX-junction、Y-junction、T-junctionの形態をした3次元SWCNTネットワークの作成など、多彩なナノチューブ構造体を融合現象を介して作る報告がなされている[155),156)]。これらの融合現象はSWCNTを電子顕微鏡内で過熱しながら電子線を照射させたり、または電気炉中で高温過熱することでSWCNTの構造の不安定化を起こさせ、ジッパーが閉じるようにチューブどうしが融合することに起因する。ここでは、構造の安定化が起こる（zipping-mechanism）ことを利用している。

DWCNTにおいても同様に高温熱処理において融合を起こすことが可能である[157)]。しかしながら、DWCNTは同軸構造のためにSWCNTと比較し、熱的に非常に安定であるためSWCNTで融合を起こす以上の温度が必要である。一般的に、SWCNTは1200℃程度から融合が始まると予測されているが、DWCNTでは2000℃以上の高温加熱処理が必要である。図1.37（b）、（c）はDWCNTから構成するBucky-Paperを2100℃でDWCNTを加熱処理した際の融合部の断面TEM像である。1本の大きな直径のSWCNTに2本のSWCNTが存在していることがわかる（Bi-Cable）（図(b)）。より径が小さい内層（1nm以下）が融合せずに安定化する点が特異である。Bi-Cable構造は、従来のDWCNTとは異なり、内包するSWCNTの組合せが考えられる。つまり金属：金属、金属：半導体、半導体：半導体である。この組合せによりBi-Cableの特性が大きく変化することが考えられる。また、最終的には図(c)のようにBi-Cableの2本のSWCNTどうしが融合することで、層間距離に偏りが生じることがTEM像からわかる[158)]。このように2本のDWCNTからBi-Cable構造を通じて直径の大きなDWCNTになることで構造が安定化するが、層間距離に偏りが見られるDWCNTが観察されるこ

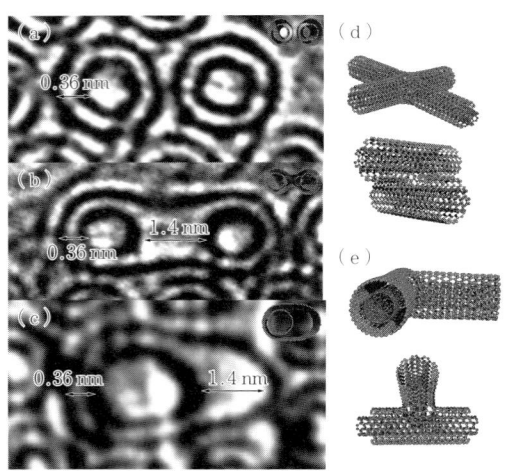

図1.37 （a）DWCNTの融合前の断面TEM像。（b）2100℃でDWCNTの外層どうしを融合させたBi-Cableの断面TEM像。（c）Bi-Cable内の2本のSWCNTが融合したのちに、偏った層間距離を有するDWCNT断面TEM像。（d）DWCNTの融合から形成が予想されるX-junctionおよび（e）T-Junctionの構造モデル

とは非常にまれである。つまり最終的には，炭素原子の再配列などの構造の安定化がさらに進み，層間距離に偏りのない DWCNT への構造変化が進むと予想される。

また，これらの DWCNT 間での融合現象はホウ素とともに熱処理を施すことで加速されることがわかっている[159]。融合開始温度を 1 400℃ 程度まで下げることが可能であり，その原因としてはバンドル間の interstitial site に入りこんだホウ素原子がチューブどうしをつなぐ役目を果たすためであると考えられている。

また，DWCNT においても融合現象を介して図（d），（e）に示したような X-junction や T-junction 構造が作れることが予想されるが，いまだそのような報告がない。今後，それらの可能性の検討や，また接合部がどのような構造そして特性を有するかが非常に興味深い課題である。また，DWCNT 膜内でより低温で効率的に3次元ネットワーク化を起こすことができれば，その伝導特性や機械的強度などの飛躍的向上が予測され，DWCNT のさらなる応用が広まることが期待される。

（5）まとめ　担持触媒法を利用した触媒 CCVD 法による MWCNT および DWCNT の合成，そして DWCNT の物性の一部を紹介した。担持触媒法は CNT を低コストで量産可能であり，また触媒粒径など比較的容易に制御しやすいことから，SWCNT，DWCNT または MWCNT の高純度合成法としてさらなる発展をして確立されつつある。しかしながら厳密な CNT の成長メカニズムなどが未解明であり，解明されればその原理を利用した新しい合成法の展開も考えられる。DWCNT の成長メカニズムに関しても未解明な点が多い。例えば，特定の条件下での優先的成長の要因や，内外層の成長速度の違い，また成長時における内外層のカイラリティの組合せや層間相互作用など未解明な点が多く，今後の展開が期待される。一方，DWCNT はその高純度合成法の開発に伴い，基礎物性が着実に解明されつつあり，基礎研究と応用研究の両方が連携しつつ進展することに期待したい。

〔7〕流動触媒法による MWCNT と SWCNT の合成

（1）はじめに　CNT の量産技術である CVD には，使用される触媒の観点で分類すると大きく2種類に分けられる。触媒を担持させた基板や担体から成長させるのが担持触媒法（1.1.1〔6〕参照）と呼ばれるのに対し，基板や担体を用いずに気相中に流動させた触媒から成長させるのが，ここで紹介する流動触媒法（floating catalyst method）である。現在市販されている CNT の多くが，設備投資が安くプロセス条件範囲が広いという利点をもつ担持触媒法を採用しているが，一方で担持触媒法には一般に下記の問題点が挙げられる。

① 触媒がつねに高温の反応器にあるためオストワルド熟成などの影響を受けて粒度分布が広がりやすく，生成する CNT の品質（直径や長さ，結晶性など）における基板平面内や反応器内でのばらつきが大きくなりやすい[160]。
② 一連の合成操作や，生成する CNT の基板や担体からの分離回収を連続化することが困難である。
③ 製造時に合成される CNT よりはるかに大量に必要となる基板や担体のコスト的問題がある。

これらの問題はこれまでのさまざまな技術開発によってある程度は改善されつつあるものの，本質的に基板や担体を用いた方法では解決が難しい課題も多い。一方，流動触媒法はプロセス条件範囲が狭いなどまだまだ克服すべき課題が多いものの，触媒を反応器内に浮遊させ気相で反応させて CNT を合成し，CNT はそのまま流動させて反応器外に排出され回収されるため，製造プロセスの連続化がしやすいという利点が特徴である。つねに新しい触媒が反応器内に供給され，その触媒は比較的に短時間で反応系外に出るため，均一な触媒供給をすることができれば生成する CNT の品質におけるばらつきも抑えられると考えられる。ここでは，この流動触媒法のルーツから，流動触媒法による MWCNT および SWCNT 合成技術開発の概要，さらには最近開発された流動触媒法の一種である改良直噴熱分解合成法（enhanced direct injection pyrolytic synthesis method）による高品質の SWCNT 合成や直径制御合成に関して概要を紹介する。

（2）流動触媒法のルーツ　流動触媒法による CNT 合成のルーツを求めると，VGCF（気相成長炭素繊維）の製造方法を示す二つの古い特許文献へとたどり着く。現在では VGCF と MWCNT を区別することは難しくなっているが，ここでは仮に直径が 0.1 μm 以上の炭素繊維を VGCF，直径が 0.1 μm 未満で中空構造を有する炭素繊維を MWCNT と定義する。さて，上記流動触媒法のルーツのうちの一つは，日機装（株）の荒川が発明した方法である[161]。1983 年に出願されている特許によると

① 有機遷移金属化合物（フェロセンなど）
② 硫黄化合物を含むキャリヤーガス（チオフェンを含む水素など）
③ 有機化合物（ベンゼンなど）

の三つの構成要素をすべて混合ガス化して，連続的に横型の反応器（図 1.38）に導入し，それらを同時に

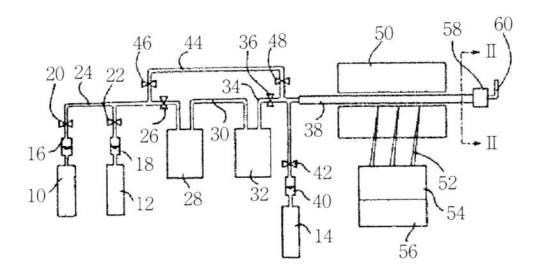

10, 12, 14…ガスボンベ, 16, 18, 40…流量計, 20, 22, 26, 36, 42, 46, 48…バルブ, 24, 30, 34, 44……ステンレスパイプ, 28, 32……ガス発生器, 38……反応管（第1), 50…電気炉, 52…熱電対, 54…3回路PID温度制御器, 56…温度記録計, 58…ステンレス繊維フィルタ, 60…排気パイプ

図1.38 日機装(株)のVGCF製造技術の特許[161]にある装置図

熱分解させることによって気相でVGCFを製造する方法が示されている。のちに日機装(株)は上記と同様の方法で外径が25 nm以下の比較的細いMWCNT製造に関して量産技術を開発し，2001年の段階で生産能力500 g/h，年産4 tのレベルに達したと発表している。2009年にCNTの製造技術としての特許[162]も成立させている。

もう一つのルーツは，信州大学の小山・小沼によって1960年代に開発された担持触媒法によるVGCF製造[163]を発展させた遠藤・小山の1982年出願の特許[164]である。これによると触媒として鉄などの超微粉末をエタノールに懸濁させ，ベンゼンを含有する水素ガスなどの炭化水素含有キャリヤーガスを流通させた反応器（**図1.39**）に上記懸濁液を断続的に噴霧して気相中で直径0.1 μm程度のVGCFを製造する方法が示されている。その後，遠藤らは，有名な1991年の飯島によるCNT発見に関する報告後に，VGCFの中にもCNTと類似の構造で直径が数nmの超極細炭素繊維が存在することを報告しており[165]，VGCF製造技術を基にしてCNTが合成される可能性を示したと

いえる。

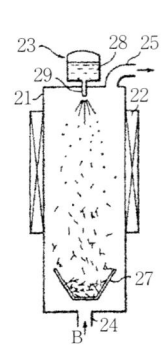

（3）**VGCFからMWCNTへ** 筆者らは上記のVGCF製造に用いられてきた流動触媒法によるCNT合成の可能性に着目し，アーク放電法やレーザーアブレーション法に比べて高純度，高収率かつ低コストであることからこの方法によってCNTの大量生産が可能になると考えて，まずはMWCNTの流動触媒法による合成基礎研究を1997年からスタートした。

VGCFの合成研究成果を検討すると，MWCNTの合成因子として，① 反応温度，② 触媒となるフェロセンやチオフェンの濃度，③ 原料となる炭化水素の導入量，④ キャリヤーガスとなる水素の流量などが重要と考えられた。

工業化のためにはこれらの因子の影響の定量的把握と，物質収支や反応速度などの工学的データが必要になる。そこで筆者らは，原料投入量と原料の反応領域での濃度を広範囲かつ正確に設定できる**図1.40**に示すような気化器を備えた合成装置を開発した。ベンゼンにフェロセンおよびチオフェンを溶かした溶液を原料として気化器に導入することによっておもに100 nmよりも細い直径のMWCNTの合成実験を行い，上記工学的データの取得を試みた。詳細は文献166)に譲るとして，結果の概要としては直径22～115 nmのMWCNTが得られ，収率は直径が大きくなるのに伴って急激に増加することが明らかとなった（直径～4倍で炭素収率～7倍）。また反応時間が長くベンゼン濃度が高いほど直径が大きくなっていたことから，反応時間が延びるに従って直径方向への成長，すなわち多層化が進んでおり，この多層化はベンゼンが分解して生じる炭素の析出によるものと考えられる。逆にいうと，これらの結果は直径の細いMWCNT（あるいは

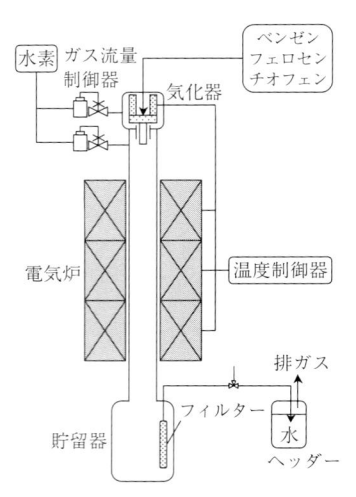

21…反応管, 22…加熱ヒータ, 23…スプレー, 24…入口管, 25…出口管, 27…捕集用受皿, 28…超微粉末を懸濁した揮発性媒体, 29…ノズル

図1.39 信州大学のVGCF製造技術の特許[164]にある装置図

図1.40 気化器を備えたMWCNT合成装置図[166]

SWCNT）合成においては収率が著しく減少するという問題点も示唆している。

これらの触媒や反応操作条件などについての基礎研究に基づいて，通商産業省（現 経済産業省）が1998年～2001年に大量生産の可能性を実証するために実施したフロンティアカーボンテクノロジー（FCT）プロジェクトにおいて，（独）産業技術総合研究所と昭和電工（株）は共同で大型連続式反応試験装置のパイロットプラントの開発を行った。その結果，1時間当り最大200gのMWCNTを生産できることを確認した。流動触媒法は連続的かつ基板や担体なしでCNTを合成することが可能であり，反応プロセス的にはスケールアップも比較的容易であるため量産技術としても期待できる。

（4）多層から単層へ——流動触媒法によるSWCNT合成—— 流動触媒法によるSWCNTの合成に関する最初の報告は，筆者の知るかぎり1998年のH. M. Chengらによるものである[167]。彼らは，信州大学の遠藤らが1985年に報告しているVGCFの合成実験[168]に用いたものとほぼ同じ構造の反応器により，フェロセンとチオフェンを触媒前駆体としてベンゼンの熱分解でSWCNTを合成し，レーザーアブレーション法やアーク放電法などの方法に比べて高純度・高収率かつ低コストであることを報告した。その後も用いる炭素源や触媒の種類，それらの導入方法などの点でさまざまな流動触媒法によるSWCNT合成[169)~173)]や，あるいは流動触媒法によって合成したSWCNTの直接紡糸に関する報告[174]などがなされてきた。中でも特に有名な方法としては，一酸化炭素と鉄カルボニルを炭素源と触媒前駆体として用い，原料を高圧で反応器内に導入するP. Nikolaevらの方法[169]で（**図1.41**），このHiPco法（high-pressure carbonmonooxide process）と呼ばれる方法で製造されたSWCNTは2010年現在でも米国Unidym社から市販されている。

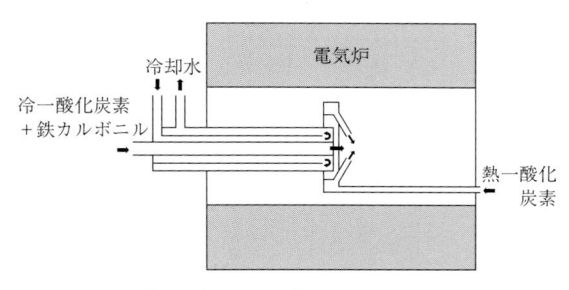

図1.41 一酸化炭素ガスを原料にしたSWCNT合成装置図

また，筆者らも2001年にはMWCNTと同様に縦型の反応器を用いた流動触媒法によるSWCNT合成に成功している[171]。SWCNT合成ではMWCNT合成装置とは異なり，気化器ではなく直接スプレーで触媒（あるいは触媒前駆体）および反応促進剤を含む炭化水素系の溶液を霧状にして高温の加熱炉に導入する方式を採用したため，筆者らはこの方法を直噴熱分解合成（direct injection pyrolytic synthesis, DIPS）法と名づけた[175]。原料を直接スプレーして導入することから原料が液状であれば反応させることができ，また原料調製段階の組成比のままで反応を行うことができるDIPS法は，触媒探索や反応の解析が可能である点において従来の気化器方式に比べて優れている。したがって，触媒としてフェロセン[176]や逆ミセル法で調製した金属超微粒子触媒[171]，逆ミセルそのものを利用したナノカプセル型触媒[177]などさまざまな形態の触媒を検討することが可能になった。筆者らはこのDIPS法の広い触媒適用性を利用して，原料液中における触媒の高濃度化によってSWCNT合成のスループット向上や，触媒金属組成の広範囲な検討から三元系触媒を用いることによって収率が飛躍的に向上することなどを報告してきた[177]。

（5）流動触媒法によるCNT合成の進化と今後の展開 SWCNTは，その分子構造によって金属的にも半導体的にもなるなど電気的・機械的・光学的にさまざまな物性をとり得る。このことに起因して広範囲の分野への応用に適用できると考えられることから，究極的なCNT素材と期待されている。しかしながら，実際のSWCNT試料はいろいろな構造（特性）の混合物であるため，ある特定の優れた特性を前提にして応用開発するには，構造の均一なSWCNTの作り分け技術や分離精製技術の確立が，量産技術と並んで重要な課題となっている。筆者らは中でも構造パラメーターの一つとしてバンドギャップと密接に関連する「直径」を調節・制御できるような精密合成法を可能とする新しい流動触媒法による合成プロセスを開発した（**図1.42**）。反応器の形状などにおいて従来のDIPS法を改良していることから，この新規合成プロセスをeDIPS（enhanced DIPS）法と呼んでいる[176]。従来のDIPS法では触媒を溶解させた原料液の主成分である有機溶媒を炭素源として用いてきたが，このeDIPS法の特徴は，キャリヤーガスである水素中にも第2の炭素源として別の炭化水素を混合導入しており，おもにこの第2炭素源の量によって反応炉中の状態をSWCNT合成に最適な状態にコントロールして触媒利用効率を大幅に改善し，純度（～97.5％）や結晶性（G/D比～200）の向上に成功した[178]。さらに，このeDIPS法ではおもに第2炭素源の量を制御するだけでその平均直径を精密に制御することが可能となってき

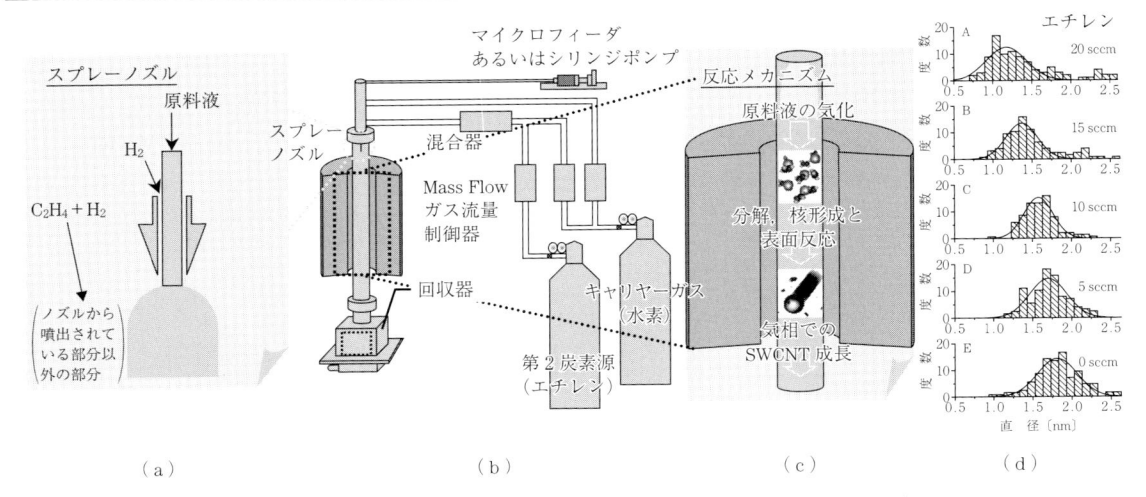

図1.42 eDIPS法のSWCNT合成装置概略図（b）および第2炭素源（エチレン）の流量制御（b）による直径制御性を示すヒストグラム（d）

た[176), 179)]。その直径分布はレーザーアブレーション法などで合成されたものに比べて、まだまだ広いことなどが今後の課題として残されている。

今後、SWCNTの合成においては単なる量産性だけではなく、上記のように産業応用の面できわめて重要である直径制御合成や、さらには金属・半導体選択合成、カイラリティ選択合成といった選択的合成技術の確立が求められている。そのような高度で精密な合成技術が開発されれば、基礎的にも応用的にもSWCNT研究開発が一段と進歩するであろう。流動触媒法による合成技術開発の今後の進展とさらなる進化に伴って、飛躍的なCNTの応用展開が期待される。

1.1.2 プラズマCVD
〔1〕 CNT合成へのプラズマ応用

（1） **SWCNT成長** プラズマCVDがCNT合成分野に利用された初期の最も有名な例はZ. F. Renらによる MWCNT の孤立垂直配向成長[180)]である。それまで、乱雑な成長のみが報告されていたCNT合成分野において、成長方向制御の可能性を示した彼らの研究の先駆的役割はきわめて大きい。しかしながら、プラズマ制御性の困難さが故に、MWCNTに比べより多くの応用の可能性が期待されているSWCNTの合成に関しては長く実現されてこなかった。筆者らのグループは、SWCNT成長に必要不可欠である微小触媒金属が従来までのプラズマ中では安定に存在できない点がプラズマCVDを利用した際にSWCNTが成長できない最大の理由ではないかという点に着目し、成長中プラズマパラメーター制御の重要性にいち早く着目した。このような着想のもと、プラズマ中の電子温度を極端に低下させることができるプラズマ拡散領域を利用し、成長時の基板に入射するイオンエネルギーを極端に低下させることでプラズマCVDによるSWCNT成長に世界で初めて成功した[181)]。

（2） **孤立垂直配向成長** プラズマCVDの大きな特徴の一つがCNTを1本1本独立に基板垂直方向に配列成長させることができるという点である。前述のZ. F. Renらの報告にもあるようにプラズマのシース電場によりCNT個々が電場方向に配向するというモデルがなされてはいたが、詳細な配向物理モデルに関しては不明のままであった。これに対して筆者らのグループでは、プラズマCVDにより成長したSWCNTが基板表面から1本1本が孤立した状態で、かつ垂直方向に配向成長することを明らかにし（図1.43（a）～（d））、この物理モデルに関する詳細な検討を行った。

SWCNTの分極率には軸方向と直径方向で大きな違いがあり、軸方向分極率がきわめて大きいということが理論的に知られている。このように高い分極率を持つ1次元ワイヤーの場合、外部から電場を印加することで、SWCNT軸方向に大きな双極子モーメントが発生する。一般に、双極子モーメントは外部電場に対して平行となる場合に最もエネルギーが安定となることが知られている。プラズマシース電場は、つねに基板表面に対して垂直方向に印加されるため、このシース電場方向とSWCNT軸方向が平行となるようにSWCNTが成長したと考えられる。一方で、成長は600～700℃の温度条件で行われるため、当然この熱エネルギー由来の配向を乱す乱雑運動の効果を考える必要がある。そこで、実際にSWCNTが成長した状態で

1.1 熱分解法

(a) SEM像

(b) TEM像

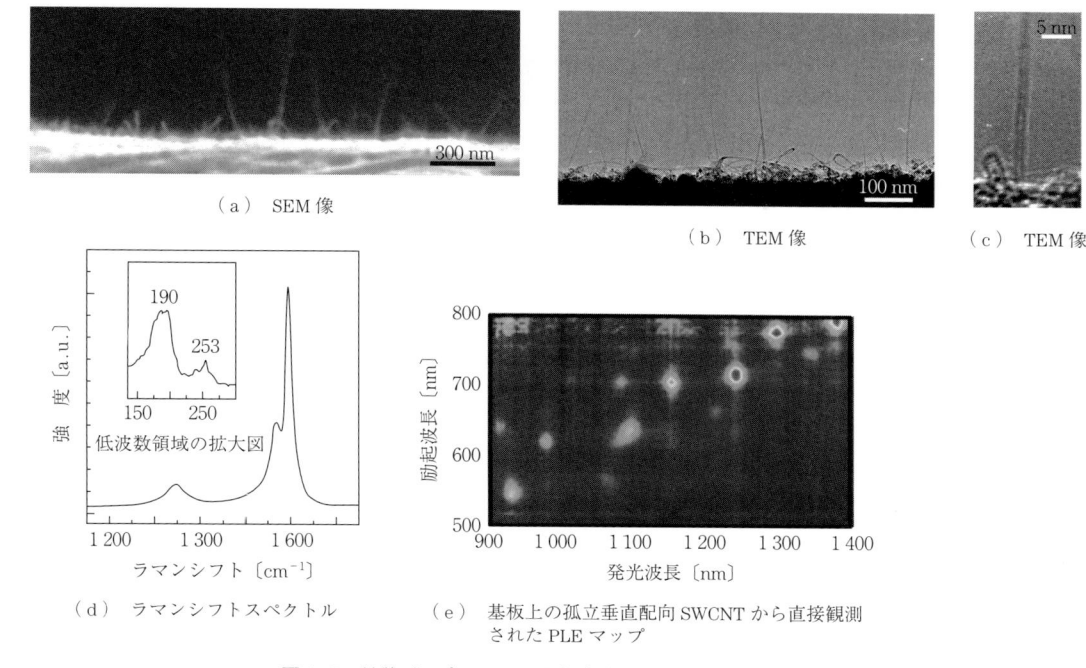

(c) TEM像

(d) ラマンシフトスペクトル

(e) 基板上の孤立垂直配向SWCNTから直接観測されたPLEマップ

図1.43 拡散プラズマCVDにより成長した孤立垂直配向SWCNT

のプラズマ中の電子密度,電子温度,空間電位,浮遊電位等各種プラズマパラメーターを高周波補償ラングミュアプローブ法で測定し,シース電場強度を算出し,それによりSWCNTに発生する配向に使われる回転エネルギーと配向を乱す熱エネルギーの大小関係を比較した。その結果,シース電場由来の回転エネルギーが熱エネルギーに比べ十分大きいことが明らかとなった。つまり,このような"回転エネルギー＞熱エネルギー"という関係を満たすプラズマ条件で成長したSWCNTが孤立垂直配向形状をとるということが明らかとなった[182),183)]。

さらに,このように個々が独立した状態で配向しているSWCNTにおいては,成長したままの状態で蛍光-励起(photoluminescence-excitation, PLE)測定が可能であることが筆者らの実験により明らかとなった(図1.43(e))。興味深いことに,この孤立垂直配向SWCNTの蛍光特性に関して,完全孤立状態から数本の束状状態へ移行する過程において,蛍光強度の増大現象という物理現象が観測された[184)]。このように,SWCNT1本1本が独立して基板垂直方向に配向成長している本試料は,光学分野においてきわめて興味深い研究対象となっている。

(3) 低温成長 プラズマCVDのもう一つの利点として注目されているのが合成温度の低温化である。原料ガスを熱エネルギーにより解離する一般的な熱CVDに比べ,電子の運動エネルギーにより電離・解離するプラズマCVDの場合は,成長温度を極端に低下させることができる。MWCNTの場合では結晶性に若干の問題があるものの,120℃まで成長温度を低下させることができるということが報告されている[185)]。また,SWCNTに関しても,450℃以下までの低温化が実現されている[186)]。このような低温化が進むに従い,低融点材料へのCNTの直接合成が可能となることから,CNT利用エレクトロニクスの実現にはきわめて重要な貢献が期待される技術である。

(4) 成長機構 一般的な熱CVDに比べ制御パラメーターが格段に多いプラズマCVDの場合,SWCNT成長条件がきわめて複雑化している。このため,各装置固有の成長条件は導き出せるものの,普遍的な理解に到達することが困難である。そこで筆者らは,各種プラズマ条件におけるSWCNTの成長状態を系統的に調査することで,プラズマCVD中SWCNT成長に関する普遍的理解を目的とした成長量(I_G:規格化したラマン散乱中のG-bandの絶対強度を利用して成長量を定義した)の時間(t_g)変化に関する成長方程式の導出を試みた。あるプラズマ条件では通常の熱CVD同様の成長時間の増加に伴って成長量も増加する変化(**図1.44(a)**)を示すのに対し,プラズマ条件を変化させることで,存在量がある一定時間以降で急激に減少する(図(b))という現象が確認され

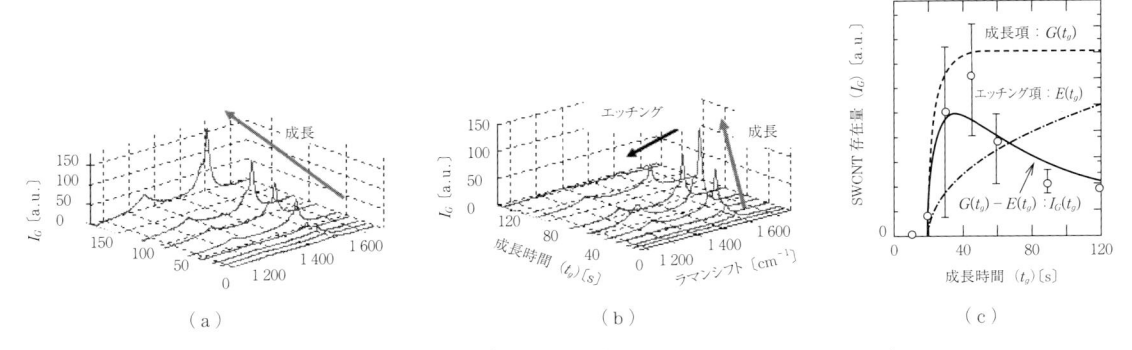

図1.44 (a), (b) 異なるプラズマ条件下で成長した SWCNT のラマンスペクトルの成長時間依存性。(c) I_G の成長時間依存性に関する,実験値と理論曲線の比較

た。このような変化は,これまで熱 CVD で報告されていたような成長方程式では表現することができない。そこで,この成長方程式に成長量を減少させるエッチングの効果を導入した。

エッチング反応は,エッチング物質が SWCNT 側面に吸着して生じると考えられるため,筆者らはエッチング項をラングミュアの吸着等温式を用いて表現した。その結果,実験結果をきわめてよく再現できる方程式の導入に成功した(図(c))[187]。この方程式中にはいくつかのフィッティングパラメーターが含まれており,さまざまな条件下で行った成長量-成長時間依存性の実験結果を,この導出した拡張成長方程式でフィッティングすることにより,フィッティングパラメーターの成長条件依存性を求めることができる。このフィッティングパラメーターは物理的に,触媒寿命,エッチング係数などを反映していると考えられるため,これらの SWCNT 成長に関する重要な情報の成長条件依存性が定量的に評価可能である。一例として,成長時に基板に入射するイオンエネルギーを変化させて実験を行った結果を述べると,高イオンエネルギー(>50 eV)領域においてはイオンエネルギーの増大に伴い,エッチング係数も増加する結果が得られたが,一方で,ある特定の低イオンエネルギー(〜5 eV)条件において特異的にエッチング反応が進むことも明らかとなった。この入射イオンと SWCNT 中炭素原子の質量差に起因するエネルギー変換効率を考慮に入れると,実験で得られたエッチングエネルギーの違いは SWCNT 中の炭素をたたき出す欠陥と炭素原子間のボンドを切る欠陥という異なる欠陥導入機構によるものと理解している[187]。

(5) 半導体優先成長 プラズマ CVD の可能性として大きく注目を集めているのが,電気特性制御である。2004 年に H. Dai らはプラズマ CVD による半導体 SWCNT の優先的成長[188]を報告した。その後,同様の報告がいくつか報告されている[189]〜[191]。また,ごく最近,熱 CVD においてもある特殊な条件下で半導体 SWCNT が優先的に成長するという報告がなされた[192]。しかしながら,これらの現象の統一的理解はまだ実現されていない。この半導体 SWCNT の優先成長に関して筆者らは,これまでの報告例は,金属 SWCNT に対する選択的欠陥導入により説明可能であると考えている(**表1.3**)。金属 SWCNT への欠陥導入に関して

① 金属 SWCNT 全体が完全にエッチングされる[188), 189), 192]。

② 金属 SWCNT が部分的にエッチングされる[190]

表1.3 異なるエッチング強度においてプラズマ CVD 成長した SWCNT の特徴

エッチング作用	SWCNT 成長とエッチングの関係	電気特性	光学特性
強	金属 SWCNT 全体が選択的に完全に除去されている[188), 189), 192]。	・FET オフ電流の減少 ・オンオフ比の増加 ・半導体的デバイス割合の増加	半導体 SWCNT のみの信号が現れ,金属 SWCNT の信号は現れない。
中	金属 SWCNT が部分的に除去され,電極間の電気伝導には寄与しない程度残留している[190]。	・オフ電流の減少 ・オンオフ比の増加 ・半導体的デバイス割合の増加	半導体 SWCNT,金属 SWCNT どちらの信号も現れる。
弱	金属 SWCNT のごく一部に欠陥が導入されることで,擬似的に半導体的に振る舞う[191]。	・オフ電流の減少 ・オンオフ比の増加 ・半導体的デバイス割合の増加	半導体 SWCNT,金属 SWCNT どちらの信号も現れる。

③ 局所的に導入された欠陥により金属 SWCNT が半導体的に変化する[191]

という三つの可能性が考えられる。

一般的に，半導体 SWCNT の優先成長に関する評価は，電界効果トランジスター（FET）構造を利用した電気的評価とラマン分光分析や光吸収分光分析などの光学的測定の組合せで行われる。①の場合では，電気的，および光学的どちらの測定においても半導体 SWCNT のみの信号が観測される。②，③の場合，電気的評価では半導体的 SWCNT の特性が支配的となるが，光学的測定では金属 SWCNT の存在も確認される。これは単純に測定領域の違いに由来しており，電気特性では，電極間を架橋していない金属 SWCNT は電気伝導に寄与しないと考えられ，金属 SWCNT の存在を示す信号としては現れない。これに対し，光学測定では測定領域（最小〜$1\,\mu m^2$）に金属 SWCNT の存在量に比例した信号強度が現れる。現状では，完全な半導体 SWCNT のみの優先成長①を実現している実験例は数少なく，これら①と②，③の実験条件などの違いを精密に明らかにしていくことで，真の半導体 SWCNT の選択成長が実現できると考えられる。また，金属 SWCNT の選択合成に関しては，触媒前処理条件を工夫した熱 CVD 法により，ある程度の金属 SWCNT 優先成長の実現がごく近年に報告されている[193]。

（6）カイラリティ制御 プラズマ CVD に限らずどの合成法においても SWCNT のカイラリティを精密に制御することは，きわめて重要な課題であるがいまだに実現されていない。このカイラリティ制御に向けた第1段階として，試料内に含まれる SWCNT のカイラリティのばらつきを抑制するという取組みが現在では一般的である。カイラリティ分布を狭める手法としては，成長した試料から特定のカイラリティを化学的手法により選択抽出する方法と，成長時に直接作り分ける方法の2種類がある。前者ではかなりの高純度分離が実現しつつあるが，分離時に利用する界面活性剤，DNA などが不純物として残留する問題や，分離プロセス時に欠陥が導入されるなどの問題がある。一方，直接成長法では，原理的に基板上の任意の場所に成長可能であるためデバイス応用に直結するという利点がある。直接成長法によるカイラリティ分布制御はいくつか報告されている。最も有名なものが Co と Mo の混合触媒を利用した CoMoCat 法[194]である。ほかにも，FeCo[195]，FeRu[196]，NiFe[197]などの触媒によりある程度のカイラリティ分布制御が実現されているが，興味深いことに，これらはすべて強磁性特性を有するいわゆる磁性金属触媒に限られた報告である。これに対して非磁性的特性を持つ触媒からの SWCNT 成長は近年実現されているが[198〜200]，それらはすべて熱 CVD により行われている点，カイラリティ分布制御などの詳細な構造制御が実現されていない点など解決すべき問題が多く残されている。磁性触媒金属混入のない SWCNT は SWCNT 本来の磁気特性を明らかにする上で非常に重要であり，また理論研究が先行している磁気特性のカイラリティ依存性などを実験的に明らかにする上では，非磁性触媒から成長した SWCNT のカイラリティ分布制御はきわめて重要な課題である。

筆者らのグループは，非磁性金属である金触媒に注目して，その SWCNT 成長とカイラリティ分布制御をプラズマ手法の観点から取り組んだ。その結果，まず触媒サイズを微小化することでプラズマ CVD を用いた非磁性触媒金属からの SWCNT 成長に初めて成功した[201]。また，成長時の水素導入量を調整することで，(6,5) のカイラリティが支配的なカイラリティ分布の狭い SWCNT 成長に成功した（**図 1.45**）。

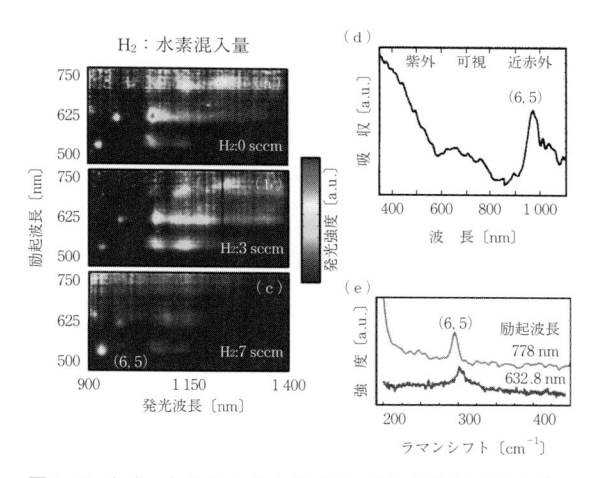

図 1.45 （a）〜（c）異なる水素（H_2）混入条件下でプラズマ CVD 成長した SWCNT の PLE マップ。（d），（e）水素混入量 7 sccm で成長した SWCNT の（d）紫外−可視−近赤外光吸収スペクトルと（e）2種類の励起波長で測定したラマンスペクトルの低波数領域

前述したように，非磁性触媒金属からのカイラリティ分布の狭い SWCNT 成長は筆者らが最初の報告例である[202]。詳細な比較対照実験を行った結果，金触媒で微量の水素を添加したプラズマ CVD でのみこのようなカイラリティ分布の狭い SWCNT 成長が実現されることが明らかとなった。成長温度が比較的高く，SWCNT の成長までの開始時間が長い熱 CVD の場合には，触媒サイズが凝集により増加してしまいカイラリティのばらつきを増大させると考えられる。また金の本質的効果としては，炭素との結合エネルギーが他

の一般的な磁性金属触媒に比べ小さく，これにより細いSWCNT成長が促進され，さらにキャップ構造の安定性から，細いSWCNT内で（6,5）SWCNTが支配的に成長したと考えている。一方，ごく最近，磁性触媒を用いた場合においても，プラズマによりSWCNT成長時間を制御することにより，カイラリティ分布の狭いSWCNTの合成に成功している[203]。

〔2〕 **リモートプラズマCVD法による高密度・長尺CNTの垂直成長**

（1） **先端放電型リモートプラズマ法による長尺CNTの成長** 電子衝撃や高温状態で炭化水素分子あるいはグラファイトを原子状に炭素原子に分解し，これが空間中あるいは固体表面に存在する金属触媒微粒子と反応し，CNTが形成する。アーク放電法[204]やレーザーアブレーション法[205]により高品質のSWCNTが作製される。この場合，触媒金属は空間中に存在し，CNTは空間で成長する。これが堆積し，形成されたCNTは綿のように存在する。しかし，これでは，CNTを束ねる配線やヒートスプレッダーの応用には使用できない。固体表面と密着した成長にしたのが，CVD法である。炭化水素ガス，特にアセチレンあるいはアルコール[206]を熱分解し，炭素原子または前駆体を形成し，それが基板表面の触媒に到達し，CNTが合成される。これは熱CVD法と呼ばれる。一方，炭化水素ガスの分解をプラズマ中の電子衝撃によって行うものを特にプラズマCVD法と呼ぶ。熱分解のための熱源の代わりに放電を利用するところが，熱CVD法との違いである。放電によって生じた原子状炭素が移動して基板の触媒に到達し，CNTが形成される。プラズマCVDの気圧は，大気圧の1/10以下の気圧であり，ガス密度は低いが，原子状炭素の濃度は大気圧と同等以上に高くすることも可能である。大気圧での熱CVDとの相違は，気圧が低いため，衝突による原子状炭素が失われず，解離箇所から十分に長い距離移動ができるため，同フラックスの環境下で基板を低温に維持できる。これにより，熱CVDよりも200℃程度は低い温度で成膜が可能となる。これがプラズマCVD法の利点である。

一般にプラズマ法の場合，原子状炭素あるいは前駆体の濃度が大気圧のCVDと比べ低く，成長速度は非常に遅い。先端放電型リモートプラズマCVDと呼ばれる方法では10^{-1}気圧での動作でも，熱CVDの大気圧と同等レベルで高密度の原子状炭素が存在する。また，10^{-1}気圧という圧力は，通常プラズマ形成に利用される$10^{-3} \sim 10^{-5}$気圧よりも高く，加速されたイオンの到達が抑制され，成長中のCNTへのダメージが抑制される。先端放電型マイクロ波プラズマCVD装置の写真と概略を**図1.46**に示す[207], [208]。特徴は，反応（真空）チャンバー内にアンテナがあり，アンテナの先端にプラズマを固定するためのマイクロ波の定在波の腹（電界強度最大の位置）をアンテナ先端に位置させる（開放端）。このため50W以下の低電力から放電可能である。放電形式はアーク放電の一種である。プラズマがアンテナ先端に固定され，放電領域は基板の移動とは独立である。つまり，基板ホルダーによって基板とプラズマの距離を自由に変えることができる。基板に負のバイアスを10〜20V印加した場合でも基板にはイオン電流が流れないことから，イオンは基板に到達していない。つまりラジカルだけが基板に到達できる，完全リモート条件が得られる。

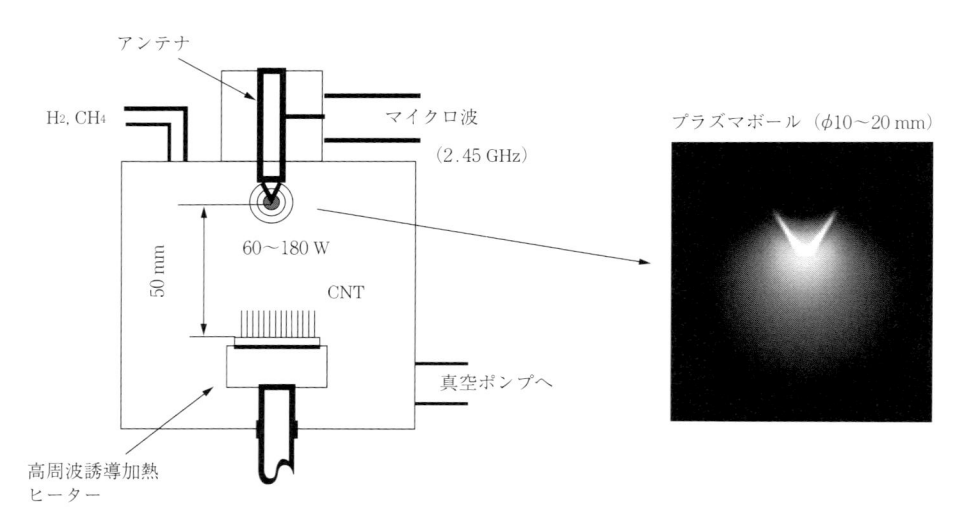

図1.46 先端放電型マイクロ波プラズマCVD装置の概略図

1.1 熱分解法

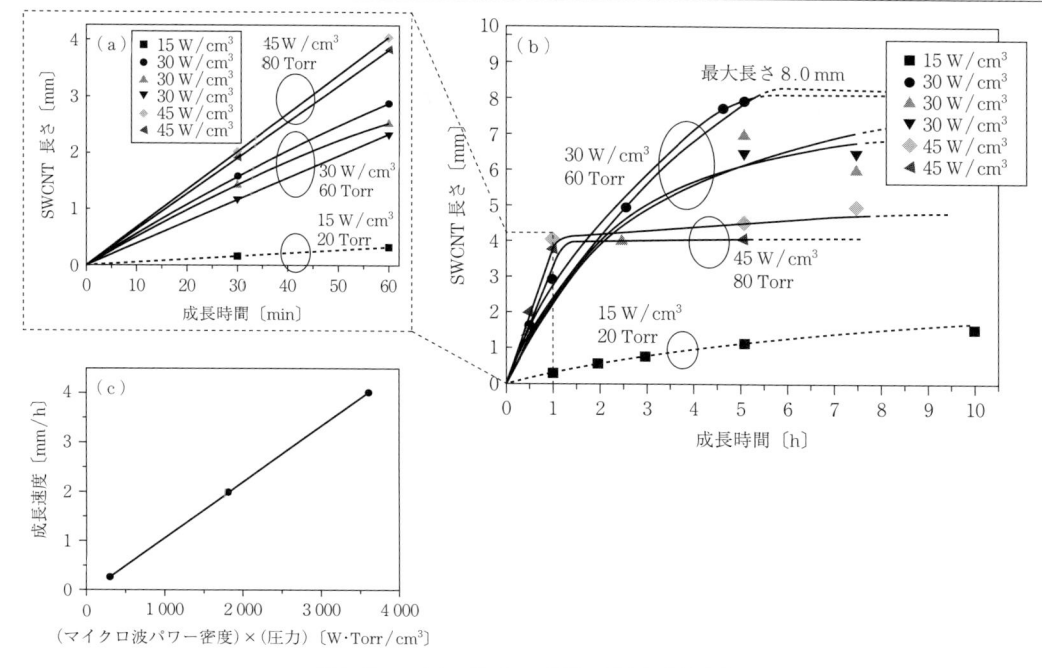

図 1.47 マイクロ波パワー密度，圧力と成長速度

成長速度は炭素ラジカルの密度に依存すると考えられる。現在のところ，CNT 成長中の正確な炭素ラジカル密度は十分にわかっていないが，1×10^{10}〜$1\times10^{12}\,cm^{-3}$ の範囲である。ここでは単位体積に投入するマイクロ波の電力で換算した成長速度依存性を考察する。実験ではグロー領域（明るく見える領域）の直径をほぼ 20 mm と一定になるよう投入パワーと圧力を変化させた。この場合，アンテナと基板の距離を 50 mm とした。3 種類の投入パワーと圧力の関係から得られた成長時間と高さを示す。〜$15\,W/cm^3$（20 Torr），〜$30\,W/cm^3$（60 Torr），〜$45\,W/cm^3$（80 Torr）の 3 種類の条件で成長を考察したのが**図 1.47**である[209]。成長速度はパワー・気圧の低いほうから 0.3, 2, 4 mm/h と上昇し，パワー・気圧積にほぼ比例している。投入されたマイクロ波電力が最大の成長の成長速度は，大気中での SWCNT CVD 成長で高速であるスーパーグロース法[210]の成長速度[211]に匹敵する。ただし，本方法は 10^{-1} 気圧であること考えるとガス圧に比べて高い炭素原子密度が得られていることがわかる。原子状炭素は，大気圧の 1/10 以下の衝突頻度で基板に到達し，ガスの分解領域（放電領域）から 40 mm 程度離れたところで成長する。この結果，ガス分解領域が成膜領域と一致する熱 CVD よりも低温で CNT が形成される。熱 CVD 法より約 200℃ の低温化が図られている。

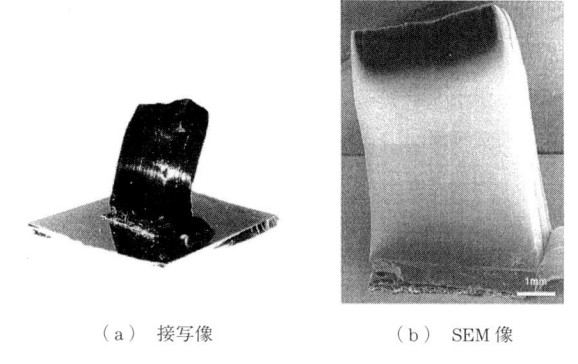

（a）接写像　　（b）SEM 像

図 1.48　7.3 mm に垂直配向した CNT

成長の最大長さは現在，7〜8 mm である（**図 1.48**）。触媒による炭素原子の細径の CNT の変換効率としては非常に高い。ただし，図 1.47 に示すように 2〜3 mm までの成長は高いが，4〜5 mm で飽和するものが多い。この理由は，触媒の不活性化，原子状炭素や前駆体の不到達などが考えられる。触媒の不活性化とは，酸化などにより金属表面が化学変化，触媒への加重による変性などによる触媒機能の消失である。2 mm 程度までは，結晶性も高く，**図 1.49**に示すように根元部の結晶性が高い SWCNT となっている[212]。

SWCNT は直径が非常に小さい（1〜3 nm）ために，1 本だけでは垂直に立つことができない。垂直に配向

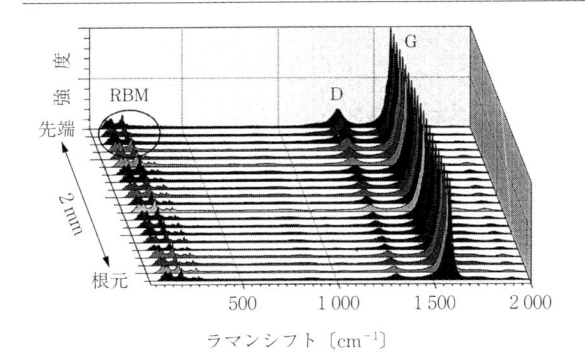

図 1.49 2 mm まで成長した CNT の根元から先端までのラマンスペクトル

させるためには,高密度に成長させ,互いを分子間力によって支え合わせる。CNT の面密度は 10^{11} cm^{-2} が必要である。成長は触媒金属の環境に左右される。触媒金属の環境条件を一定に保つため,ここではアルミナ層で触媒金属をサンドイッチする方法を考案した。上下のアルミナ層の役割は金属の拡散を抑えて,大きな粒子への凝集を防ぐこと,また,金属微粒子の酸化防止である。この方法では,金属粒径の制御は初期金属膜厚により決定される。0.1〜1.0 nm(換算値)で膜厚を制御した Fe ないし Co を触媒金属として成長に利用している。このようなサンドイッチ型の触媒は長期間の保存が可能で,数箇月以前の試料でも同様の効果が生じる。

(2) マーカー成長による成長機構解明 基板上に触媒を担持したものを使用して CVD 法で CNT を成長させる場合,成長機構には先端成長と根元成長の二つが考えられる(**図 1.50**)。先端成長とは,CNT の先端に触媒がつき,その触媒から下にチューブが成長するもの,一方,根元成長とは触媒が基板上に残り,そこから上にチューブが成長するものである。つまり,根元成長の場合,新しいチューブの部位は一番下にあり,成長につれて以前に成長した部位は上に持ち上げられる。先端成長になるか根元成長になるかの要因は,触媒と基板の接触の強さであると考えられるが,どのような触媒と基板の組合せにすれば完全に先端成長と根元成長を制御できるか,といった報告はいまだにされていない。また,触媒と基板の接触だけでなく,CNT の層数にもよると考えられる。SWCNT よりも,MWCNT のほうが多くのグラフェンシートで構成されているので,より触媒を持ち上げやすく先端成長になりやすいと考えられる。

大量の垂直配向 SWCNT の成長機構を明らかにするために,マーカー成長というまったく新しい方法を考案した[213), 214)]。この方法は TEM を使用する必要がなく非常に効率的である。マーカー成長は,成長時間を変えて断続的に垂直配向 SWCNT を成長させ,成長機構を解明する方法である。以下がそのモデル図である[213)](図 1.50)。まず,垂直配向 SWCNT を成長させる(第 1 層の成長)。第 1 層の成長後,プラズマとヒーターを止めると,通常の成長の様子とは異なる部位が形成される。インターバルのあとに再びプラズマとヒーターをスタートさせると,SWCNT が再度同じ基板上で成長する(第 2 層の成長)。数百 μm の範囲ならば SWCNT は成長速度を一定で成長する。つまり,第 1 層と第 2 層で成長時間を変えることによっ

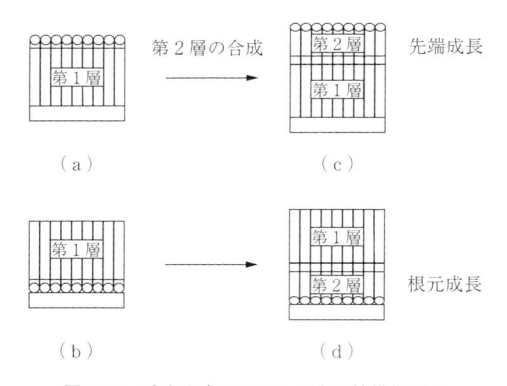

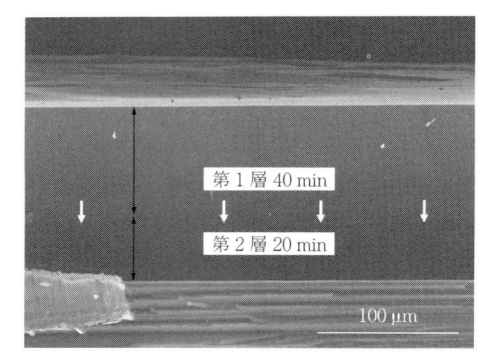

図 1.50 垂直配向 SWCNT の成長機構解明のためのモデル

(a) 2 層から成る試料

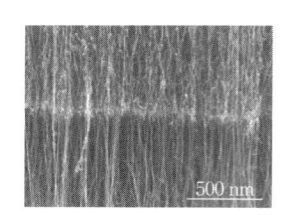

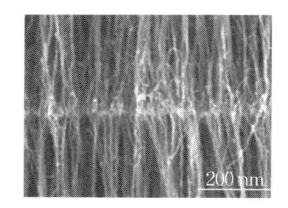

(b) マーカー部の拡大像

図 1.51 マーカー成長により合成した垂直配向 SWCNT の断面 SEM 像

て，その間の部分を目印（マーカー）として，第1層と第2層のどちらが上にあるかを判別することができる．もし，図（c）のように第2層が上にあるならば先端成長であり，逆に図（d）のように第1層が上にあるならば根元成長である．したがって，第1層と第2層の間にあるマーカーを利用することによって垂直配向SWCNTの成長機構を明らかにすることができる．**図1.51**（a）は実際にマーカー成長により成長させた試料の断面SEM像である．矢印で示してところにラインを確認できる．このラインがマーカーである．図（b）はライン部分の拡大像である．マーカーは周りとは明らかに異なる様相を呈しているが，その構造の詳細についてはまだはっきりとはわかっていない．図1.50との比較により垂直配向SWCNTの成長機構が根元成長であることがわかる[213],[214]．

マーカー成長した試料はラマン分光装置によりそれぞれの層を評価した．ラマン測定においても試料の断面を用いた．ラマン測定はそれぞれの層の中心の位置で行った．さらに50倍の対物レンズでの顕微ラマン分光装置の横方向分解能は2～3 μmであるので，すべてのラマン信号は完全にそれぞれの層からのものだけである．SWCNTの直径を広い範囲にわたって評価するために514 nmと633 nmの2本のレーザーを使用した（**図1.52**）．図（a）にはっきりとラジアルブリージングモード（RBM）を確認できる．第1層と第2層はほとんど同じRBMを示しており，第2層成長後に大きな変化は見られない．これより，触媒の大きさは第1層と第2層の成長の間は一定に保たれており，第1層と第2層のSWCNTは同じ触媒から成長したと考えられる[213],[214]．

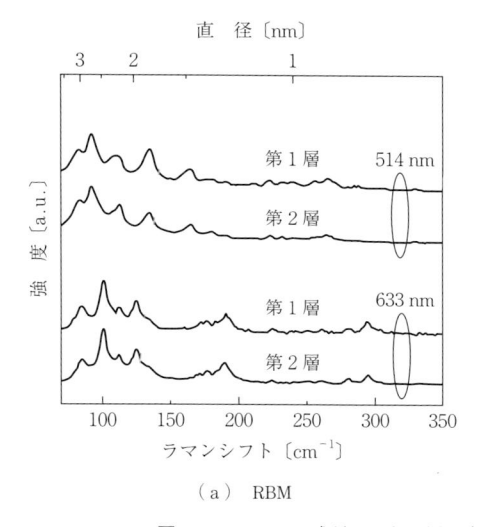

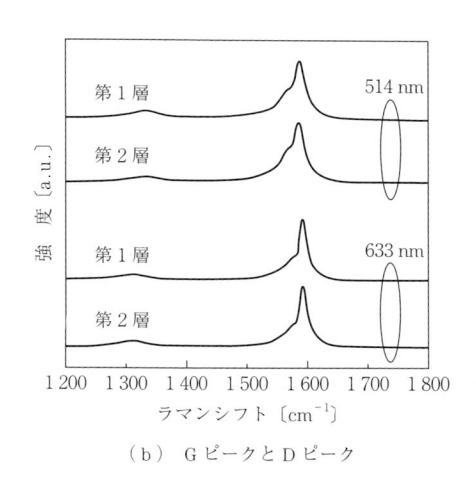

(a) RBM

(b) GピークとDピーク

図1.52 マーカー成長により2層に成長したSWCNTの断面ラマンスペクトル

引用・参考文献

1) S. Iijima and T. Ichihashi：Single-shell carbon nanotubes of 1-nm diameter, Nature, **363**, 603 (1993)
2) A. Thess, et al.：Crystalline ropes of metallic carbon nanotubes, Science, **273**, 483 (1996)
3) H. Dai, et al.：Single-wall nanotubes produced by metal-catalyzed disproportionation of carbon monoxide, Chem. Phys. Lett., **260**, 471 (1996)
4) P. Nikolaev, et al.：Gas-phase catalytic growth of single-walled carbon nanotubes from carbon monoxide, Chem. Phys. Lett., **313**, 91 (1999)
5) B. Kitiyanan, et al.：Controlled production of single-wall carbon nanotubes by catalytic decomposition of CO on bimetallic Co-Mo catalysts, Chem. Phys. Lett., **317**, 497 (2000)
6) J. Kong, et al.：Chemical vapor deposition of methane for single-walled carbon nanotubes, Chem. Phys. Lett., **292**, 567 (1998)
7) J. H. Hafner, et al.：Catalytic growth of single-wall carbon nanotubes from metal particles, Chem. Phys. Lett., **296**, 195 (1998)
8) J. F. Colomer, et al.：Synthesis of single-wall carbon nanotubes by catalytic decomposition of hydrocarbons, Chem. Commun., 1343 (1999)
9) S. Maruyama, et al.：Low-temperature synthesis of high-purity single-walled carbon nanotubes from alcohol, Chem. Phys. Lett., **360**, 229 (2002)
10) J. Kong, et al.：Synthesis of individual single-walled carbon nanotubes on patterned silicon wafers, Nature, **395**, 878 (1998)
11) Y. M. Li, et al.：Growth of single-walled carbon

nanotubes from discrete catalytic nanoparticles of various sizes, J. Phys. Chem. B, **105**, 11424 (2001)

12) Y. Homma, et al. : Single-walled carbon nanotube growth on silicon substrates using nanoparticle catalysts, Jpn. J. Appl. Phys., **41**, L89 (2002)

13) H. Hongo, et al. : Chemical vapor deposition of single-wall carbon nanotubes on iron-film-coated sapphire substrates, Chem. Phys. Lett., **361**, 349 (2002)

14) H. Sugime, et al. : Multiple "optimum" conditions for Co-Mo catalyzed growth of vertically aligned single-walled carbon nanotube forests, Carbon, **47**, 234 (2009)

15) Y. Murakami, et al. : Direct synthesis of high-quality single-walled carbon nanotubes on silicon and quartz substrates, Chem. Phys. Lett., **377**, 49 (2003)

16) Y. Murakami, et al. : Growth of vertically aligned single-walled carbon nanotube films on quartz substrates and their optical anisotropy, Chem. Phys. Lett., **385**, 298 (2004)

17) K. Hata, et al. : Water-assisted highly efficient synthesis of impurity-free single-walled carbon nanotubes, Science, **306**, 1362 (2004)

18) H. Ago, et al. : Aligned growth of isolated single-walled carbon nanotubes programmed by atomic arrangement of substrate surface, Chem. Phys. Lett., **408**, 433 (2005)

19) C. Kocabas, et al. : Improved synthesis of aligned arrays of single-walled carbon nanotubes and their implementation in thin film type transistors, J. Phys. Chem. C, **111**, 17879 (2007)

20) S. Chiashi, et al. : Cold wall CVD generation of single-walled carbon nanotubes and in situ Raman scattering measurements of the growth stage, Chem. Phys. Lett., **386**, 89 (2004)

21) S. Maruyama, et al. : Growth process of vertically aligned single-walled carbon nanotubes, Chem. Phys. Lett., **403**, 320 (2005)

22) R. Sharma and Z. Iqbal : In situ observations of carbon nanotube formation using environmental transmission electron microscopy, Appl. Phys. Lett., **84**, 990 (2004)

23) Y. Homma, et al. : Suspended architecture formation process of single-walled carbon nanotubes, Appl. Phys. Lett., **88**, 023115 (2006)

24) L. X. Zheng, et al. : Ultralong single-wall carbon nanotubes, Nat. Mater., **3**, 673 (2004)

25) D. Takagi, et al. : Single-walled carbon nanotube growth from highly activated metal nanoparticles, Nano Lett., **6**, 2642 (2006)

26) D. Takagi, et al. : Carbon nanotube growth from diamond, J. Am. Chem. Soc., **131**, 6922 (2009)

27) J. Kong, et al. : Chemical vapor deposition of methane for single-walled carbon nanotubes, Chem. Phys. Lett., **292**, 567 (1998)

28) J. Gavillet, et al. : Root-growth mechanism for single-wall carbon nanotubes, Phys. Rev. Lett., **87**, 275504 (2001)

29) D. Takagi, et al. : In situ scanning electron microscopy of single-walled carbon nanotube growth, Surf. Interface Anal., **38**, 1743 (2006)

30) K. Yamada, et al. : Effects of atomic-scale surface morphology on carbon nanotube alignment on thermally oxidized silicon surface, Appl. Phys. Lett., **96**, 103102 (2010)

31) H. Ago, et al. : Aligned growth of isolated single-walled carbon nanotubes programmed by atomic arrangement of substrate surface, Chem. Phys. Lett., **408**, 433 (2005)

32) C. Kocabas, et al. : Guided growth of large-scale, Horizontally aligned arrays of single-walled carbon nanotubes and their use in thin-film transistors, Small, **1**, 1110 (2005)

33) H. Ago, et al. : Competition and cooperation between lattice-oriented growth and step-templated growth of aligned carbon nanotubes on sapphire, Appl. Phys. Lett., **90**, 123112 (2007)

34) Y. Homma, et al. : Mechanism of bright selective imaging of single-walled carbon nanotubes on insulators by scanning electron microscopy, Appl. Phys. Lett., **84**, 1750 (2004)

35) S. Huang, et al. : Ultralong, well-aligned single-walled carbon nanotube architectures on surfaces, Adv. Mater., **15**, 1651 (2003)

36) M. Hofmann, et al. : In-situ sample rotation as a tool to understand chemical vapor deposition growth of long aligned carbon nanotubes, Nano Lett., **8**, 4122 (2008)

37) H. Liu, et al. : The controlled growth of horizontally aligned single-walled carbon nanotube arrays by a gas flow process, Nanotechnology, **20**, 345604 (2009)

38) Y. Murakami, et al. : Growth of vertically aligned single-walled carbon nanotube films on quartz substrates and their optical anisotropy, Chem. Phys. Lett., **385**, 298 (2004)

39) K. Hata, et al. : Water-assisted highly efficient synthesis of impurity-free single-walled carbon nanotubes, Science, **306**, 1362 (2004)

40) N. R. Franklin and H. Dai : An enhanced CVD approach to extensive nanotube networks with directionality, Adv. Mater., **12**, 890 (2000)

41) Y. Homma, et al. : Suspended single-wall carbon nanotubes : Synthesis and optical properties, Rep. Prog. Phys., **72**, 066502 (2009)

42) T. Matsumoto, et al. : Bridging growth of single-walled carbon nanotubes on nanostructures by low-pressure hot-filament chemical vapor deposition, Jpn. J. Appl. Phys., **44**, 7709 (2005)

43) Y. Homma, et al. : Growth of suspended carbon nanotube networks on 100-nm-scale silicon pillars, Appl. Phys. Lett., **81**, 2261 (2002)

44) Y. Homma, et al. : Suspended architecture formation process of single-walled carbon nanotubes, Appl. Phys. Lett., **88**, 023115 (2006)

45) H. Yoshida, et al. : Environmental transmission electron microscopy observations of swinging and rotational growth of carbon nanotubes, Jpn. J. Appl. Phys., **46**, L917 (2007)
46) Y. Homma, et al. : Electron-microscopic imaging of single-walled carbon nanotubes grown on silicon and silicon oxide substrates, J. Electron Microscopy, **54** (Supplement 1), i3 (2005)
47) J. Lefebvre, et al. : Photoluminescence from an individual single-walled carbon nanotube, Phys. Rev. Lett., **90**, 217401 (2003)
48) S. Bachilo, et al. : Structure-assigned optical spectra of single-walled carbon nanotubes, Science, **298**, 2361 (2002)
49) S. Chiashi, et al. : Influence of gas adsorption on optical transition energies of single-walled carbon nanotubes, Nano Lett., **8**, 3097 (2008)
50) J. Kong, et al. : Chemical vapor deposition of methane for single-walled carbon nanotubes, Chem. Phys. Lett., **292**, 567 (1998)
51) J. C. Hamilton and J. M. Blakely : Carbon segregation to single crystal surfaces of Pt, Pd and Co, Surf. Sci., **91**, 199 (1980)
52) J. Gavillet, et al. : Root-growth mechanism for single-wall carbon nanotubes, Phys. Rev. Lett., **87**, 275504 (2001)
53) A. R. Harutunyan : The catalyst for growing single-walled carbon nanotubes by catalytic chemical vapor deposition method, J. Nanosci. and Nanotechnol., **9**, 2480 (2009)
54) D. Takagi, et al. : Single-walled carbon nanotube growth from highly activated metal nanoparticles, Nano Lett., **6**, 2642 (2006)
55) W. Zhou, et al. : Copper catalysing growth of single-walled carbon nanotubes on substrates, Nano Lett., **6**, 2987 (2006)
56) S. Bhaviripudi, et al. : CVD synthesis of single-walled carbon nanotubes from gold nanoparticle catalysts, J. Am. Chem. Soc., **129**, 1516 (2007)
57) D. Yuan, et al. : Horizontally aligned single-walled carbon nanotube on quartz from a large variety of metal catalysts, Nano Lett., **8**, 2576 (2008)
58) D. Takagi, et al. : Carbon nanotube growth from semiconductor nanoparticles, Nano Lett., **7**, 2272 (2007)
59) H. P. Liu, et al. : Growth of single-walled carbon nanotubes from ceramic particles by alcohol chemical vapor deposition, Appl. Phys. Express, **1**, 014001 (2008)
60) D. Takagi, et al. : Carbon nanotube growth from diamond, J. Am. Chem. Soc., **131**, 6922 (2009)
61) B. Liu, et al. : Metal-catalyst-free growth of single-walled carbon nanotubes, J. Am. Chem. Soc., **131**, 2082 (2009)
62) S. Huang, et al. : Metal-catalyst-free growth of single-walled carbon nanotubes on substrates, J. Am. Chem. Soc., **131**, 2094 (2009)
63) H. Liu, et al. : The growth of single-walled carbon nanotubes on a silica substrate without using a metal catalyst, Carbon, **48**, 114 (2010)
64) D. Takagi, et al. : Mechanism of gold-catalyzed Carbon Material Growth, Nano Lett., **8**, 832 (2008)
65) R. S. Wagner and W. C. Ellis : Vapor-liquid-solid mechanism of single crystal growth, Appl. Phys. Lett., **4**, 89 (1964)
66) H. Okamoto and T. B. Massalski : The Au-C (gold-carbon) system, Bulletin of Alloy Phase Diagrams, **5**, 378 (1984)
67) S. Kodambaka, et al. : Germanium nanowire growth below the eutectic temperature, Science, **316**, 729 (2007)
68) Y. Yoshida, et al. : Atomic-scale In-situ observation of carbon nanotube growth from solid state iron carbide nanoparticles, Nano Lett., **8**, 2082 (2008)
69) H. P. Liu, et al. : Investigation of catalytic properties of Al_2O_3 particles in the growth of single-walled carbon nanotubes, J. Nanosci. and Nanotechnol., **10**, 1 (2010)
70) X. Fan, et al. : Nucleation of single-walled carbon nanotubes, Phys. Rev. Lett., **90**, 145501 (2003)
71) J. Y. Raty, et al. : Growth of carbon nanotubes on metal nanoparticles : A microscopic mechanism from Ab initio molecular dynamics simulations, Phys. Rev. Lett., **95**, 096103 (2005)
72) F. Ding, P et al. : The importance of strong carbon-metal adhesion for catalytic nucleation of single-walled carbon nanotubes, Nano Lett., **8**, 463 (2008)
73) W. Z. Li, et al. : Science, **274**, 1701 (1996)
74) Z. W. Pan, et al. : Nature, **394**, 631 (1998)
75) L. Delzeit, et al. : Chem. Phys. Lett., **348**, 368 (2001)
76) S. Maruyama, et al.: Chem. Phys. Lett., **360**, 229 (2002)
77) Y. Murakami, et al.: Chem. Phys., Lett., **385**, 298 (2004)
78) K. Hata, et al. : Science, **306**, 1362 (2004)
79) S. Noda, et al. : Appl. Phys. Lett., **86**, 173106 (2005)
80) H. Sugime, et al. : Carbon, **47**, 234 (2009)
81) E. Einarsson, et al. : J. Phys. Chem. C, **111**, 17861 (2007)
82) Y. Y. wei, et al. : Appl. Phys. Lett., **78**, 1394 (2001)
83) G. Zhong, et al. : Jpn. J. Appl. Phys., **44**, 1558 (2005)
84) G. Eres, et al. : J. Phys. Chem. B, **109**, 16684 (2005)
85) G. Zhang, et al. : PNAS, **102**, 16141 (2005)
86) L. Zhang, et al. : Chem. Phys. Lett., **422**, 198 (2006)
87) H. Ohno, et al. : Jpn. J. Appl. Phys., **47**, 1956 (2008)
88) T. Yamada, et al. : Nano Lett., **8**, 4288 (2008)
89) S. Chakrabarti, et al. : J. Phys. Chem. C, **111**, 1929 (2007)
90) S. Noda, et al. : Jpn. J. Appl. Phys., **46**, L399 (2007)
91) K. Hasegawa, et al. : J. Nanosci. and Nanotechnol., **8**, 6123 (2008)
92) R. Itoh, et al. : 2008 MRS Spring Meeting, P4.26, (March 2008)
93) H. Sugime, et al. : Nanotube 2008, B, **54**, (June 2008)
94) G. Zhong, et al. : J. Phys. Chem. C, **113**, 17321 (2009)
95) H. Oshima, et al. : Jpn. J. Appl. Phys., **47**, 1971 (2008)
96) R. Xiang, et al. : J. Phys. Chem. C, **113**, 7511 (2009)

97) H. Sugime and S. Noda：Carbon, **48**, 2203 (2010)
98) P. Nikolaev, et al.：Chem. Phys. Lett., **313**, 91 (1999)
99) D. N. Futaba, et al.：Phys. Rev. Lett., **95**, 056104 (2005)
100) S. Maruyama, et al.：Chem. Phys. Lett., **403**, 320 (2005)
101) G. Zhong, et al.：J. Phys. Chem. B, **111**, 1907 (2007)
102) E. Einarsson, et al.：Carbon, **46**, 923 (2008)
103) E. R. Meshot and A. J. Hart：Appl. Phys. Lett., **92**, 113107 (2008)
104) K. Hasegawa and S. Noda：Jpn. J. Appl. Phys., **49**, 085104 (2010)
105) P. B. Amama, et al.：Nano Lett., **9**, 44 (2009)
106) K. Hasegawa and S. Noda：Appl. Phys. Express, **3**, 045103 (2010)
107) D. N. Futaba, et al.：J. Phys. Chem. B, **110**, 8035 (2006)
108) S. Yasuda, et al.：ACN Nano, **3**, 4164 (2009)
109) D. Y. Kim, et al.：Carbon, **49**, 1972 (2011)
110) X. Q. Chen, et al.：Appl. Phys. Lett., **78**, 3714 (2001)
111) S. G. Rao, et al.：Nature, **425**, 36 (2003)
112) S. Huang, et al.：J. Am. Chem. Soc., **125**, 5636 (2003)
113) B. H. Hong：J. Am. Chem. Soc., **127**, 15336 (2005)
114) Y. Zhang, et al.：Appl. Phys. Lett., **79**, 3155 (2001)
115) E. Joselevich, et al.：Nano Lett., **2**, 1137 (2002)
116) A. Ismach, et al.：Angew. Chem. Int. Ed., **43**, 6140 (2004)
117) C. M. Orofeo, et al.：Appl. Phys. Lett., **94**, 53113 (2009)
118) T. Kamimura, et al.：Appl. Phys. Exp., **2**, 15005 (2009)
119) H. Ago, et al.：Chem. Phys. Lett., **408**, 433 (2005)
120) S. Han, et al.：J. Am. Chem. Soc., **127**, 5294 (2005)
121) C. Kocabas, et al.：Small, **1**, 1110 (2005)
122) A. Rutkowska, et al.：J. Phys. Chem. C, **113**, 17087 (2009)
123) M. Maret, et al.：Carbon, **45**, 180 (2007)
124) H. Ago, et al.：J. Phys. Chem. C, **112**, 1735 (2008)
125) D. Yuan, et al.：Nano Lett., **8**, 2576 (2008)
126) J. Xiao, et al.：Nano Lett., **9**, 4311 (2009)
127) N. Geblinger, et al.：Nat. Nanotechnol., **3**, 195 (2008)
128) H. Ago, et al.：J. Phys. Chem. C, **113**, 13121 (2009)
129) N. Ishigami, et al.：J. Am. Chem. Soc., **130**, 17264 (2008)
130) H. Ago, et al.：J. Phys. Chem. C, **114**, 12925 (2010)
131) L. Jiao, et al.：J. Phys. Chem. C, **112**, 9963 (2008)
132) L. Ding, et al.：Nano Lett., **9**, 800 (2009)
133) N. Ishigami, et al.：J. Am. Chem. Soc., **130**, 9918 (2008)
134) G. Hong, et al.：J. Am. Chem. Soc., **131**, 14642 (2009)
135) L. M. Gomez, et al.：Nano Lett., **9**, 3592 (2009)
136) S. J. Kang, et al.：Nat. Nanotechnol., **2**, 230 (2007)
137) C. Kocabas, et al.：Proc. Natl. Acad. Sci., **105**, 1405 (2008)
138) D. Phokharatkul, et al.：Appl. Phys. Lett., **93**, 53112 (2008)
139) A. Oberlin, et al.：Filamentous growth of carbon through benzene decomposition, J. Cryst. Growth, **32**, 335 (2000)
140) D. S. Su and X. W. Chen：Natural labas as catalysts for efficient production of carbon nanotubes and nanofibers, Angew. Chem. Int. Ed., **46**, 1823 (2007)
141) M. Endo, et al.：Simple synthesis of multiwalled carbon nanotubes from natural resources, ChemSusChem, **1**, 820 (2008)
142) J. L. Hutchison, et al.：Double-walled carbon nanotubes fabricated by a hydrogen arc discharge method, Carbon, **39**, 761 (2001)
143) T. Sugai, et al.：New synthesis of high-quality double-walled carbon nanotubes by high-temperature pulsed arc discharge, Nano Lett., **3**, 769 (2003)
144) S. Bandow, et al.：Raman scattering study of double-wall carbon nanotubes derived from the chains of fullerenes in single-wall carbon nanotubes, Chem. Phys. Lett., **337**, 48 (2001)
145) T. Hiraoka, et al.：Selective synthesis of double-wall carbon nanotubes by CCVD of acetylene using zeolite supports, Chem. Phys. Lett., **382**, 679 (2003)
146) M. Endo, et al.：'Buckypaper' from coaxial nanotubes, Nature, **433**, 476 (2005)
147) H. Muramatsu, et al.：Growth of double-walled carbon nanotubes using a conditioning catalyst, J. Nanosci. and Nanotechnol., **5**, 408 (2005)
148) H. Muramatsu, et al.：Pore structure and oxidation stability of double-walled carbon nanotube-derived bucky paper, Chem. Phys. Lett., **414**, 444 (2005)
149) J. Miyamoto, et al.：Efficient H2 adsorption by nanopores of high-purity double-walled carbon nanotubes, J. Am. Chem. Soc., **128**, 12636 (2006)
150) T. Okazaki, et al.：Photoluminescence quenching in peapod-derived double-walled carbon nanotubes, Phys. Rev. B, **74**, 153404 (2006)
151) H. Muramatsu, et al.：Bright photoluminescence from the inner tubes of "peapod" -derived double-walled carbon nanotubes, Small, **5**, 2678 (2009)
152) D. Shimamoto, et al.：Strong and stable photoluminescence from the semiconducting inner tubes within double walled carbon nanotubes, Appl. Phys. Lett., **94**, 083106 (2009)
153) H. Muramatsu, et al.：Fluorination of double-walled carbon nanotubes, Chem. Commun., 2002 (2005)
154) T. Hayashi, et al.：Selective optical property modification of double-walled carbon nanotubes by fluorination, ACS Nano, **2**, 485 (2008)
155) M. Terrones, et al.：Coalescence of single-walled carbon nanotubes, Science, **288**, 1226 (2000)
156) M. Terrones, et al.：Molecular junction by joining single-walled carbon nanotubes, Phys. Rev. Lett., **89**, 075505 (2002)
157) M. Endo, et al.：Coalescence of double-walled carbon nanotubes：Formation of novel carbon bicables, Nano Lett., **4**, 1451 (2004)
158) H. Muramatsu, et al.：Formation of off-centered double-walled carbon nanotubes exhibiting wide interlayer spacing from bi-cables, Chem. Phys. Lett., **432**, 240 (2006)
159) M. Endo, et al.：Atomic nanotube welders：Boron interstitials triggering connections in double-walled car-

bon nanotubes, Nano Lett., **5**, 1099 (2005)
160) P. B. Amama, C. L. Pint. L. McJilton, S. M. Kim, E. A. Stach, P. T. Murray, R. H. Hauge and B. Maruyama : Nano Lett., **9**, 44 (2009)
161) 特許 1532575
162) 特許 4405650
163) 小沼義治, 小山恒夫：応用物理, **32**, 857 (1963)
164) 特許 1400271
165) M. Endo, et al. : J. Phys. Chem. Solids, **54**, pp.1841~1848 (1993)
166) 田中一義編：カーボンナノチューブ ナノデバイスへの挑戦, 第3章, 化学同人 (2001)
167) H. M. Cheng, F. Li, G. Su, H. Y. Pan, L. L. He, S. Sun and M. S. Dresselhaus : Appl. Phys. Lett., **72**, 3282 (1998)
168) 遠藤守信, 四方雅彦：応用物理, **54**, 507 (1985)
169) P. Nikolaev, M. J. Bronikowski, R. K. Bradley, F. Rohmund, D. T. Colbert, K. A. Smith and R. E. Smalley : Chem. Phys. Lett., **313**, 91 (1999)
170) K. Bladh, L. K. L. Falk and F. Rohmund : Appl. Phys., A, **70**, 317 (2000)
171) H. Ago, S. Ohshima, K. Uchida and M. Yumura : J. Phys. Chem. B, **105**, 10453 (2001)
172) H. W. Zhu, C. L. Xu, D. H. Wu, B. Q. Wei, R. Vajtai and P. M. Ajayan : Science, **296**, 884 (2002)
173) A. G. Nasibulin, A. Moisala, D. P. Brown, H. Jiang and E. I. Kauppinen : Chem. Phys. Lett., **402**, 227 (2005)
174) Ya-Li Li, Ian A. Kinloch and Alan H. Windle : Science, **304**, 276 (2004)
175) T. Saito, S. Ohshima, W. -C. Xu, H. Ago, M. Yumura and S. Iijima : J. Phys. Chem. B, **109**, 10647 (2005)
176) T. Saito, S. Ohshima, T. Okazaki, S. Ohmori, M. Yumura and S. Iijima : J. Nanosci. and Nanotechnol., **8**, 6153 (2008)
177) T. Saito, W. -C. Xu, S. Ohshima, H. Ago, M. Yumura and S. Iijima : J. Phys. Chem. B, **110**, 5849 (2006)
178) http://www.aist.go.jp/aist_j/press_release/pr2006/pr20060511/pr20060511.html
179) T. Saito, S. Ohmori, B. Shukla, M. Yumura and S. Iijima : Appl. Phys. Express, **2**, 095006 (2009)
180) Z. F. Ren, Z. P. Huang, J. W. Xu, J. H. Wang, P. Bush, M. P. Siegal and P. N. Provencio : Synthesis of large arrays of well-aligned carbon nanotubes on glass, Science, **282**, 6, 1105 (1998)
181) T. Kato, G.-H. Jeong, T. Hirata, R. Hatakeyama, K. Tohji and K. Motomiya : Single-walled carbon nanotubes produced by plasma-enhanced chemical vapor deposition, Chem. Phys. Lett., **381**, 3-4, 422 (2003)
182) T. Kato, R. Hatakeyama and K. Tohji : Diffusion plasma chemical vapor deposition yielding freestanding individual single-walled carbon nanotubes on a silicon-based flat substrate, Nanotechnology, **17**, 9, 2223 (2006)
183) T. Kato and R. Hatakeyama : Formation of freestanding single-walled carbon nanotubes by plasma-enhanced CVD, Chem. Vap. Deposition, **12**, 6, 345 (2006)
184) T. Kato and R. Hatakeyama : Exciton energy transfer-assisted photoluminescence brightening from freestanding single-walled carbon nanotube bundles, J. Am. Chem. Soc., **130**, 25, 8101 (2008)
185) S. Hofmann, C. Ducati and J. Robertson : Low-temperature growth of carbon nanotubes by plasma-enhanced chemical vapor deposition, Appl. Phys. Lett., **83**, 1, 135 (2003)
186) Y.-S. Min, E. J. Bae, B. S. Oh, D. Kang and W. Park : Low-temperature growth of single-walled carbon nanotubes by water plasma chemical vapor deposition, J. Am. Chem. Soc., **127**, 36, 12499 (2005)
187) T. Kato and R. Hatakeyama : Kinetics of reactive ion etching upon single-walled carbon nanotubes, Appl. Phys. Lett., **92**, 3, 031502 (2008)
188) Y. Li, D. Mann, M. Rolandi, W. Kim, A. Ural, S. Hung, A. Javey, J. Cao, D. Wang, E. Yenilmez, Q. Wang, J. F. Gibbons, Y. Nishi and H. Dai : Preferential growth of semiconducting single-walled carbon nanotubes by a plasma enhanced CVD method, Nano Lett., **4**, 2, 317 (2004)
189) L. Qu, F. Du and L. Dai : Preferential syntheses of semiconducting vertically aligned single-walled carbon nanotubes for direct use in FETs, Nano Lett., **8**, 9, 2682 (2008)
190) U. J. Kim, E. H. Lee, J. M. Kim, Y.-S. Min, E. Kim and W. Park : Thin film transistors using preferentially grown semiconducting single-walled carbon nanotube networks by water-assisted plasma-enhanced chemical vapor deposition, Nanotechnology, **20**, 29, 295201 (2009)
191) T. Mizutani, H. Ohnaka, Y. Okigawa, S. Kishimoto and Y. Ohno : A study of preferential growth of carbon nanotubes with semiconducting behavior grown by plasma-enhanced chemical vapor deposition, J. Appl. Phys., **106**, 7, 073705 (2009)
192) L. Ding, A. Tselev, J. Wang, D. Yuan, H. Chu, T. P. McNicholas, Y. Li and J. Liu : Selective growth of well-aligned semiconducting single-walled carbon nanotubes, Nano Lett., **9**, 2, 800 (2009)
193) A. R. Harutyunyan, G. Chen, T. M. Paronyan, E. M. Pigos, O. A. Kuznetsov, K. Hewaparakrama, S. M. Kim, D. Zakharov, E. A. Stach and G. U. Sumanasekera : Preferential growth of single-walled carbon nanotubes with metallic conductivity, Science, **326**, 5949, 116 (2009)
194) S. M. Bachilo, L. Balzano, J. E. Herrera, F. Pompeo, D. E. Resasco and R. B. Weisman : Narrow (n, m)-distribution of single-walled carbon nanotubes grown using a solid supported catalyst, J. Am. Chem. Soc., **125**, 37, 11186 (2003)
195) Y. Miyauchi, S. Chiashi, Y. Murakami, Y. Hayashida and S. Maruyama : Fluorescence spectroscopy of single-walled carbon nanotubes synthesized from alcohol, Chem. Phys. Lett., **387**, 1-3, 198 (2004)

196) X. Li, X. Tu, S. Zaric, K. Welsher, W. S. Seo, W. Zhao and H. Dai : Selective synthesis combined with chemical separation of single-walled carbon nanotubes for chirality selection, J. Am. Chem. Soc., **129**, 51, 15770 (2007)
197) W. H. Chiang and M. R. Sankaran : Linking catalyst composition to chirality distributions of as-grown single-walled carbon nanotubes by tuning Ni_xFe_{1-x} nanoparticles, Nat. Mater., **8**, 11, 886 (2009)
198) W. Zhou, Z. Han, J. Wang, Y. Zhang, Z. Jin, X. Sun, Y. Zhang, C. Yan and Y. Li : Copper catalyzing growth of single-walled carbon nanotubes on substrates, Nano Lett., **6**, 12, 2987 (2006)
199) D. Takagi, Y. Homma, H. Hibino, S. Suzuki and Y. Kobayashi : Single-walled carbon nanotube growth from highly activated metal nanoparticles, Nano Lett., **6**, 12, 2642 (2006)
200) S. Bhaviripudi, E. Mile, S. A. Steiner III, A. T. Zare, M. S. Dresselhaus, A. M. Belcher and J. Kong : CVD synthesis of single-walled carbon nanotubes from gold nanoparticle catalysts, J. Am. Chem. Soc., **129**, 6, 1517 (2007)
201) Z. Ghorannevis, T. Kato, T. Kaneko and R. Hatakeyama : Growth of single-walled carbon nanotubes from nonmagnetic catalysts by plasma chemical vapor deposition, Jpn. J. Appl. Phys., **49**, 2, 02BA01 (2010)
202) Z. Ghorannevis, T. Kato, T. Kaneko and R. Hatakeyama : Narrow-chirality distributed single-walled carbon nanotubes growth from nonmagnetic catalyst, J. Am. Chem. Soc., **132**, 28, 9570 (2010)
203) T. Kato and R. Hatakeyama : Direct growth of short single-walled carbon nanotubes with narrow-chirality distribution by time-programmed plasma chemical vapor deposition, ACS Nano, **4**, 12, 7395 (2010)
204) C. Journet, W. K. Maser, P. Bernier, A. Loiseau, M. Lamy de la Chapelle, S. Lefrant, P. Deniard and R. Lee : Fischer, Nature, **388**, 756 (1997)
205) A. Thess, R. Lee, P. Nikolaev, H. Dai, P. Petit, J. Robert, C. Xu, Y. H. Lee, S. G Kim, A. G. Rinzler, D. T. Colbert ; G. E. Scuseria, D. Tomanek, J. E. Fischer and R. E. Smalley : Science, **273**, 483 (1996)
206) Y. Murakami, S. Chiashi, Y. Miyauchi, H. Minghui, M. Ogura, T. Okubo and S. Maruyama : Chem. Phys. Lett., **385**, 298 (2004)
207) G. Zhong, T. Iwasaki, K. Honda, Y. Furukawa, I. Ohdomari and H. Kawarada : Jpn. J. Appl. Phys., **44**, 1558 (2005)
208) G. Zhong, H. Kawarada, et al. : Chem. Vap. Deposition., **11**, 127 (2005)
209) R. Kato. H. Kawarada, et al., (submitted to ACS Nano.)
210) K. Hata, D. N. Futaba, K. Mizuno, T. Namai, M. Yumura and S. Iijima : Science, **19**, 1362 (2004)
211) S. Yasuda, D. Futaba, M. Yumura, S. Iijia and K. Hata : Appl. Phys. Lett., **93**, 143115 (2008)
212) G. F. Zhong, T. Iwasaki, J. Robertson and H. Kawarada : J. Phys. Chem. B, **111**, 8, 1907～1910 (2007)
213) T. Iwasaki, G. Zhong, T. Aikawa, T. Yoshida and H. Kawarada : J. Phys. Chem. B, **109**, 19556 (2005)
214) T. Iwasaki, J. Robertson and H. Kawarada : Nano Lett., **8**, 886 (2008)

1.2 アーク放電法

1.2.1 不活性ガスおよび水素ガス中アーク

〔1〕 は じ め に

最初に発見されたCNT[1]は，黒鉛棒の直流アーク放電でフラーレンを作製した際に，陰極に付着していた堆積物の中にあった。その発見に関する詳しい記述は，文献2)～4)を参照されたい。

飯島によって明らかにされたCNTの構造[1]は，グラフェンシートが円筒状に巻いたものが，入れ子状に何層も重なったMWCNTであった。それに対して，MWCNTの2年後に発見された1層のグラフェンシートが巻いたチューブは，SWCNT[5]と呼ばれる。ここでは，不活性ガスあるいは水素ガス中アーク放電によるMWCNTの作製について記述したのち，同じくアーク法によるSWCNTの作製についても記述する。

〔2〕 アーク放電法による MWCNT の作製
（1） ガス中での黒鉛の直流アーク放電蒸発

1990年に W. Krätschmer ら[6]によって，黒鉛を不活性ガス中で蒸発させることによってフラーレンが大量合成できることが見い出された。筆者らは，従来行ってきた直流アーク放電法でSiC超微粉を作製する装置を用いて，対置させた2本の純粋な黒鉛棒を不活性ガス中の直流アーク放電で蒸発させることによりフラーレンを大量に作製した。そのとき，陽極の黒鉛が蒸発してフラーレンを含むすすになり，その一部は対極（陰極）の表面に堆積する。その陰極堆積物の中に，MWCNTが含まれていることが見い出されたのである[1]。

図1.53に，Heガス200Torr中で作製したMWCNTのSEM像を示す。この図で，ファイバー状に見えるのがMWCNTであり，それと同時に無数の球状のナノ粒子が共存していることがわかる。直流アーク放電を行うときの雰囲気ガスとしては，HeやArなどの不活性ガスのみならずCH_4のような水素原子を含むガスの中でもMWCNTを作製することができる。CH_4ガス中の直流アーク放電で陰極堆積物の中に作製したMWCNTの特徴は，不活性ガス中で蒸発した場合に比して結晶性が高く，共存するナノ粒子も少ないことである。このように，水素原子を含むガス中の直流アー

図1.53 He ガス 200 Torr 中で作製した MWCNT の SEM 像[4]

ク放電によって MWCNT が作製できるということは，フラーレンの場合と決定的に異なる点である。

不活性ガス中でアーク放電を行ったときは，蒸発の前後で雰囲気ガスの圧力が数％だけ上昇することが確認された。これはアーク放電による雰囲気ガスの温度上昇と解釈すれば説明できる。ところが，CH_4 ガス中でアーク放電を行ったときは，蒸発の前後でガスの圧力は，ほぼ2倍になることがわかった。このことは，雰囲気ガスの温度変化では到底説明できなく，何か化学反応が生じていることを示唆している。実際，CH_4 ガス中蒸発後のガスを元素分析してみたところ，H_2 ガスと C_2H_2 ガスに分解されていることがわかった。つまり，アーク放電による加熱でつぎのような反応が生じていると考えれば，モル数が2倍に増加しているから，それに伴う圧力上昇として理解できる。

$$2CH_4 \rightarrow C_2H_2 + 3H_2$$

その意味では，CH_4 ガス中のみならず，C_2H_2 ガス中あるいは H_2 ガス中でアーク放電することも考えられる。実際，それを行った結果，C_2H_2 ガスの場合は CH_4 ガスとほぼ同じ結果が得られた。それに対して，H_2 ガス中で直流アーク放電による蒸発を行った場合は，さらに特徴的な結果が得られた。

（2） H_2 ガス中アーク放電による MWCNT の作製

H_2 ガス中で3分間ほど直流アーク放電を行ったときの陰極表面の堆積物の写真を**図1.54**に示す[7]。

真っ黒な中心部Aには**図1.55**（a）に示すように細

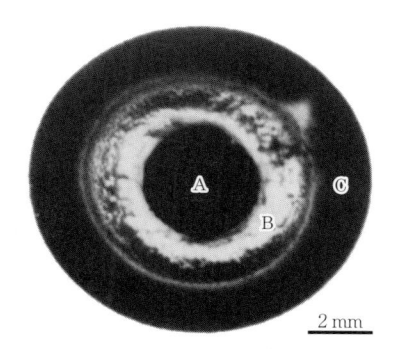

図1.54 3分間 H_2 ガス中アーク放電後の陰極表面[7]

（a） 作製したまま 　　　　　　（b） 加熱精製後

図1.55 H_2 ガス中アーク放電で作製した MWCNT の SEM 像[8]

くて長い MWCNT が生成されている。共存しているナノ粒子は，CH_4 ガス中蒸発の場合に比して，さらに少なくなっている。したがって，空気中で加熱することによってそのナノ粒子を除去することは比較的簡単に行える。図 1.55（a）の陰極堆積物表面に赤外線を照射して 30 分間 500℃ に加熱することによって，図 1.55（b）に示すように MWCNT を精製できる[8]。

陰極表面の中心部 A の周囲 B は銀白色の 1 mm ほどの厚みのある堆積物である。さらにその周りの領域 C は，ほとんど厚みはないが，真っ黒な物質がうっすらと付着している。この C の部分を SEM で撮影すると図 1.56 のような粒子の集まりであることが確認できる[9]。筆者らはこれを"炭素のバラ"と呼んだが，今流なら"グラフェンの集合体"といえよう。

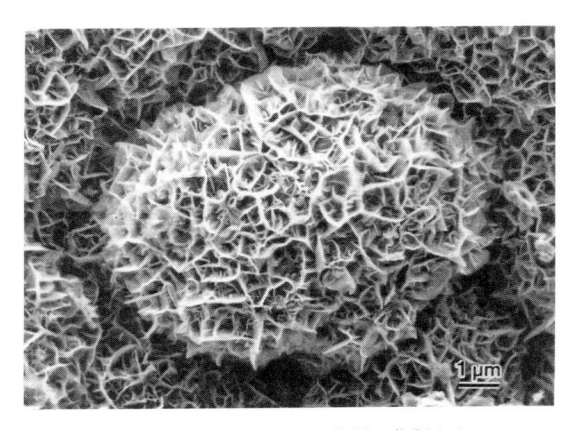

図 1.56 H_2 ガス中アーク放電で作製したグラフェン集合体の SEM 像[9]

（3）H_2 ガス中アーク放電で作製した MWCNT の特徴 H_2 ガス中アーク放電で作製した MWCNT は，結晶性が高く，長いものでは 100 μm を超え，大きなアスペクト比を持つという特徴がある。また，高分解能透過型電子顕微鏡（high resolution transmission electron microscope，HRTEM）で観察すると外径は約 10 nm であり，同心円のチューブが内側まで詰まっている。最内殻のチューブ直径は細いもので 0.4 nm のものが見い出され，最も細いものでは，グラファイトの層間間隔 0.34 nm より細い 0.3 nm のものまで見い出されている[10]。

最内殻のチューブ直径が細い MWCNT の別の例として，図 1.57（a）に示すような MWCNT の中心に黒い線状のコントラストが観察される HRTEM 像もある[11]。これは，図（b）の構造モデルに示すように MWCNT の中心に炭素チェーンが含まれていると考えると説明がつく。このような中心に炭素チェーンを含

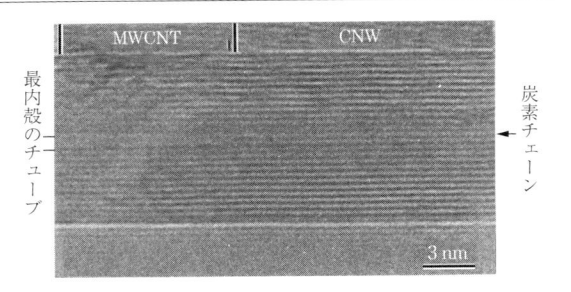

（a） HRTEM 像

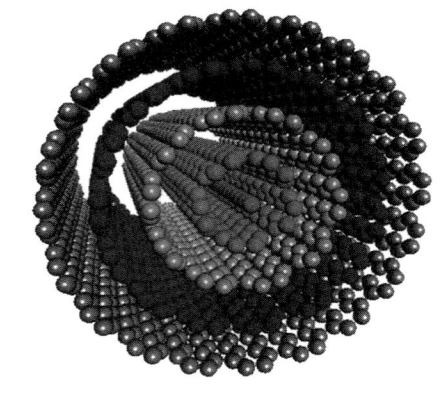

（b） 構造モデル

図 1.57 （a）中心に炭素チェーンを含む MWCNT（CNW）の HRTEM 像と（b）構造モデル[11]

む MWCNT のラマンスペクトルには，通常の炭素物質では見られない 1 850 cm^{-1} 近傍に G バンドの強度と同程度の強度の新規ピークが観測されることが明らかになった。その新規ピークが，水素原子が MWCNT のどこかに付着して生じているものでないことは，雰囲気ガスを重水素ガスに置き換えて MWCNT 作製を行ってもピーク位置が変わらないことによって確かめられた。また，ラマンスペクトルの低波数領域では，最内殻のチューブ直径の逆数に比例し，300 cm^{-1} 以上の波数の RBM（radial breathing mode）ピークが，中心の炭素チェーンの有無によらず，水素ガス中アーク放電で作製した MWCNT のすべてで観測された。

1 本 1 本の MWCNT をマイクロマニピュレータで取り出して，電気抵抗を測定することも可能である。その電流・電圧特性を調べることにより，ほぼオーミックな変化をすることが確認された。また，室温と液体窒素温度の間の抵抗値の温度変化を調べることにより，温度の低下とともに抵抗値が減少する金属的な性質を持つ MWCNT，逆に抵抗値が増加する半導体的な性質を持つ MWCNT の両方が存在することも確認された。これは，理論的に予想されたことに対応する。

1.2 アーク放電法

〔3〕 アーク放電法による SWCNT の作製

(1) APJ 法による SWCNT の作製　アーク放電法で SWCNT を作製するとき，MWCNT の作製と本質的に異なる点が二つある。MWCNT は純粋な黒鉛棒を直流アーク放電したときの陰極堆積物の中に作製される。それに対して，SWCNT の作製には適当な触媒の存在が不可欠であり，作製できる場所も蒸発室の中全体であり，くもの巣状に作製できる。アーク法で SWCNT を作製するための金属触媒として，2 元の Ni と Y が有効であることが，C. Journet ら[12]によって見い出された。

Ni と Y を触媒として含む黒鉛棒を陽極とし，黒鉛棒陰極と対置させて，He ガス中で直流アーク放電させると，くもの巣状に SWCNT ができる。そのとき，同時に陰極上に堆積物が形成されるが，その中には SWCNT は含まれていない。多いときには，蒸発した陽極の 50% が陰極堆積物になる。この陰極堆積物を少なくし，SWCNT の収率を上げる目的で，2 本の電極を約 30° の鋭角に対置させる APJ（arc plasma jet）法を開発した。この APJ 法によってアークの炎が電極の鋭角方向に噴き出すため，陰極堆積物を大きく減らすことができる。この方法で作製した SWCNT を HRTEM で観察すると，SWCNT の束と 10 nm 程度の直径の触媒の Ni 粒子が見られるが，それが数 nm の厚いアモルファスカーボンで覆われている。したがって，それを精製しようとすると，アモルファスカーボンをまず除かねばならず，容易ではない。

(2) FH アーク法による SWCNT の作製　アモルファスカーボンを減らすためには，水素ガスを含む雰囲気ガス中でアーク蒸発を行う意味がある。ただ，純粋な水素ガス中でのアーク放電は不安定であるので，不活性ガスと水素ガスの混合ガス中で触媒として Fe を含む黒鉛電極をアーク蒸発することによって SWCNT の巨大ネットを作製することができた[13]。この方法は，触媒の Fe と水素ガスが不可欠であるので FH アーク法（ferrum-hydrogen arc）と名づけられる。図 1.58 (a) に FH アーク法で作製した SWCNT の低倍の TEM 像，図 (b) に HRTEM 像を示す。図 (a) では，下地のマイクログリッドの上に SWCNT のネットが重なっており，その上に黒い点状に見えるのは触媒の Fe 粒子である。図 (b) の HRTEM 像で見ると，触媒の Fe 粒子の直径は 5〜10 nm であり，その表面は薄いアモルファスカーボンで覆われている。そのアモルファスカーボンは 400℃ で 10 分ほど加熱するとなくなるので，その後，塩酸で触媒粒子を除去することにより，図 (c)，(d) の SEM 像と TEM 像で確認されるように精製することができる。

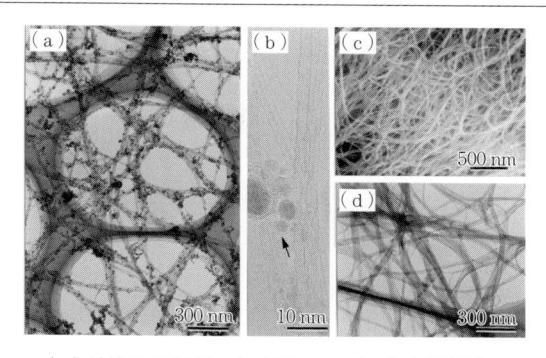

(a) 低倍の TEM 像，(b) HRTEM 像，(c) 精製後の SEM 像，(d) 精製後の TEM 像

図 1.58 FH アーク法で作製した SWCNT[13]

FH アーク法で作製した SWCNT は，綿菓子ができるように，巨大なネット状にできる。陰陽の電極に直径 8 cm の 2 枚の黒鉛板をそれぞれ取り付けて，FH アーク法で蒸発を行うと SWCNT の薄い巨大な自立膜が容易に作製できる[14]。

〔4〕 ま と め

2 本の純粋な黒鉛棒を対置させて直流アーク放電すると，陰極上にできる堆積物の中に MWCNT と中空のグラファイトナノ粒子とが作製できる。そのとき，雰囲気ガスの種類によって，MWCNT とナノ粒子の共存割合が異なる。純粋な水素ガスの中で直流アーク放電を行ったとき，結晶性が高く内側まで詰まった最内殻の直径のきわめて細い MWCNT が作製できることが明らかになった。極端な場合は，MWCNT の中心に 1 本の炭素チェーンが含まれているものまである。その MWCNT はラマンスペクトルでも，特異な新規ピークを生じた。

適当な金属触媒を含む黒鉛棒の 2 種類のアーク蒸発（APJ 法と FH アーク法）で SWCNT をある程度量産化することができた。特に，FH アーク法では，SWCNT の自立膜を作製する新規方法が提唱された。

1.2.2 大気中アーク

アーク放電を用いた CNT 合成は，もっぱら減圧中で行われる。しかしながら，微量合成するだけであれば，雰囲気ガスの種類にこだわることなく，また，真空中や大気中でも可能である[15]〜[20]。片方の電極が黒鉛でなくてもかまわない[20],[21]。最も手軽に合成する方法として，トーチアーク法がある[22]〜[28]。これは，図 1.59 に示すように，一般的な TIG（tungsten-electrode inert gas）溶接用アークトーチを用い，大気中で黒鉛基板に向かってアーク放電を発生させるものである。わずか数秒のアーク照射で，黒鉛の表面は，

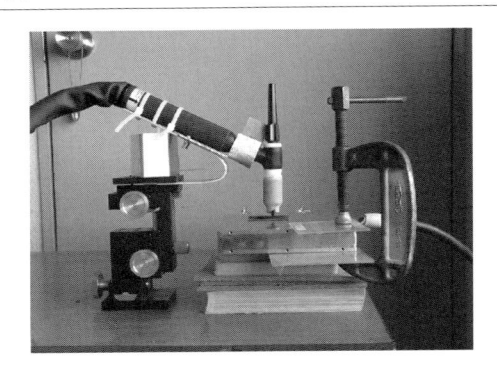

図1.59 トーチアーク装置(TIG 溶接トーチ)

MWCNT に変化する。直流アークでも形成できるが，合成量が多いのは交流アークを用いた場合である。**図1.60** にアーク痕を示す。この中心の放電痕の表面には，**図1.61** のように，一面に MWCNT が存在する。

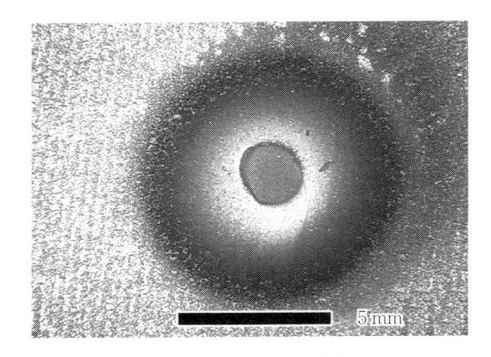

図1.60 交流トーチアーク法で形成したアーク痕

図1.61 アーク痕表面の MWCNT

TIG 溶接用アークトーチを用い，SWCNT を合成することもできる[29]。SWCNT の合成の場合，金属触媒含有黒鉛板の端に向かって，黒鉛原料を吹き飛ばすようにアーク放電を発生させる。この様子を**図1.62** に示す。アーク放電の前方に回収板を設け，蒸発物を堆積させて捉える。堆積物中には，**図1.63** に示すよう

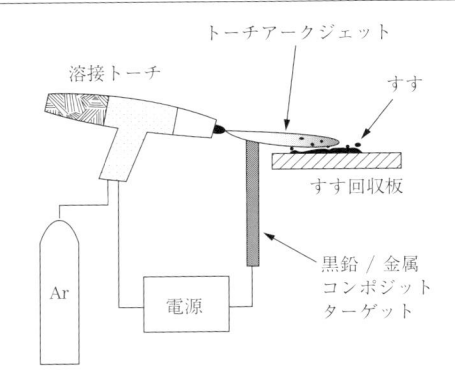

図1.62 トーチアークジェット(TAJ)法

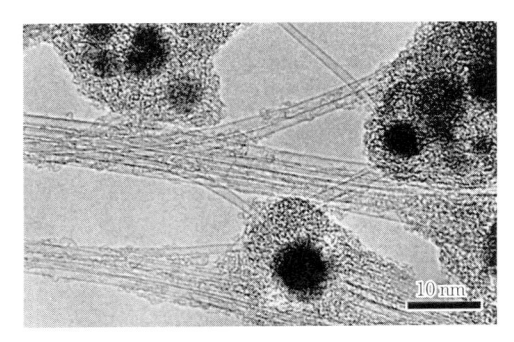

図1.63 TAJ 法で合成した SWCNT

な SWCNT が存在する。この方法は，トーチアークジェット(TAJ)法と呼ばれている。

大気中のアーク放電の構成を工夫し，**図1.64** のように，板状電極の間に切込みを入れた樹脂板を挟んだ状態で放電する方法もある[30]。これは，キャビティアークジェット(CAJ)法と呼ばれる。切込み部がキャビティを形成し，アークジェットが回収板の方向に噴出する。この方法では，黒鉛を電極にすると，図

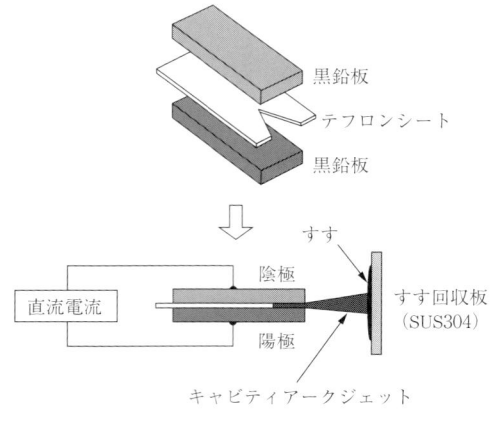

図1.64 キャビティアークジェット(CAJ)法

1.2 アーク放電法

1.65 に示すように,カーボンナノホーン(CNH)を形成することができる。

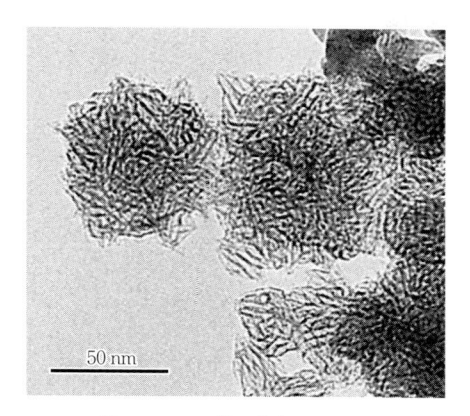

図1.65 CAJ法で合成したCNH

TAJ法とCAJ法とを基に考案されたのが,ツイントーチアーク装置である[31]。これは,図1.66に示すように,2個のアークトーチを90°交差するように配置したものである。90°交差させることでキャビティを模擬したものである。同装置の場合,電極の回転,送り出し,連続供給システムを組み込んである。

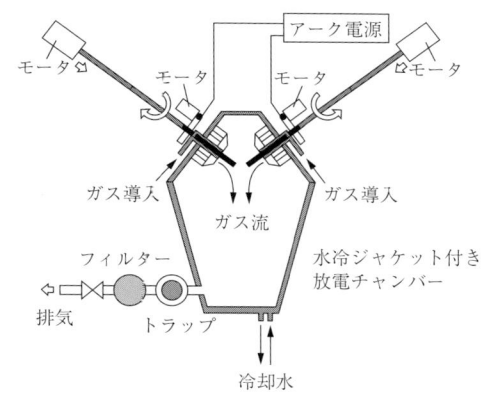

図1.66 ツイントーチアーク装置

同様な装置を用いて,雰囲気ガスを窒素とし,大気圧より若干低い圧力80kPaで運転すると,図1.67に示すような,いわゆる,まゆ玉状CNHを連続的に合成できる[32]。

アーク法で合成したまゆ玉状CNHを不活性ガス中において2400℃程度以上で加熱すると,図1.68に示すようなグラファイトの皮(シェル)を持つ中空ナノカーボン材料へと変化する[33]~[37]。これは,カーボンナノバルーン(CNB)と呼ばれている。CNBを酸化させると,CNBの角張った箇所に穴をあけることが

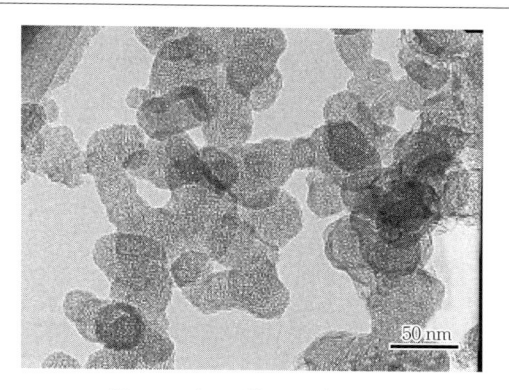

図1.67 まゆ玉状CNH(80 kPa)

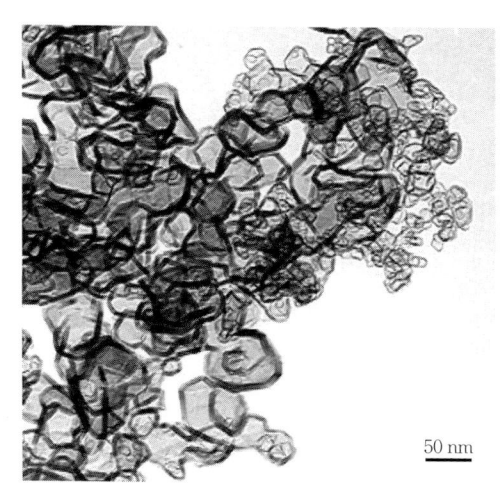

図1.68 カーボンナノバルーン(CNB)

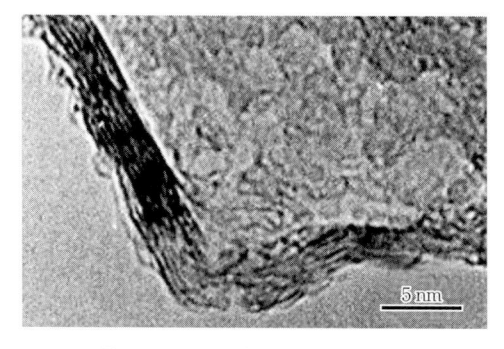

図1.69 CNBの角に穴をあけた様子

できる。この様子を図1.69に示す。アーク放電法で合成したまゆ玉状CNHは,アークスートあるいはアークブラックと呼ばれ,燃料電池やスーパーキャパシターの触媒担体への応用が検討されている[38]~[40]。また,CNBは,それらの電極の導電性改質材としての可能性が検討されている。

1.2.3 高温パルスアーク

〔1〕 はじめに

CNTの可能性を追求するためには，構造制御法の開発と生成機構に関する情報が不可欠である。本項では近年選択的に生成・精製できるようになってきた[41)～45)]。DWCNTの生成手法として高温パルスアーク放電法(high-temperature pulsed arc discharge, HTPAD)を取り上げる。

DWCNTは最小の層数で構成されるMWCNTであり，SWCNTの細さと構造の均一性およびMWCNTの層間相互作用を持つ。これまで，DWCNTは，特殊触媒を用いた直流アーク放電法[41), 42)]，触媒気相反応法[43)]，およびピーポッドの熱緩和重合[44)]などにより生成されてきたが，それぞれ純度や欠陥などに問題を持ち，細く特性のそろった，しかも純粋なDWCNTの量産方法の開発が望まれてきた。

HTPADはナノチューブ生成のための時間および温度の制御が可能という特徴を持ち[45)～50)]，DWCNTを生成できる。得られたDWCNTは外径1.6～2.0 nm 内径0.8～1.2 nmで精製を施すことにより純度95%程度の世界最高レベルの品質を得ることができる。

〔2〕 パルスアーク放電法によるDWCNTの生成

HTPADは図1.70に示すように，ヒーターと石英管，放電電極，水冷トラップ，およびパルス電源によって構成される[45)～48)]。パルス放電用電源は1 kVの高電圧で電極間の放電をトリガーし，その後80 Vの電圧で放電を1 ms程度維持する。繰返し周波数は50 Hzである。Arをバッファーガスとして石英管内に300 cm^{3}s^{-1}，1気圧の条件下で流し，生成したDWCNTはAr流の下流に設置した水冷トラップで捕集する。放電電極にはCNTの合成触媒としてY/Ni (1.0%, 4.2%)混合炭素を用いた。

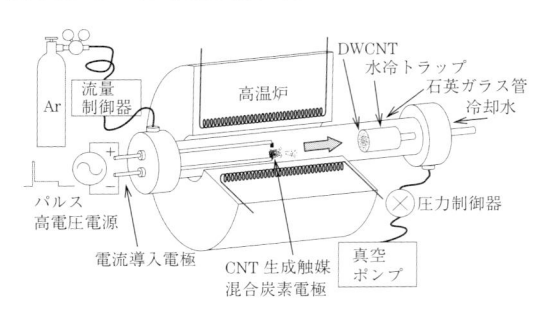

図1.70 高温パルスアーク放電法の装置

HTPAD装置の高温炉の温度が1 200℃以上において，DWCNTが生成する[49)]。これはSWCNTとDWCNTの作り分けを温度によって制御できることを示している。生成試料のラマン分光によると，炉温度1 150℃と1 200℃の間でRBM信号が大きく変化し，214 cm^{-1}と136 cm^{-1}のピークが特に顕著に強くなる。これらのピークはDWCNTの内側と外側のチューブにそれぞれ対応するRBMモードである。

電子顕微鏡観察によりDWCNTの直径は，内径1.0 nm，外径1.8 nmを中心に0.8～1.2, 1.6～2.0 nmに分布していることが示されている[49)]。一方，SWCNTでは1.2～1.6 nmに分布し，DWCNTの外層直径はSWCNTよりも大きい。これは，従来の生成手法でもDWCNTの生成条件が太いSWCNTの生成条件とよく一致することと関連し，DWCNT生成には太い外層チューブができやすい条件が必要なことを意味している[41)～44)]。

〔3〕 DWCNTの精製

DWCNTはこれまで報告されているすべての生成手法においてSWCNTやMWCNTと混合して生成される[51)]。HTPADにおいてもDWCNTはSWCNTとともに生成されるが，その濃度は20%程度である。これを抽出する方法を以下に述べる。まず混合物を界面活性剤を用いて水中に分散させ，遠心操作により密度の高いCNT生成触媒金属とアモルファス炭素を除去する。その後，分散状態を維持するためFumed Silicaなどのナノ粉末と混合し，高温空気と過酸化水素環流による酸化を行う。DWCNTはSWCNTよりも酸化耐性が高いため，これらの酸化操作により混合物中のSWCNTが燃焼・除去される[50), 51)]。

精製操作により，図1.71(a)に示すように，精製により内層と外層に対応する214 cm^{-1}と136 cm^{-1}のピークが選択的に強くなった。ここには示していないがアモルファス炭素に由来するDバンド(1 350 cm^{-1})も非常に小さくなり，高純度であることも示

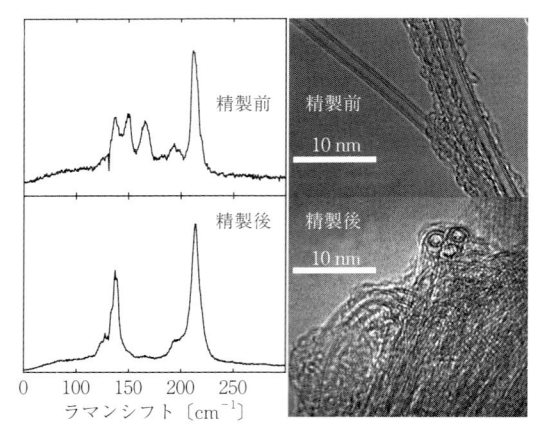

(a) ラマンスペクトル   (b) TEM像

図1.71 DWCNTの精製前後の変化

している。TEM 観察でも図（b）のように，ほぼ DWCNT のみ（95%）であることが明らかになった。この酸化耐久性は SWCNT には存在しない層間の相互作用のためと推測される[52),53)]。

〔4〕 **DWCNT の活用**

精製された DWCNT のナノチューブ電界効果トランジスター（tube-FET）[54)] と DWCNT-AFM 探針としての可能性を明らかにするために[55)] それらの特性が調べられた。

tube-FET の構造は 11.4 節で示されているものと同様であり，ケイ素基板上に作製された金属電極間（D と S）に CNT を渡し，その CNT に基板裏側に設置した電極（G）から強い電界を与える。この電界によって D-S 電極間を CNT を通じて流れる電流が大きく変化する。この tube-FET は従来の 1 000 倍もの電流容量や，数十倍もの高周波特性を示す[56)]。これらの研究はおもに SWCNT で行われてきたが，DWCNT にすることでさらなる性能向上の可能性がある。

DWCNT を用いた FET の電圧 V_{GS} 依存性は，温度 23 K，D-S 間電圧 1 mV の条件で図 1.72 のように電流 I_D が G 電圧が正でも負でも流れる両極性半導体特性を示し，その電流の G 電圧依存性が顕著であった。一方 SWCNT を用いた FET では G 電圧が負のときにのみ D-S 電流が流れる，p 型半導体特性を示し，電圧 V_{GS} 依存性は比較的緩やかであった。このことは，DWCNT の FET のほうがより優れた特性を持つ可能性を示している。この原因として，DWCNT は SWCNT よりも太いため，バンドギャップがより狭く G 電極によって与えられる電場によって電子状態がより簡単に変化することによると考えられる。

一方，DWCNT-AFM 探針の作製では DWCNT の機械的な耐久性をセンサーとして活用したものである。DWCNT は層間相互作用が存在するため，化学的耐久性とともに機械的耐久性も高いと予想される。

DWCNT-AFM 探針は SEM 下の操作により通常のケイ素製探針の先端に DWCNT を固定して作製される[57)]。半導体プロセスで作製されるケイ素製探針よりも DWCNT がはるかに鋭く細い先端形状を実現できるため，解像度や耐久性などで高い性能を示す。

図 1.73 にこの DWCNT-AFM を用いて観察した HiPco-SWCNT の AFM 像が通常のケイ素製探針で得られた像と比較して示されている[55)]。DWCNT を探針に用いることにより，解像度が向上することがわかる。SWCNT を用いた AFM 探針の作製は長さ調整など困難であるが[58)]，DWCNT では MWCNT と同様に非常に容易である。しかも，DWCNT-AFM 探針では MWCNT よりも高解像度が得られ，SWCNT と同程度であった。これは SWCNT と同程度の太さと，MWCNT と同様な層間相互作用に由来する機械的耐久性が寄与しているものと考えられる[52),53)]。

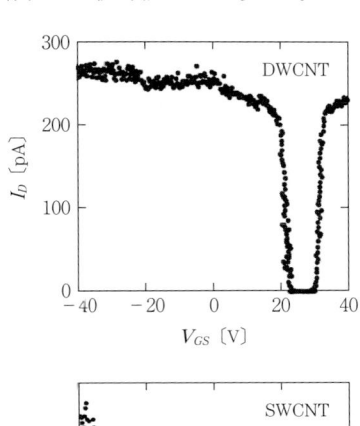

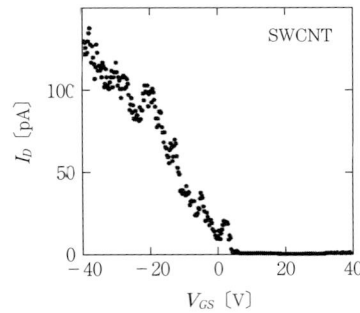

図 1.72 DWCNT および SWCNT FET の特性

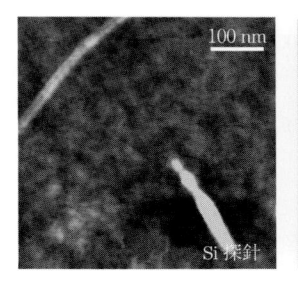

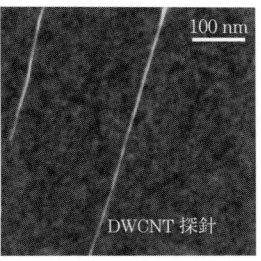

図 1.73 DWCNT および Si 探針を用いた AFM 像

引用・参考文献

1) S. Iijima : Helical microtubles of graphitic carbon, Nature, **354**, 56 (1991)
2) 篠原久典：ナノカーボンの科学，ブルーバックス・講談社（2007）
3) Y. Ando : Carbon nanotube : The inside story, J. Nanosci. and Nanotechnol., **10**, 3726 (2010)
4) Y. Ando : Carbon nanotubes : Synthesis by arc discharge technique, Encyclopedia of nanoscience and nanotechnology, Edited by H. S. Nalwa, Am. Sci.

Publish., **1**, 603〜610 (2004)

5) S. Iijima and T. Ichihashi：Single-shell carbon nanotubes of 1-nm diameter, Nature, **363**, 603 (1993)

6) W. Krätschmer, L. D. Lamb, K. Fostiropoulos and D. R. Huffman：Solid C_{60}：a new form of carbon, Nature, **347**, 354 (1990)

7) X. Zhao, M. Ohkohchi, H. Shimoyama and Y. Ando：Morphology of carbon allotropes prepared by hydrogen arc discharge, J. Cryst. Growth, **198/199**, 934 (1999)

8) Y. Ando, X. Zhao and M. Ohkohchi：Sponge of purified carbon nanotubes, Jpn. J. Appl. Phys., 37, L61 (1998)

9) Y. Ando, X. Zhao and M. Ohkohchi：Production of petal-like graphite sheets by hydrogen arc discharge, Carbon, **35**, 153 (1997)

10) X. Zhao, Y. Liu, S. Inoue, T. Suzuki, R. O. Jones and Y. Ando：Smallest carbon nanotubes is 3Å in diameter, Phys. Rev. Lett., **92**, 125502 (2004)

11) X. Zhao, Y. Ando, Y. Liu, M. Jinno and T. Suzuki：Carbon nanowire made of a long linear carbon chain inserted inside a multiwalled carbon nanotube, Phys. Rev. Lett., **90**, 187401 (2003)

12) C. Journet, W. K. Maser, P. Bernier, A. Loiseau, M. L. de la Chapelle, S. Lefrant, P. Deniard, R. Lee and J. E. Fisher：Large-scale production of single-walled carbon nanotubes by the electric-arc technique, Nature, **388**, 756 (1997)

13) X. Zhao, S. Inoue, M. Jinno, T. Suzuki and Y. Ando：Macroscopic oriented web of single-wall carbon nanotubes, Chem. Phys. Lett., **373**, 266 (2003)

14) H. Wang, K. Ghosh, Z. Li, T. Maruyama, S. Inoue and Y. Ando：Direct growth of single-walled carbon nanotube films and their optoelectric properties, J. Phys. Chem. C, **113**, 12079 (2009)

15) H. Takikawa, A. M. Coronel and T. Sakakibara：Carbon nanotube preparation by arc discharge method in various gases, 電学論, A, **119**, 901 (1999)

16) H. Takikawa, M. Yatsuki, O. Kusano and T. Sakakibara：Carbon nanotubes fabricated at the cathode spot in a vacuum arc, 電学論, A, **119**, 1156 (1999)

17) H. Takikawa, O. Kusano and T. Sakakibara：Graphite cathode spot produces carbon nanotubes in arc discharge, J. Phys. D：Appl. Phys., **32**, 2433 (1999)

18) H. Takikawa, Y. Tao, R. Miyano, T. Sakakibara, Y. Ando and S. Itoh：Carbon nanotube growth at cathode spot in vacuum arc, Trans. Mat. Res. Soc. Jpn., **25**, 873 (2000)

19) H. Takikawa, M. Yatsuki, T. Sakakibara and S. Itoh：Carbon nanotubes in cathodic vacuum arc discharge, J. Phys. D：Appl. Phys., **33**, 826 (2000)

20) H. Takikawa, Y. Tao, R. Miyano, T. Sakakibara, X. Zhao and Y. Ando：Formation and deformation of multiwall carbon nanotubes in arc discharge, Jpn. J. Appl. Phys., **40**, 3414 (2001)

21) H. Takikawa, Y. Tao, R. Miyano, T. Sakakibara, Y. Ando, X. Zhao, K. Hirahara and S. Iijima：Carbon nanotubes on electrodes in short-time heteroelectrode arc, Mater. Sci. Eng. C, **16** (1–2), 11 (2001)

22) H. Takikawa, Y. Tao, Y. Hibi, R. Miyano, T. Sakakibara, Y. Ando, S. Ito, K. Hirahara and S. Iijima：New simple method of carbon nanotube fabrication using welding torch, CP590, Nanonetwork Materials; AIP, 31 (2001)

23) H. Takikawa, Y. Tao, Y. Hibi, R. Miyano, T. Sakakibara, Y. Ando, S. Ito and K. Nawamaki：Simple preparation of carbon-nanotubed field emitting surface using a welding arc torch, 電学論, A, **121**, 495 (2001)

24) H. Takikawa, M. Kato, Y. Hibi, T. Sakakibara, T. Tahara and S. Itoh：Transformation of graphite into multi-walled carbon nanotubes by AC torch-arc, Physica B, **323**, 287 (2002)

25) 滝川浩史：カーボンナノチューブおよびカーボンナノホーンの簡易作製法，真空，**46**, 142 (2003)

26) 滝川浩史：アーク放電によるカーボンナノホーンの簡易合成，表面技術，**53**, 863 (2002)

27) 滝川浩史：カーボンナノホーン粒子を大気中，純度30％で簡易合成，工業材料，**50**, 106 (2002)

28) 産報出版編集部：アーク溶接機を用いたカーボンナノチューブの合成，溶接技術，**50**, 59 (2002)

29) H. Takikawa, M. Ikeda, K. Hirahara, Y. Hibi, Y. Tao, P. A. Ruiz Jr., T. Sakakibara, S. Itoh and S. Iijima：Fabrication of single-walled carbon nanotubes and nanohorns by means of a torch arc in open air, Physica B, **323**, 277 (2002)

30) M. Ikeda, H. Takikawa, T. Tahara, Y. Fujimura, M. Kato, K. Tanaka, S. Itoh and T. Sakakibara：Preparation of carbon nanohorn aggregates by cavity arc jet in open air, Jpn. J. Appl. Phys., **41**, L852 (2002)

31) 桶真一郎，篠原賢司，滝川浩史，伊藤茂夫，山浦辰夫，植仁志，榊原敏洋，菅原秀一，大川隆，青柳伸宣，清水一樹：ツイントーチアーク装置を用いたナノカーボン合成，プラズマ応用科学，**7**, 9 (2009)

32) 東敬亮，丹羽宏彰，滝川浩史，榊原建樹，伊藤茂生，山浦辰雄，徐国春，三浦光治，吉川和男：アーク放電によるナノカーボン粒子の合成とPt-Ru触媒担持，プラズマ応用科学，**13**, 99 (2005)

33) G. Xu, H. Niwa, T. Imaizumi, H. Takikawa, T. Sakakibara, K. Yoshikawa, A. Kondo and S. Itoh：Carbon nanoballoon produced by thermal treatment of arc soot, New Diamond and Frontier Carbon Technology, **15**, 73 (2005)

34) H. Niwa, K. Higashi, K. Shinohara, H. Takikawa, T. Sakakibara, K. Yoshikawa, K. Miura, S. Itho and T. Yamaura：Optimum production-condition of arc soot as raw material for carbon-nanoballoon, Smart Processing Technology, **1**, 57 (2006)

35) 滝川浩史：ヘリカルカーボンナノファイバ，ナノホーン，およびナノバルーンの合成と応用，真空，**51**, 240 (2008)

36) 滝川浩史：ナノカーボン「アークスート」／「カーボンナノバルーン」，Polyfile, **45**, 56 (2008)

37) 滝川浩史：量産可能な新素材，カーボンナノバルーンの開発，未来材料，**5**, 20 (2005)

38) S. Oke, K. Higashi, K. Shinohara, Y. Izumi, H. Takikawa, T. Sakakibara, S. Itoh, T. Yamaura, G. Xu, K. Miura, K. Yoshikawa, T. Sakakibara, S. Sugawara, T. Okawa and N. Aoyagi：Dispersion of Pt/Ru catalyst onto arc-soot and its performance evaluation as DMFC electrode, Chem. Eng., **143**, 225 (2008)
39) S. Oke, Y. Izumi, T. Ikeda, H. Ueno, Y. Suda, H. Takikawa, S. Itoh, T. Yamaura, H. Ue. T. Sakakibara, S. Sugawara, T. Okawa and N. Aoyagi：DCMF catalyst layer prepared using arc-soot nano-carbon by dry-squeegee method and its impedance analysis, Electrochemistry, **77**, 210 (2009)
40) 宇留野光，桶真一郎，須田善行，滝川浩史，伊藤茂生，植仁志，青柳伸宣，大川隆，清水一樹：アークブラックへのRuO_2ナノ粒子担持に及ぼすRu コロイド溶液のpH の影響，電学論，**130**, 293 (2010)
41) J. L. Hutchison, et al.：Carbon, **39**, 761 (2001)
42) Y. Saito, et al.：J. Phys. Chem. B, **2003**, 107, 931 (2003)
43) R. R. Bacsa, et al.：Chem. Phys. Lett., **323**, 566 (2000)
44) S. Bandow, et al.：Chem. Phys. Lett., **337**, 48 (2001)
45) T. Sugai, et al.：Eur. J. Phys. D, **9**, 369 (1999)
46) T. Sugai, et al.：Jpn. J. Appl. Phys., **38**, L477 (1999)
47) T. Sugai, et al.：J. Chem. Phys., **112**, 6000 (2000)
48) T. Sugai, et al.：J. Chem. Phys., **112**, 6000 (2000)
49) T. Sugai, et al.：Nano Lett., **3**, 769 (2003)
50) H. Yoshida, et al.：J. Phys.Chem. C, **112**, 19908 (2008)
51) H. Muramatsu, et al.：Chem. Phys. Lett., **414**, 444 (2005)
52) M. B. Nardelli, et al.：Phys. Rev. Lett., **80**, 313 (1998)
53) N. Fukui, et al.：Phys. Rev. B, **79**, 125402 (2009)
54) T. Shimada, et al.：Appl. Phys. Lett., **84**, 2412 (2004)
55) S. Kuwahara, et al.：Chem. Phys. Lett., **429**, 581 (2006)
56) A. Bachtold, et al.：Science, **294**, 1317 (2001)
57) H. Nishijima, et al.：Appl. Phys. Lett., **74**, 4061 (1999)
58) L. A. Wade, et al.：Nano Lett., **4**, 725 (2004)

1.3 レーザー蒸発法

1.3.1 レーザー蒸発法とナノカーボン類の生成

フラーレン，CNT に代表されるナノカーボン類の存在は，パルスレーザーによるグラファイトのアブレーション現象を利用して，1985 年，H. W. Kroto, R. E. Smalley らによってはじめて明らかにされた[1]。Kroto らは Nd-YAG レーザーの 2 倍高調波（532 nm）をディスク状のグラファイトに照射し，室温の He 気体中で十分凝縮させたのち，質量分析器で炭素クラスターのサイズ分布を観測した。その結果，He ガスの条件次第では，炭素原子数が 60 と 70 に特異的に強いピークが現れることを明らかにし，サッカーボール構造の分子構造を提唱した。提唱されたナノカーボン構造は，5 員環と 6 員環の組合せによる正の曲面を有する炭素ネットワーク形成が最大の特徴であり，5 員環を 12 個取り込み，残りを 6 員環だけで構成すれば結合の切れ目のない 0 次元の分子系が成立する。フラーレン分子である。巨大なフラーレン構造では炭素ネットワークの大多数を 6 員環が占め，これら 6 員環ネットワークはグラフェンのような平面構造ではなく，曲面を構成する。曲面を持つ 6 員環安定構造の概念は，その後，6 員環だけの円筒状構造の CNT の発見により実在のものとなっていく[2]。

1990 年，W. Kraetschmer ら[3] はアーク放電法でフラーレンの大量合成に成功した。1985 年に報告された Kroto らの方法では質量分析で検出できる程度の生成量だったのに対して，Kraetschmer らの大量合成成功の鍵は，炭素蒸気が凝縮する際の雰囲気温度の違いとして理解されている。つまり，アーク放電ではアーク放電によって生じる 4 000 K を超える熱が効果的に雰囲気ガスで包み込まれ，この熱により炭素ネットワーク形成時に必要なアニーリングが十分に進行し，これがフラーレン構造の完成に本質的役割を果たしているものと考えられている。こうした高温雰囲気下で，ネットワーク形成時に与える十分なアニーリングの必要性は，CNT をはじめとするナノカーボン類生成の最大の特徴であり，アニーリングの温度履歴の差異がさまざまな形態を有するナノカーボン類の構造決定に深くかかわっているものと考えられている。

Smalley ら[4] は 1992 年，レーザー蒸発法の欠点であったアニーリング不足を解消するために，パルスレーザーによるグラファイトの蒸発を加熱電気炉内で行うことによりフラーレン類の収率増大を試み，それに成功した。この方法ではグラファイト棒を石英管中に置き，Ar ガスを代表とする希ガスで満たしたのち，電気炉によって 1 200℃程度の高温希ガス雰囲気下でレーザー照射し，炭素蒸気をレーザーアブレーション現象により大量放出させることにより行う。この際，レーザーアブレーションの初期過程は室温と高温電気炉内で大差はないものと考えられる。その後，Smalley ら[5] はほぼ同一の装置を用い，グラファイト棒中に Ni，Co など金属材料を混在させることにより，SWCNT の作製に成功した。レーザー蒸発法におけるフラーレンと CNT 作製の実験条件の差異は，ほとんどなく，グラファイト棒中に金属微粒子の材料を含むか，含まないかだけである。図 1.74（a），（b）には Ar 中でグラファイトをレーザー蒸発させ作製した 2 種類の"すす"の TEM 像を示す[6]。室温で作製したすすの形状は 2 層のグラフェンシートで構成されるのに対し，1 200℃の電気炉内で作製したすすは 1 層の球状を示している。すす形成時におけるアニーリングの効果である。

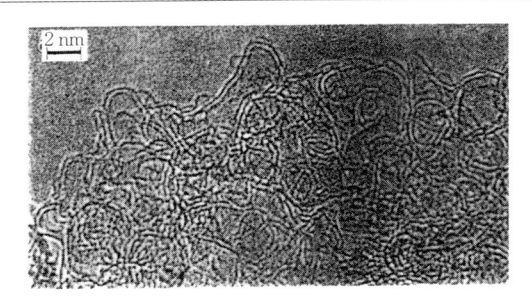

(a) Arガス，500 Torr，室温

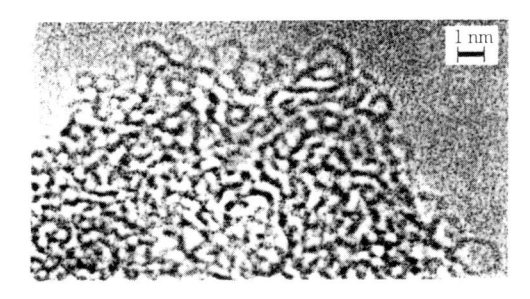

(b) Arガス，500 Torr，1 200℃

図1.74 異なった希ガス温度下におけるレーザー蒸発法で作製した"すす"のTEM像

1.3.2 加熱炉レーザー蒸発法装置

図1.75には筆者らが使用している加熱炉レーザー蒸発装置の概略を示す[6), 7)]。石英管は直径20～30 mmであり，Arなどの希ガスを200～1 000 Torr程度で，図中左から右へ，ゆっくり流す（流速10 mm/s 程度）。石英管中のグラファイト棒（金属混合ロッド）はレーザーのパルスごとに新しい照射表面が出るように，パルスモーターによって回転させる。パルスレーザー光は図中左側から導入されるが，使用するグラファイト棒の直径に見合うと同時に，適切なレーザー光強度になるようにレンズで集光する。このとき，レーザー光強度はCNTの収率やカイラリティ分布に影響を与える。筆者らの経験では1 J/cm^{2}程度が最も高収率を与えたが，レーザー光強度は収率と同時にチューブのサイズ分布やカイラリティ分布にも影響を与えるので十分に注意する必要がある。また，使用するレーザー光の波長依存性については使用できるパルスレーザーの波長に制限があるため詳細は不明であるが，Nd-YAGレーザーの場合，基本波（1 064 nm）と2倍高調波（532 nm）間ではその収率に大差はない。

石英管内圧力および流速は，ガス導入部と排気部の2箇所にニードルバルブを設置することにより調整する。CNTの生成は，電気炉内外の石英管内壁やグラファイト棒を支えるモリブデンロッド上などさまざまな位置に付着するが，付着する位置に依存してCNTの質が異なるのですすを採取する際には十分注意する必要がある。

1.3.3 レーザー蒸発法における初期過程

レーザー蒸発法におけるパルスレーザー光によるアブレーション現象では，照射直後，高温，高速の炭素蒸気（多くは中性原子，イオン，C_2分子で構成される）が表面から脱離するものと考えられている。実際，C_2分子の発光はアブレーション直後，ナノ秒からマイクロ秒後の高温炭素蒸気中で強く観測されることがよく知られている。一方，レーザー照射直後，マイクロ秒からミリ秒領域における炭素蒸気集団の挙動は，高速ビデオ観測で測定されており，炭素蒸気の冷却過程に関する情報が得られている[8)]。図1.76にはレーザー照射直後から3 msまでの間，炭素蒸気集団が希ガス中でどのように振る舞うかを示している。炭素蒸気は照射直後5 000 Kを超える温度で希ガスと衝突し，ミリ秒オーダーで，初期速度を失いながら，急激に冷却していく様子がわかる。この際，発生した炭素蒸気集団は，適切な希ガス圧力下では，拡散が適度に抑制され，CNT生成に適した炭素密度となる。実際，希ガスの種類（Ne，Ar，Kr，Xe）と最適化圧力間には良い相関がある。

図(a)中に見られる発光スペクトルを解析すると，発光の原因は黒体ふく射であることがわかり，またスペクトルの分布から炭素蒸気の温度履歴に関する情報が得られる。図(b)には実測から得られる炭素蒸気の温度変化を示す。図(c)に示した冷却の理論曲線との比較から，実測の炭素蒸気の温度変化は，0.5 ms後付近から理論曲線からずれ，冷却速度が著しく遅くなることを示している。この結果は0.5 ms以降では炭素蒸気集団内で発熱反応が進行し，化学反応による余剰エネルギーによる温度上昇が実測の冷却曲線に寄与しているものと解釈できる。この反応は3～4 ms程度継続して観測される。さらに，レーザー誘起蛍光法

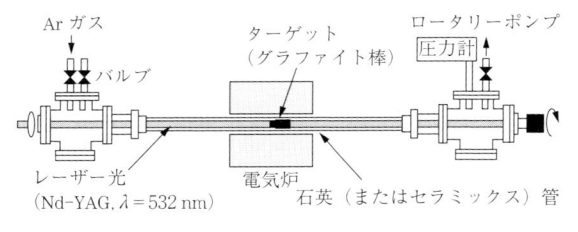

図1.75 加熱炉を用いたレーザー蒸発法の概略図。導入するパルスレーザー光は照射面で直径6 mm程度に集光する。石英管内の希ガスは10～100 mm/s程度の流速で図中左から右方向へ流す。

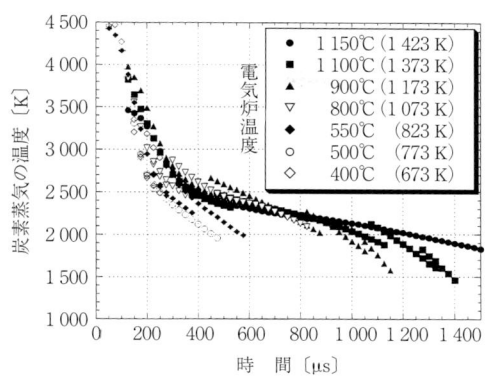

(b) 実測の黒体ふく射スペクトルの解析から得られたレーザー照射後の炭素蒸気の冷却曲線。300 μs 後付近からの冷却過程は電気炉温度に大きく依存する。

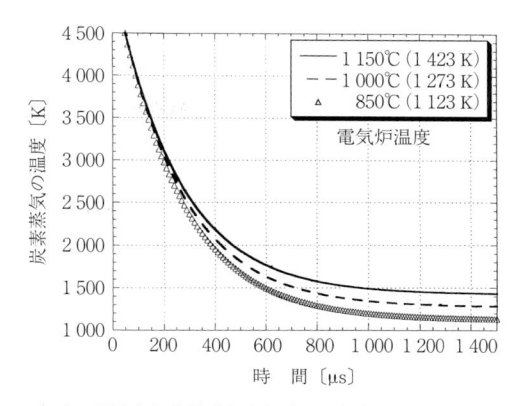

(c) 単純な衝突脱励起を仮定したときに得られる炭素蒸気の冷却曲線の計算値。図（b）の実測値と異なり，300 μs 付近からも滑らかな冷却曲線を描く。

(a) 時間変化

図1.76 (a) 高速ビデオカメラで観測したレーザー光照射直後の炭素蒸気集団の挙動。明るい発光は黒体ふく射から成り，1 ms 程度で電気炉温度まで冷却される。炭素蒸気の拡散は適度に 500 Torr の Ar ガスにより抑えられ，石英管中を直径 10〜20 mm 程度の塊として移動していく。

を用いて，レーザー照射直後から 5 ms 間における C_2 分子数の増減挙動を実測すると，C_2 分子の存在空間は黒体ふく射が観測される領域だけで観測され，さらに黒体ふく射強度の増減と同期して増減していることが明らかになっている。つまり，発熱反応と C_2 形成の時空間は一致しており，レーザー照射直後 5 ms 以内程度で，5, 6 員環ネットワークの形成が進行し，アニーリングが十分に行われることによりフラーレン構造は完成し，CNT では，チューブ形成の初期構造が完成するものと考えられる。

1.3.4 チューブの成長と直径制御

レーザー蒸発法による CNT の作製では，直径分布の狭いチューブの作製が可能であるとされている[9), 10)]。その理由を考察する際，レーザー蒸発法で生成する CNT 成長の時間的・空間的発展の状況を整理することが有用であろう。前述したようにレーザーアブレーションで発生する炭素蒸気集団は，5 ms 間程度，希ガスの流れに逆らって 30 mm 程度移動したのち，希ガスの流速に従って下流に移動し，石英管内の低温部（多くは電気炉外）で付着する。電気炉外部の温度ではチューブの成長は進行しないので，チューブは電気炉内部を移動しながら成長していると考えられる。移動に要する時間は，石英管内を流れる希ガスの流速に依存し，典型的なガス圧，排気速度の条件下では，約 1 秒から数十秒程度である。

実例として，Ni/Co を触媒とするレーザー蒸発法において，電気炉温度の変化が CNT の直径分布にどのような影響を与えるかを示す。図1.77 には電気炉温度を 900〜1 250℃ 間で変化させ，その際，生成する CNT の共鳴ラマンスペクトルと吸収スペクトルを示す。ラマンと吸収の 2 種類の分光分析には，同一の試料を用い，ラマン測定においては作製された CNT をそのまま（As-grown）用い，吸収測定には，CNT をポリマー分散剤（PFO）でトルエン溶媒に分散させた試料を用いた。レーザー蒸発法で用いられたグラファイト棒中にはニッケル，コバルト酸化物が金属/炭素原子数比で 1.2% になるように混合されている。

633 nm 励起によるラマンスペクトルから 1 250℃ で作製した CNT では主として 200 cm^{-1} 付近にピークを与えるのに対し，電気炉温度低下とともに 230〜250 cm^{-1} 付近へシフトしていく（図（a））。CNT のこの波数領域のラマンピークはチューブ径の減少とともに高波数シフトすることが知られているので，ラマン測定の結果は，電気炉温度を下げることにより，より細いチューブが生成していることを示している。

図（b）には PFO でトルエン中に分散した CNT の第 1 吸収帯（E_{11}）に対応する吸収スペクトルを示す。図中の上部には代表的な CNT で予想される吸収ピーク位置を記してある。E_{11} 励起エネルギーはおおむね直径の増加とともに低エネルギーシフトすることが知られているので，図（b）の吸収スペクトルから電気炉温度が 900℃ から 1 250℃ に変化するに従い，分布の広がりは保ったまま，直径分布の中心が細いほうから太いほうへシフトしていく様子がわかる。

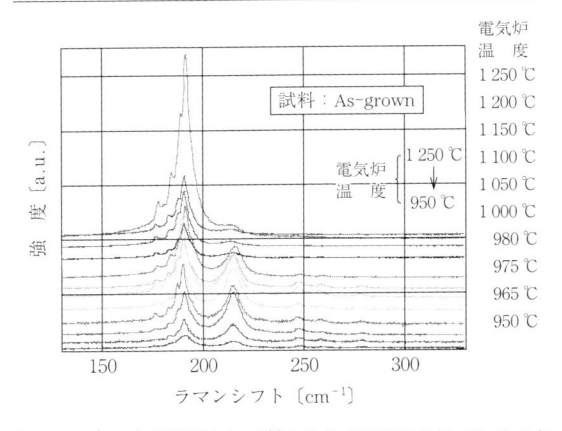

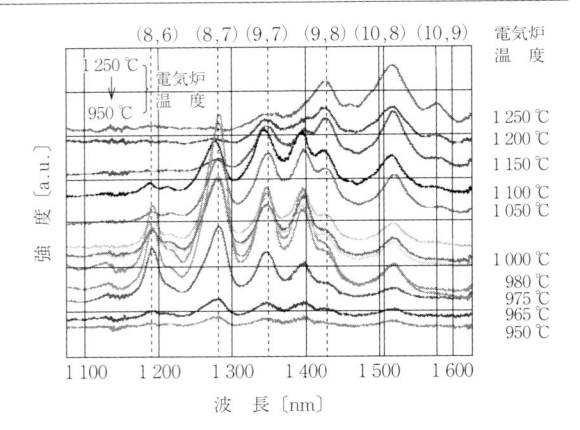

(a) Ni/Co 金属触媒として得られる SWCNT のラマンスペクトル（励起光 633 nm）。試料は作製した"すす"をそのまま使用した。電気炉温度の低下とともに SWCNT の直径分布は細いものに変化していく。

(b) 図(a) の試料をポリマー分散剤 PFO を用いて孤立化し，トルエン中で測定した SWCNT の吸収スペクトル。電気炉温度の低温化に伴い，チューブ径の分布が細いほうへシフトしていく。

図 1.77 SWCNT のラマンスペクトルと吸収スペクトル

引用・参考文献

1) H. W. Kroto, J. R. Heath, S. C. O'Brien, R. F. Curl and R. E. Smalley：Nature, **318**, 162（1985）
2) S. Iijima：Nature, **354**, 56（2001）
3) W. Kratchmer, L. D. Lamb, K. Fostiropoulos and D. R. Huffman：Nature, **347**, 354（2000）
4) R. E. Smalley：Acc. Chem. Res., **25**, 98（1992）
5) A. Thess, R. Lee, P. Nikolaev, H. Dai, P. Petit, J. Robert, C. Xu, Y. H. Lee, S. G. Kim, A. G. Rinzler, D. T. Colbert, G. E. Scuseria, D. Tmanek, J. E. Fischer and R. E. Smalley：Science, **273**, 483（2006）
6) S. Iijima, T. Wakabayashi and Y. Achiba：J. Phys. Chem., **100**, 5839（2006）
7) H. Kataura, A. Kimura, Y. Ohtsuka, S. Suzuki, Y. Maniwa, T. Hanyu and Y. Achiba：Jpn. J. Appl. Phys., **37**, L616（1998）
8) T. Ishigaki, S. Suzuki, H. Kataura, W. Kraschmer and Y. Achiba：Appl. Phys. A, **70**, 121（2000）
9) H. Kataura, Y. Kumazawa, Y. Maniwa, I. Umezu, S. Suzuki, Y. Ohtsuka and Y. Achiba：Synth. Met., **103**, 2555（1999）
10) H. Kataura, Y. Kumazawa, Y. Maniwa, Y. Ohtsuka, R. Sen, S. Suzuki and Y. Achiba：Carbon, **38**, 1691（2000）

1.4　その他の作製法

1.4.1　SiC の表面分解
〔1〕**SiC 表面分解法とは**

炭化ケイ素（SiC）を減圧下，1 200℃以上に加熱すると SiC 表面において，次式のような継続酸化（active oxidation）反応がゆるやかに進行する[1]。

$$SiC + 1/2O_2 \rightarrow SiO\uparrow + C \quad (1.1)$$

$$SiC + O_2 \rightarrow SiO_2\uparrow + C \quad (1.2)$$

SiC 表面の Si 原子は SiO ガス，または SiO_2 のスモークとして SiC 表面より除去され，カーボン C のみが固体のまま表面に残される。

表面に取り残された C 原子は，**図 1.78** に示すように，SiC 基板上に CNT あるいはグラフェンを形成する。SiC（000$\bar{1}$）C 面では表面に垂直方向に配向した CNT が形成されやすく[2,3]，（0001）Si 面では表面に平行にグラフェンを形成する[3,4]。この選択制は分解

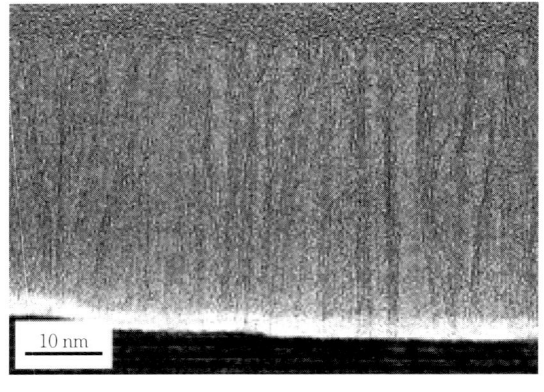

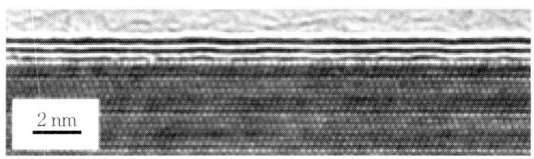

図 1.78　SiC 表面上に形成された配向性 CNT およびグラフェン（1 450℃，30 分加熱）の断面 TEM 像

初期のナノ構造によって決定される[2), 5)]。実際には Si, C 両面において温度, 雰囲気制御により CNT とグラフェンの作り分けが可能である。SiC 上グラフェンについては, 12 章で詳細に述べるので, ここでは SiC 上 CNT についてのみ紹介する。

SiC は表面から分解を開始し, 式 (1.1), (1.2) の反応式に沿って結晶内部に向かって成長する。CNT 長さは加熱時間・加熱温度・雰囲気制御により 4〜5 μm まで伸ばすことができ, 直径は 2〜5 nm, また 2〜5 層の MWCNT が高配向で形成される[6)]。密度はおよそ $3\times10^{12}/cm^2$ ときわめて高く, 互いに外接し合う状態で**図 1.79** の SEM 像に示すようにほぼ稠密膜を形成している。

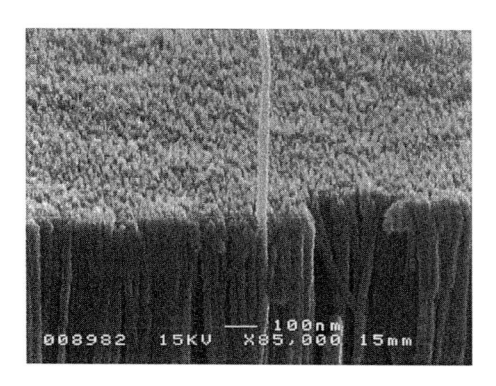

図 1.79 CNT 稠密膜表面の SEM 像

〔2〕 **ジグザグ型 CNT の選択的成長**[7)]

CNT 構造はカイラルベクトル $C=ma_1+na_2$ により一義的に特定される[8)]。a_1, a_2 は 2 次元グラフェン上の単位ベクトルである。この指数 (m, n) の関係式から, 個々の CNT の電気的特性が規定できる。また, CNT の構造は幾何学的対称性からアームチェアー, ジグザグ, およびカイラル型の 3 タイプに分類され, アームチェアーはつねに金属的, ジグザグ, およびカイラル型は金属または半導体的と, 電気的特性を整理することができる[9)〜11)]。しかしながら, これらの構造を作り分ける明確な方法がいまだ得られていないのが現状であり, 応用のハードルを高めている。

そこで, SiC 表面分解法によって得られる CNT の構造が調べられた。**図 1.80** は SiC 単結晶 $(000\bar{1})$ C 面を昇温速度 1℃/min, 1 500℃にて 10 時間保持したときの表面上に形成された CNT 膜において, その断面に垂直な方向から電子線を入射させたときの回折図形である。

SiC 基板からの $[11\bar{2}0]_{SiC}$ 入射の回折反射および CNT 膜からの 0002 および $1\bar{1}00$ 反射が観察される。

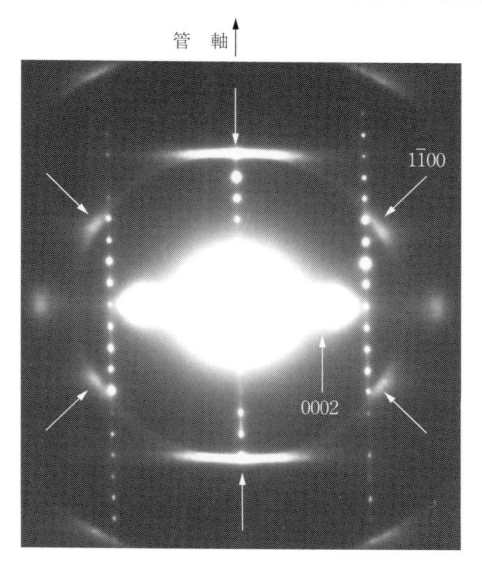

図 1.80 高配向 CNT 膜/SiC の断面方向から観察された電子線回折図形――ジグザグ型 CNT の選択的成長を示す。

この回折図形により $1\bar{1}00$ 反射と 0002 反射との方位関係より, ほとんどの CNT がジグザグ型の構造を採っていることが示された。この選択性は $(000\bar{1})$ 上に形成された CNT に特に顕著であることから, CNT の構造は分解前の SiC 結晶構造に強く依存していることが明らかになっている[7)]。すなわち, SiC の分解により, 残された C は SiC の骨組みを利用することによりわずかな拡散を伴う再結晶化を行い, その結果ジグザグ型の CNT 配向膜が形成される。

〔3〕 **機 械 的 特 性**[12)]

以上示してきたように, 本手法による CNT は, 直線性が高く, 高配向, 高密度である。また, SiC 界面にはアモルファス相を介することなく原子レベルで接合しているため, CNT の根元に金属触媒を介する CVD 法に比べ高い密着力を有し, 耐摩耗性などの機械的応用が期待される。そこで, ナノインデンテーションにより, SiC 上の高配向 CNT 膜の硬度の測定を行った結果を紹介する。

表面分解による手法では, 加熱条件によって, CNT の長さを再現性良く制御できる。そこで, **表 1.4** に示すように SiC 表面上に 4 種類のサイズの CNT 膜を形成させたサンプルを用意した。また, 比較のために, グラッシーカーボン(硬質アモルファスカーボン:東海カーボン(株)製)も同条件で測定した。ナノインデンテーション測定には, フィッシャー・インストルメンツ社製フィッシャースコープ H100 V(圧子形状:先端曲率 2 μm の球状圧子)を用いた。

表1.4 CNT膜を形成させたサンプル

試料名	CNT 長さ〔nm〕	CNT の径〔nm〕
sample A	50	$\phi 5$
sample B	250	$\phi 5$
sample C	400	$\phi 5$
sample D	250	$\phi 3$

図1.81は，印加荷重0.5 mNでの荷重-押込み変位曲線である。グラッシーカーボンでは，圧子圧入に対して弾性的に応答している。これに対してCNT膜においては，荷重負荷過程では荷重と変位の関係はほぼ直線的であるが，その勾配はグラッシーカーボンより小さく，CNTの長さが長いほど小さくなる傾向がある。このことはCNT膜の垂直方向の剛性がグラッシーカーボンよりも小さく，CNTが長いほどしなやかになることに対応する。

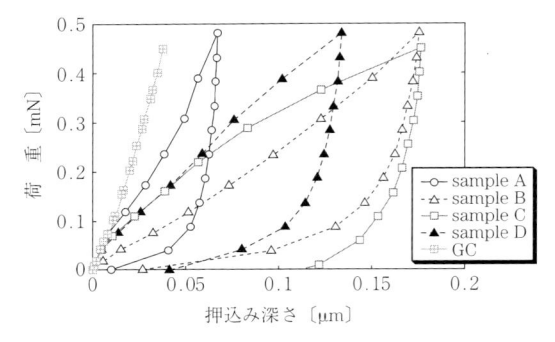

図1.81 CNT配向膜の荷重-押込み変位曲線
（印加荷重：0.5 mN）

除荷過程では，荷重は変位の減少に対して急激に減少するものの，しだいにその勾配はゆるやかになる。このような実験結果に見られる弾性ヒステリシスは，この配向性CNT膜が圧痕印加による変形回復過程で高い変形エネルギー吸収能力を発揮することを示唆するものである。これは，CNTの"しなり"の特性に起因するものであり，トライボロジーへの活用を期待したい。

〔4〕 **熱 伝 導 特 性**[13]

CNTは，軸方向に3 000～6 600 W/mK ものきわめて高い熱伝導率を有することが知られている[14)～16]。ダイヤモンドの熱伝導率が2 000 W/mKであり，銅や銀などの高熱伝導金属のそれが400 W/mK程度であることからも，その値が非常に高いことがわかる。この特性を利用して，CNTを放熱材料に応用する試みはこれまでにも行われているが[17), 18)]，形態・密度制御の困難さなどから，まだ決定的な実用には至っていないのが現状である。

そこで筆者らは，SiC表面分解法により作製したCNT/SiC複合材料の放熱応用を検討した[2), 3)]。具体的には，両面を研磨した単結晶6H-SiC基板およびCVD法によって得た多結晶SiC基板を，$10 \times 10 \times 0.25 mm^3$ に切断し，温度1 700℃，真空度10^{-4}Torrで熱処理することで，両面にCNT膜を備えたCNT/SiC複合材料を得た。作製した試料の熱抵抗測定は，米国材料試験協会（ASTM）D5470規格に基づいた装置を用いて行った。具体的には，試料を銅製の加熱軸および冷却軸に挟み，試料上端と下端の温度差を測定する。この温度差を，与えた熱量で除すことにより，熱抵抗値を求めた。図1.82に，各種材料の熱抵抗測定の結果を示す。参考比較データとして，接触熱抵抗の低減のため実用材料に用いられているシリコーングリース（100 μm厚）を用いた場合の熱抵抗値を示している。図からわかるように，SiC単結晶基板の熱抵抗値は0.18 K/Wであり，SiC結晶自体の高い熱伝導率を反映して良好な熱抵抗値となっている。実際に用いられている放熱材料との比較を行うために，この単結晶基板の両面にグリースを50 μmずつ塗布して測定すると0.79 K/Wとなり，熱抵抗値が増大してしまうことがわかった。

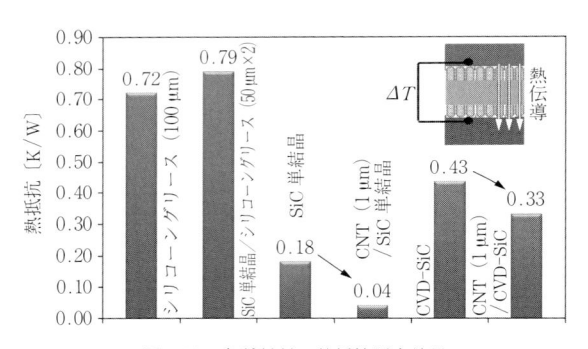

図1.82 各種材料の熱抵抗測定結果

一方，単結晶SiC基板の両面にCNTを1 μm成長させた試料の熱抵抗値は，0.04 K/Wときわめて低い値となる。この事実は，グリースの代わりにCNTを用いることによって，接触面での接触熱抵抗を良好に低減できることを示している。また，多結晶SiC，および多結晶SiCに1 μmのCNTを形成した試料の熱抵抗値はそれぞれ0.43および0.33 K/Wであった。多結晶SiC基板では，粒界での熱散乱の効果により，単結晶と比べて熱抵抗値は高いものの，CNTを形成することで接触熱抵抗を低減できることがわかった。また，他の実験値と比較するため，試料厚さ，断面積

を考慮し熱伝導率に換算して解析した結果，1 μmCNT/単結晶 SiC 試料の実質熱伝導率は 62.5 W/mK であり，典型的なヒートスプレッダーの実質熱伝導率 4.4 W/mK の 14 倍以上の値を持つことがわかった。

このように高い特性を持つ CNT/SiC 複合材料を用いると，図 1.83（a）に示すような従来の放熱構造に対して，例えば図（b）示すようにヒートスプレッダーの部分を本材料によって置き換えることができる。その結果，稀少金属，さらに接触補完用のグリースを用いることなく，CNT によって縦方向の，また SiC によって横方向の熱移動を確保することができることに加え，接触面での熱抵抗を CNT のしなりによって劇的に低減することが可能である。用いる SiC 基板としては，高価な単結晶基板だけではなく，安価な多結晶基板でも十分な効果が得られることがわかっている。最近懸念されている CNT の安全性に関しても，この CNT は凝集状態にあり，孤立 CNT と比べて安全性が高いことが確認されている。

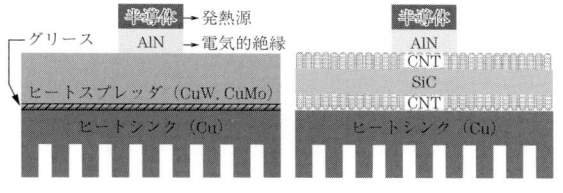

（a）従来型半導体放熱構造　（b）CNT/SiC 複合体を用いた新規放熱構造

図 1.83　放熱構造

〔5〕ま と め

SiC 表面分解法によって得られる CNT について，ジグザグ型 CNT が選択的に形成されることを示すとともに，機械的特性，放熱特性について紹介した。今後，この手法によって得られる CNT の特徴を最大限生かした応用を期待している。

1.4.2　プラズマフレーム加熱

前節にも述べたように，プラズマ CVD やアーク放電などはプラズマを利用した CNT の有効な作製方法としてよく知られている。

一般的には，プラズマ CVD は炭化水素ガスなどの気体を炭素原料として用い，一方，アーク放電は炭素電極間にアークプラズマを発生させ，その固体炭素電極そのものを蒸発させる。ここで紹介するプラズマフレーム加熱は，高周波によって発生させたプラズマフレーム中で，固体の炭素原料を蒸発させる方法である。この点では，アーク放電に近い手法といえるだろう。典型的なアーク放電の電子温度と，プラズマフレーム加熱の電子温度は同程度である。しかし，電子密度に関しては，プラズマフレーム加熱は，アーク放電のようにプラズマが電極先端近傍に集中しないため，10^5〜10^{10} オーダー小さいと考えられる[19]。さらに炭素原料が固体であることもあり，プラズマ CVD やアーク放電に比べて CNT の生成効率は低い。しかし，固体炭素をプラズマフレームで直接蒸発するため，高純度かつ特異な構造の MWCNT を選択的に生成することができる[20]。

本方法で生成した MWCNT の多くは，中心まで CNT 層が詰まった構造を成しており，最中心は直径 0.4 nm の最小 CNT に対応するものも含まれている。このような構造から，特にこの MWCNT を稠密 CNT (densest carbon nanotubes, d-CNT) と呼ぶ。もう一つの特徴は，すべての d-CNT の先端構造は 19.2°の角度を持つコーン状構造を成している点である。また，熱処理によって，一定の内径を持つ中空の MWCNT に構造変化することもわかっている。

ここではプラズマフレーム加熱によって成長する d-CNT の生成法と構造の特徴，熱処理による構造変化などについて述べる。

プラズマフレーム加熱に用いる装置は，高周波によって熱プラズマを発生させることのできる，成膜プロセスに用いられるような装置であればよい。コイルに電流を流し，作動ガスの電離によりプラズマジェットを形成できる誘導結合型プラズマトーチで，その下部に真空チャンバーを有しているものが適している。その一例を図 1.84 に示すが，詳細については文献 20）を参照されたい。

プラズマトーチ部は，石英管に銅コイルを巻き付けた構造になっており，ラジオ波周波数の高周波電流を供給する。プラズマトーチ内部には，アルゴンと水素を導入して，プラズマフレームを発生させる。炭素棒（φ5 mm；触媒金属なし）を，その先端がプラズマフレームのちょうど中央付近に位置するように配置する。炭素棒は加熱とともに先端から蒸発し短くなるため，外部から位置を調整できる機構を備えていることが望ましい。1 回の加熱蒸発時間は 30 分で，炭素棒は約 20 mg 消耗する。アルゴンと水素の混合ガスは，炭素棒の先端から下部へ向かって流れるため，先端から蒸発した炭素は，ガスの流れによって下流に流されるが，すぐに炭素棒の表面に付着し堆積する。先端から約 5〜15 mm の表面には，やわらかい綿状のすす（図 1.85（a））が堆積し，先端から 15〜20 mm には硬い膜状のすす（図（b））が堆積する。

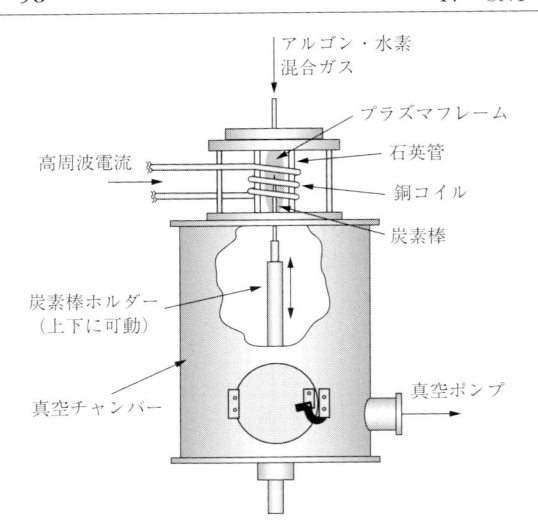

図1.84 プラズマフレーム加熱装置の一例

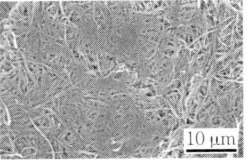

(a) 綿状すす中の密に成長したd-CNT
(b) 膜状すす中のd-CNT放射状集合体
(c) d-CNTバンドルと中心に0.4 nm CNTを有する1本のd-CNT（挿入図）
(d) コーン状の先端を持つd-CNT

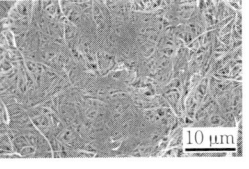

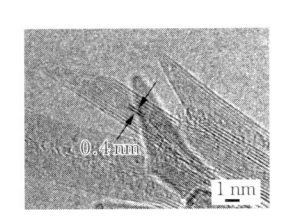

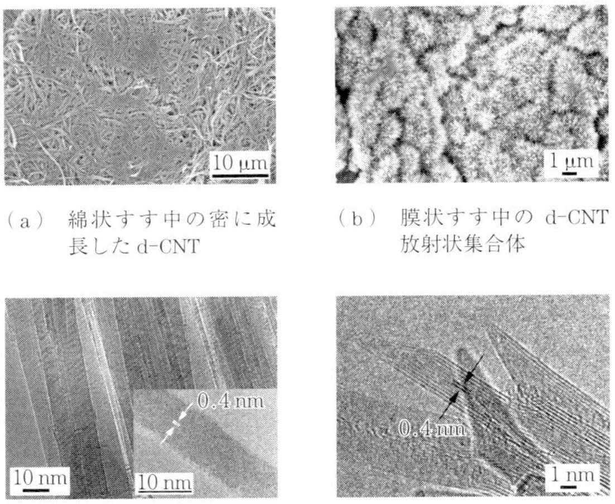

図1.85

綿状すすの中には，d-CNTがバンドル（バンドルの太さは約1 μm，長さは約10 μm）を形成して，高密度で含まれている（図（c））。1本のd-CNTは層数が10〜20層で，中心の空洞部分がなく密に詰まっている。最中心のチューブ直径は，0.4 nmの最小CNTに対応している。最小CNTは，水素ガス中アーク放電[21]によって生成できることが知られている。プラズマフレーム加熱は，この0.4 nm CNTを選択的にきわめて高効率で生成することができる方法であるともいえる。

すべてのd-CNTの先端は，約20°の角度を持つコーン状のとがった構造をしている（図（d））。ナノチューブの先端がこのような角度をもって閉じることができるのは，先端部に五つの5員環を含む構造（角度は19.2°）のときだけである。この構造は，電界放出顕微鏡法によっても明らかになっている[22]。特に，先端の曲率半径が約2 nm以上のとき，五つの5員環の存在を示す，鮮明な五角形パターンが観測されている。

一方，膜状のすす中には，比較的短いd-CNT（長さは約1 μm，直径は3〜5 nm）が含まれている。これらはバンドルは形成せず，CNT[23]にも似た放射状の集合体（直径1 μm）を形成する。しかし，ナノホーンのような球状粒子構造ではなく，表面から放射状に成長している構造である。この集合体を形成するd-CNTもまた，中心まで密に詰まった構造であり，0.4 nmCNTを最中心に有している。そして先端構造も，19.2°のコーン状構造となっている。

プラズマフレーム加熱の特徴は，成長過程にあるCNTが加熱中は，つねに高温のプラズマフレームの中に存在する点である。成長のために供給される原料炭素種は，炭素棒先端から蒸発し到達するものだけで，成長に必要な炭素量より，過剰に供給されることはないと考えられる。CNT成長速度と原料炭素の供給速度の均衡が保たれており，高温領域で長時間かけて徐々に成長することが，触媒金属がないにもかかわらず非常に高純度でアモルファスカーボンのような不純物の少ないd-CNTが生成できる理由であると考えられる。また，蒸発点である炭素棒の先端部が位置するプラズマの中心部は，約6 000 K，一方，プラズマ中心部から約40 mm外側では約2 000 Kであると見積もることができる[24]。さらに，蒸発した炭素種はガスの流れに乗って下方に流され拡散するため，先端部に近いほど温度が高く炭素種供給量が多い。したがって，先端に近いほど長く高密度のd-CNTが成長し，先端から遠ざかるほど比較的短いd-CNTの集合体を形成するものと考えられる。

中心まで層が密に詰まったd-CNTは加熱処理によって，中心に近い層が消失し中空のMWCNTに構造変化する。例えばアルゴン中2 400℃で2時間加熱処理をすると，中心部分のナノチューブ層が完全に消失し，一般的な中空MWCNTの構造に変化し，先端も鋭くとがったコーン構造から，角のとれた構造に変化する[25]。熱処理したd-CNTの内径分布は，その熱処理温度に依存している。約2 200℃から中空構造への変化が始まり，温度を上げるとともに徐々に中心部の層が消失し内径が大きくなる。そして2 400℃付近で内径分布は変化しなくなる。熱処理後，最も多く形

成されるのは，内径約 3 nm の MWCNT である．内径が 3 nm 以下の MWCNT も形成されているがその量は少なく，また 3 nm より大きい内径を持つ MWCNT はまったく形成されない．このことから，細い CNT の高温での安定性は直径 3 nm 付近に，しきい値を持つものと推測できる[26]．

熱処理以外にも，内径を制御できる方法が報告されている．プラズマフレーム加熱で d-CNT を生成する際に，原料である炭素棒にホウ素を添加すると，中空の MWCNT が生成する[27]．そして，ホウ素添加量が増すに従って，内径も増加する傾向があり，30％添加したとき内径は最大約 4 nm まで増加する．このとき外径はホウ素添加量に依存せず，つねに一定（約 10 nm）である．また，この MWCNT にはホウ素がごくわずかに，炭素ネットワーク中にドープされていることもわかっている．

d-CNT の熱処理やホウ素添加法で得られる中空 MWCNT の，制御された 3～4 nm という大きさの内径は，一般的な SWCNT の内径に比べ大きい．そのため，大きい直径を有する 1 次元のナノ空間として，物質内包等の利用にも適している．例えば，二重らせん構造（double-stranded）DNA（ds-DNA：典型的な大きさは直径 2.3 nm）を，本方法で得られる中空 MWCNT に内包し，ds-DNA@MWCNT ハイブリッド構造を形成することができる[28]．

以上のように，プラズマフレーム加熱によって生成する d-CNT や，さらに，その熱処理などによって得られる MWCNT は，特異な構造や特性があることがわかってきている．19.2° という鋭くとがったコーン状の先端構造や，機械的強度が大きいであろう密に詰まった構造は，STM や AFM の探針などにも適している[29]．また，d-CNT の熱処理などによって得られる内径 3～4 nm に制御された中空 MWCNT は，ナノ・メソ空間制御材料として有望かもしれない．しかし，なぜ，このような特徴的な構造を持つ d-CNT が，選択的に成長するかは明らかになっておらず，成長メカニズムの解明も重要な課題の一つである．

引用・参考文献

1) 山口明良（耐火物技術協会編）：すぐ使える熱力学，50，中部日本教育文化会（1990）
2) M. Kusunoki, et al.：Phil. Mag. Lett., **79**, 153 (1999)
3) M. Kusunoki, et al.：Appl. Phys. Lett., **77**, 531 (2000)
4) W. Norimatsu and M. Kusunoki：Chem. Phys. Lett., **468**, 52 (2009)
5) S. Irle, et al.：J. Chem. Phys., **125**, 1 (2006)
6) M. Kusunoki, et al.：Appl. Phys. Lett., **87**, 103105 (2005)
7) M. Kusunoki, et al.：Chem. Phys. Lett., **366**, 458 (2002)
8) R. Saito, et al.：Mater. Sci. Eng. B, **19**, 185 (1993)
9) N. Hamada, et al.：Phys. Rev. Lett., **68**, 1579 (1992)
10) R. Saito, et al.：Appl. Phys. Lett., **60**, 2204 (1992)
11) J. W. Mintmire, et al.：Phys. Rev. Lett., **68**, 631 (1992)
12) M. Kusunoki, et al.：J. Phys. D：Appl. Phys., **40**, 6278 (2007)
13) 乗松航，楠美智子：New Diamond, **93**, 30 (2009)
14) S. Berber, et al.：Phys. Rev. Lett., **84**, 4613 (2000)
15) P. Kim, et al.：Phys. Rev. Lett., **87**, 215502 (2001)
16) M. Fujii, et al.：Phys. Rev. Lett., **95**, 065502 (2005)
17) M. J. Biercuk, et al.：Appl. Phys. Lett., **80**, 2767 (2002)
18) C. H. Liu, et al.：Appl. Phys. Lett., **84**, 4248 (2004)
19) 行村健 編著：放電プラズマ工学，オーム社（2008）
20) A. Koshio, et al.：Metal-free production of high-quality multi-wall carbon nanotubes, in which the innermost nanotubes have a diameter of 0.4 nm, Chem. Phys. Lett., **356**, 595 (2002)
21) L. -C. Qin, et al.：The smallest carbon nanotubes, Nature, **408**, 50 (2000)
22) Y. Saito, et al.：Field emission patterns from multiwall carbon nanotubes with a cone-shaped tip, Appl. Phys. Lett., **90**, 213108 (2007)
23) S. Iijima, et al.：Nano-aggregates of single-walled graphitic carbon nano-horns, Chem. Phys. Lett., **165**, 309 (1999)
24) M. Sakano, et al.：Numerical and experimental comparison of induction thermal plasma characteristics between 0.5 MHz and 4 MHz, J. Chem. Eng. Jpn., **32**, 619 (1999)
25) A. Koshio, et al.：Disappearance of inner tubes and generation of double-wall carbon nanotubes from highly dense multiwall carbon nanotubes by heat treatment, J. Phys. Chem. C, **111**, 10 (2007)
26) A. Maiti, et al.：Growth energetics of carbon nanotubes, Phys. Rev. Lett., **73**, 2468 (1994)
27) S. Numao, et al.：Control of the innermost tube diameters in multiwalled carbon nanotubes by the vaporization of boron-containing carbon rod in RF plasma, J. Phys. Chem. C, **111**, 4543 (2007)
28) M. Iijima, et al.：Fabrication and STM-characterization of novel hybrid materials of DNA/carbon nanotubes, Chem. Phys. Lett., **414**, 520 (2005)
29) D. L. Carroll, et al.：Electronic structure and localized states at carbon nanotube tips, Phys. Rev. Lett., **78**, 2811 (1997)

2. CNT の精製

2.1 SWCNT

2.1.1 触媒金属の除去と SWCNT の精製
〔1〕 SWCNT 中に存在する不純物

合成直後の SWCNT には合成の際に使用する金属触媒もしくは SWCNT 以外の炭素系化合物（フラーレン，アモルファスカーボン，グラファイト，グラフェンなど）が混入している。合成法によりこれらを含む割合や量が変わってくるために，これらを除去するためには合成法を考慮に入れた精製法を考える必要がある。SWCNT の研究においてはカイラリティや半導体性・金属性といった性質の差に多くの興味が注がれるが，不純物除去プロセスの違いからくる差にも注意を払わなければならない。

SWCNT の作製法としては HiPco（high-pressure carbon monoxide）法に代表される CVD 法，グラファイト電極に電圧を印加して SWCNT を成長させるアーク法，炭素源となるグラファイトなどをレーザーにより蒸発させて SWCNT を得るレーザーアブレーション法などがよく用いられる。アーク法やレーザーアブレーション法により合成した CNT は一般的に高い結晶化度（少ない欠陥部位）を持つが炭素系不純物を多く含むという特徴を持っている。CVD 法から合成する SWCNT はその反応条件などにより不純物の量が大きく変わってくる。いずれの場合も多くの基礎研究および応用展開に際してこれらは除去されることが望まれている。除去の方法としては，反応性を利用した化学的除去とサイズや重さなどの物性の差を利用した物理的除去に大別される。ここでは炭素系不純物と金属不純物の除去法を紹介する。

〔2〕 不純物の定性・定量方法

残留不純物の評価法としては，TEM で直接見る方法が最も直接的で得られる情報が多い[1)~3)]。この方法では，残留する金属や炭素系の不純物も同時に観察できるため有用である半面，サンプルのごく一部しか評価でないため全体的な定量性に欠けるのが弱点である。金属触媒残量に関しては空気下における熱重量減少測定（TGA）が定量的なデータを与えてくれる。すなわち CNT を含む炭素化合物は 300～800℃ 当りで燃焼するのに対し，金属は 1 000℃ 付近でも燃焼しないため残量を定量することで触媒金属存在量を明らかにすることができる[4)]。さらに金属触媒の存在により CNT の燃焼開始温度が低下するため，残存金属量を確認するデータも同時に得ることもできる。炭素系不純物を定量する方法としてはラマン測定がしばしば用いられる。これはアモルファス炭素中に含まれる sp^3 炭素に由来する特徴的なピーク（D-band）を sp^2 炭素に由来する（G-band）ピークとの比（G/D 比）として比較することで定量する手法である[4)]。ただし欠陥部が SWCNT に導入された場合も sp^3 炭素を持つことから議論には注意が必要である。SWCNT に欠陥が導入された場合，導入された官能基は赤外吸収分光測定で同定できることがある[4), 5)]。X 線光電子分光法（XPS）では導入された -OH，-COOH 基といった官能基のさらに高感度な同定ができる[6)]。XPS はさらに触媒金属の有無を確認することもできるのできわめて有用な測定手法である[7)]。超高真空を必要としない手軽さで蛍光 X 線測定（XRF）も触媒金属量の定量に便利な測定法である。不純物や SWCNT 欠陥の存在により得られる物性が変わってくることから，これらの測定手法を駆使し SWCNT 純度を把握しておくことはそれ以降の評価に対する大前提である。

〔3〕 炭素系不純物の除去法

炭素系不純物としては SWCNT 側壁や金属触媒を覆うグラファイトやアモルファスカーボン，炭素棒を蒸発させるレーザーアブレーション法において特に含まれるフラーレンやグラファイトやアモルファス炭素粒子などが合成直後の SWCNT には含まれる。炭素不純物の中でもフラーレンのような有機溶媒に可溶な成分は比較的容易に抽出除去が可能である[8)]。アモルファスカーボンのように欠陥部位，すなわち SWCNT より多くのダングリングボンドを含む成分は反応性が高く酸化されやすい性質を持っている[9)]。実際にはグラファイト化度の高い成分，すなわち SWCNT 側面や触媒粒子に吸着しているグラファイト層なども混入しているために炭素不純物の選択的除去は容易ではない。

炭素の酸化反応性を利用した選択的除去の試みとしては空気雰囲気下での加熱酸化処理が最も多く検討されている[10)]。谷垣らは MWCNT において 750℃，30 分の空気酸化処理により優先的な炭素系不純物の除去に成功している。酸化の過程においては MWCNT 末端

のキャップ部位も反応性の高い5員環の存在により除去され開端されていることが述べられている。この手法では99％以上の原料はエッチングされ収率は1％程度と非常に低かった[11]。Y. H. Leeらは加熱炉を回転させサンプルを撹拌(かくはん)することにより760℃，40分の条件で40％もの収率で精製を達成した。ガスによる酸化エッチングにおいては均一な反応を実現することがアモルファスカーボンとMWCNTの酸化反応性の差を利用するために必要条件であることがわかる[9]。これら二つの例においてMWCNTは金属触媒を用いないアーク法で合成したものであった。金属触媒の存在は酸化燃焼を触媒する働きがあり[12),13]，炭素系不純物の酸化燃焼とCNTの燃焼との温度差を小さくしてしまうため，金属不純物の混入が合成上避けられないSWCNTの精製においては反応性差が取りにくい。したがってSWCNTの場合には金属不純物の除去により反応性の差を確保する必要がある。金属触媒には周囲をシェルするアモルファスカーボンやグラファイトが存在するため，これらをまず選択的に除去する戦略が検討されてきた。実際は金属をシェルする炭素層をSWCNTにダメージを与えない条件で選択的に除去し，引き続き金属を除去した後に反応条件を上げて他の炭素系不純物を除去するという行程を経て精製を行う。I. W. Chiangらは，まずSWCNTに対し，アルゴン-酸素混合ガス中225℃，18時間という比較的マイルドな処理を施すことが有効であることを提案した[12),13]。これは鉄粒子が酸化され体積膨張することでシェルが破壊され，選択的に炭素除去ができるためだと説明されている。これによりむき出しになった金属粒子を塩酸処理して溶解させるプロセスを最初に行うことで非常に高い純度のSWCNTが高い収率（30％）で得られた。また同様な選択的炭素除去法としてはA. R. Harutyunyanらのマイクロ波照射法が挙げられる[14]。マイクロ波を照射することで触媒金属の局所的加熱が起こり，それにより金属をシェルする炭素層を選択的に除去することに成功した。むき出しになった金属はつぎの酸処理により除去することができる。同様な手法によりHiPco SWCNTに含まれる鉄触媒の量を原料の26 wt％から7 wt％まで除去が可能なことが示された[15]。さらに酸性溶液中でのマイクロ波照射によってシェル炭素除去と金属除去を同時にする工夫が報告され，酸の種類，マイクロ波照射時間等の最適化に関する多くの研究がなされている[4),16)~22]。ほかにもH_2やCO_2下での加熱（800℃，12時間）もシェル炭素除去に効果があることが報告されている[23]。

溶液系におけるマイルドな酸化処理法として過酸化水素によるシェル炭素の除去も報告されている[24)~26]。塩酸による金属除去と組み合わせることで35 wt％もの収率での精製が達成されている。この場合，鉄が酸化力の強いヒドロキシラジカルを発生させることでシェル炭素が酸化溶解されると述べられている。ガスによる酸化と比較し溶液中での反応では反応をより均一に行うことができるメリットがある。

一方で，金属粒子除去による選択性向上以外の優先的炭素系不純物除去法としてCl_2とH_2OとHClとの混合ガスを用いる方法[27]やH_2SとO_2との混合ガスを用いる酸化法[28]が報告されている。Cl_2を用いる方法においてはClがキャップ部と反応し付加物を形成することでキャップ部の酸化分解を防ぎ，優先性を高めるメカニズムが提案されている。これらの方法では高い収率（〜20％）のSWCNTが報告されているが，非常に毒性の高いガスであるために扱いにくいのが実際のところである。比較的最近において水蒸気中900℃，4時間という処理においてシェル炭素のみならず，アモルファスカーボンやグラファイト粒子などを1段階でSWCNTより優先的に除去可能であるという報告がなされた[29]。SWCNT自体のダメージは比較的小さいことも明らかにされていることから高収率な精製が可能であれば非常に興味深い方法である。

これら化学的な酸化処理法においては程度の差はあるがSWCNT自体も多かれ少なかれ酸化され-OH,-C=O,-COOHといった官能基が導入され，さらにより短く切断されてしまう。このような表面改質によりSWCNTの溶媒への分散性は向上するので，応用展開においては好まれることが多いが，SWCNTの電子的性質や物理物性は変化している点に注意しなくてはならない。酸化力の強い$KMnO_4$[30]や硫酸：硝酸＝3：1溶液[31]などにおいても炭素不純物の除去は可能であるが，SWCNT自体の酸化や切断の度合いは当然大きくなる。SWCNTに官能基を導入したい場合などにおいて酸化サイトは反応足場として利用できる[32]。

これまで述べたような化学的酸化処理以外の酸化除去法として，H.-T. Fangらはsp^2炭素とsp^3炭素の酸化電位の差を巧みに利用した電気化学酸化による炭素不純物除去法を提案した[33]。この処理により金属触媒粒子を被覆するアモルファスカーボンも除去できることから塩酸処理により容易に金属粒子の除去が可能になる。この処理を酸性溶液中で行うと金属の除去も同時にできることからきわめて効率的である[34]。この方法では垂直配向CNTアレイの精製において配向状態を維持したまま精製できる特長も見い出されている[34]。

一方で，物理的処理も不純物除去において重要なアプローチである。合成時からバンドルを組むことの多

いCNTにおいて，化学処理前の超音波プロセスはバンドルをゆるめてその後の反応効率を高める意味でも非常に重要なステップである．アルコール中の超音波処理によりSWCNT表面に吸着したグラファイト不純物を引き剥がし，酸化的精製プロセスにおけるSWCNTへの過熱を回避する効果も報告されている[35]．またアーク法やレーザーアブレーション法において炭素棒から生じる比較的サイズの大きいグラファイト粒子は酸化法だけでの除去が困難であることから，ろ過や遠心分離によるサイズ除去が有効である[36), 37]．ほかにも水中で煮沸する処理HIDE（hydrothermally initiated dynamic extraction）が不純物除去の効率を高める上で有効であることが報告され[38), 39]，前処理法としてしばしば利用されている[40]．この処理においては水との反応がSWCNTとアモルファスカーボンと金属粒子から成るネットワーク構造をほぐすことにより，その後の加熱処理や酸処理と合わせた精製効率を向上できる．

〔4〕 金属触媒の除去

SWCNTの合成には金属触媒の使用が必須で，最も一般的に用いられるHiPco法で作製したSWCNTには30 wt%以上の金属触媒が残存している．金属の除去は気相酸化法では困難なため，硝酸，硫酸，塩酸といった酸による溶液法での酸化が行われる．特に硝酸による酸化は最も一般的に用いられる処理法である[41), 42]．最初のE. Dujardinらの報告では濃硝酸中で超音波照射することでSWCNTを均一に分散させ，その後120～140℃で還流することで残留金属を1 wt%まで減らしつつ30～50 wt%の収率を確保できたことが報告されている[41]．しかし，金属触媒除去にはきわめて有効である一方で，炭素不純物をかえって増加させてしまう事実も指摘されている[43]．硫酸：硝酸＝3：1の混酸も金属除去にきわめて有効であり，多くの報告がなされている[1), 31), 44]．しかし，酸化力のきわめて強いこの系においては，SWCNTの側壁の酸化反応も同時に進行し，特に曲率が大きく反応性が高い細いSWCNTの優先的な溶解が起こる[44]．残ったSWCNTは-OH基や-COOH基といった官能基で修飾されているため，グラファイト化度の高いSWCNTが必要な場合は好ましくないが，水への分散性を高めたい場合にはこの手法は有効である．

SWCNT側壁へのダメージを極力回避する手法として，物理的手法も有効な金属除去アプローチである．S. BandowらはSWCNTを界面活性剤によって分散させたのちに，ろ過することで触媒金属を除去できることを報告している[8]．熱アニールも金属粒子除去に有効である．また金属の蒸発温度（1 400℃）以上での加熱処理も触媒SWCNTへのダメージの少ない金属除去法である[45]．グラファイト構造は3 000℃まで安定であるが，1 400℃以上の加熱処理においては直径の増大[46]，欠陥部位のグラファイト化[47]，MWCNTからDWCNTへの構造転移[48]なども報告されている．グラファイト化が促進されることにより耐熱性や電気伝導性が向上される反面，アモルファスカーボンがグラファイト化されることで除去が困難になる事実にも注意が必要である．ほかにも2007年にJ. S. WangらはHiPco法で作製したSWCNTにおいて超臨界二酸化炭素による金属除去を報告した[49]．超臨界二酸化炭素はガスと液体の性質を兼ね備え，バンドルや細かいポア構造中への物質拡散を助けるために効率的な金属の脱離を実現できたと考えられる．

〔5〕 ま と め

これまで述べたようにCNTを無傷のまま精製することは不純物との構造の類似性から非常に困難であり，つねに欠陥も導入していることに注意を払わなければならなかった．最近ではCVD法によるSWCNT合成において斎藤らによるeDIPS法[50]や畠らによるスーパーグロース法[51]などの高品質SWCNTを合成できる技術が発見され，精製技術はいずれ不要となるかもしれない．

最近，H_2SO_4と$KMnO_4$との混合系酸化剤を用いた酸化処理の過程でCNTが切り開かれグラフェンナノリボンを形成することが発見された[52]．これまではCNTの側壁にはランダムなダメージしか与えていないと考えられていたが制御することでまったく新規な材料への展開を切り開くことができた．近年のグラフェン研究の興隆と時期が重なったことからも非常にインパクトの大きい研究となり，さらなる発展をみせている．精製の技術は思わぬところで発展をみせている．

2.1.2 金属と半導体SWCNTの分離

〔1〕 は じ め に

SWCNT[53]は1層のグラフェンを丸めて継ぎ目なくつないで直径1 nm程度の筒状にした構造を持つことから，端の影響のない理想的なナノグラフェンの一種と考えることができる．2次元物質である無限グラフェンにはエネルギーギャップがないが，SWCNTでは，円筒化により円周方向の波動関数が量子化されるため，付加的な量子効果が生じ，その構造によってはエネルギーギャップが開いて半導体となる[54]．エネルギーギャップの大きさは，直径に反比例して変化するため，直径を制御することで制御可能である．グラフェンと同様のきわめて高い移動度を持ちつつ，欠陥

もなく，制御可能なエネルギーギャップを持つことから，SWCNTは次世代半導体材料として注目されている。しかし，構造によってはギャップを持たず，グラフェンと同様に金属的な性質となる物もある。これら，半導体型と金属型の間の構造の違いはほんのわずかであり，作り分けるにはきわめて精密な構造制御が要求される。そのため，これまでに完全な構造制御合成は成功していない。一方，完全にランダムに合成されるとすれば，その構造の種類から，2/3が半導体，1/3が金属になる。それぞれが量的に拮抗していることから，SWCNTを電子デバイスに応用するには，必要とされる性質のSWCNTを抽出するか，何らかの方法で金属型と半導体型を分離して，どちらか一方のSWCNTを分取することが必須となる。ここでは，これまでに開発された分離技術について紹介する。

〔2〕 **SWCNTの金属・半導体分離技術**

これまで開発された金属・半導体分離技術には，純粋に分離精製するものだけでなく，さまざまな手法がある。それらはおおまかに，不要の物を壊して取り除く「選択除去法」，特定の性質の物を混合物から取り出す「抽出法」，混合物をロスすることなく分離する「分離法」の3種類に分類できる。「選択除去法」は主として化学的安定性の違いを利用する手法で，工程が比較的簡単だが，高純度を達成することは難しい。一方，「抽出法」では巧妙な仕組みが必要になるが，純度は比較的高い。ただし，抽出後の残渣が無駄になってしまう欠点がある。「分離法」は何も壊さずに分離し残渣も出ないので，無駄がなく理想的だが，分離原理に未知な部分が多く，工程も複雑となる。また，完全に分離するには，SWCNTが完全にばらばらになっている必要があり，高純度を目指すには完全な孤立化のために長時間の超音波処理が必要になり，その際の欠陥導入が問題となる。以下，それぞれの手法について解説する。

（1） **選択除去法** 選択除去法は，金属型もしくは半導体型のいずれかを，主として化学反応性の違いを利用して破壊し除去することにより，生き残った半導体型もしくは金属型のSWCNTを得る手法である。

一般に，金属と半導体では化学反応性が異なる。金属は自由電子の存在により反応性が高く，半導体や絶縁体はバンドが狭く反応性が低い。この化学反応性の違いを利用して分離精製を行う。しかし，金属，半導体といっても，SWCNTの場合，炭素原子間の結合（σボンド）が異なっているわけではなく，あくまで結合に寄与しないπ電子が形成するバンド構造の違いによって生じている物性の違いであるため，その反応性の違いは決して顕著でなく，分離精製の純度を上げるのは難しい。

a） 酸化による除去 使用する化学反応はおもに酸化であるが，どのような分子や環境で酸化させるかで数種類の手法がある。最も基本的なものとして，空気中酸化が挙げられる。空気中ではO_2分子がSWCNT表面に吸着し，その後，炭素原子と反応してCO_2が生成されると考えられる。SWCNTの側面は曲率を持ったグラフェンと考えられ，その表面への酸素ガス吸着やその後の反応プロセスに，直径や，金属または半導体，カイラリティの違いなどが影響を与えると考えられる[55]。例えば，HiPco（平均直径1 nm程度の市販品）SWCNTを空気中で加熱すると，直径の細いSWCNTから順に燃えて消失していく様子が観測される。また，注意深く調べると，金属SWCNTが半導体SWCNTに比べてやや早く燃える傾向があることがわかる[56]。このような空気中加熱による酸化は，SWCNTを精製する処理において広く使われている処理であるが，その際金属と半導体の比率が変化している可能性がある。ただし，空気中酸化は制御性が悪く，金属SWCNT除去法としては，実用的なレベルではない。

より制御性の高い手法として，ニトロニウムイオンによる酸化精製がY. H. Leeのグループから報告されている[57]。これは硝酸でSWCNTを精製している過程で発見された反応で，金属SWCNTが選択的にダメージを受けて壊れ，半導体SWCNTの含有率が90%程度まで高まるというものである。しかし，分解された金属SWCNTは消失せず，その残骸であるアモルファスが試料中に残留するため，その残骸を除去するための精製処理が必要になる。90%という半導体純度は，デバイス応用に十分な純度とはいえないが，孤立化処理などを必要とせず，工程が簡単で大量生産に適している。一方，宮田らはHiPco法で作製されたSWCNTを過酸化水素水溶液中に分散し，45分程度90℃に保つだけで金属SWCNTの割合が80%程度まで増加することを示した[56]。この反応は，過酸化水素から発生する活性酸素による酸化であり，空気中の酸素分子による酸化とは反応が異なる。90℃という低温で，SWCNTは残骸を一切残すことなく燃焼するが，その際の燃焼速度が金属型よりも半導体型のほうが速いため，残留するSWCNT中の金属型の割合が増えていくことが実験的に確認されている。金属SWCNTが80%になるまで処理を続けると，燃え残る試料は1%まで減少してしまうため，処理は至って簡単だが，このままでは実用には向かない。

興味深いのは，ニトロニウムイオンでは半導体が残留するのに対し，過酸化水素では金属型が残留する点

である。同じ酸化による選択除去でも，反応性を制御することにより，金属，半導体を自在に除去できる点が面白い。酸化法に似たものとして，水素プラズマで金属SWCNTを消失させる方法[58]や，紫外線照射により金属SWCNTを除去する手法もある[59]。これらの選択除去法は，合成法と組み合わせると，合成と同時に選択除去を行うことが可能で，一見選択合成を行っているように見える。しかし，金属SWCNTに電子線や紫外線で欠陥を導入すると，ギャップが開いて半導体的な性質を示すことが知られている。これは，単に欠陥導入による金属SWCNTの物性の変化[60]であり，半導体型を選択的に合成したわけではないことに注意が必要である。

b）ブレークダウン法 化学反応を用いない除去法としてブレークダウン（breakdown）法が挙げられる[61]。この手法は電界効果トランジスター（FET）作製で頻繁に使われている。SWCNT-FETは，SWCNTをソース-ドレイン電極間に渡し，絶縁層を介してゲート電圧を印加することにより半導体SWCNT内にキャリヤーを注入し動作させるが，その際に金属SWCNTがあると，ソース-ドレイン間が短絡してしまい動作しない。これを除去するために，半導体SWCNTがOFFになるようにゲート電圧を印加しておき，ソース-ドレイン間に過電流を流す手法がブレークダウン法である。半導体SWCNTはOFFになっているので，金属SWCNTのみに電流が流れ，ジュール発熱により燃えて切断され，数桁のオーダーで伝達特性が向上する。ブレークダウンの手法は，薄膜型FETを含め，きわめて多くのデバイス試作研究で使われているが，FETを多数集積して使用する実用レベルの回路においては，個々のFETに対して一つひとつブレークダウンを行うことは不可能であり，実際のデバイスレベルでは使用できない技術である。実用レベルでは，選択合成もしくは完全な分離技術が必須となる。

（2）抽　出　法 SWCNTを溶媒中に分散し，その中から目的の構造や性質を持ったSWCNTを取り出す手法が抽出法である。SWCNTは溶媒に不溶であることから，特殊な分散剤を用いて特定構造のSWCNTを可溶化する手法が多く用いられる。

a）アミンを用いた金属型SWCNTの抽出

SWCNTは水だけでなく，有機溶媒にも不溶であり，有機溶媒中で超音波分散処理を行ってもすぐに凝集してしまう。しかし，前田らはアミン類を分散剤として用いることにより，有機溶媒に孤立分散することが可能であることを示した。特に，プロピルアミンなどの特定のアミンを用いることにより，金属SWCNTを選択的に孤立分散し，それを遠心分離により取り出すことに成功した[62]。具体的には，SWCNTをTHF（テトラヒドロフラン）に分散し，そこにプロピルアミンを加えて超音波分散を行う。その後45 000 g程度で高速遠心分離を12時間行うと，金属SWCNTが選択的に上澄みの中に残る。これは，金属SWCNTがアミンと選択的に反応する性質を利用しており，1回の処理で80～90%程度の純度の金属SWCNTを得ることができる。沈殿したSWCNTの中では半導体SWCNTの割合が増えていることになるが，回収される金属型の収率が低いため，残渣の半導体比率は未分離のものと大きくは変わらない。有機溶媒に分散したSWCNTは界面活性剤で水に分散したものよりも，はるかに取扱いが容易であることから，工業応用に適している。

b）SAM膜を用いた抽出法 アミンを用いた抽出法に類似しているが，薄膜形成に有用な手法として，SAM（self-assembled monolayer）膜を用いた抽出成膜法がある。アミノ基やフェニル基を持つ分子を，自己組織化機能により基板上に単分子層で成膜して，それにSWCNTを選択的にキャッチさせようというわけである。スタンフォード大学のBaoらは，APTES（aminopropyltriethoxysilane）およびPTEOS（phenyltriethoxysilane）を用いて，シリコン酸化膜上にSAM膜を形成し，そこにSWCNTの分散液をスピンコートで成膜することで，半導体型や金属型のSWCNT薄膜を作製することに成功した[63]。APTESの場合は，アミノ基が表面に並び，そこに半導体型が選択的に付着する。PTEOSの場合は，フェニル基が並び，金属型が選択的に付着する。スピンコートを用いているため，SWCNTは分散液の流れに沿って配向し，高特性のFET作製が可能になっている。

c）合成DNAによる単一構造抽出 DNAは水溶性だが，二重らせんの内側には疎水基を持っており，1本鎖にすることにより界面活性剤と類似の構造となってSWCNTの分散剤として機能する。DNAはらせん構造を持った長尺ポリマー構造であるため，SWCNTを可溶化する際に，疎水基をSWCNTと相互作用させ，外側に親水基を向けてSWCNTに巻き付いて可溶化すると考えられている[64]（図2.1）。その際，DNAの塩基構造のシーケンスをうまく制御すれば，SWCNTのらせん構造とうまくマッチして，特定の構造のSWCNTのみを，選択的に可溶化することができるのではないかと考えられる。

M. Zhengらは，DNAを構成する4種の塩基の順番をさまざまに変化させた合成DNAを用いて選択性を調べ，特定の構造のSWCNTを可溶化するDNAを探

1本鎖DNA

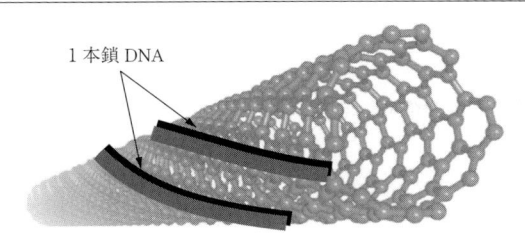

図 2.1 DNA の吸着した SWCNT の模式図

し出し，これまでに 12 種類の単一構造 SWCNT の抽出に成功した[65]（**表 2.1**）。

表 2.1 SWCNT の構造分離に用いる DNA[65]

カイラル指数	DNA 構造
(9, 1)	$(TCC)_{10}$
(8, 3)	$(TTA)_3 TTGTT$
(6, 5)	$(TAT)_4$
(7, 5)	$(ATT)_4 AT$
(10, 2)	$(TATT)_2 TAT$
(8, 4)	$(ATTT)_3$
(9, 4)	$(GTC)_2 GT$
(7, 6)	$(GTT)_3 G$
(8, 6)	$(GT)_6$
(9, 5)	$(TGTT)_2 TGT$
(10, 5)	$(TTTA)_3 T$
(8, 7)	$(CCG)_2 CC$

いったんシーケンスがわかってしまえば，その合成 DNA の水溶液に SWCNT を投入し超音波分散を行い，それをイオン交換カラムクロマトグラフィーにかけることにより比較的容易に単一構造の SWCNT を抽出することができる。ここで使用する合成 DNA は 20 mer 程度の短いものではあるが，一般に使われる界面活性剤に比べればはるかに高価である。また，分散処理後，可溶化された特定構造 SWCNT を取り出すために，イオン交換カラムクロマトグラフィーの手法を用いるが，このカラムも高価で寿命も短い（20 回程度）ため，ミリグラムオーダーの分離を実現するには，かなりのコストがかかる手法となる。この手法が，特定構造の SWCNT を単離する技術としては現在最も優れていると思われるが，高い分離コストが課題として残る。

d) 誘電泳動法による金属型 SWCNT の抽出
微小電極間に交流電場を印加することにより不均一電場を形成し，その中に置かれた微粒子の誘電応答関数の違いにより，粒子を弁別する手法がある。これは誘電泳動（dielectrophoresis, DEP）法と呼ばれる。R. Krupke らは DEP 法により，金属 SWCNT の濃縮に成功している[66]。

透明石英基板に 1.8 μm のギャップを持った櫛形電極を作製し，そこに SWCNT の孤立分散を滴下し，20 V 振幅の高周波電界を 5 分間印加する。このとき印加する高周波電界の周波数を変化させると，特定の周波数において，金属 SWCNT が選択的に電極間に堆積し，金属 SWCNT 薄膜を形成する。

この手法では，誘電応答関数の違いにより，SWCNT に働く電磁力が異なるという物理的原理を利用して分離を行っているため，化学反応に依存する他の手法とは原理的に異なり，高度な分離が実現できる可能性がある。しかし，微小電極が必要であるため，大量分離が困難であるという欠点がある。

(3) 分 離 法
a) 密度勾配超遠心分離法 試料に含まれる金属型と半導体型をロスすることなく高純度に分離できれば理想的であるが，実際には困難であり，これまでに報告は多くないが，2006 年に米国のノースウエスタン大学の M. Hersam らが密度勾配超遠心分離法（density gradient ultracentrifugation, DGU）を用いて，金属型と半導体型の SWCNT を高純度に分離できることを示してから，高純度の金属・半導体分離が可能であることがわかり，盛んに研究されるようになった[67]。DGU は沈降速度の差で分離される通常の遠心分離とは異なり，あらかじめ遠心管の上部の媒質密度が低く，底部が高くなるように媒質密度に勾配をつけておき，密度の違いで分離を行う手法である。周りの媒質と密度が異なる粒子には浮力や沈降力が働くため，粒子と媒質が同じ密度となるように粒子は遠心管内で移動する。しかし，ここで働く力は非常に小さいため，超遠心分離機を用いて 200 000 g 程度の大きな重力加速度を印加する。通常 10 時間程度の遠心時間できれいな分離が生じる。遠心管の上部から順に溶液を回収することにより，密度の異なる粒子を分取する（**図 2.2**）。

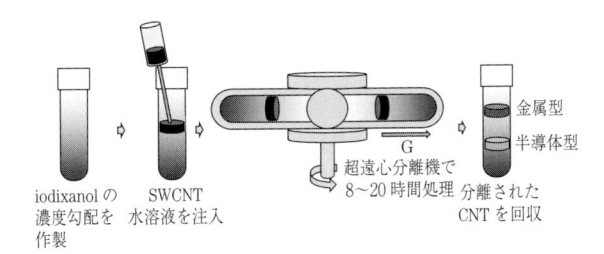

iodixanol の濃度勾配を作製　SWCNT 水溶液を注入　超遠心分離機で 8〜20 時間処理　金属型　半導体型　分離された CNT を回収

図 2.2 DGU 法による金属型・半導体型分離

さて，金属型と半導体型といっても，直径が同一の SWCNT であれば，それらの密度に差はない。つま

り，本質的な密度の違いで分離するわけではない。水溶液中のミセルの密度の違いで分離するのである。DGUで重要なのは，2種類以上の異なった界面活性剤を混合して使用するところにある。複数の界面活性剤の混合状態が作り出す，金属SWCNTと半導体SWCNTのミセルの密度が異なるのである。彼らはドデシル硫酸ナトリウム（SDS）とコール酸ナトリウム（SC）をある割合で混合することで，純度99%の高純度分離を実現した。ただし，すべてが高純度に分離されるわけではなく，高純度部分は全体の40%程度であり，場所により，分離純度の低い部分もある。面白いことに，界面活性剤の混合比を変えることで金属型のほうが軽くなったり，半導体型のほうが軽くなったりする。これは，形成されるミセルの構造が単純なものでないことを示唆しているが，具体的にどのようなミセルが形成されるのかについてはまだよくわかっていない。また，二つの界面活性剤の配合比を変えることにより，金属・半導体分離だけでなく，カイラリティの分離も行うことができる[68]。さらに，SCはいわゆるキラル分子であり，右巻きと左巻きの違いを分離することもできる[69]との報告もある。

このように，DGUは高純度で金属・半導体分離を実現するだけでなく，多彩な分離能を持ち，きわめて有効な分離技術といえる。しかし，分離コストが高いという欠点がある。分離の際には長時間超遠心分離装置を占有してしまい，分離量は超遠心ローターの容量で制限される。密度勾配形成に使用するiodixanolという試薬も高価であり，分離後はそれを除去する工程も必要となる。簡単な試算によれば，分離費用はSWCNT 1 g当り400〜800万円程度に及び，SWCNT自体の市場価格の100倍程度のコストがかかり，非常に高価な材料となってしまう。

b）ゲルを用いた分離法　上述のDGUは，DNAを分離精製する手法の一つであるが，DNAの分離法として，アガロースゲルを用いた電気泳動もよく用いられる。田中らは，このアガロース電気泳動法でSWCNTの金属・半導体分離ができることを示した[70]。この分離法では，SDSで分散されたSWCNTのうち半導体型はアガロース繊維に吸着されてしまい自由に動けなくなるが，金属型は流動性を保つという性質を利用している。その後，さらに改良が加えられ，アガロースのゲルビーズを用いたカラムクロマトグラフィー法が開発され，高純度分離が実現された[71], [72]。分離の様子を**図2.3**に示す。

この手法では，SDSで孤立分散されたSWCNTを濃度2%，直径100ミクロン程度のアガロースゲルビーズを詰めたカラムに注ぎ，SDS水溶液を流すことで，

SDS：ラウリル硫酸ナトリウム
DOC：デオキシコール酸

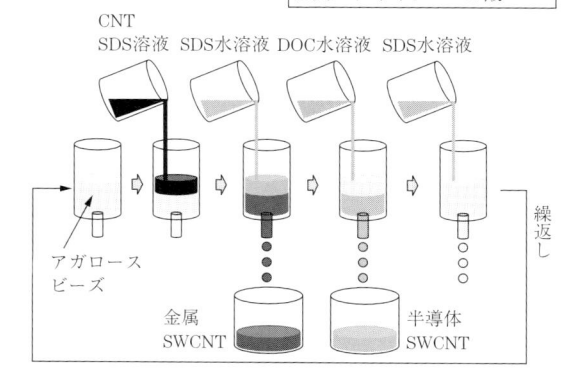

CNT
SDS溶液　SDS水溶液　DOC水溶液　SDS水溶液

アガロースビーズ

金属SWCNT　　　半導体SWCNT

繰返し

図2.3　ゲルカラムクロマトグラフィー法による金属型・半導体型分離

金属型SWCNTを抽出する。半導体型はゲルに吸着して残留するが，そこにSDS以外のSCやDOCなどの界面活性剤の水溶液を流すことにより流動性が復活し抽出される。この方法では，ゲルと界面活性剤のみを使用しており，DGUのように密度勾配剤などの付加的な薬品を必要としない。そのため，得られるSWCNT分散液は界面活性剤以外の成分を含まず，そのままインクとして使用可能である。純度は半導体型が95%，金属型が90%であり，DGUに比べると一見純度が低いが，これは投入したSWCNTを金属型と半導体型の二つに分離した，収率100%の際の純度である。したがって，分離能としてはDGUと同等であると考えられる。最近では，アリル化デキストラン系のサイズ排除カラムでも金属・半導体分離ができることがわかっている[73]。アガロースにおいては金属型と半導体型の分離のみが可能だが，サイズ排除カラムでは，SWCNTのらせん度に依存した分離が可能となりつつある。

DGUとゲル分離は一見まったく異なった手法であるが，どちらもSDSが重要な役割を演じているなど，類似したところも多く，分離原理の根幹は共通の現象であることが想像される。DGUでは，超遠心分離機を長時間使用して分離するため，スケールアップが困難であるが，ゲル分離ではそのような制限がないため，大量処理が必要な工業応用に適している。

〔3〕ま と め

SWCNTには金属型と半導体型の2種類があり，それらを分離して合成できないことが，SWCNTの実使用を阻んできた。現在，DGUやゲル分離など，優れた分離技術が確立しつつあり，高純度の半導体型および金属型のSWCNTが得られるようになった。安価で

効率のよい分離法が開発されることにより，SWCNT の工業応用が加速されるものと期待される。厳密には，SWCNTの電子構造は個々の構造ごとに異なっている。高度な応用には，単一構造のSWCNTが必要となる。今後は低コストの単一構造体の分離技術開発に向かうと思われる。

引用・参考文献

1) Y. Li, et al. : Purification of CVD synthesized single-wall carbon nanotubes by different acid oxidation treatments, Nanotechnology, **15**, 1645〜1649 (2004)
2) A. Yu, et al. : Application of centrifugation to the large-scale purification of electric arc-produced single-walled carbon nanotubes, J. Am. Chem. Soc., **128**, 9902〜9908 (2006)
3) J. M. Bonard, et al. : Purification and size-selection of carbon nanotubes, Adv. Mater., **9**, 827〜831 (1997)
4) Y. Chen, et al. : Microwave-induced controlled purification of single-walled carbon nanotubes without sidewall functionalization, Adv. Funct. Mater., **17**, 3946〜3951 (2007)
5) M. R. McPhail, et al. : Charging nanowalls : Adjusting the carbon nanotube isoelectric point via surface functionalization, J. Phys. Chem. C, **113**, 14102〜14109 (2009)
6) M. Li, et al. : Oxidation of single-walled carbon nanotubes in dilute aqueous solutions by ozone as affected by ultrasound, Carbon, **46**, 466〜475 (2008)
7) H. Wang, et al. : Mechanism study on adsorption of acidified multiwalled carbon nanotubes to Pb (II), J. Colloid Interface Sci., **316**, 277〜283 (2007)
8) S. Bandow, et al. : Purification of single-wall carbon nanotubes by microfiltration, J. Phys. Chem. B, **101**, 8839〜8842 (1997)
9) Y. S. Park, et al. : High yield purification of multiwalled carbon nanotubes by selective oxidation during thermal annealing, Carbon, **39**, 655〜661 (2001)
10) P. M. Ajayan, et al. : Opening carbon nanotubes with oxygen and implications for filling, Nature, **362**, 522〜5 (1993)
11) T. W. Ebbesen, et al. : Purification of nanotubes, Nature, **367**, 519〜519 (1994)
12) I. W. Chiang, et al. : Purification and characterization of single-wall carbon nanotubes, J. Phys. Chem. B, **105**, 1157〜1161 (2001)
13) I. W. Chiang, et al. : Purification and characterization of single-wall carbon nanotubes (SWCNT) obtained from the gas-phase decomposition of CO (HiPco Process), J. Phys. Chem. B, **105**, 8297〜8301 (2001)
14) A. R. Harutyunyan, et al. : Purification of single-wall carbon nanotubes by selective microwave heating of catalyst particles, J. Phys. Chem. B, **106**, 8671〜8675 (2002)
15) E. Vazquez, et al. : Microwave-assisted purification of HIPCO carbon nanotubes, Chem. Commun., 2308〜2309 (2002)
16) M. T. Martinez, et al. : Microwave single walled carbon nanotubes purification, Chem. Commun., 1000〜1001 (2002)
17) H. Li, et al. : Synthesis and purification of single-walled carbon nanotubes in the cotton-like soot, Solid State Commun., **132**, 219〜224 (2004)
18) F.-H. Ko, et al. : Purification of multi-walled carbon nanotubes through microwave heating of nitric acid in a closed vessel, Carbon, **43**, 727〜733 (2005)
19) C.-M. Chen, et al. : High efficiency microwave digestion purification of multi-walled carbon nanotubes synthesized by thermal chemical vapor deposition, Thin Solid Films, **498**, 202〜205 (2006)
20) C.-M. Chen, et al. : Microwave digestion and acidic treatment procedures for the purification of multi-walled carbon nanotubes, Diamond Relat. Mater., **14**, 798〜803 (0000)
21) C.-M. Chen, et al. : Purification of multi-walled carbon nanotubes by microwave digestion method, Diamond Relat. Mater., **13**, 1182〜1186 (0000)
22) M. Chen, et al. : Effect of purification treatment on adsorption characteristics of carbon nanotubes, Diamond Relat. Mater., **16**, 1110〜1115 (0000)
23) S. R. C. Vivekchand, et al. : The problem of purifying single-walled carbon nanotubes 13, Small, **1**, 920〜923 (2005)
24) X. Zhao, et al. : Large-scale purification of single-wall carbon nanotubes prepared by electric arc discharge, Diam. Relat. Mater., **15**, 1098〜1102 (0000)
25) T. Suzuki, et al. : Purification of single-wall carbon nanotubes produced by arc plasma jet method, Diam. Relat. Mater., **16**, 1116〜1120 (2007)
26) Wang, et al. : A highly selective, One-pot purification method for single-walled carbon nanotubes, J. Phys. Chem. B, **111**, 1249〜1252 (2007)
27) J. L. Zimmerman, et al. : Gas-phase purification of single-wall carbon nanotubes, Chem. Mater., **12**, 1361〜1366 (2000)
28) T. Jeong, et al. : A new purification method of single-wall carbon nanotubes using H2S and O_2 mixture gas, Chem. Phys. Lett., **344**, 18〜22 (2001)
29) G. Tobias, et al. : Purification and opening of carbon nanotubes using steam, J. Phys. Chem. B, **110**, 22318〜22322 (2006)
30) J. Zhang, et al. : Effect of chemical oxidation on the structure of single-walled carbon nanotubes, J. Phys. Chem. B, **107**, 3712〜3718 (2003)
31) J. Liu, et al. : Fullerene pipes, Science, **280**, 1253〜1256 (1998)
32) D. Tasis, et al. : Chemistry of carbon nanotubes, Chem. Rev., **106**, 1105〜1136 (2006)
33) H.-T. Fang, et al. : Purification of single-wall carbon nanotubes by electrochemical oxidation, Chem. Mater., **16**, 5744〜5750 (2004)

34) X. R. Ye, et al.：Electrochemical modification of vertically aligned carbon nanotube arrays, J. Phys. Chem. B, **110**, 12938〜12942 (2006)
35) P. Hou, et al.：Purification of single-walled carbon nanotubes synthesized by the hydrogen arc-discharge method, J. Mater. Res., **16**, 2526〜2529 (2001)
36) S. Bandow, et al.：Purification and magnetic properties of carbon nanotubes applied physics A, Mater. Sci. & Process., **67**, 23〜27 (1998)
37) Y. Kim, et al.：Purification of pulsed laser synthesized single wall carbon nanotubes by magnetic filtration, J. Phys. Chem. B, **109**, 16636〜16643 (2005)
38) K. Tohji, et al.：Purifying single-walled nanotubes, Nature, **383**, 679 (1996)
39) K. Tohji, et al.：Purification Procedure for single-walled nanotubes, J. Phys. Chem. B, **101**, 1974〜1978 (1997)
40) P. X. Hou, et al.：Multi-step purification of carbon nanotubes, Carbon, **40**, 81〜85 (2002)
41) E. Dujardin, et al.：Purification of single-shell carbon nanotubes, Adv. Mater., **10**, 611〜613 (1998)
42) A. G. Rinzler, et al.：Large-scale purification of single-wall carbon nanotubes. Process, product, and characterization applied physics A, Mater. Sci. & Process., **67**, 29〜37 (1998)
43) H. Hu, et al.：Nitric acid purification of single-walled carbon nanotubes, J. Phys. Chem. B, **107**, 13838〜13842 (2003)
44) J. G. Wiltshire, et al.：Comparative studies on acid and thermal based selective purification of HiPCO produced single-walled carbon nanotubes, Chem. Phys. Lett., **386**, 239〜243 (2004)
45) J. M. Lambert, et al.：Improving conditions towards isolating single-shell carbon nanotubes, Chem. Phys. Lett., **226**, 364〜371 (1994)
46) M. Yudasaka, et al.：Diameter enlargement of HiPco single-wall carbon nanotubes by heat treatment, Nano Lett., **1**, 487〜489 (2001)
47) Y. A. Kim, et al.：Thermal stability and structural changes of double-walled carbon nanotubes by heat treatment, Chem. Phys. Lett., **398**, 87〜92 (2004)
48) A. Koshio, et al.：Disappearance of inner tubes and generation of double-wall carbon nanotubes from highly dense multiwall carbon nanotubes by heat treatment, J. Phys. Chem. C, **111**, 10〜12 (2006)
49) J. S. Wang, et al.：Purification of single-walled carbon nanotubes using a supercritical fluid extraction method, J. Phys. Chem. C, **111**, 13007〜13012 (2007)
50) T. Saito, et al.：Supramolecular catalysts for the gas-phase synthesis of single-walled carbon nanotubes, J. Phys. Chem. B, **110**, 5849〜5853 (2006)
51) K. Hata, et al.：Water-assisted highly efficient synthesis of impurity-free single-walled carbon nanotubes, Science, **306**, 1362〜1364 (2004)
52) D. V. Kosynkin, et al.：Longitudinal unzipping of carbon nanotubes to form graphene nanoribbons, Nature, **458**, 872〜876 (2009)
53) S. Iijima and T. Ichihashi：Single-shell carbon nanotubes of 1-nm diameter, Nature, **364**, 737 (1993)
54) 齋藤理一郎，篠原久典編：カーボンナノチューブの基礎と応用，培風館 (2004)
55) Y. Miyata, et al.：Chirality-dependent combustion of single-walled carbon nanotubes, J. Phys. Chem. C, **111**, 9671〜9677 (2007)
56) Y. Miyata, et al.：Selective oxidation of semiconducting single-wall carbon nanotubes by hydrogen peroxide, J. Phys. Chem. B, **110**, 25 (2006)
57) K. H. An, et al.：A diameter-selective attack of metallic carbon nanotubes by nitronium ions, J. Am. Chem. Soc., **127**, 5196〜5203 (2005)
58) A. Hassanien, et al.：Selective etching of metallic single-wall carbon nanotubes with hydrogen plasma, Nanotechnology, **16**, 278〜281 (2005)
59) G. Hong, et al.：Direct Growth of semiconducting single-walled carbon nanotube array, J. Am. Chem. Soc., **131**, 14642〜14643 (2009)
60) S. Okada：Energetics and electronic structures of carbon nanotubes with adatom-vacancy defects, Chem. Phys. Lett., **447**, 263〜267 (2007)
61) P. G. Collins, et al.：Engineering carbon nanotubes and nanotube circuits using electrical breakdown, Science, **292**, 706〜709 (2001)
62) Y. Maeda, et al.：Large-scale separation of metallic and semiconducting single-walled carbon nanotubes, J. Am. Chem. Soc., **127**, 10287〜10290 (2005)
63) M. C. LeMieux, et al.：Self-sorted, aligned nanotube networks for thin-film transistors, Science, **321**, 101〜104 (2008)
64) M. Zheng, et al.：DNA-assisted dispersion and separation of carbon nanotubes, Nat. Mater., **2**, 338〜342 (2003)
65) X. Tu, et al.：DNA sequence motifs for structure-specific recognition and separation of carbon nanotubes, Nature, **460**, 250〜253 (2009)
66) R. Krupke, et al.：Separation of metallic from semiconducting single-walled carbon nanotubes, Science, **301**, 344〜347 (2003)
67) M. S. Arnold, et al.：Sorting carbon nanotubes by electronic structure using density differentiation, Nat. Nanotechnol., **1**, 60〜65 (2006)
68) S. Ghosh, et al.：Advanced sorting of single-walled carbon nanotubes by nonlinear density-gradient ultracentrifugation, Nat. Nanotechnol., **5**, 443〜450 (2010)
69) A. A. Green, et al.：Isolation of single-walled carbon nanotube enantiomers by density differentiation, Nano Res., **2**, 69〜77 (2009)
70) T. Tanaka, et al.：High yield separation of metallic and semiconducting single-wall carbon nanotubes by agarose gel electrophoresis, Appl. Phys. Express. **1**, 114001 (2008)
71) T. Tanaka, et al.：Simple and scalable gel-based separation of metallic and semiconducting carbon nan-

otubes, Nano Lett., **9**, 1497〜1500 (2009)
72) T. Tanaka, et al.：Continuous separation of metallic and semiconducting carbon nanotubes using agarose gel, Appl. Phys. Express. **2**, 125002 (2009)
73) K. Moshammer：Selective suspension in aqueous sodium dodecyl sulfate according to electronic structure type allows simple separation of metallic from semiconducting single-walled carbon nanotubes, Nano Res., **2**, 599〜606 (2009)

2.2 MWCNT

MWCNT作製方法を大きく分けると二つになる。一つは，CNT成長用の金属触媒を使用する方法であり，もう一つは使用しない方法である。当然，金属触媒を用いる方法では，試料中にナノメートルの大きさを持つ触媒粒子が混在することになる。金属触媒を用いない方法では触媒粒子を除去する必要はないが，MWCNTの量産には向いていない。触媒粒子以外に試料中に含まれる不純物として挙げられるのが，非晶質炭素粒子と多面体炭素粒子である。これらの不純物は，CNT成長触媒の有無にかかわらず，多少なりとも混入していると考えるほうがよい。

最初に，MWCNTの熱重量分析（TG）の例を図2.4に示す。図（a）は全体のトレースであり，図（b）は拡大図である。MWCNTは580℃以上で顕著に燃焼することがわかる。しかし，この温度で燃焼させては精製にならない。精製にかかわる重要な情報は，拡大図（b）に含まれる。図から，200℃で顕著に燃焼する成分が含まれていることがわかる。この成分は非晶質炭素であり，200〜350℃の温度で燃焼処理を行えば取り除くことができる。その後，400〜580℃の温度領域では重量変化がないように見えるが，拡大図を注意深く見るとゆるやかな重量減少を確認することができる。また，重量の温度微分曲線も一定の値を示している。つまり，400〜580℃で燃焼する成分があり，欠陥が多い多面体粒子や5員環が局在するCNTの先端部分が燃焼しているものと考えることができる。**表2.2**に熱処理温度と燃焼成分の関係をまとめて示す。

表2.2 熱処理温度と燃焼成分

熱処理温度領域	200〜350℃	400〜580℃	580℃以上
燃焼成分	非晶質炭素	多面体炭素粒子 MWCNTの先端	MWCNT

このような燃焼温度の違いは，6員環ネットワーク中に存在する5員環や欠陥などのひずみが大きくなる場所の数に依存する[1]。つまり，非晶質炭素には多くの欠陥が存在するため低い温度で燃焼が始まり，つぎに5員環や欠陥が多い多面体炭素粒子やMWCNTの先端部分が燃焼し，最後に6員環ネットワークで構成されたMWCNTが燃焼すると考えればよい。しかし，MWCNTやSWCNTの作製技術向上により，試料精製の必要性はなくなりつつある。このような状況でも，さらに純度を上げなければならないことがある。そのため，以下に乾燥空気中加熱処理による精製例を示す。

0.5気圧のヘリウムガス中で触媒金属を含んだ陽極と炭素の陰極の間で直流アーク放電させることにより作製したMWCNTのSEM像を**図2.5**（a）に示す。

線状に見えるMWCNTに混ざって多くの多面体粒子を確認することができ，精製の必要性を感じる。ところが，1気圧の水素ガス中で直流アーク放電を行い，MWCNTを作製すると，図（b）に示すように多面体粒子の数は極端に減少する。ここまで純度が上がると精製の必要性を感じなくなるが，SEM像ではMWCNTの側に小さな輝点を観察することがきる。この輝点は多面体炭素粒子の像であり，作製したばかりの試料には多かれ少なかれ不純物として存在している。これらの多面体炭素粒子は，乾燥空気中酸化処理により除去することができる。つまり，図2.4や表

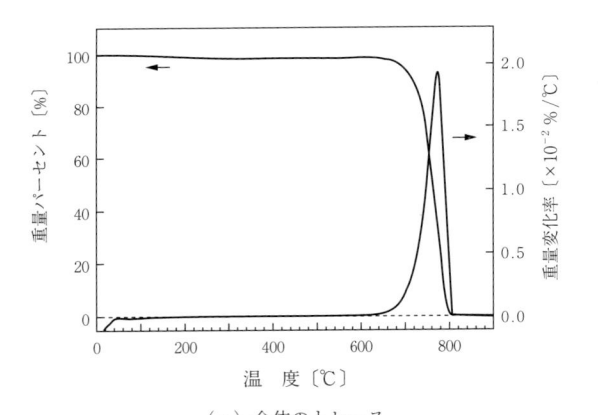

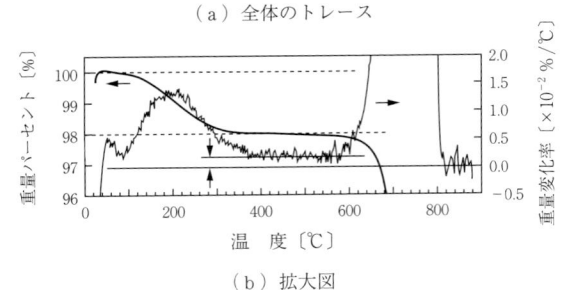

図2.4 MWCNTの熱重量分析．Ar 40 sccmに酸素60 sccmを加えた混合雰囲気中で，10℃/minの割合で昇温しながら測定した．用いた試料の量は1.5 mgである．

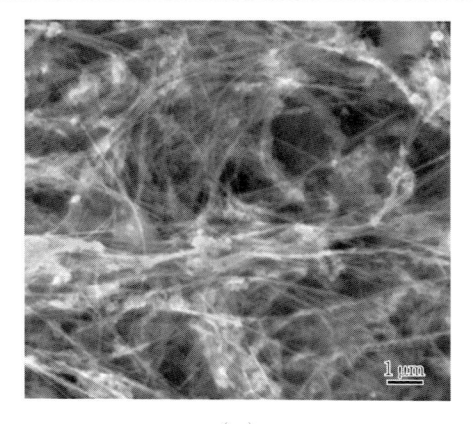

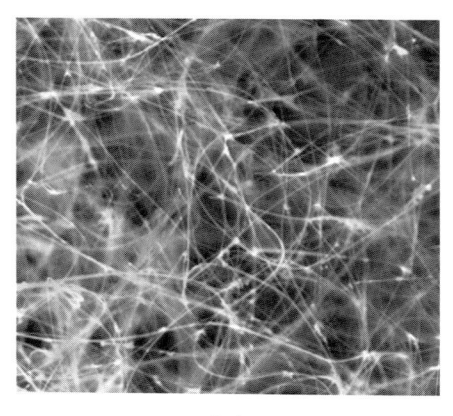

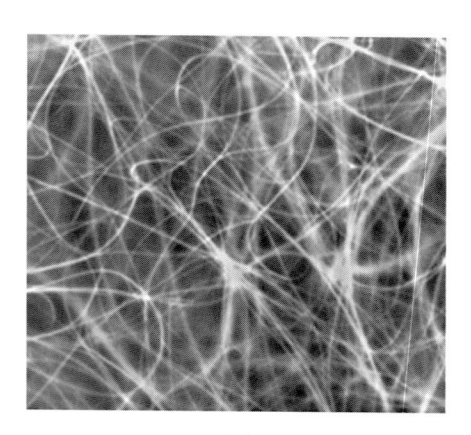

2.2から、多面体粒子は400〜580℃で燃焼することがわかるため、乾燥空気を流しながら、適当な温度で酸化処理を行えば、多面体炭素粒子のみが選択的に取り除かれるはずである。図(c)のSEM像は、500℃の乾燥空気中で、水素ガス中直流アーク放電法で作製したMWCNTを24時間熱処理することにより得られたMWCNTである。図(b)のSEM像で確認された多面体炭素粒子はきれいに除去され、高純度のMWCNTが得られていることがわかる。

酸化法は炭素系不純物を選択的に燃焼させる方法であるが、CNTも部分的に損傷を受ける。このことを利用してCNT先端を焼き払うことにより、CNT内空間へのアクセスパスを作ることができる。しかし、損傷がないCNTが必要なときには、酸化法は適しておらず、以下に述べる遠心分離法が有効である。

遠心分離によりMWCNTを精製するためには、MWCNT分散液を作製しなければならない。MWCNT分散液は、試料をエタノール中に入れ、超音波振動を用いて分散させても得られるが、長時間安定な分散液を作ることは難しく、数日経てば、凝集し沈殿してしまう。そのため、界面活性剤を用い、長時間安定な分散液を作る必要がある。SWCNTの分散に対しては、各種界面活性剤（SDS：$C_{12}H_{25}SO_4^-Na^+$、SDBS：$C_{12}H_{25}C_6H_4SO_3^-Na^+$）が提案されている。いずれの場合も陰イオン（アニオン）系界面活性剤であり、光ルミネセンスの測定では威力を発揮している。しかし、分散性のみを考えると、陽イオン系界面活性剤のほうがよい結果を与える。**図2.6**は陰イオン系界面活性剤のSDBSと陽イオン系界面活性剤である塩化ベンザルコニウム（BKC）：$C_6H_5CH_2N^+(CH_3)_2RCl^-$（ただし、$R = C_8H_{17} - C_{18}H_{37}$）を用いてMWCNTを超音波分散したときの分散溶液の状態を示すものである。SDBSを

図2.5 ヘリウムガス中で直流アーク放電により作製したMWCNT（a）、水素ガス中で作製（b）、水素ガス中で作製したMWCNTを500℃の乾燥空気中で24時間熱処理した試料（c）（提供：神野　誠氏）

図2.6 界面活性剤を用いたMWCNTの分散。（a）は0.025％のSDBS水溶液25mlに0.5mgの割合でMWCNTを超音波分散させたときの様子を示し、（b）は同条件で0.025％の塩化ベンザルコニウム（BKC）水溶液中に超音波分散させたときの様子である。陽イオン系界面活性剤であるBKCのほうがよく分散することがわかる（提供：中村千尋氏）。

用いた場合には，凝集する MWCNT が目立つが，BKC を用いると均一に分散し，凝集する割合が少ない。したがって，陽イオン系界面活性剤である塩化ベンザルコニウムを分散剤として用い，遠心分離で MWCNT を精製する方法を説明する。

まず，0.1％の塩化ベンザルコニウム水溶液を用意し，MWCNT を超音波分散させる。分散させる MWCNT の量は，0.1％の BKC 水溶液 100 ml に対して 10 mg を目安とする。分散量は試料の状態に依存するため，一義的に決めることはできない。また，用いる超音波源としては，一般的な洗浄用超音波バスでもよいが，超音波ホーン（カップホーン）を用いると短時間で分散させることができる。処理時間としては 1 時間を目安とし，必要に応じて長くすればよい。このようにして作製した分散液を遠沈管に入れ，$2\,200\,g$ 程度の遠心加速度で 30 分処理を行うと，触媒粒子や多面体炭素粒子等が沈殿する。MWCNT は沈殿物上部の分散液中に存在するので，この部分をスポイトなどで回収する。回収した液体を，ロータリーエバポレーターを用いて蒸発させると MWCNT が得られる。しかし，界面活性剤も含まれるため，蒸留水で洗浄して界面活性剤成分を取り除く。さらに，350℃の乾燥空気中で 5 時間ほど酸化処理を行うと，CNT 表面に付着した不純物が燃焼し，除去される[2]。ただし，このような低い温度では，図 2.7 に示すように MWCNT

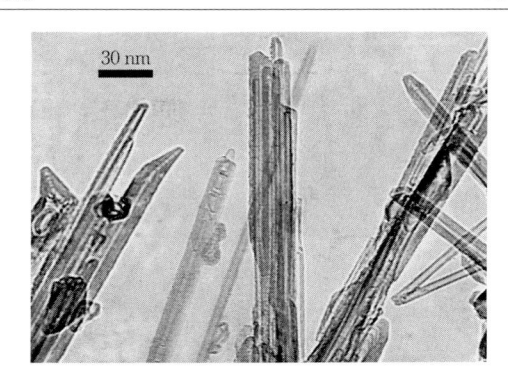

図 2.7 界面活性剤として塩化ベンザルコニウムを用いて遠心分離法で精製した MWCNT。残存する界面活性剤を蒸留水で洗い流したのち，350℃の乾燥空気中で 5 時間の酸化処理が施されている。MWCNT の先端構造は，破壊されていないことがわかる。

の先端を焼き払うことができないため，MWCNT に損傷を与えることはない。

引用・参考文献

1) T. W. Ebbesen, et al.：Purification of nanotubes, Nature, **367**, 6463, 519（1994）
2) S. Bandow：Magnetic properties of nested carbon nanostructures studied by electron spin resonance and magnetic susceptibility measurements, J. Appl. Phys., **80**, 2, 1020（1996）

3. CNT の構造と成長機構

3.1 SWCNT

3.1.1 SWCNT の構造

CNT は，炭素原子のみでできたハチの巣（ハニカム）構造のシート（**図 3.1**）が円筒状に丸まったシームレスの管（チューブ）である。この 1 枚の網面をグラフェン（graphene）あるいは炭素六角網面と呼ぶ。SWCNT は，チューブの壁が 1 枚のグラフェン層からなる CNT である。その直径は，触媒粒子のサイズや合成方法に依存して，おおむね 1〜3 nm の範囲にある。

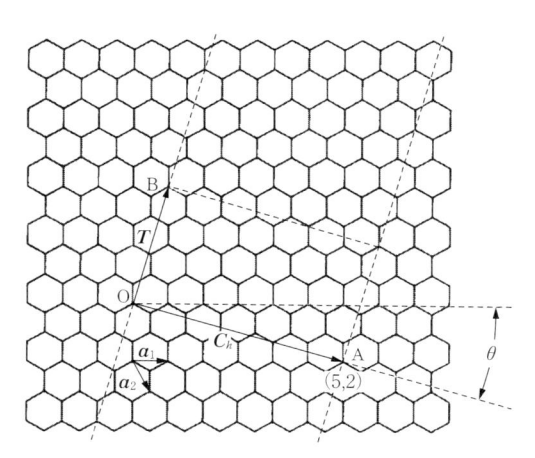

図 3.1 グラフェンシート。カイラル指数 (5, 2) のカイラルベクトル C_h と格子ベクトル T も示している。

[1] カイラルベクトル

SWCNT の構造はカイラルベクトル（chiral vector）によって一義的に決まる（ただし，右巻きか左巻きかの自由度は残る）。カイラルベクトル C_h はナノチューブの軸に垂直に円筒面を 1 周するベクトル，すなわち，円筒を平面に展開したときの等価な点 O と A（円筒にしたときに重なる点）を結ぶベクトルである。C_h は 2 次元六角格子の基本並進ベクトル a_1 と a_2 を用いて

$$C_h = na_1 + ma_2 \equiv (n, m) \tag{3.1}$$

と表すことができる。ここで，n と m は整数である。この二つの整数の組 (n, m) はカイラル指数（chiral index）と呼ばれ，ナノチューブの構造を表すのに使われる。CNT の直径 d_t およびカイラル角 θ は n と m を用いて

$$d_t = \frac{a\sqrt{n^2 + nm + m^2}}{\pi} \tag{3.2}$$

$$\theta = \cos^{-1}\left(\frac{2n+m}{2\sqrt{n^2+nm+m^2}}\right) \quad \left(|\theta| \leq \frac{\pi}{6}\right) \tag{3.3}$$

と表される。ここで，炭素原子間の距離 a_{c-c} を 0.142 nm とすると，$a = |a_1| = |a_2| = \sqrt{3}\,a_{c-c} = 0.246$ nm である。

$n = m\,(\theta = \pi/6)$ および $m = 0\,(\theta = 0)$ のときにはらせん構造は現れず，それぞれアームチェア（armchair）型，ジグザグ（zigzag）型と呼ばれるチューブとなる。残りの $n \neq m \neq 0$ がカイラル型と呼ばれるらせん構造を持つ一般的な CNT である。**図 3.2** にアームチェア型，ジグザグ型およびカイラル型の CNT を示す。

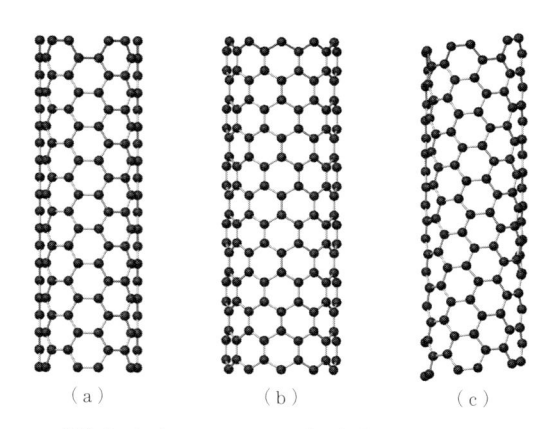

図 3.2 （a）アームチェア型，（b）ジグザグ型，（c）カイラル型の CNT

[2] 格子ベクトル

格子ベクトル（lattice vector）T は，チューブの軸方向の基本並進ベクトル（basic translational vector）で（図 3.1），式 (3.1) のカイラル指数 (n, m) を用いて

$$T = \frac{(2m+n)a_1 - (2n+m)a_2}{D_R} \tag{3.4}$$

また，T の長さ T は，カイラルベクトルの長さ（つまり，チューブの周長）L を用いれば

$$T = |\boldsymbol{T}| = \frac{\sqrt{3}L}{D_R} \tag{3.5}$$

$$L = |\boldsymbol{C}_h| = a\sqrt{n^2 + nm + m^2} \tag{3.6}$$

で表される[1]．ここで，D_R は，n と m の最大公約数 D を用いて，次式のように定義される整数である．

$$D_R = \begin{cases} D : n-m \text{ が } 3D \text{ の倍数ではないとき} \\ 3D : n-m \text{ が } 3D \text{ の倍数のとき} \end{cases} \tag{3.7}$$

例えば，図 3.2（a）に示した（5, 5）アームチェア型 CNT の場合，$D_R = 3D = 15$，図（b）の（10, 0）ジグザグ型 CNT の場合，$D_R = D = 10$，図（c）の（4, 6）カイラル型 CNT の場合，$D_R = D = 2$ となり，T の大きさはそれぞれ a，$\sqrt{3}a$，$\sqrt{57}a$ となる．つまり，(n, m) の組合せ方により，CNT の軸方向の周期が異なる．

[3] CNT の先端構造

CNT の先端は半球状あるいは多面体的に閉じている．炭素六角網面に正の曲率を持たせて半球（立体角 2π ステラジアン）にするには，この六角網面に5員環を6個導入しなければならない．CNT の両方の端にそれぞれ6個，すなわち，合計で12個の5員環が存在することにより，CNT は完全に閉じる．これは，フラーレンの場合と同様に，六角形と五角形から成る多面体では，五角形が必ず12個存在するという理由と同じである．SWCNT においては，その先端に5員環が存在することを示す明瞭な実験的証拠はまだ得られていないが，11.2節で述べるように MWCNT では6個の5員環が電界放出顕微鏡法により観察されている[2]．

3.1.2 SWCNT の成長モデル

SWCNT はアーク放電，高温ガス中レーザー蒸発法および CVD 法によって合成されるが，いずれの方法においても触媒ナノ粒子が不可欠である．典型的な触媒は，Fe，Co，Ni などの遷移金属の単体およびこれらの合金であるが，さらに Mo などを添加すると相乗効果により SWCNT の収量と質が向上する[3]．遷移金属に比べれば収量が劣るが，CVD 法においては貴金属（Au，Ag，Cu）や半導体（ダイヤモンド，Si，Ge，SiC）のナノ粒子も SWCNT 成長の触媒として働くことが示されている[4]．以下に，金属を触媒としたときの SWCNT の成長機構を解説する．これまでにいくつかの成長モデルが提案されているが，これらは触媒として働くナノ粒子のサイズによってつぎの三つに分類できる．

① 金属原子1個
② SWCNT の直径と同程度のナノサイズの微粒子
③ 10〜数十 nm の微粒子

それぞれを代表するスクーター（scooter）モデル，縁なし帽子（yarmulke）モデル，ウニ（sea urchin）形成長機構について，以下に説明する．

[1] スクーターモデル

SWCNT が長さ方向へのみに成長する強い異方性と直径の一様性を説明するため，図 3.3 に示すように，SWCNT の成長端に吸着した金属原子が円周上を駆け回るというスクーターモデルが Smalley らにより提案された[5]．

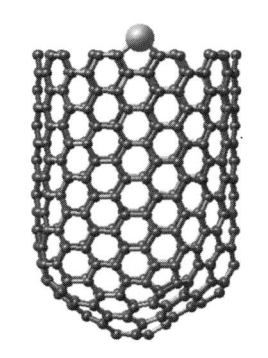

図 3.3 SWCNT 成長のスクーターモデル

金属原子がナノチューブの開いた端を周回することにより，チューブ先端への5員環の導入を妨げて，開いた状態を維持するという考え方である．チューブの端（すなわち，グラフェンの端）に吸着した金属原子がグラフェンのエッジ上を移動するために乗り越えなければならないエネルギー障壁は，約 1 eV と見積もられている[5]．反応場が 1 200℃程度ならば，これくらいの障壁を乗り越えてチューブ端を動き回ることは可能である．開端部分に取り込まれた炭素原子（あるいはクラスター）が開端部分に組み込まれるとき，エネルギー的に不利な構造（例えば，チューブを閉じる役割を持つ5員環）ができても，この走り回る金属原子がこれをただちに安定構造（6員環）に再編成し，まっすぐな，開いた SWCNT の成長を促すというのがこのモデルである．

[2] 縁なし帽子モデル

縁なし帽子モデル[6]に基づく CNT 成長機構を図 3.4 に示す．SWCNT と同程度の直径（約 1 nm）を持つ金属ナノ粒子がまず生成される（存在する）ことが

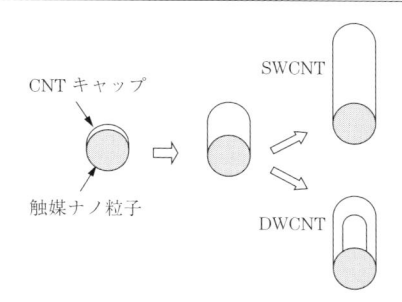

図3.4 CNT成長の縁なし帽子モデル

このモデルの前提である。

まず，金属ナノ粒子に炭素原子（あるいは炭素を含む分子）が吸着し，炭素が表面拡散あるいは内部拡散によりナノ粒子表面に半球状キャップ（縁なし帽子）が形成される。この半球状キャップはフラーレンと同様に5員環を含んでいる。このキャップの下に，二つ目のキャップの生成も起こり得る。第2のキャップが形成されると，最初のキャップは押し上げられ，キャップと金属ナノ粒子の間に円筒が形成される。その開いた円筒の端は，触媒ナノ粒子に接触して，開いた状態を維持する。触媒表面と接触する円筒の端に炭素が供給され，CNTが成長していく。二つ目以降の内側の半球キャップは，曲率半径が小さくなるので，ひずみエネルギーの増大のために，その生成が制限される。つまり，最初のキャップの半径が十分小さいと（～1 nm以下），二つ目以降のキャップは生成されない。触媒ナノ粒子のサイズが小さいこと以外は，CNT発見以前の金属触媒を先端に持つカーボンフィラメントの合成において広く受け入れられている成長機構と同じである（3.2節参照）。

〔3〕 ウニ形成長機構

このモデルは，ウニ形と呼ばれるSWCNTの成長モルフォロジー（**図3.5**）の観察に基づいて提案された[7]。**図3.6**にその成長モデルを模式的に示す。

アーク放電あるいはレーザー蒸発法によって蒸発した触媒金属（M）と炭素（C）の蒸気が不活性ガス中で冷却されて凝縮が起こり，MとCが混合したナノ粒子を形成する（図(a)）。このナノ粒子がガスの流れに沿ってさらに冷却されると，ナノ粒子中の炭素の溶解度が下がり，炭素がナノ粒子表面に析出する（図(b)）。このとき，SWCNTの核となるキャップが微粒子の表面に形成される。このあとのSWCNTの成長（図(c)）は，ナノ粒子内部から表面に拡散してきた炭素がSWCNTの根元に供給され，6員環ネットに組み込まれることにより起こると推測される。高温の気相には炭素蒸気が存在するので，その炭素原子が

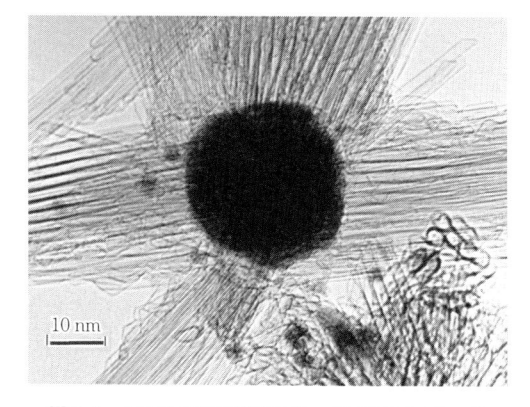

図3.5 ウニ形の成長形態を持つSWCNTのTEM像

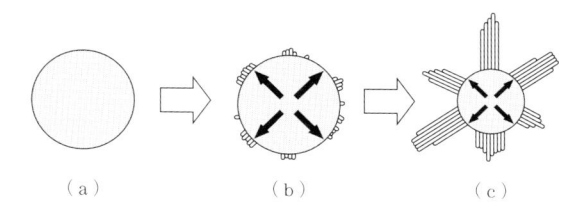

図3.6 SWCNTのウニ形成長機構

M-Cナノ粒子に吸着し，表面を拡散したのち，根元に供給されることも起こりうるであろう。

引用・参考文献

1) R. A. Jishi, L. Venkataraman, M. S. Dresselhaus and G. Dresselhaus：Phys. Rev. B, **51**, 11176 (1995)
2) Y. Saito, K. Hata and T. Murata：Jpn. J. Appl. Phys., **39**, L271 (2000)
3) W. E. Alvarez, B. Kitiyanan, A. Borgna and D. E. Resasco：Carbon, **39**, 547 (2001)
4) D. Takagi, Y. Kobayashi and Y. Homma：J. Am. Chem. Soc., **131**, 6922 (2009)
5) A. Thess, R. Lee, P. Nikolaev, H. Dai, P. Petit, J. Robert, C. Xu, Y. H. Lee, S. G. Kim, A. G. Rinzler, D. T. Colbert, G. E. Scuseria, D. Tomanek, J. E. Fischer and R. E. Smalley：Science, **273**, 483 (1996)
6) H. Dai, A. G. Rinzler, N. Pasha, T. Andreas, D. T. Colbert and R. E. Smalley：Chem. Phys. Lett., **260**, 471 (1996)
7) Y. Saito, M. Okuda, N. Fujimoto, T. Yoshikawa, M. Tomita and T. Hayashi：Jpn. J. Appl. Phys., **33**, L526 (1994)

3.2 MWCNT

MWCNTは，外径が5～50 nmで，その中心空洞は直径1～5 nmである。

3.2.1 MWCNTの構造

MWCNTは複数のグラフェン円筒が入れ子状に詰まった同軸の多層のナノチューブである。隣接する層の間隔は約0.34 nmで，理想的なグラファイト結晶における層間隔（0.3354 nm）より2～3%伸びている[1]。この広がった面間隔は乱層構造の炭素（turbostratic carbon）†に特有のものである。MWCNTを構成するグラフェン円筒の上下の層の間で原子の相対的位置と方位にずれが生じるため，理想的なグラファイトにおける六方晶積層構造（…ABAB…）を保つことができずに，乱層構造炭素と同じように層間の距離が広がる。

アーク放電法で作製されるMWCNTの結晶性はCVD法で作製されるものに比べて優れ，まっすぐ伸びている。その先端部分でも，グラファイトの層数は側面と同じで，それぞれの層が多面体的に閉じている[2]。これらの観察結果から，MWCNTは継ぎ目のない円筒が入れ子構造状に重なった構造であると推測されている。この同軸入れ子モデルは，積層数の少ないMWCNTには妥当であろうが，太いMWCNTでは必ずしも各層が閉じていない可能性もある[3,4]。

MWCNTの層数の制御は難しいために，2層以上のCNTをまとめてMWCNTと呼ぶ。ただし，つぎで述べるように，MWCNTの中で最も層数の少ない2層のCNT（DWCNT）は，ある程度選択的に成長させることができる。

3.2.2 DWCNT

DWCNTは，2001年にアーク放電法を用いて初めて選択的に合成できるようになった[5]。図3.7は，鉄族金属の硫化物（FeS, NiS, CoS）を触媒に用いて水素ガス中でのアーク放電によって合成したDWCNTのTEM像である。DWCNTの外直径は，一般のMWCNTとSWCNTの中間の大きさでおおむね3～4 nmの範囲にある。2枚のグラフェン層の間隔は0.37～0.39 nmであり，通常のMWCNTの層間隔に比べ10%くらい広がっている[6]。CVDによっても，DWCNTを選択的に作製できる[7,8]。

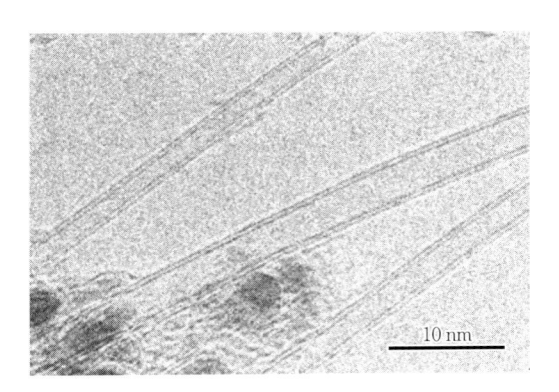

3.2.3 MWCNTの成長モデル

MWCNTの作製方法には，触媒を必要とするCVD法と必要としないアーク放電法があり，二つの生成法では成長機構が異なる。それぞれの作製法に対して提案されている成長モデルを以下に概説する。

〔1〕 CVD法

図3.8はCVD法におけるMWCNTの成長機構を説明する模式図である。このCNT成長機構は，前節のSWCNT成長機構で述べた縁なし帽子モデルをMWCNTに拡張したものとみることができる。

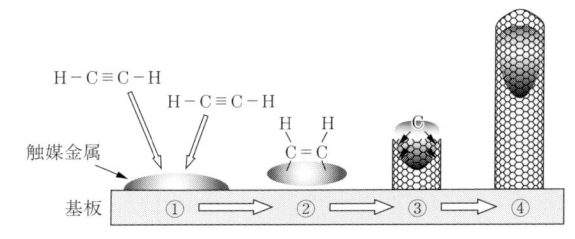

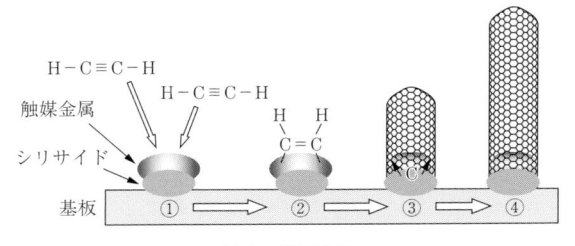

図3.7 アーク放電法で生成されたDWCNTのTEM像

図3.8 CVD法におけるMWCNTの成長機構。この模式図ではアセチレンを炭素源とした場合を示す。

図（a）は先端成長（tip growth）機構，図（b）は根元成長（base growth）機構と呼ばれている。炭化水素ガスの分解により炭素原子が，金属ナノ粒子に溶け込み，ナノ粒子の中（および表面）を拡散して反対側の表面に析出するという考えは広く採用されている[9]。先端成長では，触媒ナノ粒子がCNT先端に保持されていて，これが成長点となってCNTが伸びる。他方，根元成長では，触媒ナノ粒子は担体表面（すな

---

† 隣接する層は互いに平行であるが，面内の方位あるいは並進位置が上下の層の間で相対的にずれた構造のこと。

わち，CNTの根元）に残っていて，そこが成長点となってCNTが伸びる．触媒ナノ粒子と下地との結合が弱ければ，触媒ナノ粒子は下地から浮き上がり，先端成長となる．反対に，触媒ナノ粒子が下地にしっかり固定されていれば，根元成長の様式をとる．3.4節に述べられているように，TEMの中で触媒CVDによりMWCNTを成長させ，その様子をリアルタイムで観察することが可能となり，触媒金属ナノ粒子からグラフェン層が生成され，金属ナノ粒子が細長く伸びたり，丸まったりを繰り返しながらMWCNTが成長していく様子が捉えられている．この間，金属ナノ粒子には結晶の格子縞が観察されることから，触媒ナノ粒子は液体ではなく結晶であることが示唆されている．

〔2〕 アーク放電法

この方法ではMWCNTは，SWCNTとは異なって，触媒金属がなくても成長する．アーク放電の陰極表面に堆積した炭素クラスターが一方向に長く伸びてチューブになると同時に，横方向にもグラフェンが堆積してMWCNTになる理由は何か，これまでに提案されている二つの成長モデルを紹介する．

（1） **擬似液体モデル**　アーク放電におけるMWCNTの成長はナノポリヘドロンと呼ばれる炭素の多面体ナノ粒子と密接に関連する．炭素電極間における電界とイオンが関与したMWCNTの成長モデルを**図3.9**に示す[10]．

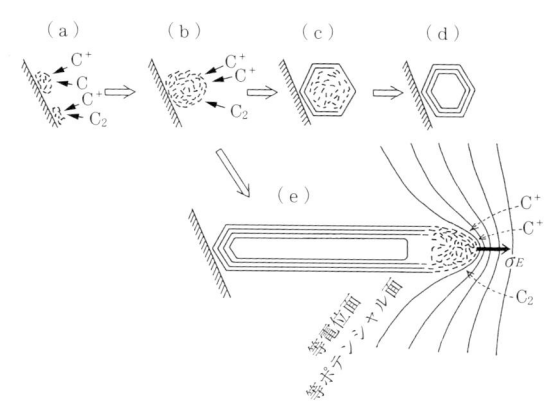

図3.9 MWCNT成長の擬似液体モデル．σ_EはCNT先端にかかる静電張力を表す．

陽極から蒸発した炭素の一部はイオン化し，残りは中性のまま陰極に拡散し，陰極先端に堆積する．炭素が凝結してできたクラスター（図(a)）は，炭素原子の付着やクラスター間の合体によりナノ粒子に成長する（図(b)）．陰極表面すぐ上の～10^{-3} cmの薄い層で約10 Vの電圧降下があるので，平均して10 eV程度の運動エネルギーを持つC^+イオンがナノ粒子に

衝突している．この成長段階ではナノ粒子は，陰極表面が高温（～3 500 K）であることやこのイオン衝撃のために，擬似液体状態のアモルファスであると考えられる．炭素ナノ粒子への蒸気の堆積とイオン衝突は，これが他の炭素堆積物で覆われるまで続き，やがてグラファイト化が始まる（図(c)）．多面体状に閉じた多層のグラファイトナノ粒子（ナノポリヘドロン）は，平らな面は6員環からできており，多面体の頂点には5員環が存在すると考えられる．陰極表面の高温の環境では，安定な構造に向かって，5員環などの欠陥を排除して，グラフェン層は広く成長しようとする．その結果，曲率半径が小さくエネルギーの高い中心部分では層は形成されずに，中心部分に空隙ができる（図(d)）．

図(e)にMWCNTの成長を示しており，その成長の核はナノポリヘドロンのそれと同様である．陰極表面には，表面に垂直に～10^4 V/cmの強電界が存在するため[11]，これによる静電張力（Maxwell tension）が擬似液体状態の炭素ナノ粒子にかかることにより，電界方向にナノ粒子の表面が引っ張られ，直線状に成長していく．引き伸ばされているナノ粒子の根元から凝固が始まり長さの増加とともに凝固も進んでいく．C^+イオンだけでなく中性炭素原子もまた，MWCNT先端付近の不均一電界により誘起される分極力により，MWCNT先端に引き寄せられる．このようにして，蒸気とイオンが先端に集まり，MWCNTは，蒸気やイオンが供給され電界が定常である限り成長し続ける．

（2） **開端モデル**　陰極堆積物から回収したMWCNTの中には，酸化処理をしていないのに先端が開いていたり，不完全なキャップを持つMWCNTがまれであるが，観察される．飯島らはこれらの形態をMWCNT成長の突然の終了によるものと解釈し，先端の開いた成長モデルを提案した[12]．これによると，先端が開いたSWCNT（これが将来，MWCNTの最も内側の壁になる）がまず核生成し，先端部に炭素原子が結合し6員環を形成し，チューブが伸びていく．CNTの側面はグラファイトの基底面（c面）でできているので，ダングリングボンドを持つ先端部に比べ，エネルギーが低く，化学的に不活性である．そのため，チューブ軸の方向とそれに直角の側面では，成長速度に大きな差ができ，縦横比（aspect ratio）の大きな形，すなわち針状，に成長する．CNTの側面では新しいグラフェンが1層ずつ核生成し，横に広がり，壁の厚さが増す．

開いたCNT先端に5員環が形成されると，チューブが閉じて，長さ方向の成長が止まる．SWCNTで

は，金属原子（あるいは触媒ナノ粒子）が5員環の導入を抑制していた。それでは，MWCNTでは何が5員環の導入を妨げ，チューブを開いたままに維持するのか，以下に考察の例を紹介する。

アーク放電中の陰極前面の電界によりCNT先端にかかる強電界が，先端を開いた状態にする要因であるとの推測[13]がなされたが，非経験的（ab initio）分子動力学計算によると[14]，チューブを開いた状態に保つには，$\sim 2 \times 10^8$ V/cmもの強い電界が必要である。しかし，このような強電界がかかる前に（1×10^8 V/cm程度の電界で），CNT先端から電子放出が起きて，ジュール加熱によりCNTが崩壊してしまうので，実際上，これを超える電界をかけることは難しい。したがって，開端モデルでは，CNT先端を開いたままにする他の機構を考えなければならない。

古典的な三体ポテンシャルを用いた計算によると[14]，直径～3 nm以下の細いチューブでは，開端部に組み込まれてくる炭素原子（あるいはC_2，C_3クラスター）により互いに隣接した5員環の対が形成され，先端がただちに閉じてしまう。他方，これより太いチューブでは，6員環あるいは孤立した5員環が形成され，CNT先端が開いた状態が維持されやすいことが示された。この計算結果は，直径～4 nm以下の細いCNTは，触媒金属のない条件では，実際には生成しないという観察結果と一致している。言い換えれば，フラーレンのような曲率の大きいネットワークとは違って，2次元的なグラフェンシートの端は本質的に6員環の形成を好むので，半径の大きい（曲率の小さい）CNTでも同様に，新たに吸着した炭素原子は6員環を形成し，CNT先端を開いた状態に保つという考え方である。

引用・参考文献

1) Y. Saito, T. Yoshikawa, S. Bandow, M. Tomita and T. Hayashi：Phys. Rev. B, **48**, 1907 (1993)
2) P. M. Ajayan, T. Ichihashi and S. Iijima：Chem. Phys. Lett., **202**, 384 (1993)
3) O. Zhou, R. M. Fleming, D. W. Murphy, C. H. Chen. R. C. Haddon, A. P. Ramirez and S. H. Glarum：Science, **263**, 1744 (1994)
4) S. Amelinckx, D. Bernaerts, X. B. Zhang, G. van Tendeloo and J. van Landuyt：Science, **267**, 1334 (1995)
5) J. L. Hutchison, N. A. Kiselev, E. P. Krinichnaya, A. V. Krestinin, R.O. Loutfy, A. P. Morawsky, V. E. Muradyan, E. D. Obraztsova, J. Sloan, S. V. Terekhov and D. N. Zakharov：Carbon, **39**, 761 (2001)
6) Y. Saito, T. Nakahira and S. Uemura：J. Phys. Chem. B, **107**, 931 (2003)
7) T. Yamada, T. Namai, K. Hata, D. N. Futaba, K. Mizuno, J. Fan, M. Yudasaka, M. Yumura and S. Iijima.：Nat. Nanotechnol., **1**, 131 (2006)
8) N. Kishi, T. Hiraoka, P. Ramesh, J. Kimura, K. Sato, Y. Ozeki, M. Yoshikawa, T. Sugai and H. Shinohara：Jpn. J. Appl. Phys., **46**, 1797 (2007)
9) 例えば，R. T. K. Baker：Carbon, **27**, 315 (1989)
10) Y. Saito, T. Yoshikawa, M. Inagaki, M. Tomita and T. Hayashi：Chem. Phys. Lett., **204**, 277 (1993)
11) 齋藤弥八，坂東俊治：カーボンナノチューブの基礎，2.4節，コロナ社 (1998)
12) S. Iijima, P. M. Ajayan and T. Ichihashi：Phys. Rev. Lett., **69**, 3100 (1992)
13) R. E. Smalley：Mater. Sci. Eng. B, **19**, 1 (1993)
14) A. Maiti, C. J. Brabec, C. M. Roland and J. Bernholc：Phys. Rev. Lett., **73**, 2468 (1994)

3.3 特殊なCNTと関連物質

3.3.1 ナノホーン

単層カーボンナノホーン（SWCNH）は，1999年に報告された単層グラフェンから成る閉じたチューブである（図3.10）[1]。SWCNHは高純度で大量に生産することが可能であり，またその際，不純物の要因となる金属触媒を必要としないことから，特性の解析や応用研究に好都合なナノ炭素材料であるといえる。ここでは，その作製法や構造的な特性，応用に向けた構造修飾・構造制御を中心に述べる。

SWCNHは，太さ2～5 nm，長さ40～50 nmから成る単層グラフェンのチューブで，その先端は約20°の角度を持って角状に閉じている（図（c））[1]。通常，約2000本が放射状に集まり，80～100 nm程度の球状の集合体を形成している（図（a），（b））。このSWCNHどうしは，共有結合を介して部分的に融合していると考えられており，容易には分離することはできない。集合体の中心近くには，10～20 nmの空洞があると推測されている[2]。

SWCNHは，室温・アルゴン中・760 Torrの条件下，グラファイトのターゲットにCO_2レーザー光を照射することにより得られる[1]。作製法の改善により，現在では1 kg/dayの量を，92～95%の純度で作ることができる[3]。多くの他のナノ炭素材料と異なり，触媒や鋳型を使わず，簡便な方法で大量に生産できるのが特徴である。またこれとは別に，アーク放電法による作製法も報告されている[4,5]。

SWCNHの生成機構は確定していないが，レーザー照射によりターゲット表面から飛び出した高温状態の炭素が，互いの衝突によりある程度大きさのそろった炭素液滴となり，その液滴が冷える過程で炭素のグラ

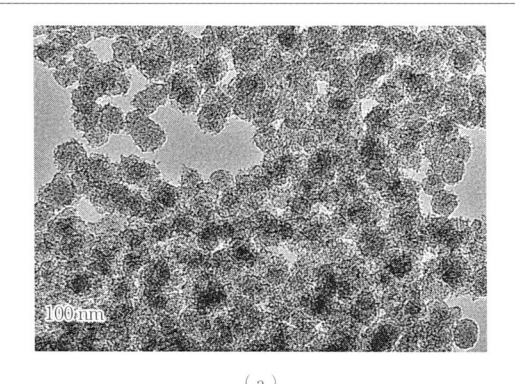

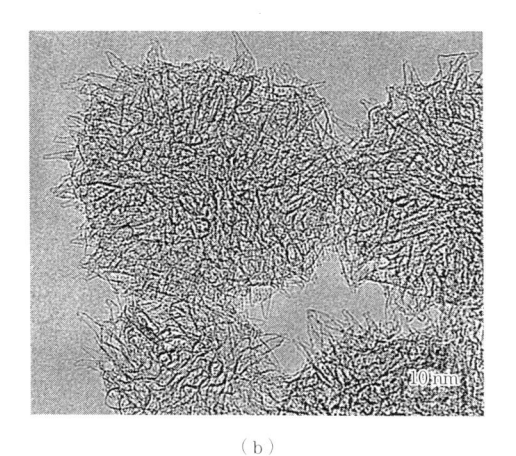

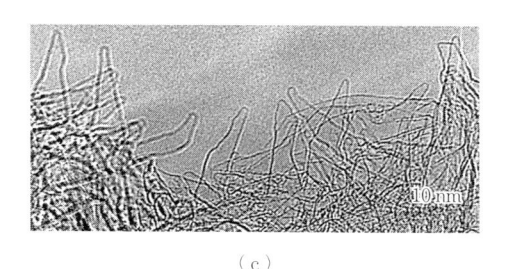

図3.10 SWCNH球状集合体のTEM像[1]

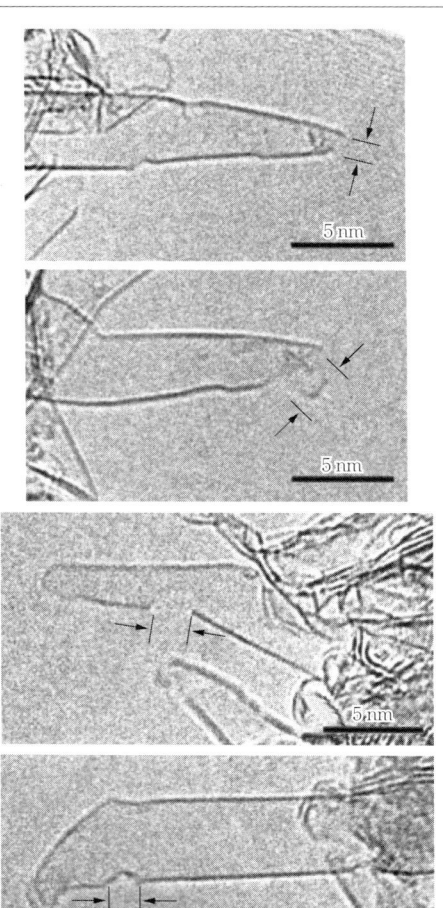

図3.11 酸素中,575°Cで10分間酸化したSWCNHoxのTEM像(矢印部分が開孔している)[11]

ファイト化が進むと同時にチューブ状のSWCNHに変化すると考えられている[6]。

生成されたままのSWCNH (SWCNHas) の表面積は約 $300\ m^2/g$, 細孔容積は $0.40\ mL/g$ であるのに対し, SWCNH壁を開孔すると, 表面積は約 $1\,420 \sim 1\,460\ m^2/g$, 細孔容積は $1.05\ mL/g$ に増大する[7)~9)]。SWCNH壁は, 酸素[9)~11)]・二酸化炭素[12]・硝酸[8]・硫酸[13]・過酸化水素[14] などを用いた酸化法によって開孔することができ, 酸化SWCNH (SWCNHox) が生成する(図3.11)。SWCNHoxの孔のサイズや数は, 酸化条件(酸化方法・時間・温度など)により制御することが可能である。開孔する際, 炭素屑が内部に混入してしまうことが問題であったが, それを最小限に抑える酸化法として, 乾燥空気中1°C/min で目標温度(400~550°C)まで昇温させ, 自然冷却するという低速酸化法 (slow combustion法) が見い出されている[10]。また, 開孔縁に化学修飾に適するカルボキシル基を大量に産生できる開孔法として, 過酸化水素中, 100°C程度の加熱に加えて光照射を行う酸化法 (light assisted oxdation法) も報告されている[14]。なお, SWCNHox をアルゴン中, 1 200°C で熱処理すると, 開孔していた先端部の孔が逆に閉孔する[15), 16)]。

SWCNHoxはさまざまな物質を吸着することが報告されており, この吸着能力を利用して, メタン吸蔵体[17), 18)]・触媒担体[19]・分子篩[20]・ドラッグキャリヤー

などへの応用が提案されている。また，SWCNH の応用に向けた構造修飾・構造制御に関する研究も進んでおり，下記におもな手法と具体例を紹介する。

① **内部修飾（物質内包）**　SWCNHox は，フラーレン[25]・金属ナノ粒子[26),27)]・金属酸化物ナノ粒子[2),28),29)]・薬物[21)~24)]などさまざまな物質を容易に内包する。SWCNHox に酢酸ガドリニウム（Gd）をエタノール溶液中で内包し，ろ過後，アルゴン中，1 200 ℃ で熱処理すると，酢酸 Gd は Gd 酸化物ナノ粒子に変化し，同時に SWCNH 壁の孔は閉孔する。このようにして得られた Gd 酸化物ナノ粒子内包 SWCNH（図 3.12）を生体内に投与し，TEM による超微細構造観察や高周波誘導結合プラズマ発光分光分析による蓄積量測定を行うことにより，SWCNH の生体内挙動を追跡することが可能となった[28)]。同様に，マグネタイトナノ粒子内包 SWCNH では，核磁気共鳴画像法により生体内の SWCNH が観察できた[29)]。また，薬物を内包した SWCNHox のドラッグデリバリーへの応用についても研究が進んでいる（11.9 節参照）。

図 3.12 Gd 酸化物ナノ粒子内包 SWCNH の TEM 像
（黒く見える粒子が Gd 酸化物ナノ粒子）[2)]

② **化学修飾**　CNT と同様，SWCNH はあらゆる溶媒に分散しない。工学・生物・医学的な応用に向けて，SWCNH の分散性を改良することをおもな目的として，さまざまな化学修飾法が報告されている。SWCNH 壁に直接修飾する方法[30)~33)]のほか，SWCNHox の開孔縁に存在するカルボキシル基にアミノ基・水酸基などを反応させる方法[14),24),34),35)]がある。ジアミン部位を SWCNHas に直接付加し，さらに置換基先端を蛍光色素で修飾した蛍光ラベル SWCNH は，水や液体培地によく分散し，また，共焦点顕微鏡によりマウスマクロファージの細胞内に取り込まれることが観察できた[30)]。

③ **物理修飾**　化学修飾と同様，SWCNH の分散性の改善をおもな目的として，非共有結合を介する物理修飾法も報告されている。イオン性の官能基を有するピレン・ポルフィリン[36),37)]，両親媒性のブロックポリマー[38)]，末端に疎水性の高い部位や SWCNH 結合性のペプチドアプタマーを有するポリエチレングリコール鎖[39)~41)]などを用いて SWCNH を物理的に修飾することにより，水への分散が可能となっている。

④ **SWCNH のサイズ制御**　作製時における条件を検討することで，従来の SWCNH 球状集合体より小さい 50 nm 程度の SWCNH 集合体を得ることができる[4),42)]。また，SWCNHox を超音波で破砕し，ショ糖密度勾配遠心法により分離することで，これまで困難であった個々の SWCNH を分離することに成功している[43)]。

以上紹介したように，SWCNH の高純度大量合成法が確立され，さまざまな基礎研究も充実してきており，今後 SWCNH の特性を生かした応用開発とその実用化が期待される。

3.3.2　カーボンマイクロコイルの特性と応用
〔1〕**は じ め に**

3D ヘリカル（らせん）状に巻いた窒化ケイ素ファイバーが 1989 年に世界で初めて元島らにより合成された[44)]。さらに 1990 年にはカーボンマイクロコイル（CMC）を再現性良く気相合成することにも成功した[45)]。CMC は，コイル径が μm オーダーの 3D ヘリカル構造で非晶質という既存素材には見られない特異的構造を持ち，マイクロ波領域の電磁波吸収材，マイクロ波発熱材，触覚・近接センサー素子，マイクロアンテナ，がんやケロイドの治療薬，鎮痛材など，幅広い応用が期待されている革新的新素材である。ここでは，CMC の合成法，モルフォロジー，微細構造，特性および応用の現状を簡単に紹介する。

〔2〕**CMC の合成法・モルフォロジー・微細構造**
（1）**合　成　法**　CMC は，微量の硫黄不純物を含むアセチレンを，Ni 微粉末などの金属触媒存在下で，700～800 ℃ で熱分解することにより合成できる。CMC は原料ガス導入方向に向かって基板上にほぼ垂直に，先端の触媒粒が約 60 rpm の速度で回転してコイル形状を作りながら成長する。

（2）**モルフォロジー**　図 3.13 に，代表的な CMC の SEM 像を示す。CMC は，一般に 2 本のカーボンファイバーが一定のコイル径とコイルピッチで規

図 3.13 代表的なカーボンマイクロコイル（CMC）

則的に同じ方向に巻いており，DNAと同様の二重らせん構造をしている。1本のコイル中では，ファイバー径，コイル径およびコイルピッチはほぼ一定であり，また巻き方向も途中で変化せず一定（右巻きあるいは左巻き）である。右巻きCMCと左巻きCMCの本数は，触媒の種類や反応条件に依存せず，ほぼ同数である。一般に，CMCのコイル径は1～10 μm，コイルを形成しているカーボンファイバーの径は0.1～1 μm，コイル長さは反応時間に依存して0.1～10 mmである。触媒の種類（Fe-Ni，Pd/Ptなど）と反応条件の制御により，タンパク質と同様の一重らせん状（シングル）コイルのみを大量に合成することもできる。

（3）**微細構造** As-grown CMCは，非晶質の活性炭と類似のXRDパターンを示す。**図3.14**にas-grown CMCの高分解能TEM像を示す。グラファイト層の短距離秩序は認められるが，その積層数はせいぜい10層，層間距離は約0.35 nmで，3次元的に完全にランダムな方向に向いている。さらに，電子回折，中性子回折およびラマンスペクトルの解析結果からも，as-grown CMCはほとんど非晶質であると考えられる。しかし，高温（特に2 500℃以上）で熱処理するとしだいにグラファイト化し，これがヘリンボーン（ニシンの骨状）構造状に発達する。すなわち，CMCは熱処理条件を制御することにより，非結晶質から結晶質まで任意の微細構造を持つコイルが得られる。

〔3〕**物性・特性**
CMCは，特異的な3Dヘリカル構造を示し，ファイバーの中心部にはCNTのような空洞は存在せず，中心部まで微細な炭素粒で完全に詰まっている。また，非晶質で比表面積が大きい（100～140 m²/g）点も大きな特徴である。また，3Dヘリカル構造を持っているので，弾力性が非常に優れている。

As-grown CMCのバルク（粉末）の電気抵抗（抵抗率）は，かさ密度に依存し，かさ密度が$0.2 g/cm^3$では$10 Ω・cm$，$1 g/cm^3$では$0.1 Ω・cm$以下である。単線コイルの電気抵抗は0.01～0.001 Ω・cmである。As-grown CMCは，電気抵抗が温度上昇とともに単調に低下する半導体的性質を示すが，熱処理すると電気抵抗の温度依存性は小さくなり，3 000℃で熱処理すると0～300℃の間では電気抵抗はほとんど変化しなくなる。

CMCの電気抵抗は伸長させると大きくなり，逆に収縮させると小さくなる（**図3.15**）。熱処理していないコイルはほとんど磁気抵抗変化を示さないが，1 500～2 000℃で熱処理して得られたコイルは負の抵抗変化（すなわち抵抗値の減少）を示し，2 500℃以上では逆に大きな正の抵抗変化を示す。特に3 000℃以上で，コイル軸を磁束方向に平行にセットした場合，12 Tで40％の著しい磁気抵抗変化を示す。

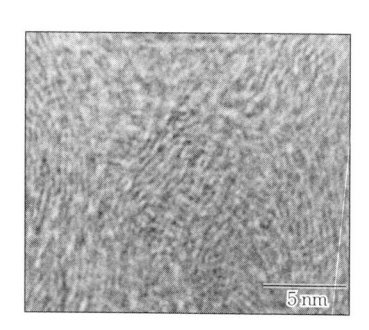

図3.14 As-grown CMCの高分解能TEM像

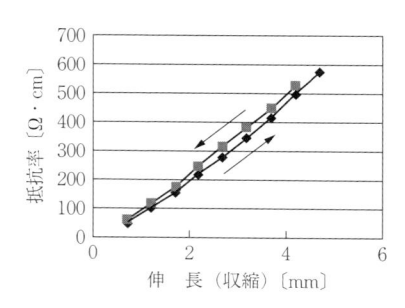

図3.15 CMCの伸縮に伴う電気抵抗変化

CMCはソレノイド状構造をしているので，ファラデーの電磁誘導の法則に従い効率良く電磁波を吸収し，誘導起電力を発生する。誘導起電力は，周波数が高いほど，またコイルが長いほど，大きくなる[46]。山本ら[47]は，この誘導起電力の発生に伴うヘリカル状誘導電流により，コイル端には微弱な磁場が発生することを見い出した。津田ら[48]は，コイルに交番電流を流すとコイルが伸縮し，その伸縮挙動は右巻きコイルと左巻きコイルでは逆であることを見い出した。

〔4〕**応用**
（1）**電磁波吸収** 種々のコイル長さのCMCを，

種々の割合（添加量）で樹脂中に分散・複合化させて得られたビーズ（直径：0.2〜1 mm）および発泡板（厚さ：13〜26 mm）の2種類のサンプルについて，10〜110 GHz帯域での電磁波吸収率を自由空間法で測定した[49]。CMC/PMMAビーズでは，CMCを1〜2 wt%添加したサンプルにおいて，実用的目標値である−20 dB（吸収率99％）以上の値が特定周波数領域で達成できることがわかった。吸収率は，添加量がこれより少なくても多すぎても低下した。図3.16にCMC/PMMAシートの電磁波吸収特性を示す。単層サンプル（厚さ：26 mm）ではあまり電磁波を吸収しないが，300〜500 μm（1％）/150〜300 μm（1％）の2層サンプル（全厚：26 mm）では，50〜110 GHzの幅広い周波数領域にわたって，−20 dB以上のきわめて優れた吸収特性を示すことがわかる。

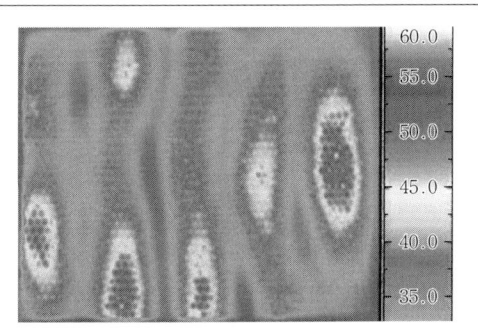

図3.17 電子レンジ内のマイクロ波の可視化像（IRサーモグラフ像）

に垂直に入れて5秒間加熱したあとの赤外線サーモグラフである。6 cmおきに昇温部分が認められ，電子レンジ中のマイクロ波の様子が容易に目視できる。可視化板を移動すれば，3次元的なマイクロ波の空間分布が簡単に短時間に求められる。

（4）**細胞増殖・抑制** 小川[51]は，皮膚の表皮にある繊維芽細胞（タイプIコラーゲンmRNA）にCMCを加えて培養すると，その発現量は約10％増加することを見い出した。さらに，表皮細胞（マウスケラチノサイト由来Pam212細胞）にCMCを加えて培養すると細胞数が60％増加し，表皮の新陳代謝が活性化されることを見い出した。これらの活性化効果を利用して，CMCの実用化第1号として，CMCを添加した化粧品が実用化されている。図3.18にヒト子宮頸部がん由来のHela細胞の増殖に及ぼすCMC添加効果（CMC：0.04 wt％）を示す。7日間培養後のがん細胞数は，CMCを添加すると，添加しない場合（control）の19％，CMCを完全に粉砕してコイル形状をなくしたものでは76％であった。一方，活性炭では逆に増加した。CMCは，その他のがん細胞に対

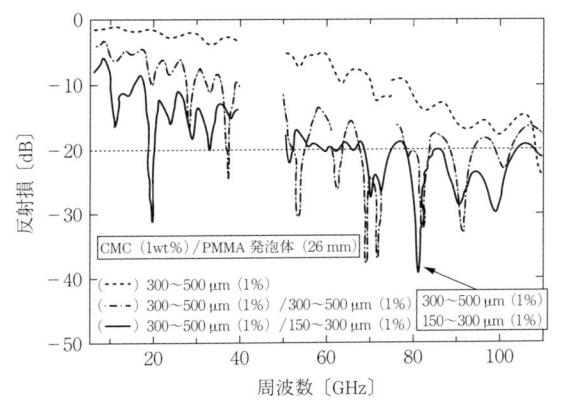

図3.16 CMC（1 wt％）/PMMAシートの電磁波反射損失

（2）**マイクロ波発熱**[50] CMCにより吸収された電磁波のエネルギーは，誘導電流となり，CMCには電気抵抗があるのでジュール熱を発生して最終的に熱エネルギーとして消費される。例えば，CMCを電子レンジ（2.45 GHz）中に入れると，電磁波を吸収して短時間で赤熱・酸化・燃焼・消失する。シリコーンオイル中に1 wt％添加したサンプルの温度上昇率は，CMCの場合，水，炭素粉末，炭素繊維などの場合より3〜5倍高く，エネルギー変換効率も60〜70％に達する。

（3）**電波の可視化材** 電波は目に見えないため，どこから発生し，それがどの程度の強度であるのかがわからないので，電波の可視化技術の開発が求められている。CMCはマイクロ波を効率よく吸収し，これを熱に変換するので，この熱を赤外線サーモグラフで読み取れば，電波を可視化できる。図3.17は，CMCビーズを充填した可視化板を電子レンジ中央部

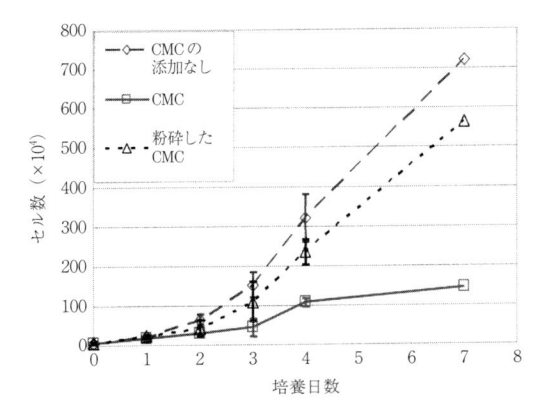

図3.18 ヒト子宮頸部がん由来のHela細胞の増殖に及ぼすCMCの添加効果

しても，その増殖を著しく抑制する効果があることがわかった。CMCのこのようながん細胞増殖抑制効果の理由は，現在のところ明らかではない。CMCのがん細胞増殖抑制効果は，粉末状CMCでは抑止効果が小さいので，CMCの炭素質そのものがもたらす効果というより，CMCのマイクロコイル状という特異形態のもたらす効果であると考えられる。

(5) **触覚・近接センサー素子** CMCを弾力性樹脂中に添加・複合化させた素子（以下，CMCセンサー素子と略す）は，種々の刺激を高感度で識別・検出できる優れた触覚センサー特性があることが見い出された[52]。CMCはすでに述べたように，微小の応力により伸縮しその際電気抵抗（R）などのさまざまな電気パラメーターが変化する。例えば，CMCを弾力性シリコーン樹脂中に1wt％添加したセンサー素子（厚さ：0.1 mm）では，微小荷重を印加した際のL（インダクタンス）成分は，1 mgfの荷重でも明らかな変化が認められた。この値は圧力換算で1 Paに相当し人間の皮膚よりも高感度である。CMCセンサー素子に手を30 cm以下に近づけるとL成分の変化が観察され始め，近づくにつれて急激に大きくなり（近接信号），手がセンサー素子に接触するときわめて大きな変化（触覚信号）が観察された。すなわち，CMCセンサー素子は，高感度の触覚センサーとしてばかりでなく近接センサーとしても応用できる。

(6) **そ の 他** CMCはそのほか，高度指向性・高感度微小アンテナ，弾力性樹脂用強化特性など，多くの優れた特性があり，非常に幅広い分野での実用化が期待されている。

〔5〕 **ま と め**

カーボンマイクロコイル（CMC）は，コイル径がμmオーダーで，森羅万象の基本構造ともいえる3Dヘリカル構造をしており，さらに非結晶から結晶質までの微細構造を持ち，既存材料には得られない多くの優れた特性を有している。したがって，新規高度機能性材料として，電磁波吸収材（特にGHz領域），触覚センサー，生物活性化触媒など，幅広い応用が期待できる。

3.3.3 カーボンナノコイル

カーボンナノ構造物の中でらせん構造を持つカーボンナノコイル（carbon nanocoil, CNC）は，その特異な構造から注目された。CNCの導電性，機械的強度はCNTより低いが，銅などの物質に比べると高いことが報告された[53]。さらにそのらせん構造は強靭なばねとしての性質のほかにも，特異な性質を示す。その構造により，電界放出素子としてCNTと同様に電子放出効率が良いことが報告されていて，高輝度ディスプレイへの応用が期待されている[54]。また，CNCを樹脂などに分散させた物質は優れた電磁波吸収特性を示し，高性能な電磁波吸収材料としての活躍が期待されている[55]。

CNCの類似構造については，1953年にFe触媒存在下でCOを不均化反応させると，2本の炭素繊維がロープ状に互いに巻きながら成長するという報告がなされた[56]。その後，R. T. K. Baker[57]，S. Amelinckx[58]らによりこのようなコイル状炭素繊維の気相合成に関する報告があったが，応用面に関する検討はされてこなかった。

らせん構造を持つマイクロサイズのカーボンコイルについては，1989年，S. Motojimaらにより，微量の硫黄不純物を添加したアセチレンを金属触媒下で熱分解する合成方法が報告された[59]。原料ガスはアセチレン，水素ガス，窒素ガス，チオフェンから成り，Niなどの金属の触媒粉末を塗布したグラファイトを基板として用いている。合成温度は750～800℃であり，成長したマイクロコイルは基板に対して垂直であった。10時間の合成時間で，長さは20 mmにもなり，コイルの径は1～10 μmであった。コイルは結晶性がなく，ほとんどが非晶質ファイバーであり，ナノチューブや後のCNCと異なり，中空構造ではなく中心まで非晶質カーボンで形成されている。

2000年，M. Zhangらは，透明電極であるIn-Ti-O（ITO）を塗布したガラス基板上にFeを蒸着したものを触媒とした熱CVD法によってCNCを大量合成することに成功した[60]。原料ガスにC_2H_2，キャリヤーガスとしてHeを用い，700℃の合成温度で10～30分間CVDを行うことで基板上にはコイル純度95％以上の割合でCNCを合成することが報告された。

CVD法により成長されたCNCのSEM像を**図3.19**

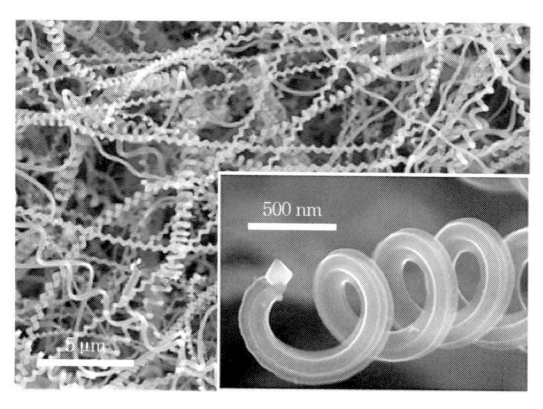

図3.19 CNCのSEM像と先端部の拡大図[60]

3.3 特殊な CNT と関連物質

に示す.

コイルは一つまたは複数のチューブが絡み合うことで構成され,外径は小さいもので数十 nm,大きいものでも数百 nm 程度である.CNC の長さは合成時間によって変わってくるが,長いものは百 μm を超える.また,SEM 像からもコイルの先端に触媒の微粒子が観察でき,先端成長であることがわかる.TEM 像から CNC がナノチューブで構成されていることがわかる.コイルは二重あるいはそれ以上の多重らせんで構成されている場合が多い.

いくつかのコイルの TEM 像とその模式図を図 3.20 に示す.図(a)は,ほぼ同じピッチと通常の形状を持つ 2 本のコイルから形成されている.全体の形状としては非常に曲線が滑らかで,SEM による観察の場合,高倍率で見ないと複数のコイルから形成されていることがわかりにくい.図(b)は図(a)と同様に 2 本のコイルで形成されているが,それぞれの形状(コイルの直径)が異なるため,全体のシルエットとしては図(a)と大きく異なる.ドリルの刃のような形状で,ピッチが狭く感じられる.図(c)は多重らせんである.ほぼ同じピッチと形状を持つ 3 本のコイルから形成されている.それゆえ,コイルの太さは他と比べて太く感じられ,リボン状に見える.

このように,一見したコイルの形状や太さ,ピッチの違いは,コイルがどのように構成されているかによって変わってくる.また,それぞれのコイルがらせん状に自己形状を保ったまま成長することもたいへん興味深いことである.最近では,触媒の粒径を制御することで,コイル径のより小さいナノコイルの合成も行われた.コイル径の小さな場合には 1 本の MWCNT によってコイルが形成されていることが明らかにされた[61]。

先の Zhang らの行った薄膜とは別の触媒作製方法として,粉末や溶液状態の触媒はプロセスの簡略化や低コスト化の面で有利である.N. Okazaki らは,$FeCl_3$, $InCl_3$, $SnCl_3$ を原料とし共沈法を用いて Fe_2O_3, In_2O_3, Sn_2O_3 の微粒子触媒を作製し,これを触媒として CNC の合成に成功している[62]。この方法は Fe/In/Sn の組成比を容易に制御できることが特徴である.この方法では,組成比 Fe/In/Sn = 3:0.3:0.1〜3:1:0.1,すなわち,In の割合が 10〜33 % のときに最も高収率で CNC を合成できることが示された.また,Sn が CNC の成長に必要な触媒であることも明らかにされた.

CNC の成長メカニズムについては,まだ明確にはわかっていないものの,成長初期の X 線その場観察による触媒形成過程に関する報告がある[63]。また,らせん形成に関しては以下のように定性的に説明されている[64]。触媒熱 CVD 法では気相中で C_2H_2 と触媒金属の間で脱水素反応が起こり,炭素が析出していく.触媒粒子が複数の金属から構成されている場合,それぞれの触媒作用の違いによって部分的に析出の速度が異なり,それによりらせん状に成長すると考えられる.図 3.21 にモデルの模式図を示す.触媒粒子の内側と外側における炭素の析出速度の違い,すなわち成長速度の違いがらせん構造に結び付くと考えられる.ここで,触媒粒子の半径を r,炭素排出速度を v_o, v_i ($v_o > v_i$) とすると,コイル内径 R_i は

$$R_i = \frac{2r}{v_o/v_i - 1} \tag{3.8}$$

と表される.したがって,触媒両端からの炭素排出速度比 v_o/v_i が粒子サイズに依存しないとすれば,コイ

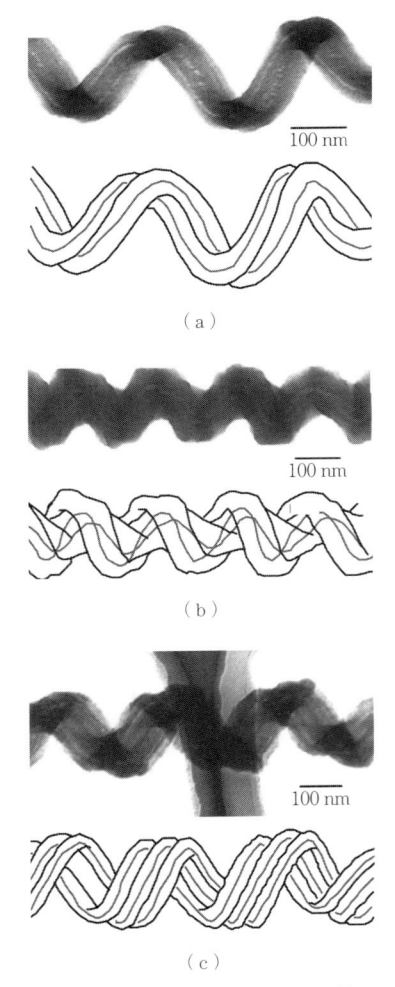

図 3.20 CNC の TEM 像と模式図[60]

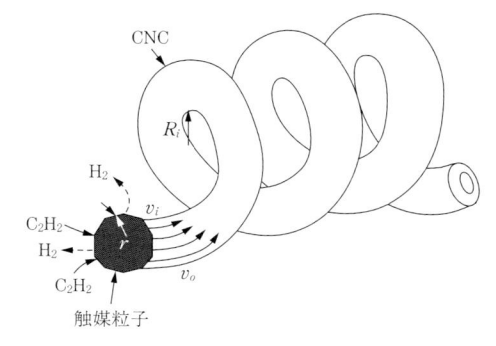

図 3.21 CNC のらせん形成モデル[64]

図 3.22 バンブー型 CNT の形成モデル
（a）一般的なバンブー型 CNT の構造の模式図。キャップ状の構造をした構造単位が連続してバンブー形状を取っている。
（b）MWCNT 内にカプセル状のコンパートメントが生じてバンブー形状になっている例

ル径は粒子サイズに比例する。つまり，コイル線径，コイル径は，触媒粒子のサイズと組成によって制御できると考えられる。このモデルに従うとすれば，触媒粒子のサイズ，組成を制御することは CNC の形状制御に非常に重要である。

本項では，CNC に関して成長方法の概論を述べた。現在，応用へ展開するために高効率大量合成法の確立が行われている。また，電波吸収や構造材への応用展開に関しての研究も精力的に進められている。

3.3.4 バンブー型 CNT とカップ積層型 CNT

バンブー型 CNT とカップ積層型 CNT とは従来のいわゆる同心円筒構造の CNT とは構造的にまったく異なる物質である。その構造的特長，生成手法，応用について概観する。

〔1〕 バンブー型 CNT

バンブー型 CNT は MWCNT の中空部分の所々に竹の節のように円筒をふさぐ部分が存在する構造を持っている。生成メカニズムの違いにより構造が若干異なるが，一般的にはチューブ外層は繊維軸に平行に近い状態で微小な角度を持っており，比較的平坦なキャップ状の先端を有している。それらがある程度の長さでユニットとなったものが連続して繊維状になっている（図 3.22（a））。特殊な例としては図（b）に示すような MWCNT 内にカプセル状に数層から成るカプセル状のコンパートメントによってバンブー形状を取っている CNT も存在している。

歴史的には 1993 年の齋藤らによる報告がバンブー型 CNT 生成の最初の報告である[65]。齋藤らはグラファイトに酸化ニッケルを混合した電極を用いてアーク放電を行い，CNT の芯部がコンパートメントに分かれ，金属が部分的に内包された CNT を合成した。直径はおよそ 30 nm 程度で長さは数 μm であった。その後，熱分解法あるいは CVD 法によるバンブー型 CNT の生成が行われて多くの報告が発表されている。代表的なものとしては N. A. Kiselev らの論文があり，500～800 ℃の炉内に設置したニッケル基板上に熱分解したポリエチレンガスを流入させることで繊維状炭素物質が生じたと報告している。この繊維状物質の中に外径 40～50 nm，内径 9～20 nm，繊維長数 μm のバンブー型 CNT が存在していた[66]。内径はバンブー型 CNT の先端に存在していたニッケル触媒の径とほぼ一致していた。ほぼ同様の条件でフィッシュボーン型 CNT と呼ばれる，陣笠(がさ)が積み重なった形状の物質も生成されており，それぞれの CNT の生成条件はほぼ同様であると考えられ，非常に小さな条件の変化でバンブー型になったりフィッシュボーン型になったりすると思われる。のちに X. Wang らが触媒兼炭素源に鉄（Ⅱ）フタロシアニンを用いてアルゴン水素雰囲気下 1 000 ℃でバンブー型 CNT の生成に成功しており，ニッケル以外の触媒でもバンブー形状が生成可能であることがわかった[67]。現在では CVD 法により比較的高い収率でバンブー型 CNT の生成が可能になっており，商品化されて入手可能になっている[68]。

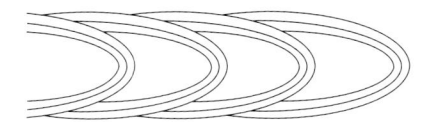

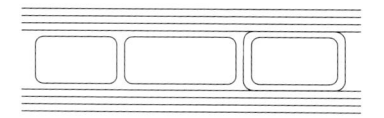

バンブー型 CNT の応用としてはそのコンパートメント形状を生かしたガス吸蔵やバイオセンサーなどの電気化学応用がある。特にグラフェンエッジが露出していることによりナノチューブ表面の活性サイトが豊富なために感度とダイナミックレンジが大きく，SWCNT と比較して溶液中での電子移動度が高く，高性能なセンサーになり得るとの報告がある[69]。また，エネルギーデバイスへの応用を目指した研究として燃料電池用途の白金触媒担持体としての検討がある。エチレングリコールに分散した精製済みバンブー型 CNT に六塩化白金酸と水酸化ナトリウムを加えて撹拌したあとに乾燥させるとナノチューブ表面に白金ナ

ノ粒子を付着させることが可能となる。さらに、リチウムイオン二次電池の電極材料としてホットフィラメントCVD法を利用して銅基板上に膜状に生成したバンブー型CNTの性能評価を行った例もある[70]。

〔2〕 カップ積層型CNT

カップ積層型CNTは図3.23に示すように紙コップの底が抜けたような形状のグラフェンシートが幾重にも積み重なった構造を成している。バンブー型CNTとの違いは内壁に節がなく、チューブの一方の端からもう一方の端まで芯部がずっと中空である点である[71]。1本のカップ積層型CNTにおいては各層は繊維軸に対して一定の角度で平行に配置されている。繊維軸に平行に切断した場合に同様の断面構造を持つ材料にヘリンボーン型カーボンファイバーがあるが、こちらは平板状グラフェンが角度を持って積層していると考えられており[72]、構造が異なっている。カップ積層型CNTにおいては繊維軸に垂直な断面は円形である（図3.23）のに対して、ヘリンボーン型では四角形となることから両者は区別可能である。

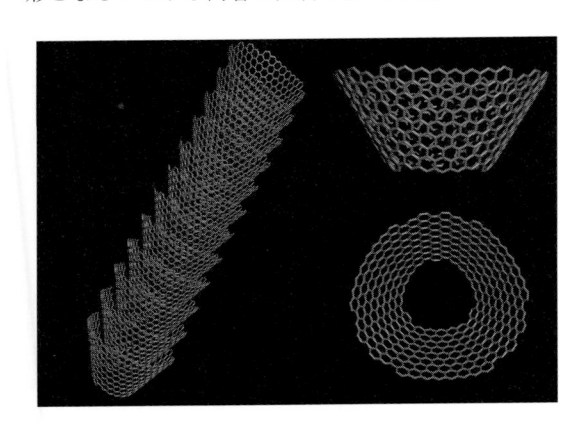

図3.23 カップ積層型CNTの構造モデルとその単位構造の横断面（左、右上）と縦断面（右下）

カップ積層型CNTは鉄を触媒としたCVD法により生成されており、炉内温度、ガス流量・流速などの条件を制御することでカップ積層構造を実現している。一般的に生成されるカップ積層型CNTの外径は70〜80 nm、内径は数nm〜数十nm、繊維長は数μm〜数十μmである。条件が少しでも狂うとバンブー型CNTに類似の構造体が生じてカップ積層型の収率が落ちる。カップ積層型CNTは大量合成法が確立しており、市販されて入手が可能になっている[73]。

カップ積層型CNTの構造的特徴からボールミリングにより長さ調節が可能であり、ミリング時間やボール径を調節することでアスペクト比を調整することが可能となる[74]。これは連続的な層構造を持つ通常のCNTでは制御が困難であり、ミリングによりカップが抜け落ちるようにして短繊維化が可能な点がカップ積層型CNTの特徴である（図3.24）。さらに、チューブ表面にグラフェンエッジが露出しているために酸化によりチューブ壁面の厚さを薄くすることも可能である。また、露出したグラフェンエッジの反応性を利用して、フッ素化のような表面修飾を効率的に行うことが可能である[75]。

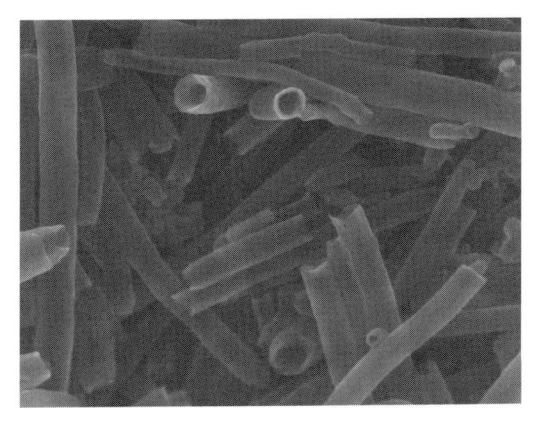

図3.24 ミリングにより長さ調整したカップ積層型CNTのSEM像

カップ積層型CNTの応用としては複合材料のフィラー用途があり、C/Cコンポジットのレジンを補強し、複合材料の強度が上昇し、振動吸収性も向上している（図3.25）。

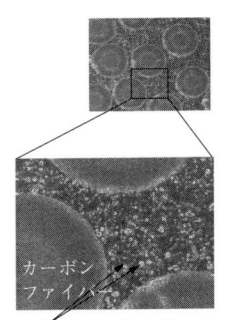

図3.25 カップ積層型CNTをフィラーとしたC/Cコンポジットの断面SEM像

カップ積層型CNTを塗料に混合することで塗膜の強度や耐衝撃性が向上することも明らかになっており、これを利用した塗料が(株)竹中製作所と京都大学、(株)GSIクレオスの共同開発により開発が展開されている。この塗料は腐食性環境や衝撃の加わるよう

な環境，例えば港湾，橋梁，船舶用途を見込んでいる．カップ積層型 CNT 複合塗料を塗布したボルトやナットを図 3.26 に示す．

図 3.26 カップ積層型 CNT を混合した塗料を塗布したボルト，ナットなどの部材

カップ積層型 CNT の内外表面にエッジが露出している特徴的な構造からバンブー型 CNT と同様に燃料電池用途として白金触媒を担持することが可能である（図 3.27）．触媒の粒径は 2～10 nm 程度で制御可能である．また，内壁にも触媒を担持することが可能であるため，他の種類の CNT よりも効率的に表面を利用することが可能で触媒表面積の向上を達成することが可能である[76]．

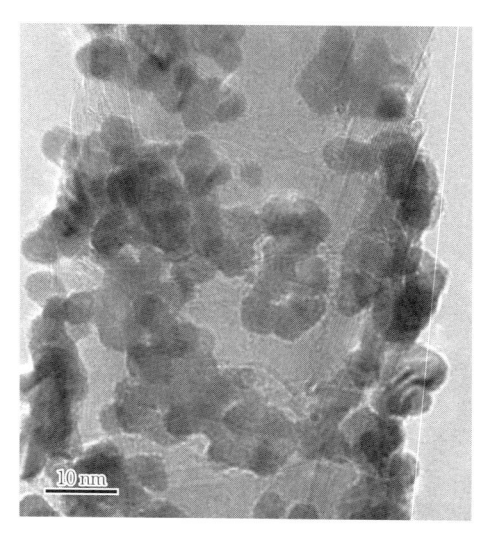

図 3.27 表面に白金ナノ粒子を担持したカップ積層型 CNT の TEM 像

〔3〕ま と め

以上に述べたようにバンブー型 CNT とカップ積層型 CNT は従来型の CNT とは構造的にまったく異なる物質である．そのため，期待される物性，特性が従来の CNT とは異なる．特にグラフェンのエッジ部分が露出していることから表面の活性が高く，複合材料用途，触媒担持用途，センサー用途などにおいて優れた性能を発揮することが確認されている．チューブ表面に露出した活性部位を活用することで従来の CNT とは異なる用途が見込まれている．今後の当該分野の研究開発の進展に期待したい．

引用・参考文献

1) S. Iijima, M. Yudasaka, R. Yamada, S. Bandow, K. Suenaga, F. Kokai and K. Takahashi：Nano-aggregates of single-walled graphitic carbon nano-horns, Chem. Phys. Lett., **309**, 165 (1999)
2) R. Yuge, T. Ichihashi, J. Miyawaki, T. Yoshitake, S. Iijima and M. Yudasaka：Hidden caves in an aggregate of single-wall carbon nanohorns found by using Gd_2O_3 probes, J. Phys. Chem. C, **113**, 2741 (2009)
3) T. Azami, D. Kasuya, R. Yuge, M. Yudasaka, S. Iijima, T. Yoshitake and Y. Kubo：Large-scale production of single-wall carbon nanohorns with high purity, J. Phys. Chem. C, **112**, 1330 (2008)
4) T. Yamaguchi, S. Bandow and S. Iijima：Synthesis of carbon nanohorn particles by simple pulsed arc discharge ignited between pre-heated carbon rods, Chem. Phys. Lett., **389**, 181 (2004)
5) H. Wang, M. Chhowalla, N. Sano, S. Jia and G. A. J. Amaratunga：Large-scale synthesis of single-walled carbon nanohorns by submerged arc, Nanotechnology, **15**, 546 (2004)
6) 糟屋大介，湯田坂雅子：カーボンナノチューブ・ナノホーンの成長機構，New Daimond, **20**, 2 (2004)
7) K. Murata, K. Kaneko, F. Kokai, K. Takahashi, M. Yudasaka and S. Iijima：Pore structure of single-wall carbon nanohorn aggregates, Chem. Phys. Lett., **331**, 14 (2000)
8) C. M. Yang, H. Noguchi, K. Murata, M. Yudasaka, A. Hashimoto, S. Iijima and K. Kaneko：Highly ultramicroporous single-walled carbon nanohorn assemblies, Adv. Mater., **17**, 866 (2005)
9) S. Utsumi, J. Miyawaki, H. Tanaka, Y. Hattori, T. Itoi, N. Ichikuni, H. Kanoh, M. Yudasaka, S. Iijima and K. Kaneko：Opening mechanism of internal nanoporosity of single-wall carbon nanohorn, J. Phys. Chem. B, **109**, 14319 (2005)
10) J. Fan, M. Yudasaka, J. Miyawaki, K. Ajima, K. Murata and S. Iijima：Control of hole opening in single-wall carbon nanotubes and single-wall carbon nanohorns using oxygen, J. Phys. Chem. B, **110**, 1587 (2006)
11) K. Ajima, M. Yudasaka, K. Suenaga, D. Kasuya, T. Azami and S. Iijima：Material storage mechanism in porous nanocarbon, Adv. Mater., **16**, 397 (2004)
12) E. Bekyarova, K. Kaneko, M. Yudasaka, D. Kasuya, S. Iijima, A. Huidobro and F. R. Reinoso：Controlled opening of single-wall carbon nanohorns by heat

treatment in carbon dioxide, J. Phys. Chem. B, **107**, 4479 (2003)
13) C. M. Yang, D. Kasuya, M. Yudasaka, S. Iijima and K. Kaneko : Microporosity development of single-wall carbon nanohorn with chemically induced coalescence of the assembly structure, J. Phys. Chem. B, **108**, 17775 (2004)
14) M. Zhang, M. Yudasaka, K. Ajima, J. Miyawaki and S. Iijima : Light-assisted oxidation of single-wall carbon nanohorns for abundant creation of oxygenated groups that enable chemical modifications with proteins to enhance biocompatibility, ACS Nano, **1**, 265 (2007)
15) J. Miyawaki, R. Yuge, T. Kawai, M. Yudasaka and S. Iijima : Evidence of thermal closing of atomic-vacancy holes in single-wall carbon nanohorns, J. Phys. Chem. C, **111**, 1553 (2007)
16) J. Fan, R. Yuge, J. Miyawaki, T. Kawai, S. Iijima and M. Yudasaka : Close-open-close evolution of holes at the tips of conical graphenes of single-wall carbon nanohorns, J. Phys. Chem. C, **112**, 8600 (2008)
17) E. Bekyarova, K. Murata, M. Yudasaka, D. Kasuya, S. Iijima, H. Tanaka, H. Kahoh and K. Kaneko : Single-wall nanostructured carbon for methane storage, J. Phys. Chem. B, **107**, 4681 (2003)
18) K. Murata, A. Hashimoto, M. Yudasaka, D. Kasuya, K. Kaneko and S. Iijima : The use of charge transfer to enhance the methane-storage capacity of single-walled, nanostructured carbon, Adv. Mater., **16**, 1520 (2004)
19) T. Itoh, H. Danjo, W. Sasaki, K. Urita, E. Bekyarova, M. Arai, T. Imamoto, M. Yudasaka, S. Iijima, H. Kanoh and K. Kaneko : Catalytic activities of Pd-tailored single wall carbon nanohorns, Carbon, **46**, 172 (2008)
20) K. Murata, K. Hirahara, M. Yudasaka, S. Iijima, D. Kasuya and K. Kaneko : Nanowindow-induced molecular sieving effect in a single-wall carbon nanohorn, J. Phys. Chem. B, **106**, 12668 (2002)
21) T. Murakami, K. Ajima, J. Miyawaki, M. Yudasaka, S. Iijima and K. Shiba : Drug-loaded carbon nanohorns : adsorption and release of dexamethasone in vitro, Mol. Pharm., **1**, 399 (2004)
22) K. Ajima, M. Yudasaka, T. Murakami, A. Maigné, K. Shiba and S. Iijima : Carbon nanohorns as anticancer drug carriers, Mol. Pharm., **2**, 475 (2005)
23) K. Ajima, T. Murakami, Y. Mizoguchi, K. Tsuchida, T. Ichihashi, S. Iijima and M. Yudasaka : Enhancement of in vivo anticancer effects of cisplatin by incorporation inside single-wall carbon nanohorns, ACS Nano, **2**, 2057 (2008)
24) M. Zhang, T. Murakami, K. Ajima, K. Tsuchida, A. S. D. Sandanayaka, O. Ito, S. Iijima and M. Yudasaka : Fabrication of ZnPc/protein nanohorns for double photodynamic and hyperthermic cancer phototherapy, Proc. Natl. Acad. Sci., **105**, 14773 (2008)
25) R. Yuge, M. Yudasaka, J. Miyawaki, Y. Kubo, T. Ichihashi, H. Imai, E. Nakamura, H. Isobe, H. Yorimitsu and S. Iijima : Controlling the incorporation and release of C_{60} in nanometer-scale hollow spaces inside single-wall carbon nanohorns, J. Phys. Chem. B, **109**, 17861 (2005)
26) R. Yuge, T. Ichihashi, Y. Shimakawa, Y. Kubo, M. Yudasaka and S. Iijima : Preferential deposition of Pt nanoparticles inside single-walled carbon nanohorns, Adv. Mater., **16**, 1420 (2004)
27) E. Bekyarova, A. Hashimoto, M. Yudasaka, Y. Hattori, K. Murata, H. Kanoh, D. Kasuya, S. Iijima and K. Kaneko : Palladium nanoclusters deposited on single-walled carbon nanohorns, J. Phys. Chem. B, **109**, 3711 (2005)
28) J. Miyawaki, S. Matsumura, R. Yuge, T. Murakami, S. Sato, A. Tomida, T. Tsuruo, T. Ichihashi, T. Fujinami, H. Irie, K. Tsuchida, S. Iijima, K. Shiba and M. Yudasaka : Biodistribution and ultrastructural localization of single-walled carbon nanohorns determined in vivo with embedded Gd_2O_3 labels, ACS Nano, **3**, 1399 (2009)
29) J. Miyawaki, M. Yudasaka, H. Imai, H. Yorimitsu, H. Isobe, E. Nakamura and S. Iijima : In vivo magnetic resonance imaging of single-walled carbon nanohorns by labeling with magnetite nanoparticles, Adv. Mater., **18**, 1010 (2006)
30) S. Lacotte, A. García, M. Décossas, W. T. Al-Jamal, S. Li, K. Kostarelos, S. Muller, M. Prato, H. Dumortier and A. Bianco : Interfacing functionalized carbon nanohorns with primary phagocytic cells, Adv. Mater., **20**, 2421 (2008)
31) N. Tagmatarchis, A. Maigné, M. Yudasaka and S. Iijima : Functionalization of carbon nanohorns with azomethine ylides : towards solubility enhancement and electron-transfer processes, Small, **4**, 490 (2006)
32) G. Pagona, N. Karousis and N. Tagmatarchis : Aryl diazonium functionalization of carbon nanohohorns, Carbon, **46**, 604 (2008)
33) H. Isobe, T. Tanaka, R. Maeda, E. Noiri, N. Solin, M. Yudasaka, S. Iijima and E. Nakamura : Preparation, purification, characterization, and cytotoxicity assessment of water-soluble, transition-metal-free carbon nanotube aggregates, Angew. Chem. Int. Ed., **45**, 6676 (2006)
34) G. Pagona, N. Tagmatarchis, J. Fan, M. Yudasaka and S. Iijima : Cone-end functionalization of carbon nanohorns, Chem. Mater., **18**, 3918 (2006)
35) N. Karousis, T. Ichihashi, S. Chen, H. Shinohara, M. Yudasaka, S. Iijima and N. Tagmatarchis : Imidazolium modified carbon nanohorns : switchable solubility and stabilization of metal nanoparticles, J. Mater. Chem., **20**, 2959 (2010)
36) G. Pagona, A. S. D. Sandanayaka, Y. Araki, J. Fan, N. Tagmatarchis, M. Yudasaka, S. Iijima and O. Ito : Electronic interplay on illuminated aqueous carbon nanohorn-porphyrin ensembles, J. Phys. Chem. B, **110**,

37) G. Pagona, J. Fan, A. Maigné, M. Yudasaka, S. Iijima, N. Tagmatarchis: Aqueous carbon nanohorn-pyrene-porphyrin nanoensembles: Controlling charge-transfer interactions, Diam. Relat. Mater., **16**, 1150 (2007)
38) G. Mountrichas, T. Ichihashi, S. Pispas, M. Yudasaka, S. Iijima and N. Tagmatarchis: Solubilization of carbon nanohorns by block polyelectrolyte wrapping and templated formation of gold nanoparticles, J. Phys. Chem. C, **113**, 5444 (2009)
39) E. Miyako, H. Nagata, K. Hirano, Y. Makita, K. Nakayama and T. Hirotsu: Near-infrared laser-triggered carbon nanohorns for selective elimination of microbes, Nanotechnology, **18**, 475103 (2007)
40) J. Xu, S. Iijima and M. Yudasaka: Appropriate PEG compounds for dispersion of single wall carbon nanohorns in salted aqueous solution, Appl. Phys. A, **99**, 15 (2010)
41) S. Matsumura, S. Sato, M. Yudasaka, A. Tomida, T. Tsuruo, S. Iijima and K. Shiba: Prevention of carbon nanohorn agglomeration using a conjugate composed of comb-shaped polyethylene glycol and a peptide aptamer, Mol. Pharm., **6**, 441 (2009)
42) T. Azami, D. Kasuya, T. Yoshitake, Y. Kubo, M. Yudasaka, T. Ichihashi and S. Iijima: Production of small single-wall carbon nanohorns by CO_2 laser ablation of graphite in Ne-gas atmosphere, Carbon, **45**, 1364 (2007)
43) M. Zhang, T. Yamaguchi, S. Iijima and M. Yudasaka: Individual single-wall carbon nanohorns separated from aggregates, J. Phys. Chem. C, **113**, 11184 (2009)
44) S. Motojima, S. Ueno, T. Hattori and H. Iwanaga: Appl. Phys. Lett., **54**, 1001〜1003 (1989)
45) S. Motojima, M. Kawaguchi, K. Nozaki and H. Iwanaga: Appl. Phys. Lett., **56**, 4, 321〜323 (1990)
46) Y. Kato, N. Adati, T. Okuyama, T. Yoshida, S. Motojima and T. Tsuda: Jpn. J. Appl. Phys., **42**, 5035〜5037 (2003)
47) K. Yamamoto, T. Hirauyama, M. Kusunoki, S. Yang and S. Motojima: Ultramicroscopy, **106**, 4-5, 314〜319 (2006)
48) T. Kojima, T. Tsuda, Y. Kato and S. Motojima: Jpn. J. Appl. Phys., **45**, 4A, 2695〜2698 (2006)
49) 元島栖二：次世代電磁波吸収体の技術と応用展開, 166〜188, シーエムシー出版 (2003)
50) 窪寺俊也, 河辺憲次, 元島栖二：検査技術, **11**, 10, 55〜58 (2006)
51) 小川雅久：Fragrance J. **1**, 58 (2004)
52) 元島栖二, 河辺憲次：セラミックス, **40**, 2, 111〜114 (2005)
53) T. Hayashida, L. Pan and Y. Nakayama：Physica B, **323**, 352 (2002)
54) L. Pan, Y. Konishi, H. Tanaka, O. Suekane, T. Nosaka and Y. Nakayama：Jpn. J. Appl. Phys., **44**, 1652 (2005)
55) D. L. Zhao and Z. M. Shen：Mater. Lett., **62**, 3704 (2008)
56) W. R. Davis, R. J. Slawson and G. R. Rigby：Nature, **171**, 756 (1953)
57) R. T. K. Baker and J. J. Chludzinski, Jr.：J. Catal., **64**, 464 (1980)
58) S. Amelinckx, X. B. Zhang, D. Bernaerts, X. F. Zhang, V. Ivanov and J. B. Nagy：Science, **265**, 635 (1994)
59) S. Motojima, M. Kawaguchi, K. Nozaki and H. Iwanaga：Appl. Phys. Lett., **56**, 321 (1990)
60) M. Zhang, Y. Nakayama and L. Pan：Jpn. J. Appl. Phys., **39**, 1242 (2000)
61) R. Kanada, L. Pan, S. Akita, N. Okazaki, K. Hirahara and Y. Nakayama：Jpn. J. Appl. Phys., **47** 1949 (2008)
62) N. Okazaki, S. Hosokawa, T. Goto and Y. Nakayama：J. Phys. Chem. B, **109**, 17366 (2005)
63) K. Nishimura, L. Pan and Y. Nakayama：Jpn. J. Appl. Phys., **43**, 5665 (2004)
64) L. Pan, M. Zhang and Y. Nakayama：J. Appl. Phys., **91**, 10058 (2002)
65) Y. Saito and T. Yoshikawa：Bamboo-shaped carbon tube filled partially with nickel, J. Cryst. Growth, **134**, 154〜156 (1993)
66) N. A. Kiselev, J. Sloan, D. N. Zakharov, E. F. Kukovitskii, J. L. Hutchison, J. Hammer and A. S. Kotosonov：Carbon nanotubes from polyethylene precursors：structure and structural changes caused by thermal and chemical treatment revealed by HREM, Carbon, **36**, 1149〜1157 (1998)
67) X. Wang, W. Hu, Y. Liu, C. Long, Y. Xu, S. Zhou, D. Zhu and L. Dai：Bamboo-like carbon nanotubes produced by pyrolysis of iron (Ⅱ) phthalocyanine, Carbon, **39**, 1533〜1536 (2001)
68) http://www.nano-lab.com/nanotubes-research-grade.html
69) L. Y. Heng, A. Chou, J. Yu, Y. Chen and J. J. Gooding：Demonstration of the advantages of using bamboo-like nanotubes for electrochemical biosensor applications compared with single walled carbon nanotubes, Electrochem. Commun., **7**, 1457〜1462 (2005)
70) S. L. Katar, J. D. Jesus, B. R. Weiner and G. Morell：Films of bamboo-like carbon nanotubes as electrode material for rechargeable lithium batteries, J. Electrochem. Soc., **155**, A125 (2008)
71) M. Endo, Y. A. Kim, T. Hayashi, Y. Fukai, K. Oshida, M. Terrones, T. Yanagisawa, S. Higaki, and M. S. Dresselhaus：Structural characterization of cup-stacked-type nanofibers with an entirely hollow core, Appl. Phys. Lett., **80**, 1267 (2002)
72) Yoong-Ahm Kim, T. Hayashi, S. Naokawa, T. Yanagisawa, M. Endo：Comparative study of herring-bone and stacked-cup carbon nanofibers, Carbon, **43**, 3005〜3008 (2005)
73) (株)GSIクレオス：カタログ (2010年4月)
74) Y. A. Kim, T. Hayashi, Y. Fukai, M. Endo, T. Yanagisawa and M. S. Dresselhaus：Effect of ball milling on morphology of cup-stacked carbon nanotubes, Chem.

Phys. Lett., **355**, 279〜284（2002）
75) H. Touhara, A. Yonemoto, K. Yamamoto, S. Komiyama, S. Kawasaki, F. Okino, T. Yanagisawa and M. Endo：Fluorination of cup-stacked carbon Nanotubes, Structure and Properties, MRS Abstract, HH12.3, 2004 Fall Meeting.
76) M. Endo, Y. A. Kim, M. Ezaka, K. Osada, T. Yanagisawa, T. Hayashi, M. Terrones and Mildred S. Dresselhaus：Selective and efficient impregnation of metal nanoparticles on cup-stacked-Type Carbon Nanofibers, Nano Lett., **3**, 723〜726（2003）

3.4 CNT 成長の TEM その場観察

3.4.1 は じ め に

CNT はその構造（直径，カイラリティ）に依存した優れた物理・化学的特性を持つ。CNT の合成技術は目覚ましい進歩を続けており，大量合成，高純度合成，高配向成長が可能になってきているが，CNT の構造（直径，カイラリティ）を完全に制御した合成はいまだに実現していない。CNT の物理・化学的特性はその構造に依存するため，CNT の構造を制御した成長方法の確立は，応用上きわめて重要である。また，CNT を配線材料とした素子を作製するには，CNT 1 本の成長方向や成長サイトを制御することも必要である。これら CNT の成長制御を実現するには，CNT の成長メカニズムのより詳細な理解が必要不可欠である。ここでは，環境制御型 TEM（ETEM）を用いた CNT 成長のその場観察から，これまでに得られた CNT の成長メカニズムに関する新たな知見を紹介する。

3.4.2 ETEM 観 察

CNT 成長のその場観察に用いた ETEM を図 3.28（a）に示す。ETEM は，試料周辺への気体の導入を可能とする環境セルを備えた TEM である。気体の圧力と流量の調整，気体種の切替えが容易にできる。また，加熱試料ホルダーと組み合わせることで，高温環境下での固体・気体反応のその場観察も可能である。環境セルは差動排気方式である（図（b））。電子線経路に沿って複数のオリフィスが配置されており，試料周辺に気体を導入した際，オリフィスを通って漏れ出る気体を排気することで，電子銃周辺を高真空に保ったまま，試料周辺の気体圧力を高くすることが可能である。これにより，気体中での高分解能観察が可能になる[1]。

CNT は以下に述べる CVD 法で生成させた。まず，TEM 観察用に切り出し薄片化したシリコン基板を大気中で 1 000℃で 2 時間加熱し，表面に酸化膜を形成させる。その上に触媒として鉄を約 1 nm 蒸着する。ちなみに，表面酸化膜には，触媒金属とシリコンとの合金形成を低減する効果がある。そして，基板を加熱試料ホルダーにセットし，真空中で 600℃に加熱する。この段階で鉄は凝集し，直径数 nm の触媒微粒子が生成する。その後，$C_2H_2 : H_2 = 1 : 1$ の混合気体を圧力が 10 Pa になるように環境セルに導入し，CNT を生成させ，その様子（図（c））をその場観察した。

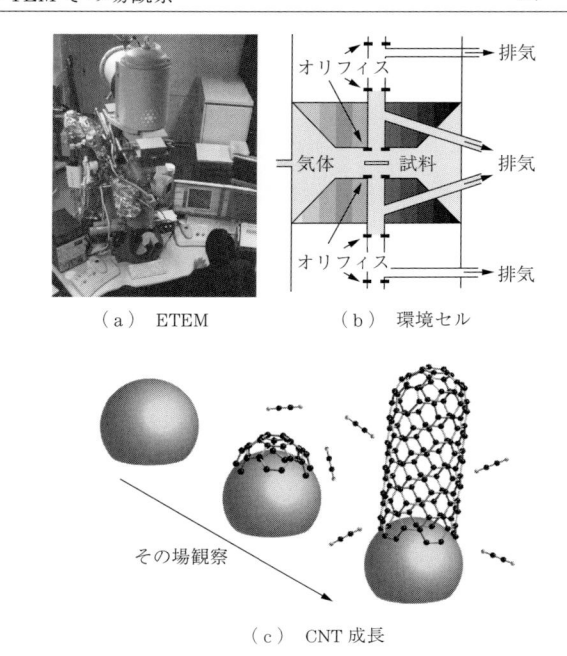

図 3.28 ETEM を用いた，CNT 成長のその場観察の模式図

3.4.3 CNT 成長初期過程の ETEM その場観察

CNT の核形成・成長初期過程は，その成長メカニズムを理解する上で最も重要である。図 3.29（a），（b）はそれぞれ SWCNT，MWCNT の成長初期過程を捉えた ETEM 連続像である[2]。直径 1.5 nm 程度のナノ粒子触媒の表面上で，半球状のグラフェンが生成・消滅を繰り返す（図（a），$t = 0 〜 29.05$ s）。その後，消滅せずに残った半球状グラフェンを持ち上げながら SWCNT が成長する（図（a），$t = 38.5 〜 51.8$ s）。SWCNT が成長している間，ナノ粒子触媒は明瞭なファセットを示しながら，その形状を変化させている。MWCNT の場合，まずナノ粒子触媒のファセット上にグラフェンが形成する（図（b），$t = 0$）。その後，新たなグラフェンが，既存のグラフェンとナノ粒子触媒の間に生成し，層数が増えていく（図（b），$t = 0.7$ s）。その間，ナノ粒子触媒は徐々に突起を持った

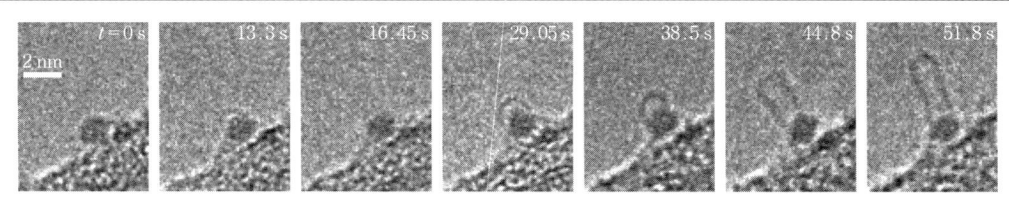

(a) SWCNT

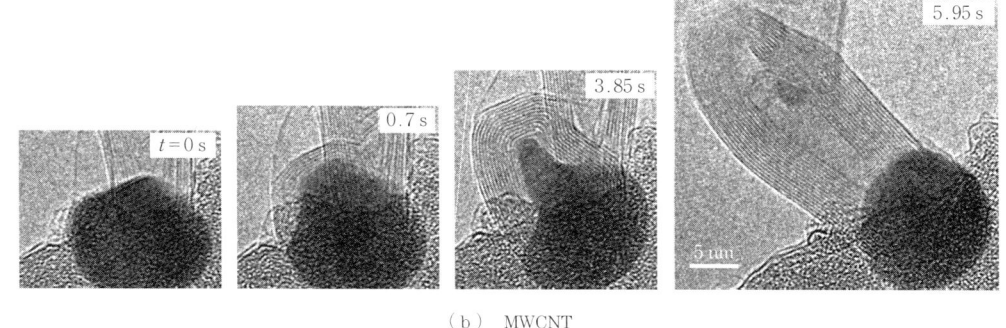

(b) MWCNT

図 3.29 CNT 成長初期過程の ETEM その場観察

形状に変化していき，グラファイト層もナノ粒子触媒表面に沿うようにその形状を半球状に変化させる（図(b)，$t=0.7〜3.85$ s）。その後，半球状グラファイトを先端にして，ナノ粒子触媒から MWCNT が生成する（図(b)，$t=5.95$ s）。

CNT の成長モデルとして，ナノ粒子触媒表面を覆うようにグラファイト構造体（ヤムルカ）が形成し，その縁に炭素が拡散することで CNT が生成するというヤムルカモデルが知られている[3]。われわれの観察において，SWCNT，MWCNT の成長初期過程で，共にナノ粒子触媒表面で半球状のグラフェンが生成している。ただし，この半球状グラフェンが生成・消滅を繰り返す点や，ナノ粒子触媒の形状が大きく変化する点など，単純なヤムルカモデルを超える観察結果が得られている。また，成長する CNT の直径がナノ粒子触媒の直径で決まることは一目瞭然である。

3.4.4 CNT 成長中のナノ粒子触媒の構造

CNT の CVD 成長において，ナノ粒子触媒は必要不可欠である。しかし，CNT の成長中に，ナノ粒子触媒が液体なのか結晶なのか，金属なのか炭化物なのかといった基本的な問題にすら明確な結論が出ていなかった。図 3.30 は，MWCNT が酸化シリコン基板上にあるナノ粒子触媒から成長する過程を捉えた ETEM 像である[2]。

ナノ粒子触媒内には明瞭な格子縞が現れており，ナノ粒子触媒が結晶であることを示している。格子像の

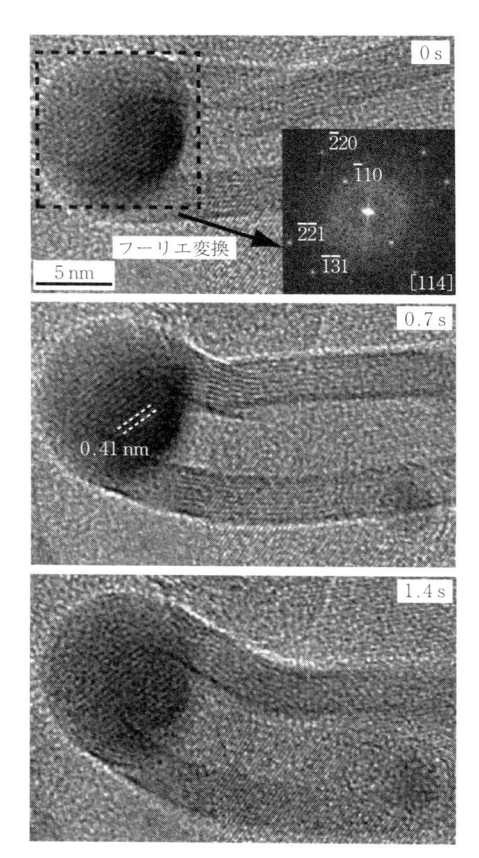

図 3.30 炭化鉄（Fe_3C）ナノ粒子触媒から成長する MWCNT の ETEM 像

フーリエ変換像を詳細に解析したところ，ナノ粒子触媒は炭化鉄（Fe_3C）であることが明らかになった。また，図3.30とは別の観察において，ナノ粒子触媒が回転していないにもかかわらず，TEM像に現れる格子縞の向きが変化する様子も観察されている。これはナノ粒子触媒内の鉄原子と炭素原子がその位置を変え，再構成していることを意味する。この現象とナノ粒子触媒が炭化鉄であるという事実は，炭素原子は表面拡散のみではなく，ナノ粒子触媒内部を容易に拡散して，MWCNTに供給されている可能性を示している。

つぎに，鉄に加えてモリブデンを酸化シリコン基板に蒸着した場合の，CNT成長のその場観察結果を示す（**図3.31**）[4]。MWCNTがFe_3Cではなく$(Fe, Mo)_{23}C_6$という炭化物ナノ粒子から成長している。格子縞の向きが変化しており，再構成していることがわかる。モリブデンを鉄に添加することで，CNTの生成量が増加することが知られている。本観察結果は，Fe_3Cに加えて$(Fe, Mo)_{23}C_6$ナノ粒子もCNT成長の触媒になることが，CNT生成量増加の原因であることを明らかにした。また，CNT生成環境下（高温，気体中）で，試料広範囲からの電子回折を取得し解析することにより，モリブデンの添加が，CNT成長に寄与しないFe_2SiO_4の生成を抑制することも明らかにした[4]。

3.4.5 CNT成長方向の変化

ETEMその場観察により，CNTの成長中の挙動も明らかにすることができる。**図3.32**に示しているように，CNTの成長方向はしばしば変化する[5), 6)]。このCNTは，ほかのCNTや基板と接触していないので，成長方向の変化はナノ粒子触媒に起因するものであると考えられる。現在のところ，ナノ粒子触媒自体が基板上で向きを変えている，もしくはCNT端への炭素の供給速度が空間的に不均一であるため，こうした成長方向の変化が起きると考えられる。本観察結果は，ピラー間架橋CNT[7)]の成長メカニズムに関して，本間らがその場SEM観察に基づいて提案したモデル[8)]を裏付けるものである。

3.4.6 まとめ

CNTの成長をETEMによりその場観察することは，その成長メカニズムを理解する上できわめて有用な方法である。ここで紹介した以外の触媒，原料ガス，基板を用いて，異なる条件（温度，圧力など）で成長するCNTを系統的にETEMその場観察することで，CNT成長メカニズムに関する理解がさらに深まると期待される。

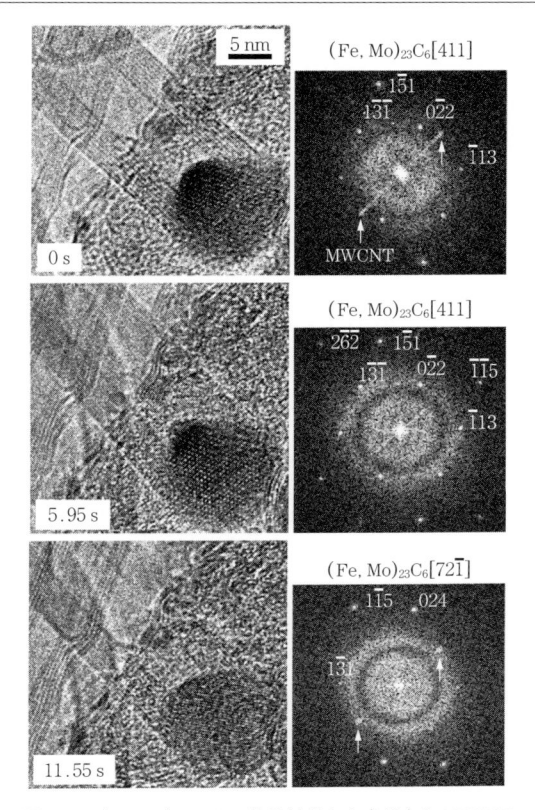

図3.31 $(Fe, Mo)_{23}C_6$ナノ粒子触媒から成長するMWCNTのETEM像とフーリエ変換像

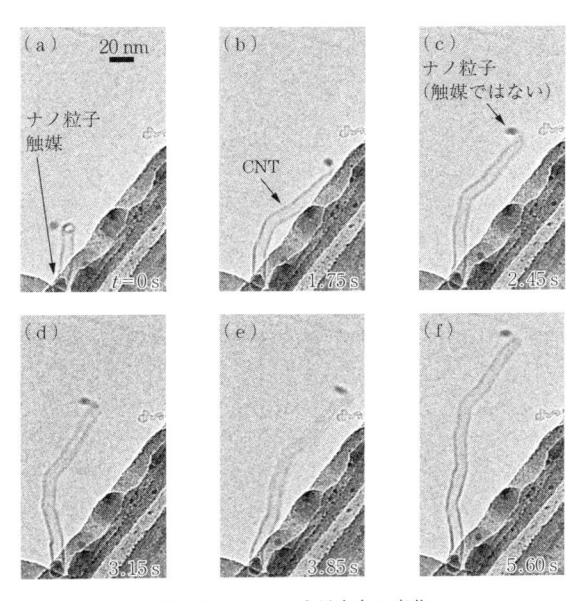

図3.32 CNTの成長方向の変化

引用・参考文献

1) H. Yoshida and S. Takeda : Image formation in a transmission electron microscope equipped with an environmental cell : Single-walled carbon nanotubes in source gases, Phys. Rev. B, **72**, 195428 (2005)
2) H. Yoshida, et al. : Atomic-scale In-situ observation of carbon nanotube growth from solid state iron carbide nanoparticles, Nano Lett., **8**, 2082 (2008)
3) H. Dai, et al. : Single-wall nanotubes produced by metal-catalyzed dsproportionation of carbon monoxide, Chem. Phys. Lett., **260**, 471 (1996)
4) H. Yoshida, et al. : Atomic-scale analysis on the role of molybdenum in iron-catalyzed carbon nanotube growth, Nano Lett., **9**, 3810 (2009)
5) H. Yoshida, et al. : Environmental transmission electron microscopy observations of the growth of carbon nanotubes under nanotube-nanotube and nanotube-substrate interactions, Appl. Surf. Sci., **254**, 7586 (2008)
6) H. Yoshida, et al. : Environmental transmission electron microscopy observations of swinging and rotational growth of carbon nanotubes, Jpn. J. Appl. Phys., **46**, L917 (2007)
7) Y. Homma, et al. : Suspended single-wall carbon nanotubes : Synthesis and optical properties, Rep. Prog. Phys., **72**, 066502 (2009)
8) Y. Homma, et al. : Suspended architecture formation process of single-walled carbon nanotubes, Appl. Phys. Lett., **88**, 023115 (2006)

3.5 ナノカーボンの原子分解能 TEM 観察

ナノチューブ, グラフェン, フラーレンなどのナノカーボン材料の特徴は, 多様な構造と物性にある。炭素のみで構成された物質でもその特性がさまざまになる理由は, 炭素原子のネットワーク構造の多様性にある。炭素原子がつくるネットワーク中の6員環や5員環の配列を直接捉えることができる高分解能電子顕微鏡 (HRTEM) 法は, ナノカーボン材料の基礎的な物性を理解する上でも, また各種産業への応用を考える際にもたいへん重要な指針を与える手法である。電子顕微鏡の最も重要な性能は分解能である。分解能を向上させるためには, 電子線の波長 (λ) を減少させるか (すなわち加速電圧を高くする) あるいは対物レンズの球面収差係数 (C_s) を減少させることがきわめて有効である。しかし, 加速電圧を上げると, カーボン材料のような軽元素から成る物質を観察する際には照射損傷 (knock-on damage) が無視できない問題となるため (120 kV 以下の比較的低い加速電圧を用いてこの問題を回避することが多い), 炭素原子間距離 0.14 nm を分解するためには, 球面収差係数をできる限り小さくすることが必要となる。電子顕微鏡を用いることで, ナノカーボン材料の原子レベルでの構造解析 (カイラリティや欠陥の解析)[1)~7)] や CNT などにドープされた分子, 原子の分析や直視[8)~16)] など, ナノカーボン材料研究において不可欠な微細構造の情報を得ることができる。ここでは, HRTEM 法によるナノカーボン材料の構造評価に関する二つの例を紹介する。

3.5.1 DWCNT の光学異性体の決定[6)]

CNT はグラフェンシートを円筒状に巻いた構造を有している。グラフェン中の炭素6員環の向きはチューブの軸に対して任意にとれ, その方向によってらせん構造 (カイラル指数 (n, m) で表す) が定義される。カイラル指数はナノチューブの電気的性質を決定する最も重要な要素であり, それを決定する方法として, 共鳴ラマン散乱や, 走査トンネル顕微鏡法および TEM 法などがある。

TEM 法では, 実空間での HRTEM 像または逆空間での電子回折図形によってナノチューブの直径およびカイラル角を決めることで, カイラル指数を決定することができる。

ところで, CNT のグラフェンシートの巻き方には左巻きと右巻きが存在し, 円偏光した光の散乱では, 左巻きと右巻きのナノチューブの光特性が異なることがよく知られている。前述のカイラリティの解析手法は, MWCNT のそれぞれの層の左右を決定するには十分ではない。

例えば, **図 3.33** に示すような DWCNT では, 右巻き (R) と左巻き (L) のチューブの組合せに四つ可能性があるが, DWCNT の構造を完全に決定するためには, カイラル指数に加えてグラフェンの巻き方の判別が不可欠である。

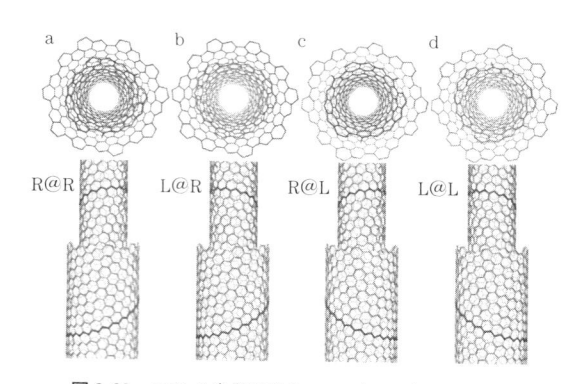

図 3.33 CNT の光学異性体。R : (n, m), $n>m>0$
L : (n, m), $m>n>0$

3.5 ナノカーボンの原子分解能TEM観察

筆者らは**図3.34**に示すような測定原理で、電子顕微鏡内で試料を注意深く傾斜させることにより、DWCNTの四つの異性体から、ただ一つの構造を決定する方法を開発した。図のようにナノチューブを入射電子ビームに対して傾斜させると、グラフェンシートの基本格子ベクトルが電子ビームと平行になるときに、HRTEM像中に格子縞が観察される。ジグザグとアームチェアSWCNTの場合は傾斜角度ϕがそれぞれ0°と30°のときに、格子縞がナノチューブの両側に対称的に現れる。一般的なSWCNTでは傾斜角度ϕが0°〜30°の間で、格子縞はナノチューブの片側だけに現れる。SWCNTを電子ビームに対して、反対方向に傾斜させた場合は、格子縞はSWCNTの反対側の壁に現れる。また、傾斜方向が同じで、ナノチューブの巻き方が異なる場合でも、格子縞の現れ方が反対になる。

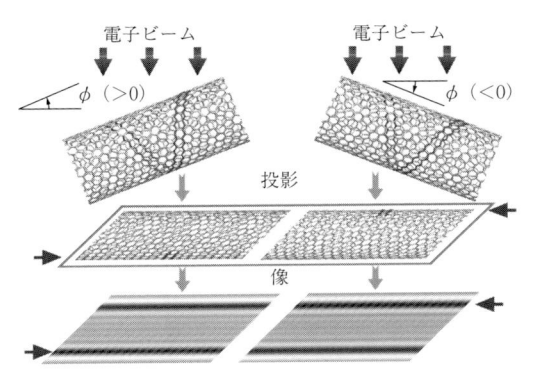

図3.34 試料傾斜法によるCNTの左右巻きの判別

この方法を用いることで、DWCNTの内と外のナノチューブの巻き方をそれぞれ決めることができる。**図3.35**に、アーク放電法で作られたDWCNTの観察例を示す。このDWCNTの場合は内と外の両方とも右巻きである。さらに、HRTEM像のフーリエ変換から、内側と外側のカイラル指数がそれぞれ(14, 3)および(17, 10)に決められた。図(e)〜(h)はこうして決められたDWCNTのマルチスライスシミュレーション像である。HRTEM像とシミュレーション像とを比べると、よく一致していることがわかる。

DWCNTにおいては、一般に内と外のナノチューブのカイラル角度が異なる場合は、DWCNTのユニットセルが定義できない。カイラル指数と右巻きか左巻きかを決めることによって、DWCNTの構造が一意に決められる。

3.5.2 グラフェンの端の観察[17]

グラフェンは、1原子厚さのsp^2結合したカーボン原子のネットワークであり、グラファイト、CNTおよびフラーレンなどのカーボン材料の構成要素である。この構造が特異な電気的、光学的、機械的特性を持っており、グラフェンは近年多くの注目を集めている。グラフェンの端（エッジ）には、アームチェア型とジグザグ型の2種類が存在するが、このような6員環ネットワークの終端に起因した特異な電子状態や磁気特性が期待できるため、グラフェン研究においてエッジ構造を決定することの重要性が、最近あらためて認識されている。これまでにエッジ構造のSTMおよびSTSによる直接観察がいくつか報告されているが、ここでは熱分解黒鉛を熱処理したあとのエッジ構造をHRTEM法により原子レベルで観察した結果を紹介する。観察時の加速電圧は120 kV、点分解能は対物レンズ球面収差補正機能により0.106 nmと見積もられた。

市販の熱分解黒鉛およびそれを真空中（$<1×10^{-2}$Pa）、2 000℃で3時間加熱したあとのHRTEM像をそれぞれ**図3.36**(a)、(b)に示す。

熱処理前には波状であった暗い線状のコントラスト（エッジ形状に対応）は、熱処理後には30°で交差す

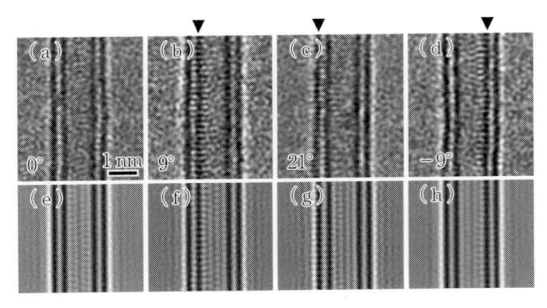

図3.35 (a)〜(d) DWCNTのHRTEM像および(e)〜(h)シミュレーション像

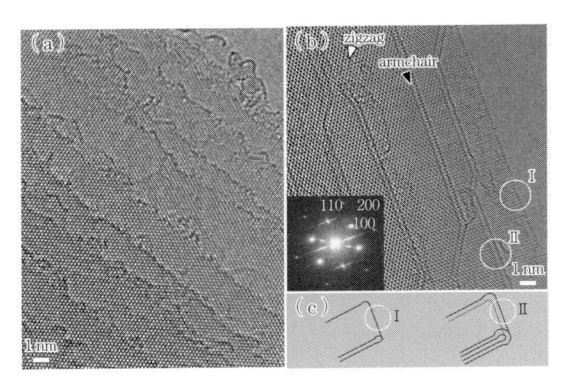

図3.36 加熱前(a)、加熱後(b)の黒鉛のHRTEM像、および曲線状に閉じたエッジのモデル図

るいくつかの平坦な線状のコントラスト（ここではエッジラインと呼ぶ）となった。

図 3.37 の断面像から，熱処理後のグラフェンのエッジは単層で終端している（開いたエッジ）のではなく，曲線状に閉じたエッジ（4 層のエッジはエッジライン 2 本に対応する）であることがわかる。これは，熱処理によって単層グラフェンの開いたエッジ上のダングリングボンドが隣接するグラフェンのそれと結合したことによって生成されたものと想像できる。

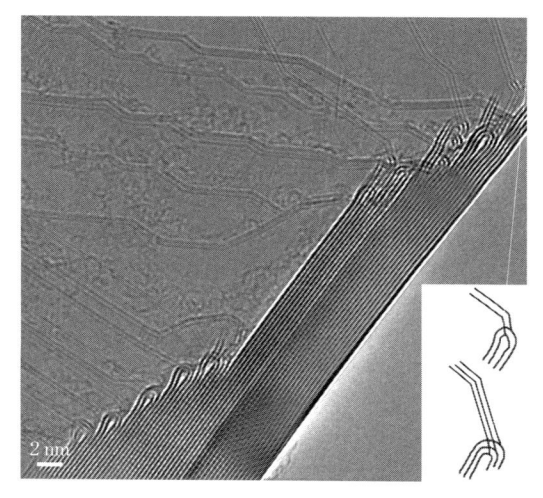

図 3.37 加熱後のグラファイトの断面像

図 3.38 にエッジラインが 1 本のときの HRTEM 像を示す。これは曲線状に閉じたエッジを有する 2 層のグラフェンである。図中の白と黒の矢印は，終端の投影がジグザグ構造となる閉じ方とアームチェアとなる閉じ方のエッジラインを示している。また，この構造のシミュレーション像と模式図を図（b），（c）に示す。図（b）に示す AA スタッキング構造と図（d）に示す AB スタッキング構造のシミュレーション像を HRTEM 像で比較したところ，本実験のアンダーフォーカスでの観察条件では，AA スタッキングのシミュレーション像のほうが観察した HRTEM 像とよく一致した。すなわち，図（a）によりこの 2 層のグラフェンは AA スタッキング構造になっていることが明らかとなった。

グラフェンシートが 1 層であるか，AA スタッキングの 2 層であるかの判別は 1 枚の HRTEM 像から困難であるが（AB スタッキングは判別可能である），試料を傾斜しながら観察することでこれを見分けることが可能である。図 3.39 の HRTEM 像とシミュレーション像に示すように，電子線入射方向がグラフェン

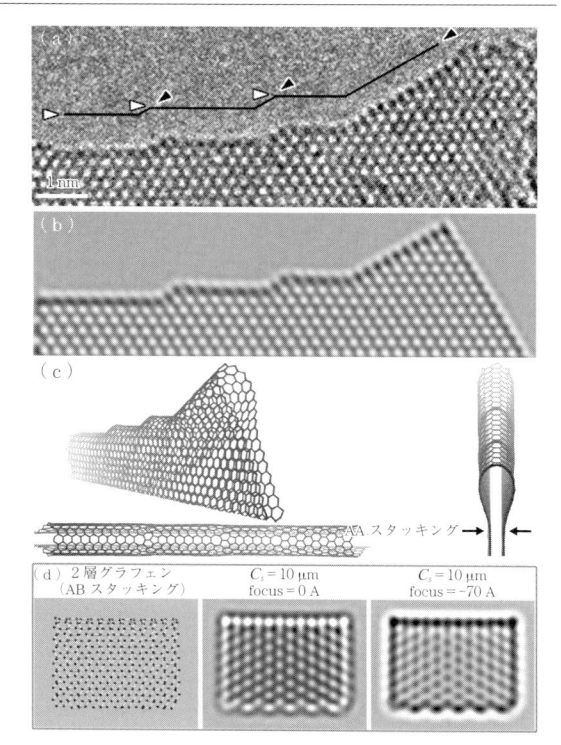

図 3.38 曲線状に閉じた 2 層グラフェンの HRTEM 像（a），AA スタッキングの 2 層グラフェンのシミュレーション像（b），モデル図（c）。AB スタッキングの 2 層グラフェンのモデル図とシミュレーション像（d）

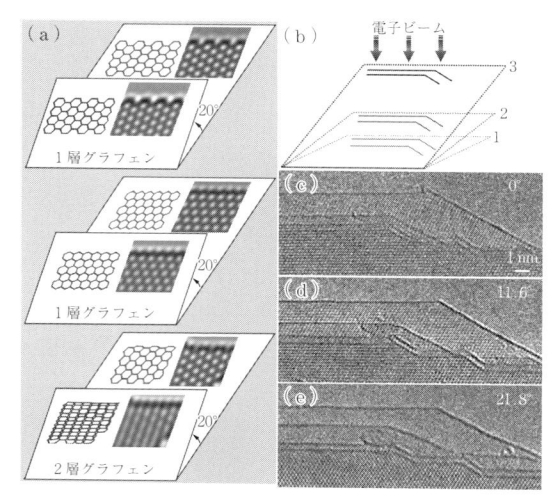

図 3.39 1 層のグラフェンおよび 2 層の AA スタッキンググラフェンを傾斜させるときのシミュレーション像（a），傾斜の模式図（b），実際に傾斜したときの HRTEM 像（c）〜（e）

シートに垂直の場合，グラフェンシートが 1 層でも AA スタッキングの 2 層でも，カーボン原子の配列に対応する六角形パターンが観察される。ところが，グ

ラフェンシートを電子線入射方向に対して20°傾斜した場合は，1層の場合は六角形パターンが観察されるが，AAスタッキングの2枚の場合では六角形パターンが観察されず，格子縞だけ観察される．その観察像を図（c）～（e）に示す．

図3.40に，折れ曲がったエッジが一部破れた領域のHRTEM像を示す．図（a）はアームチェアーエッジの一部が破れ，一つの6員環（6個のカーボン原子）が孤立している状況を示している．図（b）と（c）はこのHRTEM像に対応するシミュレーション像と構造モデル図である．図（d）はジグザグエッジの場合であり，破れた部位に二つカーボン原子が存在していることを示している．図（e）と（f）はそれに対応するシミュレーション像とモデル図である．いずれの構造でも，HRTEM像とシミュレーション像はよく一致している．

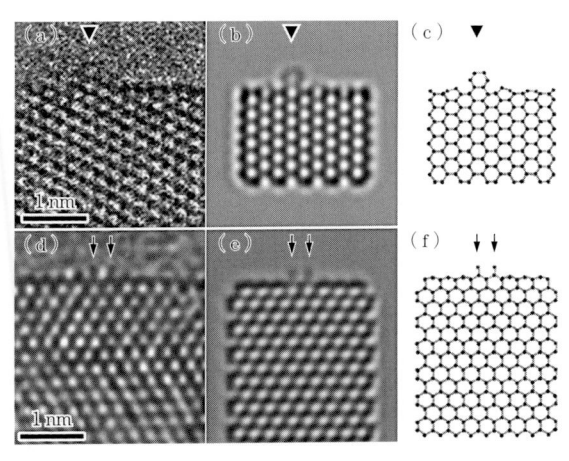

図3.40 折れ曲がったエッジが一部破れた領域のHRTEM像（a），（d），シミュレーション像（b），（e），モデル図（c），（f）

最近，収差補正機能付きのTEMを利用することにより，ナノカーボン材料の原子レベル構造の直接観察が可能になってきた．その観察の際には，電子線照射による照射損傷を極力回避する必要があり，それゆえに上述の例はすべて120 kVという比較的低加速電圧で観察を行った．しかし，120 kVでも照射損傷がすべて回避できるわけではなく，さらなる低加速電圧（30～80 kV）での観察がより有利であり，近年，これを実現する新たなTEMが開発されている．このようなナノカーボン材料の原子レベル構造観察に最適化されたTEMの開発と普及は，ナノカーボン研究のさらなる発展に大いに寄与するものと期待されている．

引用・参考文献

1) A. Hashimoto, et al.：Direct evidence for atomic defects in graphene layers, Nature, **403**, 870 (2004)
2) K. Hirahara, et al.：Stretching of carbon-carbon bonds in a 0.7nm diameter carbon nanotube studied by electron diffraction, Phys. Rev. B, **70**, 205422 (2004)
3) A. Hashimoto, et al.：Atomic correlation between adjacent graphene layers in double-wall carbon nanotubes, Phys. Rev. Lett., **94**, 045504 (2005)
4) K. Urita, et al.：In situ observation of thermal relaxation of interstitial-vacancy pair defects in a graphite gap, Phys. Rev. Lett., **94**, 155502 (2005)
5) H. W. Zhu, et al.：Structural identification of single and double-walled carbon nanotubes by high-resolution transmission electron microscopy, Chem. Phys. Lett., **412**, 116 (2005)
6) Z. Liu, et al.：Determination of optical isomers for left-handed or right-handed chiral double-wall carbon nanotubes, Phys. Rev. Lett., **95**, 187406 (2005)
7) H. Jiang, et al.：Robust Bessel-function-based method for determination of the (n, m) indices of single-walled carbon nanotubes by electron diffraction, Phys. Rev. B, **74**, 035427 (2006)
8) K. Hirahara, et al.：One-dimensional metallofullerene crystal generated inside single-walled carbon nanotubes, Phys. Rev. Lett., **85**, 5384 (2000)
9) K. Suenaga, et al.：Direct imaging of $Sc_2@C_{84}$ molecules encapsulated inside single-wall carbon nanotubes by high resolution electron microscopy with atomic sensitivity, Phys. Rev. Lett., **90**, 055506 (2003)
10) K. Suenaga, et al.：Evidence for the intramolecular motion of Gd atoms in a $Gd_2@C_{92}$ nanopeapod, Nano Lett., **3**, 1395 (2003)
11) L. H. Guan, et al.：Direct imaging of the alkali metal site in K-doped fullerene peapods, Phys. Rev. Lett., **94**, 045502 (2005)
12) Z. Liu, et al.：Transmission electron microscopy imaging of individual functional groups of fullerene derivatives, Phys. Rev. Lett., **96**, 088304 (2006)
13) Y. Sato, et al.：Correlation between atomic rearrangement in defective fullerenes and migration behavior of encaged metal ions, Phys. Rev. B, **73**, 233409 (2006)
14) M. Koshino, et al.：Imaging of single organic molecules in motion, Science, **316**, 853 (2007)
15) Z. Liu, et al.：Imaging the dynamic behaviour of individual retinal chromophores confined inside carbon nanotubes, Nat. Nanotechnol., **2**, 422 (2007)
16) K. Suenaga, et al.：Visualizing and identifying single atoms using electron energy-loss spectroscopy with low accelerating voltage, Nat. Chemistry, **1**, 415 (2009)
17) Z. Liu, et al.：Open and closed edges of graphene layers, Phys. Rev. Lett., **102**, 015501 (2009)

4. CNTの電子構造と輸送特性

4.1 グラフェン，CNTの電子構造

炭素の6員環をハチの巣のように並べた平面状の物質である1原子層のグラファイトをグラフェンという。CNTはそれを丸めた円筒状を成しており，円筒上では炭素の6員環が管の軸方向にらせん状に配置している。その構造は丸めたときに重なる格子点を結ぶベクトルであるカイラルベクトルにより指定される。

CNTは自己組織的に作られる擬1次元物質であり，半導体ヘテロ構造で人工的に作られた量子細線とはその物性が大きく異なっている。それは，CNTが通常の量子細線とトポロジカルに異なっていることと，2次元グラファイト上で電子が自由電子とはまるで異なった運動をすることに起因する。このことはCNTの物性，特に輸送現象に興味深い形となって現れる。ここではCNTの電子状態の特徴と，それがどのように電気伝導現象に反映するかを簡単に紹介したい。

4.1.1 ハチの巣格子とカイラルベクトル

最初に準備としてCNTの構造とその記述法を説明する。図4.1に示すように，CNTは中心部分が空洞でグラフェン面を丸めて得られる円筒状を成しており，直径1～30 nm，長さは1 μmを超え直径より数桁長い[†]。

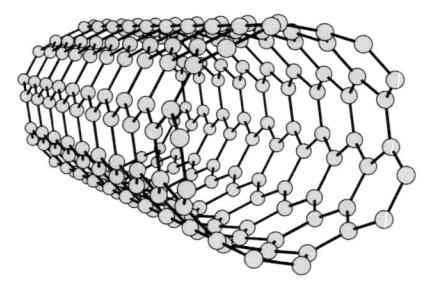

図4.1 アームチェア型（ひじ掛け椅子型）SWCNTの模式図。ハチの巣格子状の格子の1枚のグラファイト面であるグラフェンを丸めることにより作られる。

[†] 現在では数センチメートル程度の長さのCNTも報告されている。SWCNTは直径1 nm程度であるのに対し，太いものはMWCNTである。

円筒上では炭素の6員環が管の軸方向にらせん状に配置している。最初に発見されたCNTは数枚の円筒が同心円状に入れ子になったMWCNTであったが，その後，1枚のグラファイト面から成るSWCNTも作られた。

グラフェンは図4.2に示すように炭素の6員環がまるでハチの巣のように敷き詰められた「ハチの巣格子」で特徴付けられる。点線で囲んだ単位格子に二つの炭素原子A，Bが存在し，それぞれA，B副格子を構成する。ハチの巣格子の基本は$2s$, $2p_x$, $2p_y$軌道の線形結合で得られるsp^2の混成軌道であり，それは炭素原子から平面上に互いに120°の角度で腕を伸ばし，隣の原子の混成軌道と強く結合している。

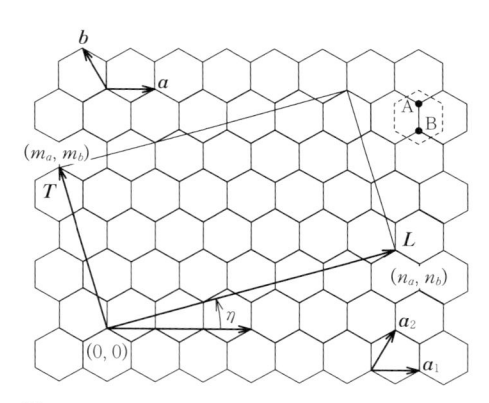

図4.2 グラフェンのハチの巣格子。単位格子の2個の炭素原子をAとBとする。また，基本並進ベクトルをa, bとする。円周を与えるカイラルベクトルLの始点と終点が重なるように丸めることによりCNTが作られる。ηはカイラル角であり，$\eta=0$はジグザグ型，$\eta=\pi/6$はアームチェア型CNTと呼ばれる。基本並進ベクトルとしてa_1とa_2を選ぶこともできる。

CNTはグラフェンを筒状に丸めて端をつなげた構造を持つが，丸め方は何通りもある。図4.2に示したベクトルLの始点と終点を重ねれば円筒状になるが，始点を固定したとき終点の選び方は無数に存在する。ベクトルLはグラフェンを丸めるときの方向とCNTの円周の長さを表し，カイラルベクトルと呼ばれる。カイラルベクトルはCNTの構造を指定し，グラファイト格子の基本並進ベクトルaとbを使ってつぎのように表される。

4.1 グラフェン，CNTの電子構造

$$L = n_a \boldsymbol{a} + n_b \boldsymbol{b} \tag{4.1}$$

ここで，n_aとn_bは整数であり，$|\boldsymbol{a}|=|\boldsymbol{b}|=a=0.246$ nmである．隣接する炭素原子間の距離は$a/\sqrt{3}=0.142$ nmである．CNT上で$\boldsymbol{L}$は円周に沿って1周するベクトルとなり，周長Lは

$$L = |\boldsymbol{L}| = a\sqrt{n_a^2 + n_b^2 - n_a n_b} \tag{4.2}$$

で与えられる．$\boldsymbol{L}$の水平方向からの傾きηをカイラル角と呼ぶ．CNTの軸は当然$\boldsymbol{L}$と垂直であり，一般にCNTはらせん構造を持っていることがわかる．

ただし，$\boldsymbol{L}$が図4.2で水平方向を向いた場合（$\eta = 0$），すなわち$(n_a, n_b) = (m, 0)$．また，水平方向から30°傾いた場合（$\eta = \pi/6$），すなわち$(n_a, n_n) = (2m, m)$には，6員環がCNTの円周方向に一列に並び，らせん構造を持たない．これらのCNTには名前がついている．前者の場合には，$\boldsymbol{L}$方向に炭素がジグザグ状に並ぶためジグザグ型，後者の場合には，ひじ掛け椅子のように並ぶためアームチェア（ひじ掛け椅子）型と呼ぶ．これに対して一般のらせん構造を持つCNTはカイラル型と呼ばれる．CNTの構造安定性はほぼ太さだけで決まるために，$\boldsymbol{L}$の方向は自由に取り得る．その結果，生成されるCNTの$\boldsymbol{L}$の向きはほぼ一様に分布する．

基本並進ベクトルの取り方には別のやり方もある．すなわち，$\boldsymbol{a}$，$\boldsymbol{b}$の代わりに$\boldsymbol{a}_1 = \boldsymbol{a}$と$\boldsymbol{a}_2 = \boldsymbol{a}+\boldsymbol{b}$をとる．このとき，カイラルベクトルは二つの整数$n_1$，$n_2$を使い，$\boldsymbol{L} = n_1 \boldsymbol{a}_1 + n_2 \boldsymbol{a}_2$と表される．ここで，簡単な計算により$n_1 = n_a - n_b$，$n_2 = n_b$の関係を得る．現在はどちらかというと，$\boldsymbol{a}_1$と$\boldsymbol{a}_2$を使うのがより一般的になっているが，筆者のグループで最初にCNTの研究を始めた安食が$\boldsymbol{a}$と$\boldsymbol{b}$を使用して以来，それを使い続けているので，以下では，$\boldsymbol{a}$と$\boldsymbol{b}$を使って議論することにしたい．

さて，CNTの軸方向の基本並進ベクトル$\boldsymbol{T}$はグラフェン上で$\boldsymbol{L}$と垂直で最も長さの短い並進ベクトルである．$\boldsymbol{T} = m_a \boldsymbol{a} + m_b \boldsymbol{b}$と置く．簡単な計算から，$p$を$n_a - 2n_b$と$2n_a - n_b$の最大公約数とすると$pm_a = n_a - 2n_b$，$pm_b = 2n_a - n_b$と表される．この定義では，CNTの単位胞はグラフェンの$\boldsymbol{L}$と$\boldsymbol{T}$で作られた長方形で与えられる．しかし，グラフェンと同じく2個の炭素原子を単位胞とみなすことが可能であり，より便利な場合も多い．実際，$\boldsymbol{T}$を並進ベクトルとしたブリユアン域では，その境界でバンドギャップを持たず，単に折り返しただけの多数のバンドが得られてしまう．この議論は詳細になりすぎるので省略する．

4.1.2 電子状態

1次元的なCNTの電子状態は，曲率を持つことによる変化を考えなければ，境界グラフェンの電子状態に，円筒にしたことによる周期条件を課すことにより求まる．その波数は，カイラルベクトルと垂直で等間隔な直線で与えられる．グラフェンのπバンドは六角形の第一ブリユアン域の角のK点とK'点で線型の分散を持って交差する．そのため，許される直線がK点あるいはK'点を通過すれば，CNTは金属となり，通過しなければ半導体となる．有効質量近似によれば，K点とK'点付近の電子状態は質量ゼロのニュートリノと同じ運動方程式で記述される．そのため，K点とK'点トポロジカル特異点となる（4.1.3項）．

CNTの電子状態を理解する出発点はもちろんグラフェンのバンド構造である．図4.3に第一ブリユアン域とバンド構造を示す[1]．K→Γ→M→Kのように波数を変化させたときのエネルギーを表している．そのうち，破線で示したフェルミ準位E_F付近のπバンドだけを示したのが，図4.4である．なお，二つのバンドを区別する場合には，フェルミ準位以下の状態を

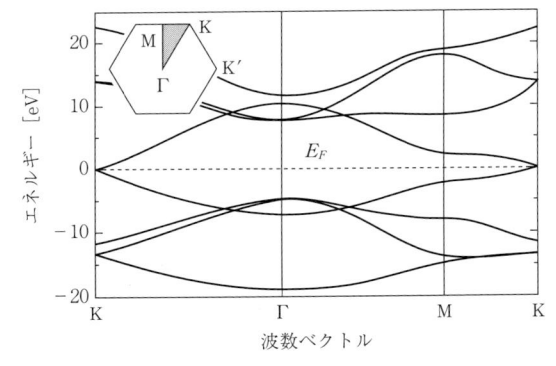

図 4.3 グラフェンのバンド構造．第一ブリユアン域のK点とK'点でフェルミエネルギーを横切るのがπバンドであり，フェルミ準位以下3個のバンドはsp^2混成軌道間の結合軌道である．

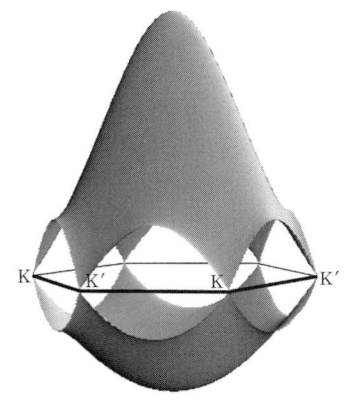

図 4.4 グラフェンπバンドの立体図

πバンド，上のバンドをπ*バンドと呼ぶ．

グラフェンでは，実空間のハチの巣格子に対応し，波数空間の逆格子もハチの巣格子となる（ただし90°回転する）．第一ブリユアン域は原点と各逆格子点を結ぶ直線の垂直2等分線で囲まれた領域として求められ，正六角形となる．波数空間の原点をΓ点，六角形の頂点をK点およびK′点，六角形の各辺の中点をM点と呼ぶ．K点とK′点は互いに逆格子ベクトルでは結ばれないために異なる状態を表すが，互いに時間反転の対称性で結ばれているために通常はまったく同じ分散関係を持つ．実際，K点の波動関数の時間反転である複素共役をとると，その波数はK′点の波数と逆格子で結ばれる．

さて，フェルミ準位下で完全に電子で占められたバンドがこの結合軌道に対応したσバンドである．炭素原子の4個の価電子のうち，3個がこのσバンドを占め，残り1個分の電子がxy面に垂直な$2p_z$軌道で決まるπバンドを占める．図4.4に示すようにπバンドはK点とK′点付近で，波数の1次に比例する分散を持ち，K点とK′点で一点で交わる．電子はちょうどこの点までのバンドを占める．図4.5はK点とK′点付近でのバンド構造の模式図である．グラフェン，したがってCNTの性質はこのK点とK′点付近の状態で決まる．

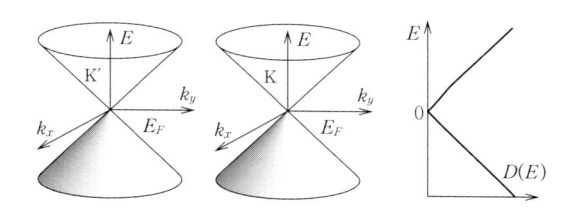

図4.5 K点とK′点付近でのπバンドの模式図と状態密度$D(E)$．波数の1次に比例した円錐状の分散を持ち，K点とK′点で一点で交わる．状態密度は$\varepsilon = E_F = 0$でゼロとなり，エネルギーに比例して増大する．

非常に細いCNTを除けば，円筒表面の曲率の効果を忘れて，グラフェンに円周方向に1周したときに元に戻るという周期境界条件を課すことにより，CNTの電子状態を求めることができる[2),3)]．以下ではこのやり方でCNTの電子状態の特徴を議論しよう．

波動関数を$\phi(\boldsymbol{r})$とすると，周期境界条件は$\phi(\boldsymbol{r}+\boldsymbol{L}) = \phi(\boldsymbol{r})$と書ける．一方，ブロッホの定理により，波数$k$を持つブロッホ関数は並進移動$\boldsymbol{L}$により位相が$\exp(i\boldsymbol{k}\cdot\boldsymbol{L})$だけ変化するので，CNTの電子状態はグラフェンのバンドの中で周期条件$\exp(i\boldsymbol{k}\cdot\boldsymbol{L}) = 1$を満足するものに限られる．これは，2次元波数空間で$\boldsymbol{L}$と垂直で互いの距離が$2\pi/L$の直線である．

同じ状態を複数回数えることがないようにするには，波数空間で，例えば1辺が$\boldsymbol{L}$と垂直で長さが$2\pi/T$，面積が第一ブリユアン域と同じ長方形を考え，その中に含まれる直線だけを考慮すればよい．この場合，軸方向の波数kは自動的にCNTの第一ブリユアン域$-\pi/T \leq k < +\pi/T$の値をとる．一方，図4.6のように，グラフェンの第一ブリユアン域に含まれる直線を考えてもよい．ここで，k_x, k_yはそれぞれCNTの円周x，軸y方向の波数であり，波数空間での方向は，実空間での方向を反映しカイラル角ηで与えられる．k_x軸に垂直に等間隔な直線は，細いCNT上の周期境界条件を課すことにより離散化された波数を表す．この場合にはグラフェンの$\boldsymbol{k}$に対応するCNTのブリユアン域内の波数$\tilde{k}$は$\exp(i\boldsymbol{k}\cdot\boldsymbol{T}) = \exp(i\tilde{k}T)$から簡単に求められる．

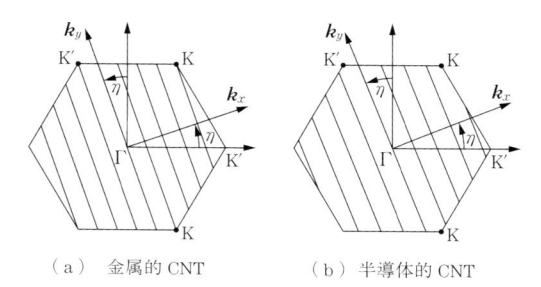

（a）金属的CNT　　　（b）半導体的CNT

図4.6 CNTの波数ベクトル．(a)は$(n_a, n_b) = (9, 3)$の場合で金属的であり，(b)は$(n_a, n_b) = (8, 3)$の場合で半導体的である．

このようにして得られるCNTのバンド構造は周期境界条件を満足する直線がK点あるいはK′点を通るかどうかで大きく変化する．K点あるいはK′点を通過する場合には，CNTのスペクトルにはギャップがなく，金属となる．一方，K点もK′点も通過しない場合には，スペクトルにギャップがあり，半導体となる．

例えば，図4.6(a)は$(n_a, n_b) = (9, 3)$の場合であり，直線はフェルミ点を通り，金属的である．一方，図(b)は$(n_a, n_b) = (8, 3)$の場合であり，直線はフェルミ点を通らず半導体的である．円周の長さはそれぞれ$L = 3\sqrt{7}a \sim 7.9a$と$L = 7a$であり，ほとんど同じ円周を持つが，巻き方の違いにより異なる電気的性質を示す．K点とK′点の波数を$\boldsymbol{K}, \boldsymbol{K}'$とすると

$$\left. \begin{array}{l} \exp(i\boldsymbol{K}\cdot\boldsymbol{L}) = \exp\left(+\dfrac{2\pi i \nu}{3}\right) \\ \exp(i\boldsymbol{K}'\cdot\boldsymbol{L}) = \exp\left(-\dfrac{2\pi i \nu}{3}\right) \end{array} \right\} \quad (4.3)$$

となることが示される。ここで，νは0あるいは± 1の整数であり，構造，すなわち$\boldsymbol{L}$により一意的に決まる。すなわち，Nを整数として

$$n_a + n_b = 3N + \nu \tag{4.4}$$

である。$n_a + n_b$が3の倍数，すなわち$\nu = 0$の場合には，CNTは金属，3の倍数でなく$\nu = \pm 1$の場合には半導体となる。このことは最初，強束縛模型における曲率の効果を無視した簡単な計算により予言された[4]〜[10]。

4.1.3 ニュートリノ描像

このフェルミエネルギー近傍の電子状態を記述しその特徴を明らかにするのには有効質量近似が最適である。有効質量近似では，電子の運動はニュートリノに対する2行2列のワイル方程式（質量ゼロのディラック方程式）で表される[11],[12]。例えば，K点では

$$\begin{aligned}\gamma(\sigma_x \hat{k}_x + \sigma_y \hat{k}_y) F^K(\boldsymbol{r}) \\ = \gamma(\boldsymbol{\sigma} \cdot \hat{\boldsymbol{k}}) F^K(\boldsymbol{r}) = \varepsilon F^K(\boldsymbol{r})\end{aligned} \tag{4.5}$$

ここで，$\vec{\sigma} = (\sigma_x, \sigma_y)$はパウリのスピン行列

$$\sigma_x = \begin{pmatrix} 0 & 1 \\ 1 & 0 \end{pmatrix} \quad \sigma_y = \begin{pmatrix} 0 & -i \\ i & 0 \end{pmatrix} \tag{4.6}$$

$\hat{\boldsymbol{k}} = (\hat{k}_x, \hat{k}_y) = -i\nabla$は波数に対応した微分演算子，$\gamma$はバンドパラメーター，$F^K(\boldsymbol{r})$は各成分がA，B各副格子上の確率振幅を表す2成分の波動関数である。

$$F^K(\boldsymbol{r}) = \begin{pmatrix} F_A^K(\boldsymbol{r}) \\ F_B^K(\boldsymbol{r}) \end{pmatrix} \tag{4.7}$$

方程式の解は$\boldsymbol{F} \propto \exp(i\boldsymbol{k} \cdot \boldsymbol{r})$と置くことにより直ちに求まり，エネルギーは

$$\varepsilon^{(\pm)}(\boldsymbol{k}) = \pm\gamma\sqrt{k_x^2 + k_y^2} \tag{4.8}$$

となる。ここで，波数$\boldsymbol{k}$の原点はK点とK′点である。これはまさに静止質量ゼロの相対論的なディラック電子であるニュートリノの分散（図4.5）を表している。この分散関係は光とまったく同じなので，ニュートリノの速度は波数とエネルギーによらず，$v = \gamma/\hbar$となる。これはニュートリノは運動をやめて止まってしまうことができないことを意味している。なお，この速度は光速の300分の1程度であり，炭素原子の格子中を飛び移りながら運動する電子の速度である。

式(4.5)のハミルトニアンは，波数演算子とスピン行列の内積で与えられる。磁場がない場合，対応する波動関数は

$$F_{sk}^K(\boldsymbol{r}) = \frac{1}{\sqrt{LA}} \exp(i\boldsymbol{k} \cdot \boldsymbol{r}) \exp[i\phi_s(\boldsymbol{k})] R^{-1}[\theta(\boldsymbol{k})]|s\rangle \tag{4.9}$$

のように，波数$\boldsymbol{k}$の平面波で表された空間部分の波動関数とスピン部分の積で与えられる。ここで$\phi_s(\boldsymbol{k})$は任意の位相，$\theta(\boldsymbol{k})$は波数ベクトル$\boldsymbol{k}$とk_y軸のなす角，AはCNTの長さ，$R(\theta)$はスピン回転の演算子である。$|s\rangle$は$\boldsymbol{k}$がk_y軸方向と一致するときの固有ベクトルであり，具体的には

$$|s\rangle = \frac{1}{\sqrt{2}} \begin{pmatrix} -is \\ 1 \end{pmatrix} \tag{4.10}$$

で与えられる。スピンは波数方向に量子化され，固有状態ではスピンが波数方向あるいはその逆方向を向いている。これはニュートリノのヘリシティと呼ばれている。そこで，波数を原点の周りで1周させると，電子のスピンは1回転することになる。スピンの波動関数は1回転で符号が反転するという著しい性質を持っている。そのため，ニュートリノの波動関数は波数の回転に伴い符号が反転してしまう。一方，波数を原点以外の点の周りで，原点を含まないように1周させると，このような符号の反転が起こらない。したがって，波数空間の原点$k = 0$にトポロジカルな特異点があることがわかる。

さて，ここで導入したスピンは電子の本当のスピンではない。単に，単位胞に含まれる二つの炭素原子A，Bでの振幅を記述するために導入した擬スピンにすぎない。この場合でも，波数を原点の周りに1周させると，ベリーの位相により波動関数の符号が変化する[13],[14]。この$k = 0$の特異点は波動関数の全体としての位相にのみ現れるために，純粋に量子力学的な効果である。古典論ではまったく現れない。この量子異常はCNTが軸と垂直方向の磁場で強い反磁性を示すことや，後述するように，金属CNTが散乱体があるにもかかわらず完全導体となる後方散乱の消失などの興味深い物性を引き起こす。

電子の波動関数はK点あるいはK′点のブロッホ関数とワイル方程式に従う包絡関数の積で与えられる。前述のようにブロッホ関数は円筒を1周したとき，K点の場合$\exp(+2\pi i\nu/3)$，K′点の場合$\exp(-2\pi i\nu/3)$の位相がつく。したがって，ニュートリノに対応した包絡関数に対する境界条件はその位相を打ち消すだけの余分の位相，K点の場合$\exp(-2\pi i\nu/3)$，K′点の場合$\exp(+2\pi i\nu/3)$がつく。これは円筒の断面を貫くアハラノフ−ボーム（AB）磁束があることと同じである。すなわち，CNTの電子はAB磁束が貫いた円筒上のニュートリノとみなすことができる。ただし，この仮想磁束はK点とK′点で符号が異なっている。

円筒表面の波動関数は平面波$\propto \exp[i\kappa\nu(n)x + iky]$で与えられる。ただし，$k$は軸（$y$）方向の波数であり，

円周 (x) 方向の波数 $\kappa_\nu(n)$ は K 点に対しては

$$\kappa_\nu(n) = \frac{2\pi}{L}\left(n - \frac{\nu}{3}\right) \quad (4.11)$$

それに対応しエネルギーは

$$\varepsilon_\nu^{(\pm)}(n) = \pm\gamma\sqrt{\kappa_\nu(n)^2 + k^2} \quad (4.12)$$

で与えられる[12]。ここで，+が伝導帯，-が価電子帯を表す。したがって，$\nu=0$ の場合には，価電子帯と伝導帯は直線状のエネルギー分散を持ち $\varepsilon=0$ で交差し，CNT は金属となる。一方，$\nu=\pm 1$ の場合には，$E_g = 4\pi\gamma/3L$ のバンドギャップを持つ半導体となる。図 4.7 はこのバンド構造の模式図である。

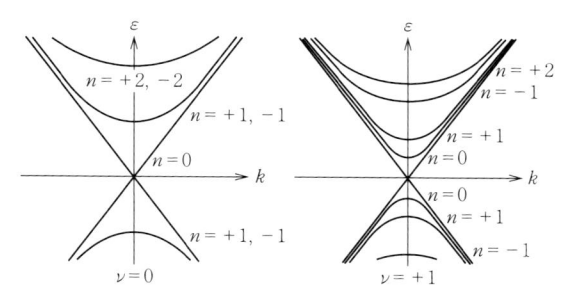

図 4.7 CNT の電子状態の模式図。$\nu=0$ の場合には，価電子帯と伝導帯は直線状のエネルギー分散を持ち $\varepsilon=0$ で交差し，CNT は金属となる。一方，$\nu=\pm 1$ の場合には，$E_g = 4\pi\gamma/3L$ のバンドギャップを持つ半導体となる。

これまでの議論からわかるように，CNT の電子状態は周方向の境界条件で決まる。図 4.8（a）に示すように，CNT の軸に垂直な断面を磁束 ϕ が貫いている場合には，1 周したときの波動関数に位相 $\exp(2\pi i\phi/\phi_0)$ が掛かる。ここで，ϕ は CNT の断面を貫くアハラノフ-ボーム（AB）磁束，$\phi_0 = ch/e$ は磁束量子である。そのとき $\kappa_\nu(n)$ は

$$\kappa_\nu(n,\phi) = \frac{2\pi}{L}\left(n + \frac{\phi}{\phi_0} - \frac{\nu}{3}\right) \quad (4.13)$$

へと変化する。式（4.13）から明らかなように，AB 効果によりバンドギャップが大きな影響を受け，金属から半導体へ，半導体から金属へと変化する。この大きな AB 効果が CNT の特徴である[12),15)]。図（b）にバンドギャップに対する AB 効果を示す。磁束がある場合には K 点と K′点のエネルギーが磁場に比例して分離するが，最近この分離が光吸収スペクトルで直接観測された[16]。

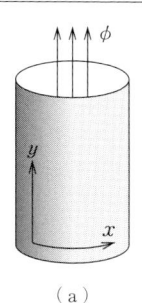

図 4.8 （a）断面を磁束 ϕ が貫いた CNT の模式図。円周方向に x 軸，軸方向に y 軸をとる。（b）バンドギャップに対する AB 効果。左図が金属の場合，中央と右の図が半導体の K 点と K′点に対応する。磁束がある場合には K 点と K′点のエネルギーが磁場に比例して分離する。

引用・参考文献

1) G. S. Painter and D. E. Ellis：Phys. Rev. B, **1**, 4747 (1970)
2) X. Blase, L. X. Benedict, E. L. Shirley and S. G. Louie：Phys. Rev. Lett., **72**, 1878 (1994)
3) K. Kanamitsu and S. Saito：J. Phys. Soc. Jpn., **71**, 483 (2002)
4) N. Hamada, S. Sawada and A. Oshiyama：Phys. Rev. Lett., **68**, 1579 (1992)
5) J. W. Mintmire, B. I. Dunlap and C. T. White：Phys. Rev. Lett., **68**, 631 (1992)
6) M. S. Dresselhaus, G. Dresselhaus and R. Saito：Phys. Rev. B, **45**, 6234 (1992)
7) R. Saito, M. Fujita, G. Dresselhaus and M. S. Dresselhaus：Phys. Rev. B, **46**, 1804 (1992)
8) K. Tanaka, K. Okahara, M. Okada and T. Yamabe：Chem. Phys. Lett., **191**, 469 (1992)
9) Y. D. Gao and W. C. Herndon：Mol. Phys., **77**, 585 (1992)
10) D. H. Robertson, D. W. Brenner and J. W. Mint-mire：Phys. Rev. B, **45**, 12592 (1992)
11) J. C. Slonczewski and P. R. Weiss：Phys. Rev., **109**, 272 (1958)
12) H. Ajiki and T. Ando：J. Phys. Soc. Jpn., **62**, 1255 (1993)
13) M. V. Berry：Proc. Roy. Soc. London, A**392**, 45 (1984)
14) B. Simon：Phys. Rev. Lett., **51**, 2167 (1983)
15) H. Ajiki and T. Ando：Jpn. J. Appl. Phys., **34**, Suppl. 34, 1, 107 (1995)
16) S. Zaric, G. N. Ostojic, J. Kono, J. Shaver, V. C. Moore,

M. S. Strano, R. H. Hauge, R. E. Smalley and X. Wei：
Science, **304**, 1129（2004）

4.2 グラフェン，**CNT** の電気伝導特性

CNT の電気伝導を議論するためには必然的に不純物など不規則なポテンシャルによって電子散乱される効果を考えなければならない。2次元グラファイトに任意のポテンシャルがある場合を考えよう。強束縛模型から出発し有効質量方程式（4.5）を導くのと同様にして有効ポテンシャル

$$\begin{pmatrix} u_A(r) & 0 & e^{i\eta}u'_A(r) & 0 \\ 0 & u_B(r) & 0 & -\omega^{-1}e^{-i\eta}u'_B(r) \\ e^{-i\eta}u'_A(r)^* & 0 & u_A(r) & 0 \\ 0 & -\omega e^{i\eta}u'_B(r)^* & 0 & u_B(r) \end{pmatrix}$$
$$\begin{matrix} KA & KB & K'A & K'B \end{matrix}$$
(4.14)

を導くことができる[1]。ここで，K 点と K′点のおのおのに対して2行2列のワイル方程式を4行4列に拡張した。また，$\omega = \exp(2\pi i/3)$ である。各行列要素は任意のポテンシャルについて一般的に定義される量であり，定義は文献 1) にあるが，おおむね対角要素は強束縛模型の格子点のポテンシャルを格子定数の数倍程度の範囲で疎視化したものであり，非対角要素は $e^{i(K'-K)\cdot r}$ とポテンシャルの積を同様に疎視化したものである。対角項は K 点付近の状態の間の散乱あるいは K′点付近の状態の間の散乱である谷内散乱を表す。一方，非対角項は K 点から K′点あるいは K′点から K 点への散乱である谷間散乱を表す。

簡単のためポテンシャルの到達距離 d が十分小さいときに限定し，各行列要素の表式を示して議論する。CNT を特徴づける長さスケールとして，格子定数 a やポテンシャルの到達距離 d のほかにも軸方向の波長 $2\pi/k$，円周 L，磁気長 l などが挙げられる。ポテンシャル到達距離が十分小さいとは，$d \ll 2\pi/k$，$d \ll L$，$d \ll l$ の場合である。この場合，r_0 を不純物ポテンシャルの位置として

$$\left. \begin{matrix} u_A(r) = u_A\delta(r-r_0) \\ u'_A(r) = u'_A\delta(r-r_0) \\ u_B(r) = u_B\delta(r-r_0) \\ u'_B(r) = u'_B\delta(r-r_0) \end{matrix} \right\} \quad (4.15)$$

とデルタ関数で置き換えることができる。ここで，強束縛模型を採用すれば

$$\left. \begin{matrix} u_A = \dfrac{\sqrt{3}\,a^2}{2}\sum_{R_A} u_A(R_A) \\ u_B = \dfrac{\sqrt{3}\,a^2}{2}\sum_{R_B} u_B(R_B) \\ u'_A = \dfrac{\sqrt{3}\,a^2}{2}\sum_{R_A} e^{i(K'-K)\cdot R_A} u_A(R_A) \\ u'_B = \dfrac{\sqrt{3}\,a^2}{2}\sum_{R_B} e^{i(K'-K)\cdot R_B} u_B(R_B) \end{matrix} \right\} \quad (4.16)$$

であり $\sqrt{3}\,a^2/2$ は単位格子の面積，$u_A(R_A)$ と $u_B(R_B)$ はおのおのの格子点 R_A と R_B のポテンシャルを表す。また，K と K' は K 点と K′点での波数である。

ポテンシャル到達距離が格子定数に比べて大きいとき $u_A = u_B$ となり，$e^{i(K'-K)\cdot R_A}$ と $e^{i(K'-K)\cdot R_B}$ が激しく振動するため，有効ポテンシャルの非対角要素 u'_A と u'_B は無視できる。これは，K 点と K′点の間の谷間散乱が無視できることを意味している。

したがって，通常の荷電不純物のようにポテンシャルの到達距離が格子定数よりも大きい場合には，2行2列のワイル方程式の対角部分にそのポテンシャルが入る。このようなポテンシャルは金属 CNT では伝導電子の後方散乱を引き起こすことができず，その結果散乱体がまったく抵抗に寄与しないのである[1, 2]。これは金属 CNT だけのユニークな特徴である。

4.2.1 後方散乱の消失と理想コンダクタンス

さて，グラフェンの K 点付近の電子を考えよう。金属的な CNT の場合，円周方向の波数が周期境界条件によって不連続になることを除けば，グラフェンとまったく同じと考えてよい。運動方程式（4.5）と 4.1.3 項の議論からわかるように，（擬）スピンは波数方向に上向きと下向きに量子化される。これがニュートリノのヘリシティに対応する。その結果，波動関数は空間部分の平面波とスピンがその波数方向を向いたスピン関数の積で与えられる。

さて，スピンは1回転しても元に戻らず，符号が変化する。これはスピンを180°回転した場合，右回りの波動関数と左回りの波動関数の符号が異なることを意味している。

通常の不純物ポテンシャルは対角行列であるためスピン部分の波動関数とは交換する。そのため，散乱の行列要素はスピン部分と軌道部分の積の形に完全に分離し，スピン部分はスピン空間での回転を表すことになる。

図 4.9 は波数空間における後方散乱の模式図である。後方散乱はスピンの $+\pi$ あるいは $-\pi$ の回転に対応する。それぞれの散乱過程に対して必ず時間反転の

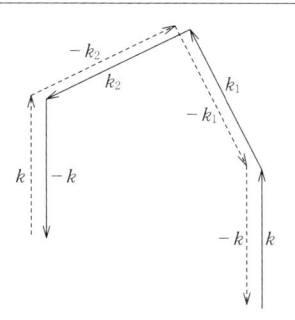

後方散乱は時間を反転しても後方散乱であり、それらは互いに波数空間での回転が逆向きである。スピン回転演算子の性質により、逆向きのスピン回転を行った状態の符号は異なり、二つは相殺してしまう。

図4.9 後方散乱の過程（実線）とその時間反転過程（破線）

過程が存在し、散乱振幅はその和で与えられる。図4.9から明らかなように、時間反転の過程は反対向きのスピン回転に対応する。時間反転対称性のある系では、時間反転で結ばれた散乱振幅は大きさが等しく、スピン回転による符号が異なる。そのため、後方散乱の振幅は相殺してゼロになるのである。

図4.10に有限長CNTのコンダクタンスの例を示す。散乱体が無数に存在するにもかかわらず、ゼロ磁場では理想的な$2e^2/\pi h$に量子化される。一方、磁場中では時間反転の対称性が破れるため後方散乱が生じ、ほぼ長さに反比例して減少する。

なお、スピン行列は電子の本当のスピンではなく、単位格子の炭素原子A, Bの波動関数の振幅を表している。したがって、波動関数の位相の変化はベリーの位相と考えたほうがよい。

また、半導体CNTでは4.1.3項で述べたように仮想的磁束が円筒の断面を貫いているために、見掛け上時間反転の対称性が破れ後方散乱が生じる。

なお、時間を反転するとK点がK'点に、K'点がK点に変化するので、ゼロ磁場で半導体CNTの時間反転の対称性が破れているわけではない。K点やK'点だけに限ると見掛け上対称性が破れるのである。

4.2.2 完全伝導チャネル

金属的CNTでフェルミ準位に複数のバンドが存在する場合にはバンド間の散乱が生じる。グラフェン上での波数k_αを持つ状態から$k_{\bar{\beta}} \equiv -k_\beta$への反射係数を$r_{\bar{\beta}\alpha}$とする。ここで、$\bar{\beta}$は状態$\beta$と反対方向の波数を持つ状態を表す。CNTではこの波数が周期境界条件のために不連続になる。波動関数の位相因子の任意性を考慮するとこの反射係数は

$$r_{\bar{\beta}\alpha} = -r_{\bar{\alpha}\beta} \tag{4.17}$$

の関係式を満足することが示される[3]。これからただちに$r_{\bar{\alpha}\alpha} = -r_{\bar{\alpha}\alpha} = 0$を得るが、これは後方散乱の消失にほかならない。

反射係数から成る行列rを$[r]_{\alpha\beta} = r_{\bar{\alpha}\beta}$により定義する。このとき、$r = -{}^t r$を満足する。ここで、${}^t r$は$r$の転置行列である。

一般に、任意の行列Pに対して、$\det {}^t P = \det P$の関係が成り立つ。金属CNT（$\nu = 0$）の場合、式(4.12)からすぐにわかるように、$n = 0$以外のエネルギー$\varepsilon_0^{(\pm)}(+n)$と$\varepsilon_0^{(\pm)}(-n)$は縮退しているため、独立な入射波と反射・透過波の数、すなわちチャネル数はつねに奇数である。したがって、$\det(-r) = -\det(r)$、すなわち$\det(r) = 0$となる。

定義により、$r_{\bar{\beta}\alpha}$は波動関数$\psi_\alpha(\boldsymbol{r})$を持つ入射波$\alpha$に対して波動関数$\psi_{\bar{\beta}}(\boldsymbol{r})$を持つ反射波$\bar{\beta}$の振幅を表す。したがって、反射係数の行列式が0になることは

$$\sum_{\alpha=1}^{n} r_{\bar{\beta}\alpha} a_\alpha = 0 \tag{4.18}$$

が係数がすべて0となる自明解以外の解を持つことを意味する。このとき、波動関数$\sum_\alpha a_\alpha \psi_\alpha(\boldsymbol{r})$を持つ入射波に対して反射波が存在しない。したがって、この入射波は散乱されることなしにCNTを確率1で透過する。すなわち、完全透過のチャネルが存在することになるのである。

図4.11はいろいろなエネルギーでのコンダクタンスの長さ依存性の計算結果の例である。エネルギーが$1 < \varepsilon L/2\pi\gamma < 2$の範囲内では3個、$2 < \varepsilon L/2\pi\gamma < 3$では5個のチャネルが存在する。コンダクタンスは

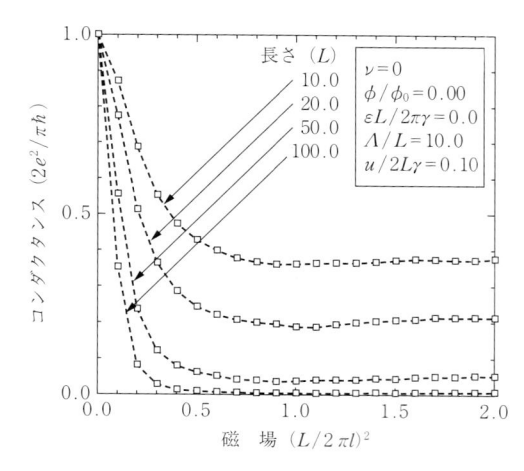

図4.10 有限長CNTのコンダクタンスの例。ゼロ磁場ではコンダクタンスが理想的コンダクタンスである$2e^2/\pi h$に量子化され、磁場中では後方散乱が生じ、コンダクタンスがほぼ長さに反比例して減少する。ここで、Λは平均自由行程、uはおのおのの散乱体の強さを表すパラメーターである。文献1)による。

4.2 グラフェン，CNT の電気伝導特性

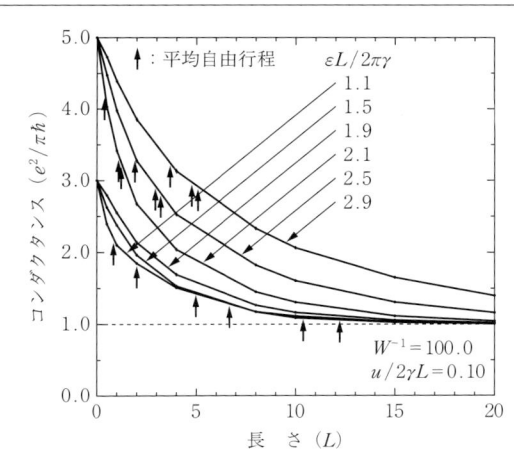

図 4.11 得られたコンダクタンスの長さ依存性。矢印はボルツマン輸送方程式を解いて得られる各バンドの平均自由行程である。下の三つの線はチャネル数が3の場合，上の三つは5の場合である。文献3) による。

CNT の短い極限ではチャネル数で与えられるが，十分長くなるとチャネル数1の場合に近づく。この変化を決める長さのスケールは矢印で示された平均自由行程の程度である。

図 4.12 にボルツマン輸送方程式を解いて得られた伝導度を示す。準1次元系では，輸送方程式は各バンドの平均自由行程に対する連立方程式に書き直すことができ[4),5)]，伝導度はその和で表される。後方散乱が存在しないことに対応し，$-1 < \varepsilon L/2\pi\gamma < +1$ の範囲内では伝導率が無限大に発散する。それ以外のバンドが複数存在するエネルギーでは，散乱により伝導率が有限になる。

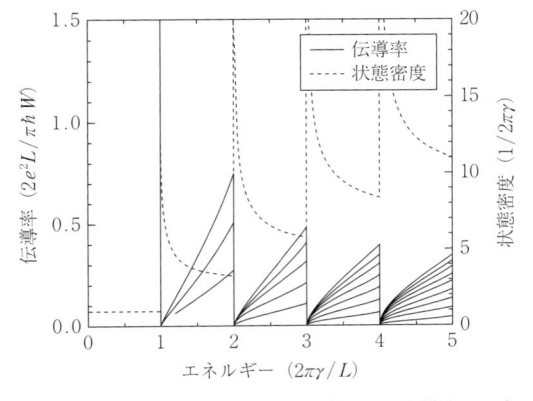

図 4.12 ボルツマン輸送方程式から得られる伝導度のエネルギー依存性。後方散乱が存在しないことに対応し，$-1 < \varepsilon L/2\pi\gamma < +1$ の範囲内では伝導率が無限大に発散する。それ以外のバンドが複数存在するエネルギーでは，散乱により伝導率が有限になる。破線は状態密度，また細い実線は伝導度に対する各バンドの寄与を示す[3)]。

この結果はすべてのエネルギーで完全透過のチャネルが存在するとの結論と大きく異なる。完全透過チャネルがあれば伝導度は無限大になるからである。この違いは位相コヒーレンスの違いによる。ボルツマン方程式では，電子の散乱を独立に扱うために，電子の位相情報が散乱により完全に失われてしまう。一方，完全透過のチャネルが存在するためには系全体が一つの波動関数で記述される必要がある。

4.2.3 特殊時間反転対称性とその破れ

不純物ポテンシャルが不規則に分布した系で，位相コヒーレンスが保たれていると，ボルツマン輸送方程式を解いて得られた伝導度に量子補正が付け加わる。その補正はモデルの詳細によらずハミルトニアンの対称性によって普遍的に決まる。以下で述べるように満たす対称性に応じて，直交，シンプレクティック，ユニタリーと呼ばれる普遍性クラスに分類され，量子補正もそれぞれに異なる。グラフェンの電子を記述するワイル方程式 (4.5) は時間反転 S に対して不変である[6)]。

$$F^S = KF^* \tag{4.19}$$

ここで，F^* は波動関数 F の複素共役，K は反対称ユニタリー行列 $K = -i\sigma_y$ であり，$K^2 = -1$ を満足する。対応する演算子 P の時間反転は $P^S = K^t P K^{-1}$ で与えられる。ここで $^t P$ は P の転置，すなわち $^t P = (P^*)^\dagger$ を表す。この時間反転はスピン軌道相互作用のある場合の時間反転に対応しており，2回繰り返しても波動関数は元に戻らず符号が変化する。すなわち，$F^{S^2} \equiv (F^S)^S = -F$ である。この時間反転対称性を持つ系はシンプレクティックと呼ばれる普遍性クラスに属する[7)]。なお，この時間反転 S はグラフェン系の真の時間反転ではなく，K 点あるいは K′ 点の中のみで定義される対称操作であるため，特殊時間反転と呼ぶ。

この特殊時間反転 (S) 対称性は，不純物のような散乱体があっても，そのポテンシャル到達距離が格子定数 a より小さくならない限り保存される。実際，そのような散乱体の有効ポテンシャルは単位格子のA原子とB原子の位置では等しく，K 点と K′ 点の間の谷間散乱を引き起こすことはない。すなわち，同じポテンシャルが対角成分だけに現れるハミルトニアンで表される。この場合には，伝導度に対する量子補正は反局在効果を示し，低温で対数的に正の無限大に発散する[8)]。

真の時間反転操作 T では K 点と K′ 点のブロッホ関数も複素共役に変わり，その結果，K 点が K′ 点へ，K′ 点が K 点へと変化する。この時間反転を2回繰り返すと波動関数は元に戻る。この対称性を持つ系は直

交普遍クラスに属する。この時間反転（T）対称性は，K点とK′点の間の結合がなく，それぞれの点付近を独立と思って取り扱うことができる場合には，考える必要がなく，特殊時間反転対称性Sだけが重要になる。K点とK′点の間の散乱を引き起こすような短距離ポテンシャルを持つ散乱体があるとS対称性は破れ，T対称性が顔を出す[8), 9)]。そのときは直交普遍クラスに対応して伝導度の量子補正が負となり，弱局在性を示す。短距離散乱体によるこのシンプレックティックと直交普遍クラスの間のクロスオーバーがすでに議論されている[8)]。

グラフェンの等エネルギー線は結晶の3回対称性を反映して弱い非等方性を示すが，この効果は$k \cdot p$の高次項$\mathcal{H}_1$として取り入れることができる[10)]。この$\mathcal{H}_1$は特殊時間反転操作で$\mathcal{H}_1^S = -\mathcal{H}_1$のように変化するために，S対称性が破れる[11)]。その結果，系はユニタリー普遍クラスへと変化する。さらに，結晶のひずみがあると有効的にベクトルポテンシャルが現れるために，やはりS対称性が破れることになる[12)]。

グラフェンを円筒状にしたCNTのアハラノフ・ボーム効果にこの対称性の変化が特徴的に現れる。磁束が入ると時間反転対称性が破れ，系はユニタリー普遍クラスへと変化するが，磁束量子の整数倍と半整数倍では時間反転が破れないために，元の普遍クラスへと戻る。この対称性の変化による$\phi_0/2$振動は伝導度の量子補正に現れ，円筒表面の薄膜系でその出現がB. L. Al'tshulerらにより理論的に予言され[13)]，その後，実験で観測された[14)]。CNTでは，磁束が磁束量子の整数倍のときは磁束がまったくない場合と同じであるが，磁束量子の半整数倍のとき，対称性は同じでも伝導に寄与できるバンドの数であるチャネル数が異なる。すなわち，磁束の存在しない場合，金属CNTのチャネル数はK点とK′点それぞれ奇数となり，その結果，前述のように後方散乱の禁止された完全透過のチャネルが出現する。一方，磁束量子の半整数倍の場合，チャネル数は偶数となり，その結果，完全透過のチャネルは消滅してしまう。

4.2.4 曲率と格子ひずみの効果

細いCNTでは曲率の効果を考えなければならない。曲率のためσバンドがπバンドに混ざる。その効果は，有効質量方程式（4.5）の$\hat{k}_x$と$\hat{k}_y$の原点のずれとして表れる[15), 16)]。ここで，円周方向（$\hat{k}_x$方向）のずれが，電子状態に重要な影響を及ぼす。その効果は，半径の逆数に比例した有効磁束ϕ_sとして表され，K点での円周方向の波数の式（4.11）は仮想磁束$\phi_e = -(\nu/3) + \phi_s$を使って

$$\kappa_\nu(n,\phi) = \frac{2\pi}{L}\left(n + \frac{\phi + \phi_e}{\phi_0}\right) \quad (4.20)$$

へと変化する。一方，K′点では逆向きの仮想磁束$-\phi_e$で表される。この曲率の効果はジグザグ型CNTで最大であり，アームチェア型のみない。

図4.13に示すように，曲率効果はCNTの電子状態に影響する。ここで，破線（$p=0$）は曲率効果を考えないときの結果を示し，金属CNT（$\nu=0$）ではバンドギャップはない。半導体CNTでは曲率のため，片方のK点（例えば破線$\nu=1$）ではエネルギーギャップが狭まり，もう片方（一点鎖線$\nu=-1$）では広がる。一方，実線で示した金属CNT（$\nu=0$）にもアームチェア型を除いて，小さなエネルギーギャップが開く。この効果は細いCNTほど大きい。

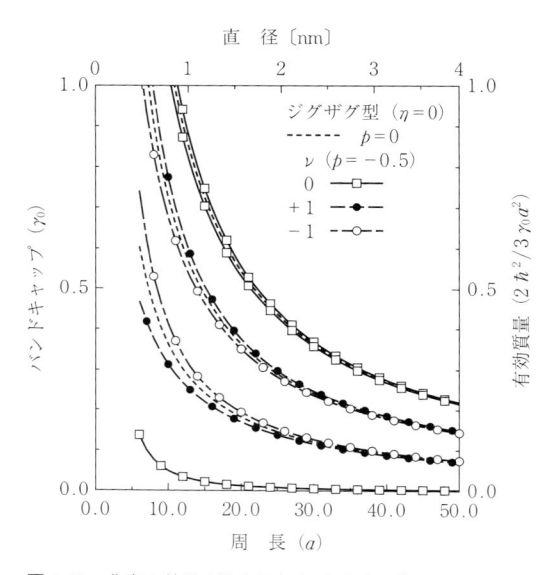

図4.13 曲率の効果を取り入れたジグザグ型CNTのバンドギャップ。曲率のパラメーター$p=-0.5$（有効磁束とCNTの半径の逆数との比例係数）のときを示し，破線は曲率の効果がない場合に対応する。

格子ひずみの効果も$\hat{k}_x$と$\hat{k}_y$のずれとして表れる[12), 16)～19)]。例えば，CNTにかかる静水圧やCNTを軸方向に引っ張る張力など，円筒形の対称性を壊さない格子ひずみは，曲率効果と同様に仮想磁束ϕ_eで表される[12), 20)]。この仮想磁束は同様にK点とK′点で逆向きである。

これらの仮想磁束ϕ_eがあると**図4.14**（a）に示すように，$4\pi\gamma\phi_e/\phi_0 L$のエネルギーギャップがK点，K′点両方に開く。ここにCNTの軸方向に磁場をかけた場合を考えよう。この磁束と有効磁場は図（b），（c）に示すように，例えばK′点でキャンセルしたと

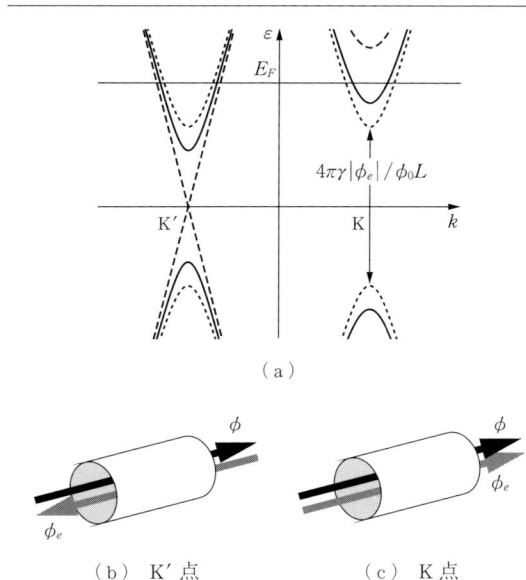

図 4.14 (a) フェルミエネルギー付近のエネルギーバンド。磁場がないとき破線で示すように仮想磁束 $\phi_e > 0$ に対応したエネルギーギャップが開いている。ここに磁場 ϕ をかけると K 点ではギャップが大きくなり，K′ 点では小さくなる。$\phi = \phi_e$ のとき破線で示すように，K′ 点では線形の分散関係が回復しギャップが閉じる。図 (b) と (c) それぞれ K′, K 点における仮想磁束 (灰色矢印) と磁場 (黒矢印) の関係。仮想磁束は K 点と K′ 点で逆向きである。

すると，K 点では強め合うことになる。その結果図 (a) に示したように，K 点ではバンドギャップが狭くなるのに対し，K′ 点では広がる。

さらに磁場を増やすと，K 点ではギャップが 0 になり，線形の分散関係が回復する。このとき，有効磁場と実際の磁場がちょうどキャンセルしている。線形の分散関係は，これまで見てきたようにたいへん特殊な物性の原因となる。さらに磁場をかけると両方のギャップは開いていく。このバンドギャップの変化は，図 4.8 に示した周期 ϕ_0 のアハラノフ-ボーム効果とまったく同じ現象である。ところがこれを 1 周期 ϕ_0 観測するには，SWCNT の細さのため数千 T が必要であり，実験室の磁場で劇的な変化を観測するのは難しい。それに対し，磁場のキャンセルは仮想磁束が小さいために，100 T 程度で可能であり，物性の大きな変化の観測が十分期待できる。

例えば，電気伝導について，線形の分散があるとき，到達距離が格子定数程度あるいはそれ以上の長距離ポテンシャルは不純物散乱に寄与せず，K 点と K′ 点間の谷間散乱を引き起こす短距離型ポテンシャルのみが散乱を引き起こすことを見てきた。一方，ギャップがあるときには，長距離ポテンシャルも電子散乱を引き起こす。ここからちょうど磁場がキャンセルしたときに電気伝導度はピークを示し，その前後では長距離ポテンシャルによる散乱のため伝導度が下がることが期待される[21]。このピークの測定から合計で有効磁場が実際どれぐらい CNT にかかっていたのかがわかる。

4.2.5 格子振動と電子格子相互作用

これまでの議論は不純物散乱が重要な十分低温の話である。高温になると格子振動による電子の散乱が重要になる。CNT の格子振動はそれ自体興味ある問題である。電子の散乱に寄与するのは長波長の音響フォノンであり，通常それは連続体模型で議論できる。

〔1〕**音響フォノン**

図 4.15 に長波長の音響フォノンを模式的に示す。横波に対応するねじれ，縦波に対応する伸び縮みがある。図に示すように，CNT 特有の振動として円筒の太さの変化に対応するブリージングがあり，その振動数 ω_B は CNT の半径に反比例し，伸び縮みのモードと結合する。

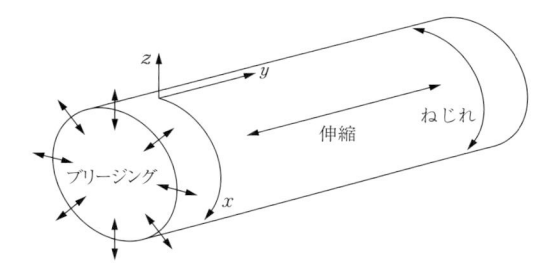

図 4.15 CNT の長波長の格子振動の模式図。横波に対応するねじれ，縦波に対応する伸び縮みがある。円筒の太さの変化に対応するブリージングは伸び縮みのモードと結合する。

フォノンのモードは円周方向の波数ベクトル $\kappa(n) = 2\pi n/L$ と軸方向の q により指定される。図 4.16 に $n = 0, \pm 1, \pm 2$ に対応する断面の変形を示す。

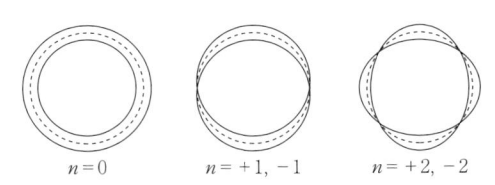

図 4.16 $n = 0, \pm 1, \pm 2$ に対応する CNT 断面の変形

図 4.17 に連続体模型で計算したフォノンの分散関係を示す。ねじれのモードは線形であり，伸び縮みのモードに比べて速度 (分散関係の傾き) は遅い。伸び

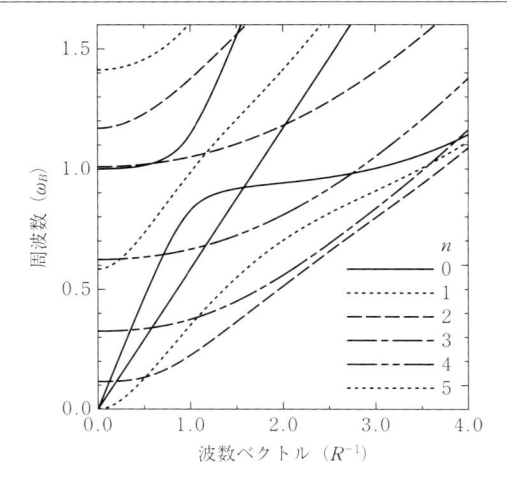

図 4.17 軸方向の波数ベクトル q とフォノン周波数 ω の関係。ω_B はブリージングモードの周波数，R は CNT の半径である。

縮みのモードはブリージングモードと結合し，モード反発を示している。そのうち一方は長波長（$q=0$）の極限でブリージングモードの周波数 ω_B を持つ。この周波数は例えば半径 $R=0.68$ nm のアームチェア型 CNT に対し，$\hbar\omega_B = 2\times 10^{-2}$ eV もしくは，240 K と見積もられる。

一方，$n=\pm 1$ のモードで長波長極限で周波数が 0 になるものがある。このモードは，CNT の曲がり運動（むち打ち）に対応しており，$\omega \propto q^2$ の分散を示す。図 4.16 に示すように，$n=\pm 1$ の変形は $q=0$ のとき CNT の軸と垂直方向への一様な移動に対応しているので，当然周波数は 0 である。一方 $n \geq 2$ のモードは $q=0$ の極限で周波数 0 にならない。これらに対応する変形にはエネルギーが必要であることを意味しており，そのようなエネルギーの加わらない普通の状況では CNT が円筒状の形状を保つことを表している。

長波長音響フォノンは局所的な体積膨張で決まる変形ポテンシャルを電子に及ぼす[22]。変形ポテンシャルは通常の不純物の場合と同様に金属 CNT では後方散乱を引き起こすことができず，通常は電気抵抗を与えない。ただし，フォノンは最近接原子間の距離も変化させる。それによる局所的バンドギャップの変化は電子に対して弱いポテンシャルを与える。これは変形ポテンシャルに比べれば 1 桁以上小さく，通常は無視できる相互作用である。具体的な計算によると，ひじ掛け椅子型 CNT の場合にはねじれのモードだけが，一方ジグザグ型の CNT の場合には伸び縮みとブリージングのモードが散乱に寄与する。ただし，ブリージングモードの振動数 ω_B に比べて十分高い温度では，抵抗は CNT の構造によらない結果となる。室温でも，典型的な金属 CNT の平均自由行程は 1 μm を超え，金属 CNT はほとんど散乱のない導体とみなすことができる。

〔2〕 光学フォノン

CNT の光学フォノンは電子の場合と同様に周方向の波数が不連続に $\kappa(j) = 2\pi j/L$（j は整数）と量子化され，軸方向の波数 q は連続となる。長波長フォノンは $j=0$，$qL \ll 1$ に対応し，その波数は軸方向，縦波（LO）は振幅が軸方向，横波（TO）は円周方向である。また，その振動数は波数依存性が小さく，グラフェンの光学フォノンの振動数 ω_0（$\hbar\omega_0 \sim 0.196$ eV）に近い。連続体近似では，格子変位を $\boldsymbol{u}(\boldsymbol{r})$ とすると，例えば K 点付近の電子との相互作用のハミルトニアンは次式で表される。

$$\mathcal{H}_{\mathrm{int}} = -\frac{\sqrt{2}\,\beta\gamma}{b^2}\boldsymbol{\sigma}\times\boldsymbol{u}(\boldsymbol{r}) \tag{4.21}$$

ここで，$b = a/\sqrt{3}$ は最近接炭素原子間のボンド長（$a=0.246$ nm），γ_0 を最近接原子間のホッピング積分とすると，$\beta = -d\ln\gamma_0/d\ln b$ であり，バンドパラメータと $\gamma = (\sqrt{3}\,a/2)\gamma_0$ の関係がある。K′ 点付近の電子の場合には $\boldsymbol{\sigma}$ を $-\boldsymbol{\sigma}^*$ で置き換えればよい。

これは非常に弱い相互作用であるが，特殊時間反転対称性を破るために，電子の後方散乱を引き起こす。また，CNT の光学フォノンの振動数変化と寿命に対応する振動数の幅を与える。図 4.18 に振動数変化と周長 a の関係を示す。

金属 CNT の LO フォノンだけが幅を持つが，それ

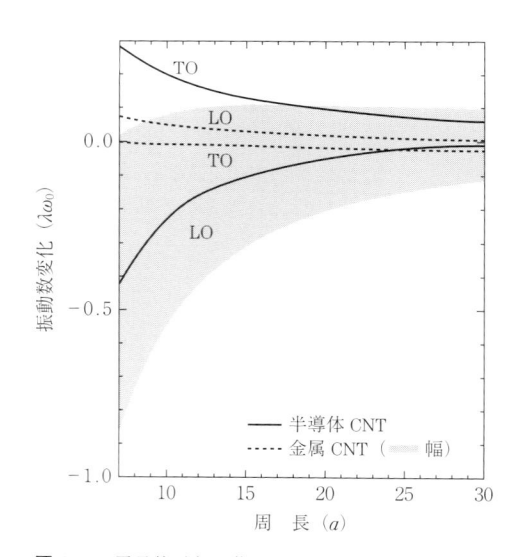

図 4.18 電子格子相互作用による CNT の長波長光学フォノンの振動数変化の周長あるいは直径依存性。金属 CNT の縦波はバンド間電子遷移に伴い幅を持つ（灰色の部分）。

を灰色の領域で示す．金属CNTではLOフォノンの振動数が減少し，TOフォノンの振動数が増加する．半導体CNTでは逆にLOフォノンの振動数が増加し，TOフォノンの振動数が減少するが，その効果は小さい．ここで，λは無次元の結合定数であり，ほぼ$\lambda \approx 0.08(\beta/2)^2$で与えられる．

〔3〕域境界フォノン

電子デバイスとして応用する場合には，強い電場のもとでの電子速度が重要となる．その場合ブリユアン域境界フォノン（K点あるいはK'点付近のフォノン）も電子の散乱に寄与する．K点とK'点の格子振動の中でKekulé変位に対応した振動数の高いω_Kのモードのみが，K-K'間の電子散乱に寄与し，ほかのフォノンはほとんど電子と相互作用しない[22]．その相互作用のハミルトニアンは

$$\mathcal{H}_{int} = 2\frac{\beta_K \gamma}{b^2}\begin{pmatrix} 0 & \omega^{-1}\Delta_{K'}(r)\sigma_y \\ \omega\Delta_K(r)\sigma_y & 0 \end{pmatrix}$$

$$\omega = e^{2\pi i/3} \quad (4.22)$$

$$\Delta_K(r) = \sum_q \sqrt{\frac{\hbar}{2NM\omega_K}}(b_{Kq} + b^\dagger_{K'-q})e^{iq\cdot r} \quad (4.23)$$

$$\Delta_{K'}(r) = \sum_q \sqrt{\frac{\hbar}{2NM\omega_K}}(b_{K'q} + b^\dagger_{K-q})e^{iq\cdot r} \quad (4.24)$$

と表される．結合強度を与えるβ_Kは最近接強束縛模型の範囲内ではβに等しいが，実際のグラフェンでは多少異なる可能性がある．これは以前に考察した一様なKekulé格子ひずみに対するハミルトニアン[23]を一般化したものである．

このハミルトニアンを用いれば電子の散乱を議論するのは容易である．実際，長波長光学フォノンω_0はLOとTOの寄与を加えると等方的な電子散乱を引き起こすが，K点およびK'点のフォノンはおもに電子のK点とK'点間の後方散乱を引き起こすことがわかる．したがって，電界で加速された電子のエネルギー損失と減速に寄与するのはK点およびK'点のフォノンが大きく寄与することが期待される．

これはCNTの場合にも当てはまる．長波長光学フォノンω_ΓはLOとTOの寄与を加えると前方と後方散乱強度が等しいが，K点およびK'点のフォノンはおもに電子のK点とK'点間の後方散乱を引き起こす．その散乱強度は無次元の結合定数$\lambda \propto \beta_2/\omega_0$と$\lambda_K \propto \beta_K^2/\omega_K$に比例する．一方，フォノンのエネルギーは$\hbar\omega_\Gamma = 196$ meV，$\hbar\omega_K = 161$ meVであり，結合定数はK点のフォノンのほうが大きい．また，K点のフォノンのエネルギーが低いことから，電界で加速された電子のエネルギー損失にはK点およびK'点のフォノンが大きく寄与する．

4.2.6 トポロジカル欠陥

ここまで，金属的CNTに長距離型のポテンシャルがあっても，伝導電子が後方に散乱されないという，特異な性質を示してきた．一方，その他の散乱原因があると電子は一般に後方散乱を受け電気抵抗が生じる．ここでは，その例として格子空孔，CNT接合，Stone-Wales欠陥について紹介する．

〔1〕格子空孔

到達距離が格子間隔より小さい短距離のポテンシャルがあると金属CNTでも後方散乱が誘起される．短距離型ポテンシャルは，波数空間で離れたK点とK'点の間の谷間散乱による後方散乱を引き起こす．さらに，A，B副格子での局所ポテンシャルが異なり，それは擬スピンの言葉では擬スピンに依存する散乱体を与え，擬スピンの反転である後方散乱を引き起こす．このような短距離散乱体の極端な例が図4.19のような炭素が抜けた格子空孔である．このような格子欠陥が1箇所だけにあるCNTで，A，B副格子の欠陥の数をN_AとN_Bとすると，差$\Delta N_{AB} = N_A - N_B$により，$\Delta N_{AB} = 0$の場合$2e^2/\pi\hbar$，$|\Delta N_{AB}| = 1$の場合$e^2/\pi\hbar$，$|\Delta N_{AB}| \geq 2$の場合0のように$\varepsilon = 0$のコンダクタンスがほぼ量子化される[24]〜[26]．図（a），（b），（c）にそれぞれ$\Delta N_{AB} = 1$，0，2の最も簡単な例を示す．

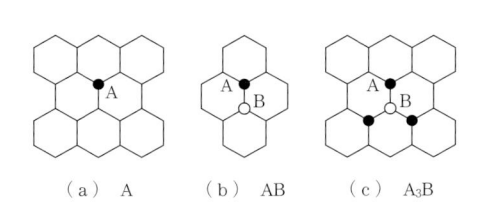

(a) A　　　(b) AB　　　(c) A_3B

図4.19 格子空孔の模式図．黒丸，白丸で示した位置が格子空孔になっており，それぞれ(a) 1，(b) 2，(c) 4個の炭素原子が抜けている．

図4.20に図4.19(b)の格子空孔が一組みあるCNTのコンダクタンスを示す．$\varepsilon = 0$付近ではコンダクタンスは，ほぼ$2e^2/\pi\hbar$に量子化されており，つぎのサブバンド端$2\pi\gamma/L$近くで，コンダクタンスが$e^2/\pi\hbar$まで落ち込む谷が現れる．これらの，量子化したコンダクタンスは，炭素が抜けたことによってできた局在レベルとの干渉として理解できる．$|\Delta N_{AB}| = 1$の場合，局在準位は$\varepsilon = 0$にできてコンダクタンスは，$e^2/\pi\hbar$まで共鳴的に落ち込む．

$\Delta N_{AB} = 0$の場合は，二つの局在準位がそれぞれ上下のサブバンド端付近に移動し，対応するコンダクタ

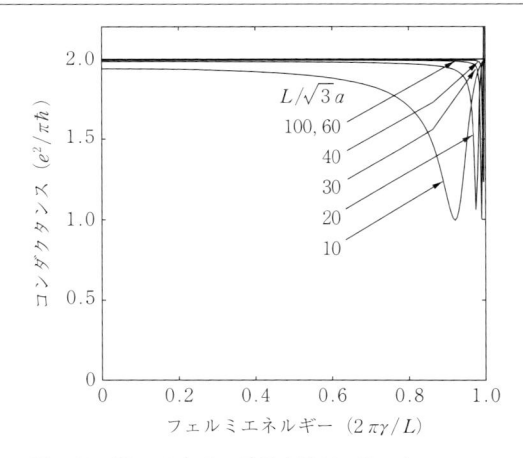

図 4.20 図 4.19（b）の格子空孔が一組みある CNT のコンダクタンス。横軸はつぎのサブバンド端のエネルギー $2\pi\gamma/L$ でスケールされている。文献 25) による。

ンスの谷となる。実際炭素を窒素，ボロンで置換した計算でも，それぞれドナー準位，アクセプター準位が報告されている[27]。ここに CNT の軸に垂直な磁場をかけたときの散乱も調べられており，空孔での磁場の面垂直成分だけで決まるなど，興味深い結果が示されている[28]。

〔2〕 CNT 接合

グラファイトの表面に 5 員環や 7 員環などのトポロジカル欠陥を導入することによってさまざまな曲率の曲面が得られる[29]。グラファイトの 6 員環ネットワークの中に 5 員環を導入すると正の曲率を持った曲面となる。例えば 12 個の 5 員環を導入すると C_{60} のような完全に閉じた曲面となる。反対に 7 員環は負の曲率を構成する。このことを利用すると直径の異なる CNT を接合することができる。例えば，**図 4.21** に示すように一組みの 5 員環 R_5 と 7 員環 R_7 の対を組み合わせることにより，異なる直径の CNT の接合ができる。このような接合は実際に実験的に観測されている。この接合系の特徴は，接合部分を有効質量近似の範囲内で包絡関数（ニュートリノの波動関数）に対する境界条件の形で表すことにより明らかになった[30]。**図 4.22** に示すように，接合部分では展開図上で点 R の周りで $\pi/3$ 回転すると元に戻る。これは，1 周すると包絡関数が K 点から K′ 点へ，あるいは K′ 点から K 点へと変化すると同時に A, B 副格子（擬スピン）の役割も交換することを意味する。

このような境界条件のもとでの波動関数はエネルギーゼロで $z=x+iy$，あるいは $\bar{z}=x-iy$ のべき関数となる。長い接合部ではそのうち最低次の 1 乗の成分が重要なので，電子の波動関数の振幅は 5 員環から 7

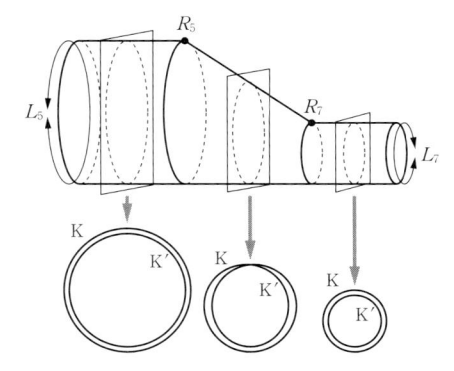

図 4.21 CNT 接合系の構造。CNT 領域では K 点と K′ 点は独立に一般化周期境界条件を満足する。5 員環と 7 員環に挟まれた領域では 1 周すると，点 K から点 K′ へ，あるいは点 K′ から点 K へと変化する。文献 30) による。

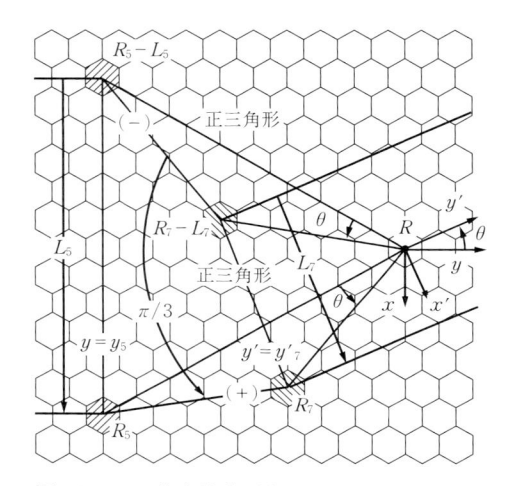

図 4.22 CNT 接合付近の展開図。5 員環と 7 員環で挟まれた部分が接合領域であり，CNT 領域とはまったく異なる境界条件に従う。文献 30) による。

員環方向に線形に減少する。コンダクタンスは電子の透過確率に比例するが，最も粗い近似では確率密度を円周方向に積分したものである。円周の長さは接合部の長さに比例するため，コンダクタンスは接合部の長さの 3 乗に反比例して減少することになる。具体的な計算の結果，コンダクタンスは非常に良い近似で $G=(2e^2/\pi\hbar)4L_5^3L_7^3/(L_5^3+L_7^3)^2$ で与えられることが示せる。ここで，L_5 は 5 員環側の太い CNT の周長，L_7 は 7 員環側の細い CNT の周長である。これは，十分長い接合 ($L_7/L_5 \ll 1$) で，$G \propto (L_7/L_5)^3 \sim [L_7/(L_5-L_7)]^3$ すなわち，接合長 $\propto (L_5-L_7)$ の 3 乗に反比例して減少する。

接合系のコンダクタンスの磁場効果も調べられており，太さの異なる CNT の軸が同じまっすぐな接合の

場合には，中心と5員環を結ぶ線に沿った磁場成分だけでコンダクタンスが決まることが強束縛模型で示された[31]．ただし，コンダクタンスは垂直磁場に対して複雑な変化をするため，その原因は理解できなかった．そこで，有効質量近似と境界条件により磁場効果を考察した[32]．その結果，接合系のコンダクタンスはまったく磁場により変化しないとの結論を得た．したがって，強束縛模型で得られた磁場効果は，トポロジカル欠陥が包絡関数に対する境界条件で記述できない高次の効果に起因することが明らかになった．例えば，5員環あるいは7員環付近に局在した弱い短距離ポテンシャルがあると仮定することにより，強束縛模型の磁場効果がほぼ説明できる．

〔3〕 **Stone-Wales 欠陥**

トポロジカル欠陥のもう一つの例がStone-Wales欠陥であり，図4.23に示すように五角形と七角形が2個ずつ固まった構造を持つ．A, B副格子点の炭素を取り除き，90°回転して付け加えることにより得られる．付け加えた炭素原子の効果は有効質量近似では非局所的な有効ポテンシャルで記述され，取り除いた原子の効果は強い斥力ポテンシャルを導入することに対応する[32]．有効質量近似では，格子点はそのままにして，形式的なボンドの組換えのみで欠陥を表すことも可能である．

有効質量近似で短距離ポテンシャルの効果を取り扱うためには，波数あるいはエネルギーを適当に切断する必要がある．通常の場合には，切断波数はグラフェンの第一ブリユアン域の大きさ，エネルギーはそれに対応し，πバンドの幅に対応し，したがって，結果の切断依存性はCNTの太さ依存性を与える．一方，ボンドの組換えを有効非局所ポテンシャルで表すと，状況により大きく変化する場合がある．例えば，炭素原子が1個抜けた格子空孔を記述するには，空孔の位置に強い斥力ポテンシャルを導入する方法と，空孔と最近接原子を結ぶボンドを消去するような有効非局所ポテンシャルを導入する方法がある．前者の場合，結果は切断波数にほとんど依存しないが，後者の場合には結果がその絶対値に大きく依存する．ただし，Stone-Wales欠陥の場合には，その依存性はそれほど大きくなく，あまり問題にはならないようである．

図4.24にStone-Wales欠陥を持つ金属CNTのコンダクタンスの計算結果の例を示す．結果は欠陥の模型にほとんどよらず，また，強束縛模型の計算結果とよく一致していることがわかる．

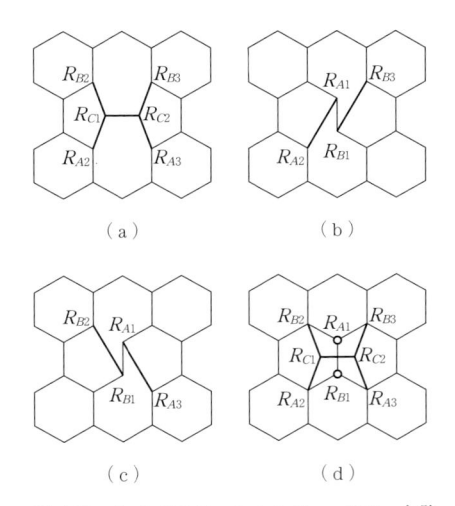

図4.23 （a）グラフェン上のStone-Wales欠陥．A-Bボンドを90°回転すると5員環2個と7員環2個から成るStone-Wales欠陥ができる．（b）と（c）は$k\cdot p$法での非局所ポテンシャルによる欠陥の表し方．この場合には系の対称性が一部破られる．（d）のようにすると対称性を満足して非局所ポテンシャルで表される．文献32)による．

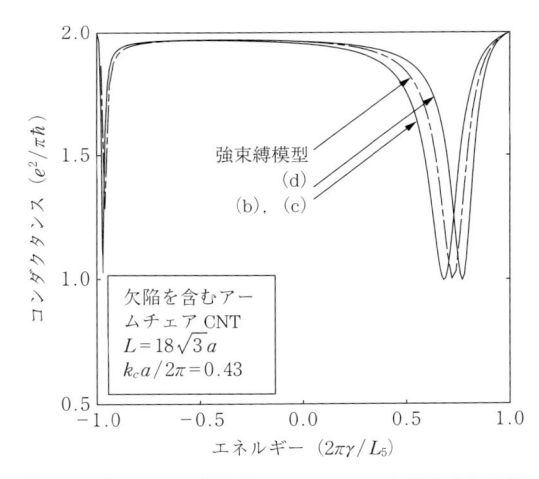

図4.24 各モデルに対応するStone-Wales欠陥を含むひじ掛け椅子型CNTのコンダクタンスの計算結果．一点鎖線は強束縛模型による計算結果である．文献32)による．

高エネルギーと低エネルギーに鋭い共鳴によるコンダクタンスの谷が現れるが，これはA, B原子対を抜いた格子空孔，図4.19（b）の場合にほぼ対応する．非対称なエネルギー依存性は局所的なボンドの組合せによりA, B副格子が混じったためであり，Stone-Wales欠陥はAB格子空孔に近いことを示している．

4.2.7 MWCNT

これまで，内層と外層の格子が整合した場合の計算が多く報告され，層間相互作用が大きいことが示唆されている．しかし，現実のMWCNTでは，層間の構

造は整合していないために，このような計算はほとんど現実的な MWCNT に対する情報を与えることはできない。格子不整合な 2 層あるいは 3 層 CNT の層間の結合強度に対する理論的計算も行われ始めた[33)~38)]。それらは層間の結合が非常に小さいことを示している。その理由は各格子点における結合が格子不整合に伴う準周期的な振動により相殺してしまうためである[39)~42)]。

層間結合の強さを見るために，**図 4.25** のような DWCNT の四端子構造を考え，それぞれ無限に長い CNT の長さ A の斜線の結合領域に層間結合を導入し，層間のコンダクタンス 1 → 4 を考察しよう。外側の周長を L_1 の CNT の格子点 R_1 とし，内側の周長 L_2 の CNT の点を R_2 とする。外側の周長を L_1，内側の周長を L_2 とする。その p 軌道間のホッピング積分にはよく知られた模型を用いることができる。

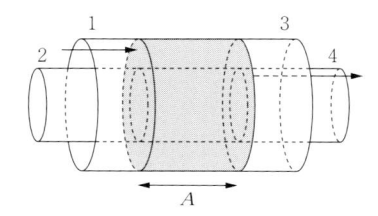

図 4.25 DWCNT の四端子構造。それぞれ無限に長い CNT の長さ A の結合領域に層間結合を導入し，層間のコンダクタンス 1 → 4 を計算する。

図 4.26 に層間コンダクタンスの長さ依存性の例を示す。外側は (4, 16) CNT，内側が上図では (4, 7)，下図では (7, 4) である。結合領域の長さが増加するとコンダクタンスは不規則に振動し，その典型的な値は $10^{-4} \times (e^2/\pi\hbar)$ 程度と非常に小さい。さらに，適当な長さでのコンダクタンスの平均と揺らぎは長さによらず一定になる。

この不規則な振動は K 点と K′ 点の波動関数の空間変化がほぼ $\exp(i\boldsymbol{K}\cdot\boldsymbol{R})$, $\exp(i\boldsymbol{K}'\cdot\boldsymbol{R})$ で与えられるために，格子点 R の変化とともに，1, ω, ω^{-1}（ω は 1 の複素 3 乗根）のように激しく変化し，また，外側と内側の格子が整合していないために，格子点を移動すると結合の位相が準周期的に変化するためである。

層間コンダクタンスが不連続な振動をするのは，結合領域の端で結合を不連続に切断するためである。すなわち，DWCNT に端が存在するからと考えられる。実際，端で結合が緩やかに消滅するような場合には，層間相互作用が完全に相殺して，層間コンダクタンスがさらに減少することが期待される。そこで，結合領域の端付近での層間結合の行列要素が幅 Δ の領域で 0

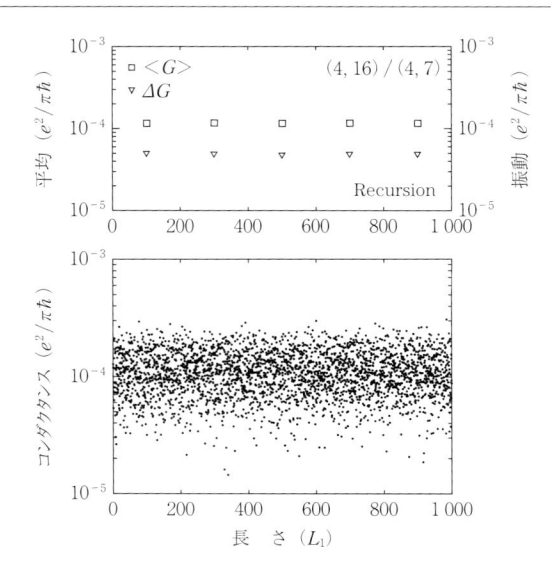

図 4.26 金属的な DWCNT の層間コンダクタンスの長さ依存性。外側は (4, 16) CNT，内側は (4, 7) である。結合領域の長さが増加するとコンダクタンスは不規則に振動し，その平均と揺らぎは長さによらず一定になる。

から連続的にゆっくりと増加するようにする。そのような計算結果を**図 4.27** に示す。結合が変化する端領域の幅 Δ の増大とともに，コンダクタンスは急激に減少し，幅が格子定数と同程度になると層間コンダクタンスはほとんど消滅する。

このように，格子が整合しない通常の DWCNT では，各格子点における結合の位相が格子不整合のため，格子点の関数として準周期的に振動し相殺してし

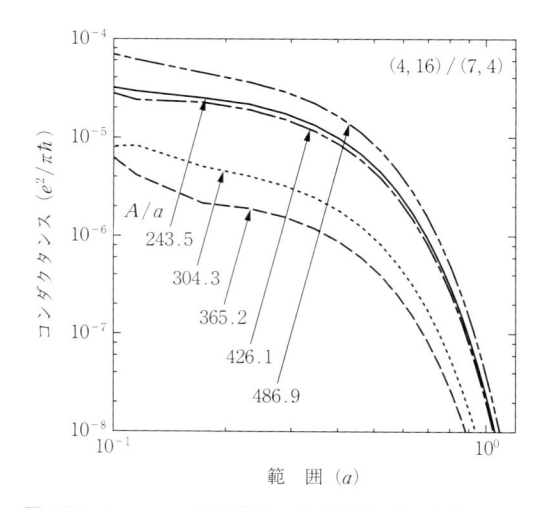

図 4.27 DWCNT の結合領域の相互作用の強さを緩やかに変化させた場合の層間コンダクタンス。結合が変化する端領域の幅の増大とともに，コンダクタンスは急激に減少し，幅が格子定数と同程度になると層間コンダクタンスはほとんど消滅する。

(a) コンダクタンスの層間結合領域の長さ依存性

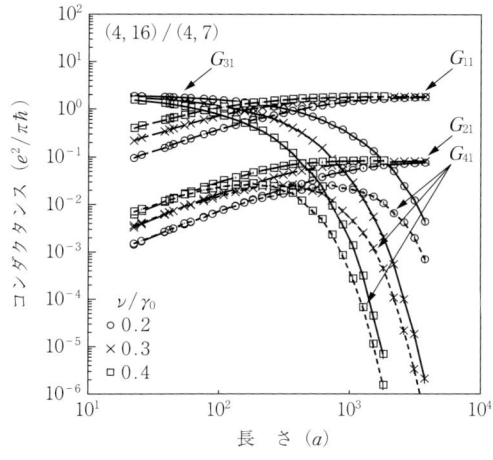

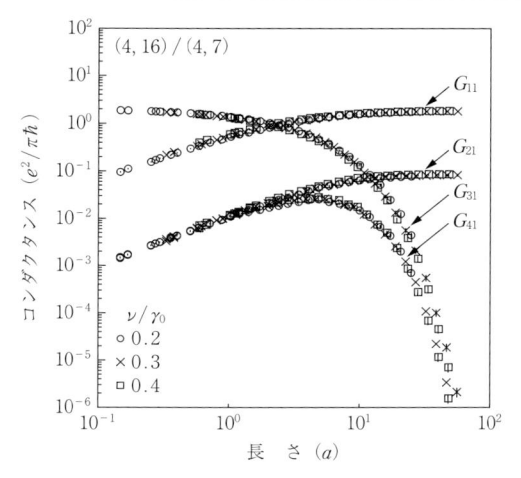

(b) 長さを平均自由行程で規格化した結果

図 4.28 各サイトにランダムなポテンシャル揺らぎ v を導入したときの DWCNT $(4,16)/(4,7)$ のコンダクタンス。文献 42) による。

まうために，層間結合はほとんど無視できるほどに小さくなる。また，有限長の CNT では，端の切れ方により層間結合が大きく変化するため，層間コンダクタンスを理論的に予言することは原理的に不可能であるといっても過言ではない。ただし，現実の CNT には不純物や格子欠陥などの不規則性があり，その付近では層間結合が完全には相殺されず，層間コンダクタンスが誘起される。

図 4.28 は各サイトにランダムなポテンシャル揺らぎ v を導入したときのコンダクタンスの計算結果の例[42]である。図 (a) に示すように，層間コンダクタンス G_{41} は，層間結合の領域の長さが十分短い場合には，長さに比例して増大し，散乱強度に依存したある長さを過ぎると指数関数的に減少する。一方，層間の反射 G_{21} は短い領域で G_{41} とほぼ等しく，十分長くなるとある一定値に漸近する。結合領域の長さを平均自由行程で規格化したのが図 (b) であり，すべての曲線が一つにまとまることがわかる。すなわち，層間コンダクタンスは平均自由行程で決まり，不純物散乱によって初めて層間の結合が誘起されるのである。

4.2.8 まとめ

CNT の電子状態と電気伝導について概観した。グラフェンを連続体とみなした有効質量近似では，電子の運動は質量ゼロのニュートリノに対するワイル方程式で記述される。このことは CNT に特有の現象を引き起こす。その典型が，バンド構造に対するアハラノフ-ボーム効果と金属 CNT における後方散乱の消失と理想コンダクタンスである。

引用・参考文献

1) T. Ando and T. Nakanishi：J. Phys. Soc. Jpn., **67**, 1704 (1998)
2) T. Ando, T. Nakanishi and R. Saito：J. Phys. Soc. Jpn., **67**, 2857 (1998)
3) T. Ando and H. Suzuura：J. Phys. Soc. Jpn., **71**, 2753 (2002)
4) H. Akera and T. Ando：Phys. Rev. B, **43**, 11676 (1991)
5) T. Seri and T. Ando：J. Phys. Soc. Jpn., **66**, 169 (1997)
6) T. Ando：J. Phys. Soc. Jpn., **74**, 777 (2005)
7) F. J. Dyson：J. Math. Phys., **3**, 140 (1962)
8) H. Suzuura and T. Ando：Phys. Rev. Lett., **89**, 266603 (2002)
9) T. Ando and K. Akimoto：J. Phys. Soc. Jpn., **73**, 1895 (2004)
10) H. Ajiki and T. Ando：J. Phys. Soc. Jpn., **65**, 505 (1996)
11) K. Akimoto and T. Ando：J. Phys. Soc. Jpn., **73**, 2194 (2004)
12) H. Suzuura and T. Ando：Physica E, **6**, 864 (2000)；Mol. Cryst., Liq. Cryst., **340**, 731 (2000)；AIP Conf. Proc. **590**, 269 (2001)；Phys. Rev. B, **65**, 235412 (2002)
13) B. L. Al'tshuler, A. G. Aronov and B. Z. Spivak：Pis'ma Zh. Eksp. Teor. Fiz., **33**, 101 (1981)〔JETP Lett., **33**, 94 (1981)〕
14) D. Yu. Sharvin and Yu. V. Sharvin：Pis'ma Zh. Eksp. Teor. Fiz., **34**, 285 (1981)〔JETP Lett., **34**, 272 (1981)〕
15) T. Ando：J. Phys. Soc. Jpn., **69**, 1757 (2000)
16) C. L. Kane and E. J. Mele：Phys. Rev. Lett., **78**, 1932 (1997)
17) L. Yang, M. P. Anantram, J. Han and J. P. Lu：Phys. Rev. B, **60**, 13874 (1999)
18) L. Yang and J. Han：Phys. Rev. Lett., **85**, 154 (2000)
19) C. L. Kane, E. J. Mele, R. S. Lee, J. E. Fischer, P. Petit,

19) H. Dai, A. Thess, R. E. Smalley, A. R. M. Verschueren, S. J. Tans, and C. Dekker : Europhys. Lett., **41**, 683 (1998)
20) H. Suzuura and T. Ando : Nanonetwork Materials, edited by S. Saito, T. Ando, Y. Iwasa, K. Kikuchi, M. Kobayashi and Y. Saito (American Institute of Physics, New York) 269 (2001)
21) T. Nakanishi and T. Ando : J. Phys. Soc. Jpn., **74**, 3027 (2005)
22) H. Suzuura and T. Ando : J. Phys. Soc. Jpn., **77**, 044703 (2008)
23) N. A. Viet, H. Ajiki and T. Ando : J. Phys. Soc. Jpn., **63**, 3036 (1994)
24) L. Chico, L. X. Benedict, S. G. Louie and M. L. Cohen : Phys. Rev. B, **54**, 2600 (1996) ; Phys. Rev. B, **61**, 10511 (2000) (Erratum)
25) M. Igami, T. Nakanishi and T. Ando : J. Phys. Soc. Jpn., **68**, 716 (1999)
26) T. Ando, T. Nakanishi and M. Igami : J. Phys. Soc. Jpn., **68**, 3994 (1999)
27) H. J. Choi, J.-S. Ihm, S. G. Louie and M. L. Cohen : Phys. Rev. Lett., **84**, 2917 (2000)
28) M. Igami, T. Nakanishi and T. Ando : J. Phys. Soc. Jpn., **70**, 481 (2001)
29) B. I. Dunlap : Phys. Rev. B, **49**, 5643 (1994)
30) H. Matsumura and T. Ando : J. Phys. Soc. Jpn., **67**, 3542 (1998)
31) T. Nakanishi and T. Ando : J. Phys. Soc. Jpn., **66**, 2973 (1997)
32) H. Matsumura and T. Ando : J. Phys. Soc. Jpn., **70**, 2657 (2001)
33) Ph. Lambin, V. Meunier and A. Rubio : Phys. Rev. B, **62**, 5129 (2000)
34) K.-H. Ahn, Y.-H. Kim, J. Wiersig and K. J. Chang : Phys. Rev. Lett., **90**, 026601 (2003)
35) S. Roche, F. Triozon, A. Rubio and D. Mayou : Phys. Rev. B, **64**, 121401 (2001)
36) Y.-G. Yoon, P. Delaney and S. G. Louie : Phys. Rev. B, **66**, 073407 (2002)
37) S. Uryu : Phys. Rev. B, **69**, 075402 (2004)
38) F. Triozon, S. Roche, A. Rubio and D. Mayou : Phys. Rev. B, **69**, 121410 (R) (2004)
39) S. Uryu and T. Ando : Physica E, **29**, 500 (2005)
40) S. Uryu and T. Ando : Phys. Rev. B, **72**, 245403 (2005)
41) S. Uryu and T. Ando : Physica Status Solidi (b), **243**, 3281 (2006)
42) S. Uryu and T. Ando : Phys. Rev. B, **76**, 115420 (2007)

5. CNTの電気的性質

5.1 SWCNTの電子準位

CNTの直径やカイラリティなどの立体構造はカイラル指数 (n, m) によって決まり，それにより電子準位，電子構造も異なる[1]。SWCNTの電子準位は，CNTの基本特性の中でも最も重要な特性であり，CNT科学の基盤となる。さまざまな研究グループによりSTM[2]，酸化還元滴定[3]，分光電気化学測定[4]などの手法によりCNTの電子特性に関する研究がなされてきたが，各カイラリティの電子準位は明らかにされていなかった。最近，Paolucciら[5]は，アルカリ金属を用いてジメチルスルホキシド（DMSO）中に可溶化したSWCNTの近赤外吸収分光電気化学測定によりSWCNTの電子準位を見積もったが，吸収スペクトルでは各カイラリティのスペクトルの重なりが大きいため，個々のカイラリティの電子準位は決定できていない。しかし，個々のカイラリティのスペクトルが得られるphotoluminescence（PL）を用いて分光電気化学測定を行うことにより各カイラリティの電子準位を実験的に決定できる[6]。以下その方法を記述する。

まず，SWCNTを製膜性が高いポリマー（例えば，カルボキシメチルセルロースナトリウム塩）に孤立分散させ[7]，無蛍光透明ITO電極上にキャストし，フィルムを作製する。さらに，ポリカチオン水溶液を加え，水に不溶なSWCNT修飾電極を作成する。このSWCNTキャストフィルムのPLスペクトルを**図5.1**に示す。(6, 5)，(8, 3)，(7, 5)，(8, 4)，(10, 2)，(7, 6)，(9, 4)，(10, 3)，(8, 6)，(9, 5)，(12, 1)，(11, 3)，(8, 7)，(10, 5)，(9, 7) の計15種のカイラリティのPLが観測される。このSWCNTフィルム修飾電極を用いて電解質水溶液中でPL分光電気化学測定を行う。

まず，0 mV電位でのPLスペクトルを測定し，それから任意の電位に平衡に達するまで電位を保持させたあとのスペクトルを測定する。各電位にステップする前に毎回0 mVに電位を戻してPLの変化がないことを確認する。酸化側は0 mVから+1 100 mV，還元側は0 mV〜−1 000 mVの範囲で測定を行う。励起波長650，802 nmにおけるPLスペクトル変化を**図5.2**に示す。これにより酸化，還元に伴うPLの減少が生じることがわかる。

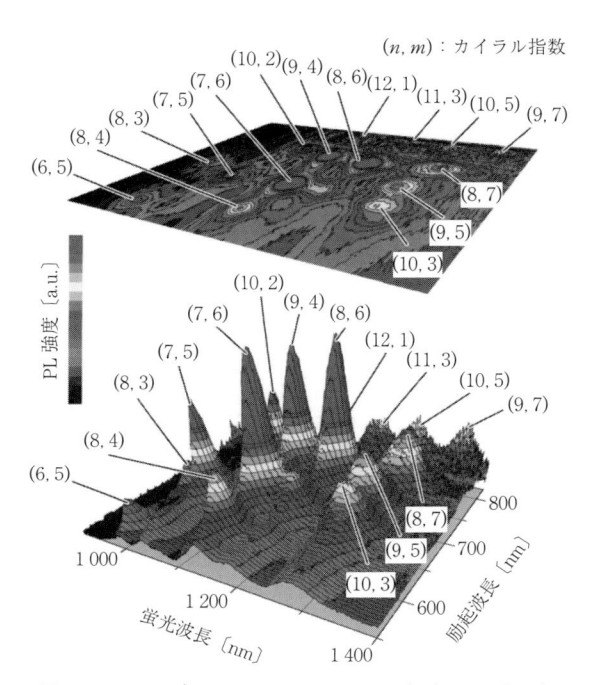

図5.1 SWCNT/Na-CMCフィルムのPL3次元スペクトルと2次元マップ

つぎに，PL強度の電位依存性を解析する。初めのPL強度を1として規格化した15種のカイラリティのPL強度の電位依存性を**図5.3**に示す。

図中の曲線はネルンスト（Nernst）の式 (5.1)，(5.2) によるフィッティングで得られる。

$$\Delta PL_{red} = \frac{1}{1+\exp\left\{\frac{nF}{RT}(E^0_{red}-E)\right\}} \quad (5.1)$$

$$\Delta PL_{ox} = \frac{1}{1+\exp\left\{\frac{nF}{RT}(E-E^0_{ox})\right\}} \quad (5.2)$$

ここでは，ニュートラルなSWCNTをSWCNT^0，SWCNTの還元体，酸化体をそれぞれSWCNT^{n-}，SWCNT^{n+}と表記し，規格化したPL強度がニュートラルなSWCNTの割合，つまり $\Delta PL_{red}=$ SWCNT^0/(SWCNT^0+SWCNT^{n-})，$\Delta PL_{ox}=$ SWCNT^0/SWCNT^0+SWCNT^{n+}) を表すと仮定している。また，Fはファラデー定数，Rは気体定数，Tは温度（298 K），Eは電極電位，E^0_{red}，E^0_{ox}はそれぞれ還元電位，酸化電位で

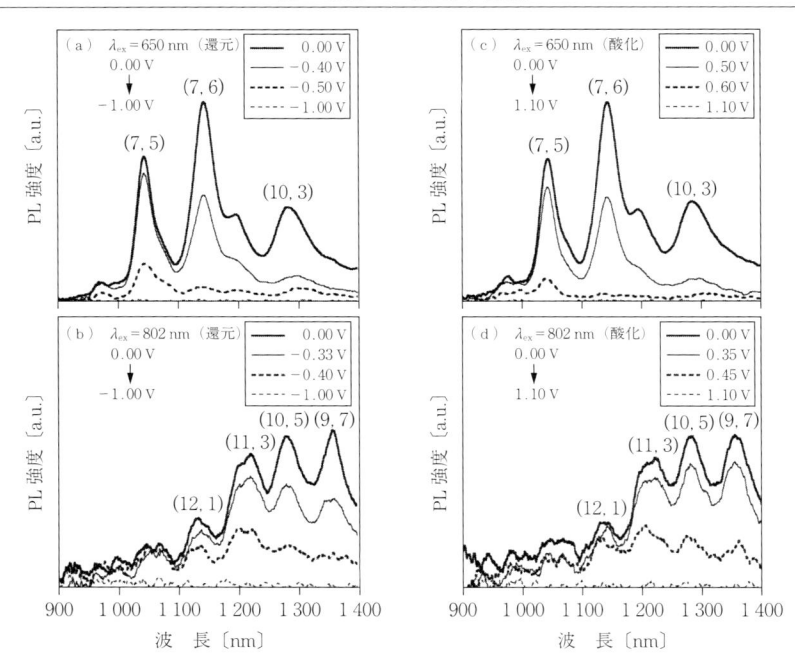

図5.2 PL スペクトル変化

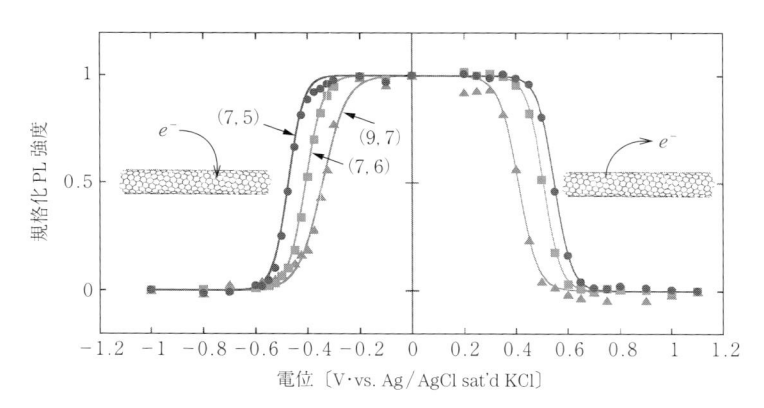

図5.3 規格化した PL 強度の電位依存性

ある。この数式によるフィッティングの相関係数が 0.983～0.999 であることから PL 強度の電位依存性は Nernst 型の応答を示すことがわかる。PL 強度の電位依存性の変曲点より 15 種の SWCNT の還元電位 (E^0_{red}) が決定できる。同様の測定で，酸化電位 (E^0_{ox}) が求まる。

酸化電位と還元電位の中間よりフェルミ準位が決定できる。得られた電子準位を SWCNT の直径に対してプロットしたものを**図5.4（a）**に示す。酸化電位と還元電位には SWCNT の直径依存性があるが，フェルミ準位は測定できたすべての SWCNT について 0 V・vs. Ag/AgCl 程度であり，SWCNT の直径依存性は非常に小さいことがわかる。図（b）には PL の波長をエネルギーに換算した光学バンドギャップと酸化電位と還元電位の差から求めた電気化学バンドギャップを SWCNT 直径に対してプロットしている。測定できたすべての SWCNT について電気化学的バンドギャップが光学バンドギャップより約 0.16～0.21 eV 小さくなっている。これは，酸化または還元された SWCNT の溶媒和による安定化に起因すると考えられる。図（a），（b）において白抜きのプロットは，カイラリティのファミリーパターンプロットである。

求めたフェルミ準位と換算式 $E(\text{V·vs. 真空}) = E(\text{V·vs. SHE}) + 4.24$〔V〕（SHE：standard hydrogen elec-

5.1 SWCNTの電子準位

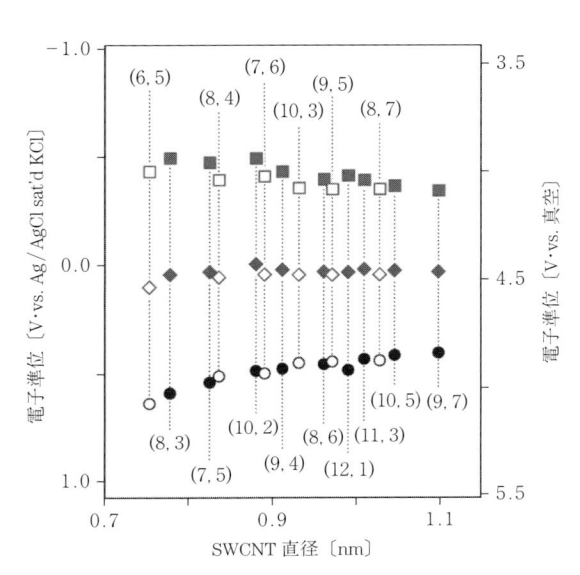

(a) 電子準位のSWCNT直径依存性（正方形：還元電位，円：酸化電位，菱形：フェルミ準位）

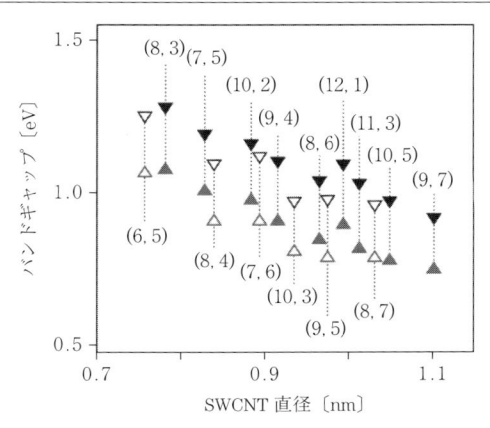

(b) バンドギャップのSWCNT直径依存性（三角形：電気化学バンドギャップ，逆三角形：光学バンドギャップ）

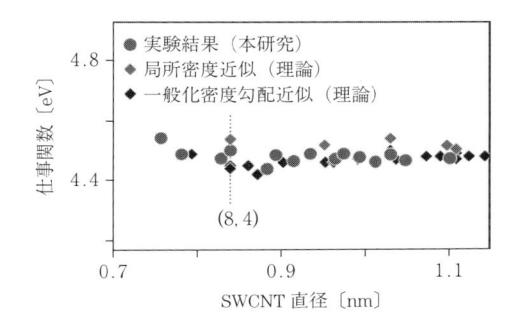

(c) 仕事関数のSWCNT直径依存性

図 5.4　電子準位，バンドギャップ，仕事関数のSWCNT直径依存性

trode potential)[8] からSWCNTの仕事関数を算出したところ，第一原理計算による値[9]とよく一致する（図(c)）。

表 5.1 に，真空基準に換算したSWCNTの電子準位，バンドギャップの値をまとめて示す。

このように，SWCNTのPLを用いた分光電気化学

表 5.1　実験的に決定した15種のカイラリティの電子準位とバンドギャップ

カイラル指数 (n, m)	直径 [nm]	酸化電位 [V・vs. 真空]	還元電位 [V・vs. 真空]	フェルミ準位 [V・vs. 真空]	電気化学バンドギャップ [eV]
(6, 5)	0.757	5.08	4.01	4.55	1.07
(8, 3)	0.782	5.03	3.95	4.49	1.08
(7, 5)	0.829	4.98	3.97	4.48	1.01
(8, 4)	0.840	4.96	4.05	4.50	0.91
(10, 2)	0.884	4.93	3.95	4.44	0.98
(7, 6)	0.895	4.94	4.03	4.49	0.91
(9, 4)	0.916	4.92	4.01	4.47	0.91
(10, 3)	0.936	4.89	4.09	4.49	0.81
(8, 6)	0.966	4.90	4.05	4.47	0.85
(9, 5)	0.976	4.89	4.09	4.49	0.79
(12, 1)	0.995	4.93	4.03	4.48	0.90
(11, 3)	1.014	4.87	4.05	4.46	0.82
(8, 7)	1.032	4.88	4.09	4.47	0.79
(10, 5)	1.050	4.86	4.08	4.47	0.78
(9, 7)	1.103	4.85	4.10	4.47	0.75

測定とその解析により各カイラリティの電子準位を実験的に決定することができる。本研究の手法は，PLが観測されるSWCNTであれば適応可能であり，CNTの基本特性の理解のために重要な実験手法となる。

引用・参考文献

1) R. Saito, et al.：Physical properties of carbon nanotubes, Imperial College Press, London（1998）
2) a) J. W. G. Wilder, et al.：Nature, **391**, 59（1998）
   b) T. W. Odom, et al.：Nature, **391**, 62（1998）
3) M. Zheng and B. A. Diner：J. Am. Chem. Soc., **126**, 15490（2004）
4) a) L. Kavan, P. Rapta and L. Dunsch：Chem. Phys. Lett., **328**, 363（2000）
   b) L. Kavan, P. Rapta, L. Dunsch, M. J. Bronikowski, P. Willis and R. E. Smalley：J. Phys. Chem. B, **105**, 10764（2001）
   c) L. Kavan and L. Dunsch：Electrochemistry of carbon nanotubes in carbon nanotubes. Advanced topics in the synthesis structure, properties and applications, **111**, Springer, Berlin（2008）
   d) K.-i. Okazaki, Y. Nakato and K. Murakoshi：Phys. Rev. B, **68**, 035434（2003）
5) D. Paolucci, M. M. Franco, M. Iurlo, M. Marcaccio, M. Prato, F. Zerbetto, A. Penicaud and F. Paolucci：J. Am. Chem. Soc., **130**, 7393（2008）
6) Y. Tanaka, et al.：Angew. Chem. Int. Ed., **48**, 7655（2009）
7) N. Minami, Y. Kim, K. Miyashita, S. Kazaoui and B. Nalini：Appl. Phys. Lett., **88**, 093123（2006）
8) C. P. Kelly, C. J. Cramer and D. G. Truhlar：J. Phys. Chem. B, **111**, 408（2007）
9) a) B. Shan and K. Cho：Phys. Rev. Lett., **94**, 236602（2005）
   b) V. Barone, J. E. Peralta, J. Uddin and G. E. Scuseria：J. Chem. Phys., **124**, 024709（2006）

5.2 CNTの電気伝導

5.2.1 はじめに

CNTは，半導体的なものと金属的なものがある。半導体的なものはトランジスターとして用いることが期待されているが，それについては別の項で詳しく述べられるので，ここでは，主としてSWCNTの低温電気伝導について述べる。1本のCNTに電流を流すために電極を蒸着すると，普通はCNTと金属電極の間にショットキー障壁が形成される。したがって，電極間隔が1μm程度以下の場合は，低温において量子ドットとしての電気伝導特性が観測される[1)~3)]。電極と量子ドットの結合の強さによって，①弱結合領域，②中間結合領域，③強結合領域に分けることができ，それぞれの領域で現れる現象が異なる。ここでは，ナノデバイスとしての応用が期待される①弱結合領域について詳しく述べ，他の領域に関しては概要だけを述べるので，詳細は参考文献を参照してほしい。また，最後に半導体CNTの場合についても述べる。

5.2.2 弱結合領域の伝導

弱結合領域は接触抵抗が，その逆数であるコンダクタンスに換算したとき，量子化コンダクタンス（$\sim e^2/h \sim (25.8\,\mathrm{k\Omega})^{-1}$：$h$はプランク定数，$e$は電気素量）よりも小さい場合に対応する。この領域では，電子は十分に量子ドット内に十分閉じ込められている。この場合クーロンブロッケード現象と長さ方向の量子化による離散化準位に伴う現象が現れる。

〔1〕人工原子

量子ドットは電子が狭い空間に閉じ込められているという意味で原子と似ていることから，人工原子とも呼ばれる。人工原子ではポテンシャルを設計することが可能である。CNTの直径は電極間隔よりも十分に小さいので，円周方向の量子状態は基底状態にあると考えてよい。したがって，長さ方向の閉込めによって量子状態が決まる。この場合，量子ドットは1次元の箱型ポテンシャルに閉じ込められた電子系と考えることができる。CNT量子ドットには等価なバンドが二つあり，スピンの二重縮退を加えると，4電子殻構造を持つことが期待される[4)]。この様子を**図5.5**に示す。

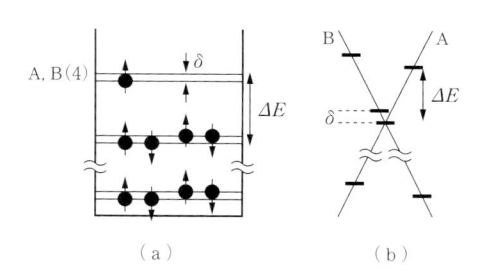

図5.5 CNT量子ドットのモデル

CNT人工原子の特徴を，これまで盛んに研究されてきたトップダウン技術で作製された化合物半導体量子ドットと比べて述べると以下のようなことがいえる。

① 量子ドットのサイズが大まかにいって1桁以上小さい。

② ①に伴って，人工原子を特徴付けるスケールである1電子帯電エネルギー（原子のイオン化エネルギーに対応）E_c と，閉込めによる量子化準位間隔（ΔE）が，トップダウン法で作製したものに比べてやはり1桁以上大きく，周波数に換算してサブミリ波か

③ 1次元的な閉込めポテンシャルを反映して，電子数や量子数にかかわらず準位の縮退度が一定である（先に述べたように四重縮退である）。このことは，3次元クーロンポテンシャルを持つ自然の原子や2次元調和振動子型ポテンシャルでよく表される半導体人工原子において，電子数，すなわち量子数が上がるにつれて縮退度が増えるのとは大きく異なる。

④ 磁場の効果：CNTの直径が通常用いられる磁場（10 T程度）では，電子のサイクロトロン半径がCNTの直径に比べて格段に大きいので，電子はサイクロトロン運動をすることができない。したがって，磁場の効果のうち軌道の効果はほとんど無視でき，準位のゼーマン分裂効果が支配的となる。

②の効果によって，クーロンブロッケード効果や量子化準位も効果が現れる温度が上昇する。特に，クーロンブロッケード効果だけを利用する単電子デバイスにとっては高温動作の観点からたいへん有利である。また，エネルギースケールがTHz帯にあることは，THz波との量子的な相互作用を期待することができ，開発が遅れている電波と光の中間にあるこの周波数帯での新しい検出器としての応用が開ける。

③の縮退度に関する特徴により，人工原子としての特徴を電子数が多い場合にも観測できる。これは，縮退度が大きくなると電子間相互作用やそれに伴うフント（Hund）則が働いて，電子の充填の仕方が複雑になるため，結果として，電子殻構造が実験的に観測しにくくなる半導体量子ドットとは対照的である。実際，半導体量子ドットで人工原子的な電子殻構造が観測されるのは，電子数がおよそ10個以下の場合に限られる[5]。

④の効果は，電子スピンを量子ビットに応用する上で重要である。半導体量子ドットでは，磁場を成長面に垂直にかけた場合，磁場による軌道の効果（ランダウ準位の形成）を無視できないので，調和振動子型のポテンシャルを持つ量子ドットでは，磁場とハイブリッドした複雑な量子準位を形成する（Darwin Fockスペクトル）[6]。

〔2〕 **クーロンブロッケードと単電子伝導**[7), 8)]

SWCNTの電気伝導を測定すると，電極とCNT間に形成されるショットキー障壁のために量子ドットが形成され，その電気伝導は単電子効果が支配的になる。ここでは単電子伝導の基本となる単電子トランジスターの動作について簡単に述べる。

単電子トランジスターの等価回路は，**図5.6**(a)に示したように，電流を流すための電極が微小なトンネル接合（CNTの場合はショットキー障壁）を通し

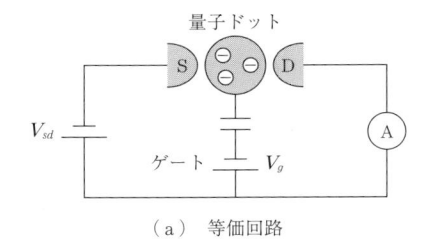

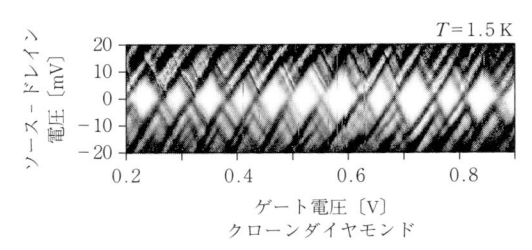

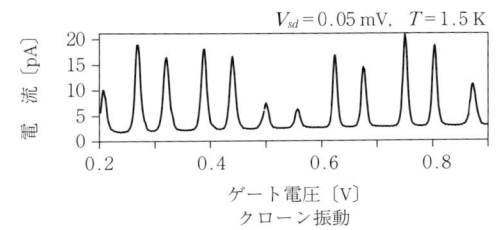

(a) 等価回路

(b) CNT単電子トランジスター

図5.6 単電子トランジスターの等価回路，CNT単電子トランジスターのクーロンダイヤモンドとクーロン振動

て量子ドットに結合している。また，ドットのポテンシャル（電位）は，古典的なコンデンサを通して印加するゲート電圧で変えることができる。実験では，基板上に作製した金属電極をゲート電極として利用する場合や，高濃度にドープした基板自身をゲートとして利用することがある。

単電子トランジスターの動作はバイアス電圧（V_{sd}）とゲート電圧（V_g）で決まる。図(b)は実際単層CNTに電極を間隔～300 nm程度離して作製した試料のクーロンダイヤモンド（上）とクーロン振動（下）である。クーロンダイヤモンドは，微分コンダクタンスをV_{sd}とV_gの関数としてグレープロットしたものである。図の場合には白色がゼロコンダクタンスに対応する。すなわち，単電子トランジスターの特徴は，ゲート電圧の方向に電流が流れない（クーロンブロッケード）菱形領域が周期的に現れることである。重要なことは，隣り合った菱形の間ではドット内の電子数が正確に1個だけ異なることである。線形応答領域では，電流は二つの菱形が接したところで流れる（図(b)下）。量子準位間隔が温度よりも十分小さい古典ドットではクーロンダイヤモンドやクーロン振動は

ゲート電圧に関して周期的である．その周期は，ゲート容量を C_g として，e/C_g で表される．この電圧周期はドットのエネルギーに換算して，$E_c = e^2/C_\Sigma$（C_Σ はドットの自己容量）である．

しかし，CNT 量子ドットのように離散化量子準位が重要となる量子ドットでは（$\Delta E \gg k_B T$），クーロン振動の周期は完全に周期的ではない．スピンの縮退だけを考慮した最も簡単なモデルでは，電子を1個ドットに充電するためのエネルギー（E_{add}）は電子数が奇数の場合には E_c であるが，電子数が偶数の場合は $E_c + \Delta E$ である．これを電子数の偶奇性効果という[9],[10]．このような効果が観測されるためには，$E_c \sim \Delta E$ であることが必要であるが，CNT 量子ドットではその条件が成り立っている場合が多い．CNT にはスピンの縮退に加えてバンドの二重縮退があるため，E_{add} は4電子ごとに大きくなるはずである．その様子を図 5.7 に示す．実験では，一つの試料でゲート領域によって2電子周期（偶奇性効果）と4電子周期が観測されることが多い[11]．

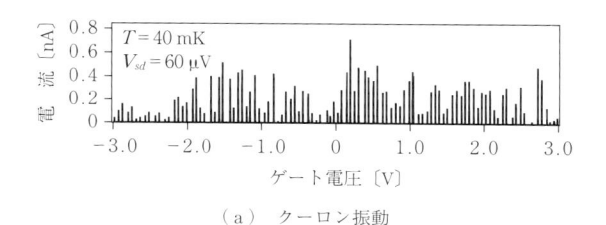

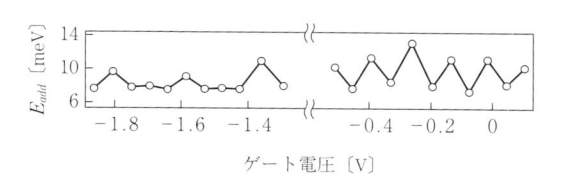

図 5.8 多重量子ドットのモデルと，エネルギーダイヤグラム，ゲート電圧を細かく変えたときの電流-電圧特性
(a) 多重量子ドットのモデル
(b) エネルギーダイヤグラム
(c) 電流-電圧特性

図 5.7 CNT 人工原子のクーロン振動と，1電子を充電するためのエネルギー E_{add} のゲート電圧（電子数）依存性
(a) クーロン振動
(b) E_{add} のゲート電圧依存性

〔3〕 多重量子ドットの電気伝導

これまで，SWCNT に電極をつけただけで単一量子ドットが形成されることを見てきたが，実際にはいつもこのような単一量子ドット的な振舞いが観測されるわけではない．むしろ，多重量子ドット的な振舞いが観測される場合が多い．図 5.8（c）に典型的な多重量子ドット試料において，ゲート電圧を細かく変えた場合の電流電圧特性を示す[12]．バイアス電圧が小さい領域に電流が流れていないクーロンブロッケードを示す領域が観測されるが，単一量子ドットのように明確な菱形構造は観測されない．クーロンブロッケード領域はゲート電圧に対して，不規則なパターンを示し，ゲート電圧のすべての領域で電流が流れない．このような振舞いは，直列にドットが並んだ多重量子ドットの振舞いとして理解することができる．何らかの欠陥や不純物によって電極間にランダムなトンネル障壁が形成されると，単一量子ドットがいくつかの量子ドットに分断される．このような状況を図 5.8（a）に示す．このようにして形成された複数のドットの大きさは，同じではあり得ないからそれぞれのドットに対する1電子帯電エネルギーが異なり，複数のドットのクーロンブロッケードが一つのゲートによって同時に解けることは確率的にまずあり得ない．したがって，あらゆるゲート電圧領域で電流が流れない．このような多重量子ドットのクーロンブロッケードは，ストカスティッククーロンブロッケードと呼ばれる[13]．実験的には，このようなストカスティッククーロンブロッケードは半導体 CNT に観測されやすい傾向がある．このことは，金属 CNT では抑制されると予測されている散乱が，半導体では抑制されないことと関連していることが考えられる[14],[15]．

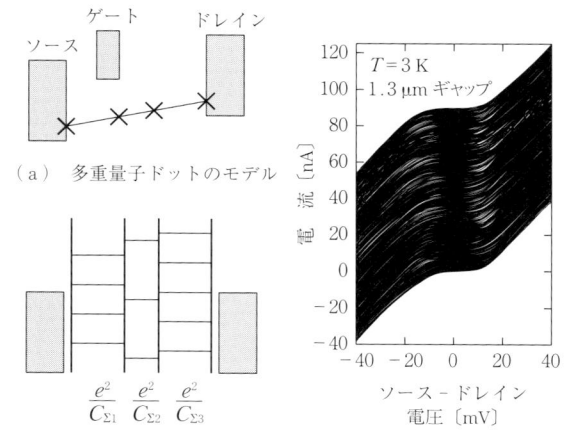

〔4〕 量子テラヘルツ応答

CNT 量子ドットの人工原子としてのエネルギースケールが THz 領域にあることは先に述べた．このことは，THz 波と量子ドットが量子的に相互作用する可能性があることを示唆している[16]．実際，単一量子ドットに THz 波を照射した場合のクーロン振動の様子を図 5.9 に示す[17]．

この実験では，$E_c = 24$ meV の単一量子ドットに周波数の異なる THz 波を照射して，クーロンピークの変化を調べた．図からわかるように，THz 波を照射

5.2 CNTの電気伝導

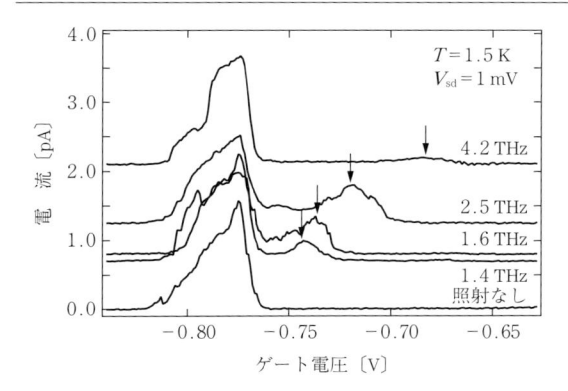

(a) クーロンピークの変化

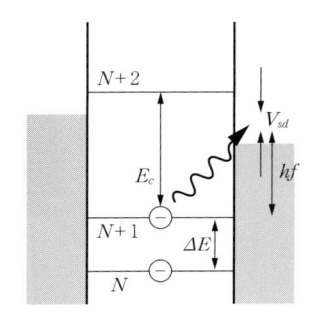

(b) THzPATのモデル

図5.9 いろいろな周波数のTHz波を照射したときのクーロンピークの変化の様子，THzPATのモデル

したときには，本来，電流の流れていないところに新しいサテライトピークが観測される．その位置は周波数が大きくなるとともに，メインピークから離れていく．このことは，図(b)に示すように，クーロンブロッケードの状態で本来電流が流れないにもかかわらず，ドット内の電子がTHz光子を吸収してドレインバイアス窓にトンネルすることで，新しい電流パスが形成されていることを示している．このような，THz光アシストトンネル（THzPAT）プロセスが明確に観測されるためには，$E_c \gg hf$ であることが必要で，2.5 THz～10 meVであることから，この試料ではTHzPATの条件は十分満たされている．また，このような応答が可能な温度の条件は，$hf \gg k_B T$ であると考えられる．単一ドットではこれにより動作温度が制限されるが，後述する2重結合量子ドットでは，動作温度はさらに上昇すると考えられる．

〔5〕相互作用する2電子系

CNT人工原子は，簡単な電子殻構造を持つことから，1電子エネルギースペクトルや相互作用する2電子の量子状態であるスピン一重項状態と三重項状態を直接観測することができる．実験的には，離散化エネルギー間隔より大きなバイアス電圧を印加して得られるクーロン振動ピークを解析することによってエネルギースペクトルを知ることができる[11]．

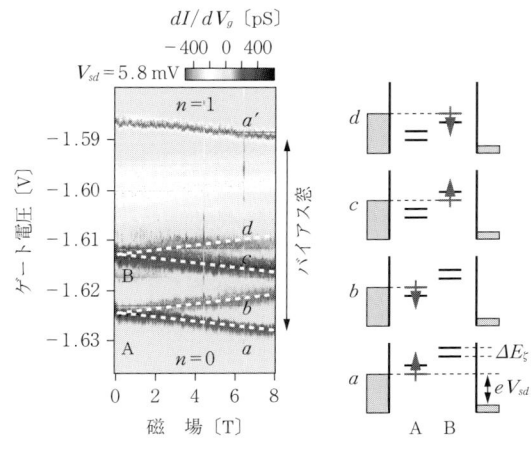

図5.10は電子殻に電子が1個入る場合のエネルギースペクトルの磁場依存性である．この場合には，二つのバンドからくる二つの量子準位が磁場の印加とともにゼーマン分裂していく様子がわかる．その傾きから，g因子は～2であることがわかる．図(b)にはa, b, c, dそれぞれのラインに対応するエネルギー図を示している．CNT量子ドットには等価なエネルギーバンドA，Bがあり，磁場中でそれがゼーマン分裂している様子を示している．

(a) エネルギースペクトル (b) エネルギーライン

図5.10 CNT人工原子の磁場中でのエネルギースペクトル（電子数$n=1$の場合），各エネルギーライン（a, b, c, d）を生じるメカニズム

図5.11には電子数が1から2の間で現れるクーロン振動ピークから得られたエネルギースペクトルである．この場合には，すでに電子殻に電子が1個入っているので，2個目の電子がドットに入ることから，2電子間の相互作用を見ることができる．図のfとgはスピン三重項のラインである．スピン三重項は磁場ゼロで三重縮退であるが，このような測定法では縮退した三つの状態を独立に見ることはできない．$|\uparrow\downarrow\rangle$は，Aの量子準位には，上向きスピン（↑），Bの量子準位には下向きスピン（↓）が入っていることを表すとする．例えば，fは三重項状態のうち$|\uparrow\uparrow\rangle$を表す．しかし，gは，$|\downarrow\downarrow\rangle$または$|\uparrow\downarrow\rangle+|\downarrow\uparrow\rangle$のどちらかが観測されている．この場合，B↑の状態を通して電流が流れることから，量子力学の用語でいえば，これら二つの量子状態がB↑に射影されると解釈すべきである．重要なことは，fとg

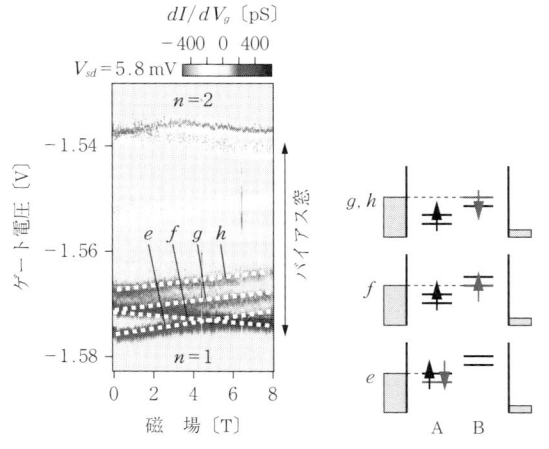

(a) エネルギースペクトル　　(b) エネルギーライン

図5.11 CNT 人工原子の磁場中でのエネルギースペクトル（電子数 $n=2$ の場合）．各エネルギーライン（e, f, g, h）を生じるメカニズム

はゼロ磁場でエネルギーが一致する（縮退）のに対し，その上を平行に走るスピン1重項（$|\uparrow\downarrow>-|\downarrow\uparrow>$）に対応する h はゼロ磁場で交換相互作用エネルギーだけ離れたところにあることである．そのエネルギーは，〜0.5 meV 程度であり，ΔE〜数 meV，E_c〜10 meV に比べると十分に小さい．

〔6〕 二重結合量子ドット

二つの量子ドットをトンネル障壁で結合した二重結合量子ドットは，上記の高温で動作する量子 THz 検出器や電荷型量子ビットなどの応用の観点から興味深い．例えば，THz 検出では THzPAT は各ドットに形成される閉込め準位間で起こる．その準位の広がりは閉込めの強さだけで決まるため，温度の影響を受けないと考えられる．CNT で二重結合量子ドットを作製する方法として，単一量子ドットをその間に置いた微細な SiO_2 で二つに分断する方法がある[18]．これにより，SiO_2 直下にトンネル障壁が形成され，二重結合量子ドットを作製することができる．

図5.12 に示すように，SiO_2 を蒸着する前は単一量子ドット的な周期的なクーロンダイヤモンドが観測されているのに対し，同じ試料に SiO_2 を蒸着したあとは，ストカスティッククーロンブロッケードに特徴的なランダムなクーロンダイヤモンドパターンと，負性微分抵抗が観測されていることから，二重ドットが形成されていることがわかる．ただし，試料の写真から想像されるように，二つのゲートは独立に各ドットに働いているのではなく，ゲートは二つのドットにほぼ同様の強さで容量的結合をしていると思われる[19]．このことは，ストカスティッククーロンブロッケードと

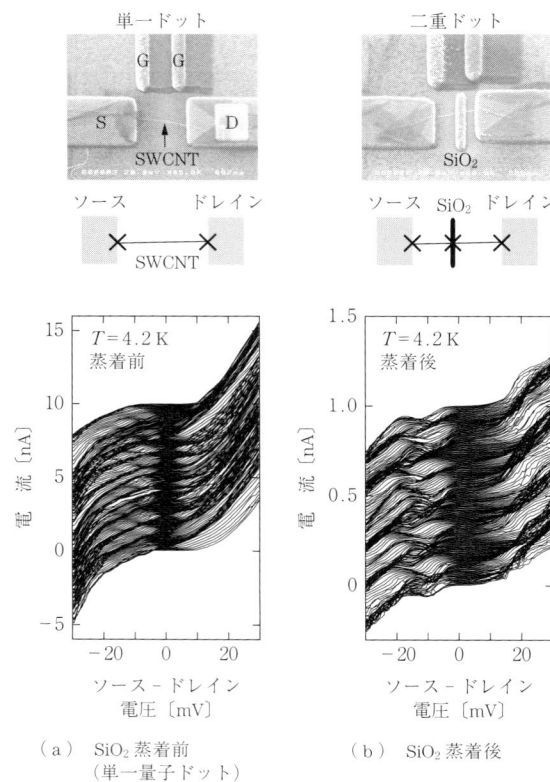

S, D, G は，ソース，ドレイン，ゲート

単一ドット　　　　　　二重ドット

(a) SiO_2 蒸着前（単一量子ドット）　　(b) SiO_2 蒸着後

図5.12 二重結合量子ドットの電流電圧特性（ゲート電圧をパラメータとする）

も矛盾しない．

5.2.3 強結合，中間結合領域における電気伝導
〔1〕 強結合領域の電気伝導

強結合領域は接触抵抗が，その逆数であるコンダクタンスに換算したとき，量子化コンダクタンス（〜e^2/h〜$(25.8\,k\Omega)^{-1}$：h はプランク定数，e は電気素量）よりも大きい場合に対応する．CNT 中の電子がバリスティックに伝導する場合，ファブリー–ペロー干渉が観測される[20]．電子は CNT と電極の接合面で一部反射して束縛状態を形成する．ただし，その閉込めはきわめて弱いので，束縛状態のエネルギー広がりは大きい．このとき，コンダクタンスが極値をとるとき電極間隔は電子波長の整数倍になっている．バリスティック伝導が生じる場合には，電子波のモードは二つのバンドとスピンの二重縮退を合わせて四重に縮退しており，理想的なコンダクタンスは $4e^2/h$ である．

〔2〕 中間結合領域の電気伝導

中間結合領域は接触抵抗が，その逆数であるコンダ

クタンスに換算したとき，量子化コンダクタンス（e^2/h）程度の場合であり，弱いながらもクーロンブロッケード効果が観測され，近藤効果が観測されることが特徴である[21),22)]。近藤効果は量子ドットの電気伝導が測定され始めた90年代前半から理論的には予想されていたが，大きな量子準位間隔が要求されるため，トップダウン技術で作製した半導体量子ドットではその観測が困難であった。しかし，CNT量子ドットでは量子準位間隔が大きいため，中間結合状態さえ実現されると比較的容易に観測される。近藤効果は元々希薄な磁性不純物を含む金属薄膜で，低温における電気抵抗の増加として観測されていた。量子ドットでは電子数が奇数の場合に電子スピンがドット内に発生すると，その局在スピンと電極の伝導スピンが相互作用し近藤効果が発生する状況となる。実際，この場合には，電極のフェルミ準位付近に近藤共鳴準位が形成され，クーロンブロッケード状態であるにもかかわらず電流が流れる。すなわち，クーロン振動において電子数が奇数の状態では電流は完全にブロックされずにある程度の電流が流れる。この電流は温度を低くしてゆくにつれて増加することが特徴である。ちなみに，CNT量子ドットの近藤温度は，おおよそ1K程度である。

〔3〕 **超伝導電極を持つCNT**

CNTに超伝導金属（アルミニウム）をつけて超伝導電流が流れる様子を調べることは興味深い。正常金属（N）としてのCNTと超伝導体（S）から成るSNS接合系は，N領域が1次元系，バリスティックであることからこれまでにない超伝導近接効果系である。その様子は，強結合領域と中間領域で異なる。

強結合領域では，超伝導電流が流れる[23),24)]。この領域ではファブリー-ペロー干渉が起こるため，共鳴するゲート電圧のところで超伝導電流は大きくなり，非共鳴のところでは小さくなるか，流れなくなる。すなわち，超伝導電流がゲート電圧によって変調されることが特徴である。

近藤効果が起こる中間結合領域では，超伝導電流は流れないが，サブギャップ構造として多重アンドレーエフ反射によるピークが観測される。アンドレーエフ反射とは，正常金属と超伝導体の界面において正常金属から入射してきた電子が正孔として反射され，超伝導体にクーパーペアを残す反射である[25)]。入射する電子と反射される正孔の間には，位相関係が保たれるなど特殊な関係がある。SNS接合では，二つあるSN界面でアンドレーエフ反射を何度も繰り返しながら電流が流れることが可能なのでコンダクタンスがピークとして現れる。また，多重アンドレーエフ反射ピークの

大きさと正常状態における近藤効果の関係も議論されている[26),27)]。

5.2.4 半導体CNTの単電子伝導

これまで，主として金属CNTの単電子伝導について述べてきたが，ここでは半導体CNTの単電子伝導について実験的な観点から紹介する。半導体CNT量子ドットの最大の特徴は，CNTの円錐型のエネルギー分散関係を反映して，電子と正孔の振舞いが対称的であることである。しかし，このような電子と正孔の対称性が観測されるためには高品質のCNTである必要がある。先にも述べたように，半導体CNTでは散乱の影響が金属に比べて大きいと考えられるために，クーロンブロッケードの現れ方も複雑である。

図5.13（a）にクーロン振動の例を示す[28)]。半導体ドットの特徴は，ゲート電圧領域によって，単一ドット，多重ドット，そしてドット内の電子がなくなる空乏領域に分かれることである。ここで紹介する試料は印加したゲート電圧の範囲ではp型の特性だけを示

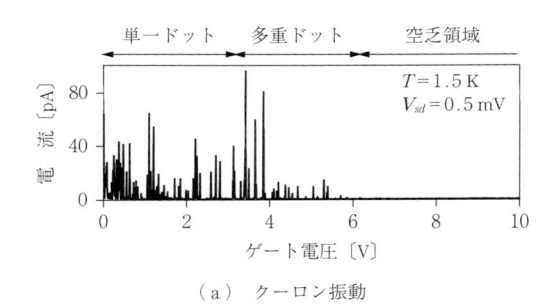

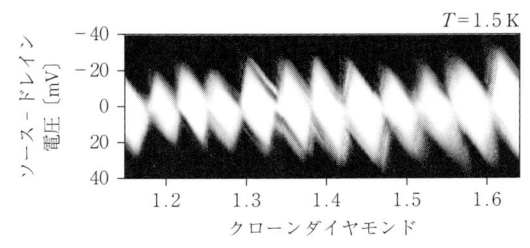

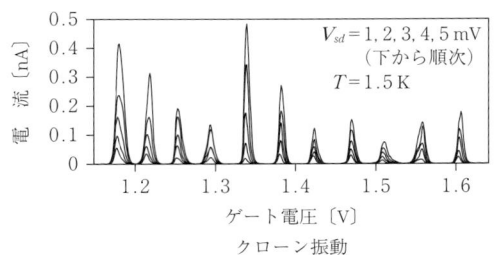

（a） クーロン振動

（b） 単一量子ドット領域

図5.13 半導体CNTの量子ドット特性

した。ゲート領域によってp型を示す領域があり，さらにゲート電圧を増加させるとn型に反転することもあり得る。このような振舞いは，ambipolarと呼ばれる[29]。

単一ドット領域のクーロンダイヤモンドとクーロン振動を図（b）に示す。このようなゲート電圧領域に依存したクーロン振動の変化は，半導体CNT量子ドットのポテンシャル揺らぎによると考えられる。説明を簡単にするためイメージのしやすい伝導帯にあるn型キャリヤー（電子）を仮定する。実際は，この試料はp型なので，価電子帯の正孔に置き換えてほしい。ゲート電圧が小さいときは，フェルミ準位がポテンシャル揺らぎの上にあり，単一量子ドット的になる。さらにゲート電圧が増加すると，フェルミ準位がポテンシャル揺らぎの高さよりも小さくなり，一つのドットがいくつかのドットに分断され，多重ドットが形成されると考えられる。さらにゲート電圧が大きくなると，フェルミ準位がバンドギャップの中に入り，電子が空乏化すると考えることで説明できる。

5.2.5 ま と め

本節では1本のSWCNTの電気伝導について述べてきた。電極との接触界面にショットキー障壁が形成されることから，それを反映して低温での電気伝導は量子ドット的な電気伝導（単電子伝導）となる。CNT本来の性質も，単電子伝導を通して調べることになる。多くの実験では，測定しているCNTが金属的なものか半導体的なものかは判定できるものの，どのようなカイラリティを持ったものを測定しているのかは同定できていない。今後，理論との比較が可能なより精密な実験を行うためには，それを同定して電気伝導を測る技術を開発する必要がある。

ここでは，MWCNTの電気伝導にはふれなかったが，多層の場合には電極とCNTの接触による接触抵抗が小さいために，単電子伝導とはならないことが多い。したがって，CNT本来の伝導を調べることができる。弱局在効果[30]，磁場中のAB効果[31]などの電気伝導が調べられている。

本項ではCNTのナノデバイス応用についてはふれなかったが，参考文献32）を参照されたい。

引用・参考文献

1) S. J. Tans, M. H. Devoret, H. Dai, A. Thess, R. E. Smalley, B. L. Geeligs and C. Dekker：Nature, **397**, 474 (1997)
2) M. Bockrath, D. H. Cobden, P. L. McEuen, N. G. Chopra, A. Zettl, A. Thess and R. E. Smalley：Science, **275**, 1922 (1997)
3) K. Ishibashi, M. Suzuki, T. Ida, K. Tsukagoshi and Y. Aoyagi：(review paper), Jpn. J. Appl. Phys., **39**, 7053 (2000)
4) W. Liang, M. Bockrath and H. Park：Phys. Rev. Lett., **88**, 126801 (2002)
5) S. Tarucha, D. G. Austing, T. Honda, R. J. vd. Hage and L. P. Kouwenhiven：Phys. Rev. Lett., **77**, 3613 (1996)
6) C. G. Darwin：Proc. Cambridge Philos. Soc. Math. Phys. Sci., **27**, 86 (1930); V. Fock, Z. Phys. **47**, 446 (1928)
7) D. V. Averin and K. K. Likharev：Mesoscopic Phenomena in Solids, eds. B. Altshuler, P. A. Lee and R. A. Webb (Elsevier Science Publishers, 1991) Chap. 6
8) L. L. Sohn, L. P. Kouwenhoven and G. Schon：Proc. of the NATO advanced study institute on mesoscopic electron transport, 1996 (Kluwer academic publishers, dordrecht, Netherlands, 1997)
9) D. C. Ralph, C. T. Black and M. Tinkham：Phys. Rev. Lett., **78**, 4087 (1997)
10) S. Moriyama, T. Fuse, Y. Aoyagi and K. Ishibashi：Appl. Phys. Lett., **87**, 073103 (2005)
11) S. Moriyama, T. Fuse, M. Suzuki, Y. Aoyagi and K. Ishibashi：Phys. Rev. Lett., **94**, 186806 (2005)
12) M. Suzuki, K. Ishibashi, T. Ida and Y. Aoyagi：Quantum dot formation in single-wall carbon nanotubes, Jpn. J. Appl. Phys., **40**, 1915 (2001)
13) I. M. Ruzin, V. Chandrasekhar, E. I. Levin and L. I. Glazman：Phys. Rev. B, **45**, 13469 (1992)
14) T. Ando and T. Nakanishi：J. Phys. Soc. Jpn., **67**, 1704 (1998)
15) P. L. McEuen, M. Bockrath, D. H. Cobden, Y. -G. Yoon and S. G. Louie：Phys. Rev. Lett., **83**, 5098 (1999)
16) T. Fuse, Y. Kawano, T. Yamaguchi, Y. Aoyagi and K. Ishibashi：Nanotechnology, **18**, 044001 (2007)
17) Y. Kawano, T. Fuse, S. Toyokawa, T. Uchida and K. Ishibashi：J. Appl. Phys., **103**, 034307 (2008)
18) K. Ishibashi, M. Suzuki, T. Ida and Y. Aoyagi：Appl. Phys. Lett., **79**, 1864 (2001)
19) K. Ishibashi, M. Suzuki, T. Ida and Y. Aoyagi：Coupled quantum dots in single-wall carbon nanotubes, Physica E, **13**, 782〜785 (2002)
20) W. Liang, M. Bockrath, D. Bozovic, J. H. Hafner, M. Tinkham and H. Park：Nature, **411**, 665 (2001)
21) M. R. Buitelaar, A. Bachtold, T. Nussbaumer, M. Iqbal and C. Schönenberger：Phys. Rev. Lett., **88**, 156801 (2002)
22) J. Nygård, D. H. Cobden and P. E. Lindelof：Kondo physics in carbon nanotubes, Nature, **408**, 342 (2000)
23) Pablo Jarillo-Herrero, Jorden A. van Dam and Leo P. Kouwenhoven：Nature, **439**, 953 (2006)
24) H. I. Jørgensen, K. Grove-Rasmussen, T. Novotný, K. Flensberg and P. E. Lindelof：Phys. Rev. Lett., **96**, 207003 (2006)
25) T. M. Klapwijk, G. E. Blonder and M. Tinkham：Physica B, **109**, 110, 1657 (1982)

26) M. R. Buitelaar, T. Nussbaumer and C. Schönenberger : Phys. Rev. Lett., **89**, 256801 (2002)
27) A. Eichler, M. Weiss, S. Oberholzer, C. Schönenberger, A. Levy Yeyati, J. C. Cuevas and A. Martín-Rodero : Phys. Rev. Lett., **99**, 126602 (2007)
28) D. Tsuya, M. Suzuki, Y. Aoyagi and K. Ishibashi : Jpn. J. Appl. Phys., **44**, 2596 (2005)
29) P. Jarillo-Herrero, S. Sapmaz, C. Dekker, L. P. Kouwenhoven and H. S. J. van der Zant : Nature, **429**, 389 (2004)
30) C. Schonenberger, A. Bachtold, C. Strunk, J.-P. Salvent and L. Forro : Appl. Phys. A, **69**, 283 (1999)
31) A. Fujiwara, K. Tomiyama, H. Suematsu, M. Yumura and K. Uchida : Phys. Rev. B, **60**, 13492 (1999)
32) K. Ishibashi, S. Moriyama, D. Tsuya, T. Fuse and M. Suzuki : J. Vac. Sci. Technol. A, **24**, 1349 (2006)

5.3 磁場応答

CNTの磁気抵抗効果は,その特異な形状に起因して新奇な現象が出現する.本節では,最初にCNT特有のアハラノフ-ボーム(Aharonov-Bohm)効果(AB効果)について紹介した上で,既存材料における磁気抵抗効果との比較から基本的現象の理解を概観する.偏極スピンの輸送特性に関しては11.4.6項スピンデバイスで紹介する.

4章で詳しく述べられているとおり,SWCNTの電子構造は,分子の構造に依存して金属的であったり半導体的であったりする.これは,チューブ状の構造の周方向の周期的境界条件によるものであり,CNTに独特の性質である.この状況で磁場 H をCNT軸に平行に印加することで,この周期的境界条件が変調され,金属CNT,半導体CNTの状態が周期的に現れる.

電気抵抗では,磁気抵抗効果の周期的な振動として観測される.この現象は,周期的な金属・半導体転移を伴うCNT特有のAB効果として,H. AjikiとT. Andoによって理論予測された[1].

CNTの円周の長さを L とした場合,周期的境界条件により,CNTの円周方向(CNT軸に垂直方向)の波数は $k=2\pi/L$ の整数倍のみが許される.ここで,e を電荷素量,A をベクトルポテンシャルとすると,磁場中での運動量は $p-eA(=\hbar k-eA)$ と記述でき,周期的境界条件に起因する波数空間での許容状態が磁場によって変調されることがわかる.チューブ状の系では,CNT断面を貫く磁束を ϕ とすると,円周方向のベクトルポテンシャルは $A=\phi/L$ と表される.このため,許容される波数は,磁場がない場合には,CNT軸の垂直方向に $2n\pi/L$ (n は整数)であったものが,磁場中では,$2n\pi/L-e\phi/\hbar L=(2\pi/L)(n-e\phi/2\pi\hbar)$ となる.ここで,磁束量子 ϕ_0 を $2\pi\hbar/e$ と定義し[†],上式を整理すると,$(2\pi/L)(n-\phi/\phi_0)$ となる.このことは,周期を ϕ_0 として,CNT断面を貫く磁場が周期的境界条件を連続的に変えていることを示し,磁場によって周期的な金属・半導体転移が起こることが理解できる.k 空間(波数空間)での様子を**図5.14**に示す.

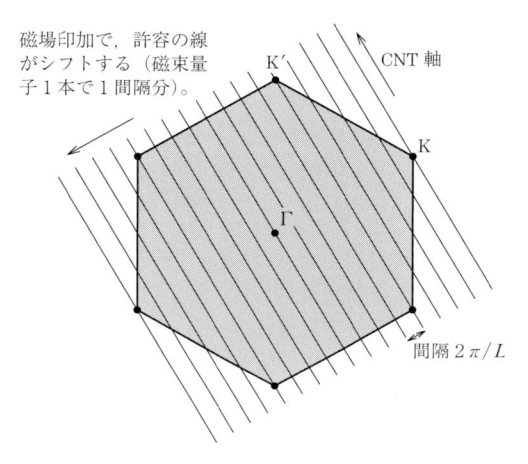

図5.14 磁場によるCNTの電子構造の変調の例

灰色部分が,逆格子空間の第一ブリュアンゾーン.磁場がないときには,Γ点からCNT軸方向に伸びた直線上,およびその直線から $2\pi/L$ 間隔の直線上でのみ状態が許される.磁場印加によって,その直線がCNT軸(直線)と垂直方向に移動する.CNTの断面当り磁束量子1本が貫くと,$2\pi/L$ 移動するので,磁場が印加されていない状態と同じ状態(元の状態)に戻る.

直径 d (単位はm)のCNTの断面を磁束量子1本が貫くのに必要な磁場 H_0 は $\phi_0/(\pi d^2/4)=5.26\times10^{-15}/d^2$ [T] であり,d の2乗に反比例する.例えば,SWCNTで実現されるような直径1 nmでは,H_0 は約5300 Tに相当する.一方,実験的に現実的な10 Tを想定した場合,対応するCNTの直径は23 nmとなる.

このような条件から,初期のAB効果の実験的検証はMWCNTに関するものであった.当時は,SWCNTの合成,精製や輸送特性評価のプロセス技術が十分成熟していなかったということも背景にある.CNT軸に平行な磁場印加で,磁気抵抗の周期的変調を観測した最初の報告では,直径約17 nmのMWCNTにおいて,周期が約8 Tであった[2].この場合,期待される

[†] 超伝導体では,電荷 $2e$ のクーパー対が電荷担体であるため磁束量子を $2\pi\hbar/2e(=h/2e)$ とし,通常磁束量子はこの値を用いるが,ここでは電荷担体が e であるため磁束量子 ϕ_0 を $2\pi\hbar/e$ と定義している.

H_0 (約 18 T) の半分程度であり，筆者の A. Bachtold らは，これまでの議論の AB 効果ではなく，筒状の導体が示す Al'tshuler-Aronov-Spivak 効果（AAS 効果）[3] として実験結果を理解した．A. Fujiwara ら[4] は，直径 19 nm および 39 nm の MWCNT において，H_0 の 1/3 周期の磁気抵抗振動を観測した．そして，MWCNT の最外層近傍の 3 種類の異なる電子状態の CNT が，それぞれ AB 効果を示すモデルを提案した．また，磁場方向と CNT 軸方向の角度 θ を変化させた場合，振動周期が $\cos\theta$ で変化することを見い出し，磁気抵抗の周期的変調が CNT 軸方向の磁場強度に起因することを実験的に検証した．

Bachtold らと Fujiwara らの報告は，CNT の新しい磁場応答として注目されたが，実験的に観測される周期や見積もられるエネルギーギャップが理論的予測と異なり，定量的な理解が必要とされていた．U. C. Coskun ら[5] は，この問題に対して，量子ドットとみなせる短い MWCNT（直径 30 nm，長さ 800 nm）に対して，ゲート電圧で伝導度が最大となる状態で磁場を印加し，周期が期待される $H_0 = 5.8$ T と良い一致を示すことを示した．一方，B. Lassagne ら[6] は，バリスティック伝導を示す MWCNT（直径 10 nm，電極間距離 200 nm）のデバイスにおいて，AB 効果で期待される周期 $H_0 = 50$ T だけでなく，理論的に予測されるエネルギーギャップの変調と対応する大きな伝導度の変化を観測した．

これまで示してきたように，MWCNT の場合，CNT 断面を磁束量子 1 本が貫くのに必要な磁場が実験で実現できる範囲であり，現象の全容が観測できるという利点がある半面，多層であるがゆえに，伝導に寄与する層がどの程度か，層間の相互作用がどれくらい伝導度に寄与するか，SWCNT をモデルとした理論がどの程度適用できるか，という問題が排除できなかった．MWCNT の AB 効果の実験的検証が報告され始めた時期は，このような問題を考慮しながら実験結果を理解してきた．2004 年以降は，量子ドットとしてみなせる CNT やバリスティック伝導を示す CNT など，欠陥が少なく，しかも，短い試料を用いることで散乱の影響をなるべく排除したことで，MWCNT においても（SWCNT をモデルとした）AB 効果の理論予測と非常に良い一致を示す実験結果が得られたと理解できる．また，これらの結果は，MWCNT においても，最外殻がおもに伝導に寄与しており，振舞いに関しても SWCNT の理論が適用可能な側面があることも示している．

SWCNT で AB 効果を検証するには強磁場を必要とし，また，剛直ではない SWCNT を磁場方向にそろえるのが困難であるが，MWCNT では考慮しなければならない複雑さから解放され，任意性の少ない解釈が可能であるという利点がある．S. Zaric ら[7] は，半導体 CNT の場合には，電子状態密度に存在するファン・ホープ特異点が AB 効果によって分裂することが期待されることに注目し，磁場中での光吸収スペクトルを調べた．直径 0.6 nm から 1.3 nm の SWCNT が混在した試料をミセルで分散し，磁場印加によって CNT の配向を促進しながら光吸収スペクトルの磁場効果を測定した．最高印加磁場（45 T）は期待される H_0 の 1% 程度にとどまるため，吸収スペクトルのピーク分裂はわずかであったが，低エネルギー側の吸収ピークで明確なピーク分離が観測され，AB 効果から予測される応答と良い一致を示した．Y. Oshima ら[8] は，ポリマーに希薄分散後，延伸配向した SWCNT 薄膜を磁場中で，振動摂動法と呼ばれる非接触法による電気伝導測定で AB 効果を観測した．希薄な薄膜試料を非接触法で測定することで，CNT 間や電極と CNT 間の接触抵抗という外因的効果を排除するとともに，半導体 CNT のエネルギーギャップよりも十分低い低温（4.2 K）で測定することで金属 CNT の応答のみを抽出した．その結果，金属 CNT の本質的な応答として AB 効果を観測することに成功した．

これまで，磁場を CNT 軸に平行に印加した磁気抵抗効果において，理論的に予測された CNT 特有の AB 効果が SWCNT，MWCNT ともに実験的に検証されたことを示してきた．これに対して，磁場を CNT 軸に垂直に印加した場合は，これまでメソスコピック系で観測されている現象でよく説明できている．

MWCNT 薄膜[9]，1 本の MWCNT[10]，SWCNT 薄膜[11]，1 本の SWCNT（束）[12] のいずれの場合においても CNT の種類，試料の形態によらずに，磁気抵抗効果は 2 次元弱局在[†] のモデルで非常によく説明できる．さらに，キャリヤーを化学的にドープした SWCNT 薄膜[13] においても同様の振舞いが観測されている．また，1 本の MWCNT[10] では，普遍的コンダクタンスの揺らぎ[14] も観測されている．これらの実験結果から，磁場を CNT 軸に垂直に印加した場合には，CNT 内の欠陥や CNT 間の接合部分の影響が多く，外因的効果の寄与が大きいことが推測され，今後，本質的な実験

[†] 導体内の不純物や格子欠陥などの乱れは，平面波的に広がっている電子を局在させる効果がある．この効果が大きいと，物質は絶縁体になるが，導体から絶縁体への変化は突然起こるわけではない．すなわち，導体内部に電子を局在化させる効果があって，電気伝導に影響している場合がある．この効果を弱局在効果と呼び，3 次元系よりも 2 次元系で顕著に現れる．弱局在効果は，電子波の散乱による干渉効果として理解できる．

結果と理論[1),15),16)]との比較が期待される状況にある。

引用・参考文献

1) H. Ajiki and T. Ando : Electronic States of Carbon Nanotubes, J. Phys. Soc. Jpn., **62**, 1255 (1993)
2) A. Bachtold, et al. : Aharonov-Bohm oscillations in carbon nanotubes, Nature, **397**, 673 (1999)
3) B. L. Al'tshuler, et al. : The Aaronov-Bohm effect in disordered conductors, JETP Lett., **33**, 91 (1981)
4) A. Fujiwara, et al. : Quantum interference of electrons in multiwall carbon nanotubes, Phys. Rev. B, **60**, 13492 (1999)
5) U. C. Coskun, et al. : h/e magnetic flux modulation of the energy gap in nanotube quantum dot, Science, **304**, 1132 (2004)
6) B. Lassagne, et al. : Aharonov-Bohm conductance modulation in ballistic carbon nanotubes, Phys. Rev. Lett., **98**, 176802 (2007)
7) S. Zaric, et al. : Optical signatures of the Aharonov-Bohm phase in single-walled carbon nanotubes, Science, **304**, 1129 (2004)
8) Y. Oshima, et al. : Intrinsic magnetoresistance of single-walled carbon nanotubes probed by a noncontact method, Phys. Rev. Lett., **104**, 016803 (2010)
9) S. N. Song, et al. : Electronic properties of graphite nanotubules from galvanomagnetic effects, Phys Rev. Lett., **72**, 697 (1994)
10) L. Langer, et al. : Quantum transport in multiwalled carbon nanotube, Phys. Rev. Lett., **76**, 479 (1996)
11) G. T. Kim, et al. : Magnetoresistance of an entangled single-wall carbon-nanotube network, Phys. Rev. B, **58**, 16064 (1998)
12) G.C. McIntosh, et al. : Orientation dependence of magneto-resistance behaviour in a carbon nanotube rope, Thin Solid Films, **417**, 67 (2002)
13) T. Takano, et al. : Enhancement of carrier hopping by doping in single walled carbon nanotube films, J. Phys. Soc. Jpn., **77**, 124709 (2008)
14) 例えば，解説として，福山秀敏編：メゾスコピック系の物理（シリーズ物性物理の新展開），丸善（1996）
15) T. Ando and T. Seri : Quantum transport in carbon nanotube in magnetic fields, J. Phys. Soc. Jpn., **66**, 3558 (1997)
16) T. Ando and T. Nakanishi : Impurity scattering in carbon nanotubes-Absence of back scattering-, J. Phys. Soc. Jpn., **67**, 1704 (1998)

5.4 ナノ炭素の磁気状態

グラファイトやダイヤモンドに代表される炭素物質は，その結合様式をsp^2やsp^3と表すことが多い。前者は一つのs軌道と二つのp軌道が混成を起こし，後者は一つのs軌道と三つのp軌道が混成を起こしている。グラファイトはsp^2結合しており，六角網面状の原子配列をとる。残る一つのp軌道はこの面に対して垂直方向に伸びており，隣り合う軌道とπ結合する。ダイヤモンドはsp^3結合をし，立体的な原子配列となる。これらの物質の磁性は，温度に依存しない反磁性を示す。CNTやグラフェンはsp^2結合した炭素原子ネットワークで構成され，グラファイトと同様な反磁性を示す。グラファイトはπ電子の存在により，磁場をc軸に平行（六角網面に垂直）にかけた場合と，垂直（六角網面に平行）にかけた場合とで，反磁性磁化率の値が大きく異なる。図5.15に磁場Hを高配向熱延展グラファイト（highly oriented pyrolytic graphite, HOPG）のc軸に平行にかけた場合の磁化率（$\chi_\parallel$）と，垂直にかけた場合の磁化率（$\chi_\perp$）の温度依存性を示す。$\chi_\perp$は小さな負の値を示すのに対し，$\chi_\parallel$は大きな負の値を示す。$\chi_\parallel$が大きな負の値を示す理由は，6員環に誘起される反磁性リング電流によるものである。また，$\chi_\parallel$に現れる温度依存性はA. S. Kotosonovの理論によれば[1)]，グラファイトの端でπ電子が散乱される確率が高くなれば強く現れることがわかっており，グラファイトの格子欠陥や面欠陥の割合に依存する。このような温度依存性はグラファイトナノ粒子でも観察されている[2)]。

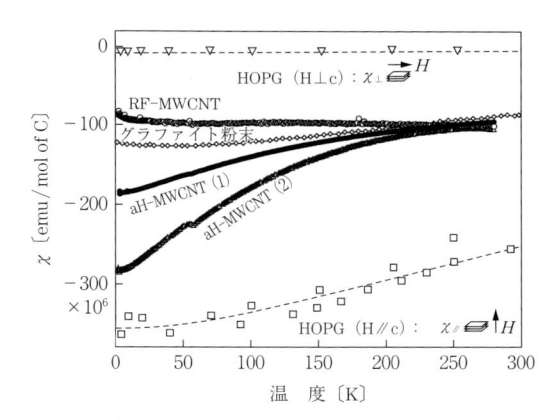

図5.15 各種MWCNTの磁化率の温度依存性。aH-MWCNTは水素ガス中アーク放電法で作製したMWCNTを表し，RF-MWCNTは高周波プラズマ法で作製したMWCNTである。

グラファイト粉末は小さなHOPGの集まりと考えることができ，磁化率は$(2\chi_\perp + \chi_\parallel)/3$で計算することができる。図5.15には，このような一般的なグラファイトと各種MWCNTの磁化率の温度依存性が示されている[3)]。図中に試料記号としてaH-MWCNTと記載されているものは，純粋な水素雰囲気中で炭素電極間に直流アーク放電を行うことにより作製したMWCNT（純度90%以上）である[4)]。試料記号のあと

に付けた番号は異なったバッチの試料であることを示す。Kotosonov の理論を適用すれば，この MWCNT には格子欠陥などが含まれ，その割合は作製条件により変化し，aH-MWCNT(1) のほうが結晶性の高い MWCNT であることがわかる。RF-MWCNT は，アルゴンに 14％の水素を添加した雰囲気ガス中で高周波プラズマを発生させ，その中で先端をとがらせた炭素棒を蒸発させることにより作製した MWCNT である[5),6)]。RF-MWCNT の磁化率はほとんど温度変化がなく，結晶性が非常に高いことがわかる。図 5.16 は RF-MWCNT の高分解能電子顕微鏡像である。まっすぐに伸びたきれいな (002) 面からの格子像を確認することができ，この写真からも高い結晶性を有する MWCNT であることがわかる。

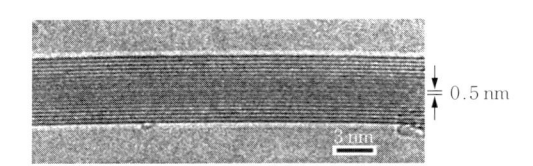

図 5.16 高周波プラズマ法で作製した高結晶性 MWCNT

MWCNT は，基本的にグラファイトと同様な磁気的性質を有し，その反磁性磁化率の温度依存性を用いることにより，結晶性を判断することができる。SWCNT も同様な磁性を示すことが予想できるが，SWCNT を成長させるためには鉄，コバルト，ニッケルなどの磁性触媒が必要であるため，信頼できる磁性データが得られていない。

つぎに，CNT を短く切り，その先端が円錐でキャップされたような閉じた構造を持つナノホーンの磁性について説明する。まず，ナノホーンの電子顕微鏡像とその模式図を図 5.17 に示す。

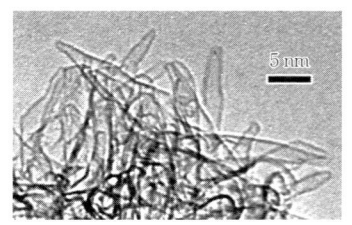

図 5.17 ナノホーン集合体の電子顕微鏡像と 1 個のナノホーンの模式図（右図）

ナノホーンもまた CNT と同様に sp^2 結合した炭素原子が形成する 6 員環ネットワーク構造を有し，このネットワーク中に 5 個の 5 員環を導入することにより，円錐状のキャップ部分が形成される。MWCNT は反磁性磁化率を示し，不対電子は存在しないが，ナノホーンは電子スピン共鳴（ESR）に対して活性であり，不対電子が存在する。ナノホーンからの ESR は興味ある特性を示し，ESR 線幅はナノホーンの周りの酸素分圧（濃度）に依存する。図 5.18 にその様子を示す。

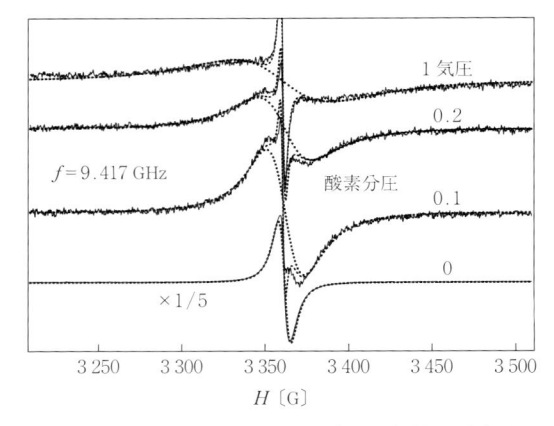

図 5.18 ナノホーンからの電子スピン共鳴線幅の酸素分圧依存性。太い破線で示した成分の線幅が酸素の分圧（濃度）に依存する。ただし，その積分強度は一定である。狭い線幅を示す成分は，不純物からの信号と考えられる。

このような線幅の変化は Ar ガスや窒素ガス中では認められず，ガスの圧力によらず，図 5.18 の酸素分圧が 0 気圧のときの線幅に対応する ESR 信号を与える。このような ESR 信号を与える不対電子がナノホーンのどの部分に存在するのかは明らかにされていないが，ESR 線幅の酸素分圧依存性は以下のように考えると定性的に説明できる。ナノホーン上の不対電子の近くを酸素分子が通り過ぎると，酸素分子が持つ $S=1$ の電子スピンと磁気双極子相互作用をして，ナノホーン上の不対電子の才差運動の位相が乱され，緩和時間が短くなる。ESR 線幅は，緩和時間に反比例するため，高い酸素分圧の下では速く緩和し，線幅が広くなるものと考えられる。Ar や窒素ガスは磁気モーメントを持たないため，このような効果は期待できない。図 5.19 は，ナノホーンからの ESR 信号の線幅の 2 乗と酸素分圧の関係を示したものである。非常によい直線性を示す。

SWCNT からの電子スピン共鳴は，当初，伝導電子に起因するダイソニアン型の非対称吸収線を与えると報告された[7),8)]。しかし，CNT の純度を上げると ESR は検出されなくなり，SWCNT は電子スピン共鳴に対して活性ではないことがわかってきた[9)～11)]。このようなことから，ナノホーンが ESR 活性であることは特異であり，かつ，不対電子を持つという面からも興

5.4 ナノ炭素の磁気状態

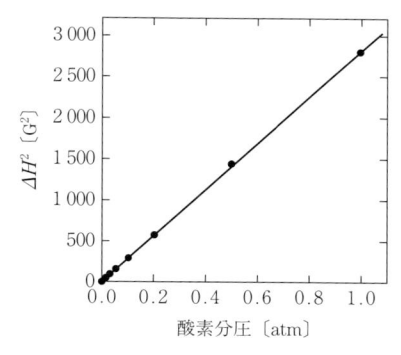

図 5.19 ナノホーンからの ESR 信号の線幅の 2 乗と酸素分圧の関係

味あるナノ炭素物質である。

ナノホーンには不対電子が存在し，CNT とは異なる磁気状態を示すが，その骨格（原子配列）は sp^2 結合したグラフェンであり，芳香族特有の反磁性磁化率成分も存在することが予想できる。そしてナノホーンの構造は，CNT と C_{60} や C_{70} に代表されるフラーレン分子との間に位置するものと考えることができ，磁気的性質もそれらの中間的な性質を持つはずである。図 5.20 にその測定結果を示す[12]。

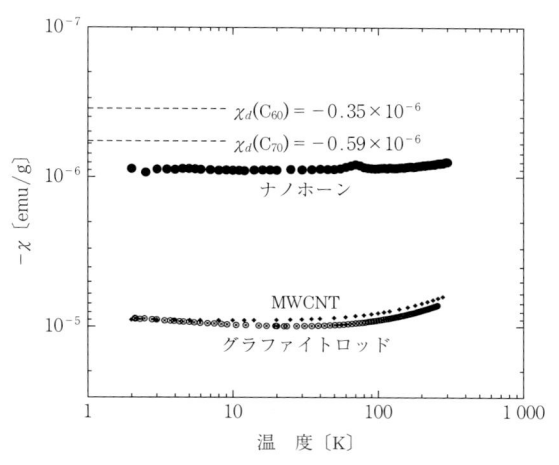

図 5.20 ナノホーンの反磁性磁化率の大きさとフラーレンや CNT の反磁性磁化率の大きさの関係

予測したように，ナノホーンの反磁性磁化率は，C_{60} や C_{70} のフラーレン分子と MWCNT との間の中間的な大きさを持っていることがわかる。なお，前述した不対電子による常磁性成分（Curie 成分）は室温で 10^{-9}〜10^{-8} emu/g であり，反磁性磁化率の大きさに対して非常に小さく，磁化率の値にはほとんど寄与しないことを注記しておく。ナノホーンの反磁性磁化率の大きさを定性的に説明するために，個々のナノホー

ンや CNT 1 本を巨大分子と考えると，C_{60}，C_{70}，ナノホーン，そして，MWCNT の順番で系を構成する 6 員環の数は多くなっていくことがわかる。この数に依存して，反磁性磁化率の値がグラファイトの値に漸近していくものと考えればよい。

CNT はグラファイトに類似した反磁性磁化率を示し，ナノホーンも同様な磁性を示すが，不対電子が存在する。この不対電子の起源はまだ不明であるが，グラフェンの端に現れるジグザグ構造に不対電子が局在し，それらの不対電子は強磁性的に配列することが理論的に予測されている。ナノ炭素物質の中に泡状ナノ炭素（カーボンナノフォーム：carbon nanofoam）と呼ばれるものがあり，90 K 以下の温度領域で強磁性体になることが報告されている[13), 14)]。カーボンナノフォームの推定構造として，図 5.21 に示されるような複数の小さなグラフェンが互いにランダムな方位で架橋し，空間の多い 3 次元的ネットワークを形成した構造が提案されている[15)]。この構造の特徴として，グラフェンの端の部分に別のグラフェンシートが立体的に覆いかぶさり，ジグザグ端が空気に露出しないようになっていることが挙げられる。このような構造により磁性を担うジグザグ端が保護され，強磁性発現の原因になっているものと考えられる。

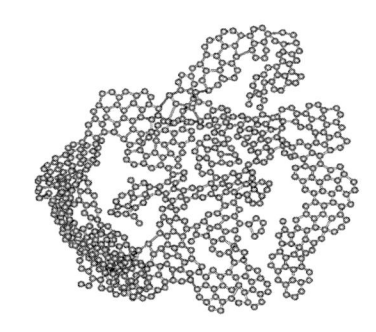

図 5.21 カーボンナノフォームの推定構造図

カーボンナノフォームは，炭素を繰返し周期の速い（10〜25 kHz）パルス YAG レーザーを用いて Ar 中で蒸発させることにより作製され，2004 年にその強磁性が報告されている[13)]。しかし，強い磁性は試料を空気中に放置することにより弱くなる。これは多孔質ナノフォーム粒子の中に徐々に空気中の成分である酸素や水が侵入し，グラフェンのジグザグ端で化学反応を起こし，磁性がなくなって行ったものと考えることができる。同様なカーボンナノフォームは，1 000℃ 程度の水素を含む Ar ガス中（水素濃度 3〜10％ 程度）で，炭素を 10 Hz のパルス YAG レーザーを用いて蒸発させることでも作ることができる。このようにして

作製したナノフォームは室温でも磁石に引き寄せられ，かつ，空気中に放置しても磁性はほとんど変化しない[16]。図5.22にカーボンナノフォームのTEM像を示す。

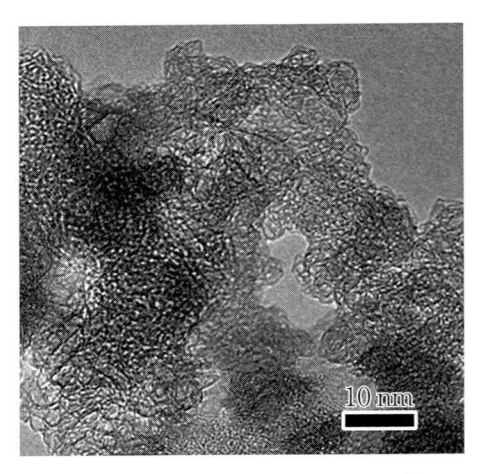

図5.22 カーボンナノフォームのTEM像

線状のコントラストはグラフェン面を横から見たときに現れるものであり，このような線状コントラストに囲まれた多くの細孔が確認できる。

つぎに，図5.23にいろいろな水素濃度で作製したカーボンナノフォームの磁化曲線を示す。注目すべき点は，100％の高温Arガス中で作製した試料は，強い磁性を示さないこと，さらに，室温の磁化曲線にはヒステリシスが観察されず，10 000 G（1 T）程度の磁場で磁化は飽和してしまうことである。通常の$S=1/2$の不対電子系では，10^7 G もの強い磁場をかけない限り，室温ではこのような飽和現象を観察することはできない。このような磁化曲線の解析は，ランジュバン（Langevin）関数を用いたフィッティングにより行う。以下にランジュバン関数による磁化の表式とフィッティングによる解析結果を説明する。

磁気相互作用が非常に弱く熱的に揺らいでいる古典的な磁気モーメントによる磁化 M は，磁場 H と温度 T を用いて式 (5.3) で表すことができる。

$$M = N\mu_\mathrm{eff} \cdot L(x) \tag{5.3}$$

ただし，$L(x)$ はランジュバン関数であり，次式のように表される。

$$L(x) = \coth x - \frac{1}{x}, \quad x = \frac{\mu_\mathrm{eff} H}{\kappa_\mathrm{B} T} \tag{5.4}$$

ここで，μ_eff は有効磁気モーメントを表し，$\mu_\mathrm{eff} = gS\mu_\mathrm{B}$ で表される。通常 $g=2$ と置いてよいため，$S=1/2$ の場合，$\mu_\mathrm{eff}=\mu_\mathrm{B}$ となる（μ_B はボーア磁子）。N は単位体積や単位質量当りの μ_eff の数である。N をどのように選ぶかにより，M の単位が決まる。一般的には単位体積当りの量を取ることが多く，磁化 M の単位として，単に emu や G（ガウス）と表されるが，これは emu・G/cm^3 を表すものである。式 (5.3) を用いて，図5.23（a）に示す3％の水素雰囲気中で作製したカーボンナノフォームの室温での磁化曲線のフィッティングを行うと，有効磁気モーメントの値として～8 800 μ_B という巨大な値が必要となり，強磁性的にスピン配列した単磁区が熱的に揺らいでいる超常磁性体となっていることがわかる。このような単磁区の熱揺らぎは低温で起こらなくなり，磁区の向きが結晶場により固定され，ゼロ磁場においても残留磁化を

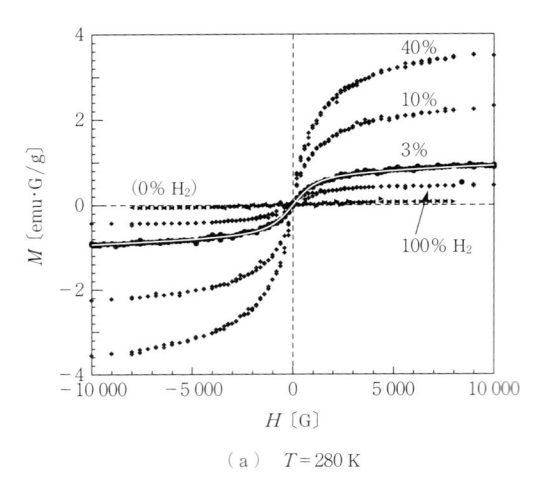

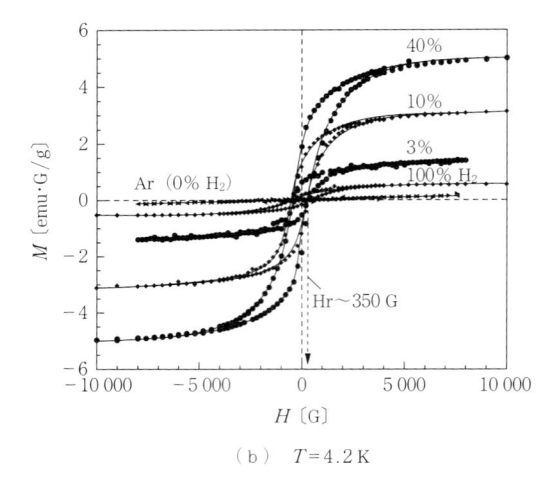

(a) $T = 280$ K

(b) $T = 4.2$ K

図5.23 各種水素雰囲気濃度中で作製したカーボンナノフォームの磁化曲線。水素濃度3％の条件で作製されたナノフォームの磁化曲線上に描かれた曲線は，式 (5.3) を用いたフィッティング曲線である。

持つようになる。つまり，4.2Kにおいて検出されるヒステリシスは，超常磁性のブロッキング現象によるものである。なお，室温における磁化曲線の解析を行うと，有効磁気モーメントの大きさはそれぞれの試料で大きな違いはなく，Nの値のみが異なるという結果が得られる。つまり，水素濃度を変えることにより，磁性を持つカーボンナノフォーム粒子の濃度（個数）のみが変化すると考えればよい。

ナノ炭素の磁性は，一般的なグラファイトに類似する特徴を持つものから，強磁性体になるものまで多様である。炭素は軽元素材料であり，ナノ炭素材料は磁性体応用をも含む領域に発展する可能性を持っている。

引用・参考文献

1) A. S. Kotosonov : Diamagnetism of quasi-two dimensional garaphites, JETP Lett., **43**, 1, 37 (1986)
2) O. E. Andersson. et al. : Structure and electronic properties of graphite nanoparticles, Phys. Rev. B, **58**, 24, 16387 (1998)
3) S. Bandow, et al. : Correlation between diamagnetic susceptibility and electron spin resonance feature for various multiwalled carbon nanotubes, Appl. Phys. A, **87**, 1, 13 (2007)
4) X. Zhao, et al. : Preparation of high-grade carbon nanotubes by hydrogen arc discharge, Carbon, **35**, 6, 775 (1997)
5) A. Koshio, et al. : Metal-free production of high-quality multi-wall carbon nanotubes, in which the innermost nanotubes have a diameter of 0.4 nm, Chem. Phys. Lett., **356**, 5-6, 595 (2002)
6) S. Numao, et al. : Control of the innermost tube diameters in multiwalled carbon nanotubes by the vaporization of boron-containing carbon rod in RF plasma, J. Phys. Chem. C, **111**, 12, 4543 (2007)
7) A. Thess, et al. : Crystalline ropes of metallic carbon nanotubes, Science, **273**, 5274, 483 (1996)
8) P. Petit, et al. : Electron spin resonance and microwave resistivity of single-wall carbon nanotubes, Phys. Rev. B, **56**, 15, 9275 (1997)
9) A. S. Claye, et al. : Structure and electronic properties of potassium-doped single-wall carbon nanotubes, Phys. Rev. B, **62**, 8, R4845 (2000)
10) S. Bandow, et al. : Purification and magnetic properties of carbon nanotubes, Appl. Phys. A, **67**, 1, 23 (1998)
11) L. Forró, et al. : in Science and Application of nanotubes, edited by D. Tománek and R. J. Enbody, Kluwer pp.287〜320 (2000)
12) S. Bandow, et al. : Unique magnetism observed in single-wall carbon nanohorns, Appl. Phys. A, **73**, 3, 281 (2001)
13) A. V. Rode, et al. : Unconventional magnetism in all-carbon nanofoam, Phys. Rev. B, **70**, 5, 054407 (2004)
14) D. Arčon, et al. : Origin of magnetic moments in carbon nanofoam, Phys. Rev. B, **74**, 1, 014438 (2006)
15) D. W. M. Lau, et al. : High-temperature formation of concentric fullerene-like structures within foam-like carbon : Experimental and molecular dynamic simulation, Phys. Rev. B, **75**, 23, 233408 (2007)
16) H. Asano, et al. : Strong magnetism observed in carbon nano-particles produced by laser vaporization of carbon pellet in the hydrogen containing Ar balance gas, J. Phys. Condens. Matter, **22**, 33, 334209 (2010)

6. CNTの機械的性質および熱的性質

6.1 CNTの機械的性質

6.1.1 はじめに

CNTは，その直径がナノメートルオーダーで長さが数 μm の高アスペクト比でかつ先端が鋭い。これらの幾何学的な特徴に加え，非常に軽量で弾性率が非常に大きい。当初，これら機械的特性，特に弾性的な特性に関しての理論的な計算が行われた[1]。SWCNTのヤング率はグラファイト面内の弾性率 1.06 TPa と同程度と予測された[2]。この値は，一般的な材料のオーダー，例えばステンレスなどの鋼材で約 0.2 TPa，軽量材のチタン合金の 0.1 TPa と比べ非常に大きい。さらに，これら一般的な材料に比べてはるかに軽量であるため，構造材に非常に適している。

ここでは，1本1本のCNTの機械的な特性の実験手法とその結果を紹介する。

6.1.2 CNTの振動による解析

1996年，M. M. Treacyら[3]は，片端が固定され，他方の端が自由端のMWCNT，いわゆるCNT片持ばりに対する熱振動振幅の温度依存性をTEM観察により直接測定しCNTのヤング率を求めた。長さL，外径d_o，内径d_iのCNTに対するヤング率Yと温度Tにおける熱振動振幅σには式(6.1)の関係がある。

$$\langle \sigma^2 \rangle \approx 0.4243 \frac{16L^3 k_B T}{Y(d_o^4 - d_i^4)} \quad (6.1)$$

ただし，k_Bはボルツマン定数である。この式から明らかなように，熱振動の2乗振幅の温度依存性は直線になり，その傾きからヤング率を求めることができる。同様の方法によって，SWCNTのヤング率も求められた[4,5]。いずれの実験結果もCNTのヤング率は外径に対する大きな依存性はなく，TPaオーダーであることが報告された。

P. Poncharalら[6]はCNT片持ばりに交流電界を印加し静電気力を誘起させ，その交流電界の周波数に対するCNT片持ばりの振幅依存性をTEM像から測定し，機械的共振周波数を求め，実効的な弾性係数を決定した。ここで，「実効的な弾性率」というのは，あとで述べるように小振幅条件の場合にはヤング率と一致する。しかし，振幅が大きいと微小な領域で弾性限界を超えるため，測定された弾性率はヤング率より小さくなる。また，先の熱による振幅依存性測定ではヤング率の温度依存性を同時に測定することになるが，本法ではこの効果が無視できる。外部交流電界でCNT片持ばりを励振したとき，その振動振幅が最大になる周波数がその機械的共振周波数に相当する。ここで，n次の共振周波数f_nとヤング率には式(6.2)の関係がある。

$$f_n = \frac{\beta_n^2}{8\pi L^2} \sqrt{\frac{Y(d_o^2 + d_i^2)}{\rho}} \quad (6.2)$$

ただし，ρは材料の密度，β_nは$\cos \beta_n \cosh \beta_n = -1$の解で，基本振動に相当する$n=1$では，$\beta_1 \approx 1.875$となる。この実験から求められたヤング率には，図6.1に示すような直径依存性が見られた。

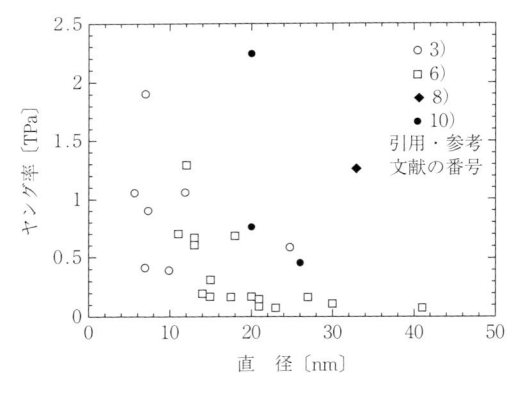

図 6.1 直径とヤング率の関係

直径が10 nm以下の細いCNTは先の報告と同様にTPaオーダーのヤング率を持つが，それ以上の直径のCNTではヤング率が急激に減少し100 GPa前後になった。この原因として，CNTが湾曲する際に，細い場合には一様に湾曲するが，太い場合には湾曲の曲率の内側に小さな波状のひずみを形成することでCNTに蓄えられたひずみエネルギーを開放し，実効的なヤング率が低下すると考えられた。実際このような小さな波状のひずみは，大きく湾曲した状態を保持したCNTの弧の内側で頻繁に観測されている[6]。

電界印加でなく図6.2(a)に示すようにCNTを外

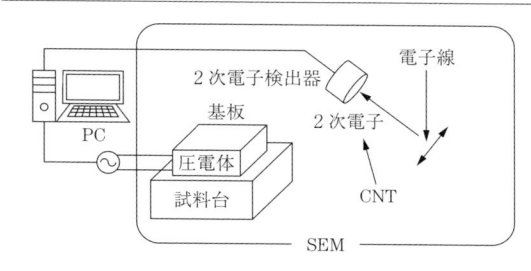

(a) 測定系

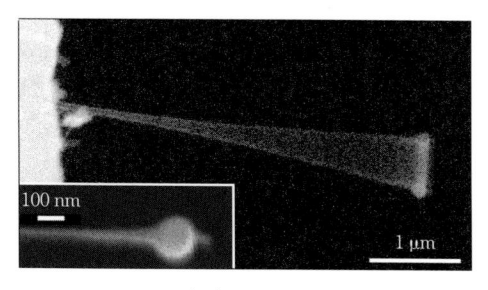

(b) SEM像

図 6.2 共振の測定系と，共振している CNT の SEM 像

部アクチュエーターにより振動させることで共振周波数を計測することも可能である[7]．図（b）に共振している CNT の SEM 像を示す．先の例と同様に共振周波数からヤング率の直径依存性が測定されたが，この場合には小振幅条件で測定された．この場合，図 6.1 に示すように顕著な直径依存性は認められなかった．

6.1.3 静的な横方向からのたわみによる解析

前項の振動解析とは違い，本項で紹介するのは静的な外力を作用したときの CNT の挙動から力学的特性を見積もる方法である．

E. W. Wong ら[8] は，AFM 測定時に測定可能な水平力を測定するモード（LFM）によって基板上に形成した CNT 片持ばりへ横方向に力を作用させ，そのときの作用点の変位から CNT のヤング率を見積もった．個々の CNT 片持ばりについて，作用点の変位と力の大きさから片持ばりのばね定数を測定した．同時に，支点から作用点までの長さを変化することで実効的な CNT の長さを変化した．実効的な長さが x の CNT 片持ばりのばね定数 $k(x)$ は，式 (6.3) で表される．

$$k(x) = \frac{3YI}{x^3}, \quad I = \frac{\pi(d_o^4 - d_i^4)}{64} \tag{6.3}$$

ただし，I は断面 2 次モーメントで断面形状に依存する．このように，ばね定数と実効長さの関係からヤング率が求められる．彼らは LFM の測定を水中で行う

ことで基板と CNT の摩擦力を極力排除した測定を行った．26〜76 nm の CNT に対するヤング率は平均で 1.28 TPa となり（図 6.1 の◆），直径依存性は見られないと報告された．この結果は，Poncharal らの結果とは異なり，直径が 20 nm を超える太い CNT でも 1 TPa 以上の大きなヤング率となる．

SEM のその場観察でも同様の測定が行われた[9), 10)]．得られたヤング率を図 6.1 に●で示す．この方法は，AFM 法とは異なり，測定中にその場で CNT がどのように変形しているかを観察できる，CNT の構造を詳細に SEM で確認できる，力の作用する方向を変化して測定できるという AFM 法にはない利点がある．

図 6.3 に試料とした MWCNT の TEM 像の一例を示す．CNT の根元付近に堆積された数十 nm の層は，CNT と基板との固定を強固にするための非晶質カーボン層で SEM を用いた電子線誘起堆積法[11)] により堆積した．したがって，CNT の有効な長さは 760 nm となっている．このように，CNT 支点は強固であるため，この部分の不安定性が後の機械的な特性の測定に与える影響は少ない．

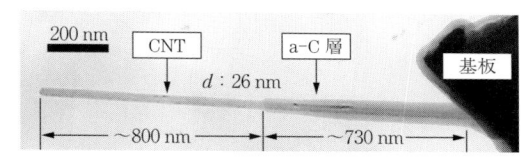

図 6.3 基板に取り付けられた MWCNT の TEM 像

CNT の力学的な測定の手順は以下のとおりである．図 6.4 に示すような配置で CNT と力センサーとしてのばね定数が 0.02 nN/nm の柔らかいコンタクトモー

図 6.4 CNT の横方向荷重測定の模式図

ド用の AFM カンチレバーをセットする。CNT を水平方向へ柔らかいカンチレバーに押し当てるように動かす。このとき生じるカンチレバーの変位を測定することで CNT に作用する力を定量的に測定できる。ここで，CNT とカンチレバーとの重なり長さを変えることで，実効的に変位している CNT の長さを変えて測定することができる。この測定モードは前節の AFM による力学的特性の測定モードと同じである。

CNT 軸の横方向から作用する力と CNT の曲がり量の関係を図 6.5 に示す。小さな変位領域の曲がり量は，いずれの実効的長さにおいても横方向に作用する力に比例する。ある領域を超えて変位を加えると CNT は折れ曲がり，グラフの傾きは非常に緩やかになる。この折れ曲がりを起こす前の小さな加重領域を線形領域と呼ぶ。線形領域の傾きは CNT 片持ばりのばね定数に相当する。この直径 26 nm，長さ 760 nm の CNT 片持ばりのばね定数は 0.1N/m となる。

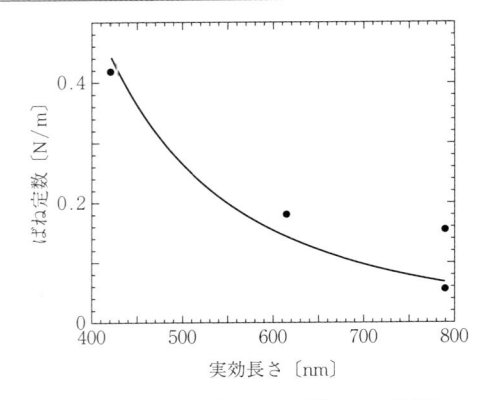

図 6.6 CNT 片持ばりのばね定数の長さ依存性

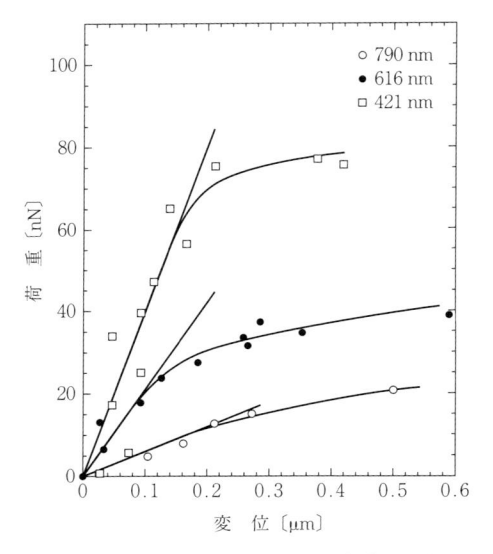

図 6.5 CNT 片持ばりのたわみと荷重の関係

ばね定数の実効的な CNT の長さ依存性を式 (6.3) でヤング率をパラメーターとしフィットした結果を図 6.6 に示す。フィッティングから求めたヤング率は 0.5 TPa となった。

AFM によるもう一つの方法として図 6.7 に示すように両持ばり構造の CNT の中心付近を AFM 探針で荷重 F をかけ，そのたわみ量 δ から実効的な弾性率 E_B が求められた[12), 13)]。

ここでたわみ量 δ は曲げ成分 δ_B とせん断成分 δ_S の和であり

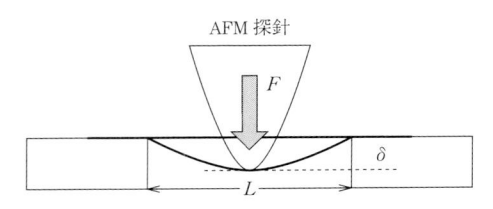

図 6.7 両持ばり CNT の AFM によるたわみ測定の模式図

$$\delta = \delta_B + \delta_S = \frac{FL^3}{192 E_B I} + \frac{f_s FL}{4 GA} \qquad (6.4)$$

となる。ただし，G はせん断率，A は断面積，f_s は形状因子で円柱の場合は 10/9 となる。この式から明らかなように，L/A が大きい場合には弾性率の因子が大きくなり，求めた実効的な弾性率はヤング率と等しくなる。逆の場合にはせん断率の寄与が大きくなり，直径の増加に伴い実効的な弾性率が低下する。図 6.8

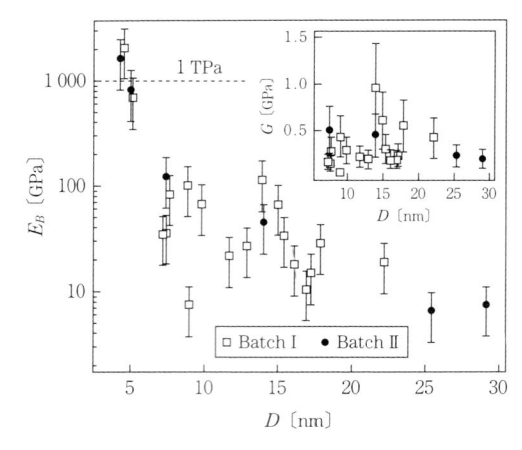

図 6.8 MWCNT バンドル直径と実効的弾性率の関係。挿入図はヤング率を 1 TPa 一定として求められたせん断定数[13)]（許可を得て転載）

に平均直径が 5〜6 nm の MWCNT で構成されたバンドル状のロープ直径とたわみから求められた実効的な弾性率の関係を示す。5 nm 近辺の弾性率は 1 本の MWCNT の値を反映しており，ほぼこれまでの報告どおり 1 TPa 程度と報告された。一方，バンドルの実効的な弾性率はバンドル直径の増加とともに急激に減少し 20〜30 nm のバンドルでは 10 GPa 以下となっている。バンドル CNT を機械的な用途に使用する場合には注意が必要であると思われる。図中の挿入図は 1 本の CNT のヤング率を 1 TPa として求められたせん断率で，バンドル直径にほとんど依存しない。

6.1.4 オイラーの座屈荷重による解析

図 6.9 に示すように CNT の軸方向に力を加え CNT を垂直方向に動かす。このとき生じる柔らかいカンチレバーの変位を測定することで CNT に作用する力を定量的に測定できる。

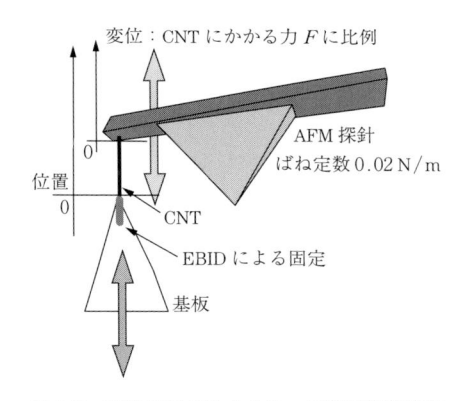

図 6.9 CNT に対するオイラーの座屈荷重測定の模式図

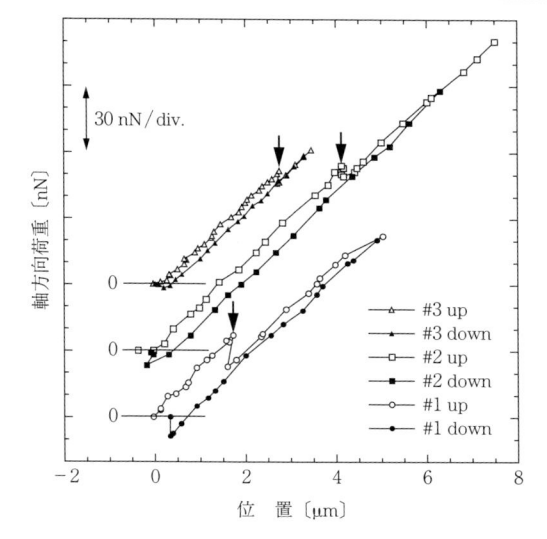

図 6.10 オイラーの座屈荷重の測定例。白抜きのマークが荷重をかける方向で，塗りつぶしたマークが除加の方向。図中，太矢印の荷重で座屈が起こっている。

図 6.10 に 3 本の異なる CNT に対する CNT 軸方向に作用する力と Si カンチレバーの変位量の関係を示す。CNT へ作用する力は変位量に比例して大きくなり CNT が特に大きく変形していないことを示している。

ある力が CNT 軸方向に作用すると力が突然減少する。このとき，SEM 像で確認すると CNT は直線状態から折れ曲がったことがわかった。例えば図 6.3 に TEM 像を示した #2 の場合，非晶質カーボン層で補強した境界近傍で折れ曲がった。このような軸方向加重による折れ曲がり現象をオイラーの座屈といい，このときの力をオイラーの座屈加重という。座屈加重 F_B とヤング率 Y の関係は式 (6.5) で表される。

$$F_B = \lambda \frac{\pi^2 Y I}{L^2} \qquad (6.5)$$

ただし，λ は CNT 両端の固定状態で決定される境界条件である。CNT 両端が自由回転できる場合には $\lambda = 1$，片端が自由端，もう一方が固定端の場合には $\lambda = 1/4$ となる。本実験の場合，片端は完全固定であるが柔らかいカンチレバーとの接点は，CNT 先端とカンチレバーの摩擦のために，自由端と自由回転端の間の境界条件をとると考えられる。そこで $\lambda = 1/2$ と仮定し，測定した F_B からヤング率を求めた。

先に示した軸の横方向から求めた値と軸方向に作用する力から求めたヤング率 (0.5 TPa) は良い一致を示した。この実験結果から，CNT のような微小でかつ非等方的な構造に対して等方的な物質に対する古典的な連続体の考え方で実験結果を解析しても矛盾がないことがわかる。経験的ポテンシャルを用いた分子動力学計算からも小ひずみ領域では従来の連続体理論で説明できることが報告されている。

鋼材などの場合には線形領域を超える横加重が加わった場合や，オイラーの座屈加重を超えた加重が加わったときには塑性変形を引き起こし，加重を取り去っても元の状態には戻らない。しかし CNT の場合，加重を除去することで，実験誤差内で繰返し同じ特性の測定が可能である。このように，CNT は繰返し加重に対して非常に大きな抵抗力を持つ。

CNT に対する計算では，折れ曲がり点近傍の炭素の結合が負荷を除去したのち，6 員環のネットワークが二つの 5 員環と 7 員環の組合せに置き換わり，塑性変形することが報告された[14]。このような結合の変換が起こっても巨視的なチューブ構造は保っており，さ

6.1.5 引張破断強度

CNT の引張破断強度[15]の実験によると，CNT は真ん中で引き裂かれるのではなく，「さや」と「芯」のように，多層の外側から内側の層が引き抜かれたような形で分離することが報告されている。その引張強度は 30 GPa 以上であり，従来のカーボンファイバーよりも大きいが，SWCNT の理論値には及ばない。このように，期待値よりも小さな値しか示さないのは，CNT の欠陥や多層化に起因すると考えられている。

6.1.6 ま と め

表 6.1 にヤング率，破断強度の理論値と SWCNT，MWCNT の実験値との比較を示す。SWCNT は理論で期待される値にほぼ等しい。一方，実験で求められた MWCNT のヤング率と直径の関係をまとめた図 6.1 を見ると，機械的共振周波数から求めた報告以外ではヤング率と直径には明確な相関はない。これらのヤング率のばらつきは個々の CNT の持つ構造に起因すると思われる。例えば，長い CNT の場合には全体が均一でなく，その途中に節のような構造や直径の変化が見られることも少なくない。また，繰り返し測定を行ったために塑性変形のような観察が困難な欠陥が導入された可能性もある。

表 6.1 ヤング率，破断強度の理論値と SWCNT，MWCNT の実験値との比較

	ヤング率〔TPa〕	破断強度〔GPa〕
理論値[16]	～1	～100 カイラリティに依存
SWCNT	～1	13～53
MWCNT	0.1～4	11～150

引用・参考文献

1) G. Overney, W. Zhong and D. Tomanek：Z. Phys. D, **27**, 93 (1993)
2) H. Dai, J. H. Hafner, A. G. Rinzler, D. T. Colbert and R. E. Smalley：Nature, **384**, 147 (1996)
3) M. M. Treacy, T. W. Ebbesen and J. M. Gibson：Nature, **381**, 678 (1996)
4) A. Krishnan, E. Dujardin, T. W. Ebbesen, P. N. Yianilos and M. M. Treacy：Phys. Rev. B, **58**, 14013 (1998)
5) N. Yao and V. Lordi：J. Appl. Phys., **84**, 1939 (1998)
6) P. Poncharal, Z. L. Wang, D. Ugarte and W. A. Heer：Science, **283**, 1516 (1999)
7) M. Nishio, S. Sawaya, S. Akita and Y. Nakayama：Appl. Phys. Lett., **86**, 133111 (2005)
8) E. W. Wong, P. E. Sheehan and C. M. Lieber：Science, **277**, 1971 (1997)
9) S. Akita, H. Nishijima, Y. Nakayama, F. Tokumasu and K. Takeyasu：J. Phys. D：Appl. Phys., **32**, 1044 (1999)
10) S. Akita, H. Nishijima, T. Kishida and Y. Nakayama：Jpn. J. Appl. Phys., **39**, 3724 (2000)
11) H. W. P. Koops, J. Kretz, M. Roudolph, M. Weber, G. Dahm and K. Lee：Jpn. J. Appl. Phys., **33**, 7099 (1994)
12) J. P. Salvetat, G. A. D. Briggs, J. M. Bonard, R. R. Bacsa, A. J. Kulik, T. Stöckli, N. A. Burnham and L. Forró：Phys. Rev. Lett., **82**, 944 (1999)
13) B. Lukić, J. W. Seo, R. R. Bacsa, S. Delpeux, F. Béguin, G. Bister, A. Fonseca, J. B. Nagy, A. Kis, S. Jeney, A. J. Kulik and L. Forró：Nano Lett., **5**, 2074 (2005)
14) 渋谷陽二，塩崎幹夫，釘宮哲也，冨田佳宏：日本金属学会誌，**63**, 1262 (1999)
15) M. Yu, O. Lourie, M. J. Dyer, K. Moloni, T. F. Kelly and R. S. Ruoff：Science, **287**, 637 (2000)
16) H. Mori, Y. Hirai, S. Ogata, S. Akita and Y. Nakayama：Jpn. J. Appl. Phys., **44**, L1307 (2005)

6.2 CNT 撚糸(ねんし)の作製と特性

6.2.1 は じ め に

CNT の特徴はチューブのねじれによって，電気的に半導体的性質や金属的性質を示すことである。また，鋼と比べて 200 倍以上もの高い引張強度を持ち，比重は鋼の 1/5 と軽い。したがって，夢の宇宙エレベーターに使える導電性ロープを具現化できる素材として期待されている。

CNT を用いてロープを作る（ことを考えた）場合，欠陥のない長尺の CNT を撚り合わせるのが最善である。しかし，現在は長くてもセンチメートルオーダーのものしか合成できていない。将来にはいくらでも長い CNT の合成が可能になるのかもしれないが，現在は数百 μm から mm の長さの CNT をうまく使う方法を考えるのが最善である。最近報告されている方法の一つは，樹脂に複合化して長い繊維を作るものである[1]。もう一つは CNT だけで繊維を作るものであり，ブラシ状の CNT 束から紡糸(ぼうし)を撚糸する方法[2]～[4]と気相中で合成され浮遊している CNT を綿菓子を作るように巻き取っていく方法[5],[6]である。本項では，まず CNT の機械的性質について概略を整理し，つぎにブラシ状 CNT から CNT 撚糸を作るプロセスと作られた撚糸の特性について紹介する。

6.2.2 CNT の機械的性質

CNT の炭素結合の基本は sp^2 結合である。これが，CNT の強い機械的性質を生み出している。ヤング率は 1 TPa 程度，引張強度も 100 GPa 程度とこの世に存

在する物質中最大である[7]。ちなみに鋼のヤング率および引張強度はそれぞれ200 GPa，0.4 GPaである。CNTはその比重が鋼の1/5であることを考え合わせると，いかに軽量で強靱であるかが理解できる。

有限の長さのCNTに撚りを掛けて糸にしたときにどれだけの強度が望めるのだろうか。一般の撚糸では，その引張強度S_yは次式で見積もられる[8]。

$$S_y = S_c \cos^2\theta \cdot \left(1 - \frac{1}{3L\sin\theta}\sqrt{\frac{dl}{\mu}}\right) \quad (6.6)$$

ここでS_c，L，dはそれぞれ構成している繊維の引張強度と長さ，直径，μは構成している繊維間の摩擦係数，θは撚りの角度，lは撚糸の表面にある構成繊維が中に沈み込める距離である。この式がCNTにも適用できるとすると，CNTはきわめて大きいS_cを持つので優位である。θを0に近づけると，$\cos^2\theta$は1に近づくがCNT間の相互作用が弱いので十分な引張強度が現れない。$\{1-(\sqrt{dl/\mu}/3L)\csc\theta\}$が相互作用を与える項である。つまり，適切な撚りを入れて隣接するCNT間の相互作用を利用することが必要である。

6.2.3 ブラシ状CNTからの撚糸
〔1〕 CNT の 合 成

CNT撚糸を作るために使われるブラシ状CNTはCVD法により合成された多層のものである。基板はSiウェーハあるいはSiO$_2$で被覆されたSiウェーハが多く使われる。その上に触媒として3〜5 nmのFe薄膜を設ける。これを反応管内に設置し，大気圧のHeやArガス雰囲気中で700℃程度の温度まで昇温する。そこに炭素源の原料ガス，多くはアセチレンガスを導入する。数秒から十分程度で100〜400 μmの高さのブラシ状CNTが基板上に合成される。この成長は成長点が基板上にあるボトム成長である。図6.11（a）に合成されたブラシ状CNTのSEM写真の一例を示す。チューブ径は約10 nmである。高倍率の写真からわかるようにCNTはうねりを持ち所々で隣接したCNTと接している。この適度な接触が得られるように密度の高いブラシ状CNTを合成することが，CNT糸を引き出すのに重要である。

CNTの高密度化に有用な知見が報告されている。Fe薄膜は合成温度の700℃に近づくと微粒化する。鉄微粒子は，時間とともに基板表面を泳動し，他の微粒子と出会うと融合する。これによって，微粒子のサイズが大きくなり，その密度が減少する。つまり，CNTの高密度化が阻害される。このとき合成されたブラシ状CNTの一例を図（b）に示す。CNTはまっ

（a） 紡糸可能なCNT

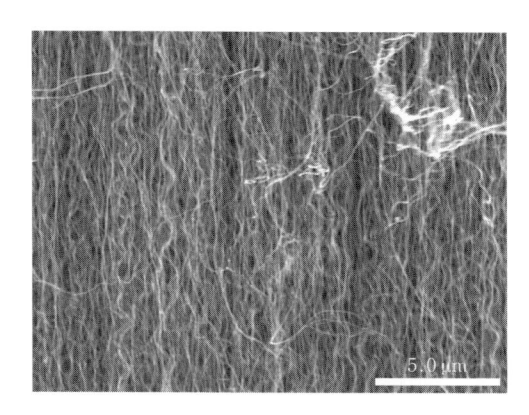

（b） 紡糸困難なCNT

図6.11 Si基板上に合成された配向ブラシ状CNTのSEM像

すぐではなく波状であることが特徴である。CNTの密度が低いために垂直成長するときに隣接するCNTとの空間が十分あり波状になると考えられる。レポートに見られる合成温度までの昇温時間の多くは15分程度と比較的短い。また，合成温度に達したらただちに原料ガスを導入している[9],[10]。

〔2〕 CNT の 撚 糸

ブラシ状CNTの端部分をつまみ基板表面に平行方向に引っ張ることにより，つまみ出した幅のCNTシートが引き出される。引き出されたシートに撚りを掛けると糸になる[2]〜[4]。図6.12に基板上のブラシ状CNTから撚掛けしながら引き出している様子を示す[4]。ブラシ状CNTの端から基板表面に平行に160 μmの長さのCNTが連らなって引き出され，撚掛けによって〜7 μmの太さの1本の糸として取り出されている[4]。断面を貫くCNTの本数は10^5本程度ある。綿繊維やウール繊維の〜80本や〜200本に比べるときわめて多い。撚りの回転速度として2 000〜30 000

134 6. CNTの機械的性質および熱的性質

CNT繊維状集合体の撚掛け

100 μm

CNT撚糸

1 μm

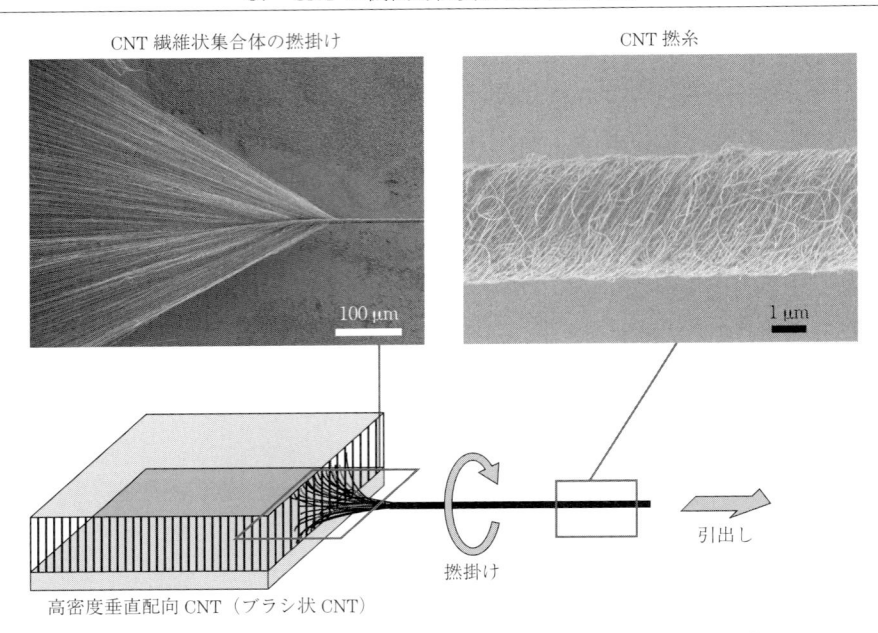

高密度垂直配向CNT（ブラシ状CNT）

撚掛け

引出し

図6.12 基板上のブラシ状CNTから撚掛けしながら引き出している様子[4]

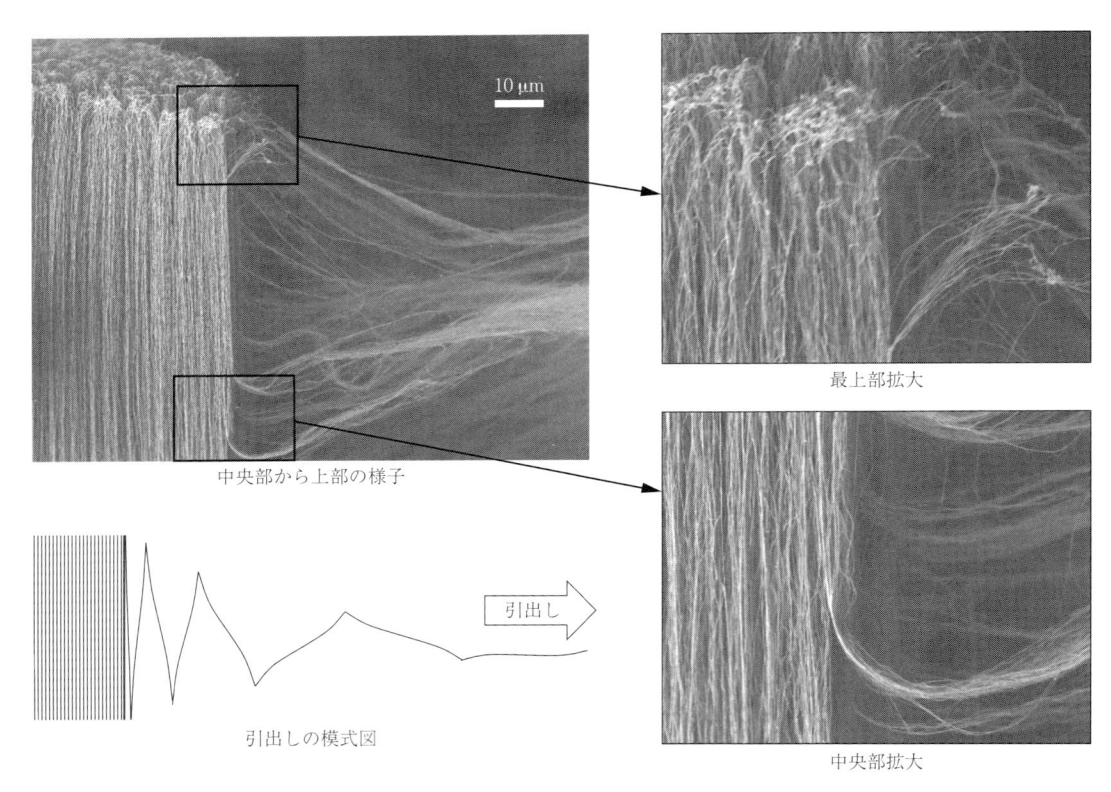

10 μm

中央部から上部の様子

最上部拡大

引出しの模式図

引出し

中央部拡大

図6.13 横から見たブラシ状CNTからCNT繊維が引き出されている様子[4]

rpm が，また撚り数として $10^4 \sim 10^5$ turn/m が試みられている[3), 12)]。一般の繊維で撚りの多い場合でも1 000 turn/m であることを考えると 10 倍から 100 倍高い。単位長さ当りの撚り数が多くなれば，式 (6.1) の θ が大きくなる。CNT の状態，サイズによって高い引張強度を得るための最適値が存在することになる。どんどん紡ぐと，ブラシ状 CNT の束の端が奥に後退していく。1 cm の奥行を持つ CNT の束から 7 m の糸が紡ぎとられている[11)]。

ブラシ状 CNT から CNT を紡ぎ出す様子をもう少し詳しく見るために，横方向から撮影した写真を図 **6.13** に示す[4)]。CNT が取り出される平均的な位置はブラシ状 CNT の基板側から上端へ，また基板側へと上下上下に移動する。この様子が模式的に示されている。先端部分や底の部分で接続された CNT が，何本も，それぞれ接続部分は互いに少しずれて出てくるので，切れることなく安定して CNT が引き出される。なお，ブラシ状 CNT を短冊状にするなどして引出し幅を制御することにより CNT 撚糸の直径が調整できる。図 **6.14** は引出し幅と撚糸径の関係を示したものである[12)]。

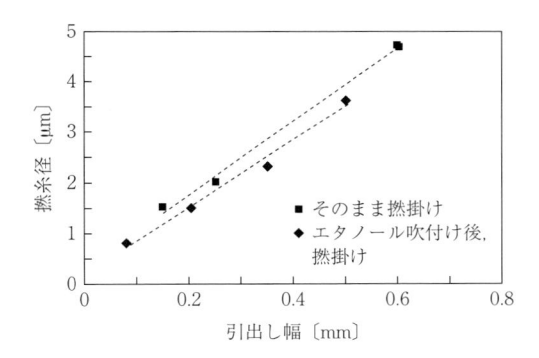

図 6.14 ブラシ状 CNT から撚掛けするときの引出し幅と撚糸径との関係[12)]

CNT 1 本 1 本は直径 10 nm 程度の多層構造であるため比較的剛直なので，撚掛けした CNT 撚糸内の CNT どうしの密着性はそれほど高くない。この密着性を上げる方法として，撚掛けする前[12)]あるいは撚掛けしたあと[13)]に CNT に親和性の高い溶媒（アルコールやアセトンなど）蒸気を吹き付け，その乾燥時に働くメニスカス力を利用する方法がとられている。これにより，撚糸径が $10 \sim 15\%$ 程度小さくなり密度の向上が図られる。図 6.14 はその一例である[12)]。

6.2.4　合成反応領域からの直接撚糸

CNT の大量合成法として，縦型 CVD 炉に上部から導入した触媒蒸気（微粒子）と原料ガスを気相中で反応させ CNT を合成する方法がある。炉内は対流しており，反応管の器壁近傍には上昇気流が，中央部は下降気流がある。合成された CNT はこの下降気流に乗って反応管の下流に輸送される。この下流域に CNT を巻き取る機構を設けたものである[5), 6)]。

炭素源にエタノールを用い，これに触媒鉄源のフェロセン（$0.23 \sim 2.3$ w%）と反応促進剤として知られているチオフェン（$1.5 \sim 4.0$ w%）を溶解した溶液（$0.08 \sim 0.25$ ml/mim）を CVD 炉上部から供給する。キャリヤーガスには水素（$400 \sim 800$ ml/min）を用いる。炉の温度は 1 100 〜 1 180℃である。これにより MWCNT が得られる。なお，合成物には $5 \sim 10$ wt% の Fe 微粒子を含まれている。また，合成条件の調整により SWCNT も可能である。

巻取り機構として，一つは，反応管軸から 60°傾けたスティックを回転（巻取り速度 $5 \sim 20$ m/min）させて CNT 撚糸を巻き取る方法がとられている。他の一つは，反応管軸に対して直交する軸を持つロールに巻き取るというものである。この場合はリボン状のCNT が巻き取られる[5)]。

6.2.5　CNT 撚糸の特性
〔1〕　**ブラシ状 CNT から紡糸した CNT 撚糸の特性**

CNT 糸の引張強度は，撚掛けしない状態では弱く $150 \sim 300$ MPa であるが，撚掛けすることにより $390 \sim 800$ MPa にまで上昇する[3), 4), 11), 12)]。値に幅があるのは，引張強度が CNT 撚糸の直径に依存し細いほど高いこと，また，CNT の表面状態や撚掛け状態に依存するからである。同様の理由で CNT 撚糸の密度も $0.13 \sim 0.8$ g/cm^3 と幅がある。ただし，これらの値は綿繊維の 1.54 g/cm^3 や超強力 PVA 繊維の 0.97 g/cm^3 に比べても小さい。ここで評価した〔Pa〕の単位は，破断したときの引張力を繊維の断面積で除したものであるが，断面積の見積りに曖昧さが多いので，実用的には破断引張力を繊維の重さで規格化した量〔N/tex〕のほうが意味を持つ。ここで〔tex〕は 1 km 当りの重さ〔g〕で表す。この指標で表すと，CNT 撚糸の強度は $0.6 \sim 1.5$ N/tex である。

撚糸過程で CNT に有機溶剤蒸気を吹き付け収縮させた撚糸の引張強度は，同じ直径を持つ蒸気を吹き付けないものに比べ 15%程度高くなる[12), 13)]。

〔2〕　**合成反応領域から直接紡糸した CNT 撚糸の特性**

CNT を気相合成した直後にその場で撚掛けした CNT 撚糸の引張強度は，CNT の巻取り速度を高速に

表6.2 CNT繊維と他繊維との特性比較

CNT繊維：文献3），4），6），12），13），その他：文献14)

項　目	CNT繊維	綿繊維	パラ系アラミド繊維	メタ系アラミド繊維	炭素繊維	超強力PE繊維	ポリアリレート繊維	PBO繊維	超強力PVA繊維
強度 〔GPa〕	0.39～1.2	0.39～0.67	2.4～3.4	0.49～0.83	2.0～7.1	2.2～7.1	2.2～4.7	5.7	2.0～2.6
密度 〔g/cm³〕	0.13～1	1.54	1.39～1.45	1.38	1.74～1.90	～0.98	1.35～1.41	～1.55	1.30
強度 〔N/tex〕	0.6～10	0.25～0.43	1.62～2.46	0.36～0.60	1.00～4.06	2.20～4.85	2.01～2.98	3.70	1.51～1.96

してテンションを掛けるほうが大きい。速度20m/minで巻き取ったCNT撚糸の最大引張強度として0.6N/texが得られている。これにアセトン蒸気を吹き付けることにより，1.1N/texまで向上する[6]。

単に巻き取った撚糸の密度は0.01g/cm³程度であり，ブラシ状CNTからの撚糸に比べてかなり密度が低い。なお，アセトン蒸気の吹付けにより約1g/cm³まで向上する。文献にあらわな記述がないが，このときの撚糸直径は1μm程度と見積もられる。とすれば強度1.1N/texは，ブラシ状CNTからの撚糸の強度と同程度か少し低いくらいである。

アセトン蒸気を吹き付けないCNT撚糸の長さ（ゲージ長）と引張強度との関係が調べられている[6]。これまでに示した引張強度は，ゲージ長20mmの値である。それを，2mmにすると最大7N/tex，1mmで最大10N/texの強度が得られている。

長さを短くするほど，最高引張強度は欠陥のない撚糸の持つ値に近づく。したがって，欠陥の少ないCNT撚糸を作るプロセスがあれば，市販のどの線維よりも強い繊維を供給できることを示している。**表6.2**にCNT撚糸と他の繊維との特性の比較を示す[3),4),6),12)～14)]。

CNT撚糸は，多様な機能を兼ね備えている。高強度だけではなく，繰り返し加重に耐えるタフさ，機械的なエネルギー緩衝の機能，結び目を入れても弱くならない，サブミクロンからミクロンオーダーの太さの糸が可能，導電性があるなど，これまでの繊維にはない優れた性質を持つ。

6.2.6　ま　と　め

ブラシ状CNTの合成法とそこからCNT撚糸を作る方法，気相合成したCNTをその場で撚糸にする方法，このようにして作られたCNT撚糸の性質について現状の技術をまとめた。ブラシ状CNTからの撚糸は比較的密度が高く細いものが作られ，高い引張強度を得ている。一方，合成炉の近傍で撚糸したものは密度が低く太い。また，撚糸後に有機溶媒の蒸気を吹き付けることにより撚糸の密度が向上し，引張強度が増大することも紹介した。CNT撚糸は，互いのCNT間の摩擦による引張強度のみでも，現在使われている高強度繊維を凌駕する性質を持つ。理想的な強度を持つCNTロープの実現に向けては，長尺の欠陥のないCNTが必要であって，その合成技術の確立が待たれるところである。

引用・参考文献

1) B. Vigolo, A. Penicaud, C. Coulon, C. Sauder, R. Pailler, C. Journet, P. Bernier and P. Poulin：Science, **290**, 1331 (2000)
2) K. Jiang, Q. Li and S. Fan：Nature, **419**, 801 (2002)
3) M. Zhang, K. R. Atkinson and R. H. Baughman：Science, **306**, 1358 (2004)
4) Y. Nakayama：Jpn. J. Appl. Phys., **47**, 8149 (2008)
5) Y. Li, I. A. Kinloch and A. H. Windle：Science, **304**, 276 (2004)
6) M. Motta, Y. Li, I. A. Kinloch and A. H. Windle：Am. Chem. Soc., **5**, 1529 (2005)
7) H. Mori, Y. Hirai, S. Ogata, S. Akita and Y. Nakayama：Jpn. J. Appl. Phys., **44**, L1307 (2005)
8) J. W. S. Hearle, P. Grosberg and S. Backer：Structural mechanics of fibers, Yarns, and Fabrics, vol. 1, Wiley, New York (1965)
9) K. Liu, Y. Sun, L. Chen, C. Feng, X. Fen, K. Jiang, Y. Zhao and S. Fan：Nano Lett., **8**, 700 (2008)
10) J-H. Kim, H-S. Jang, K. H. Lee, L. J. Overzet and G. S. Lee：Carbon, **48**, 538 (2010)
11) 谷口信志，喜多幸司，西村正樹，赤井智幸，中山喜萬：カーボンナノチューブ撚糸の強度
12) 喜多幸司，西村正樹，赤井智幸，阿部幸浩，堀口眞，今井義博，宇都宮里佐，中山喜萬：平成21年度大阪府立産業技術総合研究所研究発表会 COE-2，予稿集 2009, p.102
13) K. Liu, Y. Sun, R. Zhou, H. Zhu, J. Wang, L. Liu, S. Fan and K. Jiang：Nanotechnology, **21**, 04708 (2010)
14) 喜多幸司，西村正樹，赤井智幸，阿部幸浩によって文献「石原英昭，柴谷未秋，繊維工学，**58**, 3～6 (2005)」を参考にしてまとめられた。

6.3 CNTの熱的性質

CNTは，炭素原子間の強靭なsp^2共有結合とその準1次元円筒構造に起因して特異な熱的性質を示す。本節では，準1次元物質であるCNTと2次元物質であるグラフェンや3次元物質であるグラファイトの違いに焦点を当て，CNTの熱物性を解説する。この節でのキーワードは「フォノン」である。6.3.1項では，自由フォノン（炭素原子間ポテンシャルを調和近似した際の炭素原子の集団運動）の熱物性として「熱容量」を解説する。6.3.2項と6.3.3項では，原子間ポテンシャルの非調和効果として熱伝導と熱膨張について解説する。

6.3.1 熱容量

SWCNTの電子状態は，カイラリティの違いによって金属と半導体に分類される（4.1節）。半導体CNTの場合，室温程度において電子の運動の自由度は凍結しているので，熱容量または比熱への寄与はフォノンのみである。一方，金属CNTの場合，素朴に考えると，比熱への寄与はフォノンと伝導電子の両方である。しかしながら，金属CNTではフェルミ準位近傍での電子の状態密度が小さいために比熱への電子の寄与は小さく，フォノンが支配的である[1]。

固体比熱のデバイ理論によると，フォノン比熱は

$$C(T) = k_B \int \frac{(\hbar\omega/k_B T)^2 \exp(\hbar\omega/k_B T)}{[\exp(\hbar\omega/k_B T)-1]^2} D(\omega) d\omega \quad (6.7)$$

と与えられる[2]。ここで，k_Bはボルツマン定数，$D(\omega)$はエネルギー$\hbar\omega$のフォノンの状態密度である。**図6.15**にSWCNT，グラフェン，グラファイトのフォノン状態密度を示す。

温度がデバイ温度（グラフェンやダイヤモンドの場合，およそ2000 K）よりもはるかに高い高温領域（古典極限）においては，炭素原子の各自由度に熱エネルギーが等分配されるために，CNT，グラフェン，グラファイトといった同素体に依存せず，比熱は

$$C(T) = \frac{3k_B}{m} \approx 2\,078 \,\,[\mathrm{mJ/gK}] \quad (6.8)$$

と一定値になる（デュロン・プティ（Dulong-Petit）の法則）。ここで，mは炭素原子の質量である。

一方，低温領域での比熱の振舞いは系の構造，特に，空間次元に強く依存する。これを見るために，まず，光学フォノンが励起されない極低温での比熱の振舞いについて考える。光学フォノンの励起エネルギー

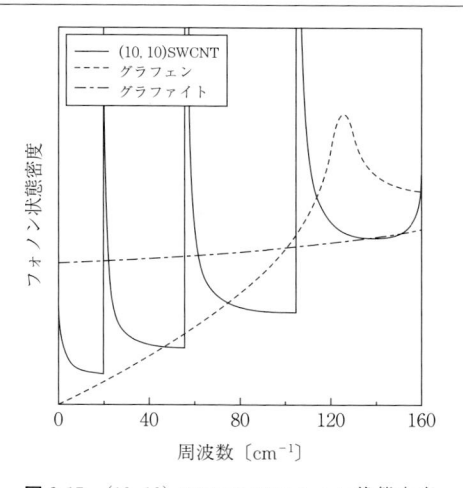

図6.15 (10, 10) SWCNTのフォノン状態密度の計算結果（実線）[3]。一点鎖線と破線はそれぞれグラファイトとグラフェンのフォノン状態密度である。ゼロ周波数でのフォノン状態密度（実線）の発散はCNTのたわみ波モードに由来する。

の最小値を$\hbar\omega_0$とすると，$T_0 = \hbar\omega_0/k_B$よりも十分に低い温度領域（$0 < T \ll T_0$）では，光学フォノンモードの比熱への寄与は無視できる。言い換えると，$0 < T \ll T_0$では音響フォノンモードのみによって比熱の振舞いが決まる。例えば，(10, 10) SWCNTの場合は，$T_0 = 30\,\mathrm{K}$程度である。

一般に，$\omega \propto k^\nu$の分散関係に従うd次元物質の音響フォノンモードの状態密度は$D(\omega) \propto \omega^{d/\nu-1}$であるので，式(6.7)よりその比熱への寄与は低温において$C(T) \propto T^{d/\nu}$と与えられる。したがって，3次元構造のグラファイトの場合，三つの音響フォノンモード（LAモード（longitudinal acoustic mode）と二つのTAモード（transverse acoustic modes））のフォノン分散曲線は，低周波数においていずれも波数kに比例する（$\omega \propto k$）。したがって，低周波数でのフォノン状態密度は$D(\omega) \propto \omega^2$であり，比熱は$C(T) \propto T^3$（デバイの$T^3$則）となる。2次元構造のグラフェンの場合，面内に原子振動変位を持つ音響フォノンモード（縦波と二つの横波のうちの一つ）の低周波数フォノン分散曲線は$\omega \propto k$であり，それらのフォノン状態密度は$D(\omega) \propto \omega$である。したがって，それらの比熱への寄与はT^2に比例する。一方，面外に原子振動変位を持つ音響フォノン（二つの横波のうちの一つ）の低周波数フォノン分散曲線は$\omega \propto k^2$であり，これらのフォノン状態密度は周波数ωに依存せず（$D(\omega) = \mathrm{const.}$），その比熱への寄与は温度に比例（$\propto T$）する。**表6.3**にグラファイトとグラフェンに加え，

表 6.3 グラファイト，グラフェン，SWCNT の低温比熱[3]

	音響フォノン分岐	フォノン分散関係	フォノン状態密度	比　熱
グラファイト	LA, TA（2モード）	$\omega \propto k$	$D(\omega) \propto \omega^2$	$C(T) \propto T^3$
グラフェン	LA, TA（面内）	$\omega \propto k$	$D(\omega) \propto \omega$	$C(T) \propto T^2$
	TA（面外）	$\omega \propto k^2$	$D(\omega) = $ const.	$C(T) \propto T$
SWCNT	LA, TW	$\omega \propto k$	$D(\omega) = $ const.	$C(T) \propto T$
	FL（2モード）	$\omega \propto k^2$	$D(\omega) \propto 1/\sqrt{\omega}$	$C(T) \propto \sqrt{T}$

SWCNT のフォノン分散とフォノン状態密度，そして比熱の関係を示す。

SWCNT の場合には，ナノスケールの円筒構造（準1次元構造）を反映して，四つの音響フォノンを有する：LA モード，二つの FL モード（flexural acoustic modes），TW モード（twisting acoustic mode）。このうち，LA モードと TW モードのフォノン分散曲線は $\omega \propto k$ であり，フォノン状態密度はエネルギーに依存せず（$D(\omega) = $ const.），その比熱への寄与は温度に比例する（$\propto T$）。一方，FL モードのフォノン分散曲線は $\omega \propto k^2$ であり，これらのフォノン状態密度は $D(\omega) \propto 1/\sqrt{\omega}$ となり低周波数極限（$\omega \to 0$）において特異的である[3]。この特異性に起因して，比熱への FL の寄与は $\sqrt{T}$ となる。したがって極低温では，音響フォノンモードのうち，FL モードが支配的となり，比熱は $\sqrt{T}$ と振る舞う。温度の上昇に伴い，LA モードと TW モードも比熱に寄与し始め，これらのフォノンモードに起因する温度に線形な比熱成分も無視できなくなる。さらに温度が上昇し $T \sim T_0$ になると，光学フォノンが比熱に寄与し始める。

最後に，実験と理論の比較について述べる。SWCNT の比熱測定はバンドル状の SWCNT を用いて行われることが多い[4]～[6]。J. C. Lasjaunias らの実験によると[6]，SWCNT バンドルの比熱は，$T = 0.1 \sim 10$ K の低温領域において

$$C(T) \sim 0.043 T^{0.62} + 0.035 T^3 \qquad (6.9)$$

と振る舞う。第1項の温度のべき（= 0.62）が1より小さい理由は，$T = 0.1 \sim 10$ K の温度領域ではすべての音響フォノンモード（LA, TW, 二つの FL）が比熱に寄与しているためだと考えられる。実際に，式 (6.9) を FL モードに由来する $\sqrt{T}$ の項と LA モードと TW モードに由来する T に比例する項の2項に分解すると，Lasjaunias らの比熱データは

$$C(T) \sim 0.038 \sqrt{T} + 0.006 T + 0.035 T^3$$
$$(6.10)$$

によってフィットすることもできる。式 (6.9) の第2項および式 (6.10) の第3項（T^3 の項）は CNT バンドルによる3次元性を反映したものである。

式 (6.9) と式 (6.10) 中の係数について注意が必要である。SWCNT バンドルの FL モードの比熱への寄与は，バンドルの直径が太くなるにつれて（他の音響モードと比べて）小さくなることが知られており[7]，低温比熱の温度依存性（すなわち式 (6.9) と式 (6.10) 中の係数）はバンドル直径に依存する。今後においては，1本の孤立した SWCNT の比熱測定が望まれる。

6.3.2　熱　伝　導

6.3.1 項で説明した比熱と異なり，熱伝導は典型的な非調和効果であり非平衡現象である。フーリエの法則（Fourier's law）によると，熱流束密度 J は温度勾配に比例して

$$J = -\lambda \, \mathrm{grad}\, T \qquad (6.11)$$

と表される。ここで，λ は熱伝導率（thermal conductivity）である。CNT の熱伝導率はダイヤモンドと同程度かそれ以上に高いことが分子動力学シミュレーションによって予測され[8]～[13]，また機械的性質も強靭かつ柔軟であることから（6.1 節参照），放熱材料としての応用が期待されている。実際，CNT を用いた放熱デバイスの試作品がすでに開発されており，従来の放熱デバイスをはるかにしのぐ放熱効率を実現している[14], [15]。

CNT の熱伝導研究はその重要性が認識されながらも，その発見から長らく電気伝導ほど活発に行われることはなかった。その大きな理由として，CNT などのナノ物質の熱伝導率の精密測定が電気伝導測定と比べてはるかに難しいことが挙げられる。1999 年以降ようやく CNT の熱伝導率に関する実験データが報告され始めてきたが，その測定手法や試料の違いなどによって測定値にばらつきが大きい[16]～[28]。バンドル状の CNT の場合には熱伝導率が小さな値（およそ 1～250 W/K·m）でばらついているのに対して[16]～[22]，孤立した1本の CNT の場合には熱伝導率が大きな値（およそ 280～3 000 W/K·m）でばらついている[23]～[28]。また，これまでに報告されている実験データからは SWCNT と MWCNT で系統的な違いは見受けられない。これは，MWCNT の層間の熱抵抗が層内の熱抵抗よりもはるかに大きいので，ヒーター（熱浴）と接し

ている最外層のみに熱流の流れ，ヒーターと接していない内層には熱流が流れないためだと考えられている。MWCNTの熱流量を増加させるためには，外層だけでなく内層にもヒーターを接触させるなど，何らかの工夫が必要であろう。

以下では，SWCNTの熱伝導を中心に解説する。

〔1〕 フォノン熱伝導とフォノン平均自由行程

比熱の場合と同様，金属・半導体にかかわらず伝導電子の熱伝導への寄与はフォノンの寄与と比べて小さい。このことは，J. Honeらによって測定されたマット状のSWCNTの熱伝導率λと電気伝導率σの測定結果から裏付けられる[16]。Honeらが見積もったローレンツ比$\lambda/\sigma T$は幅広い温度領域（$T=30\sim350$ K）において

$$\frac{\lambda}{\sigma T} \approx 10^{-6} \; [\text{V/K}]^2 \quad (6.12)$$

であり，縮退自由電子気体に対するヴィーデマン・フランツの法則（Wiedemann-Franz's law）から期待されるローレンツ数（Lorentz number）

$$\frac{\lambda_{el}}{\sigma T} = \frac{\pi}{3}\left(\frac{k_B}{e}\right)^2 = 2.45 \times 10^{-8} \; [\text{V/K}]^2 \quad (6.13)$$

と比べて2桁大きい。すなわち，金属CNT中の電子の熱伝導率への寄与は非常に小さく，フォノンによる寄与が支配的である。このことは理論的にも裏付けられている[29]。

フォノン熱伝導を理解する上で重要な物理量の一つはフォノン平均自由行程（phonon mean free path）Λである。SWCNTは端のない円筒構造を有するためにフォノン散乱が抑制され，フォノン平均自由行程Λが低温（数十K）では数百μm，室温においてさえも数μmに及ぶ[16), 21)]。通常，デバイスに応用されるCNTの典型的な長さLが数μm程度であることを考えると，CNTの熱伝導は低温ではバリスティック（$L \ll \Lambda$），そして室温では準バリスティックなフォノン熱伝導（$L \sim \Lambda$）となり，それぞれの温度領域で本質的に異なった熱伝導現象を示す。

〔2〕 バリスティック・フォノン熱伝導

〔1〕で述べたように，CNTのフォノン平均自由行程Λは室温においてさえも数μmと非常に長い。フォノン平均自由行程よりも十分に短いCNT中では，フォノンは互いに散乱されることなくバリスティックに伝搬する。バリスティックなフォノン熱伝導ではチューブ内部に温度勾配が形成されないので，式（6.11）のフーリエの法則によって定義される熱伝導率λは発散する。そのため熱伝導率λは，バリスティックなフォノン熱伝導を特徴づける物理量としては不適切である。この事情は，バリスティックな電子輸送の場合と同様である。そこで熱伝導率λの代わりに，熱コンダクタンス（thermal conductance）κを式（6.14）のように導入する。

$$I = -\kappa(T_H - T_C) \quad (6.14)$$

ここで，Iは熱流，T_HとT_Cは高熱源と低熱源の温度である[†]。

高熱源と低熱源の温度差$\Delta T = T_H - T_C$がそれらの平均温度$T = (T_H + T_C)/2$と比べて十分に小さい極限において，準1次元物質のバリスティック・フォノン熱コンダクタンスは

$$\kappa(T) = \frac{k_B}{2\pi}\int \frac{(\hbar\omega/k_B T)^2 \exp(\hbar\omega/k_B T)}{[\exp(\hbar\omega/k_B T)-1]^2}\zeta(\omega)d\omega$$

$$(6.15)$$

と与えられる[30]。ここで，$\zeta(\omega)$は角周波数ωのフォノンの透過関数である。CNTに不純物や構造欠陥などの散乱体がない場合，フォノン透過関数$\zeta(\omega)$はフォノンモード数$M(\omega)$に等しい。したがって，光学フォノンモードが励起されない極低温領域では，CNTの熱コンダクタンスは，式（6.15）より

$$\kappa(T) = \frac{\pi k_B}{3h}M_{ac}T \quad (6.16)$$

となり，$\kappa(T)/T$はチューブのカイラリティや直径に依存しない[29]。ここで，M_{ac}は音響フォノンモードの総数であり，SWCNTの場合には$M_{ac}=4$（LA，TW，そして二つのFLモード）である。低温比熱が音響フォノンモードの分散曲線の形状に顕著に依存することとは対照的に（6.3.1項），式（6.16）の低温熱コンダクタンスが音響フォノン分岐の形状に依存せず，その結果，音響フォノンモード当りの熱コンダクタンスが温度Tと基本物理定数のみで決まる点は1次元バリスティック・フォノン熱伝導の著しい特徴である。

また，式（6.16）は，一つの音響フォノンモードが運ぶことのできる熱量に原理的な限界があることを意味し，その限界値$\kappa_0 = \pi k_B T/3h$は量子化熱コンダクタンス（quantized thermal conductance）と呼ばれる。熱コンダクタンスの量子化現象はフォノン熱伝導のみならず電子熱伝導でも起こる。電子（フェルミオン）

[†] バリスティックなフォノン伝導体中では温度勾配がゼロであるために，熱伝導率λを定義することはできない。しかし，多くの文献において，バリスティックなフォノン伝導に対してもλを（悪いとわかっておきながら便宜上で）拡散フォノン伝導の場合に成立する関係式$\lambda = (L/S)\kappa$を用いて議論することがある（κは熱コンダクタンス，LとSはそれぞれ試料の長さと断面積）。文献を読む際には注意が必要である。

とフォノン（ボソン）は互いに異なる統計性に従うにもかかわらず，両者の熱コンダクタンスがまったく同じ値 κ_0 の整数倍に量子化されることは，1次元物質に固有の特徴である[31]。

さまざまなカイラリティの CNT に対する熱コンダクタンスの温度依存性を図 6.16 に示す。

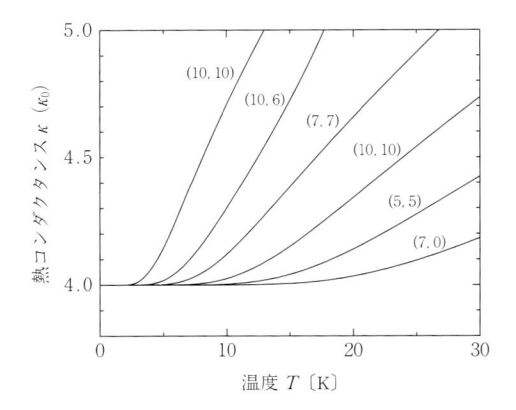

図 6.16 さまざまなカイラリティ (n, m) で指標づけられる SWCNT の熱コンダクタンス[29]。縦軸は量子化コンダクタンス $(\kappa_0 = \pi k_B T/3h)$ でスケールされている。直径の小さい SWCNT ほど量子化プラトーの幅が広い。

いずれの熱コンダクタンス曲線も極低温領域において $\kappa = 4\kappa_0$ に量子化されたプラトーを示す。温度の上昇に伴い熱コンダクタンス曲線は量子化プラトーからそれて上昇するが，これは光学フォノンが熱励起されたためである。直径の小さい CNT ほど光学フォノンの励起エネルギーが大きいので量子化プラトー領域が広い。

最初理論的に予測されたバリスティック・フォノン熱伝導に対する量子化熱コンダクタンスは，2000年に K. Schwab らによって窒化シリコン量子細線を用いて実験的に観測され[32]，2005年には H.-Y. Chiu らによって CNT でも観測された[33]。

〔3〕 準バリスティック・フォノン熱伝導

〔2〕で述べたようにバリスティック・フォノン伝導に対して熱コンダクタンスはチューブの詳細な構造，例えばチューブ長 L に依存しない。言い換えると，熱伝導率は L に比例する（〔2〕の脚注を参照）。一方，チューブ長 L がフォノン平均自由行程 Λ と同程度 ($L \sim \Lambda$) の場合（バリスティック・フォノン熱伝導と拡散的フォノン熱伝導の混在した準バリスティック・フォノン熱伝導）には，フォノン散乱の影響により，熱伝導率はチューブ長に対して非線形に増加する。これはナノ材料一般に見られる現象であるが，SWCNT の場合，フォノン平均自由行程が特に長いため，室温で数 μm にも及ぶ広い範囲での長さ依存性が予測されている[11], [12], [34]～[36]。このように，実用上の広範囲のチューブ長において熱伝導率が長さに依存するため，その詳細の解明は工学上非常に重要である。丸山が非平衡分子動力学シミュレーション (nonequilibrium molecular-dynamics simulation) によって SWCNT の熱伝導の長さ依存性を示して以来[11], [12]，ボルツマン・パイエルス輸送方程式[34] やフォノン透過モデル[35], [36] などを用いて，バリスティック熱伝導から拡散的熱伝導にわたる SWCNT の準バリスティックなフォノン熱伝導が議論されている。

バリスティックなフォノン熱伝導から準バリスティックなフォノン熱伝導へのクロスオーバーを非平衡分子動力学法によって計算した塩見・丸山の結果を図 6.17 に示す。チューブ長 L の小さい領域では，熱伝導率はおおむね L に比例して増加していることから，この領域では SWCNT がバリスティックなフォノン熱伝導を示していることがわかる。室温では光学的フォノンが比較的多く励起されていることを考えると，この領域では音響フォノンに加えて，光学フォノン（特に低周波数のもの）も熱伝導へ大きく寄与する。

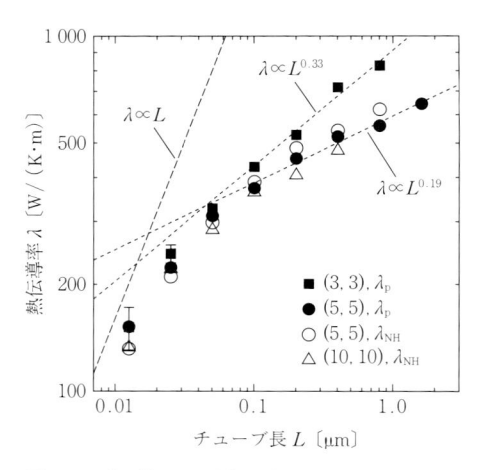

図 6.17 非平衡分子動力学法によって計算された異なる直径の SWCNT の熱伝導率の長さ依存性。λ_P と λ_{NH} はそれぞれランジュバン熱浴法と能勢・フーバー熱浴法によって得られた結果である[13]。点線は長さ 100 nm 以上の領域での熱伝導率を直線フィッティング。破線は完全バリスティック・フォノン伝導の場合を表す。

一方，L の増加に伴いフォノンの拡散性が増すため，熱伝導率の L に対する勾配が減少し非線形に振る舞うが，$L > 0.1$ μm での熱伝導率がおおむね L のべき乗に比例して発散傾向を示す。この熱伝導率の発

散傾向は，1次元非線形モデルで長らく議論されてきた異常熱伝導現象[37],[38]と関連しても注目されており，CNTがそのような1次元非線形モデルの現実系であるか否かを明らかにすることは統計物理および基礎物性科学における興味深い問題である。

つぎに，図6.17の熱伝導率のチューブ直径依存性について述べる[13]。バリスティック・フォノン伝導領域（$L \ll \Lambda$）では，熱伝導率の直径依存性は小さい。言い換えると，熱コンダクタンスはチューブ直径に比例して増加する（[2]の脚注を参照）。これはつぎのように理解することができる。熱コンダクタンス式(6.15)は古典極限において

$$\kappa(T) = \frac{k_B}{2\pi} M_{tot} \quad (6.17)$$

となる。全フォノンモード数M_{tot}はチューブ直径に比例するため，けっきょく，式(6.17)の熱コンダクタンスは直径に比例して増加する。

一方，散乱によるフォノンの拡散が無視できない準バリスティック・フォノン伝導領域（$L \sim \Lambda$）では，熱伝導率はSWCNTの直径に依存し，1次元構造により近い直径の小さいSWCNTのほうが高い熱伝導率を示す。

6.3.3 熱膨張

すべての物質は温度変化に伴いその体積を変える。CNTもその例外ではない。CNTやグラフェンは炭素原子どうしがsp^2結合によって強靭に結び付いているために体積弾性係数が大きい（6.1節参照）。大雑把にいうと体積弾性係数が大きい物質ほど熱膨張係数（coefficient of thermal expansion）（または熱膨張率とも呼ばれる）は小さいので，CNTやグラフェンの熱膨張係数はきわめて小さいと期待される。それにもかかわらず，CNTの熱膨張は工学的応用において重要である。例えば，CNTを電界効果トランジスターの伝導チャネルとして用いる際にはCNTと金属電極を幅広い温度領域で安定に接合させる必要があるが，その際，CNTと金属電極の熱膨張率の違いが問題となる。また，CNTの異方的熱膨張は半導体CNTのエネルギーギャップを変化させるなど，CNTの電子物性へ影響を与える点で重要である。

CNTのチューブ軸方向とチューブ半径方向の線熱膨張係数（linear thermal expansion coefficient）α_L，α_rはそれぞれ

$$\alpha_L = \frac{1}{L}\frac{dL}{dT}, \quad \alpha_r = \frac{1}{r}\frac{dr}{dT} \quad (6.18)$$

と定義される。ここで，Lはチューブの長さ，rはチューブの半径である。またバンドルを形成しているSWCNTの場合には，CNTが最密の三角格子を形成しているので，三角格子の格子定数aも温度によって変化する。したがって，チューブ間距離（三角格子の格子定数）の線熱膨張係数は

$$\alpha_a = \frac{1}{a}\frac{da}{dT} \quad (6.19)$$

と定義される。

CNTの熱膨張係数の測定報告は非常に少なく，これまでにMWCNTとバンドルSWCNTに対してそれぞれ数件報告されたのみである[39]〜[46]。MWCNTのチューブ半径方向の熱膨張率α_rは，坂東や真庭らによるX線回折実験によって定量的に評価された[40],[41]。測定されたα_rはグラファイトの層間の熱膨張係数（$\sim 2.6 \times 10^{-5}$ K^{-1}）と同程度であった。この結果を素直に受け入れると，測定に用いられたMWCNTの構造が縫い目のない同心円構造であると結論づけ難い。もし測定に用いられたMWCNTが同心円構造であるならば，熱膨張係数はグラフェンの炭素間結合長で決まってしまい，グラフェンと同様の小さな熱膨張率を示すはずである。したがって，坂東や真庭らが測定に用いたMWCNTは同心円構造ではなく，例えば，グラフェンがロール状に巻いた構造であることを示唆している。(図6.18)このようにX線回折実験による熱膨張係数の測定は，MWCNTの構造決定に際して有用な実験ツールでもある。

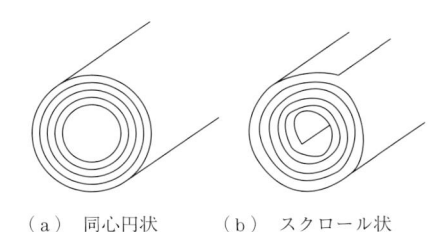

（a）同心円状　（b）スクロール状

図6.18 同心円状およびスクロール状のMWCNTの概念図

SWCNTバンドルに関しては，チューブ半径方向の熱膨張係数α_rとチューブ間距離の熱膨張係数α_aがX線回折実験によって測定された[41]〜[46]。ここでは，真庭らの実験結果について述べる[45]。温度300 K〜950 Kの領域において直径1.4 nmのSWCNTバンドルのα_aは$(0.75 \sim 0.25) \times 10^{-5}$ K^{-1}である。この値はグラファイトの層間の熱膨張係数（$\sim 2.6 \times 10^{-5}$ K^{-1}）と比べて小さい。その理由は，バンドルSWCNTの格子定数がチューブ直径とチューブ面間距離の和として与えられるが，あとで述べるように前者の熱膨張率が非常に小さいためである。大雑把な評価として，半径方向の熱膨張率α_rを無視してチューブ面間距離の熱膨張係

数を見積もると，およそ $4 \times 10^{-5} \mathrm{K}^{-1}$ となり，グラファイトの層間の熱膨張係数（$\sim 2.6 \times 10^{-5} \mathrm{K}^{-1}$）よりも若干大きい値となる。

SWCNT バンドルのチューブ半径方向の熱膨張係数 α_r の測定結果であるが，低温（吉田による実験[42]）では 290～1 600 K，真庭ら[43] は 300 K～950 K）において α_r はグラフェンと同程度の小さな負値である。例えば，真庭らの直径 1.4 nm の SWCNT バンドルでは，$(-0.15 \pm 0.20) \times 10^{-5} \mathrm{K}^{-1}$ と評価されている。ナノメートルサイズでの曲率を持つ SWCNT が，グラフェンにおける強靭な機械的性質を保持していることは興味深い。

真庭らの実験結果のほかの興味深い点は，α_r が負値であることである[43]。最近の H. Jiang らの解析計算[47] や J. -W. Jiang らの非平衡グリーン関数による数値計算[48] でも，SWCNT の α_r が低温で負値を示すことが報告されている。負値の起源は，チューブ軸に垂直な方向への変位を持つベンディングモード（lateral bending mode）であり，この振動モードの励起エネルギーが小さいために低温において熱膨張係数が負値を示す[47]～[49]。彼らの解析計算や数値計算では，温度の上昇に伴い SWCNT の熱膨張係数が正値になることが示されている。これは，温度の上昇に伴いブリージングモードが励起され，チューブ半径方向への膨張が起こるためである。

最後にチューブ軸方向の熱膨張係数であるが，残念ながら現時点では測定手法が確立されておらず，SWCNT と MWCNT のいずれも実験報告例がない。理論やシミュレーション研究はいくつかあるが[47]～[51]，論文によって結論が定量的にも定性的にも異なり，現時点では統一的な見解が得られていない。低温においてチューブ軸方向の熱膨張率が正値であるか負値であるかといった基本的な問題さえ意見が分かれており，今後さらなる研究が求められる。

引用・参考文献

1) L. X. Benedict, et al.：Heat capacity of carbon nanotubes, Solid State Commun., **100**, 177 (1996)
2) H. イバッハ，H. リュート著，石井力，木村忠正訳，固体物理学（改訂新版）21 世紀物質科学の基礎，シュプリンガー・ジャパン (2008)
3) V. N. Popov：Low-temperature specific heat of nanotube system, Phys. Rev. B, **66**, 153408 (2002)
4) J. Hone, et al.：Quantized phonon spectrum of single-wall carbon nanotubes, Science, **289**, 1730 (2000)
5) J. Hone, et al.：Thermal properties of nanotubes and nanotube-based materials, Appl. Phys. A, **74**, 339 (2002)
6) J. C. Lasjaunias, et al.：Low-temperature specific heat of single-walled carbon nanotubes, Phys. Rev. B, **65**, 113409 (2002)
7) V. N. Popov, et al.：Elastic properties of single-walled carbon nanotubes, Phys. Rev. B, **61**, 3078 (2000)
8) S. Berber, Y. -K. Kwon and D. Tománek：Unusually high thermal conductivity of carbon nanotubes, Phys. Rev. Lett., **84**, 4613 (2000)
9) J. Che, T. Cagin and W. A. Goddard Ⅲ：Thermal conductivity of carbon nanotubes, Nanotechnology, **11**, 65 (2000)
10) M. A. Osman and D. Srivastava：Temperature dependence of the thermal conductivity of single-wall carbon nanotubes, Nanotechnology, **12**, 21 (2001)
11) S. Maruyama：A molecular dynamics simulation of heat conduction in finite length SWNTs, Physica B, **323**, 193 (2002)
12) S. Maruyama：A molecular dynamics simulation of heat conduction of a finite length single-walled carbon nanotubes, Nanoscale Microscale Thermophys. Eng., **7**, 41 (2003)
13) J. Shiomi and S. Maruyama：Molecular dynamics of diffusive-ballistic heat conduction in single-walled carbon nanotubes, Jpn. J. Appl. Phys., **47**, 2005 (2008)
14) H. Shioya, et al.：Evaluation of thermal conductivity of a multi-walled carbon nanotube using the ΔV_{gs} method, Jpn. J. Appl. Phys., **46**, 3139 (2007)
15) 乗松航，楠美智子：カーボンナノチューブ/SiC 複合材料の放熱応用，NEW DIAMOND, **93**, 30 (2009)
16) J. Hone, et al.：Thermal conductivity of single-walled carbon nanotubes, Phys. Rev. B, **59**, R2514 (1999)
17) J. Hone, et al.：Electrical and thermal transport properties of magnetically aligned single wall carbon nanotube films, Appl. Phys. Lett., **77**, 666 (2000)
18) M. A. Panzer, et al.：Thermal properties of metal-coated vertically aligned single-wall nanotube arrays, J. Heat Transfer, **130**, 052401 (2008)
19) M. Akoshima, et al.：Thermal diffusivity of single-walled carbon nanotube forest measured by laser flash method, Jpn. J. Appl. Phys., **48**, 05EC07 (2009)
20) M. Fujii, et al.：Measuring the thermal conductivity of a single carbon nanotubes, Phys. Rev. Lett., **95**, 065502 (2005)
21) C. Yu, et al.：Thermal conductance and thermopower of an individual single-wall carbon nanotubes, Nano Lett., **5**, 1842 (2005)
22) E. Pop, et al.：Thermal conductance of an individual single-wall carbon nanotube above room temperature, Nano Lett., **6**, 96 (2006)
23) D. J. Yang, et al.：Thermal conductivity of multiwalled carbon nanotubes, Phys. Rev. B, **66**, 165440 (2002)
24) X. J. Hu, et al.：3-omega measurements of vertically oriented carbon nanotubes on silicon, J. Heat Transfer, **128**, 1109 (2006)
25) W. Yi, et al.：Linear specific heat of carbon nanotubes, Phys. Rev., **59**, R9015 (1999)
26) P. Kim, et al.：Thermal transport measurements of in-

dividual multiwalled nanotubes, Phys. Rev. Lett., **87**, 215502 (2001)

27) T. Y. Choi, et al.: Measurement of thermal conductivity of individual multiwalled carbon nanotubes by the 3-ω method, Appl. Phys. Lett., **87**, 13108 (2005)

28) T. Y. Choi, et al.: Measurement of the thermal conductivity of individual carbon nanotubes by the four-point three-ω method, Nano Lett., **6**, 1589 (2006)

29) T. Yamamoto, S. Watanabe and K. Watanabe: Universal features of quantized thermal conductance of carbon nanotubes, Phys. Rev. Lett., **92**, 075502 (2004)

30) L. G. C. Rego and G. Kirczenow: Quantized thermal conductance of dielectric quantum wires, Phys. Rev. Lett., **81**, 232 (1998)

31) L. G. C. Rego and G. Kirczenow: Fractional exclusion statistics and the universal quantum of thermal conductance: a unifying approach, Phys. Rev. B, **59**, 13080 (1999)

32) K. Schwab, et al.: Measurement of the quantum of thermal conductance, Nature (London), **404**, 974 (2000)

33) H. -Y. Chiu, et al.: Ballistic phonon thermal transport in multiwalled carbon nanotubes, Phys. Rev. Lett., **95**, 226101 (2005)

34) N. Mingo and D.A. Broid: Nano Lett., **5**, 1221 (2005)

35) J. Wang and J. -S. Wang: Carbon nanotube thermal transport: Ballistic to diffusive, Appl. Phys. Lett., **88**, 111909 (2006)

36) T. Yamamoto, S. Konabe, J. Shiomi and S. Maruyama: Crossover from ballistic to diffusive thermal transport in carbon nanotubes, Appl. Phys. Express, **2**, 095003 (2009)

37) R. Livi and S. Lepri: Nature (London), **421**, 327 (2003)

38) S. Lepri, R. Livi and A. Politi: Phys. Rep., **377**, 1 (2003)

39) R. S. Ruoff and D.C. Lorents: Metanical and thermal properties of carbon nanotubes, Carbon, **33**, 925 (1995)

40) S. Bando: Radial thermal expansion of purified multi-wall carbon nanotubes measured by X-ray diffraction, Jpn. J. Appl. Phys., **36**, L1403 (1997)

41) Y. Maniwa, et al.: Multiwalled carbon nanotubes grown in hydrogen atmosphere: An X-ray diffraction study, Phys. Rev. B, **64**, 073105 (2001)

42) Y. Yoshida: Hight-temperature shrinkage of single-walled carbon nanotubes bundles up to 1600K, J. Appl. Phys., **87**, 3338 (2000)

43) Y. Maniwa, et al.: Thermal expansion of single-walled carbon nanotubes (SWNT) bundles: X-ray diffraction studies, Phys. Rev. B, **64**, 241402 (R) (2001)

44) M. Abe, et al.: Structural transformation from single-wall to double-wall carbon nanotubes bundles, Phys. Rev. B, **68**, 041405 (R) (2003)

45) A. V. Dolbin, et al.: Radial thermal expansion of single-walled carbon nanotube bundles at low temperatures, Low Temp. Phys., **34**, 678 (2008)

46) A. V. Dolbin, et al.: Radial thermal expansion of pure and Xe-saturated bundles of single-walled carbon nanotubes at low temperatures, Low Temp. Phys., **35**, 484 (2009)

47) H. Jiang, et al.: Thermal expansion of single wall carbon nanotubes, J. Eng. Mater. Technol., **126**, 265 (2004)

48) J. -W. Jiang, J. -S. Wang and B. Li: Thermal expansion in single-walled carbon nanotubes and graphene: Nonequilibrium Green's function approach, Phys. Rev. B, **80**, 205429 (2009)

49) G. Cao, X. Chen and J. W. Kysar: Apparent thermal contraction of single-walled carbon nanotubes, Phys. Rev., B, **72**, 235404 (2005)

50) P. K. Schelling and P. Keblinski: Thermal expansion of carbon structures, Phys. Rev., B, **68**, 035425 (2003)

51) Y. K. Kwon, S. Berber and D. Tománek: Thermal contraction of carbon fullerenes and nanotubes, Phys. Rev. Lett., **92**, 015901 (2004)

7. CNTの物質設計と第一原理計算

フラーレン，CNT，グラフェンに代表されるナノカーボン系では，他の元素から成る物質と同様に，ナノメートルスケールで顕著になる「量子サイズ効果」が系の電子物性に大きな影響を及ぼす。さらに，炭素原子の取り得る多様な結合形態により，構造の自由度の大きいナノカーボン系では，結合長，結合角などの構造パラメーターが，バルク固体結晶の値から顕著に変化する可能性がある。そして，その構造パラメーターの変化が，炭素原子から成る系が示す強い電子格子相互作用により，ナノカーボン系の電子物性にさらなる影響を与えるはずである。他方，ナノカーボン系では，その多様な構造自由度のため，「固体C_{60}」などの例外的な場合を除き，系（試料）を構成する構造ユニットが一様でないことがほとんどであり，高精度のX線構造解析が，通常の固体結晶の場合に比較して非常に困難となっている。このような事情から，全エネルギーの計算値に基づいて構造（原子配置）の最適化，すなわち，「構造予測」のできる，いわゆる第一原理（電子構造）計算手法が，ナノカーボン系の分野では非常に重要な研究手法となっている。本章では，ナノチューブ系を中心に，周期的に構造修飾されたグラフェンなども含めて，物質設計の観点からのナノカーボン系の研究の現状を紹介する。

7.1 CNT，ナノカーボンの構造安定性と物質設計

7.1.1 はじめに

1990年，ごく一部の研究者を除く大多数の研究者にその存在自体が信じられていなかったサッカーボール型の炭素クラスターC_{60}が大量合成されたことは，有機物とも無機物とも分類できる新炭素同素体の発見として，化学上，非常に大きなブレークスルーであった[1]。さらに，そのクラスターが，あたかも原子のように固体結晶を組み上げることが同時に報告されたことは，ダイヤモンド・グラファイトに次ぐ新炭素結晶の発見報告として，物理学上も非常に意義深いことであった。そして翌1991年，このクラスター（有限系＝0次元物質）が固体結晶を構築していると捉えられる固体C_{60}において，アルカリドープにより高温超伝導現象が発見されたことは，ナノサイエンス・ナノテクノロジーの黎明期における非常に重要な出来事であった[2), 3)]。すなわち，ナノメートルスケールの低次元物質が固体を構築することで，原子そのものが固体を構築する単位と捉えられる，通常の階層性のない物質とはまったく異なる性質を実現できることが示されたからである。

ナノカーボン系では，やはり1991年に発見された1次元物質であるCNT[4)]，さらに，2次元系であるグラフェンについて，後述のように，新たなナノ構造体を構築する構成要素の一つとして捉える物質設計研究が展開されていた。そして，2004年，実際にグラフェンの実験的な合成[5)]が報告されると，その研究が世界各国で精力的に進められ，グラフェンを含むナノカーボン系は，現在，ナノサイエンス・ナノエレクトロニクス研究の中心物質として位置づけられる状況にある。この中で，CNTに関しては，C_{60}同様，やはり階層性のある興味深い固体を構築する単位になると期待されるが，いまだに同じ構造から成るナノチューブのみを構成単位とした3次元結晶の合成はなされていない。他方，グラフェンに関しては，逆に，その集合体としての3次元結晶であるグラファイトが従来から知られており，最近になって，その構築単位であるグラフェンをようやく取り出すことができるようになった状況にあることとなる。

このように，球体（C_{60}，フラーレン），円筒（CNT），さらには平面（グラフェン）と，多様な大域的構造を示すナノカーボン系であるが，局所的な構造は共通しており，sp^2混成軌道を取る各炭素原子が3配位の結合ネットワークを構成している。その結合長および結合角は，グラフェンの値が「理想値」となるはずである。まず，結合角であるが，基底状態にあるグラフェンの各原子周りの3本の炭素原子間結合のなす三つの結合角は，すべて120°である。他方，グラフェンの結合長であるが，実験値としては，積層バルク結晶系であるグラファイトの値を参考値として用いることができるはずであり，その値は，0.142 nmとなる。

ナノカーボン系の電子構造，特にπ電子系の構造については，ネットワークトポロジーに依存して多様な特性を示すことが知られてきたが，結合長などに関してのsp^2理想値からの「ずれ」が，電子構造に大きな影響を与えることが判明してきた。本節では，第一

原理電子構造研究手法を用いた，ナノカーボン系の安定性および CNT 系の詳細幾何構造と電子構造との関連，さらには，グラフェンの結合パターンを周期的に改変することによる電子構造の改変研究について報告する。

7.1.2 第一原理電子構造計算手法によるエネルギー論

炭素原子の集合体の基底状態構造が，グラファイトであることは，よく知られている。また，フラーレンに関しては，C_{60} において，グラファイトよりも 1 原子当り約 0.4 eV エネルギー的に高い状態にあることが第一原理電子構造計算から予測され[6]，また，燃焼実験による反応熱からも確かめられている。CNT に関しても，第一原理計算から 1 原子当りの全エネルギーが予測されている[7]。その場合，平面状のグラフェンを直径 D の大きい CNT の極限と捉えることが可能であり，CNT の大域的な構造に起因した曲率の効果により，グラフェンのエネルギー値よりも多少高いエネルギー値を CNT は持つことになる。そのエネルギーの増分はほぼ $1/D^2$ に比例する，という結果が得られている（図 7.1）[8]。そして，「ニアアームチェアチューブ」と呼ばれるチューブ系は，ほかよりも多少，エネルギー的に安定との結果も得られている。ニアアームチェアナノチューブの生成量が多いという実験報告[9] と対応する結果であり，たいへん興味深い。

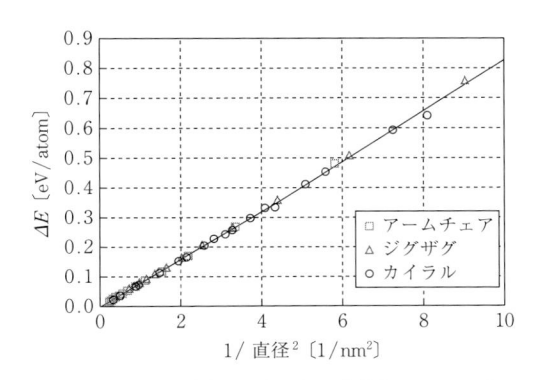

図 7.1 密度汎関数法より求めた，多様な CNT のエネルギー[8]。グラフェンのエネルギーを基準にした場合，エネルギーの増分は，ほぼ直径の 2 乗に反比例するが，カイラルナノチューブの中で「ニアアームチェアナノチューブ」と呼ばれるものは，ほかのナノチューブよりも安定となっている。

また，グラフェンの積層集合系であるグラファイトのエネルギーも，グラフェンのエネルギーと比較して，層間の相互作用エネルギー分の利得がある，と考えられる。ただ，その値は 1 原子当りでは数十 meV

とされている[10]。これは，グラファイトの全凝集エネルギーの 1% 未満の値にとどまるものであり，各層内の化学結合による凝集エネルギーが非常に強い系であることが反映されている。このようなエネルギー論の観点からは，グラファイトの 1 層系であるグラフェンを新ナノ構造体構築のための単位と捉えること[11]，そして，ある程度の面積のグラフェン 1 層を取り出せたこと[5] も，非常に自然な研究展開と理解できる。

7.1.3 CNT における詳細構造

グラフェンを円筒状にまるめた構造が CNT の「基本構造」と考えられる。しかし，密度汎関数法に基づく構造最適化により，実際の各チューブの結合長・結合角，さらには直径自身も，基本構造の値から多少，変化していること，しかも，それら構造パラメーターの変化が電子構造にかなりの変化を引き起こすことが知られている[7]。図 7.2 に，いくつかのアームチェア

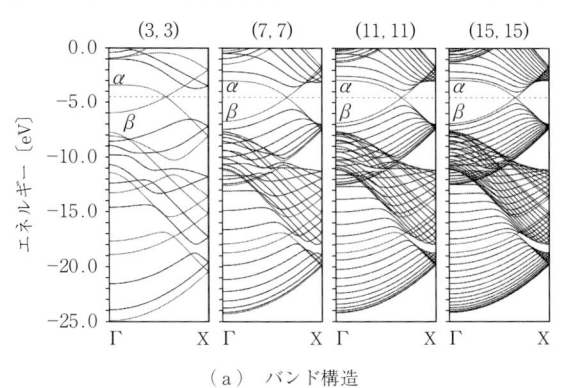

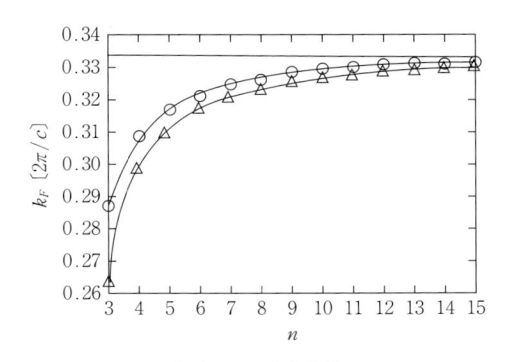

(a) バンド構造

(b) フェルミ波数

図 7.2 アームチェアナノチューブのバンド構造とフェルミ波数[12]。いわゆる (n, n) と指数づけされるアームチェアナノチューブでは，単純なタイトバインディング法では，フェルミ波数 k_F は n に依存しない定数（単位胞の長さを c とすると $2\pi/3c$，図中の直線）となる。しかし，密度汎関数法による電子構造から得られる k_F は直径に依存し，しかも，構造最適化の前，後（それぞれ，図中の△，○）で，その値も大きく変化する。

ナノチューブのバンド構造とフェルミ波数を示す[12]。構造最適化の前後で，フェルミ波数が顕著に変化していることがわかる。

7.1.4 CNTとグラフェンを用いた物質設計

0次元系であるフラーレンと2次元系であるグラフェンを用いた，複合次元ナノ構造体の設計研究の例として，C_{60}をインターカラントとしたグラファイト層間化合物の設計が試みられ，C_{60}の高い電子親和力によるグラフェン層からの電子移動が予測されている[13]。さらに，ナノチューブにC_{60}列を挿入した0次元・1次元複合系があとに発見された[14]。その系は，幾何形状から「ピーポッド」（サヤエンドウ）と称され，やはり興味深い物性が期待されている[15]。そして，1次元と2次元系の複合物質として，グラフェンにナノチューブ列を周期的に配置した系の設計研究が2002年に行われ，もともとは金属的なグラフェンが半導体化することが報告されている[11]。

図7.3に，その際に考案された3種の構造体を示す。有限長のCNTが，7員環を用いてグラフェン上に配置されることにより，基本的に全原子がsp^2混成軌道を取った3配位の局所構造を持つ系とすることができる（ただし，CNTの先端部分にフラーレン形状の「キャップ」をつけずに開口端型とした場合は，エッジ原子に2配位のものが残ることになる）。これらの中で特に興味深い系として，2層グラフェン系の上下層をCNTで周期的に「接続」した系（double-sheet＝DS系）である。実験的にも，いわゆるAA積層型の2層グラフェン系は発見されており[16]，その系に何らかの手法で周期的に「孔」を開けることでDS系の実現が可能と期待される。その系の一例について，密度汎関数法で電子構造を求めた結果について図7.4に示す。図からわかるように，直接ギャップ型の半導体となることがわかる[17]。実際の半導体物質では，密度汎関数法によるエネルギーギャップ値よりも広いギャップが観測されることが通例となっており，

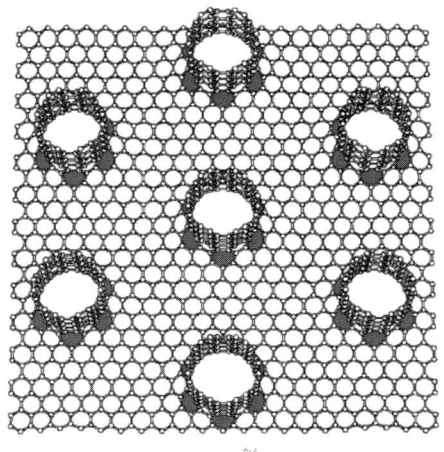

（a）鳥瞰図

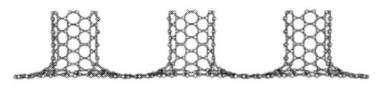

（b）側面図

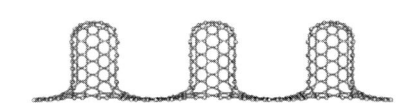

（c）チューブ端をC_{84}フラーレンも半球で閉じたもの

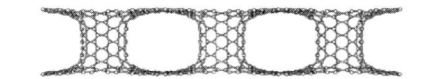

（d）「AA積層」した2層グラフェン系で周期的に(6, 6)アームチェアナノチューブが上下層を連結した構造

図7.3 グラフェンと有限長のCNTを組み合わせて設計された2次元ナノカーボン新物質の設計研究[11]。開口端部分に2配位の炭素原子が残る系

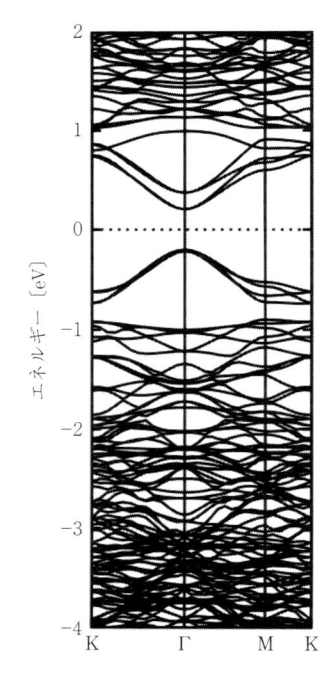

図7.4 (6, 6)アームチェアナノチューブを用いてAA積層型2層グラフェン系の上下層を周期的に連結した場合のバンド構造[17]。密度汎関数法による結果である。

この系でも，1 eV 程度のギャップの開いた半導体となると期待される。

7.1.5 今後の展望

ナノカーボン系，特に，CNT には多種多様なものがあり，しかも，実験的に合成される試料に，実際に多様なナノチューブが存在していることが知られてきた。最近，直径の細いナノチューブ系における選択的合成，あるいは，合成後に構造別にナノチューブを単離する実験研究において，長足の進歩が見られている。今後，構造別のナノチューブを構築単位とした新物質の合成研究が可能になると期待される。その際にも，本節で紹介したように，第一原理電子構造計算手法が研究展開において重要な指針を与えると期待される。

謝 辞

本節で述べたことに関する研究の一部は，文部科学省グローバル COE プログラムによる拠点形成活動として東京工業大学が推進している「ナノサイエンスを拓く量子物理学拠点」によるサポートを得て展開したものである。また，フラーレンに関する研究の一部は，文部科学省・元素戦略プロジェクト「材料ユビキタス元素協同戦略」，CNT およびグラフェンに関する研究の一部は，文部科学省科学技術研究費補助金・特定領域研究「カーボンナノチューブナノエレクトロニクス」による補助を，それぞれ受けている。

引用・参考文献

1) W. Krätschmer, L. D. Lamb, K. Fostiropoulos and D. R. Huffman：Nature, **347**, 354 (1990)
2) A. F. Hebard, M. J. Rosseinsky, R. C. Haddon, D. W. Murphy, S. H. Glarum, T. T. M. Palstra, A. P. Ramirez and A. R. Kortan：Nature, **350**, 600 (1991)
3) K. Tanigaki, T. W. Ebbesen, S. Saito, J. Mizuki, J. S. Tsai, Y. Kubo and S. Kuroshima：Nature, **352**, 222 (1991)
4) S. Iijima：Nature, **354**, 56 (1991)
5) K. S. Novoselov, A. K. Geim, S. V. Morozov, D. Jiang, Y. Zhang, S. V. Dubonos, I. V. Grigorieva and A. A. Firsov：Science, **306**, 666 (2004)
6) S. Okada and S. Saito：Phys. Rev. B, **59**, 1930 (1999)
7) K. Kanamitsu and S. Saito：J. Phys. Soc. Jpn. **71**, 483 (2002)
8) K. Kato and S. Saito：Physica E, **43**, 669 (2011)
9) S. Bachilo, M. Strano, C. Kittrell, R. Hauge, R. E. Smalley and R. Weisman：Science, **293**, 2361 (2002)
10) Y. Omata, Y. Yamagami, K. Tadano, T. Miyake and S. Saito：Physica E, **29**, 454 (2005)
11) T. Matsumoto and S. Saito：J. Phys. Soc. Jpn, **71**, 2765 (2002)
12) K. Kato and S. Saito：to be published
13) S. Saito and A. Oshiyama：Phys. Rev. B, **49**, 17413 (1994)
14) B. W. Smith, M. Monthioux and D. E. Luzzi：Nature, **396**, 323 (1998)
15) S. Okada, S. Saito and A. Oshiyama：Phys. Rev. Lett., **86**, 3835 (2001)
16) Z. Liu, K. Suenaga, P. Harris and S. Iijima：Phys. Rev. Lett., **102**, 015501 (2009)
17) M. Sakurai, Y. Sakai and S. Saito：J. Phys. Conf. Series (in press).

7.2 強 度 設 計

7.2.1 は じ め に

炭素原子が六角形を敷き詰めたハチの巣（ハニカム）構造の格子を作ることによってグラフェンと呼ばれる1原子層から成るシート構造を形成する。このシートを規則正しく多層に張り合わせた構造が黒鉛（グラファイト，graphite）である。同じ炭素原子から成るダイヤモンドは天然で知られている物質の中で最も高い硬度（モース硬度 10）を持つのに対して，グラファイトは層間の結合が非常に弱いため硬度は2に満たない。しかしながら，グラフェンシート内の sp^2 混成軌道によって形成された共有結合はダイヤモンドの共有結合（sp^3 混成軌道から成る結合）よりも強い結合であるため，スペースエレベータ[1]のケーブルへの応用のようにグラフェンや CNT の強度に関する応用上の期待は非常に大きい。また，これらの物質のデバイス材料としての応用を考えたとき，構造の形成しやすさや破壊・融合などによる構造変形に関するシミュレーションは安定したデバイス特性を提供するために重要な役割を持っていると考えられる。

一方で，炭素材料は構造に依存した非常に多彩な電子物性を示す。例えば，ダイヤモンドは不導体であるのに対してグラファイトは導体として電池などの電極にも利用される。また，SWCNT では筒状構造の太さや巻き方によって電子状態が金属から半導体まで離散的に変化することが実験的にわかっているし[2]～[4]，グラフェンを細長いリボン状にすればその両端の原子構造や幅によってやはり電気的特性が変わることが予測されている[5]。したがって，電子デバイスなど応用によっては機械的強度とともにその電子状態への影響も考慮しなければならない。その点でも電子状態計算を含むシミュレーションは炭素材料の設計において有用である。

本節ではシミュレーションに基づいた CNT・グラフェンの強度設計としてグラフェンの引き裂き，グラ

フェン端の反応性と融合による新奇構造形成，CNTバンドルの融合，さらに，欠陥構造に関する研究についての現状を解説する。

7.2.2 強度を知るための計算手法

材料の強度といっても使用される場面によって要求される材料の特性は異なってくるが，ここでは原子スケールシミュレーションにおいて材料の強度を知るためによく用いられる特性（体積弾性率・化学的反応性・熱的安定性）について，計算手法を簡単にまとめておく。

材料の硬さを示す物性値の一つ体積弾性率 B は，物体の体積 V，圧力 p，一定温度 T の下で $B = -V(\partial p/\partial V)_T$ と定義される。第一原理電子状態計算では単位格子の体積 V を変化させたときの全エネルギー E_{tot} の変化をマーナハン（Murnaghan）による固体の状態方程式[6]，もしくは3次の近似式であるバーチ・マーナハン（Birch-Murnaghan）の式[7]

$$E_{tot}(V) = E_0 + \frac{9B_0 V_0}{16}\left\{\left[\left(\frac{V_0}{V}\right)^{\frac{2}{3}}-1\right]^3 B' + \left[\left(\frac{V_0}{V}\right)^{\frac{2}{3}}-1\right]^2\left[6-4\left(\frac{V_0}{V}\right)^{\frac{2}{3}}\right]\right\} \quad (7.1)$$

を用いて最小二乗法などでフィッティングすることによって体積弾性率 B を求める。ここで，B' は体積弾性率の圧力微分，E_0 および V_0 は平衡格子定数での系の全エネルギーと体積である。理論的にしか知られていないような未知の物質構造に対する硬さを議論する際には，体積弾性率の計算に加えて，せん断応力などひずみに対する安定性についても議論する必要がある。CNTのような1次元的な構造に対しては軸方向のねじれに対する強度も重要である。

化学的安定性は雰囲気ガスや溶媒などの他の分子との反応性に対する強度を示す。つまり化学反応性が低ければ化学反応に対する劣化が起きにくく強度が高いと考えることができる。グラフェンやCNTの表面は非常に安定で反応性は低いが，端や欠陥などでは反応性が高いと考えられる。また，CNTでは曲率やカイラリティによって反応性が異なることが最近の研究によってわかってきている[8]。

容易に平衡に達するような化学反応の場合には，材料分子と生成物の間の自由エネルギーの差で化学反応の起きやすさを議論できる。一方で，グラフェンやCNTなどの炭素材料の場合には反応のための障壁が比較的高いために反応が平衡状態に達するとは限らない。したがって，自由エネルギーの差だけでなく反応障壁も踏まえた議論が必要となる。反応障壁を計算する方法としては原子振動の温度効果が小さいときに有効な Nudged Elastic Band 法[9] や，特定の反応座標に沿った自由エネルギーの変化から反応のしやすさを見積もる Blue-Moon Ensemble 法[10]，より一般的に最終的な構造を特定せずに自由エネルギー表面を計算する Metadynamics 法[11] などが用いられる。

熱的安定性は分子動力学法を用いて，ある温度下で原子構造が変形したり壊れたりしないかで判断する。現状では比較的高速な計算の場合でもナノ秒程度のシミュレーション時間で安定性を議論する場合が多い。モンテカルロ法を用いて熱平衡状態のアンサンブルを得る方法も熱的安定性を知る上では有効である[12]。ただし，系の時系列の変化や反応経路などはわからないため，必要な場合には上述の反応障壁の計算や分子動力学法を用いた計算の両面から検証する。

7.2.3 グラフェンの劈開による端形成

Siを中心とする半導体デバイスの微細化の限界に伴いさらなる微細化と熱によるデバイス動作・構造の不安定性の問題が顕在化してきている中，元素周期表でひとまわり小さな炭素原子から成るグラフェンは熱伝導性も高く，デバイスへの応用が検討されている。グラフェンの形成は熱CVD法やグラファイトを酸化によって剥離したあとに還元するなど，大面積化，大量合成に向けた研究開発が多くのグループにより実施されており[13]~[15]，非常に質の高い結晶も得られつつある。電子デバイス応用においては結晶性の高いグラファイトの表面から粘着テープを用いて剥離し他の材料表面に転写する当初から行われていた方法[16]が広く利用されている。

前述のようにグラフェンの電子状態はさらなる微細化が進むと端の原子構造や幅の影響を強く受けることが理論計算から明らかになっている[5]。したがって，端形成の原子スケールの機構理解を基盤としてその構造制御性を高めることによって，デバイスとして安定した特性を目指す必要がある。ここでは現在，電子デバイス形成においてよく用いられている上記のグラファイトの剥離によるグラフェンの形成でどのような端構造が形成されるのかを原子スケールでシミュレーションした結果について述べる。

グラフェンの安定な端構造としてはアームチェア端およびジグザグ端があり，水素による終端処理の有無にかかわらずアームチェア端のほうが安定であることが第一原理電子状態計算によって明らかになっている[16]~[18]。このことはSTMなどの実験でも調べられている[19]。さらに端構造が再構成によって別の構造に変形する可能性についても最近の第一原理電子状態計算

で明らかにされている[20),21)]。一方で、グラファイトを粘着テープで剥離する場合には端構造をグラフェンの引き裂きによって形成するような反応を介して端が形成されるため、反応障壁の高さによってアームチェア端、ジグザグ端の形成確率は大きく影響されると予想される。

図 7.5 (a)、(b) に示すように1枚のグラフェンに初期構造として切れ込みを入れて引き裂くようなシミュレーションを行った[22)]。アームチェア方向に引き裂く初期条件の下にシミュレーションを行ったところ (図 (a))、形成されるエッジ構造は単にアームチェア端となった。さまざまな温度条件でシミュレーションを行ったが、ほとんどすべての計算において欠陥のないアームチェア端が形成された。グラフェンをジグザグ方向に引き裂くような初期条件にして同様のシミュレーションを行ったところ、途中から引き裂きの方向が変わり (図 (b))、アームチェア端が形成された。引き裂きの速度は 0.5 nm/ps から 1.5 nm/ps ま

で変更してみたが得られる端構造の傾向は変わらなかった。

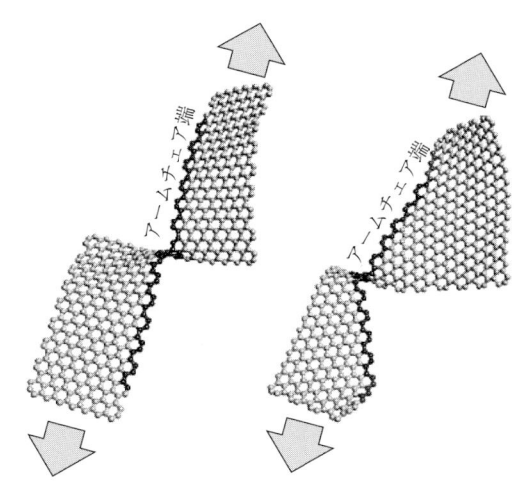

このようにアームチェア端のほうが形成されやすいというシミュレーション結果は電子顕微鏡観察によってアームチェア端のほうが比較的長く、頻繁に観測されるという実験結果とよく符合する[23)]。また、ミクロな形成過程は明らかになっていないが、膨潤処理をしたグラファイトの粉濁液を超音波処理することでナノメートル幅のリボン構造が形成されることが実験的に明らかになっている[24)]。このミクロな形成過程において図 (a)、(b) に示すような引き裂きが起こり、アームチェア端を持つグラフェンリボンが形成されていると考えると超音波処理のようなランダムな力によって異方的な細長いリボン構造が形成された理由が説明できる。

一方で、剥離における基板の影響を取り入れたよりマクロなシステムのシミュレーションも実施されている。2箇所の切れ込み間のグラフェンを引き剥がすシミュレーションを行うと、基板との相互作用の効果によってグラフェンの引き裂きの先端にグラフェンの幅を狭くするような応力が加わるため短冊状の構造が徐々に細くなっていく (図 (c))[25)]。このシミュレーション結果は実験的に得られているグラフェンのマクロな構造をよく説明できる。

7.2.4 グラフェン端の反応性と融合による新奇構造形成

グラフェンや CNT をデバイスとして利用する際には基本的に他の材料との接合を形成する必要がある。グラフェンや CNT はデバイスの配線としての利用も検討されていることから、ここではグラフェンや CNT が接合した構造の形成過程やその可能性、安定性について述べる。はじめにグラフェンの小片 (グラフェンパッチ) を基本骨格として形成されるジャンクション構造について述べ、それを応用した CNT のジャンクション構造や実験での観測について述べる。

グラフェンを四角形に切り取ったグラフェンパッチを垂直に他のグラフェンに衝突させるシミュレーションを行うと、接触する端の構造によらず sp^3 的な結合をグラフェンと形成する (**図 7.6** (a)(b))。反応のための活性化障壁はアームチェア端を反応させた場合には 0.15 eV、ジグザグ端を反応させた場合には障壁がないことがわかった。新たな構造はY字型の断面を有しており、1000 K 程度の温度一定の分子動力学シミュレーションでも 20 ps 以上壊れることもなく、比較的安定な構造であると考えられる[26)]。このようなグラフェンを基本骨格とした3次元的な構造はこれま

(a) アームチェア方向への引き裂きを初期条件とする場合
(b) ジグザグ方向への引き裂きを初期条件とする場合

弱い吸着　　　　強い吸着
(c) 基板への吸着力の違いによる端構造の変化

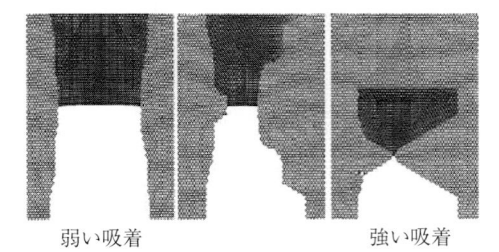

図 7.5 グラフェンの引き裂きによる端構造の形成シミュレーション

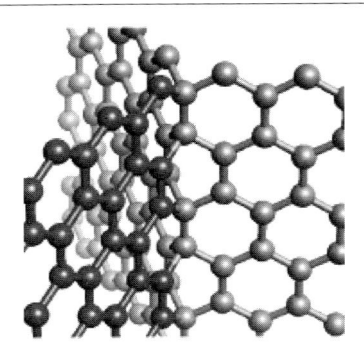

(a) グラフェンとグラフェンのアームチェア端が反応して形成される構造

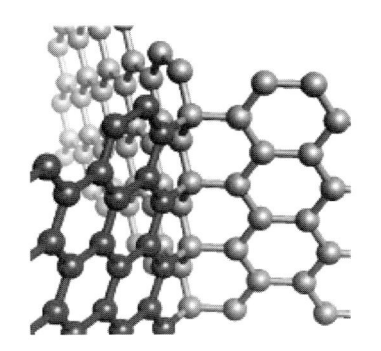

(b) グラフェンとグラフェンのジグザグ端が反応して形成される構造

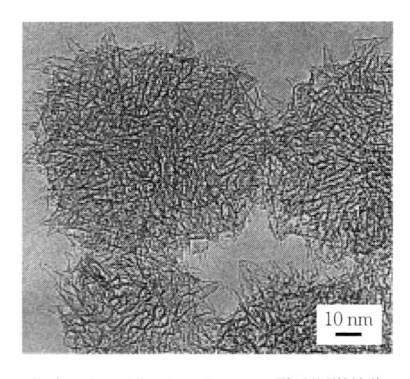

(c) カーボンナノホーンの電子顕微鏡像

図 7.6 グラフェンを基本骨格とする立体構造

カーボンナノホーンはレーザー蒸発法によって形成され，多くの突起状の角を持った直径 100 nm 程度の球状の粒子である。形成のために金属触媒を用いないので非常に純度の高い資料が得られ，触媒金属の担持やドラッグデリバリーでの薬剤担体への応用研究が進められている。カーボンナノホーンの形成過程や詳細な構造は未知の部分もあるが，上述のようなグラフェンが sp^3 的なジャンクション構造で接合された構造かもしれない（図 (c)）。

このグラフェンを基本骨格として持つような 3 次元構造は sp^3 的な結合が比較的安定なシグマ結合であるためフェルミ面近傍の電子状態はグラフェンパッチの π 電子の状態を強く反映している。したがって，グラフェンパッチやグラフェンリボンのエッジ構造に起因してエッジ状態[30]と呼ばれる特異な磁性が観測される可能性がある。実際にカーボンナノホーンにおいて磁性が観測されているが[31] エッジ状態に起因する磁性かどうかは明らかになっていない。

CNT の端も熱処理や電子線照射を用いてキャップ構造や終端を取り去ることでグラファイト表面と反応することがシミュレーションから明らかになっている。CNT のジグザグ端を別の CNT 側面に接近させると容易に sp^3 的な結合を形成した。アームチェア端や欠陥が多く凹凸のあるエッジ構造では不整合が生じるために結合できる場所が限定されてしまうが，部分的に結合を形成することがわかった。このようなジャンクション構造はグラフェンや CNT を配線として利用する場合の接合構造として有用になると考えられる。

このような sp^3 的な結合が CNT の先端の融合過程において形成されることが実験によって明らかになっている[32]。すなわち CNT の先端を接触させた状態で電流を印加することでジュール熱による先端の融合を試みたところ，その先端を引き剥がすための力が sp^3 的な結合によるものと考えられる結果が得られた。この実験によって，sp^2 のネットワークに sp^3 結合が混在するようなさまざまな新規構造が形成できる可能性が示された。前述のようにこのような新規構造は磁性材料としての可能性を持っているのに加えて，大きな比表面積を持つために触媒などの担持材料やガス吸蔵などさまざまな応用が期待されるため，今後の研究の進展が期待される。

7.2.5 CNT バンドルの融合

SWCNT はファンデルワールス的な層間の弱い相互作用によって互いに吸着し，容易に束（バンドル）を構成することが知られている。このバンドルを構成している複数の CNT どうしが電子線の照射や昇温に

でにいくつか提案されてきているが[27), 28)]，グラフェンパッチから容易に形成できることは議論されてこなかった。

このような sp^2 的な結合と sp^3 的な結合が混在するような構造は実験的にあまり知られていないが，グラフィティックなネットワークを基本骨格として持つ 3 次元的な構造としてカーボンナノホーンがある[29)]。

よって融合することが実験的に知られている[33]。2本のCNTが融合する原子スケールの機構はいまだに明確になっていない部分も多いが，関連するいくつかのシミュレーションの結果を紹介する。

CNTやフラーレンの融合のシミュレーションではストーン・ウェイルズ変形（Stone-Wales transformation）[34]が連続的に起きることで実現するモデルがよく用いられる。ストーン・ウェイルズ変形はグラフェンのハチの巣構造で隣り合う二つの炭素原子を面内で90°回転する操作で，隣り合う二つの7員環と，この7員環に隣接する二つの5員環が形成される（図7.7 (a)）。この幾何学的な欠陥構造はストーン・ウェイルズ欠陥と呼ばれ，STMやTEMなどの顕微鏡によって実際に観測されている[35), 36]。

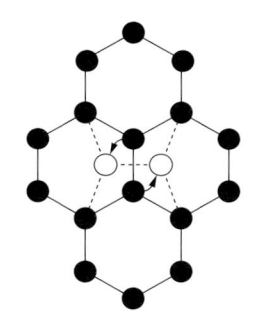

(a) ストーン・ウェイルズ変形による結合構造の変化

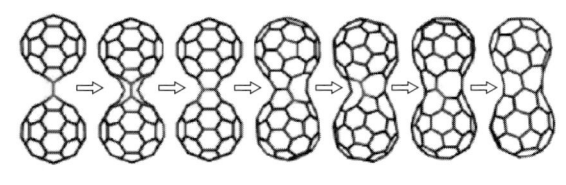

(b) 連続的なストーン・ウェイルズ変形によるフラーレンの融合プロセス

図7.7 ストーン・ウェイルズ変形の模式図

このストーン・ウェイルズ変形を繰り返すことによって，例えば2個のフラーレンが融合する反応過程を説明するシミュレーションが実施されている[37]。二つのフラーレン間に結合を形成し，落花生の殻のような構造から徐々に接合部分が太くなり，最終的には細長い一つのフラーレン構造を形成できる（図(b)）。このシミュレーションはCNT内にフラーレンを詰めたピーポッドと呼ばれる構造において内部のフラーレンが融合する現象に対応している。同様の構造変形によって2本のCNTの融合も説明できる[38]。

このような構造変形に必要な活性化エネルギーはグラフェンシートの場合で7 eV以上と非常に高く，形成後のエネルギーも2 eV以上上昇するため通常の条件ではまれにしか起こらない反応と考えられる。高い活性化エネルギーを下げるような機構[39]も提案されているが，現状ではまれな反応であり，時間をかけることでこのようなストーン・ウェイルズ変形の一連の構造変形が起こると考えられている。

上述のシミュレーションでは反応経路をある程度限定して実施することによって，ストーン・ウェイルズ変形だけで一連の反応を説明している。一方で，反応経路を限定しない分子動力学法による融合シミュレーションも試みられている。

図7.8 (a)は細い2本のCNT (1)が1本に融合する分子動力学シミュレーションのスナップショットである。非常に細いCNTの場合にはsp³的な融合構造(2)を介したあとに連鎖的に反応が軸方向に進展することで融合する(3)ことがわかった[40]。この融合反応の場合にはストーン・ウェイルズ変形は起きていない。さらに7本のCNTバンドルの高温下でのシミュレーションからMWCNTが形成されるという結果も

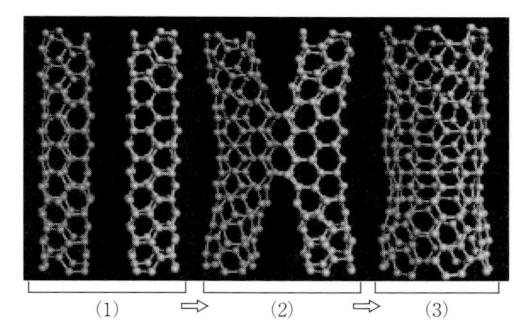

(1) ⇒ (2) ⇒ (3)

(a) 2本の細いSWCNTの融合シミュレーション

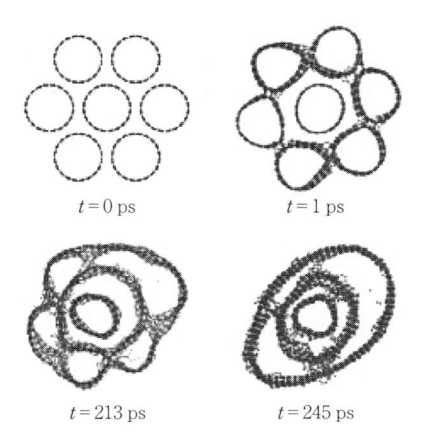

$t = 0$ ps $\quad$ $t = 1$ ps

$t = 213$ ps $\quad$ $t = 245$ ps

(b) 7本のSWCNTからのMWCNTの形成

図7.8 SWCNTの融合シミュレーション

得られている（図（b））[41]。

7.2.6 グラフィティックネットワークに形成される欠陥構造

グラフィティックなネットワーク上に形成される欠陥構造はストーン・ウェイルズ欠陥以外では，炭素原子が一つ欠落した単一原子空孔（mono-vacancy）や複原子空孔（di-vacancy）が実験的に確認されている[35]ほか，5員環や7員環を含んだ幾何学的な欠陥構造が提案されている[42]。これらの欠陥構造は機械的強度に影響を与える可能性があるだけでなく，電子状態を大きく変化させたり，電子の拡散を妨げる散乱中止となったりするために電子デバイスへの応用上は厄介であるが，逆に磁性や電気伝導を制御できる可能性もあるため，非常に興味深い。特にグラフェンナノリボンで発見されたエッジ状態に起因する磁性[30]は非常に軽い磁性体を形成できる可能性もある。また，グラフェンのデバイス応用においてその半導体ギャップを制御する方法が提案されており[43]，元素置換も含めた種々の欠陥構造の制御は重要である。いずれにしてもシミュレーションが果たすべき役割は非常に大きく，種々のシミュレーションによる結果を実験結果とつき合わせてさまざまな課題を解決していく必要がある。

謝　辞

本節で紹介した研究の一部は，NEDOよりJFCCに委託されたフロンティアカーボンテクノロジー（FCT）プロジェクトおよびナノカーボン応用製品創製（NCT）プロジェクトの一環として実施された。また，本研究のシミュレーションの多くはNEC府中事業場のスーパーコンピュータSXを利用することで可能となった。

引用・参考文献

1) http://jsea.jp/
2) N. Hamada, S. I. Sawada and A. Oshiyama : Phys. Rev. Lett., **68**, 1579 (1992)
3) R. Saito, M. Fujita, G. Dresselhaus and M. S. Dresselhaus : Phys. Rev. B, **46**, 1804 (1992)
4) T. W. Odom, J. -L. Huang, P. Kim and C. M. Lieber : Nature (London), **391**, 62 (1998)
5) Y. -W. Son, M. L. Cohen and S. G. Louie : Nature (London), **444**, 347 (2006)
6) F. D. Murnaghan : The compressibility of media under extreme pressures, Proc. Natl. Acad. Sci., **30**, 244 (1944)
7) F. Birch : Phys. Rev., **71**, 809〜824 (1947)
8) Y. Miyata, T. Kawai, Y. Miyamoto, K. Yanagi, Y. Maniwa and H. Kataura : J. Phys. Chem. C, **207**, 111, 9671〜9677 (2007)
9) H. Jonsson, G. Mills and K. W. Jacobsen : Classical and quantum dynamics in condensed phase simulations, edited by B. J. Berne, G. Ciccotti and D. F. Coker, World Scientific, Singapore (1998)
10) E. A. Carter, G. Ciccotti, J. T. Hynes and R. Kapral : Chem.Phys.Lett., **156**, 472 (1998)
11) A. Laio and F. L. Gervasio : Rep. Prog. Phys., **71**, 126601 (2008)
12) K. S. Kim, Y. Zhao, H. Jang, S. Y. Lee, J. M. Kim, K. S. Kim, J. -H. Ahn, P. Kim, J. -Y. Choi and B. H. Hong : Nature, **457**, 706 (2009)
13) A. Reina, X. Jia, J. Ho, D. Nezich, H. Son, V. Bulovic, M. S. Dresselhaus and J. Kong : Nano Lett., **9**, 30 (2009)
14) X. Li, W. Cai, J. An, S. Kim, J. Nah, D. Yang, R. Piner, A. Velamakanni, I. Jung, E. Tutuc, S. K. Banerjee, L. Colombo and R. S. Ruoff : Science, **324**, 1312 (2009)
15) K. S. Novoselov, A. K. Geim, S. V. Morozov, D. Jiang, Y. Zhang, S. V. Dubonos, I. V. Grigorieva and A. A. Firsov : Science, **306**, 666 (2004)
16) S. Okada : Phys. Rev. B, **77**, 041408R (2008)
17) T. Kawai, Y. Miyamoto, O. Sugino and Y. Koga : Phys. Rev. B, **62**, 16349 (2000)
18) V. Barone, O. Hod and G. E. Scuseria : Nano Lett., **6**, 2748 (2006)
19) Y. Niimi, T. Matsui, H. Kambara, K. Tagami, M. Tsukada and H. Fukuyama : Phys. Rev. B, **73**, 085421 (2006)
20) P. Koskinen, S. Malola and H. Heakkinen : Phys. Rev. Lett., **101**, 115502 (2008)
21) T. Wassmann, A. P. Seitsonen, A. M. Saitta, M. Lazzeri and F. Mauri : Phys. Rev. Lett., **101**, 096402 (2008)
22) T. Kawai, S. Okada, Y. Miyamoto and H. Hiura : Phys. Rev. B, **80**, 033401 (2009)
23) A. K. Geim and K. S. Novoselov : Nature, **6**, 183 (2007)
24) X. Li, X. Wang. L. Zhang, S. Lee and H. Dai : Science, **319**, 1229 (2008)
25) D. Sen, K. S. Novoselov, P. M. Reis and M. J. Buehler : Small, **6**, 1108 (2010)
26) T. Kawai, S. Okada, Y. Miyamoto and A. Oshiyama : Phys. Rev. B, **72**, 035428 (2005)
27) H. R. Karfunkel and T. Dressler : J. Am. Chem. Soc., **114**, 2285 (1992)
28) K. Umemoto, S. Saito, S. Berber and D. Tomanek : Phys. Rev. B, **64**, 193409 (2001)
29) S. Iijima, M. Yudasaka, R. Yamada, S. Bandow, K. Suenaga and F. Kokai : Chem. Phys. Lett., **309**, 165 (1999)
30) M. Fujita, K. Wakabayashi, K. Nakda and K. Kusakabe : J. Phys. Soc. Jpn., **65**, 1920 (1996)
31) S. Bandow, F. Kokai, K. Takahashi, M. Yudasaka and S. Iijima : Appl. Phys. A, **73**, 281 (2001)
32) A. Nagataki, T. Kawai, Y. Miyamoto, O. Suekane and Y. Nakayama : Phys. Rev. Lett., **102**, 176808 (2009)
33) M. Terrones, H. Terrones, F. Banhart, J. -C. Charlier and P. M. Ajayan : Science, **288**, 1226 (2000)
34) A. J. Stone and D. J. Wales : Chem. Phys. Lett., **128**, 501 (1986)

35) J. C. Meyer, C. Kisielowski, R. Erni, M. D. Rossell, M. F. Crommie and A. Zettl：Nano Lett., **8**, 3582（2008）
36) A. Hashimoto, K. Suenaga, A. Gloter, K. Urita and S. Iijima：Nature, **430**, 870（2004）
37) Y. Zhao, Y. Lin and B. I. Yakobson：Phys. Rev. B, **68**, 233403（2003）
38) M. Yoon, S. Han, G. Kim, S. B. Lee, S. Berber, E. Osawa, J. Ihm, M. Terrones, F. Banhart, J. -C. Charlier, N. Grobert, H. Terrones, P. M. Ajayan and D. Tomanek：Phys. Rev. Lett., **92**, 075504（2004）
39) C. P. Ewels, M. I. Heggie and P. R. Briddon：Chem. Phys. Lett., **351**, 178（2002）
40) T. Kawai, Y. Miyamoto, O. Sugino and Y. Koga：Phys. Rev. Lett., **89**, 085901（2002）
41) M. J. López, A. Rubio, J. A. Alonso, S. Lefrant, K. Méténier and S. Bonnamy：Phys. Rev. Lett., **89**, 255501（2002）
42) G. -D. Lee, C. Z. Wang, E. Yoon, N. -M. Hwang, D. -Y. Kim and K. M. Ho：Phys. Rev. Lett., **95**, 205501（2005）
43) B. Biel, F. Triozon, X. Blase and S. Roche：Nano Lett., **9**, 2725（2009）

7.3 時間発展計算

7.3.1 はじめに

ここでは，CNT内におけるホットキャリヤーの緩和機構に関して議論する。また，それに付随したCNTの光応答特性も議論する。

2000年代前半よりCNTの光学吸収過飽和現象を利用した応用研究が始まり，レーザー光路にCNT吸収体を配置したモードロックレーザーの実現が報告されている[1]。このような応用には，吸収部にて光励起されたホットキャリヤーの緩和ダイナミクスを理解することが重要である。高速緩和はスイッチング速度を速める利点がある一方で，光吸収効率を下げるトレードオフがあり，理論的解析はデバイス設計に欠かせない。

CNTにおける光励起キャリヤー緩和現象の先駆的な研究によれば，他の半導体材料と類似して緩和現象には二つのモードがあり，速いモードの緩和は電子どうしの相互作用による緩和，遅いモードの緩和は電子格子相互作用による緩和であることが議論されている[2]。さらに，電子格子相互作用による緩和スピードはCNTの直径が細いほうが速いという興味深い報告もなされている[3]。

これらの実験的研究を理論的に検証するにはどのようにすればよいかを筆者らは考えた。速いモードの緩和の時定数はサブピコ秒のオーダーになるので，フェルミ黄金則を導く摂動理論の適用には疑問が残る。そこで，筆者らは電子の波動関数の実時間発展をCNTの格子の運動とともに同時にシミュレーションする方法を選択した。CNTは炭素原子から成る格子で構成され，おのおのの炭素原子にはsp^2混成軌道によるσ軌道と，結合に関与しないπ軌道がある。光励起によるキャリヤーはおもにπ軌道から構成されるが，直径の細いCNTにおいては格子の運動により，π軌道とσ軌道の間に有効的な相互作用が働くことも想定される。したがって，あまり簡単化されたモデルを用いずに，重要な軌道すべてを取り込んだ電子のダイナミクスをシミュレーションすることが大切である。と同時に格子のダイナミクスを計算に取り込むことで，電子格子相互作用と電子間相互作用の比較が可能になる。

7.3.2 計算手法

現実の物質内における電子・格子のダイナミクスをシミュレーションするには，実用的な近似法を選択する必要がある。多体問題を高精度で扱いながら電子の時間発展を追うことは，残念ながら現在の計算機のパワーを持ってしても難しい。そこで，一体の波動関数を用い，多体の相互作用を電荷密度の汎関数として扱う密度汎関数理論（DFT）の枠組みを適用する。1984年に発表された理論[4]は，時間に依存して変化する外場の下での電荷密度の時間・空間依存性が，与えられた外場の時間・空間依存性に対して一意に決定されることを証明した（解の一意性の保障）。この時間依存密度汎関数理論にのっとり，筆者らはバンド計算の計算テクニックを時間発展問題に拡張した計算スキームを開発した[5]。

すべての価電子において，時間依存Kohn-Sham方程式

$$i\hbar \frac{d\phi_{n,k}(\vec{r},t)}{dt} = H_{KS}(\vec{r},t)\phi_{n,k}(\vec{r},t) \quad (7.2)$$

により，電子の波動関数の実時間軸上の発展を数値計算する。これには，式（7.2）に示されたKohn-Shamのハミルトニアン$H_{KS}(\vec{r},t)$に時間幅をかけたものの指数展開（時間発展演算子）を，ハミルトニアンに含まれる非可換な演算子の指数展開による積に直す鈴木-Trotter分解[6]の方法が応用されている。一方，分子動力学の数値計算は，Ehrenfestの近似[7]に基づきHellmann-Feynman力に基づく古典的ニュートン方程式を解くことで行う。したがって，低温領域の計算の際には，フォノンの量子効果を無視した近似になっている。そのほかの数値計算の詳細は文献5）に譲る。

なお，今回採用した時間依存密度汎関数理論は，周期境界条件を持つ広がった系に対して励起子の効果を

十分に取り入れていない。励起子の効果を取り入れてしかもその時間発展をあらわに扱う手法はチャレンジングな課題であることを付記しておく。

CNTのテストケースとして，電子・格子相互作用が比較的強いとされる細いCNTを扱うことにした。直径0.4 nmの細い(3, 3) CNTがそれで，その構造を図7.9に示した。このCNTの光吸収係数を計算すると，チューブ軸に平行な偏光方向にて約3 eVのエネルギー位置に強い吸収があるが，近接するエネルギー準位にも強い吸収が存在する。そのために，実際の励起キャリヤーダイナミクスを追いかけるシミュレーションを行った場合，さまざまな時定数で緩和するキャリヤーを同時に見てしまうので，解析が容易でないと判断した。他方，さらに高エネルギー位置の6 eVに比較的弱いが幅の狭い吸収ピークが存在し，近隣のエネルギー領域には吸収がないことがわかった。こちらの励起キャリヤーのほうが解析には向いているので，励起ダイナミクスのシミュレーションには6 eVの光励起を想定することにした。

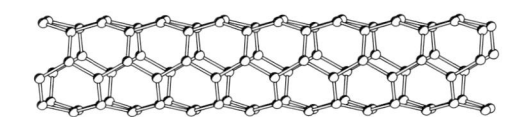

図7.9 今回の計算で用いた(3, 3) CNT。基本周期の8倍の長さのセルで96個の炭素原子で1周期をなしている。

まず，時間発展の初期条件として光励起された状態を設定する必要がある。しかし，光励起状態を計算上でシミュレーションすることは厳密には難しい。今回採用する近似では，基底状態で求めた波動関数を足がかりに，電子の占有率を励起する状態に合わせて恣意的に変え，それによる電荷分布とセルフコンシステントになるように波動関数を決め直す方法を採用した。この方法はconstraint DFTとかΔSCFの方法と呼ばれている。

この初期条件で決定した電子の波動関数を，有限温度の下で動く格子とともに時間発展させて計算する。有限温度の初期条件として，格子にマクスウェル-ボルツマン分布に従った乱数を発生させて初速度を与えた。厳密な計算を行うには，乱数を何通りも設定した結果の統計平均を取るべきであるが，計算資源に限りがあるので，このたびは300 K, 150 K, 77 Kのそれぞれの温度に従い，同じセットの乱数からスケールされた初速度を格子に与えるシミュレーション結果を比較することにした。

計算には，(3, 3) CNTの基礎的な周期の8倍の周期を持つ境界条件を想定した。ユニットセル当り96個の炭素原子を扱う計算である。ブロッホ波数はΓ点のみをサンプルすることにし，波動関数は平面波展開で記述しカットオフエネルギーは60リードベルグとした。イオンと価電子の相互作用はTroullier-Martins型擬ポテンシャル[8]を用いて記述した。時間発展のタイムステップ幅は0.08 a.u. (1.936×10^{-3} fs)と設定した。これは通常の分子動力学のステップ幅に比べて著しく小さいが，電子の波動関数の位相の高速変化に対応するためには不可欠である。

7.3.3 計 算 結 果

図7.10に，格子の初期設定温度300 Kの場合に，最初に設定した6 eVの励起でできる電子・正孔ペアのそれぞれの波動関数による期待値の時間変化を示した。計算結果は文献9)で詳細に分析されている。最初の230 fsまでに電子と正孔のエネルギーギャップの著しい減少が見える。230 fs以降はエネルギーギャップの減少のスピードは小さくなっている。このエネルギーギャップ減少のダイナミクスだけを見ても，高速緩和から低速緩和へモード移行するタイミングが存在することが示唆される。

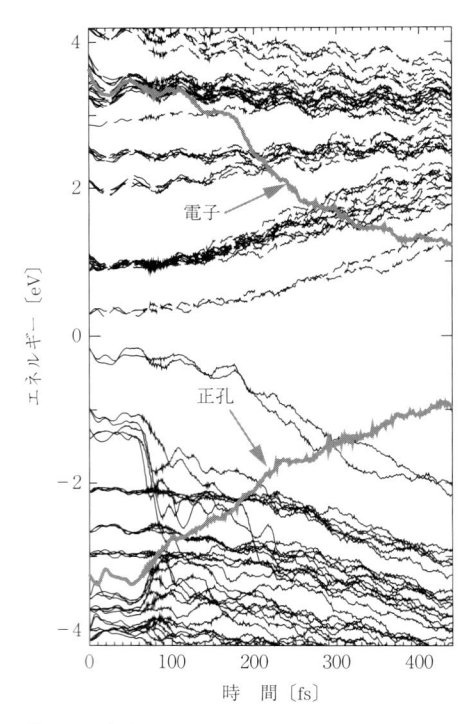

図7.10 想定された電子・正孔のそれぞれの波動関数のKohn-Shamハミルトニアンの期待値の時間推移。価電子帯の期待値は実線で，伝導帯の期待値は破線で描かれている。

7.3 時間発展計算

しかし，もっとはっきりとした解析方法にて，時定数の異なる緩和過程の存在を示すことはできないであろうか．筆者らは，今回のシミュレーションの最中に計算によって得られる CNT の内部エネルギー（密度汎関数理論の全エネルギー）の時間依存プロットを，計算の初期条件として与えた格子の温度に依存してとることを行った．**図 7.11** は，格子の初期温度 T_{init} を 300 K，150 K，77 K と設定した場合の時間発展計算を示し，それぞれのケースにおいて時間軸に従って系の内部エネルギーが徐々に下がっている様子が示されている．

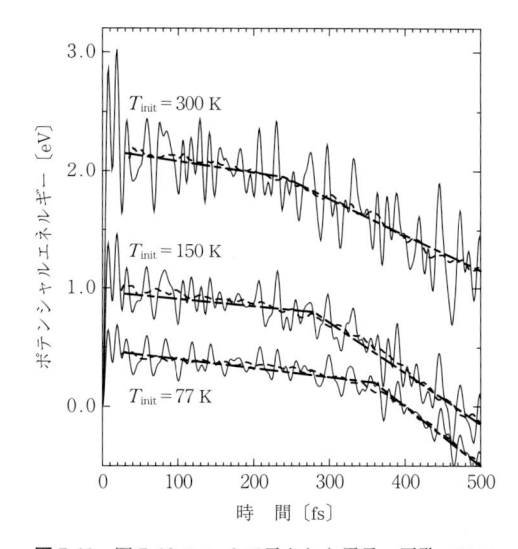

図 7.11 図 7.10 の $t=0$ で示された電子・正孔ペアの存在から，$t=0$ にて格子系の温度をさまざまに設定して時間依存シミュレーションを行い，内部エネルギーの時間変化をプロットしたもの．破線は，シミュレーションの最中の揺らぎを時間平均したもの．破線の直線は傾向を読み取るためにガイドとして引かれたもの

どの初期設定温度においても，内部エネルギーの下がりは初めゆっくりで，ある時刻に下がり方が急峻になることが図より見てとれる．分子動力学によるポテンシャル揺らぎの効果が著しいので，時間平均をとったプロットを併記し，さらに傾向をわかりやすく示すために，直線による補助線も引いた．これにより，緩やかな減少から急峻な減少に移る時刻が存在することがよりはっきりと読み取れる．ポテンシャルの減少は，格子系の運動エネルギー増大を示す．したがって，最初の緩やかなポテンシャルの減少の時間帯においては，電子系から格子系へのエネルギーの流れは緩やかであると解釈される．

一方で，図 7.10 に示したように，早い時間帯での電子と正孔の期待値のギャップの減少は速く，後になって電子・正孔ギャップの減少は緩やかになっており，ポテンシャルの減少速度の傾向とは逆である．これを説明するには，早い時間帯ではエネルギーのやり取りは電子系の中でおもに行われていると解釈することがエネルギー保存則にかなっている．そして，ポテンシャルの下がりが急峻になる後半の時間帯では，電子格子相互作用による電子系から格子系へのエネルギーの流れがメインになることがわかる．

図 7.11 からさらにわかることは，緩やかなポテンシャルの下がりから急峻なポテンシャルの下がりに移行する時刻が格子系の初期温度に依存し，低温になるほど急峻な下がりに移行する時刻が遅れることである（300 K では 230 fs，150 K では 280 fs，77 K では 370 fs あたりに移行時刻がある）．初期段階での格子の運動が遅いほうが，ポテンシャルの急峻な下がりの原因となる電子・格子相互作用をトリガーするのに時間がかかると考えれば，低温になるほど急峻なポテンシャルの下がりが見えはじめる時刻が遅延することは納得がいく．一方，いったん急峻なポテンシャルの下がりが始まると，初期設定温度が低温のほうがポテンシャルの下がる勾配が大きいことも，図 7.11 に示している．これを熱力学的に考えれば，光励起により高温状態になった電子の熱が，いったん格子系に流れ出せば，格子系の熱量が少ないほうが熱の移動速度は速くなる，と解釈できる．

以上のシミュレーション結果から，速いモードの緩和は電子間相互作用により，遅いモードの緩和は電子・格子相互作用によるとした文献 2) の議論を理論的に検証できた．

7.3.4 CNT の光応答

CNT と光の相互作用には，まだまだ思いがけない現象が潜んでいる．CNT のチューブ軸に対して垂直な偏光を持った光での電子励起は，いままであまり調べられてこなかった．その理由は，CNT 軸に平行な偏光の光励起の振動子強度のほうが垂直な偏光の光励起に比べて圧倒的に大きいからである．実際に，CNT 軸に垂直な偏光の光を当てても，CNT 内部には光の電界が減衰して届かないことが予想される．しかしながら，筆者らの最近の研究[10]では，半導体 CNT の場合，照射された光の波長が CNT 光遷移エネルギーと共鳴する場合には，CNT 内部の光電界が増大する現象が，時間依存密度汎関数理論に基づく第一原理計算で示唆されている．

この計算は，大きな真空領域を想定した周期境界条件のもと，周期的な外場（スカラーポテンシャル）が

時間に依存して振動している中に，対象となる CNT を置き，電子の運動を先の式 (7.2) で計算したものである．この場合のシミュレーションの初期状態は，電子の基底状態である．図 7.12 は，(8, 0) CNT に印加した電界強度と，CNT 内部での正味の電界（つまり，印加した電界と CNT 内で発生した反転電界の和）の時間依存を示す．シミュレーション時間 10 fs 足らずで，正味の電界が印加電界の大きさを超えていることがわかる．正味の電界は，つねに印加電界に対して反対位相で時間変化しているので，CNT 内部で発生した反転電界の絶対値が印加電界のそれを大きく上回った結果であることがわかる．このように反転電界の大きさが印加電界を上回るのは，CNT 軸に垂直方向に振動する電子雲の固有周期に印加電界の振動周期が共鳴して，電子雲の振動振幅が徐々に増大することを示している．計算時間が十分にあれば，このままシミュレーションを継続することができ，電子雲の振動が CNT の格子振動を誘起し格子温度を上昇させることを観測できるであろう．その際には，電子雲の振動振幅も飽和し，無限に電界が強くなるわけではない．

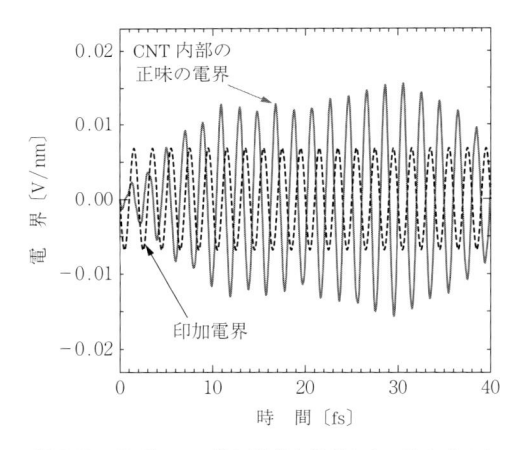

図 7.12 (8, 0) CNT 軸に垂直な偏光方向の光を当てた場合の印加電界（破線）と CNT 内部の正味の電界（実線）の時間変化

ここでは図に紹介しないが，電場の振動周期をチューニングすると，CNT 内部の電界をさらに増幅することができる．ただし，電界強度が最大になるだけでなく，「うなり」振動のような電界強度の変化が長周期で起き，その周期が (8, 0) チューブの動径方向の振幅振動 (radial breathing mode) の周期と近いという，興味深い結果を得ている．

以上のシミュレーション結果は，CNT に分子を内包して動きにくくし，効率よく光を照射することで光化学反応を行うことができることを示唆している．現在，シミュレーションを用いて，CNT に内包した分子が，その分子が真空中にむき出しになったときと同様に，強いパルス光で分解することができるかどうかを検証することを計画中である．このような数値計算を行うにあたり，印加電界の与える仕事と，CNT の全エネルギーと格子の運動エネルギーの上昇率の間にはエネルギー保存則[11]が成り立っていることを，シミュレーションの最中に確認する必要がある．

7.3.5 ま と め

CNT の光応答の第一原理計算により，励起キャリヤーの緩和の時定数は温度に敏感に影響を受けることや CNT 内部の電界が共鳴増大されることが示唆された．キャリヤー緩和の時定数はサブピコ秒台と著しく速いが，近年の実験[2), 3)]のように，フェムト秒レーザーを用いることができれば，それを直接観測することは可能であると筆者らは期待している．また，CNT 内部の光電界を直接観察することは困難でも，内包された分子の光応答（光化学変化）を観察することができれば，間接的に内部電界を見積もることができるかもしれない．

時間依存密度汎関数理論に基づく計算では，電子の波動関数を一体の波動関数として表現し，交換相関相互作用は平均場として扱う．このような近似によると，励起状態の緩和に伴う非断熱遷移の問題が厳密に扱えなくなるという理論上の問題点があり，今回の計算は複数存在する断熱ポテンシャル面を平均することで構成される断熱ポテンシャル面を古典分子動力学でトレースすることになっている．この近似による誤差が深刻になるのは，断熱ポテンシャル面のエネルギー軸上の間隔が広くなる系（分子，クラスターなどの小さな系）であることは明白である．

一方，多数の断熱ポテンシャル面がエネルギー軸上に稠密に存在する凝集系で，この「平均を取る」という近似がどれほど有効（あるいは深刻）になるのかは，さらなる理論上の検証を必要とすることを述べておきたい．今回の計算における例では，非断熱遷移の兆しは，Kohn-Shan のハミルトニアンの波動関数による行列要素の非対角項にゼロでない項が現れることで見ることができる．面白いのは，計算途中で現れた非対角項が，計算が進んでいくと絶対値が非常に小さな数に戻ってしまうことである．これは，電子・正孔準位だけでなく他の準位との相互作用による干渉効果で非対角項が打ち消されたため，一般的な 2 準位系のコヒーレントな状態とは異なっており，最終的には基底状態に近い断熱平面上に落ち着いていくものと思われる．

このように，CNTの光応答物性を詳しく調べることは，理論的研究にとってチャレンジングな課題であり計算機リソースも必要になる．しかし，将来の実験的研究に先駆けて，CNT研究の新しい方向性をシミュレーションで示すことができるのはたいへん魅力的なことであると，筆者は考えている．

謝　辞
本節で述べたことに関する研究は，バスク大学のA. Rubio教授，ミシガン大学のD. Tománek教授，四川大学のH. Zhang教授との共同研究にて行った．計算のすべては，海洋科学研究機構の地球シミュレータを用いて行った．

引用・参考文献

1) S. Y. Set, H. Yaguchi, Y. Tanaka, M. Jablonski, Y. Sakakibara, A. Rozhin, M. Tokumoto, H. Kataura, Y. Achiba and K. Kikuchi : Mode-locked fiber laser based on a saturable absorber incorporating carbon nanotubes, Proceedings of the optical fiber communication conference, March, 23～28. 2003, Atlanta Georgia, USA (IEEE, Piscataway, NJ, 2003)
2) T. Hertel and G. Moos : Electron-phonon interaction in single-wall carbon nanotubes : A time-domain study, Phys. Rev. Lett., **84**, 5002 (2000)
3) M. Ichida, Y. Hamanaka, H. Kataura, Y. Achiba and A. Nakamura : Ultrafast relaxation dynamics of photoexcited states in semiconducting single-walled carbon nanotubes, Physica B, **323**, 237 (2002)
4) E. Runge and E. K. U. Gross : Density-functional theory for time-dependent systems, Phys. Rev. Lett., **52**, 997 (1984)
5) O. Sugino and Y. Miyamoto : Density-functional approach to electron dynamics : Stable simulation under a self-consistent field, Phys. Rev. B, **59**, 2579 (1999)；O Sugino and Y. Miyamoto : Phys. Rev. B, **66**, 089901 (E) (2002)
6) M. Suzuki : General nonsymmetric higher-order decomposition of exponential operators and symplectic integrations, J. Phys. Soc. Jpn., **61**, 3015 (1992)
7) P. Ehrenfest : Bemerkung über die angenäherte Gültigkeit der klassischen Mechanik innerhalb der Quantenmechanik, Z. Phys., **45**, 455 (1927)
8) N. Troullier and J. L. Martins : Efficient pseudopotentials for plane-wave calculations, Phys. Rev. B, **43**, 1993 (1991)
9) Y. Miyamoto, A. Rubio and D. Tománek : Real-time ab-initio simulation of excited carrier dynamics in carbon nanotubes, Phys. Rev. Lett., **97**, 126104 (2006)
10) H. Zhang and Y. Miyamoto : Modulation of alternating electric field inside photoexcited carbon nanotubes, Appl. Phys. Lett., **95**, 053109 (2009)
11) Y. Miyamoto and H. Zhang : Testing the numerical stability of time-dependent density functional simulations using the Suzuki-Trotter formula, Phys. Rev.B, **77**, 165123 (2008)

7.4　CNT大規模複合構造体の理論

7.4.1　はじめに

CNTは1次元筒状の原子ネットワーク構造を有しており，自身を構成単位として複合構造を構成することが可能である[1,2]．すなわちCNT固体，異種物質との化合物の合成が可能である．CNTは多くの場合このような複合構造において，その表面が化学的に不活性であることからグラファイトにおける面間力と同様に，弱く異種物質と相互作用している．すなわちCNTは，複合構造中においてはスーパーアトムとして振る舞い，通常の固体における原子に対応する構成単位とみなすことが可能である．すなわち，CNT複合構造体において，炭素原子→CNT→CNT化合物といった構造に関する階層性が存在している．

そのような複合構造体のうち，MWCNTや分子内包CNTなどは，CNTが本質的に有する中空構造ゆえに実現されるまったく新しい階層性を有する複合構造体／化合物であり，通常の原子を構成単位として実現される複合構造体／化合物とまったく異なる物性を示すことが容易に想像できる．特に，CNTが本質的に有するナノスケールの内包空隙は，その大きさが電子にとって十分に大きい一方，ネットワークを構成する原子が電子に対して引力ポテンシャルを及ぼしている場合，特異な非局在電子状態，自由電子的状態（NFE状態）を，真空順位の下に誘起する[3,4]．当然，このような状態と内包空隙に存在する異種物質との相互作用が期待され，あらたな物性発現の鍵となり得ることが容易に想像できる．このことは，CNTから成る複合構造体において，その空隙の大きさを制御することにより，複合構造体の電子構造制御の可能性があることを示唆している．すなわち，構成単位の選択による物性チューニングに加えて，"隙間"という新たなパラメーターによる物性チューニングが可能である．ここでは，そのような空隙という，一見，系の物性決定において本質となり得ない要素が，フラーレン内包CNT，分子内包CNT，炭素ナノワイヤー／MWCNTにおいて非常に重要な要素となり得ることを第一原理電子状態計算の結果をもとに解説する．

7.4.2　ピーポッドのエネルギー論

はじめに，種々のフラーレン分子がCNT内空隙に内包されたナノピーポッドのエネルギー論について紹

介する。このような複合構造体は、ゲスト物質であるフラーレンとホスト物質であるCNTを同時に加熱処理することにより、容易に合成されることが報告されている[5)~8)]。このことは、CNT内空隙がゲスト物質であるフラーレン分子にとってエネルギー的に非常に好ましい空間であることを示唆している。筆者らは、はじめに種々のフラーレン分子のナノチューブ内への内包過程における反応エネルギー ΔE の見積りを行い、内包構造構成において得られるエネルギー利得の見積もりを行う[9)~11)]。反応エネルギーは次式で見積もられる。

$$\Delta E = E(\mathrm{CNT}) + E(F) - E(\mathrm{peapod})$$

ここで、$E(\mathrm{CNT})$ はホスト CNT の全エネルギー、$E(F)$ はゲストフラーレン分子のエネルギー、$E(\mathrm{peapod})$ はピーポッドの全エネルギーである。図7.13に種々のフラーレン分子の反応エネルギーの CNT 直径依存性を示す。

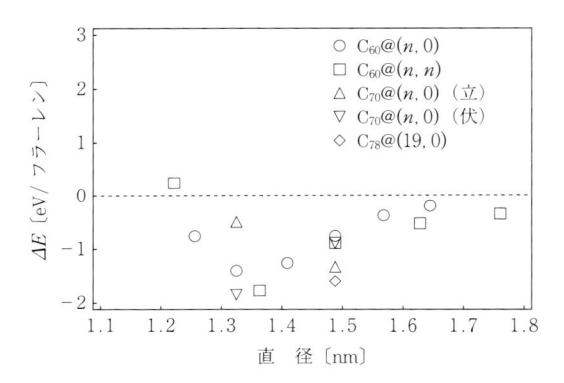

図7.13 ピーポッドにおける種々のフラーレン分子内包エネルギーの CNT 直径依存性

図7.14に内包エネルギーの計算結果を示す。C_{60} 内包に対しては、チューブ直径が 1.2 nm を境に、細いチューブの場合の反応は吸熱過程、太いチューブに対しては発熱過程となっていることがわかる。また、チューブ直径 1.35 nm において反応エネルギーは最

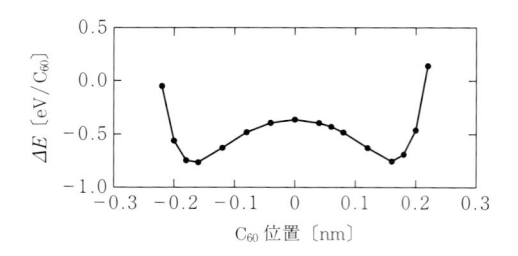

図7.14 (12, 12) CNT 内における C_{60} 分子の安定位置。原点が CNT 中心に対応[12)]

大となり、C_{60} 内包によるエネルギー利得は1分子当り 1.7 eV となり、内包構造がエネルギー的に非常に安定であることを示している。他方太いチューブに対しては、そのエネルギー利得が緩やかにゼロに漸近している。これは、筆者らの解析において C_{60} 分子の重心を CNT の中心軸と一致させていることによるものである。また、内包エネルギーはチューブのカイラリティや電子状態に依存せず、チューブ直径、すなわち、チューブと C_{60} の壁間距離にのみ依存していることがわかる。

CNT とフラーレン間の距離がピーポッドのエネルギー論を決定する最も重要な要素であることは、C_{70} 内包において得られる ΔE が C_{60} におけるそれと同じであることからも明らかである。また、大きいフラーレン C_{78} に対して、最大の反応エネルギー 1.6 eV を与える CNT の直径が 1.5 nm であり、壁間距離がピーポッドの安定構造を決定する最も支配的な要因であることを支持している。

構成単位である両者の壁間距離がピーポッドの構造を決定していることは、太い CNT 内に内包された C_{60} の安定位置が、CNT 中心軸上ではなく中心から壁側にずれた位置にあることを容易に想像させるものである。実際、第一原理計算を行い、C_{60} の (12, 12) CNT 内での安定位置を調べると、C_{60} と CNT の壁間距離が約 0.33 nm となる位置、すなわち中心軸上ではなく壁に沿った位置にあることが示される(図7.13)[12)]。

7.4.3 ピーポッドの電子構造

ピーポッドのエネルギー論とは対照的に、ピーポッドの電子状態は内包されたフラーレンのサイズ・構造、ホストである CNT のカイラリティ、さらには両者の空隙に強く依存する。ここでは、種々のピーポッドの電子構造について紹介する。はじめに C_{60} を内包した種々の金属 CNT の電子状態を議論する。図7.15に示すようにピーポッドは金属であり、フェルミレベルを2本の線形バンドと、3本の比較的分散の小さいバンドが過っている。これらのうち、2本の線形バンドは CNT 起因のバンドであるのに対して、分散の小さいバンドは C_{60} の最低非占有状態である t_{1u} 状態である。すなわち、この系はすべて炭素原子から構築されている系にもかかわらず、CNT から C_{60} への電荷移動が生じている特異な金属である。この電荷移動により、C_{60} は n 型にドープされ、他方 CNT は p 型にドープされ、ピーポッドはマルチキャリヤー金属となる。

つぎに、半導体 CNT へ C_{60} を内包した系の電子構造について説明する。この場合、ピーポッドは半導体となる。しかしながら、そのバンドギャップの大きさ

のCNTにおいて最小となり，それより太い領域では再び緩やかにギャップが増加している．これは，構成単位であるCNTとC_{60}の間の波動関数の混成が重要な鍵となっていることを示している．事実，フラーレンの内包の前後における差分電荷の解析を行うと，興味深い電荷の再分布が見られる．すなわち，両者のπ状態から電荷が減少する．他方電荷の増加した領域は，両者の中間の真空領域であり，その分布はNFE状態のそれと一致する．このことは，両構成単位間の直接的なπ-π混成のみならず，非局在非占有状態であるNFE状態を介した波動関数の混成がピーポッドの電子構造決定の要素となっている．

空隙の制御のみならず，内包フラーレン種の制御も同時にピーポッドの電子物性の新たな多様性を生み出すことが容易に想像できる．ここでは，C_{2v}対称性を有するC_{78}の異性体を内包した半導体 (17, 0) CNTの電子状態に着目する．このC_{78}分子は非常に深い非占有状態と0.8 eV程度のギャップを有する閉殻構造の分子である．したがって，C_{78}から成る1次元鎖は半導体であり，ホストCNTも半導体であることから，両者の足し合わせであるピーポッドも半導体となることが予想される．しかしながら，CNTからC_{78}への電荷移動により，ピーポッドは金属となる．これは，C_{78}の深い最低非占有状態が半導体CNTの価電子帯頂上より深いことに起因している．すなわち，フラーレン-CNT間距離の制御，ホストCNTの選択に加えて，内包されるフラーレン分子種の選択によってもピーポッドの電子物性を制御することが可能である．

7.4.4 CNTへの分子挿入

CNT内包空隙への分子挿入は，フラーレン分子以外にも種々の分子に対しても可能である．これまでに，水分子[13]や，カロテン[14]などの鎖状炭化水素分子，ベンゼンなどの環状炭化水素分子の内包が報告されている．これらの分子内包CNTにおいても，フラーレン内包CNTの場合と同様に，ゲスト分子の選択，ホストCNTの選択，内包空隙の制御による電子物性の多様性が期待される．実際，βカロテンをCNTに内包した場合，そのCNTの電子状態の違いによりまったく異なる電子構造を有する複合構造体が得られる（**図7.17**）[14]．すなわち，βカロテンの最高占有状態が金属CNTの線形バンドの交点より高エネルギー側に存在していることから，金属CNTではβカロテンからCNTへの電荷移動，すなわちカロテンによるCNTへのn型の電荷注入が可能となる（**図7.18**）．移動した電荷はカロテン分子当り0.4個であり，主としてカロテンのπ電子密度が減少している．他方，

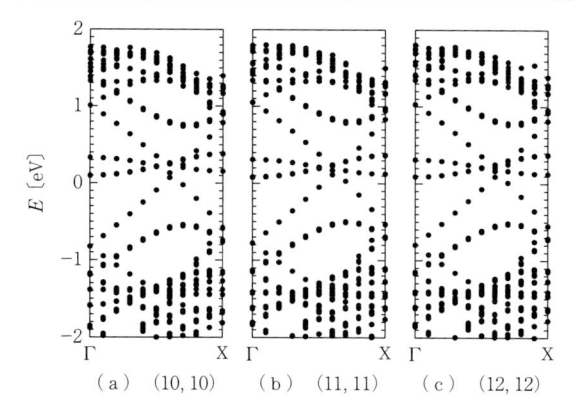

図7.15 金属CNTから成るピーポッドのバンド構造．C_{60}内包CNT

(a) (10, 10)　(b) (11, 11)　(c) (12, 12)

は，**図7.16**に示すように，ホストであるCNTの太さに強く依存する．電子構造の詳細な解析により，直径が1.23 nmのピーポッドの場合，そのギャップをつかさどる状態はともにCNTの電子状態である．それに対して，それより太いピーポッドでは，ギャップはCNTの最高占有状態とC_{60}の最低非占有状態であるt_{1u}状態の間に対応している．図から明らかなように，ピーポッドのバンドギャップはCNTとC_{60}間の距離に強く依存する．とりわけ，CNT直径の小さい領域において，バンドギャップの急激な増加が見られる．これは，C_{60}-CNT間の距離の減少により，ピーポッド内の空隙が両者のπ電子の分布に対して十分な広さを提供できないことに起因している．他方，太い領域ではギャップはほぼ一定であり，その値は非内包CNTのギャップのほぼ半分である．すなわち，t_{1u}状態は本質的にCNTのミッドギャップに存在していることがわかる．太いCNT領域に対して，より詳細な電子状態の解析を行うと，バンドギャップは直径1.48 nm

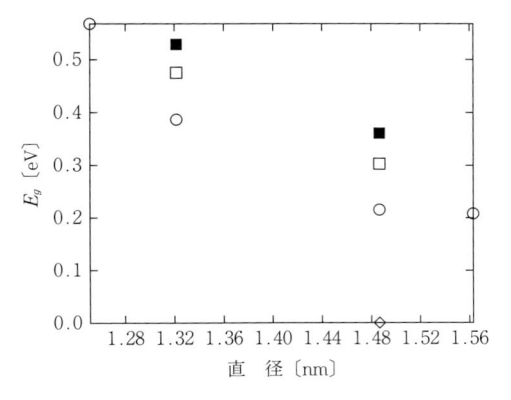

図7.16 種々の半導体CNTと種々のフラーレンから成るピーポッドのバンドギャップ

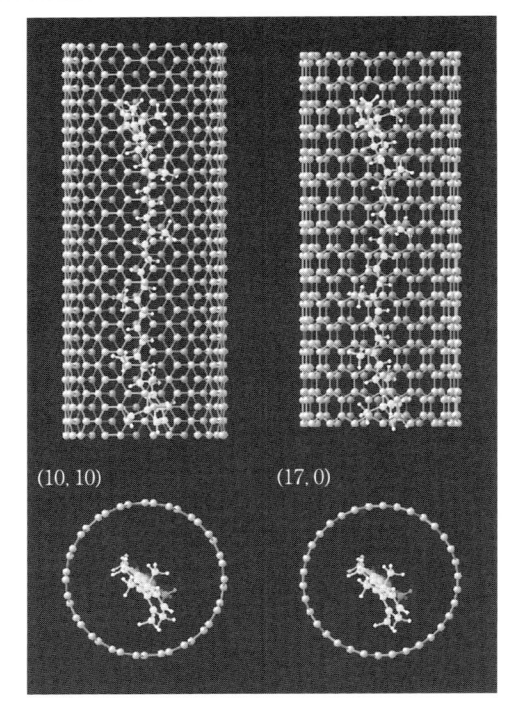

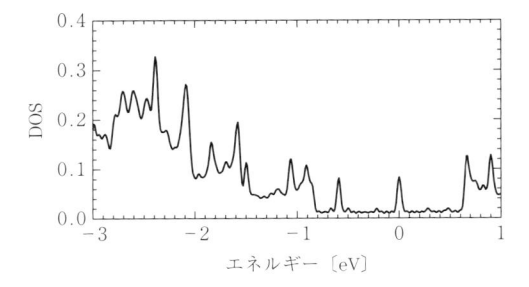

(a) βカロテン内包金属CNTの状態密度

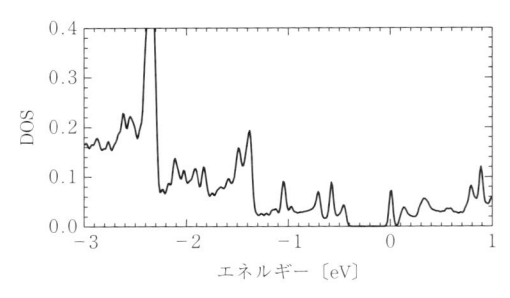

(b) βカロテン内包半導体CNTの状態密度

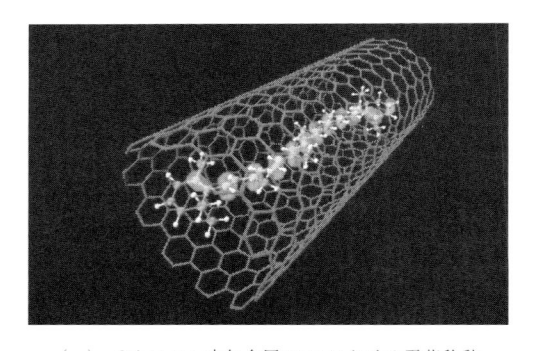

図7.17 βカロテン内包CNTの構造

半導体CNTへのβカロテン挿入ではそのような電荷移動は生じないという結果となる。事実このような電荷移動のCNT種の違いによる有無は，近年，βカロテンの炭化鎖のC-C結合伸縮振動モードの変調という形で観測されている[14]。βカロテンによるCNTへの電荷注入は，フラーレンのみならず，種々の分子の適切な選択によってもCNT-内包系の電子物性制御が可能であることを示しているものである。

7.4.5 ダイヤモンドナノワイヤー

ここでは，究極のCNT内包空隙充填構造としてのダイヤモンドナノワイヤー（DNW）のエネルギー論，電子構造について紹介する[15]。**図7.19**に直径が4 nmのDNWの最適化された安定構造を示す。

興味深いことにDNWの表面はsp^3炭素から構築されているにもかかわらず，平滑な表面原子構造を有していることがわかる。実際，計算によって得られたDNWの1原子当りのエネルギーは，単層，複数層のCNTのそれと比較して，同じ直径を有するワイヤーにおいて，原子当り0.2 eV程度不安定であることがわかる（**図7.20**）。例えば2 nmの単層，2層，3層，4層のCNTのエネルギーは，グラフェンの全エネルギーとほぼ同じであるのに対して，DNWのエネルギーは0.2 eVとなっている。また，直径4 nmの

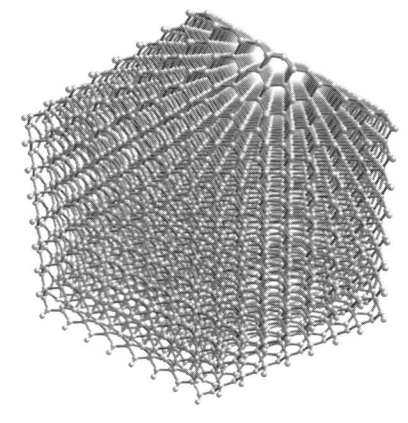

(c) βカロテン内包金属CNTにおける電荷移動

図7.18 βカロテン内包CNTの状態密度と電荷移動[14]

図7.19 直径4 nmのDNWの最適化原子構造

7.4 CNT 大規模複合構造体の理論

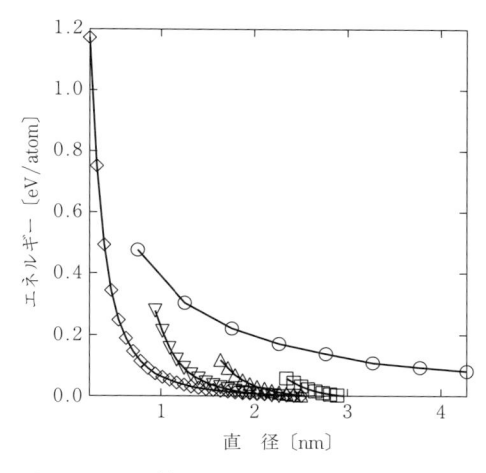

図 7.20 単層/多層 CNT, DNW の全エネルギーの直径依存性[15]

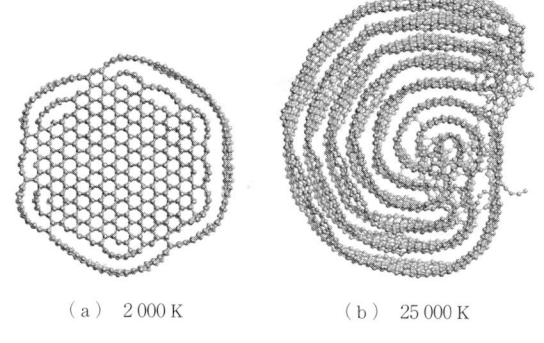

(a) 2000 K   (b) 25000 K

図 7.21 分子動力学計算によって得られたアニール処理後の DNW 構造[16]

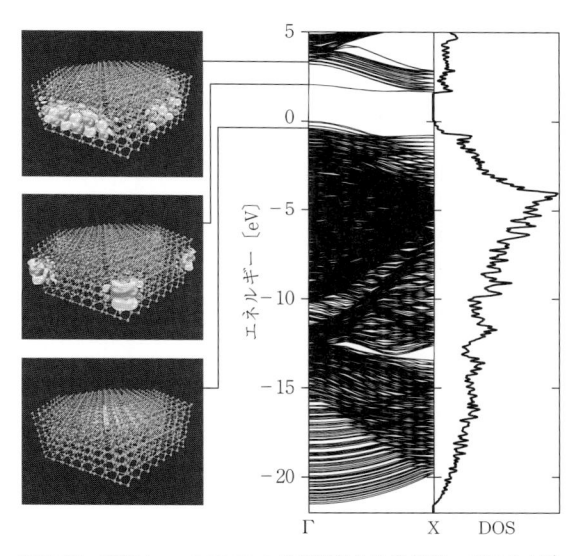

図 7.22 直径 4 nm の DNW の電子構造と波動関数の空間分布[15]

DNW は直径 1 nm の SWCNT と同程度のエネルギー安定性を有していることがわかる。すなわち，DNW は単層/多層 CNT に次ぐ新たな 1 次元ナノ炭素構造体の候補となり得ることがわかる。

何が DNW の高いエネルギー安定性を生み出しているのであろうか。原子の動径分布関数による詳細な最適化原子構造の解析を行うと，再近接の炭素原子間距離に分散が存在することがわかった。すなわち，最外層の原子にかかわる原子間結合長が 0.136〜0.14 nm となっている。このことは，最外層に属する炭素原子は電子状態的にもはや sp^3 結合炭素ではなく，sp^2 炭素原子であることを示している。さらに，興味深いことに，最外層とその 1 層内側との炭素間結合長が 0.16 nm となっており，通常の sp^3 炭素原子間距離のそれよりも大きくなっている。すなわち，DNW は SWCNT が緩やかに内殻のダイヤモンド構造をラップした，ある種の内包 CNT 構造とみなすことが可能である。この事実は同時に，ダイヤモンドのナノ構造体の表面を清浄化することにより，そこに sp^2 の炭素ナノネットワークを構築することが可能であることを示唆している[16]。実際，この DNW に対する分子動力学計算を行うと，そのアニールする温度に応じて，DNW 表面でのナノグラフェンシートの合成（2000 K），MWCNT への構造相転移（2500 K）が見られる（**図 7.21**）。

第一原理計算によって得られた安定構造の下での DNW の電子構造の詳細な検討を行う。**図 7.22** に直径 4 nm の DNW のバンド構造を示す。この系は表面を水素終端していないにもかかわらず，表面再構成による sp^2 混成により半導体となる。価電子帯上端は Γ 点，伝導電子帯下端 X 点に存在し，間接ギャップの半導体であり，そのギャップは 1.7 eV である。また，価電子，伝導電子の有効質量は共にほぼ 1 電子質量である。

さらに，ギャップ近傍の状態の波動関数の空間分布の詳細な解析から，DNW の特異な電子物性が見えてくる。まず，全体的なバンド構造と状態密度から，DNW のバルク電子状態がもはや 3 次元的，すなわちダイヤモンドのそれと定性的に等価であることがわかる。このことは次元性のクロスオーバーが比較的細いワイヤー直径領域において存在することを示している。つぎに価電子帯頂上近傍，伝導帯下端近傍のバンドに注目すると興味深い特徴が見られる。まず，価電子帯頂上近傍の状態は，主としてワイヤー内のダイヤモンド構造を保持している sp^3 炭素に広がった 3 次元

的な分布を有していることがわかる。それに対して，伝導帯下端の状態は，DNWの6個のエッジに局在し，エッジ方向に1次元的に広がっていることがわかる。すなわち，この系の低エネルギー励起状態は1次元電子系の性質を示していることがわかる。つぎに，2.5 eV近傍の状態に注目すると，この状態はDNW表面の6個のファセットに2次元的に広がったπ的な特徴を示している。すなわち，これらの状態はグラフェンと同じ2次元電子系であるとみなすことができる。すなわち，ギャップをはさんでDNWの電子系は興味深い次元性のクロスオーバーを示し，DNWを用いることですべての次元性を網羅する電子系を構築することが可能であり，次元性に着目した電子系サイエンスの舞台，さらにはデバイスへの応用が期待できる。

7.4.6 ま と め

本節では，CNTの内包空隙への物質挿入によって得られる種々の複合構造のエネルギー論と電子状態に関する理論的な知見を紹介した。このような構造においては，内包される分子種，ホストとなるCNT，両者の電子構造に加えて，ホスト-ゲスト間の空隙が新たな制御要素として発現し，これの積極的な制御により新たな機能性をCNT複合構造体に付与することが可能である。また，究極の内包構造体としてDNWの原子，電子構造の紹介を行った。この系は幾何学的にはsp^3炭素から構築される系であるが，電子系に着目すると，ギャップを挟んで興味深い次元性のクロスオーバーを示す系である。

謝 辞

本節に関する研究は，大谷実（産業技術総合研究所），押山淳（東京大学），河合孝純（NECグリーンイノベーション研究所）高木祥光（筑波大学）との共同研究である。

引用・参考文献

1) S. Iijima : Nature, **354**, 56 (1991)
2) Oshiyama, S. Saito, N. Hamada and Y. Miyamoto : J. Phys. Chem. Solids, **53**, 1457 (1992)
3) M. Posternak, A. Baldereschi, A. J. Freeman, E. Wimmer and M. Weinert : Phys. Rev. Lett., **50**, 761 (1983)
4) S. Okada, A. Oshiyama and S. Saito : Phys. Rev. B, **62**, 7634 (2000)
5) B. W. Smith, M. Monthioux and D. E. Luzzi : Nature, **396**, 323 (1998)
6) B. Burteaux, A. Claye, B. W. Smith, M. Monthioux, D. E. Luzzi and J. E. Fischer : Chem. Phys. Lett., **310**, 21 (1999)
7) B. W. Smith, M. Monthioux, D. E. Luzzi : Chem. Phys. Lett., **315**, 31 (1999)
8) K. Hirahara, K. Suenaga, S. Bow, H. Kato, T. Okazaki, H. Shinohara and S. Iijima : Phys. Rev. Lett., **85**, 5384 (2000)
9) S. Okada, S. Saito and A. Oshiyama : Phys. Rev. Lett., **86**, 3835 (2001)
10) S. Okada, M. Otani and A. Oshiyama : Phys. Rev. B, **67**, 205411 (2003)
11) M. Otani, S. Okada and A. Oshiyama : Phys. Rev. B, **68**, 125424 (2003)
12) S. Okada : Phys. Rev. B, **77**, 235419 (2008)
13) Y. Maniwa, H. Kataura, M. Abe, S. Suzuki, Y. Achiba, H. Kira and H. K. Matsuda : J. Phys. Soc. Jpn., **71**, 2863〜2866 (2002)
14) K. Yanagi, Y. Miyata, Z. Liu, K. Suenaga, S. Okada and H. Kataura : J. Phys. Chem. C, **114**, 2524 (2010)
15) S. Okada : Chem. Phys. Lett., **483**, 128 (2009)
16) S. Okada, Y. Takagi and T. Kawai : Jpn. J. Appl. Phys., **49**, 02BB02 (2010)

8. CNT の光学的性質

8.1 CNT の光学遷移

8.1.1 エネルギーバンド

フェルミエネルギー近傍での電子状態は，有効質量近似（または $k \cdot p$ 近似）で表すことができる．このとき電子は平面波で表されるが，CNT の軸方向の波数は連続で円周方向の波数は境界条件により離散的な値をとる．したがって，CNT は軸方向の波数に対して 1 次元のバンド構造をとる．図 8.1（b）と図 8.2（b）はフェルミエネルギー近傍の金属 CNT と半導体 CNT のバンド構造を示している．各バンドはそれぞれ円周方向の離散波数に対応し，その量子数 n（バンドインデックス：4.1 節の式 (4.10) を参照）も示している．バンド端は逆格子空間の K 点と K' 点（4.1 節の図 4.4 を参照）にある．各点近傍のバンド構造は

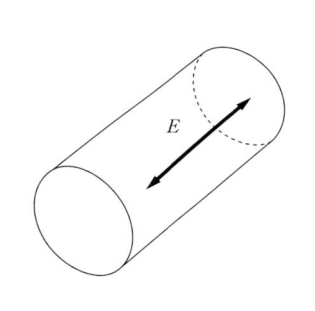

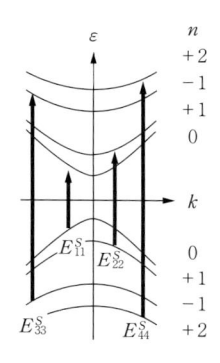

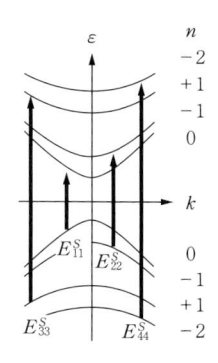

(a) CNT の軸に平行な偏光の模式図

(b) 金属と半導体の CNT における K 点と K' 点のエネルギーバンドとバンド間許容遷移（太矢印）．各遷移の名称と各バンドのインデックス n も示している．

図 8.1 CNT に照射する光の偏光が軸に平行な場合のエネルギーバンドとバンド間許容遷移

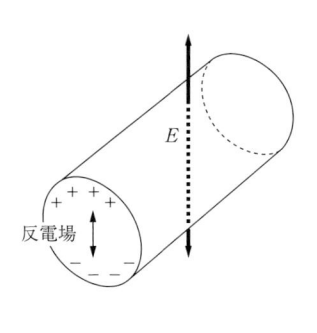

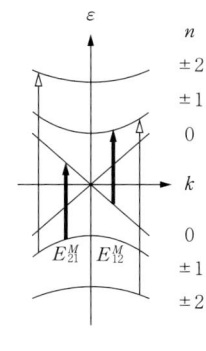

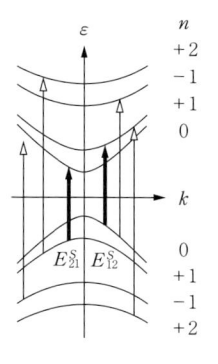

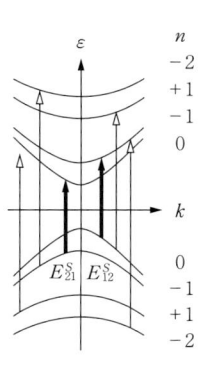

(a) CNT の軸に垂直な偏光の模式図

(b) 金属と半導体の CNT における K 点と K' 点のエネルギーバンドとバンド間許容遷移（黒矢印と白矢印）．黒矢印はバンド端で有限の遷移行列要素を持つので光学遷移は強いが，白矢印はバンド端の遷移行列要素が 0 となるので光学遷移は弱い．黒矢印の遷移の名称と各バンドのインデックス n も示している．

図 8.2 CNT に照射する光の偏光が軸に垂直な場合のエネルギーバンドとバンド間許容遷移

（軸方向の磁場がなければ）同じであるが，半導体の場合にはK点とK'点でバンドインデックスが異なる。また，CNTの構造に依存して半導体のバンドインデックスの符号は逆転する[†]。

8.1.2 バンド間許容遷移

CNTに照射する光の偏光が軸に平行な場合と垂直な場合のバンド間許容遷移を考えよう。CNTのバンド間遷移に相当する光の波長（数μm）はCNTの直径（数nm）に比べて十分長いため，光の強度はCNT上で一定であると考えてよい。軸に平行な偏光の場合，円筒上を運動する電子が感じる光の電場は場所に依存しない（波数0のフーリエ成分しか存在しない）。そのため，バンドインデックスが同じ（円周方向の離散波数が同じ）バンド間の遷移のみ許容となる[1]。ただし，金属のCNTにおいてバンドインデックスがともに0の価電子帯と伝導帯の間は遷移行列要素が0であり，遷移が起きない。図8.1（b）に，金属と半導体のCNTにおける平行な偏光によるバンド間許容遷移を矢印で示す。金属（半導体）のCNTでフェルミエネルギーに近いほうからi番目の価電子帯とj番目の伝導帯の遷移はE_{ii}^M（E_{ii}^S）と呼ばれている。この名称でいえば，軸に平行な偏光で許容な遷移はE_{ii}^MとE_{ii}^Sである（金属CNTで平行な偏光の場合は$n=0$のバンド間は禁制遷移なので，エネルギーが最も低い許容遷移からE_{11}^M，E_{22}^M…と呼ぶ）。

軸に垂直な偏光の場合，バンド間遷移の選択則は平行な偏光の場合と異なる。CNTに照射されている光の強度が一定であっても，円筒上の電子が感じる電場は円周方向の接線成分であり，円周長の周期で正弦関数的に変化する。そのため，バンドインデックスが±1だけ異なるバンド間でのみ遷移が許容となる[1]。ただし，この中にはバンド端（$k=0$）における遷移行列要素が0の遷移が含まれる。一般に，CNTのような1次元のエネルギーバンドの状態密度は，バンド端間の遷移エネルギー（ε_m）で$1/\sqrt{\varepsilon-\varepsilon_m}$のように発散し（1次元のバンホープ特異性），強い光学遷移が起きる。逆に，バンド端の遷移行列要素が0の遷移は許容とはいえ光学遷移は弱い。図8.2（b）に，金属と半導体のCNTにおける垂直な偏光によるバンド間許容遷移を矢印で示している。黒（または白）矢印はバンド端の遷移行列要素が有限（または0）の許容遷

移である。

許容なバンド間遷移の遷移行列要素は，平行な偏光の場合も垂直な偏光の場合も同程度の大きさである。しかし，垂直な偏光の場合には反電場効果を考慮しなければならない。CNTの軸に垂直な偏光が入射して電子が励起されると，円周方向に誘起分極電荷が生じる。この誘起分極電荷は入射光電場と反対方向に電場（反電場）をつくり，電子が感じる正味の電場は著しく小さくなる。その結果，バンド間の吸収はほとんど消滅する（**図8.3**（b）の一点鎖線）[1]。吸収は振動子強度に比例するが，振動子強度には総和則（f-sum rule）があり，すべての振動子強度の総和は一定である。反電場効果により消滅したバンド間吸収は，誘起分極電荷によるプラズマ振動の吸収へと移動する。

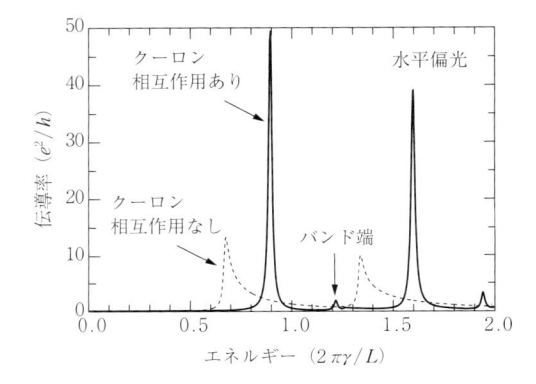

（a） 軸に平行な偏光

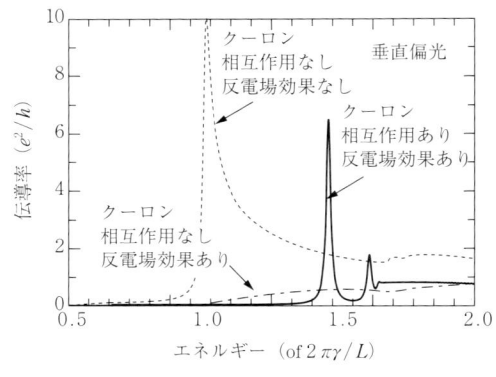

（b） 軸に垂直な偏光

図8.3 半導体CNTの光吸収スペクトル。実線（破線）は電子間相互作用を考慮（無視）して計算している。図（b）の一点鎖線は電子間相互作用を無視して反電場効果を取り入れた計算結果を示す。

以上，波長がCNTの直径に比べて十分大きい場合のバンド間許容遷移について述べたが，波長がCNTの直径と同程度になるとここで述べた選択則は成立し

[†] 半導体CNTには，4.1節の式（4.4）で定義されたνの値が+1と-1の場合がある。図8.1（b）と図8.2（b）の半導体CNTには，$\nu=+1$のときのバンドインデックスnを示している。$\nu=-1$のときのnは，これらのインデックスの符号を逆転すればよい。

ない。例えば，光の波長よりも十分小さい金属などの微小物体を配置した場合，微小物体の周りには近接場光が生じる。この近接場光の電場強度は微小物体と同程度の領域で変化する。したがって，近接場光でCNTの電子を励起すると，その電場強度のフーリエ成分に応じてさまざまな遷移が許容になると考えられる。

CNTの軸に平行な磁束がかけられると，アハロノフ–ボーム（AB）効果により円周方向の境界条件が変化し，バンドがシフトする（4.1節）[2]。このような場合でも，ここで述べた光学許容遷移の規則は同じである。したがって，磁束をかけると光学遷移のスペクトルピークが磁束の強さとともに連続的に変化する[1]。CNTのAB効果によるバンドシフトは光吸収スペクトルやフォトルミネセンスにより実証されている[3]～[5]。

8.1.3 励起子

半導体に入射した光により価電子帯の電子1個が伝導帯に励起されると，電子で完全に満たされていた価電子帯には空の状態が1個生じる。この空の状態は正の電荷を持つ粒子（正孔）として振る舞う。伝導帯の電子1個と価電子帯の正孔1個はクーロン相互作用により互いに引きつけあい，束縛状態が形成される。この束縛状態を励起子という。励起子の相対運動に対する方程式は，水素原子を記述するシュレーディンガー方程式と同様の形になり，その解として励起子が得られる。最低束縛状態における相対運動の広がりを励起子の有効ボーア半径という。励起子は，さまざまな波数の電子–正孔対が重ね合わされた状態として表される。

通常の半導体の励起子の束縛エネルギーは数meVから数十meV（GaAsで1～2meV，ZnOで約60meV）程度であるが，CNTの励起子は束縛エネルギーが数百meVにも達するため，室温でも十分安定に存在する。その要因は構造の1次元性にある[6]。真に1次元のクーロンポテンシャルにおいて，最低束縛エネルギーは負の無限大になる。しかし，CNTの場合は円周方向の広がりがあるために，束縛エネルギーは有限になる。それでも1次元性を反映して励起子束縛エネルギーは非常に大きい[7]。また，励起子の有効ボーア半径はCNTの円周の長さ程度である。一般に，有効ボーア半径が小さくなる（電子と正孔の重なりが大きくなる）ほど励起子の振動子強度は大きくなるので，CNTの励起子の振動子強度も非常に大きい。

図8.3は，平行な偏光（図(a)）と垂直な偏光（図(b)）に対する半導体CNTの吸収スペクトルを示している。実線（破線）は電子間相互作用を考慮（無視）して計算した結果である。実線の計算では，遮蔽された電子間相互作用に対するハートリー–フォック近似を用いた。矢印で示したバンド端は，電子間相互作用のために高エネルギー側にシフトしている。励起子束縛エネルギーは，矢印のバンド端から低エネルギー側のピークまでのエネルギー差である。横軸のエネルギーの単位[†]は典型的なSWCNTの場合で約1eVなので，束縛エネルギーは数百meVである。束縛エネルギーは直径に反比例し，細いCNTほど大きくなる。CNTの励起子は吸収[8]や発光スペクトル[9]～[11]で観測されている。金属のCNTの場合でも，1次元的な物質に特有な強い電子間相互作用と弱い遮蔽効果のために励起子が存在する[12]～[13]。ただし，その束縛エネルギーは半導体の場合に比べて小さい。

垂直な偏光の場合，電子間相互作用を無視したバンド間遷移による吸収スペクトルのピークは反電場効果のために消失する（図8.3(b)の一点鎖線）ことを述べた。ところが，励起子効果を考えると，半導体のCNTで吸収ピークが見える（図(b)の実線）[14]～[16]。ただし，そのピーク強度は平行な偏光の場合と比べて1桁ほど小さい。また，金属のCNTでは励起子効果を取り入れても，垂直な偏光の吸収ピークはほぼ消失する[13]。

8.1.4 励起子発光の磁場による増強効果

CNTは，K点とK′点にバンド端があり，電子と正孔が属しているバンド端の自由度とスピンの自由度を考えると，合計16種類の励起子がある。これらのうち，電子と正孔がともにK点近傍にあるスピン1重項の励起子 $^1|KK\rangle$ とK′点近傍にある励起子 $^1|K'K'\rangle$ の結合状態 $^1|KK-K'K'(+)\rangle$ は，光学遷移許容な励起子（明励起子）である。一方，これらの反結合状態 $^1|KK-K'K'(-)\rangle$ は光学遷移禁制な励起子（暗励起子）である。これらの状態は

$$^1|KK-K'K'(\pm)\rangle = \frac{1}{\sqrt{2}}\left(^1|KK\rangle \pm {}^1|K'K'\rangle\right)$$
(8.1)

で表される。その他の励起子はすべて暗励起子である。

暗励起子のうち，$^1|KK-K'K'(-)\rangle$ は軸方向の磁場により光学遷移許容になる[17]。このことはつぎのようにして理解できる。$^1|KK\rangle$ 励起子と $^1|K'K'\rangle$ 励起子が縮退している場合，$^1|KK-K'K'(\pm)\rangle$ 励起子は

[†] エネルギーの単位 $2\pi\gamma/L$ において γ はバンドパラメーター，L は円周の長さを表している。半導体のバンドギャップは $4\pi\gamma/3L$ である。詳細は4.1節を参照。

$^1|KK\rangle$ と $^1|K'K'\rangle$ が1：1の割合で重ね合わされた状態である。ここで，二つの励起子の結合状態である $^1|KK-K'K'(+)\rangle$ の振動子強度は，$^1|KK\rangle$ と $^1|K'K'\rangle$ が正で重ね合わされるために有限の値をとる。ところが，反結合状態である $^1|KK-K'K'(-)\rangle$ は，振動子強度が打ち消し合うために光学遷移が禁制になる。ただし，軸方向の磁場によって $^1|KK\rangle$ と $^1|K'K'\rangle$ の縮退がとけると[†]，$^1|KK-K'K'(-)\rangle$ 励起子における振動子強度の打ち消し合いが不完全になり，有限の振動子強度を持つようになる。つまり，吸収や発光で $^1|KK-K'K'(-)\rangle$ 励起子が観測できるようになる。

$^1|KK-K'K'(-)\rangle$ 励起子は $^1|KK-K'K'(+)\rangle$ 励起子よりも低エネルギー側に存在するため，直接型ギャップであるにもかかわらず，CNTの発光の量子効率は著しく低い。しかし，軸に平行方向に磁場をかけると，最低励起子準位である $^1|KK-K'K'(-)\rangle$ が振動子強度を持つようになるので発光強度が増強される。この磁場誘起発光増強効果は，熱励起による $^1|KK-K'K'(+)\rangle$ 励起子の占有が小さくなる低温でより顕著にみることができる[18]。$^1|KK-K'K'(-)\rangle$ 励起子の磁場誘起発光は，1本のCNTからの顕微フォトルミネセンスでも測定されている[5]。これらの実験から，$^1|KK-K'K'(+)\rangle$ 励起子と $^1|KK-K'K'(-)\rangle$ 励起子のエネルギー差が見積もられ，数meVという結果が得られている[5, 18]。

8.1.5 垂直な偏光の準暗励起子状態

グラフェンの伝導帯と価電子帯はフェルミエネルギーに関して非対称である。この非対称性のために，垂直な偏光に対するK点近傍の E_{12} 遷移とK'点近傍の E_{21} 遷移は縮退していない。したがって，平行に磁場をかけた場合と同じように，$^1|KK-K'K'(-)\rangle$ 励起子を観測することができる。実際に，垂直な偏光による励起フォトルミネセンスにより，$^1|KK-K'K'(-)\rangle$ 励起子を介した発光ピークが観測された[19]。垂直偏光による $^1|KK-K'K'(-)\rangle$ 励起子は，わずかながらも振動子強度を持つので準暗励起子といえる。$^1|KK-K'K'(-)\rangle$ を介した発光強度は，E_{12} 遷移と E_{21} 遷移のエネルギー差が大きくなる（バンド非対称性が大きくなる）ほど大きい。

バンド非対称性の起源は，最近接原子サイトの波動関数に対する重なり積分や第2近接サイト間のホッピング積分にある。有効質量近似において，これらの寄与は同じ形にまとめられ，有効重なり積分として1パラメーターで表すことができる[20]。有効重なり積分の値は，$^1|KK-K'K'(-)\rangle$ 励起子と $^1|KK-K'K'(+)\rangle$ 励起子の発光強度の比から実験的に見積もることができる。アームチェア型に近いCNTの有効重なり積分は0.1程度であるが，ジグザグ型に近いCNTでは約2倍ほど大きくなり，有効重なり積分はCNTの構造に強く依存している。

引用・参考文献

1) H. Ajiki and T. Ando：Physica B, **201**, 349 (1994)
2) H. Ajiki and T. Ando：J. Phys. Soc. Jpn., **62**, 1255 (1993)
3) S. Zaric, G. N. Ostojic, J. Kono, J. Shaver, V. C. Moore, M. S. Strano, R. H. Hauge, R. E. Smalley and X. Wei：Science, **304**, 1129 (2004)
4) S. Zaric, G. N. Ostojic, J. Shaver, J. Kono, O. Portugall, P. H. Frings, G. L. J. A. Rikken, M. Furis, S. A. Crooker, X. Wei, et al.：Phys. Rev. Lett., **96**, 016406 (2006)
5) R. Matsunaga, K. Matsuda and Y. Kanemitsu：Phys. Rev. Lett., **101**, 147404 (2008)
6) T. Ogawa and T. Takagahara：Phys. Rev. B, **43**, 14325 (1991)
7) T. Ando：J. Phys. Soc. Jpn., **66**, 1066 (1997)
8) M. Ichida, S. Mizuno, Y. Tani, Y. Saito and A. Nakamura：J. Phys. Soc. Jpn., **68**, 3131 (1999)
9) M. O'connell, S. Bachilo, C. Huffman, V. Moore, M. Strano, E. Haroz, K. Rialon, P. Boul, W. Noon and C. Kittrell, et al.：Science, **297**, 593 (2002)
10) S. Bachilo, M. Strano, C. Kittrell, R. Hauge, R. Smalley and R. Weisman：Science, **298**, 2361 (2002)
11) F. Wang, G. Dukovic, L. E. Brus and T. F. Heinz：Science, **308**, 838 (2005)
12) C. D. Spataru, S. Ismail-Beigi, R. B. Capaz and S. G. Louie：Phys. Rev. Lett., **95**, 077402 (2004)
13) S. Uryu and T. Ando：Phys. Rev. B, **77**, 205407 (2008)
14) E. Chang, G. Bussi, A. Ruini and E. Molinari：Phys. Rev. Lett., **92**, 196401 (2004)
15) H. Zhao and S. Mazumdar：Phys. Rev. Lett., **93**, 157402 (2004)
16) S. Uryu and T. Ando：Phys. Rev. B, **74**, 155411 (2006)
17) T. Ando：J. Phys. Soc. Jpn., **75**, 024707 (2006)
18) J. Shaver, J. Kono, O. Portugall, V. Krstić, G. L. J. A. Rikken, Y. Miyauchi, S. Maruyama and V. Perebeinos：Nano Lett., **7**, 1851 (2007)
19) Y. Miyauchi, H. Ajiki and S. Maruyama：Phys. Rev. B, **81**, 121415 (R) (2010)
20) T. Ando：J. Phys. Soc. Jpn., **78**, 104703 (2006)

[†] 励起子効果を考えないときにK点とK'点のバンド端の縮退がとける様子は，4.1節の図4.8（b）における $\nu=\pm 1$ を参照。K点近傍とK'点近傍の励起子のエネルギーも同様に高エネルギー側と低エネルギー側にシフトする。

8.2 CNTの光吸収と発光

8.2.1 CNTの発光の観測

CNTは，立体構造を決める二つの整数 (n,m) に依存して半導体と金属の2種類の電子状態を持つ．半導体CNTの場合には，半径に反比例したエネルギーギャップがあり，ギャップの大きさは赤外光の領域である．(n,m) の異なる半導体CNTが，固有のエネルギーで発光する．金属CNTの場合には，線形分散を持ったエネルギーバンドがありエネルギーギャップがない[†]ので，励起した電子はフォノンを出しながら非発光で緩和する．CNTを合成すると，CNTはCNT間の相互作用によって束（バンドルもしくはロープと呼ばれる）になる．束には金属CNTと半導体CNTがおおむね1：2の割合で混在するので，半導体CNTで励起した電子が金属CNTに移動して緩和するため発光しない．発光を起こすには，①界面活性剤などを用いて，CNTを（1本に）孤立化するか，②金属半導体分離の技術を用いて，半導体CNTのみのサンプルにするか，いずれかの方法をとる必要がある．溶液中でのミセル化や空中架橋により孤立化したCNTサンプルからの発光を観測することができる．

8.2.2 CNTの光吸収の観測

CNTの光吸収は，エネルギーギャップより大きな複数のエネルギーで起きる．ここで重要な概念が，結合状態密度のバンホーブ特異性である．CNTの1次元エネルギーバンドの状態密度は，各エネルギーバンドでの最大と最小 ($E = E_m$) のところで，$(E - E_m)^{-1/2}$ のように発散する．これをバンホーブ特異性と呼ぶ．実際には，フェルミエネルギーから見て i 番目の価電子帯のエネルギーバンド (v_i) と i 番目の伝導帯のエネルギーバンド (c_i) のバンホーブ特異点間のエネルギー E_{ii} で強い光吸収が起きる（図8.4）．光吸収の観測は界面活性剤で溶液中に溶かした試料で観測できる．吸収の場合には，金属CNTも半導体CNTも観測することができる．また束の試料でも，光が透過できる状況であれば観測可能である．孤立化した試料では，例えば E_{22} (E_{33}, E_{44}) で光吸収が起き，E_{11} で発光が起きるので，縦軸を光の励起波長，横軸を発光波長にとって発光強度を観測すると，図8.4のように特定の点で強い発光が観測される．それぞれの点が異なる (n,m) に対応する．これを発光の2次元マップと

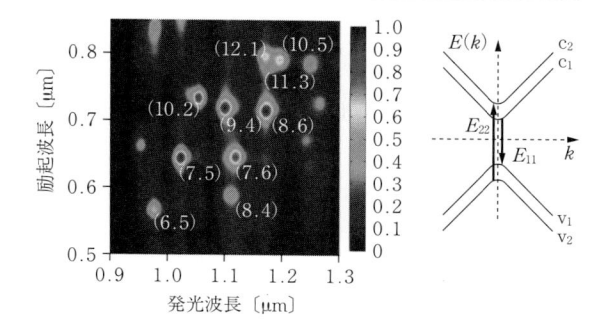

図8.4 発光の2次元マップ．発光強度（色）を励起波長（縦軸），発光波長（横軸）の関数として表示．強度の強い点が (n,m) に対応する（東京大学の丸山茂夫教授のご厚意による）．右図は E_{22} の吸収と E_{11} の発光を示す．

呼び，吸収，発光の観測に広く利用されている．

薄膜試料や基盤上のCNTの場合には，共鳴ラマン分光で E_{ii} を測ることができる．共鳴ラマン分光とは，光の非弾性散乱であるラマン分光の励起過程において吸収が伴う場合，ラマン強度が非常に（1000倍）強くなる効果を利用した分光である．光の励起エネルギーを変化させ共鳴ラマン強度が最大になるエネルギーが，吸収エネルギーに対応する[†]．このような光のエネルギーを変えてラマン強度を測る方法をラマン励起プロファイルと呼ぶ．

8.2.3 光吸収・発光の選択則

1本のCNTでは，エネルギーの低いほうから順に，吸収のピークが観測され，半導体CNTの場合には，E_{11}^S, E_{22}^S, E_{33}^S, …，また，金属CNTの場合には，E_{11}^M, E_{22}^M と名前を付けている．CNT軸に平行な直線偏光を持った光がCNT軸に垂直に進行した場合に，強い吸収を起こし（アンテナ効果），その場合の双極子相互作用による光選択則では，E_{ii} の場合にのみ吸収が起きる．直線偏光の向きをCNT軸に垂直に置くと，光の電場を遮蔽するような反電場が起きて吸収を著しく抑制することが知られている．この反電場の効果は，束のような場合には緩和されて吸収が起きる．この場合の光の選択則は，E_{ij} で $j = i \pm 1$ である．

8.2.4 カッティングラインの概念

CNTのエネルギーバンドは，2次元グラフェンのエネルギーバンドを，CNTの周期境界条件で量子化し，周方向の波数が離散化（軸方向は連続）することで得

[†] CNTの曲率の効果でmeVの大きさのギャップが開くことが知られている．しかし，このギャップはフォノンの緩和に影響を与えない．

[†] 共鳴ラマン分光では，吸収のほかにも発光で共鳴する場合があり，この場合には共鳴エネルギーは吸収のエネルギーよりフォノンのエネルギー分だけ大きなエネルギーで起きる．

られる。図8.5は，2次元のグラフェンのブリユアン領域上で離散化した波数（線分，1次元のブリユアン領域）の一部を表したものである。実際には線分は，$N(=2(n^2+m^2+nm)/d_R$（d_Rは，$(2n+m)$と$(2m+n)$の最大公約数）個あり，線分と線分の間隔は$2/d_t$（d_tはCNTの直径）長さは，$2\pi/T$（TはCNTの軸方向の周期）である[1), 2)]。この線分を以下，カッティングライン（CL）と呼ぶ。CNTのエネルギーバンドは，1次元のエネルギーバンドの集まりとして表される。発光や光吸収に関係する1次元のエネルギーバンドは，K点に近いCL上にあり，近いほうからE_{11}，E_{22}になる。2次元のグラフェンのエネルギーバンドは，フェルミエネルギーで対称に価電子帯のπバンドと，伝導体のπ^*バンドが存在するので，CLで切り取ると対称な1次元のエネルギーバンドの組ができる。したがって，半導体CNTのエネルギーギャップは，直接ギャップ半導体であり，本来なら強い発光と吸収が期待できる。

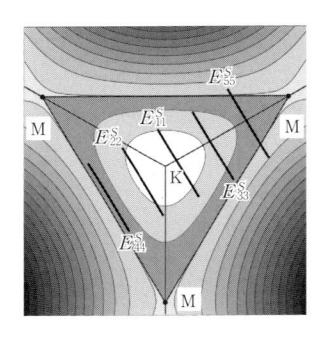

図8.5 グラフェンのブリユアン領域（六角形）の頂点K付近の半導体CNTの1次元のブリユアン領域（カッティングライン）。K点に近いほうからE_{11}，E_{22}，…となる。曲線はエネルギー等高線である。

8.2.5 CNTの励起子

半導体CNTは直接型ギャップであり，励起した電子と正孔の間にはクーロン引力により空間的に束縛した励起子ができる。通常の半導体の励起子は，束縛エネルギーがmeVのオーダーであり，低温でしか観測されないが，CNTの励起子の束縛エネルギーがeVのオーダーであり，室温でも安定に存在する。なぜCNT励起子の束縛エネルギーが非常に大きいかは，1次元物質であるからであり，電子と正孔がCNT上を互いに避けるように運動ができないことによる。したがって，CNTの光物性は，すべて励起子の物性である。CNTの光吸収は，2次元のグラフェンのブリユアン領域の角に相当するK点，K'点の2箇所で起きる。したがって，励起子は，K点，K'点付近の波数kで起きる。CNTにはCNT軸に垂直にC-Cボンドの中点を通るC_2軸の対称性があり，C_2軸の周りに180°の回転によって隣り合う二つの副格子A，Bの原子を交

換しても構造が変わらない。この対称性によって，励起子の波動関数はこの180°の回転によって，符号を変えない偶関数（A＋）のものと，符号を反転する奇関数（A－）の2種類が存在する[3)]（図8.6）。ここで，光吸収の行列を考えると，基底状態は回転に対して偶関数，また演算子であるナブラは奇関数であるから，終状態である励起子の状態は奇関数のA－でなければならない。偶関数のA＋励起子では，光吸収（発光）が起きないので暗励起子と呼ばれ，吸収の起きる明励起子と区別して使う。半導体CNTが直接型ギャップであるにもかかわらず，発光の量子効率[†]が1%程度と著しく低い。これはCNTには暗励起子が存在し，そのエネルギーが明励起子のエネルギーより低いため，明励起子状態に励起した電子が，暗励起子に緩和することで，発光しなくなるからである。

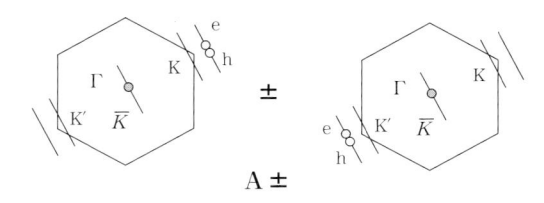

図8.6 K点付近の励起子（左図）は，K'点付近の励起子（右図）と混ざり，明励起子（A－）と暗励起子（A＋）を作る。このほかにE励起子がある。

8.2.6 CNTの励起子の分類と相互作用

CNTには，A＋，A－励起子のほかにE励起子と呼ばれる暗励起子がある。E励起子とは，電子がK（K'）点付近に占有するとき，正孔がK'（K）点付近に占有する場合である。二重に縮重した状態であるのでE励起子と呼ばれる。電子と正孔のkの値が異なるので，発光は起きない（暗励起子）が，実空間では，電子と正孔は束縛された状態で存在する。E励起子は，A励起子の電子もしくは正孔が励起子フォノン相互作用によって，K点からK'点に散乱することでできる。また，入射光の偏光方向がCNT軸に垂直な場合，電子と正孔は隣り合うカッティングラインのkに存在する。この励起子は，偏光方向がCNT軸に垂直な光を放射する明励起子である。

励起子と光の相互作用の振幅は，CNTの半径に反比例する。したがって，光の強度は半径の2乗に反比例する。また，らせん度依存性が大きく，アームチェア型に近いらせん角のCNTのほうがジグザグ型に近

[†] 一つのフォトンの吸収で何個のフォトンが出てくるかを量子効率という。発光デバイスであれば1に近い。

いらせん角のCNTより強度が強い。このため，CNTの発光分光をすると，アームチェア型に近いほうが多くあるように見える。

8.2.7 エレクトロルミネセンス

CNTの励起子を作るものは，光の吸収の他に電場によっても作ることができ，エレクトロルミネセンス（EL）と呼ばれる。ELによる励起には2種類あり，①一つは電場によって加速された電子（または正孔）が他の電子（または正孔）に衝突することによって励起される衝突励起である。CNTに欠陥が少なく，電子が励起子のエネルギーより大きな運動エネルギーを持つ場合に起こる。この衝突励起の機構はキャリヤー間のクーロン反発（オージェ効果）である。②もう一つは，電場をかけるための電極をn(またはp)型半導体を使い，片方の電極から電子を，もう片方の電極から正孔を注入することで，CNT上で励起子を作るというものである。後者は，発光ダイオード（LED）の原理と同じであるが，LEDの場合にはpn接合を作り接合界面で電子と正孔を再結合させるが，CNTの場合には，不純物ドープができないためpn接合が作れないので，電極にn(またはp)型半導体を使う。電子と正孔の二つのキャリヤーが流れる半導体を，両極性（アンバイポーラー）と呼ぶCNTはこの両極性の性質を持つので，再結合を起こす場所をゲート電圧を調整することで変化させることができる[4]。ELの仕組みの逆が光伝導である。光で励起した励起子に電場をかけると電子と正孔が解離し，電流が流れる。

引用・参考文献

1) R. Saito, G. Dresselhaus and M. S. Dresselhaus : Physical Properties of Carbon Nanotubes, Imperical College Press（1998）
2) 齋藤理一郎，篠原久典 編：カーボンナノチューブの基礎と応用, 培風館（2004）
3) M. S. Dresselhaus, G. Dresselhaus, R. Saito and A. Jorio : Physics Reports, **409**, 47～99（2005）
4) Ph. Avouris 著，齋藤理一郎 訳：パリティ, **24**, 6, 14～26（2009）

8.3 グラファイトの格子振動

8.3.1 結晶中の格子振動の構造

結晶の格子振動は，結晶中を波として進む。波の振動数をν，波長をλ，速度をvとすると，$v=\lambda\nu$である。波長の逆数を2π倍したものを波数（$q=2\pi/\lambda$）と呼び，波の進行方向に波数の大きさをかけたものを波数ベクトルqと呼ぶ。また振動数を2π倍したものを角振動数$\omega=2\pi\nu$と呼ぶ。格子振動のエネルギーは量子化されていて，$\hbar\omega$で表される。$\hbar\omega$がフォノンのエネルギーである（$\hbar$は，プランクの定数hを2πで割ったもの）。フォノンのエネルギーは，cm^{-1}の単位で表されることが多い。$1\,eV=8\,065\,cm^{-1}$[†]$=1.602\times10^{-19}\,J$である。結晶中では，フォノンのエネルギーは波数ベクトルの関数$\omega(q)$で表され，周期的である。波数空間での周期性の単位胞をブリユアン領域と呼ぶ。

グラファイトは，炭素原子が軽いことや炭素のsp^2結合が強いことから大きなフォノンのエネルギー（約$0.2\,eV$, $1\,600\,cm^{-1}$）を持つ。グラファイトは層状物質であり，層間の相互作用（$30\sim40\,cm^{-1}$）が層内の相互作用（$1\,600\,cm^{-1}$）に比べて小さいので，格子振動を考える場合には，原子層1層（グラフェン）の格子振動を考えればよい。グラフェンの単位胞とブリユアン領域は，図8.7に示すように，互いに90°回転した六角形である。単位胞には，炭素原子が二つあり，6個の振動の自由度がある。グラフェンの並進対称性を考えると，それぞれの振動の自由度に対応して，6個のフォノン（文献1）を参照）のエネルギー分散関係を与える。

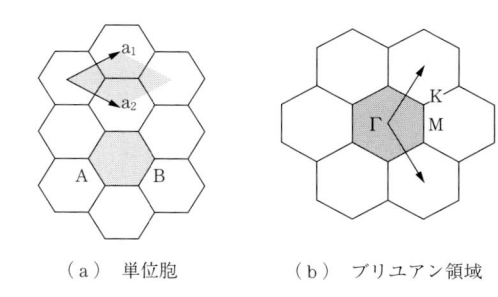

（a）単位胞　　　（b）ブリユアン領域

図8.7　グラフェンの単位胞とブリユアン領域

8.3.2 グラフェンの振動モード

6個のフォノン分散関係のうち，3個が音響モード（A, acoustic）で3個が光学モード（O, optical）である。音響（光学）モードは，単位胞中の二つの炭素原子が同じ（反対）方向に振動するモードである。また，それぞれの3個のモードに対し，1個は縦波（L, longitudinal）であり，2個は横波（T, transverse）である。縦波（横波）は，振動の進行する方向（波数ベクトルq）に対して直角（平行）に振動する波である。したがって，LA, LO, 2個のTA, 2個のTOモードがある。さらに振動する方向は，原子層に平行（面

---
† cm^{-1}は，分光学での波数（$k=1/\lambda$）の単位である。

内振動, i, in-plane) および垂直 (面外振動, o, out-of-plane) の2種類がある。グラフェンの振動の進行する方向は，層方向に限られるのでLA, LO モードは面内振動になる（この場合，iLA, iLO とは記さない）。TA, TO モードは，それぞれ1個ずつ，面内と面外振動があり iTA, oTA, iTO, oTO モードと表される。振動モードをまとめると表8.1になる。

表8.1 グラフェンの振動モードの種類

振動モード	縦波	横波	
振動方向	面内振動		面外振動
音響モード	LA	iTA	oTA
光学モード	LO	iTO	oTO

8.3.3 グラフェンのフォノン分散関係

図8.8にグラフェンのフォノン分散関係を示した。Γ点（$q=0$，ブリユアン領域の中心）付近では，エネルギーの高い順にLO, iTO, oTO, LA, iTA, oTAフォノンモードの順になる。Γ点では，すべての音響フォノンのエネルギーは0である。$q=0$の音響フォノンは，結晶中の並進移動に対応するからである。また，グラフェンの場合には，LO, iTO モードのエネルギーが等しく（縮重するという）なる。これは，グラフェンを構成する炭素原子が中性であること，また六方格子であることから格子振動が炭素原子の周りの3回回転対称性を持ち E_{2g} 対称性を持つからである。これに対し通常のイオン結晶では，LOの振動数がiTOの振動数より高くなり，その比の2乗が，振動数が0と無限大に対する誘電率の比，$\omega_{LO}^2/\omega_{TO}^2 = \varepsilon_0/\varepsilon_\infty$ になる（Lyddane-Sachs-Teller 関係式）。これは，LOモードが，イオンの変位に伴う反電場の分だけ復元力を得られ高くなるからである。グラフェンのLO,

iTO モードは 1 585 cm^{-1} であり，約 0.2 eV, 48 THz である[†1]。

また，oTO モードは 850 cm^{-1} に現れ，振動方向は面に垂直である。単位胞に二つの A, B 副格子における炭素原子の振動は互いに逆になる。振動の振幅に対して，C-C 間の結合距離の変化は無視できるので，ラマン活性ではない。一方，この振動は面の反転に関して反対称な振動であるので，電子によるフォノンの吸収（赤外吸収）に関して活性である。光透過スペクトル（もしくは，反射スペクトル）によって，赤外吸収スペクトルを観測することができる。

音響フォノンのうち，LA, iTA モードは，Γ点付近で ω が q に比例し音速を持つ。結晶中では，ω/q, $d\omega/dq$ をそれぞれ位相速度，群速度と呼ぶ。群速度がエネルギーの伝達速度を表す。グラファイトのLA, iTA の群速度の観測値は，それぞれ 21.0 km/s, 12.3 km/s である。この値は，物質のヤング率 E，剛性率 G，密度 ρ と関係していて，それぞれ $v_{LA} = (E/\rho)^{1/2}$, $v_{iTA} = (G/\rho)^{1/2}$ で与えられる。高温で焼成した備長炭をたたくと金属音がするのは，音速が通常の固体より速いからである。一方，oTA モードは，Γ点付近で ω が q^2 に比例し，群速度は0である[†2]。

8.3.4 グラファイトのフォノンの観測と計算

フォノン分散関係を実験的に求める方法として，中性子非弾性散乱，X線非弾性散乱，二重共鳴ラマン分光がある。中性子（X線）非弾性散乱では，入射および散乱中性子（X線）の運動量とエネルギーを測定し，エネルギーの変化量（フォノンのエネルギー $\hbar\omega$）を運動量の変化量（フォノンの運動量 $\hbar q$）の関数で求めるものである。従来は，飛行時間分離によって単色化した中性子測定による中性子散乱が主流であったが，最近はシンクロトロン軌道放射光（synchrotron orbital radiation, SOR）による，強いX線源と高精度な分光器によって，10 keV のX線に対して 0.1 eV 程度の変化を伴う非弾性散乱も観測可能である。

また，ラマン分光スペクトルのうち，フォノンを二つ散乱するモードに関しては，観測するフォノンの波数が $q=0$ という条件が必要ない（8.4節の文献2)，4））。二重共鳴ラマン分光という特殊な条件を用いれ

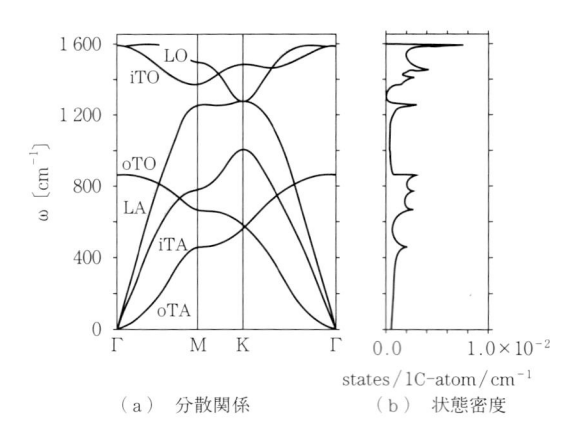

(a) 分散関係 　　　(b) 状態密度

図8.8 グラフェンのフォノン分散関係とフォノン状態密度

[†1] この振動数は，コヒーレントフォノン分光でも直接観測できる。LO, iTO モードは，C-C 間の結合距離を変化し，大きな電子格子相互作用を持ち，ラマン活性であり，sp^2 カーボンに共通して見られるラマンスペクトル（Gバンド）を与える。

[†2] グラファイトの層間相互作用を考えると，q に比例する項を持ち，若干の音速を持つ。

ば，一つのフォノンを出すラマン分光に匹敵する強い強度を得ることができる。2 700 cm^{-1}付近に現れるG'バンドと呼ばれるラマンシグナルは，二つのK点フォノンの二重共鳴ラマン分光シグナルである。GバンドとG'バンドの強度比からグラフェンの層の数を評価することができる。例えば，1層のグラフェンの場合はG'バンドの強度がGバンドの強度に比べて大きいが，2層，3層になるにつれ，G'のスペクトル幅が広がり相対強度が小さくなる。

理論計算で，フォノン分散関係を求める場合には，炭素原子間の『ばね定数』を仮定して，炭素原子の運動方程式を解いて分散関係を求めることができる。(詳細は，文献1)を参照)。計算では，C-C結合間，C-C結合と直角な方向（面内と面外）に対する三つのばね定数を，第20近接ぐらいまでの原子間距離に対して求める必要がある。ばね定数は，第一原理計算を用いて非経験的に求める方法のほか，実験の分散関係を再現するようにフィッティングで求める方法がある。計算で注意する点として，結晶の重心の運動量，角運動量が保存しない内力が働くと音響フォノンの振動数がΓ点で0にならない。ここで，ばね定数総和則（force constant sum rule）と呼ばれる，力の定数間の関係式を用いると，振動数を0にするように取ることができる。

引用・参考文献

1) R. Saito, G. Dresselhaus and M. S. Dresselhaus : Physical properties of carbon nanotubes, Imperical College Press (1998)

8.4 CNTの格子振動

SWCNTの格子振動は，グラフェンの格子振動モードに対して，円周方向の周期境界条件による1次元の波数の関数で与えられる。1次元の波数は，直径をd_tと置くと円周方向の波の波長λがπd_tの整数分の1になるので，波数$k=2\pi/\lambda$が$2/d_t$の整数倍（0から$N-1$）に量子化される。ここでNは(n, m)のCNTに対して，$N=2(n^2+m^2+nm)/d_r$（d_rは，$(2n+m)$と$(2m+n)$の最大公約数）である。一方，CNT軸方向の周期をTと置くと，CNT軸方向の波数は，$-\pi/T<k<\pi/T$の線分（カッティングライン（CL），8.2.4項参照）になる。したがって，CNTのフォノンモードは，グラフェンの2次元の波数空間をCL上で切り取ったkに対し，$3N$個の1次元のフォノン分散関係が得られる。このうち$3N-4$が光学フォノンモードで，4個が音響フォノンモードである（8.3節の文献1))。

8.4.1 ツイストモード

4個の音響フォノンモードのうち，2個がTAモード，1個がLAモードである。残り1個の音響モードは，1次元の物質に特殊なモードで，『雑巾を絞るような』CNT円周方向にねじれるツイストモード（TW）である[1], [4]。TWモードは，波長が長い（$q=0$）極限ではCNTを軸の周りに回転するモードに対応し，音響モードであることがわかる。また，グラフェンの場合には，TAモードは面内と面外のモードに分解できたが，CNTの場合には，CNTを曲げる振動に対応するので，面内と面外振動が混ざったモードになる点に注意したい。TAモードはラマン活性ではない。

8.4.2 ラジアルブリージングモード

CNTに特徴的な振動モードとして，ラジアルブリージングモード（RBM）がある。RBMは，CNTの直径が振動するモードである。このモードは，グラフェンの面外振動に対応するが，円筒形に丸めることによって直径が大きくなるとき，C-Cボンド間の引張りが発生し復元力が働くので，光学モードになる。RBMの振動数は，直径に反比例し$\omega=248/d_t$〔cm^{-1}〕で表される。ここでd_tは，CNTの直径で単位はnmである。RBMモードは，CNTのラマン分光を測るときにとても重要である（図8.9）。RBMモードはラマン活性であり，しかもC-Cボンド伸縮モードでありCNT面の面積が変化するモードなので，電子格子相

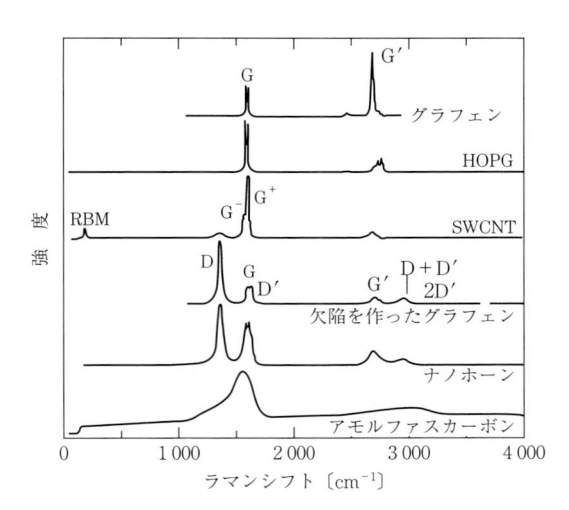

図8.9 いろいろなカーボンのラマンスペクトル。上からグラフェン，HOPG（熱分解配向グラファイト），SWCNT，欠陥を作ったグラフェン，ナノホーン，アモルファスカーボン

互作用が大きい。CNT の共鳴ラマン分光では，RBM モードを測定することができ，振動数から共鳴した CNT の直径を評価することができる。さらに，励起したレーザーのエネルギーと，計算で求めた遷移エネルギー E_{ii} の値を比較することによって，(n, m) の値まで同定することができる[1]。ここで注意したいのは，『RBM が観測されれば CNT が存在する』といえるが，『RBM が観測されないといって，CNT が存在しない』とはいえないことである。共鳴条件が満たされなければ，ラマンシグナルは観測できない。逆に共鳴条件があえば，1 本の CNT からのラマンシグナルも観測できる。

8.4.3　G+ と G- モードの分離

CNT のラマン分光で特徴的なのは G バンドの分裂である。グラフェンの iTO と LO モードのエネルギーは縮退して E_{2g} モードを作る。これはグラフェン構造の 6 回（D_{6h}）対称性によるものである。縮退した iTO と LO モードは G バンドと呼ばれるラマンスペクトルを与える。CNT の場合には，iTO と LO モードの縮退は取れ，G^+ と G^- の二つのラマンスペクトルに分裂する[1],[5]。CNT の軸方向に振動し，波として進行する LO モードは，周波数の直径依存性はないが，CNT の軸に垂直な方向に振動する iTO モードは，CNT の直径の 2 乗に反比例して低エネルギー側にシフトする。これは，CNT が円筒形の曲率を持つために C-C 間のばね定数が曲率の増加に伴って小さくなるからである。G^+ と G^- のエネルギー差から，直径の大体の大きさを見積もることができる。G^+ と G^- のモードの半径依存性は，金属 CNT と半導体 CNT では異なる関数形を与える。これはつぎのフォノンのコーン異常による効果である。

8.4.4　金属 CNT のフォノンソフト化

金属 CNT を半導体 CNT から区別する方法として，G バンドの振動数がソフト化し，スペクトルが広がる現象がある。これはフォノンのコーン異常と知られていて，フォノンと金属 CNT の自由電子との間の相互作用として理解できる。CNT にゲート電極をつけ，フェルミエネルギーを変化させると，コーン異常にかかわる自由電子の仮想的励起が抑制されるので，ソフト化やスペクトル幅の増大が起こらなくなる。このコーン異常は，G^- だけでなく，G^+ や RBM でも観測されている。このソフト化は，CNT のらせん度に依存しているので，スペクトルのゲート依存性を詳しく調べることによって，ナノチューブのらせん度にかかわる情報を得ることができる[6]。

8.4.5　CNT の二重共鳴ラマンモード

そのほかの CNT モードとして，CNT の構造の欠陥に起因する D バンド（1 350 cm^{-1}）と 2 フォノンの G' バンド（2 700 cm^{-1}）がある。CNT の D バンドは，グラファイトの D バンドと比べてスペクトル幅が 10 cm^{-1} 以下で小さい。これは，二重共鳴ラマンスペクトルを得る条件が CNT の場合のほうが厳しいからである[2]〜[4]。また二重共鳴ラマンスペクトルとして，oTO の二つのフォノンによる M バンド（1 700 cm^{-1}）や iTO+LA の合成モードがある。iTOLA 合成モードの振動数は，励起エネルギーを変化させると大きく変化するので他のモードと区別することができる。1 000 cm^{-1} 付近に現れるモードは IFM（中間周波数モード）と呼ばれ，oTO と LA の合成モードである。IFM は限られた励起エネルギーのときだけ現れる。強度も弱いので，観測には注意を持ってする必要がある。

引用・参考文献

1) M. S. Dresselhaus, G. Dresselhaus, R. Saito and A. Jorio：Phy. Rep., **409**, 47〜99（2005）
2) R. Saito et al.：Phys. Rev. Lett., **88**, 027401（2002）
3) M. A. Pimenta et al.：Phys. Chem. Chem. Phys., **9**, 1276（2007）
4) R. Saito et al.：New J. Phys., **5**, 157（2003）
5) A. Jorio et al.：New J. Phys., **5**, 139（2003）
6) A. Jorio et al.：Raman spectroscopy in graphene related sysytems, Wiley-VCH（2011）

8.5　ラマン散乱スペクトル

8.5.1　ラマン散乱

物質に入射，吸収された光は，物質と相互作用を起こしたのち，その一部は再び散乱光として物質から放出される。この入射光と散乱光のエネルギーが等しい場合（弾性散乱），レイリー散乱と呼ばれる。一方，入射光が物質におけるさまざまなエネルギー準位（格子振動，分子の回転，電子準位など）に由来してエネルギーを変化させた場合（非弾性散乱），これをラマン散乱と呼ぶ[1]。入射光とラマン散乱光のエネルギー差（ラマンシフト，単位 cm^{-1}）において，入射光より散乱光のほうのエネルギーが小さく（または大きく）なった場合，ストークス・ラマン散乱（またはアンチストークス・ラマン散乱）と呼ばれる。ラマンシフトは入射光の波長にはよらず，物質のエネルギー準位に依存することを用いて，ラマン散乱スペクトルから物質の同定・分析などが可能である。入射光（エネルギー E_i），散乱光（エネルギー E_s）およびラマンシ

フト（周波数 ν_R）はエネルギー保存則 $E_i = E_s \pm h\nu_R$ を満たし，+（−）がストークス（アンチストークス）ラマン散乱に対応する。ここで，h はプランク定数である。一般に，ラマン散乱光はレイリー散乱光に比べその強度は非常に弱く，さらにレイリー散乱光との波長差は大きくないため，ラマン散乱スペクトル計測にはレイリー散乱光を効率よく除去することが重要となる。レイリー散乱光の除去には，フィルター（ノッチフィルター，エッジフィルターなど）やトリプルモノクロメーターが，また入射光としては一般に単色のレーザー光が用いられる。

8.5.2 SWCNT のラマン散乱スペクトル

ラマン散乱分光法は，SWCNT の発見当初から広く用いられている光学分析手法の一つである[2]。SWCNT のラマン散乱スペクトルにはその格子振動（フォノン）に由来する特徴的なピークが現れ，それぞれ G バンド（1590 cm^{-1} 付近），D バンド（1300 cm^{-1} 付近），RBM（radial breathing mode）ピーク（100 から 350 cm^{-1}）および 2D（もしくは G'）バンド（2700 cm^{-1} 付近）と呼ばれる。図 8.10 に SWCNT（アルコール触媒 CVD 法[3]を用いて合成）の典型的なラマン散乱スペクトルを示す。励起光にはアルゴンイオンレーザー（波長 488.0 nm，エネルギー 2.54 eV）を用いた。

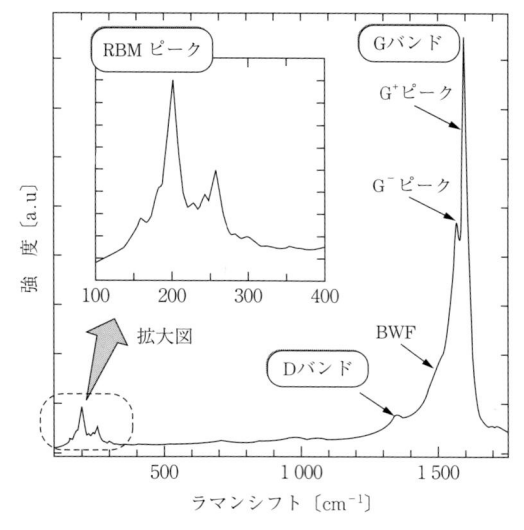

図 8.10 SWCNT からのラマン散乱スペクトル。励起光波長は 488.0 nm

一般に G，D および 2D バンドは炭素原子から成る固体物質から計測される。G バンドはグラファイトにおける炭素原子の 6 員環構造の面内伸縮振動に，D バンドはその欠陥構造に由来することから，G バンドと D バンドの強度比（G/D 比）は，SWCNT や MWCNT，グラファイト，グラフェンにおける結晶性の高さを示す指標として広く用いられている。ダイヤモンドやグラファイトおよびグラフェンの G バンドは単一のピークとして計測されるが，SWCNT の G バンドはその円筒構造に由来して六つの異なる対称性を有するピークから構成されることが知られている。このうち特に強いピークは，G$^+$ ピークおよび G$^-$ ピークと呼ばれている。G$^+$ ピーク（ラマンシフト ω_{G+}）と G$^-$ ピーク（ω_{G-}）のラマンシフトの差は SWCNT の直径に依存する。A. Jorio ら[4]によれば，この依存性は $\omega_{G+} - \omega_{G-} = C/d_t^2$，半導体 SWCNT で $C = 47.7$ cm^{-1}·nm^2，金属 SWCNT で $C = 79.5$ cm^{-1}·nm^2 と表される。ただし，d_t を SWCNT の直径〔nm〕とする。直径の異なる多数の SWCNT から計測された G バンドから明確に SWCNT 直径を算出することは難しいが，このように SWCNT の直径分布を見積もることは可能である。

半導体 SWCNT の場合，G$^+$ ピークが 6 員環構造の面内伸縮振動における LO（縦波）フォノン，G$^-$ ピークが TO（横波）フォノンに対応する。これは SWCNT の曲率効果によって TO フォノンの振動数が低下した結果と理解できる。一方，金属 SWCNT の場合は G$^+$ ピークが TO フォノン，G$^-$ ピークが LO フォノンに対応する。金属 SWCNT の LO フォノンの振動数がコーン異常効果[5]によって大きくダウンシフトすることに起因するとされる。金属 SWCNT の G$^-$ ピークは BWF（Breit-Wigner-Fano）ピークとも呼ばれ[6]，幅が広く非対称なピークとして現れる。

D バンドは欠陥構造による非弾性散乱を伴う二重共鳴効果[7]によってラマンスペクトルに現れるピークである。一般にラマンシフトは励起光のエネルギーに依存しないが，二重共鳴効果により D バンドのラマンシフト（ω_D）は励起光エネルギー（E）依存性を持つ（例えば[8] $\partial \omega_D / \partial E = 53$ cm^{-1}·eV^{-1}）。

一方，低周波数領域の RBM ピークは SWCNT 固有のピークである。RBM は，SWCNT の直径が等方的に変化する振動（全対称振動）に対応し，その振動数は直径にほぼ反比例することが理論から示されている[9]。実際，実験測定から，RBM ピークのラマンシフト（ω_{RBM}〔cm^{-1}〕）と SWCNT の直径との関係は一般に $\omega_{RBM} = A/d_t + B$ と表現される。ここで A，B は定数であり，$A = 248$，$B = 0$[10] や $A = 217.8$，$B = 15.7$[11] などさまざまな定数が提案されている。A および B の値は，液体中への孤立分散した SWCNT や，バンドル構造[12]をとっているもの，また基板と接触しているかなど，さまざまな条件によって変化する。

2Dバンドのラマンシフト（ω_{2D}）は，Dバンドと同様に励起光エネルギーに依存して変化する（例えば[7] $\partial\omega_{2D}/\partial E = 106 \text{ cm}^{-1}\cdot\text{eV}^{-1}$）。さらに2Dバンドはグラフェンシート層間における相互作用の影響を受ける。そのため，SWCNTやグラフェンでは単一のピークであるが，複数の面から成るグラフェンやグラファイト，MWCNTでは複数のピークから構成される。これを利用し，2Dバンドの形状からSWCNTとDWCNTの判別[13]，さらにグラフェンやグラファイトにおける層数の計測が可能である[14]。

8.5.3 共鳴ラマン散乱効果と片浦プロット

ラマン散乱分光法を用いることで多くの情報を得ることができるが，SWCNTのラマン散乱スペクトルの分析・解釈の際には共鳴ラマン散乱効果[12]が非常に重要である。一般に，入射光または散乱光が物質の光学遷移エネルギーと一致した場合，非常に強いラマン散乱光が生じる共鳴ラマン散乱現象が起きる。このとき，入射光（または散乱光）による共鳴を入射光共鳴（または散乱光共鳴）という。

SWCNTの電子構造にはその擬1次元構造に由来し，バンホープ（van Hove）特異点が現れる。SWCNTにおける光学遷移は直接バンド間遷移であるため，この特異点間に対応するエネルギーがSWCNTの光学遷移エネルギー（E_{ii}）となり，カイラリティ（n, m）によって一意的に決まる。ただし，エキシトン効果が強く現れるため，SWCNTの光学遷移エネルギー（E_{ii}）と電子構造のバンド間エネルギーとは完全には一致しない。バンホープ特異性に由来する鋭い電子構造により，SWCNTは光学遷移エネルギーと等しい光を非常に強く吸収・放出するため，SWCNTから測定されるラマン散乱スペクトルは強い共鳴ラマン散乱効果が現れる。励起光のエネルギーとその励起光に共鳴して現れるRBMピークのラマンシフトの関係をプロットしたものを片浦プロットと呼ぶ[15]。図8.11に片浦プロットの一例を示す。白丸（○）が半導体SWCNT，黒丸（●）が金属SWCNTに対応し，それぞれのカイラリティ（n, m）を示した。図に示したデータは，実験による測定値から求められたもの[11]で，ラマンシフト（ω_{RBM}）と直径との関係は，$\omega_{RBM}\,[\text{cm}^{-1}] = 217.8/d_t\,[\text{nm}] + 15.7$を用いている。図において半導体（$S$）SWCNTの$E_{11}^S$，$E_{22}^S$および$E_{33}^S$と金属（$M$）SWCNTの$E_{11}^M$の光学遷移エネルギーに対応して，プロットがグラフの左下から右上へ帯状に並んでいる。

これは，光学遷移エネルギーとラマンシフトの双方

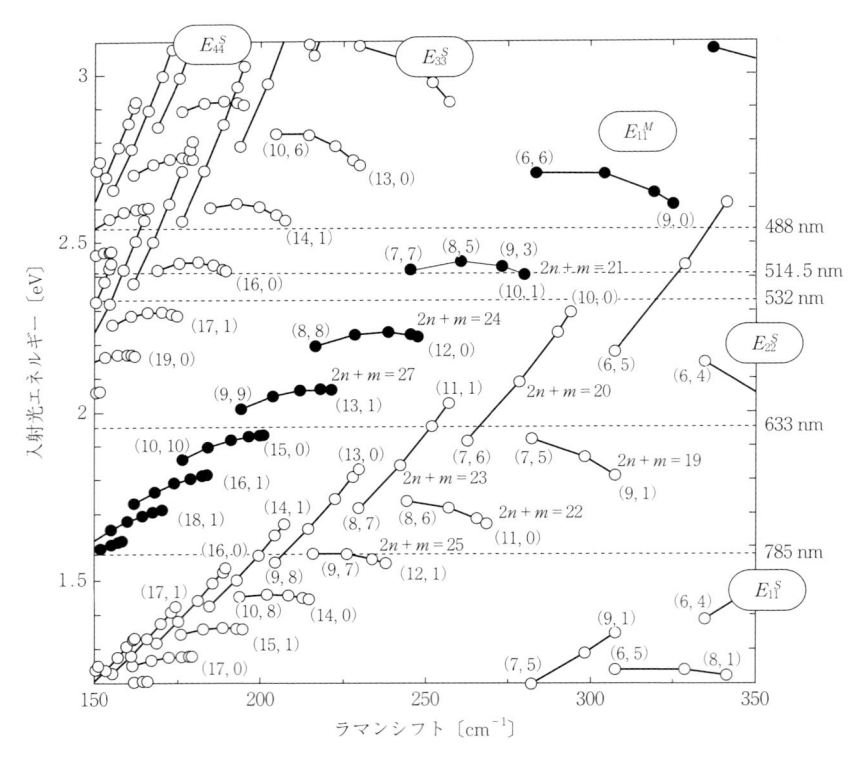

図8.11 片浦プロット

がおおよそSWCNTの直径に反比例することに由来する。さらに帯状の中に直線でつないだファミリーパターン[16]と呼ばれるパターンを見て取ることができる。ファミリーパターンとはカイラリティ(n, m)において、等しい$2n+m$の値を持つ直径が近いSWCNTの集合であり、ファミリーパターンの形状は、光学遷移エネルギーのカイラル角依存性に由来している。また、RBMピークの発光強度はカイラル角に依存することが知られている[17]。カイラル角が大きくなるほどRBMピーク強度が強くなることから、例えばアームチェア型((n, n)) SWCNTのRBMピークは非常に弱く、逆にジグザグ型($(n, 0)$) SWCNTからは強いRBMピークを測定することができる。

励起光のエネルギーに対して、共鳴幅Γ（例えば[12]バンド構造をしたSWCNTの場合は、$\Gamma = 120$ meV,孤立したSWCNTでは$\Gamma = 60$ meV）に含まれる光学遷移エネルギーを有するSWCNTから、共鳴ラマン散乱効果により強いラマン散乱光が計測される。図8.11の片浦プロット上に、典型的に用いられるレーザー光のエネルギーを示した。一つの励起光を用いた測定では、きわめて限られたカイラリティしか計測しできないことがわかる。図8.11の片浦プロットに従うと図8.10に示したラマン散乱スペクトル（励起波長488.0 nm）のRBMピークにおいて、100から230 cm^{-1}の範囲が半導体SWCNTに、240〜290 cm^{-1}が金属SWCNTのRBMピークであることがわかる。より高分解能の測定系を用いることで各カイラリティに対応したRBMピークを分解して測定することも可能である。

SWCNTのカイラリティを同時に多く計測する手法として近赤外蛍光（photoluminescence, PL）分光法[18]があるが、PL分光法は半導体SWCNTのみからしかスペクトルを計測できないという欠点がある。一方、ラマン散乱分光法では、半導体と金属SWCNTの両方から計測できるが、この強い共鳴ラマン散乱効果により非常に限られたカイラリティしか測定できない。したがって、多くの異なる波長の励起レーザーによる測定が必要になる。また、RBMピークを用いた直径分布の比較や、金属・半導体SWCNTの割合に対する分析においても、単一の励起光による測定では、結果の解釈を誤る可能性がある。そのため、これらの分析には、ラマン散乱のような強い共鳴効果がない光吸収分光法と合わせて行う必要がある。さらに、Gバンドも共鳴ラマン散乱効果によってその強度が増強されている。そのため、共鳴条件が変化することで同じSWCNTサンプルでもGバンドのピーク形状は大きく変化する。

また、SWCNTの光吸収には偏光依存性がある。これまでの議論はすべてSWCNTの軸方向に平行な偏光方向を持つ光について行ってきたが、垂直の偏光方向の光に対しては光学遷移エネルギーが異なる。この垂直な偏光方向の光の吸収は非常に弱いが[19]、垂直方向での励起でのラマン散乱スペクトルも測定されている[20]。

8.5.4 ラマンスペクトルの環境依存性

一般に、ラマン散乱スペクトルには温度依存性がある。物質の温度が上昇するとピークが低波数側へシフトし、ピーク幅は増加、強度は減少する。これらは格子振動における非調和振動成分に由来する。また、ストークス散乱光とアンチストークス散乱光の強度（I_SおよびI_{AS}）の強度比は、物質が熱平衡にあるとき$I_{AS}/I_S = \exp(-h\nu_R/kT)$の関係がある。ここで、$k$はボルツマン定数、$T$は物質の温度である。この関係を用いてラマン散乱スペクトルから物質の温度を算出することができるが、SWCNTにおいては、強い共鳴ラマン散乱効果のため、I_{AS}/I_Sを単純な温度の関数で表すことができない。また、熱伝導率の低い基板上や、架橋構造をしたSWCNT、真空中でのラマン散乱測定では、励起光照射によりSWCNTの温度が容易に上がってしまう。SWCNTのラマンスペクトルは強い温度依存性があるため[21]、正確な測定のためには励起光のパワー密度を抑えることが重要である。

また、SWCNTのラマン散乱スペクトルは応力依存性も有する。そのため、SWCNTと強く相互作用する水晶基板などの上や、基板や周辺物質などが変形することによって、そのラマン散乱スペクトルが変化することも報告されている[22]。さらに、SWCNTが界面活性剤などによって囲まれている場合には、E_{ii}の値が100 meV程度シフトするので、片浦プロットの補正が必要になる[23]。

引用・参考文献

1) 濱口宏夫，平川暁子編：ラマン分光法，学会出版センター (1988)
2) A. M. Rao, et al.: Diameter-selective Raman scattering from vibrational modes in carbon nanotubes, Science, **275** 187 (1997)
3) S. Maruyama, et al.: Low-temperature synthesis of high-purity single-walled carbon nanotubes from alcohol, Chem. Phys. Lett., **360**, 229 (2002)
4) A. Jorio, et al.: G-band resonant Raman study of 62 isolated single-wall carbon nanotubes, Phys. Rev. B, **65**, 155412 (2002)
5) H. Farhat, et al.: Phonon Softening in Individual Metallic Carbon Nanotubes due to the Kohn Anomaly,

6) S. D. M. Brown, et al.: Origin of the Breit-Wigner-Fano lineshape of the tangential G-band feature of metallic carbon nanotubes, Phys. Rev. B, **63**, 155414 (2001)
7) L. G. Cancado, et al.: Stokes and anti-Stokes double resonance Raman scattering in two-dimensional graphite, Phys. Rev. B, **66**, 035415 (2002)
8) R. Saito, et al.: Probing phonon dispersion relations of graphite by double resonance Raman scattering, Phys. Rev. Lett., **88**, 027401 (2002)
9) R. Saito, et al.: Raman intensity of single-wall carbon nanotubes, Phys. Rev. B, **57**, 4145 (1998)
10) A. Jorio, et al.: Structural (n, m) determination of isolated single-wall carbon nanotubes by resonant Raman scattering, Phys. Rev. Lett., **86**, 1118 (2001)
11) P. T. Araujo, et al.: Third and fourth optical transitions in semiconducting carbon nanotubes, Phys. Rev. Lett., **98**, 067401 (2007)
12) C. Fantini, et al.: Optical transition energies for carbon nanotubes from resonant Raman spectroscopy: Environment and temperature effects, Phys. Rev. Lett., **93**, 147406 (2004)
13) R. Pfeiffer R, et al.: Resonance Raman scattering from phonon overtones in double-wall carbon nanotubes, Phys. Rev. B, **71**, 155409 (2005)
14) A. C. Ferrari, et al.: Raman spectrum of graphene and graphene layers, Phys. Rev. Lett., **97**, 187401 (2006)
15) H. Kataura, et al.: Optical properties of single-wall carbon nanotubes, Synth. Met., **103**, 2555 (1999)
16) G. G. Samsonidze, et al.: Family behavior of the optical transition energies in single-wall carbon nanotubes of smaller diameters, Appl. Phys. Lett., **85**, 5703 (2004)
17) K. Sato, et al.: Excitonic effects on radial breathing mode intensity of single wall carbon nanotubes, Chem. Phys. Lett., **497**, 94 (2010)
18) S. M. Bachilo, et al.: Structure-assigned optical spectra of single-walled carbon nanotubes, Science, **298**, 2361 (2002)
19) H. Ajiki and T. Ando: Aharonov-Bohm effect in carbon nanotubes, Physica B, **201**, 349 (1994)
20) A. Jorio, et al.: Resonance Raman spectra of carbon nanotubes by cross-polarized light, Phys. Rev. Lett., **90**, 107403 (2003)
21) S. Chiashi, et al.: Temperature dependence of Raman scattering from single-walled carbon nanotubes: Undefined radial breathing mode peaks at high temperatures, Jpn. J. Appl. Phys., **47**, 2010 (2008)
22) S. B. Cronin, et al.: Resonant Raman spectroscopy of individual metallic and semiconducting single-wall carbon nanotubes under uniaxial strain, Phys. Rev. B, **72**, 035425 (2005)
23) A. R. T. Nugraha, et al.: Dielectric constant model for environmental effects on the exciton energies of single wall carbon nanotubes, Appl. Phys. Lett., **97**, 091905 (2010)

8.6 非線形光学効果

8.6.1 非線形分極と光学定数

強度の弱い光に対する物質の光学応答は,光電場に比例して誘起される線形分極に基づくが,強い光に対しては電場の2乗や3乗に比例する非線形分極が物質中に生じる。線形と3次の分極を考慮した場合,屈折率や吸収係数が光の強度に依存する非線形光学効果が現れる。非線形感受率の実部を $\text{Re}\chi^{(3)}$,虚部を $\text{Im}\chi^{(3)}$ とすると,吸収係数 α と屈折率 n は次式で表される[1]。以下はすべて cgs 単位系で表すことにする。

$$n = n_0 + \frac{2\pi \text{Re}\chi^{(3)}}{n_0}|E|^2 \qquad (8.2)$$

$$\alpha = \alpha_0 + \frac{4\pi\omega \text{Im}\chi^{(3)}}{n_0 c}|E|^2 \qquad (8.3)$$

ここで,α_0,n_0 は角振動数 ω の入射光強度が弱い場合における吸収係数と屈折率であり,c は光速である。屈折率変化が光電場の2乗に比例する効果は光カー効果と呼ばれ,光自身によって光の伝搬方向を制御する方向性結合器などに応用される。光強度に依存して吸収が飽和する現象は過飽和吸収と呼ばれ,光通信におけるファイバーアンプのノイズ除去や全光信号再生(all optical signal regeneration, AOSR)などに利用されている。飽和強度を I_S として,吸収係数は光強度 I に対して式 (8.4) に従って変化し,I_S は $\text{Im}\chi^{(3)}$ と式 (8.5) の関係がある[1]。

$$\alpha = \frac{\alpha_0}{1 + I/I_S} \qquad (8.4)$$

$$\text{Im}\chi^{(3)} = -\frac{n^2 c^2 \alpha_0^2 d}{16\pi^2 \omega I_S \{1 - \exp(\alpha_0 d)\}} \qquad (8.5)$$

ここで,d は試料の厚さである。

二準位系モデルに対する摂動論による計算から,角振動数 ω の入射光に対する3次非線形感受率は次式で与えられる[1,2]。

$$\chi^{(3)}(\omega) = \frac{iN|\mu_{eg}|^4}{2h^3} \frac{T_1}{i(\omega_0 - \omega) + \Gamma_h}$$
$$\times \left\{ \frac{1}{i(\omega_0 - \omega) + \Gamma_h} + \frac{1}{i(\omega - \omega_0) + \Gamma_h} \right\}$$
$$(8.6)$$

ここで,μ_{eg} は遷移双極子の行列要素,N は二準位系の数,T_1 は縦緩和時間(励起状態の寿命),Γ_h は位相緩和定数(均一幅)である。上式は,3次非線形分極をつくる光電場の角振動数がすべて等しい場合に成

8.6 非線形光学効果

り立ち，この配置は縮退4光波混合と呼ばれる．式(8.6)から，入射光の角振動数が励起準位 ω_0 に近づくときに非線形感受率が共鳴的に増大することがわかる．遷移行列要素の2乗は振動子強度に比例することから，振動子強度が大きい場合に非線形感受率も大きくなる．

8.6.2 SWCNT バンドルの非線形光学応答

SWCNTの電子状態は擬一次元的であるので，バンホーブ特異性により光学遷移確率はバンドギャップエネルギーで発散的に増大する．さらに，励起子の結合エネルギーが大きいので，励起子準位に振動子強度が集中することから3次非線形感受率の増大効果が期待される．石英基板上のSWCNTバンドル薄膜の吸収スペクトルと $\chi^{(3)}$ スペクトルを図8.12に示す[3]．

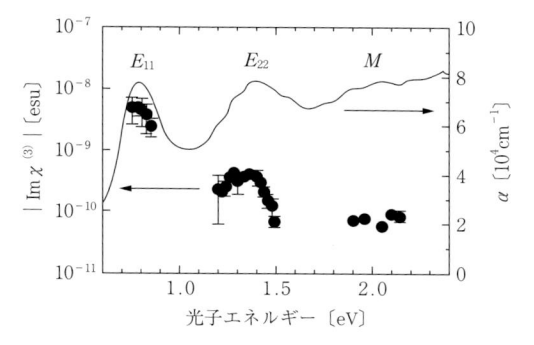

図8.12 SWCNTバンドル薄膜の吸収スペクトルと非線形感受率 $\text{Im}\chi^{(3)}$ のスペクトル[3]

この薄膜試料におけるSWCNTの平均直径は1.22 nmである．吸収スペクトルには，半導体SWCNTの第1励起子遷移 (E_{11})，第2励起子遷移 (E_{22}) および金属SWCNTのバンド間(励起子)遷移 (M) による吸収帯が観測される．バンドル化による不均一広がりと直径分布のために，吸収スペクトルは幅の広い形状になっている．ポンプ・プローブ分光によって測定した $\text{Im}\chi^{(3)}$ の絶対値のスペクトルを●印で示す．この測定では，3.12 eVのポンプ光に対する吸収飽和を，プローブ光によって各光子エネルギーで測定し，式(8.3)に基づいて $\text{Im}\chi^{(3)}$ の値を求めた．このような $\text{Im}\chi^{(3)}$ は，ポンプ光とプローブ光のエネルギーが異なるので，非線形感受率の非縮退成分に相当する．$|\text{Im}\chi^{(3)}|$ は吸収ピークで極大を示していることから，式(8.6)を考慮するならば，それぞれの光学遷移で共鳴増大していることがわかる．E_{11} 遷移と E_{22} 遷移の $\text{Im}\chi^{(3)}$ の値は，それぞれ -5×10^{-9} esu，および -6×10^{-10} esuであり，E_{11} 遷移の非線形感受率は，E_{22} 遷移に比べて約10倍の高い値である．A. Maedaらの z スキャン法による測定によれば，直径が1.4 nmの場合，E_{11} 遷移における $\text{Im}\chi^{(3)}$ の値は -1.5×10^{-7} esuである[4]．この実験で用いられた薄膜における E_{11} 遷移の吸収係数は，図8.12の結果とほぼ同じ値であるので，$\text{Im}\chi^{(3)}$ の値を単純に比較することができる．zスキャン法で測定された $\text{Im}\chi^{(3)}$ の縮退成分の値は，非縮退の場合に比べて約30倍の値であり，他の非線形光学材料と比べてこの値は大きいことから，擬1次元励起子による増大効果が現れていると解釈されている．一方，金属SWCNTのM遷移領域における $|\text{Im}\chi^{(3)}|$ は約 1×10^{-10} esuであるが，このエネルギー領域には半導体SWCNTのより高いバンドが関係する光学遷移があるので，その寄与も考慮する必要がある．

8.6.3 孤立SWCNTの非線形光学効果

界面活性剤やDNAでSWCNTを包み，溶媒に分散させた試料では，多くのSWCNTは孤立しているので，カイラリティに対応させて光学応答を調べることができる．HiPco法で作製されたSWCNTをドデシル硫酸ナトリウム(SDS)でミセル化処理をしたSWCNT溶液の吸収スペクトルを図8.13に示す[5]．

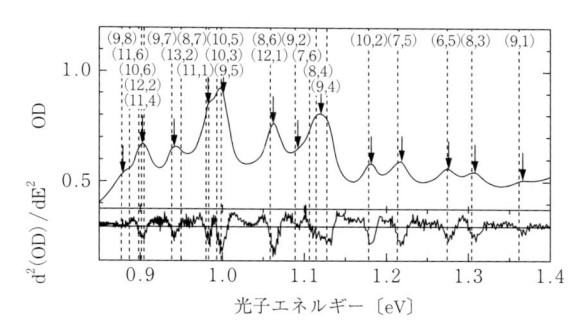

図8.13 孤立SWCNTの吸収スペクトル(上)とその2次微分スペクトル(下)．吸収ピークに対応するカイラル指数 (n, m) を図中に示す[5]．

E_{11} 遷移領域における吸収スペクトルには鋭い吸収ピーク構造が観測され，吸収スペクトルを2階微分したスペクトルから複数のピークを分離することができる．それぞれのピークはカイラル角の異なるSWCNTに対応する．例えば，1.217 eVに観測されるピークは (7,5) 半導体SWCNTの E_{11} 遷移，1.180のピークは (10,2) 半導体SWCNTの E_{11} 遷移に帰属する．1.12 eVの吸収ピークエネルギー近傍には，(7,6)，(8,4)，(9,4) 半導体SWCNTの E_{11} 遷移があるが，それぞれを分離して同定することはできない．

図8.14にポンプ・プローブ分光で測定された差分吸収スペクトル $\Delta\alpha$ と線形吸収スペクトルを示す[5]。ポンプ光のエネルギーは3.12 eVであり，E_{33} 遷移のエネルギー領域に相当するが，特定の半導体SWCNTの遷移エネルギーには対応していないので，このような励起を非共鳴励起と呼ぶことにする。差分吸収スペクトルはポンプ光照射による吸収の変化分を示し，負の値は吸収飽和，正の値は吸収増加に対応する。各吸収ピークにおいて大きな吸収飽和が観測され，ポンプ光とプローブ光間の遅延時間の増加によって差分吸収 $\Delta\alpha$ は減少する。この減少の振舞いは E_{11} 励起子の緩和を反映している。式(8.3)より $\Delta\alpha = \alpha - \alpha_0$ であるので，$\Delta\alpha$ のポンプ光強度依存性から $\mathrm{Im}\chi^{(3)}$ を求めることができる。図8.15に $-\mathrm{Im}\chi^{(3)}$ スペクトルを示す[5]。(n, m) チューブの E_{11} 遷移に対応したエネルギーで $-\mathrm{Im}\chi^{(3)}$ の値は増大し，吸収スペクトルの振舞いに一致している。これは，プローブ光がそれぞれのチューブの E_{11} 遷移に共鳴することによる増大効果である。

ポンプ光のエネルギーを変えて，特定のカイラリティを持つチューブの E_{22} 遷移エネルギーに一致させると，ポンプ光による共鳴効果を観測することができる。図8.16は，ドデシルベンゼンスルホン酸ナトリウム (SDBS) でミセル化処理をしたHiPcoチューブの吸収と $-\mathrm{Im}\chi^{(3)}$ のスペクトルである[6]。E_{11} 遷移領域における1.12 eV近傍の吸収スペクトルには (7, 6)，(8, 4)，(9, 4) SWCNTによる幅の広い吸収が見られるが，それらは分離して観測されない。非共鳴励起 (3.12 eV) の条件下で測定された $-\mathrm{Im}\chi^{(3)}$ のスペクトルは，○印で示すように吸収スペクトルとほぼ同様の形状を示している。しかし，ポンプ光のエネルギーを (7, 6) SWCNTの E_{22} 遷移エネルギーに一致する1.92 eVにすると (●)，$-\mathrm{Im}\chi^{(3)}$ の値は大きく増加し，(7, 6) SWCNTの E_{11} 遷移エネルギーである1.103 eVでピークが現れる。これは，ポンプ光が (7, 6) SWCNTの E_{22} 遷移を選択的に励起したことによる共鳴増大効果である。また，0.98 eV近傍においても増大効果が観測されている。このエネルギー領域には図中に示されるようなカイラリティを持つSWCNTの E_{11} 遷移が存在するが，これらのSWCNTのうち，(9, 5)，(10, 3)，(11, 1) SWCNTの E_{22} 遷移エネルギーがポンプ光の1.92 eVに近いので，この増大効果はこれらのSWCNTによることがわかる。

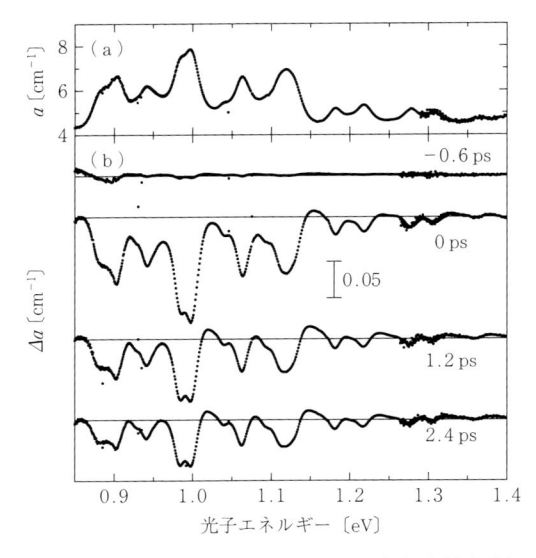

図8.14 孤立SWCNTの吸収スペクトル (a) と差分吸収スペクトル (b)[5]。時間は，ポンプ光とプローブ光間の遅延時間を示す。ポンプ光の光子エネルギーは，3.12 eVである。

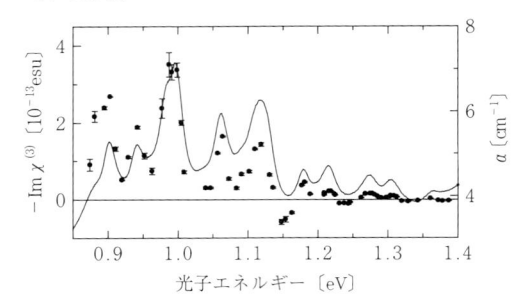

図8.15 孤立SWCNTの吸収 (実線) と非線形感受率 $\mathrm{Im}\chi^{(3)}$ のスペクトル (●)[5]。ポンプ光の光子エネルギーは，3.12 eVである。

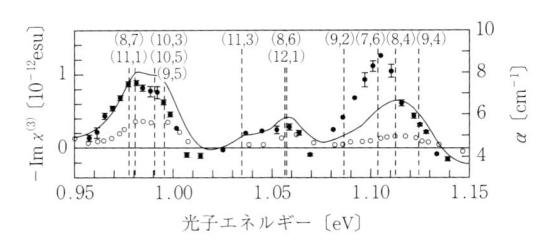

図8.16 孤立SWCNTの E_{11} 遷移領域における吸収 (実線) と非線形感受率 $\mathrm{Im}\chi^{(3)}$ のスペクトル (○, ●)[6]。ポンプ光の光子エネルギーは，3.12 eV (○)，1.92 eV (●) である。吸収ピークに対応するカイラル指数 (n, m) を図中に示す。

ポンプ光のエネルギーを変えることによって，E_{22} 遷移領域においても共鳴効果が現れる。図8.17 (a) は，E_{11} 遷移から E_{33} 遷移領域における吸収スペクトルである[6]。図中の矢印はポンプ光のエネルギー位置を示す。図 (b) は $\mathrm{Im}\chi^{(3)}$ を吸収係数で割った性能指数 $-\mathrm{Im}\chi^{(3)}/\alpha$ のスペクトルである。試料中に含まれ

8.6 非線形光学効果

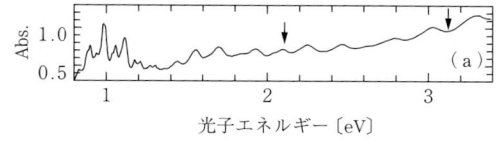

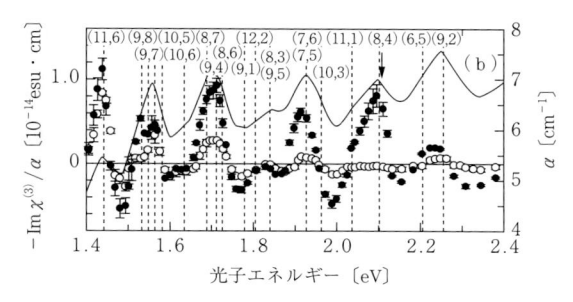

図8.17 孤立SWCNTの吸収スペクトルと性能指数 $\mathrm{Im}\chi^{(3)}/\alpha$ のスペクトル[6]。ポンプ光の光子エネルギーは，3.12 eV（○），2.11 eV（●）である．吸収ピークに対応するカイラル指数 (n, m) を図中に示す．

(a) 吸収スペクトル
(b) 性能指数のスペクトル

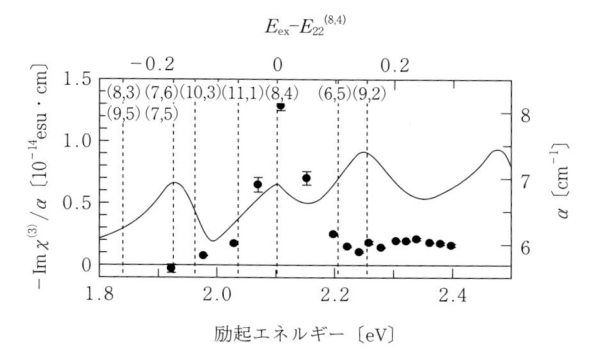

図8.18 (8, 4)チューブの E_{22} 遷移エネルギーでプローブした $\mathrm{Im}\chi^{(3)}/\alpha$ の励起スペクトルと吸収スペクトル[7]。吸収ピークに対応するカイラル指数 (n, m) を図中に示す．

る (n, m) SWCNT の濃度がそれぞれ異なるので，この性能指数を用いることによって濃度を補正することができる．○印で示されるように3.12 eV で励起した場合，1.8〜2.2 eV の領域における $-\mathrm{Im}\chi^{(3)}/\alpha$ の値は非常に小さく，(8, 4) SWCNT の E_{22} 遷移ではほとんどピークは観測されない．しかし，この E_{22} 遷移エネルギーである 2.11 eV で励起した場合，$-\mathrm{Im}\chi^{(3)}/\alpha$ は大きく増大しピークが観測される．これは，ポンプ光とプローブ光が同時に E_{22} 遷移に共鳴して $-\mathrm{Im}\chi^{(3)}$ が増大したことに相当する．ここで，(7, 5)，(7, 6) SWCNT の E_{22} 遷移エネルギーである 1.91 eV においても $-\mathrm{Im}\chi^{(3)}$ が増大していることに注目する．このピークエネルギー（1.91 eV）とポンプ光エネルギー（2.11 eV）の差は，0.2 eV であり，tangential mode（Gバンド）のエネルギーにほぼ一致する．

$\mathrm{Im}\chi^{(3)}/\alpha$ の励起スペクトルを測定して，この共鳴増大効果の起源を考察する．(8, 4) SWCNT の E_{22} 遷移エネルギー（2.10 eV）にプローブ光を固定し，ポンプ光のエネルギーを変えて $\mathrm{Im}\chi^{(3)}$ を測定し，$-\mathrm{Im}\chi^{(3)}/\alpha$ の励起スペクトルとしてプロットした結果を図8.18に示す[7]．ポンプ光エネルギーと E_{22} 遷移エネルギーの差 $E_{ex}-E_{22}^{(8,4)}$ が 0 の場合，$-\mathrm{Im}\chi^{(3)}/\alpha$ はピークを示し，これはポンプ光とプローブ光による共鳴増大効果である．さらに，$E_{ex}-E_{22}^{(8,4)}$ が 0.22 eV のときにも，$\mathrm{Im}\chi^{(3)}/\alpha$ の増大ピークが観測された．このような振舞いは，発光の励起スペクトルにおけるフォノンサイドバンド励起によるピーク構造とよく一致する[8]．これは，フォノン放出を伴った E_{22} 遷移の励起によって $\mathrm{Im}\chi^{(3)}$ が増大することを意味し，SWCNT ではフォノンが関与する3次非線形光学過程が現れることがわかった．また，この結果は SWCNT における励起子-フォノン相互作用が強いことを示唆している．

8.6.4 SWCNTの光通信技術への応用

超高ビットレートの光通信システムでは，光ファイバー網を光が伝搬する間に信号が劣化するので，SN比を改善するための信号再生技術が必要となる．このような信号再生をすべて光で行うために，光通信波長域で動作する可飽和吸収体を利用することが考えられている．入射光強度が弱い場合には吸収され，強い場合には透過するという二つの状態を高速にスイッチすることと二つの状態における透過率のコントラスト比が高いことが，可飽和吸収体の特性として求められる．これまで，GaAs系の半導体量子井戸が有望な材料として研究されてきたが，半導体 SWCNT が優れた特性を示すことが報告されている[9]．

図8.19 は，Fe をドープした InGaAs/InP 多重量子井戸（40周期）と HiPco 法の半導体 SWCNT の吸収スペクトルである[9]．図（a）に示されるように，InGaAs/InP 多重量子井戸の場合，価電子帯の重い正孔から成る励起子（E_1-HH_1）と軽い正孔から成る励起子（E_1-LH_1）による吸収が通信波長である 1.55 μm に対応している．8.5×10^{18} cm^{-3} の Fe がドープされているので，アンドープの InGaAs/InP 多重量子井戸の場合に比べてこれらの吸収スペクトルは広がっている．一方，SWCNT バンドル薄膜の場合（図（b）），バンドル化によって広がった E_{11} 励起子吸収（S_1）が 1.55 μm 付近に観測される．図8.20 は可飽和吸収特性である透過率変化 $\Delta T/T_0$ の時間挙動を示す[9]．

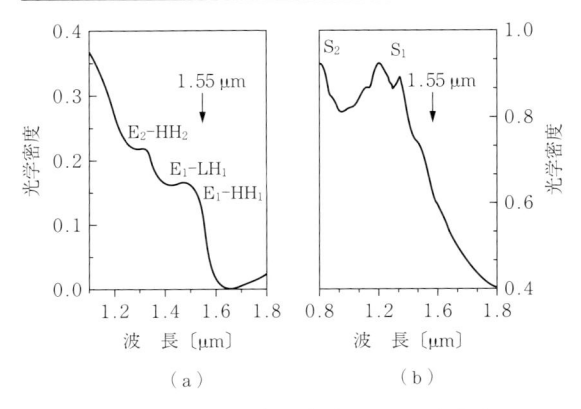

図 8.19 Fe ドープ InGaAs/InP 多重量子井戸(a)と SWCNT バンドル薄膜の吸収スペクトル(b)[9]。

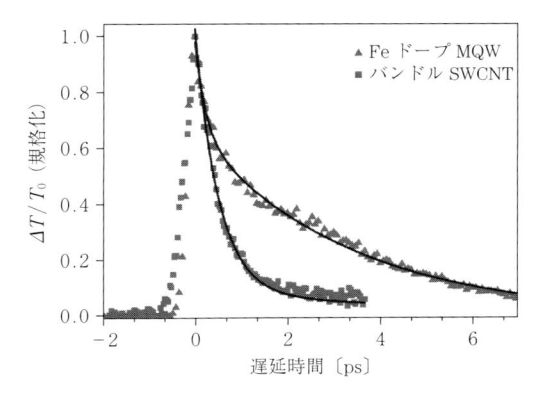

図 8.20 1.55 μm における透過率変化 $\Delta T/T_0$ の減衰特性[9]。▲:Fe ドープ InGaAs/InP 多重量子井戸,■:バンドル SWCNT。ポンプ光のパルエネルギー密度は 40 μJ·cm^{-3} である。

$\Delta T/T_0$ は 1.55 μm におけるポンプ光に対するプローブ光の透過率変化である。InGaAs/InP 多重量子井戸の場合(▲印),2 成分の指数関数的な減衰を示し,それぞれの成分の時定数は 0.23 ps と 3.42 ps である。速い緩和成分の時定数は,不純物がドープされていない多重量子井戸で一般に見られる緩和時間に比べて十分に速いが,2〜5 ps の範囲において 0.15 以上の $\Delta T/T_0$ が残存している。それに対して,半導体 SWCNT の場合(■印),時定数 0.51 ps の単一指数関数で $\Delta T/T_0$ が変化し,半導体量子井戸に比べて高速の応答を示すことがわかった。ここで観測された InGaAs/InP 多重量子井戸の速い緩和時間は,不純物がドープされていない多重量子井戸で一般に見られる緩和時間に比べて十分に速くなっていることから,Fe のドーピングによって無ふく射緩和過程を導入して緩和の高速化を図った効果は現れている。しかし,スイッチング特性としては,遅い減衰成分のない半導体 SWCNT のほうが優れていることがわかる。

引用・参考文献

1) (社)日本セラミックス協会編:セラミックスの電磁気的・光学的性質,p.148,日本セラミックス協会編(2006)
2) T. Takagahara : Excitonic optical nonlinearity and exciton dynamics in semiconductor quantum Dots, Phys. Rev. B, **36**, 9293 (1987)
3) T. Tomikawa, et al. : Third-Order nonlinear optical susceptibilities of single-walled carbon nanotubes, abstract of 27th Fullerene Nanotubes Symposium, p.20 (2004)
4) A. Maeda, et al. : Large optical nonlinearity of semiconducting single-walled carbon nanotubes under resonant excitations, Phys. Rev. Lett., **94**, 047404 (2005)
5) A. Nakamura, et al. : One-dimensional characteristics of third-Order nonlinera optical response in single-walled carbon nanotubes, proceedings of the 28th international conference on the physics of semiconductors, p.1011, Am. Inst. Phys. (2007)
6) Y. Takahashi, et al. : Resonant enhancement of third-order optical nonlinearities in single-walled carbon nanotubes, J. Lumin., **128**, 1019 (2008)
7) Y. Takahashi, et al. : Nonlnear optical response in single-walled carbon nanotube under resonant excitation conditionss, Proceedings of the 29th International Conference on the Physics of Semiconductors, Tu-A3e-6, American Institute of Physics (2009)
8) S. G. Chou, et al. : Phonon-assisted excitonic recombination channels observed in dNA-wrapped carbon nanotubes using photoluminescence spectroscopy, Phys. Rev. Lett., **94**, 127402 (2005)
9) H. Nong, et al. : A direct comparison of single-walled carbon nanotubes and quantum-wells based subpicosecond saturable absorbers for all optical signal regeneration at 1.55 μm, Appl. Phys. Lett., **96**, 061109 (2010)

9. CNTの可溶化，機能化

9.1 物理的可溶化および化学的可溶化

9.1.1 物理修飾による可溶化
〔1〕低分子系可溶化剤

CNTは，突出した特性，機能（電気特性，機械特性，耐熱性など）を持つ1次元構造の導電性分子ナノワイヤーである。しかし，強いファンデルワールス力，π-π相互作用により強固なバンドル（束）の集合体を形成し，基本的には水にも有機溶媒にも溶けず，取扱いが困難であった。したがって，このバンドルをほどいてCNTを溶媒中に孤立溶解あるいは分散することは複合ナノ材料，化学，生化学，医学，薬学分野のみならず，エレクトロニクス，エネルギー分野などにおいて重要な意味を持つ[1]〜[6]。CNTにはさまざまなアプリケーションが提案されているが，この材料の基礎的研究，実用的応用へのキーサイエンステクノロジーとして重要な意味を持っているテーマがCNTの可溶化である。種々の界面活性剤ドデシル硫酸ナトリウム（SDS），ドデシルベンゼン硫酸ナトリウム（SDBS）などのミセル水溶液中にSWCNTを入れ，超音波分散，つぎに遠心分離によりSWCNT分散溶液が得られる。100 000×g以上の速度で超遠心を行えば，1本1本分離した孤立溶解SWCNTが調製できる。膜タンパク質可溶化剤として知られているコール酸ナトリウム（SC），デオキシコール酸ナトリウム（DOC）などのステロイド系界面活性剤もSWCNTを水中に孤立溶解できる[1]〜[6]。代表的な界面活性剤の化学構造を**図9.1**に示す。

可溶化のメカニズムとして，超音波照射中にほどけたCNTに界面活性剤分子が物理吸着し，最終的に界面活性剤の形成するミセルの疎水性内部空間にCNTが内包され再凝集が妨げられ，孤立溶解が達成されるというモデル（**図9.2**）が受け入れられている[7]。

孤立溶解状態においては近赤外領域に半導体性SWCNTのカイラリティに応じたフォトルミネセンス（PL）が観測できる[8]。SWCNTがバンドル化していると，半導体SWCNTの励起エネルギーが同じバンドルの中にある金属SWCNTによって失活を受けるためにPLは見られない。このため，PLの有無は孤立溶解化が達成されたかを判断する重要な指標となる。

図9.1 CNTに集積して可溶化させる界面活性剤の例

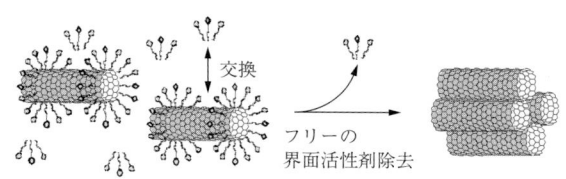

図9.2 界面活性剤ミセルによるCNT可溶化と再凝集の模式図

多環芳香族基を有する化合物は，SWCNTの優れた可溶化剤となる。**図9.3**に示すように，水溶性の置換基を導入すれば，水中での可溶化が，疎水基の導入により有機溶媒での可溶化が可能となる[1]。

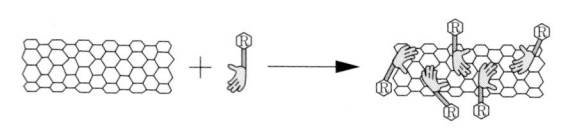

R：親水基 → 水可溶・分散
R：疎水基 → 有機溶媒可溶・分散

図9.3 多環芳香族分子の吸着によるSWCNTの溶媒への可溶化

ピレン誘導体（**図9.4**（a））やポルフィリン誘導体（図（b））はSWCNT表面に強く物理吸着し，溶媒中に可溶化する。この発見をきっかけとして多くの物理吸着分子が報告されている[1〜6]。ピレン誘導体はCNTに対する高い吸着力からCNT機能性複合体作成のリンカー分子としても広く用いられている。他方，ポルフィリン/CNT複合体はポルフィリンの光学特性を生かした光誘起電子移動や色素増感型の太陽電池などの光化学分野などへの展開が盛んに行われている。多環芳香族ではほかにもアントラセン，ターフェニル，ペリレン，フェナンスレンなどの誘導体もCNTを可溶化する[1〜6]。

（a）ピレン誘導体　（b）ポルフイリン誘導体

図9.4 SWCNTを可溶化する誘導体

低分子系可溶化剤の物理吸着は多くの場合，バルク溶液中の可溶化剤分子と動的な平衡状態にあり，透析などで可溶化分子を除去するとCNTはバンドル化により不溶化するので注意が必要である。

〔2〕 **高分子系可溶化剤**

多彩な高分子がいわゆるポリマーラッピングによりCNTを分散/孤立溶解できる（詳細は，文献3)〜5)を参照）。代表的なものとしてはπ-π相互作用により吸着するポリパラフェニレンビニレン誘導体などの共役系高分子，ピレンモノマーとペンダント型のピレンポリマー，CH-π相互作用が重要な役割を果たすと考えられるカルボキシメチルセルロースやキトサンやゼラチン，生体由来高分子や界面活性剤と同様にミセル可溶化を与えるポリスチレン-ポリアクリル酸ブロック共重合体（polystyrene-b-poly（acrylic acid））などのブロック共重合高分子など，数多くの高分子がCNTを可溶化/分散する。ポリイミド（PI）は，スーパーエンジニアリングプラスチックとして，電子材料分野で広範囲に利用されているポリマーである。全芳香族PIは，溶媒に不溶であるが，**図9.5**に示したスルホン酸塩型全芳香族PI（PI-1）はジメチルホルムアミド（DMF）やジメチルスルホキシド（DMSO）などの溶媒に溶解する[1〜6, 9]。これらにSWCNTを加えて超音波照射すると，SWCNTが高効率に可溶化される。その量はポリイミド1mgが3mgものSWCNTを可溶化できる。このような高濃度において溶液はゲル化するが，孤立溶解SWCNTと同様の吸収スペクトルを示す。ポリベンズイミダゾール（PBI：図9.5）は高い耐熱性を持つスーパーエンジニアリングプラスチックである。PLスペクトルで半導体SWCNTに由来する発光が見られたことからPBIはSWCNTを完全に孤立状態までバンドルを解いて可溶化していることがわかる[1〜6, 10〜11]。ピレンやアントラセンユニットを部分的にマレイン酸無水物部位に導入した共重合ポリマーは，DMF中でSWCNTを孤立溶解させる能力を有しており，この溶液に近赤外レーザー光照射により，SWCNTの凝集が惹起する。SWCNTは近赤外領域に吸収を持つために，レーザー照射を行うと容易に発熱する。凝集はこの性質に由来する[1〜6]。最近ポリフルオレン化合物（図9.5，PFO，PFO-BT）が，半導体SWCNTのみを選択的に可溶化するという興味ある発見がなされ，注目を集めている[12]。

図9.5 PFOとPFO-BTの化学構造式

CNT科学において大きな研究領域を形成しているCNT複合体分子がある。それがDNA(RNA)/CNT複合体である[1〜6]。2003年に中嶋ら[13]により2本鎖DNAが，ほぼ同時にM. Zhengら[14]により1本鎖DNAがSWCNTを溶液中に安定に分散させることがそれぞれ報告され（**図9.6**），多くの分野で注目を集めている。

バンドル化したCNT　　DNA/CNT孤立分散溶液

図9.6 DNAによるSWCNT可溶化の模式図

1本鎖DNAとCNTはDNA塩基とのπ-π相互作用やNH-π，CH-π相互作用により吸着していることが計算によって提案されている。2本鎖DNAによる可溶化メカニズムに関してはいまだに明確な答えはないが，超音波処理の際に部分的に解けたDNA鎖の塩基対とSWCNT表面によるπ-π相互作用や，2本鎖DNAの主溝とSWCNTの相互作用が考えられている。DNA/CNT複合体に関しては，これまでに細胞取込みやドラッグデリバリーシステムなどのバイオアプリケーションを中心として多くの報告がなされている[1〜6]。サイズ排除クロマトグラフィ（SEC）により存在する過剰なDNA（フリーDNA）とDNA/SWCNT複合体を分離し，単離したフリーのDNAを含まないDNA/SWCNT複合体の安定性をSECに再度注入するという手法で評価したところ，単離後1箇月後においても複合体からのDNAの解離は見られず，DNA/SWCNT複合体は非常に安定であることが証明された。SWCNTの孤立溶解は，高分子量のDNAである必要はなく，20量体程度のオリゴDNAで十分である。また，フリーのオリゴDNAを含まないオリゴDNA/SWCNT複合体も，単離後1箇月後においても複合体からのDNAの解離は見られず安定であった。このような高い安定性は低分子可溶化剤によるCNT修飾安定化の際には見られず，高分子（あるいはオリゴマー）であるDNA可溶化の一つの特徴である。フリーの可溶化剤が存在しなくても安定な複合体を維持するという事実は，バイオ分野の展開においては特に有用である。*in vivo* 評価など今後の展開が期待される。

9.1.2 化学的可溶化

CNTの化学修飾（共有結合による修飾）によるCNTの可溶化に関してすでにいくつかの総説[15), 16)]が出されているので参照されたい。代表的な化学修飾法を図9.7にまとめた。共有結合による化学修飾は，修飾の度合いにもよるが，CNTが持つ本来の性質が失われる可能性があるので十分な注意が必要である。

バス型超音波装置を使った水中での強酸処理

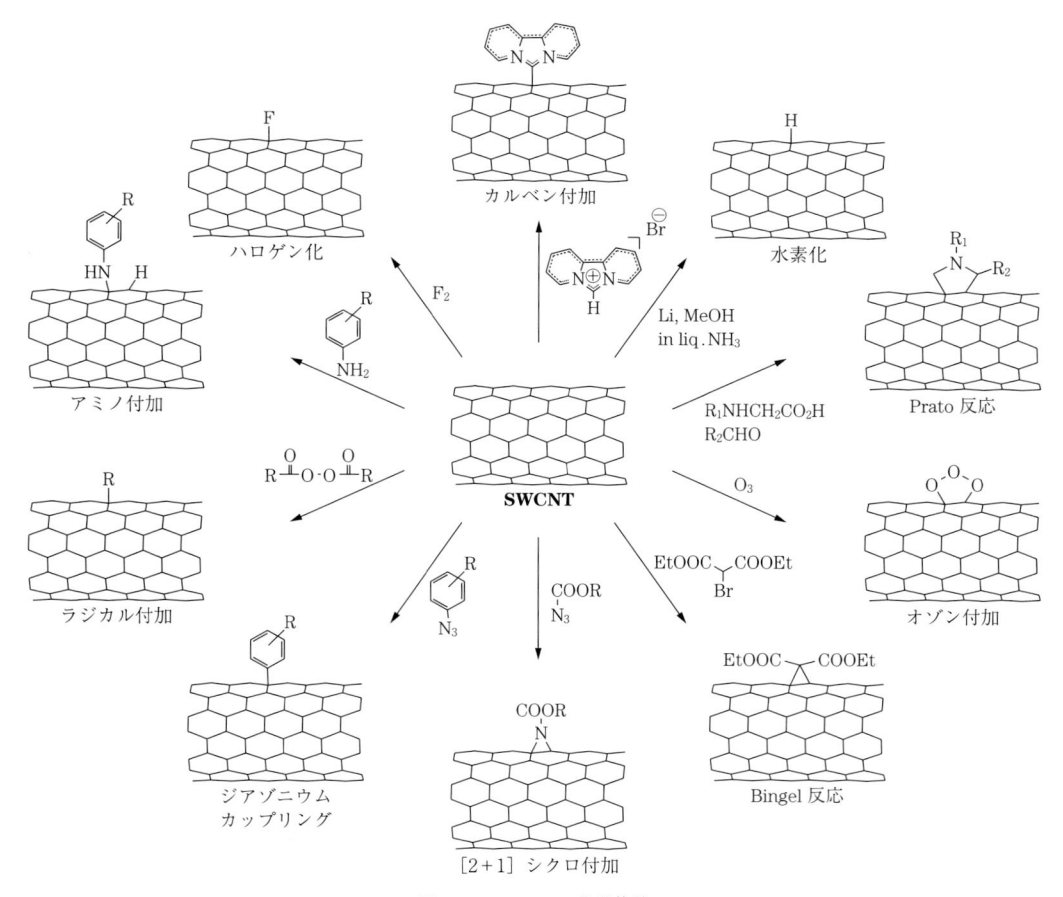

図9.7 SWCNTの化学修飾

($H_2SO_4/HNO_3=3/1$ v/v, 40〜70℃) により切断 CNT が得られる[1〜6]。この操作で CNT の末端およびサイドウォールにカルボン酸が生成する。このカルボン酸を用いて化学修飾が可能となる。すなわち、切断 SWCNT を塩化チオニルと反応させたのち、オクタデシルアミンやオクタデシルアルコールと反応させれば、二硫化炭素やジクロロベンゼンに溶解する CNT が得られる。ポリエチレングリコール、タウリン、クラウンエーテル、グルコサミンなど、水酸基、アミノ基を持つ化合物を CNT カルボン酸と反応させると水に可溶化(あるいは分散)できる CNT が合成できる。同様に、CNT カルボン酸と酵素や DNA(またはオリゴヌクレオチド)を化学結合させた CNT が合成でき、これらは、CNT のバイオ領域への応用の観点から興味が持たれる[1〜6]。

さまざまな置換基が CNT に導入されている[1〜6],[15]。CNT 側壁に対してフラーレンで用いられてきた多彩な化学修飾が適用できる。

例えば、①ビラジカルやナイトレンの放射活性光ラベリング、②カルベンとの反応、③ Birch 還元反応、④ [2+1] 双極子付加環化反応(Prato 反応)、⑤ナイトレンの [2+1] 付加環化反応、⑥オキシカルボニルナイトレンとの反応、⑦アリールジアゾニウム塩との反応、⑧ Bingel 反応、⑨過酸化物との反応、⑩ $AlCl_3$ 存在下でのクロロホルムの親電子付加反応、⑪アニリンとの反応、⑫アルキル過酸化物との反応、⑬ Wilkinson 触媒との配位、⑭フッ素との反応(フッ素化)など多彩な化学修飾などが挙げられる。

簡便な合成法として、クリックケミストリーを利用した CNT の化学修飾が報告されている[12〜18]。リチウムやナトリウムなどの金属によって還元された SWCNT は、DMSO などの非プロトン性極性溶媒に溶解する[19]。ピレンやペプチドなどの置換基を持つ分子も反応によって導入可能である[1〜6]。フルオレセインイソチオシアニドでラベル化されたペプチドと SWCNT の複合体は、細胞膜を透過し、細胞核に到達する。

CNT の可溶化は、イオン結合でも可能である[1〜6]。SWCNT-COOH とオクタデシルアミン(C_{18}-NH_2)のポリイオンコンプレックス(SWCNTs-$COO^-H_3N^+C_{18}$)は、テトラヒドロフランやクロロベンゼンに溶解し、得られた CNT は、原子間力顕微鏡観察より直径 2〜5 nm のロープ状の構造を形成することが明らかとなった。

引用・参考文献

1) T. Fujigaya and N. Nakashima : Chemistry of soluble carbon nanotubes-fundamental and applications-, in Chemistry of Nanocarbon, Ed. By T. Akasaka, F. Wudl, S. Nagase, John Wiley and Sons, pp. 301〜323 (2010)
2) T. Fujigaya, Y. Tanaka and N. Nakashima : Soluble carbon nanotubes and application to electrochemistry, Electrochemistry, **78**, 2 (2010)
3) T. Fujigaya and N. Nakashima : Methodology for homogeneous dispersion of single-walled carbon nanotubes by physical modification, Polym. J., **40**, 577-589 (2008)
4) N. Nakashima, et al. : Soluble carbon nanotubes, in Chemistry of Carbon Nanotubes, eds, V. A. Basiuk, and E. V. Basiuk, pp.113〜128 (Chapter 6), American Scientific Publisher, California (2008)
5) 中嶋直敏,藤ヶ谷剛彦:カーボンナノチューブの溶媒への可溶化と機能化——化学的なアプローチ——,現代化学,東京化学同人, pp. 38〜43 (2008)
6) 藤ヶ谷剛彦,中嶋直敏:物理吸着を利用したカーボンナノチューブ可溶化デザイン,高分子論文集, **64**, 539 (2007)
7) M. S. Strano, et al. : The role of surfactant adsorption during ultra-sonication in the dispersion of single walled carbon nanotubes, J. Nanosci. and Nanotechnol., **3**, 81 (2003)
8) S. M. Bachilo, et al. : Structure-assigned optical spectra of single-walled carbon nanotubes, Science, **298**, 2361 (2002)
9) M. Shigeta, et al. : Individual solubilization of single-walled carbon nanotubes using a total aromatic polyimide, Chem. Phys. Lett., **418**, 115 (2006)
10) M. Okamoto, et al. : Individual dissolution of single-walled carbon nanotubes (SWNTs) using polybenzimidazole (PBI) and effective reinforcement of SWNTs/PBI composite films, Adv. Funct. Mater., **18**, 1776 (2008)
11) M. Okamoto, et al. : Design of an assembly of polybenzimidazole, carbon nanotubes and Pt nanoparticles for a fuel cell electrocatalyst with an ideal interfacial nanostructure, Small, **5**, 735 (2009)
12) A. Nish, et al. : Highly selective dispersion of single-walled carbon nanotubes using aromatic polymers, Nat. Nanotechnol., **2**, 640 (2007)
13) N. Nakashima, et al. : DNA dissolves single-walled carbon nanotubes in water, Chem. Lett., **32**, 456 (2003)
14) M. Zheng, et al. : DNA-assisted dispersion and separation of carbon nanotubes, Nat. Mater., **2**, 338 (2003)
15) D. Tasis, et al. : Chemistry of carbon nanotubes, Chem. Rev., **106**, 1105 (2006)
16) B. I. Kharisov, et al. : Recent advances on the soluble carbon nanotubes, Ind. Eng. Chem. Res., **48**, 572 (2009)
17) H. Li, et al. : Functionalization of single-walled carbon nanotubes with well-defined polystyrene by : Click Chemistry, J. Am. Chem. Soc., **127**, 14518 (2005)
18) S. Campidelli, et al. : Facile decoration of functional-

ized single-wall carbon nanotubes with phthalocyanines via Click Chemistry, J. Am. Chem. Soc., **130**, 11503 (2008)
19) A. Pénicaud et al.: Spontaneous dissolution of a single-wall carbon nanotube salt, J. Am. Chem. Soc., **127**, 8 (2005)

9.2 機 能 化

　前節で述べたCNTの可溶化は1本1本の物性を観察・測定する場面において，また材料系に展開した際にCNTの特長を最大に引き出すためにも必要不可欠な技術である。特に，分子の物理吸着を利用した可溶化法は共有結合により修飾する手法と比較しCNT本来の機能性を失わないことから「CNTらしさ」を引き出せる手法である[1]。可溶化剤により分散したCNTは，プロセス性に優れるために透明導電性膜[1~3]，センサー[1,4]，トランジスター[1]などへの展開が盛んに研究されている。しかし，これらのアプリケーションにおいて可溶化に用いた分子は必ずしも必要でないことが多く，むしろデバイス動作特性を劣化させてしまうため除去が必要なこともある。これは可溶化剤がデバイス化を想定してデザインされた分子ではないためである。本節では可溶化剤に機能性を付与することで，より高度な複合機能材料として応用可能な「機能性可溶化剤」の研究例を取り上げた。機能性可溶化剤はデバイス化後においても役割を担うことから除去の必要がないことに特長がある。特にCNTらしさを生かせる物理吸着を利用した複合化法に焦点を絞って研究例を紹介する。

9.2.1 バイオアプリケーション

　Daiらは機能性可溶化SWCNTをいち早くバイオアプリケーションに展開した先駆者の一人である。彼らは2001年にスクシンイミド基を連結したピレン誘導体でSWCNTを可溶化し，スクシンイミド基のアミノ基との反応性を利用してタンパク質や金ナノ粒子などを修飾することに成功した[5]。この複合体は何らかの機能性を発現するものではなかったが，その後，ピレン誘導体可溶化剤を機能性分子導入の連結分子（リンカー：図9.8）として用いる先駆的な研究となった[6]。
　さらに，Daiらはピレンリンカーに代わり，リン脂質誘導体のアルキル鎖をSWCNT吸着ユニットとして利用した機能性リン脂質可溶化剤を開発した。リン脂質に生体親和性の高いポリエチレングリコール（PEG）を連結し抗体に対するリガンドを結合することで可溶化SWCNTにがん細胞へのターゲット機能を付与し

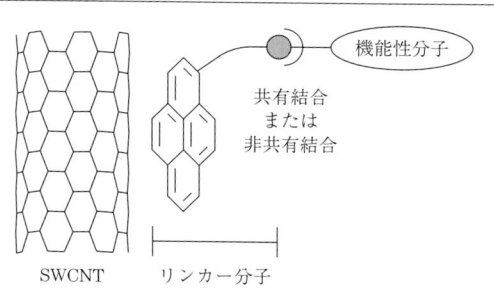

図9.8 ピレン誘導体から成るリンカー分子の模式図

た。実際にこの機能化SWCNTは抗体を持つがん細胞に特異的に吸着し，近赤外光を照射することでSWCNTの光熱変換効果でがん細胞を死滅させることに成功している[7]。CNTの近赤外光吸収特性と高い光熱変換効果とを近赤外光領域で透明性の高い生体へのデバイスとして利用した先駆的な例である。そのほか，さらにリン脂質誘導体機能性可溶化剤を発展させ，バイオセンサー[8]，近赤外発光 in vitro 細胞イメージング[9]，in vitro ラマン細胞マッピング[10]，in vivo 光音響イメージング[11]，ドラッグデリバリー[12]，siRNAデリバリー[13]，腫瘍ターゲッティング[14] などSWCNTの特長を生かした高機能材料へ展開を行った。最近では，PEG化リン脂質誘導体で直接可溶化する手法より界面活性剤で可溶化したあとに置換したほうが発光量子収率の高くなることを見い出し，マウス体内からの解像度の良い近赤外発光マッピングにも成功している[15]。PEG誘導体に物理吸着で修飾されたSWCNTは高い生体安定性を示し[16]バイオナノ材料としてのきわめて有用であるといえよう[17]。
　リンカーを用いない直接的な生体親和性分子での修飾法としてペプチドが利用されている。ペプチドは疎水部と親水部のコントラストを付与できることから界面活性剤と同様に，CNTを水中に可溶化することができる[18~20]。Hartgerinkらはペプチドで可溶化されたCNTにおいて細胞毒性を低く抑制できることを見い出した[21]。また，さらに汎用性の高い機能化法として界面活性剤をリンカーとして用いる手法も提案されている。Stranoらは界面活性剤であるコール酸で可溶化したSWCNTにグルコースオキシダーゼを複合化し，SWCNTからの発光をプローブとしたグルコースセンサーを報告した[22]。CNT複合体の生体内への導入を考えると，可溶化状態の安定性，すなわち可溶化分子の吸着安定性が重要な因子となることが予想される。Weismanらは[23] PEG鎖が連結された両親媒性ジブロック共重合体で可溶化させたあとに，可溶化剤どうしを架橋させることで被覆の安定性を高めた。9.1節でも紹介したように，DNAもフリーのDNAが存在

しなくてもきわめて安定に SWCNT を被覆可溶化できることがわかっている[24]．近年，CNT の毒性についての議論が数多くなされているが[25]，このような表面被覆安定性によって大きく左右されると考えられ，安定なコーティング技術の発展とともに引き続き評価していくことが必要であろう．

一方で，M. Prato らは，いわゆる Prato 反応といわれるπ表面への付加反応を駆使することでさまざまに修飾した SWCNT を使ってバイオアプリケーションへの展開を行っている[26]．このような化学修飾アプローチでは種々の有機合成を利用することで蛍光基導入などさまざまな修飾が比較的自由にできるのが特徴である．ここでは SWCNT ならではの電子的，光学的特性は失われるが SWCNT は反応性表面を持った 1 次元オブジェクトと理解できる．CNT のバイオ分野へのアプローチは毒性リスク回避なども考慮に入れた物理吸着と化学修飾法両面から詳細な検討が望まれる．

9.2.2 エネルギーデバイス

CNT は，その大きな表面積と高い電気伝導性および 1 次元ワイヤー構造ゆえに触媒を担持する電極材料としても最適な構造を有している．大きな表面積を有効に利用するためには CNT のバンドル構造をほどき，1 本 1 本を有効に利用する必要がある．中嶋らは高い光吸収能を持ち，光合成中心を模したエネルギーデバイスとしても注目されているポルフィリンが SWCNT の可溶化に有効であることを発見した[27]．以来，CNT/ポルフィリンハイブリッド材料は光エネルギー取り出しモチーフとして注目され電荷分離状態の研究[28]～[30]，色素増感型の太陽電池への応用[31],[32] など機能性材料へ研究展開されている．同様に，電子機能を持った材料とのハイブリッドとしてフラーレンとの複合化も研究されている[33]．高口らはフラーレンを中心コアとして持つデンドロンが CNT を可溶化することを見い出し[34]，光誘起電子移動を利用した電荷分離状態からの水素発生を報告した[35]．

また，触媒作用のある物質との機能性ハイブリッドとして，金属などの無機粒子との複合化も盛んに研究されている[36]．酸処理などで CNT 側壁に導入した官能基を足場として金属を担持する方法[37]～[40]，電気化学的手法で CNT に直接金属を担持する方法[41],[42]，スパッタ法などで物理的に担持する方法[43] などにより粒子修飾が行われている．一方で，高い伝導度を保持する意味で界面活性剤[44],[45]，DNA[46],[47]，芳香族系化合物[5],[48]～[50] など可溶化剤を足場として担持する方法も注目されている．Kamat らは，ポリスチレンスルフォン酸（PSS）で可溶化した SWCNT に白金（Pt）を担持し，メタノール酸化触媒として動作させることに成功した[51]．興味深いことに PSS コートした SWCNT に担持した Pt は酸処理法で担持した Pt より高い表面利用率と耐久性を示し，さらには通常白金担持に用いられるカーボンブラックに担持した Pt より高いメタノール酸化活性を示した．これらは SWCNT 上のポリマー被覆層を足場として担持した Pt が反応に有利なジオメトリーを取っていたことを示唆している．中嶋らは高分子電解質であるポリベンズイミダゾール（PBI）が SWCNT および MWCNT を孤立分散可溶化する可溶化剤であることを見い出し[52]，さらに PBI で被覆した CNT に Pt を高効率で担持することに成功した．Pt は PBI のイミダゾール窒素と錯形成することで効率的に担持が可能で，添加した Pt 塩のじつに 98% を白金粒子として CNT 上に担持できることが明らかとなった[53],[54]．この複合体触媒を用いて燃料電池セルを組んだところ，高活性な燃料電池として動作させることに成功した．興味深いことにこれまでの可溶化剤は金属担持への「のり」として機能するのみであったが，Pt 担持 PBI 被覆 CNT において PBI はイオン伝導層としても動作することが実際の燃料電池運転から明らかとなった（**図 9.9**）．

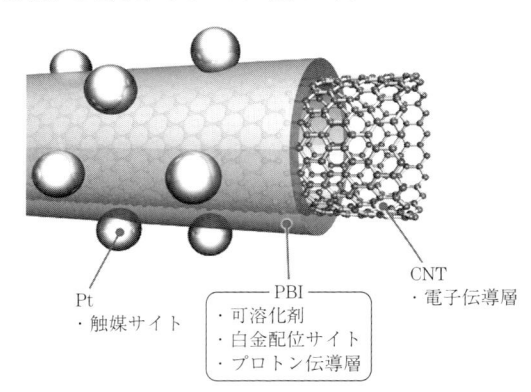

図 9.9 CNT 可溶化剤である PBI を利用した燃料電池触媒の模式図

（Pt・触媒サイト，PBI・可溶化剤・白金配位サイト・プロトン伝導層，CNT・電子伝導層）

可溶化分子が機能化を付与することで CNT 複合体をさらなる高機能複合素材に応用できた好例である．ちなみに PBI は従来用いられるパーフルオロスルフォン酸系ポリマー電解質に代わって用いられることが期待される次世代高分子電解質型燃料電池の代表的な高分子電解質であり，高温無加湿でもプロトン伝導を示す点やパーフルオロスルフォン酸系ポリマーより安価でかつ耐久性が高いことが特長である．実際，この系において高温（120℃）無加湿下で電池運転に成功している．次世代燃料電池材料の候補である CNT と PBI とを組み合わせた意味において燃料電池分野でも

非常に大きな前進であった。さらなる開発により実用化が期待できる。

9.2.3 光熱変換デバイス

CNTにおいて励起エネルギーは効率よく熱運動へと変換される。この光熱変換効果と可溶化分子の機能性とを組み合わせることにより高度な機能性複合体の創製が期待できる。中嶋らは高分子ゲルにCNTの光熱変換特性を導入することで新たな材料の創製を行った。ゲルは3次元編み目構造により溶媒を多く保持し、分子運動の自由度の高さゆえ、外部刺激に素早く応答する特長がある。高分子ゲルであるポリイソプロピルアクリルアミド（PNIPAM）ゲルは、温度応答性を示し32℃付近で親水性から疎水性へと相転移し体積収縮を示す。PNIPAMゲルとSWCNTの近赤外光照射による光熱変換効果を組み合わせることにより近赤外光照射を刺激とした新規な光応答性ポリマーゲル複合体が作成できる。

図9.10はPNIPAMとSWCNTとを複合化したゲル（PNIPAM／SWCNT複合ゲル）に近赤外光（連続光、波長：1064 nm、210 mW）を照射したときの様子を示している。実験に用いたゲルはガラスキャピラリー（内径約200 μm）中でゲル化したのち、キャピラリーから引き出すことで作製した（図の左）。このゲルは近赤外光を照射するとわずか数秒で体積収縮を起こしている様子が観察された（図の右）。対照実験としてSWCNTを含まないPNIPAMゲルで同様の照射実験を行ったが、数分の照射を施してもサイズに変化は見られなかった。したがって、複合ゲルで見られた体積相転移は、水の光熱変換[55]ではなくSWCNTの光熱変換作用による効果であると明らかとなった。複合ゲルは光照射を停止することで元のサイズに戻る可逆な応答を示した。SWCNTは光照射に対しても非常に安定で1200回もの繰返し照射実験に対しても同様な素早い体積応答を示した。

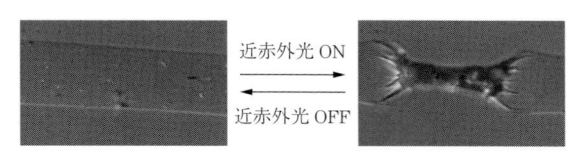

図9.10 PNIPAM／SWCNT複合体ゲルへの近赤外照射の光学顕微鏡像

このようにCNTの光熱変換を融合させた機能性材料は遠隔操作が可能な応答性高分子アクチュエーターへ展開されている。加熱によって性質に変化が起こる樹脂と複合させれば、得られた複合体は近赤外光までの広い波長におよぶ光照射によってアクチュエートが可能になる。2004年にVaiaらは形状記憶ポリマー／MWCNT複合材料において光照射による光熱変換により結晶セグメントを融解させ、ポリマーに仕事をさせることに成功している[56]。興味深いことにCNTを核とするポリマー結晶化作用により、形状記憶能が向上していることが見い出されている。これまでにもCNTを鋳型とする分子の結晶化が報告されており[57]、CNT高分子複合系の新しい側面となり得ると期待できよう。さらに、同量のカーボンブラック添加樹脂においてはMWCNT添加のサンプルと比較し20～30％程度のアクチュエートしか認められておらず、効率の面においてもCNTの優位性が示された。光吸収や光熱変換の効率、熱伝導度の差などさまざまな要因により、CNTが効果的に樹脂を加熱できたためであると考えられる。グラファイトなどとの比較においてもCNTは高効率な発熱を示しており[58]、CNTは優れた「分子ヒーター」であるとみなすことができよう。光熱変換によるCNT／樹脂複合体からの応力発生の研究はまだまだ始まったばかりであり、応用展開に興味が持たれる[59],[60]。

ところで、CNT複合体高分子フィルム作製の際、孤立分散可溶化溶液から調整したとしても溶媒除去の過程において溶液中での分散状態が保持できず凝集を誘起してしまうことがある。CNT／高分子複合体フィルムにおいても孤立状態が維持される例はそう多くない[61]。これに対し、高分子ゲルは溶媒を除去する必要がないことからSWCNTの孤立状態を固定化する際に有利であることが期待される。Wisemanらは界面活性剤で分散したCNTをアガロースゲル中に固定化することで溶液中における1本のCNTの発光挙動を擬似的に観察することに成功した[62]。ゲル中では溶液中と同様、外界の溶媒との接触が可能であることから[63],[64] CNTと分子との反応を蛍光の消光現象を通じてモニターすることができた。逆にゲル中に固定化したSWCNTから界面活性剤を除去することもできる[65]。興味深いことに界面活性剤除去後においてもSWCNTは孤立分散を維持していた。これはゲルの3次元架橋網目構造中にSWCNTが貫通することで凝集が阻害されたためだと考えられる。すなわちゲルはCNTを孤立状態で機能化する一つのよいホスト分子であることを意味している。このようにして得られた表面が露出したSWCNTに対し、代表的な抗がん剤であるドキソルビシン（DOX）分子を吸着させ、SWCNT表面を「薬剤保管庫」として利用できる。吸光度から見積もったところ、DOXとSWCNTの相互作用の強いpH＝9の条件においてSWCNT 1本当りに

じつに 2.7×10^{16} 個もの分子を吸着できることが明らかになった。さらに SWCNT の光熱変換効果を組み合わせることで「保管」された薬剤を放出させることが可能となる[65]。すなわち DOX 分子を担持した複合ゲルに近赤外光を照射すると SWCNT が加熱され DOX 分子が脱離しゲル外に放出されたのである。興味深いことに，単純にゲルを加熱した場合と比較し[12] 非常に素早く薬剤が放出された。SWCNT の孤立分散を実現していた高分子ゲル 3 次元架橋マトリックスは SWCNT 表面上でのスムースな物質吸脱着の場を提供していたと捉えることができる。

引用・参考文献

1) C. Qing, et al.：Ultrathin films of single-walled carbon nanotubes for electronics and sensors：A review of fundamental and applied aspects, Adv. Mater., **21**, 29～53 (2009)
2) Z. Li, et al.：Comparative study on different carbon nanotube materials in terms of transparent conductive coatings, Langmuir, **24**, 2655～2662 (2008)
3) Y. I. Song, et al.：Flexible transparent conducting single-wall carbon nanotube film with network bridging method, J. Colloid Interface Sci., **318**, 365～371 (2008)
4) B. L. Allen, et al.：Carbon nanotube field-effect-transistor-based biosensors, Adv. Mater., **19**, 1439～1451 (2007)
5) R. J. Chen, et al.：Noncovalent sidewall functionalization of single-walled carbon nanotubes for protein immobilization, J. Am. Chem. Soc., **123**, 3838～3839 (2001)
6) T. Fujigaya, et al.：Methodology for homogeneous dispersion of single-walled carbon nanotubes by physical modification, Polym., J., **40**, 577～589 (2008)
7) N. Kam, et al.：Carbon nanotubes as multifunctional biological transporters and near-infrared agents for selective cancer cell destruction, Proc. Natl. Acad. Sci. U. S. A., **102**, 11600～11605 (2005)
8) R. J. Chen, et al.：Noncovalent functionalization of carbon nanotubes for highly specific electronic biosensors, Proc. Natl. Acad. Sci. U. S. A., **100**, 4984～4989 (2003)
9) K. Welsher, et al.：Selective probing and imaging of cells with single walled carbon nanotubes as near-infrared fluorescent molecules, Nano Lett., **8**, 586～590 (2008)
10) Z. Liu, et al.：Multiplexed multicolor raman imaging of live cells with isotopically modified single walled carbon nanotubes, J. Am. Chem. Soc., **130**, 13540～13541 (2008)
11) A. De La Zerda, et al.：Carbon nanotubes as photoacoustic molecular imaging agents in living mice, Nat. Nanotechnol., **3**, 557～562 (2008)
12) Z. Liu, et al.：Supramolecular chemistry on water-Soluble carbon nanotubes for drug loading and delivery, ACS Nano, **1**, 50～56 (2007)
13) Z. Liu, et al.：siRNA delivery into human T cells and primary cells with carbon-nanotube transporters, Angew. Chem. Int. Ed., **46**, 2023～2027 (2007)
14) Z. Liu, et al.：In vivo biodistribution and highly efficient tumour targeting of carbon nanotubes in mice, Nat. Nanotechnol., **2**, 47～52 (2007)
15) K. Welsher, et al.：A route to brightly fluorescent carbon nanotubes for near-infrared imaging in mice, Nat. Nanotechnol., **4**, 773～780 (2009)
16) Z. Liu, et al.：Circulation and long-term fate of functionalized, biocompatible single-walled carbon nanotubes in mice probed by raman spectroscopy, Proc. Natl. Acad. Sci. U. S. A., **105**, 1410～1415 (2008)
17) Z. Liu, et al.：Carbon nanotubes in biology and medicine：In vitro and in vivo detection, imaging and drug delivery, Nano Res., **2**, 85～120 (2009)
18) G. R. Dieckmann, et al.：Controlled assembly of carbon nanotubes by designed amphiphilic peptide helices, J. Am. Chem. Soc., **125**, 1770～1777 (2003)
19) A. Ortiz-Acevedo, et al.：Diameter-selective solubilization of single-walled carbon nanotubes by reversible cyclic peptides, J. Am. Chem. Soc., **127**, 9512～9517 (2005)
20) D. A. Tsyboulski, et al.：Self-assembling peptide coatings designed for highly luminescent suspension of single-walled carbon nanotubes, J. Am. Chem. Soc., **130**, 17134～17140 (2008)
21) E. L. Bakota, et al.：Multidomain peptides as single-walled carbon nanotube surfactants in cell culture, Biomacromolecules, **10**, 2201～2206 (2009)
22) W. Barone Paul, et al.：Near-infrared optical sensors based on single-walled carbon nanotubes, Nat. Mater., **4**, 86～92 (2005)
23) R. Wang, et al.：SWCNT PEG-eggs：single-walled carbon nanotubes in biocompatible shell-crosslinked micelles, Carbon, **45**, 2388～2393 (2007)
24) Y. Noguchi, et al.：Single-walled carbon nanotubes/DNA hybrids in water are highly stable, Chem. Phys. Lett., **455**, 249-251 (2008)
25) L. Nastassja, et al.：Cytotoxicity of Nanoparticles, Small, **4**, 26～49 (2008)
26) M. Prato, et al.：Functionalized carbon nanotubes in drug design and discovery, Acc. Chem. Res., **41**, 60～68 (2008)
27) H. Murakami, et al.：Noncovalent porphyrin-functionalized single-walled carbon nanotubes in solution and the formation of porphyrin-nanotube nanocomposites, Chem. Phys. Lett., **378**, 481～485 (2003)
28) R. Chitta, et al.：Donor-acceptor nanohybrids of zinc naphthalocyanine or zinc porphyrin noncovalently linked to single-wall carbon nanotubes for photoinduced electron transfer, J. Phys. Chem. C, **111**, 6947～6955 (2007)

29) E. Maligaspe, et al.: Sensitive efficiency of photoinduced electron transfer to band gaps of semiconductive single-walled carbon nanotubes with supramolecularly attached zinc porphyrin bearing pyrene glues, J. Am. Chem. Soc., **132**, 8158〜8164 (2010)
30) U. Hahn, et al.: Immobilizing water-soluble dendritic electron donors and electron acceptors-phthalocyanines and perylenediimides-onto single wall carbon nanotubes, J. Am. Chem. Soc., **132**, 6392〜6401 (2010)
31) V. Sgobba, et al.: Supramolecular assemblies of different carbon nanotubes for photoconversion processes, Adv. Mater., **18**, 2264〜2269 (2006)
32) T. Hasobe, et al.: Organized assemblies of single wall carbon nanotubes and porphyrin for photochemical solar cells: Charge injection from excited porphyrin into single-walled carbon nanotubes, J. Phys. Chem. B, **110**, 25477〜25484 (2006)
33) T. Umeyama, et al.: Selective formation and efficient photocurrent generation of [70] fullerene-single-walled carbon nanotube composites, Adv. Mater., **22**, 1767〜1770 (2010)
34) Y. Takaguchi, et al.: Fullerodendron-assisted dispersion of single-walled carbon nanotubes via non-covalent functionalization, Chem. Lett., **34**, 1608〜1609 (2005)
35) Y. Takaguchi, et al.: Photosensitized hydrogen evolution from water using fullerodendron/SWNT supramolecular nanocomposite abstracts, The 37th Fullerene-Nanotubes General Symposium, 48 (2009)
36) D. Eder: Carbon nanotube-inorganic hybrids, Chem. Rev., **110**, 1348〜1385 (2010)
37) T. W. Ebbesen: Wetting, filling and decorating carbon nanotubes, J. Phys. Chem. Solids, **57**, 951〜955 (1996)
38) Y. L. Hsin, et al.: Poly (vinylpyrrolidone)-modified graphite carbon nanofibers as promising supports for PtRu catalysts in direct methanol fuel cells, J. Am. Chem. Soc., **129**, 9999〜10010 (2007)
39) V. Lordi, et al.: Method for supporting platinum on single-walled carbon nanotubes for a selective hydrogenation catalyst, Chem. Mater., **13**, 733〜737 (2001)
40) R. Yu, et al.: Platinum deposition on carbon nanotubes via chemical modification, Chem. Mater., **10**, 718〜722 (1998)
41) H. C. Choi, et al.: Spontaneous reduction of metal ions on the sidewalls of carbon nanotubes, J. Am. Chem. Soc., **124**, 9058〜9059 (2002)
42) L. Qu, et al.: Substrate-enhanced electroless deposition of metal nanoparticles on carbon nanotubes, J. Am. Chem. Soc., **127**, 10806〜10807 (2005)
43) Y. Zhang, et al.: Metal coating on suspended carbon nanotubes and its implication to metal-tube interaction, Chem. Phys. Lett., **331**, 35〜41 (2000)
44) J. Sun, et al.: Noncovalent attachment of oxide nanoparticles onto carbon nanotubes using water-in-oil microemulsions, Chem. Commun., 832〜833 (2004)
45) L. Cao, et al.: Novel nanocomposite Pt/RuO2·xH2O/carbon nanotube catalysts for direct methanol fuel cells, Angew. Chem. Int. Ed., **45**, 5315〜5319 (2006)
46) A. Carrillo, et al.: Noncovalent functionalization of graphite and carbon nanotubes with polymer multilayers and gold nanoparticles, Nano Lett., **3**, 1437〜1440 (2003)
47) D. Wang, et al.: Templated synthesis of single-walled carbon nanotube and metal nanoparticle assemblies in solution, J. Am. Chem. Soc., **128**, 15078〜15079 (2006)
48) D. Q. Yang, et al.: XPS demonstration of p-p interaction between benzyl mercaptan and multiwalled carbon nanotubes and their use in the Adhesion of Pt nanoparticles, Chem. Mater., **18**, 5033〜5038 (2006)
49) D. Eder, et al.: Morphology control of CNT-TiO2 hybrid materials and rutile nanotubes, J. Mater. Chem., **18**, 2036〜2043 (2008)
50) D. M. Guldi, et al.: Integrating single-wall carbon nanotubes into donor-acceptor nanohybrids, Angew. Chem. Int. Ed., **43**, 5526〜5530 (2004)
51) A. Kongkanand, et al.: Highly dispersed Pt catalysts on single-walled carbon nanotubes and their role in methanol oxidation, J. Phys. Chem. B, **110**, 16185〜16188 (2006)
52) M. Okamoto, et al.: Individual dissolution of single-walled carbon nanotubes (SWNTs) using polybenzimidazole (PBI) and high effective reinforcement of SWNTs/PBI composite films, Adv. Funct. Mater., **18**, 1776〜1782 (2008)
53) T. Fujigaya, et al.: Design of an assembly of pyridine-containing polybenzimidazole, carbon nanotubes and Pt nanoparticles for a fuel cell electrocatalyst with a high electrochemically active surface area, Carbon, **47**, 3227〜3232 (2009)
54) M. Okamoto, et al.: Design of an assembly of Poly (benzimidazole), carbon nanotubes, and Pt nanoparticles for a fuel-cell electrocatalyst with an ideal interfacial nanostructure, Small, **5**, 735〜740 (2009)
55) M. Ishikawa, et al.: Infrared laser-induced photothermal phase transition of an aqueous poly (N-isopropylacrylamide) solution in the micrometer dimension, Bull. Chem. Soc. Jpn., **69**, 59〜66 (1996)
56) H. Koerner, et al.: Remotely actuated polymer nanocomposites [mdash] stress-recovery of carbon-nanotube-filled thermoplastic elastomers, Nat. Mater., **3**, 115 (2004)
57) T. Fukushima, et al.: Molecular ordering of organic molten salts triggered by single-walled carbon nanotubes, Science, **300**, 2072〜2075 (2003)
58) D. Boldor, et al.: Temperature measurement of carbon nanotubes using infrared thermography, Chem. Mater., **20**, 4011〜4016 (2008)
59) S. V. Ahir, et al.: Photomechanical actuation in polymer-nanotube composites, Nat. Mater., **4**, 491〜495 (2005)
60) S. Lu, et al.: Photomechanical responses of carbon

61) N. Minami, et al. : Cellulose derivatives as excellent dispersants for single-wall carbon nanotubes as demonstrated by absorption and photoluminescence spectroscopy, Appl. Phys. Lett., **88**, 093123/1~093123/3 (2006)
62) L. Cognet, et al. : Stepwise quenching of exciton fluorescence in carbon nanotubes by single-molecule reactions, Science, **316**, 1465~1468 (2007)
63) R. Weisman : Fluorimetric characterization of single-walled carbon nanotubes, Anal. Bioanal. Chem., **396**, 1015~1023 (2010)
64) A. J. Siitonen, et al. : Surfactant-dependent exciton mobility in single-walled carbon nanotubes studied by single-molecule Reactions, Nano Lett., **10**, 1595~1599 (2010)
65) T. Fujigaya, et al. : Isolated single-walled carbon nanotubes, in a Gel as a Molecular Reservoir and Its Application to controlled Drug Release Triggered by Near-IR Laser Irradiation, Soft Matter, **7**, 2647~2652 (2011)

(nanotube/polymer actuators, Nanotechnology, **18**, 305502 (2007))

10. 内包型 CNT

10.1 ピーポッド

10.1.1 内包 CNT

CNT の内部空間は，きわめて特異なナノ空間である。直径が 1～3 nm 程度と分子サイズであるにもかかわらず，通常，その長さは数 μm であり，長いチューブでは mm にも達する。この特殊な空間に原子や分子を内包させる試みは，MWCNT で最初に行われた[1]。酸化鉛を内包した MWCNT で，CNT 表面の活性を調べるために，鉛をデポジットした際に，偶然に，酸化鉛が内包された。内部空間のサイズがナノメートルであっても，毛細管現象として説明できる[2]。そのため，MWCNT 内部に挿入することができるのは，表面張力が 100～200 mN/m 以下の物質のみであることがわかっている。

さらに，SWCNT 内部への挿入も，MWCNT へのドーピングの場合と同じく，偶然に発見された[3]。1998 年にペンシルベニア州立大学の David Luzzi らの研究グループが C_{60} を 1 次元的に内包した SWCNT，$(C_{60})_n$@SWCNT，を TEM で観察した。フラーレンと CNT が融合したハイブリッドナノカーボン物質が見つかった瞬間である。彼らは，「偶然にも」SWCNT のある TEM 写真の中に，C_{60}・CNT のコンポジット物質（通称ピーポッド，サヤエンドウ）を発見した。

ピーポッドはチューブ内部にフラーレン 1 次元結晶を内包した構造をしており，基礎的にも応用的にも非常に魅力的な物質である。そのため，多くの研究者の興味を引き付けたが，恣意的に高収率でドープする合成法が見つからず，それ以上の研究はなかなか進まなかった。それから 2 年後，ピーポッドの大量合成法が，日本の二つのグループによって，それぞれ独立に開発された。それらの方法は細かい点を除けばまったく同じもので，真空中でフラーレンの蒸気を SWCNT 内部に詰めるという非常に簡便な方法である。そのため，この大量合成法発見以後，ピーポッドの研究は飛躍的に広がり始めた。

このピーポッドの高収率合成は至って簡単である。両端を開口した CNT（単層，2 層，多層を問わない）と粉末の高純度フラーレンを，真空脱気して 400～500℃ に熱したガラスチューブ中に 1～2 日間放置すれ

ばよい。ナノテク新物質を作るきわめて簡単なローテクの方法である。現在では，80～90％ の収率で C_{70}, C_{76}, C_{78}, C_{80}, C_{82}, C_{84} などの高次フラーレンや Sc_2@C_{84}, La@C_{82}, Sm@C_{82}, Gd@C_{82} などの金属内包フラーレンを CNT 内部に内包した SWCNT が合成されている（図 10.1）。

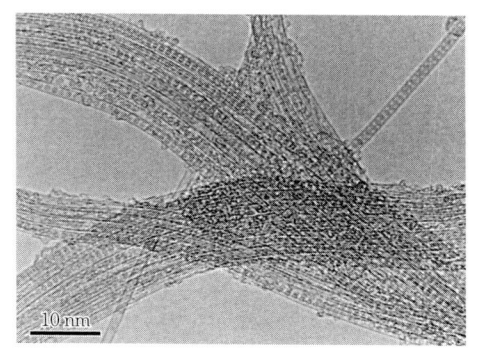

図 10.1 Sm@C_{82} ピーポッドの HRTEM 像。高収率で Sm@C_{82} 分子が SWCNT の内部空間に内包されている。

10.1.2 ピーポッドの高収率合成法[4],[5]

フラーレンのピーポッドを作るためには，単離されたフラーレンと，純度が高く開管した SWCNT を用意する。フラーレンは有機溶媒に可溶であるため，高速液体クロマトグラフィーなどの化学的分離法が適用でき，99％ 以上の純度で精製することができる[6]。一方，SWCNT は分子量が大きく溶媒に不溶であるため，フラーレンの場合と同様の方法で精製することは難しい。そこで，レーザー蒸発法で合成した SWCNT を用いる場合は，SWCNT を含んだすすを過酸化水素水や塩酸，硝酸中で加熱することによって，アモルファスカーボンなどの不純物や触媒金属を取り除く。このような精製の方法は，合成した SWCNT の純度に大きく依存する。特に，グラファイト物質が不純物として存在すると，SWCNT よりも安定なため取り除くことは難しい。したがって，最初からグラファイト物質の不純物ができないように SWCNT を合成することが重要である。また，酸などによる精製操作は，同時に SWCNT の開管をも促す。このとき，アモルファスカーボンなどが開いた孔をふさぐことがある。このた

め，空気中420℃で20分程度，熱処理して，さらに開管させると同時に，アモルファスカーボンをもう一度取り除いたほうが，ピーポッドの合成収率は向上する。

SWCNTの直径分布も高収率合成には，非常に重要である。直径以上の大きさを持つ分子はSWCNT中に内包されないためである。フラーレンを内包するとSWCNTのラマン散乱の呼吸モードがシフトすることを利用して，C_{60}からC_{84}までを内包できるSWCNTの直径の最小値が求められている（**表10.1**）[7]。例えば，C_{60}を内包させるためには，直径が1.37 nm以上のSWCNTを用意する必要がある。

表10.1 C_{60}，C_{76}，C_{78}，C_{84}フラーレンを内包できるSWCNTの直径の最小値。ただし，直径を算出する際に$\omega = 246/d$（ωは呼吸モードの周波数〔cm^{-1}〕，dはSWCNTの直径〔nm〕）の関係式を用いている。

フラーレン	内包できるSWCNTの直径の最小値〔nm〕
C_{60}	1.37
C_{70}	1.45
C_{78}	1.45
C_{84}	1.54

こうして準備したSWCNT中にフラーレンをドープするのは容易である。SWCNTとフラーレンを同じガラス管の中に入れ，真空引きを行い，封じきる。封じきったガラス管を電気炉で加熱し，フラーレンの蒸気圧を上げることによって，SWCNT内部へのドーピングを行う。C_{60}であれば400℃，高次フラーレンや金属内包フラーレンであれば500℃で2日間程度，加熱すればよい。

図10.1には，この気相法により製作したサマリウム内包フラーレン（Sm@C_{82}）の高分解TEM（HRTEM）像を示す。高収率でSm@C_{82}分子が内包されていることがわかる。TEM像から明らかなように，SWCNT中にフラーレンは「ぎっちり」詰まっているが，これらの像から定量的な収率を求めることは容易ではない。現在までに，ラマン散乱，電子エネルギー欠損分光法（EELS）[8]，X線散乱[9]，反応の前後における重量の差[10]による評価法が提案されている。X線散乱による評価法は，SWCNTが中空構造であることに起因する散乱ピークが，分子を内包することによって強度が減少することを利用する。現在これが最も信頼性が高い，バルク状態のピーポッドの評価法である。

10.1.3 ピーポッド生成のメカニズム

フラーレンはどのような経路でSWCNT中に内包されるのであろうか。いくつかの分子動力学（MD）法によるコンピューターシミュレーションが報告されている[11], [12]。一般に，純度の高いSWCNTは，通常，互いのファンデルワールス力により束（ロープ，バンドル）を形成する。ピーポッド合成に用いられる精製されたSWCNTは，ほとんどがバンドル状である。開管したSWCNTのバンドルの端は，多くの場合，平坦ではなく凸凹である。つまり突き出たSWCNTもあれば，奥まったSWCNTも存在する。このような場所にフラーレンが近づいた場合，突き出たSWCNTがあたかも野球のグローブのように，奥まったSWCNTの端からフラーレンが進入するのを助ける役目を果たす。このメカニズムによってフラーレンが内包される確率は，SWCNT側面の欠陥や1本の孤立したSWCNTの端から内包される確率に比べて，約100倍も効率が良いことが示唆されている。

いったんフラーレンが内包されたピーポッド構造を形成すると，この物質は非常に安定である。実際，SWCNTへのフラーレン導入反応は発熱反応であることが理論計算により示されている[13], [14]。例えば，(10, 10)のカイラル指数を持つSWCNTにC_{60}が内包されると，0.5 eVの安定化エネルギーを得る。これは，内包されたフラーレンを，熱的にSWCNTの外側に取り出すことは非常に難しいことを意味している。実験的にも，フラーレンが外側に飛び出す前にSWCNT内で化学反応が起こることがわかっている。しかし，有機溶媒中で超音波処理を行うことにより，内包されたフラーレンを取り出すことは可能である。

ピーポッドの合成は，上述の気相法のほかに，フラーレン溶液に酸処理を施した開管SWCNTを浸すことで，ドープを行う方法もある。しかし，この方法は，気相法に比べて収率が低い。

10.1.4 フラーレンピーポッドの構造

SWCNTの内部空間は，フラーレンの直径とほぼ同じであるため，内包されたフラーレンは1次元結晶を形成する。SWCNT中に内包されたフラーレンの分子間距離が，TEM中での電子線回折により求められている（**表10.2**）[15], [16]。C_{60}の場合，SWCNTでは3次元結晶中に比べ，少し分子間隔が縮まっている。しかし，その距離はC_{60}ポリマーの分子間隔よりも広い。また，C_{70}やC_{80}(D_{5d})のように細長い形をしたフラーレンをドープした場合，SWCNTの直径によって，内包されるフラーレンは長軸方向に並ぶものと短軸方向に並ぶものの2種類が存在する[17]。これは，分子軸の長さがSWCNTの内部よりも大きいと，その分子軸をSWCNTの壁に向けては内包されないためである。

金属内包フラーレンは基底状態で電荷分離をしており，通常，一つの金属原子からフラーレンケージへ2

表 10.2 ピーポッド構造におけるさまざまな
フラーレンの分子間距離〔nm〕

フラーレン（対称性または異性体）	ピーポッド	3次元バルク結晶	ポリマー結晶
C_{60}	0.97±0.02	1.002	0.91
C_{70}	1.02±0.04	1.044	
C_{78} (C_{2v}(3))	1.00±0.02		
C_{80} (D_{5d})	1.08±0.04		
C_{82} (C_2)	1.10±0.03	1.14	
$Sm@C_{82}$(I)	1.10±0.02		
$Gd@C_{82}$	1.10±0.03		
$La@C_{82}$(I)	1.11±0.03		
C_{84}(D_2/D_{2d})	1.10±0.03		

（a）孤立した $Sc_2@C_{84}$(I) ピーポッドの HRTEM 像

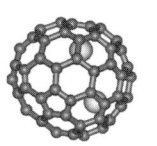

（b）模式図

図 10.3 $Sc_2@C_{84}$(I) は C_s 対称性を持ち，二つの Sc 原子は紙面に平行な鏡映面上に片寄って位置している．

個あるいは3個の電子が移動している[18]．例えば $Sm@C_{82}$ では電子が2個移動し，$Sm^{2+}@C_{82}^{2-}$ となっていて，$Gd@C_{82}$ や $La@C_{82}$ では3電子が移動して $Gd^{3+}@C_{82}^{3-}$，$La^{3+}@C_{82}^{3-}$ となっている．しかし，ピーポッド中の分子間距離にはその違いが反映されない（表10.2）．つまり，分子間距離の違いは，ほとんど分子のサイズにのみ依存している．

炭素原子は電子線散乱能が低い．そのためフラーレンやSWCNTは，炭素原子の集まったケージや壁の縁のみが線となってTEM観測される．金属内包フラーレンを含んだピーポッドの場合，それらに加えて中心金属がドットとして観測できる．例えば，$Gd@C_{82}$ の場合，ほとんどのフラーレンの中に Gd 由来のドットが観測できる（図10.2）．しかし，$Sm@C_{82}$ ピーポッドでは非常にまれにしかドットが観測されない．これは，$Sm@C_{82}$ 分子がSWCNT内で回転しているので，Sm原子が1箇所にとどまっておらず，強いコントラストを与えないためである．この結果から，内包フラーレンの電子状態の違いによりピーポッド中の分子運動が異なることがわかる．

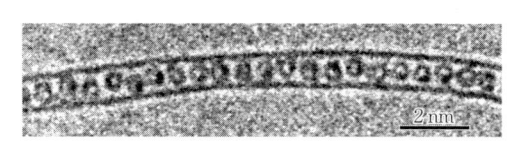

図 10.2 孤立した $Gd@C_{82}$ ピーポッドのHRTEM像．二つの線はSWCNTの壁で，円状のものはフラーレンケージである．フラーレン中に見える黒いドットが内包されているGd金属原子である．

ピーポッド中に内包された分子の構造が透けて見えることを利用して，$Sc_2@C_{84}$(I) における Sc 原子の位置が決定された[19]．図 10.3（a）は1本の $Sc_2@C_{84}$(I) ピーポッドのHRTEM像である．$Sc_2@C_{84}$(I) は ^{13}C-NMR 測定から図（b）に示すような C_s 対称性を持つことがわかっている．しかし，この情報からだけでは二つのSc原子はこの紙面に平行な鏡映面上であればどこに位置していてもよいため，はっきりとした位置を特定することはできない．しかし，HRTEM像から，Sc原子は互いに最も離れて位置するのではなく，ケージの一方に片寄って位置していることがわかる．詳細な画像シミュレーションによる解析の結果，二つのSc原子はフラーレンケージの中心から0.20 nmの位置にあり，互いに0.35 nm離れていることがわかった．

さらに，フラーレンに内包された金属原子のケージ内での運動もSWCNTをナノスケールのサンプルセルとすることによって観測できる．$Gd_2@C_{92}$ を内包したSWCNTを室温でHRTEMで観測すると，Gdがケージ内で揺動運動しているため，丸い点ではなく，黒い楕円形が観測される．この丸から楕円形へのずれは，低温下で観測すると小さくなるので，Gdの揺動運動が熱的である．

また，ピーポッド中でフラーレンが1次元的に並んでいることを利用して，SEMを使ったEELSによる元素マッピングも行われた[20]．1原子マッピングを可能にする究極の元素分析である．

SWCNT内部には原子やフラーレン以外の分子もドープできる．その場合，これらの原子や分子は，通常のバルクとは異なった相をSWCNT内部に形成する[21)〜23)]．例えば，SWCNT中の水は，バルクの氷では存在しない種々の相を形成することが理論的に予測されている[24]．実際，SWCNTをテンプレートとしてチューブ状の氷が存在することがX線解析により明らかとなっている．

10.1.5 ピーポッドの電子物性

金属内包フラーレンをドープしたピーポッドにおける，金属原子の電荷数がエネルギー損失分光（EELS）によって調べられている．これまで，$Sc_2@C_{84}$(I)，

Ti$_2$C$_2$@C$_{78}$, La@C$_{82}$, La$_2$@C$_{80}$, Ce$_2$@C$_{80}$, Sm@C$_{82}$(I), Gd@C$_{82}$, Gd$_2$@C$_{92}$ などをドープしたピーポッドが調べられているが，どの場合も SWCNT に取り込まれることによる金属原子の価数変化は観測されていない。つまり，Sc と Ti，Sm は +2，その他の金属原子は +3 のままで変化しない。これは，金属，半導体といった SWCNT の性質にもまったく依存しない。フラーレンに内包される際には電子をケージへと渡す金属も，さらに SWCNT に包まれる場合には，特に何の反応もしないようである。

一方，フラーレンを取り込むことによって SWCNT の電子状態は変化する。この変化は走査型トンネル分光（STS）によって調べられている[25), 26)]。例えば，低温（～5 K）条件下で，Gd@C$_{82}$ を (11, 9) のカイラル指数を持つ半導体 SWCNT に内包させたピーポッドを観測したところ，0.43 eV あったバンドギャップが，フラーレンが存在している部分では 0.17 eV に狭まっていることがわかった（**図 10.4**）。これらのバンドギャップの変調は，SWCNT の内側に張り出した π 軌道が，フラーレンの π 軌道と空間的に近く，互いに強く相互作用する。このため，内包されたフラーレンと外側の SWCNT の電子状態が混合することによって，バンドギャップの変調が起こることが理論計算により明らかとなっている[27)〜29)]。そして，その混合の仕方は内包されるフラーレンの種類によって大きく異なる。つまり，フラーレンを内包することによって，ナノメートルの空間分解能を持って，SWCNT の電子物性を制御することができる。また，STS の結果を定量的に再現するには，さらに金属基板との相互作用を考慮する必要があることも理論計算により示唆されている。

フラーレンを内包したことによる電子状態の変化は，電子輸送物性にも反映される。よく知られているように，半導体 SWCNT をチャネルとして用いた電界効果トランジスター（FET）は通常 p 型半導体の特性を示す。一方，Gd@C$_{82}$ ピーポッドでは，p 型，n 型の両方の特性が現れる[30)]。これは STS 測定でも見られたように，Gd@C$_{82}$ を内包することによって，SWCNT のバンドギャップが縮まり，p と n の両方のチャネルが，ゲート電圧を変えることでアクセス可能になったためと考えられる。上述の FET 構造を用いた，1本あるいは1本のバンドルの輸送物性だけでなく，いわゆるバッキーペーパー状のピーポッドについても，同様に電気伝導度が調べられている[31), 32)]。

金属内包フラーレンピーポッドのこのような新規な FET 特性は，先に述べた金属内包フラーレンから CNT への電子移動による。今後，これらピーポッド物質の研究が進めば，ピーポッドのデバイス特性の解明がさらに進むであろう。現在では，1本の金属内包フラーレンピーポッドを用いて，ダイオードやトランジスターなどのエレクトロニクスデバイスだけでなく，量子カスケードレーザーなどのレーザーデバイスや量子コンピューターへの幅広い分野の応用にも大きく期待される。

10.1.6 ピーポッドの電子デバイス応用

以上に述べてきたように，CNT やピーポッドを使った電子デバイスの開発は急速に発展しているが，CNT やピーポッドの集積回路を作成するためには克服しなければならないいくつかの重要な問題点がある。

例えば，CNT やピーポッドを望んだ電極の箇所にいかに自由に配線できるか，という点である。これはデバイスを作成してから CNT やピーポッドをデバイスに装着するのでは，効率がきわめて悪い。また，CNT やピーポッドの FET デバイスで特に大きな問題になっているのは，CNT と電極との接触抵抗の問題である。現在の CNT デバイスでは，電極や CNT を覆う水分子や溶媒分子の影響があり電極と CNT の間の抵抗が大きい（特別な処理をしない限り MΩ 程度）。この大きな接触抵抗により CNT やピーポッドそのものの優れた電子輸送特性がデバイス特性に反映されない場合が多い。これらの点を解決する一つの方法とし

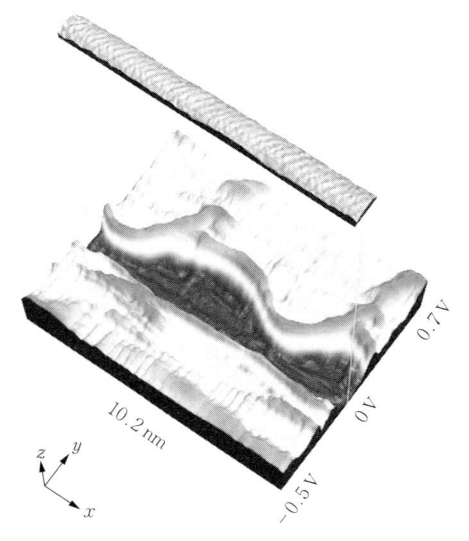

図 10.4 Gd@C$_{82}$ ピーポッドの走査トンネル顕微鏡（STM）像（上図）とそれぞれの位置において測定した STS（下図）。x 軸はピーポッドの位置，y 軸はエネルギー，z 軸は状態密度を示す。Gd@C$_{82}$ の存在する部分でバンドギャップが狭くなっている。測定温度は 5 K

て CNT の in situ CVD 成長法がある．CVD 法を用いて，デバイス上で直接 CNT を配向成長させるのが in situ CVD 成長法である．現在，さまざまな in situ CVD 成長法がエレクトロニクス関連の研究グループを中心に開発されてきている．電場によって CNT を基板上で配向生成させることも可能になってきた．CNT やピーポッドの in situ CVD 成長法は CNT の集積回路を実現するための鍵である．

いままで述べた CNT エレクトロニクスに関する研究は，基板として従来のシリコンデバイスを用いている．将来は，CNT やピーポッドをデバイスのチャネルとしてだけでなく，電極も含めたデバイスそのものへの応用が必要であろう．この点が，これまでのシリコン半導体では実現できなかった電子輸送特性を持つ CNT デバイスに課せられた，最もチャレンジングな課題である．

10.1.7 ピーポッド内での新しい化学反応

SWCNT 内部のナノ空間中で化学反応が起きればどんな生成物が得られるだろうか．通常の有機分子と同サイズの空間で，分子にとって動ける方向が制限されるため，反応の進む方向を制御することが可能である．また，SWCNT にほとんど接した状態で内包されているため，π電子雲が触媒の役割を果たし，バルクでは見られない反応が進む可能性がある．この SWCNT 内部空間の利点を生かした方法が，C_{60} ピーポッドを用いた高収率な DWCNT の合成法である[33]．C_{60} ピーポッドを真空中 1 200 ℃ で加熱すると，SWCNT 内部で C_{60} どうしが融合し始め，また SWCNT がテンプレートとなり，内壁に新しいナノチューブが形成される．この方法で合成された DWCNT は内側のチューブのラマン信号も検出され，ほぼ完全な DWCNT ができていることが確かめられている．

このほか，C_{60} ピーポッドにカリウムをドープすることで，SWCNT 内部で C_{60} ポリマーを作ることもできる[31]．このポリマー化反応はドープされたカリウムから C_{60} へと電子が供与されるために起こったと考えられる．

ピーポッドを TEM 観測すると，ナノチューブがサンプルセルとなり，内包分子が透けて見える．これを利用して化学反応ダイナミクス[34]や内包分子の分子運動[35]がリアルタイム観測できる．$Sm@C_{82}(I)$ がさらに大きなナノカプセルへと融合反応する化学反応ダイナミクスを観測した例を**図 10.5** に示す．図（a）は，反応前の $Sm@C_{82}$ ピーポッドで，個々の $Sm@C_{82}$ は一定の間隔で整然と並んでいる．電子線照射によって $Sm@C_{82}$ はエネルギーを与えられ反応し始める（図

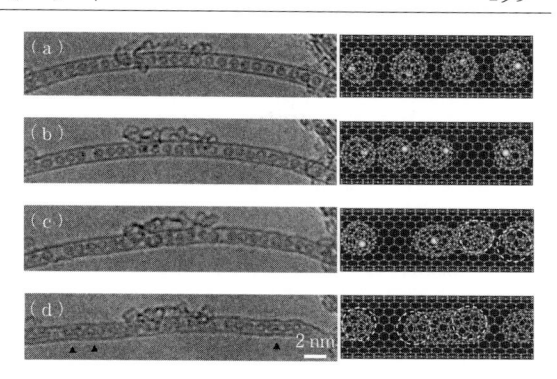

図 10.5 $Sm@C_{82}$ の融合反応．左は HRTEM 像の時間変化で，それぞれ電子線照射後，（a）0 分，（b）4 分，（c）10 分，（d）20 分．右は HRTEM 像に対応する模式図で，白い丸が Sm^{2+}，破線で囲んだ部分が Sm^{3+} を表している．

（b））．あるものは隣の分子に近づき，あるものはすでにダイマー状になっている．さらに時間が経過すると，本格的に反応が起こり始め（図（c）），最終的にはナノカプセルへと変化する（図（d））．まったく同じ実験条件下で，EELS の時間変化を観測すると，約 10 分の寿命で，Sm 原子が +2 から +3 へと変化していることが解明された．つまり，フラーレンケージが破け，融合し始めたと同時に内包されていた Sm が，新しい化学結合を形成したことを意味する．

10.1.8 ピーポッドとナノの反応場

CNT が持つ内部のナノスペースは 21 世紀の化学反応の研究にも，多大な影響を与える可能性がある．反応容量がマイクロスケールの空間を利用したマイクロリアクター（microreactor）が近年注目を浴びている．マイクロリアクション（microreaction）は精密工学や医療・診断分野のみならず，化学工学の分野でも大きな関心を集めている．しかし，SWCNT はマイクロリアクターよりもさらに 1 000 分の 1 小さい極微の反応容器を与えている．直径 1.0 nm 前後で長さが 100 nm ～ 0.1 mm の空間は将来，究極の極微サイズ（ナノスケール，サブナノスケール）の化学反応の場「ナノリアクター」（nanoreactor）として，将来の新物質合成に大きな役割を果たすであろう．

1990 年に起こったフラーレンの多量合成法のブレイクスルーを契機に，フラーレンや CNT の科学は多くの自然科学・工学の分野の研究者を虜にしている．これは，いままで別々に発展してきた化学，物理，電気・電子，材料科学あるいは生命諸科学などの各分野が，フラーレンや CNT を核として共通の話題を持ち始めたためである．分野を超えた共通の話題を研究できる醍醐味である．21 世紀の科学・技術では，可能

な限り広い視野を持って広い領域にインパクトを与えられる研究と開発がますます不可欠となってきているが，ナノカーボンの研究と開発はこれに重要なヒントを与えている。

引用・参考文献

1) P. M. Ajayan and S. Iijima：Nature, **361**, 333 (1993)
2) E. Dujardin, T. W. Ebbesen, H. Hiura and K. Tanigaki：Science, **265**, 1850 (1994)
3) B. W. Smith, M. Monthioux and D. E. Luzzi：Nature, **396**, 323 (1998)
4) 片浦弘道：固体物理, **36**, 232 (2001)
5) 岡崎俊也：化学工業, **53**, 575 (2002)
6) 篠原久典, 齋藤弥八：フラーレンの化学と物理, 名古屋大学出版会 (1997)
7) S. Bandow, et al.：Chem. Phys. Lett., **347**, 23 (2001)
8) X. Liu, et al.：Phys. Rev. B, **65**, 045419 (2002)
9) H. Kataura, et al.：Appl. Phys. A, **74**, 349 (2002)
10) B. W. Smith, et al.：J. Appl. Phys., **91**, 9333 (2002)
11) S. Berber, Y. -K. Kwon and D. Tománek：Phys. Rev. Lett., **88**, 185502 (2002)
12) H. Ulbricht, G. Moos and T. Hertel：Phys. Rev. Lett., **90**, 095501 (2003)
13) S. Okada, S. Saito and A. Oshiyama：Phys. Rev. Lett., **86**, 3835 (2001)
14) S. Okada, S. Saito and A. Oshiyama：Phys. Rev. B, **67**, 205411 (2003)
15) K. Hirahara, et al.：Phys. Rev. B, **64**, 115420 (2001)
16) T. Okazaki, et al.：Physica B, **323**, 97 (2002)
17) Y. Maniwa, et al.：J. Phys. Soc. Jpn., **72**, 45 (2003)
18) H. Shinohara：Rep. Prog. Phys., **63**, 843 (2000)
19) K. Suenaga, et al.：Phys. Rev. Lett., **90**, 055506 (2003)
20) K. Suenaga, et al.：Science, **290**, 2280 (2000)
21) R. R. Meyer, et al.：Science, **289**, 1324 (2000)
22) J. Sloan, A. I. Kirkland, J. L. Hutchison, M. L. H. Green：Chem. Commun., 1319 (2002)
23) Y. Maniwa, et al.：J. Phys. Soc. Jpn., **71**, 2863 (2002)
24) K. Koga, G. T. Gao, H. Tanaka and X. C. Zheng：Nature, **412**, 802 (2001)
25) J. Lee, et al.：Nature, **415**, 1005 (2002)
26) D. J. Hornbaker, et al.：Science, **295**, 828 (2002)
27) T. Miyake and S. Saito：Solid State Commun., **125**, 201 (2003)
28) Y. Cho, S. Han, G. Kim, H. Lee and J. Ihm：Phys. Rev. Lett., **90**, 106402 (2003)
29) C. L. Kane, et al.：Phys. Rev. B, **66**, 235423 (2002)
30) T. Shimada, et al.：Appl. Phys. Lett., **81**, 4067 (2002)
31) T. Pichler, H. Kuzmany, H. Kataura and Y. Achiba：Phys. Rev. Lett., **87**, 267401 (2001)
32) J. Vavro, M. C. Llaguno, B. C. Satishkumar, D. E. Luzzi and J. E. Fischer：Appl. Phys. Lett., **80**, 1450 (2002)
33) S. Bandow, M. Takizawa, K. Hirahara, M. Yudasaka and S. Iijima：Chem. Phys. Lett., **337**, 48 (2001)
34) T. Okazaki, et al.：J. Am. Chem. Soc., **123**, 9673 (2001)
35) B. W. Smith, D. E. Luzzi and Y. Achiba：Chem. Phys. Lett., **331**, 137 (2000)

10.2 水内包 SWCNT

SWCNT は，原子レベルで均一なナノメートルからサブナノメートルの円筒空洞を提供する。このような空洞内へ物質を内包させると，強い幾何学的な束縛効果により，バルクでは実現しなかった新しい構造，したがって，バルクにない性質を持つ物質を創製できる。本節では，SWCNT へ内包された水分子の構造と相挙動について述べる。

水は水素結合系の代表分子の一つであり，孤立した水分子 H_2O は，O-H 結合距離 0.095 72 nm，H-O-H 結合角 104.52°の幾何学的構造を持つ。分子内では水素原子から酸素原子の方向に電子が引き寄せられ，水分子は大きな電気双極子モーメント $(6.186±0.001)×10^{-30}$ C·m（= 1.854 6 Debye）を持つ。水分子どうしは容易に水素結合を形成し，その O-O 結合距離は 0.27～0.29 nm，結合当りのエネルギーは 3～5 kcal/mol 程度とされている。4℃で密度が最大になる，比熱が非常に大きいなど，バルク水について多数の異常な性質が知られているが，これらの異常は水の水素結合ネットワークに関連して議論されることが多い。

SWCNT 内部の水は，粉末 X 線回折（XRD），中性子線回折，核磁気共鳴（NMR），赤外吸収などの方法で調べられている。しかし，より標準的で，より直截的な手法である高分解能電子顕微鏡による水内包 SWCNT の観察はいまのところない。試料が高真空中に置かれるため，内包された水が容易に気化してしまうなどの困難によるものと思われる。XRD や中性子線回折実験を用いると，多数の SWCNT が束になったバンドルへの水の吸着について，水の吸着サイトを特定した議論が可能になる。この特徴は，ほかのバルク測定と比べて大きなメリットである。また，温度可変の測定が比較的容易であるため，温度による相変化などの情報を得ることができる。

図 10.6 に，XRD および NMR によって調べられた SWCNT 内部の水の状態をまとめた[1]。横軸は，SWCNT 試料の直径（1.17～2.4 nm），縦軸は温度である。SWCNT 試料は，その内部空洞を利用するために，空気中酸化の方法で穴あけ処理が行われている。その後，真空中で 500℃以上に加熱してよく脱気したのち，室温において水の飽和蒸気とともにガラス管内に封入された。測定されたすべての SWCNT 試料において，水はバルク水に匹敵する密度で SWCNT の内部空洞に内包されていることがわかった[2～4]。また，室温近傍では水分子は速い並進および回転の拡散運動を

10.2 水内包 SWCNT

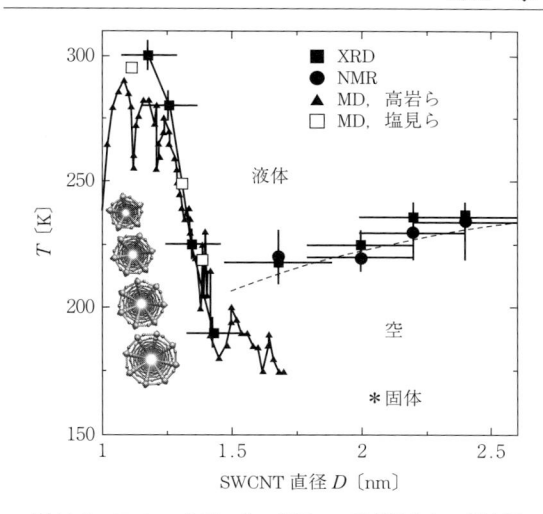

図 10.6 SWCNT 内部の水の相図。＊は高温からの急冷相

ながり，すべての水分子はバルク氷同様に四つの水分子と結合している。

液体状態から ice NT の形成過程は，水分子の 1 次元的秩序化に由来する XRD のブラッグピークの温度依存性からわかる。このピークはある温度以下で急激に大きくなり，相転移の挙動を示す。一般に，理想的な 1 次元系では有限温度で相転移を起こさないとされているが，この成長の始まる温度を見掛け上の相転移点（氷点/融点）と定義すると，図 10.6 のように ice NT の融点の SWCNT 直径依存性（したがって空洞径依存性）が得られる[2),3)]。この融点は，SWCNT 直径が大きくなると急激に低下する。この振舞いは，バルク領域で知られている微細空洞内の水の融点の場合（図の破線）と逆であり，たいへん興味深い。

一方，平均直径が 1.5 nm 程度以上の水を内包した SWCNT においても降温によって異常が見い出された[1)]。この異常は SWCNT 直径が大きくなるほど高温に移動し，一見バルクのキャピラリー内の水の融点の空洞径依存性と同じ傾向（図 10.6 の破線）を示した。しかし，低温でも水分子の秩序化を示す証拠はなく，詳細に調べると，この異常は水が SWCNT 内部から外部に放出される，一種の wet-dry 転移であることがわかってきた。すなわち，太い SWCNT は，低温で水を安定に保持できないと考えられる。

同種の現象がガス雰囲気中の水を内包した細い SWCNT（平均直径 1.35 nm）においても見い出されている[6)]。この場合は，しかし，雰囲気ガス分子が低温で水分子に置き換わる交換転移であった。この交換転移は，重いガス分子ほど高温で起こり，SWCNT 壁とガス分子の間の相互作用が重要なパラメーターの一つとなっている。一方，図 10.6 の実験では，水分子以外の，このような雰囲気ガス分子はきわめて希薄であるので異なった機構によるものと推測される。

さて，図 10.6 のグローバル相図の本質を明らかにするためには，原子・分子レベルでの詳細な理解が不可欠である。実際，ice NT の存在は，最初，原子レベルのコンピューターシミュレーションにより予測され[7)]，また電子状態計算による詳細な議論[8),9)]が行われている。そこで，ここではコンピューターシミュレーション法の一つである古典分子動力学（MD）法とその研究成果についての概略を紹介する。

古典 MD 計算では，系を構成するおのおのの原子を古典的な運動方程式（ニュートンの運動方程式），$F = md^2r/dt^2$ に従って運動する粒子と考える。m，r，t，F は，それぞれ注目している原子の質量，位置座標，時刻，注目している原子に働く力である。F は，原子間に働く力のほか，電場など外場によるものを含

行っており，液体的である[5)]。

さて図において SWCNT 直径が 1.5 nm 程度の領域を境にして，温度降下に対して異なる挙動が見られることに注意したい。1.5 nm 程度以下の細い SWCNT では，降温により XRD パターンに新しいブラッグピークが出現し，水が秩序化したことがわかる。この秩序化した水は，アイスナノチューブ（ice NT）と呼ばれる新規構造の氷である（**図 10.7**）。ice NT は，水分子数個が集まりリング状クラスターを形成し，それがチューブ軸方向につながった氷である。リング内およびリング間の最近接の水分子どうしは水素結合でつ

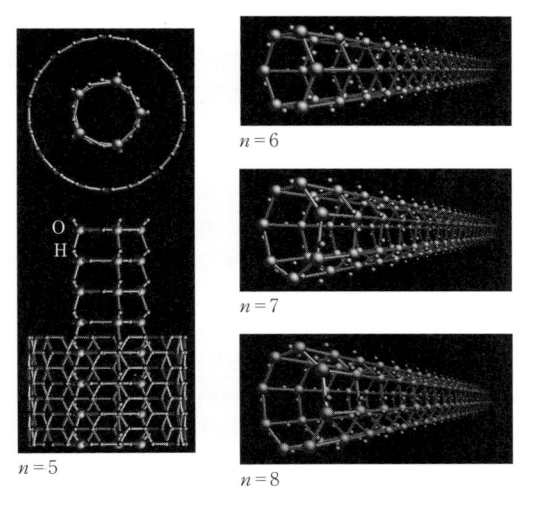

図 10.7 ice NT の構造モデル。左：SWCNT 内に形成された 5 員環 ice NT。右上から：6，7，8 員環 ice NT。大きな球が酸素原子，小さな球が水素原子

めることができる。もし，Fが系を構成する原子の座標の関数などとして与えられれば，運動方程式を微小な時間について逐次積分することにより，各原子座標と速度を追跡できる。これらの計算から得られた原子座標と速度から系の構造やさまざまな物理量が抽出される。

これまで，水分子のモデルとしてTIP4P, TIP3P, SPC/Eなどの剛体モデルを使った結果が報告されている[6), 7), 10), 11), 12)]。水分子どうしには，分子内の電荷の偏りのため，分子間にクーロン力が働く。さらに，酸素原子どうしに弱い（ファンデルワールス的な）分散力を仮定する。また，同種の分散力は，SWCNTを構成する炭素原子と酸素原子の間にも働く。代表的な分散力は，式(10.1)のようなレナード・ジョーンズ(LJ)型の相互作用ポテンシャルで記述される。

$$U(r) = 4\varepsilon \left\{ \left(\frac{\sigma}{r}\right)^{12} - \left(\frac{\sigma}{r}\right)^6 \right\} \quad (10.1)$$

ここで，εとσは考えている原子対の種類によって決まる定数である。また，rは原子間の距離である。SWCNTからのポテンシャルについては，このような原子間力の代わりに，炭素のハニカム構造を無視して軸対称の"外部ポテンシャル"として与えることもできる[7)]。両者のポテンシャルによる計算結果には，本質的な違いは見い出されていない。すなわち，SWCNT内部の水の構造はSWCNTのらせん構造（カイラリティ）にほとんど依存せず，SWCNT直径によりほぼ決定されているものと考えられる。

図10.6には，このようなMD計算の結果もプロットされている。塩見ら（□）はSPC/Eモデルを[12)], 高岩ら（▲）はTIP4Pモデルについて計算したが[10)]，どちらのモデルでも直径が1.4 nm程度以下の細いSWCNTにおいてice NTの生成が確認され，かつ実験結果をほぼ再現する融点の直径依存性が得られている。両者の計算ともに，4員環あるいは5員環近傍のice NTの融点が最も高く，これはice NT内の水素結合角が理想的な角度に近くなることにほぼ対応しているものと思われる。さらに高岩らはより太いSWCNTについても計算を行い，1.5 nm近傍では2層あるいは3層の（多層）ice NTの構造の出現を予測した。しかし，これらの多層ice NT構造はまだ実験的に確認されていない。また，これらの計算ではSWCNTの内部と外部の間で水の移動が許されていないため，太いSWCNTにおいて実験的に見い出されたwet-dry様相転移挙動の再現にも成功していない。

つぎに，水内包SWCNTの物性と応用について紹介する。図10.8に水内包SWCNTフィルムの電気抵抗の温度依存性を示す[6)]。

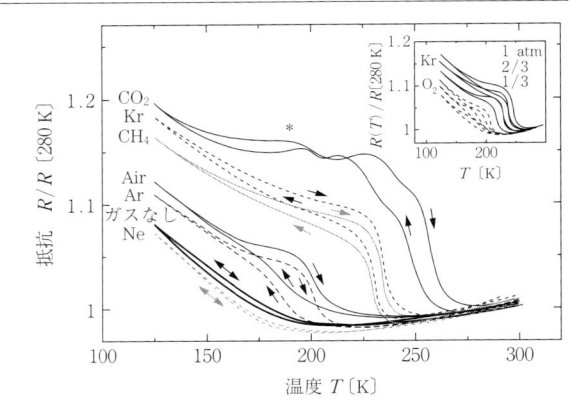

図10.8 水内包SWCNTフィルムのガス中電気抵抗。280 Kの値を1とした。ガスの圧力は1気圧。挿入図：酸素とクリプトンの圧力依存性（1, 2/3, 1/3 atm）

SWCNTとして平均直径が1.35 nm程度の金属型と半導体型が混在した未分離試料を用いている。フィルムが水を吸着すると電気抵抗は急激に減少し，その温度依存性は雰囲気ガスに依存した特徴的な振舞いを示す。まず，真空中（水の飽和蒸気圧下）では，室温から冷却すると，しばしば最初は弱い金属的な温度依存性を示すが，さらに温度を下げると210 K近傍以下で緩やかな上昇に転じ半導体的になる。しかし，ガス雰囲気中では，降温によりある温度以下で急激に電気抵抗が増加した。この温度はXRDおよびNMR実験によって確認された「交換転移」温度であり，SWCNT内部空洞への水の脱・着現象により電気抵抗変化が生じたと考えられる。交換転移温度はガスの種類と圧力に強く依存するため，ガスセンサーなどへの応用が期待される。しかし，水の吸着による電気抵抗変化の機構に関してはまだ不明な点が多い。水分子とSWCNT間の電荷移動の可能性が指摘されているほか，SWCNTおよびSWCNTバンドル間の伝導機構への影響を考慮する必要がある。

交換転移の他の応用としてナノバルブ機構が提案されている[6)]。図10.9に，そのMD計算によるデモンストレーションを示す。左右二つの部屋が水内包SWCNTでつながれている。右室は真空である。また，左室は，図(a)ではメタン（CH_4），図(b)ではネオン（Ne）分子で満たされている。分子数，温度などを同一条件として時間経過を追跡すると，ネオンの場合では，2室は水内包SWCNTで隔離され続けるが，メタンでは時間の経過により交換転移が生じ，メタンが右室へ流れ込むようになる。これはガス選択的なナノバルブ機構の可能性を示唆しているものと考えられる。

最後に，水分子は大きな電気双極子モーメントを持

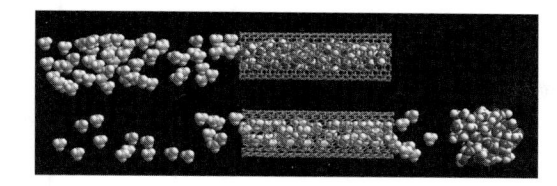

(a) CH₄

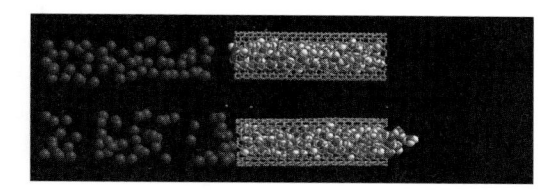

(b) Ne

図10.9 水内包SWCNTのナノバルブ機構の
デモンストレーション

つから, ice NTの誘電的性質は重要である. これまでice NTの誘電特性はMD計算により調べられている[11]. n員環（nは整数）ice NTはチューブ軸方法に1次元的な水のチェーンn本から成るが, MD計算の結果, 十分低温では各水チェーン内のプロトンが秩序化し, 1次元の強誘電体となることがわかった（図10.10の右図）. また, 隣り合う水チェーン間の分極は反平行になるほうが安定, すなわち反強誘電的である. したがって, 偶数員環のice NTは反強誘電体, 奇数員環のice NTは1本分の分極が残り自発分極を有する「強誘電体」となった. さらに電場（電界）をチューブ軸方向に印加すると, ステップ状の分極過程を示した（図10.10）. このステップ状の分極は各強誘電的1次元チェーンが電場方向に1本ずつ反転することからくる. このような振舞いは極微小の多値強誘電体メモリーの原理を示唆しているものと考えられ

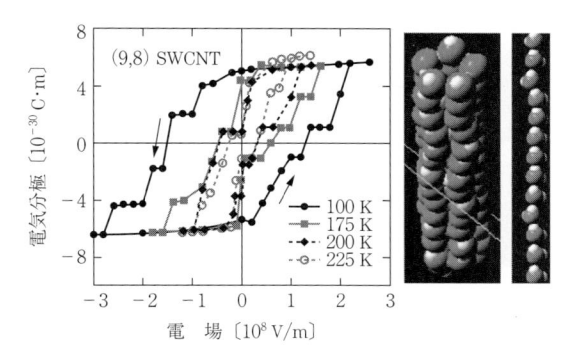

図10.10 左図は水内包SWCNTの分極ヒステリシス. 右図は5員環ice NTとその構成ユニットの強誘電的1次元の水チェーンで, 大きな灰色球が酸素原子, 小さな白色球が水素原子である.

る.

本節では, SWCNT内部の水の構造と相挙動, またその物性研究の現状を紹介した. 水-SWCNT系は, 自然界に多数存在するサブナノメートルからナノメートルスケールの水を研究する絶好の舞台を提供する. 例えば, 生体内のバイオチャネルのモデル系などとしても大きな関心が寄せられている[13].

引用・参考文献

1) H. Kyakuno, et al.：J. Phys. Soc. Jpn., **79**, 83802 (2010)
2) Y. Maniwa, et al.：J. Phys. Soc. Jpn., **71**, 2863 (2002)
3) Y. Maniwa, et al.：Chem. Phys. Lett., **401**, 534 (2005)
4) H. Kadowaki, et al.：J. Phys. Soc. Jpn., **74**, 2990 (2005)
5) K. Matsuda, et al.：Phys. Rev. B, **74**, 073415 (2006)
6) Y. Maniwa, et al.：Nat. Mater., **6**, 135 (2007)
7) K. Koga, et al.：Nature, **412**, 802 (2001)
8) J. Bai, et al.：J. Chem. Phys., **118**, 3913 (2003)
9) T. Kurita, et al.：Phys. Rev. B, **75**, 205424 (2007)
10) D. Takaiwa, et al.：Proc. Natl. Acad. Sci. USA, **105**, 39 (2008)
11) F. Mikami, et al.：ACS Nano, **3**, 1279 (2009)
12) J. Shiomi, et al.：J. Phys. Chem. C, **111**, 12188 (2007)
13) M. S. P. Sanson and P. C. Biggin：Nature, **414**, 156 (2001)

10.3 酸素など気体分子内包SWCNT

本節ではSWCNTに吸着された気体分子の研究について紹介する. このような研究は, ガス貯蔵や分子ふるいなどの応用研究の基礎として, また強い幾何学的な束縛効果を利用した新規物性発現の研究という点において特に重要である.

SWCNTは, 図10.11に示すように複数本が集まりバンドルをつくる. このバンドルへのおもな吸着サイトとして, 最近接の3本のSWCNTで囲まれたIサイト, SWCNTの内部空洞であるTサイト, バンドル表面の溝のOサイトなどがある. Tサイトを利用するには, SWCNTの先端や側壁への穴あけ処理が必要である. 穴あけ処理は, 例えば空気中加熱などによる酸化法で容易に達成される.

ガス吸着の研究手法としては, 標準的なガス吸着実験のほか, 粉末X線回折（XRD）実験が有効であ

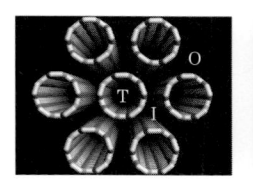

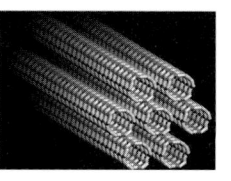

図10.11 7本のSWCNTから成るバンドル

る[1]。XRD実験は，微量（放射光を利用すると数mg程度以下）の試料で測定できる，不純物として混在するアモルファス炭素からの寄与を排除できる，バンド内の吸着サイトを特定できるなどの特に優れた特徴がある．

例として図10.12に，XRD実験から得られた平均直径1.35 nmのSWCNT試料へのガス分子（クリプトン，メタン，アルゴン，酸素）の吸着の様子を示す．1気圧の圧力下における，Tサイトに吸着されたガス分子の数密度（SWCNTの単位長さ当りの吸着分子数）の温度依存性である．分子選択的なガス吸着特性を見ることができる．

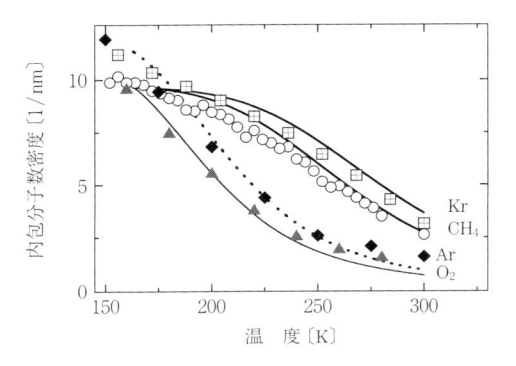

図10.12　XRD実験により決められたTサイトへの分子吸着量の温度依存性．圧力は1 atm

これらの気体分子とSWCNT間の主要な相互作用は，SWCNTを構成する炭素原子との間に働くファンデルワールス的な相互作用である．図10.13は，酸素原子を例に，チューブの中心軸からの距離の関数として計算されたポテンシャルを表す[2]．13種類の異なる指数（直径0.6から2.0 nmに対応）のSWCNTについて得られている．ポテンシャルはほとんど軸対称であり，直径0.78 nm程度以上のSWCNTでは，SWCNT壁（の炭素核の位置）から0.33 nm程度離れたところに（図中の$D_{min}/2$）ポテンシャルの極小点，したがってSWCNT内部に円筒状のポテンシャル極小面が形成されていることがわかる[2]．このようなポテンシャル中で，吸着された分子がどのような構造と相挙動を示すかを明らかにすることが問題である．甲賀らは，コンピューターシミュレーションの方法を用いて，このような軸対称ポテンシャル内の球対称原子の構造と相挙動を議論した[3]．ここでは，図のポテンシャル内の酸素分子についての結果を紹介しよう[2]．酸素分子は磁性分子であるから，SWCNT内部ではバルクにない新規磁性の発現が期待できる．

図10.14に，MD計算から得られた，直径1.35 nm以下のSWCNT内部の酸素の低温凝縮構造をまとめた．まず，細いSWCNT内の酸素は，分子の長軸をSWCNTのチューブ軸方向にそろえて1次元的に配列していることがわかる．太くなるに従い，X配向，ジグザグ，らせんチューブ構造が現れる．X配向およびジグザグ配向では，酸素の長軸がSWCNTのチューブ軸にほぼ垂直になる．さらに，直径0.78 nm程度以上のSWCNTでは，酸素分子は円筒のポテンシャル極

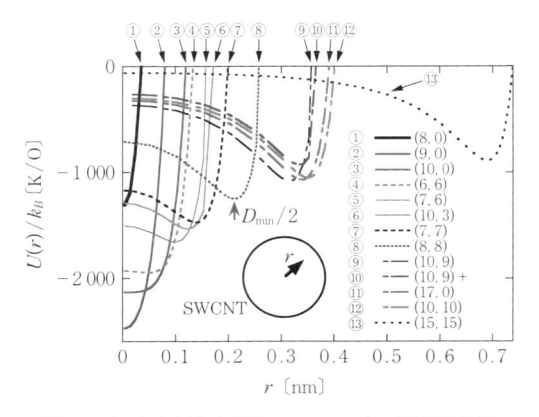

図10.13　さまざまな指数のSWCNT内の酸素原子が受けるポテンシャル

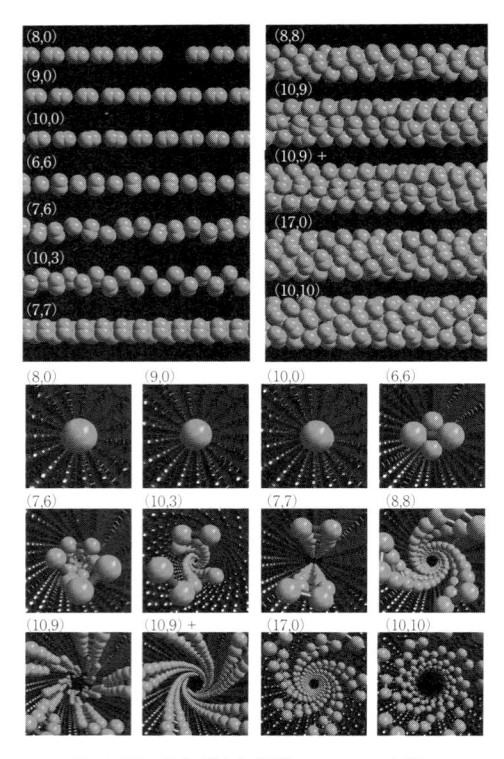

図10.14　さまざまな指数のSWCNT内部の酸素の低温擬縮構造

小面上に横たわり，チューブ状の酸素となる。このチューブ状の酸素は，酸素の１次元的なチェーンが数本集まったらせん構造（らせん酸素チューブ）をしている。例えば，(8, 8) SWCNT 内部の酸素は，三重らせん酸素ナノチューブとみなせる。

このようならせんチューブは，球状分子について提案されているように[3]，２次元酸素をリボン状に切り出してつなぎ合わせることにより構築できる。この事情は，SWCNT が２次元グラフェンのリボンからつくられることと同じである。図 10.15 は MD 計算から得られたグラファイト上の２次元酸素分子の構造であるが，これからららせんチューブが構築される様子を示している。まず２次元酸素格子上にカイラルベクトル C_h が定義され，これに垂直に切り出されたリボンを丸めてつなぐとらせん構造チューブとなる（図では (2, 1) 酸素チューブの場合）。

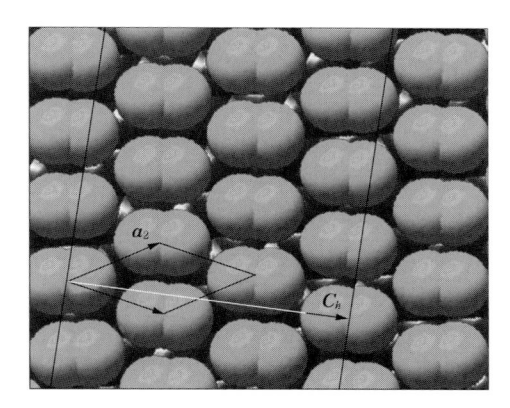

図 10.15 グラファイトの面上の２次元酸素分子

以上は，比較的少ない吸着量の場合についての結果である。しかし，太い SWCNT では吸着分子数が増えると多層構造のチューブが現れる。図 10.16 に直径が 2.0 nm の SWCNT についての例を示す。まず吸着量が少ないときは，図（a）の右図および（b）の下段図に示すように中空の単層酸素チューブとなる。つぎに吸着酸素量を増すと，SWCNT の内壁全面が酸素で覆われたのちに，図（a）の左図および（b）の上段図にその様子を示すように，２層あるいは３層の酸素チューブが形成される。

さて，以上のように SWCNT 内部では，MD 計算の範囲内での結果であるが（また，使用されたポテンシャルの検討が必要であるが），バルク酸素にない新規の酸素配列が実現されるであろうことがわかった。そこでつぎに，酸素分子は磁性分子であるから，このような酸素配列からどのような磁性が発現するかを明らかにすることが，たいへん重要であり興味深い課題

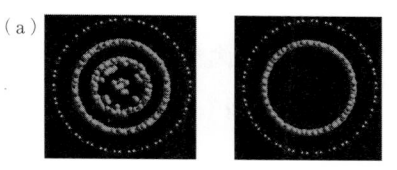

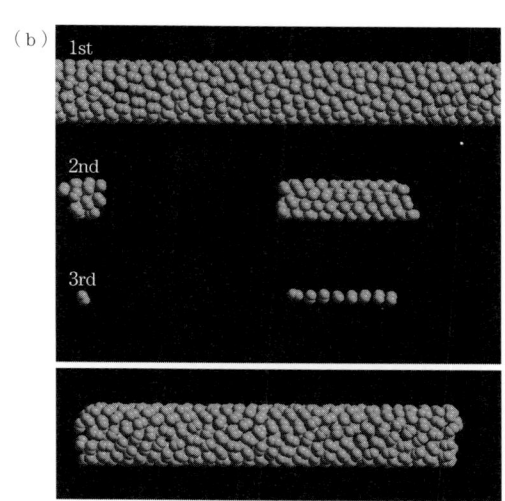

図 10.16 (15, 15) SWCNT 内の酸素の低温構造。（a）左図および（b）下段図は酸素分子数が少ない場合

である。酸素分子どうしの磁気的相互作用は相対的な分子配列に依存して，強磁性的にも反強磁性的にもなり得る[4]。

例えば，(9, 0) や (7, 7) SWCNT 内の酸素では，最近接酸素分子の相互作用は反強磁性となり，１次元的な反強磁性チェーンになると予想される。酸素は整数スピン１の分子であるから，このようなチェーンはハルデン状態を含む興味深い $S=1$ の量子スピン系となる[5]。

今後，このような１次元反強磁性システムや新規らせんチューブを含む理論的・実験的研究が待たれる。

引用・参考文献

1) A. Fujiwara, et al.：Chem. Phys. Lett., **336**, 205 (2001)
2) K. Hanami, et al.：J. Phys. Soc. Jpn., **79**, 023601 (2010)
3) K. Koga and H. Tanaka：J. Chem. Phys., **124**, 131103 (2006)
4) M. C. van Hemert, et al.：Phys. Rev. Lett., **51**, 1167 (1983)
5) T. Tonegawa, et al.：J. Magn. and Magn. Mater., **140**〜**144**, 1613 (1995)

10.4 有機分子内包 SWCNT

10.4.1 はじめに

分子や原子をドーピングあるいはインターカレーションすることによる材料の物性制御は，材料科学の典型的手法である。SWCNT 内部空間へのドーピングは，外接型に比べ，安定性・耐久性において格段に優れていると考えられるため，有機分子内包 SWCNT はデバイス応用などに向けて，非常に有力な物質と期待される。C_{60} などのフラーレン分子を内包した SWCNT，いわゆるピーポッドは，収率の良い合成方法が 2000 年頃に確立された（10.1 節）。そもそもフラーレンも有機分子であることから，フラーレン以外の有機分子を SWCNT 中空へ内包させる発想はきわめて自然であり，その試みはピーポッド大量合成法開発直後よりなされてきた[1]。

10.4.2 合成法と内包の確認

有機分子内包 SWCNT の合成方法は基本的にピーポッド合成法に準じている（10.1 節）。熱安定性の高い分子の場合は，真空下で昇華させることで，開管処理を施した SWCNT に内包させることができる。しかしながら，フラーレンと異なり，熱安定性の低い有機分子も多数存在する。その場合は，内包させる分子を溶解させた溶液中に，開管 SWCNT を浸し，還流する方法が効果的である[2]。

内包状態の確認は，ピーポッドと同様，高分解透過型電子顕微鏡（HRTEM）観測によって行うことができる。図 10.17 は，真空（4×10^{-4} Torr）中，400℃ でドーピングされたペリレン誘導体（perylene-3, 4, 9, 10-tetracarboxylic dianhydride（PTCDA））を内包する SWCNT の HRTEM 像である[3]。ドープ前の HRTEM 像（図（a））と比較して，SWCNT 内部に 2 本の線が観測できる（図（b））ことから，このペリレン誘導体は二つの分子が向かい合うような配置をとって SWCNT に内包されていることがわかる（図（c））。ペリレンのような平面分子が「立った」配置をしている場合は，電子線照射方向に対し，いくつかの原子が重なるため，コントラストの良い HRTEM 像を撮ることができる。しかしながら，このような良い条件が重なることはまれで，一般に有機分子の HRTEM 像をコントラスト良く撮影することは容易ではない。

そこで，内包構造を確認するため，X 線回折測定がよく行われる[1]。つまり，SWCNT が中空構造であることに起因する回折ピークが，分子を内包することに

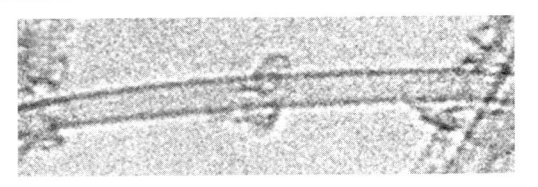

(a) SWCNT

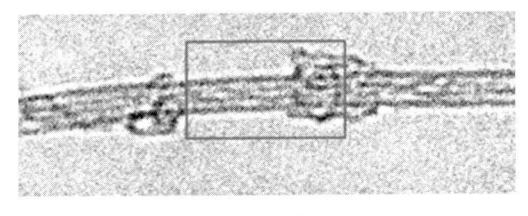

(b) PTCDA 内包 SWCNT

分子モデル

(c) (b) の拡大図と分子モデル

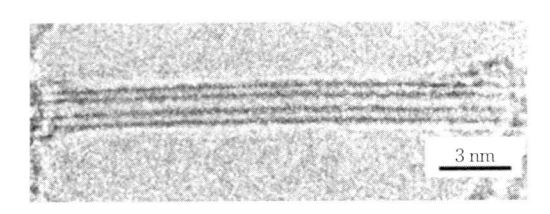

3 nm

(d) DWCNT

図 10.17　HRTEM 像（文献 3）より Elsevier 社の許可を得て転載）

よって強度が減少することを利用する。その結果を解析することによって，内包収率を定量的に求めることができる。

最近では有機分子を内包した SWCNT からの発光を測定することによって比較的簡便に内包状態を確認できることがわかってきた[4]。この方法によっても定量的に内包収率を見積もることが可能である。ここで，フラーレンを内包した場合のように，発光がカイラル指数に依存した特徴のあるピークシフトを示せば分子内包を確認できる。しかし，すべてのピークが一様に長波長シフトしている場合などは内包されているのか，あるいは単にチューブ外壁に吸着しているだけなのかを区別することは難しいので注意が必要である。

分子内包 SWCNT を真空中で熱処理すると内包分子が熱分解を起こし，内側にもう 1 層ナノチューブ生成することで，結果的に DWCNT が形成される。外接

している場合には，内側にチューブが形成されないので，内層の生成をもって，分子が内包されていることの証拠であると考えられている．実際，ペリレン誘導体を1050℃で熱処理した場合に生成するDWCNTのHRTEM像を図(d)に示す．

10.4.3 有機分子内包によるSWCNT物性の変化

適切な有機分子を内包させることにより，SWCNTにキャリヤー（正孔あるいは電子）をドープすることができる[5]．SWCNTへのキャリヤードープの有無は，基本的に内包分子の最高被占軌道（HOMO）および最低空軌道（LUMO）のエネルギー準位と，SWCNTの価電子帯および伝導帯のエネルギー準位との相対関係によって決まる．つまり，イオン化ポテンシャル（I_p）が小さな分子を内包した場合，分子からSWCNTへの電子移動反応が起こり，電子親和力（E_a）が大きな分子が内包されると，SWCNTから分子への電子移動が起こる．例えば，平均直径約1.4 nmのSWCNTに電子ドープするためにはI_pが6.4 eV以下の分子をドープすればよい（表10.3）．また，E_aが2.8 eV以上の分子を内包すれば，SWCNTに正孔が注入される．

表10.3 SWCNTに電子ドープ（左）および正孔ドープ（右）できる分子の例[5]．TDAE：tetrakis (dimethylamino) ethylene；TMTSF：tetramethyl-tetraselenafluvalene；TTF：tetrathiafulluvalene；TCNQ：tetracyanoquinodimethane；F$_4$TCNQ：tetrafluoro tetracyanoquinodimethane．

分子	I_p [eV]	分子	E_a [eV]
TDAE	5.36	TCNQ	2.80
TMTSF	6.27	F$_4$TCNQ	3.38
TTF	6.40		

内包分子とSWCNT間で電荷移動反応が起こった場合，ファンホーブ（van Hove）特異点間の遷移に関連するSWCNTの光吸収ピーク強度が減少する[5]．これはキャリヤードープによってフェルミ面近傍のSWCNT状態密度が変化するためである．また，SWCNTのラマンスペクトルにおいて1590 cm^{-1}付近に観測されるGバンドの周波数も内包分子とSWCNTとの電荷移動反応に敏感であり，電荷移動の有無を確認する良い指標となる[2]．

一方，上述の条件を満たさない有機分子はSWCNTとの間で電荷のやり取りをほとんど行わず，両者の間には弱い分子間相互作用のみが働く[4,5]．SWCNTの電子構造はこのような弱い分子間力にさえ非常に敏感で，カイラル指数によっては0.1 eVオーダーの電子構造変化を示す場合もある[4]．しかし，一般的には，相互作用が弱いために，SWCNTの基本的物性はそれほど大きく変化しないと考えてよい．

10.4.4 SWCNTをテンプレートとした1次元ナノ構造創製

SWCNTと内包分子との相互作用が弱い場合，内包分子の特性を損なわないナノサイズのテンプレートとしてSWCNTを捉えることができる．中でも発光現象は，分子の置かれている環境に非常に敏感なため，SWCNTに内包された場合，消光されることがほとんどであったが，最近，α-sexithiopheneはSWCNTに内包されても蛍光を発することが報告された[6]．ナノスケールの光エレクトロニクスデバイスとしての応用が期待される．

現時点では，フラーレン以外に内包分子が規則正しい配列構造を持つ有機分子内包SWCNTの報告はない．しかし一方で，多くの有機分子は非共有結合性の弱い分子間相互作用によって自己集合し，超分子的な構造体を形成することがよく知られている[7]．今後，SWCNTをテンプレートとして，分子レベルで配列制御された，超分子ナノ構造体が創製され，魅力的な新物性が発現することが期待される．

引用・参考文献

1) H. Kataura, et al.：Optical properties of fullerene and non-fullerene peapods, Appl. Phys. A, **74**, 349 (2002)
2) K. Yanagi, Y. Miyata and H. Kataura：Highly stabilized β-carotene in carbon nanotubes, Adv. Mater., **18**, 437 (2006)
3) Y. Fujita, S. Bandow and S. Iijima：Formation of small-diameter carbon nanotubes from PTCDA arranged inside the single-wall carbon nanotubes, Chem. Phys. Lett., **413**, 410 (2005)
4) T. Okazaki, et al.：Optical band gap modification of single-walled carbon nanotubes by encapsulated fullerenes, J. Am. Chem. Soc., **130**, 4122 (2008)
5) T. Takenobu, et al.：Stable and controlled amphoteric doping by encapsulation of organic molecules inside carbon nanotubes, Nat. Mater., **2**, 683 (2003)
6) M. A. Loi, et al.：Encapsulation of conjugated oligomers in single-walled carbon nanotubes：Towards nanohybrids for photonic devices, Adv. Mater., **22**, 1635 (2010)
7) J.-M. Lehn：Supramolecular Chemistry, VCH (1995)

10.5 微小径ナノワイヤー内包CNT

10.5.1 はじめに

ナノテクノロジーの大号令とともに，あらゆるところでナノという言葉を見かけるようになった．このような「ナノ」の氾濫にいささか食傷気味の向きもおられるかもしれない．しかしながら，化学的に不活性な金がナノレベルまで微細化されると高い触媒能を発揮

するといった例に見られるように，同じ物質であってもそのサイズがナノレベルまで微細化されるとバルクの状態では見られなかったさまざまな新しい性質が見えてくる。このナノという領域には，まだまだ非常に面白い現象が潜んでいるのは間違いないだろう。さて，それではこのナノの世界を探検するには何が必要だろうか。もちろん，構造や物性を明らかにするための実験技術，また現象の理論的な予想や解釈なども重要である。しかし，まずはその舞台となるナノサイズの構造体を自在に作ることができなければ話は始まらない。本節では，新規なナノ構造体，特に金属ナノワイヤーを自在に作り出すための一つの方法として，CNT の持つ内部空間を利用した試みについて紹介したい。

代表的なナノ構造体の一つとして，太さがサブナノメートルの金属および半導体ナノワイヤーを挙げることができる。これらは，デバイスの微細化という現代エレクトロニクスの潮流において，キーとなる重要な物質群でもある。現在までに報告されたナノワイヤーの合成法は，レーザー蒸発法[1]，化学気相成長法[2]，また超高真空中原子マニピュレーション[3] など多岐にわたっている。しかしながら，直径がサブナノメートル領域のナノワイヤーをさまざまな組成で，構造を制御して，かつ多量に作り出すことはいまだに困難である。また，仮に作り出すことができたとしても，これらの極微細ナノワイヤーは容易に構造が分断され，ナノ粒子集合体への構造変化が起こりやすく，さらに空気にさらせば速やかに酸化されてしまう。これは，極微細ナノワイヤーの比表面積が非常に大きく，その直接の帰結として非常に高い表面エネルギーを持っているためである。この構造の不安定性，高い化学的反応性のため，種々のキャラクタリゼーションやその後のデバイス作成には困難が伴う。そこで，筆者らが着目したのが，SWCNT 内部のナノサイズの 1 次元円筒空間を物質創製の場として，特に金属および半導体ナノワイヤーを作り出す場として利用することである。SWCNT を用いることで，内部に創製されるナノワイヤーの直径は，自然と SWCNT の直径に対応する 0.4 nm～程度となる。また，内部に創製したナノワイヤーは，SWCNT の壁に保護されるため，構造変化や酸化を起こすことなく安定に存在することになる。次項では，SWCNT を用いたナノワイヤーの合成法として，ナノテンプレート反応をはじめに紹介したい。

10.5.2 ナノテンプレート反応を利用したナノワイヤーの合成法

ナノテンプレート反応とは，ナノサイズの空間を反応容器として用い，そのナノ反応容器の中でさまざまな反応を起こすことで，新規なナノ物質を創製する方法である。ナノテンプレート反応では，きわめて制限された空間で反応が進行するため，反応生成物の構造は空間のサイズおよび形状に制限され，生成物の構造を原子レベルで精密に制御することが可能である。その結果，通常のマクロなサイズの反応容器を用いた場合には創製不可能な，ナノサイズに特有な構造を持つナノ物質を自在に創製することが可能となる。

筆者らが実際に行ったナノテンプレート反応の概略図を**図 10.18** に示す（ここではナノサイズの反応容器として SWCNT，反応物質として金属内包フラーレンが示されている）。高温真空加熱という単純な操作によって SWCNT[4] 内で金属内包フラーレンの熱融合反応が起こり，新たに SWCNT と金属ナノワイヤーを合成することができる。この方法では，用いる SWCNT の直径を変化させることで，生成する金属ナノワイヤーの直径制御が可能であり，また単純に用いる金属内包フラーレンの種類を変えるだけで 20 種類以上の元素の金属ナノワイヤーの合成が可能である。さらに 200 種類以上の組合せの合金ナノワイヤーも潜在的な標的化合物となるなど，その広い適用範囲が特徴の一つである。

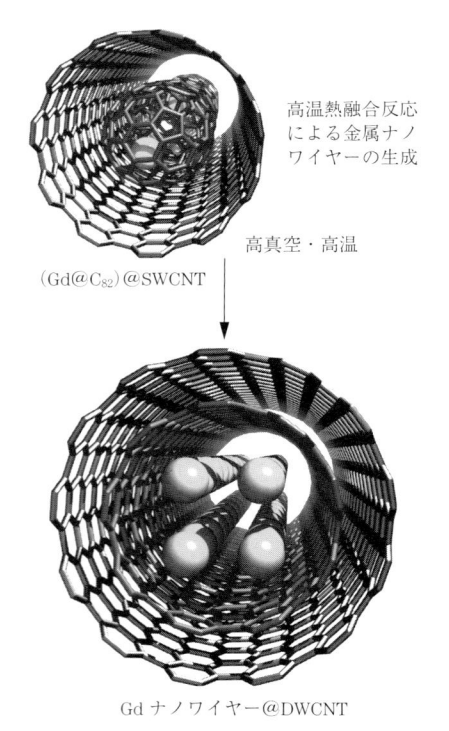

$(Gd@C_{82})@SWCNT$

高温熱融合反応による金属ナノワイヤーの生成

高真空・高温

Gd ナノワイヤー@DWCNT

図 10.18 ナノテンプレート反応の概略図

10.5 微小径ナノワイヤー内包 CNT

ここで紹介したナノテンプレート反応では，金属内包フラーレンピーポッドを経由していることが特徴である。つまり，ナノピーポッド構造を利用することにより，反応初期状態として反応物質をナノレベルの正確さで事前に配置することが可能になる。ナノピーポッドを合成することは，それほど難しくない。例えば，反応物質として，Gd原子がフラーレン内部に1個内包された金属内包フラーレン Gd@C_{82} を SWCNT 内に1次元状に配列した，金属内包フラーレンピーポッドを用いた場合を例にとろう。500℃程度の空気酸化処理によりフラーレンエンドキャップを除去した SWCNT と高速液体クロマトグラフィーにより単離精製した Gd@C_{82} をパイレックスガラスに 10^{-5} Pa 程度で真空封止し，500℃で3日間程度放置するだけである。SWCNT の純度などに問題がなければ，Gd@C_{82} が90％以上の高充填率で SWCNT に内包された，金属内包フラーレンピーポッドを合成することは比較的容易である[5]。このようにして合成した金属内包フラーレンピーポッドを用いて，ナノテンプレート反応を行った。なお，このナノテンプレート反応は，合成した金属内包フラーレンピーポッドを，10^{-5} Pa，1 000〜1 300℃で1〜72時間真空加熱を行うという，きわめてシンプルなものである。

ナノテンプレート反応後の HRTEM 像を**図 10.19**（a）に示す。高温真空加熱によって引き起こされた金属内包フラーレンの融合反応により新たに形成された直径の細い CNT が内層となり，SWCNT が DWCNT と変化したことがわかる[4]。さらに，非常に強いスポット状のコントラストが DWCNT の内部に規則的に配列していることがわかる。この視野範囲内で測定したエネルギー分散型X線分析（EDS）の結果を図（d）に示す。図より明らかなように，Gd の Lα, β に由来する特性X線が観測されたことから，DWCNT の内層内部に観測された強いコントラストは Gd 元素に由来することが確認できた。

さらに，Gd の詳細な構造を決定するために，HRTEM 像に基づいた構造モデルの構築とマルチスライス法による HRTEM 像シミュレーションを組み合わせた構造解析を行った。図（a），（b），（c）にそれぞれ HRTEM 像，推定した構造モデル，および構造モデルに基づくシミュレーション像を示す。HRTEM 像シミュレーション結果が，HRTEM 像と非常に良い一致を見せたことから，Gd の構造は図（b）に示したように，正方形状に配列した Gd が CNT 軸に沿って配列した構造（2×2ナノワイヤーと呼ぶ）であることが明らかになった。

今回合成に成功した Gd 2×2 ナノワイヤーは，Gd のバルク結晶とはまったく異なる構造を持つ。Gd のバルク結晶構造は六方最密充填構造，また面心立方構造であることが知られているが，Gd 2×2 ナノワイヤーは，そのいずれのバルク結晶構造に対応しないのはもちろん，その結晶構造のどの方向からの1次元の切出しにも対応しなかった。このような特異な構造を取る理由はいまのところ明らかではないが，CNT と Gd 原子の部分的な電荷移動や軌道混成などの相互作用が重要な役割を果たしていると考えている。つまり，この構造は CNT 内でのみ存在可能な Gd ナノ構造体であると考えられる。また，Gd 2×2 ナノワイヤーの Gd-Gd 最近接原子間距離は，通常のバルク Gd 結晶の Gd-Gd 最近接原子間距離と比較して非常に長いことも明らかとなった。通常3次元で安定に存在する Gd 結晶は六方最密充填構造であり，その Gd-Gd 最近接原子間距離は 0.357 nm である。一方，今回合成された Gd 2×2 ナノワイヤーの Gd-Gd 原子間距離

（a）ナノテンプレート反応後の HRTEM 像

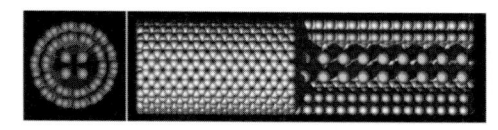

（b）推定した構造モデル

（c）構造モデルに基づくシミュレーション像

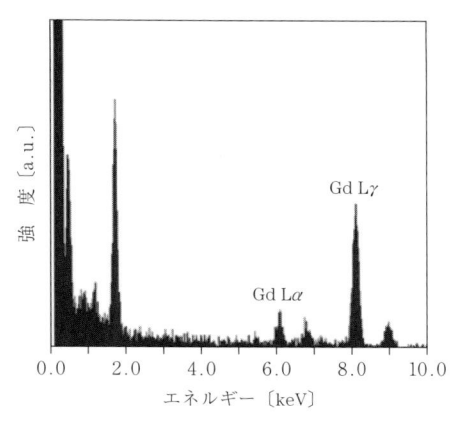

（d）エネルギー分散型X線分析結果

図 10.19

は，0.43（1）nm（CNT 軸と平行方向），0.40（3）nm（CNT 軸と垂直方向）と，いずれもバルク Gd と比較して非常に長い。このように，通常のバルク物質では取り得ない結晶構造および結合距離を持つ Gd 2×2 ナノワイヤーは，特異な電子構造を有することが予想され，その伝導特性や磁気特性などに非常に興味が持たれる。

10.5.3 直接ナノフィリング法

前記のナノワイヤーの合成は，初めにナノチューブ中に物質を導入し，その後熱融合反応によってナノチューブ内部に金属ナノワイヤーを作り出す方法であった。この手法は，多種多様な金属に適用可能であり興味深い手法であるが，より簡便かつ直接的な方法として，ナノチューブ内に一段階で自己集合的にナノワイヤーを形成する方法がある。これは，端の開いた CNT と種々の金属を同時に封入して高温加熱することにより金属を昇華させ，ナノチューブ内部に金属を導入するというきわめて単純な方法である[6),7)]。このような簡便な手法で，太さ数原子程度のきわめて細い金属ナノワイヤーを自発的に形成することができる。この方法は，昇華性の金属にしか適用することはできないが，アルカリおよびアルカリ土類金属や数種の希土類金属，遷移金属に適用可能であり，高い収率を得ることができることも明らかとなってきた。以下に，最近の研究成果を含めていくつかの例を紹介したい。

図 10.20 に示したのは，DWCNT の中に生成したユウロピウムの単原子鎖の HRTEM 像と構造モデルである。

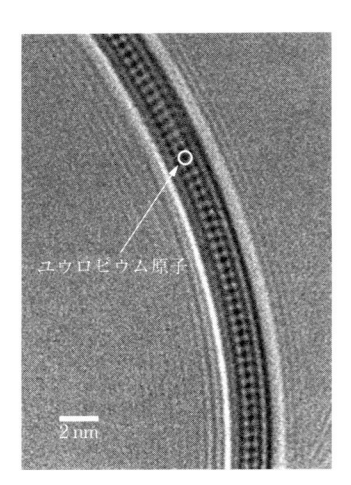

この場合，内層 CNT の直径は 0.76 nm であり，炭素のファンデルワールス半径を差し引くとおよそ 0.4 nm の空間である。これは，おおよそ原子 1 個分の大きさでしかない。このような極微小空間では，太さが原子 1 個分しかないような究極のナノワイヤーが自然と生成することになる。当然，これは考え得る限り最も細い金属のワイヤーである。このような単原子ワイヤーは，これまでに STM と TEM を組み合わせた原子マニピュレーションによって造られたことはあったが，そのような構造は超高真空中で数十秒程度存在するにすぎない。それとは対照的に，CNT の中に生成した単原子ワイヤーは，大気中で数箇月間放置し空気中の水や酸素に長時間さらされても，さらにはさまざまな溶媒中で超音波分散を行い機械的な力を加えても，酸化されたりちぎれたりすることなく安定に存在する。これは，CNT の壁によって，酸素などの分子がナノワイヤーをアタックできないこと，さらにはチューブとの相互作用によって著しく安定化されていることによる。CNT を用いることの利点は，通常では作ることが難しい構造体を作り出せることにあるだけではなく，このように不安定なナノ構造体を安定化できるところにある。この安定化効果によってナノワイヤーの取扱いが簡単になり，詳細な物性測定や応用へ展開することが可能となると考えられる。また，TEM 像から求めた最近接のユウロピウム-ユウロピウム距離は 0.46 nm であり，興味深いことにバルク固体結晶の値である 0.4 nm と比較して非常に長いことがわかった。これに関しては理由が完全には明らかではないが，チューブへの部分的な電荷移動によって正に帯電したユウロピウム原子どうしが反発し合うことによるのではないかと考えている。

もちろん，用いる CNT の太さを変えることで得られる金属ナノワイヤーの太さも変えることができる。**図 10.21** には太さがそれぞれ原子 2 個分および 4 個分のユウロピウムナノワイヤーの HRTEM 像を示した。これらのナノワイヤーにおいても最近接ユウロピウム間の距離はどちらも約 0.43 nm であり，バルク結晶の値よりも長いことが明らかになった。このように，CNT の円筒ナノ空間を用いることで，通常では合成の困難な極細金属ナノワイヤーが，太さを原子 1 個レベルで変化させながら系統的に作り出すことができる。このことは，CNT の 1 次元円筒ナノ空間を利用することで，極微のナノワイヤーを系統的に合成し，さらにその構造および物性を調べることができることを意味している。

さらに，CNT 内に存在するナノワイヤーを TEM 観察している際に興味深い現象が観察された。**図 10.22**

（a）ユウロピウムの単原子鎖の HRTEM 像

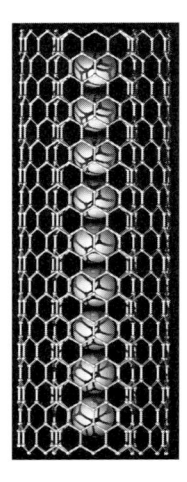

（b）構造モデル

図 10.20

10.5 微小径ナノワイヤー内包 CNT

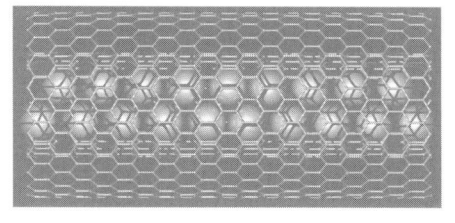

(a) 太さが原子 2 個分

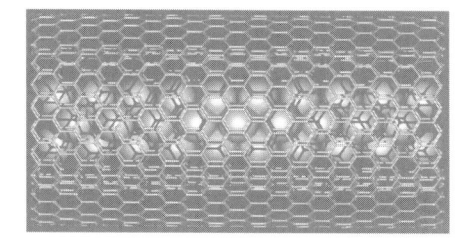

(b) 太さが原子 4 個分

図 10.21　ユウロピウムナノワイヤーの HRTEM 像（上）と構造モデル（下）

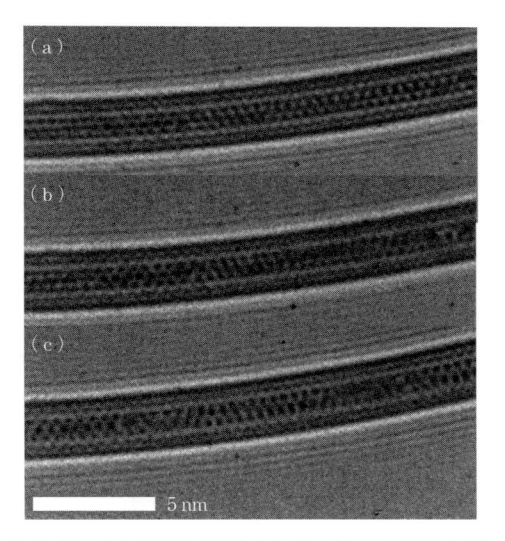

図 10.22　太さが原子 4 個分のナノワイヤーの HRTEM 像

に，例として太さが原子 4 個分のナノワイヤーの HRTEM 像を示す．

この 3 枚の像は，同一の場所で数十秒の時間をおいて順番に撮影したものであるが，一見してわかるように初めに最密充填構造を取っているユウロピウムナノワイヤーが，そのつぎにはねじれたらせん構造を取っていることがわかる．また，最後には再びらせん構造から最密充填構造へと戻ることも明らかとなった．ここにはバルク構造体と比べて決定的に異なる二つの点がある．まず，第一に，このような劇的な構造変換が可逆的かつ自発的に起こるということであり，

第二にその構造揺らぎの結果として，らせん構造が自然と現れることである．ナノの世界になると，表面が非常に多くなり，全エネルギーに対する表面エネルギーの割合がきわめて大きくなる．このため，表面エネルギーが低い構造が有利となり，その結果バルクでは決して安定であり得なかった構造もナノサイズの領域では実現することがある（金属超微粒子における 5 回対称性の発現などはこの一例である）．また，表面エネルギーが小さな構造が有利になると同時に，エネルギーの近いさまざまな構造が準安定相として存在し得るのもナノサイズの特徴の一つである．今回観察されたようならせん構造の自発的な生成とダイナミックな構造揺らぎの発現は，まさに太さが原子数個程度であるというナノの領域でこそ初めて起こるものであると考えられる．この構造揺らぎを引き起こすのが，室温程度の熱エネルギーなのか，それとも TEM 観察時に照射せざるを得ない電子線の影響なのかは現在のところ明らかではないが，いずれにしてもバルク構造体では決して起こり得ない現象であることには違いはない．このように，CNT 内部では原子が規則的に並んでいるという点では固体結晶のようであるが，その反面，ダイナミックな構造揺らぎが起こっているという点では液体のようでもあり，物質は固体とも液体ともつかない特殊な状態にあると考えられる．このような構造の自由度が大きいという特異な状態を利用することで，CNT 内における物質の高速輸送などの新たな応用が可能となるかもしれない．

以上に述べてきたように，CNT 内の円筒空間を利用することで，これまで作成するのが困難であった太

さが数原子程度のナノワイヤーを系統的に作り出すことが可能となった。ここでは紹介しなかったが，ユーロピウム以外にもさまざまな金属種で同様のナノワイヤーを作ることも可能である。今後は，これら新規物質群の基礎物性を詳細に調べ，ナノ構造における構造物性相関を明らかにしつつ，物性解明・探索を行いたい。最後に，このようにして得られた新規物質群とその基礎物性に関する知見が，新たなナノサイエンスの発展を促すことを期待する。

引用・参考文献

1) A. M. Morales and C. M. Lieber：A laser ablation method for the synthesis of crystalline semiconductor nanowires, Science, **279**, 208〜211 (1998)
2) D. Wang, F. Qian, C. Yang, Z. H. Zhong and C. M. Lieber：Rational growth of branched and hyperbranched nanowire structures, Nano Lett., **4**, 871〜874 (2004)
3) Y. Kondo and K. Takayanagi：Synthesis and characterization of helical multi-shell gold nanowires, Science, **289**, 606〜608 (2000)
4) R. Kitaura, N. Imazu, K. Kobayashi and H. Shinohara：Fabrication of metal nanowires in carbon nanotubes via versatile nano-template reaction, Nano Lett., **8**, 693〜699 (2008)
5) K. Hirahara, et al.：One-dimensional metallofullerene crystal generated inside single-walled carbon nanotubes, Phys. Rev. Lett., **85**, 5384〜5387 (2000)
6) R. Kitaura, et al.：High yield synthesis and characterization of the structural and magnetic properties of crystalline ErCl3 nanowires in single-walled carbon nanotube templates, Nano Res., **1**, 152〜157 (2008)
7) R. Kitaura, et al.：High-yield synthesis of ultrathin metal nanowires in carbon nanotubes, Angew. Chem. Int. Ed., **48**, 8298〜8302 (2009)

10.6　金属ナノワイヤー内包 CNT

1993 年に多層構造の CNT に鉛を内包できることが報告されてから[1]，さまざまな物質を CNT に内包させることが研究されてきた[2),3)]。内包構造の作製は毛管現象の利用，アーク放電法，化学気相析出法などによる CNT 形成と内包を同時に行うことからなされる。しかしながら，金属などを内包する CNT の収率は低く，内包していない空の CNT が共存すること，金属などが内包されても，間断的であったり，先端までは内包されないなどの問題点がある。内包には，表面張力[4)]，ラプラス圧[5)]，液滴のサイズ[6)] などの制御が重要であり，硫黄を少量添加し硫化物にすると内包率が向上すること[7)] などが報告されている。

ここでは，高圧ガス中で行うレーザーアブレーションにより達成できる銅（Cu）または炭化ケイ素（SiC）を内包した CNT 形成について述べる。得られた 200 本以上の CNT を透過型電子顕微鏡（TEM）により観察したが，内包していない CNT や間断的に内包しているような CNT は存在せず，100% 内包 CNT が得られる。本方法はステンレスチェンバーを使用して，大気圧の 9 倍程度までの高圧 Ar ガス雰囲気下で原料ターゲット（グラファイトに Cu または Si を混合）に連続発振レーザー照射（パワー密度 13 kW/cm^2，照射時間 2 s）を行う簡便なものである。ターゲットから低速度（$10^2 \sim 10^3$ cm/s）で飛び出した原子，クラスターを Ar ガス中に閉じ込めることにより，高密度状態が達成され，高温状態から冷却される過程で，1 次元ナノ構造成長を引き起こすことができる。ターゲットの組成および Ar ガス圧を制御することにより，触媒として働く他の金属などが存在しない状態で成長制御が可能である。

Cu 内包 CNT 形成[8)] について述べる。図 10.23（a）

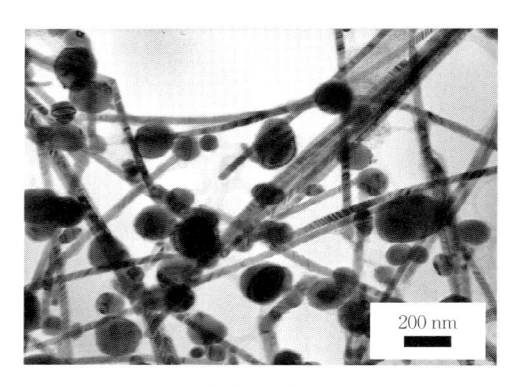

（a）全体像

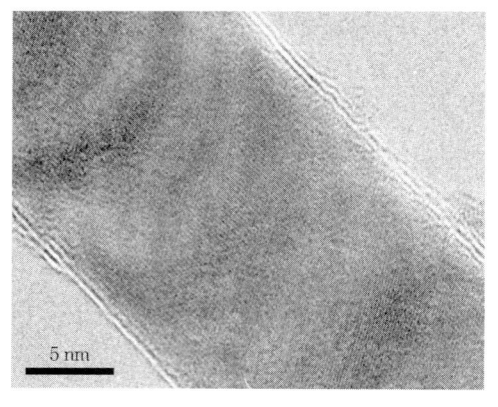

（b）Cu 内包 CNT

図 10.23　原子量 % の Cu 含有グラファイトからの生成物の TEM 像

10.6 金属ナノワイヤー内包 CNT

に Cu を 30 原子量％含むグラファイトを用いて，Ar ガス圧力 0.9 MPa で，レーザーアブレーションを行った場合の生成物の TEM 像を示す。1 次元状構造および粒子が存在している。図（b）は 1 次元状構造の高分解能 TEM 像の一例である。直径 20 nm 程度のナノワイヤーを内包した CNT が生成しており，外側に約 0.35 nm の間隔を示すグラフェン層が存在している。グラフェン層は多くて 5 層までである。

図 10.24（a）に示すように，内包ナノワイヤー部分には Cu の 0.21 nm の間隔の格子面があり，図（b）に示す制限視野電子線回折（SAED）パターンの解析から，ナノワイヤーは面心立方構造を有する Cu 多結晶であることがわかる。

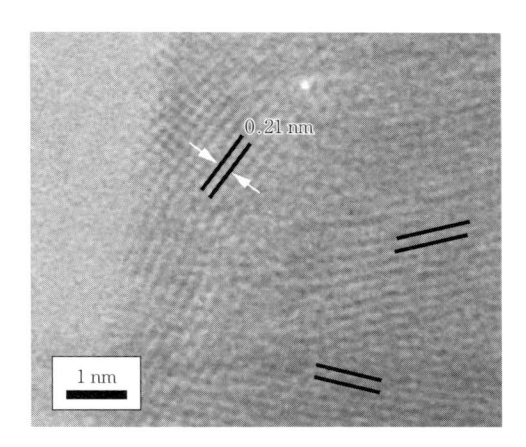

（a）格子像

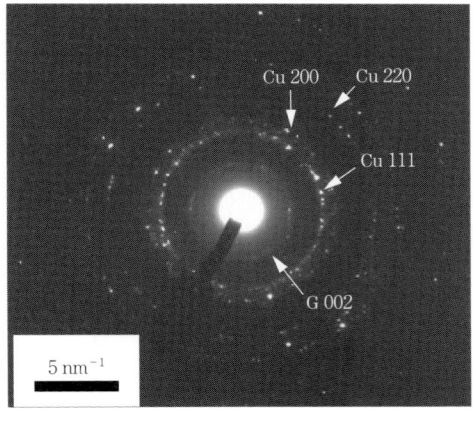

（b）SAED パターン

図 10.24 CNT に内包されている Cu 部分

このような Cu 内包 CNT の直径は 10～40 nm（平均直径 20 nm で狭い分布）であり，長さは 3 μm 程度までである。共存する粒子（高分解能 TEM 観察から Cu を内包したカーボンナノカプセル（CNC）と判明）の直径は 10～200 nm 程度で，サイズの大きなものが含まれている。図（a）に対応する生成物のラマンスペクトルには高強度で鋭い G バンド（半値幅 27 cm^{-1}）と G バンド強度の 10％程度の強度の D バンドが見られ，グラファイト性の高い構造が生成していることを示唆する。Cu 内包 CNT は CNC と共存するが 50～60％の収率で形成される。Cu の含有量の少ないグラファイトにレーザー照射を行うと，多面体状グラファイトなどの粒子のみが生成する傾向が見られ，Cu 内包 CNT や空の CNT は生成しない。Cu 内包 CNT の形成にはターゲットとして用いるグラファイト中の Cu 含有量が重要である。

SiC 内包 CNT 形成[9]について述べる。**図 10.25** に Si を 70 原子量％含むグラファイトを用いて，Ar ガスの圧力 0.9 MPa で，レーザーアブレーションを行った場合の生成物の TEM 像を示す。

図（a）は全体像であるが，1 次元および粒子状構造が見られる。図（b）は 1 次元状構造の外側部分に焦点を合わせた高分解能 TEM 像であり，0.35 nm の間隔を示すグラフェン構造が見られる。さらに，図（c）は内側のコア部分に焦点を合わせた高分解能 TEM 像（右上に SAED パターンも表示）であり，TEM 像には，0.25 nm の間隔の格子面が見られ，SiC の（111）面の間隔に相当する。SAED パターンには，β-SiC 結晶を示す典型的な 6 個のスポットが観測されている。これらの結果から，結晶性 SiC ナノワイヤーを内包している CNT が生成してることがわかる。ラマンスペクトルには，SiC の横波光学フォノンに帰属される 790 cm^{-1} のバンドが観測されたほか，グラフェン構造の存在に対応する G および D バンドがそれぞれ，1356 および 1583 cm^{-1} に観測される。

図 10.26（a）に SiC 内包 CNT の直径分布を示す。10～60 nm の直径を持つが，80％以上のものが 20～40 nm の範囲にあり，平均直径は 32 nm である。図（b）に内包 SiC ナノワイヤーの直径分布を示す。10～50 nm の直径を持ち，平均直径は 21 nm である。CNT のグラフェン層の厚さは 2～9 nm になり，先に述べた Cu 内包 CNT より厚い。

このような Cu または SiC 内包 CNT の成長機構を考える上で重要になるのは，内包 CNT の一端の構造である（高温での成長過程を経た生成物であるが）。TEM 観察による Cu 内包 CNT の一端の構造を**図 10.27** に示す。図（a）のように，一端には球状粒子が観測され，図（b）のように，その外側にはグラフェン層が存在する。このような球状粒子の存在は，成長時に溶融粒子が関与することを示唆する。一端に

(a) 全体像

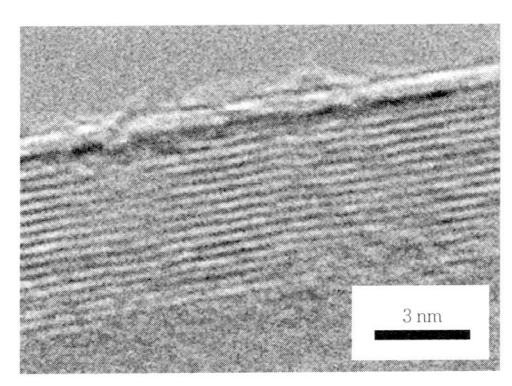

(b) 外側部分

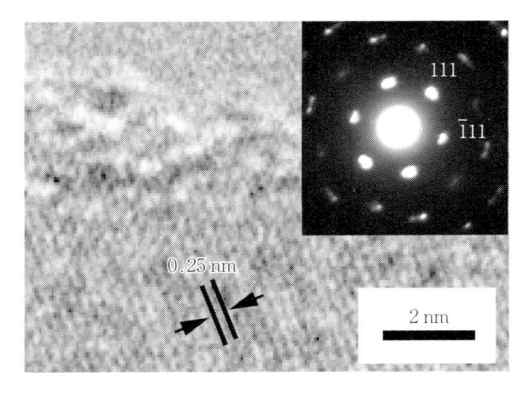

(c) 内包されているSiC部分の格子像とSAEDパターン

図10.25 70原子量％のSi含有グラファイトからの生成物のTEM像

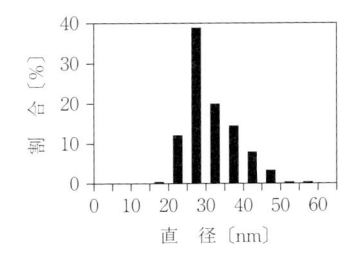

(a) SiC内包CNTの直径分布

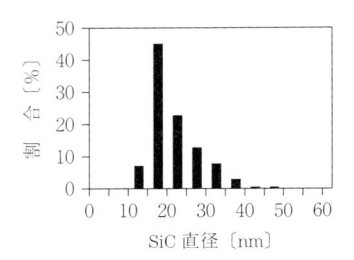

(b) 内包SiCナノワイヤーの直径分布

図10.26 SiC内包CNTの直径および内包SiCの直径の分布

存在する球状粒子の大きさは10〜50 nmであり，同時に存在するCu内包CNCより小さい．特定のサイズの溶融粒子が成長に関与し，直径分布の狭いCu内包CNT形成が引き起こされると考えられる．

SiC内包CNTの一端には，図10.28（a）に示すような多角形状粒子が見られる．多角形状粒子のサイズは100〜400 nmで，Cu内包CNTの場合よりも大きい．図（b）のHRTEM像に示すように，その外側にはグラフェン層が存在する．多角形状粒子として観察されるのは，SiC結晶構造に関係すると考えられる．同様な組成のSi含有グラファイトを用いた低Arガス（0.1 MPa）条件でのレーザーアブレーションでは，アモルファスSiCナノワイヤーが成長し，その一端にはアモルファスSiC粒子が観察される．

CuまたはSiC内包CNTの形成には，溶融粒子が関与すると考えられるが，金属などの触媒の存在下で起こる従来のCNTやSiなどのナノワイヤー成長とは異なり，触媒が関与するvapor-liquid-solid（VLS）機構からは説明できない．また，CuまたはSiCが完全に内包されることから，CNT成長後の溶融金属の進入から成る従来の内包機構では説明できない．レーザーアブレーションの場合，核形成に関与するCuまたはSiとカーボンの溶融粒子は，レーザー照射により放出されたカーボン種などがArガス中で凝集する過程で生成する．ここでの二つの1次元状構造の成長には，特に，高圧Arガス雰囲気が必要である．したがって，例えばCu内包CNT形成の場合では，生成したカーボンおよびCuがAr雰囲気中に閉じ込められ，高密度で存在し，カーボンが過剰に溶け込んだCu粒子が形成されると推測される．

Cu内包CNTの形成には，カーボンとCuの供給が

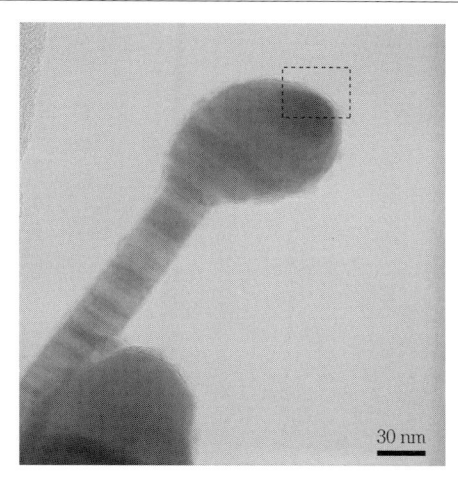

10.6 金属ナノワイヤー内包 CNT

（a） TEM 像

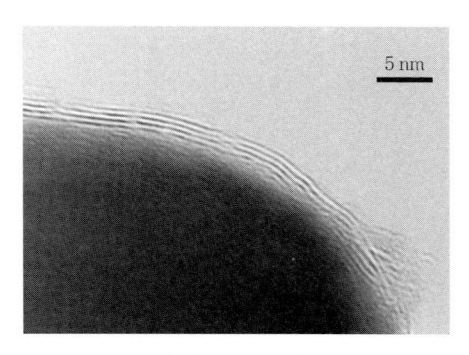

（b） HRTEM 像

図 10.27 Cu 内包 CNT の一端の TEM 像および HRTEM 像（（a）中の四角の破線で囲った部分）

（a） TEM 像

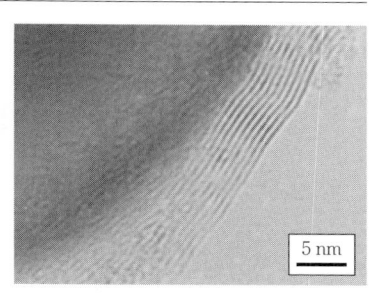

（b） HRTEM 像

図 10.28 SiC 内包 CNT の一端の TEM 像および HRTEM 像

続き，拡散過程を経て不安定な組成を持つ溶融粒子から Cu とカーボンから成るナノワイヤー状物質が析出すること，同時に相分離によりグラフェン層が形成される過程を提案する．Si 内包 CNT 形成の場合には，Si とカーボンから成る不安定な組成を持った溶融粒子が核形成に関与することが考えられる．以上のように，自己触媒的な作用による二つの 1 次元状構造の形成機構を提案した．他の物質でも同様な現象が起こるのかなどを含めて，さらなる検討が必要である．

引用・参考文献

1) P. M. Ajayan and S. Iijima：Capillarity-induced filling of carbon nanotubes, Nature, **361**, 333 (1993)
2) F. Banhart, et al.：Metal atoms in carbon nanotubes and related nanparticles, Int. J. Mod. Phys. B, **15**, 4037 (2001)
3) D. Tasis, et al.：Chemistry of carbon nanotubes, Chem. Rev., **106**, 1105 (2006)
4) E. Dujardin, et al.：Capillarity and wetting of carbon nanotubes, Science, **265**, 1850 (1994)
5) M. Monthioux：Filling single-wall carbon nanotubes, Carbon, **40**, 1809 (2002)
6) D. Schebarchov and S. C. Hendy：Capillary absorption of metal nanodroplets by single-wall carbon nanotubes, Nano Lett., **8**, 2253 (2008)
7) N. Demoncy, et al.：Filling carbon nanotubes with metals by the arc-discharge method：the key role of sulfur, Eur. Phys. J. B, **4**, 147 (1998)
8) F. Kokai, et al.：Fabrication of completely filled carbon nanotubes with copper nanowires in a confined space, Appl. Phys. A, **97**, 55 (2009)
9) F. Kokai, et al.：Fabrication of two types of Si-C nanostructures by laser ablation, Appl. Phys. A, **101**, 497 (2010)

11. CNTの応用

11.1 複合材料

11.1.1 セラミックスとナノカーボンの複合体
〔1〕はじめに

セラミックスとナノカーボンの複合体はその形態から大きく二つに分類することができる。一つは，カーボンナノファイバー（CNF）やカーボンナノチューブ（CNT）の表面をセラミックス粒子や膜で修飾したものである。これらは，複合化による機能性の発現，向上を目的とする場合と，セラミックスナノチューブの前駆体とする場合がある。もう一方の複合形態は，セラミックスをマトリックスとし，ナノカーボン材料をフィラーとして添加するものである。これはセラミックスの機械的特性の向上や電気的特性の付与を目的とする場合が多い。

本項では，これらのセラミックスとナノカーボン複合体の合成方法やその特性について述べる。

〔2〕ナノカーボンのセラミックスによる表面修飾

この種の基材として，CNTを用いたものが盛んに研究されている。修飾方法としては，セラミックスナノ粒子を導入する方法や，チューブの外壁表面にセラミックス成分を直接合成する方法が知られている。

（1）CNT／セラミックス粒子複合化 複合化状態を得るためには，両者の間に相互作用が必要となる。**図11.1**に示すような酸処理を用いたCNT表面へ

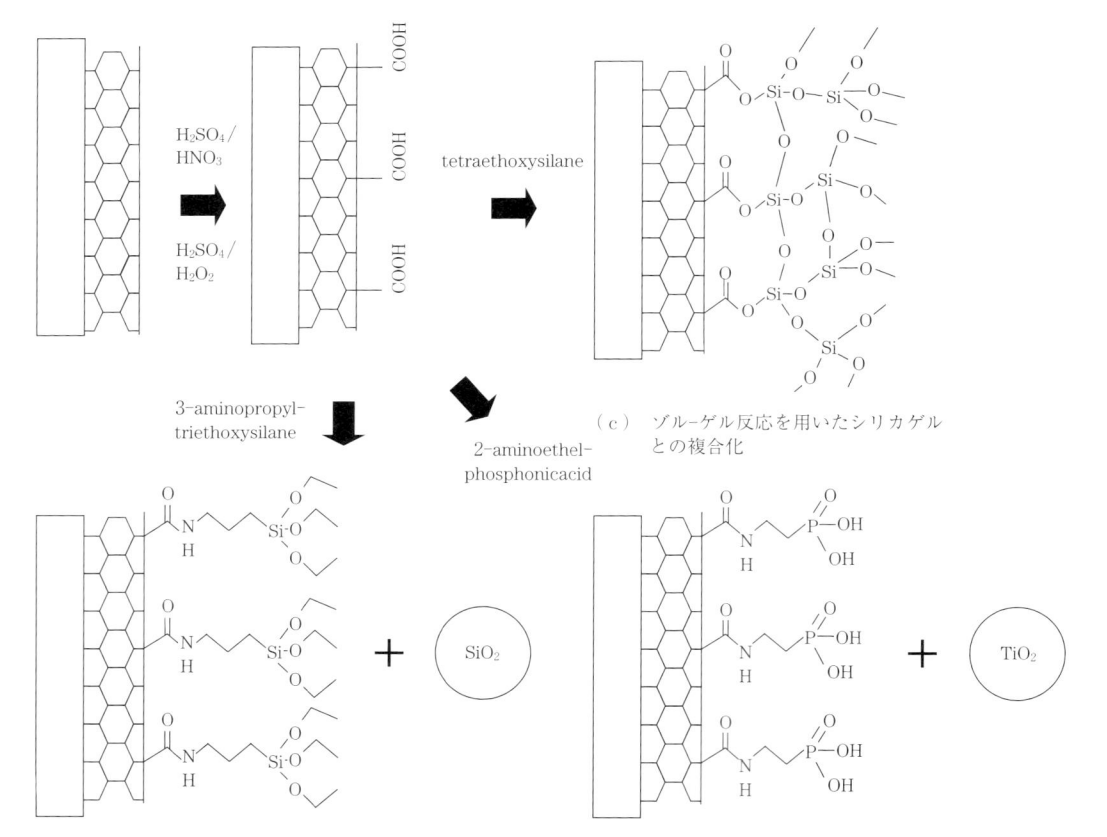

（a）シランカップリング剤を用いたSiO_2粒子との複合化　　（b）リン酸カップリング剤を用いたTiO_2粒子との複合化

図11.1 酸処理によるCNT表面への官能基の導入とセラミックスとの複合化

の官能基の導入とこれを用いた複合化がよく知られている[1), 2)]。

T. Sainsbury らは，図（a）のように，酸処理した MWCNT に 3-aminopropyltriethoxysilane をカップリング剤として用い，ゾル-ゲル法で合成された SiO_2 ナノ粒子（4〜5 nm）を共有結合させ複合化している[3)]。また，カップリング剤として 2-aminoethelphosphonicacid を用いることで，TiO_2 との複合化も行われている（図（b））。ほかにも MnO_2[4)] や MgO[5)] などについても同様の手法で複合化が可能である。しかしながら，酸処理による官能基の導入は，CNT の 6 員環構造に欠陥を導入するため，機械的および電気的特性を低下させてしまうことが知られている。そこで，セラミックス粒子をピレンやベンジルアルコールなどで修飾し，π電子相互作用により CNT と複合化させる方法や，高分子電解質により CNT 表面をコーティングし，その電荷により静電的相互作用で複合化を行うポリマーラッピング法などが知られている。

（2） CNT 表面へのセラミックスの直接合成

CNT 表面に直接セラミックス成分を合成する方法では，ゾル-ゲル法[6)〜8)] や気相成長法などが用いられている。ゾル-ゲル法を用いる場合は，金属アルコキシドとの反応サイトを導入するために，前述のような酸処理や界面活性剤などによる CNT 表面の修飾が行われる。Y. Yang らは，図（c）のように，酸処理した MWCNT を溶媒中に分散させ tetraethoxysilane（TEOS）を加え，ゾル-ゲル反応により，SiO_2 に被覆された MWCNT を合成している[6)]。また，H. Ogihara らは TEOS ではなく亜鉛やアルミのアルコキシドを用い，CNT だけでなく，カーボンナノコイルやカーボンナノファイバーとの複合体を得ている[9)]。気相法を用いた場合では，MWCNT に対して，パルスレーザーデポジション法（PLD）を用いた Zr，Hf，Al，Zn の酸化物による被覆や[10)] 化学蒸着法（CVD）による SnO_2[11)]，RuO_2[12)]，Si_3N_4[13)]，TiC[14)] などによる被覆が可能となっている。

（3） セラミックスで修飾された CNT の特性

CNT と複合化されることで，セラミックスの持つ特性が向上する例が多数報告されており，光触媒やガスセンサーなどへの応用が期待されている。

例えば，光触媒としては，紫外線照射下において，MWCNT を TiO_2 でコーティングした試料が TiO_2 単体の場合よりも早くフェノールの分解を行うことが示されている[15)]。また，アセトン[16)] やメチレンブルー[17)] に対しても同様の報告があり，CNT と複合化されることで，触媒としての特性が強くなっている。

また，ガスセンサーとしては，MWCNT と SnO_2 の複合体が，エタノール，窒素酸化物，エタンに対して高い感度を持つことを示している[18)]。ほかにも，CO や NO_2，NH_3 などに対しても複合化による感度の向上が見られている。

CNT の特性変化の一例として，耐酸化性についても報告されている。SiO_2 で被覆された CNT では焼失温度が約 60℃ 上昇する[19)] のに対して，TiO_2 の場合には，約 100℃ 低下することが報告されている[20)]。

（4） CNT／セラミックス複合体を用いた新たな材料の開発　セラミックスで表面修飾されたナノカーボンを前駆体とし，酸化雰囲気下においてカーボンを焼失させることでセラミックスナノチューブを作製する手法も研究されている[6), 21)〜23)]。特に，ゾル-ゲル反応を用いて SiO_2 を CNT に被覆する方法を用い，壁面の厚みや，形態を制御された SiO_2 ナノチューブについて多くの報告がなされている[24)〜27)]。また，カーボンナノコイルなどをテンプレートとすることで，さまざまな形状のセラミックスナノチューブが作製されている[28)]。このようなセラミックスナノチューブは，光化学デバイスやドラックデリバリーなどへの応用が期待されている。

〔3〕セラミックスマトリックスへのナノカーボンの導入

（1） ナノカーボンフィラーとセラミックスマトリックスの複合化　周知のように，ナノカーボンは高い凝集性を持つ。セラミックスマトリックス中において，このような凝集体は構造欠陥となり，複合化による特性が得られないばかりか，機械的強度の低下が起こる[29)]。そこで，均一な複合状態を得るために，有機溶媒[30), 31)]，酸処理による官能基の導入[32)〜34)]，分散剤[35)]，高分子電解質[36), 37)] などを用い，ナノカーボンの均一な分散液を作製し，これとセラミックス粉末または前駆体の懸濁液を混合することで均一な複合状態を得る手法が検討されている。

作製におけるもう一つの要点として，セラミックスの焼成過程がある。多くのセラミックスの焼成温度が 1 000℃ 以上であるのに対してカーボンの酸化温度は 500〜600℃ 程度であるため，窒素やアルゴンなどへの雰囲気調整が必要となる。また，CNT が粒子間に存在することで焼結の進行が抑制されることが知られている。より緻密なセラミックスマトリックスを得るために，圧力下で焼成を行うホットプレス法（HP）[35), 37)]，ガス圧焼結法（GPS）[30)]，放電プラズマ焼結法（SPS）[31)〜34), 38)] などがよく用いられている。

J. Tatami ら[30)] は，MWCNT を分散剤とともにエタノール中に分散させ，マトリックスとなる Si_3N_4，焼結助剤となる Y_2O_3，Al_2O_3，AlN，TiO_2 およびバイン

ダーとなるパラフィンと混合後,溶媒を除去して混合粉末を作製し,これを加圧成形により成形して,GPSやHPなどの手法で焼成を行い,図11.2に示すようなSi₃N₄/MWCNTの複合体を作製している。G. YamamotoらはSPSを用いてアルミナ/MWCNTの作製を行っており,強度や導電性に対するCNT添加量について報告している[34]。

(a) CNT 1.8 mass%,ガス圧焼結法

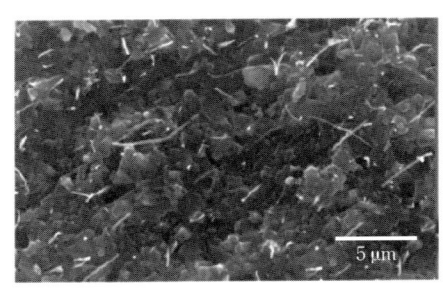

(b) CNT 3.6 mass%,ホットプレス法

図11.2 MWCNT/Si₃N₄複合材料のSEM像

原料としてセラミックスの粉体ではなく,前駆体となるアルコキシドを用いた複合体も作製されている。H. Yangらは黒鉛結晶を酸化して得られるグラフェンとシランアルコキシドを用いたグラフェン/シリカゲル複合体について報告している[39), 40)]。

(2) in situ でのナノカーボン生成による複合体の作製 良好なセラミックス/ナノカーボン複合体を得るためにin situでフィラーとなるナノカーボンを生成させる手法も存在する。

A. PeigneyらはCVD法を応用し,MgAl₂O₄とCoやFe,Moのナノ粒子の複合粉末を作製し,これをメタン-水素の混合雰囲気中で加熱することで,複合粉末中にCNTを生成させている。得られたCNT-metal-MgAl₂O₄複合粉末に含まれるCNTは高い割合で,SWCNTまたはDWCNTであることが確認されている。また,この複合粉末をHPにより焼成し,その導電性について報告している[41)~44)]。

また,M. Takahashiらは,ゲルキャスティング法と呼ばれる手法により作製したセラミックス成形体を窒素[45)]やアルゴン雰囲気下[46)~48)]で焼成することで,Al₂O₃の粒子間に均一にナノカーボンネットワーク(NCN)が存在する複合体が得られることを報告している。図11.3に作製手順を示す。

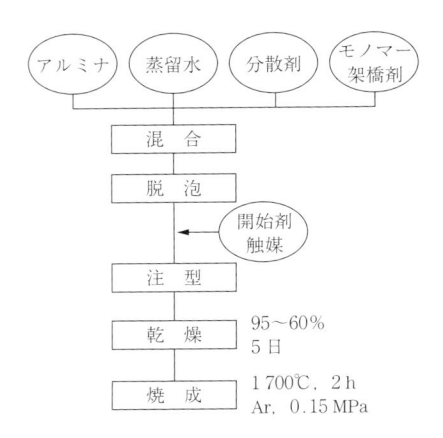

図11.3 ゲルキャスティング法を用いたNCN/アルミナ複合体の作製手順

この手法ではまず,アルミナ粉体を分散剤(アルミナ粉体用),ビニル系モノマー,架橋剤を含む水溶液に混合し,ボールミルにより均一に粒子の分散した懸濁液(スラリー)を得る。これに重合開始剤を添加し,重合反応による高分子の生成・架橋を利用してスラリーをゲル化させ,湿潤成形体を得る。これを乾燥後,窒素またはアルゴン雰囲気下で焼成することで,成形体中に含まれる高分子が炭化され,アルミナマトリックス中に均一なナノカーボンが形成される。生成される炭素は図11.4に示すように粒子間に数十nmのサイズで存在しており,黒鉛構造を持っていること

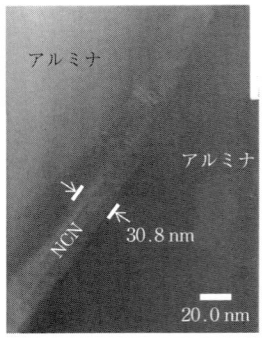

(a) アルミナ粒子間のNCN   (b) アルミナ粒子表面のNCN

図11.4 NCN/アルミナ複合体のTEM像

が明らかとなっている。また，図11.5に示すように粒子表面は炭素成分により均一に被覆され，カーボンネットワークが形成されている。ほかの多くの手法では，フィラー成分の生成および混合のためにプロセスが複雑となるが，この手法では成形体の作製が炭素の前駆体（高分子）との複合化を兼ねており，さらに，炭素化もセラミックスマトリックスの焼結過程において同時に行われるため，非常に単純なプロセスでも均一性の高いNCN/セラミックス複合体が得られている。

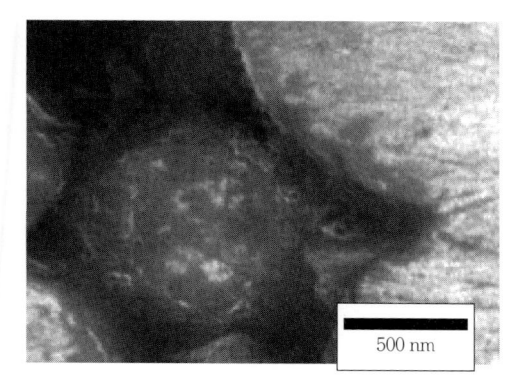

図11.5 NCN/アルミナ複合体のSEM像

（3） セラミックス/ナノカーボン複合体の特性

アルミナマトリックスへのナノカーボンの導入は，機械的強度の向上または電気的特性の付与を目的として行われる場合が多い。CNTがフィラーとして多く用いられる理由は，その高い引張強度と異方性を持った形状がこのような目的に適しているためである。

a） 機械的特性 CNTの持つ高い引張強度に着目し，繊維強化として，セラミックスの機械的強度の向上，特に，靱性の向上が望まれている。

強度の測定方法としては，一般的な三点曲げ法[31),35),37)]に加え，破壊靱性の測定として，ビッカース圧子を用いた測定[33),49)]やシングルエッジ・ノッチド・ビーム法[42)]が用いられている。CNTによる機械的特性への効果については，数mass%の添加量で，強度，破壊靱性の向上が得られるという結果が多く報告されている。

一般的な繊維強化材料ではマトリックスから繊維が引き抜かれる際の摩擦が破壊靱性を向上させることが知られており，破断面の観察などにより確認されている。しかし，CNTを用いた場合に，同様のメカニズムでは説明できない傾向が報告されている。通常，CNTのサイズはセラミックス粒子の直径に対して非常に小さいため，従来の繊維のように，複数の粒子にまたがる界面で摩擦を受けることは考えにくい。SWCNT/アルミナ複合体において，SWCNTが亀裂表面を橋掛けしている様子[50)~52)]が観察されており，セラミックス粒子表面に接合されたCNTが亀裂の発生により剥離しつつ延伸され，亀裂端面を橋掛けすることで亀裂の進展を抑制し，破壊靱性が向上しているのではないかと考えられている。そのため，CNTと粒子表面の接合状態や粒界の状態が強度や靱性に強く影響すると考えられる。K. Hirotaらは酸処理したCNTを用いることで，無処理のCNTを用いる場合よりも強度が向上することを示している[31)]。また，図11.6にSi_3N_4とMWCNTの複合体について，焼結方法，焼結助剤が曲げ強度に対して強く影響することを示す。

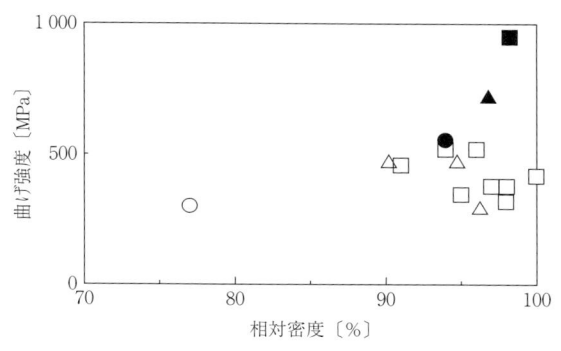

▲：ガス圧焼結法　1.8 mass%CNT-Si_3N_4-6 mass%Y_2O_3
　　　　　　　　-4 mass%Al_2O_3-5 wt%AlN
■：ホットプレス法　1.8 mass%CNT-Si_3N_4-6 mass%Y_2O_3
　　　　　　　　-4 mass%Al_2O_3-5 wt%AlN
●：ホットプレス法　12 mass%CNT-Si_3N_4-6 mass%Y_2O_3
　　　　　　　　-4 mass%TiO_2-5 wt%AlN
△：CNT-Fe-Al_2O_3
□：CNT-Fe-Al_2O_3
○：1 mass%CNT-Si_3N_4-6 mass%Y_2O_3-4 mass%Al_2O_3

図11.6 MWCNT/Si_3N_4複合体の相対密度および曲げ強度に対する焼成方法およびCNT添加量の影響

また，前述のような相互作用による効果だけでなく，CNFの添加によって，焼結時のセラミックス粒子の粒成長が抑制され，曲げ強度が増加することも報告されている[34)]。

b） 電気的特性 フィラー添加による導電性の発現はパーコレーション理論により説明されており，フィラー成分が互いに接点を持ち，パスが形成される必要がある。CNTやグラフェンは，このパスの形成に有利な高い比表面積と異方性を持っており，導電性の付与のためのフィラーとして用いられている。

パーコレーション理論に従う導電性の発現では，フィラーの体積がしきい値を超えた所で急激に導電性が向上することが知られている。このしきい値は，

フィラーの分散が良好なほど低くなる。K. Ahmad らは SPS を用いたアルミナと MWCNT の複合体において、しきい値として 0.79 vol% という値を得ている[53]。また、A. Peigney らは前述の CVD 法を用いて作製した $MgAl_2O_4$-Co と SWCNT の複合体を HP で焼成し、0.64 vol% というしきい値を得ている[44]。マイクロメートルサイズの繊維状フィラーを用いた場合、幾何形状に基づく計算により、しきい値が 16 vol% 程度となることと比較すると、ナノカーボンが導電性付与のためのフィラーとして優れていることがわかる。

これらの複合体が、5 vol% 程度までのナノカーボン添加量において、10^{-2}〜10^{-1} S/cm 程度の導電率を示すのに対し、M. Takahashi らの NCN/アルミナ複合体[48] は 1.5 vol% の炭素含有量で 4.5 S/cm と高い値を示している。これは NCN のネットワーク構造が均質であることと、炭素成分の構造が熱分解黒鉛に近い高い黒鉛化度を持つことに起因していると考えられている。J. Liu らはこの複合体の電気化学的な特性について報告しており、酸化・還元反応に対する活性があることや、酸・塩基中での安定性が高いことを示している[54,55]。

ほかに、グラフェン/シリカ複合体において、リチウム電池のアノード材料に適した放電容量特性が得られることが報告されている[40]。

〔4〕 ま と め

ナノカーボンとセラミックスから成る複合体の合成方法や特性に関する研究の現状について概要をまとめた。ナノカーボン、セラミックスとも、単体においても高い特性を示す材料であるが、複合化によりこれまでにない特性が得られている。今後、複合化における組合せや合成方法、界面の接合や機能性発現のメカニズムについて研究が進むことで、新たな機能性材料の開発が期待される。

11.1.2 樹脂との複合材料

〔1〕 は じ め に

CNT をフィラーとした樹脂の複合材料は金属系やセラミックス系と区別する意味では有機系複合材料といえる。CNT はダイヤモンドより熱が伝わりやすく（熱伝導率〜6 000 W·m^{-1}·K^{-1}）、鋼鉄より 1 桁以上高い弾性特性を有し、銅より 1 000 倍以上の高い電流密度耐性を有する。しかも、軽い炭素のネットワークでできているためにきわめて軽量であるなどのいくつもの優れた特徴を有している。一方、樹脂には天然樹脂や合成樹脂などにきわめてさまざまな種類があり、容易な加工によって形状やサイズが変幻自在であるためにそれぞれの樹脂の特性を生かして日用品からペットボトル、電子機器、自動車の内装、建築材料、繊維原料など、ありとあらゆる場面で使われている。このような CNT を母材である樹脂などに分散させることによって母材の熱的、弾性的、電気的特性が飛躍的に向上するだけでなく、CNT 分散によって物性を制御することが可能であるという観点から複合材料が注目されている。

〔2〕 複合材の作製方法

フィラーとして用いられている CNT には SWCNT や MWCNT、あるいは直径が 100 nm もある MWCNT であるカーボンナノファイバー（CNF）がある。一般に複合材料の体積は大きく、利用される CNT も多量になる。したがって、事業化では CNT の製造コストが重要なポイントとなる。樹脂にはポリスチレン[56,57]、ポリプロピレン[58〜60]、エポキシ[61〜66]、天然ゴム[67〜70]、フッ素系ゴム[71]、エチレンプロピレンゴム[72,73] などあるが、これらに CNT を分散させた複合材の作製方法は樹脂によってさまざまである。エポキシなど合成樹脂では特別なことはなく、樹脂に CNT を混ぜ込んで分散させたのちに硬化させる方法が一般的である。一方、ゴムなどエラストマー系では CNT を機械的に練り込む方法[74]や、イオン液体とフッ化物共重合体を混合させる方法[75] などが報告されている。いずれの場合も CNT のバンドルをほどいて、繊維 1 本 1 本を均一に母材に分散させることが重要である。

CNT を均一に分散したエラストマー複合体は図 11.7 のようなオープンロールで天然ゴム（NR）や耐熱性に優れたエチレンプロピレンゴム（EPDM）に混練し、シート状に加工できる。二つのオープンロールは異なる回転速度で回転させていて、相対的な回転運動に"練り"を実現し、CNT ファイバーを均質にエラストマーに混ぜ込むことを可能にしている。CNT 粉を二つのオープンロールミル上のエラストマーに

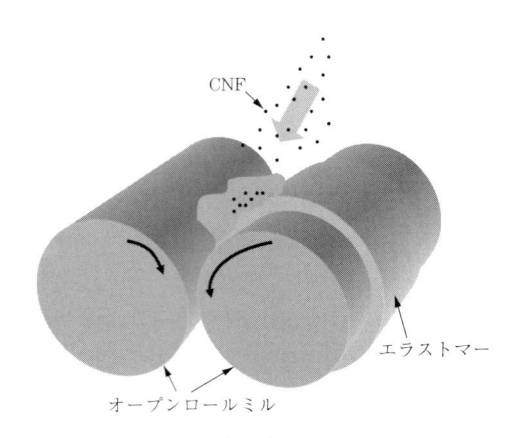

図 11.7 オープンロール練り

徐々に添加する。CNTはロールミルの相対回転運動でエラストマーに混合し、圧延して無架橋複合材シートを得る。また、ロールミル混練り時にパーオキサイドを混合して圧延後にプレスキュア（加圧架橋）して架橋複合材とすることができる。このプロセスの間に、ロールミルの温度を制御してエラストマーの弾性をコントロールし、エラストマーシートを圧縮して空気溜めを取り除く。また、圧延時に複合材に加わるストレスを制御することで分散されたCNTを配向させることもできる。

この条件を制御することで、マトリックス中のCNTに配向を持たせることも可能である。作製したナノコンポジットシートは任意の大きさや形状に切り取ることができ、図11.8のようにフレキシブルである。また、CNTがマトリックス中に閉じ込められているために飛散する心配もない。

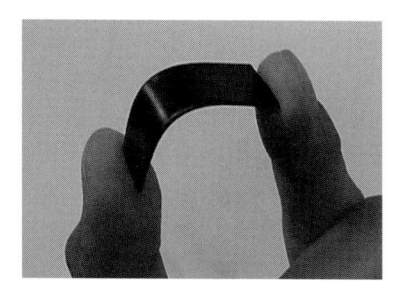

図11.8 CNTナノコンポジットシート

CNT添加濃度を増加させると図11.9のようにシート表面に突出するCNTの数が増加するとともに、オープンロールによる押出し効果によってCNTがシート面内に横たわるようになる。

〔3〕 熱的特性・機械的特性

CNTは軽量でありながら高弾性、高熱伝導率などの特性を有するため、CNTをフィラーに用いた樹脂複合材料は、樹脂の補強・強化や放熱材料としての用途が期待されている。CNTを添加することで樹脂の力学的性質の向上率について野口らがまとめたデータを表11.1に示す[76]。わずか1％程度の添加によって樹脂の特性は数十％も変化する事例が報告されており、添加濃度の増加に伴ってその傾向は強くなる。特に、天然ゴムなどエラストマーでは50 wt％超えても均一な添加が可能であるために性能向上についてはたいへん期待されている。CNTは通常水や有機溶剤に分散しないが、CNTの表面処理や活性化によって樹脂との濡れ性が向上し、均一な分散を実現できる。大まかな傾向は以上のとおりであるが、分散状態については混合方法などに大きく依存するので、CNTの種類や添加濃度以上に複合材の力学的性質もそれに左右されると考えなければならない。

〔4〕 電気的特性と電子放出材料への応用

CNTをフィラーとして利用した導電性フィラーはナノ配線、透明電極、電磁シールド、プラスチックの帯電防止、タッチパネルフィルムなどさまざまに利用されている。CNTをフィラーに用いたカーボン系の導電性フィラーは金属性と軽量、強靭であるため、金属系フィラーよりもナノ配線、透明電極などの広範囲な用途が期待されている。

図11.10にCNTをEPDMに添加した際の抵抗率の変化を示している。CNT添加濃度に伴って指数関数的に抵抗が小さくなる。抵抗率の最低値は54 wt％のCNTを添加したナノコンポジットシートで10 Ω·cmに達している。

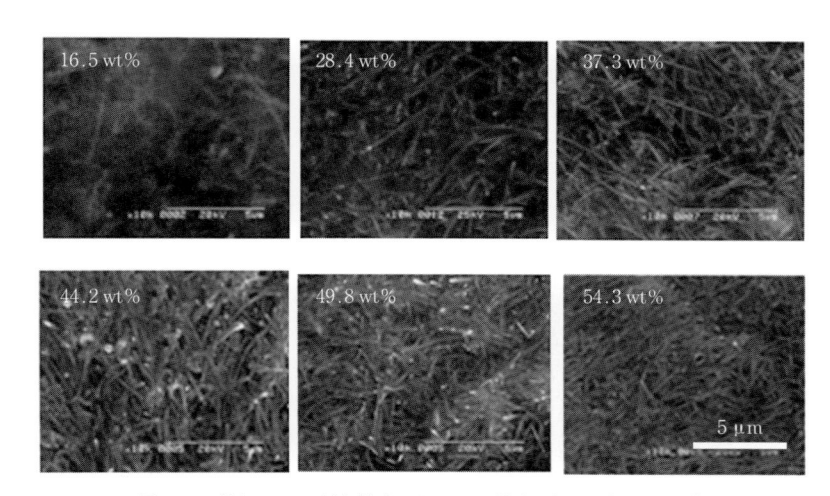

図11.9 異なるCNT添加濃度のナノコンポジットシートのSEM像

表11.1 CNT添加による樹脂の力学的性質の変化

文献	CNTの種類	充填率	マトリックス	弾性率	強さ
Thostenson[56]	MWCNT	10 wt%	PS	100%	—
Qian[57]	MWCNT	1 wt%	PS	40%	25%
Valentini[58]	SWCNT	0.5 wt%	PP/EPDM	30%	—
Lozano[59]	VGCF	60 wt%	PP	300%	低下
荒井[60]	CSNF	10 wt%	PP	40%	30%
荒井[60]	VGCF	40 wt%	PP	300%	50%
Sreekumar[77]	SWCNT	10 wt%	PAN 繊維	105%	40%
Haque[61]	SWCNT	0.1 wt%	EP	17%	15%
Wang[62]	SWCNT	31.3 wt%	EP	492%	—
Liu[63]	MWCNT	1 wt%	EP	4%	−1%
Jang[64]	MWCNT	10 wt%	EP	200%	—
Ganguli[65]	MWCNT	1 wt%	EP	—	140%
岩堀[66]	CSNF	10 wt%	EP	45%	20%
Tai[78]	MWCNT	3 wt%	フェノール	50%	97%
荒井[60]	VGCF	30 wt%	PEEK	150%	25%
長尾[79]	VGCF	20 wt%	ナイロン 66	30%	10%
Zhang[80]	MWCNT	1 wt%	ナイロン 6	115%	120%
Koenner[81]	MWCNT	20 wt%	TPU	1 200%	±0
Frogley[82]	SWCNT	1 wt%	シリコーン	260%	500%
野口[67]〜[69]	MWCNT	37 wt%	NR	36 900%	600%

CSNF：カップスタック，CNF，VGCF：気相成長法炭素ナノ繊維，PS：ポリスチレン，PP：ポリプロピレン，PAN：polyacrylonitrile，EP：エポキシ，PEEK：ポリエーテルエーテルケトン，TPU：熱可逆性ポリウレタン，NR：天然ゴム

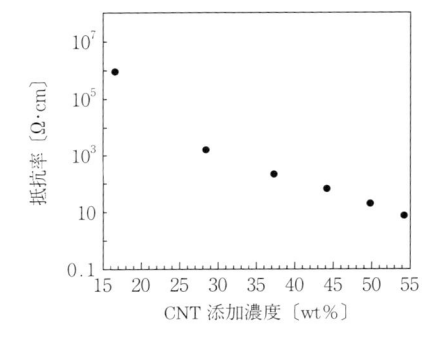

図11.10 CNT/EPDM複合体の抵抗率変化

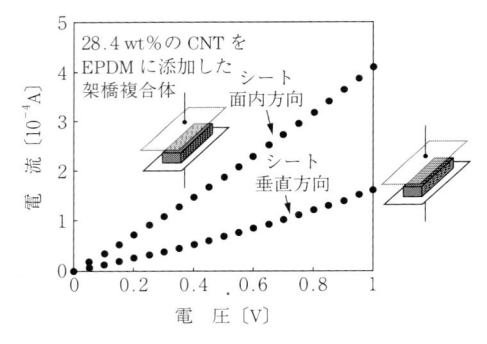

図11.11 CNT/EPDM複合体の異方的な電気伝導特性

元来，絶縁性のエラストマーシートが導電性になることは注目に値する。この低抵抗化は添加したCNTがエラストマーマトリックス中で連続してつながったネットワークを形成していることを示している。電気伝導特性はCNTの分散状態に依存するため，CNTの配向状態によって電気伝導特性が異なる。CNT/エラストマー複合体では図11.7のようなオープンロール練りによってシート状に成形されるために，圧延時に複合材に加わるストレスを制御することで分散されたCNTを配向できる。電気伝導はこのようなCNTの配向に依存した特性を示す。図11.11にCNTが配向した複合体シート面内の電気伝導特性とCNTに垂直な方向の特性を比較している。明らかに配向方向の電気抵抗が低くなっており，配向によってCNTの電気伝導ネットワークを制御できることを示している。このようなCNT/エラストマー複合体は，将来の有機エレクトロニクスなどにおけるフレキシブル配線材料としてたいへん注目されている[75]。

一方，CNTは高性能な電子放出材料としてたいへん期待されている。詳細な内容は次章に譲るが，ここではCNT複合材料の特有の電子放出特性についてのみ解説する。CNTは優れた電子放出特性を示すことがよく知られている材料であり，研究の歴史も長い。しかし，デバイスとして実用化するにはただ単に電子放出性能が優れているだけではなく，安定にデバイス動作するために必要なエミッター構造や電極構造を実現する必要がある。特に，CNTをエラストマーに分散させた複合材はフレキシブルであるため形状が自在で，フレキシブルな電子放出特性デバイスの実現を可能にする。CNTを樹脂に添加した複合材からの電子

放出についてはこれまでにエポキシ[83),84)]，ポリマー[85)]，エラストマー[70),72),73)]に添加した報告がある。複合材からの電子放出特性の特徴はCNT特有の高い電界集中を利用した低しきい値電子放出と安定な電流飽和特性を示すことである。図11.12に代表的な例を示す。

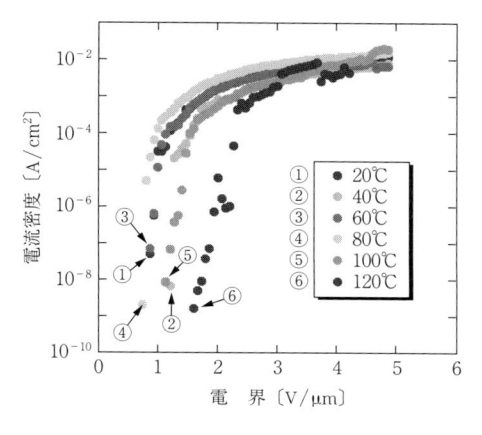

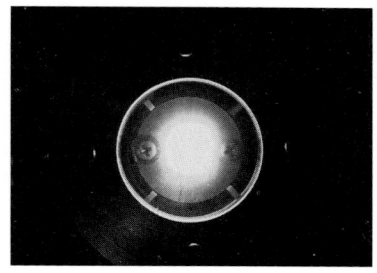

図11.12 CNT/EPDM複合体の電子放出特性と電子放出パターン（1.5 kV, 0.2 A/cm², 輝度 45 000 cd/m²）

28.4 wt%のCNTをEPDMに添加した複合体からの電子放出特性のデバイス温度依存性である。通常のスタンドアロンのCNT複合体の場合は過剰な高電界にさらされるとCNTは消耗してしまうが，いずれの温度でも安定したデバイス動作が確認され，電流飽和を示す特有のI-V特性を示している。これらは分散したCNTによる導電性の出現とCNTを包み込んでいるエラストマーへの熱放散による熱的に安定な動作を裏付けている[70),73)]。EPDMの熱伝導率は 0.36 W/m·K とけっして大きくはないが，真空中に置かれたCNTよりははるかに効果的にデバイス動作中に発生するジュール熱を放散する。また，デバイス温度が120℃を超えると電子放出のしきい値電界が大きくなる。この温度はホスト結晶EPDMの耐熱限界140℃に近く，母材変質によるCNTネットワークの部分的断絶が電子放出特性に影響していると考えられてい

る。電子放出しきい値電圧と放出電流は複合体抵抗率と密接に関係しており，図11.13のようにべき乗の関係があることが明らかになっている。

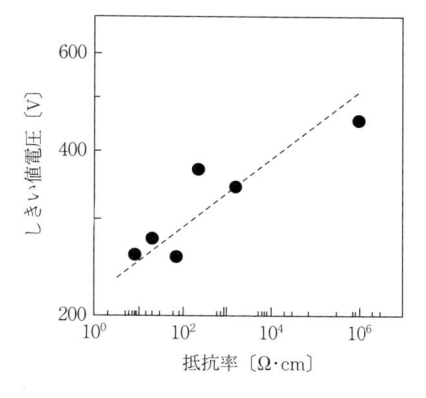

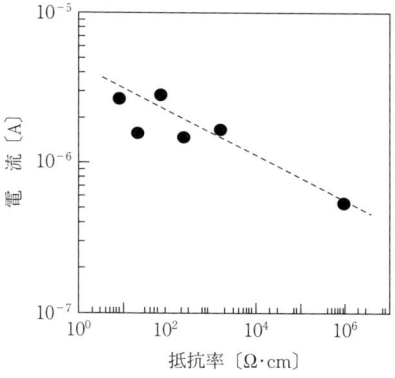

図11.13 フィールドエミッション特性の抵抗率依存性

引用・参考文献

1) K. L. Klein, A. V. Melechko, T. E. McKnight, S. T. Retterer, P. D. Rack, J. D. Fowlkes, D. C. Joy and M. L. Simpson : J. Appl. Phys., **103**, 061301 (2008)
2) J. Chen, M. A. Hamon, H. Hu, Y. Chen, A. M. Rao, P. C. Eklund and R. C. Haddon : Science, **282**, 95 (1998)
3) T. Sainsbury and D. Fitzmaurice : Chem. Mater., **16**, 3780 (2004)
4) G. Wang, B. Zhang, Z. Yu and M. Qu : Solid State Ionics, **176**, 1169 (2005)
5) B. Liu, J. Chen, C. Xiao, K. Cui, L. Yang, H. Pang and Y. Kuang : Energy & Fuels, **21**, 1365 (2007)
6) Y. Yang, S. Qiu, W. Cui, Q. Zhao, X. Cheng, R. Kwok, Y. Li, X. Xie and Y. Ma : J. Mater. Sci., **44**, 4539 (2009)
7) S. Guo, L. Huang and E. Wang : New J. Chem., **31**, 575 (2007)
8) D. Eder : Chem. Rev., **110**, 1348 (2010)
9) H. Ogihara, M. Sadakane, Y. Nodasaka and W. Ueda : Chem. Mater., **18**, 4981 (2006)
10) T. Ikuno, T. Yasuda, S. Honda, K. Oura and M.

Katayama：J. Appl. Phys., **98**, 114305 (2005)
11) Q. Kuang, S. Li, Z. Xie, S. Lin, X. Zhang, S. Xie, R. Huang and L. Zheng：Carbon, **44**, 1166 (2006)
12) G. Deng, X. Xiao, J. Chen, X. Zeng, D. He and Y. Kuang：Carbon, **43**, 1557 (2005)
13) H. Peng and J. Golovchenko：Appl. Phys. Lett.,**84**, 5428 (2004)
14) L. Pan, T. Shoji, A. Nagataki and Y. Nakayama：Adv. Eng. Mater., **9**, 584 (2007)
15) W. Wang, P. Serp, P. Kalck and J. L. Faria：Appl. Catal., **56** [B], 305 (2005)
16) Y. Yu, J. C. Yu, J. G. Yu, Y. Kwok, Y. Che, J. Zhao, L. Ding, W. Ge and P. Wong：Appl. Catal. A, **289**, 186 (2005)
17) L. Jiang and L. Gao：Mater. Chem. Phys., **91**, 313 (2005)
18) Y. X. Liang, Y. J. Chen and T. H. Wang：Appl. Phys. Lett., **85** [4], 26, 666 (2004)
19) A. B. Bourlinos, V. Georgakilas, R. Zboril and P. Dallas：Carbon, **45**, 2136 (2007)
20) D. Eder, H. Alan and J. Windle：Mater. Chem., **18**, 2036 (2008)
21) Miguel A. Correa-Duarte, Neli Sobal, Luis M. Marzan and Giersig：Adv. Mater., **16**, 2179 (2004)
22) Q. Wu, H. Ogihara, H. Uchida, M. Sadakane, Y. Nodasaka and W. Ueda：Bull. Chem. Soc. Jpn., **81** [3], 380 (2008)
23) M. Crocker, U. M. Graham, R. Gonzalez, G. Jacobs, E. Morris, A. M. Rubel and R. Andrews：J. Mater. Sci., **42**, 3454 (2007)
24) L. Yang, P. Zou and C. Pan：J. Mater. Chem., **19**, 1843 (2009)
25) H. Ogihara, M. Sadakane, Y. Nodasaka and W. Ueda：Chem. Mater., **18** [21], 4981 (2006)
26) S. Bian, Z. Ma, L. Zhang, F. Niu and W. Song：Chem. Commun., 1261 (2009)
27) H. Ogihara, S. Takenaka, I. Yamanaka, E. Tanabe, A. Genseki and K. Otsuka：Chem. Mater., **18**, 996 (2006)
28) K. L. Klein, A. V. Melechko, T. E. McKnight, S. T. Retterer, P. D. Rack, J. D. Fowlkes, D. C. Joy and M. L. Simpson：J. Appl. Phys., **103**, 061301 (2008)
29) S. S. Samal and S. Bal：J. Minerals & Materials Characterization & Engineering, **7** [4], 355 (2008)
30) J. Tatami, T. Katashima, K. Komeya, T. Meguro and T. Wakihara：J. Am. Ceram. Soc., **88** [10], 2889 (2005)
31) K. Hirota, Y. Takaura, M. Kato and Y. Miyamoto：J. Mater. Sci., **42**, 4792 (2007)
32) Y. Shan, L. Gao, X. Yu, X. Li and K. Chen：J. Phys., Conference Series, **152** (2009)
33) M. Estili, A. Kawasaki, H. Sakamoto, Y. Mekuchi, M. Kuno and T. Tsukada：Acta Materialia, **56**, 4070 (2008)
34) G. Yamamoto, M. Omori, T. Hashida and H. Kimura：Nanotechnology, **19**, 315708 (2008)
35) F. Jinpeng, Z. Daqing, X. Zening and W. Minsheng：Science in China Ser. E：Engineering & Materials, **48** [6], 622 (2005)

36) K. Lu：J. Mater. Sci., **43**, 652 (2008)
37) J. Fan, D. Zhao, M. Wu, Z. Xu and J. Song：J. Am. Ceram. Soc., **89** [2], 750 (2006)
38) M. Estili, H. Kwo, A. Kawasaki, S. Cho, K. Takagi, K. Kikuchi and M. Kawai：J. Nucl. Mater., **398**, 244 (2010)
39) H. Yang, F. Li, C. Shan, D. Han, Q. Zhang, L. Niu and A. Ivaska：J. Mater. Chem., **19**, 4632 (2009)
40) F. Ji, Y. Li, J. Feng, D. Su, Y. Wen, Y. Feng and F. Hou：J. Mater. Chem., **19**, 9063 (2009)
41) A.peigney, Ch. Laurent, O. Dumorite and A. Pousset：J. Euro. Ceram. Soc., **18**, 1995 (1998)
42) Ch. Laurent, A. peigney, O. Dumorite and A. Pousset：J. Euro. Ceram. Soc., **18**, 2005 (1998)
43) A. Peigney, S. Rul, F. Lefèvre-Schlick and C. Laurent：J. Euro. Ceram. Soc., **27**, 2183 (2007)
44) S. Rul, F. Lefevreschlick, E. Capria, Ch. Laurent and A. Peigney：Acta Materialia, **52**, 1061 (2004)
45) M. Takahashi, K. Adachi, R. Menchavez and M. Fuji：Key Eng. Mater., **317**~**318**, 657 (2006)
46) R. L. Menchavez, M. Fuji, H. Takegami and M. Takahashi：Mater. Lett., **61**, 754 (2007)
47) R. L. Menchavez, M. Fuji and M. Takahashi：Adv. Mater., **20**, 2345 (2008)
48) T. Kato, T. Shirai, M. Fuji and M. Takahashi：J. Ceram. Soc. Jpn., **117**, 992 (2009)
49) B. Sheldon and W. A. Curtin：Nat. Mater., **3**, 505 (2004)
50) Nitin P. Padture：Adv. Mater., **21**, 1767 (2009)
51) J. Fan, D. Zhuang, D. Zhao, G. Zhang and M. Wu：Appl. Phys. Lett., **89**, 121910 (2006)
52) E. L. Corral, J. Cesarano III, A. Shyam, E. Lara-Curzio, N. Bell, J. Stuecker, N. Perry, M. D. Prima, Z. Munir, J. Garay and E. V. Barrera：J. Am. Ceram. Soc., **91** [10], 3129 (2008)
53) K. Ahmad, W. Pan and S. Shi：Appl. Phys. Lett., **89**, 133122 (2006)
54) J. Liu, R. L. Menchavez, H. Watanabe, M. Fuji and M. Takahashi：Electrochimica Acta, **53**, 7191 (2008)
55) J. Liu, R. L. Menchavez, H. Watanabe, M. Fuji and M. Takahashi：Electrochem. Commun., **10**, 922 (2008)
56) E. T. Thostenson, et al.：J. Phys. D：Appl. Phys., **36**, 573 (2003)
57) D. Qian, E. C. Dickey, et al.：Appl. Phys. Lett., **76**, 2868 (2000)
58) L. Valentini, et al.：J. Appl. Polym. Sci., **89**, 2657 (2003)
59) K. Lozano and E. V. Barrera：J. Appl. Polym. Sci., **79**, 125 (2001)
60) 荒井政大ほか：日本機械学会論文集（A），**70**，125 (2004)
61) A. Haque, et al.：Tech. Paper, Soc. Manu. Engineers, TP04PUB75 (2004)
62) Z. Wang, et al.：Compos. Part A：Appl. Sci. Manufac., **35A**, 1225 (2004)
63) L. Liu, et al.：Compos. Sci. Technol., **65**, 1861 (2005)
64) J. Jang, J. Bae and S. H. Yoon：J. Mater. Chem., **13**, 676 (2003)
65) S. Ganguli, et al.：J. Mater. Sci., **40**, 3593 (2005)

66) 岩堀豊ほか：第45回構造強度に関する講演会, **45**, 132 (2002)
67) 野口徹ほか：高分子討論会予稿集, **52**, 1785 (2003)
68) 野口徹, 曲尾章ほか：日本ゴム協会誌, **78**, 205 (2005)
69) T. Noguchi, S. Inukai, H. Uekii, A. Magario and M. Endou：SAE International, **1**, 606 (2009)
70) T. Kita, Y. Hayashi, O. Wada, H. Yanagi, Y. Kawai, A. Magario and T. Noguchi：Jpn. J. Appl. Phys., **45**, L1186 (2006)
71) M. Endo, T. Noguchi, M. Ito, K. Takeuchi, T. Hayashi, Y. A. Kim, T. Wanibuchi, H. Jinnai, M. Terrones and M. S. Dresselhaus：Adv. Funct. Mater., **18**, 1 (2008)
72) H. Nakamura, H. Yanagi, T. Kita, A. Magario and T. Noguchi：Appl. Phys. Lett., **92**, 243302 (2008)
73) M. Kawamura, Y. Tanaka, T. Kita, O. Wada, H. Nakamura, H. Yanagi, A. Magario and T. Noguchi：Appl. Phys. Express, **1**, 074004 (2008)
74) T. Noguchi, A. Magario, S. Fukuzawa, S. Shimizu, J. Beppu and M. Seki：Mater. Trans., **45**, 602 (2004)
75) T. Sekitani, Y. Noguchi, K. Hata, T. Fukushima, T. Aida and T. Someya：Science, **321**, 1468 (2008)
76) 野口徹：カーボンナノチューブ合成技術の応用に関する調査, 第5章, 日本産業技術振興協会 (2006)
77) T. V. Sreekumar, T. Liu, et al.：Adv. Mater., **16**, 58 (2004)
78) N. H. Tai, et al.：Carbon, **42**, 2735 (2004)
79) 長尾勇志：プラスチックエージ, **50**, 88 (2004)
80) W. D. Zhang, L. Shen, et al.：Macromolecules, **37**, 256 (2004)
81) H. Koenner, W. Liu, et al.：Polymer, **46**, 4405 (2005)
82) M. D. Frogley, et al.：Compos. Sci. Technol., **63**, 1647 (2003)
83) Q. H. Wang, T. D. Corrigan, J. Y. Dai, R. P. H. Chang and A. R. Krauss：Appl. Phys. Lett., **70**, 3308〜3310 (1997)
84) P. G. Collins and A. Zettl：Appl. Phys. Lett., **69**, 1969 〜1971 (1996)
85) Y. J. Jung, S. Kar, S. Tanlapatra, C. Soldano, G. Viswanathan, X. Li, Z. Yao, F. S. Ou, A. Avadhanula, R. Vajtai, S. Curran, O. Nalamasu and P. M. Ajayan：Nano Lett., **6**, 413 (2006)

11.2 電界放出電子源

固体表面に強い電界がかかると, 電子を固体内に閉じ込めている表面の電位障壁が低くかつ薄くなり, 電子がトンネル効果により, 外に放出される。この現象を電子の電界放出（field emission, FE）と呼ぶ。電界放出により実用上十分の放出電流を得るには, 10^9 V/m（1 V/nm）オーダーの強い電界を表面にかけなければならない。このような強電界を実現する方法として, 針状突起物の先端への電界集中がある。針先端の曲率半径を r, 針に印加する電圧を V とすると, 針先にかかる電界 E の強さは r に反比例し, $E \doteqdot \alpha V/r$ となる。ここで, α は針の形状に依存する因子で, 0.2 程度の大きさである。したがって, r が小さいほど, 低い V でも強電界を得ることができる。CNT はこの電界エミッターとして, つぎの点で優れている。①アスペクト（長さ/直径）比が大きく, 先端が鋭い, ②電気伝導性が良好, ③表面は化学的に安定で不活性, ④機械的強度に優れる, ⑤炭素原子の表面拡散が小さいため, 先端形態が安定している。

11.2.1 CNT エミッターの種類と作製

電子源としての CNT は, ポイント形と平面形の二つのタイプで使用される。前者は単一の CNT あるいは細い束になった CNT を用い, 後者は平面状あるいはパターニングされた CNT 膜を用いる。ポイントエミッターは電子顕微鏡, 電子線リソグラフィー, マイクロ X 線源などに使用される微小収束電子ビームの形成に適している。他方, 平面エミッターは電子表示装置, 光源, 高出力マイクロ波増幅器, 表面処理, 殺菌などの工業用・医療用電子線装置の電子源に適している。

〔1〕 ポイントエミッターの作製

あらかじめ作製された CNT の1本あるいは数本かが集まった細い束を金属針（電解研磨で先をとがらせたタングステン針など）や V 字形の金属フィラメントの先に固定して, ポイントエミッターとすることが多い。支持基板への固定には, 導電ペースト（グラファイトボンドなど）による接着や SEM の中でのマイクロマニピュレーション, CNT 懸濁液を用いた誘電泳動法などが用いられる。これに対して, 既製の CNT を使うのではなく, CVD 法により CNT を所望の位置に成長させてエミッターとして使うことも可能と考えられる。ここでは, 電界エミッターとしての実施例のある既製 CNT を固定する方法をまず紹介し, 最後に CVD 法のポイントエミッター作製への利用可能性について概説する。

（1）**CNT 束の導電ペーストによる接着** アーク放電法により陰極堆積物中に生成した MWCNT は互いに凝集して繊維状の組織を形成しているので, その繊維（直径 50 μm 程度, 長さ 1〜4 mm）を1本, ピンセットでつまみ出し, グラファイトボンドでタングステン針先あるいはフィラメントの先端に接着する[1]。SWCNT の場合は, 湿式の精製後に得られる厚膜状の SWCNT の塊（"mat" と呼ばれる）をカミソリで細長く切り出して, やはり金属針先などに接着する[2]。この方法は, 肉眼で見ながら固定できる最も簡

便なものであるが，CNT の塊の表面には無数の CNT が飛び出しているので，電子放出を起こす CNT の位置と本数を制御するのは難しい．しかし，塊状の CNT でも，電界放出を起こすのに十分強い電界が掛かる CNT は数が少ない．次項で述べる電界放出顕微鏡観察によると，実際に電子放出を起こす CNT は数本に限られている．

肉眼ではなく光学顕微鏡（特に暗視野法）で観察しながら，マイクロマニピュレーターを用いれば，金属針に固定する CNT の本数を 1 本，またはごく細い束に制御することができる[3),4)]．

（2）**SEM 中マイクロマニピュレーションによる接着** SEM の試料室に 2 台の独立に駆動するマイクロマニピュレーター（1 台は SEM の試料ステージで代用することも可能）を置き，おのおのに CNT 試料（集合体あるいは基板エッジに配列させた"カートリッジ"[5)]）と支持基板（タングステン針など）を載せる．塊状 CNT 試料あるいは"カートリッジ"から突出した 1 本の CNT を支持基板に接触させ，CNT の上から基板との接触部分に電子ビームを照射する．この電子照射により SEM 試料室内の残留炭化水素ガスが照射領域に堆積し CNT が支持基板表面に接着されるので，あとはこの CNT を塊状 CNT 試料（あるいは"カートリッジ"）から引き抜けばよい．$W(CO)_6$ や $C_9H_{16}Pt$ の電子ビーム誘起堆積（electron beam induced deposition, EBID）により W や Pt を堆積させれば，残留炭化水素よりも電気的にも機械的にも信頼性の高い固定を行うことができる．この方法は，空間に張り出した単独の CNT を SEM で観察しながら行う必要があるため，それが困難な単一の SWCNT や DWCNT には適さないが，MWCNT にはうまく利用できる．

（3）**誘電泳動法** CNT のように細長い材料は，電界中では分極して電界の方向に配向し，さらに電界の大きさが場所によって変化する不均一電界においては，電界強度の大きい方向に力を受ける．CNT を分散した溶媒（イソプロピルアルコール，蒸留水など）に針状電極（W 針）を浸して対向電極との間に交流（10 V，2～10 MHz）を印加すると，W 針先端では電界が集中し CNT は誘電泳動力により W 針先端に引き寄せられ，針の方向に向いてその先端に付着する．この方法は SWCNT から MWCNT までどのタイプの CNT にも適応可能である．1 本だけの CNT を固定することは難しく，通常は数本の CNT が一緒になり全体で直径 10～50 nm，長さ 0.5～10 μm 程度の細い束となって付く．その束の根元部分では何本かの CNT が W 針表面に沿って付着しているが，束の先端には単一の CNT が飛び出した構造になっている．W 針と CNT の間の付着力はファンデルワールス力であるが，付着部は広い範囲にわたって複数の CNT が針表面と接触しているので，かなり強固に固定されている．付着させた CNT の方向も針の軸から 12° 以内に収めることができる[6)]．

（4）**CVD 法による針先への CNT 成長** 電解研磨でとがらせたタングステン金属針の先端に CVD により CNT を成長させることが試みられているが，ポイントエミッターの性能試験を行うことのできるほど制御性よく作製するには至っていない．一方，原子間力顕微鏡（AFM）などのプローブ顕微鏡のティップ先端に CNT を CVD 法で直接成長させることができるので[7)]，この方法をポイントエミッター作製に応用することも可能と考えられる．しかし，これらの SWCNT を用いた電子放出の評価実験はまだ報告がない．

〔2〕 **表面エミッターの作製**

大電流や空間的に広がった電子ビームが要求される応用には，金属表面に CNT を固定した面状の陰極が適している．基板に CNT を固定する方法には，大きく二つある．一つは，アーク放電法などであらかじめ作製した CNT の粉体を金属基板に固定するもので，スプレー塗布，スクリーン印刷，電着法などがある．もう一つの方法は，CVD 法により，CNT を固体基板の上に直接成長させるものである．以下にそれぞれの作製法を概説する．

（1）**スプレー堆積法** エアーブラシなどの噴霧器を使って，溶媒に分散させた CNT を金属基板上に吹き付けるもので，この方法により薄い CNT 膜を形成することができる．CNT を吹き付ける前にあらかじめ鉄などの炭素との親和性のよい金属の薄膜を基板に蒸着しておき，CNT 堆積後に真空中で熱処理することにより，CNT と金属基板との間の電気的および機械的コンタクトを改善することができる[8)]．

（2）**スクリーン印刷法** CNT 粉末，導電ペースト，有機バインダー，フィラーを混合したペーストを基板上にメッシュを通して塗布するもので，大面積の電子源を安価に形成できる．塗布した CNT 膜は乾燥と焼成の後，適当な表面処理を施すことにより CNT を表面に露出させる活性化が必要である[9)~11)]．

（3）**電気泳動法** 電着法と同じで，電解質の懸濁液中で CNT に電荷を持たせ，電気力により金属表面に CNT を堆積させる[12)]．

（4）**CVD 法** 1.1 節で述べられている炭化水素ガスを原料とする CVD プロセスにより，触媒金属でパターン形成した基板，あるいはバルクの金属基板

11.2 電界放出電子源

そのものの表面にCNT膜を形成する[13]~[16]。金属基板および触媒金属としてはFe, Co, Niの単体やこれらの合金が使用される。CNTを基板上の所望の場所に配置することは，種々の真空ナノエレクトロニクスの電子源として利用する上で必要とされる。これは，通常のフォトリソグラフィーや電子線リソグラフィーを用いて触媒金属を基板表面にパターニングすることにより実現できる。液相触媒のスタンプ技術のようなソフトリソグラフィーを使ったCNTのパターン成長も報告されている[17]。

11.2.2 CNTエミッターの評価

〔1〕電界放出

平らな金属表面からの電子のトンネル現象に対するFowler-Nordheim（F-N）理論[18]によれば，電界放出電流Iは，印加電圧をVとすると，電圧電界変換係数β（$=E_{loc}/V$，ここでE_{loc}はエミッター表面の電界強度）†を用いて

$$\frac{I}{V^2} = a \exp\left(\frac{-b\phi^{3/2}}{\beta V}\right) \quad (11.1)$$

と表される[19]。ここで，aとbは定数，ϕは固体表面の仕事関数である。放出電流Iはϕとβにきわめて敏感であり，ガス分子の吸着・脱離，曲率半径の変化に大きく影響される。F-N理論では考慮されていないが，エミッター先端の局所電子状態密度も電界放出特性に強く影響する。

CNTは化学的に高い安定性により10^{-5} Pa台の真空中で数百時間にわたり安定に動作するが，10^{-3} Pa台でエミッションは急激に低下する[20]。各種ガス（H_2, CH_4, H_2O, CO, N_2, O_2, Ar, CO_2）と圧力（10^{-3}～10^{-5} Pa）の下でのMWCNTエミッターの耐久性試験によると，N_2, ArおよびH_2ではエミッションの劣化はほとんどないが，CH_4, H_2O, COおよびO_2は，10^{-4} Pa以上の圧力では重大な劣化がもたらされる[21]。

〔2〕電界放出顕微鏡法

電界エミッターの電子放出特性と先端構造を調べる手法の一つとして電界放出顕微鏡法（field emission microscopy, FEM）がある[22]~[25]。**図11.14**にアーク放電により作製されたMWCNTの表面を観察したFEMパターンを示す。これらのパターンは，CNT先端から放出された電子により投影された像である。超高真空中（10^{-8} Pa台）でMWCNTの表面を加熱清浄化す

---

† 電界増強因子（field enhancement factor）と呼ばれることもあるが，この用語は電圧電界変換因子（voltage-to-filed conversion factor）とは区別して使用することが望ましい。電界増強因子γは$\gamma = E_{loc}/E_{mean}$で定義される。ここで，$E_{mean}$は電極間の巨視的な平均電界である。

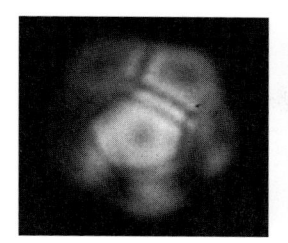

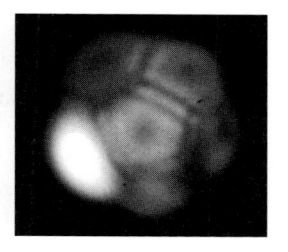

（a）清浄表面　　（b）1個の残留ガス分子が5員環に吸着した表面

図11.14 先端の閉じたMWCNTからのFEMパターン

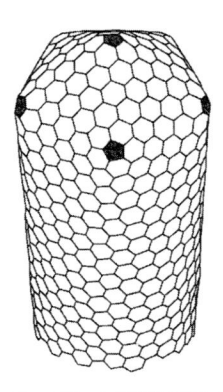

ると，図（a）に示すように，6個の五角形のリングが観察される[23]。アーク放電により得られるMWCNTの先端は，側面からつながるグラファイト層が湾曲して閉じている。グラフェンが半球のドーム状に閉じる（2πステラジアンの正の曲率を持つ）ためには，**図11.15**に示すように六角形の網の中に5員環を6個導入しなければならない。この5員環部分は多面体の頂点のよう角張っているため，特にこの部分に電界が集中して，ここから電子放出が強く起こり，五角形リングのパターンが観察されたものと考えられる。清浄なCNT表面に残留ガス分子が吸着すると，図11.14（b）に示すように吸着分子が明るく観察される[24]。これは，分子が1個吸着することにより電子放出が増強することを示している。

図11.15 6個の5員環が導入されることにより，先端の閉じたCNT

さらに，隣接した五角形の間に電子波の干渉に起因する縞も観察される[23],[25]。これは，先端の細いCNTから放出された電子線の可干渉性が高いことを示している。これまで，陰極表面上の異なる場所から放出された電子は互いに干渉性はないと考えられてきた。しかしMWCNTで見られる干渉現象は，明らかに異なる放出サイトからの初めての例であり，従来の概念を覆すものである。この干渉現象は，CNTの中の電子

のコヒーレンス長がCNTの直径（数十nm）程度以上に及ぶことを示している。

図11.14のような5員環由来のパターンが明瞭に観察されるのは，MWCNTのように直径の太いCNTに限られる。SWCNTのように直径が細い（≦2nm）ために先端の5員環どうしが接近しているCNTにおいては，ぼんやりとした斑状のFEMパターンとなる[26]。清浄表面を持つSWCNTのFEMパターンは，C_{60}などのフラーレンの走査トンネル顕微鏡像とよく似ている[27]。

〔3〕 電子のエネルギー分布

MWCNTからの放出電子のエネルギースペクトル（図11.16）には，主ピークから約0.5eV低エネルギー側にこぶ（hump）が観測されており[28]，これが局所電子状態密度の極大を反映しているものと推測される。また，高エネルギー側では自由電子モデルに基づくF-N理論よりもスペクトルは広がっている。CNTからの電子のエネルギー半値幅は0.2～0.4eVの範囲[29),30)]にあり，タングステン冷陰極電子源の0.2～0.3eVと同程度か若干広い。高エネルギー側の広がりの原因としては，ジュール熱によるCNT先端の温度上昇などが考えられる。

〔4〕 電子線の輝度

電子顕微鏡用の高輝度電子源へのCNTエミッターの利用においては，電子線の輝度と呼ばれる量が実用上重要である。輝度は単位面積，単位立体角当りの電流値として定義されるが，一般に加速電圧に比例するため，加速電圧Vで割った換算輝度$B_r=(dI/d\Omega)/(V\pi r_v^2)$が用いられる。ここで，$dI/d\Omega$は放射角電流密度であり，微小立体角$d\Omega$の絞りを通過する放出電流値$dI$を測定することにより得られる。また，$r_v$は仮想光源サイズ（virtual source size）と呼ばれる実効的な電子源の半径である。

CNT電子源の換算輝度として$(3\pm1)\times10^9$A/(m²·sr·V)，および5.6×10^9A/(m²·sr·V)が報告されている[31),32)]。これらの値は，高輝度電子源として実用されているタングステン冷陰極やジルコニア・タングステン（ZrO/W）熱冷陰極（ショットキー陰極）の輝度を1桁ないし2桁上回るものである。

〔5〕 その場電子顕微鏡観察

TEMを用いることにより，電界放出中の挙動を高分解能でリアルタイムに観察することが可能となる。電界放出中のDWCNTバンドルの挙動を観察した一連のTEM像を図11.17に示す[33]。電界を加えるとDWCNTが電界方向に整列し，バンドルの一部が枝分かれする。さらに印加電圧を上げて放出電流を増加させると，先端部分から蒸発によってバンドルが断続的に短くなり，最終的におのおののバンドル先端と陽極表面との距離が等しくなる様子が観察された。いままでに観察されたCNT劣化要因として，放電，ジュール熱，電界蒸発，イオン衝撃，グラファイト層の剥

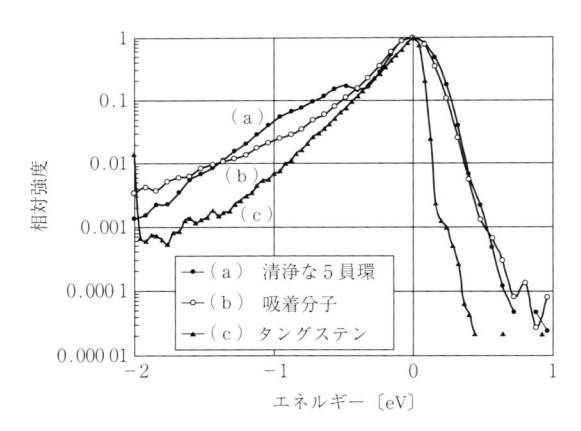

図11.16　CNTおよびタングステンからの電界放出電子のエネルギー分布。（a）吸着分子のない清浄な5員環，（b）5員環上の吸着分子，（c）タングステンエミッターからのエネルギースペクトル

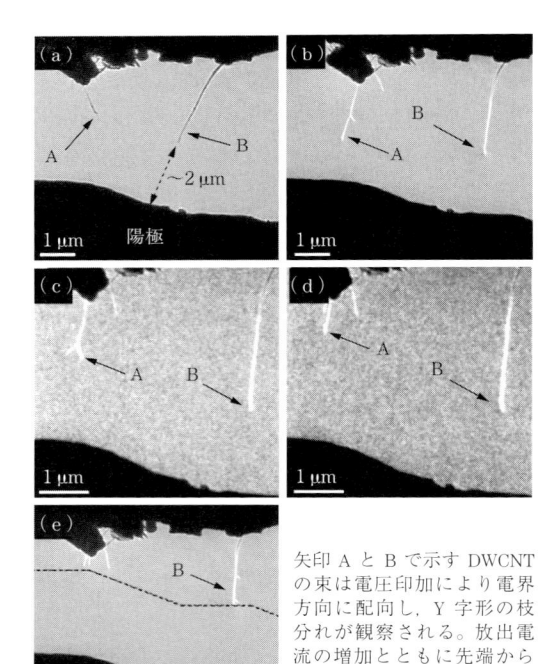

図11.17　電界放出中のDWCNTバンドルのTEM像。電圧と放出電流は，それぞれ（a）0V，（b）60V，～2.5μA，（c）70V，～6.0μA，（d）85V，～2.0μA，（e）100V，～13.0μA

矢印AとBで示すDWCNTの束は電圧印加により電界方向に配向し，Y字形の枝分かれが観察される。放出電流の増加とともに先端から蒸発する。

離，静電的な振動，機械的な応力，残留ガス分子の吸着・脱離などが挙げられる．

〔6〕 CNT膜からの電子放出均一性

CNT電子源を電界放出ディスプレイ（FED）などの面状の電子源として利用する場合，駆動電圧や寿命と並ぶ重要な課題が発光の均一性である．この均一性を向上させる方法の一つが，電子放出サイトの密度を上げることである．放出サイト数が増加すれば，平均化効果で電子放出の揺らぎは減少する．テレビ画像表示用のディスプレイに要求される放出サイト数は1画素当り$10^3 \sim 10^4$である．サブピクセル（3原色R，G，Bのそれぞれのピクセル）のサイズを例えば0.2 mm×0.5 mm（0.1 mm^2）とすると，必要とされる放出サイト密度は$10^6 \sim 10^7$ cm^{-2}となる．

電子放出の均一性の評価には，二つの方法がある．一つは，電子放出面（CNT陰極）を蛍光面（陽極）に対向させ，蛍光面の発光を観察する方法である．もう一つは，電子放出プロファイル測定装置[34]により，電子放出面からの放出電流の面内分布を定量的に測定するものである．後者の装置は，陰極（CNT膜）表面との間隔を一定（100～300 μm）に保って，プローブホール（直径20 μm以下）を備えた陽極を走査することにより，エミッション電流の面分布を測定するものである．図11.18にSWCNTのスプレー堆積膜からのエミッション電流密度分布の測定例が鳥瞰図で表示されている．突起の高さはエミッション電流密度の大きさを示す．陰極面全体（直径4 mm）から多くの突起が観察されるが，実用上要求される放出サイト密度にはまだ足りない．電子放出サイトを増加させて，エミッションの均一性を向上させるために，レーザー照射によるCNT膜の表面処理法が考案されている[35]．

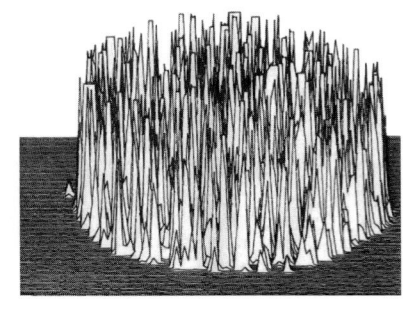

縦軸の表示範囲：$0 \sim 10$ mA/cm^2

図11.18 SWCNTのスプレー堆積膜からのエミッション電流密度分布の測定例

11.2.3 光源への応用

CNTエミッターからの電子を蛍光体に照射し，その発光を光源として利用する電界放出ランプ（field emission lamp, FEL）が，屋外大型表示装置用の高電圧発光素子，液晶バックライト用の発光パネルなどの用途に開発されている．

〔1〕 チューブ型高電圧発光素子

図11.19にCNT平面エミッターを電子源とする発光デバイスの構造模式図を示す[36]．CNT電子源（陰極），グリッド電極および蛍光面（陽極）から成る三極管構造である．CNT陰極を接地電位として，グリッド電極に正電位（400～500 V）を印加することにより，CNT陰極から200～300 μAの電流を得る．電流密度で100～1 000 mA/cm^{2}を取り出すことが可能であり，寿命試験においても10 000時間以上の安定動作が確認されている[37]．陽極（蛍光面）電圧10 kV，陽極電流100～200 μAのとき，緑色発光蛍光体ZnS：Cu, Alで約6.3×10^4 cd/m^2，赤色発光蛍光体Y$_2$O$_3$：Euで2.3×10^4 cd/m^2，青色発光蛍光体ZnS：Agで1.5×10^4 cd/m^{2}の輝度が得られている．

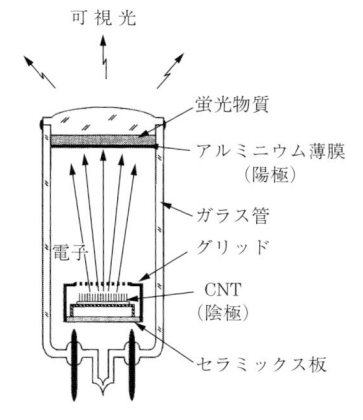

図11.19 CNTを陰極とする高電圧型蛍光表示管の構造模式図（管球サイズ：直径20 mm，長さ：74 mm）[36]

蛍光体への高速電子の照射による発光効率は入射電子の加速電圧とともに上昇し，30 kVあたりで飽和する．発光効率を上げ，より高い輝度を得る目的で，蛍光面への入力電圧を30 kVに高めた超高輝度ランプも試作され，陽極電流450 μA（電流密度約400 μA/cm^2）において，緑色発光のZnS：Cu, Al蛍光体で約1×10^6 cd/m^{2}の超高輝度が得られた．超高輝度光源管の寿命評価により，輝度の低下は，CNT電子源の劣化ではなく，電子照射による蛍光体の劣化によるものであることが示されている[38]．

〔2〕 バックライト用発光パネル

液晶ディスプレイ（LCD）のバックライトユニット

(back light unit, BLU) として使う CNT-FEL の開発がディスプレイメーカーを中心に行われている。CNT電子源の BLU 応用は，各ピクセルからの発光の一様性が厳しく要求される TV 用の電界放出ディスプレイ（field emission display, FED）よりも技術的ハードルが低い。

BLU の発光面をいくつかのブロックに分け，画像の明るさの場所変化に対応させて局所減光（local dimming）を行えば，コントラスト比を増強でき，消費電力も低減できる。また，バックライトの点灯領域を高速でスキャンすれば，LCD の欠点である「動きぼけ（motion blur）」も抑えることができる。発光ダイオード（LED）を用いて局所減光機能を持った BLU が研究されているが，ブロックサイズ（数十 cm^2）が大きいために，光量を空間的に細かく調整することが困難である。これに対して，CNT を使った BLU では画面を十分に細かく分割することが可能である（最終的には LCD のピクセルピッチまで細かくできる）。したがって，CNT-FEL を BLU に用いれば，LCD でも CRT のような高画質の TV 画像が期待できる。

CNT-FEL の構造は，CNT 陰極，ゲートおよび陽極から成る三極型である。陰極と陽極基板にはソーダガラスが通常用いられ，真空封止される。陽極に赤・緑・青の3色の混合蛍光体を塗布すれば，白色を発光させることができる。色調整発光（color-tunable lighting）やフィールドシーケンシャル（field sequential）駆動のような特別な応用には，3原色を分けて塗布し，それぞれを異なるデューティ比で順次アドレスすることになる[39]。現在，パネルサイズ32インチ，ブロック数2800（ブロックサイズ$1cm^2$），輝度$6000 cd/m^2$（陽極電圧15 kV），コントラスト比50万：1以上，応答速度5.7 ms の CNT-FEL が試作されている[40]。

11.2.4 電界放出ディスプレイへの応用

表示画面を構成する各ピクセルの背後に微小電子源を配置する FED は低消費電力，高画質，高輝度，高速応答，広視野角などの優れた特徴を持つ自発光型のフラットパネルディスプレイである。従来の FED では電子源として円錐状の金属マイクロエミッターが用いられており，15インチ以下の小型パネルにおいては実用域に達しているが，微細加工などの高度な製造技術が要求されることから大面積化には至っていない。これに対し，大面積化，低コスト化が可能な電子源として CNT が注目を集めている。CNT-FED にとって最も大きな市場が見込めるデバイスは TV 画像表示用ディスプレイであるが，技術的ハードルも高い。2000年頃から2008年までは，TV 表示用の CNT-FED の研究開発が国内外で活発に繰り広げられたが，技術的課題のクリアに時間を要すること，世界的な経済危機，FED と競合する薄型テレビ（LCD，PDP）の普及のため，現在は TV 用 FED の開発に一時の華やかさはない。TV 用途に比べれば，技術的ハードルが低く，実用化に近い文字表示用途のディスプレイや前節で述べた BLU に研究開発はシフトしている。

〔1〕 **文字表示用ディスプレイ**

表示エリア $57.6 mm \times 460.8 mm$ のカラー文字情報ディスプレイがノリタケ伊勢電子により試作された。図11.20 にこのディスプレイの構造の模式図と試作品の写真を示す[41]。表示エリアのカラーピクセル数は 32×256（サブピクセルサイズ$0.6 \times 1.8 mm$）である。陰極には，合金基板（426合金：Fe-42% Ni-6% Cr）に MWCNT を直接成長させ，それをガラス基板上に配置したものを用いている。この陰極の作製方法では，ガラス基板の耐熱温度以上の温度でも CNT を成長させることが可能である。陽極電圧6 kV，陽極電流密度$600 \mu A/cm^2$ で，緑色ドットの輝度$4000 cd/m^2$（デューティ1/32）が得られ，ドライバー回路を含む全消費電力はわずか4.3 W である。電子放出の均一性を改善するために，ゲート電極の上に電界制御電極と呼ばれる電極が追加されている。

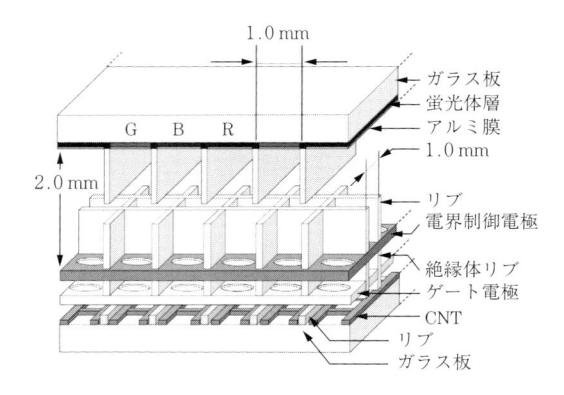

図11.20 CNT電子源を用いたカラー情報ディスプレイの模式図と試作パネルの表示例[41]

表示パネルが透明で背景が透けて見えるシースルー型のインジケーターが台湾企業や双葉電子工業により開発されている[42], [43]。台湾の Teco Nanotech のもの

は，台湾新幹線駅の売店などで公共情報表示ディスプレイとして実用されている．構造は簡単で，スクリーン印刷法で形成したMWCNT陰極と蛍光体を塗った陽極の二極構造で，陽極電圧は300V以下の低電圧である[42]．パネルユニットのサイズは3インチ（48×16ドット），8インチ（32×32ドット），18インチ（128×32ドット）の3種類がある．輝度は300 cd/m^{2}である．

〔2〕 TV画像表示用ディスプレイ

2001年にサムスンAITから，15インチフルカラーディスプレイが報告された[44]．アーク放電法で作製されたSWCNTを用いてペーストを作製し，スクリーン印刷法でガラス基板上に塗布し，ラビング法で活性化処理を施している．蛍光体にはCRT用P22が使用されている．仕様は，アノード電圧1 kV，ゲート電圧50 V，高さ1.1 mmのピラー型スペーサー，CNTエミッター穴径20 μmである．一方，2005年にはサムスンSDIから，大画面HDTVを目指したダブルゲート構造の塗布-高電圧型FEDの開発が報告された[45]．仕様は陽極電圧6 kV，陽極電流密度2.5 μA/cm^{2}で，輝度は400 cd/m^{2}が得られている．

2004年にモトローラとフランスLETIが共同で試作した6インチモノクロームディスプレイが報告された[46]．熱フィラメントCVD法でガラス基板上に550℃で直接成長させたMWCNTを用い，バラスト抵抗層を入れて画面の均一化を図っている．蛍光体は緑色のみでY_2SiO_5:TbまたはZnO:Znを使用している．仕様は，陽極電圧3 kV，ゲート電圧100 V，ギャップ1 mm，電流密度10 mA/cm^2，緑色の輝度1 400 cd/m^2，そのときのCNT寿命は9 000時間以上が得られている．続いて翌2005年には，4.6インチフルカラーFEDが報告された[47]．

ピクセル間での放出電流の一様性改善と駆動電圧の低減がFED開発における現在の課題である．放出電流の不均一性はFEDの輝度むらや画像のちらつきの原因となる．個々のCNTからの電子放出は残留ガスの吸着・脱離などで時間的に変動しているため，電子放出するサイトの数を増やし，時間的変動を平均化する方法が発光の均一性改善に有効である．また，電子放出の時間的変動と面内均一性は，電子源の下部に抵抗層を配置することでも改善される．駆動電圧の低減はコストの点で重要であり，約50 V以下に下げることが望まれる．このためには，DWCNTなどの電子放出しやすい材料を用いること，電子放出サイト数を増加させること，ゲート電極とCNT電子源の距離を縮めることなどが有効である．今後は，文字表示ディスプレイやBLUへのCNTエミッターの利用をまず図り，次いで，そこで培われる技術をベースにTV表示用CNT-FEDにおける課題が順次克服されていくことが望まれる．

11.2.5 電子顕微鏡用電子源

CNTポイントエミッターの特徴は，① 超高真空でなくても（すなわち，通常の高真空でも）電界放出が可能，② 仮想電子源サイズが〜2 nmときわめて小さい（タングステン電界エミッターの10分の1程度）[30), 48), 49]，③ エネルギー幅が狭い（0.2〜0.4 eV），④ 高密度の電流が得られる（〜10^8 A/cm^2）ことである．②と③の特性からはタングステンFE電子源よりも高い可干渉性が期待され，また②と④は超高輝度（10^8〜10^9 A/(m^2·sr·V)）[30), 48), 49]が得られることを示唆している．それぞれの特性を生かして，電子線干渉の研究，ナノフォーカス電子線の形成への応用が期待される．

小型のSEMを使って，電子顕微鏡用電子源としてのMWCNTの性能試験が行われている[50), 51]．真空圧力10^{-3} Pa程度のSEMでは，放出電流の変動は30%以上，寿命は5時間程度である．放出電流変動の低減と寿命延長のため，CNTエミッターと高圧電源の間にバラスト抵抗（1 GΩ）を挿入することにより電流変動を2%（0.1 μAにおいて）に低減，寿命を50時間に延ばすことができるが，大きなバラスト抵抗の挿入は，エミッター電位を変動させるので分解能を下げる原因になる．バラスト抵抗20 MΩ，加速電圧5.0 kVでおよそ30 nmの分解能が得られている[50]．

11.2.6 小型X線源用電子源

熱フィラメント型の電子源は実用真空下（10^{-3}〜10^{-4} Pa）においても，表面が高温であるので分子の吸脱着がなく安定した電子放出を持続できるが，装置の小型化が難しいという欠点がある．一方，電界放出型の電子源においては，先端の細いエミッターと引出電極の配置が重要であり，微細加工の技術次第で可能な限り小さくすることができる．しかし，従来の金属（タングステン，モリブデンなど）の電界エミッターは実用真空下では動作が不安定で，高い引出電圧を要するなどの問題のためX線源用としては実用にならなかった．実用真空下においても耐久性に優れ，低電圧で電子放出できるCNTを電界エミッターに使うX線源の研究が2001年から行われるようになった[52)〜55]．電界エミッターを用いると電子線のスポットサイズを数 nmまで絞ることができるので，高い分解能のX線撮像が可能となる．さらに，従来の熱電子源を使うX線管に比べ，陰極加熱の必要がないの

で低温動作や消費電力低減，装置の小型化のメリットのほか，高速応答性を生かした高時間分解能撮影が可能となる。

電解研磨した直径 0.5 mm のモリブデン針の先端にプラズマ支援 CVD 法により成長させた CNF（carbon nano-fiber）をエミッターとする小型 X 線管（直径 5 mm）が作製され[54]，引出電圧を 10〜15 kV とし軟 X 線を発生させることで生物試料の X 線像が得られている。将来は超小型 X 線管を人体の腔内に挿入しピンポイントでがんの放射線治療などに利用できると期待される[55]。また，平面基板上に SWCNT[53] あるいは細い MWCNT[56] の平面エミッターをパターニングした陰極を使った X 線管も試作され，40 kV, 100 μA のもとで，X 線コンピュータートモグラフ（CT）やストロボ撮影（X 線パルス幅 1 ms）への利用が実証されている[57]。X 線顕微鏡への応用を目指して，前項のSEM の電子光学系を使って CNT 電子源からの電子線を収束することにより高分解能マイクロフォーカス X 線源を得る研究も行われている[58]。

11.2.7 その他の電子源

上に述べた応用例のほか，CNT 表面エミッターを利用したマイクロ波増幅器（進行波管）用電子源[59],[60] や電離真空計などに用いるイオン化用電子源[61],[62] の試作が行われ，さらに宇宙応用（イオン推進装置の neutralizer）[63]，CNT ポイントエミッターを配列した parallel electron-beam lithography[64] などへの利用が提案されている。

引用・参考文献

1) Y. Saito and S. Uemura：Carbon, **38**, 169 (2000)
2) Y. Saito, K. Hamaguchi, T. Nishino, K. Hata, K. Tohji, A. Kasuya and Y. Nishina：Jpn. J. Appl. Phys., **36**, L1340 (1997)
3) H. Dai, J. H. Hafner, A. G. Rinzler, D. T. Colbert and R. E. Smalley：Nature, **384**, 147 (1996)
4) M. J. Fransen, Th. L. van Rooy and P. Kruit：Appl. Surf. Sci., **146**, 312 (1999)
5) S. Akita, H. Nishijima, Y. Nakayama, F. Tokumasu and K. Takeyasu：J. Phys. D：Appl. Phys., **32**, 1044 (1999)
6) J. Tang, G. Yang, Q. Zhang, A. Parhat, B. Maynor, J. Liu, L. -C. Qin and O. Zhou：Nano Lett., **5**, 11 (2005)
7) J. H. Hafner, C. -L. Cheung, A.T. Woolley and C. M. Lieber：Progress in Biophysics & Molecular Biology, **77**, 73 (2001)
8) Y. Saito：J. Nanosci. and Nanotechnol., **3**, 39 (2003)
9) S. Uemura, J. Yotani, T. Nagasako, Y. Saito and M. Yumura, Proc. Euro Display '99 (19th IDRC), p. 93 (1999)
10) 岡本，小沼，富張，伊藤，岡田：カーボンナノチューブ FED の低駆動電圧化，月刊ディスプレイ，2002 年 3 月，pp. 24〜30 (2002)
11) K. Nishimura, A. Hosono, S. Kawamoto, Y. Suzuki, N. Yasuda, S. Nakata, S. Watanabe, T. Sawada, F. Abe, T. Shiroishi, M. Fujikawa, Z. Shen, S. Okuda and Y. Hirokado：SID 05 Digest, pp.1612〜1615 (0000)
12) W. B. Choi, Y. W. Jin, H. Y. Kim, N. S. Lee, M. J. Yun, J. H. Kang, Y. S. Choi, N. S. Park, N. S. Lee and J. M. Kim：Appl. Phys. Lett., **78**, 1547 (2001)
13) H. Murakami, M. Hirakawa, C. Tanaka and H. Yamakawa：Appl. Phys. Lett., **76**, 1776 (2000)
14) H. Kurachi, S. Uemura, J. Yotani, T. Nagasako, H. Yamada, T. Ezaki, T. Maesoba, T. Nakao, M. Ito, A. Sakurai, Y. Saito and M. Yumura：J. Soc. Info. Display, **13**, 727 (2005)
15) Z. P. Huang, D. L. Carnahan, J. Rybczynski, M. Giersig, M. Sennett, D. Z. Wang, J. G. Wen, K. Kempa and Z. F. Ren：Appl. Phys. Lett., **82**, 460〜462 (2003)
16) K. B. K. Teo, et al.：J. Vac. Sci. Technol. B, **21**, 693〜697 (2003)
17) H. Kind, J. -M. Bonard, C. Emmenegger, L. -O. Nilsson, K. Hernadi, E. Maillard-Schaller, L. Schlapbach, L. Forró and K. Kern：Adv. Mater., **11**, 1285 (1999)
18) R. H. Fowler and L. Nordheim：Proc. Roy. Soc. London A, **119**, 173 (1928)
19) R. Gomer：Field emission and field ionization, Amer. Inst. Phys., New York, p. 30 (1993)
20) Y. Saito, S. Uemura：Carbon, **38**, 169 (2000)
21) Y. Saito, et al.：Mol. Crys. Liq. Crys., **387**, 79 (2002)
22) Y. Saito, K. Hamaguchi, K. Hata, K. Uchida, Y. Tasaka, F. Ikazaki, M. Yumura, A. Kasuya and Y. Nishina：Nature, **389**, 554 (1997)
23) Y. Saito, K. Hata and T. Murata：Jpn. J. Appl. Phys., **39**, L271 (2000)
24) K. Hata, A. Takakura and Y. Saito：Sur. Sci., **490**, 296 (2001)
25) K. Hata, A. Takakura, K. Miura, A. Ohshita and Y. Saito：J. Vac. Sci. Technol. B, **22**, 1312 (2004)
26) Y. Saito, Y. Tsujimoto, A. Koshio and F. Kokai：Appl. Phys. Lett., **90**, 213108 (2007)
27) K. A. Dean and B. R. Chalamala：J. Appl. Phys., **85**, 3832 (1999)
28) C. Oshima, et al.：J. Vac. Sci. Technol. B, **21**, 1700 (2003)
29) M. J. Fransen, Th. L. van Rooy and P. Kruit：Appl. Surf. Sci., **146**, 312 (1999)
30) P. Kruit, M. Bezuijen and J. E. Barth：J. Appl. Phys., **99**, 024315 (2006)
31) K. Hata, A. Takakura, A. Ohshita and Y. Saito：Surf. Interface Anal., **36**, 506 (2004)
32) N. de Jonge, Y. Lamy, K. Schools and T. H. Oosterkamp：Nature, **420**, 393 (2002)
33) Y. Saito, K. Seko and J. Kinoshita：Diam. Relat. Mater., **14**, 1843 (2005)
34) J. Kai, M. Kanai, M. Tama, K. Ijima and Y. Tawa：Jpn.

35) J. Yotani, S. Uemura, T. Nagasako, H. Kurachi, H. Yamada, T. Ezaki, T. Maesoba, T. Nakao, M. Ito, T. Ishida and Y. Saito : Jpn. J. Appl. Phys., **43**, L1459 (2004)
36) Y. Saito, S. Uemura and K. Hamaguchi : Jpn. J. Appl. Phys., **37**, L346 (1998)
37) S. Uemura, J. Yotani, T. Nagasako, H. Kurachi, H. Yamada, H. Murakami, M. Hirakawa and Y. Saito : Proc. of the 20th Inter. Display Research Conf. (September 25-28, 2000, Palm Beach, Florida, USA), pp. 398～401 (2000)
38) 余谷, 上村, 長廻, 倉知, 山田, 江崎, 齋藤, 安藤, 趙, 湯村 : 真空, **44**, 956 (2001)
39) Y. -H. Song, J. -W. Jeong and D. -J. Kim : Carbon Nanotube and Related Field Emitters : Fundamentals and Applications, ed. Y. Saito, (Wiley-VCH, Weinheim) Chap. 22 (2010)
40) Y. C. Choi, et al. : Nanotechnology, **19**, 235306 (2008)
41) J. Yotani, S. Uemura, T. Nagasako, H. Kurachi, T. Nakao, M. Ito, A. Sakurai, H. Shimoda, T. Ezaki, K. Fukuda and Y. Saito : J. Soc. Info. Display, **17**, 361 (2009)
42) C. -C. Kuo, et al. : Proc. 14th Inter. Display Workshop (IDW'07, Sapporo, Japan), pp. 2161～2163 (2007)
43) T. Tonegawa, M. Taniguchi and S. Itoh : Carbon Nanotube and Related Field Emitters: Fundamentals and Applications, ed. Y. Saito, (Wiley-VCH, Weinheim) Chap. 21 (2010)
44) J.M. Kim, et al. : SID 01 Digest, 304 (2001)
45) E. J. Chi, C. G. Lee, J. S. Choi, C. H. Chang, J. H. Park, C. H. Lee and D. H. Choe : SID 05 Digest, 1620 (2005)
46) J. Dijon, J. F. Boronat, A. Fournier, T. G. De Monsabert, B. Montmayeul, M. Levis, F. Levy, D. Sarrasin, R. Meyer, K. A. Dean, B. F. Coll, S. V. Johnson, C. Hagen and J. E. Jaskie : SID 04 Digest, 820 (2004)
47) K. A. Dean, et al. : SID 05 Digest, 1936 (2005)
48) N. de Jonge, Y. Lamy, K. Schoots and T. H. Oosterkamp : Nature, **420**, 393 (2002)
49) N. de Jonge, M. Allioux, J. T. Oostveen, K. B. K. Teo and W. I. Milne : Phys. Rev. Lett., **94**, 186807 (2005)
50) H. Suga, H. Abe, M. Tanaka, T. Shimizu, T. Ohno, Y. Nishioka and H. Tokumoto : Surf. Interface Anal., **38**, 1763 (2006)
51) R. Yabushita, K. Hata, H. Sato and Yahachi Saito : J. Vac. Sci. Technol. B, **25**, 640 (2007)
52) H. Sugie, M. Tanemura, V. Filip, K. Iwata, K. Takahashi and F. Okuyama : Appl. Phys. Lett., **78**, 2578 (2001)
53) G. Z Yue, Q. Qui, B. Gao, Y. Cheng, J. Zhang, H. Shimoda, S. Chang, J. P. Lu and O. Zhou : Appl. Phys. Lett., **81**, 355 (2002)
54) S. Senda, Y. Sakai, Y. Mizuta, S. Kita and F. Okuyama : Appl. Phys. Lett., **85**, 5679 (2004)
55) 奥山文雄 : 日本放射線技術学会雑誌, **58**, 309 (2002)
56) O. Zhou, X. C. Colon : Carbon Nanotube and Related Field Emitters: Fundamentals and Applications, ed. Y. Saito, (Wiley-VCH, Weinheim) Chap. 26 (2010)
57) J. Zhang, et al. : Rev. Sci. Inst., **76**, 94301 (2005)
58) R. Yabushita and K. Hata : J. Vac. Sci. Technol. B, **26**, 702 (2008)
59) K. B. K. Teo, E. Minoux, L. Hudanski, F. Peauger, J.-P. Schnell, L. Gangloff, P. Legagneux, D. Dieumegard, G. A. J. Amaratunga and W. I. Miline : Nature, **437**, 968 (2005)
60) P. Legagneux, P. Guiset, N. Le Sech, J. P. Schnell, L. Gangloff, William, I. Milne and D. Pribat : Carbon Nanotube and Related Field Emitters : Fundamentals and Applications, ed. Y. Saito, (Wiley-VCH, Weinheim) Chap. 27 (2010)
61) C. Dong and G. R. Myneni : Appl. Phys. Lett., **84**, 5443 (2004)
62) H. Liu, H. Nakahara, S. Uemura and Y. Saito : Vacuum, **84**, 713～717 (2010)
63) F. G. Rüdenauer : Surf. Interface Anal., **39**, 116 (2007)
64) W. I.. Milne, K. B. K. Teo, M. Chhowalla, G. A. J. Amaratunga, J. Yuan, J. Robertson, P. Legagneux, G. Pirio, K. Bouzehouane, D. Pribat, W. Bruenger and C. Trautmann : Current Appl. Phys., **1**, 317 (2001)

11.3 電池電極材料

11.3.1 リチウムイオン二次電池
〔1〕は　じ　め　に

20世紀の末から実用され始めたリチウムイオン電池（lithium ion secondary battery, LIB）は，家電用品の分野をおもな利用先とし，ポータブル機器への適用においてさらなる進化を重ねながら利用領域を拡大させている。電池産業の近年の動向として，従来の小型電池を中心とするポータブル機器からプラグイン（plug-in）電気自動車や自然エネルギー由来の電力貯蔵システムなど大型の電池が注目を集めており，LIBの重要性は再認識されている[1]。LIBはほかの二次電池に比べてつぎのような特長を有している。

① 高エネルギー密度
② 高い作動電圧
③ 高速充放電
④ メモリ効果なし
⑤ 長いサイクル特性
⑥ 低自己放電（self-discharge）

LIBは製品の軽量化，小型化，ハイパワー応用などの進化をしつつ，寿命にかかわるサイクル特性も大きく改善されている。LIBの性能はその構成要素に強く依存しており，陽・陰極の電極材にさまざまな候補が試されてきた。CNTは電池用ナノ素材の一つであるとともに，電極添加剤としても優れた性能を有することが多くの研究者により発表されている。また，最近

の大型化・高容量化の新負極材料として提案されている金属系材料の膨張や寿命改善に役に立つ添加材料としてさまざまなグループから発表が続いている[2)~4)]。CNTは炭素六角網面（グラフェン）を丸めた円筒状の構造である。CNTの最も一般的な分類方法では，丸めたグラフェンの枚数により単層，2層，多層の3種類のCNTに分けることができる。CNTは物理化学的に数多く利点が確認され，優れた熱・電気伝導特性，強靭な機械特性および軽さ，大きな縦横比，高比表面積などあらゆる分野への展開が期待されている素材である。このようなCNTはMWCNTの場合，層間構造にリチウムが挿入できるが，SWCNTでは中空とチューブ間のスペースがリチウムの貯蔵空間として考えられている（図11.21）。

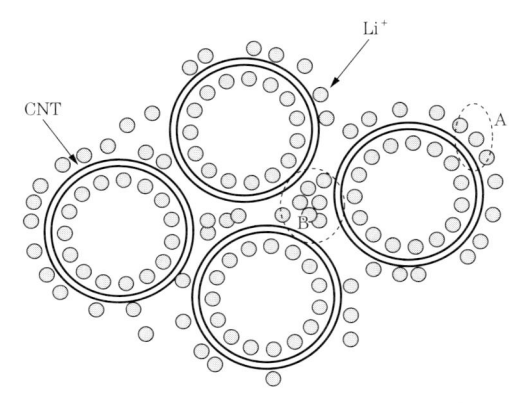

図11.21 バンドル状（束状）のCNTにおけるLi$^+$の挿入部位。挿入部位は二つに分類される；① CNTの内外の表面，② チューブ間隙（この部位では，Li$^+$はLi-Li相互作用によりクラスターを形成する）

〔2〕 **電極材料としてのCNTの利用**

（1）**SWCNT，MWCNT** CNTは筒状に丸めたグラフェンの枚数により単層と多層に大別できる。SWCNTはMWCNTとは異なる構造を持っており，積層構造に起因する層間スペースがない。したがって，インターカレーションとは異なるメカニズムによるリチウムイオン（Li$^+$）の吸蔵が予測できる。図11.21はSWCNTで吸蔵可能なサイトを模式化した概念図である。一般的にCNTは隣接したチューブ間のファンデルワールス力により大きな束を形成することが一般的である。したがって，SWCNTバンドルでのイオン吸蔵サイトは，① チューブ内部の空間，② チューブ間のintershell van der Waals space（図中A），③ intertubular vacancy（図中B）に区分できる。CNTは図11.21で示したようにLi$^+$とアクセスできるサイトが多いため，高容量の性能を有することが多く報告されている。しかし，充放電曲線の形はグラファイトとは異なり，不可逆容量も大きくなってしまう短所もある。このような違いは図11.21のBで示すようなチューブ間とチューブ中心空間に形成されてしまうリチウムの貯蔵状態によると考えられる。

図11.22はSWCNTとMWCNTの典型的な充放電曲線を示す[5)]。

(a) SWCNT

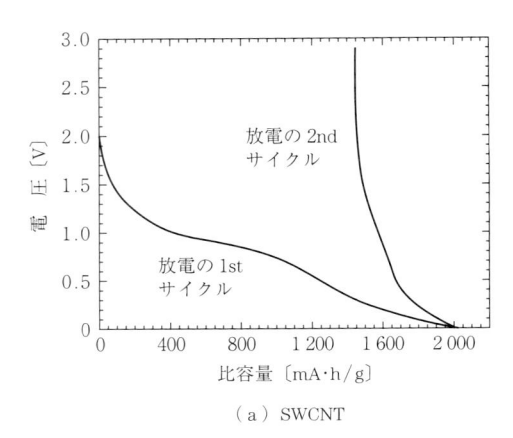

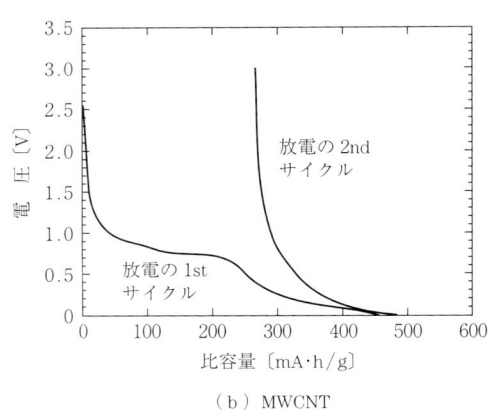

(b) MWCNT

図11.22 精製SWCNTおよびMWCNTを用いたLIBに対して得られた電圧-比容量の曲線。両データは50 mA/gの定電流モードで得られた。

SWCNTの結果は緩やかな電位の変化と0.8 V付近でのやや平らな領域（solid electrolyte interface, SEI）を持っており，ハードカーボン系の結果と類似の傾向を示す。1stサイクルでの容量は黒鉛の理論容量（372 mA·h/g，Liの黒鉛層間へのインターカレーションに基づく容量）をはるかに超える2 000 mA·h/gに至る高容量を示すが，2ndサイクルから急激な容量の減少が見られる。B. Gaoら[6)]は，ボールミリング（ball milling）を施すことで，このような不可逆容量の改善が可能であることを報告した。図11.23にボールミリ

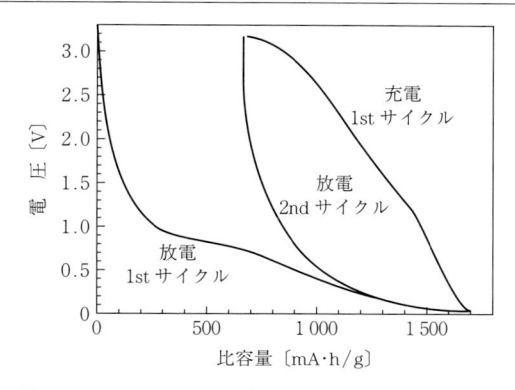

図11.23 ボールミリング後の精製SWCNTの充放電特性

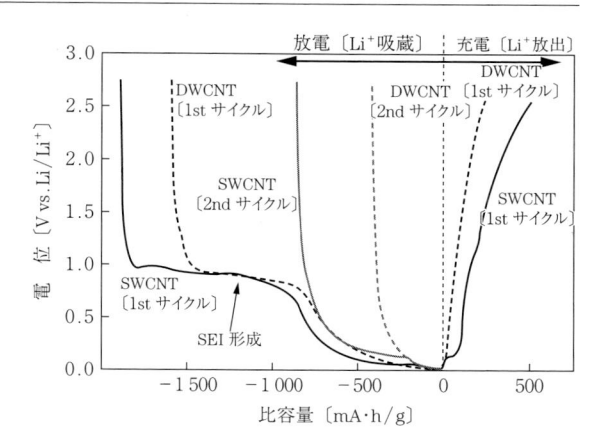

図11.24 高純度のSWCNTおよびDWCNTバンドルに対するLi充放電サイクルにおける電位変化

ング後の充放電特性を示す。

この結果から可逆容量が50％も増加し，1 000 mA・h/gにまで達することが確認できる．不可逆容量の改善にボールミリングのような機械的処理が有効であることが確認できる．図11.22（b）はMWCNTの結果を示す．ここでは0.8 V付近により長い平坦領域と緩やかな電位変化を有し，その容量はSWCNTの500 mA・h/gを大きく下回っている．他の研究グループの結果では，MWCNTの可逆容量は100〜640 mA・h/gの範囲の値を持つことが報告されており，サンプル作製のプロセスや熱処理温度などの条件に大きく依存するように思われる[7]．一般にアーク放電法により合成されたチューブはCVD法によるチューブより少ない可逆容量を示す．

（2） DWCNT 2枚の層で構成されたDWCNTの独特な性質に注目し，さまざまな応用への可能性が提案されている．DWCNTは，SWCNTともMWCNTとも区別できる独特なCNTとして，多くの人々に注目を浴びている[8]．DWCNTはSWCNTに比べて安定的な構造を有し，より高い温度での酸化雰囲気にも耐えるなど，機械的な特性や構造的，化学的安定性を有する．また，バンドル形成の際に生ずるチューブ間のスペースがSWCNTより小さく規則正しいため，より優れた水素貯蔵特性を示すなど独特な構造特性を有している[9]．さらに，DWCNTは電池の電極材料として応用可能であり，CNTの凝集により形成された薄いシートであるいわゆるbucky-paperの形で自由に曲げることのできるシート電極にすることができるなど，その形状を制御することが可能なため，ポリマー電池などでの応用も期待できる．図11.24にはDWCNTとSWCNTのリチウムイオンに対する充放電曲線を示す[10]．

両方のCNTはかなり大きな充電量を有するが（SWCNT：2 000 mA・h/g, DWCNT：1 600 mA・h/g），2ndサイクルからは510 (SWCNT)，300 mA・h/g (DWCNT) に減少し，不可逆容量が高いことを確認した．このように大きい不可逆容量の原因としては，SEIの形成によると考えられるが，構造的に明確な原因が明らかになってない．

〔3〕 CNT複合電極

電池の高容量化に対する研究の流れで，カーボン材料が有する理論的限界を乗り越えるため，シリコン，スズのような金属または金属とのアロイを用いた試みが多くなってきた．しかし，これらの素材は3倍（シリコン）にも至るほどの体積変化を起こすことから寿命やセル安定性の悪化が問題視されている．また，酸化物やシリコンなど，用いる電極材が不導体であるためセル内の電気抵抗が大きくなってしまう問題も生じる．CNTは，これらの問題を解決するため，導電材として添加される（複合電極材）とともに充放電に伴う電極変形を補強するばねおよび柱の役割を果たす添加材としても重要な意味を与える．W. X. Chenら[11]はSn-Sb粒子とCNTの複合材料の電気化学特性を検討し，CNTが可逆容量の改善に優れた結果を示すことを発表した．彼らはCNT-36 wt％およびCNT-56 wt％の添加でそれぞれ462 mA・h/gおよび518 mA・h/gの容量を確認した．G. T. Wuら[12]はCNTの表面に無電解法で金属（Cu）をコーティングしたCNTの電池特性を確認した．また，組成の違いによる容量差に注目し，CuO/CNTは700 mA・h/gの可逆容量が得られる一方でCuO単独では268 mA・h/gにとどまるといったCNTの明らかな有効性を示した．

〔4〕 電極フィラーへの応用

CNTの長い横縦比はCNT間の絡みによる接点形成に有利な特長である．さらに，構造的な完全性と優れ

た電気伝導特性に基づき、既存の粒子状導電材に比べより効果的な導電補助材として試用されてきた。しかし、SWCNTやDWCNTでは莫大な生産コストが問題になるため、導電補助材としての工業的な利用は現実的には難しく、MWCNTの量産が実現してからようやくこのような分野への応用が開けてきた[13]。MWCNTの添加により期待できる性能は、① 電極活物質が充放電の際に起こす体積変化のため劣化する容量の改善、② 電気伝導性の補強による充放電スピードの改善、③ さらに、早い電解液の補充に伴う生産性の改善などさまざまである。図11.25はMWCNTの添加量に伴う人造黒鉛電極のLIBサイクル特性を示す。

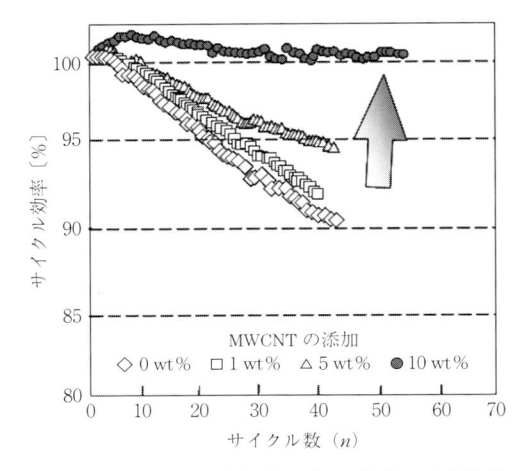

図11.25 MWCNTの添加〔wt%〕に対する人造黒鉛（熱処理温度：2 800℃）のサイクル効率（電圧0～1.5 V領域、電流密度 0.2 mA/cm^2）

図で示すようにMWCNTの添加量が増加するとともにサイクル特性が改善され、10 wt%程度ですでに飽和状態になる。矢印の方向に添加量が増加することを意味する。MWCNTが電極内部に形成した導電ネットワークは機械的にも有利であり、充放電の際に発生する電極の崩れを防止するとともにサイクル特性の改善に寄与していると考えられる。

〔5〕 将来展望

LIBの電極材料としてのCNTは、黒鉛素材の理論容量の壁に対する一つの解決策と高電流密度での容量特性などで注目されている[14), 15)]。現代の社会動向はますます省エネルギー、クリーンエネルギー社会を向いて移行しつつ、電池の高性能化が要求されている。これらの社会ニーズから新素材の探求や既存素材の改善などさまざまな形の研究がいっそう重要性を増している。特に、電気自動車の登場やスマートグリッドのような電池の大きな利用分野は、電池産業のさらなる発展と電池の大型化への動きを加速している。未来に開かれた大きなバッテリー市場において、どの材料が主役となるのかは判断が難しいが、CNTがその候補の一つであることは確かである。

11.3.2 燃料電池
〔1〕 はじめに

燃料電池は化学電池の一種といえるが、二次電池のような充電操作は不要であり、燃料を補給することにより連続的に使用できるという利便性を持つ。作動温度が比較的低く（＜120℃）、小型化が容易な燃料電池として代表的なものに高分子電解質型燃料電池（polymer electrolyte fuel cell, PEFC）および直接メタノール型燃料電池（direct methanol fuel cell, DMFC）がある。PEFCでは、燃料極（負極）において水素の酸化反応が、空気極（正極）では酸素還元反応が進行し、理論上1.23 Vの起電力を生じる。一方、DMFCでは、燃料極においてメタノール酸化反応が進行し、理論上で1.21 Vの起電力を生じる。これらの燃料電池では、酸素還元とメタノール酸化の遅滞反応に対して触媒性能の向上が求められている。PEFCおよびDMFCでは、電極反応を担う触媒の担体、ガス拡散層、集電材としてのセパレーターなど、多くの構成部材にカーボンが使用されている。より詳しい燃料電池の作動原理、構造および各部の働きなどは、しかるべき他の専門書を参照されたい。燃料電池の実用化には電極触媒を高性能化し、貴金属触媒の使用量の低減を図ることによるコスト低減が求められている。NEDOが発表しているロードマップ（2008年版）では2015～2020年までには白金使用量を1/10に低減することが掲げられている（自動車用：1 g/kW → 0.1 g/kW、定地用：5～8 g/kW → 1 g/kW）。同時に検討されている脱白金触媒の開発分野では、いまのところ大きな成果は上げられていない。一方、CNTは、触媒の性能を向上させることにより白金使用量を抑えるという点で、有望な触媒担体材料であり、近年、応用研究が盛んに行われている。本項では、CNTの触媒担体としての利点について、およびPEFC、DMFC用触媒としての白金（Pt）、白金-ルテニウム合金（Pt-Ru）粒子とCNTとのナノ複合化とそこで要求される物理的・化学的な条件とはいかなるものかに焦点を絞って解説する。

〔2〕 触媒担体としてのCNTの利点

CNTを触媒粒子の担体とした場合、CNTの高い導電性のため、触媒表面上での電気化学反応で生じた電子の速やかな移動を達成すること、また、繊維状というその形状から電極を作製した場合、不織布のような

細孔構造をとるため，速やかな物質移動を達成すると期待される。また，従来広く用いられている粒状炭素であるカーボンブラック（CB）では，電極作製時にCB間で形成されるポア内に残されたPt粒子は高分子電解質とうまく接触せず，触媒として利用されない割合が高くなってしまうが，CNTではこの触媒の未利用率を低減することができる。さらに，CBと比較した場合，CNTの高い化学的安定性（耐酸化性）はPt粒子の凝集による成長を防ぐ効果がより大きく，触媒活性の低下を効果的に抑える働きがある。このようにCNTは触媒担体として有用な多くの特長を持つ。CNTを触媒担体として有効に利用しようとする場合，CNT上に微細な粒径（5 nm以下）の触媒粒子を高分散で担持させることが第一に必要となる。これはCNTに限られたことではなく，微細な触媒粒子を凝集させることなくナノカーボン上に担持させることで触媒の活性表面積を増大させ，触媒の単位質量当りの酸化還元反応の高率（mass activity, 質量活性）を改善することができる。ヘリンボン（herringbone）型のカーボンナノファイバー（CNF）上に担持したPt-Ru触媒粒子（Pt：Ru＝1：1，担持量42 wt%，粒径約6 nm）では，同程度の粒径と表面積を有する非担持のPt-Ru触媒よりもメタノール酸化において効率が50%向上することが報告されている[16]。この効率の向上は，Pt-Ru粒子の存在状態が改善されたことによる触媒活性表面積の増大に起因することを示す良い例であるであろう。触媒粒子の担持には後述するようにさまざまな方法があるが，溶液系の場合，Pt前駆体イオン（あるいは生成Ptコロイド）をCNT表面上に固定する必要性があるため，さまざまな化学的，物理的手法によりCNT表面を改質することが必要となる。

〔3〕 **CNT表面と触媒粒子の担持状態の関係**

触媒粒子を溶液法によりCNT上に担持させる場合，CNTの表面状態が触媒粒子の担持状態に大きく影響する。具体的には，①70%硝酸により表面酸化したMWCNT，②超音波処理により水溶液に対する濡れ性の改善を図ったMWCNT，③未処理のMWCNT，以上の3種類の異なった表面状態を持つCNT上に，水溶液中H_2PtCl_6を水素化ホウ素ナトリウム（$NaBH_4$）により還元しPt粒子を担持した3種のナノ複合触媒，さらに，④K_2PtCl_6とエチレングリコール（EG）還元剤との組合せで合成した触媒の計4種について，酸素還元触媒としての性能比較を行った報告がなされている[17]。その結果，①のMWCNTに対し，最も良好な分散状態のPt微粒子（粒径3～5 nm）が得られている。④以外は①と同程度の分散状態を得ているもの

の，①以外では触媒粒径が3～15 nmと大きくなるという結果となっている。PEFC単セルでの性能評価では，触媒①が80℃，15 psi（供給ガス圧）という電池作動条件下で500 mA・cm^{-2}において680 mVと②，③の触媒より約40 mV高い触媒性能を示している。以上のことは，触媒粒子の粒径，分散状態がCNTの表面状態および触媒の合成方法に依存することを示している。

ナノカーボン上に導入される酸素含有官能基としては，カルボキシル基，無水のカルボキシル基，フェノール性水酸基およびキノン，ラクトン，クロメン，ピロン性のカルボニル基およびエーテル基などが挙げられる（図11.26）。CNTの表面酸化では使用する酸化剤の種類や濃度により導入される官能基の種類および存在割合が変化する。例えば，濃度4 mol・L^{-1}のH_2O_2を使用した酸化では，8 mol・L^{-1}での酸化に比べ，カルボキシル基やフェノール性水酸基の割合は減少するが，より高い割合でラクトンおよびキノン性のカルボニル基を生成している[18]。

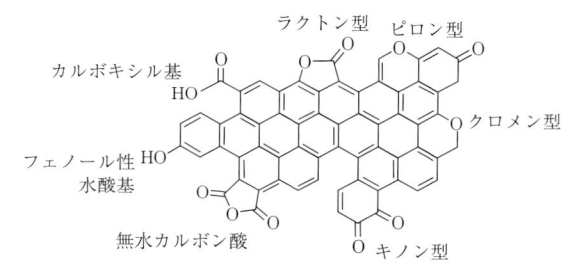

図11.26 カーボン表面に存在する酸素官能基の種類

表面酸化によるPt粒子の粒径，分散度の改善はPt前駆体イオン（ここでは一般的な前駆体イオン$PtCl_6^{2-}$を指す）あるいはPtナノ粒子とCNT表面との相互作用により達成されると考えられている。Pt前駆体イオンに対する具体的な相互作用としては，酸素官能基とのイオン交換反応が挙げられる（式11.2）。

$$\text{CNT-COOH} + M^+X^- \rightarrow \text{CNT-COO}^-M^+ + HX \quad (11.2)$$

CNT上へのPtあるいはPt-Ruの粒径および担持状態の改善には，金属前駆体の種類を含め，選択した合成法に適したCNTの表面状態が不可欠である。

MWCNTの表面酸化処理は，空気酸化や酸素プラズマ処理などの乾式プロセスと過酸化水素酸化，硝酸酸化などの湿式プロセスに分類される。これらの一般的な方法以外に，硝酸（8 mol・L^{-1}）-硫酸（8 mol・L^{-1}）の混合酸中，60℃で2時間超音波処理（130 W，40 kHz）する簡便な方法などがある[19]。さらに簡便な方

11. CNTの応用

法として,空気中における真空紫外線（VUV）照射によりCNT表面に酸素官能基を導入する方法が報告されている[20]。**図11.27**は,未処理,硝酸（HNO_3）処理（60%硝酸,24時間）,VUV処理を施したMWCNTのX線光電子分光スペクトルを示しているが,カルボキシル基およびカルボニル基の割合の増加が硝酸酸化とVUV処理において明瞭に観測されている。

図11.28は各MWCNTおよびPt粒子を担持させた試料（水溶液中,$PtCl_6^{2-}$のNaBH$_4$による還元）のTEM像を示している。

長時間の硝酸処理,VUV処理では,共に表面構造は粗くなり,黒鉛層の直線性も失われており,MWCNTに多くの欠陥が導入されたことがうかがえる。このことから,硝酸酸化およびVUV処理では,酸素官能基の導入と欠陥の導入が並行して行われるといえる。担持状態については,未処理のMWCNTに比べて,硝酸酸化,VUV処理では酸素官能基の増加に伴ってPt担持量および分散状態が改善されている。VUV処理されたMWCNT上でのPt触媒はメタノール酸化に対する質量活性が0.7V（vs Ag/AgCl）で約275 mA/mg-Ptとなり,未処理および硝酸処理されたMWCNT上のPt触媒よりもそれぞれ2.7倍と1.5倍大きい値を示していた。以上の結果は,CNT表面上の酸素官能基がPt粒子の担持状態に大きく寄与することを顕著に示している。

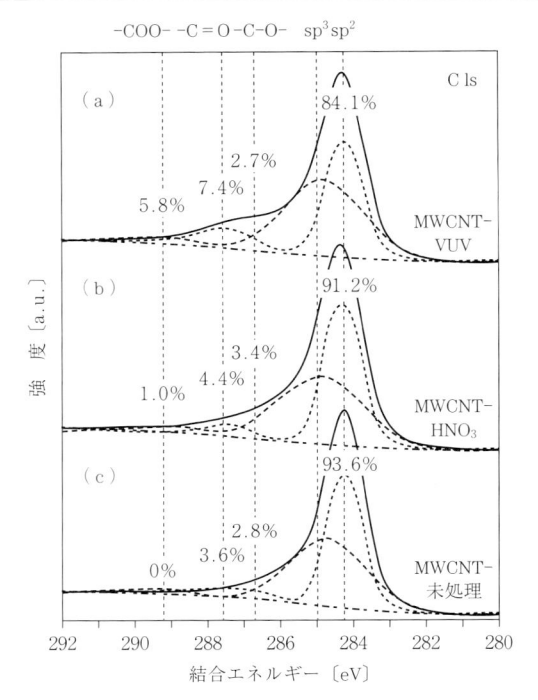

（a）VUV処理されたMWCNT,（b）HNO_3処理されたMWCNT,（c）未処理のMWCNT

図11.27 MWCNTのXPS C 1s スペクトル

（a）未処理のMWCNT　（b）HNO_3処理されたMWCNT　（c）VUV処理されたMWCNT

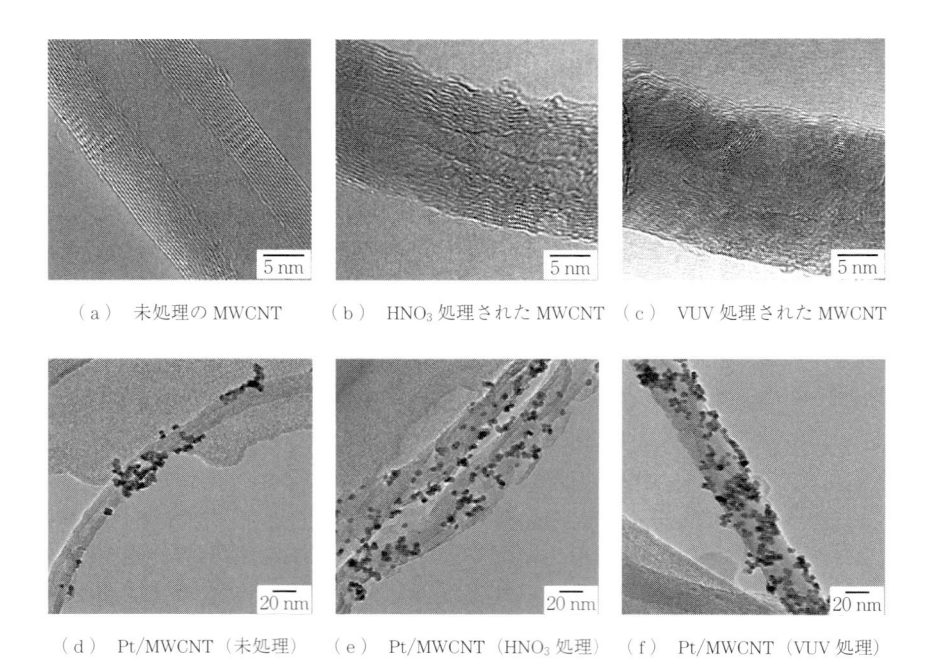

（d）Pt/MWCNT（未処理）　（e）Pt/MWCNT（HNO_3処理）　（f）Pt/MWCNT（VUV処理）

図11.28 MWCNTおよびPt/MWCNTナノ複合触媒のTEM像

〔4〕担持法の触媒活性への影響

触媒粒子の担持法には，①水素ガスによる直接的な還元，②無電解めっき，③コロイド法，④スッパタ堆積法，⑤電解法などが利用されている。①，②の方法では，まず，H_2PtCl_6 や $RuCl_3$ といった Pt および Ru の前駆体を CNT に含浸させ，つぎに，含浸させた CNT を水素ガス/不活性ガス混合気流中で加熱（300〜400℃程度），あるいは $NaBH_4$ 溶液を添加したり，ホルムアルデヒド（HCHO）水溶液中で加熱したりすることにより還元する。③の一例としては，EG 溶液中での加熱による還元が挙げられる。EG の酸化によって生成するグリコール酸イオンはコロイド保護剤として働き，生成金属粒子の粒径制御に寄与する（その他，さまざまなコロイド保護剤を用いた方法が報告されている）。溶液中での還元は，より穏和な温度条件で触媒粒子の生成が可能であるため現在広く用いられている。注意すべきは，触媒粒子の担持率，粒径，分散度，結晶面方位の比率や触媒粒子の表面化学種（金属の酸化状態），Pt-Ru 合金の場合は Pt/Ru 比率などが合成法により変化することである。例えば，Pt-Ru のバルク組成について，溶媒極性や酸素官能基の種類と割合により，目的の Pt/Ru 組成とは異なり，Pt 濃縮あるいは Ru 濃縮した組成を与えることが報告されている[18]。また，EG 溶媒では良好な担持状態の Pt-Ru/CNT が得られる一方で，HCHO 水溶液では担持された Pt-Ru 粒子が極端に減少することが示された。これは，使用した溶媒の極性が前駆体イオンと酸素官能基との相互作用に影響を及ぼしたことによると結論づけられている。

メタノールは Pt 触媒上で脱水素反応を経ておもに CO へと酸化されるが，生成した CO は触媒活性部位に強く吸着し，Pt 触媒を被毒する［式(11.3)］。一方，Ru を合金化した場合は，式(11.4)，(11.5) に示したように Pt-CO と Ru-OH の 2 分子反応により，Pt の被毒を効果的に防ぐことができる（bifunctional mechanism）。

$$Pt + CH_3OH \rightarrow Pt\text{-}CO + 4H^+ + 4e^- \quad (11.3)$$

$$Ru + H_2O \rightarrow Ru\text{-}OH + H^+ + e^- \quad (11.4)$$

$$Pt\text{-}CO + Ru\text{-}OH \rightarrow Pt + Ru + CO_2 + H^+ + e^- \quad (11.5)$$

上記の反応と同時に，Ru は Pt-CO の結合を弱め，CO 酸化の反応速度を高める効果（electronic effect あるいは ligand effect）を持つ。これらの効果に必要とされる Ru 量は，原子％で 10〜50％という幅広い値が報告されている。これは，触媒の形状や状態（平板状，粒子状，担持あるいは非担持状態），メタノール酸化の測定条件（電解質水溶液の種類や測定温度など）や Pt-Ru 触媒の合成法（表面組成がバルク組成と異なる場合がある）などの違いが起因していると考えられる。

酸素還元やメタノール酸化は構造敏感な反応であることが知られている。そのため，これらの反応に有利な結晶格子面を選択的に生成させることも触媒性能の向上には重要な因子となる。HCHO を使用した還元法では，$NaBH_4$ を使用した場合に比べ，粒径が小さく，より高い Pt(111)/Pt(200) 面の比率を与えると報告されている[21]。酸素の電気化学還元反応は，Pt(111) 面が Pt(200) 面より活性であるため，HCHO 還元法により調製された触媒は，結晶学的な点で酸素還元に有利であるといえる。

〔5〕ま と め

優れた結晶性，特異な形状や物性を有する CNT は，製造コストの面では改善の余地があるものの，燃料電池触媒の担体として有望なナノ炭素材料である。CNT の触媒担体としての利用には，いかに物理的，化学的に適した触媒粒子を担持させるかが鍵となる。そこでは，粒子の径や形状，分散状態，Pt を中心とした多元化合金の可能性やその組成，固溶状態，結晶面，表面化学種など，検討すべき項目が数多くある。今後，CNT ナノ複合化触媒のさらなる最適化，高性能化が図られ，実用化レベル以上の性能，白金使用量の大幅な低減および触媒の耐久性向上が達成されることを大いに期待したい。

11.3.3 電気二重層キャパシター

〔1〕は じ め に

電気二重層キャパシター（EDLC）は二次電池と同様に電気エネルギーを繰り返し蓄積，放出できる蓄電デバイスである[22]。EDLC は電解質イオンを電極表面で物理吸脱着することにより充放電を行う。この点が電極活物質の化学反応により充放電を行う二次電池と大きく異なるところである。EDLC は電極活物質の化学反応を必要としないため，高速充放電が可能であり，かつ電極劣化が少なく繰り返し特性に優れている。一方，エネルギー密度については電極活物質の表面のみしか蓄電に利用されないため二次電池に比べかなり小さい。実用材としては比表面積の大きい活性炭がキャパシター電極に利用されている。

CNT のキャパシター特性については 1990 年代の終わり頃から活発な研究が行われている[23]〜[25]。これまでにいくつかの総説・解説が出されているので[26]〜[28]，ここではここ数年に出版された論文に焦点をあてて解説を行う。

〔2〕 電気二重層キャパシターの原理

CNT の EDLC 特性を見る前に，ここでは EDLC の動作原理や構成要素について概説したのち，エネルギー密度を高めるためにどのような材料設計をすべきか検討する．

（1） 原　　理　　EDLC は図 11.29 のように電極表面で電解質イオンを物理吸着することにより電気エネルギーを蓄える．電極内部の電荷の層と吸着イオンが形成する層とがちょうどキャパシターのような働きをする．

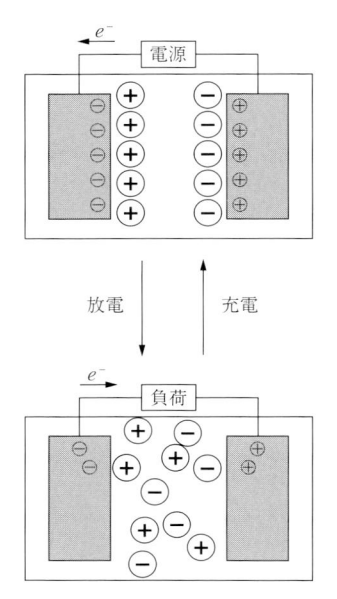

図 11.29　EDLC の原理を模式的に示したもの．充電時に電極にイオンの吸着が起こり，二重層が形成される．

この二つの層で形成される電気二重層の厚さを l として静電容量 C は式 (11.6) のように表される．

$$C = \int \frac{\varepsilon}{4\pi l} ds \tag{11.6}$$

ここで，ε は誘電率，s は電極表面をそれぞれ表す．したがって，静電容量は表面積が大きいほど，また二重層の厚さが薄いほど大きくなることがわかる．なお，図 11.29 では二重層を模式的に示しているが実際にはかなり複雑で，図に示したようなヘルムホルツ層と呼ばれる層の外側にイオン濃度が緩やかに変化する拡散二重層も存在すると理解されている．

（2） 2 極と 3 極で容量は 4 倍違う　　EDLC の静電容量の測定は実験的にはいくつかの手法により行われている．代表的なものはサイクリックボルタンメトリー（CV 測定）と定電流クロノポテンショメトリー（充放電測定）である．CV 測定では観測された電流値を電位走査速度で割ることで，充放電測定では電気量に対する電位変化を直線近似したときの傾きの逆数からそれぞれ静電容量を求めることができる．さて，実際に電気化学測定により静電容量を求める際に大きく二つの測定系（2 極式と 3 極式）があり，二つの測定系で求めた重量当りの静電容量は 4 倍もの差があることに注意しなければならない．2 極式セルとは図 11.29 に示した両電極に測定試料を用いる対称セルである．このとき観測された容量は正負極の容量を合わせたものとなり単極容量は観測容量の 2 倍となる．さらに，両極の重量は 2 倍になっているので単極の重量当りの容量は 4 倍となる．3 極式セルでは参照電極を加えることで単極容量の直接観測が可能である．

（3） 電解液：水系と非水系　　これまで静電容量の話を続けてきたが，EDLC に貯蔵されるエネルギー E は $E = CV^2/2$ のように表されるので印加電圧 V に大きく依存する．印加電圧を高くするためには電解液の耐電圧を高めなければならない．この観点からは水よりも有機溶媒のほうが良く，プロピレンカーボネート（PC）やアセトニトリル（AN）などが利用される．一方，電解質の解離については水が優れ，イオンの移動度も一般に水系電解質のほうが非水系より高い．したがって，静電容量だけ見ると水系電解液のほうが非水系より高い場合が多い．しかしながら，耐電圧は数倍非水系のほうが大きいので，エネルギー密度は非水系のほうが高くなる．また，電極活物質が有効に利用されるためには電解液に対する活物質の濡れ特性も重要な要素となる．

（4） 静電容量を大きくするには　　式 (11.6) に示すように比表面積が大きいほど二重層容量は大きくなる．実用化されている活性炭電極では比表面積が 2 000 m²/g を超えるような大きなものが利用されている．また，二重層厚さ l が小さくなっても二重層容量は大きくなるが，これを意図的に調整するのは難しいと考えられてきた．しかし，J. Chmiola らは細孔径を変えることでこの二重層厚さが小さくなり二重層容量が大きくなることを示しており興味深い[28]．このように電極活物質の表面・細孔構造によりキャパシター容量を制御できるが，これとは異なり反応速度の速い酸化還元反応により容量を大きくすることもできる．このようなファラデー過程を利用したものは厳密にはキャパシターとはいえないので擬キャパシター（pseudo capacitor）と呼ばれる．酸化ルテニウムに代表される擬キャパシターのいくつかは炭素系の EDLC に比べて格段に大きい容量を持つことが知られている．EDLC に加えてこのような擬キャパシターも含めて電

11.3 電池電極材料

気化学キャパシターと呼ぶ。

〔3〕 CNTキャパシターの実力

SWCNTはグラフェンシートを丸めたものであるので, 開端かつ孤立して存在すれば, その比表面積はグラフェンと同じ $2630\,m^2/g$ となるはずである。このように大きな比表面積を有し, イオン・電子輸送に適した構造を持つことから高性能な EDLC 電極として期待され, 活発な研究が行われている。果たしてその実力はいかに, ということを見ていくことにしよう。

表11.2 にはここ数年に報告された CNT キャパシターの静電容量をまとめている。これ以前の報告に関しては 2008 年の V. V. N. Obreja の総説によくまとまっている[29]。

(1) 本当に高容量か Obrejaの総説には, いずれも水系電解液でSWCNTの最高容量としてK. Y. Anら[24]が報告した$180\,F/g$が紹介され, MWCNTに関してはJ. Yeら[25]の$335.2\,F/g$が記述されている。ただし, $335.2\,F/g$のMWCNTは電解酸化処理したもので出発試料の容量は$32.7\,F/g$にすぎない。SWCNTについてはEDLC研究初期の1999年にC. Liuら[23]が非水系電解液で$283\,F/g$もの大きな値を報告しているが, 以後はこのような大きな値の報告はないので実験あるいは解析に何らかの問題があったものと考えられる。〔2〕で述べたことに気をつけながら表11.2の非水系電解液における CNT の単極容量を見ると, SWCNT, MWCNT いずれも数十 F/g 程度であることがわかる。こうした数値は実用材料である活性炭と比較してそれほど大きな値ではなく, 期待と異なる。また, MWCNT の層間には電気二重層は形成されないのでSWCNTに比べて不利なはずだが両者に大きな差がないことも予想を裏切る。このようなことはSWCNTのバンドル構造に起因している。SWCNTの比表面積はバンドルを形成するので孤立チューブに期待される理論比表面積よりもずっと小さな値となる (表11.2)。バンドルにおいてはチューブ間にはイオン吸着は望めないことから静電容量は期待ほど大きくならない。加えてSWCNTのチューブ中空部分に果たして電気二重層が形成され得るかという疑問もある。SWCNTの直径は1〜2 nm 程度であるので拡散二重層まで含めた二重層の形成は困難であるように思える。しかし, このような小さな直径のポアにおいてもポア中心にイオンが軸方向に直線状に並んだ electric wire-in-cylinder capacitor (EWCC) を形成するとの見方もあり[38], 今後の実験・理論的解明が待たれる。

(2) 高容量化手段 上記のように, どうやらCNT単独では大きな静電容量が得られないことが

表11.2 最近報告された CNT キャパシターの静電容量および測定条件のまとめ

	CNTの特徴 (比表面積, 外内径など)	セル構成 (R：参照極, C：対極)	電解液	測定条件 (CD：充放電測定)	静電容量
単層 (2層)	SWCNT 繊維 (Cheap Tubes Inc.)[30]	3極	0.2M リン酸緩衝食塩水	CV 0〜0.7 V (Ag/AgCl) (58〜280 mV/s)	210 F/g (140〜168 mV/s) (0.4 V)
	DWCNT (CVD)[31] $574\,m^2/g$ (pristine) $379\,m^2/g$ (HNO$_3$ treated)	3極 R：Ag/Ag$^+$ C：作用極の4倍の炭素	0.5M H$_2$SO$_4$ 1M Et$_4$NBF$_4$/PC	CV −0.2〜0.8 V (10〜100 mV/s) CV −1.25〜1.25V (10〜100 mV/s)	未処理：22 F/g (10 mV/s) HNO$_3$：54 F/g (10 mV/s) 未処理：34 F/g (10 mV/s) HNO$_3$：38 F/g (10 mV/s)
	SWCNT (HiPco CVD)[32] $816\,m^2/g$	3極 R：PTFE-YP17活性炭 C：Wの100倍のYP17	1M Et$_4$NBF$_4$/AF	CV 0〜2.5V	7〜20 F/g
	SWCNT (Carbon Solution CO.) Agナノ粒子付加[33]	2極	PVA-H$_3$PO$_4$	CV 0〜1.0 V (20mV/s) CD 0.0〜1.0 V (1 mA/cm^2)	SWCNT 46 F/g 1 nm Ag 106 F/g 4 nm Ag 68F/g
	SWCNT $726\,m^2/g$ DWCNT $588\,m^2/g$ (CVD HiPco)[34]	3極 R：Ag/Ag$^+$ C：活性炭	1 M Et$_4$NBF$_4$/PC	CD −1.25〜1.25 V (v. s. flat-band potential) (0.1〜2.0 A/g)	SWCNT：@ 70 F/g (p 添加) @ 50 F/g (n-doping) DWCNT：@ 45 F/g (p 添加) @ 40 F/g (n 添加) (0.1 A/g)
多層	MWCNT + MnO$_2$ + Au[35]	2極	0.1 M Na$_2$SO$_4$	CV 0.0〜0.7 V (10mV/s) CD 0.0〜0.7 V (6.6 A/g)	MnO$_2$/CNT：44 F/g Au-MnO$_2$/CNT：68 F/g
	MWCNT (Aldrich) 内径：10〜15, 外径：2〜6 nm[36]	3極	ポリマー電解液	AC インピーダンス, CV, CD	22〜41 F/g
	MWCNT[37] LA (Nano Lab 直径：10〜20 nm, 長さ：<1 μm) HA (Guangzhou 直径：10〜40 nm, 長さ：>100 μm)	2極	1 M TEMABF$_4$/PC	CD 1.0〜2.5 V	CNT LA 24.7 F/g (92.3 mA/g) CNT HA 22.5 F/g (92.3 mA/g)

はっきりしてきた。しかし，それと同時にCNTを特定の方法で処理すると劇的に容量が大きくなることもわかってきた。さきに電解酸化の例を示したが，これ以外にも強酸処理などがよく行われている。このような処理を行うとCNT表面が化学修飾され官能基が導入されることがあり，この官能基の酸化還元による擬似容量の付与が容量増大の大きな原因である。**図11.30**に硫酸／硝酸の混酸で処理したSWCNTの水系電解液でのCVダイヤグラムを未処理のものと比較して示す[39]。混酸処理後に矩形領域が大きくなり静電容量が増大していることが明らかである。また，未処理のものはほぼ理想的な矩形であるのに対し，処理後のものには酸化波，還元波ともにピークが観測される。このピーク位置から混酸処理でSWCNT表面に導入されたカルボン酸の酸化還元が起こっていると考えられる。このような擬似容量の付与のほかにSWCNTの表面状態の変化により電解液との相互作用に変化が生じEDLC特性に影響することも考慮しなければならない。I. Y. Jangらは2層ナノチューブ（DWCNT）の硝酸処理を行った試料について水系，非水系二つの電解液によりEDLC特性を調べている[31]。水系電解液では処理後に2倍以上の容量増加が認められたのに対し非水系ではほとんど増加していない。Jangらはこの違いを酸処理したDWCNTの両電解液に対する濡れ特性の違いにより説明している。

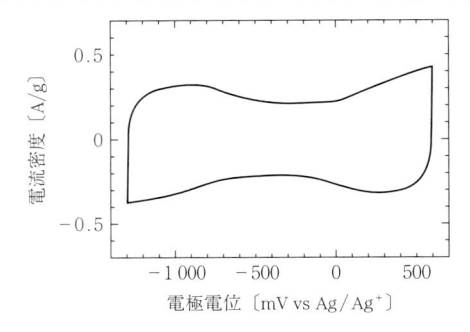

図11.31 1M Et₃MeNBF₄／PC電解液でのSWCNT（HiPco）のCV図。走査速度は50 mV/s

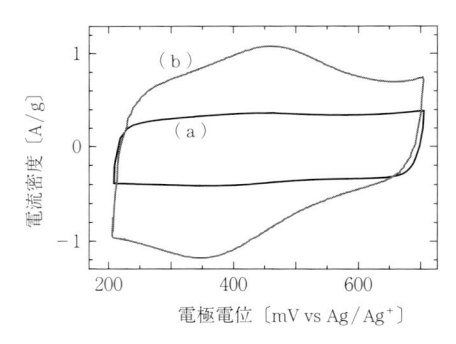

図11.30 混酸処理の（a）前，（b）後のSWCNT（HiPco）のCV図。1M H₂SO₄電解液で走査速度は50 mV/s

こうした化学修飾のほかに，金属ナノ粒子や酸化物との複合化などによる容量増加の試みも行われている[33), 35)]。

（3）高速性能　非水系電解液で走査電位範囲を広げてCNTのCV測定を行うと**図11.31**のように蝶が羽を広げたようなバタフライ型と呼ばれる独特な形のCV図が得られることがある。

真ん中の電流値がくぼんだあたりの電位が開回路電位であり，この電位を挟んでアニオン，カチオンの吸着が入れ替わる。〔2〕に述べたように本来静電容量は電位に依存しないはずであるが，ヘルムホルツ層の構造が吸着イオン種や電位により変化することがバタフライ型の原因の一つと考えられる。もう一つの考え方は半導体チューブの導電キャリヤー密度が電位に依存するのが原因だとするものである。これは電極側の空間電荷層がCVプロファイルを支配するという考え方でキャリヤー密度が低い電極に有効な考え方である。このあたりのことを明確に議論するためには金属・半導体CNTを選択的に調整した電極での実験が必要である。

上記のようにキャリヤー密度が低いとなるとEDLCの本来の利点である高速に充放電できる高出力特性はCNT電極ではどうであろうか。この高出力特性についてはCNTの形状が有効に働くことがわかっている。基板上に垂直に成長させたSWCNT試料は高電流密度で充放電させても容量低下が見られず，同条件で測定した活性炭よりも優れた特性を示すことが確認されている。最近，このような基板に垂直配向したSWCNTのEDLC特性を計算化学的に調べる試みが行われ，かなり実験値を再現できており興味深い[40]。

〔4〕**今後の期待**

CNTをキャパシター材料として用いる利点と今後期待される研究をつぎのようにまとめることができる。

① 金属・半導体CNT単体でのキャパシター性能評価
② チューブ径や配列形態を制御したCNTのキャパシター性能評価
③ 意図的に導入した表面官能基のレドックス反応の動力学解析
④ 多孔性カーボンキャパシターの単純化モデルとしての役割
⑤ 理論化学，計算化学からのキャパシター性能評

価

また，ここではCNTを主体的なキャパシター材料と考えているが，ほかの材料との複合化や，ほかの材料の担持体としての展開も期待される。

引用・参考文献

1) F. Beguin and E. Frackowiak (Eds.) : Carbons for electrochemical energy storage and conversion systems, CRC Press, Taylor & Francis group (2009)
2) Y. S. Hu, R. D. Cakan, M. M. Titirici, J. O. Muller, R. Schlogl, M. Antonietti and J. Maier : Superior storage performance of a Si@SiOx/C nanocomposite as anode material for lithium ion batteries, Angew. Chem. Int. Ed., **47**, 1〜6 (2008)
3) W. R. Liu, N. L. Wu, D. T. Shieh, H. C. Wu, M. H. Yang, C. Korepp, J. O. Besenhard and W. Winter : Synthesis and characterization of nanoporous NiSi-Si composite anode for lithium-ion batteries, J. Electrochem. Soc., **154**, A97〜A102 (2007)
4) X. N. Zhang, P. X. Huang, G. R. Li, T. Y. Yan, G. L. Pan and X. P. Gao : Si-AB$_5$ composites as anode materials for lithium ion batteries, Electrochem. Commun., **9**, 713〜717 (2007)
5) B. Gao, A. Kleinhammes, X. P. Tang, C. Bower, L. Fleming, Y. Wu and O. Zhou : Electrochemical intercalation of single-walled carbon nanotubes with lithium, Chem. Phys. Lett., **307**, 153〜157 (1997)
6) B. Gao, C. Bower, J. D. Lorentzen, L. Fleming, A. Kleinhammes, X. P. Tang, L. E. McNeil, Y. Wu and O. Zhou : Enhanced saturation lithium composition in ball-milled single-walled carbon nanotubes, Chem. Phys. Lett., **327**, 69〜75 (2000)
7) G. T. Wu, C. S. Wang, X. B. Zhang, H. S. Yang, Z. F. Qi and W. Z. Li : Lithium insertion into CuO/carbon nanotubes, J. Power Sources, **75**, 175〜179 (1998)
8) M. Endo, H. Muramatsu, T. Hayashi, Y. A. Kim, M. Terrones and M. S. Dresselhasu : Buckypaper from coaxial nanotubes, Nature, **433**, 476 (2006)
9) J. Miyamoto, Y. Hattori, D. Noguchi, H. Tanaka, T. Ohba, S. Utsumi, H. Kanoh, Y. A. Kim, H. Muramatsu, T. Hayashi, M. Endo and K. Kaneko : Efficient H$_2$ adsorption by nanopores of high-purity double-walled carbon nanotubes, J. Am. Chem. Soc., **128**, 12636〜12637 (2006)
10) Y. A. Kim, M. Kojima, H. Muramatsu, S. Umemoto, T. Watanabe, K. Yoshida, K. Sato, T. Ikeda, T. Hayashi, M. Endo, M. Terrones and M. S. Dresselhaus : In situ Raman study on sing- and double-walled carbon nanotubes as a funcition of lithium insertion, Small, **2**, 667〜676 (2006)
11) W. X. Chen, J. Y. Lee and Z. Liu : The nanocomposites of carbon nanotube with Sb and Sn Sb0.5 as Li-ion battery anodes, Carbon, **41**, 959〜966 (2003)
12) G. T. Wu, C. S.Wang, X. B. Zhang, H. S. Yang, Z. F. Qi and W. Z. Li : Lithium insertion into CuO/carbon nanotubes, J. Power Sources, **75**, 175〜179 (1998)
13) R. V. Noorden : The trials of new carbon, Nature, **469**, 16 (2011)
14) R. Baugham, A. Zakhidov and W. Heer : Carbon nanotubes - the route toward applications, Science, **297**, 787〜792 (2002)
15) B. Gao, A. Kleinhammes, X. P. Tang, C. Bower, L. Fleming, Y. Wu and O. Zhou : Electrochemical intercalation of single-walled carbon nanoubes with lithium, Chem. Phys. Lett., **307**, 153〜157 (1999)
16) E. S. Steigerwalt, et al. : A Pt-Ru/Graphitic carbon nanofiber nanocomposite exhibiting high relative performance as a direct-methanol fuel cell anode catalyst, J. Phys. Chem. B, **105**, 34, 8097 (2001)
17) N. Rajalakshmi, et al. : Performance of polymer electrolyte membrane fuel cells with carbon nanotubes as oxygen reduction catalyst support material, J. Power Sources, **140**, 2, 250 (2005)
18) Y. Liang, et al. : Preparation and characterization of multi-walled carbon nanotubes supported PtRu catalysts for proton exchange membrane fuel cells, Carbon, **43**, 15, 3144 (2005)
19) Y. Xing : Synthesis and electrochemical characterization of uniformly-dispersed high loading Pt nanoparticles on sonochemically-treated carbon nanotubes, J. Phys. Chem. B, **108**, 50, 19255 (2004)
20) I. Y. Jang, et al. : Effect of photochemically oxidized carbon nanotubes on the deposition of platinum nanoparticles for fuel cell catalysts, Electrochem. Commun., **11**, 7, 1472 (2009)
21) J. Zhang, et al. : Preparation and characterization of Pt/C catalysts for PEMFC cathode : Effect of different reduction methods, React. Kinet. Catal. Lett., **83**, 2, 229 (2004)
22) 石川正司：未来エネルギー社会をひらくキャパシタ，化学同人 (2007)
23) C. Liu, A. J. Bard, F. Wudl, I. Weitz and J. R. Heath : Electrochemical characterization of films of single-walled carbon nanotubes and their possible application in supercapacitors, Electrochem. Solid State Lett., **2**, 577 (1999)
24) K. Y. An, et al. : Characterization of supercapacitors using singlewalled carbon nanotube electrodes, J. Korean Phys. Soc., **39**, S511 (2001)
25) J. Ye, et al. : Electrochemical oxidation of multi-walled carbon nanotubes and its application to electrochemical double layer capacitors, Electrochem. Commun., **7**, 249 (2005)
26) 白石荘志：CNT の電気二重層キャパシタ特性，ナノカーボンハンドブック，NTS, 308 (2007)
27) 羽鳥浩章：カーボンナノチューブを用いた電気化学キャパシタ，化学と工業，**62**, 469 (2009)
28) J. Chmiola, G. Yushin, Y. Gogotsi, C. Portet, P. Simon and P. L. Taberna : Anomalous increase in carbon capacitance at pore sizes less than 1 nanometer, Science, **313**, 1760 (2006)

29) V. V. N. Obreja: On the performance of supercapacitors with electrodes based on carbon nanotubes and carbon activated material, A Review, Physica E, **40**, 2596 (2008)
30) J. Ma, et al.: Ultrathin carbon nanotube fibrils of high electrochemical capacitance, Nanotechnology, **3**, 3679 (2009)
31) I. Y. Jang, et al.: Capacitance response of double-walled carbon nanotubes depending on surface modification, Electrochem. Commun., **11**, 719 (2009)
32) P. W. Ruch, et al.: Electrochemical characterization of single-walled carbon nanotubes for electrochemical double layer capacitors using non-aqueous electrolyte, Electrochem. Acta, **54**, 4451 (2009)
33) G. Wee, et al.: Particle size effect of silver nanoparticles decorated single walled carbon nanotub electrode for supercapacitors, J. Electrochem. Soc., **157**, A179 (2010)
34) Y. Yamada, et al.: Capacitor properties and pore structure of single- and double-walled carbon nanotubes, Electrochem. Solid State Lett., **12**, K14 (2009)
35) A. L. M. Reddy, et al.: Multisegmented Au-MnO$_2$/Carbon nanotube hybrid coaxial arrays for high-power supercapacitor applications, J. Phys. Chem. C, **114**, 658 (2010)
36) G. P. Pandey, et al.: Multiwalled carbon nanotubes electrodes for electrical double layer capacitors with ionic liquid based gel polymer electrolytes, J. Electrochem. Soc., **157**, A105 (2010)
37) Y. Honda, et al.: Effect of MWCNT bundle structure on electric double-layer capacitor performance, Electrochem. Solid State Lett., **12**, A45 (2009)
38) J. Huang, et al.: A universal model for nanoporous carbon supercapacitors applicable to diverse pore regimes, Carbon Materials, and Electrolytes, Chem. Eur. J., **14**, 6614 (2009)
39) I. Mukhopadhyay, Y. Suzuki, T. Kawashita, Y. Yoshida and S. Kawasaki: Studies on surface functionalized single wall carbon nanotube for electrochemical double layer capacitor application, J. Nanosci. and Nanotechnol., **10**, 4089 (2010)
40) L. Yang, et al.: Molecular simulation of elecric double-layer capacitors based on carbon nanotube forests, J. Am. Chem. Soc., **131**, 12373 (2009)

11.4 エレクトロニクス

11.4.1 CNT電界効果トランジスター

CNTは，長い平均自由行程（～1μm）・バリスティック伝導性[1]を初めとする優れた電子輸送特性により，超高速CMOS (complementary metal oxide semiconductor) LSI用デバイス，超高周波アナログデバイスなどとして期待されている。しかしながら，CNTには半導体CNTと金属CNTが混在することを初めとして，コンタクト抵抗の問題，nチャネルトランジスターの作製が困難，表面状態の変化に敏感であるなどの多くの課題を有している。

本節では，CNT電界効果トランジスター（field effect transistor, FET）および薄膜トランジスター（thin-film transistor, TFT）に焦点を当てて現状を紹介する。

〔1〕 **CNTトランジスターの構造と電流制御機構**

CNTFETの断面構造を**図11.32**に示す。SiO$_2$/Si基板上にソース電極，ドレイン電極を作製し，その上にCNTチャネルを形成したものが多い。ゲート電極には高濃度（10^{19} cm^{-3}程度）に不純物を添加したSi基板を用いている。

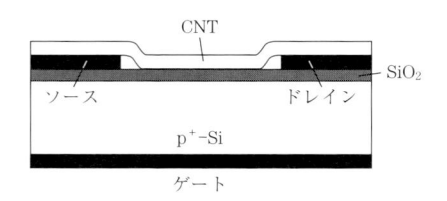

図11.32 CNTFETの断面構造模式図

CNTでは，SiやGaAsなどの従来の半導体と異なり，置換型の不純物ドーピングが困難なため，CNTとソース，ドレイン電極金属との接合にはショットキー障壁が形成され，通常は，いわゆるショットキーソース・ドレイン型FETとなる。このとき，CNT-FETのドレイン電流制御機構は，おもにゲートによるショットキー障壁変調に基づくキャリヤー注入変調で説明される[2), 3)]。

図11.33は，これを説明するエネルギーバンド図である。図（a）はpチャネル伝導状態，図（b）はオフ状態，図（c）はnチャネル伝導状態を示している。ゲート電圧を十分負にするとエネルギーバンドは図（a）に示すように，価電子帯上端がソース電極のフェルミレベルよりも上にくるので，価電子帯には正孔がソースから熱アシストトンネル注入される。ショットキー障壁の厚さはゲート電圧により変化するので，この正孔注入によるドレイン電流は，ゲート電圧に依存する。

ゲート電圧をオフ状態まで正側に変化させるとエネルギーバンドは図（b）に示すように下がり，ソース電極のフェルミレベルとCNTチャネルの禁制帯の高さが一致するようになる。禁制帯には自由キャリヤーは存在できないので，このバイアス条件では正孔はCNTチャネルには注入できない。ゲート電圧をさらに正側に変化させるとエネルギーバンドは図（c）に

11.4 エレクトロニクス

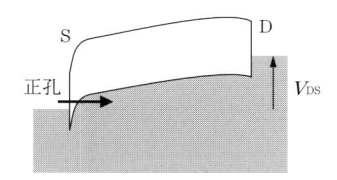

(a) ゲートに負の電圧を印加した
pチャネル伝導状態

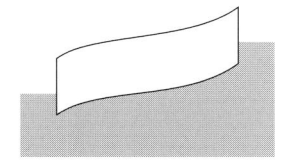

(b) オフ状態

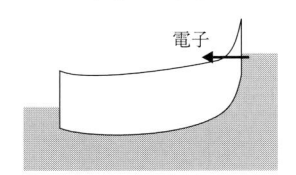

(c) ゲートに正の電圧を印加した
nチャネル伝導状態

図 11.33 ショットキーソース・ドレイン型 FET の電流制御機構を説明するエネルギーバンド図

示すようにさらに下がり，伝導帯下端がドレイン電極のフェルミレベルより下にくる。この状態では電子がドレイン側から CNT チャネルの伝導帯に注入されるので，FET は n チャネル伝導を示す。このように CNT では，ゲート電圧に依存して伝導型が変化する両極性伝導を示す。

なお，伝導帯と価電子帯の E-k 分散関係がほぼ対称であるため，正孔および電子の有効質量はほぼ等しく，したがって両者で移動度は等しい。このことから n チャネルと p チャネルとでほぼ同じ電流が流れることが期待され，CMOS に有利な特長である。

一方，両極性伝導を示すナノチューブ FET では，p チャネルのほうが n チャネルよりも大きな電流が得られる場合が多い。これは正孔に対するショットキー障壁高さが電子に対する障壁高さより低いため，正孔を電子より多く注入することができるためである。また直径が太い CNT では，禁制帯幅が小さく，電子や正孔に対する障壁高さが低いため，両極性伝導が観測されやすい。

〔2〕 **CNTFET におけるコンタクト**

CNTFET の動作がショットキー障壁トランジスターモデルで説明できる場合，ソース，ドレイン電極に用いる金属の仕事関数によりショットキー障壁高さが異なることから，CNTFET の伝導特性が仕事関数に依存することが予想される。図 11.34 は，ソース，ドレイン電極として仕事関数の異なる金属を用いたときの，ドレイン電流-ゲート電圧特性である[4]。仕事関数が大きい Pd のときは p 型，小さい Ca のときは n 型，中間の仕事関数である Mg のときは両極性を示しており，この結果は上記ショットキー障壁トランジ

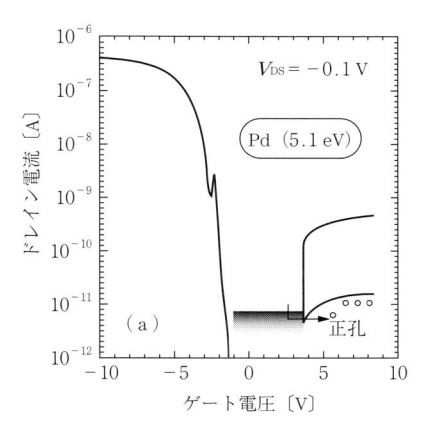

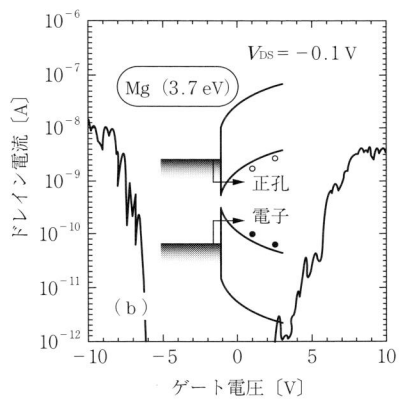

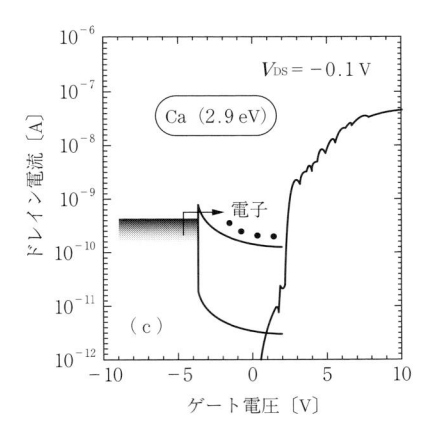

図 11.34 コンタクト金属の仕事関数を変えたときの，電流-電圧特性の比較。仕事関数が大きい Pd では p 型，小さい Ca では n 型，中間の仕事関数である Mg では両極性を示している。

スターモデルと合致している．図の結果でもう一つ重要な点は，CNTではショットキー接合における表面電位ピンニングがそれほど強くないことを示しており，CNTの材料としての素性の良さを表している．

CNTFETのドレイン電流がショットキー障壁トランジスターモデルで制御されている場合，ソース寄生抵抗のため駆動電流が低下し，動作速度が遅くなってしまうことが懸念される．この課題解決のためには，コンタクト抵抗を下げてFETの駆動能力を上げる必要がある．コンタクト金属の仕事関数をうまく選べばこの問題はある程度緩和できるが，実際のデバイス作製プロセスでは，何らかの障壁層が電極/CNT界面に介在することが多い．これに対処するための有効な手段としてケミカルドーピングがある．この方法は，格子位置の炭素原子を不純物で置換するのではなく，CNTに対して電子親和力の異なる物質をCNT表面に形成したときの，電荷移動を利用する方法である．

図11.35（a）は電極形成後に電子親和力が大きく電子受容体分子として知られているF_4TCNQ（Tetracyanoquinodimethane）[5]を素子表面に形成してドーピングを行ったときの，電極間抵抗のチャネル長依存性である[6]．

本手法により，電極で覆われていないCNT部に，電極に対してマスク合せなしで自己整合的にドーピングすることが可能である．ドーピングによりコンタクト抵抗は，図に示すとおり1/10程度に低減している．この低減の割合は，チャネル抵抗の10～30％程度の低減に比べて顕著である．電極形成後におけるドーピングであるため，電極下にはドーピングされていない．それにもかかわらずドーピングの効果が顕著なのは，図（b），（c）に示すように，F_4TCNQが電

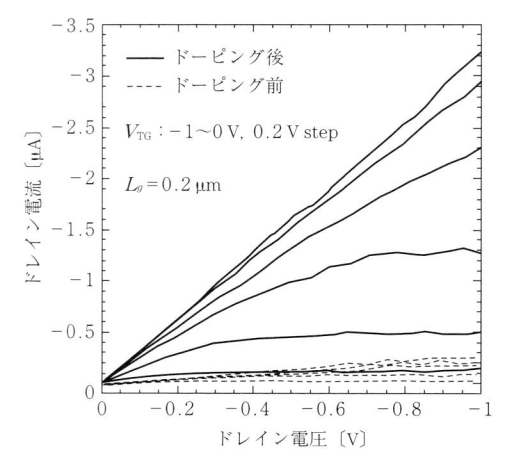

（a）ドレイン電流のドレイン電圧依存性

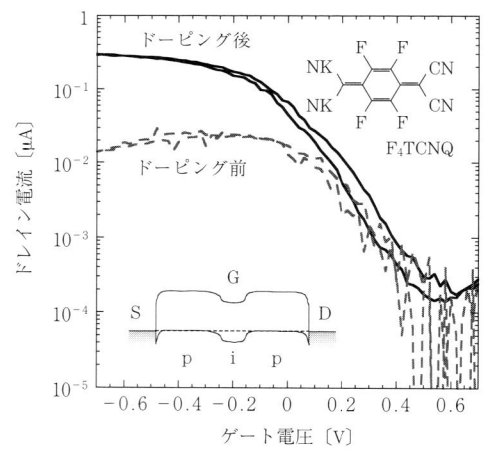

図11.35 （a）F_4TCNQケミカルドーピング前後の電極間抵抗とチャネル長との関係．ドーピングによりコンタクト抵抗が1/10程度に低減している．（b）電荷移動による負電荷により，（c）正孔に対する実効的な障壁高さが低下して，正孔注入が容易となる．

（b）ドレイン電流のゲート電圧依存性．ドレイン電流および相互コンダクタンスは約1桁向上．左下挿入図はドーピング後のエネルギーバンド図．コンタクトでのショットキー障壁高さが実効的に小さくなり，正孔注入が容易となり，ゲート電圧によるドレイン電流変調が効きやすい様子を示している．右上挿入図はF4TCNQの分子式

図11.36 F_4TCNQドーピングによるCNTFETの特性改善

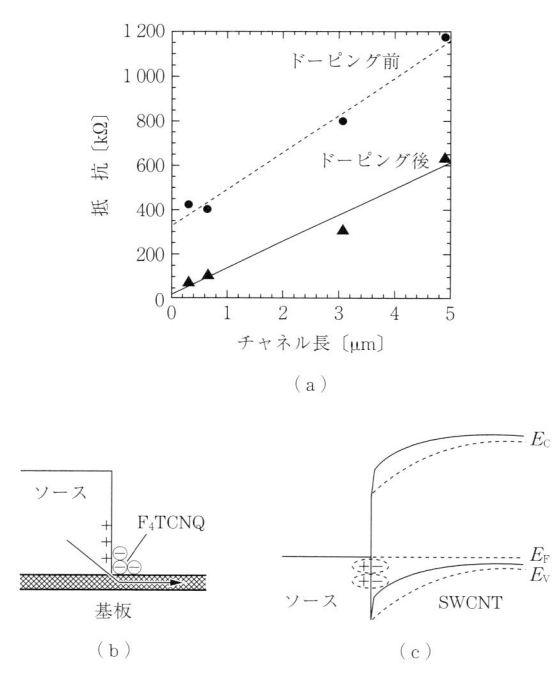

荷移動により負に帯電し，その結果，正孔に対するショットキー障壁高さが実効的に小さくなり，正孔注入が容易になったものとして説明される。この結果は，CNTFETにおいてキャリヤー注入が電極エッジから行われるというエッジコンタクトモデル[7]と合致している。このエッジコンタクト現象は，グラフェンFETにおいても報告されている[8]。本ケミカルドーピングをCNTFETに適用して，ドレイン電流および相互コンダクタンスが図11.36に示すとおり，約1桁向上している。

〔3〕 **CNTFETにおける半導体優先成長**

CNTFETをエレクトロニクスに応用するに当たっての最大の課題は，半導体CNTの優先成長である。プラズマCVD（chemical vapor deposition）を用いてCNTを成長した場合，CNTFETの電流-電圧特性において半導体的に振る舞うCNTが優先的に成長する例が複数報告されている[9), 10]。図11.37はその一例であり，CNTFETのドレインオン電流とオフ電流を多数のFETに対してプロットしたものである。なお各FETのソース/ドレインには，チャネル幅に依存して数本〜数十本のCNTが架橋している。おもに金属CNTを流れるオフ電流の比率が，半導体型/金属型のCNT比（カイラリティが統計的にランダムだとすると2/1）から予想される値と比べるとはるかに小さく，CNTFETの電流-電圧特性において，半導体的に振る舞うCNTが優先的に成長していることがわかる。

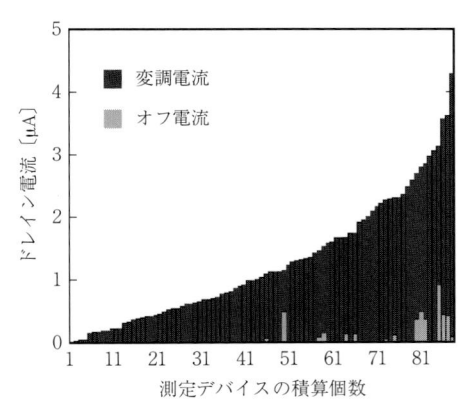

図11.37 プラズマCVD成長CNTを用いて作製したFET（86個）のドレイン電流。オフ電流（金属CNTを流れる成分）はゲートで変調される成分に比べると非常に少なく，半導体CNTの優先成長を示唆している。

その機構としては，半導体CNTでは金属CNTよりも生成エネルギーが小さい，あるいは原料ガスの分解で生じた水素による金属CNTの水素化と選択エッチ，CNT表面への水素吸着によるバンドギャップ形成などの解釈が提案されているが，結論を得るには至っていない。最も有力な説明として，CNT成長時に金属CNTに欠陥が導入され，この欠陥がキャリヤーに対して障壁を生じ，これがゲート電圧により変調されるためとの解釈が提案されている[11]。

〔4〕 **CNT薄膜トランジスター**

半導体CNTが100％の純度で得られていない現状では，ソース・ドレイン電極をCNTが直接架橋した場合，金属型CNTがソース・ドレインを短絡する確率をゼロにはできない。このためオフ電流を十分に小さくすることは困難である。一方，CNTのランダムネットワークをチャネルとして用いる薄膜トランジスター（TFT）の場合，CNTの密度が，金属CNTのパーコレーションしきい値より小さければ，金属CNTによる短絡の問題を回避できる。

図11.38（a）は，プラズマCVD成長CNTネットワークを用いて作製したCNTTFTの，オン電流，オフ電流のチャネル長依存性の一例である[12]。オフ電流はチャネル長が長くなると急激に低下し，その結果ドレイン電流のオン/オフ比は向上し，図(b)に示すとおりチャネル長10 μm以上で10^5の値が得られている。

CNTFETの電流-電圧特性において半導体的に振る舞うCNTを優先的に成長する技術を用いた場合，CNTの密度を高くしてもオフ電流を小さく保つことができ，その結果オン電流を大きくでき，オン電流から求めた実効移動度を高くできる。なおCNTネットワークを用いたTFTでは，CNT中の欠陥はTFTの性能には，大きな影響を及ぼさないことが予想される。これはTFTのチャネルとなるCNTネットワークの電気伝導が，CNT自身の電気伝導ではなく，CNT/CNT間接合での抵抗で支配されている[13]ためである。電流-電圧特性から求めた電界効果移動度は，オン/オフ比10^4〜10^5領域で1〜10 cm^2/(V·s)の値が得られている。

CNTTFTを実用化するためには，TFTを低コストで実現する技術の開発が必要である。そのための方法として，リソグラフィー技術を用いないでCNTネットワークチャネルが形成可能な，印刷法/インクジェット法が検討されている[14]。

〔5〕 **高速動作用トランジスター**

単一のCNTをチャネルとするFETにおいては，半導体CNTの優先成長の課題は残っているが，高い駆動電流（25 μA/nm, g_m = 17 μS/nm）と大きなオン/オフ比（10^5〜10^6）が報告されている[15]。チャネル幅で規格化した値は，すでに国際半導体ロードマップ

(a) ドレイン電流のチャネル長依存性

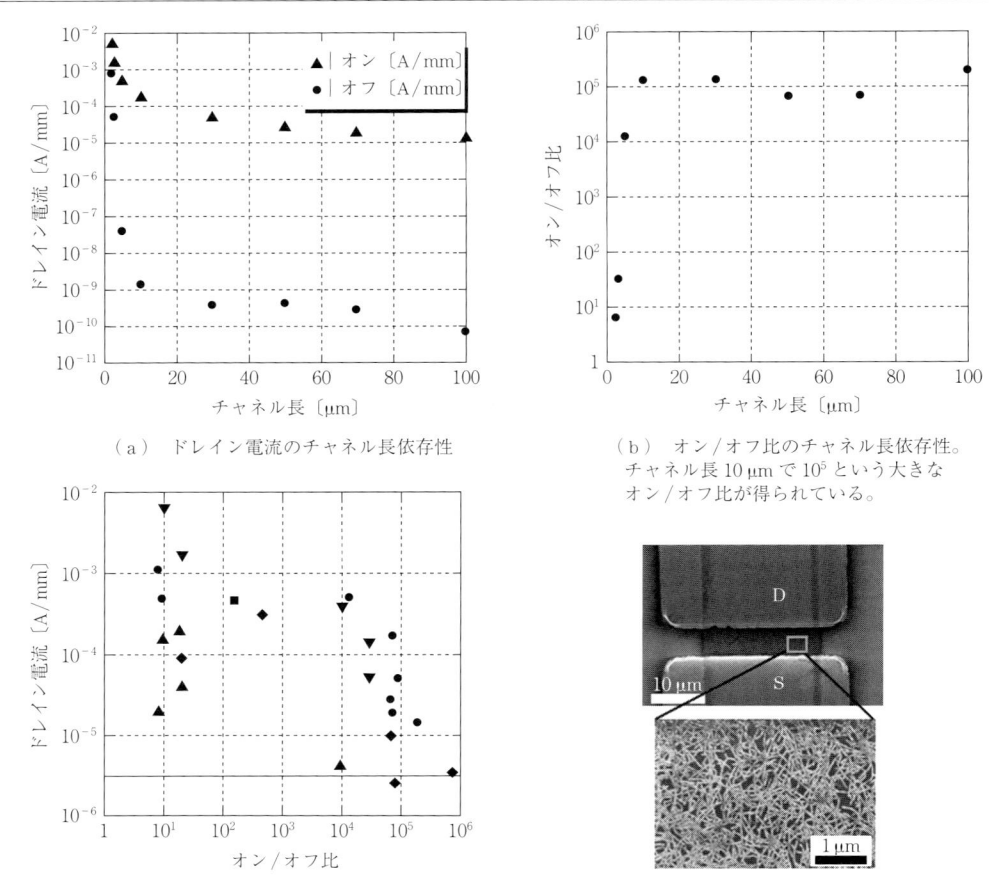

(b) オン/オフ比のチャネル長依存性。チャネル長 10 μm で 10^5 という大きなオン/オフ比が得られている。

(c) ドレイン電流-オン/オフ比上でのデバイス間比較

(d) 作製されたデバイスと CNT ネットワーク

図 11.38 CNTTFT の SEM 像と特性

(ITRS) 2007 の 2020 年における高速ロジック用デバイスの要求値（オン電流：2.68 μA/nm，オフ電流：0.43 nA/nm）をはるかに上回っており，真性デバイスの性能は非常に高いといえる。しかしながら CNT 1 本に流せる電流の絶対値は，素子の寄生容量や LSI の配線容量を高速に充電するには十分とはいえない。この課題を解決するためには，CNT がソース-ドレイン間を高密度に架橋したマルチチャネル FET の実現が必須である。上記 ITRS の目標値をクリアするためには，100 本/μm 程度の高密度に水平配向した CNT の成長が必要となる。

水平配向成長については，成長用基板としてサファイア基板を使った例[16]と石英基板を使った例[17]がある。図 11.39 は石英基板を使った例であり，23 本/μm の高密度水平配向成長が実現されている。

CNTFET の高周波動作に関しては，オフ電流が大きく十分な電流-電圧特性とはいえないものの，電流利得遮断周波数 80 GHz が報告例されている[18]。CNT 配向密度の向上と寄生容量の低減により，さらに高い周波数での動作が期待される。

CNT を将来の CMOS LSI に適用するためには，n 型と p 型の両デバイスを実現する必要がある。CNTFET は通常 p 型特性を示すことから，n 型をいかに実現するかが鍵となる。仕事関数の小さな金属を用いる方法や[4]，K を用いたケミカルドーピング例が報告されているが[19]，大気安定性に欠けるという課題がある。この課題を解決する試みとして，CNT 中空への原子・分子を内包させる方法[20]や，HfO_2/SiO_2 界面に導入される正の固定電荷を用いる方法[21]が検討されている。

CNTFET を使った集積回路も報告されつつあるが，まだ機能確認段階であり，エレクトロニクスに本格的に応用するためには，均一性，再現性，安定性の高い材料技術，デバイス技術の確立が必要である。

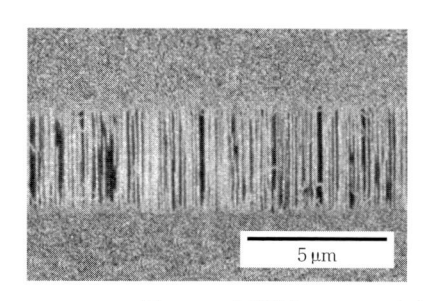

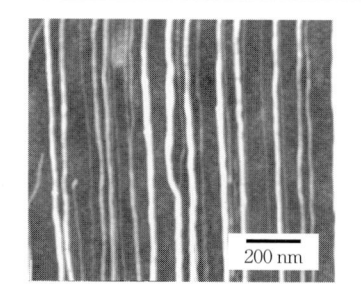

図 11.39 水平配向 CNT。23 本/μm の高密度が得られている。

11.4.2 配線応用
〔1〕はじめに

現在の LSI 配線は，Cu 金属と low-k 層間絶縁膜から成るダマシン構造が用いられているが，微細化が進むにつれ，いくつもの深刻な問題が持ち上がっている。ここでは将来の配線課題の解決に向けて検討されている CNT 配線について述べる。

Cu 配線の課題の一つは，微細化に伴いエレクトロマイグレーション（EM）による信頼性劣化が年々深刻になっていることである。エレクトロマイグレーションとは，高電流密度によって Cu 原子が移動し，断線を起こす現象である。国際半導体技術ロードマップ ITRS[22] に示されているように（**図 11.40**），Cu 配線技術は，例えば材料やキャップ層と呼ばれる構造補強によって，しばらくの間は延命するだろうが，2015 年以降の電流密度には適用困難と考えられている。一方，CNT は，構成する炭素原子が非常に強い sp^2+ ボンドで結ばれているため，断線の恐れがほとんどない。

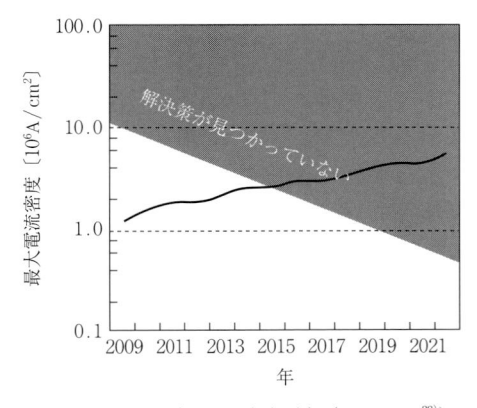

図 11.40 LSI 配線の電流密度要求（ITRS 2009[22]）

配線抵抗も深刻な課題である。配線幅が小さくなるにつれ，Cu 配線の抵抗率は，グレインによる散乱や配線側壁による散乱が顕在化し，バルクの値より高くなることが知られている[23]（**図 11.41**）。

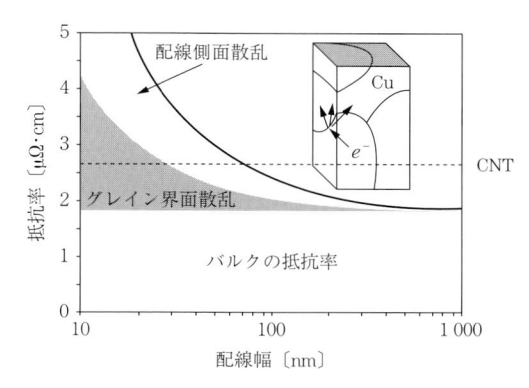

図 11.41 Cu 配線抵抗の配線幅依存性[23], [24]

さらに Cu は拡散しやすい材料として知られており，配線は Ta などのバリアメタル（バリメタと呼ぶ）によって取り囲む必要がある。このバリメタは配線を微細化しても必要であり，その厚さも拡散防止能力の点から最低限必要な厚さは確保されなければならない。そのため配線金属中の相対的な Cu の割合が減り，電気抵抗が上がる。これら配線抵抗の問題は，LSI の信号遅延につながり，世代が進むにつれ，トランジスターによる遅延以上に深刻になることが知られている。これに対し，CNT ではバリスティック伝導（散乱を伴わない伝導）が起きることや，CNT 中の炭素は Cu のような拡散を起こさないため，低抵抗配線実現の可能性がある[24]。さらに現在 Cu 配線に使われているダマシンプロセスでは，微細な溝構造に Cu 金属を埋め込んで配線構造を形成するが，例えばアスペクト比（縦横比）の大きな縦配線の穴（ビア孔）への Cu 埋込みなど，年々困難になっている。これは LSI の歩留り低下の原因となっている。これに対し CNT は，もともと 1 000 以上のアスペクト比を持つ材料であり，微細かつ高アスペクト比のビア孔にも埋め込むことができると期待されている。以上のことから，CNT 配線は金属配線の究極の探索的技術（emerging technology）として注目される。ここでは配線用 CNT 技術として，比較的直径の小さい MWCNT の低

温・高密度 CVD 成長技術や各種プロセス技術，電気特性について紹介する。

図 11.42 は，MWCNT の束をビア配線に用いた LSI 多層配線の概念図を示す。

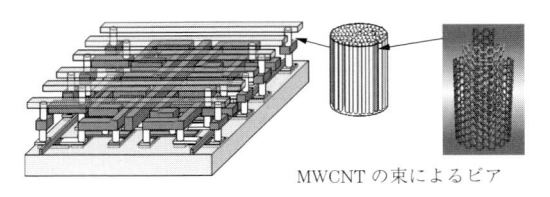

図 11.42 CNT ビア配線の概念図

CNT はカイラリティによって金属的にも半導体的にもなる。電気抵抗の点からはすべて金属的が理想であるが，SWCNT では 2/3 が半導体になる。半導体 CNT のバンドギャップはその直径に反比例することから，太い CNT ほど金属的になる。ところが一方で，CNT を束にして配線を作る場合，伝導チャネル数を増やすには直径を細くして高密度に束ねるほうが得策である。これらのことから直径・層数には最適値が存在することになる。CNT 合成技術が発展途上にある現時点では，直径の選択は品質にも深くかかわっている。また新材料の導入は従来プロセスとの整合性が高いほど，実現可能性が高まる。そこで，400℃ 程度の CNT 低温成長技術をはじめとする，従来技術に近いプロセス技術の開発が重要といえる。CNT ビアの研究は，国内では富士通が先陣を切り，その後，富士通を含む国内半導体コンソーシア MIRAI-Selete グループ[25]で先行した研究が行われている。欧州では Leti[26]や IMEC，韓国のサムソンなどでも研究が行われている。さらに横配線については多層グラフェンを用いる方法も検討されている[27]。CNT 縦配線は，さらにサイズの大きい実装・パッケージの世界でも CNT バンプ (**図 11.43**) 応用をねらった研究がある[28]。そこでは EM のほかに，機械的強度や放熱効果が期待されている。

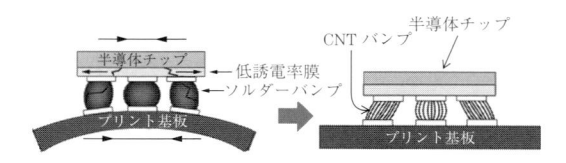

図 11.43 CNT バンプの概念図（左は従来技術）

〔2〕 **MWCNT の低温・直径制御 CVD 成長**

LSI への応用を想定すると，各種の制御性とクリーン度の点から CNT 合成技術として CVD 法が最適である。CVD の原料としては炭化水素系ガスやエタノールなどがあり，CVD 法にはプラズマ CVD や熱 CVD，熱フィラメント CVD など，多くの選択肢がある。合成温度については，low-k 層間絶縁膜やトランジスターのシリサイド電極などの耐熱性から 400℃ 以下が目標となる。ここでは，MIRAI-Selete による CVD 低温合成に関する成果を示す。**図 11.44** は低温成長 MWCNT の断面 TEM 像を示す[25), 29)]。触媒金属にはコバルト（Co）ナノ微粒子を使用している。触媒のナノ微粒子化と成長条件の最適化によって，この 400℃ 付近でも良質な多層 CNT が合成できることがわかる。

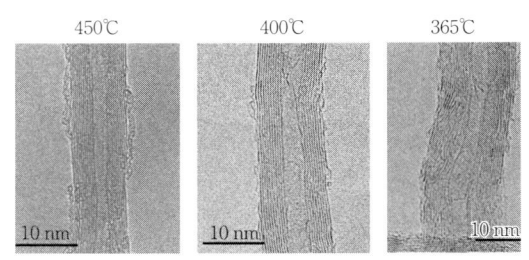

触媒：Co 薄膜 ——→ Co ナノ微粒子

図 11.44 低温成長 MWCNT の断面 TEM 像[25), 29)]

配線応用では，エレクトロマイグレーション耐性向上や低抵抗化のため，CNT の高密度化が重要課題である。高密度化には，CNT 直径制御が必要だが，これには触媒金属のナノ微粒化とその直径制御が有効である。さらに触媒活性の維持が重要となる。MIRAI-Selete から 10^{12} 本/cm^2 台の高密度・低温成長が報告されている（**図 11.45**）[25)]。ここでは微粒化法として，レーザーアブレーションによって得られたナノ微粒子を微分移動度分級（DMA）法やインパクター法などによってサイズ分級する方法が用いられている[30)]。また基板表面に付けた触媒金属薄膜をプラズマ処理によってナノ微粒化する方法も提案されている[31)]。

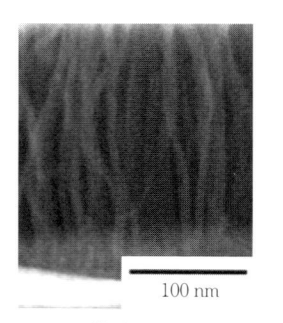

サイズ制御した触媒金属ナノ微粒子を使用　　触媒金属膜をプラズマ処理したナノ微粒子を適用

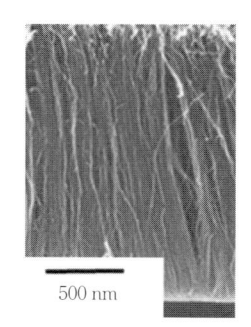

図 11.45 MWCNT の 450℃ 高密度配向成長[25), 31)]

〔3〕 CNTビアプロセス

MIRAI-Selete が提案している CNT ビア配線プロセスを図 11.46 に示す[32]。このプロセスはダマシンプロセスであり，Si LSI プロセスとの互換性が高い。

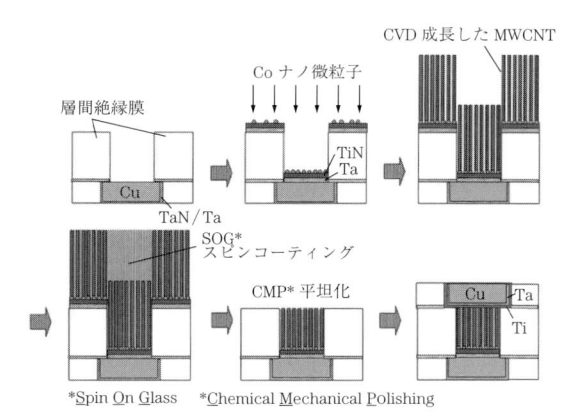

図 11.46 CNT ビア配線プロセス[32]

ビア孔開口後，バリメタ（Ta 系）薄膜と，コンタクトおよび CVD 促進のための TiN 薄膜をデポし，その後，触媒金属を付けて（ここでは Co 微粒子），CNT を CVD で全面成長する。CNT 成長前に表面の触媒を除去すればビア底だけから CNT を成長できる。成長後に SOG で CNT の隙間を埋め，CMP で平坦化し，上層配線を付ける。図 11.47 は CNT ビアの CNT 成長直後，CMP 直後の SEM 像を示す。ここで CNT 密度は 3×10^{11} cm^{-3} である。CMP によって平坦に加工できていることがわかる。

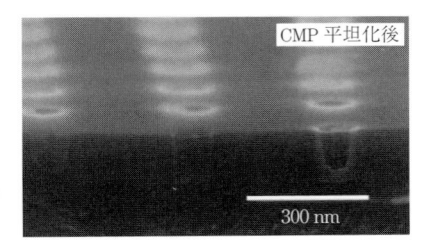

図 11.47 CNT ビア[32]

図 11.48 は MOSFET のソース，ドレイン電極のシリサイド上に 400℃で成長した CNT プラグ（あるいはコンタクトプラグ）の SEM 像を示す。

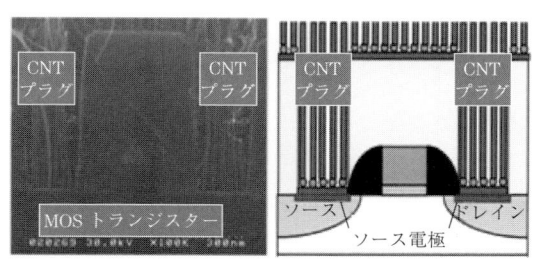

図 11.48 MOS 電極上の CNT プラグ

この程度の温度の合成であれば電極のシリサイド抵抗は劣化しないことを確認している。プラグのアスペクト比は 2.5 であり，まださほど高くはないが，CNT が孔以外の部分と同程度の密度でビア底から成長している。微細孔への成長例として，図 11.49 に直径 70 nm の CNT ビアアレーの SEM 像を示す[33]。ここでは触媒として金属薄膜からのプラズマ処理触媒を用いている。また CNT も低温プラズマ CVD 成長が用いられている。

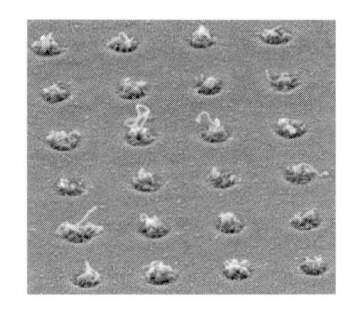

図 11.49 直径 70 nm の CNT ビアアレーの SEM 像[33]

〔4〕 CNT ビアの電気的特性

Cu のように通常の金属配線では，電気抵抗はオームの法則に従い，配線長が倍になれば抵抗も倍になる。一方，キャリヤーが無散乱で走行するバリスティック伝導を起こすと，その一つの電流パス（チャネルとも呼ぶ）当りの抵抗は，この伝導形態が続く限り量子化抵抗 6.45 kΩ になる。すなわち 1 000 チャネルあれば約 6 Ω になり，MWCNT の各層が独立チャネルと仮定すれば，層数×CNT 本数がチャネル数になる。MWCNT では室温で平均自由行程 30 μm までの伝導が観測されている[34]。MIRAI-Selete では，450℃の低温 CVD 成長した MWCNT の抵抗の温度および長

さ依存性から，バリスティック長 80 nm を得ている[32]。配線の抵抗は CNT 自身の品質による部分と Cu 配線とのコンタクト抵抗による部分から成る。低温成長でも品質劣化が起きない成長条件を見い出すこと，コンタクトにプロセスダメージや酸化などの汚染が生じないことなどが課題といえる。図 11.50 は，直径 160 nm のビアの電流-電圧特性を示す[29]。ここには 2 種類の成長温度で成長した CNT のビア特性が示されている。

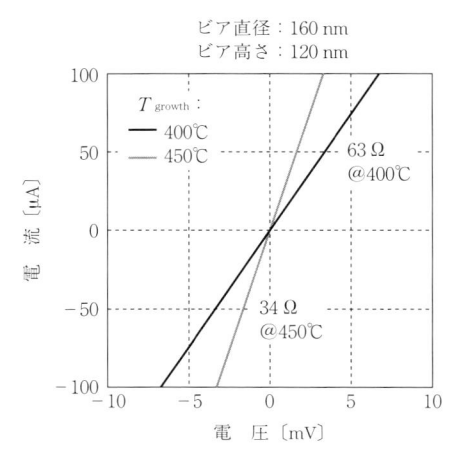

図 11.50 CNT ビア抵抗の成長温度依存性[29]

低温ほど CNT の欠陥が増えると考えられるが，ここでも抵抗の差が見られる。この抵抗値は，タングステンプラグ並の値ではあるが，Cu と比較するとまだ高い。ただしここで用いた CNT 密度が 3×10^{11} cm^{-3} であり，図 11.45 の高密度を適用すると，さらに 1 桁近い改善が期待される。電流密度耐性については，ビア当り 4×10^7 A/cm^2 の耐性が確認されている[35]。この値は CNT 当り 1.7×10^8 A/cm^2 に相当する。この EM 耐性は CMP による平坦化（CNT 開端）とコンタクトプロセス改善によって大幅に改善される。図 11.51 は，105℃ で電流密度 5×10^6 A/cm^2，100 時間の EM 耐性を示している。

11.4.3 透 明 電 極

2004 年に，N. Saran ら[36] および Z. C. Wu ら[37] が，SWCNT の透明電極を報告した。以来，多くの研究開発が行われ，透明電極は CNT の有望な応用先の一つとなっている。

透明電極は，フラットパネルディスプレイや電子ペーパーなどの電→光変換を行う表示デバイス・照明，光→電変換を行う太陽電池，さらにタッチパネル・タッチスクリーンなどの透明デバイスと，用途が拡大している。現在は酸化インジウムスズ（ITO）をはじめとした無機酸化物半導体が中心だが，インジウムは希少元素であり安定供給への懸念から代替材料が盛んに研究されてきた。酸化亜鉛やドープ酸化スズなどの無機酸化物は，通常，真空プロセスを利用し優れた透明性と導電性を実現できる。一方で，金属ナノワイヤーや導電性高分子などでは，安価なコーティングプロセスを利用でき，フレキシブル用途に適すると考えられる。CNT もプリンタブル・フレキシブルという点に加え，優れた機械強度から高い耐摩耗性を持つことも特徴である。このように，透明電極は多様な候補材料があるため，CNT ならではの特徴を生かすことが実用化の鍵となる。

CNT はネットワークを形成することで，初めて導電膜として機能する。その作り方は，CNT 分散液を基材上に塗布して薄膜化する方法と，CNT 薄膜を直接合成する方法に大別される。分散・塗布[36),37)] は多様な基材に適用できる点で実用性に優れ，おもにこちらが研究開発されているが，分散時に用いた分散剤の除去が導電性向上には欠かせない。一方で，CNT 膜の直接合成[38)-44)] は，分散剤が不要な点で理想的であるが，特にフレキシブル透明電極を作製するには基材の耐熱性が課題となる。

つぎに，分散・塗布による透明電極をより具体的に説明したい。種々の分散法，塗布法が利用できるが，一例として超音波分散と減圧ろ過による透明電極作製法[37] を紹介する。図 11.52 に典型的な実験的手順を示す[39]。CNT サンプルを分散剤とともに水中に加え，チップ式ないしバス式の超音波により分散後，減圧ろ過により CNT をフィルター上に集める。その後，水洗や酸処理により分散剤を除去し，ガラスや PET などの透明基材上に転写するという簡易な方法である。

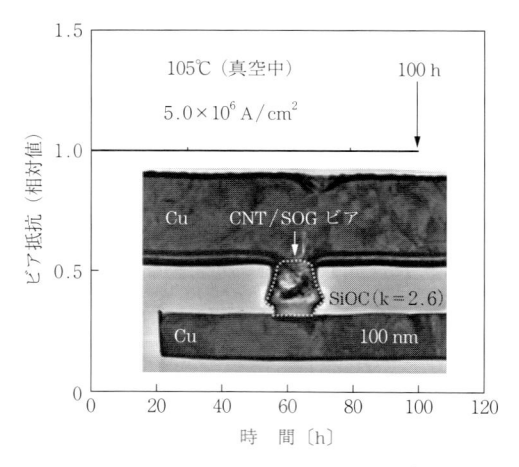

図 11.51 CNT ビアの電流密度耐性[29]

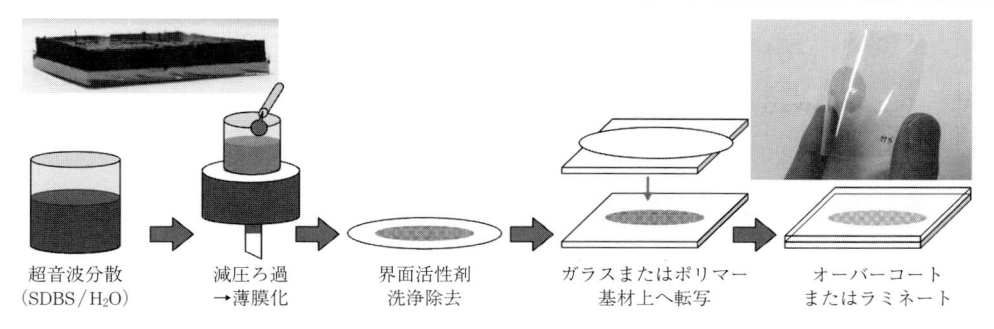

図11.52 SWCNT の透明電極作製の実験的手法の例：ここでは基板上に SWCNT を CVD 法で合成後，水中に分散剤と SWCNT を加えて超音波分散し，減圧ろ過によりフィルター上に SWCNT 網状膜を形成，フレキシブルフィルム上に転写している[39]。

この方法では，単位面積当りの CNT 添着量を正確に制御することができ，基礎実験にとても有効である。添着量 10 mg/m^2 で CNT 膜の可視光透過率が 90% 程度と，添着量で透過率が決まるため，限られた CNT の添着量でいかに導電性を向上するかが，透明電極開発の指針となる[39]。

表 11.3 に，優れた透明導電特性を報告している論文をまとめた。

CNT は，ほとんどのケースで SWCNT を利用しており，特にレーザー法やアーク法などの物理蒸着（PVD）法で作製された SWCNT で高い透明導電特性が得られている。PVD 法では数千℃の高温でカーボン蒸気を生成し SWCNT を合成するため，結晶性と導電性に優れた SWCNT を得られるためである。実際，Z. Li ら[45] は多種類の CNT を同様に分散・塗布して透明電極を作製し特性を比較したところ，レーザー法 SWCNT が最も優れ，CVD 法 DWCNT，CVD 法 MWCNT の順に高抵抗になったと報告している。分散法は，ほとんどの場合で超音波が用いられており，さらにチップ式よりもバス式によりマイルドに分散することで高い特性が得られている。なお，ビーズミルやジェットミルなどの他の方法でも CNT を分散できるが，良好な透明導電特性は得られにくいようである。分散媒は，分散剤を用いた水への分散と，分散剤を用いない溶剤への分散に大別される。水への分散では，通常は SWCNT より 1 桁多量の分散剤が用いられるため，単に塗布・乾燥すると "SWCNT を含んだ分散剤膜" となってしまう。薄膜形成後に，洗浄や酸処理等により分散剤を除去することで，数十～数百 Ω/sq. の低抵抗な膜が得られる。なお，SWCNT 間の電気的コンタクトを補う目的や，SWCNT 膜を固定化する目的で導電性高分子とコンポジット化すると，通常はかえって高抵抗化してしまう。SWCNT のみからなるネットワークの形成が，低抵抗化の鍵となる。この観点では分散剤を用いない溶剤への分散は理想的であるが，一方で多量の溶剤の利用は実用上の課題となる。塗布には，前述の減圧ろ過（filtration）に加え，ディップコート，インクジェット，スプレーコートなど，種々の方法が利用できる。このようにして形成した SWCNT 膜は，一般に金属 CNT と半導体 CNT の混合物から成る。HNO$_3$ や SOCl$_2$ を用いたドープ処理により低抵抗化できるが，長期安定性が課題である。一方で，金属 CNT と半導体 CNT の分離技術の開発が急速に進んでいる。Y. Miyata ら[43] は，レーザー法 SWCNT から分離した金属 CNT を用いて透明電極を作製した。外部環境の影響を受けずに抵抗が安定したが，その値は 1 kΩ 程度とやや高かった。金属・半導体分離には SWCNT を孤立状態にまで分散する必要があり，その

表 11.3 CNT 透明電極の作製方法と特性の比較

文献	CNT 合成	分散法	溶媒	分散剤	塗布法	基材	T [%]	R_s [Ω/sq.]	備考
36)	laser	—	H$_2$O	Triton-X	dip, ink-jet	PET	80%(込)[e]	80	分散液は 37) を引用
37)	laser	bath sonic.	H$_2$O	Triton-X	filtration	no/Qz[d]	75%(込)[e]	30	
40)	HiPco[a]	sonic.	CCl$_4$	なし	filtration	AAO	85%(抜)[f]	1 000	AAO = Porous Al$_2$O$_3$
38)	ACCVD	なし	なし	なし	なし	PET	80%(込)[e]	265	基板上合成→転写
41)	arc	—	H$_2$O + ROH	no	spray	glass	70%(抜)[f]	50	
42)	arc	sonic.	H$_2$O	SDS[b]	spray	PET	80%(抜)[f]	70	塗布後に硝酸処理
43)	laser	sonic.	H$_2$O	SC[c]	filtration	Qz[d]		1 000	金属 CNT 利用
44)	CVD	なし	なし	なし	なし		78%[f]	1 000	MWCNT 引出し

[a] 代表的な CVD 法の一つ，[b] sodium dodecyl sulfate，[c] sodium cholate，[d] 石英ガラス，[e] 基材抜き，[f] 基材込み

過程でSWCNTが損傷を受けてしまったものと思われる。

つぎに，CNT膜の直接合成について簡単に説明する。Q. Caoら[38]は，CVD法で酸化膜付きシリコン基板上にSWCNTのネットワーク（CNN）を形成後に，PET基材に転写することで，CNN配線とCNN半導体から成るフレキシブル透明薄膜トランジスタを作製した。SWCNTは金属性と半導体性の両方が混ざっているが，半導体性の膜はSWCNTを低密度に成長させて金属CNTのパーコレーションを防ぐことで得て，逆に金属性の膜はSWCNTを高密度に成長させて金属CNTをパーコレートされることで得た。PET基材込みで，透過率80％でシート抵抗265 Ω/sq.と優れた特性を得ている。一方，L. Xiaoら[44]は，酸化膜付きシリコン基板上にMWCNTを垂直配向成長させ，CNT間の付着力を利用して引き出す（draw）ことで，CNTの自立膜を得た。この方法ではCNT膜は引き出し方向に配向して低抵抗となり，透過率78％でシート抵抗1 kΩ/sq.とMWCNTでは良好な特性を得ている。これらのCNT膜の直接合成では，分散・塗布の際に課題となるCNTの損傷や分散剤の混入がない点で優れるが，透明導電特性は分散・塗布法に及んでおらず，CNTがCVD法で合成されていることに一因があると思われる。また，実用上は低コスト化・大面積化も課題である。

つぎに，実用化に向けた動きについて簡単に紹介する。米国ではベンチャー企業により精力的な開発が行われ，数多くの特許が出されている。また，韓国での開発も盛んである。わが国でも大企業による研究開発が進んでおり，PET基材込みで90％弱の透過率で数百 Ω/sq.のフレキシブル透明電極がnano tech 2010などで発表されている。この透明導電特性は表11.3と比較して一見低く思われるが，PET基材単体の透過率が90％強であるため，CNT層の透過率は95％程度と高い。透過率を見るときには，基材を含む値か含まない値かに注意が必要である。

CNT透明電極は一部の用途では実用化間際と思われるが，広く実用化するためには研究開発の進展が欠かせない。一つは透明導電特性の向上である。SWCNTは，直径1 nm前後で長さは数 μm～数 mmとアスペクト比が10^3～10^6にも及び，かつすべての構成原子が表面に存在する。従来のナノ材料の分散は粒子間の開裂と分散剤による保護を基本とするため，そのまま適用するとSWCNTが短く切断され，かつ多量の分散剤で覆われることになる。この特異な1次元ナノ材料を損傷しないマイルドな分散法の開発が望まれる。また，特性の優れたSWCNTの安定な低コスト・大量合成も課題である。SWCNTの価格は10万円/g前後と，MWCNTの価格の2～3万円/kgと比べて3～4桁も高い。透明電極は10 mg/m^{2}と少量のSWCNTで形成できると上述したが，それでも1 000円/m^{2}の材料費に相当し，分散・塗布時のロスを考えると大幅な低コスト化が望まれる。また，透明電極用途のみではSWCNTの使用量が少ないため，他の用途開拓も同時に進める必要がある。なお，透明電極と類似のものに，帯電防止用のCNT-高分子コンポジットがあるが，帯電防止用途では抵抗値が数桁高く，MWCNTがバルク的に多量に用いられる点で異なる。さらに，透明電極のパターニングも重要である。均質膜を形成後にパターニングする方法と，パターン状に塗布する方法の両方が検討されている。また，塗布時にせん断を与えてCNTを配向させると，導電性に異方性を付与できる。加えて，リスク面の対策も必要である。透明電極でのSWCNTの使用量は少量ではあるが，固定化が重要である。前述のように高分子とコンポジット化すると抵抗が数桁増大してしまうため，SWCNTのみのネットワークを形成したあとにオーバーコートする方法が有効と考えられる。

SWCNTならではのフレキシブル，プリンタブル，高い耐磨耗性という特性を生かした透明電極を，リーズナブルな価格で実現し，社会にも受容されて初めて，本格的な実用化につながると考えられる。

11.4.4 バイオセンサー
〔1〕は じ め に

本項ではCNTを用いた2種類のバイオセンサーについて述べる。CNTは高い移動度と電子速度を有しているために，高性能なトランジスターが形成できる。また微細な構造のために表面積がきわめて大きいという特長がある。これらの特長を活用して，高感度なバイオセンサーが形成できる。

〔2〕**CNT電界効果トランジスターを用いたバイオセンサー**

CNTの表面に物質が化学吸着することにより，CNTの伝導特性が大幅に変化することを利用してセンサーに応用できる[46]。

図11.53は，CNTをチャネルとした電界効果トランジスターである。図（a）はバイオセンサー全体の顕微鏡写真，図（b）はその中のソース/ドレイン電極近傍の顕微鏡写真，そして図（c）は一つのソース/ドレイン電極間に架橋しているCNTの電子顕微鏡写真である。これらは，酸化シリコン/シリコン基板上に形成されている。シリコン基板の裏側にはバックゲート電極が形成されている。この露出したCNTを

11.4 エレクトロニクス

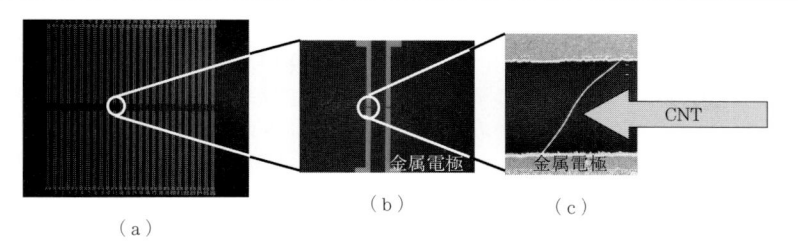

図 11.53 CNT 電界効果トランジスターを用いたバイオセンサー

用いて，免疫グロブリン（IgE 抗体）を検知するバイオセンサーを構成する．IgE は花粉症や気管支喘息を引き起こすアレルゲンである．検出には，IgE／アプタマー反応を用いる．

図 11.54 に IgE 抗体に反応するアプタマーを，CNT に修飾する手法を示す．

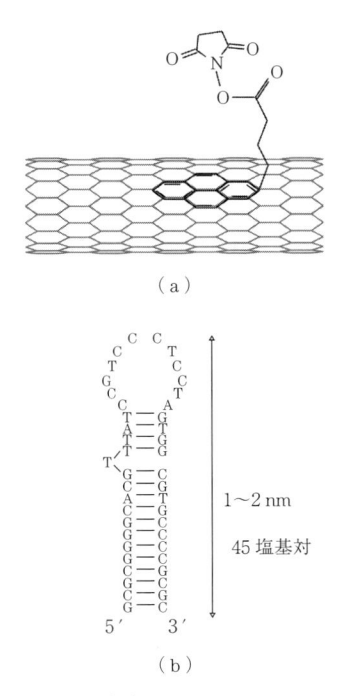

図 11.54 （a）CNT に π スタックで吸着するリンカーの「1-ピレンブタン酸スクシンアミドエステル」の模式図と，（b）シングルストランドの DNA である IgE アプタマー

アプタマーとはシングルストランドの DNA であり，負の電荷を有しており，かつ IgE 抗体と選択的に反応する．このアプタマーはサイズが 1〜2 nm と微小であり，リン酸緩衝液中のデバイ長よりも小さい．図（a）にリンカーとして働く 1-ピレンブタン酸スクシンアミドエステルの構造を示す．1-ピレンブタン酸スクシンアミドエステルは四つの 6 員環を有しており，これが CNT とファンデルワールス力で結合するために，リンカーとして働く．図（b）に，シングルストランドの DNA である，IgE アプタマーの塩基配列を示す．このアプタマーの 5 エンドがリンカーと結合する．このリンカー上にアプタマーが結合して，CNT がアプタマー修飾できる．ついで，このアプタマー修飾された CNT トランジスターをリン酸緩衝液中に設置し，緩衝液中に IgE 抗体を順次 0.25 nM，2.2 nM，18.5 nM，159 nM と滴下した場合のドレイン電流の変化を**図 11.55** に示す．

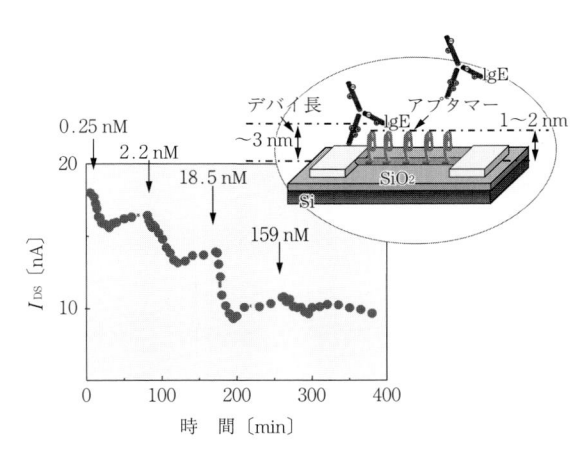

図 11.55 CNT にアプタマーを修飾したバイオセンサーの IgE 検出結果

IgE 抗体の滴下によりドレイン電流が減少し，159 nM 滴下した場合はほとんどドレイン電流の変化量が飽和する．IgE 抗体は正と負の両方の電荷を有している．また IgE アプタマーはシングルストランドの DNA であるから，多くの負電荷を有している．この IgE 抗体と IgE アプタマーが選択的に反応すると，IgE 抗体の正電荷が，IgE アプタマーの負電荷を打ち消すように働く．したがって，CNT 内を流れる正電荷は，近傍の負電荷の消滅のために減少し，これによりドレイン電流が減少する．注目すべきは，IgE 抗体の濃度が 0.25 nM でも十分検出できていることであ

る。IgE抗体は，蛍光法などの他の方法ですでに測定されているが，本手法で計測できた濃度が0.25 nMという値は，最高の感度である。またドレイン電流の変化量のIgE濃度依存性を，ラングミュアの式でフィッティングして求めた平衡定数より，IgE/アプタマーの結合エネルギーは$\Delta E_{ad} = -0.51$ eVとなる。この値は，他の実験手法で求められている値と一致するため，本実験は正しくアプタマー/IgE結合を測定していることが確認できる。

〔3〕 **CNTを電極に用いたバイオセンサー**

CNTの表面積が巨大であることを利用して電気化学反応の電極として用い，高感度なバイオセンサーを形成する手法を紹介する。タンパク質，グルコースの選択的な検出が可能である[47)〜49)]。

通常の電気化学反応では白金（Pt）を電極として用いる。この白金電極上に図11.56（a）に示すようにCNTを成長すると，表面積が100〜1 000倍大きくなる。本素子上に図（b）に示すようにポリジメチルシロキサン（PDMS）を用いて溶液溜を作り付け，この中にアミノ酸やタンパク質を含んだリン酸緩衝液を満たす。参照電極と対極を挿入し，対極・CNT作用極間に電圧を印加して，リン酸緩衝液中のアミノ酸やタンパク質を酸化させる。その際，酸化電流をモニターすることによりタンパク質などを検出することができる。物質により酸化電圧が異なるために溶液中の物質の同定が可能になる。

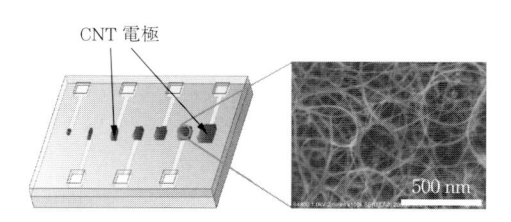

本手法を用いて，タンパク質の選択的検知が可能である。用いたタンパク質は前立腺がんのがん標識物質である前立腺特異抗原（PSA）である。図11.57（a）に示すように，リンカーを用いて前立腺特異抗原の抗体（PSA AB）をCNT電極に固定化する。この試料を用いて電気化学反応の酸化電流を測定した結果を図（b）に示す。抗体のみの場合はその容量が小さいために，酸化電流は小さい値になる。ところが抗原/抗体反応が生じると，タンパク質の容量が増えるため，図に示すように酸化電流が大きなピークを示す。また前立腺特異抗原とは異なった牛血清アルブミンの抗原（BSA）を導入すると，この場合は抗原/抗体反応が生じない。したがって，酸化電流は抗体そのものの場合と同じ小さな値になる。このようにして前立腺特異抗原の選択的検知が可能になった。検出感度として0.5 ng/mLが得られており，実際に検診に必要な感度の10倍以上が得られている。

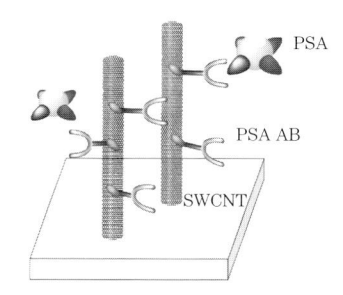

（a） CNTを電極として用いたバイオセンサーの構造と電極の電子顕微鏡像

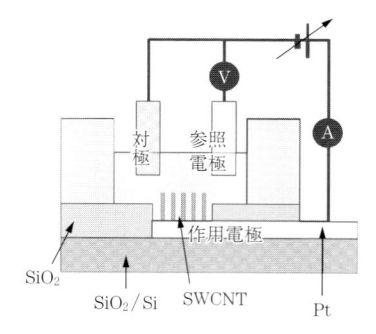

（b） 測定法

図11.56

（a） CNT電極に前立腺特異抗原の抗体（PSA AB）を固定化し，抗原を選択的に反応させる。

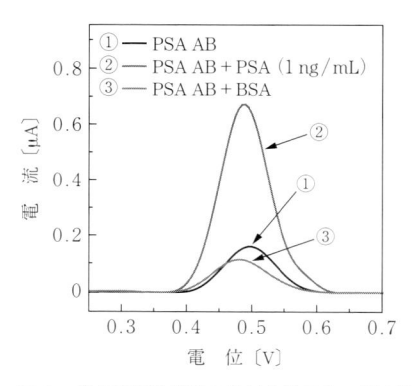

（b） 前立腺特異抗原の電気化学反応の電流測定結果

図11.57 CNT電極を用いた前立腺特異抗原（PSA）の選択的検出

本手法をさらに発展させ，図11.58に示す，四つの導入口，六つのマイクロポンプ，3×4=12のCNT電

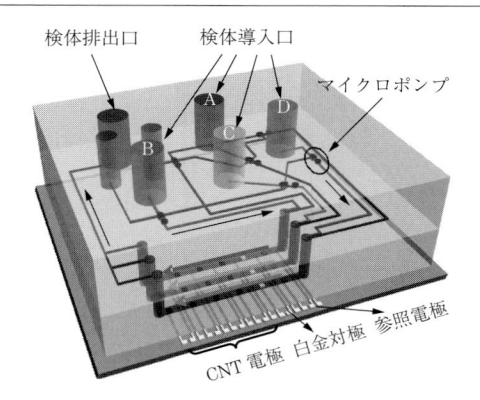

あるヒト絨毛ゴナドトロピン（hCG）の酸化電流の検出ができる。このように本システムを用いると，多種類の抗原を自動的に高感度に検出することが可能である。

〔4〕 ま と め

本項では CNT を用いたバイオセンサーとして，CNT 電界効果トランジスターを用いる手法と，電極として用いる方法について紹介した。それぞれの方法には特長があり，今後用途に応じて使い分けられていくと考えられる。

11.4.5 ガスセンサー

CNT を利用したガスセンサーは，その動作原理から，① CNT へのガス分子吸着を応用するタイプ（以下，ガス吸着タイプと呼ぶ），② CNT 先端に形成される高電界によるガス分子電離を応用するタイプ（以下，ガス電離タイプと呼ぶ），の2種類に大別できる。現在，広く研究開発が行われているのは前者のガス吸着タイプである。

〔1〕 ガス吸着タイプ

典型的なセンサーの構造と作製法を**図 11.59** に示

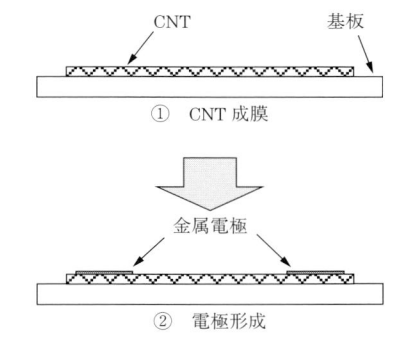

（a）四つの導入口，六つのマイクロポンプ，3×4=12 の CNT 電極を有するマイクロ TAS の立体図

（b）実際に作製した素子の写真

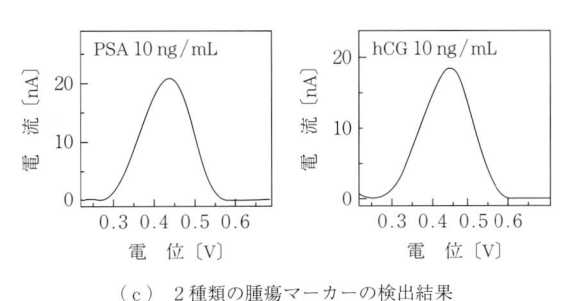

（c）2種類の腫瘍マーカーの検出結果

図 11.58

極を有するマイクロ流体チップを作製した。本システムでは，① 抗体を流入して CNT 電極に付着させ，② 不要の抗体をリン酸緩衝液で洗浄，③ 抗原を導入して，CNT 電極上で抗原/抗体反応を実施，④ 不要の抗原を洗浄，⑤ CNT 電極上で抗原/抗体の酸化反応を実施し，その酸化電流を検出することにより，抗原の検知を行う。これらの行程を，マイクロポンプを使用して自動的に行うことができる。この手法により，前立腺特異抗原（PSA）と，一般的ながんマーカーで

（a）CNT 成膜後に金属電極を形成する方法

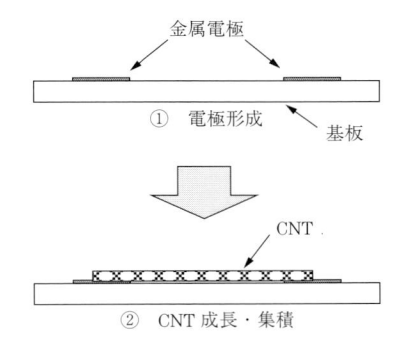

（b）金属電極を形成後に CNT を成長または集積

図 11.59 CNT ガスセンサー（ガス吸着タイプ）の構造と作製法

す。ガス吸着タイプのセンサーは，CNTとその両端に配置された金属電極とから構成され，前者はトランスデューサーとして機能し，その表面に検出対象のガス分子が吸着すると後述するメカニズムによってその電気インピーダンス（おもに電気抵抗）が変化する。したがって，ガスセンサーの応答はCNTの電気インピーダンス変化として測定され，そのためにCNTの両端に接続された金属電極が必要となる。ガス吸着タイプのセンサーは，CNTと金属電極を電気的に接続する方法によってさらに2種類に分類できる。図（a）のセンサーは，まずCNTを基板表面にCVD法などで薄膜状に成長させ，そのあとでCNT薄膜表面に対向する金属電極を形成して作製される[50),51)]。これに対し図（b）のセンサーは，あらかじめ対向する金属電極を基板上に作製し，そのあとで電極間を橋渡しするようにCNTを成長または集積することで作製される。CVD法によって電極間の所定の位置にCNTを成長させるために，触媒金属ナノ粒子を電極上にあらかじめ成長させておくなどの手法が取られる[52)]。また，あらかじめ何らかの方法で作製したCNTを電極間に配置する方法としては，電気力学現象の一種である誘電泳動（dielectrophoresis）を利用する方法[53)]や，スクリーン印刷法（screen printing）[54)]などがある。前者は後者に比べ，CNTを精度良く電極間に配置できるなどの特徴がある。

ガス吸着タイプのCNTガスセンサーの動作原理は以下のように説明されている（**図11.60**）[55)]。CNTはその大きな比表面積ゆえに表面にガス分子を吸着しやすい性質を有する。CNTはそのカイラリティや層数などによって，金属性と半導体性を示すものがあるが，後者（半導体CNT）は正孔を主キャリヤーとするp型半導体として振る舞う場合が多いことが知られている。

p型半導体CNTの表面に吸着したガス分子が電子受容性を示す酸化性である場合，CNTからガス分子に電子が移動する。その結果CNTの正孔密度が上昇し，CNTの電気抵抗は低下する。したがって，CNTガスセンサーの応答速度は，電荷交換プロセスよりも時定数が長いガス吸着プロセスで律速される。CNTガスセンサーで検出可能な代表的な酸化性ガスとしてはNO_2がよく知られており（**図11.61**），そのほかにNO[56)]，HF，SF_4[57)]なども検出可能であるとの報告がある。

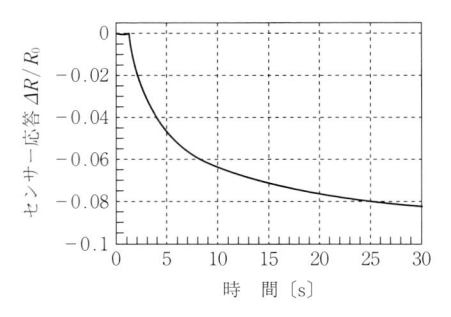

図11.61 CNTガスセンサー（ガス吸着タイプ）によるNO_2ガスの検出

一方，NH_3などの還元性ガスの場合には，これとは逆にガス分子からCNTに電子が移動する結果，CNTの正孔密度が減少し，CNTの電気抵抗は増大する（**図11.62**）。図11.61，図11.62に示したガス検出結果はいずれも常温大気圧条件下で得られたものであり，従来の半導体ガスセンサーのようにセンサーを高温に加熱しなくてもppmレベルのガス検出が可能である。この特徴によりセンサーの消費電力を低く抑えることが可能となり，センサーの小型化やモバイル化に有効であると期待されている。

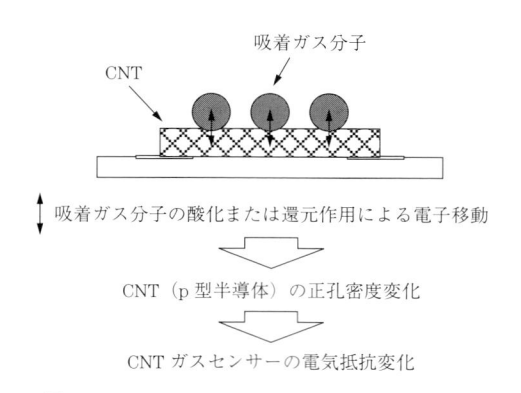

図11.60 CNTガスセンサー（ガス吸着タイプ）の動作原理

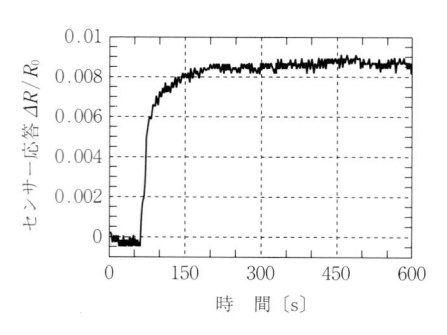

図11.62 CNTガスセンサー（ガス吸着タイプ）によるNH_3ガスの検出

前述の動作原理が示すとおり，CNTガスセンサーにおいてガス検出に寄与することができるのは半導体

CNT のみである。しかしながら，現時点において金属・半導体 CNT を作り分ける技術は確立しておらず，一般に両者はある割合で混在している（カイラリティに基づくと理論的には，金属：半導体＝1：2と予測される）。したがって，半導体 CNT を何らかの方法で選択的に分離し，その含有率を高めることで CNT ガスセンサーの感度をさらに向上できる可能性がある。金属・半導体 CNT の分離法としては，電気破壊（electrical breakdown）[58]法，ゲル法[59]，誘電泳動法[60]などが提案されている。例えば電気破壊法では，金属 CNT の電気抵抗が半導体 CNT よりも低いことを利用し，高いジュール発熱によって金属 CNT を選択的に蒸散させることができる。同手法では図11.59のように CNT を金属電極間に集積してセンサーを作製したあとに半導体 CNT の含有比を制御することができる。Honda らは同手法によって，CNT ガスセンサーの NO_2 検出感度を約1桁高めることに成功している[61]。

図11.59に示した基本的なセンサー構造を改良し，センサーを高機能化する試みが報告されている（**図11.63**）。

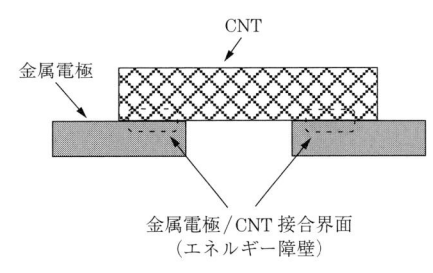

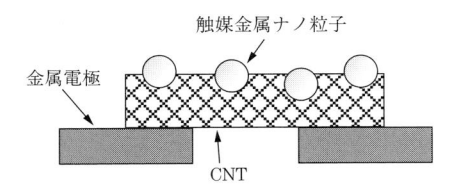

図11.63 CNT ガスセンサー（ガス吸着タイプ）の高機能化

図11.59に示したように，CNT ガスセンサーでは CNT を固定し，その電気抵抗変化を測定するために薄膜状の金属電極が使用され，CNT/金属接合界面にナノサイズの界面が形成される。両者の仕事関数の大小関係によってはこの界面にエネルギー障壁が形成され，CNT の電気抵抗変化に加え，界面における電気伝導特性の変化を利用することでより高速・高感度なガス検出が可能となる（図（a））。例えば，Al のように CNT より低い仕事関数を持つ金属電極間に誘電泳動法によって CNT を橋絡させて作製したガスセンサーは，NO_2 暴露直後にほかの金属電極を用いた場合とは逆に抵抗が増大し，かつその応答速度も高くなる（**図11.64**）[62]。

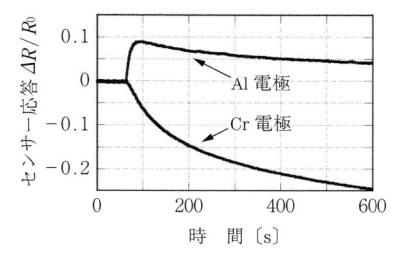

図11.64 CNT ガスセンサー（ガス吸着タイプ）の NO_2 ガス応答に電極材質が及ぼす影響

p 型半導体である CNT は，それよりも小さな仕事関数を持つ Al や Ti などの金属との界面でショットキー（Schottky）接合を形成すると考えられ[63]，NO_2 吸着による Al の仕事関数低下によってショットキー障壁の高さが増大するため，ガスセンサー全体としての電気抵抗が増大すると考えられている。この際，ショットキー障壁はナノサイズの接合界面にのみ形成されるため，CNT 表面全体に吸着するガス分子数に比例した応答が得られる前述の応答原理（図11.60）よりも高速な応答が得られる。また，センサー全体としての電気抵抗は，ショットキー接合部の抵抗と CNT 全体の抵抗の直列合成となるため，ガス暴露直後の速い応答（ショットキー障壁高さの増大による抵抗増加）とその後のゆっくりとした応答（ガス吸着と電子移動による抵抗減少）が観測される。CNT ガスセンサーでは，高い酸化性あるいは還元性を有するガスは高感度で常温検出可能であるが，例えば水素のように高温条件下のみ還元性を示すガスの常温検出は困難である。そこで，CNT を Pd や Pt など水素分子の解離吸着作用を持つ触媒金属ナノ粒子で修飾し，常温動作可能な水素ガスセンサーを作製する試みが報告されている（図11.63（b））。CNT を触媒金属で修飾する手法としては，電子ビーム蒸着法[64]，スパッタ法[65]，誘電泳動法[66]，電気化学法[67]などがある。J. Suehiro らは，$Pd(CH_3COO)_2$ 溶液中で誘電泳動法によって作製した CNT ガスセンサーをカソード，グラファイト棒をアノードとする電気化学反応により CNT 表面に Pd ナノ粒子を形成し（**図11.65**），常温動作可能な水素ガスセンサーを作製できることを報告している（**図11.66**）[68]。

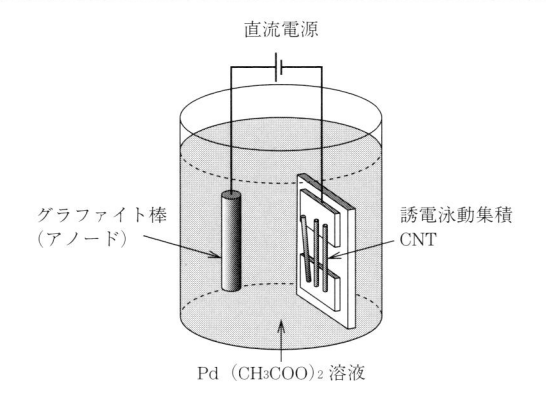

図11.65 電気化学反応を利用した誘電泳動集積CNTの触媒（Pdナノ粒子）修飾法

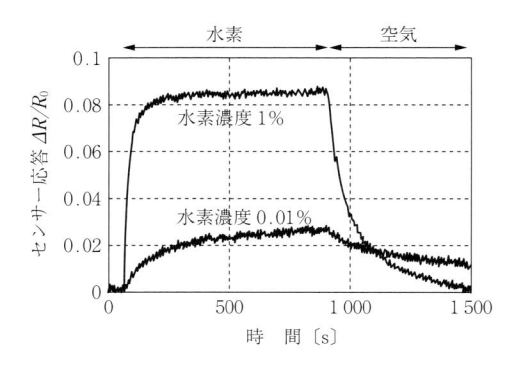

図11.66 Pdナノ粒子で修飾した誘電泳動集積CNTガスセンサーの水素応答

〔2〕 ガス電離タイプ

同タイプのCNTガスセンサーの構造を**図11.67**に示す[69]。CVD法によってSiO_2基板上に垂直に成長させたCNT薄膜をアノード，それに対向するAl電極をカソードとし，両電極間に直流電圧を印加すると，CNTの高アスペクト比によってその先端に高電界領域が形成される。この高電界領域によって検出対象となるガス分子を電離して持続放電を発生させれば，その放電電流によってガスを検出することができる。ガス分子は固有の電離電圧を持っているので，放電開始電圧によってガス種の同定が可能であり，さらに放電電流がガス濃上昇に伴い，指数関数的に増加すること

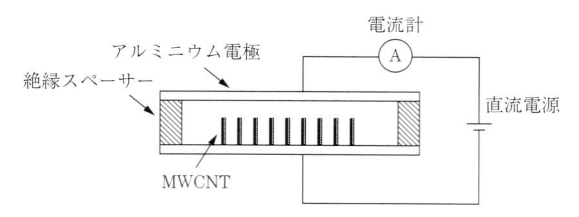

図11.67 CNTガスセンサー（ガス電離タイプ）の構造

を利用してガス濃度の定量も可能である。

11.4.6 スピンデバイス

エレクトロニクスの主役である電子は，電荷の自由度とスピンの自由度を持つ。従来のエレクトロニクスでは，遍歴電子を用いるデバイスでは電荷の自由度を，局在電子を用いる場合はスピンの自由度をおもに利用してきた。これは，電荷，スピンの自由度の特長をよく生かした使い分けであった。すなわち，電子の存在そのものである電荷は多少の散乱があっても伝導することで（存在の）情報は伝えられるが，完全に局在した場合，変化しない電荷（存在の有無）の情報は利用できない。一方，スピンの自由度は，電子の状態であるため，局在した状態では，強磁性体などスピンの秩序状態を利用することで制御は可能である。逆に，緩和や散乱が起こることでその情報は失われるので，秩序状態を実現しにくい伝導現象では利用が非常に困難である。しかし，近年，伝導電子のスピン状態を制御する技術が飛躍的に向上し，遍歴電子のスピン状態を利用したスピントロニクス分野の研究・開発が盛んに行われるようになってきている。遍歴電子のスピン情報を利用したデバイスでは，スピン状態の創出，制御，検出の三つの過程に分けられる。ハードディスクのように局在電子のスピン情報を取り扱う場合では，スピン状態の創出と制御は区別されずに制御と検出の2段階であるのと対照的である。本項では，基本的で，かつ，CNTの研究で用いられているスピンバルブ効果を示すデバイスを出発点として，基本的な事項を整理してから，CNTにおけるデバイス研究を概観する。

図11.68に，M. Julliere[70]によって報告された，スピントンネル磁気抵抗効果の概念図を示す。

強磁性体/絶縁体/強磁性体（Fe/GeO/Fe）の接合において，4.2Kで10%以上の磁気抵抗効果を観測し，それを強磁性体間のトンネルに現象によって説明した。強磁性体でもほとんどの場合はスピン分極率Pが100%ではないため，上向きスピンと下向きスピンの双方を考慮する。

いま，左の強磁性体（第1層）の電子が，右の強磁性体（第3層）へと中央の絶縁体（第2層）をトンネルする過程を考える。それぞれのスピン状態の電子はトンネル過程で緩和や散乱が起こらず，同じスピン状態へとトンネルすると仮定する。第i層（$i=1$または3）において，多数および少数スピンのフェルミエネルギーでの状態密度を，それぞれ，N_iおよびn_iとすると，第i層のスピン分極率は

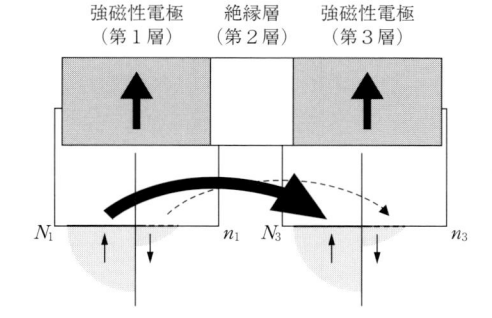

(a) 左右の電極のスピン分極が平行の場合

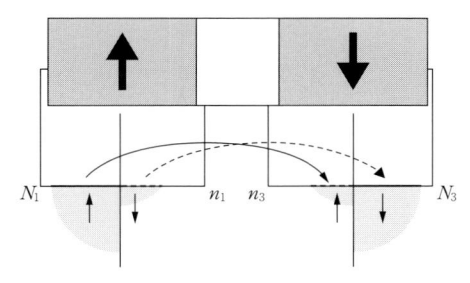

(b) 左右の電極のスピン分極が反平行の場合

図11.68 スピントンネル磁気抵抗効果の概念図。左（第1層）の強磁性体と右（第3層）の強磁性体に、絶縁層（第2層）が挟まれた構造で、左右のスピン分極の違いにより、トンネル確率が変わることで、伝導度が変化する。

$$P_i = \frac{N_i - n_i}{N_i + n_i} \tag{11.7}$$

となる。この場合、伝導度 G はそれぞれの分極間のトンネル確率の和に比例するので、左右の強磁性体の分極が平行の場合は

$$G_p \propto \frac{N_1}{N_1 + n_1} \frac{N_3}{N_3 + n_3} + \frac{n_1}{N_1 + n_1} \frac{n_3}{N_3 + n_3} \tag{11.8}$$

反平行の場合は

$$G_{ap} \propto \frac{N_1}{N_1 + n_1} \frac{n_3}{N_3 + n_3} + \frac{n_1}{N_1 + n_1} \frac{N_3}{N_3 + n_3} \tag{11.9}$$

となる。磁気抵抗比 MR は分極が反平行状態の抵抗 R_{ap} と平行状態の抵抗 R_p との差を R_p で割った値として定義され

$$\mathrm{MR} \equiv \frac{R_{ap} - R_p}{R_p} = \frac{2P_1 P_3}{1 - P_1 P_3} \tag{11.10}$$

となる。デバイス動作の概要を**図11.69**に示す。理想的には、左右の強磁性体のスピン分極率のみに依存して、磁気抵抗比は 0 から ∞ まで変わり得るが、実際には、トンネルプロセスにおけるスピンの緩和や散乱

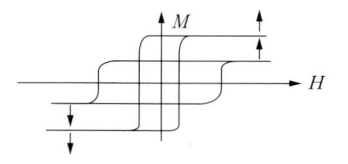

(a) 保磁力の異なる強磁性電極のそれぞれの磁化曲線

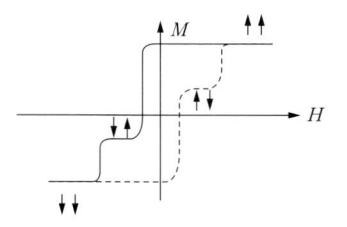

(b) 保磁力の異なる強磁性電極を持つデバイスの全体の磁化曲線（（a）で示した二つの磁化曲線の和）

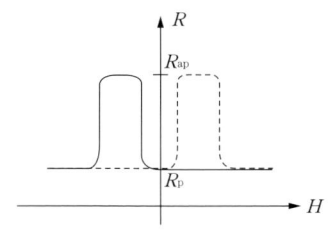

(c) （a）および（b）で示した強磁性電極を示した強磁性電極を用いたデバイスで期待されるスピンバルブ効果

図11.69 スピンバルブデバイスの動作概念図。（b）と（c）では、磁場を増加させる方向での応答を破線、減少させる方向での応答を実線で示している。

（スピン状態の変化）が磁気抵抗比を減少させる。

Julliere のモデルはトンネル磁気抵抗効果に対するものであったが、絶縁体を介したトンネル過程を通常の金属の輸送に置き換えても類似の現象が起こることが予測できる。実際、B. Dieny ら[71]は、FeNi/Cu/FeNi などの接合を用いて室温で 5% の磁気抵抗比を観測した。前者と後者の制御過程の機構（伝導機構）はまったく異なるものである。前者では、トンネル現象で創出側と検出側の強磁性体を量子力学的に接合することでスピン情報の伝達を行う。これに対して、後者では、創出側の電極から注入されたスピン偏極キャリヤーを検出側の電極までスピン状態を制御しながら輸送するというものである。両者にはこのような違いがあるものの、スピン状態の創出、制御、検出の三つの過程という視点では同じ議論が可能で、磁気抵抗比に関しては伝導機構によらず Julliere のモデルをベースに議論されることがある。いずれの場合も、デバイスとして伝導制御するために、二つの強磁性電極の保

磁力を変え，分極の平行状態と反平行状態を磁場によって制御する．電極の保磁力の違いを持たせるためには，保磁力の異なる材料を用いる方法や同じ材料で形状異方性，反強磁性体との交換結合を利用して保磁力を変える方法が用いられている．図11.70（a）に，CNTを用いたスピンバルブデバイスでよく用いられているデバイス構造の例を示す．

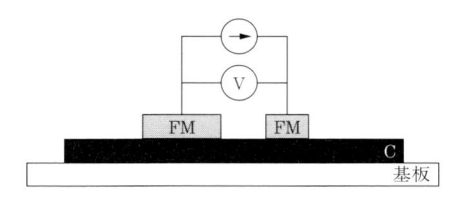

（a）多く用いられている2端子の局所測定

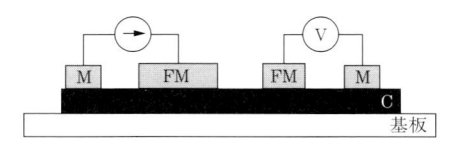

（b）非局所測定

図11.70 スピンバルブ効果を示す平面型（プレーナー型）デバイスの例．FMが強磁性電極，Mが金属電極，Cが制御過程を担う輸送材料．CがCNTの場合，本節で議論しているCNTのスピンデバイスとなる．

これまで，制御過程においては，輸送機構にかかわらずスピン情報を変えずに伝える例を示したが，より高い機能性を持たせるために，積極的にスピン状態を制御する場合もある．このとき，スピン軌道相互作用を利用して電場でスピンを制御する方法もあり，磁場を用いないスピンデバイスの提案もなされている．

CNTは，軽元素である炭素のみからできているためスピン軌道相互作用が小さく，また，炭素の多くは核スピンを持たない．このため，CNTは，スピン散乱が小さいことを利用したスピンコヒーレント伝導など，スピン情報を保つ機能を持った材料として制御部への利用が注目されている．多くの場合はこのスピンコヒーレント伝導が用いられているが，あとに具体例を示すように，この部分でスピンの状態変化が起こるという報告もある．

CNTのスピンデバイスの最初の報告は，1991年K. Tsukagoshiら[72]による，MWCNTを用いたデバイスのスピンバルブ効果の観測である．直径10〜40 nmのMWCNTに250 nm離れた二つのCo電極が蒸着された構造（Co/CNT/Co）で，温度4.2 Kにおいて，最大9％の磁気抵抗比を観測した．Coのスピン分極率が約0.34であることを考慮し，Jullièreのモデルを適用すると，磁気抵抗比は約21％が期待される．実験結果と予測の違いは，電極で創出された偏極スピンはCNT中で散乱され，約14％のみが他方の電極で検出されたことに相当するとしている．また，距離に関して指数関数的に減衰するスピン拡散を仮定すると，最低でもスピン拡散長が130 nmであると報告した．この結果は，このあとのCNTのみならず，フラーレン，グラフェンなどπ電子系材料におけるスピントロニクス研究の発端となった．

SWCNTにおいても同様の実験でスピンバルブ効果が観測された．J.-R. Kimら[73]は，直径3 nmのSWCNTに，電子線リソグラフィーで電極をパターニングすることで，複数の電極（電極間隔は約400 nm）を直接蒸着した．作製されたデバイスでは，0.2 Kにおいて，最大3.2％の磁気抵抗比を観測した．この研究ののち，SWCNTを用いたスピンデバイスに関する報告が多くなされ，後述する電場と磁場による複合的な制御[74〜77]やスピン輸送の本質的な測定のための非局所測定の研究[78]へと発展していく．

CNTの種類（SWかMWか）によらず，初期の研究では，二つの電極の保磁力を積極的に制御していないにもかかわらず，スピンバルブ効果が観測されている．マクロスコピックには二つの電極の保磁力は同じであり，スピンバルブ効果は観測されないデバイス構造である．これに関して，Tsukagoshiらは，CNTは，これまでの材料とは異なり非常に細く，強磁性電極の磁気ドメインサイズと同程度であるため，CNTに供給される電子のスピン状態はある特定のドメインによって支配的になると考察した．すなわち，スピン状態の創出および検出過程は，CNTに接触している局所的な強磁性体の磁化状態に支配され，その部分の平行・反平行に対応したスピンバルブ効果が観測されると推測している．その後の研究においても，強磁性電極の保磁力の制御に関する議論はあまりなされていないが，H. T. Manら[77]，L. E. Huesoら[79]は，強磁性電極として同じ材料を用いながら，その電極幅を変えることで形状異方性を利用し，二つの強磁性電極の保磁力に差を付けていることを明示している．

磁気抵抗比の飛躍的向上は，2007年，Huesoら[79]によって報告された．彼らは，スピン分極率$P \approx 1$の$La_{0.7}Sr_{0.3}MnO_3$を用い，左右の強磁性電極は形状異方性を利用して保磁力差を付けた強磁性電極構造を採用し，MWCNTとの組み合わせでデバイスを作製した．温度5 Kにおいて，磁気抵抗比61％のスピンバルブ効果を観測した．温度上昇とともに磁気抵抗比は減少するものの，100 K以上までスピンバルブ効果が観測

されることを確認した。この報告は，CNT自体は長いスピン拡散長を持つスピンコヒーレント伝導材料として高いポテンシャルを持っていることを示す一方で，高い磁気抵抗比の実現には強磁性体内の高いスピン偏極率の実現（強磁性電極材料の選択）とその偏極スピンのCNTへの効率的な注入（強磁性電極とCNTの界面制御）が重要であることを示している。

強磁性電極とCNTの界面状態の詳細は明らかになっておらず，現状では，接触抵抗の大きさから界面状態を推測し，スピンバルブ効果との関係が議論されている。多くの報告[72]~[74],[79]では作製されたデバイスの接触抵抗は大きい。Tsukagoshiら[72]とKimら[73]は，強磁性電極とCNTとの接触抵抗が低いデバイスと高いデバイスを比較し，接触抵抗の高いデバイスのほうがスピンバルブ効果が顕著であるとしている。この現象に対して，Tsukagoshiらは，前述のCNTと接触する強磁性ドメインの数を議論している。接触抵抗が低いデバイスでは，CNTに接触する強磁性ドメインの数が多く，その結果，分極反転する磁場の異なるドメインからスピン偏極電子が注入されてしまい，スピンバルブ効果の観測には不利だとしている。これに対して，Kimらは，接触抵抗が高い場合，電極とCNTの間に絶縁層が挟まれていて，トンネル過程を経て効率的にスピン偏極電子が注入されるとしている。また，低温で高い磁気抵抗比を実現したHuesoら[79]もトンネルによるスピン偏極電子の注入過程を主張している。これに対して，接触抵抗が小さい電極材料を選んでスピンバルブ効果を観測している例[77]もある。

これまでの報告では，スピン散乱の少ないトンネル過程とスピン散乱が起こり得る熱励起を利用した過程が共存する中，トンネル過程を支配的にすることでスピンバルブ効果が顕著になったと推測される。しかし，この理解が正しければ，これまでのデバイス構造は低温動作には有利なものの，高温でのスピンバルブ効果の観測は非常に困難であることを示し，室温動作には別のメカニズムを必要とすることを示している。実際，室温でスピンバルブ効果が観測されているグラフェン系でのスピンデバイス（12.2.3項参照）においても，良好な電気的接触が好ましいという報告[80]とトンネルバリヤの挿入が不可欠であるという報告[81]があり，π電子系への効率的なスピン偏極電子の注入機構は未解明の部分が多い。今後，界面を通したスピン状態の創出，検出過程での輸送現象の理解と効率的なデバイス設計指針の確立が期待される状況である。

CNTは，半導体デバイス，特に，電場により伝導度を制御する電界効果トランジスター（FET）としての応用が非常に注目されている（11.4.1項参照）。このため，電場と磁場の両方でCNTの伝導度を制御できる可能性もあり，基礎物性の理解と応用の両面から注目されている。CNTFETに磁場を印加し，スピンバルブ効果を調べる研究は，2005年以降報告されるようになった[74]~[77]。これらの報告で興味深い結果は，電場（ゲート電圧）印加に対して，磁気抵抗効果は量的にも質的にも変化し，条件によっては負の磁気抵抗比を示す点である。左右の強磁性体の分極が反平行の場合，基本的なスピンバルブ効果で期待される磁気抵抗効果では，図11.69（c）に示したように，抵抗の磁場依存性において上に凸の変化を示す。これに対して，負の磁気抵抗比を示すデバイスでは，この応答が下に凸になる。負の磁気抵抗比は，CNTの単純なスピンコヒーレント伝導では理解できない。また，スピン軌道相互作用が小さいCNTの場合，スピン軌道相互作用を介した電場によるスピンの制御[82]は期待できない。この負の磁気抵抗比に関する報告では，（スピン状態の創出過程に相当する）強磁性電極からCNTへの偏極スピン電子の透過確率や（スピン状態の検出過程に相当する）CNTから強磁性電極への偏極スピン電子の透過確率，さらには，それら透過率の分極方向による違いや非対称性を考慮することで磁気抵抗比のゲート電圧依存性を説明している。しかし，実験結果の詳細やその解釈は統一的なものではなく，強磁性電極とCNTの界面状態など，デバイス内のさまざまな要因がデバイス特性を複雑なものにしている。また，負の磁気抵抗比を示した結果は，図11.70（a）に示したような，2端子による局所測定によるもので，外因的な寄与によるという指摘もある。

デバイス構造に起因する要素を排除したCNT自体のスピン輸送特性は非局所測定で可能であり，N. Tombrosら[78]によって報告された。非局所測定は図11.70（b）のような配置で行われ，左側から2番目の強磁性電極から左端の電極に電流を流している状態で，右側の電極で電圧を測定するもので，電圧端子間には電流は流れないものの，スピン状態に依存した化学ポテンシャルの違いを電圧として検出するため，デバイス構造や実験の配置の不完全性に起因する外因的要素（例えば，強磁性電極の磁気抵抗効果，ホール効果など）を排除できる。Tombrosらは非局所測定の有用性を示すにとどまったが，今後，本質的な輸送現象の理解への指針が示された。

引用・参考文献

1) P. L. McEuen, M. Fuhrer and H. Park：IEEE Trans. on Nanotech., **1**, 78 (2002)

2) S. Heinze, J. Tersoff, R. Martel and V. Derycke：J. Appenzeller and Ph. Avouris, Phys. Rev. Lett., **81**, 4067 (2002)
3) T. Mizutani, S. Iwatsuki, Y. Ohno and S. Kishimoto：Jpn. J. Appl. Phys., **44**, 1599 (2005)
4) Y. Nosho, Y. Ohno, S. Kishimoto and T. Mizutani：Nanotechnology, **17**, 3412 (2006)
5) T. Takenobu, T. Kanbara, N. Akima, T. Takahasi, M. Shiraishi, K. Tsukagishi, H. Kataura, Y. Aoyagi and Y. Isawa：Adv. Mater., **17**, 2430 (2005)
6) Y. Nosho, Y. Ohno, S. Kishimoto and T. Mizutani：Nanotechnology, **18**, 415202 (2007)
7) Y. Nosho, Y. Ohno, S. Kishimoto and T. Mizutani：Jpn. J. Appl. Phys., **46**, L474 (2007)
8) K. Nagashio, T. Nishimura, K. Kita and A. Toriumi：Technical digest, international electron devices meeting, Baltimore, p. 565 (2009)
9) Y. Li, D. Mann, V. Rolandi, W. Kim, A. Ural, S. Hung, A. Javey, J. Cao, D. Wang, E. Yenilmez, Q. Wang, J. F. Gibbons, Y. Nishi and H. Dai：Nano Lett., **4**, 317 (2004)
10) H. Ohnaka, Y. Kojima, S. Kishimoto, Y. Ohno and T. Mizutani：Jpn. J. Appl. Phys., **45**, 5485 (2006)
11) T. Mizutani, H. Ohnaka, Y. Okigawa, S. Kishimoto and Y. Ohno：J. Appl. Phys., **106**, 073705 (2009)
12) Y. Ono, S. Kishimoto, Y. Ohno and T. Mizutani：Nanotechnology, **21**, 205202 (2010)
13) M. Fuhrer, J. Nygard, L. Shih, M. Forero, Y. Yoon Y-G, M. Mazzoni, H. Choi, J. Ihm, S. Louie, A. Zettl and P. McEuen：2000 Science, **288**, 494 (2000)
14) T. Takenobu, N. Miura, S-Yi Lu, H. Okimoto, T. Asano, M. Shiraishi and Y. Iwasa：Appl. Phys. Express, **2**, 025005 (2009)
15) J. J. Guo, Q. Wang, M. Lundstrom and H. Dai：Nature, **424**, 654 (2003)
16) H. Ago, K. Nakamura, K. Ikeda, N. Uehara, N. Ishigami and M. Tsuji：Chem. Phys. Lett., **408**, 433 (2005)
17) C. Kocabas, S. Hur, A. Gaur, M. Meitl, M. Shim and J. Rogers：Small, **1**, 1110 (2005)
18) L. Nougaret, H. Happy, G. Dambrine, V. Derycke, J. Bourgoin, A. Green and M. Hersam：Appl. Phys. Lett., **94**, 243505 (2009)
19) V. Derycke, R. Martel, J. Appenzeller and Ph. Avouris：Nano Lett., **1**, 453 (2001)
20) R. Hatakeyama and Y. F. Li：J. Appl. Phys., **102**, 034309 (2007)
21) N. Moriyama, Y. Ohno, T. Kitamura, S. Kishimoto and T. Mizutani：Nanotechnology, **21**, 165201 (2010)
22) Interconnect WG, ITRS Winter Conf. (2009), http://www.itrs.net/Links/2009Winter/Presentations.html.
23) ITRS 2005：http://www.itrs.net/Links/2005 ITRS/Home2005.htm
24) A. Naeemi, et al.：IEEE IEDM, 699 (2004)
25) Y. Awano：Proc. of the IEEE, Nov. (2010)
26) J. Dijon, et al.：Diam. Relat. Mater., **19**, 382 (2010)
27) Y. Awano：IEEE IEDM (2009)
28) I. Soga, et al.：IEEE RFIT, 221 (2009)
29) A. Kawabata, et al.：IEEE IITC, 237 (2008)
30) S. Sato, et al.：IEEE IITC, 230 (2006)
31) Y. Yamazaki, et al.：APEX, 1 034004 (2008)
32) M. Nihei, et al.：IEEE IITC, 204 (2007)
33) M. Katagiri, et al.：IEEE IITC, 44 (2009)
34) C. Berger, et al.：Appl. Phys. A, **74**, 363 (2002)
35) M. Sato, et al.：JJAP, **49**, 105102 (2010)
36) N. Saran, et al.：J. Am. Chem. Soc., **126**, 4462 (2004)
37) Z.C. Wu, et al.：Science, **305**, 1273 (2004)
38) Q. Cao, et al.：Adv. Mater., **18**, 304 (2006)
39) E. Haba and S. Noda：The 36th fullerene-nanotube general symposium, 2P〜20 (Mar. 2008)
40) L. Hu, et al.：Nano Lett., **4**, 2513 (2004)
41) J. Lagemaat, et al.：Appl. Phys. Lett., **88**, 233503 (2006)
42) H. Z. Geng, et al.：J. Am. Chem. Soc., **129**, 7758 (2007)
43) Y. Miyata, et al.：J. Phys. Chem. C, **112**, 3591 (2008)
44) L. Xiao, et al.：Nano Lett., **8**, 4539 (2008)
45) Z. Li, et al.：Langmuir, **24**, 2655 (2008)
46) K. Maehashi, T. Katsura, K. Matsumoto, K. Kerman, Y. Takamura and E. Tamiya：Label-free protein biosensors based on aptamer-modified carbon nanotube field-effect transistors, Anal. Chem., **79**, 782〜787 (2007)
47) J. Okuno, K. Maehashi, K. Matsumoto, K. Kerman, Y. Takamura and E. Tamiya：Single-walled carbon nanotube-arrayed microelectrode chip for electrochemical analysis, Electrochem. Commun., **9**, 13〜18 (2007)
48) J. Okuno, K. Maehashi, K. Matsumoto, K. Kerman, Y. Takamura and E. Tamiya：High-sensitive label-free protein biosensors based on single-walled carbon nanotube array modified microelectrodes, Biosens. Bioelectron., **22**, 2377〜2381 (2007)
49) Y. Tsujita, K. Maehashi, K. Matsumoto, M. Chikae, S. Torai, Y. Takamura and E. Tamiya：Carbon nanotube amperometric chips with pneumatic micropumps, Jpn. J. Appl. Phys., **47**, 2064〜2067 (2008)
50) M. Penza, et al.：Characterization of metal-modified and vertically-aligned carbon nanotube films for functionally enhanced gas sensor applications, Thin Solid Films, **517**, 6211 (2009)
51) S. G. Wang, et al.：Multi-walled carbon nanotube-based gas sensors for NH_3 detection, Diam. Relat. Mater., **13**, 1327 (2004)
52) P. Qi, et al.：Toward large arrays of multiplex functionalized carbon nanotube sensors for highly sensitive and selective molecular detection, Nano Lett., **3**, 347 (2003)
53) J. Suehiro, et al.：Fabrication of a carbon nanotube-based gas sensor using dielectrophoresis and its application for ammonia detection by impedance spectroscopy, J. Phys. D：Appl. Phys., **36**, L109 (2003)
54) N. H. Quang, et al.：Effect of NH_3 gas on the electrical properties of single-walled carbon nanotube bundles, Sens. Actuators B, **113**, 341 (2006)
55) J. Kong, et al.：Nanotube molecular wires as chemical sensors, Science, **287**, 622 (2000)

56) T. Ueda, et al.: No sensing property of carbon nanotube based thin film gas sensors prepared by chemical vapor deposition techniques, Jpn. J. Appl. Phys., **45**, 8393 (2006)
57) W. Ding, et al.: Analysis of PD-generated SF_6 decomposition gases adsorbed on carbon nanotubes, IEEE Trans. Dielectr. Electr. Insul., **13**, 1200 (2006)
58) P. G. Collins, et al.: Engineering carbon nanotubes and nanotube circuits using electrical breakdown, Science, **292**, 706 (2001)
59) H. Liu, et al.: Diameter-selective metal/semiconductor separation of single-wall carbon nanotubes by agarose gel, J. Phys. Chem. C, **114**, 9270 (2010)
60) R. Krupke, et al.: Separation of metallic from semiconducting single-walled carbon nanotubes, Science, **301**, 344 (2003)
61) W. Wongwiriyapan, et al.: Single-walled carbon nanotube thin-film sensor for ultrasensitive gas detection, Jpn. J. Appl. Phys., **44**, L482 (2005)
62) J. Suehiro, et al.: Schottky-type response of carbon nanotube NO_2 gas sensor fabricated onto aluminum electrodes by dielectrophoresis, Sens. Actuators B, **114**, 943 (2006)
63) H. M. Manohara, et al.: Carbon nanotube schottky diodes using Ti-schottky and Pt-ohmic contacts for high frequency applications, Nano Lett., **5**, 1469 (2005)
64) J. Kong, et al.: Functionalized carbon nanotubes for molecular hydrogen sensors, Adv. Mater., **13**, 1384 (2001)
65) I. Sayago, et al.: Hydrogen sensors based on carbon nanotubes thin films, Synth. Met., **148**, 15 (2005)
66) J. Suehiro, et al.: Fabrication of interfaces between carbon nanotubes and catalytic palladium using dielectrophoresis and its application to hydrogen gas sensor, Sens. Actuators B, **127**, 505 (2007)
67) S. Mubeen, et al.: Palladium nanoparticles decorated single-walled carbon nanotube hydrogen sensor, J. Phys. Chem. C, **111**, 6321 (2007)
68) J. Suehiro, et al.: Carbon nanotube-based hydrogen gas sensor electrochemically functionalized with palladium, Proc. IEEE Sensors, art. no. 4388458 (2007)
69) A. Modi, et al.: Miniaturized gas ionization sensors using carbon nanotubes, Nature, **424**, 171 (2003)
70) M. Julliere: Tunneling between ferromagnetic films, Phys. Lett. A, **54**, 225 (1975)
71) B. Dieny, et al.: Giant magnetoresistive in soft ferromagnetic multilayers, Phys. Rev. B, **43**, 1297 (1991)
72) K. Tsukagoshi, et al.: Coherent transport of electron spin in a ferromagnetically contacted carbon nanotubes, Nature, **401**, 572 (1999)
73) J. -R. Kim, et al.: Spin-dependent transport properties in a single-walled carbon nanotube with mesoscopic Co contacts, Phys. Rev. B, **66**, 233401 (2002)
74) A. Jensen, et al.: Magnetoresistance in ferromagnetically contacted single-wall carbon nanotubes, Phys. Rev. B, **72**, 035419 (2005)
75) S. Sahoo, et al.: Electric field control of spin transport, Nat. Phys., **1**, 99 (2005)
76) B. Nagabhirava, et al.: Gated spin transport through an individual single wall carbon nanotube, Appl. Phys. Lett., **88**, 023503 (2006)
77) H. T. Man, et al.: Spin-dependent quantum interference in single-wall carbon nanotubes with ferromagnetic contacts, Phys. Rev. B, **73**, 241401(R) (2006)
78) N. Tombros, et al.: Separating spin and charge transport in single-wall carbon nanotubes, Phys. Rev. B, **73**, 233403 (2006)
79) L. E. Hueso, et al.: Transpformation of spin information into large electrical signals using carbon nanotubes, Nature, **445**, 410 (2007)
80) M. Ohishi, et al.: Spin injection into a graphene thin film at room temperature, Jpn. J. Appl. Phys., **46**, L605 (2007)
81) N. Tombros, et al.: Electronic spin transport and spin precession in single graphene layers at room temperature, Nature, **488**, 571 (2007)
82) S. Datta and B. Das: Electronic analog of the electro-optic modulator, Appl. Phys. Lett., **56**, 665 (1990)

11.5 フォトニクス

11.5.1 はじめに

高速の光非線形素子は，レーザー・光ファイバー通信などにとって重要である．例えば，フェムト秒領域の短パルスを容易に発生させることができる受動モード同期レーザーは，光通信用のみならず，光計測や加工用として重要であるが，モード同期素子として高速の光非線形（可飽和吸収）素子が必要である．レーザー光の波長変換にも光非線形（2次/3次非線形）素子が利用されている．また，超高速光ファイバー通信で必要な全光型光信号処理でも高速の光非線形（3次非線形）デバイスが重要な役割を果たしている．

通信波長帯付近での代表的な光非線形素子としては半導体型と光ファイバー型があるが，それぞれ一長一短がある．最近，CNT の持つ光非線形性が注目されており，光ファイバーレーザーおよび光ファイバー通信への応用が研究されている．本節では，CNT を用いた可飽和吸収素子の特性，および CNT 光デバイスの作製法について述べる．つぎに，CNT を用いた受動モード同期光ファイバーレーザーおよび光非線形機能デバイス応用についての研究を紹介する．

11.5.2 CNT の光学特性と光デバイス化

よく知られているように，SWCNT のうち，半導体 CNT はバンド構造を持つ．バンドギャップエネルギーは CNT の直径にほぼ反比例することが知られており，

典型的な直径 1～1.5 nm の CNT では 0.8～0.6 eV 程度であり，これは光吸収波長に直すと 1～2 μm となり，通信波長帯に一致する。ただし，現状では 1 種類の CNT だけをつくることはできず，CNT サンプルは種々の半導体型・金属型の CNT が混ざったものとなり，その直径の平均値により吸収の中心波長が，混ざり具合により吸収の波長帯域が決まる。図 11.71 は広い波長帯域を持つ CNT サンプルの吸収特性の例で，このような CNT により 1～2 μm の間での波長帯での応用が可能となる。

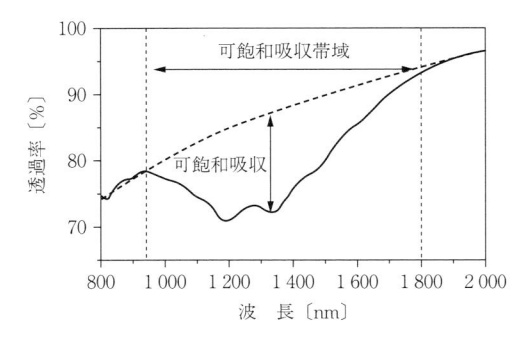

図 11.71 広帯域 CNT サンプルの吸収特性の例

この光吸収は共鳴吸収なので，ある程度以上の強度の光が入射すると飽和が起こり，吸収が減少する。CNT は，この飽和吸収からの回復時間が非常に高速（<1 ps）であることが知られている[1), 2)]。また，その飽和吸収特性が半導体型可飽和吸収素子と同程度の飽和特性を持つことも示されている[1), 2)]。さらに，CNT はその 1 次元構造と可飽和吸収に伴う高い 3 次の非線形性（n_2～2×10^{-12} m²/W）も有することが理論的に示されている[3)]。したがって，CNT は可飽和吸収光素子，および非線形光学素子として有用である。

フォトニクス応用のための CNT は，CNT を分散させて薄膜状にし，光路に対して垂直に配置して CNT の光非線形性を利用する方法が最も一般的である。このための CNT 薄膜の作製法としては，ガラス基板や光ファイバー端面上に CNT を分散させた溶液をスプレーする方法[1), 2)]，アルコール CVD により CNT を基板や光ファイバー端面に直接合成する方法[4)]，CNT をドープしたポリマーを薄膜状にして基板や光ファイバー端面に移す方法[5)]，光照射により CNT 分散溶液から CNT 薄膜を形成する方法[6), 7)] などがある。

図 11.72（a）にスプレー法による CNT 薄膜の SEM 像を示す。厚さは 1 μm 程度である。

スプレー法での CNT は，このようにランダムに配向している。このスプレー法では CNT を高純度化し

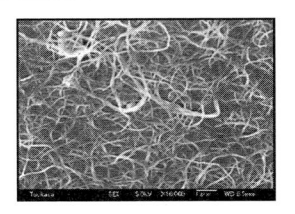

（a）スプレー法によるガラス基板上の CNT 薄膜

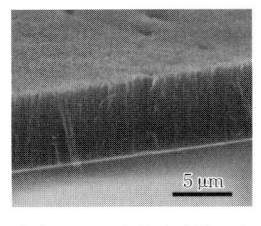

（b）CVD 直接合成法による石英基板上の垂直配向 CNT 薄膜

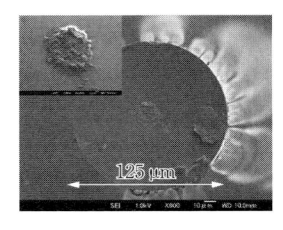

（c）光照射法による光ファイバー端面のコア部分だけに形成された CNT 薄膜

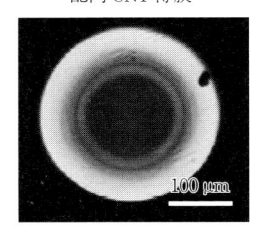

（d）CNT ドープポリマー光ファイバーの断面図

図 11.72 CNT 光デバイスの例

たのちに溶媒（重水やジメチルホルムアミド（DMF）など）に超音波処理および遠心分離により分散させ，基板上に吹き付けて乾燥させる。このため，CNT の大部分がむだになり，またスループットに難がある。これに対しアルコール CVD により直接合成する方法ではスプレーするプロセスが必要ない。これは石英ガラスの軟化点温度以下でのプロセスであるため，石英基板上のみならず，光ファイバーの端面に高純度 CNT を直接合成することも可能である[4)]。直接合成法のもう一つの利点は，作製条件により垂直に配向した CNT 薄膜を生成できることである（図（b））[8)]。このような垂直配向 CNT 膜は温水に浸すことできわめて容易に剥離でき，後述の D シェイプ光ファイバーなどの平滑な面に再付着させることができる。CNT ドープポリマーについては後述する。

最近，新しい方法として，光照射により光ファイバー端面上のコア部分のみに選択的に CNT 薄膜を形成する方法が提案されている[6), 7)]。前述のスプレー法もしくは CVD 直接合成法では光と相互作用しない必要のない部分にも CNT 薄膜が形成されるが，この方法では光の通るコア部分のみに選択的に CNT 薄膜を形成できる。作製法は非常に単純で，カットした光ファイバーを CNT 分散溶液に浸し，反対側から強い強度（100 mW 程度）の光を光ファイバーに入射するだけである。図（c）にこの光照射法で光ファイバー端面に形成された CNT 薄膜を示す。光ファイバー端

面上のコア部分のみに選択的に CNT 薄膜が形成できていることがわかる。

上述のような CNT 薄膜に対する垂直光入射の欠点は，高強度の光が入射すると CNT が燃えてしまうという光ダメージの問題が挙げられ，したがって高出力レーザーや高強度での励起が必要な非線形機能デバイス応用には向いていない。そこで，CNT 薄膜を導波路の上部に配置して，導波路からのエバネッセント波を利用する，もしくは CNT をポリマーやガラスなどにドープすることにより，光ダメージのしきい値を上げることが提案されている。このようなデバイスは CNT と光との相互作用長を上げることができるという利点もある。

エバネッセント波結合 CNT 光デバイスとしては，光ファイバーをコア付近まで D 型研磨した D シェイプ光ファイバーの研磨部分に CNT 薄膜を形成したもの[9],[10]，上部クラッドのない平面光導波路上部に CNT 薄膜を形成したもの[11]，テーパー状に加工したテーパー光ファイバーのウエスト部分に CNT 薄膜を形成したもの[12],[13]，などがある。なお，前述の光照射法による CNT 薄膜作製はエバネッセント波でも可能である[13]。

CNT ドープポリマー/ガラスについては，CNT にダメージを与えない製法であることが重要である。ポリマーは融点が低いため，多くの研究機関でポリビニルアルコールやポリミド，ポリカーボネートなどを材料として試作されている。導波路/光ファイバー化に有利なポリメチルメタクリレート（PMMA）を用い，CNT が一様に分散された CNT ドープポリマーを得ている[14]。さらに，その光ファイバー化も実現されている（図(d)）[15]。また，低温プロセスであるゾルゲル法を用いて CNT ドープガラスも試作されている[16]。光ファイバー中に CNT を直接ドープする代わりに，通常の光ファイバーにフェムト秒レーザー照射とフッ素エッチングによりマイクロチャネル/スロットを断面方向に形成し，その部分を CNT 溶液で満たした CNT 光ファイバーデバイスも報告されている[17],[18]。

11.5.3 CNT を用いたモード同期光ファイバーレーザー

可飽和吸収素子（saturable absorber, SA）は一般に，光強度の強い光は透過し弱い光を吸収する。このため，光パルスに混在するノイズ成分を低減して，SN 比を向上させることができる。これを利用して，可飽和吸収素子をレーザー共振器中に挿入することにより，光短パルス列を発生させることができる。これは受動モード同期と呼ばれる。モード同期法での光パルスの時間間隔はパルスが共振器 1 周にかかる時間に等しく，これはつまり 1 個の光パルスが共振器中を周回していることになる（基本モード同期）。

可飽和吸収素子としての CNT の特長は，CNT 径により吸収波長帯を変化できる，個々の CNT の配列を制御する必要がない，小型（厚さ 1 μm 程度の薄膜），化学的・物理的な高安定性，また光ファイバーとの整合性（光ファイバーコネクター間に挟むだけでも使える）などが挙げられる。CNT 可飽和吸収素子は SAINT（saturable absorber incorporating nanotube）もしくは MINT（mode locker incorporating nanotube）と呼ばれている。

CNT を可飽和吸収素子として用いた受動モード同期エルビウムドープ光ファイバーレーザーは 2003 年に初めて報告された[1],[2]。スプレー法による CNT 薄膜を用い，繰返し周波数〜10 MHz で〜300 fs のトランスフォームリミットに近い短パルスをセルフスタートで発生させることに成功している。以来，種々の CNT モード同期レーザーが世界中の研究機関から報告されている。図 11.73 は典型的なモード同期光ファイバーレーザーの例で，ここでは CVD 直接合成 CNT デバイス（図中の SAINT）を用いており，繰返し周波数〜50 MHz で〜1 ps の短パルスを発生できている[4]。共振器中の波長分散をコントロールして分散と非線形性が釣り合う（ソリトンモード同期）ことにより，100 fs 程度までの CNT 短パルスモード同期レーザーを発生できることが報告されている[19]。

このような通常のモード同期光ファイバーレーザーの繰返し周波数は高くても 100 MHz 程度である。これは共振器が長いためである。GHz 以上の繰返し周波数のパルス光源は光ファイバー通信や光計量・計測に有用である。薄型という CNT の長所を生かし，共振器長を短くした高繰返しモード同期光ファイバーレーザーの研究が進められている[20],[21]。GHz 以上の高繰返しモード同期光ファイバーレーザーを実現するためには，共振器長を数センチメートル以下にする必要があり，高い利得を持つ増幅用光ファイバーと，小型で高速，しかも低損失な可飽和吸収素子が必要である。CNT は先に述べたように小型で高速であり，モード同期のために必要な光吸収は非常に小さい。図 11.74 は利得の高い Er:Yb ドープ光ファイバー（長さ 2 cm）と高反射（〜99.87%）光ファイバーミラーとの組合せによる，高繰返し周波数（〜5 GHz）CNT モード同期光ファイバーレーザーであり，CNT は増幅用 Er:Yb 光ファイバーと光ファイバーミラー間に挟み込んである（図 11.74 中の SAINT）[20]。繰返し周波数〜5.18 GHz，パルス幅〜680 fs でジッターが非常

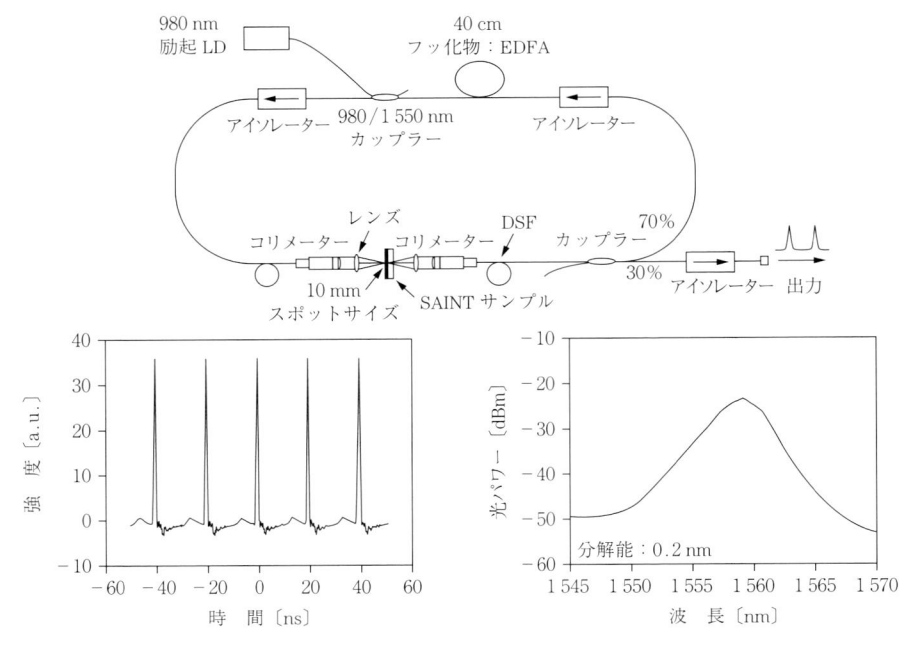

図 11.73　CVD 直接合成 CNT を用いたモード同期光ファイバーレーザー

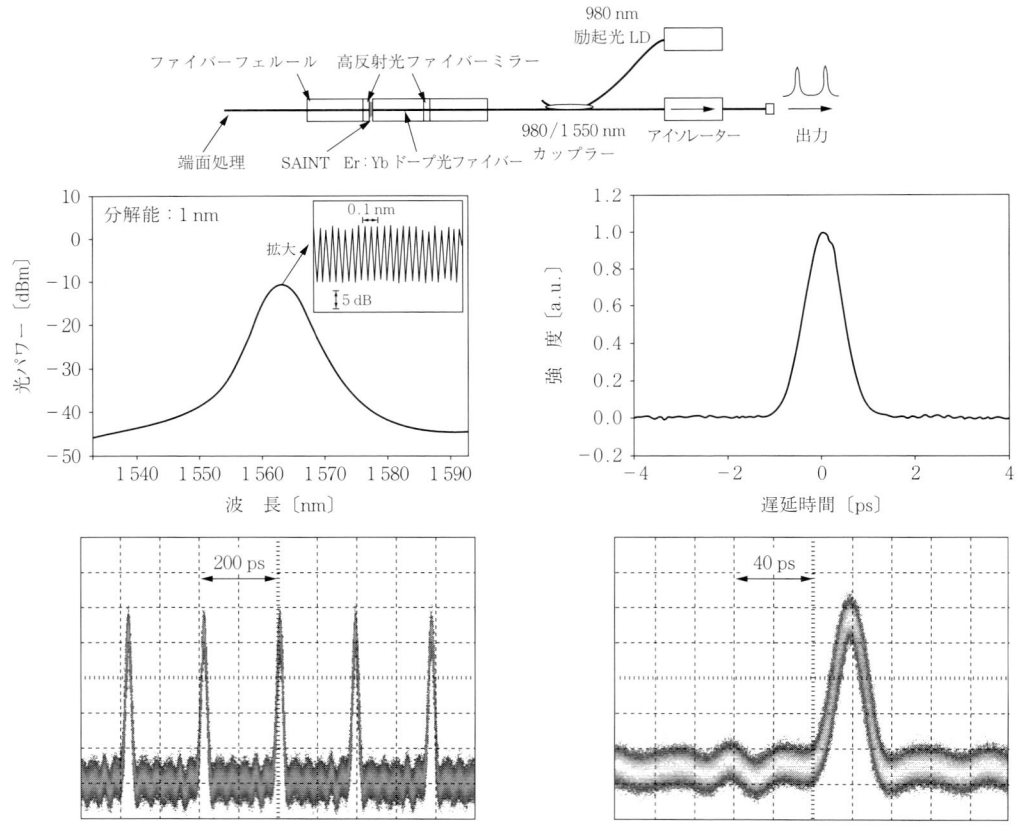

図 11.74　高繰返し周波数 CNT モード同期光ファイバーレーザー

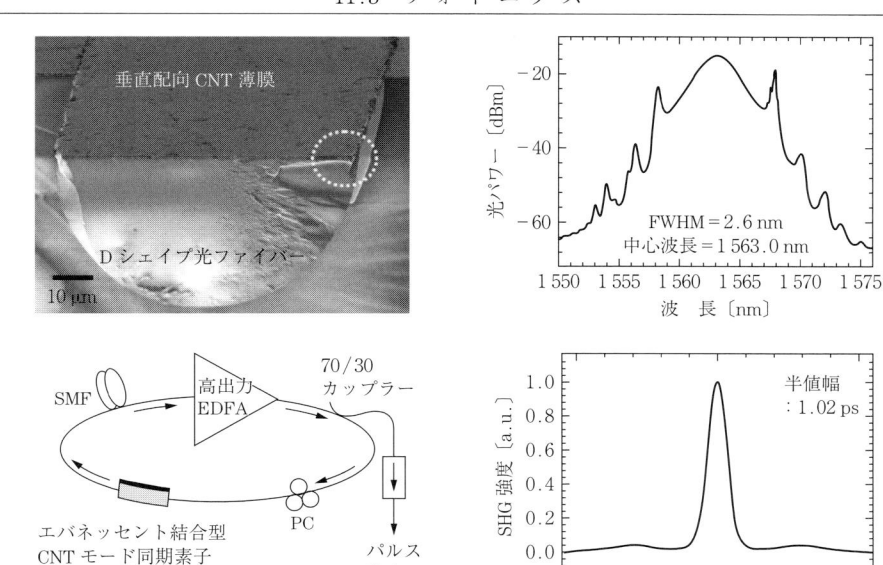

図 11.75 高出力 CNT モード同期光ファイバーレーザー

に低い（100 fs 以下）パルス光源が実現されている。最近，さらに利得の高い Er：Yb ドープ光ファイバー 1 cm による 10 GHz モード同期光ファイバーレーザーも実現されている[21]。また，増幅用光ファイバーの代わりにもっと小型の半導体光増幅器（SOA）を用いることで 17.2 GHz の高繰返しモード同期パルス発生も実現されている[22]。

これまでに紹介したものは波長が 1.55 μm 帯の結果であったが，Pr ドープ光ファイバーを用いた 1.3 μm 帯レーザー[23] や Yb ドープ光ファイバーを用いた 1 μm 帯レーザー[24] も実現されており，最近では 2 μm 帯光ファイバーレーザーも報告されている[25]。

さらに，高出力光ファイバーレーザーへの応用も進められている。前述の D シェイプ光ファイバー CNT デバイスを用い，図 11.75 に示すように高出力光ファイバー増幅器でリングレーザーを構成することにより，平均パワーで 0.25 W，ピークパワーでは 5.6 kW の高出力モード同期光ファイバーレーザーが実現されている[26]。

11.5.4 CNT を用いた光非線形機能デバイス

これまでは CNT の可飽和吸収特性について述べてきたが，CNT は高い 3 次非線形性も有することが理論的に示されている[3]。この CNT の 3 次非線形性を利用し，光スイッチや波長変換素子などの光非線形機能デバイスへの応用も研究されている。

平面導波路および D シェイプ光ファイバーを使った前述のエバネッセント波結合 CNT 光デバイスを用いて光スイッチを構成し，その動作を確認している[27]〜[29]。これから推定される CNT 光デバイスの 3 次非線形定数 γ の大きさは 10^6 $W^{-1} \cdot km^{-1}$ 程度という大きな値となる。

さらに最近，この CNT の 3 次非線形性を利用し，エバネッセント結合 CNT 光デバイスを用いた 10 Gb/s 強度変調信号の波長変換も実現されている[30]〜[33]。波長変換の原理は CNT 非線形デバイス中の非線形偏波回転[30]，および四光波混合（FWM）[31]〜[33] である。図 11.76 は導波路型 CNT エバネッセント結合非線形デバイスでの FWM に基づく波長変換の実験で，CNT デバイスに 10 Gb/s で変調された光信号と，高パワーな CW 励起光を入力すると，FWM により信号光はスペクトル上で励起光の波長に対して信号光と対称な位置に変換される。波長変換のチューニングレンジは約 8 nm で，これは CNT の飽和の回復時間（〜1 ps）におよそ対応している。符号誤り率（BER）測定の結果，約 3 dB のパワーペナルティでエラーフリーな伝送が実現できている[33]。

さらに，波長変換だけでなく，D シェイプ光ファイバー CNT デバイス中の自己位相変調を用いて 10 Gb/s で 1.8 ps のパルス変調光信号の波形再生にも成功している[34]。これは CNT デバイスが 10 Gb/s 強度変調光信号に限らず，さらに高速のパルス変調光信号にも

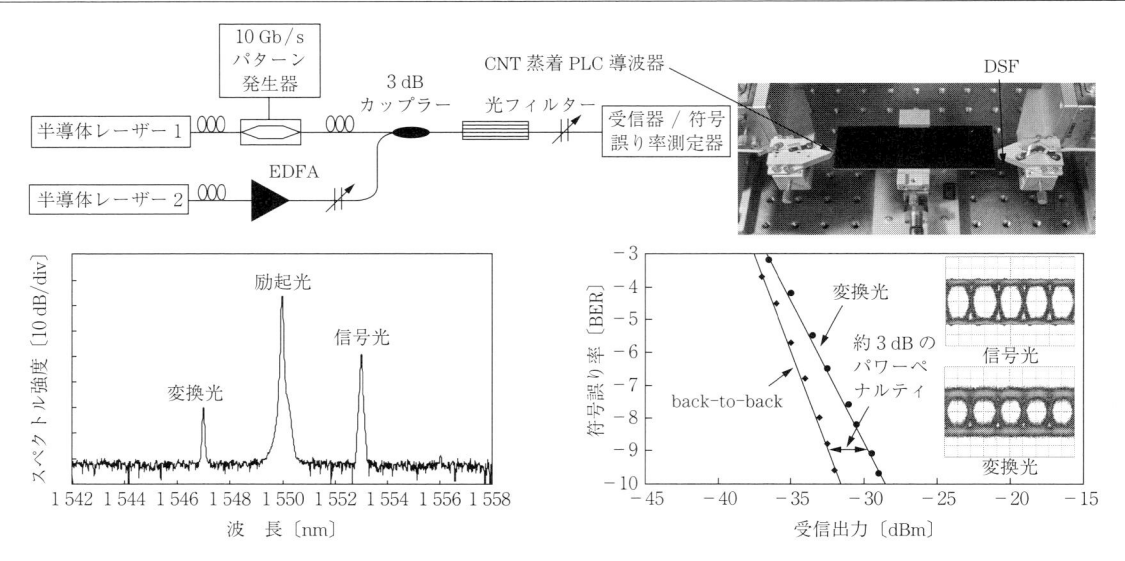

図 11.76 導波路型 CNT エバネッセント結合非線形デバイスでの FWM に基づく 10 Gb/s 信号の波長変換

適用可能であることを示している。

11.5.5 今後の展望

CNT を用いた受動モード同期光ファイバーレーザーおよび非線形光デバイスの研究についての現状を紹介した。CNT を利用することにより,安定で高繰返し周波数を持つ受動モード同期光ファイバーレーザーが種々の波長で比較的低価格で提供できると考えられ,通信の分野のみならず計測や加工の分野でも活用されることが期待される。実際に,この分野で最大のレーザー・光エレクトロニクス国際会議(CLEO)では 2008 年から CNT モード同期レーザーに関する論文が急増しており,2010 年は 20 件以上に上っている。さらに,CNT の非線形性を生かした非線形機能光デバイスは特に通信の分野で有望であると考えている。また,グラフェンも CNT と同様な可飽和吸収特性を有することが示されており[35],今後が注目される。

引用・参考文献

1) S. Y. Set, et al.:J. Lightwave Technol., **22**, 1, 51〜56 (2004)
2) S. Y. Set, et al.:J. Sel. Top. Quantum Electron., **10**, 1, 137〜146 (2004)
3) V. A. Margulis, et al.:Diam. Relat. Mater., **8**, 1240〜1245 (1999)
4) S. Yamashita, et al.:Opt. Lett., **29**, 14, 1581〜1583 (2004)
5) T. Hasan, et al.:Adv. Mater., **21**, 38-39, 3874〜3899 (2009)
6) K. Kashiwagi, et al.:Photonics West, no. 6478-15 (2007)
7) K. Kashiwagi and S. Yamashita:Jpn. J. Appl. Phys., **46**, 40, L988〜L990 (2007)
8) S. Yamashita, et al.:Jpn. J. Appl. Phys., **45**, 1, L17〜L19 (2006)
9) Y. W. Song, et al.:Opt. Lett., **32**, 11, 1399〜1401 (2007)
10) Y. W. Song, et al.:Appl. Phys. Lett., **92**, 2, 021115-1-3 (2008)
11) K. Kashiwagi and S. Yamashita:Appl. Phys. Lett., **89**, 081125 (2006)
12) Y. W. Song, et al.:Appl. Phys. Lett., **90**, 2, 021101-1-3 (2007)
13) K. Kashiwagi and S. Yamashita:Opt. Exp., **17**, 20, 18364〜18370 (2009)
14) A. Martinez, et al.:Opt. Exp., **16**, 15, 11337〜11343 (2008)
15) S. Uchida, et al.:Opt. Lett., **34**, 20, 3077〜3079 (2009)
16) Y. W. Song, et al.:Opt. Comm., **238**, 19, 3740〜3742 (2010)
17) A. Martinez, et al.:Opt. Exp., **16**, 20, 15425〜15430 (2008)
18) A. Martinez, et al.:Opt. Exp., **18**, 11, 11008〜11014 (2010)
19) F. Shohda, et al.:Opt. Exp., **16**, 26, 21191〜21198 (2008)
20) S. Yamashita, et al.:Photon. Tech. Lett., **17**, 4, 750〜752 (2005)
21) A. Martinez, et al.:Conf. on Lasers and Elec. Opt. (CLEO2010), no. CTuII5 (2010)
22) Y. W. Song, et al.:Opt. Lett., **32**, 4, 430〜432 (2007)
23) Y. W. Song, et al.:Photon. Tech. Lett., **17**, 8, 1623〜1625 (2005)
24) C. S. Goh, et al.:Conf. on Lasers and Elec. Opt. (CLEO2005), no. CThG2 (2005)

25) Y. W. Song, et al.：Appl. Phys. Lett., **92**, 2, 021115-1-3 (2008)
26) S. Kivistö, et al.：Opt. Exp., **17**, 4, 2358～2363 (2009)
27) K. Kashiwagi, et al.：Conf. on Lasers and Elec. Opt. (CLEO2006), no. CMA5 (2006)
28) Y. W. Song, et al.：Conf. on Lasers and Elec. Opt. (CLEO2006), no. CMA4 (2006)
29) K. T. Dinh, et al.：Appl. Phys. Express, no. 012008 (2008)
30) K. K. Chow, et al.：Opt. Exp., **17**, 9, 7664～7669 (2009)
31) K. K. Chow, et al.：Opt. Exp., **17**, 18, 15608～15613 (2009)
32) K. K. Chow, et al.：Appl. Phys. Lett., **96**, 6, 061104-1-3 (2010)
33) K. K. Chow：et al., Opt. Lett., **35**, 12, 2070～2072 (2010)
34) K. K. Chow, et al.：Conf. on Lasers and Elec. Opt. (CLEO2010), no. CWI6 (2010)
35) Q. Bao, et al.：Adv. Funct. Mater., **19**, 19, 3077～3083 (2009)

11.6　MEMS, NEMS

11.6.1　は　じ　め　に

CNTは，優れた機械的特性ならびに特異な電気的特性を有するため，マイクロメートルサイズやナノメートルサイズの電子機械デバイス用素材として注目されている。いち早く開発された走査型プローブ顕微鏡（SPM）用のCNT探針は，CNTの優れた機能を十分に利用したナノデバイスである。製品として1999年に市販が開始され，CNTデバイス実用化の旗頭である。その後，ナノピンセット，質量計測用振動子，ラジオ受信機，回転モーター，リニアモーター，リニア振動子などの多様なCNTデバイスが開発された。本節では，これについて紹介する。

11.6.2　CNT　探　針

CNT探針は一般のシリコンや窒化シリコン製のSPM用探針の先端にCNTが固定されている[1), 2)]。一般にSEMにマニピュレータを組み込んだ装置を用いて，CNT1本1本を操作して製作される[2)]。CNTのシリコン探針先端への固定は，顕微鏡内の残留炭化水素ガスを原料とする電子ビーム誘起堆積により，接触部分に炭素膜を形成して行われる。顕微鏡内の残留ガスが使えない高真空雰囲気では，シリコン探針表面にあらかじめC_{60}分子を蒸着し，これを電子ビームによりグラファイト化する方法が使われる[3)]。

図11.77はCNT探針の一例である。市販品では，SPMで動作させるときにCNT探針が試料表面に対し±2°以内で垂直に姿勢を保つように取り付けられた

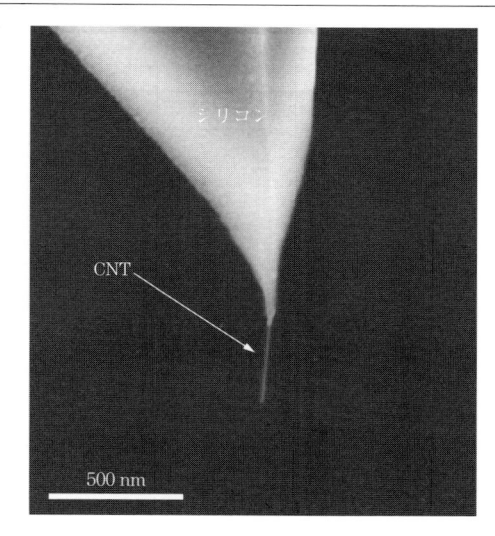

図11.77　CNT探針のSEM像

ものがある[4)]。

CNT探針の特徴はつぎのようにまとめられる。① CNTは先端径が小さく横方向分解能が高い。② アスペクト比がきわめて大きく，深い急峻な凹凸を忠実に再現できる。③ 高い弾力性があり衝突による破損がなく長寿命である。④ 先端の閉じたCNTは摩耗という点からも長寿命である。⑤ CNTの多くは良導電体であり，電気的性質を扱った画像化に適用できる。⑥ 前記④，⑤の性質により高分解能かつ長寿命のリソグラフィー針やナノインデンテーション針として利用できる。さらに，⑦ CNT先端に各種機能を持たせることにより，高分解能の機能性探針が可能である。例えば，磁気力顕微鏡や化学力顕微鏡などである。このようにCNTはSPM探針としていくつもの優れた特徴を持ち，究極の探針といえる。

11.6.3　CNTピンセット

SPMを用いて，ナノ物質を基板上で転がしたり引きずったりなどのナノマニピュレーションを行うことができる。しかし，基板から試料を持ち上げることができず3次元操作はできない。それを可能にするデバイスとして**図11.78**（a）に示すようなSPM内で動作するCNTピンセットが開発された[5)]。駆動力は静電気力である。2本のCNTに電圧を印加するために土台となるシリコンカンチレバーには電気配線が施されている。図（b）はCNTピンセットの一例である。二つのCNTは互いに平行になるように取り付けられている。アームの長さは2.5 μm，先端間隔は780 nmである。2本のCNTに電圧を印加すると先端間隔が狭まり，この場合4.5 V以上で全閉する。また，電圧を

268   11. CNTの応用

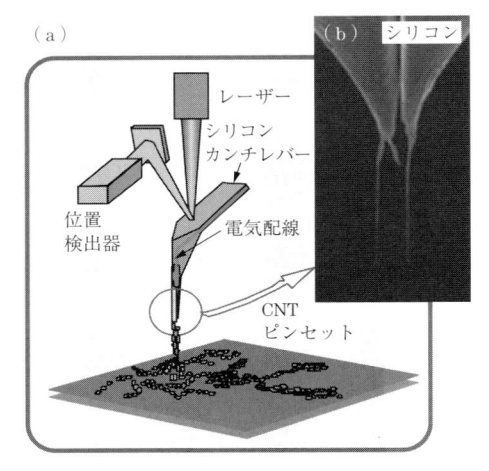

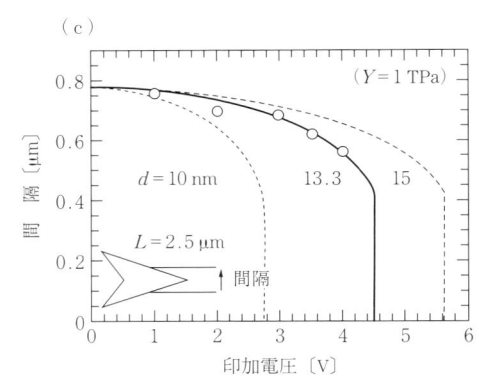

図11.78 CNTピンセットの構造と特性。(a)はCNTピンセットの動作概観図。(b)はCNTピンセットのSEM像。(c)はピンセットの先端間隔と印加電圧との関係について実験結果(○印)と計算値との比較[5]

取り除くと閉じたピンセットは開き元に戻る。図(c)はピンセット先端の開き量と印加電圧の関係である。計算結果はCNTを理想的な円柱とし，両CNT間の静電引力とCNTの曲げモーメントの間のバランスから求めたものである。ヤング率を1TPaとし直径を13.3nmとしたとき実験結果とよく一致している。電圧が大きくなって4.5Vになると，ピンセット間隔が小さくなり静電引力のほうが強くなる。このようになると，ピンセットは急激に閉じる。これをプルインという。ピンセットの握力は，レーザーピンセットの100pN程度からその3桁大きい100nN程度まで得ることができる。

11.6.4 質量計測用CNT振動子
〔1〕 片持ばり振動子としてのCNTの特性

SEM内でMWCNTの片持ばり先端に電子線誘起により非晶質炭素を堆積し，片持ばりの共振周波数fの変化を調べた報告がある[6]。図11.79(a)はおもりの付いたCNTの片持ばりが振動している様子であり，図(b)は堆積物を球として求めた体積Vを$1/f^2$に対してプロットしたものである。この結果からMWCNTを連続体として扱えることが指摘されている。

質量m_0の片持ばりの先端に質量mのおもりが付いているときの共振周波数fは

$$f = \frac{1.875^2}{2\sqrt{3}\pi}\sqrt{\frac{k}{m_0+m}} \quad (11.11)$$

で与えられる。ただし，$k=3YI/L^3$は片持ばりのばね定数，Yはヤング率，Iは弾性2次モーメント，Lははりの長さである。ここで式(11.11)を

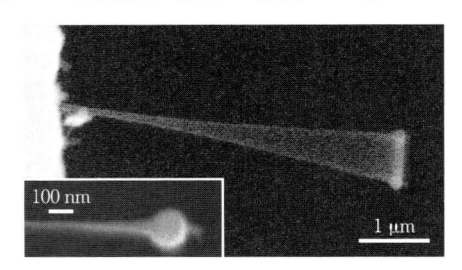

(a) CNT振動子先端に堆積した炭素物質と振動子の動作状態のSEM像

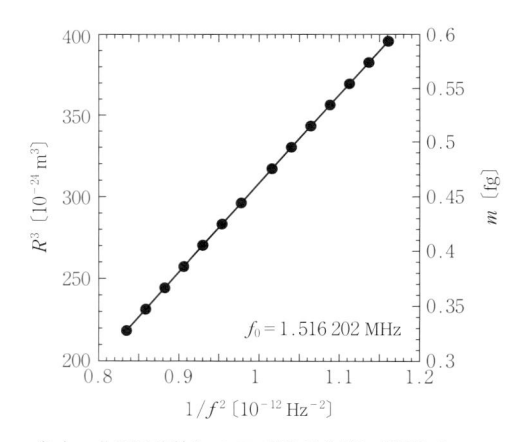

(b) 共振周波数とCNT振動子先端に堆積した炭素物質の容積および質量との関係

図11.79 CNT振動子とその特性[6]

$$V = \frac{1}{4\rho}\left(\frac{1.875^2}{12\pi^2}\cdot\frac{k}{f^2} - m_0\right) \quad (11.12)$$

と変形すると図11.79に対応する。ただし，$m=\rho V$，ρはおもりの密度，Vはその体積である。データは式

(11.12) が要請する実線となっており，CNT 振動子は均質物質による連続体モデルで記述できることがわかる。このグラフの $V=0$ に外挿した x 切片から片持ばりの固有振動数 $f_0(=1.17851\,\text{MHz})$，つまり $Y(=1.6\,\text{TPa})$ が求まる。また，$1/f^2=0$ に外挿した y 切片から $\rho(=0.36\,\text{g/cm}^3)$ が求まる。ただし，CNT 振動子の寸法は，$L=6.7\,\mu\text{m}$，外直径 $d_\text{o}=12\,\text{nm}$，内直径 $d_\text{i}=2.4\,\text{nm}$ であり，重さは密度 $2.25\,\text{g/cm}^3$ として求めたものが用いられた。

堆積物の密度は，当然電子線の加速電圧や電流によって変化する。しかし，高いものでも $\rho=0.8\sim0.9$ 程度であり，この計測によって初めて，電子線誘起によって堆積した炭素物質の密度は高いものでも低密度ポリエチレン程度しかないことが明らかになった。なお，図には堆積物の質量が右縦軸に示されている。これから，$10^{-15}\,\text{g}$（フェムトグラム）以下の計測が行われており，分解能は $10^{-18}\,\text{g}$（アトグラム）であることがわかる。

〔2〕 ゼプトグラム計測

CNT を用いて $10^{-21}\,\text{g}$（ゼプトグラム）オーダーの計測が可能かどうかについて，2004 年にシミュレーションにより検討されている[7]。モデルに用いた CNT は，直径 $0.8\sim1.2\,\text{nm}$，$L=6\sim10\,\text{nm}$ の SWCNT である。片持ばりの端および両持ばりの中央部に付着した $10^{-21}\,\text{g}$ の質量の測定が可能であることを示している。ただし，共振周波数は数十 GHz となり実験的検証は難しい。

実験に用いられる CNT は前節の例のように比較的サイズが大きいので，片持ばりの熱揺らぎによる計測可能な質量の限界を見積もる必要がある。最小値 m_min は次式によって与えられる[8]。

$$m_\text{min} = \frac{8S}{\langle a^2 \rangle^{1/2}} \frac{m_0^{5/4}}{k^{3/4}} \sqrt{\frac{k_\text{B}TB}{Q}} \quad (11.13)$$

ここで，S は形状因子，$\langle a^2 \rangle^{1/2}$ は片持ばりの実効振幅，k_B はボルツマン定数，T は温度，B は測定系のバンド幅である。$\langle a^2 \rangle^{1/2}=100\,\text{nm}$，$T=300\,\text{K}$，$Q=1\,000$，$d_\text{o}=12\,\text{nm}$，$Y=1\,\text{TPa}$ として，図 11.79 の実験条件（$B=\sim20\,\text{Hz}$，$L=6.7\,\mu\text{m}$）を当てはめると $\sim100\,\text{zg}$ の質量計測が可能であることが見積もられる。この値は実際の実験結果と矛盾しない。ただし，ゼプトグラム計測を実現するためには，さらに CNT のばね定数を高くする，あるいは質量を小さくするなどの対策が必要である。

最近，$L=254\,\text{nm}$，$d_\text{o}=4.18\,\text{nm}$，$d_\text{i}=3.50\,\text{nm}$，$m_0=2.33\times10^{-21}\,\text{kg}$ の DWCNT を用いた振動子によって，金原子（0.327 zg）付着による質量変化の計測が行われた[9]。振幅を $\langle a^2 \rangle^{1/2}=10\,\text{nm}$ とし，ほかを先と同じ条件にすると，式 (11.13) からこの CNT 片持ばりの m_min は 0.1 zg 以下となり，熱揺らぎの影響を受けずに金原子付着の計測が可能であることが評価できる。ただし，この場合の CNT 共振周波数の微少変化の検出にはつぎに述べるラジオ受信の技術が使われている。つまり，CNT からの電界放出電子電流を利用している。

11.6.5 ラジオ受信機

CNT 片持ばりの共振とその先端からの電界放出電子電流を利用したラジオ受信機が製作実演された[10]。ラジオ受信機は，電波を受けるアンテナ，受けた電波から興味のある周波数を選ぶチューナー，選択した電波のキャリヤー波から信号を取り出す検波器，得られた信号を増強する増幅器，音にするスピーカーから構成される。一つの CNT デバイスが，スピーカーを除く四つの部品の機能を併せ持つ。

図 11.80 にその構成を示す。対向する二つの電極の一つに CNT を突出させて取り付ける。CNT 側が負になるように両電極に DC 電圧を印加する。CNT 先端からは電子が電界放出する。外部から到来した電波の周波数 f が CNT 片持ばりの共振周波数 f_0 と一致（$f=f_0$）したとき，CNT は大きく振動する。これがアンテナの機能である。

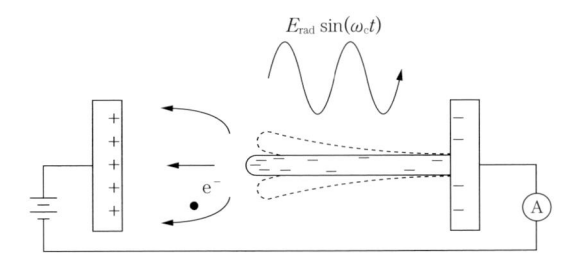

図 11.80 CNT ラジオの模式図[10]

CNT 片持ばりの共振周波数 f_0 は，CNT に印加している DC 電圧の大きさによって調整できる。クーロン力によって CNT に掛かる張力が変化するためである。これがチューニングの機能である。

いま，周波数 f_0 のキャリヤー波を持つ周波数変調（FM）信号を考える。信号周波数 Δf によってキャリヤー波は周波数変調されているので，周波数は $f_0+\Delta f$ となる。したがって，CNT 片持ばりの Q 値が十分に高ければ，Δf によって CNT の振動振幅が変化する。CNT 先端の電界強度は，カソード電極から先端までの距離が長いほど強い。つまり，CNT 振動の振

幅の大きさによってその距離が変化するので，Δfに対応して電界放出電子電流が変化する。これが検波の機能である。

平均的な電界放出電子電流は，DC電圧を大きくすることにより大きくできるので，これによって増幅の機能を果たせる。ただし，DC電圧はチューニングにも影響する点に注意する必要がある。

11.6.6 CNTモーター

MWCNTの軸方向への層間滑りおよび円周方向への回転摩擦はきわめて小さいため，回転モーターやリニアモーターが期待される。

〔1〕 回転モーター

（1）静電気モーター　静電気モーターとして二つの方式が提案された。一つは**図11.81**に示すような構造である[11]。MWCNTを二つの電極間に橋渡しし両端を固定する。真ん中に金属薄片を取り付け，金属薄片と左右の電極との間に過剰電流を流し，外層CNTを昇華させ，金属薄片が回転子として内層CNTの周りに回転できるようにしたものである。固定子はS_1，S_2，S_3の三つで，例えばそれぞれに$V_0 \sin(\omega t)$，$V_0 \sin(\omega t + \pi)$，$V_0 \sin(2\omega t + \pi/2)$の電圧を印加し，回転子に$-V_0$のバイアスを与えることにより連続的な回転が得られる。

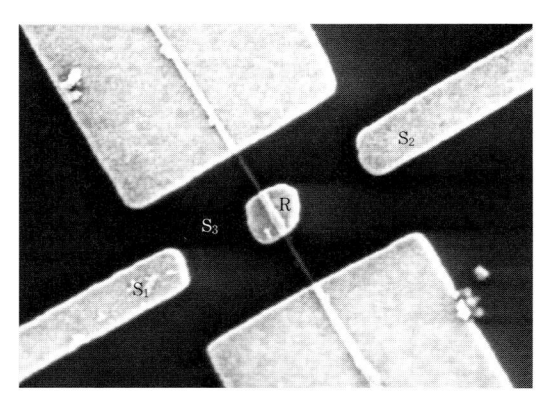

図11.81 MWCNTを加工して作製した静電気モーター。固定子の記号S_1，S_2，S_3および回転子の記号Rは説明に便利なように付した[11]。

他の一つは，先と同様にMWCNTを二つの電極間に橋渡し，真ん中の領域を通電加熱により外層を昇華させ，そこに金属薄片を取り付けた構造である[12]。この場合，両側の外挿CNTが回転子の軸受として機能する。したがって，動作原理は先と同じであるが，回転子が軸方向に移動しない構造となっている。

（2）ブラウニアンラチェットモーター　DWCNTの内外層間の相互作用は，カイラリティの組合せに依存する[13]。例えば，(6, 4)-(16, 4)の組合せの場合，ボルト・ナットのようにらせん運動がエネルギー的に優位である。また，(9, 0)-(18, 0)の場合は円周方向への相対的な回転が優位である。したがって，先の静電気駆動によるモーターの場合，(9, 0)-(18, 0)の組合せが良いことになる。

特殊な組合せ(8, 4)-(14, 8)の分子モーターが提案された[14]。内層に対し外層を回転させると，**図11.82**に示すように回転角に応じてポテンシャルエネルギーが変動するが，右回りと左回りで非対称である。つまり，空間的な対称性が破れている。したがって，これに熱平衡状態を破る条件が与えられると，ブラウニアンラチェットモーターとして動作し，内層に対して外層が回転する。熱平衡状態を破る方法として，①系の温度を時間的に正弦波状に変化させる方法と，②チューブ軸に平行に交番電場を印加する方法が提案された。分子動力学計算により，温度や電場の変化の周波数によって，外層の角速度が正および負となる回転を得られることが示されている。

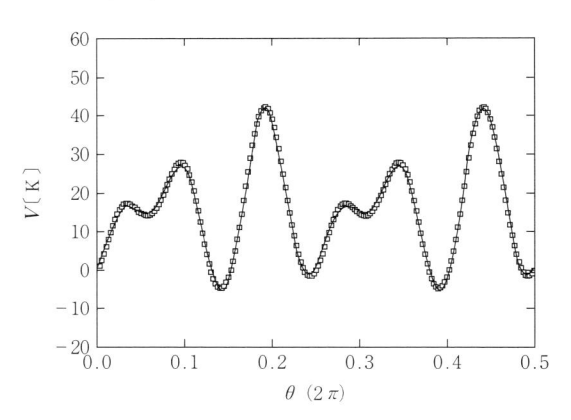

図11.82 内層の(8, 4) CNTに対して外層の(14, 8) CNTを回転したときの内外層間のポテンシャル$V(\theta)$。ただし，θは回転角であり，$V(0) = 0$としている[14]。

〔2〕 リニア振動子とリニアモーター

DWCNTの内外層間にはファンデルワールス相互作用が働くので，$U(x)$をファンデルワールスエネルギーとすると，内層を引っ張り出すのに必要な力Fは次式で与えられる。

$$F = -\frac{dU(x)}{dx} \tag{11.14}$$

第1次近似として$U(x) = -Alx/12\pi d^2$とすると，式(11.14)はxに依存せず一定の値になる。ただし，Aはハマカー定数，lは接する2層の平均円周，xは2層の重なり距離，dは2層間の距離である。一般の

マクロ的な摩擦力は接触面積に依存せず押し付ける力に比例する。これをミクロ的に見れば凹凸があるので，実際に接する面積が押し付ける力に比例している。つまり，摩擦力は真の接触面積に比例する。しかし，CNTの場合，面が滑らかであるため機構が異なり滑り力は面積に依存しない。

この考えを実証するいくつかの報告がある[15],[16]。一つはMWCNTの内層を引っ張り出して放すと内層が元の位置に引き戻される現象であり，他の一つは内層を引っ張り出す力の直接計測である。

層間に働くファンデルワールス相互作用を利用した，各種のリニア振動子が提案された。図11.83にその構成を示す。図(a)は，外層を固定し，外層より長い内層(コア層)がリニア振動するもので，その共振周波数が見積もられた[17]。コアCNTが4層で構成され直径4 nm，長さ100 nmとし，その長さの1/4を引っ張り出し捕捉を開放すると，1.4 GHzの周波数で振動する。ただし，滑り抵抗がファンデルワールス力より小さいとして無視されている。

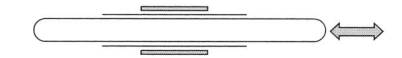

(a) 外層CNTより長い内層CNTが往復運動する。

(b) 開端した外層の中を短い内層CNTが往復運動する。

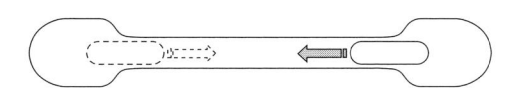

(c) (b)の外層CNTの両端に太いCNTを取り付けたもの

(d) 両端を内層CNTで封止したCNTの中を短い内層CNTが往復運動する。

図11.83 CNTで構成したリニア振動子・リニアモーターの各種構造

しかし，滑り抵抗は無視できなくて，8 Kの低温でも，リニア振動子の振幅がナノ秒から数十ナノ秒で減衰することが分子動力学計算により指摘された[18]。滑り抵抗はカイラリティの組合せに強く依存し，一般にアームチェア/アームチェアやジグザグ/ジグザグなど同じカイラリティの組合せの滑り抵抗は，アームチェア/ジグザグのように異なったカイラリティの組合せのものに比べて大きい。

一方，層間が〜0.34 nmの組合せによる振動子は，温度400 Kまで安定してGHzオーダーの周波数で振動することも分子動力学計算で示されている[19]。ファンデルワールスエネルギーが最も低いDWCNTの層間が〜0.34 nmであること[13]と一致する。なお，検討された構造は，図(b)に示すように両端が開端した(18.0)CNTに振動子として短い(9.0)CNTを内包したものである。実用的な構造として図(c)のように，両端を直径の大きいCNTに接続し，開端したものと同じ効果を持たせたものが，また，振動のきっかけを与える方法として，電場や磁場を用いる方法が提案されている。電場できっかけを与える場合に，振動子にカリウムを内包した7K$^+$@CNTを用いる方法も提案されている[20]。

熱泳動を動力源とするCNTリニアモーターが報告されている[21]。構造は図11.81に示すものと同様である。軸部分のCNTを通電加熱すると，中央部の温度が高く固定部分の温度は室温程度で，1 K/nm程度の温度勾配ができる。したがって，格子振動の差異ができこれが動力になる。これを分子動力学計算により確認している。ただし，カイラリティの組合せによっては，例えば(8,2)-(17,2)の場合，軸方向には動かずに回転運動することを示し，実験でもこのような運動する試料を見い出している。

図(d)に示すように両端が閉じた短いCNTカプセルが外層CNT内の空間(両端はほかの動かない両端が閉じた内層CNTで封じられている)を行ったり来たり直線運動する様子がTEM下で観察された[22]。詳細な観察により，カプセルは直線運動とともに回転運動することも明らかにされている。ただし，顕微鏡像のフレームレートは0.5秒であるが，カプセルは自由空間の両端にしか見い出すことができない。そこは自由空間の端のCNTキャップとCNTカプセルのキャップとの間のファンデルワールス相互作用によりポテンシャルが低くトラップとして機能し，CNTカプセルの存在確率が高い。そのトラップ深さは450 meVと見積もられるが，室温が持つ熱エネルギーによる離脱を考えると，トラップはさらに深くなければならない。その要因として外層CNT格子の熱揺らぎが考えられている。

11.6.7 まとめ

CNTの優れた機械的特性ならびに特異な電気的特性を利用して，開発されたSPM用探針，ナノピンセット，質量計測用振動子，ラジオ受信機，回転モーター，リニアモーター，リニア振動子について紹介した。そのほかにも，ナノフック，電荷によるCNT結合長変化を利用したアクチュエーター，ファンデルワールス相互作用を利用した接着応用などがあるが，

紙面の都合で紹介できなかった。SPM用探針や片持ばり振動子は，もうすでに計測に用いられている。他のデバイスについても，サイエンスや産業に貢献できる日も遠くないであろう。

引用・参考文献

1) H. Dai, J. H. Hafner, A. G. Rinzler, D. T. Colbert and R. E. Smalley : Nature, **384**, 147 (1996)
2) H. Nishijima, S. Kamo, S. Akita, Y. Nakayama, K. I. Hohmura, S. H. Yoshimura and K. Takeyasu : Appl. Phys. Lett., **74**, 4061 (1999)
3) R. Senga, K. Hirahara and Y. Nakayama : Appl. Phys. Express, **3**, 025001 (2010)
4) http://www.daiken-chem.co.jp/cnp/carbon nano.html (2010年8月31日現在)
5) S. Akita, Y. Nakayama, S. Mizooka, Y. Takano, T. Okawa, Y. Miyatake, S. Yamanaka, M. Tsuji and T. Nosaka : Appl. Phys. Lett., **79**, 1691 (2001)
6) M. Nishio, S. Sawaya, S. Akita and Y. Nakayama : Appl. Phys. Lett., **86**, 133111 (2005)
7) C. Li and R-W Chou : Appl. Phys. Lett., **84**, 5246 (2004)
8) N. V. Lavrik and P. G. Datskos : Appl. Phys. Lett., **82**, 2697 (2003)
9) K. Jensen, K. Kim and A. Zettl : Nat. Nanotechnol., **3**, 533 (2008)
10) K. Jensen, J. Weldon, H. Garcia and A. Zettl : Nano Lett., **7**, 3508 (2007)
11) A. M. Fennimore, T. D. Yuzvinsky, W-Q. Han, M. S. Fuhrer, J. Cumings and A. Zettl : Nature, **424**, 408 (2003)
12) B. Bourlon, D. C. Clattli, C. Miko, L. Forro and A. Bachtold : Nano Lett., **4**, 709 (2004)
13) R. Saito, R. Matsuo. T. Kimura, G. Dresselhaus and M. S. Dresselhaus : Chem. Phys. Lett., **348**, 187 (2001)
14) Z. C. Tu and Z. C. Ou-Yang : J. Phys., **16**, 1287 (2004)
15) J. Cumings and A. Zettl : Science, **289**, 602 (2000)
16) S. Akita and Y. Nakayama : Jpn. J. Appl. Phys., **42**, 830 (2003)
17) Q. Zheng and Q. Jiang : Phys. Rev. Lett., **88**, 045503 (2002)
18) W. Guo, Y. Guo, H. Gao, Q. Zheng and W. Zhong : Phys. Rev. Lett., **91**, 125501 (2003)
19) S. B. Legoas, V. R. Coluci, S. F. Braga, P. Z. Coura, S. O. Dantas and D. S. Galvao : Phys. Rev. Lett., **90**, 55504 (2003)
20) J. W. Kang and H. J. Hwang : J. Appl. Phys., **96**, 3900 (2004)
21) A. Barreiro, R. Rurali, E. R. Hernandez, J. Moser, T. Pichler, L. Forro and A. Bachtold : Science, **320**, 775 (2008)
22) H. Somada, K. Hirahara, S. Akita and Y. Nakayama : Nano Lett., **9**, 62 (2009)

11.7 ガスの吸着と貯蔵

11.7.1 CNTの細孔構造

SWCNTは，1層の炭素原子の六角網目構造から構成される。したがって，すべての炭素原子は表面原子とみなすことができる。理論的に予想されるSWCNTの幾何学的な表面積はSWCNTの外側と内側を合わせると$2\,630\,\mathrm{m}^2\cdot\mathrm{g}^{-1}$にもなり[1), 2)]，チューブの片側だけでも約$1\,300\,\mathrm{m}^2\cdot\mathrm{g}^{-1}$であり，潜在的に高表面積材料である。また，炭素原子のみから構成されるので，材料として軽量である。そのためクリーンエネルギー源として注目されている水素やメタンなどの貯蔵材料としての応用が期待されている。

1本のSWCNTの吸着サイトはチューブ壁の外側と内側とに分類することができる。直径1.0 nmを仮定したSWCNTとN_2分子との間の相互作用ポテンシャルプロファイルを図11.84に示す。図はLennard-Jones（LJ）ポテンシャルを用いて計算して得られた。

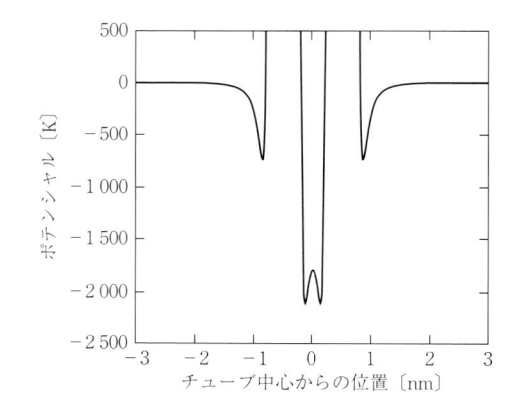

図11.84 SWCNTとN2分子との相互作用ポテンシャルの分子の座標依存性

SWCNTの内側のほうが外側よりもポテンシャル井戸が$1\,000\,\mathrm{K}$程度深くなっている。そのためN_2分子はSWCNTの内部空間（インターナルサイト）に優先的に吸着されることがわかる。SWCNTの直径が小さいほど相互作用ポテンシャルは深くなり，逆に直径が大きいほど浅くなる（図11.85）。

吸着実験ではSWCNTの直径分布を反映した平均的な吸着挙動が測定されることになる。77KにおけるN_2の吸着等温線は，細孔体の細孔構造のキャラクタリゼーションによく用いられる。ここで重要なことは，77KにおけるN_2分子の吸着が物理吸着であり，かつN_2分子は77Kでは蒸気であることである。77Kにおける水素吸着は物理吸着であるが，水素は臨界温

11.7 ガスの吸着と貯蔵

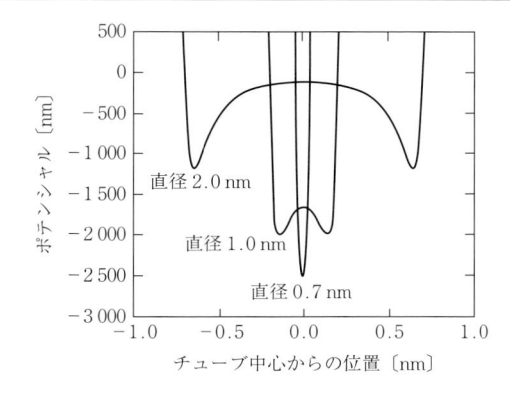

図11.85 SWCNTのインターナルサイトにおけるN_2分子との相互作用ポテンシャルの分子の座標依存性

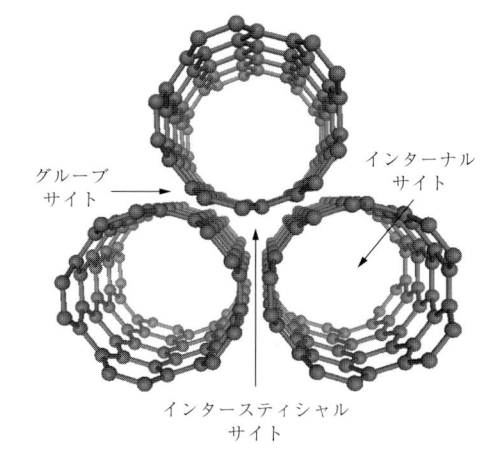

図11.86 SWCNTのバンドル構造

度が33 Kのため超臨界気体であり，N_2吸着等温線と同様には解析できない。つぎに念頭に置く必要があることは，SWCNTの平均細孔径 w である。平均細孔径は細孔壁の厚さを除いており，チューブ直径より小さい。International Union of Pure and Applied Chemistryによる分類法では，細孔はその平均細孔径によってミクロ孔（$w<2$ nm），メソ孔（2 nm$<w<50$ nm），マクロ孔（$w>50$ nm）に分類される。また，10 nm以下の細孔をナノ細孔，0.7 nm以下の細孔をウルトラミクロ孔と呼ぶこともある。生成されるSWCNTの平均直径はおおむね1～5 nm程度であり，インターナルサイトへの吸着はミクロ孔からメソ孔への吸着挙動をとる。ミクロ孔への顕著な吸着は普通，相対圧（P/P_0，P：平衡圧力，P_0：飽和蒸気圧）0.1以下で起こる（定義上は $P/P_0=0.4$ 以下）。この相対圧領域でN_2の吸着量に急激な立上りが見られれば，ミクロ孔への充填が生じていることになる（ミクロポアフィリング）。メソ孔への吸着は $P/P_0>0.4$ で起こり，その吸着メカニズムは毛管凝縮による。

SWCNTは分散力によって互いに凝集し，バンドルと呼ばれる高次構造を形成している（**図11.86**）。直径分布の狭いSWCNTでは，一般的にSWCNTは三角格子を作って配列する。SWCNTがバンドル構造をとると，SWCNT間に新たに2種類の細孔が生ずる。一つは，三つの隣接したSWCNTの間隙空間であり，インタースティシャルサイトと呼ばれる。直径1 nmのSWCNTから構成されるバンドルでは，インタースティシャルサイトの細孔径は0.4 nm程度である。インタースティシャルサイトはインターナルサイトよりも相互作用ポテンシャルが深いために，SWCNTバンドルでは一番低圧から吸着が進行する。しかしながら，77 KにおけるN_2吸着では拡散障害を生ずるため

十分な吸着にはならない。バンドルのほかのサイトはグルーブサイトと呼ばれ，バンドルの外表面をなす2本のSWCNT間に形成される溝にあたる。グルーブサイトでは2本のSWCNTからのポテンシャル場が重なるため，インタースティシャルサイトほどではないが，1本のSWCNTの外表面以上に強い吸着場を与える。

SWCNTは高表面積材料であることを前に述べた。しかし，実用上では分子が吸着可能な実効的表面積が重要である。SWCNTがバンドルを形成すると，分子がアクセス可能な空間は制限される。したがって，バンドルに寄与するSWCNTの数が多いほど，実効的な表面積は小さくなる[3]。例えば，バンドル構造の発達したSWCNTの比表面積を77 KのN_2吸着等温線からBET（Brunauer-Emmett-Teller）法により求めると，開端処理前では300 $m^2 \cdot g^{-1}$，開端処理後で1 100 $m^2 \cdot g^{-1}$程度となる。BET法による比表面積決定の問題点については後述する。開端処理前では，インターナルサイトは吸着場として寄与せず，得られた比表面積はバンドル外表面およびグルーブサイトによる。バンドルを構成する1本のSWCNTの外表面がすべてN_2分子の吸着サイトとして寄与するとしたときに予想される外表面積は1 315 $m^2 \cdot g^{-1}$であるが，バンドル形成により実効的な表面積は理論値の20％程度にまで減少する。通称"スーパーグロース法"により生成したSWCNT[4]は，BET法により求めた比表面積が開端処理前で1 200 $m^2 \cdot g^{-1}$，開端処理後では2 000 $m^2 \cdot g^{-1}$を超え，1本のSWCNTの理論値に近い値を示す。開端処理前のSWCNT外表面の約90％が吸着サイトとして寄与していることになる。チューブ壁の欠陥および調製法の影響で"スーパーグロース"SWCNTは図

11.86に示すような規則的バンドル構造を形成しづらく、ルーズで細いバンドル構造を持つにとどまる[5]。このように、"スーパーグロース"SWCNTは高表面積であり、また金属触媒をほとんど含まず、大量合成が可能という利点を持つ。そのため、メタン貯蔵用の吸着材としての応用が今後期待されるナノカーボン材料である。一方、DWCNTやMWCNTの層間距離は0.32～0.42 nmであり[6)～8)]、層間の間隙は分子吸着サイトとして寄与できない。層の数が多いほど比表面積は減少し、100～300 $m^2 \cdot g^{-1}$ 程度にとどまる。

BET法は細孔体の比表面積を簡便に求める方法として、広く用いられている。BET法は単分子層吸着を仮定して、吸着分子の分子断面積（N_2分子の場合0.162 nm^2）と吸着量から比表面積を評価する。相対圧0.05～0.35の範囲でBET解析を行うのが一般的であるが、この相対圧領域で単分子層を生成しないと比表面積を正しく評価できない。例えば、スリット型細孔を有する細孔体で、細孔径が吸着分子2分子層（0.7 nm）より小さい場合、N_2分子はスリット型細孔を構成する二つの細孔壁おのおのについて単分子層を形成できないため表面積が過小評価される。また、0.7～2 nmのスリット型細孔では、細孔内は相互作用ポテンシャルが著しく強いため、先述の相対圧領域では単分子層以上の吸着が起こる。したがって、この場合は表面積を過大評価することになる。SWCNTにBET法を適用する場合、SWCNTの細孔壁が有する曲率も問題となる。インターナルサイトにおける細孔はスリット型細孔のように2次元的な広がりはなく、それ自身で閉じているため、BET法による表面積決定はより困難となる。

BET法より信頼性の高い表面積の評価法に、Subtracting Pore Effect（SPE）法がある[1]。SPE法はミクロ孔による強い吸着場の効果を取り除いて解析するため、BET法から求められる比表面積よりも正確な表面積を与える。SPE法はα_Sプロットと呼ばれる[9]、標準試料の吸着等温線に対する未知試料の吸着等温線との比較プロットを解析する手法である。図11.87は、平均直径1.3 nmのSWCNTバンドルの77KにおけるN_2の吸着等温線から求めたα_Sプロットである。標準試料は、表面が平坦であるといわれるカーボンブラックを用いた。したがって、平坦表面への吸着であれば、α_Sプロットは直線になる。α_S値が0.3以下（$P/P_0 > 0.001$ に相当）の範囲で直線から上方へのずれが見られるが、これはミクロポアフィリングによるものである。図中の実線で示すように原点を通る直線は細孔による吸着促進効果を除いたもので、平坦表面と同様な吸着過程の寄与による。この直線の勾配から

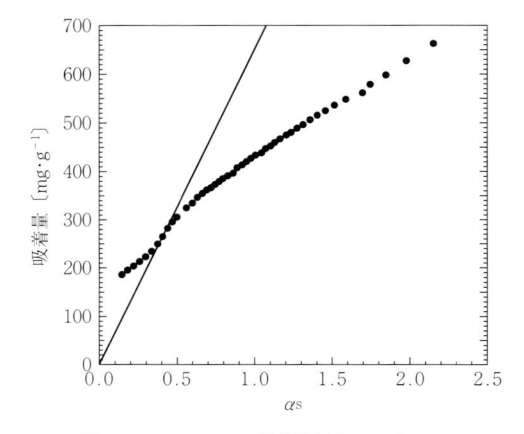

図 11.87 77 KのN_2吸着等温線から求めたSWCNTのα_Sプロット

全表面積 a_α が求められる。

$$a_\alpha = 2.12 \times (\alpha_S の直線の勾配)\ [m^2 \cdot g^{-1}]$$
(11.15)

このようにして求めた全表面積は1 400 $m^2 \cdot g^{-1}$ となる。一方、BET法では1 100 $m^2 \cdot g^{-1}$ であり、BET法では20%も過小評価することがわかる。ただし、SPE法でもチューブ径が小さいとSWCNT系では正しい表面積値を与えないことがある。

11.7.2 CNTへの水素吸着

H_2 の臨界温度は33 Kである。それ以上の温度でH_2は超臨界気体であるため液化せず、安定した吸着層を形成しづらい。SWCNTが室温で優れた超臨界水素貯蔵能を示すという報告がなされたが[10]、現在では否定的である。米国エネルギー省は水素貯蔵量6.5 wt%を実用可能な目標値として提案しているが、室温では高圧印加によっても1 wt%を超えるのは困難なようである。しかしながら、低温では当然H_2の吸着量も大きくなる。混酸処理したSWCNTは、77 K、6 MPaの条件下でH_2の吸着量が約4 wt%になるという報告がある[11]。SWCNTを含むナノカーボンの水素吸着能をいかに高い温度まで拡張できるかが、今後の課題となる。

近年、SWCNTなどのナノカーボンはH_2-D_2など軽分子同位体の分離用材料としての応用が注目を浴びつつある。これは量子分子篩効果と呼ばれる現象を利用したもので、J. J. M. MBeenakkerら[12]により理論的に提唱された。分子が自身と同程度の大きさの円筒状細孔に吸着すると、運動の自由度が1次元方向に制約される。このとき、分子の運動エネルギーは1次元の井戸型ポテンシャルで表されるが、量子力学が予測する所によると、零点エネルギーが生じる。零点エネル

ギーは吸着分子の質量と反比例の関係にあるため，重い分子ほど細孔内においてエネルギー的に安定である。すなわち重い同位体分子が選択的に吸着される。これがBeenakkerらが提唱した量子分子篩効果である。

つぎに，分子間相互作用ポテンシャルの観点から量子分子篩効果を検討する。一般的に，H_2とD_2は化学的・物理的性質がほとんど変わらないため，分離が困難である。それではH_2やD_2を低温にするとどうなるか。77 Kでは，熱的ド・ブローイ波長λが分子の大きさの指標であるLJパラメータσ_{ii}（$=0.2958$ nm）に対して無視できない程度になる（$\lambda(H_2)=0.14$ nm, $\lambda(D_2)=0.10$ nm）。すなわち，水素分子の量子力学的な波動性を考慮する必要性が生じる。図 11.88は，77 KにおけるH_2およびD_2の分子間相互作用ポテンシャルを示す。分子間相互作用ポテンシャルは，LJポテンシャルV_{LJ}を2次の項まで展開したファインマン・ヒッブスの実効ポテンシャルV_{FH}を用いた。

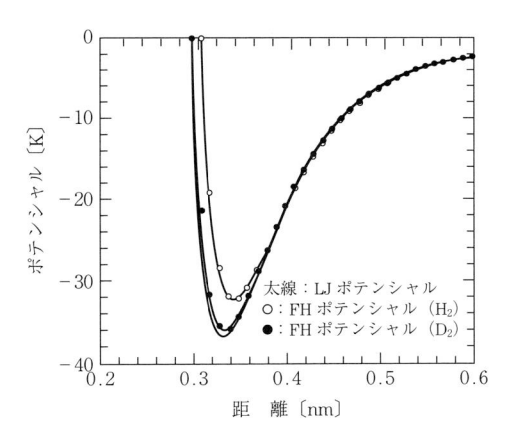

図 11.88 古典的LJポテンシャルと77 KにおけるH_2およびD_2のFHポテンシャルの比較

$$V_{FH}(r) = V_{LJ}(r) + \left(\frac{\hbar^2}{24\mu k_B T}\right) \nabla^2 V_{LJ} \quad (11.16)$$

$\hbar$, μ, k_B, Tはそれぞれ，ディラック定数，換算質量，ボルツマン定数および絶対温度である。図より，H_2よりもD_2のほうがポテンシャルが深く，またポテンシャル極小値を与える分子間距離は小さくなる。したがって，D_2のほうが吸着しやすいことが予想される。田中らは，単層カーボンナノホーン（SWCNH）の77 KにおけるH_2-D_2の単成分吸着等温線から，量子分子篩効果を実験的に実証した[13]。圧力範囲0.007～0.1 MPaにおいて，SWCNHの内側ではD_2の吸着量がH_2に比べて約10%大きくなる。

混合ガスにおけるH_2/D_2選択性（$S(D_2/H_2)$）は各単成分吸着等温線を用いてIdeal Adsorption Solution Theory（IAST）により見積もられる。図 11.89はIASTより評価した"スーパーグロース"SWCNTの77 Kにおける$S(D_2/H_2)$の圧力依存性を示す。開端処理した"スーパーグロース"SWCNTは$S(D_2/H_2) \sim 1.4$であるが，開端処理前では$P=10^{-5}$ MPaで$S(D_2/H_2) \sim 4$となり，D_2分子の選択性が高い。わずかに形成されている"スーパーグロース"SWCNTバンドル中では，分子が拡散しやすく，またチューブ壁の欠陥により生ずるチューブ間隙が強い吸着サイトとなるために，量子分子篩効果が顕著に表れたと解釈できる[5]。

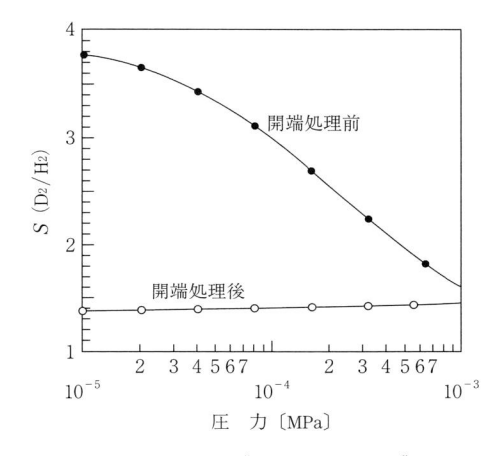

図 11.89 77 Kにおける"スーパーグロース"SWCNTのH_2/D_2選択性（$S(D_2/H_2)$）の圧力依存性

D_2は熱核融合炉の燃料としての利用が期待されており，H_2-D_2分離技術の進展が望まれている。先述したSWCNHでの10%の吸着量の違いは有用で，多段的に混合ガスの吸着を行うことにより，容易にD_2の濃縮が可能となる。ナノカーボンのナノ細孔が発現する量子分子篩効果は，学術的にも，また同位体分離技術としての応用という点においても興味深い。

11.7.3 CNTのバンドル構造制御

最も強い相互作用ポテンシャルを示すインタースティシャルサイトの細孔構造は，異種分子のピラー化によって制御可能である。先述の量子分子篩効果では，H_2/D_2選択性は細孔が小さいほど顕著になるはずで，インタースティシャルサイトが同位体分離に適しているとして有望視されている[14]。しかし，インタースティシャルサイトは細孔容積が小さく，また分子の拡散障壁も無視できない。そこで，チューブ間の間隙という広義の意味でのインタースティシャルサイトを積極的に利用することが求められる。例えば，C_{60}を溶解したトルエン溶液中にSWCNTを超音波分散さ

せ，乾燥するとチューブ間隙にC_{60}をピラー化したSWCNTが得られる[15]。C_{60}をピラー化したSWCNTバンドルは水素吸着性が2倍に向上する。"スーパーグロース"SWCNTはかさ密度が小さいため，水やアルコール類を滴下するとSWCNTの間隙が収縮してインタースティシャルサイトの細孔構造が変化する[16]。図11.90はトルエンおよびメタノール中で超音波処理した"スーパーグロース"SWCNTの77 KにおけるN_2の吸着等温線である。

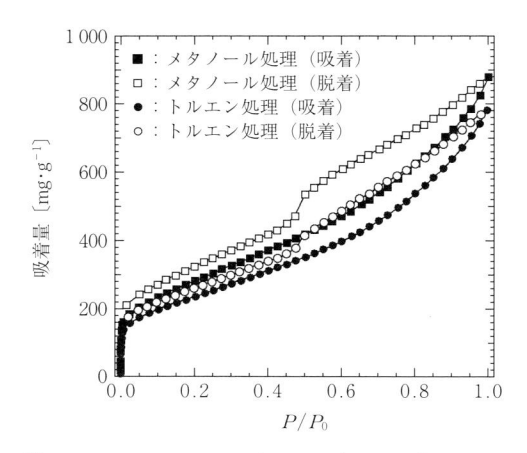

図11.90 メタノールおよびトルエン処理した"スーパーグロース"SWCNTの77 KにおけるN_2の吸着等温線

SPE法により求めた全表面積は，それぞれ560 $m^2 \cdot g^{-1}$および660 $m^2 \cdot g^{-1}$である。溶媒処理前の全表面積は1 220 $m^2 \cdot g^{-1}$であり，N_2分子の吸着可能なサイトが大幅に減少する。また，脱着等温線でヒステリシスが見られ，溶媒処理によりメソ孔が形成されることがわかる。これらのN_2吸着等温線のヒステリシスが$P/P_0=0$まで閉じない理由は拡散障害による。SWCNTのバンドル構造を制御することは水素吸着能やH_2/D_2分離能の向上には重要で，今後インタースティシャルサイトの細孔構造制御技術の発展が望まれる。

引用・参考文献

1) K. Kaneko, et al.：Origin of superhigh surface area and microcrystalline graphite structures of activated carbons, Carbon, **30**, 7, 1075 (1992)
2) A. Peigney, et al.：Specific surface area of carbon nanotubes and bundles of carbon nanotubes, Carbon, **39**, 4, 507 (2001)
3) K. A. Williams and P. C. Eklund：Monte carlo simulations of H_2 physisorption in finite-diameter carbon nanotube ropes, Chem. Phys. Lett., **320**, 352 (2000)
4) K. Hata, et al.：Water-assisted highly efficient synthesis of inpurity-free single-walled carbon nanotubes, Science, **306**, 1362 (2004)
5) D. Noguchi, et al.：Selective D_2 adsorption enhanced by quantum sieving effect on entangled single-wall carbon nanotubes, J. Phys., Condens. Matter, **22**, 334207 (2010)
6) T. Sugai, et al.：New synthesis of high-quality double-walled carbon nanotubes by high-temperature pulsed arc discharge, Nano Lett., **3**, 6, 769 (2003)
7) F. Villalpando-Paez et al.：Raman spectroscopy study of isolated double-walled carbon nanotubes with different metallic and semiconducting configurations, Nano Lett., **8**, 11, 3879 (2008)
8) Y. Saito, et al.：Interlayer spacings in carbon nanotubes, Phys. Rev. B, **48**, 3, 1907 (1993)
9) K. S. W. Sing：The use of physisorption for the characterization of microporous carbons, Carbon, **27**, 1, 5 (1989)
10) A. C. Dillon, et al.：Storage of hydrogen in single-walled carbon nanotubes, Nature, **386**, 377 (1997)
11) D. Y. Kim, et al.：Supercritical hydrogen adsorption of ultramicropore-enriched single-wall carbon nanotube sheet, J. Phys. Chem. C, **111**, 46, 17448 (2007)
12) J. J. M. Beenakker, et al.：Molecular transport in sub-nanometer pores：zero-point energy, reduced dimensionality and quantum sieving, Chem. Phys. Lett., **232**, 379 (1995)
13) H. Tanaka, et al.：Quantum effects on hydrogen isotope adsorption on single-wall carbon nanohorns, J. Am. Chem. Soc., **127**, 7511 (2005)
14) Q. Wang, et al.：Quantum sieving in carbon nanotubes and zeolites, Phys. Rev. Lett., **82**, 5, 956 (1999)
15) M. Arai, et al.：Enhanced hydrogen adsorptivity of single-wall carbon nanotube bundles by one-step C_{60}-pillaring method, Nano Lett., **9**, 11, 3694 (2009)
16) D. N. Futaba, et al.：Shape-engineerable and highly densely packed single-walled carbon nanotubes and their application as super-capacitor electrodes, Nat. Mat., **5**, 987 (2006)

11.8 触媒の担持

CNTの結晶性は高く，CNT壁には原子欠陥や格子不整合はあまり存在しない。これらのことは結晶性を評価する際に用いるラマン散乱スペクトルのGバンドとDバンドの強度比から推定でき，純度の高いCNTでは，Dバンドがほとんど検出されない。このようなCNTに触媒を担持させることは容易ではなく，CNT壁に触媒が成長するための核となる欠陥を作る必要がある。

まず，CNTなどのナノ炭素材料にどのような方法で触媒担持を行うのかについて述べる。最も簡単な方

法はCNT集合体を膜状に成形し，その表面に金属を真空蒸着させることである．一般的に真空蒸着膜形成初期には，蒸着膜は島状成長し，均一な膜にはならない．例えば，水晶振動子式の蒸着膜厚計で測定しながら0.1～1 nm程度の膜厚で金属を堆積させると，蒸着面では直径1～3 nm程度のナノ粒子が島状に成長する．その後，さらに蒸着膜厚を厚くすれば粒子密度が高くなり，連続膜へと成長していく．このような蒸着法で触媒を担持させた例を図11.91に示す．図は，HOPG基板上のMWCNTにFeを0.2 nm真空蒸着した試料を原子間力顕微鏡（AFM）で観察したものである．この図から，HOPG基板上では直径1～2 nm程度の粒子を確認することができる．MWCNT上にもこのような粒子は存在するが，所々に直径3～5 nmの少し大きめの粒子（図中の矢印の位置）が付着している．このような場所に，原子欠陥や格子不整合が存在するものと考えればよい．さらに，スパッタなどにより成膜する場合でも，膜厚が1 nm以下の領域では，真空蒸着と同じように島状蒸着膜になっていると考えればよい．つまり，ナノ炭素材料に薄く触媒金属を蒸着させることにより，ナノ化された触媒粒子を担持させることが可能である．しかし，蒸着やスパッタを用いる方法では，試料全体に触媒を担持させることはできず，表面に露出している部分だけ触媒が担持されることになる．

最もよく用いられる触媒担持方法は，適当な金属塩溶液を還流することにより金属錯体ナノ粒子，あるいは金属ナノ粒子をナノ炭素上に析出させる方法である．ここではナノホーン粒子に白金ナノ粒子を析出させる方法を紹介する．ナノホーン粒子は，直径2 nm程度のCNTの先端に円錐状のキャップをして閉じた構造を持つナノホーンの集合体である（図11.92

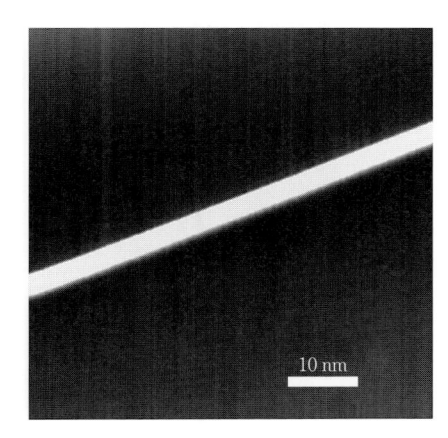

（a）無蒸着の試料（白く見えるのがMWCNT）

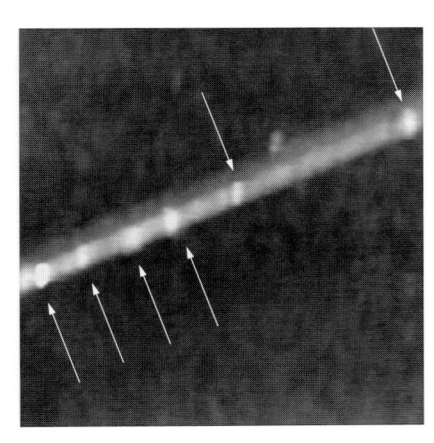

（b）Feを0.2 nm蒸着した試料．HOPG基板上の粒子の大きさは直径1～2 nm程度であるが，MWCNT上の矢印の位置に，直径3～5 nm程度の粒子が偏析しているのがわかる．これらの位置に，原子欠陥や格子不整合が存在するものと考えられる．

図11.91 HOPG基板上のMWCNTのAFM像

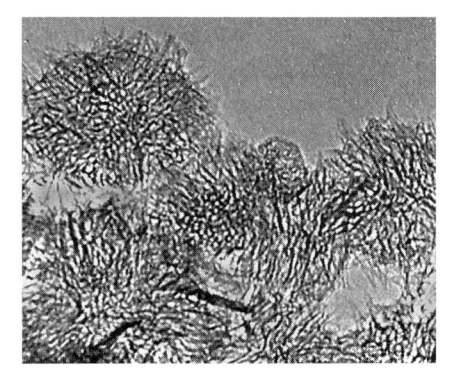

（a）カーボンナノホーン粒子

（b）白金ナノ粒子を担持したナノホーン粒子．写真中の黒い粒状の点が白金ナノ粒子である．

図11.92 ナノホーン粒子

（a））。このようなナノホーン粒子をヘキサクロロ白金酸六水和物（$H_2PtCl_6 \cdot 6H_2O$）を数％含む水溶液中に超音波振動などを用いて分散させ，100℃で還流処理することにより，白金ナノ粒子をナノホーン粒子上に析出させることができる。このようにして得られた白金ナノ粒子を担持したナノホーン粒子の TEM 像を図（b）に示す。また，30 mg のヘキサクロロ白金酸六水和物（$H_2PtCl_6 \cdot 6H_2O$）を 50 ml の蒸留水に溶解し，50 mg のメゾポーラスカーボンナノデンドライト[1]を加え，超音波バスを用いて分散させながら，70℃で3時間熱処理を行い，メゾ細孔に 2～3 nm の白金ナノ粒子を担持させることもできる。ほかには，$FeCl_3$ 溶液を 70℃程度で還流することにより，ナノホーン上に $Fe(OH)_3$ ナノ粒子を担持させることもできる。さらに，得られた試料を 800℃程度の水素ガス中で熱処理を行うと還元され，鉄ナノ粒子が得られる。

白金ナノ粒子を MWCNT に担持させる別の方法として，ジエチレングリコールモノメチルエーテル（$CH_3O(CH_2)_2O(CH_2)_2OH$：2-(2-methoxyethoxy)-ethanol）中に H_2PtCl_6 を 0.001 mM 程度溶解させた溶液を用いる方法がある。この方法を簡単に説明する。まず，MWCNT を同溶液中に超音波を用いて分散させる。つぎに，ジエチレングリコールモノメチルエーテル中に 0.004 mM の水素化ホウ素ナトリウム（$NaBH_4$）を溶かした溶液を用意する。後者は白金粒子を析出させるための還元剤となる。連続攪拌しながら，H_2PtCl_6 と CNT を含むジエチレングリコールモノメチルエーテル溶液に還元剤を滴下すると，CNT 表面に白金ナノ粒子が析出する。この方法は加熱を必要とせず，得られるナノ粒子の直径は 2～4 nm である。フィルタリングを行い，蒸留水を用いてリンスを数回行ったあと，乾燥させた試料をマイクロ波加熱すると，CNT 上に担持された白金ナノ粒子の大きさが変化する。例えば 50 秒のマイクロ波加熱では，ナノ粒子の直径が 10～12 nm 程度になり（**図 11.93**），110 秒では 20 nm 程度にまで成長する。図の MWCNT は，イミダゾール（$C_3H_4N_2$）とフェロセン（$C_{10}H_{10}Fe$）を Ar 気流中で昇華させ，750℃の反応炉に導入し，Si 基板上に化学的気相成長させたものである[2]。この方法で作製された MWCNT には窒素がドープされ，タケノコのように節目を作りながら成長するという特徴を持つ。CNT 壁は節目の所で若干うねっており，触媒が析出しやすい構造となっている。

結晶性の高い CNT の表面には，原子欠陥や格子不整合はほとんど存在せず，ナノ粒子が成長する核となる場所が少ないため，多くの粒子を担持させることができない。ナノホーンで多くのナノ粒子が担持できた

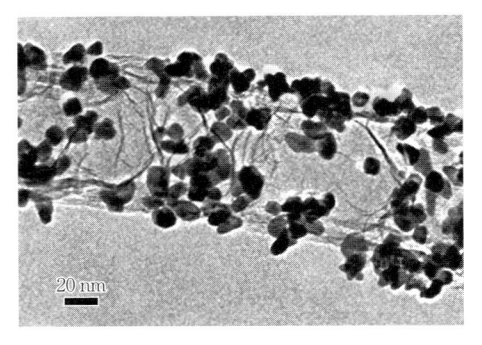

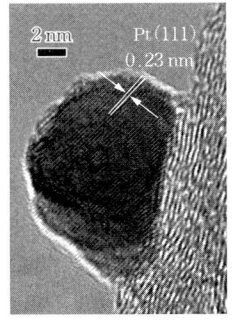

図 11.93 マイクロ波加熱を 50 秒施したあとの白金担持 MWCNT と白金ナノ粒子の高分解能 TEM 像（提供：Dr. K. Ghosh）

のは，ナノホーン先端部の 6 員環ネットワーク中には 5 員環部分や 7 員環部分が必ず存在し，そのような部分がナノ粒子成長の核となるためであろう。前述の MWCNT で多くの白金ナノ粒子の担持に成功した理由として，MWCNT に多くの格子不整合が存在していたことが挙げられる。つまり，結晶性の高い CNT にナノ粒子を担持させるためには，CNT を空気中で酸化処理（400～500℃程度）するか，強酸や強アルカリ中で還流を行い，事前に CNT 壁に欠陥を導入しておく必要がある。このように欠陥が導入された CNT には，各種化学的手法を用いてナノ粒子を担持させることが可能であろう。

結晶性の高い CNT に触媒金属を担持させる方法として，電気化学を用いる方法がある。この方法では CNT 壁に欠陥を導入する必要はないが，水酸基やカルボキシル基を CNT 壁の炭素と結合させ，金属塩がそのような官能基と反応しやすい環境を作っておく必要がある。P. J. Guo らのグループは，0.5 モルの硫酸ナトリウム（Na_2SO_4）を電解質として電気化学を行い，CNT を穏やかに酸化させる方法を取った[3,4]。その後，0.003 モルの K_2MCl_4（M=Pt，Pd）を 0.1 モルの硫酸カリウム（K_2SO_4）水溶液に溶かした電解液を用い，CNT 壁に金属塩を付着させ，最後に 0.1 モルの硫酸中で還元して金属（Pt, Pd）ナノ粒子を CNT

壁に定着させている．図11.94に，この担持プロセスで用いた反応の模式図を示す．このような電気化学を用いた担持例は各種報告されている[5)～9)]．基本的な考え方はCNT壁に官能基を付け，その官能基を利用して金属ナノ粒子を析出させるものである．図の例では3段階の反応を用いるが，0.001モルの$AgNO_3$を0.2モルのKNO_3水溶液に溶解させた電解液や0.002モルのK_2PtCl_6を0.5モルの$HClO_4$水溶液に溶解させた電解液を用い，-0.4Vで30秒間の電気化学を行う1段階の還元反応により，CNTにAgやPtナノ粒子を堆積させることもできる[6)]．

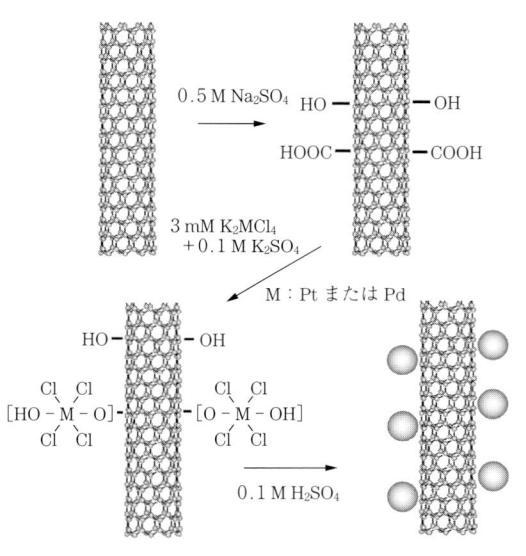

図11.94 電気化学によるCNTへの触媒粒子の担持

引用・参考文献

1) S. Numao, et al.: Synthesis and characterization of mesoporous carbon nano-dendrites with graphitic ultra-thin walls and their application to supercapacitor electrodes, Carbon, **47**, 1, 306 (2009)
2) K. Ghosh: Synthesis, characterization and surface modification of carbon nitride nanotubes for field Emission Application, Ph. D. Theses at Meijo University, Chapter IV, pp. 58～76 (2009)
3) D. J. Guo, et al.: Electrochemical synthesis of Pd nanoparticles on functional MWNT surfaces, Electrochem. Commun., **6**, 10, 999 (2004)
4) D. J. Guo, et al.: High dispersion and electrocatalytic properties of palladium nanoparticles on single-walled carbon nanotubes, J. Colloid Interface Sci., **286**, 1, 274 (2005)
5) B. M. Quinn, et al.: Electrodeposition of noble metal nanoparticles on carbon nanotubes, J. Am. Chem. Soc., **127**, 17, 6146 (2005)
6) T. M. Day, et al.: Electrochemical templating of metal nanoparticles and nanowires on single-walled carbon nanotube networks, J. Am. Chem. Soc., **127**, 30, 10639 (2005)
7) J. Qu, et al.: Preparation of hybrid thin film modified carbon nanotubes on glassy carbon electrode and its electrocatalysis for oxygen reduction, Chem. Commun., **1**, 34 (2004)
8) D. J. Guo, et al.: High dispersion and electrocatalytic properties of Pt nanoparticles on SWNT bundles, J. Electroanal. Chem., **573**, 1, 197 (2004)
9) H. F. Cui, et al.: Electrocatalytic reduction of oxygen by a platinum nanoparticle/carbon nanotube composite electrode, J. Electroanal. Chem., **577**, 2, 295 (2005)

11.9　ドラッグデリバリーシステム

CNTや単層カーボンナノホーン（SWCNH）はユニークな物理学的，化学的特徴を有し，近年生体内応用を目的とした研究が盛んに行われている．特にドラッグデリバリーシステム（DDS）のキャリヤーとしての有用性を示す研究成果が多数報告され，CNTの医療応用への可能性が高まってきた．本節ではCNTを用いたDDS応用研究の状況と展望について紹介する．

DDSとは，薬物動態を制御するためのもので，薬剤分子などの生理活性物質を生体内の目的部位に送達し，薬効の増強と副作用の軽減を目的としている．CNTは製造段階で使用される金属触媒が含まれているため，また，多くの有機溶媒や水溶液に不溶であるためにバイオ研究が困難であった．しかし，精製方法や可溶化方法の確立とともにCNTのバイオ応用研究が進み，生体内イメージングのプローブやDDSキャリヤー開発に関する研究が加速している．CNTはグラファイト特有の化学的安定性を有するものの，物理吸着や化学結合による修飾が容易である[1), 2)]．適切に修飾されたCNTは生体適応性を獲得し，さらに，細胞内に入りこむことができる[3)]．これは，DDSキャリヤーとしてCNTを用いる際の大きな利点となる．

CNT-DDS研究において，がんをターゲットとした非臨床研究の進捗は著しい．CNTはそのサイズ特性ゆえ，EPR効果[4)]（enhanced permeation and retention effect）により腫瘍組織へ蓄積する傾向がある[5)]．EPR効果とは腫瘍組織の血管壁通過性の亢進によりナノマテリアルが腫瘍組織へ高浸潤し，また，リンパ管が未発達ゆえに高蓄積する特徴があることを意味している．報告では抗がん剤をphospholipid-branched polyethylene glycol（PL-PEG）のPEGに結合し，得られ

たものを CNT に物理吸着させ，機能化 CNT を作製している。これをがん移植マウスに投与すると，がん組織への抗がん剤の蓄積効率は最大約 10 倍に増加し，がん組織縮小が顕著になったと報告されている[5]。EPR 効果による腫瘍組織への薬剤送達の他にがん細胞を選択的に認識するターゲッティングリガンドを付与することで，能動的に腫瘍組織にキャリヤーを送達する手法もある。ある種のがん細胞は葉酸受容体を過剰に発現しているため，葉酸を CNT に付加して用いると，高い効率で CNT ががん細胞に取り込まれると報告されている[6],[7]。また，integrin $\alpha_v\beta_3$ を発現しているがん細胞に対して，そのターゲッティングリガンドであるアルギニン－グリシン-アスパラギン酸（RGD）ペプチドを付加した CNT の体内動態を検討した結果が報告されている[8]。PL-PEG-RGD ペプチドで修飾することにより，マウスの移植がん組織における CNT の集積率が増加した[8]。葉酸，RGD ペプチドのほかに，EGF（epidermal growth factor）[9] やある種の抗体[10],[11] によって CNT を機能化し，がん細胞にターゲッティングできることも報告されている。

以上のように CNT は EPR 効果と腫瘍ターゲッティング分子による機能化により，がん組織への効率的な送達の可能性が明らかとなってきている。

一般に CNT に担持し運搬できるのは低分子薬剤であるが，それに限られるわけではない。タンパク[12]，DNA[13],[14]，siRNA[15],[16] を CNT に担持させ，細胞または動物実験でがん細胞における細胞死，遺伝子発現，タンパク発現抑制を惹起することが示されている。

以上，CNT のがん治療応用について紹介したが，SWCNH（3 章 3.1 節参照）のがん治療への可能性も明らかとなっている。酸化 SWCNH（SWCNHox）の容易な内部修飾（物質内包）性を利用し，抗がん剤の一種であるシスプラチン（CDDP）を内包した SWCNHox を作製し（図 11.95（a），（b）），その抗がん効果が調べられている[17],[18]。CDDP 内包 SWCNHox（CDDP@SWCNHox）における細胞培養液中での SWCNHox 内の全 CDDP 放出には数日を要し，その徐放性が確認されている（図（c））。

また，CDDP@SWCNHox をがん移植マウスの腫瘍組織に局所投与すると，CDDP 単独局所投与に比較し強い腫瘍組織増殖抑制作用が認められ，抗がん剤担持 SWCNHox のがん治療における有用性が明らかとなっている（図 11.96）。

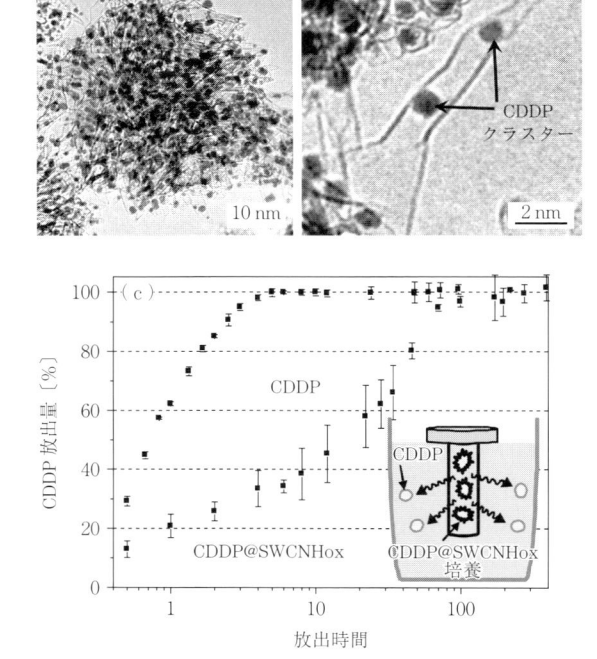

図 11.95 （a）CDDP@SWCNHox の電子顕微鏡写真と（b）拡大写真。SWCNHox 内部に CDDP クラスターが内包されていることがわかる。（c）透析膜中 CDDP，CDDP@SWCNHox からの細胞培養液への CDDP 放出。CDDP@SWCNHox からの CDDP 放出速度はゆるやかで，すべての CDDP が放出するまで約 4 日間を要する[18]。

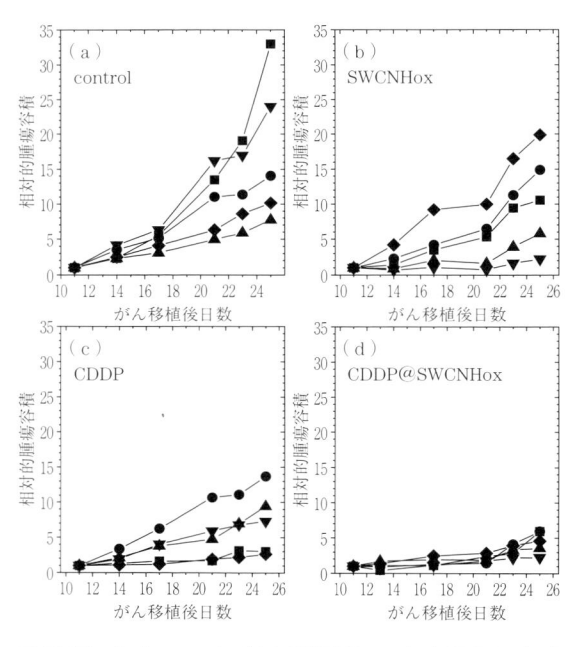

図 11.96 （a）control，（b）SWCNHox，（c）CDDP，（d）CDDP@SWCNHox の抗腫瘍効果。Day 0 にがん細胞をマウスに移植し，Day 11 に各種試験物質を腫瘍組織に投与した。CDDP@SWCNHox は CDDP に比較し，強い腫瘍増殖抑制作用を示した。（各折れ線グラフはマウス 1 匹当りの腫瘍容積変化を示している）。[18]

さらに光感受性物質である亜鉛フタロシアニン（ZnPc）を内包・吸着させたSWCNHox（ZnPc-SWCNH）の抗腫瘍効果も確認されている[19]。光吸収によりZnPcは活性酸素を発生させ（光線力学治療），一方SWCNHは光吸収により熱を発生し（光温熱治療），抗腫瘍効果を発揮する。ZnPc-SWCNHoxを水系に可溶化させるためにBSA（bovine serum albumin）をSWCNHoxに付加させたZnPc-SWCNHox-BSAをがん移植マウスの腫瘍に局所投与し光照射すると，光線力学治療と光温熱治療の二重効果により腫瘍は劇的に縮小あるいは消滅した（図11.97）。

CNTやSWCNHを利用したがん治療応用への報告がDDS研究の主流ではあるが，その他にワクチン担持CNTの研究[20]やsiRNA担持CNTを用いたコレステロール調節[21]など，その応用疾患分野は多岐に広がっている。

今後，CNT，SWCNHを用いたDDS応用研究は迅速に発展すると期待される。しかしながらCNT，SWCNHの臨床応用にはさらなる生体内分布解析と安全性研究が必要である。

上述したように機能化CNTの腫瘍組織への集積が報告されているが，マウスに投与した機能化CNTの多くは肝臓や脾臓などによる細網内皮系細胞にも捕捉されている。したがって，細網内皮系細胞による捕捉を回避し，血中滞留時間の延長を可能とするCNTの機能化やサイズ制御が必須である。また，毒性のリスクを低減するためには，CNTの体外排出が望ましい。血中滞留時間，生体内分布，体外排出，毒性など多くの項目について改善が進めば，機能性CNTやSWCNHの臨床応用への道が開けるであろう。

引用・参考文献

1) R. J. Chen, et al.：Noncovalent sidewall functionalization of single-walled carbon nanotubes for protein immobilization, J. Am. Chem. Soc., **123**, 3838～3839 (2001)
2) V. Georgakilas, et al.：Organic functionalization of carbon nanotubes, J. Am. Chem. Soc., **124**, 760～761 (2002)
3) D. Pantarotto, et al.：Translocation of bioactive peptides across cell membranes by carbon nanotubes, Chem. Commun., **1**, 16～17 (2004)
4) H. Maeda, et al.：Mechanism of tumor-targeted delivery of macromolecular drugs, including the EPR effect in solid tumor and clinical overview of the prototype polymeric drug SMANCS, J. Control. Release, **74**, 47～61 (2001)
5) Z. Liu, et al.：Drug delivery with carbon nanotubes for in vivo cancer treatment, Cancer Res., **68**, 6652～6660 (2008)
6) N. W. Kam, et al.：Carbon nanotubes as multifunctional biological transporters and near-infrared agents for selective cancer cell destruction, Proc. Natl. Acad. Sci., U S A, **102**, 11600～11605 (2005)
7) X. Zhang, et al.：Targeted delivery and controlled release of doxorubicin to cancer cells using modified single wall carbon nanotubes, Biomaterials, **30**, 6041～6047 (2009)
8) Z. Liu, et al.：In vivo biodistribution and highly efficient tumour targeting of carbon nanotubes in mice, Nat. Nanotechnol., **2**, 47～52 (2007)
9) A. A. Bhirde, et al.：Targeted killing of cancer cells in vivo and in vitro with EGF-directed carbon nanotube-based drug delivery, ACS Nano, **3**, 307～316 (2009)
10) P. Chakravarty, et al.：Thermal ablation of tumor cells

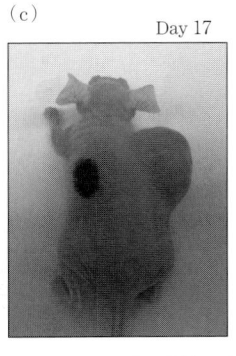

図11.97 （a）ZnPc-SWCNHox-BSAのレーザー照射による抗腫瘍効果。（b）Day 7でのマウスと腫瘍組織に対するレーザー照射の写真。（c）Day 17におけるマウスの写真。Day 0にがん細胞を左右両腹皮下に移植し，Day 7にPBS，ZnPc，SWCNHox-BSA，ZnPc-SWCNHox-BSAを左右両腫瘍に投与した。投与日から左腫瘍にのみレーザー光（670 nm，15 min/day）を10日間照射。その後レーザー照射を中止し，腫瘍サイズの経時変化を調べた。ZnPc-SWCNHox-BSA投与群ではレーザー照射による劇的な抗腫瘍効果が現れ，Day 17に左がん組織はほとんど消滅した。レーザー照射を中止した後も腫瘍組織の増大は認められなかった[19]。

11) Z. Liu, et al.: Multiplexed multicolor Raman imaging of live cells with isotopically modified single walled carbon nanotubes, J. Am. Chem. Soc., **130**, 13540-13541 (2008)
with antibody-functionalized single-walled carbon nanotubes, Proc. Natl. Acad. Sci. USA, **105**, 8697〜8702 (2008)
12) N. W. Kam, et al.: Carbon nanotubes as intracellular protein transporters: generality and biological functionality, J. Am. Chem. Soc., **127**, 6021〜6026 (2005)
13) D. Pantarotto, et al.: Functionalized carbon nanotubes for plasmid DNA gene delivery, Angew. Chem. Int. Ed. Engl., **43**, 5242〜5246 (2004)
14) R. Singh, et al.: Binding and condensation of plasmid DNA onto functionalized carbon nanotubes: Toward the construction of nanotube-based gene delivery vectors, J. Am. Chem. Soc., **127**, 4388〜4396 (2005)
15) N. W. Kam, et al.: Functionalization of carbon nanotubes via cleavable disulfide bonds for efficient intracellular delivery of siRNA and potent gene silencing, J. Am. Chem. Soc., **127**. 12492〜12493 (2005)
16) Z. Zhang, et al.: Delivery of telomerase reverse transcriptase small interfering RNA in complex with positively charged single-walled carbon nanotubes suppresses tumor growth, Clin. Cancer Res., **12**, 4933〜4939 (2006)
17) K. Ajima, et al.: Optimum hole-opening condition for Cisplatin incorporation in single-wall carbon nanohorns and its release, J. Phys. Chem. B, **110**, 19097〜19099 (2006)
18) K. Ajima, et al.: Enhancement of in vivo anticancer effects of cisplatin by incorporation inside single-wall carbon nanohorns, ACS Nano, **2**, 2057〜2064 (2008)
19) M Zhang, et al.: Fabrication of ZnPc/protein nanohorns for double photodynamic and hyperthermic cancer phototherapy, Proc. Natl. Acad. Sci. USA, **105**, 14773-14778 (2008)
20) D. Pantarotto, et al.: Immunization with peptide-functionalized carbon nanotubes enhances virus-specific neutralizing antibody responses, Chem. Biol., **10**, 961〜966 (2003)
21) J. McCarroll, et al.: Nanotubes functionalized with lipids and natural amino acid dendrimers: a new strategy to create nanomaterials for delivering systemic RNAi, Bioconjug Chem., **21**, 56〜63 (2010)

11.10 医療応用

11.10.1 はじめに

CNTは優れた機械的特性や電気的特性を有するため，さまざまな分野で研究開発が行われている。近年，CNTの医療分野への応用が注目され，多数の研究が行われ始めた。がんの診断，治療への応用研究，組織再生の足場材（scaffold）に用いる研究，CNTを既存の生体材料と複合して機能の向上を目指す研究などである。

いずれもCNTの特性を存分に生かした応用研究であり，今後の進展が期待できるものである。本節では現在報告されているCNTの医療応用に向けた研究の内容について述べ，その中でも特に筆者らが行っている整形外科領域における生体応用に関する基礎的研究について詳しく紹介する。

11.10.2 がん治療への応用

がん治療では，可及的早期に病巣を発見した上での根治的治療が最重要である。がんを発見するための画像検査（CT，MRI，PETなど）や腫瘍マーカーの発達により，がんの早期診断における技術は飛躍的に向上している。しかし，無症状の早期がんをすべて発見することはいまだ困難であり，末期がんになってようやく発見されるケースは数多い。そこで電子的，機械的，熱的特性を生かして，CNTががんの初期で示される生体分子の発現を検出する手段として期待されている。現在のところ，前立腺（PSA）[1),2)]や消化器がん（CEA, CA19-9）[3),4)]，肝細胞がん（AFP）[5),6)]などでCNTによる検出感度の向上効果が報告されており，超早期におけるがんの発見が期待できる。

また，がん治療には手術治療のほかに化学療法，放射線療法，温熱治療，遺伝子治療などがある。化学療法では全身投与による副作用が問題となり，十分量の薬剤を標的臓器に伝達させるのが困難な場合がある。CNTは比表面積が非常に大きく，薬剤やペプチド，核酸など多くの有益な分子をその壁や先端に付着させることができる[7),8)]。また，functionalizeされたCNTは飲食作用（endocytosis）などの細胞外から細胞内に物質を取り込む機序によって細胞膜を通過することができる[8)]。細胞表面上のがん特有の受容体に，CNTに付着させたペプチドや選択的に受容体に結合するリガンド（ligand）が認識して結合することで，薬剤が付着したCNTはより安全かつ効率よく細胞内に入り込み，がん細胞に作用することが可能となる[9)]。理想的な薬剤伝達系（drug delivery system, DDS）とは，必要な量を必要なときに必要な部位にだけ作用させることであるが，CNTを使用したDDSはそれを実現できる可能性がある。また，同様にCNTの遺伝子治療への応用にも期待が持てる[10)〜13)]。

温熱治療（ハイパーサーミア；hyperthermia）においては，CNTがマイクロ波を吸収して発熱する性質をハイパーサーミアに応用できる可能性がある[14)〜16)]。これは発熱の制御が厳密に行われないと周囲の正常組織も破壊してしまう可能性があり，応用の

11.10.3 再生医療への応用

再生医療とは，人工的に作製した細胞や組織を用いて，病気や外傷などによって失われた臓器や組織を修復・再生する医療である。2007年に報告されたヒト人工多能性幹細胞（iPS細胞；induced Pluripotent Stem Cell）の登場[17]により再生医療の研究がさらに活発になってきている。再生医療では細胞，遺伝子やタンパク（サイトカイン，成長因子など）が関与して組織の発生を誘導するが，いずれも足場材なしでは組織発生は成立せず，最適な足場材の開発はきわめて重要である。

CNTを使用した足場材の開発研究においては，血管内皮細胞ではCNT/polyurethaneコンポジット上で培養すると細胞増殖が促進されるだけでなく血栓形成を抑制する効果が期待できるという報告[18]，神経細胞の足場材に応用する研究などが報告されている[19)〜21)]。また，CNT/polycarbonate urethane コンポジット材のフィルムが軟骨細胞の接着や細胞増殖を促進させ軟骨再生に有利であるという報告[22]や，足場材としてよく使用されるコラーゲンにCNTを複合させることでコラーゲンの物質特性を向上させるという報告など[23), 24)]，研究は非常に活発である。さらにCNTがヒト胚性幹細胞（ES細胞；Embryonic Stem Cell）の神経分化を促進させる作用を呈することも報告されており[25]，いずれもCNTの再生医療における組織発生の足場材としての有効性を期待させるものである。また骨組織再生に関しては，その有用性を示すいくつかの報告があり[26)〜33)]，筆者らは in vivo においてCNTが骨形成を促進することを初めて明らかにしたので，その実験を11.10.5項に示す[34]。

11.10.4 生体材料

生体材料（biomaterial, biomedical material）とは，細胞を含む生体組織と直接接触する材料のことである。現在さまざまな生体材料が用いられており，おもなものを表11.4に示す[35]。しかし現在使用されている生体材料には，人工臓器における耐久性などいまだに解決されていない問題がある。ここでは特に整形外科領域で使用されている生体材料について詳しく述べる。

整形外科領域では骨折の際に手術で使用するプレートやスクリュー，ワイヤー，人工関節など，使用される材料は多彩である。現在骨接合手術で使用するプレートやスクリューに用いるチタン合金は骨組織親和性が良好で軽い素材であるが，曲げ伸ばしにより強度が下がるために厚みを必要とする。そのため患者が皮

表11.4 おもな生体材料

臓器	名称	おもな材料
目	コンタクトレンズ	PMMA，MPCポリマー
	眼内レンズ	PMMA
歯	人工歯，義歯	PMMA
	むし歯充填材	メタクリル酸誘導体ポリマー
食道	人工食道	ポリエチレン／天然ゴム
心臓	人工心臓	セグメント化ポリウレタン
	人工弁	パイロライトカーボン
肺	人工肺（体外循環）	多孔質ポリプロピレン
乳房	人工乳房	シリコーン
肝臓	人工肝臓	活性炭，多孔性ポリマービーズ
腎臓	人工腎臓	セルロース，PMMA，ポリスルホン
血管	人工血管	延伸PTFE
股・膝関節	人工関節（本体部）	チタン合金，コバルトクロム合金 セラミックス（アルミナ，ジルコニア）
	人工関節（摺動部）	超高分子量ポリエチレン
	ボーンセメント	PMMA
指関節	人工指関節	シリコーン
靭帯	人工靭帯	ポリエステル，PTFE
骨	人工骨	ハイドロキシアパタイト

PMMA : polymethyl methacrylate
PTFE : Polytetrafluoroethylene

膚の上から触ることを気にする場合があり，また強度が低下するとプレートの折損を招く。そこで薄く，軽くかつ強いチタン材料を必要とする。人工関節の摺動部で使用されるポリエチレンは磨耗が問題となる。長期間の磨耗によりポリエチレン自体が破綻し，また，ポリエチレンの磨耗粉をマクロファージが貪食するとTNF-αやIL；インターロイキン（Interleukin）-1β，IL-6などの炎症性サイトカインを放出し，それにより破骨細胞を活性化してインプラント周囲の骨吸収を引き起こす。その結果人工関節に緩みを生じる。同じく摺動部で使用されるセラミックスは，磨耗に対しては強いが脆性が低く，繰り返される衝突により壊れてしまうことがある（図11.98）。いずれの場合も人工関節の再手術が必要となり，患者にかかる負担は非常に大きなものとなる。

そこで筆者らは，従来の材料にCNTを強化材として複合させることで強度を増し，より耐用年数の長い生体材料を開発することに取り組んでいる。現在再手術を必要とする患者が急増している人工関節であるが，新しいCNT複合ポリエチレンやCNT複合セラミックス生体材料を使用することで，再手術までの期間を大幅に長期化させることを目的としている。複合体を臨床応用する際にまず問題となるのがCNTその

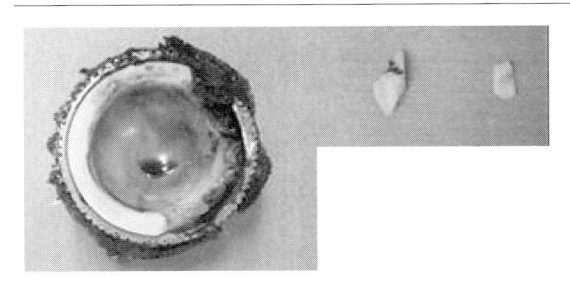

図11.98 破損したセラミックス 再手術の際に摘出したもの

ものの骨組織に対する親和性である。そこで CNT の in vivo における骨組織親和性の評価を次項に示す[34]。

11.10.5 CNT の骨組織への影響

〔1〕使用材料

使用した高純度 MWCNT（昭和電工（株）製）は平均繊維径 80 nm, 繊維長 10～20 μm で, 化学気相成長法（CVD）により作製し, アルゴン中で高熱処理を行っており, 純度は 99.9 wt％を超える。コントロールに使用したグラファイト（ITO Graphite 社製）は平均粒子径 4 μm である。分散剤には Tween 80（ポリソルベート 80, NOF 社製）を使用した。

〔2〕実験方法および結果

（1）骨膜下注入実験　6週齢, オスの ddy マウスの頭蓋骨骨膜を剥離して骨膜下に CNT を 100 nl 含む溶液 10 μl を注入した。比較のための sham 手術（比較のための見せかけの手術）には分散剤入り生理食塩水のみを注入, 各群 16 匹ずつ手術を行った。術後1週および4週の時点で8匹ずつ sacrifice して頭蓋骨を摘出し, ホルマリン固定, 脱灰して厚さ 4 μm の切片を作製して HE 染色し, 組織標本を光学顕微鏡で観察した。

その結果, sham 手術群では術後1週で骨膜組織はほぼ修復されており, 炎症はわずかに認めるのみであった。4週では骨膜組織は完全に修復されており, 炎症所見はほとんど認められなかった。CNT 群では, 術後1週で sham 手術群と同程度の組織の修復が見られた。CNT 粒子は骨膜下にとどまっており, 炎症はごくわずかであった。リンパ球や線維芽細胞が少し見られ, マクロファージが CNT 粒子の周囲に集積していた。4週では骨膜組織は完全に修復されていた。CNT 粒子および粒子を貪食したマクロファージは骨膜下にとどまっていた。炎症反応は1週時より沈静化しており, CNT 粒子と接触していた皮質骨の骨融解は認められなかった（**図11.99**）。

この実験では CNT は骨組織に強い炎症を起こしたり, 接触した骨を融解したりすることもなく, 良好な骨組織親和性を示していた。

（2）骨修復実験　6週齢, オス ddy マウスの左下腿骨の前面にキルシュナー鋼線で直径 0.7 mm, 深さ 2 mm の穴を作製。骨孔部に CNT を 100 nl 含む溶液を 10 μl 注入, sham 手術には分散剤入り生理食塩水, コントロールにはグラファイト粒子を 100 nl 含

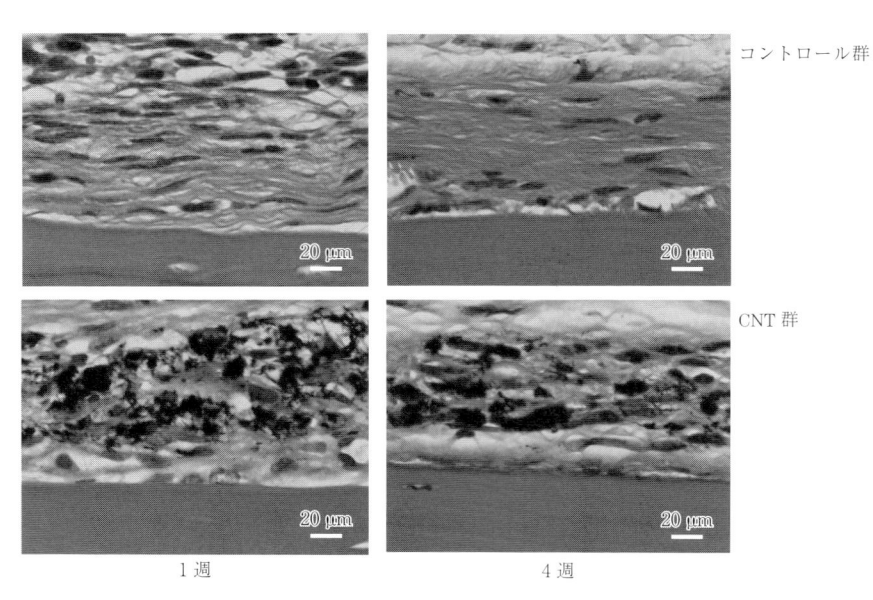

コントロール群

CNT 群

1週　　　4週

CNT により周囲骨組織を融解することはなく, 炎症もわずかである。

図11.99　骨膜下注入試験, 組織所見[34]

11.10 医療応用

	コントロール群
	グラファイト群
	CNT 群

1 週　　　　　　　　　4 週

CNT は骨修復を阻害していない。

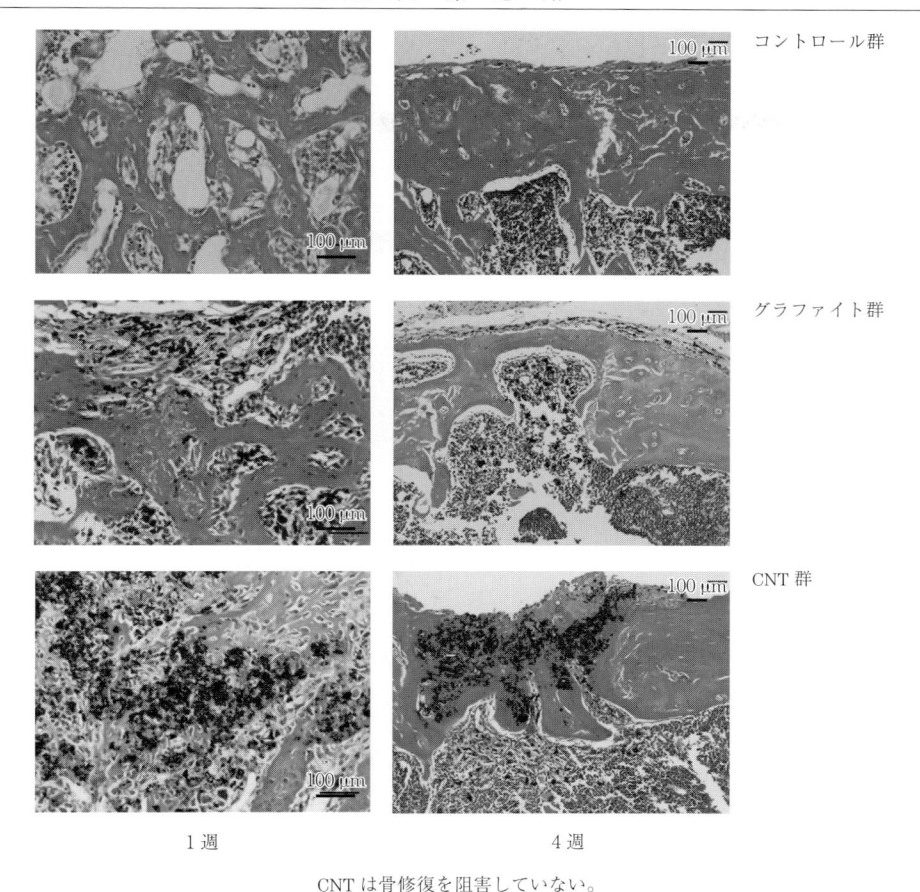

図 11.100　骨修復実験，組織所見[34]

む溶液を 10 μl 注入した．各群 16 匹ずつ手術を行い，術後 1 週および 4 週の時点で 8 匹ずつ sacrifice して周囲の組織を含めて骨を摘出，組織標本を作製し，光学顕微鏡で観察した．また，4 週時の CNT 群に関しては走査型電子顕微鏡（scanning electron microscope, SEM）による観察を併せて行った．

結果，sham 手術群では 1 週で骨欠損部に著明な骨形成を認め，4 週で欠損部は骨皮質，骨髄ともに完全に修復されていた．グラファイトを注入したコントロール群では，1 週での骨形成は sham 手術群に比べると不十分であり，グラファイト粒子は骨髄内にのみ存在しており新生骨基質には取り込まれていなかった．4 週時では，骨修復は明らかに阻害されており，皮質骨や骨梁は手術前の厚さまでは戻っていなかった．グラファイト粒子は骨髄内には存在していたが，骨基質には取り込まれていなかった．CNT 群では 1 週時で sham 手術群と同程度の骨修復を認めており，CNT 粒子は新生骨基質に取り込まれていた．4 週で皮質骨と骨髄は完全に修復されており，CNT 粒子は骨髄のみではなく骨基質にも取り込まれ，その場に存在していた（**図 11.100**）．

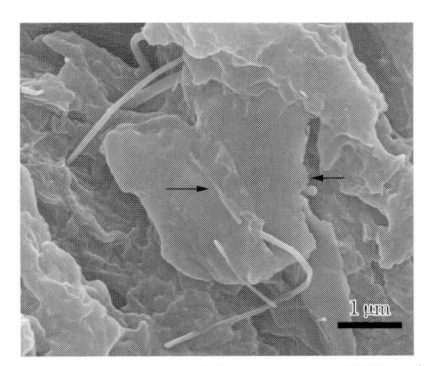

4 週　　・CNT　（→）
　　　　・骨基質（←）

CNT は骨基質と隙間なく接している。

図 11.101　骨修復実験，SEM 像[34]

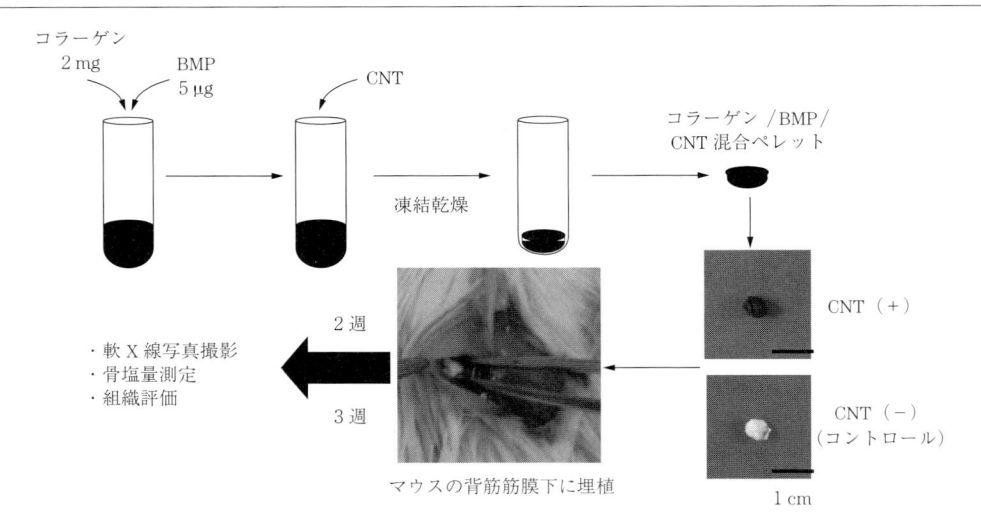

図 11.102 骨形成実験のシェーマ

　SEM により CNT 粒子と骨基質の界面を観察すると，CNT 粒子と骨基質とは隙間なく接していた（図11.101）。
　この実験において CNT は骨修復を阻害することなく，骨基質に取り込まれて隙間なく密着していた。骨膜下注入実験と同様に骨組織に対する高い親和性を示すものであった。

（ 3 ）　**骨形成タンパクを用いた骨形成実験**　　コラーゲンを担体としてヒト組換え型骨形成タンパク 2 (recombinant human Bone Morphogenetic Protein 2 ; rhBMP2）をマウスの背筋筋膜下に埋植すると異所性に骨形成が起こり 3 週で異所骨が完成する[36]。この実験系を利用して，rhBMP2 を 5 μg 含んだ液状タイプ 1 コラーゲン 2 mg に CNT を 500 μg 混合したものを凍結乾燥してペレットを作製した。CNT を含まないペレットをコントロールとした。そして 5 週齢，オスの ddy マウスの背筋筋膜下にペレットを埋植した。各群 16 匹ずつ手術を行い，術後 2 週および 3 週で形成された異所骨を 8 個ずつ摘出し，軟 X 線撮影による評価，組織標本の観察，bone-mineral analyzer を用いた骨塩量測定を行った（図 11.102）。
　2 週時における異所骨の軟 X 線像では CNT 群はコントロール群より骨陰影が大きく，骨塩量は，CNT 群がコントロール群より有意に高い値を示した（$P=0.016$）。組織像では両群とも同様に内軟骨性骨化による骨形成を認め，その成熟度は同等であった。CNT 粒子は骨欠損部注入実験と同様に新生骨の骨基質に取り込まれていた。3 週の時点では，軟 X 線像では両群の骨陰影に大きさの差を認められず，骨塩量に関しては CNT 群のほうがコントロール群より高い値を示すものの，有意差はなかった（$P=0.41$）。3 週での組織像は両群に差は認めず，正常な骨形成により骨梁構造や骨髄の形成が起こっていた。CNT 粒子は骨基質および骨髄に存在していた（図 11.103，図 11.104）。

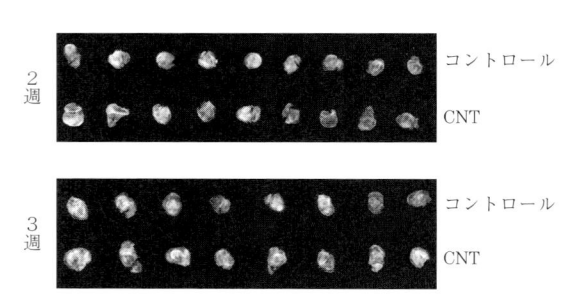

（a）　軟 X 線写真

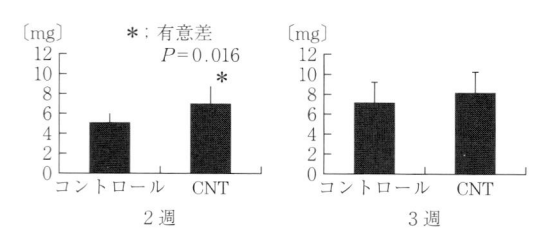

2 週時における骨塩量は高値を示し，骨形成が促進した。

（b）　骨塩量

図 11.103　骨形成実験，軟 X 線写真および骨塩量[34]

　この実験では CNT は rhBMP2 による異所性の骨形成を促進しており，その形成において CNT 粒子は新生骨の基質に密着して取り込まれていた。

（ 4 ）　**ハイドロキシアパタイト結晶化実験**　　PBS

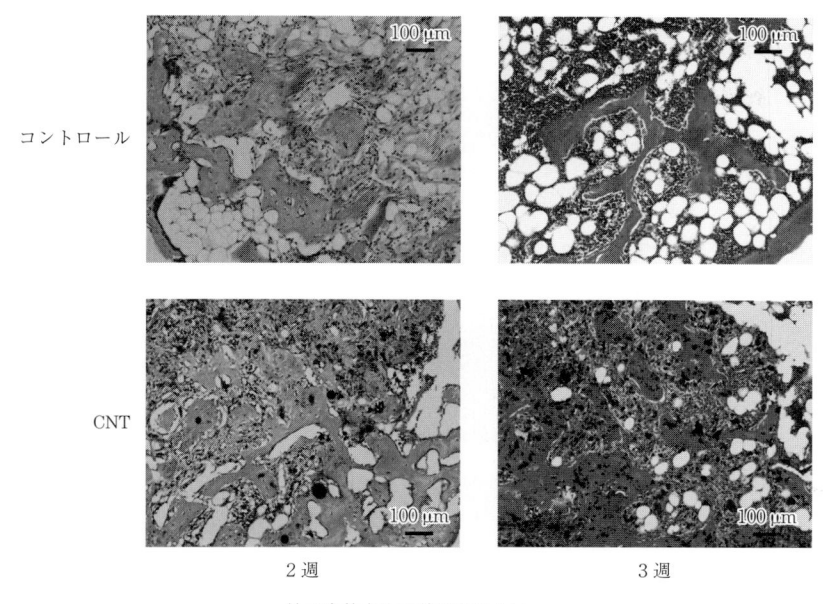

骨の成熟度には差は認めない。

図 11.104 骨形成実験，組織所見[34]

（＋）液中にCNT（コントロールにはグラファイト）を超音波分散させたのち37℃で静置した[37]。時間の経過で結晶の析出が見られるが，その結晶の成分をX線回折測定により構造分析した。また6時間，2日，2週の時点で粒子に対して析出した結晶の形状を電子顕微鏡により観察した。

粒子に析出した結晶をX線回折により測定すると，両群ともにハイドロキシアパタイト（Hydroxyapatite, HA）に一致したピークを有しており，析出した結晶はHAであるということを確認した（**図11.105**）。

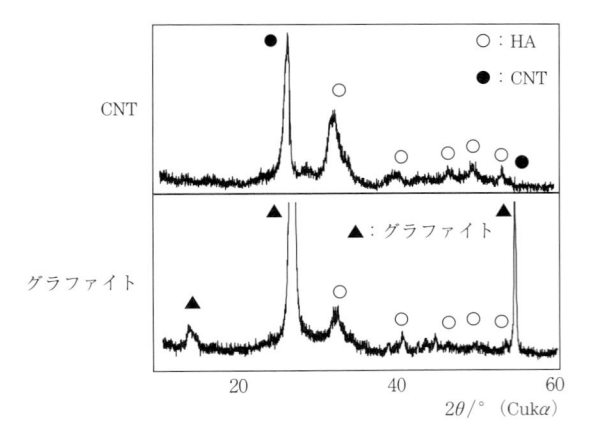

両群ともにHAと一致するピークを認めた。

図 11.105 HA析出実験，X線回折測定結果[34]

電子顕微鏡所見では，CNT群では6時間でボール状の結晶の析出がCNT全体の表面に認められ，2日では結晶が大きくサンゴ状になり，2週になると析出した結晶はさらに増大していた。一方，グラファイト群では6時間後に綿状の結晶が析出するが，粒子の一部に対してのみであった。また，時間経過による結晶の成長もCNT群に比べるとわずかであった（**図11.106**）。

PBS（＋）液中においては，HAはCNTを核として結晶を豊富に形成していた。骨形成は骨芽細胞が分泌したコラーゲンから成る骨基質にHAが沈着したものが石灰化して起こる。実際の骨形成の際にもPBS（＋）液中と同様にCNTを核としたHAの結晶化が起こったことが，骨形成を促進した一因であると考えられた。

以上よりCNTは骨組織親和性が良好であり，骨修復を阻害せず，また修復に際しては新生骨の骨基質に密着して取り込まれていた。さらには骨形成を促進する効果を有しており，それはHA形成の際にCNTが核となって結晶化を促進していることが一因として考えられた。これらはCNTを骨組織に接する生体材料に使用する際には有利な特性であると同時に，骨組織の再生医療においてCNTが足場材として有効に機能する可能性も示唆した。

	CNT	グラファイト
6時間		
2日		
2週		

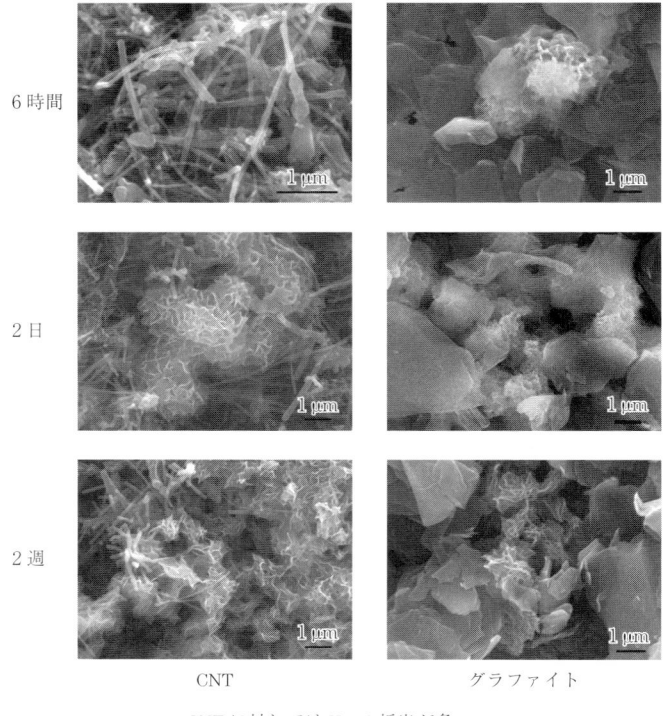

CNT に対しては HA の析出が多い。

図11.106　HA析出実験，SEM像[34]

11.10.6　ま　と　め

CNT の医療応用についての現状と骨組織への影響について述べた。現在 DDS やバイオセンサー，複合材料など CNT の特性を生かしたさまざまな応用方法が検討されており，今後のさらなる発展に期待が寄せられる。また，CNT は骨組織に対しては親和性が非常に良好であり，整形外科領域の新しい複合材料として，また骨組織再生の足場材として応用できる可能性がある。これらの CNT の生体材料への応用においては，生体安全性が最も重要である。現在いくつかの報告があり，生体材料としての安全性が確認されつつあるが，数・量ともに不足している。CNT が生体材料に応用できれば，新しい医療技術が開発され，医学が大きく進歩する可能性があるため，最適な方法での正しい安全性評価を早急に行う必要がある。

引用・参考文献

1) C. Li, et al.：Complementary detection of prostate-specific Antigen Using In_2O_3 nanowires and carbon nanotubes, J. Am. Chem. Soc., **127**, 36, 12484 (2005)
2) J. P. Kim, et al.：Enhancement of sensitivity and specificity by surface modification of carbon nanotubes in diagnosis of prostate cancer based on carbon nanotube field effect transistors, Biosens. Bioelectro., **24**, 11, 3372 (2009)
3) C. F. Ou, et al.：A novel amperometric immunosensor based on layer-by-layer assembly of gold nanoparticles-multi-walled carbon nanotubes-thionine multilayer films on polyelectrolyte surface, Analytica Chimica Acta, **603**, 2, 205 (2007)
4) Y. J. Ding, et al.：Poly-L-Lysine/Hydroxyapatite/Carbon nanotube hybrid nanocomposite applied for piezoelectric immunoassay of carbohydrate antigen, 19-9, Analyst, **133**, 2, 184 (2008)
5) J. H. Lin, et al.：Sensitive amperometric immunosensor for alpha-fetoprotein based on carbon nanotube/Gold nanoparticle doped chitosan film, Analytical Biochemistry, **384**, 1, 130 (2009)
6) S. Bi, et al.：Multilayers enzyme-coated carbon nanotubes as biolabel for ultrasensitive chemiluminescence immunoassay of cancer biomarker, Biosen. Bioelectron., **24**, 10, 2961 (2009)
7) A. A. Bhirde, et al.：Targeted killing of cancer cells in vivo and in vitro with EGF-directed carbon nanotube-based drug delivery, ACS Nano, **3**, 2, 307 (2009)
8) X. K. Zhang, et al.：Targeted delivery and controlled release of doxorubicin to cancer cells using modified single wall carbon nanotubes, Biomaterials, **30**, 30,

6041 (2009)
9) J. Y. Chen, et al.：Functionalized single-walled carbon nanotubes as rationally designed vehicles for tumor-targeted drug delivery, J. Am. Chem. Soc., **130**, 49, 16778 (2008)
10) R. Singh, et al.：Binding and condensation of plasmid DNA onto functionalized carbon nanotubes：Toward the construction of nanotube-based gene delivery vectors, J. Am. Chem. Soc., **127**, 12, 4388 (2005)
11) M. A. Herrero, et al.：Synthesis and characterization of a carbon nanotube-dendron series for efficient siRNA delivery, J. Am. Chem. Soc., **131**, 28, 9843 (2009)
12) J. E. Podesta, et al.：Antitumor activity and prolonged survival by carbon-nanotube-mediated therapeutic siRNA silencing in a human lung xenograft model, Small, **5**, 10, 1176 (2009)
13) D. Pantarotto, et al.：Functionalized carbon nanotubes for plasmid DNA gene delivery, Angew. Chem. Int. Ed. Engl., **43**, 39, 5242 (2004)
14) A. S. Biris, et al.：Nanophotothermolysis of multiple scattered cancer cells with carbon nanotubes guided by time-resolved infrared thermal imaging, J. Biomed. Opt., **14**, 2, 021007 (2009)
15) E. Vázquez, et al.：Carbon nanotubes and microwaves：interactions, responses, and applications, ACS Nano, **3**, 12, 3819 (2009)
16) C. J. Gannon, et al.：Carbon nanotube-enhanced thermal destruction of cancer cells in a noninvasive radiofrequency field, Cancer, **110**, 12, 2654 (2007)
17) K. Takahashi, et al.：Induction of pluripotent stem cells from adult human fibroblasts by defined factors, Cell, **131**, 5, 861, (2007)
18) Z. Han, et al.：Electrospun aligned nanofibrous scaffold of carbon nanotubes-polyurethane composite for endothelial cells, J. Nanosci. and Nanotechnol., **9**, 2, 1400 (2009)
19) M. P. Mattson, et al.：Molecular functionalization of carbon nanotubes and use as substrates for neuronal growth, J. Mol. Neurosci., **14**, 3, 175 (2000)
20) R. A. Dubin, et al.：Carbon nanotube fibers are compatible with mammalian cells and neurons, IEEE Trans. Nanobiosci., **7**, 1, 11 (2008)
21) A. Sucapane, et al.：Interactions between cultured neurons and carbon nanotubes：A nanoneuroscience vignette, J. Nanoneurosci., **1**, 1, 10 (2009)
22) D. Khang, et al.：Enhanced chondrocyte densities on carbon nanotube composites：the combined role of nanosurface roughness and electrical stimulation, J. Biomed. Mater. Res., Part A, **86**, 1, 253 (2008)
23) Y. Cao, et al.：Preparation and characterization of grafted collagen-multiwalled carbon nanotubes composites, J. Nanosci. and Nanotechnol., **7**, 2, 447 (2007)
24) R. A. MacDonald, et al.：Collagen-carbon nanotube composite materials as scaffolds in tissue engineering, J. Biomed. Mater. Res., Part A, **74**, 3, 489 (2005)
25) T. I. Chao, et al.：Carbon nanotubes promote neuron differentiation from human embryonic stem cells, Biochem. Biophys. Res. Commun., **384**, 4, 426 (2009)
26) X. Shi, et al.：Injectable nanocomposites of single-walled carbon nanotubes and biodegradable polymers for bone tissue engineering, Biomacromolecules, **7**, 7, 2237 (2006)
27) K. Balani, et al.：Plasma-sprayed carbon nanotube reinforced hydroxyapatite coatings and their interaction with human osteoblasts In vitro, Biomaterials, **28**, 4, 618 (2006)
28) S. Giannona, et al.：Vertically aligned carbon nanotubes as cytocompatible material for enhanced adhesion and proliferation of osteoblast-like cells, J. Nanosci. and Nanotechnol., **7**, 4-5, 1679 (2007)
29) B. Zhao, et al.：A bone mimic based on the self-assembly of hydroxyapatite on chemically functionalized single-wall carbon nanotubes, Chemistry of materials：A publication of the Am. Chem. Soc., **17**, 12, 3235 (2005)
30) W. Wang, et al.：Mechanical properties and biological behavior of carbon nanotube/polycarbosilane composites for implant materials, Journal of biomedical materials research. Part B, Appl. Biomater., **82**, 1, 223 (2007)
31) N. Saito, et al.：Carbon nanotubes for biomaterials in contact with bone, Current Medicinal Chemistry, **15**, 5523 (2008)
32) N. Saito, et al.：Carbon nanotubes：biomaterial applications, Chem. Soc. Rev., **38**, 7, 1897 (2009)
33) L. P. Zanello, et al.：Bone cell proliferation on carbon nanotubes, Nano Lett., **6**, 3, 562 (2006)
34) Y. Usui, et al.：Carbon nanotubes with high bone-tissue compatibility and bone-formation acceleration effects, Small, **4**, 2, 240 (2008)
35) 日本エム・イー学会 編：バイオマテリアル, コロナ社 (1999)
36) M. R. Urist：Bone：Formation by autoinduction, Science, **150**, 698, 893 (1965)
37) T. Akasaka, et al.：Apatite formation on carbon nanotubes, Mater. Sci. Eng. C, **26**, 4, 675 (2006)

12. グラフェンと薄層グラファイト

12.1 グラフェンの作製

12.1.1 剥離グラフェンの作り方と判定方法
〔1〕 は じ め に

グラフェンの魅力は，誰でもどこでも手軽に安価に原子スケール物質を作れ，最先端の物性や応用研究を即座に始められそうな点であろう。著名な方の講演でも，グラフェンを身近な原子スケール材料として説明するときに，鉛筆の芯を話題とすることも多い。実際に，紙面に鉛筆で書き付ける場合，グラファイトを含む鉛筆芯を紙面上に擦り付けて剥離薄片を紙面の繊維間に残すことで痕跡を作るため，芯から擦り付けられたグラファイト片の中にも原子膜であるグラフェンが入っている可能性もある。少なくとも数箇月間は空気中でもグラフェンは安定なので，グラフェン1枚を通った可視光の減衰率2.3%を頼りに，光学顕微鏡にて背景よりもほんの少し暗い色合いのフィルムを探せばよいはずである。問題は，作り出される確率であり，見つけ出せる効率である。

現時点でのグラフェンの研究の観点は，グラフェンに秘められたきわめて高い導電性に基づく新規物性の創出であり，応用展開への探索である[1]〜[7]。このため，上記のような数ミクロンの繊維で構成された紙の上ではなく，平坦な表面上にグラフェンを創り出すことが求められる。実際の電子素子応用を考慮すると，大きな面積に均質なフィルムができることが求められ，CVD法[8]やSiC基板からの析出法[9]が広く研究されている。しかしながら，本稿をまとめる時点では，CVD法やSiC法よりも，剥離法によってグラファイトバルクから創り出したグラフェンのほうが，電気的特性が高い[2]〜[4]。一つの指標として量子ホール効果での評価が挙げられるが，量子ホール効果における量子抵抗プラトーの広がりを抑制する散乱効果が最も低いのは，剥離グラフェンを用いたホール素子である。もっとも，最近の研究成果を慎重に考察すると，剥離グラフェンの伝導特性が高いと単純には断言できない。基板に使われるSiO_2表面はナノメートルに満たない不規則な凹凸があり，この凸部とグラフェンの接触で電子状態が乱れ，グラフェン面内の伝導性を低下させる。このため，グラフェンと接触する基板のSiO_2部分をエッチングで取り除いて電極間架橋構造とし，グラフェンの持つ移動度を引き出すことが最近のトレンドである。これを逆説的に捉えると，SiO_2上に剥離したグラフェンは，基板からの伝導抑制要因を容易に取り除ける優位性を有するともいえる。

このような観点から，現時点での研究用途材料としては，剥離グラフェンがきわめて便利な原子薄膜である。この薄膜は，経験的にわかっている事項を踏まえると，たいへん効率よく多量のグラフェンを作れる。さらに，単純な1枚原子膜だけでなく，2枚，3枚，…，と選択的に確実に見つけ出すこともできる。これらを解説し，今後いっそうの研究発展のために，経験則も含めて紹介する。

〔2〕 グラファイト剥離の従来と最近

ピンセットや真空ピンセットなどで引き剥がすことにより容易に剥離できるグラファイトは，剥離するだけで原子レベルの周期構造を有する清浄面を提供することができることから，原子間顕微鏡（AFM）やトンネル顕微鏡（STM）の標準試料として広く使われていた。ピンセットの代わりに，さまざまな粘着テープでの剥離も広く行われていた。この用途では，簡単に数十μm以上の大きな平坦面を得られる高配向熱分解黒鉛（HOPG）が広く使われている。

一方で，剥離して作製されたきわめて薄い膜の伝導特性を評価する試みも行われている。1970年当初において，水島らによって，10層程度までの剥離グラファイト膜が作られ，電気伝導度，移動度，ホール係数が膜数に依存することが精密に計測されて報告されていた[1]。この実験では，キッシュグラファイト片をセロハンテープで劈開し，基板にのせて電極を形成していた。薄膜の厚さは，光学顕微鏡の透過光の減衰の評価から推測していた。

その後，30年以上を経た2004年に，マンチェスター大学のK. S. Novoselovらによって，単層の膜が基板上に取り出されて電気伝導測定が行われ，ヘリウム温度で量子ホール効果が観測されたことが報告された[2]。この研究での驚異的な点は，グラファイトの剥離を繰り返したあとに基板上に定着させ，多々ある薄片から最も薄い膜を光学顕微鏡観察で再現性良く見つけ出せるようにしたことであり，電極端子を付けたグラフェンを用いて量子ホール効果が観測されたことで

ある。当初は剥離グラフェンを溶液に浮かせて，基板で拾い上げる方法であったが，手法を熟成させて，グラファイトをテープ上で展開して基板面に押し付けて転写し，光学顕微鏡で見つけ出す方法を作り出した。この方法は 35 年前の水島らの方法と酷似しているが，Si 基板上の SiO_2 膜の反射光の色に対して，グラフェンがある場合の反射光の変化が最も大きくなる組合せを見つけ出し，どこでも誰でも容易に原子膜であるグラフェンを作り出せるようにした。この研究によって，グラフェン膜の作製と関連の研究が瞬時に世界中へ広まった。

この方法では，基板上に散乱するグラフェンを含む多様な厚さのフィルムから，光学顕微鏡によって厚さを評価していた。基板の原子薄膜を見つけるためには，基板との観察色の変化が最も小さい薄膜を光学顕微鏡によって見つけ出すことによっている。Si 基板上の SiO_2 膜厚と使用するべき緑フィルターの組合せ[10] は最適化されているとはいえ，なおも観察者の経験と観察力に依存し，薄膜色を覚えるまで反復練習と熟練者の確認を必要とした。さらに，最近の研究では，単層グラフェンだけでなく，2 層，3 層グラフェンなどが必要になっており，層数のよりいっそうの確実な特定が求められる。

グラフェンの特定法には AFM，ラマン分光[11] が挙げられる。しかし，AFM では，グラフェン上と SiO_2 上の摩擦係数が大きく違うため，1 層が作る基板との段差はグラフェン層 1 枚分の 0.34 nm になるとは限らない。ラマン散乱では，D′ バンドのバルクグラファイトからのシフトの大きさを調べることで枚数を特定できるが，小さな部位に光を集光させることで観測後に観測部が変質（酸化もしくはアモルファス化）するとの報告もある[12]。このような状況を鑑みて，広く普及した方法を基として，確実に単層（＝グラフェン）ならびに数層構成グラフェンを見つけ出すために，光学顕微鏡法を改良してシステム化した[13]。

〔3〕グラフェン薄膜の形成と層数特定
（1）光学顕微鏡を使ったグラフェン層数特定法

剥離グラフェンの基礎物性研究は，研究対象のグラフェンを効率よく複数作り出し，短時間で効率よく簡単に層数特定を行う必要がある。

グラフェンを基板上に作製するためには，バルクグラファイト粉末を粘着テープ上に散開し，基板に押し付ける（図 12.1）。基板上に転写された薄膜は，グラフェンを含む多様な厚さのフィルムが散在し，金属光沢片（ほとんどバルクに近いグラファイト片），青白片（少なくとも十数層以上），濃紺色片（10 層程度），淡紫青片（グラフェン）などの多彩な色合いとなる。この中から，光学顕微鏡によって厚さを評価し，実験に応じて単層グラフェンや 2 層グラフェンなどを選定する。

光学顕微鏡での選定に際しては，酸化膜付き Si 基板を用いる。SiO_2 表面と SiO_2/Si 界面からの反射による膜厚依存の干渉効果にてグラフェンを選定する。基板とグラフェンのコントラスト比を最大にするには，酸化膜は 90 nm または 300 nm が使われる[10]。グラフェンを見つけ出したあとに物理測定を行うために

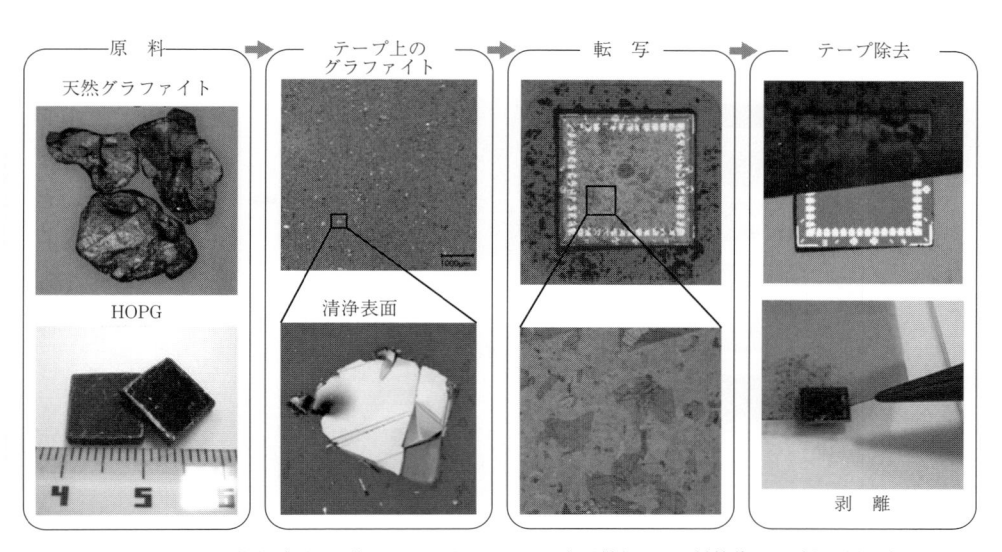

図 12.1 剥離グラフェン作製手順。天然グラファイトや HOPG を原料として，低粘着テープ上に展開する。これを SiO_2/Si 基板に押し付けて，テープをゆっくり剥がすと，基板上に沢山の薄膜片が残る。ここから，グラフェンを見つけ出す。

292　　　　　　　　　　　　　　　　　　　　12. グラフェンと薄層グラファイト

は，基板上に露光技術などにより，あらかじめマークを作り付け，厚さ判定をしたグラフェンを基板上で見失わないようにする（図12.2）。マークは光学顕微鏡や電子顕微鏡で認識可能であれば，どのような形でも構わないが，通常，数〜数十μm周期の規則的なマークを電子ビーム露光と金属蒸着にて形成する。また，酸化膜下のSi基板は，形成した素子にゲート電界を印加するために，高ドープSi基板のような導電性基板とすることが多い。基板の特性が多少変わっても，グラフェン選定のための観察条件にはまったく影響はない。

光学顕微鏡でグラフェンを見分けられる原理を説明する（図12.3）。SiO_2に光が入射したとき，SiO_2表面からの反射光とSiO_2/Si界面での反射光によって干渉し基板上に干渉色が見られる。SiO_2/Si基板（SiO_2 = 90 nmと300 nm）の表面の見かけの色は，紫色に近い。SiO_2上にグラフェンが1枚覆うと，入射光のグラフェン透過に伴う光量減少に加え，反射光の干渉条

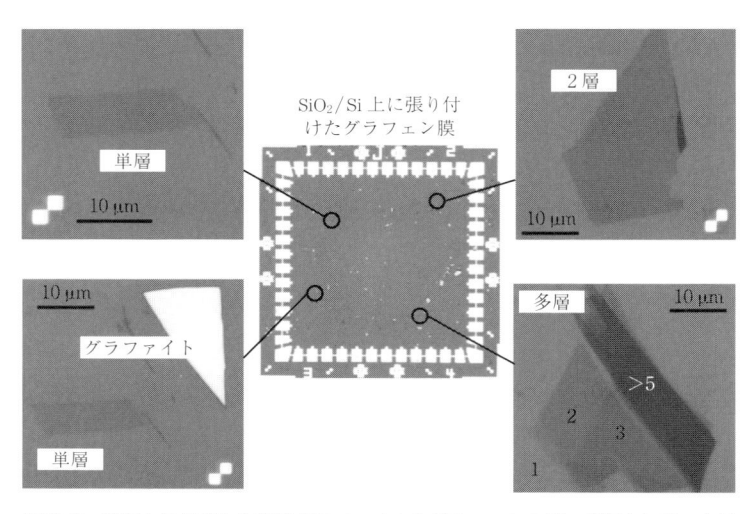

図12.2　基板上に付着した薄膜グラファイトやグラフェンの例。基板上には，金属光沢片（ほとんどバルクに近いグラファイト片），青白片（少なくとも十数層以上），濃紺色片（10層程度），淡紫青片（グラフェン）などの多彩な色合いのさまざまな大きさのフィルムが見つかる。これらを観察すると，見落とすくらい淡い色合いの薄片をときどき見つけられるが，これらが単層もしくは数層のグラフェンである確率が高い。

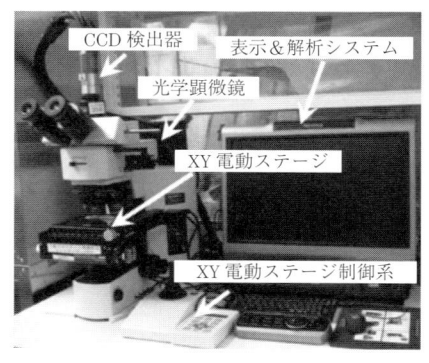

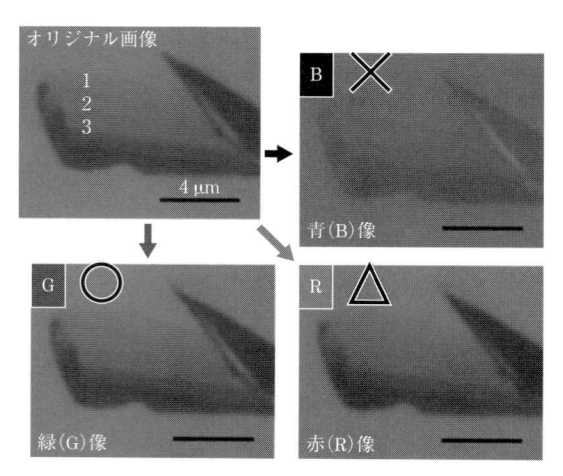

図12.3　光学顕微鏡にCCD検出器を接続して，画像データを取得している。本システムの場合，オリンパス社製光学顕微鏡＋キーエンス社製CCD。本システムで取得した像（右図）は，3原色（RGB）に分けて画像データが記録される。これを分離して表示すると，緑（G）像が最もコントラストが高く，グラフェンが見やすい。

件が変わるため，反射光の強度が減少する．グラフェンが2層になると，2倍の減少が起こるはずである．理想的には，反射光強度の減少分はグラフェン層数に比例するはずである．つまり，最も減少分が小さい薄膜を見つけ出せれば単層グラフェンであり，単層グラフェンの2倍の減少が2層グラフェン，等々である．原理的には，訓練しだいで目視でも分別できる．たくさんのグラフェンをしばらく観察し，淡い色合いの違いを見分けられるようになれば，単層，2層，3層を特定できる．しかし，近くに経験を積んだ研究者がいない場合，基準となる最も色の薄い単層グラフェンを断定することは容易ではない．また，他所で作られたグラフェンを標準試料として，同様のグラフェンを探す場合，わずかな観測条件の違い（酸化膜の厚さや特性のわずかなずれ，光学顕微鏡の光強度の設定のわずかな違い，レンズのくせ，など）によって，微妙に見え方が変わるため，やはり最初の試料を見つけ出すのは容易ではない．

観測者の視覚に頼らないようにするためには，観察を数値化するためにCCDカメラを搭載した光学顕微鏡システムを用いる（図12.3，**図12.4**）．光学系中に緑フィルター（波長～560 nmのバンドパス）を挿入して入射光を単色化する方法[10]も知られているが，観測する光帯域を狭めることで視野が極端に暗くなり，観測自体が苦痛になる．このため，白色光でグラフェン探索を行って，情報をCCDで取り込み，記録された3原色情報の一部だけを用いて，グラフェン枚数を判定すると効率が格段に向上する．画像記録に用いているCCDシステムは，通常RGBの3色フィルターを通してセット画像を一つの写真情報として記録する．このRGBセット画像はフリーウェア（例えば，Image J）の画像処理ソフトで簡単に分離することができる．図12.3のように，青（B）像はグラフェンのコントラストが低く，見分けが難しい．赤（R）像は原理上では最も良いコントラストとなるが，グラフェン剥離で用いたテープの粘着物もグラフェンと似たような像となり，紛らわしい．緑（G）像ではR像と比較して遜色のない良いコントラストとなり，紛らわしい粘着物質も見えず，良好な画像となる．このG像写真を使ってグラフェンを判定する．なお，この基板に付着したグラフェンに見まがう粘着物質は，水素雰囲気中で熱処理（約300℃）することで除去できる．

観察画像の特定領域のピクセルごとの緑光検出強度ヒストグラムをグラフ化すると，図12.4のようにいくつかのピークが現れる．この場合，四つのピークがあり，最高強度（最右）のピークは基板からの反射光

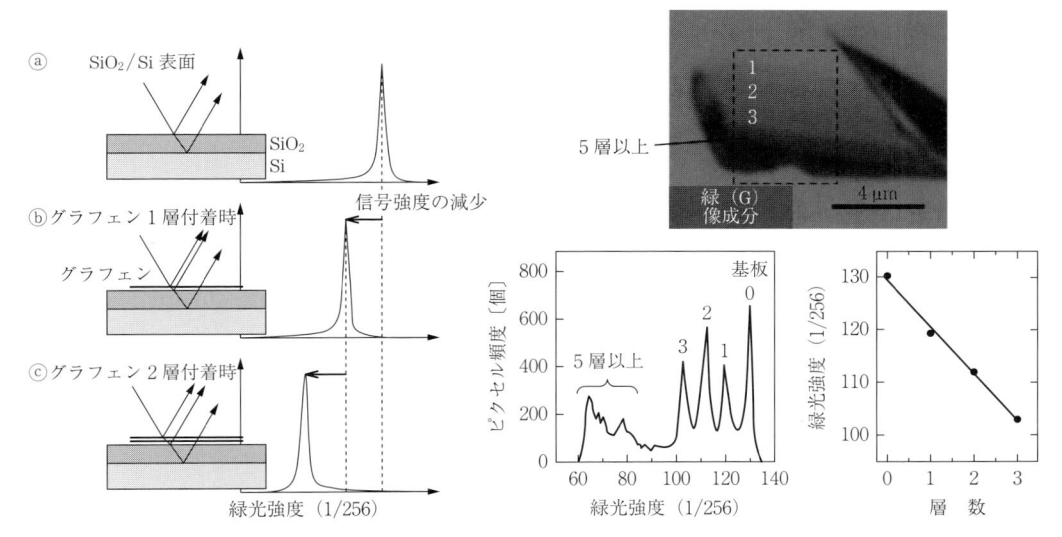

(a) SiO₂/Si 表面
SiO₂
Si
信号強度の減少
(b) グラフェン1層付着時
グラフェン
(c) グラフェン2層付着時
緑光強度 (1/256)

5層以上
緑（G）像成分
4 μm

5層以上
基板 0
3 2 1
ピクセル頻度 [個]
緑光強度 (1/256)

緑光強度 (1/256)
層数

(a) SiO₂/Si に入射した光は基板の表面と SiO₂/Si の界面で反射されて干渉色を示す．SiO₂ 表面にグラフェンが付着した場合，原理的には干渉条件が変わるはずである．300 nm 厚の SiO₂ に対して緑光を用いた場合，1枚でおよそ8％の光強度が減る．2層の場合は，減光量が2倍になることから，グラフェンが1枚であることが確認できる．

(b) 1, 2, 3層グラフェン＋多層薄膜グラファイトが近接している例．横軸を撮像ピクセルごとの緑光強度とし，縦軸をピクセル頻度として特定の領域（写真中の破線□内の領域）の光強度をプロットすると，いくつかのピークが現れる．このピークは，基板からの反射光を最強反射光として，一定の間隔で強度が減衰していることから，単層グラフェン，2層，3層が存在していることがわかる．

図12.4 SiO₂/Si 上に張り付けたグラフェン膜の枚数判定の概念説明

であることが近接した SiO_2 表面の観察から断定できる．右から二つめのピークはグラフェン単層，三つめは2層からの反射であり，この観察では3層までが含まれている．緑光の強度は，ピークインデックスが大きくなるに従って一定強度幅で減少する．これは1層のグラフェンが増えるごとに反射光が減少することによる．この判定ではグラフェン1層ごとに数％の反射光強度の減衰がCCDによって明瞭に分解できている．入射光条件を同一にできれば，減衰の大きさも同一になるはずであるが，実際には多少の差があるため，基板からの反射光で規格化することで減少率が一定になる（図12.5）．6層程度までは一定割合で減衰するが，さらに厚いと減少分がしだいに小さくなり非線形性が出てくるため，厚くなると精度が低下する．なお，この判定可能最大枚数は，システム（光学顕微鏡＋CCD）の分解能に依存する．本方法の利点は，まったく初めてグラフェン探索を行った人でも，短時間で確実にグラフェンを準備できることである（これまでの経験では，90％以上の人が1時間以内に最初のグラフェンを見つけられる）．

基板上にグラフェンを見つけ出す頻度を上げるための経験的なこつは，グラファイト片をテープ上に散開するときに，グラファイト片を必要以上に細かくつぶさないことである．テープ上の多数のグラファイト片の粒界サイズよりも大きなグラフェンが基板上に転写されることはない．テープ上のグラファイトを粉々にしても数十μm〜数百μmに見えるが，大きなグラフェンを見つけ出す確率を上げるためには，テープ上の素グラファイトも大きいほうが良いようである．また，テープを互いに擦り付けてグラフェンの劈開を繰り返す回数は，可能な限り少ないほうがよい．これは，任意のバルクグラファイトからグラフェンが転写できるわけではなく，1枚のグラフェンが剥がれやすい層はある程度限定されているのではないかと思われる．このようなバルクに弱く張り付いている密着部分を，テープの上で使い尽くしてしまうことで，基板上にグラフェンが単離されにくくなると考えられる．さらに，テープ上の劈開に関して，特定メーカーの特定型番テープ（3M製）が良いとの評判もあるが，グラフェン研究が最も盛んな米国において，3M製を実際に使っているグループはほとんどない．やはり，小道具に惑わされず，グラファイトやグラフェンをしっかり観察して特徴を理解し，個々の事情に合わせて最適化することが必要と思われる．

（2）**SEMを使った枚数特定法**　上記のCCD＋光学顕微鏡のシステムはたいへん効率的かつ正確に少数層グラフェンを特定できる．簡便であり，装置自体も特別高価でないためにたいへん有効であるが，可視光の透過が弱くなると（6枚以上），精度が低下する．その上，光学顕微鏡の分解能限界に制限されて，1μm程度の平面サイズより小さな薄片も特定できない．また，基板部とグラフェン部からの反射光のコントラストを大きくするために，基板上の SiO_2 厚は90nmもしくは300nmに限定され，他の任意基板は使用で

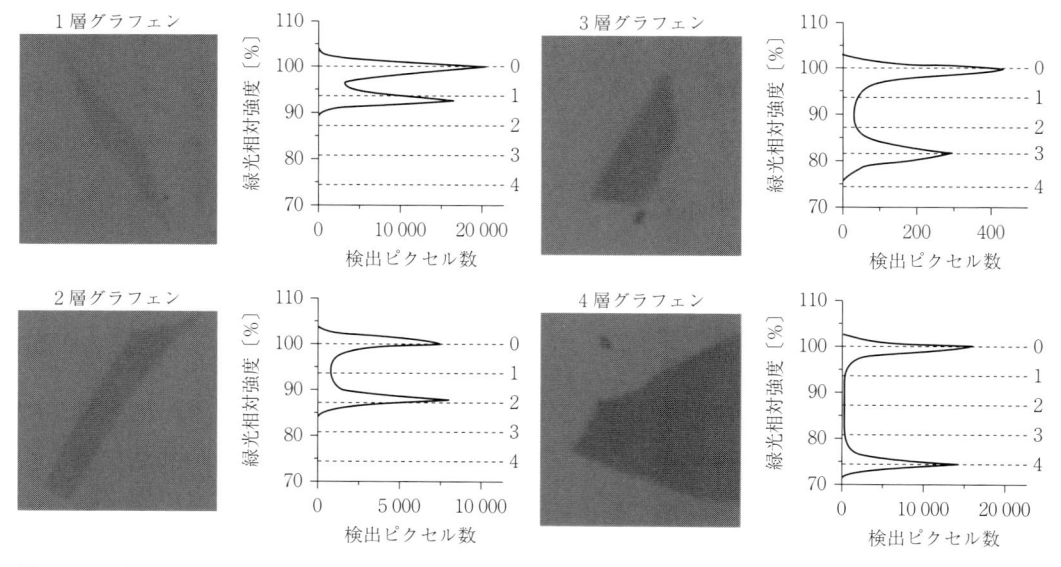

図12.5　1層，2層，3層，4層グラフェンの，おのおのの光学顕微鏡写真と緑強度解析．それぞれのピクセルヒストグラムにおいて，まず基板'0'にピークがあり，観測色が濃くなるにつれて，'1'，'2'，'3'，'4'のそれぞれにピークが見られる．これによって，観察した部位のグラフェン層数が確定できる．

きない。簡便な反面，適応条件も限られているのが欠点である。

これに対して，6層以上の層数特定もしくは自在基板での層数特定は，SEMを用いると可能となる[14]。図12.6は，SiO_2/Si基板上のグラフェン片のSEM観察における加速電圧依存性（$V_{acc}=0.5\sim20$ kV）である。この観察範囲には，グラフェン膜数$L=1$, 3, 4, 5, 6, 7，および8が含まれ，観察電圧と膜数によってコントラストが変化する。SiO_2/Si基板表面のコントラストと比較して，明るい部位や暗い部位が膜数と観測電圧によって変化するが，隣り合った2種のグラフェン間で，明瞭なコントラスト差が現れる。個々のグラフェンでは，少ない層数ほど，観察電圧によってコントラストが大きく変化する。観察電圧を高くすると（$V_{acc}>2.0$ kV），すべての層数において，SiO_2/Si基板表面よりも暗くなり，3.0 kV以上では個々の層数部位の差が見られない。これは高電圧では電子線が透過して，SiO_2/Si基板表面の原子薄膜からの2次電子より基板からの2次電子が多くなり，検出している主対象が基板になってしまうからである。つまり実際に観測している物質に対して検出している2次電子の量は，観察対象である原子薄膜の厚さに対して，十分に加速電圧を低く設定すれば敏感に変化する。

この現象を利用して，微細部からの2次電子量観察による微細部層数判定ができる（図12.7）。観測電圧を固定すると，観察した部位のコントラストは部位に含まれる層数が増えるに従って減少する。典型的な観測電圧1.0 kVでは，グラフェン1層ごとに5.1％ずつコントラストが減衰する。この減衰率は，SEMの検出器配置などに依存し，特定のSEMでも，検出器と試料の相対位置によってわずかに変わるが，概して5％程度である。この層数依存のコントラスト減衰は，SiO_2/Si基板上のグラフェン片だけの適応だけではなく，マイカ基板やサファイア基板上のグラフェンでも，同様な比例減衰が観測される。この減衰現象を用いると，観察した10枚重ねグラフェンまで層数を特定できる。

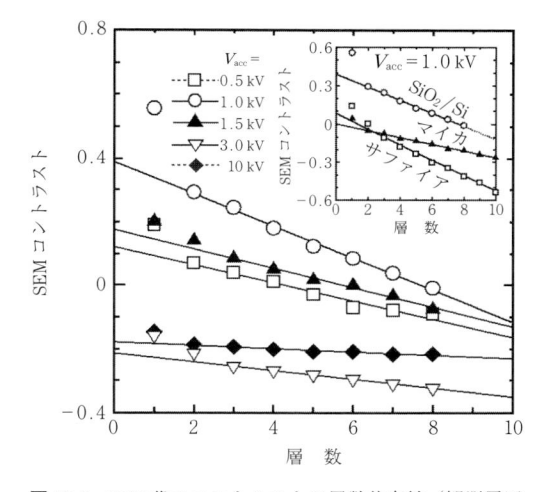

図12.7 SEM像のコントラストの層数依存性（観測電圧 $V_{acc}=0.5$ kV, 1.0 kV, 1.5 kV, 3.0 kV, 10 kV）。観測電圧を固定すると，コントラストは膜数に従って線形に減衰する。挿入図：1 kVで観察される像のコントラストの基板種類依存性。SiO_2/Si基板，マイカ基板，サファイア基板で比較した。この比較では，SiO_2/Si基板が最も大きなコントラストを示した。

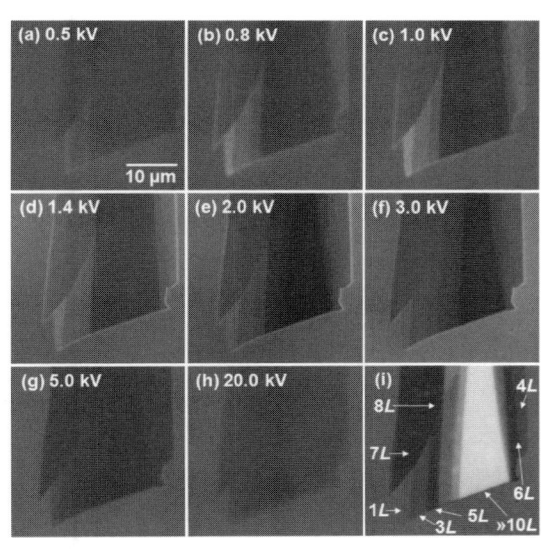

図12.6 グラフェン片のSEMによる観察。基板SiO_2/Si上のグラフェンのコントラストは，観察する電圧とグラフェン層数に依存する。観察されているグラフェン層数Lは，1, 3, 4, 5, 6, 7, 8および10以上である。観察電圧 $V_{acc}=$ 0.5 kV (a)，0.8 kV (b)，1.0 kV (c)，1.4 kV (d)，2.0 kV (e)，3.0 kV (f)，5.0 kV (g)，20.0 kV (h) のそれぞれにて取得した観察像。光学顕微鏡による層数確定法にてあらかじめ観測し (i)，SEMでの観察像の振舞いを調べた。

（3） 電気伝導素子の作製 電気伝導計測のために，数～数十 μm程度のグラフェン片に電極を作製する（図12.8）。基板上のグラフェンに対して，あらかじめ形成した周期マークとの相対位置を記録し，CADソフトなどを使用してボンドパットを通して電気伝導計測を可能とするような形状に電極を引き出す。この引出し電極をグラフェン位置に合わせて電子ビーム露光を行い，金属の蒸着/リフトオフにて電極を形成する。筆者らの実験ではTiを電極として用いている。

高ドープ導電性Si基板を用いることで，チャネルにゲート電界を印加して伝導変調を行うことができる。90 nm SiO_2の場合，約30 V程度のゲート電圧を

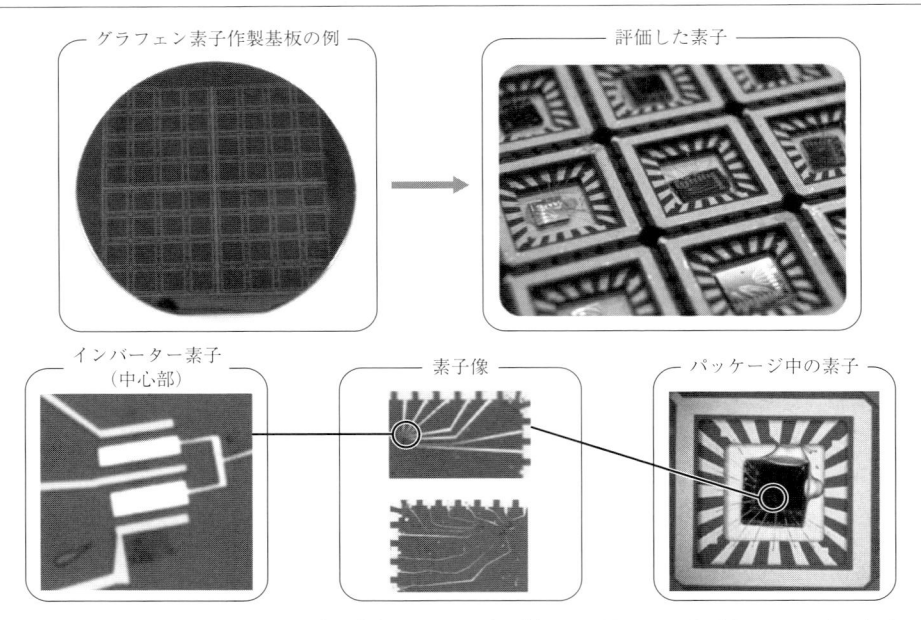

図12.8 剥離グラフェンを用いた素子作製の例。SiO_2/Si 基板上に電極パッドを形成し，この中に素子を作る。これを分離して，計測用パッケージに入れて電気伝導を計測する。

印加することができる（通常バックゲートと呼ばれている）。バックゲートでは基板全体の電位を変えるので，局所的に電界変調することはできないため，局所電界印加にはグラフェン上に追加ゲート電極を形成する（一般にトップゲートと呼ばれている）。トップゲート電極は，電極形成とまったく同様にパターンを電子ビーム露光で転写し，ゲート絶縁膜と金属を積層する。ゲート絶縁膜には，無機系薄膜である SiO_2 や SiN_x，もしくは有機系絶縁膜などが使われることが多いが，ゲートリークを防ぐために数十～数百 nm 厚とすることが多く，結果として十分なゲート電界を印加するために大きなゲート電圧を印加しなければならない。これに対して，筆者らの実験では，グラフェン上に単純に Al を抵抗加熱で 30～50 nm 程度の厚さで蒸着するだけで，Al/グラフェン界面に絶縁膜が形成される。実際には，Al の蒸着後に不要部位のリフトオフ，計測用パッケージへの接着とワイヤーボンディングを空気中で行うため，Al は約 1～2 時間は空気にさらされる。この間に Al/グラフェン界面に酸素が拡散し，絶縁膜が形成されていると考えている。なお，絶縁膜化は Al 薄膜の表面にとどまるため，Al 表面をプローブ針で突くと簡単に表面絶縁膜が壊れ電気伝導を得られる。このため，グラフェンに対してゲート電界を印加することが可能となる[15],[16]。

〔4〕ま　と　め

原子スケールの厚さのみのグラフェンの特性を議論するためには，材料の標準化が必須である。標準化の最初の手順が層数確認であり，これを前提として，種々のグラフェンの欠陥や不純物などに関する物性を比べられるようになる。残念ながら，グラフェンと称した薄膜グラファイトの実験結果を報告している論文や発表が続出している。注意して内容を理解しないと，グラフェンの特性を統一的に捉えることが難しい。このような混乱が，さらなる発展を阻害してしまう。

厚薄やサイズの多彩なグラファイト/グラフェン片の中から，見つけた層膜が 1 枚か 2 枚かを見分けるためには鍛錬が必要であり，"これ以上薄い色の膜はない"と，自信をもって断言できるようになるには数週間でも難しいかもしれない。多くの場合，ここまでたどり着くまでに根が尽きる。すでに感覚をつかんだグラフェン研究者のところで，グラフェンの光学顕微鏡での見つけ方を習っても，使っているシリコン基板の若干の違いや光学顕微鏡の光量やレンズを通した色具合の違いによって，同一のグラフェンでも少しずつ見え方が違う。このため，"希望的グラフェン"や"おそらくグラフェン"が，時流に乗って"グラフェン"になってしまう。普遍的な研究成果を次世代に引き継ぐために，せめて層数は確定したい。原子薄膜の伝導機構解明と制御の研究は始まったばかりで，標準をおさえた研究を続ければ，さらに新しい未知の物性や未来素子の開拓などの可能性が存分に存在すると思われる。

謝　辞

本研究の一部は，科学研究費補助金（課題番号17069004 および 21241038）の支援により行った。この研究は神田晶申 博士（筑波大学）との共同研究であり感謝する。

12.1.2　固体上のグラフェン成長技術
〔1〕　はじめに

グラファイトからの剥離法によるグラフェンの特異な電子輸送として，これまで室温で 200 000 cm^2/V·s という非常に高い移動度が報告され[17]，さらにその特異なバンド構造を反映したクライントンネリング[18),19)]，超伝導近接効果[20)]，長いスピン拡散長[21)～23)]などの実験結果が相次いで報告されてきた。既存の電子デバイスの性能をしのぐ応用への期待が高まっているが，グラファイトから剥離した微小なグラフェン薄層膜片では実用性が乏しく，固体基板上への大面積グラフェンの成長技術が重要になる。これまで，固体上の大面積グラフェンの成長として有望な方法としては，ニッケル[24)～26)]やプラチナ[27)]，イリジウム[28),29)]，ルテニウム[30)]などの遷移金属上への CVD 成長，銅フィルムへの CVD 成長[30),31)]，SiC の表面層の熱分解による成長がある[32),33)]。遷移金属上への CVD 成長は基板金属との結合が強く，絶縁膜上への転写が必要となる。一方，半絶縁性シリコンカーバイド（SiC）基板の熱分解により基板表面にグラフェンを生成する方法は，金属表面にグラフェン CVD 膜を生成する場合のようにほかの絶縁体（あるいは半導体）転写技術を必要としない大面積のグラフェンを作製する有望な方法である。最近，比較的高い背圧の不活性ガスなどを用いることにより Si 面 SiC [0001] 上に制御性良く単層グラフェン膜の成長が可能であることが数グループから相次いで公表された[34)～36)]。IBM グループは 1×10^{-5} Torr のジシラン中で 1 300 °C において単層グラフェンを成長し[35)]，エアランゲン大学（ドイツ）のグループは 900 mbar（6.75×10^2 Torr）のアルゴン中，1 650 °C で成功させた[34)]。筆者らのグループも窒素雰囲気 2 Pa（1.5×10^{-2} Torr）中において 1 500 °C で単層グラフェンの成長に成功した[36)]。いずれのグループも高品質なグラフェン膜が成長できていることを種々の解析方法により明らかにしている。三者三様に適正圧力，適正温度が異なるのは使用している不活性ガスが SiC 表面のシリコン原子の分解を押さえ込む割合が異なるためと考えられる。ここでは，まず金属上へのグラフェンの成長について述べ，つぎに SiC の熱分解法とその単層グラフェン膜のさまざまな評価結果について詳述する。最後にその他の基板への成長方法に触れ，さまざまな固体上へのグラフェン成長方法の特徴についてまとめる。

〔2〕　金属上へのグラフェンの作製

ニッケル[24)～26)]やプラチナ[27)]，イリジウム[28),29)]，ルテニウムなどの遷移金属上への CVD 成長は，SiC の熱分解の温度と比べて比較的低い 800～1 000 °C 程度の温度で，生成可能であることが特徴である。後述する SiC 上のグラフェン生成温度（1 300～1 600 °C）と比べて低いのは金属の触媒作用によるものであろう。CVD として用いられるアセチレン[25)]やメタン[26)]などの炭化水素分子から分解した炭素原子が金属に溶け込み，表面にグラフェンとして析出してくる。長時間かければ単層膜の上にも 2 層目のグラフェンが成長してくるが，下地の金属からグラフェン 1 枚隔てているため成長が遅く，単層グラフェンの成長に向いている。生成したグラフェン膜の LEED 像からすると優れた結晶ができていることを示唆している。大島らは[24)]直径 1 cm 以上の Ni 単結晶上に巨大なドメインのグラフェン生成を試みている。多くのグループは基板上の Ni 多結晶上に成長しているが，いずれのグループもミクロンオーダーの周期の"しわ"を観測している[25),26),37)]。このことは金属から絶縁基板への転写の必要性とともに Ni 上のグラフェン成長法の課題であろう（図 12.9）。

銅フィルムへの CVD 成長[27)]方法は，大面積グラフェン成長として注目されている新技術である。ラマン分光や FET 特性などにより比較的高移動度（電界効果移動度 4 050 cm^2/V·s）の単層グラフェンができていることが報告されている。移動度の確認もチャネル長 2 μm の FET による電界効果移動度であるため 100 μm オーダーでの移動度に関するグラフェンネットワークの均一性に関しては未確認であり，図 12.10 のラマン分光の走査データ[30)]で見る限り，さらに最適化が必要であるように思われる。銅フォイル上のグラフェン生成メカニズムは Ni 上の CVD と異なり，炭素原子は銅基板中には溶け込まず，表面吸着をしているようである[31)]。

〔3〕　SiC 上のグラフェンの作製と表面モフォロジー

SiC 上のグラフェンの作製は当初超高真空中の SiC の解析から発見され，そのため超高真空中での研究報告が多かった[32),33)]が，不活性ガス中のほうが制御性良くグラフェンの生成が可能であることが判明した[34)～36)]。ここでは，そのような不活性ガス中のおもに単層グラフェンの生成と解析結果について述べる。まず，反射炉を用いて Si 面の 4H-SiC 基板表面を熱分解し，グラフェンネットワークを形成する。その温度

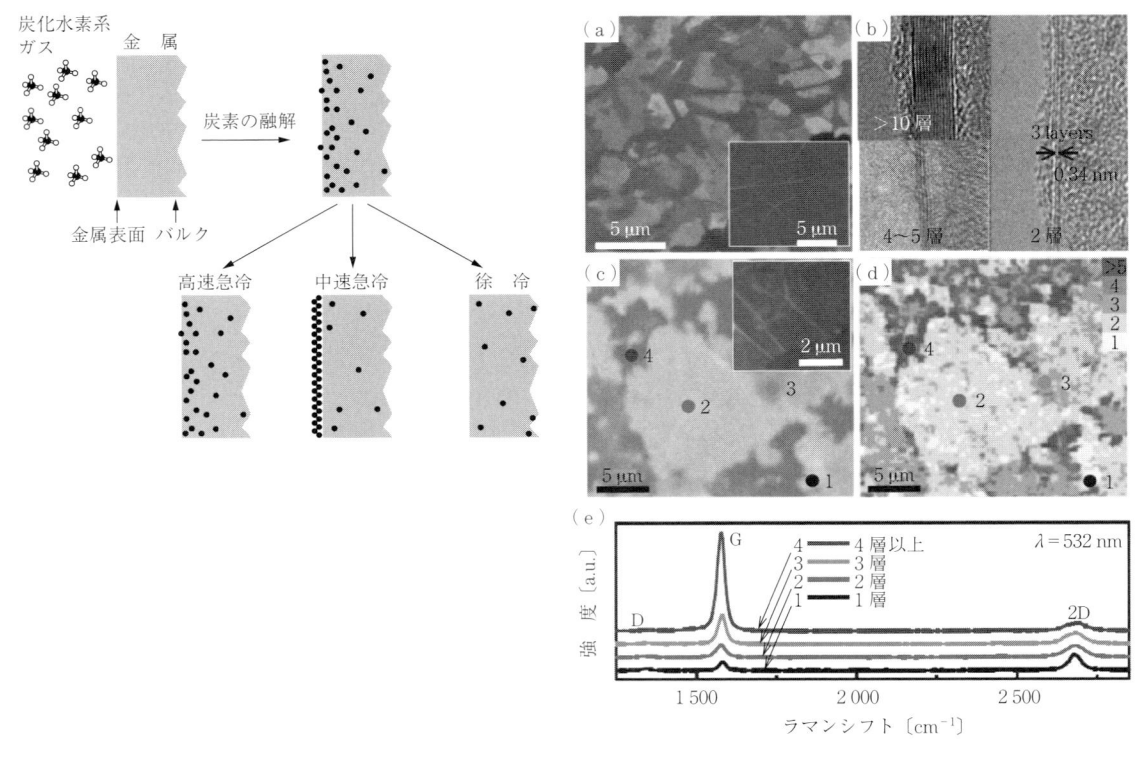

図 12.9 Ni 上のグラフェン生成機構[25] の模式図（左上）．右図[26] は多結晶 Ni 上のグラフェンの（a）SEM 像，（b）しわの部分の TEM 像，（c）300 nm の酸化膜上に転写されたグラフェンの光学顕微鏡像，（d）ラマン走査像，（（c）の光学顕微鏡像に対応している）．（e）ラマンスペクトル．スペクトル線は（c），（d）の図中のスポットの数字（層数）に対応している．右図（a），（c）の挿入図に見られるようなしわは Ni 上のグラフェンに共通して見られる[25], [26], [37]．

プロファイルを**図 12.11** に示す[36]（c）．

最初に水素雰囲気中，1 370°C で 15 分程度表面エッチングを行い，その後温度を 500°C まで下げて窒素で置換し，窒素雰囲気のまま真空引きをして 2 Pa で安定させ 1 500°C で炭化する．水素表面エッチング後の基板表面はステップバンチングを起こすため，SiC 表面は，**図 12.12** に示すようにテラス幅 0.2 μm，段差 0.5 nm のステップ形状が見られる．段差 0.5 nm は 4H-SiC［0001］の c 軸方向のポリタイプの周期（1 nm）の 1/2 となっている．炭化プロセス中は SiC 約 3 層分のシリコン原子を飛ばして残った炭素原子が単層のグラフェンを形成することになる．

最初の炭素原子ネットワークは第 0 層あるいはバッファー層と呼ばれ，電気伝導はほとんどない（数百 pA オーダーの電流が流れる）．バッファー層を構成する炭素原子の 1/3 は基板の SiC 結晶のシリコン原子と共有結合をしているからである．そのバッファー層の上に形成される炭素原子ネットワークは，バッファー層の炭素原子とは共有結合はせず，ファンデルワールス力で引き付けられたグラフェン層となる．その様子を**図 12.13** に示す．

単層グラフェン層形成後の基板表面の AFM 写真を**図 12.14** に示す．炭化プロセスによりステップバンチングのテラス幅が伸びていることがわかる．ステップのテラスは必ずしもグラフェンの境界になっているわけではなく，グラフェン層は SiC 基板のステップを覆って広がっている描像が受け入れられている（**図 12.15**[33]）．

したがって，SiC 基板のステップバンチングによるテラスサイズが必ずしもグラフェンのグレインサイズとは限らない．テラスサイズは数百 nm～数 μm が報告されている[34]〜[36]ので，小さく見積もってテラスエッジにグレイン境界があるとしても平均自由行程は 10^{-1} nm であるため，現在の輸送特性からでは判定できない．これは，SiC から大面積のグラフェンを酸化膜基板上に転写してフリースタンディング状態で移動度がどこまで伸びるか判定すればはっきりするであろう．

SiC 上に形成されているグラフェンのバンド構造は超高真空で角度分解光電子分光（ARPES や ARUPS）

12.1 グラフェンの作製

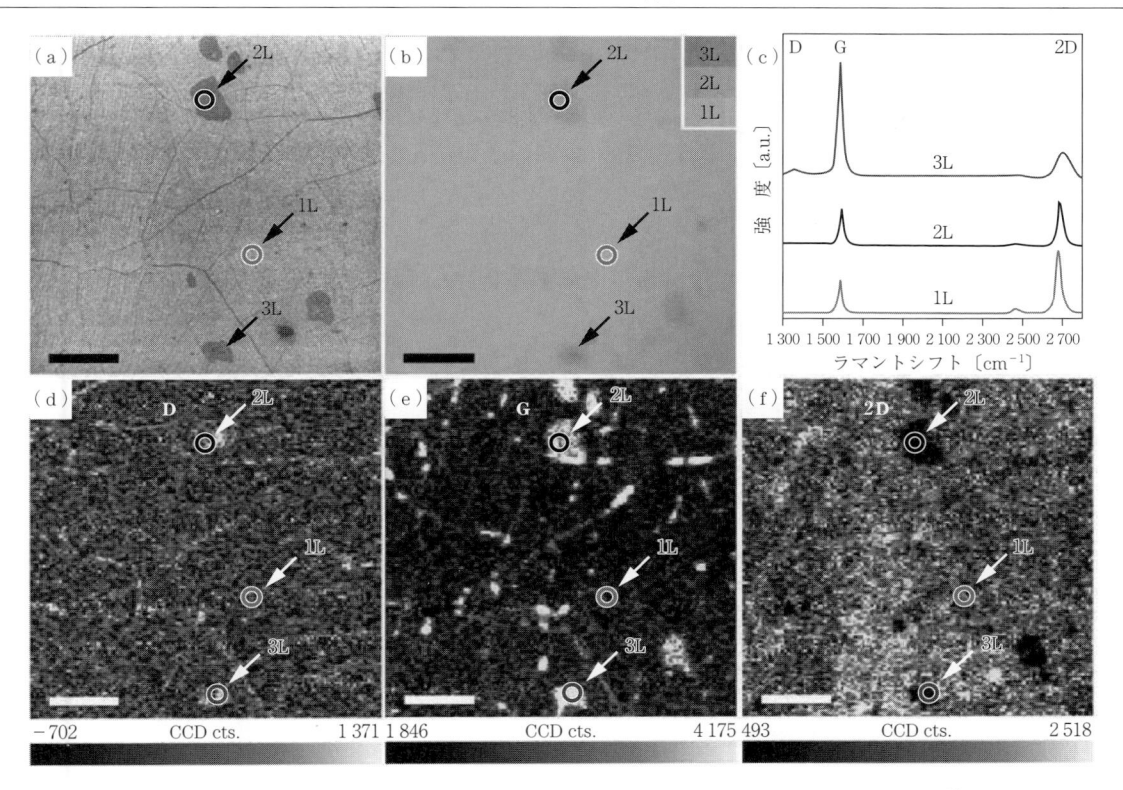

図 12.10 SiO$_2$/Si 基板上に転写された Cu 上に生成されたグラフェンの各種顕微像およびラマンスペクトル[30]。(a) SEM 像, (b) 光学顕微鏡像, (c) ラマンスペクトル。曲線は SEM 像, 光学顕微鏡像中の矢印のスポットの場所からの信号に対応している。(d)~(f) はそれぞれ D (1 300~1 400 cm^{-1}), G (1 560~1 620 cm^{-1}), 2D (2 660~2 700 cm^{-1}) 各バンドのラマン走査像。スケールバーの長さは 5 μm。(a), (b), (d), (e), (f) 中の 1L, 2L, 3L の矢印は (c) のラマン信号を採取した場所を示す。3 本のラマンスペクトルはそれぞれ試料上の矢印先端の場所からの信号に相当する。

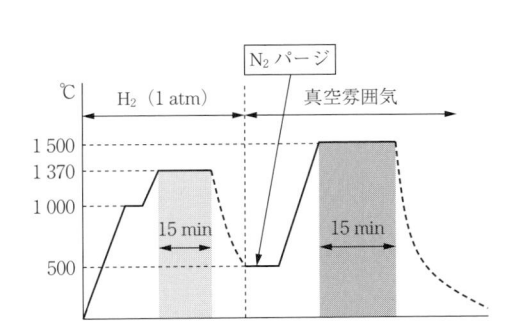

図 12.11 グラフェン形成の温度プロファイル。水素雰囲気中で SiC 表面をエッチングし, 水素パージ後に窒素 2 Pa 雰囲気中でグラフェンを形成する。

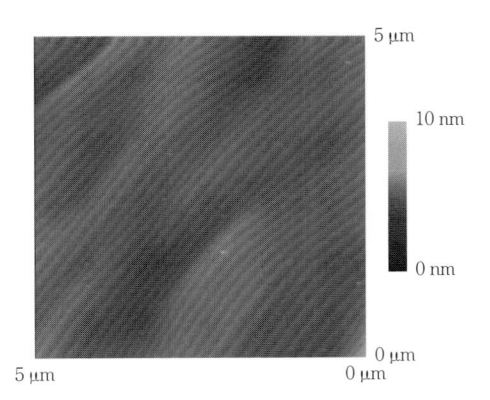

図 12.12 水素エッチング後の SiC 表面モフォロジー。ステップバンチングによりテラス幅 200 nm, ステップ段差 0.5 nm となる。

300　12. グラフェンと薄層グラファイト

（a）　　　　　　　　　　　　　　　　　（b）

- グラフェン層の炭素原子
- バッファー層の炭素原子
- バッファー層の炭素原子（SiC基板のシリコン原子と結合している原子）
- SiC基板中のシリコン原子
- SiC基板中の炭素原子

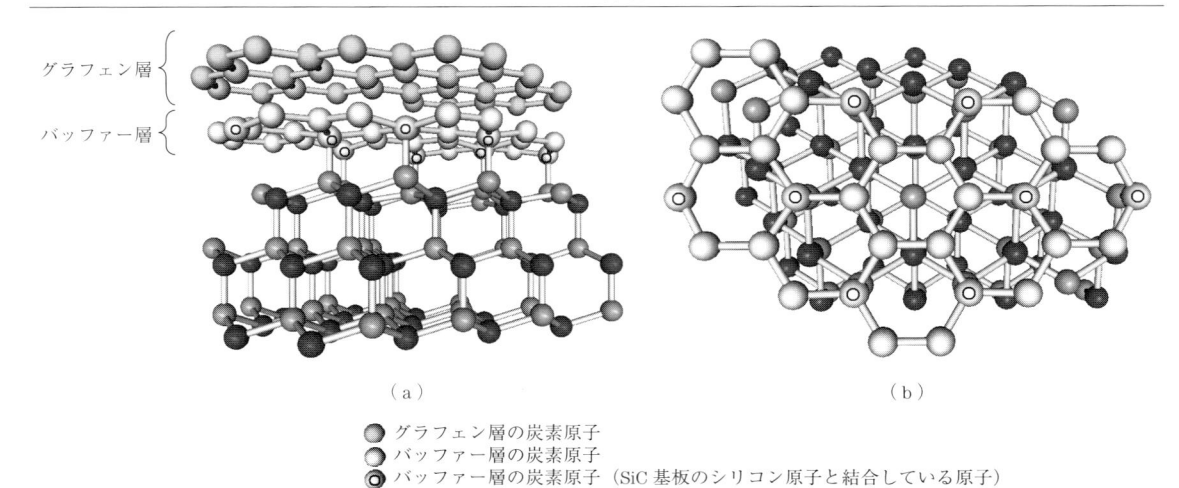

図 12.13 SiC（Si面）上のグラフェンの模式図。実線は共有結合を表している。（a）側面図においてはグラフェン層と SiC 基板の間にバッファー層が存在し、1/3 の炭素原子（◎印で表示）は基板のシリコン原子と共有結合していることがわかる。グラフェン層はその上にファンデルワールス力で結合して重なっていく。（b）平面図においては紛らわしいので SiC 基板とバッファー層のみ描いてある。第1層グラフェン層はこの上に AB 積層配置で重なる。

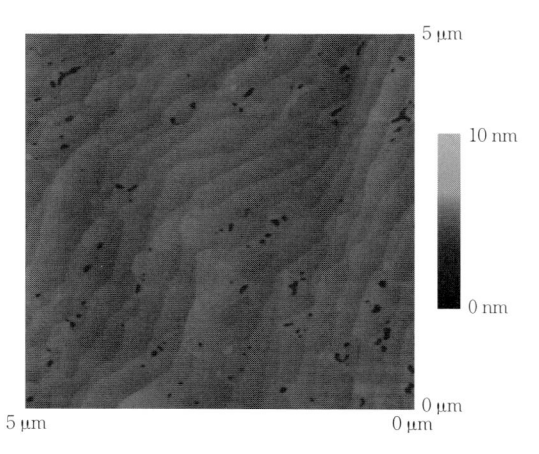

図 12.14 グラフェン形成の表面モフォロジー。テラス幅が図 12.10 より伸びていることが見てとれる。炭化後のテラス幅の広がりは形成条件によりさまざまであるが、10 μm もの広さのテラスも報告されている[21]。

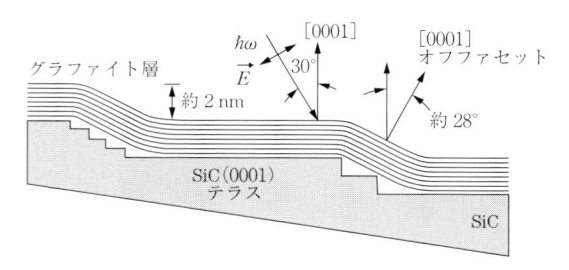

図 12.15 SiC ステップバンチング上に形成されたグラフェンのモデル。Th.Seyller らの STM 観察により確認された[18]。

により明確に確認されている。**図 12.16** に ARUPS の結果を示す[33]。K 点で π バンドと π* バンドが線形に交差していることが見て取れる。

〔4〕 **SiC 上グラフェン層の膜厚の解析**

形成されたグラフェン層の同定および層数の同定はそれぞれ低エネルギー電子回折（LEED）および低エネルギー電子顕微鏡（LEEM）で評価する[38]。**図 12.17**（a）の六角形（1×1）LEED 像はグラフェン層からの回折、グラフェンスポット周りのサテライトスポット $6\sqrt{3} \times 6\sqrt{3}$ はバッファー層からの回折、グラフェンスポットの間の薄い回折像は SiC 基板からのものである[36(c)]。

図（b）の LEEM 像（加速電圧 5 eV）は白い領域が単層グラフェン、灰色領域が2層グラフェンからの干渉像である[38]。面積比でいうと単層領域が 83%、2層領域が 17% で大部分が単層グラフェンであることがわかる[36(c)]。ラマン分光によっても多くの情報が得られ 2D ピークの半値幅はグラフェン層数を反映して変わるため、その半値幅からグラフェン層数情報が得られる。単層膜の場合はひずみのない酸化膜上に置かれたグラフェンで半値幅 30 cm^{-1} であるが、SiC 上に作製した場合は、強いひずみのため半値幅 45 cm^{-1} 程度となる[37),39]。その例を**図 12.18** に示す。これらの解析方法のほかに、〔5〕の電子輸送により単層膜グ

12.1 グラフェンの作製

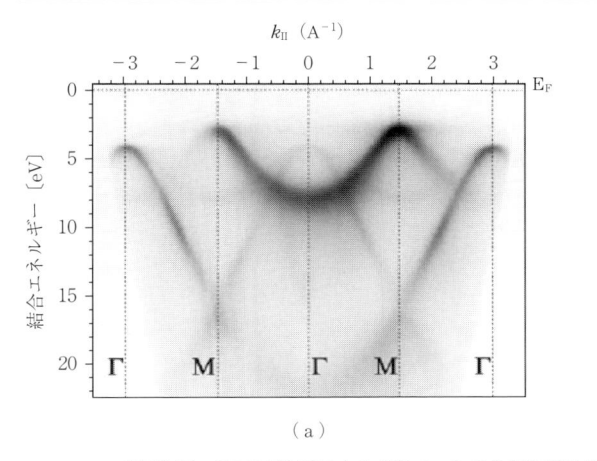

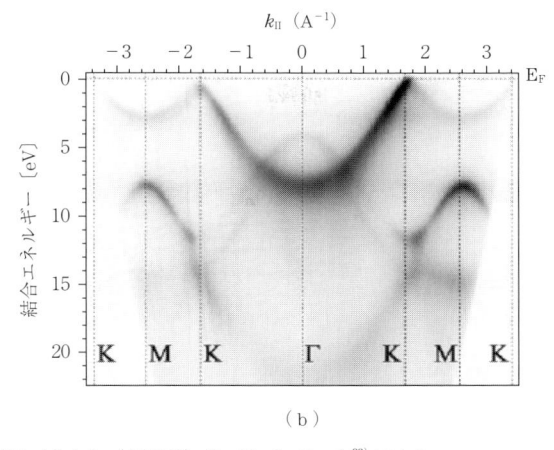

図 12.16 6H-SiC(0001)上のグラフェンの角度分解光電子スペクトル（ARPES）像。Th. Seyller ら[33]による。

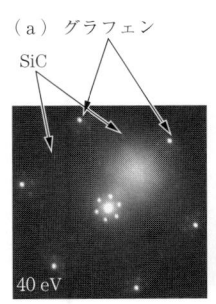

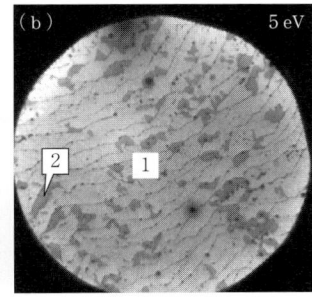

図 12.17 SiC 上のグラフェンの LEED 像（a）と LEEM 像（b）。LEEM 像（b）の中 1 と書かれている白い部分が単層グラフェン，灰色の 2 と書かれている部分は 2 層グラフェン領域である。17% が 2 層目で覆われているため全体を覆っている第 1 層グラフェンのうち 83% が表面に露出して見える[36(c)]。

ラフェンを確認することもできる。これについてはつぎに詳述する。

[5] SiC 上グラフェンの量子輸送特性

一般に，量子輸送を見るには，HOPG（highly oriented pyrolytic graphite）や天然グラファイトからの剥離法による高移動度試料[28),29)]でない限り困難ではないかと思われていたが，一般に移動度の低いことで知られる Si 面 SiC 上に作製した単層グラフェンでもシュブニコフ・ド・ハース振動が観測でき，そのランダウプロットの外挿点が 1/2 になること，弱磁場領域において弱局在を示す負の磁気抵抗が観測できた[36(c)]。本試料の伝導特性は，$50 \times 200\ \mu m$ のホールバーによるホール効果測定の結果，室温において移動度 $2840\ cm^2/V\cdot s$，シートキャリヤー密度 $6.7 \times 10^{11}/cm^2$，$T=1.4\ K$ で移動度 $4800\ cm^2/V\cdot s$，シートキャリヤー密度 $8.2 \times 10^{11}/cm^2$ が得られている。図 12.19

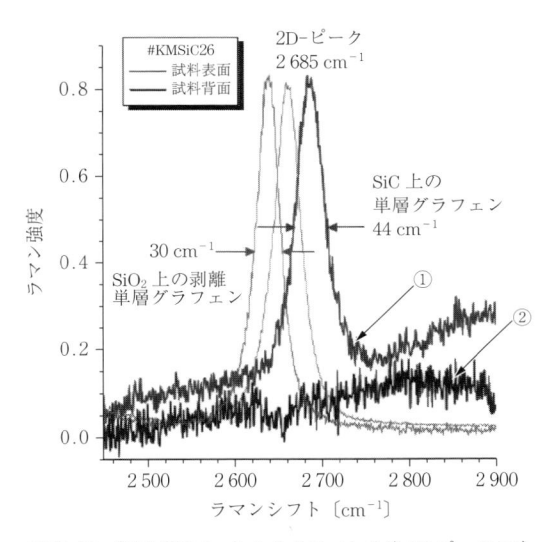

図 12.18 単層グラフェンからのラマン分光 2D ピークの半値幅の比較[36(c)]。①は SiC 表面上の SLG（単層グラフェン）からの信号，②は SiC 基板裏面からの参照信号である。

にシュブニコフ・ド・ハース振動を，図 12.20 にランダウプロットを示す。

これらは SiC 上（Si 面）に作製した単層グラフェンの質が良いことを示している。$10\,000 \sim 200\,000\ cm^2/V\cdot s$ の移動度はグラフェンに隣接した界面の電荷やイオンの存在で決定される。SiC と強く結合した高抵抗カーボンネットワーク層（バッファー層）上に乗っているグラフェン層の移動度が $5\,000\ cm^2/V\cdot s$ 程度止まりなのはこのことに由来すると考えられる。比較的大きな領域を持つホール効果試料による高移動度や量子輸送特性は SiC 上にエピタキシャル成長したグ

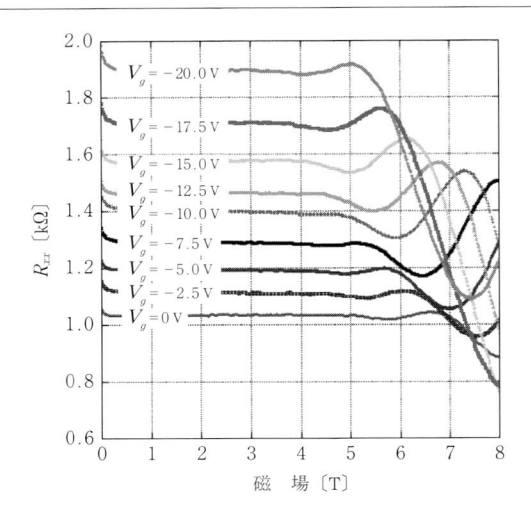

図12.19 平均グラフェン膜厚 1.17 ML のグラフェン試料（図12.17（b））を用いて作製したゲート付きホールバーのシュブニコフ・ド・ハース振動

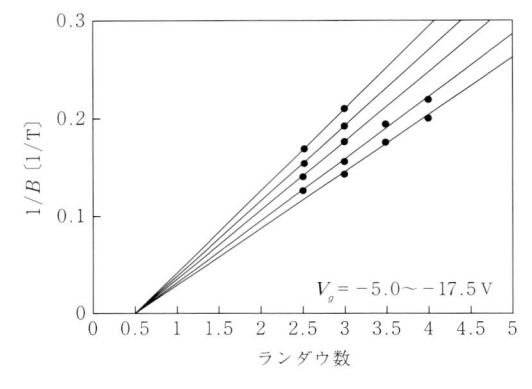

図12.20 ゲート付きホールバー構造のランダウプロット。ランダウ指標の外挿点は 1/2 でよく合っており，単層膜であることを示す。

さて，図 12.19 および図 12.20 の SdH 振動は，比較的移動度が低いにもかかわらず，明らかにゼロエネルギーにランダウ準位が存在する単層グラフェンの特徴を示している。また，量子ホール効果を見ると，移動度が低いため明瞭なプラトーではないもののフィリングファクター $\nu=6$ および 10 に相当する場所に明瞭な磁気抵抗の曲がりが見られ，$\nu = g_s(n+1/2)$ の関係[40]を満たしていることがわかる。ここで，g_s は縮重度 4，n はランダウ指標である。縮重度 4 は，バンド数の 2 とスピン自由度の 2 からきている。以上の結果から，測定試料（図 12.19）は単層グラフェン膜であることが明らかになった。

〔6〕 オンオフ比とバンドギャップ

グラフェンのバンド構造上の特徴は，バンドギャップが存在しないことである。フェルミ準位がディラック点にそろっていても電流が流れてしまうので，ゲート電極を用いて電界効果による電流制御をしようとするとゼロバンドギャップに由来するオンオフ比を大きく取れないことがデバイス応用上問題になっている。SiC 上にエピタキシャル成長したグラフェンではどうであろうか。

剥離法で作製したホールデバイスではオンオフ比は 10 と報告され[17]，ディラック点での有限のコンダクタンスは $4e^2/h$（理論的な予想とは π だけのずれがある）に近い実験データが多く報告されている[41]。これに対し，SiC 上にエピタキシャル成長したグラフェンではオンオフ比が向上し，1.4 K の低温ではオンオフ比 100 以上と格段に大きくなっていることが見られる[36(b)]。このことは，何らかの理由によりバンドギャップが開いていることを示唆している。Si 面 SiC [0001] に形成した単層グラフェン膜は，バッファー層の一部の炭素原子が基板の SiC と共有結合していることと，高温で形成されたために残留ひずみの影響を受ける。そのため系に強い非対称性が導入され，バンドギャップが開くことが予想されている[42],[43]。最小コンダクタンスの比較を**図 12.21** に示す。図からわかるように，SiC 上のグラフェンのコンダクタンスは，ゼロギャップでの最小コンダクタンス（$4e^2/h$）よりはるかに小さなコンダクタンスを示している。このことは何らかの理由でバンドギャップが開いていると考えざるを得ない。SiC 上に成長したグラフェンのバンドギャップが開くことを説明するための物理的背景については，いまだ論争中[44]であり，決定的なことはいえない。なお，これらの測定はホールバー素子を用いた四端子測定なので，コンタクト抵抗分が加わっているわけではないことを付記しておく。

ラフェン膜が SiC テラス幅を超えて広い領域で欠陥の少ない構造を保っていることを示唆している。グラフェン膜数制御がしやすいため，これまで Si 面上に形成したグラフェンについて述べてきたが，C 面上にもグラフェン形成ができる。ただし，C 面上は一度に 10 層程度の多数のグラフェン膜ができやすく，また積層の仕方は AB スタックしたグラファイトとは異なり，グラフェン面が少しずつ回転して積層しているため電子輸送を測ると単層膜の性質を反映して高移動度が発現しやすいようである[32]が，単層膜を分離して評価しないと Si 面 SiC 上のものとの直接の比較は正確ではなく，ほかの基板に転写することでまた別の問題が入ってくるので，ここでは議論をすべて Si 面 SiC 上のグラフェンに限っている。

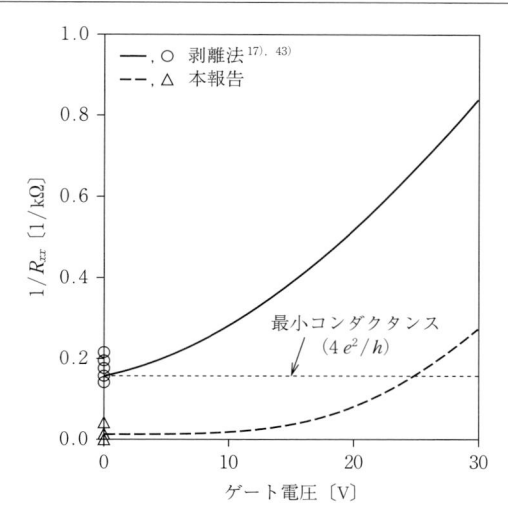

図 12.21 最小コンダクタンスの比較[36(b)]。$4e^2/h$ 近辺に集中している剥離法での報告例(実線および白丸)のデータは文献 17),43)から引用されている。破線および三角印は文献 36(b)に報告された SiC 上に形成されたグラフェンの実験データである。SiC 上に形成されたグラフェンでは最小コンダクタンス($4e^2/h$)より 1 桁程度小さな値になっていることがわかる。

[7] そのほかの固体上のグラフェン成長の試み

いわゆる分子線エピタキシー法に似た固体ソースからシリコン酸化膜基板への炭素照射とその上に蒸着したニッケル薄膜への RTA(rapid thermal annealing)による炭素の溶融,ニッケルからのグラフェン析出といったグラフェン成長の試みも報告されている[45]。この方法はニッケル薄膜をエッチングできるというメリットを持つ。また,炭化水素の CVD による Ni 上のグラフェン成長においても基板を工夫してフレキシブルな基板にグラフェンを転写する方法[30]も提案されている。

[8] まとめ

これまでポリタイプ SiC(4H-SiC や 6H-SiC)上の単層グラフェンの作製方法やその評価結果などを中心に述べてきた。将来のデバイスの大規模集積化を考えれば SiC 基板の価格の問題は無視できない。そのため Si 上に 3C-SiC を成長させた上にグラフェンを作製する研究もあるが今回は紹介する余裕がなかった。**表 12.1** にさまざまな固体上へのグラフェン成長法の比較を示す。いまのところ,大面積の単層グラフェンで期待の持てるデータを出しているのは Cu フィルム上の CVD 法と SiC の熱分解によるエピタキシー法である。

どちらもグラファイトの剥離法に迫る良質の単層膜の成長に成功しているが,SiC のほうが一様性(AFM,ラマン)や広領域にわたる移動度,量子輸送解析,ARPES,LEEM,LEED,ラマンなど確固としたデータに支えられているように思われる。さらに広範囲のデバイス領域までグラフェン・エレクトロニクスの発展を考えると,ゼロギャップに由来する FET のオン・オフ比の問題を解決しなければならないという課題が残る。これはグラフェン共通の課題であり,さまざまな提案がなされ議論が百出している状況である。今後の発展を期待したい。

表 12.1 固体上へ成長したグラフェンの評価比較

	固体上のグラフェン				剥 離
	熱分解	CVD	CVD	電子線蒸着+急熱アニーリング	
基板	SiC(シリコン面)	Ni*	Cu	SiO_2/Si + Ni 蒸着	SiO_2/Si
Source	SiC	ハイドロカーボン	ハイドロカーボン	(固体ソース)	グラファイト
グラフェン面積	>10 mm□	>10 mm□	>10 mm□	2〜3 µm□	20 µm〜100 µm□
ホール移動度 μ (デバイスサイズ)	4 850 $cm^2/V \cdot s$ (100×50 μm^2)	3 750 $cm^2/V \cdot s$ (5×5 μm^2)		30〜40 $cm^2/V \cdot s$	5 000〜200 000 $cm^2/V \cdot s$
電界効果移動度 μ	6 000 $cm^2/V \cdot s$		4 050 $cm^2/V \cdot s$		
	SiC	SiO_2	SiO_2	SiO_2	SiO_2
LEED	○	○			○
LEEM	○				
ARPES	○				
RAMAN	○	○	○	○	○
FWHM (2D)	44 cm^{-1} SiC 基板上(ひずみ)	30 cm^{-1} SiO_2/Si 基板上	30〜40 cm^{-1} SiO_2/Si 基板上	30〜40 cm^{-1} SiO_2/Si 基板上	30 cm^{-1} SiO_2/Si 基板上

*Ni 以外の遷移金属(Pt,Ru など)への CVD 法の結果の分類は省略

12.1.3 大面積グラファイト膜の作製と応用
〔1〕は じ め に

高品質グラファイトには気相法による高配向性グラファイト（HOPG），液相法による Kish グラファイト，高分子から固相法で得られるグラファイトがある。ここで高品質グラファイトとは事実上すべての結合が sp^2 結合からできており，単結晶と同等の配向性，物性を持つグラファイトのことである。HOPG や Kish グラファイトが小型ブロックや鱗片状の結晶としてしか得られないのに対して，高分子固相法では大面積フィルム，大型ブロック，複雑な形状のグラファイトが作製でき，熱拡散シートや放射線光学素子として重要な工業材料となっている。図 12.22 には高分子から得られる高品質グラファイト製品の例を示す。高分子固相法に関する報告は 1986 年になされ[46]，現在，6種類の芳香族ポリイミド（PI），ポリオキサジアゾール，ポリパラフェニレンビニレンが知られている[47)～51]。ここでは PMDA/ODA 型 PI を取り上げ，その炭素化・グラファイト化反応，物性，応用について述べる。

〔2〕 ポリイミド（PI）の炭素化・グラファイト化

高品質グラファイト製造のためには，① 分子配向した耐熱性高分子を用いること，② 熱分解過程で気化・溶融せず炭素前駆体を形成すること，③ 炭素前駆体が分子配向を保持して炭素化すること，④ プロセス制御によりグラファイト構造を成長させること，などの条件が必要である。

PMDA/ODA は，熱処理温度（HTT）が 500～600℃の温度領域で熱分解を起こし，透明黄色である外観は不透明黒色に変化し 800℃付近では光沢を持つ黒色となる。熱分解反応はまずイミド環の解裂に始まり，炭素前駆体（重量約 55%）が形成される。1 000～2 000℃の間では外観上の変化はほとんどなく電気伝導率などの物性変化も少ないが，この温度領域では炭素化と炭素縮合多環構造の成長が起きる。さらに，2 000℃以上の温度領域で急激にグラファイト化反応が起き，フィルムは特有の輝きを持つ黒灰色（重量約 50%）となる。このとき，炭素原子再配列によるグラ

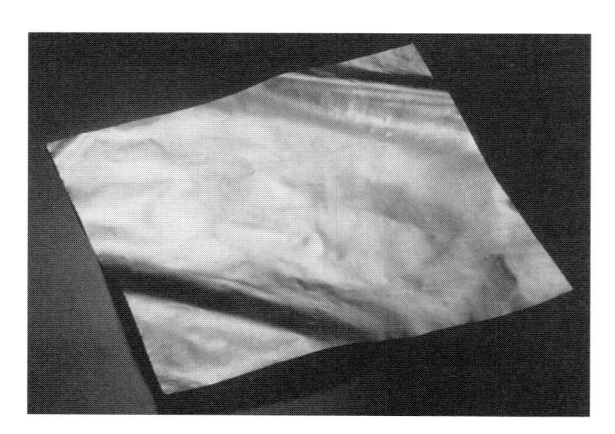

（a） グラファイトシート

（b） X線モノクロメーター

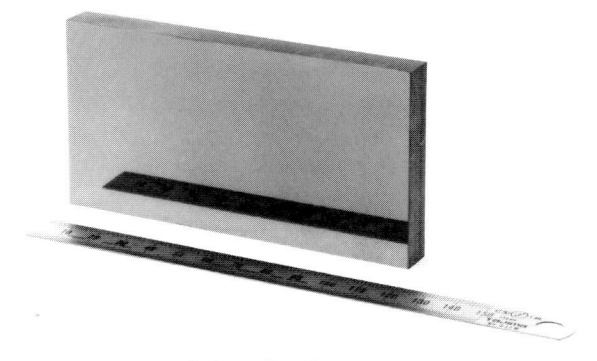

（c） 中性子線フィルター

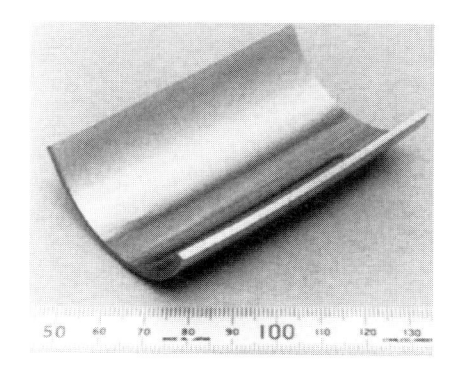

（d） トロイダル型 X 線集光素子

図 12.22 高分子固相法によって作製されるグラファイト製品の例

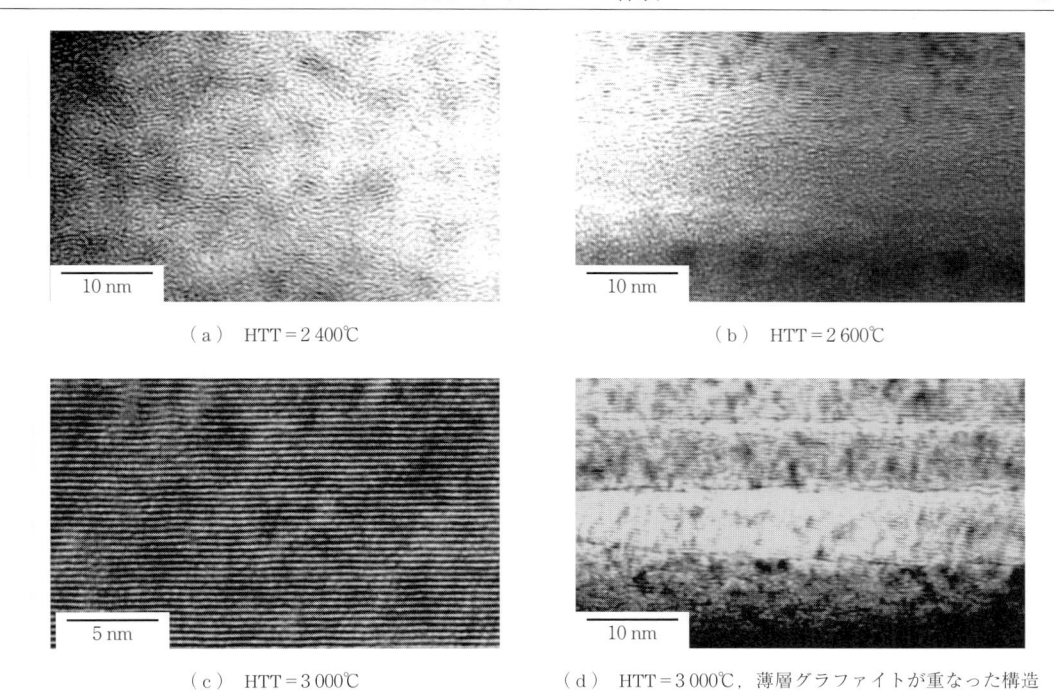

(a) HTT = 2 400℃
(b) HTT = 2 600℃
(c) HTT = 3 000℃
(d) HTT = 3 000℃，薄層グラファイトが重なった構造

図 12.23　熱処理 PMDA/ODA フィルム断面の TEM 像

ファイト化反応の進行に対応してフィルム厚さが薄くなる一方で面積は増加する。

各熱処理温度で得られるフィルム断面の TEM 像を**図 12.23** に示す[47]。HTT = 2 400℃では波打った形の炭素縮合多環構造層が観察されており（図(a)），この層は全体としてフィルム面と平行方向に配向している。2 600℃では炭素縮合多環体が互いにつながってグラファイト構造が形成され，層構造がしだいに明確になっている（図(b)）。すなわち，高分子の分子配向を反映した炭素前駆体が炭素縮合多環構造となり，それらが互いにつながりグラファイト化反応がスムーズに起こることがわかる。図(c)は 3 000℃におけるグラファイト層を拡大したものであるが，きわめて高品質のグラファイトになることがわかる。図(d)は製造プロセス制御によって得られる，層数およそ 20 層（すなわち $L_c=6〜7$ nm）の良質（L_a の大きな）のグラファイト薄層が積み重なった構造である。このような構造のフィルムに後処理を施すことで柔軟性に富むグラファイトシート（GS）を得ることができる[52]。

高分子のグラファイト化反応は原料の性質によって影響され，実際に高分子構造が同じでも，分子配向のない PI フィルムでは高品質グラファイトにはならないことが知られている。また，フィルムの厚さも影響

し，HTT = 3 000℃での面方向の電気伝導率は原料フィルムが薄いほど高くなる。例えば，50 μm の原料では 15 500 S/cm，25 μm では 20 000 S/cm，12.5 μm では 24 000 S/cm であり，この値はほぼ単結晶の値（25 000 S/cm）に匹敵する[53]。さらに薄い場合にどのような物性のグラファイトが得られるのかは興味深く，その極限はグラフェン膜である。

〔3〕　グラファイトシートの物性

高分子固相法によるグラファイトシート（GS）と従来法（天然グラファイトを原料とした膨張化グラファイトの圧延処理法）で製造されたシート NAGS の物性値[54]を**表 12.2** に示す。GS の電気伝導率や熱伝導率の値は NAGS より 10 倍大きく，引張強度，圧縮率，復元率などの機械的強度の点でも優れている。GS の面方向の電気伝導率は銅や銀のおよそ 1/20 であるが，電子密度は低く（原子 10 000 個当りキャリヤー 1 個程度），その移動度は大きい。熱伝導率は 1 200〜1 600 W/(m·K)であり，その値は銅の 3 倍（重量当りでは 12 倍）に達する。固体の熱伝導キャリヤーとしては電子，フォノン（格子振動），フォトン（放射）があり，金属では電子による熱伝導が，半導体（絶縁体）ではフォノンによる伝導が主体となる。GS の熱的性質はほぼフォノンによって記述でき，a-b 面方向の熱伝導率はグラファイト面を形成する炭素原

表12.2 高分子固相法による柔軟なGSと従来法(膨張化グラファイトの圧延処理法)で製造されたシートNAGSの物性値

		単位	特性値	
			GS	NAGS
熱伝導率	a-b面方向	W/(m·K)	1 200〜1 600	100〜200
	c軸方向		4〜6	2〜7
電気伝導率 (a-b面方向) (JIS K 7194)		S/cm	10 000〜16 000	1 000
密度		g/cm^3	1.8〜2.2	1.8〜2.2
引張強度 (ASTM-D-882)		MPa	40	4
圧縮率		%	71.3	44.4
復元率		%	76.6	34.2
屈曲性能 (JIS C 5016, $R=2$ mm, 135°)		回	10 000 以上	22
熱膨張率	a-b面方向	1/K	0.93×10^{-6}	1×10^{-6}
	c軸方向		32×10^{-6}	30×10^{-6}
吸水率 (JIS K 7209)		%	0	49

子間の強い結合に由来するフォノンによっており,a-b面方向とc軸方向の熱伝導率($5 W/(m·K)$)は300倍程度異なる。

〔4〕 熱拡散シートとしての特性と応用例

近年,マイクロプロセッサーの高速化やLEDチップの高性能化に伴う発熱量の上昇により,携帯電話,パソコン,PDAなどの小型電子機器やLED照明などにおける熱問題がエレクトロニクス分野での重要な課題となっている。熱伝導シートは発熱源の熱を広範囲に広げることによる冷却,ヒートスポットの緩和,放熱効率の向上を目的に使用されるものである。GSは実用的な熱伝導(放熱)シートとしては最高の特性を持っており,現在,携帯電話やLED照明の熱などを拡散・冷却するための放熱シートとして広く使用されている。

各種熱伝導シートとKSGS((株)カネカで商品化したGS)の熱拡散効果の性能評価実験結果の一例を表12.3に示す。(a)はヒーター(2.0W:サイズ10×10×1.8 mm)に熱伝導ゲル(熱伝導率$6.5 W/(m·K)$)を介して各種の熱伝導シート(サイズ:50×50×t〔mm〕)を貼り付け,赤外線熱画像測定装置でヒーター温度を測定結果である。ヒーター温度(熱拡散シートなし)は149℃であったが,熱拡散シートの使用により67〜90℃に及ぶ大きな温度低下が実現できる。中でもKSGSはほぼ同じ厚さのAlやCuよりもはるかに大きな温度低下効果を持っており,KSGS(40 μm)の使用によりヒーター温度を59.4℃にすることができる。また,KSGSはNAGSと比べても優れており,25 μmのKSGSはほぼ120 μmのNAGSに相当している。熱伝導シートの熱拡散効果はその面積が大きくなるほど大きくなる。KSGSの面積を変えたと

表12.3 熱拡散シートの性能評価結果
(注:(a),(b)の結果は環境温度が異なるため多少異なる)

(a) 各種熱拡散シート(面積:25 cm^2)を用いた場合のヒーター温度

熱拡散シート (厚さ:〔μm〕)	なし	KSGS (25)	KSGS (40)	Cu (36)	Al (25)	NAGS (120)
ヒーター温度 〔℃〕	149.0	62.7	59.4	71.5	82.9	61.8

(b) KSGS(厚さ:40 μm)の面積を変えた場合のヒーター温度

KSGSの面積 〔cm^2〕	なし	4	9	16	25	100
ヒーター温度 〔℃〕	147.1	101.0	68.9	56.8	47.9	38.6

きの効果を表(b)に示す。ヒーター電力2Wの場合,そのヒーター温度(30分後の温度)は147.1℃であったが,4×4 cm^{2}で56.8℃に,10×10 cm^{2}では38.6℃となった。

携帯電話のヒートスポット(HS)緩和効果のシミュレーション結果を図12.24に示す。図(a)はKSGSを使用しない場合の筐体断面と筐体表面の熱分布である。この機種では熱源の温度は93.7℃であり,筐体表面には2箇所にそれぞれ40.6℃,43.7℃のHSが,裏面には46.9℃および45.2℃のHSが存在する。図(b)は裏面側筐体内部にKSGSを貼り,発熱源との間を熱伝導ゲルで接続したときの温度分布である。発熱源の温度は48.1℃に低下し,裏面およびキーパット側のHSをなくすことができる。

LEDデバイスにおいてもそのパワー密度が向上するにつれてその熱対策が重要課題となっている。実装法は低パワー用砲弾型,表面実装型,チップオンボー

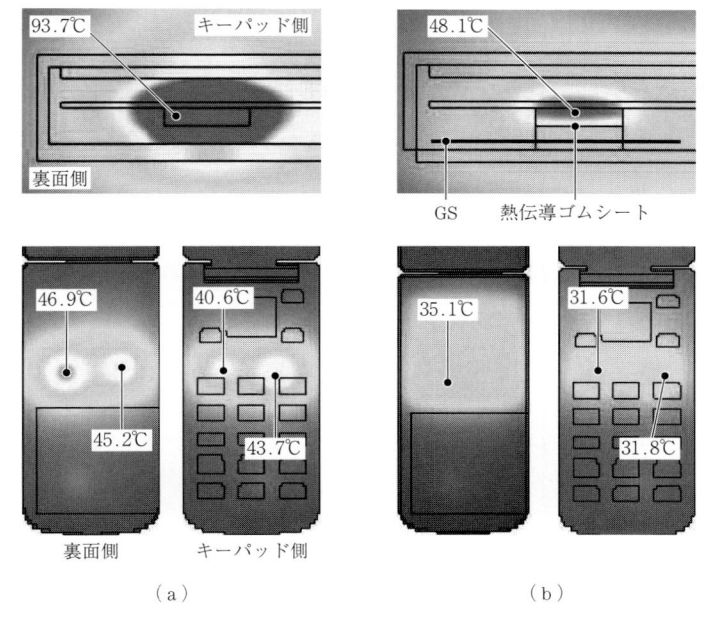

図 12.24 (a) 携帯電話のヒートスポットの例。(b) 裏面筐体に KSGS を貼り付け，熱源と熱伝導ゴムで接続した場合。裏面およびキーパット側のヒートスポットはいずれも消失している。

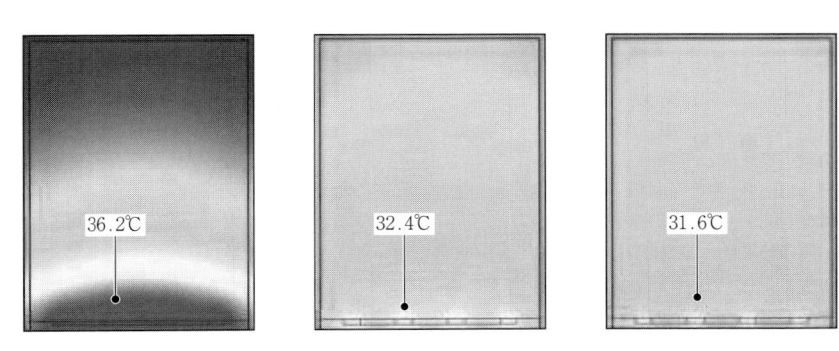

図 12.25 LED 液晶バックライトへの応用
(a) 熱対策を施さない場合の熱分布。面内最大温度差 13.3℃。(b) 液晶裏面に KSGS（25 μm）を貼った場合の熱分布。面内最大温度差 4.3℃。(c) 液晶裏面に KSGS（40 μm）を貼った場合の熱分布。面内最大温度差 3.4℃

ド型へと進歩してきたが，モジュールにおいても発熱分布の均一化，熱伝導効率の改善が必要である。図 12.25 は LED 光源を用いた携帯電話の液晶バックライトの温度分布シミュレーションである。当初，画面上の最高温度は 36.2℃，面内の最大温度差は 13.3℃であったが，CD 基板の裏側に 10 μm の厚さの両面テープを介して 25 μm の KSGS を貼り付けると最高温度は 32.4℃，最大温度差は 4.3℃に，40 μm を用いると最高温度は 31.6℃，最大温度差は 3.4℃にできる。

ここでは 2 例を示したが，高分子固相法による GS は現在熱拡散シートとしてエレクトロニクス分野で広く使用されている。

〔5〕ま と め

近年，炭素材料の研究は急速に進捗しており，中でも CNT やグラフェンはその優れた物性（高電気伝導率，高電子移動度，高熱伝導率などのゆえに 21 世紀の新素材としての期待が高まっているが，まだ工業材料としての大きな応用には結び付いていない。一方，高分子固相法による GS は現在重要な工業材料として認知されており，この素材が CNT やグラフェン実用化の先兵となることを願っている。

12.1.4 大面積グラフェンの低温成長

透明導電膜は液晶ディスプレイ，タッチパネル，発光ダイオード，太陽電池などで一般的に使用され，エレクトロニクスの多くの分野でたいへん重要な部品となっている。透明導電膜は今後ますますその重要性を増すと考えられる。一方，透明導電膜としておもに使用されているITOは，材料の需要と供給の関係から，価格の高騰や安定供給が問題となっている。そのためITOに代わる透明導電膜材料の探索が続いている。

グラフェン膜はITOを代替する透明導電膜の候補として期待されており[55)～64)]，液晶ディスプレイや太陽電池用の透明電極としての試験が行われている。グラフェン膜を透明導電膜としてITOの代替材料として利用するためには，大面積で工業的な連続生産に適した合成法の開発が必要不可欠である。従来のグラファイトの劈開やHOPGの剥離などで得られるグラフェンの大きさはμm程度であり，工業利用できるサイズではない。一方，最近，ニッケルや銅の薄膜または箔を基材とし，メタンなどの炭素源ガスを熱分解してグラフェンを合成する化学気相蒸着法（CVD）が開発された[55)～58)]。この手法により大面積合成が可能となり，グラフェン膜の工業生産への可能性が高まった。ここで課題はメタンの熱分解に必要な1 000℃という高温である。この温度では連続合成は困難であり，工業生産は難しい。また，成膜時間も時間単位で必要であるため，これが直接価格に影響する。したがって，より高速の合成法が望まれる。すなわちグラフェン膜の，より大面積かつ低温で高速合成法の開発が必要である。

産総研ナノチューブ応用研究センターでは，独自のマイクロ波プラズマCVD装置および成膜手法を用いて，ナノ結晶ダイヤモンド薄膜の低温大面積合成技術の開発を行ってきた[65)～67)]。この手法では大面積かつ低温での成膜を実現するため，表面波と呼ばれるモードで励起するプラズマを利用している。表面波励起マイクロ波プラズマは，特に低圧で安定してプラズマを維持できることが特長である。したがって，プラズマおよびガスによる加熱の抑制に有効であり，基材を低温に保つことができる。これにより従来700℃以上が必要であったダイヤモンド合成を100℃以下の低温で実現した。筆者らはこの手法をグラフェン膜の工業利用に必須の大面積，低温，高速CVD合成に適用することを試みた。

図12.26はグラフェン膜の合成に用いた表面波励起マイクロ波プラズマCVD装置の模式図である。本装置で使用するマイクロ波は2.45 GHzである。マイクロ波用角型導波管を反応容器の上蓋に接続し，導波管

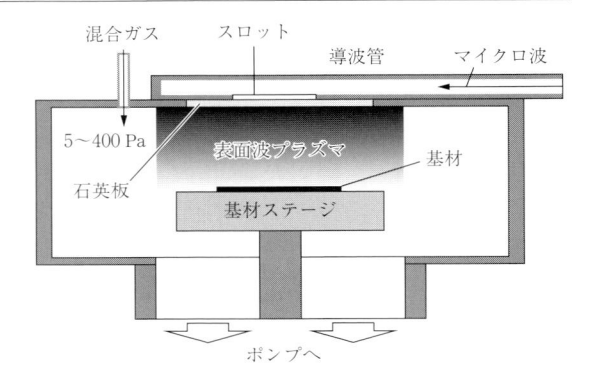

図12.26 表面波励起マイクロ波プラズマCVD装置の模式図

にはマイクロ波を放射するスロットが設けてある。マイクロ波は大気側と反応容器側との隔壁である石英板を介して反応容器に導入する。プラズマはこの石英板表面に沿って励起する。これが表面波プラズマの名前の由来である。本装置をダイヤモンド合成用に運転する場合は，水素とメタンの混合ガスを用いる。この際，すすの発生は少ない。一方，グラフェン膜を合成する際の原料ガスは，アルゴンとメタンの混合ガスを基本とする。これにより本装置はすすを有効に発生するモードとなる。アルゴンとメタンの混合比の調整や，さらに水素を添加することで膜質の向上を図っている。

CVD合成の基材はA4サイズの銅箔（厚さ30 μm），圧力5～20 Pa，合成中の基板温度は400℃，合成時間30～60秒の条件でグラフェン膜の合成を行った。基材ステージは水冷が可能であるが，圧力が低いこととグラフェン膜の合成が短時間で完了するため，積極的な水冷を行わなくても基材を400℃以下に保つことが可能である。

図12.27に合成したグラフェン膜の典型的なラマンスペクトルを示す。原料はメタン，アルゴン，水素の混合ガスであり，合成中の基板温度は400℃以下，合成時間30秒である。ラマン測定の励起波長は638 nm，合成したグラフェン膜を銅箔からガラス基材へ転写して測定を行った。このようにDピーク（1 326 cm^{-1}），Gピーク（1 578 cm^{-1}），2Dピーク（2 657 cm^{-1}）が明瞭であり，A4サイズの全面でグラフェン膜の形成を確認できる。これまでラマンスペクトルの2DピークとGピークの高さの比を用いて，合成したグラフェン膜のおよその層数の議論がなされている[68), 69)]。図のラマンスペクトルでは，2Dピークの高さH_{2D}とのGピークの高さH_Gの比，H_{2D}/H_Gは3.4であり，数層（単層，2層，多くとも3層）のグラフェン膜が形成されていると考えられる。

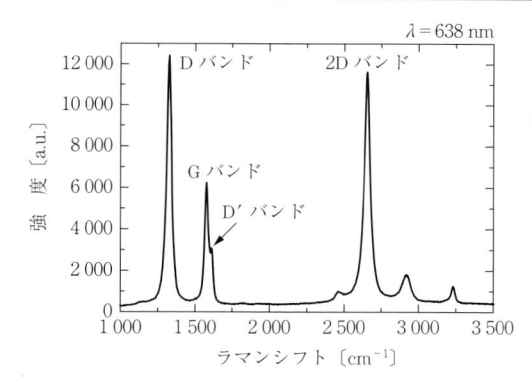

図12.27 表面波励起マイクロ波プラズマCVD法で合成したグラフェン膜のラマンスペクトル(励起波長638 nm)。原料はメタン,アルゴン,水素の混合ガス。合成温度400℃以下,合成時間30秒

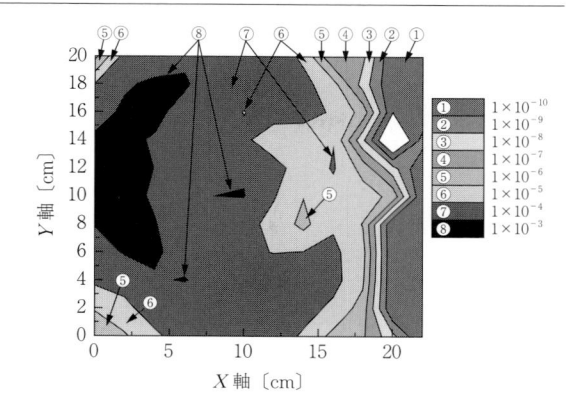

図12.29 表面波励起マイクロ波プラズマCVD法で合成したA四サイズのグラフェン膜の電気伝導性(シート抵抗)の分布

さらに,このラマンスペクトルではGピークの高波数側にD'ピーク($1612\ \mathrm{cm}^{-1}$)が確認できる。これは天然グラファイトを劈開して形成したサブミクロンサイズのフレーク状グラフェン[70],および熱CVDでCu薄膜上に作製した自立グラフェン[71]のラマンスペクトルとよく似ている。ラマンスペクトルの強度の大きいDピークと強度の小さいD'ピークは,おもにフレーク状の数層のグラフェンのエッジおよび境界に起因する。したがって,図12.27のラマンスペクトルの膜は,フレーク状の数層のグラフェンを基本単位とする集合体であることを示唆する。

図12.28は本手法で合成したグラフェン膜の光透過スペクトルである。波長261 nmに炭素の$\pi\pi^*$励起による顕著な吸収がある。それ以外に強い吸収は見られず,グラフェンの特長がよく表れている。この膜の可視光平均透過率は80%弱であった。1層のグラフェンが可視光の2.3%を吸収するので,この膜の実効的な膜厚は10層程度と考えられる。

図12.29はA4サイズで作製したグラフェン膜の電気伝導性(シート抵抗)の分布を示すものである。この膜のシート抵抗はkΩ/□のオーダーであり,最も抵抗の低いところは500 Ω/□程度であった。この程度の光透過率と電気抵抗であれば,小面積のタッチパネルとして動作することが可能と考えられる。透明導電膜としてITOと十分に競合するためには,電気伝導性の向上が必須である。

本手法のマイクロ波プラズマCVD法によるグラフェン成膜の最大の特長は,熱CVD(1000℃,1時間)と比較して低温かつ短時間(400℃以下,数分)で成膜が可能であることである。この特長はグラフェン膜のロール・トゥ・ロール成膜など,工業的大量生産にたいへん有利である。

引用・参考文献

1) S. Mizushima. Y. Fujibayashi and K. Shiki:J. Phys. Soc. Jpn., **30**, 299 (1971)
2) K. S. Novoselov, A. K. Geim, S. V. Morozov, D. Jiang, Y. Zhang, S. V. Dubonos, I. V. Grigorieva and A. A. Firsov:Science, **306**, 666 (2004)
3) K. S. Novoselov, A. K. Geim, S. V. Morozov, D. Jiang, M. I.Katsnelson, I. V. Grigorieva, S. V. Dubonos and A. A. Firsov:Nature, **438**, 197 (2005)
4) Y. Zhang, Y. -W. Tan, H. L. Stormer and P. Kim:Nature, **438**, 201 (2005)
5) M. Orlita, C. Faugeras, P. Plochocka, P. Neugebauer, G. Martinez, D. K. Maude, A. -L. Barra, M. Sprinkle , C. Berger, W. A. de Heer and M. Potemski:Phys. Rev. Lett., **101**, 267601 (2008)
6) R. R. Nair, P. Blake, A. N. Grigorenko, K. S. Novoselov, T. J. Booth, T. Stauber, N. M. R. Peres and A. K. Geim:Science, **320**, 1308 (2008)
7) S. -L. Li, H. Miyazaki, A. Kumatani, A. Kanda and K. Tsukagoshi:Nano Lett., **10**, 2357 (2010)
8) X. Li, W. Cai, J. An, S. Kim, J. Nah, D. Yang, R. Piner, A.

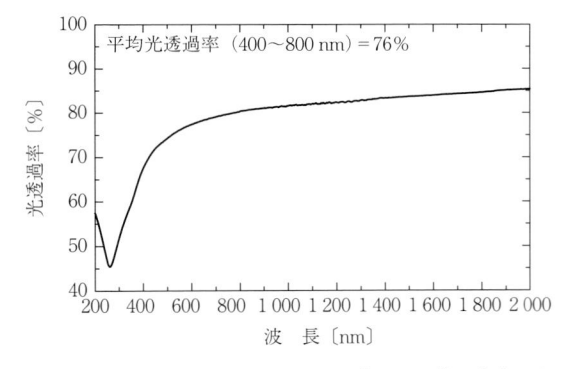

図12.28 表面波励起マイクロ波プラズマCVD法で合成したグラフェン膜の光透過スペクトル

Velamakanni, I. Jung, E. Tutuc, S. K. Banerjee, L. Colombo and R. S. Ruoff : Science, **324**, 1312 (2009)
9) C. Berger, Z. Song, X. Li, X. Wu, N. Brown, C. Naud, D. Mayou, T. Li, J. Hass, A. N. Marchenkov, E. H. Conrad, P. N. First and W. A. de Heer : Science, **312**, 1191 (2006)
10) P. Blake, E. W. Hill, A. H. Castro Neto, K. S. Novoselov, D. Jiang, R. Yang, T. J. Booth and A. K. Geim : Appl. Phys. Lett., **91**, 063124 (2007)
11) A. C. Ferrari, J. C. Meyer, V. Scardaci, C. Casiraghi, M. Lazzeri, F. Mauri, S. Piscanec, D. Jiang, K. S. Novoselov, S. Roth and A. K. Geim : Phys. Rev. Lett., **97**, 187401 (2006)
12) B. Krauss, T. Lohmann, D. -H. Chae, M. Haluska, K. von Klitzing and J. H. Smet : Phys. Rev. B, **79**, 165428 (2009)
13) 塚越一仁，宮崎久生：炭素，**243**，110 (2010)
14) H. Hiura, H. Miyazaki and K. Tsukagoshi : Appl. Phys. Expess, **97**, 93118 (2010)
15) H. Miyazaki, K. Tsukagoshi, S. Odaka, Y. Aoyagi, T. Sato, S. Tanaka, H. Goto, A. Kanda, and Y. Ootuka : Appl. Phys. Express, **1**, 034007 (2008)
16) H. Miyazaki, S. -L. Li, A. Kanda and K. Tsukagoshi : Semicond. Sci. Technol., **25**, 034008 (2010)
17) K. S. Novoselov, A. K.Geim, S. V. Morozov, D.Jiang, M. I. Katsnelson, I. V. Grigorieva, S. V. Dubonos and A. A. Firsov : Nature, **438**, 197～200 (2005) ; Y. B. Zhang, Y. W. Tan, H. L. Stormer and P. Kim : Nature, **438**, 201～204 (2005)
18) A. F. Young and P. Kim : Nat. Phys., **5**, 222 (2009)
19) M. I. Katsnelson, K. S. Novoselov and A. K. Geim : Nat. Phys., **2**, 620～625 (2006)
20) H. B. Heersche, P. Jarillo-Heerrero, L. M. K. Vandersypen and A. F. Morpurgo : Euro. Phys. J. Special Topics, **148**, 27～37 (2007)
21) N. Tombros, C. Jozsa, M. Popinciuc, H. T. Jonkman and B. J. van Wees : Nature, **448**, 571～574 (2007)
22) M. Ohishi, M. Shiraishi, R. Nouchi, T. Nozaki, T. Shinjo and Y. Suzuki : Jpn. J. Appl. Phys., **46**, L605～L607 (2007)
23) K. Konishi, T. Ishizaki and K. Yoh : Extended Abstracts of The Japan Society of Applied Physics (in Japanese), 1390 (2007)
24) Y. Gamo, A. Nagashima, M. Wakabayashi, M. Terai and C. Oshima : Surf. Sci., **374**, 61～64 (1997)
25) Q. Yu, J. Lian, S. Siriponglert, H. Li, Y. P. Chen and S-S. Pei : Appl. Phys. Lett., **93**, 113103 (2008)
26) K. S. Kim, Y. Zhao, H. Jang, S. Y. Lee, J. M. Kim, K. S. Kim, J-H Ahn, P. Kim, J-Y. Choi and B. H. Hong : Nature, **457**, 706～710 (2009)
27) P. Sutter, J. T. Sadowski and E. Sutter : Phys. Rev. B, **80**, 245411 (2009)
28) A. T. N'Diaye, S. Bleikamp, P. J. Feibelman and T. Michely : Phys. Rev. Lett., **97**, 215501 (2006)
29) E. Sutter, P. Albrecht and P. Sutter : Appl. Phys. Lett., **95**, 133109 (2009)
30) X. Li, et al. : Science, **324**, 1312 (2009)
31) X. Li, W. Kai, L. Colombo and R. S. Ruoff : Nano Lett., **9**, 4268～4272 (2009)
32) C. Berger, et al. : J. Phys. Chem. B, **108**, 19912 (2004) ; Th. Seyller, et al. : Surf. Sci., **600**, 3906 (2006)
33) Th. Seyller, et al. : Surf. Sci., **600**, 3906～3911 (2006)
34) K. V. Emtsev, et al. : Nat. Mater., **8**, 203～207 (2009)
35) J. B. Hannon and R. M. Tromp : Phys. Rev. B, **77**, 241404 (2008)
36) (a) K. Yoh and K. Konishi : IEEE Explore : 9th IEEE Conference on Nanotechnology, 334～336 (2009) ; (b) K. Konishi and K. Yoh : Physica E, **42**, 2972 (2010) ; (c) K. Yoh, K. Konishi and H. Hibino : Submitted.
37) J. Hofrichter, B. N. Szafranek, M. Otto, T. J. Echtermeyer, M. Baus, A. Majerus, M. Ramsteiner and H. Kurz : Nano Lett., **10**, 36～42 (2010)
38) H. Hibino, et al. : Phys. Rev. B, **77**, 075413 (2008)
39) Y. Y. Eang, et al. : J. Phys. Chem., **112**, 10637 (2008)
40) Y. Zhang, Y. W. Tang, H. L. Stormer and P. Kim : Nature, **438**, 04235 (2005)
41) A. K. Geim and K. S. Novoselov : Nat. Mater., **6**, 3, 183 (2007)
42) S. Y. Zhou, et al. : Nature Mat., **6**, 770 (2007), and correspondence to this paper ; Eli Rotenberg et al. : Nat. Mater., **7**, 258 (2007) and authors' response.
43) X. Peng and R. Ahuja : Nano Lett., **8**, 4464～4468 (2008)
44) I. Meric, M. Y. Han, A. F. Young, B. Ozyilmaz, P. Kim and K. L. Shepard : Nat. Nanotechnol., 654～659 (2008)
45) S. J. Chae, et al. : Adv. Mater., **21**, 2328～2333 (2009)
46) M. Murakami, K. Watanabe and S. Yoshimura : Appl. Phys. Lett., **48**, 9, 1594～1596 (1986)
47) M. Murakami, N. Nishiki, K. Nakamura, J. Ehara, T. Kouzaki, K. Watanabe, T. Hoshi and S. Yoshimura : Carbon, **30**, 255～262 (1992)
48) 羽島浩章，山田能生，白石稔：資源環境技術総合研究所報告，**17**，1～63 (1996)
49) M. Inagaki, T. Takeichi, Y. Hishiyama and A. Oberin : Chem. Phys. Carbon, **26**, 245～333 (1999)
50) 村上睦明：(独) 日本学術振興会　炭素材料第117委員会：炭素材料の新展開，東京工業大学応用セラミック研究所，343～351 (2007)
51) 鏑木裕，菱山幸宥：(独) 日本学術振興会　炭素材料第117委員会：炭素材料の新展開，東京工業大学応用セラミック研究所，49～57 (2007)
52) 西木直巳，武弘義，村上睦明，吉村進，吉野勝美：電学論A，**123**，1115～1123 (2003)
53) 西木直巳，武弘義，渡辺和廣，村上睦明，吉村進，吉野勝美：電学論A，**124**，812～816 (2004)
54) 広瀬芳明：(独) 日本学術振興会　炭素材料第117委員会：炭素材料の新展開，東京工業大学応用セラミック研究所，322～331 (2007)
55) Y. Lee, S. Bae, H. Jang, S. Jang, S. -E. Zhu, S. H. Sim, Y. I. Song, B. H. Hong and J. -H. Ahn : Nano Lett., **10**, 490～493 (2010)

56) S. K. Kim, Y. Zhao, H. Jang, S. Y. Lee, J. M. Kim, K. S. Kim, J. -H. Ahn, P. Kim, J. -Y. Choi and B. H. Hong: Nature, **457**, 706〜710 (2009)
57) X. Li, Y. Zhu, W. Cai, M. Borysiak, B. Han, D. Chen, R. D. Piner, L. Colombo and R. S. Ruoff: Nano Lett., **9**, 4359〜4363 (2009)
58) X. Li, W. Cai, J. An, S. Kim, J. Nah, D. Yang, R. Piner, A. Velamakanni, I. Jung, E. Tutuc, S. K. Banerjee, L. Colombo and R. S. Ruoff: Science, **324**, 1312〜1314 (2009)
59) G. Eda, G. Fanchini and M. Chhowalla: Nat. Nanotechnol., **3**, 270〜274 (2008)
60) X. Li, G. Zhang, X. Bai, X. Sun, X. Wang, E. Wahng and H. Dai: Nat. Nanotechnol., **3**, 538〜542 (2008)
61) H. A. Becerril, J. Mao, Z. Liu, R. M. Stoltenberg, Z. Bao and Y. Chen: ACS Nano, **2**, 463〜470 (2008)
62) Y. Hernandez, V. Nicolosi, M. Lotya, F. M. Blighe, Z. Sun, S. De, I. McGoven, B. Holland, M. Byrne, Y. Gun'ko, J. Boland, P. Niraj, G. Duesberg, S. Krishnamurti, R. Goodhue, J. Hutchison, V. Scardaci, A. C. Ferrari and J. N. Coleman: Nat. Nanotechnol., **3**, 563〜568 (2008)
63) X. Wang, L. Zhi and K. Müllen: Nano Lett., **8**, 323〜327 (2008)
64) P. Blake, P. D. Brimicombe, R. R. Nair, T. J. Booth, D. Jiang, F. Schedin, L. A. Ponomarenko, S. V. Morozov, H. F. Gleeson, E. W. Hill, A. K. Geim and K. S. Novoselov: Nano Lett., **6**, 1704〜1708 (2008)
65) K. Tsugawa, M. Ishihara, J. Kim, M. Hasegawa and Y. Koga: New Diamond Frontier Carbon Technol., **16**, 337 (2006)
66) J. Kim, K. Tsugawa, M. Ishihara, Y. Koga and M. Hasegawa: Plasma Sources Sci. Technol., **19**, 015003 (2010)
67) K. Tsugawa, M. Ishihara, J. Kim, Y. Koga and M. Hasegawa: J. Phys. Chem. C, **114**, 3822 (2010)
68) A. C. Ferrari, J. C. Meyer, V. Scardaci, C. Casiraghi, M. Lazzeri, F. Mauri, S. Piscanec, D. Jiang, K. S. Novoselov, S. Roth and A. K. Geim: Phys. Rev. Lett., **97**, 187401 (2006)
69) A. Reina, X. Jia, J. Ho, D. Nezich, H. Son, V. Bulovic, M. S. Dresselhaus and J. Kong: Nano Lett., **9**, 30〜35 (2009)
70) Z. Sun, T. Hasan, F. Torrisi, D. Popa, G. Privitera, F. Wang, F. Bonaccorso, D. M. Basko and A. C. Ferrari: ACS Nano, **4**, 803〜810 (2010)
71) Y. -H. Lee and J. -H. Lee: Appl. Phys. Lett., **96**, 083101 (2010)

12.2 グラフェンの物理

12.2.1 グラフェンの電子構造

グラフェンは炭素原子が蜂の巣格子状に並んだ2次元結晶である。グラフェンの持つさまざまな特異な電子物性は，通常の物質と大きく異なるそのエネルギーバンド構造によって説明される。グラフェンは通常の半導体と同じように伝導帯と価電子帯を持つが，その間にギャップはなく，ある一点のエネルギーで接する。この接点の周りで電子分散は波数に関して線形であり，質量のない相対論的粒子と同等となる[1]〜[3]。以下では，この特徴的な電子構造を微視的なモデルから導出しよう[3]。

グラフェンの単位胞と第1ブリユアンゾーンを**図12.30**（a），（b）に示す。単位胞にはA，Bの二つの原子が存在し，格子定数（最近接のA原子間の距離）は$a=0.246$ nmである。一つのB原子から隣り合ったA原子までを結ぶベクトルを

$\tau_1 = a(0, 1/\sqrt{3})$
$\tau_2 = a(-1/2, -1/2\sqrt{3})$
$\tau_3 = a(1/2, -1/2\sqrt{3})$

として定義する。ブリユアンゾーンの角はK点，K′点と呼ばれ，それぞれの波数は

$\boldsymbol{K} = (2\pi/a)(1/3, 1/\sqrt{3})$
$\boldsymbol{K}' = (2\pi/a)(2/3, 0)$

で与えられる。

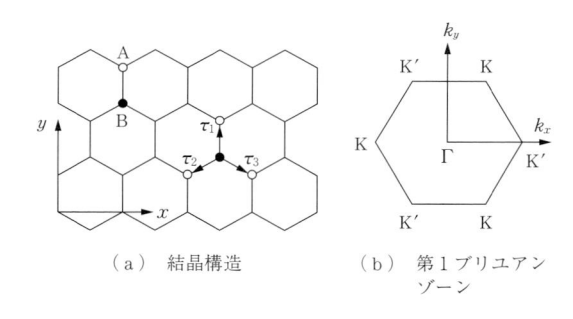

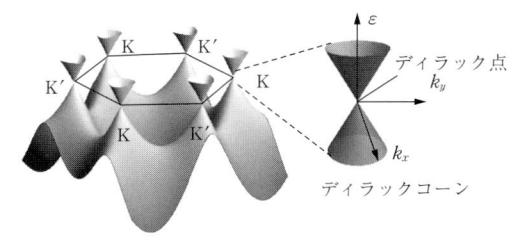

（a）結晶構造　　（b）第1ブリユアンゾーン

（c）バンド構造

図12.30 単層グラフェン

各炭素原子では2s，$2p_x$，$2p_y$軌道が混成してsp^2軌道を作りσバンドを形成し，一方で混成に参加しないp_z軌道はπバンドを形成する。フェルミエネルギーは通常このπバンドの上に存在し，電子的特性の多くはπバンドの性質に起因する。ここでは最も簡単

な最近接の強束縛近似でこのπバンドを記述しよう。強束縛近似において、グラフェン上の電子の波動関数は

$$\phi(r) = \sum_{R_A} \phi_A(R_A) \phi(r - R_A) + \sum_{R_B} \phi_B(R_B) \phi(r - R_B) \quad (12.1)$$

で表される。ただし、$\phi(r)$ は炭素原子の p_z 軌道の波動関数であり、R_A, R_B は A, B 原子の位置を表す。最近接の炭素原子間の飛び移り積分を $-\gamma_0$ とすると、シュレーディンガー方程式は

$$\left.\begin{array}{l} \varepsilon \phi_A(R_A) = -\gamma_0 \sum_{l=1}^{3} \phi_B(R_A - \tau_l) \\ \varepsilon \phi_B(R_B) = -\gamma_0 \sum_{l=1}^{3} \phi_A(R_B + \tau_l) \end{array}\right\} \quad (12.2)$$

となる。波動関数としてブロッホ関数

$$\phi_A(R_A) \propto e^{ik \cdot r} f_A(k)$$
$$\phi_B(R_B) \propto e^{ik \cdot r} f_B(k)$$

を代入すると式 (12.2) は

$$\begin{pmatrix} 0 & h(k) \\ h(k)^* & 0 \end{pmatrix} \begin{pmatrix} f_A(k) \\ f_B(k) \end{pmatrix} = \varepsilon \begin{pmatrix} f_A(k) \\ f_B(k) \end{pmatrix} \quad (12.3)$$

$$h(k) = -\gamma_0 \sum_{l=1}^{3} \exp(ik \cdot \tau_l) \quad (12.4)$$

となる。これより固有エネルギーは

$$\varepsilon_{\pm}(k) = \pm \gamma_0 \sqrt{1 + 4\cos\frac{ak_x}{2}\cos\frac{\sqrt{3}ak_y}{2} + 4\cos^2\frac{ak_x}{2}} \quad (12.5)$$

となる。±はそれぞれ伝導帯、価電子帯を与える。このバンド構造を図 12.30 (c) に示す。K, K′ 点で $\varepsilon_{\pm}(K) = \varepsilon_{\pm}(K') = 0$ となるために、価電子帯と伝導帯はエネルギー零で接する。K, K′ 点の近傍では

$$\varepsilon_{\pm}(K + k) = \varepsilon_{\pm}(K' + k) = \pm \hbar v k$$

と近似され、円錐型の線形バンド（ディラックコーン）が得られる。ここで

$$k = \sqrt{k_x^2 + k_y^2}$$

であり、また $v = \sqrt{3}a\gamma_0/2\hbar$ は速度の期待値を与えるパラメーターである。グラファイトでは $\gamma_0 \simeq 3$ eV 程度と見積もられており[4]、対応する v は約 1×10^6 m/s である。円錐の頂点、すなわち $k=0$ は伝導帯と価電子帯が波数空間上の一点で接する特別な点であり、ディラック点（ディラックポイント）と呼ばれる。

つぎに、低エネルギーにおける有効ハミルトニアンを導出する。ゼロエネルギー付近の状態では波動関数は K, K′ 点付近の状態の線形結合で表されるために、以下のように近似される。

$$\left.\begin{array}{l} \phi_A(R_A) \\ = e^{iK \cdot R_A} F_A^K(R_A) + e^{iK' \cdot R_A} F_A^{K'}(R_A) \\ \phi_B(R_B) \\ = -\omega e^{iK \cdot R_B} F_B^K(R_B) + e^{iK' \cdot R_B} F_B^{K'}(R_B) \end{array}\right\} \quad (12.6)$$

ただし F_A^K, $F_A^{K'}$, F_B^K, $F_B^{K'}$ は格子間隔よりもゆっくり変化する滑らかな包絡関数であり、また $\omega = \exp(2\pi i/3)$ は有効ハミルトニアンの表式を整えるための位相因子である。この関数を方程式 (12.2) に代入する。F_A^K などの異なる位置の間での差分を微分に置き換えることによって、次式を得る。

$$\left.\begin{array}{l} \mathcal{H}^V \begin{pmatrix} F_A^V \\ F_B^V \end{pmatrix} = \varepsilon \begin{pmatrix} F_A^V \\ F_B^V \end{pmatrix} \\ (V = K, K') \\ \mathcal{H}^K = \hbar v \begin{pmatrix} 0 & \hat{k}_- \\ \hat{k}_+ & 0 \end{pmatrix} \\ \mathcal{H}^{K'} = \hbar v \begin{pmatrix} 0 & \hat{k}_+ \\ \hat{k}_- & 0 \end{pmatrix} \end{array}\right\} \quad (12.7)$$

ここで $\hat{k} = (\hat{k}_x, \hat{k}_y) = -i\nabla$ であり、$\hat{k}_{\pm} = \hat{k}_x \pm i\hat{k}_y$ である。固有状態は平面波 $\exp(ik \cdot r)$ に比例する波動関数で与えられる。エネルギー固有値は $\varepsilon = \pm \hbar v k$ となり先と一致する。

実験においては 2 層、3 層といった複数層グラフェンも作成される。一般に、これらの系の電子構造は、各層間の結合のために単層と比較して大きく異なる。3 次元のグラファイト結晶を劈開して作成された試料の場合、各層はグラファイトの結晶構造に従って積層する。グラファイトは図 12.31 に示すような AB 積層と呼ばれる構造をとる。ここで A_n, B_n は第 n 層の A

図 12.31 AB 積層したグラファイトの構造とその平面図

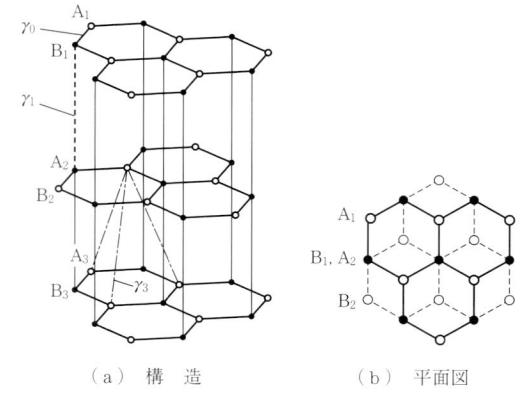

原子，B 原子を表す。偶数層の A 原子と奇数層の B 原子が垂直に結合し，これに対応する飛び移り積分 γ_1 は 0.4 eV 程度である[4]。また奇数層の A 原子と偶数層の B 原子は斜めの位置関係にあり，その間に $\gamma_3 \approx 0.3$ eV 程度の結合がある[4]。その他にもいくつかのパラメーターがあるが，微小な効果しか与えないことが知られており[5]，以下では無視する。

まず，最も簡単な複数層グラフェンである 2 層グラフェンの電子構造について考える。2 層グラフェンは価電子帯と伝導帯が接する零ギャップの電子構造を持つが，分散が波数の 2 次となる点で単層グラフェンと大きく異なる[6]。また，ゲート電極によって面と垂直に電場を印加することでギャップを開けることができ，応用面からも非常に注目されている。

2 層グラフェンの単位胞には A_1，B_1，A_2，B_2 の原子が含まれ，B_1，A_2 原子が垂直に結合する。単層グラフェンと同様の近似により，波動関数 $(F_{A1}^K, F_{B1}^K, F_{A2}^K, F_{B2}^K)$ に対する有効ハミルトニアンは次式のように与えられる[6]。

$$\mathcal{H}^K = \begin{pmatrix} \delta & \hbar v \hat{k}_- & 0 & \hbar v_3 \hat{k}_+ \\ \hbar v \hat{k}_+ & \delta & \gamma_1 & 0 \\ 0 & \gamma_1 & -\delta & \hbar v \hat{k}_- \\ \hbar v_3 \hat{k}_- & 0 & \hbar v \hat{k}_+ & -\delta \end{pmatrix} \quad (12.8)$$

ただし $v_3 = \sqrt{3} a \gamma_3 / 2\hbar$ であり，δ，$-\delta$ はそれぞれ第 1 層，第 2 層のポテンシャルエネルギーである。本来 2 層グラフェンでは $\delta=0$ であるが，基板などの外部環境によって δ は有限の値をとり得る。特に，グラフェンと平行に取り付けたゲート電極を用いて電極垂直電場を印加することで δ の値を制御することができる。K' の波動関数に対するハミルトニアンは式 (12.8) で $\hat{k}_\pm$ を入れ替えることによって得られる。

特に $\delta=0$ かつ $\gamma_3=0$ のとき，ハミルトニアンの式 (12.8) が与えるエネルギー固有値は

$$\varepsilon_{\mu,s}(\boldsymbol{k}) = s\left(\frac{\mu \gamma_1}{2} + \sqrt{\frac{\gamma_1^2}{4} + (\hbar v k)^2}\right) \quad (12.9)$$

となる。ここで $s=\pm$，$\mu=\pm$ であり，この組合せによって 4 枚のバンドが存在する。$\mu=-$ に属する 2 枚のバンド ($s=\pm$) はエネルギー零で接する。接点付近のバンドは

$$\begin{aligned}\varepsilon_{-,s}(\boldsymbol{k}) &= s\frac{\hbar^2 k^2}{2m^*} \\ m^* &= \frac{\gamma_1}{2v^2}\end{aligned} \right\} \quad (12.10)$$

と近似される。すなわち，有限の有効質量を持った波

数 2 次の分散を持つ。$\mu=+$ に属する二つのバンド ($s=\pm$) は零エネルギーから離れた分離バンドで，$\mu=-$ の両バンドを γ_1，$-\gamma_1$ のエネルギーだけ平行移動したもので与えられる。

層間の非対称ポテンシャル δ が入ると，式 (12.10) は

$$\varepsilon_{-,s}(\boldsymbol{k}) = s\sqrt{\left(\frac{\hbar^2 k^2}{2m^*}\right)^2 + \delta^2 \left(1 - \frac{1}{\gamma_1}\frac{\hbar^2 k^2}{m^*}\right)^2} \quad (12.11)$$

と変わる。K 点 ($k=0$) でのエネルギーは δ，$-\delta$ となり，バンド接点だった場所にエネルギーギャップが生じることがわかる。ただし，バンド端は中心からずれた波数に存在し，ギャップの大きさは 2δ より小さくなる。

パラメータ γ_3 が入ると，バンドは K 点に関する回転対称が破れ 120° 対称となる。これを三角ひずみ (trigonal warping) と呼ぶ。ひずみは低エネルギーで顕著であり，$\varepsilon_{\text{trig}} = \gamma_1 (v_3/v)^2 / 4 \approx 1$ meV 以下の小さなエネルギーで，フェルミ面が四つのポケットに分離する[6]。高いエネルギーではひずみは小さくなっていき，$\varepsilon_{\text{trig}}$ よりはるかに大きなエネルギーでは無視される。ハミルトニアン (12.8) の与えるバンド構造を**図 12.32**（a）示す。また，$\delta=0$ における第 1 電子バンド ($\mu=-$, $s=+$) の等エネルギー面を図 12.32（b）に示す。

3 層以上の複数層グラフェンに対するハミルトニアンは同様の近似で以下のように表される[7]〜[9]。

$$\mathcal{H}^K = \begin{pmatrix} H_0 & V & & & \\ V^\dagger & H_0 & V^\dagger & & \\ & V & H_0 & V & \\ & & V^\dagger & H_0 & V^\dagger \\ & & & \ddots & \ddots & \ddots \end{pmatrix} \quad (12.12)$$

$$\left.\begin{aligned}H_0 &= \begin{pmatrix} 0 & \hbar v \hat{k}_- \\ \hbar v \hat{k}_+ & 0 \end{pmatrix} \\ V &= \begin{pmatrix} 0 & \hbar v_3 \hat{k}_+ \\ \gamma_1 & 0 \end{pmatrix}\end{aligned}\right\} \quad (12.13)$$

簡単のために各層のポテンシャルエネルギーは等しいとした。N 層グラフェンでは行列は $2N$ 次元となり，波動関数 $(F_{A1}^K, F_{B1}^K, F_{A2}^K, F_{B2}^K, \cdots, F_{AN}^K, F_{BN}^K)$ に対して作用する。先と同様に K' に対する有効ハミルトニアンは $\hat{k}_\pm$ の交換で得られる。

じつは，層数にかかわらず，ある適当な基底をとることでハミルトニアン式 (12.12) は単層または 2 層グ

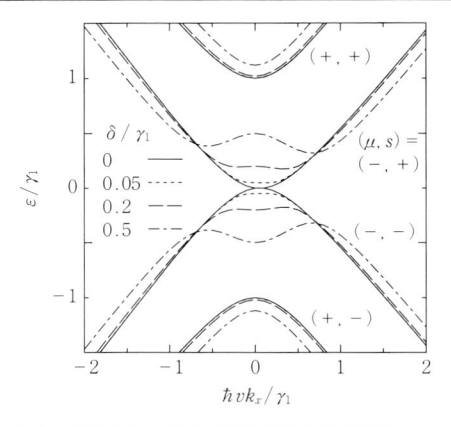

(a) さまざまな δ の値に対する 2 層グラフェンのバンド構造

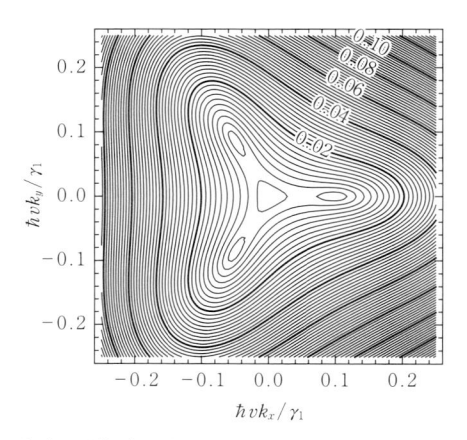

(b) 対称 ($\delta=0$) な 2 層グラフェンの第 1 電子バンド ($\mu=-$, $s=+$) の等エネルギー面。いずれもパラメーター $v_3/v=0.1$ を仮定した。等高線の単位は $\gamma_1 \sim 0.4$ eV。

図 12.32

で定義される。λ が大きな値であるほど，上下バンドの分離幅が大きく，またゼロエネルギー付近での有効質量も大きくなる。一方で λ が小さいとバンドの分離が小さくなり独立な二つの単層グラフェンのバンド構造に近づく。奇数層グラフェンにのみ現れる $\lambda=0$ ($m=0$) は単層グラフェン型バンドに対応する。ただしバンドの縮重はなく，単層グラフェンと同じ 1 対のバンドから成る。$N=3 \sim 6$ のバンド構造の例を**図 12.33** に示す。このハミルトニアンの分解によって，複数層グラフェンのさまざまな物理量の計算が単層または 2 層グラフェンのそれに帰着される[9),10)]。

ラフェンと等価な部分系に近似的に分解されることが示される[9),10)]。一般に，$N=2M$ 層グラフェンでは M 個の 2 層型バンドに分解され，$N=2M+1$ 層グラフェンでは M 個の 2 層型バンドと 1 個の単層型バンドに分解される。各サブバンドは

$$m = \begin{cases} 1, 3, 5, \cdots, N-1, & N: \text{偶数} \\ 0, 2, 4, \cdots, N-1, & N: \text{奇数} \end{cases} \quad (12.14)$$

で定義される指数によって指定される。2 層型バンドのハミルトニアンは，式 (12.8) で層間相互作用 γ_1，γ_3 を $\lambda\gamma_1$，$\lambda\gamma_3$ に置き換えたものに等しい。ただし，λ は各 m ごとによって異なる数で

$$\lambda = 2\sin\frac{m\pi}{2(N+1)} \quad (12.15)$$

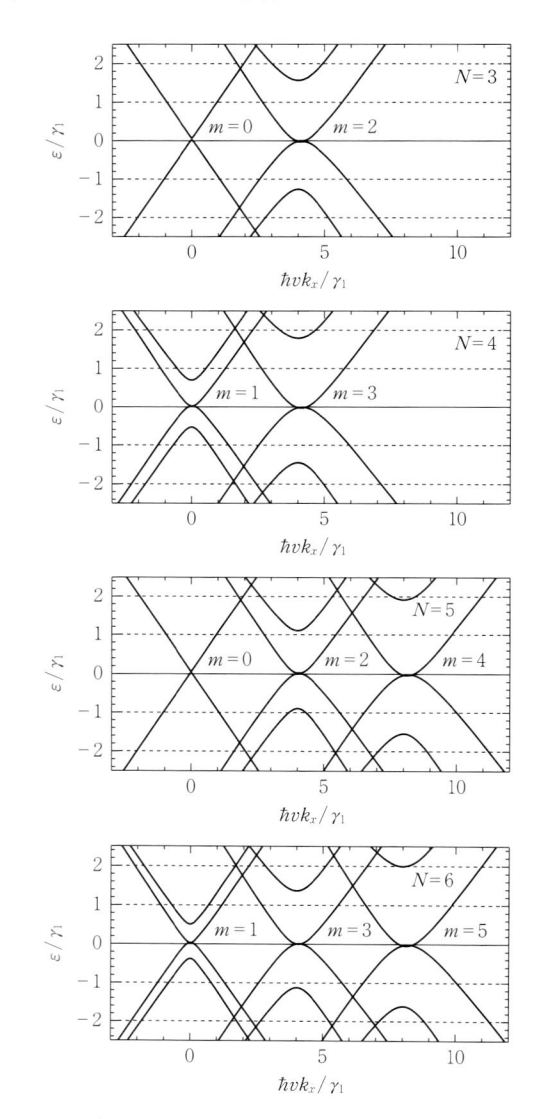

図 12.33 3~6 層グラフェンのバンド構造

12.2.2 電 子 輸 送

単層グラフェンは，12.2.1項で述べたように，フェルミエネルギーの近傍で二つの円錐を頂点どうしつなぎ合わせた線形のバンド構造を持つ．ここでは，キャリヤー（電子，正孔）は通常のシュレーディンガー方程式の代わりに相対論的なディラック方程式に従い，質量ゼロの粒子（ディラックフェルミオン）として高速の一定速度 $v_F=c/300$ で運動する（c は光速）．この特殊なバンド構造に起因して通常の電子輸送が変更を受ける（例えば，量子ホール効果（12.2.3項参照））だけでなく，量子電気力学で予言されている奇妙な現象（例えば，クラインパラドックス[†1]）の検証もできるのではないかと期待されている．さらに，グラフェンの持つさまざまな利点（移動度が高い，コンダクタンスがゲート電圧で変調できる，酸素プラズマエッチングを用いて微細加工できるなど）を活用して，ナノスケール電子デバイス材料として期待されている．

〔1〕 デバイス構造

グラフェンの電気伝導を測定する際には，基本的に**図12.34**（a）に示した電界効果トランジスター（FET）構造のデバイスを作製する．グラフェンが SiO_2（絶縁膜）の付いた高ドープの導電性シリコン基板の上に置かれ，ソース，ドレイン電極が取り付けられている．シリコン基板をゲート電極（バックゲート）としてゲート電圧 V_g を印加すると，グラフェンに電荷がドープ（注入）される．単層グラフェンの場合，原則として，$V_g=0$ ではフェルミ準位は円錐の頂点（ディラック点）にあり[†2]，キャリヤー密度はゼロである．

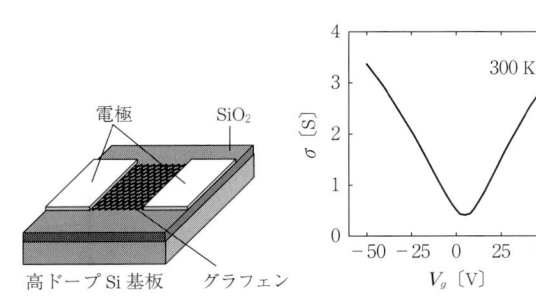

正（負）のゲート電圧をかけると電子（正孔）がドープされる．よく使われる，厚さ 300 nm の SiO_2 膜の上に作られたグラフェン素子の場合には，$V_g=100$ V で誘起されるキャリヤー密度は 7×10^{12} cm^{-2} になる．電解液やイオン液体による電気二重層を使うとこれ以上のキャリヤーをドープすることもできる．

〔2〕 コンダクタンスのゲート依存性

単層グラフェンのディラック点では，キャリヤーが存在しないにもかかわらず，電気伝導率はゼロにはならない．その値（最小電気伝導率 σ_{min}）は多くの理論（電子波長よりも短い到達距離を持つ散乱体を仮定したり[11]~[13]，ランダウア公式を用いたもの[14]）では $\sim 4e^2/\pi h$（e は電荷素量，h はプランク定数）で与えられる．しかし，実験では理論値よりも π 倍だけ大きい $4e^2/h$ 付近の値が観測されることが多く，かつ，試料間の値のばらつきも大きい[15]~[17]．また，ゲート電圧によってフェルミ準位を掃引すると，理論ではディラック点から離れるにつれて電気伝導率は急激に上昇し，一定値に近づく，あるいは $\sqrt{n}$ に比例する（n はキャリヤー密度）と予想されているのに対し[11]~[13]，実験ではほとんどの場合，電気伝導率は極小点近傍で緩やかな下に凸のカーブを描き，ゲート電圧が大きくなるとほぼ線形の変化を示す[15]（図12.34（b））．

この実験と理論の食い違いは，電気伝導が荷電不純物による長距離クーロン散乱に強く影響を受けていることに起因することがわかっている[13),18)~20)][†]．

実際，キャリヤーが存在しないと思われていたディラック点では，キャリヤー密度の平均値はゼロであるものの，グラフェン面は荷電不純物に起因する電子だまりと正孔だまり（electron and hole puddles）の寄せ集めであり，10 nm 程度の空間スケール，10^{11}/cm^2 程度の振幅でキャリヤー密度が空間的に揺らいでいることが，走査単一電子トランジスター（SET）顕微鏡[22]をはじめとするさまざまな測定によって明らかになっている．セルフコンシステントな RPA-ボルツマン理論によると，電気伝導が荷電不純物による長距離クーロン散乱に強く影響を受けているときの電気伝導率 σ は

$$\sigma(n_g-\bar{n})=C\frac{e^2}{h}\frac{n^*}{n_{imp}} \quad (12.16)$$

$$(n-\bar{n}<n^* \text{の場合})$$

（a）FET 構造　　（b）電気伝導率のゲート電圧依存性の例

図 12.34 グラフェン

[†1] 量子電気力学では，電子は高いポテンシャル障壁でも1に近い透過率ですり抜けることができる．障壁中では電子は陽電子に変換している．実験的にはいまだに観測されていないが，グラフェンでは実証可能であると考えられる．

[†2] 実際の試料では，荷電不純物や電極接続などの影響で $V_g=0$ でもキャリヤーがドープされているので，必ずしも $V_g=0$ がディラック点に対応するわけではない．

[†] 長距離クーロン散乱，短距離散乱に対応する平均自由行程は，それぞれ $\sqrt{n}$, $1/\sqrt{n}$ に比例するので[21]，長距離クーロン散乱と短距離散乱が混在している場合でも，キャリヤー密度が小さい領域では，短い平均自由行程を与える長距離散乱の影響が支配的となる．

$$\sigma(n_g - \bar{n}) = C\frac{e^2}{h}\frac{n_g}{n_{imp}} \quad (12.17)$$

$$(n - \bar{n} > n^* \text{の場合})$$

で与えられる[19]。ここで，$n_g = \alpha V_g$ はゲート電圧 V_g によって誘起されるキャリヤーの密度（SiO_2 膜の厚さが 300 nm の場合，$\alpha = 7 \times 10^{10}/(cm^2 \cdot V)$），$\bar{n} = \alpha V_g^D$ (V_g^D はディラック点に対応するゲート電圧)，n^* はディラック点における残留キャリヤー密度，n_{imp} は荷電不純物の密度である（e は電気素量，h はプランク定数）。定数 C は基板の誘電率に依存し，SiO_2 基板の場合 $C \approx 20$ となる。さらに，セルフコンシステントの条件から，$\bar{n} = n_{imp}^2/(4n^*)$ が与えられる。

式 (12.16) はディラック点近傍の σ の変化がゆるやかな領域を σ が一定値であると近似したものであり，式 (12.17) は電気伝導率がゲート電圧に対して線形に変化する領域に対応する。実験データと式 (12.16)，(12.17) を比較することで荷電不純物密度をはじめとする各パラメーターを求めることができる。この理論によって実験データをうまく説明できることが示されている[16]。

〔3〕**移動度**

図 12.34（a）に示したようなグラフェン試料の移動度は数万 $cm^2/(V \cdot s)$ に達する。これは，シリコンの移動度よりもはるかに大きいので，グラフェンは次世代高速電子デバイスの材料として有望視されている。

多くの場合，グラフェンの移動度はほとんど温度に依存しない。これは，荷電不純物による散乱が支配的であるためであると考えられている。電気伝導が荷電不純物による長距離クーロン散乱に強く影響を受けているときの移動度 μ は，式 (12.17) から

$$\mu = C\frac{e}{h}\frac{1}{n_{imp}} \quad (12.18)$$

で与えられる。したがって，移動度を向上させるためには，荷電不純物を減らすか，C を増やす必要がある。誘電率の大きな基板を用いることで C は増大する。例えば，基板を SiO_2（比誘電率 $\kappa = 4$）から HfO_2 ($\kappa = 25$) にすると移動度は約 5 倍になる[19]。

荷電不純物の起源としては，① 基板（SiO_2），② 試料作製過程に由来するレジストなどの付着物，③ グラフェン表面への分子吸着などが挙げられる。ウエットエッチングによってグラフェン直下の基板を取り除いても移動度はほとんど変化しないことから[23,24]，基板内の不純物電荷 ① よりも他の要因の影響のほうが大きいと考えられている。レジストなどの付着物 ② は，劈開法で得たのちにリソグラフィープロセスで加工したグラフェンでは，程度の差こそあれ，すべての試料で見られる。横幅が数百 nm，高さ数十 nm の汚れが一面にべっとりと付着している場合もある。このような付着物は，加熱（アニール）によって除去することができる。現在広く行われているのは，水素アニールと電流アニールの 2 種類である。前者は，水素雰囲気中 300℃ 程度でアニールする方法であり，効果的に付着物を除去することができる。一方，電流アニール[25] は電気伝導測定装置にセットされた試料（ただし真空中）に $10^8 A/cm^2$ 程度の大電流を流す方法で，その後空気中に取り出すことなくそのまま測定できるので，③ の吸着分子も除去できるのが利点である。文献 24) では，基板を除去した試料に対する電流アニールにより，移動度が 1 桁向上したことが報告されている。基板を除去しない場合には効果は限定的である。

グラフェンの完全結晶が得られ，かつ荷電不純物の影響を取り除くことができたとしても，フォノン散乱によって移動度は抑制される。フォノン散乱には，SiO_2 基板内の表面フォノンとグラフェン内の音響フォノンの寄与が大きいことが，電気伝導率の温度依存性の精密測定から明らかにされている[26]。室温における移動度は，SiO_2 基板上にあるグラフェンで 4 万 $cm^2/(V \cdot s)$，基板を取り除いた宙づり（suspended）グラフェンで 20 万 $cm^2/(V \cdot s)$ まで増大し得ることが示されている[26]。

〔4〕**バンドギャップ形成**

グラフェンはゼロギャップ半導体のバンド構造を持つので，そのままでは FET に利用することができない。以下に示すようなさまざまな方法を用いると，グラフェンにバンドギャップを誘起することができる。

（1）**グラフェンナノリボン**　グラフェンのナノリボン（細線）では，水素終端したアームチェア端，ジグザグ端（図 12.35）の両方の場合にバンドギャップができることが第一原理計算によって示されてい

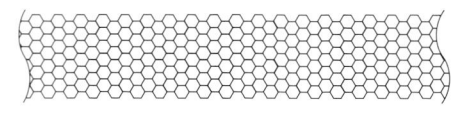

(a) アームチェア

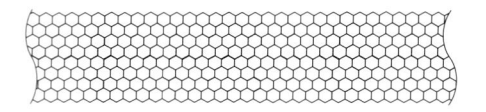

(b) シゲザク

図 12.35　グラフェンナノリボンの構造

る[27]。両者とも，幅が減少するとバンドギャップは急激に増大する。ただし，バンドギャップの起源は両者で異なり，前者は幅方向の量子閉込め効果と端のひずみ，後者はフェルミ準位にある端状態が平坦バンドを形成することに由来する磁気的相互作用が起源である。アームチェアナノリボンのバンドギャップの大きさ E_g は，幅方向の炭素原子数 $N_a = 3p$, $3p+1$, $3p+2$（p は整数）の場合について，それぞれ式（12.19）のように表される。

$$\begin{aligned}
E_{g,3p} &= \Delta_{3p}^0 - \frac{8\delta t}{3p+1}\sin^2\frac{p\pi}{3p+1} \\
E_{g,3p+1} &= \Delta_{3p+1}^0 + \frac{8\delta t}{3p+2}\sin^2\frac{(p+1)\pi}{3p+2} \\
E_{g,3p+2} &= \Delta_{3p+2}^0 - \frac{2|\delta|t}{p+1}
\end{aligned}} \quad (12.19)$$

ここで

$$\Delta_{3p}^0 = t\left(4\cos\frac{p\pi}{3p+1} - 2\right)$$

$$\Delta_{3p+1}^0 = t\left(2 - 4\cos\frac{(p+1)\pi}{3p+2}\right)$$

$$\Delta_{3p+2}^0 = 0$$

$$t = 2.7 \text{ eV}, \quad \delta = 0.12$$

である。また，ジグザグナノリボン（幅 w [nm]）の場合は

$$E_g^{zigzag}[\text{eV}] = \frac{0.933}{w+1.5} \quad (12.20)$$

となる。

実験では，ナノリボンを得る方法として①電子線リソグラフィーで作製したレジストマスクを用いて酸素プラズマエッチングを施す方法[28]，②熱処理した膨張黒鉛（expandable graphite）を溶液中で分散する方法[29]，③原子間力顕微鏡（AFM）を用いた局所陽極酸化法[30]，④CNT を裂き開く（unzip する）方法[31,32]などが使われている。しかし，現時点で報告されている電気伝導は，ホッピング伝導が支配的であり，バンドギャップ形成を反映した熱活性化型の半導体的伝導特性は報告されていない。これは，リボン端の構造の乱れに起因すると考えられている。

（2）2層グラフェン 2層グラフェンに対して層に垂直に電界を印加するとバンドギャップが形成される[33]。ナノリボンのような原子スケールの精度を要する微細加工を必要としない点が特徴である。ギャップの大きさは電界とともに大きくなり，1 V/nm の電界で 150 meV 程度に達する。

実験では，バックゲート・トップゲートの二重ゲート構造を利用することによって，大きな垂直電界を印加するとともにフェルミ準位の位置を調節する。赤外分光法などの光学的測定ではバンドギャップの形成が確認されているが[34]，伝導測定ではギャップ内でホッピング伝導が支配的となり漏れ電流が生じることが報告されている[35]。グラフェンの移動度を改善することによって漏れ電流は減少する[35]。

（3）化学修飾 グラフェン表面に別の物質を結合させると電子状態は劇的に変化する。グラフェンを水素化すると絶縁体になり[36]，フッ素化するとワイドギャップ半導体になることが報告されている[37]。これらの物質はグラフェンの持つ炭素原子の六角型構造を保持しているので，水素やフッ素を取り除いて元のグラフェンに戻すことができる。他の原子や分子をグラフェンに結合することで，さまざまな物性を持つ2次元物質を合成することが期待されている。

〔5〕メゾスコピック系材料としてのグラフェン

グラフェンは，平均自由行程が比較的長く，酸素プラズマを用いた微細加工も容易なので，1980年代から盛んに研究されてきたメゾスコピック量子輸送現象[38]を実現する材料としてもすぐれている。特に，必要となる素子部品を1枚のグラフェンから切り出すことができるのが特徴であり，場合によっては，素子作製プロセスを大幅に簡略化できる。例えば，単一電子素子では，量子ドットのみでなく，トンネル障壁，ソース・ドレイン電極，複数個のゲート電極もグラフェンから切り出すことができる[39]。

電子波干渉効果では，ファブリ・ペロー（Fabry-Perot）干渉[17]，アハロノフ・ボーム効果[40]などの観測例が報告されている。また，単一電子帯電効果では，単一電子トランジスター[39]，量子ドット[41]，二重量子ドット[42]の動作が報告されている。

グラフェンに超伝導電極を接続した場合には，ディラック点近傍のバンド構造を反映し，鏡面アンドレーエフ（Andreev）反射など特殊な超伝導近接効果が起こることが期待されている[43]。

〔6〕ガスセンサーとしてのグラフェン

グラフェンの電気伝導は荷電不純物の量に依存する。荷電不純物が増えると，電荷のドープが起こり，かつ電子の散乱が増大する。それぞれは，ディラック点の位置 V_g^D の移動，移動度の減少をもたらす。この性質は高感度のガスセンサーに利用可能である。単一ガス分子の検出が報告されている[44]。

12.2.3 スピン輸送

グラフェンにおける擬スピンと実スピンの二つ異なるスピンが多くの興味を集めている。実スピンのほう

は現実のスピン自由度を意味し，これは電子（または正孔）の有する電荷と並ぶ重要な自由度である．一方の擬スピンのほうはあまり聞きなれない用語であろう．グラフェンのバンド構造を強束縛モデルで求めると，逆格子空間のK点，K′点近傍で長波長近似を用いた場合，その4×4ハミルトニアンが以下のような質量0の粒子に対するディラック方程式（neutrinoの従う運動方程式であり，特別にワイル方程式という）と同じ形をしているために k_x-k_y-E 空間において円錐状のバンド構造を有していることがわかる（12.2.1項参照）（ただし，k は運動量，σ は 2×2 の Pauli スピン行列，v_F はフェルミ速度，$\hbar$ はプランク定数 h の $1/2\pi$ 倍である）．

$$H \simeq \hbar v_F \begin{pmatrix} 0 & k\cdot\sigma \\ k\cdot\sigma & 0 \end{pmatrix} \quad (12.21)$$

素粒子物理においてはこのハミルトニアンを基にディラック方程式を解いた際の上2成分がディラック方程式における正エネルギー解（すなわち電子の波動関数），下2成分が負エネルギー解（すなわち陽電子の波動関数）に相当しそれぞれを spinor とも呼ぶ[45]．これは正負エネルギー解の各成分がそれぞれアップスピン，ダウンスピンに相当しているからである．グラフェンでは正負エネルギー解はそれぞれ実空間の単位格子内にある A，B サイトの各炭素原子における電子の波動関数に相当し，それが素粒子物理における spinor と同じ代数に従うことから擬スピンと呼んでいる．すなわちスピンとは名が付いているが，実際のスピンとの物理的関連はない．

しかし，この擬スピンはグラフェンにおいて発現する量子ホール効果に大きな影響を与える．グラフェンのバンド構造に立ち返ると任意のエネルギー E でバンドを切断した場合，k_x-k_y 平面ではバンドは円を成すことがわかる．このような拘束系においてベクトルが断熱的に運動する場合，新たな幾何学的位相が付加的に加わることが知られている（Berry 位相[46]）と呼ばれ式（12.22）で表される．ただし，$u(k)$ は電子の波動関数であり，積分は k 空間の拘束系における1周積分にとっていることに注意）．

$$\Omega(k) = i\oint u^*(k) \nabla_k u(k) dk \quad (12.22)$$

単層グラフェンにおけるこの Berry 位相を計算すると簡単な計算から Berry 位相が 0 でなく π であることが示されるが（2層グラフェンでは 2π であることが同様に示される），この 0 でない Berry 位相のためにグラフェンで発現する整数量子ホール効果はⅢ-Ⅴ族化合物半導体などで発現するそれとは異なった振舞いを示す[47]．筆者は量子ホール効果の専門家ではないので以下概説するにとどめるが，**図 12.36** に示すように要はランダウ準位 $N=0$ の部分にグラフェンの特異性が現れており，実験的には室温に至るまでこの整数量子ホール効果が観測されているほか[48]，分数量子ホー

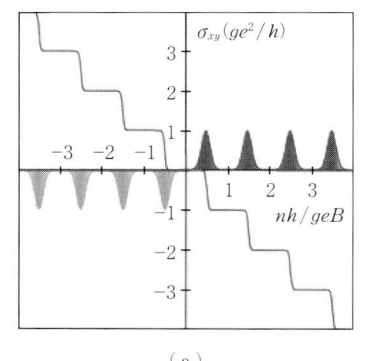

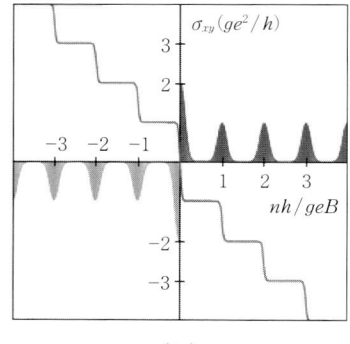

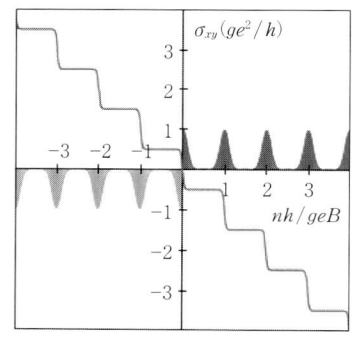

図 12.36　（a）Ⅲ-Ⅴ族2次元電子ガス系で発現する量子ホール効果，（b）2層グラフェン，（c）単層グラフェンで発現する量子ホール効果の概念図．横軸は磁場，縦軸はホール伝導度に相当し，電子とホールのランダウ準位もそれぞれ示されている[47]．

ル効果も低温で観測されている[49])。

一方の実スピンであるが，グラフェンを初めとする分子材料へのスピン注入と注入スピンの操作は近年大きな流行の兆しを見せている。これは分子材料がおもに炭素・水素という軽元素から成るためスピン軌道相互作用が小さく材料中のスピン緩和が生じにくいことが期待されていることによる。スピン軌道相互作用は純粋に相対論的効果であり，質量 m の粒子に対するディラックハミルトニアンに電磁場を導入した上で非対角項を対角化するためのユニタリー変換（Foldy-Wouthuysen 変換）を複数回行って非相対論近似を取ると導出でき

$$H_{S.O.} = -\frac{ie}{8m^2}\sigma \cdot \mathrm{rot} E - \frac{e}{4m^2}\sigma \cdot E \times k$$

(12.23)

という形を取る（E は電場, e は電荷, i は虚数単位)。ここで球対称ポテンシャル（水素原子のようなポテンシャル）を仮定すると第 1 項が 0 になるので，けっきょくスピン軌道ハミルトニアンは質量の 4 乗に比例することがわかり，軽元素ほどその効果が小さいことが理解できる。さらにグラフェンでは 99％ の原子が ^{12}C という核スピンを持たない原子から構成されるために理論上さらにスピン緩和が強く抑制される。以上の動機から 2007 年以降，複数の研究グループが多層および単層グラフェンへのスピン注入に挑戦し，室温でのスピン注入・スピン輸送，さらに純スピン流（電荷の流れを伴わないスピンの流れ）の生成による磁気抵抗効果の発現に成功している[50), 51)]。以下に筆者らが行ったグラフェンへのスピン注入の詳細を述べる。

グラフェンスピンバルブ素子の作製は以下の手順で行った。まず購入した HOPG 基板や Super Graphite 基板にスコッチテープを貼り付けたのち，剥離する。剥離したスコッチテープを，事前にマーカーを作製した Si 基板に押し付けてグラフェンを基板上に吸着させる。マーカーを頼りに **図 12.37** のように非磁性（Au/Cr）および磁性電極（Co）を電子ビームリソグラフィー法と真空蒸着法により形成する。ここで，磁性電極は磁化反転のために必要な磁場が異なるようにあらかじめ構造差をつけている。

スピン依存伝導の測定には，よく知られている局所二端子法による測定と非局所四端子法[52)] を用いた。非局所四端子法とは電流が非等方的に流れる一方で純スピン流は等方的に流れることを利用しており，電流が流れるパスと電圧を測定するパスを分離した測定手法である。電流（＝多数スピン，いまはアップスピンとする）は Co 1 からグラフェンに注入され左側の非

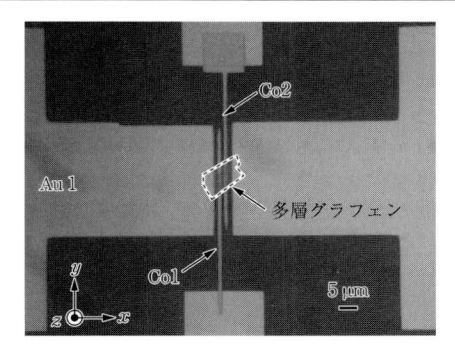

図 12.37 グラフェンスピンバルブ素子の光学顕微鏡写真。多層グラフェンを用いた場合の例

磁性電極 Au 1 に流れていくので，スピンは逆に Au 1 から Co 1 に電気化学ポテンシャルの傾きに従って流れることになる（**図 12.38**）。

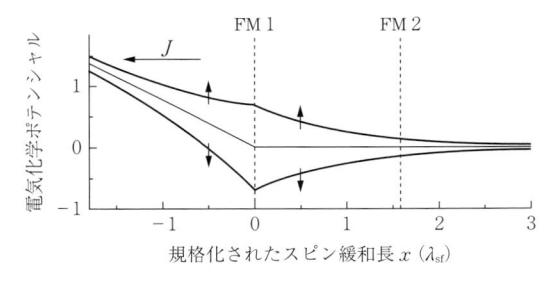

図 12.38 非局所四端子法を用いた測定におけるアップスピンとダウンスピンの電気化学ポテンシャルの位置依存性。FM 1 は Co 1, FM 2 は Co 2 に対応する。電流 J は Co 1 から注入し，図の左の方向に流しているのでスピンは左から右に流れることになる。

Co 1 より右側には電流は流れないが，強磁性金属とグラフェンの界面で多数スピンが蓄積し，その蓄積された多数スピンが電流は流れない右側の領域に拡散していく。グラフェンは非磁性であるのでスピンバランスを保つために（多数スピンを補償するために），同時に左向きに少数スピン（ダウンスピンとする）が拡散してくる。つまり電荷の流れである電流は存在しないがスピンの流れであるスピン流は存在する，という状況を作り出すことができるわけである。ここで，Co 2 のスピンの向きを磁場で制御することで，Co 2 とその右側にある非磁性電極（Au 2 とする）との間の領域におけるアップ・ダウンいずれかのスピンの拡散に起因するスピン流の電気化学ポテンシャル差を測定することができる。ここで，Co 2 のスピンの向きを磁場で制御することで，Co 2 とその右側にある非磁性電極（Au 2）との間の領域におけるアップ・ダウンいずれかのスピンの拡散に起因するスピン流の電気

化学ポテンシャル差を測定することができる。まず，Co 1，Co 2のスピン状態が共にアップであるとしよう。Co 1から右に拡散するスピンはアップであり，Co 2とAu 2の間のアップスピンのスピン流ポテンシャル差が観測される。つぎに，磁場を挿引することでCo 1のスピン状態を反転させると注入スピンがダウンとなる。

一方，Co 2のスピン状態はアップのままなので，注入されたダウンスピンを補償するためにグラフェン中を左向きに流れるアップスピンのスピン流ポテンシャルを観測することになり，観測するスピン流ポテンシャルに変化が生じる（理想的には非局所抵抗の符号が反転する）。さらに磁場を印加し，Co 2電極のスピンを今度はダウンにそろえると，Co 2は右向きに流れるダウンスピンのスピン流ポテンシャルを観測するので，非局所抵抗の値は最初のアップスピンで平行配置となっていたときの値に戻る。つまり，このように非局所抵抗にヒステリシスが表れることが非磁性材料，この場合はグラフェンにスピンが注入されたことを示す。この実験手法の優れた点はスピン注入以外の原因による信号（例えば異方性磁気抵抗効果，局所ホール効果など）による偽（spurious）の信号を排除し，信頼性の非常に高い結果を得ることができる点である。

実験結果を**図12.39**に示すが，室温における測定下で明瞭な非局所抵抗のヒステリシスが観測されていることがわかる。ちなみにスピンを注入する向きを変えるとヒステリシスが上に凸に変化し，この点からも結果の信頼性を確認することができた。以上の結果から室温におけるグラフェンへのスピン注入が実現できたことが十分な信頼性の下で証明された。また，分子中を流れるスピン流を室温で初めて計測できたことも大きなマイルストーンである。最近では，局所測定においても室温で0.02%程度のスピン注入による磁気抵抗効果を世界で初めて観測することに成功し[53]，また，多層グラフェンに室温で注入されたスピンの緩和時間が120 ps，スピン緩和長が1.6 μmであることもHanle型スピン歳差運動の測定結果を式（12.24）のスピン拡散の方程式でフィッティングすることでから明らかになった[53]。

$$\frac{V_{non-local}}{I_{inject}} = \frac{P^2}{\sigma A/D} \int_0^\infty \frac{1}{\sqrt{4\pi Dt}} \exp\left(-\frac{L^2}{4Dt}\right)$$
$$\times \cos(\omega_L t) \exp\left(-\frac{t}{\tau_{sf}}\right) dt \quad (12.24)$$

ここで，左辺はスピン注入による非局所抵抗を示し，tは時間，τ_{sf}はスピン緩和時間，Dは拡散定数，LはCo 1～Co 2間の距離，λ_{sf}はスピン緩和時間，Pはスピン偏極率，ω_Lはラーモア周波数，σはグラフェンの伝導度，Aはチャネルの厚さである。

図12.40が実際のHanle型スピン歳差運動の測定結果であるが，このようなスピン信号の明瞭な振動はグラフェンに注入されたスピンが，グラフェンに面直方向の外部磁場によって歳差運動をしていることを意味しており，磁化平行配置（↑↑）と反平行配置（↑↓）の信号が交わる点で，ちょうど注入スピンが$\pi/2$回転したことを示している。このように，① 局所測定による磁気抵抗効果，② 非局所測定による純スピン流の生成，③ Hanle型スピン歳差運動の測定，の三つの測定がすべて同じ材料で観測できて初めてその材料に確実にスピン注入できたと結論できる。その点では

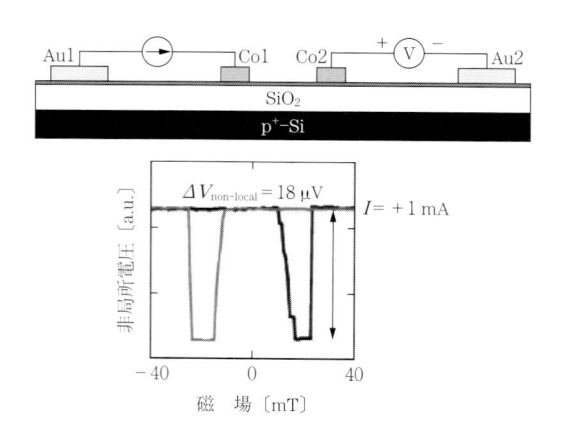

図12.39 グラフェンへの室温における注入スピン信号の例。上段は測定回路図

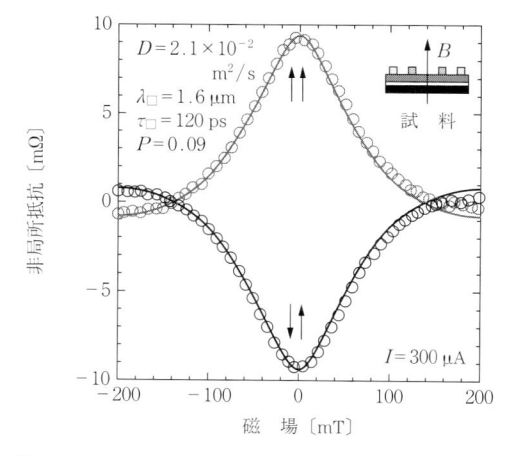

図12.40 グラフェンに注入されたスピンのHanle型スピン歳差運動の測定例。外部磁場をグラフェンに面直に印加することで，当初面内方向だったスピンを面直方向に立てる。注入スピンは立つ過程で歳差運動を開始し，140 mT程度の外部磁場を印加したときにちょうどスピンは$\pi/2$回転してCo 2に到達している。

グラフェンは分子系で唯一この3条件を筆者らの研究により満たすことを証明された材料であり，ほかの分子材料でもこのような精密な評価なしにスピン注入を結論するのは早計に過ぎることを強調しておきたい。

スピン緩和についてであるが，実験的に求められたスピン緩和長はいずれの研究機関においてもおよそ同じ値，すなわち1〜2 μmである[51]。この数字は確かに比較的長く分子系への期待を裏切るものではないが，これが材料の持つ真のポテンシャルというわけではないと考えられる。すなわち，表面への吸着物による散乱効果，材料中の欠陥などまだまだスピン位相を緩和させる機構は多く存在すると考えている。理論的にはグラフェン中では拡散伝導ではなく弾道伝導が実現できるはずで，そうなればスピン軌道相互作用が非常に小さいことと相まってスピン緩和はほとんど生じないはずである。まだグラフェンにおけるスピン輸送の物性研究は端緒についたばかりであり，今後のプロセスの改良などで良好なスピンコヒーレンスは十分得られると考えている。

良好なスピンコヒーレンス以外にもう一つ興味が集まる物性として，グラフェンチャネルに注入されたスピンのスピン偏極率が高バイアス電圧領域に至るまで一定である，という筆者のグループが発見したユニークな物性がある[52),54)]。従来の金属系スピン素子の場合，バイアス電圧を印加すると磁気抵抗比が単調に減少していくことが応用上の一つの課題となっている（+1Vを印加すると磁気抵抗比はおよそ半減する）。これは注入されたスピンのスピン偏極率がマグノンやフォノンの散乱により減少するからである，と理解されているようである。一方，グラフェンの場合，単層・多層を問わず最大で+2.7V程度まで注入スピンのスピン偏極率は変わらない[52]。背景の物理についてはいまだ検討の余地が多く残されているが，この現象はスピントランジスター応用を考えた場合，デバイスの設計マージンが広く取れるという大きな応用上の利点を意味しているため，特に応用面で重要な特性ということができよう。そのスピントランジスターへの展開についてはまだ初期的段階ではあるが，スピン信号のゲート電圧による変調にも室温で成功しており，今後の発展が期待される[51),55)]。

以上で述べたようにグラフェンを用いたスピントロニクスはまだ始まったばかりであるが，これ以外にも金属系では実現できなかったスピンのドリフト伝導性の発現[56]や異方的なスピン緩和の報告[57]など，ほかにもさまざまな興味深い物性が報告されており，今後の発展が大いに期待されている。またこの研究を突破口に他の分子材料へのスピン注入・スピン輸送物性の研究もさらに発展していくことも同様に期待されている。ナノカーボン材料でいえばCNTでは一例だけ低温での非局所磁気抵抗の報告があるものの[58]，再現性やHanle型スピン歳差運動の報告も含めてさらなる研究が待たれており，今後積極的な研究の推進が待たれていることを付記しておきたい。

謝　辞

本研究は，大阪大学大学院基礎工学研究科・鈴木義茂研究室において鈴木義茂教授・新庄輝也客員教授・野内亮博士（現東北大WPI）・野崎隆行博士・高野琢博士（現SPring-8）・大石恵さん（現大日本印刷（株））・三苫伸彦君（現東北大大学院博士課程）・村本和也君（大学院修士課程）との共同研究によって遂行されたものである。Super Graphiteはカネカ（株）の村上睦明博士よりご提供いただいた。また，非局所測定のセットアップに際しては京都大学化学研究所の小野輝男教授・葛西伸哉博士（現NIMS）にたいへんお世話になった。これらの方々に深甚なる謝意を表したい。

12.2.4　グラフェンの物理

〔1〕概　　要

グラフェンの光学的性質をラマン分光の観点から説明する。電子のエネルギー分散関係が円錐形（ディラックコーン）であることに起因した興味深い現象がいろいろある。例えば，光学フォノンのエネルギー（ラマンシフトの形状やピーク位置）はグラフェンのフェルミエネルギー位置に依存する。また，ラマン強度の偏光依存性からグラフェン端の形状を決定できる。後者の依存性は電子と格子，電子と光の相互作用が運動量空間で異方性を持つことに起因している。

〔2〕は　じ　め　に

グラフェンにレーザー光を照射すると価電子帯の電子が伝導帯に励起される（図12.41（a））。この際，レーザーから電子への運動量移行は無視できるほど小さく，電子は垂直励起されると考えてよい。励起された電子は，電磁相互作用により光を放出して元いた価電子帯の場所に戻るか，または，いったん電子格子相互作用によりフォノンを放出または吸収したあとに，光を放出して基底状態へと落ち着く。前者はレイリー散乱，後者は1次のラマン過程として知られる。

ラマン分光では，入射光と散乱光のエネルギーの差からフォノンのエネルギーが決められる。また散乱光の強度から電子格子相互作用の強さなどに関する知見が得られる。ラマン過程に関与するフォノンモードはいくつかあるが，すべてのsp^2炭素系で観測される，

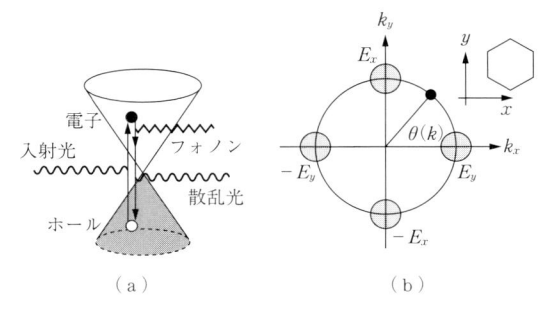

図12.41 (a) グラフェンにおける1次のラマン過程。ディラックコーンのエネルギー分散関係により価電子帯の波数 k の電子が伝導体に垂直励起され波数ゼロの（Γ点の）フォノンが励起される。(b) 波数 k の電子が光励起される確率振幅は $E \times \hat{k}$ の z 成分 $[E_x\hat{k}_y - E_y\hat{k}_x]$ に比例する。電場の xy 方向と六角格子の向きは挿絵のように定義した。

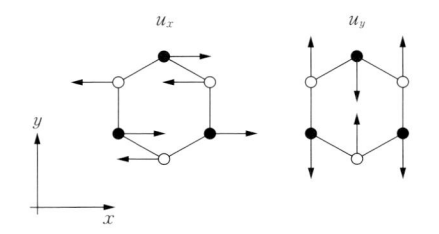

図12.42 Γ点光学フォノンの振動方向の定義。グラフェンの副格子A, B原子を●と○で表す。

炭素原子間のボンドの伸び縮みに対応した，いわゆるGバンドに焦点を合わせて考察しよう。グラフェンやCNTにおけるラマン活性なフォノンモード，およびそれらの特性については文献59)を参照のこと。また，数式の導出方法は最後に記した。

〔3〕 **光吸収の偏光依存性**

電子が入射光により垂直励起される確率振幅は電子の波数とレーザーの偏光方向に依存する。入射光の電場をグラフェン平面のベクトル $\boldsymbol{E}=(E_x, E_y)$ で表すと，ディラック点（K点）から相対波数 $\boldsymbol{k}$ の場所にある価電子帯の電子が垂直励起される確率振幅は，$\boldsymbol{E}$ と $\boldsymbol{k}$ 方向の単位ベクトル（$\hat{\boldsymbol{k}}$）の外積に比例し

$$E_x \sin\theta(k) - E_y \cos\theta(k) \tag{12.25}$$

で与えられる。ここで $\theta(k)$ はベクトル $\boldsymbol{k}$ と k_x 軸とのなす角度である（図12.41(b)を参照）。ディラックコーンの分散関係により波数 k の電子のエネルギーは k の絶対値 $|k|$ に比例し，エネルギー保存によりレーザーのエネルギーと共鳴する状態が共鳴ラマン過程に寄与するので，実質的な電子の自由度は $\theta(k)$ のみである。式 (12.25) から x 偏光した入射光（E_x）は $\theta(k)$ が $\pm\pi/2$ に近い，k_y 軸近傍の電子を強く励起することがわかる。逆に y 偏光した入射光（E_y）は $\theta(k)$ が 0 または π に近い，k_x 軸近傍の電子を強く励起する。つまり光吸収は $\boldsymbol{k}$ 空間で異方的である[60)]。

〔4〕 **光学フォノン**

Gバンドはγ点の光学フォノンに由来し縦波と横波に対応した二つの成分より成る。以下では縦波光学フォノンをLO，横波光学フォノンをTOで記す。Γ点の波数はゼロなので縦横の定義が一意にはできない。ここでは図12.42に示すように炭素原子の二つの独立な振動方向 u_x と u_y を定義しよう。

光励起された波数 k を持つ電子が u_x, u_y モードを放出（吸収）する確率振幅は，それぞれ

$$\left.\begin{array}{l} M_{u_x} = -gu\sin\theta(k) \\ M_{u_y} = +gu\cos\theta(k) \end{array}\right\} \tag{12.26}$$

で与えられる。ここで gu は電子格子相互作用の結合定数で，およそ 50 meV 程度である。ラマン強度も $\boldsymbol{k}$ 空間で見れば異方的であることに注目されたい。光吸収の偏光依存性と合わせると，$x(y)$ 偏光を持つ入射光は $k_y(k_x)$ 軸近傍の電子を強く励起し，このとき放出されやすいのは，炭素原子が $x(y)$ 方向に振動する $u_x(u_y)$ モードであることがわかる。

ラマン強度の $\boldsymbol{k}$ 空間における異方性はグラフェンが等方的である状況（例えばバルク）では陽に現れない。実際，u_x と u_y の適当な重ね合わせの振動状態 $(u_x \pm iu_y)$ で LO，TO を定義すると†，その確率振幅の絶対値は k 依存性を持たなくなり，LO と TO で物理的な差が生じることはない。つまり LO，TO は縮退しており，Gバンドは単一のピーク構造を持つ。しかし，後述するように，結晶にある種の方向性が与えられたとき，$\boldsymbol{k}$ 空間における異方性は LO，TO を区別し興味深い結論に導く。ラマン強度の $\boldsymbol{k}$ 空間における異方性の帰結をグラフェン端に関して述べる。

〔5〕 **場所依存性**

グラフェン端近傍で実現する電子状態は，波数 $\boldsymbol{k}$ で指定される平面波ではなくて，入射波と反射波がつくる定在波である。定在波に関する光学行列要素や電子格子相互作用の行列要素は二つの平面波に関する行列要素の和で与えられる。例えば，いわゆるジグザグ端（図12.43）では y 方向の空間並進対称性が破れ，波数 $\boldsymbol{k}=(k_x, k_y)$ の状態は $\boldsymbol{k}'=(k_x, -k_y)$ に反射されることになる。

式 (12.25) において x 方向の偏光を持つ光の吸収は $\theta(k) \to \theta(k')$ $(=-\theta(k))$ に関して符号を変えるの

---

† 多くの文献では LO を結晶の対称性の高い方向に平行な振動モードで定義している。例えば CNT では軸に平行な振動モードを LO，軸回りの振動モードを TO と定義する。

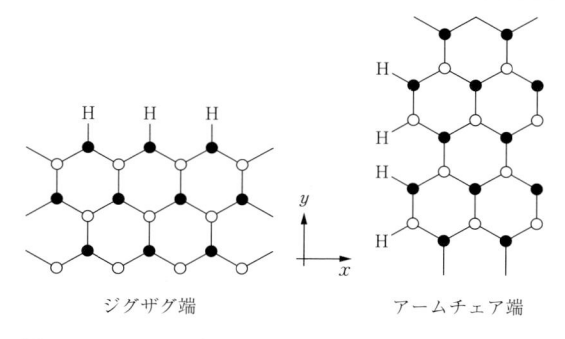

図12.43 ジグザグ端とアームチェア端の格子構造。Hは水素原子を表す。

で，干渉効果により定在波に関して光学吸収は抑制される。ジグザグ端でラマン分光を計るには，エッジに垂直な y 偏光を持つ光を与える必要がある。さらに，このとき光励起される電子は k_x 軸近傍の波数を持つ $[\theta(\boldsymbol{k})=0, \pi$ に近い状態$]$ ので，式 (12.26) と図 12.42 により放出（吸収）するフォノンの振動はジグザグ端に垂直なもの (u_y) である。一方，アームチェア端による電子反射は K 点と K′ 点間の，いわゆる谷間散乱であり，解析は少々複雑だが，結果は x 方向の偏光を持つ光は定在波に関して光学吸収を起こさないことが示される[61]。つまりアームチェア端でラマン分光を計るにはエッジに並行な偏光を持つ光を与える必要がある。さらに，このとき光励起される電子は k_x 軸近傍の波数を持つ $[\theta(\boldsymbol{k})=0, \pi$ に近い状態$]$ ので，放出（吸収）するフォノンの振動はアームチェア端に並行なものである。ジグザグ端とアームチェア端の定在波に関するラマン分光は，端の形状の同定に有用であるだけでなく，グラフェンの電子と格子，電子と光の相互作用が内包する運動量空間での異方性が鮮明に現れる例として興味深い。

〔6〕フォノンのエネルギーへの量子補正

電子格子相互作用はラマン強度の起源であるが，フォノンのエネルギーもまた，電子格子相互作用により自己エネルギーの補正が生じる。量子力学における二次の摂動論を適用すると，自己エネルギーは

$$\hbar\omega_n^{(2)} = \sum_{\text{eh}} \frac{|\langle \text{eh} | V | n \rangle|^2}{\hbar\omega_n^{(0)} - E_{\text{eh}} + i0_+} \quad (12.27)$$

と表すことができる。右辺にある $\hbar\omega_n^{(0)}$ は，古典的なばねモデルで計算されるフォノンのエネルギーである。ラマン分光で測定されるフォノンのエネルギーは自己エネルギーを含む，$\hbar\omega_n^{(0)} + \hbar\omega_n^{(2)}$ でよく近似される。状態 $|n\rangle$ は Γ 点の光学フォノンの LO または TO 状態であり，摂動の中間状態として $|\text{eh}\rangle$ は電子-正孔対を表す。初期状態のフォノンの持つ運動量はゼロなので，電子-正孔対の運動量も運動量保存則によりゼロになるが，そのエネルギー E_{eh} は仮想状態であり，元々のフォノンのエネルギーより小さくも大きくもなり得る。自己エネルギーは一般に複素数である。実部 $\text{Re}[\hbar\omega_n^{(2)}]$ がエネルギーの変化，虚部 $\text{Im}[\hbar\omega_n^{(2)}]$ の逆数がフォノンの寿命に対応し，後者はラマン分光のスペクトル幅に影響する。

〔7〕フェルミエネルギー依存性

電界効果トランジスターなどの実験では，試料に基板からの意図しない電荷移動があり，フェルミエネルギーの値 E_F は，必ずしも電荷中性点（ディラック点）に一致しない。試料の E_F を知ることは，伝導特性などを調べる上で重要であるが，ゲート電圧と E_F の対応関係はグラフェン電子の状態密度の詳細に依存し，不純物の存在などにも依存するため一般に単純でない。まず，自己エネルギーが E_F に依存して変化することを説明しよう。この依存性によりラマン分光でグラフェンの E_F 位置が同定可能である。

自己エネルギーの E_F 依存性の起源はパウリ原理である。図 12.44 にグラフェンのディラックコーンを射影した図を示す。

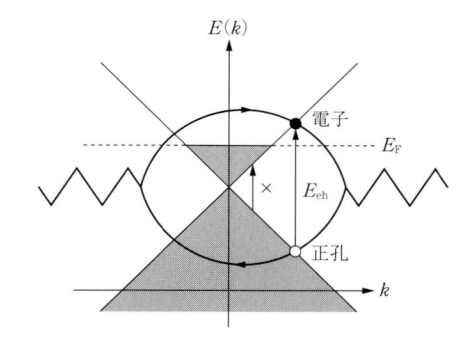

図12.44 フォノンの中間状態である電子-正孔対。パウリ原理により，$E_{\text{eh}} \geq 2|E_F|$ を満たす電子-正孔中間状態のみがフォノンの自己エネルギーに寄与できる。

E_F の位置が図 12.44 に点線で示した場所にあるとすると，E_{eh} が $2|E_F|$ 以下の電子-正孔対はパウリ則により励起不可能である。したがって，式 (12.27) の右辺の中間状態に関する和 Σ_{eh} は $E_{\text{eh}} \geq 2|E_F|$ に関して取られることになる。また，式 (12.27) の分母は $E_{\text{eh}} < \hbar\omega_n^{(0)}$ のとき正値なので，電荷中性点から E_F を増加（減少）させていくと，自己エネルギーに正に寄与する補正項（ハード化の寄与）が減少し，条件式 $\hbar\omega_n^{(0)} = 2|E_F|$ が満たれるところまで $\hbar\omega_n^{(2)}$ が減少（ソフト化）することがわかる。E_{eh} をさらに増加（減少）させていくと，今度は式 (12.27) の分母は $E_{\text{eh}} > \hbar\omega_n^{(0)}$

のとき負値なので，ソフト化の寄与が減少し，$\hbar\omega_n^{(2)}$ がハード化することがわかる．結果として，$\hbar\omega_n^{(2)}$ は E_F の関数としてW字型の振動数変化を示す[62]〜[64]．この変化を観測することで，E_F を 0.1 eV のオーダーで評価できる．フェルミエネルギーはグラフェンの空間位置にも依存し得るが，レーザーのスポットは 1 μm^2 程度に集光できるので空間分解能も期待できる．

〔8〕 計 算 方 法

ここで与えた結果は有効質量理論に運動量保存則を仮定して得られる．ここでは，結果を得るための最小限の数学を述べる．まずハミルトニアンは2行2列の行列であり，$H = v_F \sigma \cdot \hat{p} - ev_F \sigma \cdot A^{em} + g(\sigma \times u) \cdot e_z$ と書ける．第1項が電子のハミルトニアン（v_F はフェルミ速度，$\hat{p}$ は運動量演算子），第2項が電磁相互作用（A^{em} はベクトルポテンシャルであり，電場ベクトルの方向 E と並行である），第3項が電子格子相互作用（u は格子の変位ベクトル）である．電子ハミルトニアンの伝導体のブロッホ関数は $k_x - ik_y = |k|e^{-i\theta(k)}$ により定義される角度 $\theta(k)$ を用いて

$$|\phi_k^c\rangle = \frac{1}{\sqrt{2}}\begin{pmatrix} 1 \\ e^{i\theta(k)} \end{pmatrix} \quad (12.28)$$

と表される．また，価電子帯の波動関数は σ_z が $v_F \sigma \cdot \hat{p}$ と反可換であることより $|\phi_k^v\rangle = \sigma_z |\phi_k^c\rangle$ で与えれる．これを用いると，例えば，光学吸収の行列要素 $\langle\phi_k^c|\sigma \cdot E|\phi_k^v\rangle$ は $\langle\phi_k^c|\sigma \cdot E\sigma_z|\phi_k^c\rangle$ に比例する．すなわち，本章の結果は，スピンでおなじみの期待値の計算で得ることができる．より詳細に興味がある読者には，4章の電子状態の説明などを参照されたい．

〔9〕 ま と め

最後に，本文では触れなかったが，重要と思われる点を述べる．本文では単層グラフェンを考えたが，グラフェンの層数を調べるにもラマン分光は有用である．ラマンスペクトルに現れる 2D（G'）バンドの形状が，単層と（2層以上の）多層のグラフェンにおいて著しく異なることを用いて，試料が単層であることが確認できる．グラフェンでは 2D バンドのラマン強度は，G バンドのラマン強度よりも4倍程度大きく，グラフェンのラマンスペクトルの中で最大強度を持つ．詳しくは文献 65) を参照されたい[†]．

強い強度のレーザーは試料を破壊する恐れがある．ここでは入射レーザーの強度を Γ 点光学フォノンの電子格子相互作用の大きさと比較し，一つの目安を与える．入射レーザーのエネルギーを E〔eV〕，強度を S〔W/μm^2〕とすると電子格子相互作用と同程度の強さに対応する強度は $S \cong (E \cdot gu \text{〔meV〕}/10)^2$ で与えられる．例えば，2 eV の入射レーザーに対しては，10^2 W/μm^2 の強度が，ちょうど光学フォノンの電子格子相互作用と同じである．また，これは 1 μW/cm^2 のレーザーを μm^2 の面積に集光していることに対応する．

引用・参考文献

1) J. W. McClure：Diamagnetism of graphite, Phys. Rev., **104**, 666 (1956)
2) J. C. Slonczewski and P. R. Weiss：Band structure of graphite, Phys. Rev., **109**, 272 (1958)
3) T. Ando：Theory of electronic states and transport in carbon nanotubes, J. Phys. Soc. Jpn., **74**, 777 (2005), and references cited therein.
4) M. S. Dresselhaus and G. Dresselhaus：Intercalation compounds of graphite, Adv. Phys., **51**, 1 (2002), and reference therein.
5) J. W. McClure：Theory of diamagnetism of graphite, Phys. Rev., **119**, 606 (1960)
6) E. McCann and V. I. Fal'ko：Landau-level degeneracy and quantum hall effect in a graphite bilayer, Phys. Rev. Lett., **96**, 086805 (2006)
7) F. Guinea, A. H. Castro Neto and N. M. R. Peres：Electronic states and Landau levels in graphene stacks, Phys. Rev. B, **73**, 245426 (2006)
8) B. Partoens and F. M. Peeters：From graphene to graphite：Electronic structure around the K point, Phys. Rev. B, **74**, 075404 (2006)
9) M. Koshino and T. Ando：Orbital diamagnetism in multilayer graphenes：Systematic study with the effective mass approximation, Phys. Rev. B, **76**, 085425 (2007)
10) M. Koshino and T. Ando：Magneto-optical properties of multilayer graphene, Phys. Rev. B, **77**, 115313 (2008)
11) N. H. Shon and T. Ando：Quantum transport in two-dimensional graphite system, J. Phys. Soc. Jpn., **67**, 2421 (1998)
12) K. Ziegler：Robust transport properties in graphene, Phys. Rev. Lett., **97**, 266802 (2006)
13) K. Nomura and A. H. MacDonald：Quantum transport of massless dirac fermions, Phys. Rev. Lett., **98**, 076602 (2007)
14) J. Tworzydlo, et al.：Sub-poissonian shot noise in graphene, Phys. Rev. Lett., **96**, 246802 (2006)
15) K. S. Novoselov, et al.：Two-dimensional gas of massless Dirac fermions in graphene, Nature, **438**, 197 (2005)
16) Y. -W. Tan, et al.：Measurement of scattering rate and minimum conductivity in graphene, Phys. Rev. Lett., **99**, 246803 (2007)
17) F. Miao, et al.：Phase-coherent transport in graphene

[†] 2D（G'）バンドは，六角格子が全体で伸縮膨張する，いわゆるケケレモードが関係している．ケケレモードはグラフェン電子のディラック質量と関係がある．

quantum billiards, Science, **317**, 1530 (2007)
18) T. Ando : Screening effect and impurity scattering in monolayer graphene, J. Phys. Soc. Jpn., **75**, 074716 (2006)
19) S. Adam, et al. : A self-consistent theory for graphene transport, Proc. Nat. Acad. Sci. U. S. A., **104**, 18392 (2007)
20) J. H. Chen, et al. : Charged-impurity scattering in graphene, Nat. Phys., **4**. 377 (2008)
21) E. H. Hwang, et al. : Carrier transport in two-dimensional graphene Layers, Phys. Rev. Lett., **98**, 186806 (2007)
22) J. Martin, et al. : Observation of electron-hole puddles in graphene using a scanning single-electron transistor, Nat. Phys., **4**, 144 (2008)
23) K. I. Bolotin, et al. : Temperature dependent transport in suspended graphene, Phys. Rev. Lett., **101**, 096802 (2008)
24) K. I. Bolotin, et al. : Ultrahigh electron mobility in suspended graphene, Solid State Commun., **146**, 351 (2008)
25) J. Moser, et al. : Current-induced cleaning of graphene, Appl. Phys. Lett., **91**, 163513 (2007)
26) J. H. Chen, et al. : Intrinsic and extrinsic performance limits of graphene devices on SiO_2, Nat. Nanotechnol., **3**, 206 (2008)
27) Y. W. Son, et al. : Energy gaps in graphene nanoribbons, Phys. Rev. Lett., **97**, 216803 (2006)
28) M. Y. Han, et al. : Energy band gap engineering of graphene nanoribbons, Phys. Rev. Lett., **98**, 206805 (2007)
29) X. Li, et al. : Chemically derived, ultrasmooth graphene nanoribbon semiconductors, Science, **329**, 1229 (2008)
30) S. Masubuchi, et al. : Fabrication of graphene nanoribbon by local anodic oxidation lithography using atomic force microscope, Appl. Phys. Lett., **94**, 082107 (2009)
31) L. Jiao, et al. : Narrow graphene nanoribbons from carbon nanotubes, Nature, **458**, 877 (2009)
32) D. V. Kosynkin, et al. : Longitudinal unzipping of carbon nanotubes to form graphene nanoribbons, Nature, **458**, 872 (2009)
33) H. Min, et al. : Ab initio theory of gate induced gaps in graphene bilayers, Phys. Rev. B, **75**, 155115 (2007)
34) Y. Zhang, et al. : Direct observation of a widely tunable bandgap in bilayer graphene, Nature, **459**, 820 (2009)
35) H. Miyazaki, et al. : Influence of disorder on conductance in bilayer graphene under perpendicular electric field, Nano Lett., **10**, 3888 (2010)
36) D. C. Elias, et al. : Control of graphene's properties by reversible hydrogenation : Evidence for Graphane, Science, **323**, 610 (2009)
37) S. -H. Cheng, et al. : Reversible fluorination of graphene : Evidence of a two-dimensional wide bandgap semiconductor, Phys. Rev. B, **81**, 205435 (2010)
38) 福山秀敏編：メゾスコピック系の物理，丸善（1996）

など

39) L. A. Ponomarenko, et al. : Chaotic Dirac billiard in graphene quantum dots, Science, **320**, 356 (2008)
40) S. Russo, et al. : Observation of Aharonov-Bohm conductance oscillations in a graphene ring, Phys. Rev. B, **77**, 085413 (2008)
41) J. Guettinger, et al. : Electron-hole crossover in graphene quantum dots, Phys. Rev. Lett., **103**, 046810 (2009)
42) F. Molitor, et al. : Transport through graphene double dots, Appl. Phys. Lett., **94**, 222107 (2009)
43) C. W. J. Beenakker : Andreev reflection and Klein tunneling in graphene, Rev. Mod. Phys., **80**, 1337 (2008)
44) F. Schedin, et al. : Detection of indivivual gas molecules adsorbed on graphene, Nat. Mater., **6**, 652 (2007)
45) J. D. Bjorken and S. D. Drell : Relativistic quantum mechanics, McGraw-Hill (1998)
46) M. V. Berry : Proc. Roy. Soc. London. A, **392**, 45 (1984)
47) K. S. Novoselov, E. McCann, S. V. Morozov, V. I. Fal'ko, M. I. Katsnelson, U. Zeitler, J. Diang, F. Schedin and A. K. Geim : Nat. Phys., **2**, 177 (2006)
48) K. S. Novoselov, A. K. Geim, S. V. Morozov, D. Jiang, M. I. Katsnelson, I. V. Grigorieva, S. V. Dubonos and A. A. Firsov : Nature, **438**, 197 (2005). Y. Zhang, Y-W. Tan, H. L. Stormer and P. Kim : Nature, **438**, 201 (2005)
49) X. Du, I. Skachko, A. Duerr, A. Luican and E. Y. Andrei : Nature, **462**, 192 (2009). K. I. Bolotin, F. Ghahari, M. D. Shulman, H. L. Stormer and P. Kim, Nature, **462**, 196 (2009)
50) M. Ohishi, M. Shiraishi, R. Nouchi, T. Nozaki, T. Shinjo and Y. Suzuki : Jpn. J. Appl. Phys., **46**, L605 (2007)
51) N. Tombros, C. Jozsa, M. Popinciuc, H.T. Jonkman and B. J. van Wees : Nature, **448**, 571 (2007)
52) F. J. Jedema, H. B. Heersche, A. T. Filip, A. A. J. Baselmans and B. J. van Wees : Nature, **416**, 713 (2002)
53) M. Shiraishi, M. Ohishi, R. Nouchi, T. Nozaki, T. Shinjo and Y. Suzuki : Adv. Funct. Mater, **19**, 3711 (2009)
54) M. Shiraishi, K. Muramoto, N. Mitoma, T. Nozaki, T. Shinjo and Y. Suzuki : Appl. Phys. Express, **2**, 123004 (2009)
55) M. Shiraishi, et al. : Graphene : the New frontier (World Scientific Publishing), in press.
56) C. Jozsa, M. Popinciuc, N. Tombros, H. T. Jonkman and B. J. van Wees : Phys. Rev. Lett., **100**, 236603 (2008)
57) N. Tombros, S. Tanabe, A. Veligura, C. Jorza, M. Popinciuc, H. T. Jonkman and B. J. van Wees : Phys. Rev. Lett., **101**, 46601 (2008)
58) N. Tombros, S. J. van der Molen and B. J. van Wees : Phys. Rev. B, **73**, 233403 (2006)
59) Mildred S. Dresselhaus, et al. : Perspectives on carbon nanotubes and graphene raman spectroscopy, Nano Lett., **10**, 751 (2010)
60) A. Grüuneis, et al. : Inhomogeneous optical absorption around the K point in graphite and carbon nanotubes, Phys. Rev. B, **67**, 165402 (2003)
61) Ken-ichi Sasaki, et al. : Identifying the orientation of

62) Michele Lazzeri, et al.：Nonadiabatic kohn anomaly in a doped graphene monolayer, Phys. Rev. Lett., **97**, 266407（2006）
63) T. Ando：Anomaly of optical phonon in monolayer graphene, J. Phys. Soc. Jpn., **75**, 124701（2006）
64) S. Pisana, et al.：Breakdown of the adiabatic born-oppenheimer approximation in graphene, Nat. Mater., **6**, 198（2007）
65) A. C. Ferrari, et al.：Raman spectrum of graphene and graphene layers, Phys. Rev. Lett., **97**, 187401（2006）

12.3 グラフェンの化学

12.3.1 は じ め に

化学の立場からは，グラフェンはベンゼンが無限に縮合してできた巨大な芳香族分子である．まず，この観点からベンゼンとの比較を通して，グラフェンの化学構造と芳香族性をおさらいしよう．単環共役炭化水素であるベンゼンでは π 電子非局在化による付加的なエネルギー安定性，すなわち芳香族性は Hückel 則（$4n+2\pi$ 電子則）により解釈できた．しかしながら，多環ベンゼノイドであるグラフェンでは少し事情が異なり，その芳香族性は Clar 則（$6n\pi$ 電子則）[1] により説明することができる．Clar 則とは二つの Kekulé 構造の共鳴，つまり六つの π 電子の非局在化をゼクステット（sextet）と呼ばれる円で表現し（**図 12.45**（a）），そのゼクステットの数が最大になるように描いた Clar 構造式が最安定構造を与えるという規則である（図（b））．

図 12.46 に無限に大きなグラフェンの Clar 構造式

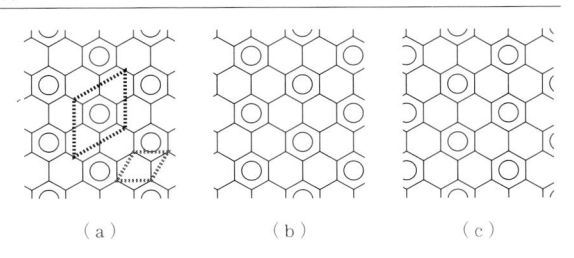

図 12.46 グラフェンの三つの等価な Clar 構造式．（a）Clar 構造式とグラフェンの基本単位胞が菱形で示されている．

を示しているが，ゼクステットを用いてすべての π 電子が非局在化した構造式を描くことができる．すなわち，化学的な観点からグラフェンは炭素-炭素結合当り 2/3 個の π 電子を有する芳香族性の高い多環ベンゼノイドであると理解できるであろう．

さきほどグラフェンは芳香族性の高い多環ベンゼノイドであると述べた．その巨大なグラフェンの一部をシート状に切り出して円筒状に丸めたものが CNT であるが（**図 12.47**），両者とも微視的に同じ sp_2 炭素骨格を持つため，類似する化学的性質を示すといえる．

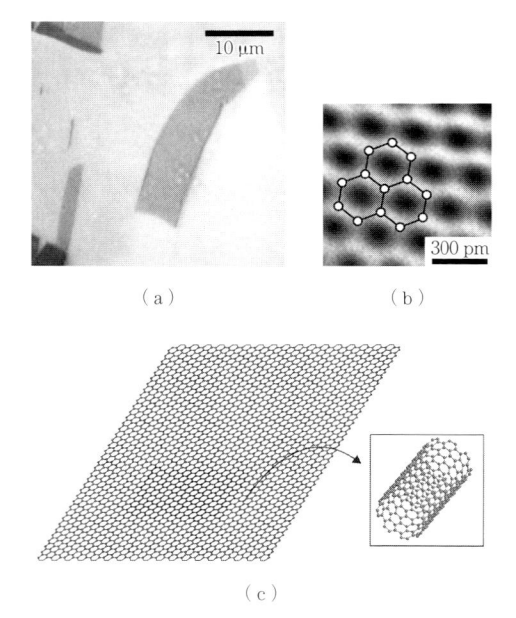

図 12.47 （a）グラフェンの光学顕微鏡像．中央に 10 μm 幅の単層グラフェンシートが見える．（b）グラフェン骨格の周波数変調原子間力顕微鏡像と模式図．（c）グラフェンから切り出した CNT

一方，それらの相違点は炭素骨格の曲率に起因する化学的反応性であろう．つまり CNT では湾曲した炭素骨格による芳香族性の低下のため化学的活性がいく

図 12.45 （a）共鳴する二つの Kekulé 構造とそれに対応するゼクステット．（b）Clar 構造式の一例．ナフタレンは一つのゼクステットと二つの二重結合で記述できる．

らか増加しているのに対して，平坦なグラフェンは高い芳香族性を示し，化学的に不活性である[2]。本節ではこのような不活性でさらに化学反応制御が困難であるグラフェンの化学修飾に関連する最近の研究動向を紹介する。グラフェンは炭素材料の基本構造の一つであり，グラフェンの化学は数多くの炭素材料中に見出すことができるが，ここでは単層グラフェンに焦点を当てた研究を取り扱っていることをあらかじめことわっておきたい。

12.3.2　化学修飾の目的

グラフェンは高いキャリヤー移動度を示す2次元電子系であるが，それに加えフェルミレベル近傍での線形電子分散関係に由来する特異な量子ホール効果を示すため，物理的な観点から大きな注目を集めている。一方，化学的な観点からは化学修飾による①表面特性の改質，②電子構造の制御，③超分子化学への応用，などが興味ある研究対象であろう。つまり，表面特性の改質により溶媒中の分散性を制御することで効率的な化学反応が可能となるであろうし，精密な化学修飾により機能化（電子構造の制御）や集積化（分子間の相互作用を利用した自己組織化構造の制御）ができれば面白い。具体的に例を挙げながら，もう少し詳しくみてみよう。

〔1〕　**表面特性の改質**

一見矛盾しているように思われるかもしれないが，グラフェンは溶媒中で凝集してしまうため，その化学反応を効率良く行うためには，前処理として化学修飾を行い，分散性を向上させる必要がある。この分散性向上に関する研究はCNTを用いた先行研究が数多く存在し（9章「CNTの可溶化，機能化」参照），同様の手法がグラフェンにも応用されている。例えば酸化処理により作製された酸化グラフェンは導入された官能基間の静電反発により，容易に単層剥離・分散することが知られている。しかし，そのグラフェン骨格が酸素含有官能基で無秩序に修飾されてしまうのが問題点である[3]。今後，溶液プロセスでの化学修飾グラフェンの大量合成のためには表面特性の改質法の改善が必要である。

〔2〕　**電子構造の制御**

グラフェンは高い電子移動度を示すことから電子デバイス開発にとって有望な材料として注目されている。しかし，グラフェンはゼロギャップ半導体として知られ，そのユニークな線形電子バンド構造（12.2節「グラフェンの物理」参照）に由来する本質的な欠点を持っている。すなわち，バンドギャップが存在しないため電界効果トランジスタの動作において電流のオン/オフ比がとれない点である。グラフェン骨格の化学量論的な化学修飾によりバンドギャップの精密な制御が可能になると考えられるが，従来の化学修飾では反応が無秩序に進行してしまうため，現状ではその制御は困難である。より現実的な例としては，光電子工学への応用があるだろう。先ほど酸化グラフェンでは，面内が無秩序に修飾されることを紹介したが，その結果，電子遷移による可視光の吸収が減少するため透明な電極材料として利用が期待されている[4]。このように化学修飾による機能化を行うことができれば，材料としての利用価値が高まるであろう。

〔3〕　**超分子化学への応用**

ここで述べている超分子化学とは，「複数の分子が非共有結合性の相互作用力により，自己組織化し，秩序だった集合体を形成すること」を指している。つまり超分子への応用とは，グラフェンを適当な官能基で化学修飾することでグラフェン分子間の相互作用力を調節し，秩序だった集合体を自己形成させることができる[5]（**図12.48**）という意味である。ナノサイズグラフェン（ヘキサベンゾコロネン）の端に親水性・疎水性の側鎖を導入することで，複雑なCNT状の3次元構造を形成できること知られているが[6]，このような自己集積化法の開発は，将来的にはグラフェンを利用したボトムアップアプローチ型の電子回路作製への応用が期待できる。

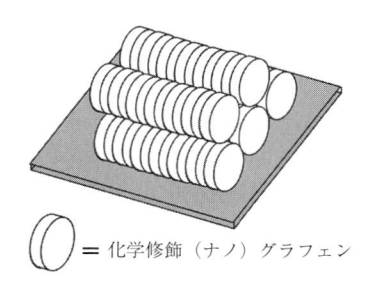

図12.48　自己集合した化学修飾グラフェン。グラフェン面間の相互作用により円柱状構造を形成し，その柱が積み重なっている。

12.3.3　グラフェンの反応性

グラフェンの反応性の最も高い場所は端であるが，無限に大きなグラフェンではその存在は無視できた。しかしグラフェンのサイズがナノサイズまで小さくなると，端の化学構造がグラフェンの電気的磁気的物性に大きな影響を与えるため[7]，ナノグラフェン端の化学は興味のある問題である。しかしながら，グラフェ

ン端(特に局在スピンの存在するジグザグ端)の化学構造は非常に化学活性が高く,すぐに構造変化してしまうと考えられるため,ナノグラフェン端の化学修飾に関する実験的な知見は非常に少ない。例えば,積層したナノグラフェンがランダム配向したナノグラファイト集合体にフッ素を反応させた場合に,端と優先的に反応し,ナノグラフェン端由来の局在スピンが消失することが磁化率測定などから調べられている。特に,ナノグラフェンのジグザグ端の化学活性は磁性との関連から先行的な研究が行われてきたが[7],ここでは最近研究報告が増えつつあるグラフェン面内の反応性に注目してみよう。代表的な反応例として,酸化反応,水素化反応,ラジカル付加反応,ペリ環化反応,シリル化反応を挙げた(図12.49)。

〔1〕酸化反応

CNT の場合と同様に,酸化は幅広く研究されている化学反応である。100年以上前から,グラファイトを強酸化剤で酸化することで酸化グラファイトと呼ばれる,層状構造を持ち,炭素/酸素比が2〜3の化合物が合成できることが知られていた。その酸化グラファイトを単層剥離したものが酸化グラフェンである。Hummers 法と呼ばれる,酸性条件下の過マンガン酸カリウムによる酸化が近年も広く利用されている。酸化反応により,グラフェン骨格に水酸基やエポキシ基などが無秩序に結合していることが,核磁気共鳴,赤外分光,電子線回折などの実験により確認されている[3]。グラフェンと比較して面内の電気伝導性が桁違いに低下してしまうが,ヒドラジン(H_2NNH_2)などの還元剤と反応させ表面官能基の一部を取り除くことで,100 S/cm 程度まで電気伝導率が回復する[4]。

〔2〕水素化反応

水素プラズマ処理[8,9]やシルセスキオキサン($HSiO_{3/2}$)[10]との反応により水素化反応が進む。すべてのグラフェン構造が完全に水素化された化学修飾グラフェンはグラフェイン(graphane)と呼ばれている[11]。フラーレン・CNT は閉じたグラフェン骨格を持つため,水素化が完全に進むと構造ひずみにより壊れてしまうと考えられるが,グラフェンでは理想的には完全に水素化された構造が存在する。走査型トンネル顕微鏡[8]と電子顕微鏡[9]により①水素原子がグラフェン骨格に結合することや,②その結合により炭素-炭素結合長が変化することが知られている。また,水素化グラフェンを450℃で加熱したサンプルでは,グラフェン特有の量子ホール効果(12.2.3項「スピン輸送」参照)が再び観察されたことから,水素化が可逆反応であることが報告されている[8]。

〔3〕ラジカル反応

グラフェンをジアゾニウム化合物($RC_6H_4N^+N$)と反応させることで,アリール化を行うことができる[12]。アリールの置換基として,塩素,臭素,メトキシ基,ニトロ基などの置換基が選べるので,グラフェン表面特性の改質のためには有用な方法であろう。グラフェン特有の化学活性という意味では本質的ではないが,結晶性の低い単層グラフェンのほうが積層グラフェンよりもジアゾニウム化合物との反応性が高いことが知られている。

〔4〕ペリ環状反応

アゾメチンイリド($H_2C=N^+(R)-C^-H_2$)の1,3-双極子付加反応は,C_{60} フラーレンへの1官能基導入法としてよく知られているが[13],アゾメチンイリドはグラフェンとも1,3-双極子付加反応を起こし,ピロリ

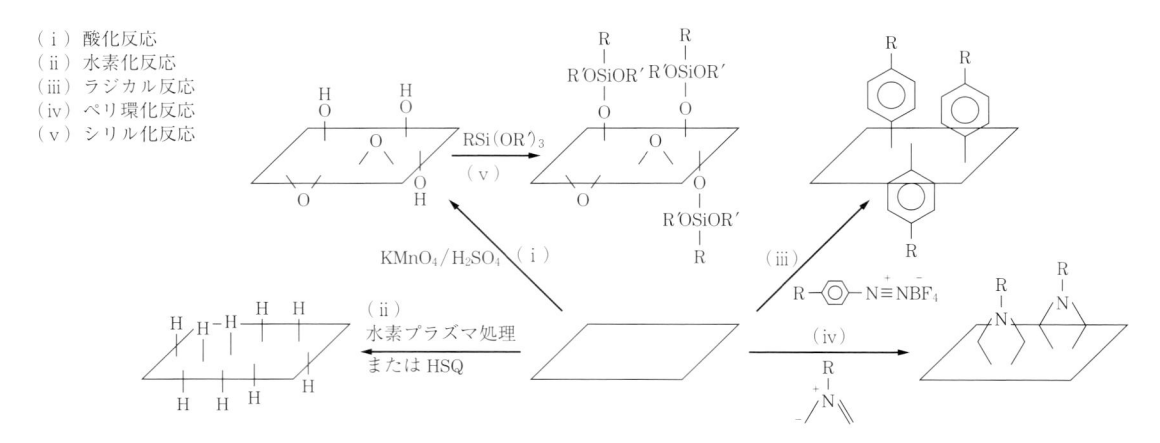

(i)酸化反応
(ii)水素化反応
(iii)ラジカル反応
(iv)ペリ環化反応
(v)シリル化反応

図12.49 グラフェンの化学反応例。(i)過マンガン酸による酸化反応,(ii)水素プラズマ処理またはシルセスキオキサン(HSQ)による水素化反応,(iii)ジアゾニウム塩によるラジカル反応,(iv)アゾメチンイリドによるペリ環化反応,(v)酸化後の水酸基によるシリル化反応

ジン環で固定された官能基が導入できる[14]。前述の三つの反応では，ラジカル種の発生や，強酸化条件のためにグラフェン基本骨格中に望まれない欠陥構造が生成することが予測されるが，協奏的に反応の進行するペリ環状反応では欠陥構造生成の抑制が期待される。

〔5〕 シリル化反応

酸化によってグラフェン面内に水酸基が導入されることを紹介したが，この水酸基とシラン剤（アルコキシシラン）を反応させることで官能基を導入することができる[16]。中間体の酸化グラフェンは水溶媒にきわめて分散しやすいため，取扱いが容易であるのが利点であろう。このような酸化グラフェンを中間体に利用した化学修飾法は他にもいくつか報告されているが，詳細は文献3) を参照してほしい。

以上，5種類の反応例を紹介したが，いずれの場合も不活性なグラフェン面内の化学修飾の制御は困難であり，反応は無秩序に進行しまう。また，これらの化学反応は，激しい反応条件（高い反応試薬濃度，高い温度）で行われているため，欠陥生成などの望まれない副反応が多数起こっていると考えられる。このように，グラフェンの化学反応には，改善が望まれる問題点が残っている。

12.3.4 グラフェンの化学修飾プロセス

グラフェンを化学修飾するためには，① 原料であるグラフェンを作製し，② 目的の化学反応を行うための反応系に移す必要がある。ここではその一連のプロセスを眺めてみよう。

〔1〕 グラフェンの作製プロセス

グラフェンの作製方法に注目すると，つぎの(1)～(5)に大別できる（**図 12.50**）。

(1) **グラファイトを機械的剥離** (a-1) 粘着テープで剥離する方法や（12.1節「グラフェンの作製」参照），(a-2) 溶媒中で超音波処理することで剥離させる方法[17]。欠陥の少ない高品質のグラフェンを得ることができる。

(2) **グラファイト層間化合物を機械的剥離** グラファイトにインターカレートを挿入し，グラフェン層間の相互作用を弱めたグラファイト層間化合物（および酸化グラファイト）を剥離する方法[3,18]。化学処理により望まれない断片化や欠陥導入が起こる。

(3) **化学気相およびシリコンカーバイト加熱分解によるエピタキシャル成長** グラフェン成長用の基板にグラフェンを単層成長させる方法（12.1.2項「固体上のグラフェン成長技術」参照）。大面積のグラフェンを得ることができる。

(4) **CNT の切り開き** SWCNT を化学的酸化やプラズマエッチングによりシート状に切り開く方法[19]。ナノサイズでリボン状のグラフェンを得ることができる。

(5) **有機合成化学** ベンゼン骨格を持つ有機分子の環化反応を繰り返す方法[5]。

〔2〕 化学反応プロセス

グラフェンの作製にはいくつかの方法があり，その方法に応じて化学反応を行う系を選択する必要がある。液相プロセスと気相プロセスに分けたが（**図 12.51**），グラファイトを原料 ((a-2), (2)) に用いた液相プロセスによる化学修飾が主流である[3,12,15,16,18]。この方法の利点は一度に大量のグラフェンの化学修飾が行える点であるが，前述のように溶媒に分散させる際の超音波処理や化学処理によりグラフェンが断片化してしまうのが欠点である。化学気相成長グラフェン ((3)) を用いた気相プロセスの化学修飾[8,9]では大面積のグラフェンを取り扱える機会があるが，気相中での複雑な化学反応を最適化するためには多大な努力が必要であろう。

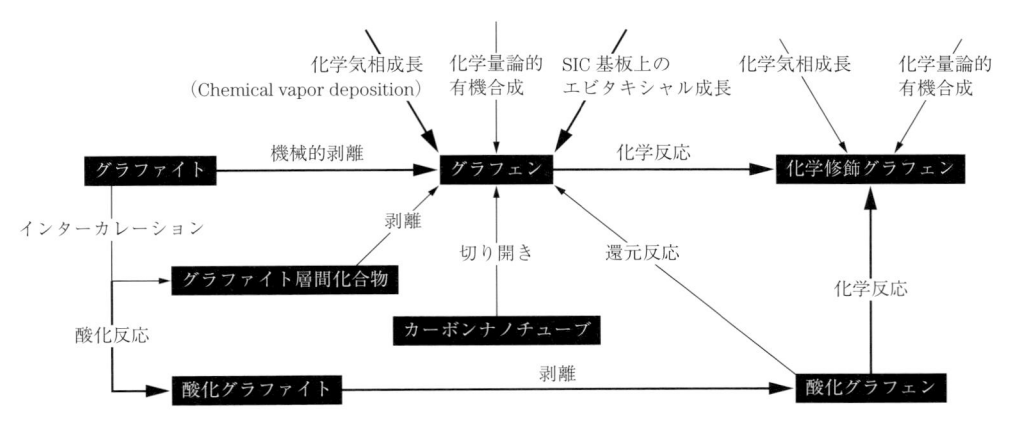

図 12.50 グラフェンの作製プロセス

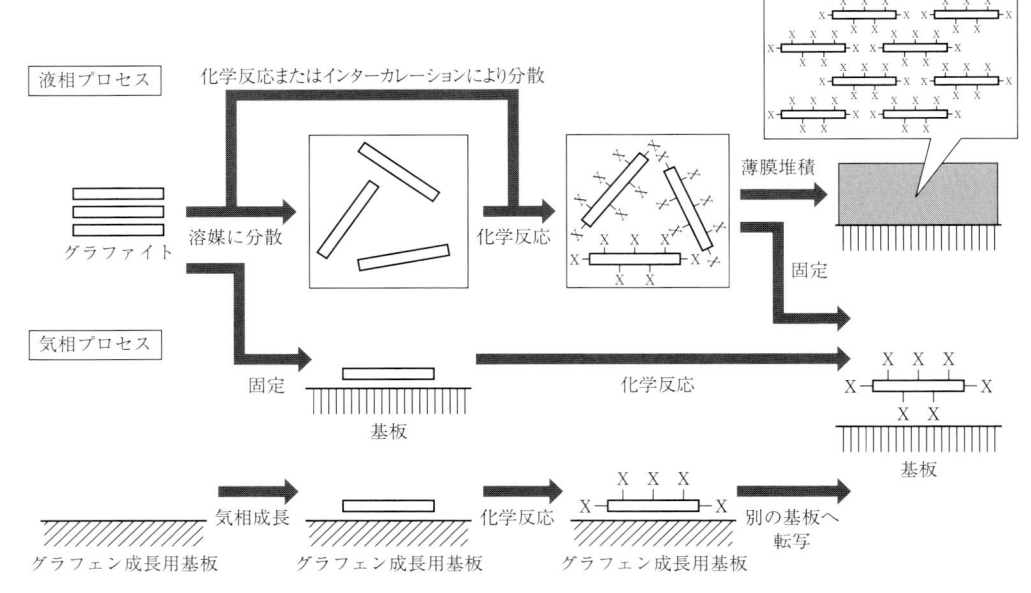

図12.51 化学修飾の反応プロセス

12.3.5 応用と展望

前節で液相プロセスでの化学修飾について紹介したが，この方法の利点は，分散溶液を用いて容易に薄膜が作製できる点である（図12.51）。酸化グラフェン堆積膜を熱的もしくは化学的還元した薄膜は，酸化インジウムスズ（ITO）に代わる導電性透明電極[4]として，太陽電池[20]や有機発光ダイオード[21]への応用が研究されている。しかしながら，CNTを用いた導電性透明電極[22]（11.4.3項「透明電極」参照）との差別化を示すためには克服しなければならない問題点，つまり熱的還元時に高温（200～1100℃）が必要であること[2]や，化学的還元時にヒドラジンなどの有害な試薬を使用[3,4]しなければならない問題が残されている。

引用・参考文献

1) M. Randic : Aromaticity of polycyclic conjugated hydrocarbons, Chem. Rev., **103**, 3449 (2003)
2) T. Lin, et al. : A DFT study of the amination of fullerenes and carbon nanotubes : reactivity and curvature, J. Phys. Chem. B, **109**, 13755 (2005)
3) R. Daniel, et al. : The chemistry of graphene oxide, Chem. Soc. Rev., **39**, 228 (2010)
4) G. Eda, et al. : Large-area ultrathin films of reduced graphene oxide as a transparent and flexible electronic material, Nat. Nanotechnol., **3**, 270 (2008)
5) J. Wu, et al. : Graphenes as potential material for electronics, Chem. Rev., **107**, 718 (2007)
6) J. P. Hill, et al. : Self-assembled hexa-peri-hexabenzocoronene graphitic nanotube, Science, **304**, 1481 (2004)
7) T. Enoki, et al. : Unconventional electronic and magnetic functions of nanographene-based host-guest systems, Dalton Trans., 3773 (2008) ; T. Enoki : Electronic structures of graphite and related materials, carbons for electrochemical energy storage and conversion systems (CRC Press, Edited by F. Béguin and E. Frackowiak), chapter 6, 221 (2009)
8) D. C. Elias, et al. : Control of graphene's properties by reversible hydrogenation : evidence for graphane, Science, **323**, 610 (2009)
9) J. O. Sofo, et al. : Graphane : A two-dimensional hydrocarbon, Phys. Rev. B, **75**, 153401 (2007)
10) S. Ryu, et al. : Reversible basal plane hydrogenation of graphene, Nano Lett., **8**, 4957 (2008)
11) R. Balog, et al. : Atomic hydrogen adsorbate structures on graphene, J. Am. Chem. Soc., **131**, 8744 (2009)
12) J. R. Lomeda, et al. : Diazonium functionalization of surfactant-Wrapped chemically converted graphene sheets, J. Am. Chem. Soc., **130**, 16201 (2008)
13) M. Maggini, et al. : Addition of azomethine ylides to C_{60} : Synthesis, characterization and functionalization of fullerene pyrrolidines, J. Am. Chem. Soc., **115**, 9798 (1993)
14) F. M. Koehler, et al. : Selective chemical modification of graphene surfaces : Distinction between single and bilayer graphene, Small, **6**, 1125 (2010)
15) M. Quintana, et al. : Functionalization of graphene via 1, 3-dipolar cycloaddition, ACS Nano, **4**, 3527 (2010)

16) Y. Matsuo, et al. : Removal of formaldehyde from gas phase by silylated graphite oxide containing amino groups, Carbon, **46**, 1159 (2008)
17) S. Park, et al. : Chemical methods for the production of graphenes, Nat. Nanotechnol., **4**, 217 (2009)
18) C. N. R. Rao, et al. : Graphene : The new two-dimensional nanomaterial, Angew. Chem. Int. Ed., **48**, 7752 (2009)
19) D. V. Kosynkin, et al. : Longitudinal unzipping of carbon nanotubes to form graphene nanoribbons, Nature, **458**, 872 (2009), L. Jiao, et al. : Narrow graphene nanoribbons from carbon nanotubes, Nature, **458**, 877 (2009)
20) X. Wang, et al. : Transparent, conductive graphene electrodes for dye-sensitized solar cells, Nano Lett., **8**, 323 (2008)
21) J. Wu, et al. : Organic light-emitting diodes on solution-processed graphene transparent electrodes, ACS Nano, **4**, 43 (2010)
22) J. Li, et al. : Organic light-emitting diodes having carbon nanotube anodes, Nano Lett., **6**, 2472 (2006)

13. CNTの生体影響とリスク

13.1 CNTの安全性

13.1.1 はじめに

現在，注目を集めているナノテクノロジーの中で基礎と応用の両分野で先端科学技術に位置付けられ，注目度の高いナノ材料としてナノファイバー，分けてもCNTがある。どちらも断面太さが約100 nm以下で，アスペクト比が100以上の場合にナノファイバーと定義される[†]。ここでは安全性評価情報がより蓄積されてきているCNTを中心に概説する。ここでは「工業材料」に掲載された論文に補筆したものである[1]。なお，医療応用については次節で紹介されている。

CNT，中でもMWCNTは主要各国の科学技術振興政策の中でも高い優先順位を占め，特に次世代自動車技術やスマートグリッドにおける電力貯蔵の要である高性能電池として期待されるリチウムイオン電池（LiB）部材，金属，セラミックス，樹脂への添加による高機能化や新機能の発現，さらには次世代半導体デバイス，非金属電線など，環境負荷低減やグリーンイノベーションだけではなく炭素の世紀創出に向けてMWCNTならではの応用に期待が高まっている。

このようにCNTのベネフィットは大きなものがあり，その一方，各国において国家レベルで安全性評価が進められ，その安全性と環境リスク評価はCNTの社会受容の確立に向けて着実に進展しつつある。一方では，2008年に国立医薬品食品衛生研究所のTakagiらによる論文[2]やエジンバラ大学のPolandらの論文[3]などのハザード（有害性）情報が報告され，人々の関心を呼ぶと同時にそれらに対する実験手法や結果解析に対して広範な議論が展開されてきた。さらに社会の懸念に対応するために，日本，米国，欧州において公的機関，公的プロジェクトにより行われている安全性研究情報をISO，OECDに集約し，国際的に評価プロトコール策定を議論・決定する方向性が着実に推進されている（図13.1）[4, 5]。加えて，2010年からは製品とその廃棄についての評価が始まる段階にあり，① 材料の安全性，② 材料の製造工程，応用製品の製造工程の労働安全衛生，③ 応用製品の安全性，さらに④ 使用後のリサイクルまたは廃棄処理における安全性（end of lives, product fate）の4点が検討対象となる予定である。CNTについては，これらすべての点を総合的に考慮した高度な社会受容の獲得に向けて，科学と技術が着実な歩みを展開している。ここでは，CNTのハザードとリスク評価の現状と展望について概説する。

13.1.2 アメリカ合衆国におけるCNT安全性評価

アメリカ合衆国（以下，米国）におけるナノテクノロジー戦略および安全性評価プログラムをまとめたA. D. Maynardら[6]によれば，CNTは米国における最重要ナノ材料の一つで，安全性評価の必要性について高い優先順位が付けられている[†]。化学物質の規制官庁であるアメリカ環境保護庁（EPA）による指針と実施概要の現状が2007年2月にナノテクノロジー白書[7]として発表され，さらに企業へのナノマテリアル取扱いに関するガイドラインが2009年1月に公表されている[8]。国立労働安全衛生研究所（National Institute for Occupational Safety and Health, NIOSH）のA. A. Shvedovaらから2005年に発表されたSWCNT安全性評価結果論文[9]およびその続報[10]は，科学的プロトコールに基づいた最初のCNT安全性評価報告といえるものであり，研究者や規制官庁など多方面で引用されている重要な論文である。

米国のCNT安全性評価における最重要拠点は1970年に米国の労働省に当たる労働安全衛生管理局（Occupation Safety & Health Administration, OSHA）と時を同じくして組織されたNIOSHである。NIOSHは，現在，保健福祉省（Department of Health & Human Service）の米国疾病管理センター（CDC）の一部門となっている。OSHAは行政を，NIOSHは科学を機軸とする機関として役割を分担している。NIOSHは20世紀初頭から行われていた米国の鉱山労働者の健康影響研究を引き継ぐ形で1970年代初頭にアスベストの毒性研究を開始し，30年以上にわたり精力的

[†] ISO TC229/WG1において定義を定める作業が進行している。本書の執筆時では，代表直径が1 nm～おおむね100 nmのものをナノと定義することが合意されている。

[†] 2009年まではWoodrow Wilson International Center for Scholarsが安全性評価プログラムを指導していたが，現在はNational Nanotechnology Coordination Office（NNCO）に移管されている。

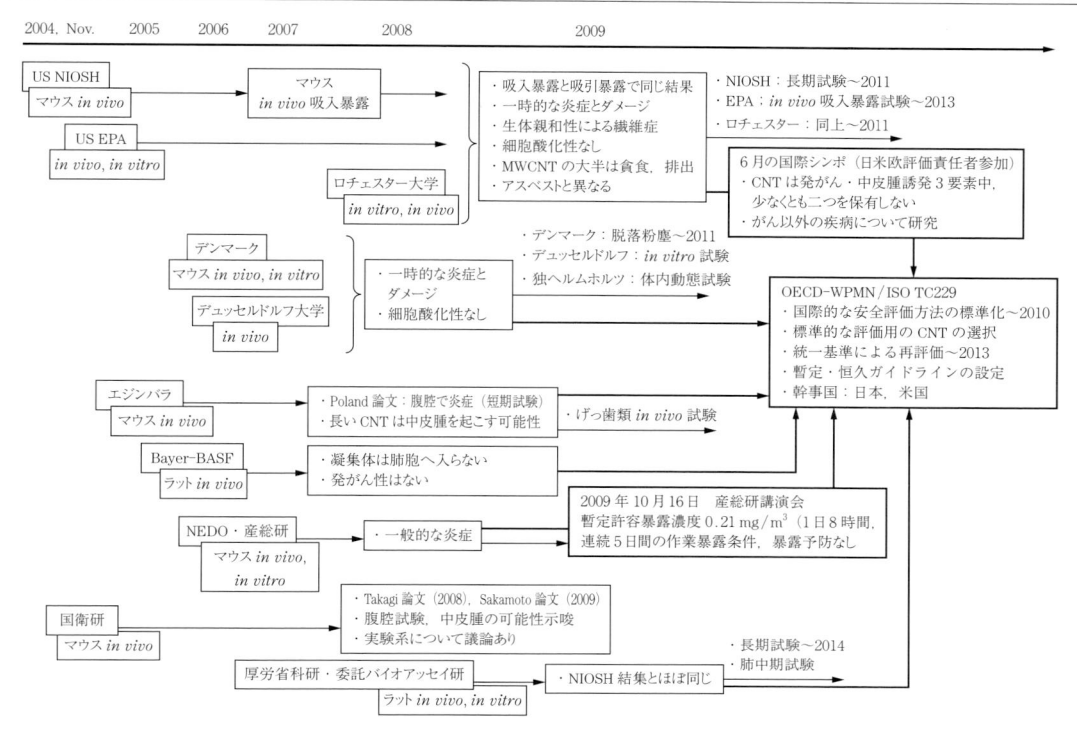

図 13.1 CNT の安全性評価における国際的な動き

にアスベスト研究の科学的データを積み重ねていることが特筆される。1980 年 11 月に公表された「アスベスト作業グループ勧告書（Asbestos Work Group Recommendation）」に代表される NIOSH によるアスベスト研究成果は，OECD，WHO を含めた国際機関および各国において利用されている。

CNT の安全性評価については，米国テキサス州ヒューストンの Rice 大学において SWCNT の工業的製法が確立されて以来，20 世紀末から SWCNT の動物を用いた生体影響評価が進められている。その主目的は労働現場における肺への大量吸入に伴うリスク評価に資することが中心である[11]。

環境中における暴露および環境影響に関する影響評価研究ついては，EPA が担当している。EPA は米国の化学物質規制担当官庁として有毒物質規制法（Toxic Substance Control Act, TSCA）を管轄し，NIOSH の労働環境下における安全性評価と協調して環境リスク評価（risk assessment）に重点を置いている。両者の違いは，NIOSH は高濃度暴露，EPA は低濃度暴露によるリスク評価である。ここで注意を要するのは，NIOSH の高濃度暴露といえども必ず暴露条件が科学的整合性を基準に考慮されていることである。他方，EPA は OECD における国際的なナノ材料安全性評価プログラムの米国代表機関となっていることから，その手法として生体内試験（in vivo）と試験管内試験（in vitro）の両者を用いた評価方法の確立を目指している。特に，ナノ材料の比表面積の大きさによってもたらされるさまざまな効果の有効利用とそのリスク評価に注目している[12]。この内容は「Nanotechnlogy: An EPA Perspective Fact Sheet」[13]に詳報されている。2007 年 2 月に公表された「ナノテクノロジー白書（Nanotechnology White Paper）[7]」は EPA の方針を明確に示している。すなわち

① ナノテクノロジーの実用化を進める。
② 安全性の管理は事業者の自主プログラム（Voluntary Program）を中心とする。

TSCA は化学物質を規制する法律だが，CNT は TSCA のインベントリ上の炭素同素体などとは区別され新規化学物質として扱われ，米国で製造・輸入する場合 Pre-Manufacturing Notice（PMN）申請を行うことが義務付けられている。これに続く Consent Order†

---

† 2009 年 6 月 24 日の米連邦官報で，EPA は CNT に対して TSCA Section 5a(2) の下に Significant New Use Rule（SNUR）を設定する提案をした。さらに，2009 年 11 月 9 日に同 SNUR に基づいて CNT に対する Premanufacture Notices の新ルールを提案した。

ではラットを使った吸入暴露試験（90日間吸入暴露，3箇月間経過観察）を要求している。

米国ではNIOSH，EPA以外にロチェスター大学において，現在一般的になっている微小粒子安全性評価方法を確立したG. Oberdörster教授主導の下にCNTの安全性評価にかかわる研究が別途に進められている。しかし，その研究成果については同氏の講演以外，論文としてはまだ発表されていない†。

13.1.3　欧州および日本におけるCNT安全性評価

欧州のCNT安全性評価は，前述のC. A. Polandら[3]による腹腔内投与報告論文から始まった。この腹腔内投与法実験はEC Directive[14]に規定されている。A. Takagiら[2]，C. A. Poland[3]およびY. Sakamotoら[15]の研究は形式的に同一であるが，本質的にEC Directiveの主旨とは異なるとの指摘があり，これらの研究については国際的にさまざまな評価がなされている[16]～[18]。そのポイントとして，おもに①暴露経路を考慮した動物投与試験，②適切な投与量，③試験結果の考察における妥当性が指摘されている。

一方，J. Mullerら[19]はラットにMWCNTを2～20 mg/animalの濃度でPolandらと同様に1回腹腔内投与，2年間観察を行い，crocidoliteを投与した陽性対照群（positive control）との比較検討を行った。結果として，MWCNTを投与したグループにがんや中皮腫の発生は見られなかったとした。これは，EC Directiveなど，議論を経たプロトコールに基づいた厳密な考察を行った注目される結論の一つといえる。

なお，安全性に関する研究はさまざまな研究者によって広く検討され，データが集積されてきているが，一部の安全性研究論文のタイトル，アブストラクトと論文内容に大きな乖離傾向が見られることについても専門誌において適正化に向けた意見が表明されており[18]，安全性研究が科学的にいっそう高度に展開される状況となってきている。

いわゆるPolandらの論文[3]は腹腔内投与であるが，本来最も可能性の高いリスクである吸入暴露の観点から行われた有害性に関する研究が発表されている。Lan. Ma-Hockら[20]はOECDガイドラインに沿ってMWCNTについてラットを使って3箇月間，暴露濃度0.1～2.5 mg/m³で吸入暴露試験を行った。若干の肺における線維化によると考えられる障害が観察されるものの，この観察期間ではがんや胸膜中皮腫の兆候は観察されていない。さらに，Bayer Material Scienceは吸入暴露試験結果（触媒担持気相法によるMWCNT，Baytube R）を発表し，同社製品の作業環境における職業暴露限界値（Occupational Exposure Limit，OEL[†1]）は0.05 mg/m³であるとした[21]。

上記の状況を踏まえて，欧州ではEC本部DG. Research主導の下にさまざまなナノテクノロジーの安全性評価プログラムが組まれている[4]。また，国際的には上記3点に加えて評価用CNTについても言及があり（OECD非公開文書），OECDにおいて安全性評価プロトコールが規定され，それに沿って各国が協力して安全性試験を進めている[5]。欧州のプログラム詳細についてはこれらの文献を参照されたい。

公的機関の研究では，K. Donaldson教授がリーダーをつとめるPolandらのグループであるエジンバラ大学とInstitution of Occupational Medicine（IOM）のそれが知られている。Donaldsonらは2009年からは腹腔内投与ではなく吸入暴露による安全性評価研究を進めている［研究グループ近著[22]～[24]†2］。他方，デンマーク国立労働衛生研究所（NRCWE）を核として北欧諸国の国立研究機関が共同でCNTを使用する環境下での安全性評価を進めている［研究機関近著[25]～[27]］。University of Dusseldorfの機関であるInstitute für umweltmedizinische Forschung（IUF）では欧州プログラムの一環としてin vivoとin vitroの関係を研究，より簡便なin vitro法でCNTの安全性評価を行う方法を検討している［研究機関近著[28], [29]］。ドイツ連邦政府研究所であるHelmholtz研究所ではCNT体内動態の研究を進めているが，動物体内で微量のナノ材料を直接検出および測定することが必要なため，その成果を公表するには時間がかかると考えられている［研究機関近著[30]～[32]］。また，フランスではTakagiらの論文[2]について公式に見解を出している[33]。一方，ナノ材料を安全に使用するためのコミュニケーション活動も行われている[34]。

このように，欧州では官民が一体となったCNTの安全性評価と広報活動が盛んに実施され，社会受容の向上策が展開されている。

わが国のCNTに関する安全性研究においては，NEDOプロジェクトとして，「ナノ粒子特性評価手法の研究開発」の中西グループによる研究および厚労省プロジェクトとして日本バイオアッセイ研究センター

---

† CMC出版より2010年に刊行された「International Nanofiber Symposium 2009, Tokyo Institute of Technology, Tokyo, Japan, June 18, 19, 20 (2009)」における「ナノ材料安全性とナノファイバー」セッション要約にOberdörster教授のレクチャー要約が掲載されている。

†1 欧州OELについてはEC Directive 95/320/ECを参照されたい。
†2 欧州公的プログラム研究成果はParticle & Fibre Toxicologyに論文として掲載されることが多い。

の行っている研究等が中心となっている。中西らは2009年10月にCNTの暫定暴露限界値として0.21 mg/m^3（8時間/日，連続5日間，防護なし）を提案している。中西グループによる成果詳細はすでに発表されているので文献を参照されたい[35]。

日本バイオアッセイ研究センターではMWCNTのラット気管内投与による肺毒性と *in vitro*, *in vivo* での遺伝毒性を研究し，それらの成果の一部を公表している[36), 37)]。

13.1.4 CNT安全性評価法

CNTに限らず，ナノ材料の安全性評価報告は数多く発表されているが，その評価方法について論じたものは多くはない。この項ではCNTを中心として安全性評価方法についての現状を紹介する。

[1] 暴露経路とbiopersistence（生体内滞留性）

微小粒子の暴露経路は呼吸器，消化器，皮膚がおもな経路であるが，最もリスクの高いものは呼吸器への暴露である†。微小粒子により肺胸膜（pleura）に発生する腫瘍について，M. F. Stantonら[38)]の報告によれば肺胸膜腫瘍の発生は繊維状物質の化学的性質よりも粒子サイズの影響に依存することが示されている。さらに，サイズによる肺内への粒子蓄積量が国際放射線防護委員会（ICRP）より発表されている（図13.2）。これらの結果がナノサイズであるCNTの呼吸器へのリスクが懸念される背景である。他方，病理学的観点からは生体内での異物除去能力を考慮した「半量除去時間または半減期（Retention $T_{1/2}$）」を考慮する必要がある（図13.3）。生体は異物に対して，咳，痰などによる物理的除去と肺胞内マクロファージの貪食により除去する生物学的除去の能力を持つ。このため，実際の肺への生体負荷は *in vitro* 試験による結果に比べて低くなり病理学的な影響が抑えられることになる。この考え方を基にして，有害性の閾値問題に関する議論が展開されている。したがって，粒子の生体影響を評価する場合，実際の生体の異物除去能力を考慮した評価を行う必要がある。*in vitro* 試験の場合，異物除去能力は直接検証できないので暴露経路を充分に検討した上で実験系を組み立てることが必須となる。参考として表13.1に人工的に合成された繊維状物質とアスベスト類の生体内滞留性（biopersistence）と発がん性判定の比較を示す。

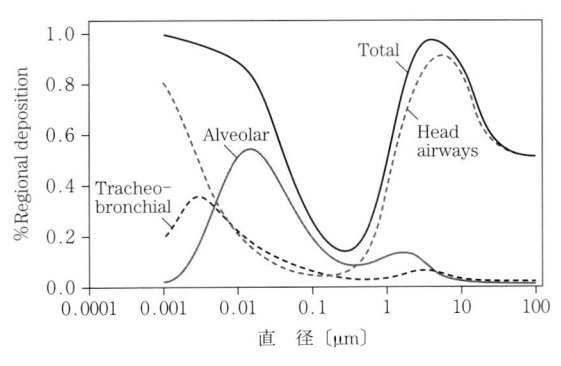

図13.2 粒子サイズによる肺内への粒子蓄積量（国際放射線防護委員会（ICRP）によるモデル（1994））[39)]

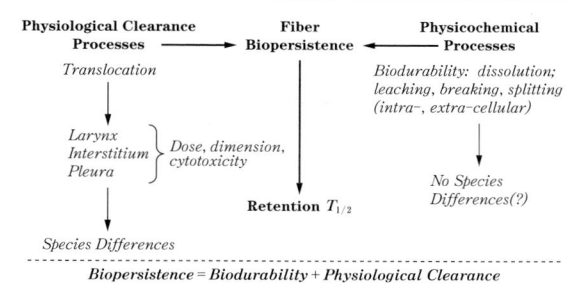

図13.3 半量除去時間または半減期（Retention $T_{1/2}$）（Courtesy by Dr. G. Oberdörster）

表13.1 繊維状物質の生体内滞留性と発がん性（Courtesy by NIOSH）

繊維種類	半減期 $T_{1/2}$〔日〕	IARCによる発がん性判定
Amosite	418	Yes
Crosidolite	817	Yes
Glass wool	9	No
Slag wool	9	No
Stone wool	6	No

[2] CNT安全性評価における試験プロトコール

一般にげっ歯類を用いた *in vivo* 肺暴露試験の実施は容易ではなく，費用と時間のかかる試験研究である。暴露経路を考慮した場合，Golden Ruleは微小粒子の吸入暴露試験である。しかし，簡便なハザード評価方法として腹腔内試験が多用されている。上述のように欧州では腹腔内試験について基準が決められている（図13.4）。

肺暴露試験においては自然な呼吸による暴露である吸入暴露試験の代わりに簡便である咽頭投与を用いた吸引暴露試験をNIOSHは勧めている。また，気管内投与試験が多用されている。ところが，これらの経気道投与試験に用いる微粒子分散液を作製する方法が攪乱要因として評価結果に影響を与える可能性がある。詳細は省くが，分散のための化学物質，肺洗浄液

† 臓器の精密なイラストはF. H. Netter：The CIBA Collection of Medical Illustrations, ICON Learning Systems（1979）などを参照されたい。

EC Directive 97/69/EC
Nota Q

The classification as a carcinogen need not apply if it can be shown that the substance fulfils one of the following conditions:

- a short-term biopersistence test by inhalation has shown that the fibres longer than 20 μm have a weighted half-life less than 10 days, or

- a short-term biopersistence test by intratracheal instillation has shown that the fibres longer than 20 μm have a weighted half life less than 40 days, or

- an appropriate intra-peritoneal test has shown no evidence of excess carcinogenicity, or

- absence of relevant pathogenicity or neoplastic changes in a suitable long term inhalation test.

Presentation: D.M. Bernstein, November 2008
EC Exclusion Criteria, but not to be considered as confirmation of carcinogenicity
Also: Directive for MMVF only

図 13.4 腹腔内試験に関する EC Direcive 97/69/EC NotaQ
(Courtesy by Dr.G.Oberdörster)

（bronchial alveolar lavage Fulid, BAL Fluid）と同等の成分にするためのタンパク質および脂質の有無などが結果に大きな影響を与える．さらに，げっ歯類を中心とした実験動物とヒトとの解剖学的，生理学的相関性の問題も解決しているわけではない．これらの問題点を加味した上で，上述の OECD プログラムが構築されている．図 13.5 に MWCNT 安全性評価のためのアプローチ方法の概略をまとめる．なお，このアプローチ方法では，MWCNT の種類として特定の 2 種類が示されているが，他の CNT，さらにはナノ粒子一般についてもあてはまる方法であることはいうまでもない．

このアプローチ方法から，安全性試験では単に物質の毒性を検証するのみならず，つぎのことを考慮する必要がある．すなわち，① 物質の物性特定，② 不純物の中で影響の大きいと思われるものを特定，③ 暴露経路，体内動態を確認，④ 有害性の作用形式，⑤ 急性毒性と慢性のそれとの違い，そして最後に ⑥ 実験用動物とヒトとの相関関係などを確認することが重要である．さらに，in vitro 試験の結果を加味し，安全性評価がなされる．その結果でもって，それぞれの国や地域の社会的背景をも考慮し規制値として暴露限界を定める必要がある．したがって，この ① 〜 ⑥ 過程の一部を取り出して発がん性を議論することは，注

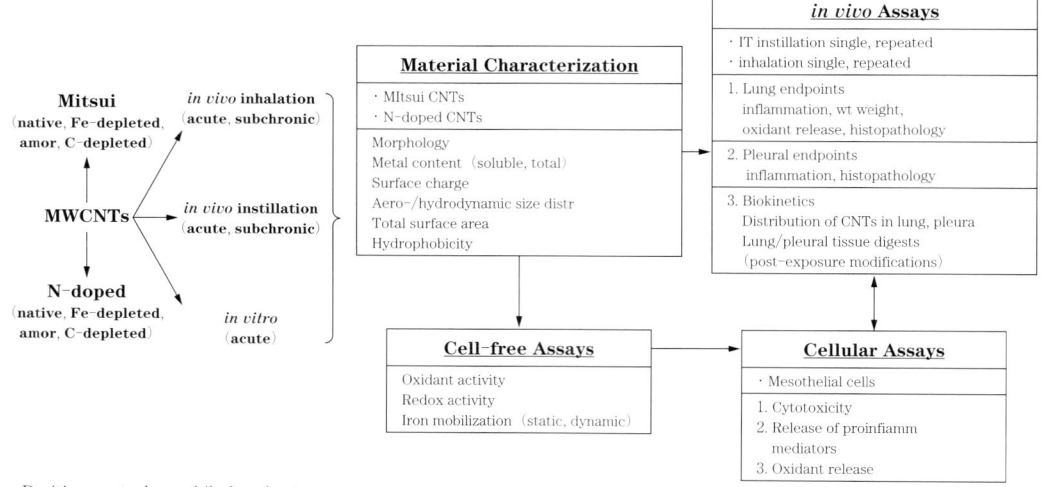

Positive control: amphibole asbestos
Consider: chronic inhalation study, rats

図 13.5 MWCNT 安全性評価のためのアプローチ方法の概略（MWCNT）：リスク評価のための物性キャラクタリゼーションから無細胞または細胞を使った in vitro 試験と in vivo 試験の段階的アプローチ（Courtesy by Dr.G.Oberdörster）

意喚起になるものの科学的なリスク評価には結び付かない。安全性研究の公表は，社会の注意を喚起することに大きな意味を持つ重要なことである。一方では安全性に対する科学的な理解に影響することにもなりかねないので，その点について十分に配慮することが求められる[18]。

13.1.5. CNT の安全性評価

CNT の具体的な安全性評価として最もデータの蓄積が進んでいる NIOSH の研究に基づいて CNT の安全性評価の現状と進捗を紹介する。

〔1〕 アスベストと CNT の比較

CNT の安全性について理解する上でアスベストとの類似性を科学的に的確に判断していくことは重要である。主要なアスベストである蛇紋石族（クリソタイル）と角閃石族（アモサイト，クロシドライト）では形状も異なり，毒性ポテンシャルも異なる。繊維状物質の有害性，特に発がん性を決定する重要な要因である生体内滞留性は発がんに大きく影響する。他方，体内残留物はマクロファージによって貪食，除去されるが，体内における分解速度の遅い，すなわち生体内滞留性の長い物質は貪食負荷増加につながる。肺胞マクロファージの貪食・処理能力が繊維長に応じて変化することは知られていることであり，その結果として貪食負荷増加ならびに貪食不良 (frustrated macrophage phagocytosis) が引き起こされる。これにより放出される活性酸素やサイトカインなどにより肺組織への間接的あるいは直接的障害が引き起こされると考えられる。

NIOSH では，いままでのアスベスト研究成果と精製された MWCNT の *in vitro* 試験，マウス咽頭吸引試験（aspiration）などの結果からその毒性を考えたとき，つぎのような傾向が見られたことを説明している[39), 40)]。

① アスベスト，CNT のいずれも生体内滞留性は高い，② 肺胞マクロファージ貪食不良については，アスベストでは高いが，MWCNT では低い，③ 細胞や組織での活性酸素種の発生について，アスベストでは高く，MWCNT では観察されない，④ 肺組織での持続的な炎症について，アスベストでは高度に観察されるが，MWCNT では起こらない。

これらの結果から，「アスベストと MWCNT は病理学的に異なる挙動を示す」としている。

〔2〕 **MWCNT の肺暴露試験について**

NIOSH は図 13.6 に示す咽頭吸引暴露によるマウス実験系で MWCNT の安全性研究を行っている。MWCNT 投与後，肺洗浄液中の多核白血球，アルブミン，LDH を，時間経過を追って分析してそれぞれ急性炎症，細胞傷害，組織変化の推移を MWCNT 投与量や経過時間の関数でモニターしている[41)]。結果を簡

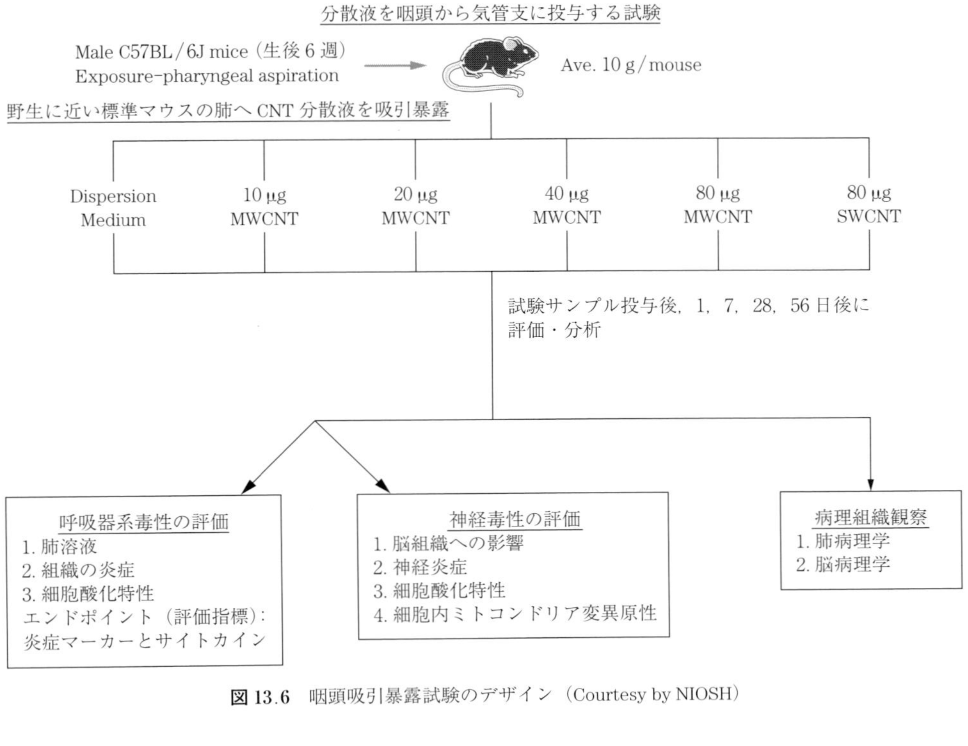

図 13.6 咽頭吸引暴露試験のデザイン（Courtesy by NIOSH）

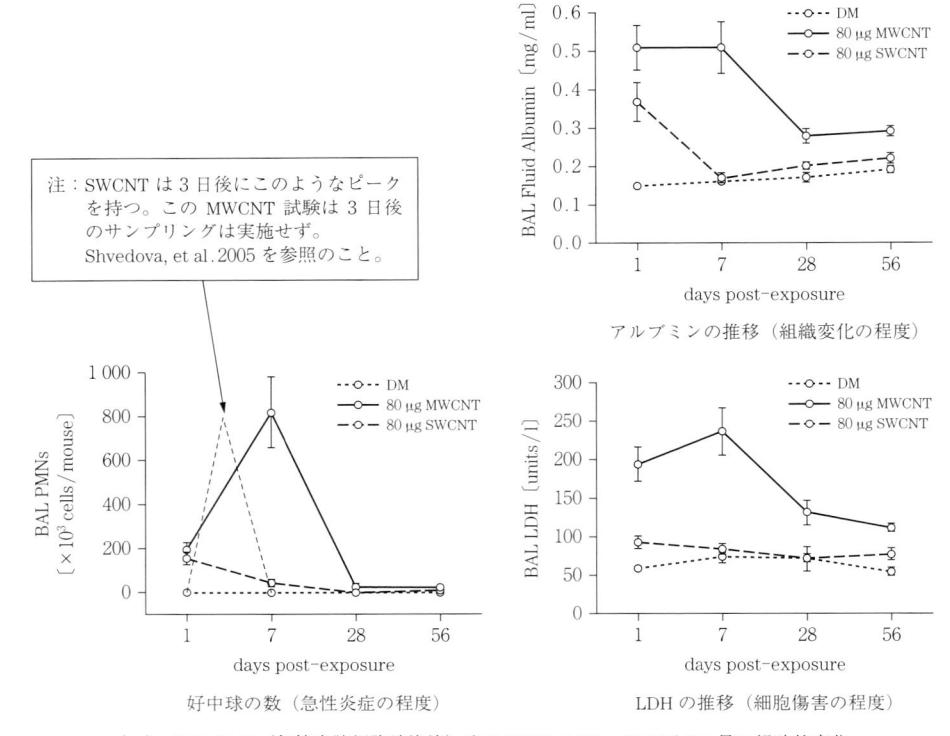

注：SWCNT は 3 日後にこのようなピークを持つ。この MWCNT 試験は 3 日後のサンプリングは実施せず。Shvedova, et al. 2005 を参照のこと。

（a） BAL Fluid（気管支肺細胞洗浄液）中の PMN，LDH，アルブミン量の経時的変化

図 13.7 咽頭吸引暴露試験結果（Courtesy by NIOSH）

単にまとめると（図 13.7），MWCNT は
① 濃度依存的に肺内に存在する。
② 時間依存的に肺に炎症および線維化を引き起こし，炎症は暴露後 7 日をピークとして 56 日ではぼ消失する。
③「極軽微な」線維化は 56 日時点でも観察された。

この結果に基づいて安全性評価を行い，近々，暴露限界量が発表されるものと期待される。

これらの研究結果から，MWCNT は「炎症が慢性化・遷延化することはなく」，「軽微な線維化の発生と持続」が誘発されることなど「アスベストとは異なる」ことが明らかであるとしている。NIOSH はこれに加えて吸入暴露試験[41]も実施し，咽頭吸引暴露と同等な病理学的変化を確認したことにより，咽頭吸引暴露試験で吸入暴露試験による詳細な実験結果を推測できるとしている[40]。

〔3〕 **生体内酵素による CNT の分解**

SWCNT は horseradish（西洋わさび）に含まれる酵素である peroxidase で触媒反応的に生分解される[42]。この現象が動物の生体内に存在する peroxidase で同様に発現する可能性のあることを NIOSH と共同研究を行っているピッツバーグ大学の V. E. Kagan ら[43]が報告している。それによると，ヒト好中球酵素ミエロペルオキシダーゼ†が in vitro で SWCNT の生分解を触媒作用する。さらに，Kagan らは，コンピューターシミュレーションにより，CNT のカルボキシル基に，ヒト好中球酵素ミエロペルオキシダーゼのアミノ酸が触媒的相互作用を起こして SWCNT が分解されることを示している。この結果は，SWCNT が生体内で生分解されることを予想させるものである。また，肺に暴露された SWCNT が肺内炎症を持続させないことの原因を示唆するものとして興味深い。さらに，MWCNT でも同様の現象が起こることが予想されるので，今後の研究の進捗に注目をすべきである。

〔4〕 **CNT の安全性評価結果と今後の評価項目**

筆者らは，NIOSH とデータ（未公表を含む）の確認および議論を行ったが，CNT の安全性リスクにつ

---

† 骨髄や白血球の好エオシン性細胞に含まれる緑色のペルオキシダーゼ

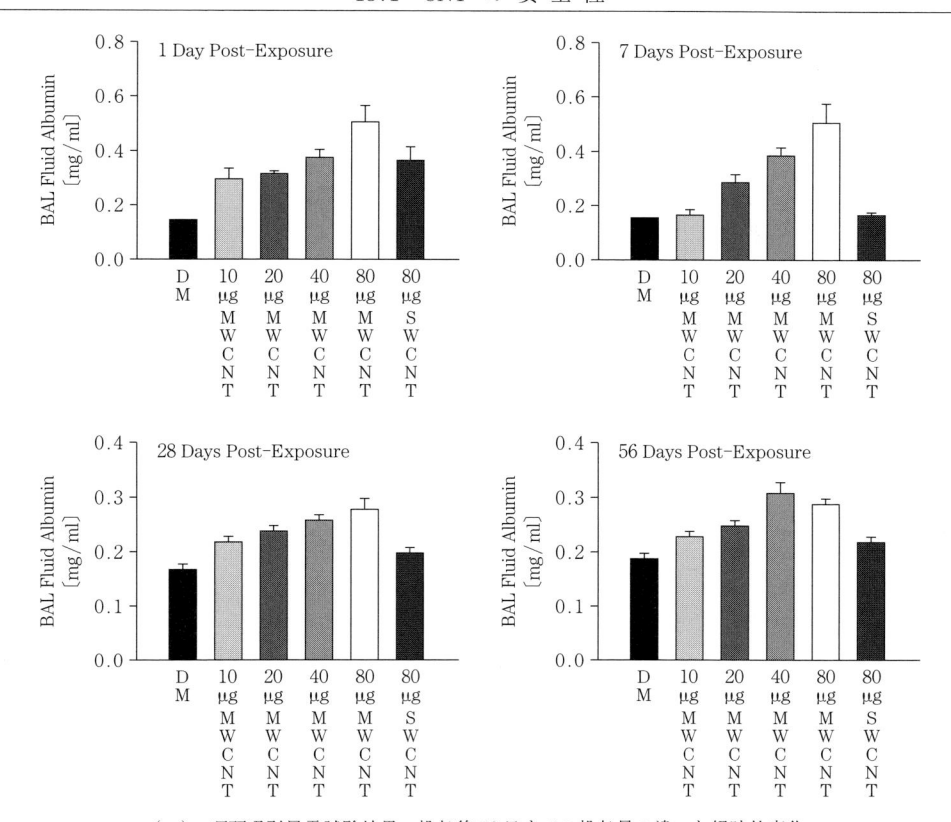

(b) 咽頭吸引暴露試験結果：投与後56日までの投与量の違いと経時的変化

図 13.7 （つづき）

いて NIOSH は以下の3点を2009年末時点での科学的評価結果としている。すなわち

① 2009年12月末時点で，CNTによって肺がんまたは胸膜中皮腫が明確に誘発されたという事実を確認していない。また，他に発表されている論文にも見当たらない[†]。
② げっ歯類の肺へ暴露された MWCNT は濃度依存性をもって線維化を誘発する。また，投与量が一定量を超えると MWCNT が肺内に残留する。
③ マウスへ投与された MWCNT 量の 0.003％はマクロファージによりリンパ系を通じて肺胸膜へ運ばれる。

13.1.6 ま と め

ナノ材料の安全性については，論文発表後の報道により人々の関心が高まったが，これに応じた研究機関，行政の速やかな対応によって，CNT を中心に最近では国際的に大幅な研究の蓄積と管理上の進歩が見られている。CNT については，今後，材料そのものの安全性評価だけではなく，製品に至るまでの作業工程および製品の安全性，および製品の最終処理（end of life，product fate）までのリスク評価と管理の段階に入っていく。この過程で，科学的議論はもちろんのこと，社会受容を高めるためにも信頼ある評価が重要であり，科学的安全性評価データの公開を基本とし，利害関係者を含むすべての人々が参加し，広範かつ開かれた議論をすることが必須である。そして「成功のための安全性」の認識の下，「責任ある製造と応用」が国際的な統一認識としてより広く定着してきている。

さらに科学的なデータに基づくリスク評価に対して正しい理解を示し，信頼を置くことも必要である。ここで大切なことは，有害性とリスクは同じ意味ではなくリスクの程度を知ることがヒト健康影響へ及ぼす決定要因として重要であるという点である。さらにリスクコミュニケーションの発達と成熟が望まれる。

[†] 例えば Y. Sakamoto ら[15] の報告はプロトコールと Pathological な考察において議論の余地があり，Sakamoto らが説明を行っているように明確な発がん報告ではなく可能性を示唆したものと判断すべきものである[44]

リスクとベネフィットのバランスを正しく理解し，ナノ材料，特に MWCNT の安全性議論を契機として，ナノ材料のリスク評価を社会全体で共有する高度な科学社会を構築し，十分な社会受容を得て，CNT が地球規模でのグリーンイノベーションの実現におおいに貢献することを期待したい[45]。また，先に経産省の協力を得て当該分野の米国視察団（団長，遠藤）が組織され，EPA，NIOSH との研究交流が効果的に実施された。当該分野におけるわが国による科学の国際レベルの貢献はすでに十分に評価されており，この分野でさらに実績を上げるとともに国際連携をいっそう密に展開し，広い範囲でナノ材料の安全性，リスク評価が展開されることを念願している。

終わりに十分に記述できない箇所や見落とした情報などもあり得るが，広範な分野の概説であり，ご理解を賜りたい。MWCNT の安全性研究において筆者らと共同で親切にご討論いただいた NIOSH 病理学部長 V. Castranova 博士，Rochester 大学医学歯学部 G. Oberdörster 教授に厚く御礼申し上げるしだいである。また，日刊工業プロダクション，「工業材料」編集部より転載の許可をいただいたことを厚く御礼申し上げる。

引用・参考文献

1) 鶴岡秀志，et al.：ナノファイバーの安全性，工業材料，2010 年 6 月号，**58**，6，32～41（2010）
2) A. Takagi, et al.：Induction of mesothelioma in p53 +/− mouse by intraperitoneal application of multi-wall carbon nanotube, J. Toxicol. Sci., **33**, 1, 105～116 (2008)
3) C. A. Poland, et al.：Carbon nanotubes introduced into the abdominal cavity of mice show asbestos-like pathogenicity in a pilot study, Nat. Nanotechnol., **3**, 423～428 (2008)
4) G. Katalagarianakis：Safe nanotechnology EC industrial research, DG Research (2009)
5) OECD：Safety of Manufactured Nanomaterials, (2010) http://www.oecd.org/department/03355,en_2649_370 1540411111,00.html / （2010 年 6 月現在）
6) A. D. Maynard：Nanotechnology：A research strategy for addressing Risk PEN, **3**, WWICS (2006)
7) EPA：Nanotechnology White Paper, (2007)
8) EPA. Office of Pollution Prevention and Toxics：Nanoscale materials stewardship program, Interim Report, (2009)
9) A. A. Shvedova, et al.：Unusual inflammatory and fibrogenic pulmonary responses to single-walled carbon nanotubes in mice, Am. J. Physiol. Lung Cell. Mol. Physiol., **289**, L698～L708 (2005)
10) A. A. Shvedova, et al.：Inhalation vs. aspiration of single-walled carbon nanotubes in C57BL/6 mice：inflammation, fibrosis, oxidative stress, and mutagenesis, Am. J. Physiol. Lung Cell. Mol. Physiol., **295**, L552～L565 (2008)
11) NIOSH：Strategic Plan for NIOSH Nanotechnology Research and Guidance：Filling the knowledge gaps, NIOSH, Feb., 26, (2008)
12) EPA：U. S. Environmental Protection Agency External Review Draft, Nanotechnology White Paper, 2, (2005)
13) EPA：Nanotechnology：An EPA Perspective Fact sheet, (2007)
14) European Community, EC Directive 97/69/EC Nota Q, (1997)
15) Y. Sakamoto, et al.：Induction of mesothelioma by a single intrascrotal administration of multi-walled carbon nanotube in intract male Fischer 344 rats, J. Toxicol. Sci., **34**, 1, 65～76 (2008)
16) G. Ichihara, et al.：Letter to Editor, J. Toxcol. Sci., **33**, 8 (2008)
17) K. Donaldson：Letter to Editor, J. Toxcol. Sci., **33**, 8 (2008)
18) J. A. Borm and V. Castranova：Toxicology of Nanomaterials：permanent interactive learning, Part. Fibre Toxicol., 6：28 doi：10. 1186/1743～8977-6-28 (2009)
19) J. Muller, et al.：Absence of carcinogenic response to multiwall carbon nanotubes in a 2-year bioassay in the peritoneal cavity of the rat, Toxicol. Sci., **110**, 2, 442～448 (2009)
20) Lan. Ma-Hock, et al.：Inhalation toxicity of multi-wall carbon nanotubes in rats exposed for 3 months, Toxicological Sciences, **112**, 2 468～481 (2009)
21) Bayer Material Science Home Page, http://www.baytubes.com/news and services/news 091126 oel. html (2009)
22) A. B. Knoll, et al.：Expert elicitation on ultrafine particles：likelihood of health effects and causal pathways, Part. Fibre Toxicol., 2009, **6**, 19 (2009)
23) K. Donaldson, et al.：The limits of testing particle-mediated oxidative stress in vitro in predicting diverse pathologies；relevance for testing of nanoparticles, Part. Fibre Toxicol., 2009, **6**, 13 (2009)
24) A. P. Langrish, et al.：Beneficial cardiovascular effects of reducing exposure to particulate air pollution with a simple facemask, Part. Fibre Toxicol., **6**, 8 (2009)
25) A. P. Saber：Lack of acute phase response in the livers of mice exposed to diesel exhaust particles or carbon black by inhalation, Part. Fibre Toxicol., **6**, 12 (2009)
26) L. K. Vesterdal, et al.：Modest vasomotor dysfunction induced by low doses of C_{60} fullerenes in apolipoprotein E knockout mice with different degree of atherosclerosis, Part. Fibre Toxicol., **6**, 5 (2009)
27) N. R. Jacobsen, et al.：Lung inflammation and genotoxicity following pulmonary exposure to nanoparticles in ApoE−/− mice, Part. Fibre Toxicol., **6**, 2 (2009)
28) K. Bhattacharya, et al.：Titanium dioxide nanoparti-

28) cles induce oxidative stress and DNA-adduct formation but not DNA-breakage in human lung cells, Part. Fibre Toxicol., **6**, 17 (2009)
29) P. J. A. Borm：The potential risks of nanomaterials：a review carried out for ECETOC, Part. Fibre Toxicol., **3**, 11 (2006)
30) M. Geiser, et al.：Deposition and biokinetics of inhaled nanoparticles, Part. Fibre Toxicol., **7**, 2 (2010)
31) I. Beck-Speier, et al.：Soluble iron modulates iron oxide particle-induced inflammatory responses via prostaglandin E2 synthesis：In vitro and in vivo studies, Part. Fibre Toxicol., **6**, 34 (2009)
32) K. Gungley, et al.：Pathway focused protein profiling indicates differential function for IL-1B, -18 and VEGF during initiation and resolution of lung inflammation evoked by carbon nanoparticle exposure in mice, Part. Fibre Toxicol., **6**, 31 (2009)
33) AVIS：relatif à la sécurité des travailleurs lors de l'exposition, Haut Conseil de la santé publique (2009)
34) MINATEC：Nanosmile, www.nanosmile. org (2009)
35) N. Kobayashi：カーボンナノチューブ（CNT）詳細リスク評価書，独立行政法人産業技術総合研究所 (2009)
36) S. Aiso, et al.：Pulmonary toxicity of intratracheally instilled multiwall carbon nanotubes in Male Fisher 344 Rats, Ind. Health, **48**, 783~795 (2010)
37) M. Asakura, et al.：Genotoxicity and cytotoxicity of multi-wall carbon nanotubes in cultured chinese hamster lung cells in composition with chrysotile A fibers, J. Occup. Health, **52**, 155 (2010)
38) M. F. Stanton, et al.：Relation of particle dimension to carcinogenity in amosite and toher fibrous minerals, J. Natl. Cancer Inst. **67**, 965~975 (1981)
39) NIOSH：Progress Toward Safe Nanotechnology in The WorkPlaces (2007)
40) D. W. Poter：Mouse pulmonary dose- and time course-responses induced by exposure to multi-walled carbon nanotubes, Toxicology, **269**, Issues 2-3, Page 136-147 (2010)
41) W. McKinney, et al.：Computer controlled multi-walled carbon nanotube inhalation exposure system, Inhalation Toxicology, **21**, 12~14, 1053~1061 (2009)
42) B. L. Allen, et al.：Biodegradation of single-walled nanotubes through enzymatic catalysis, Nano Lett., **8**, 3899~3903 (2008)
43) V. E. Kagan, et al.：Carbon nanotubes degraded by neutrophil myeloperoxidase induce less pulmonary inflammation, Nature Nanotechnology Advanced Online Publication 2010, 44 (2010)
44) ナノファイバー学会「ナノ材料の安全性」編集委員会編：ナノ材料の安全性――世界最前線――，CMC出版 (2010)
45) M. Endo：Benefit and safety aspects of nanotechnology- from the viewpoint of carbon nanotubes, plenary session one：setting the scene：OECD conference on potential environmental benefits of nanotechnology：Fostering Safe Innovation-Led Growth, 15~17th July 2009, OECD Conference Centre, Paris, France.

13.2　ナノカーボンの安全性

13.2.1　はじめに

　ナノマテリアルの安全性評価においては，毒性に関するヒトにおけるデータが十分でない段階での毒性評価――予見的な毒性学が求められている。日本の高度経済成長時代において，少なくない化学物質の毒性は，最初にヒト中毒事件を通して見い出され，その後，動物実験によって因果関係が証明された。例えば，ヘキサンによる多発性神経障害は，複数の症例発見により，共通して暴露されていた物質ヘキサンによる神経障害であるとの仮説樹立につながり，あとにこれは，ラットを用いた動物実験によって証明された。この際，イタリアのある研究グループは鳩を用いて動物実験を行ったが，鳩においてはヘキサン神経障害を引き起こすことがなかった。なぜ鳩を用いたか，であるが，当時，農薬の有機リンによる神経障害の研究ではトリを使うことが多かったためである。神経障害を引き起こすと，2本足のトリは立てなくなるため，四足のラットよりも，明瞭に神経毒性を見つけやすいというのが理由である。有機リン中毒では有効であったトリを用いた動物モデルであったが，ヘキサンの神経毒性の再現には無効であった。というのは，ヘキサンは肝臓で代謝され，2,5-ヘキサンジオンという神経毒性物質に変換され，神経障害を引き起こすことがそのあとの研究で明らかにされているが，トリにはこの変換酵素が欠けていたからである。このように，ヒトの症例に関する情報が先にある場合，その症例と同様の症候を引き起こす動物モデルを選び出し，その因果関係を証明することが可能である。ヒトと動物には違いもあるかもしれないが，この場合は，その共通性に着目しておけばよかった。また，ヒトで現れた症状，症候を，ヒトで用いた診断学と同様の方法で，重点的に調べればよかった。こうした動物実験では，ある程度，「ゴール」を予測し，追跡することが可能であった。一方，動物からヒトへ，という方向性，ヒトにおける毒性がまだ明らかになっていない段階での，「予見」のための動物実験は，動物とヒトとが大まかにいってよく似ている，という前提のもと，実験を行うことになる。しかし，前記のように動物の選択によって結果が変わることはしばしばあり得る。同じラットであっても系統が違えば結果が変わる。ヒト症例がすでに存在すれば，前述したように，ヒト症例と一番合う動物を選べばよいが，ここではその基準となるものがな

い。予見的な毒性学は，毒性の作用メカニズムの理解の程度に依存した程度にしか可能でない。予見的な毒性学の精度というものが，ここに依存してしまうのである。

13.2.2 CNT の安全性評価
〔1〕 繊維毒性に関する仮説

CNT はナノマテリアルに属するが，一つの dimension がナノサイズではなく，ミクロンレベルに至る。その形状は繊維状と呼ばれ，この形状に起因する性質を最大限に活用することが新しい応用につながると考えられる。一方，この CNT の繊維形状を見たとき，少なくない毒性学者は，石綿との異同について関心を持ったはずである。これまでの毒性学は，低分子化学物質が，基本的には拡散の原理で生体内へ分布し，作用点，つまり生体分子と相互作用を起こす場所での反応が基本的には毒性作用を説明するという，きわめてシンプルな前提を基に記述されていた。しかし，石綿毒性の作用機序の仮説には，そのような比較的単純化された仮説ではなく，繊維状，長さなどの物理的な因子が毒性を説明するという，毒性学者にとってはきわめて興味をそそる仮説が提唱されていたのであった。

さて，CNT の安全性を評価しようとするとき，既存の物質で毒性とその作用機序がある程度明らかになっている（あるいは，作用機序に関する有力な仮説が存在する）物質との比較，対照が問題となってくる。例えば，石綿は既存の物質であり，ヒトで中皮腫を発生することが疫学的に明らかになっている。一方，石綿が中皮腫を発生させるメカニズムについては，十分にわかっていないものの，いくつかの仮説が提出されている。とりわけ，繊維と中皮との間の相互作用によって起こるできごとに注目されている。それは，中皮腫が中皮という特別な細胞を起源として起こることがわかっているからである。

最も単純化された，繊維毒性の理論的枠組みというのは，繊維の構造と毒性との関係に関するものであり，ここでは，化学組成は基本的に関係ない，と考える理論である。ただし，化学組成が生物耐久性に関係する場合は，もちろん，生物耐久性としてこの理論的枠組みに包含される。すなわち，長さ，細さ，生物耐久性という三つの要因が繊維の基本的な毒性を決める，というものである（表 13.2）。

細さは，繊毛気道をこえた領域に沈着するかどうかを決定する。また，長さに関しては，M. F. Stanton は胸腔へのさまざまな繊維を注入した一連の実験により，10 μm 以上の耐久性の高い繊維が発がん性と関係していると結論づけた[1]。このほか，長いアモサイト

表 13.2 古典的繊維病原性 構造－活性パラダイム（K. Donaldson, et al., 2010[20]）

長い	マクロファージに完全に包まれて貪食されない frustrated phagocytosis
細い	繊毛気道を越えた領域に沈着可能
生物耐久性が高い	肺内において，線維の形を維持する

（石綿の一種）に吸入暴露したラットには腫瘍と繊維化が生じたが，短くしたアモサイトに吸入暴露したラットにはそのような変化がなかったとする実験[2]，長いクロシドライトのマウスへの投与では胸膜における繊維化[3]と増殖反応[4]が見られたが，短いクロシドライトではそのような反応が見られなかったとする実験もある。また，腹腔投与実験によって，長い繊維が毒性[5]，炎症[6]，肉芽腫生成反応[7]を短い繊維に比べてより強く誘導することが明らかにされている。in vitro においても，長い繊維のほうが短い繊維より強い炎症誘発性，遺伝子毒性を有することが示されている[8]~[12]。長い繊維であっても生物耐久性が低い場合は，消化を受け，短い繊維に割れる可能性があり，その場合は，排泄に要する時間が短くなる。一般的に 20 μm 以上の長い繊維はマクロファージによる処理が容易でないため，そのクリアランスは長いと考えられている[13]。

一方，こうした比較的単純化された繊維毒性仮説に対し，より広範な要因についても考慮すべきであるという見解もある。H. Nagai and S. Toyokuni[14] は，石綿に誘導される中皮腫発生のメカニズムとして四つの主要な仮説があると提示している（表 13.3）。

表 13.3 石綿繊維による中皮腫発生メカニズムに関する仮説（H. Nagai and S. Toyokuni, 2010[14]）

酸化ストレス理論	石綿繊維に存在する鉄が，フリーラジカル発生を触媒し，それが発がんにつながる。
染色体からまり理論	石綿繊維が，細胞分裂のときに，染色体を損傷する。
吸収理論	タバコの煙の構成成分や内在分子を含む特定の分子に高い親和性を，石綿表面が有している。石綿小体形成のメカニズムの基礎であり，石綿小体は周囲の組織に酸化ストレスを引き起こすかもしれない。
慢性炎症理論	持続的なマクロファージ活性化が，発がんのプロモーションだけでなく，イニシエーションにも役割を果たす。マクロファージからのサイトカインとオキシダントの持続的な放出。炎症誘発性サイトカインは，上皮，中皮の細胞内シグナル伝達を変化させる。他方，オキシダントは，直接に DNA を損傷し，発がんの最初のプロセスにつながる。

a）酸化ストレス理論　　石綿繊維に存在する鉄が，フリーラジカル発生を触媒し，それが発がんにつながる。Nagai and Toyokuni は，繊維がなくとも鉄 saccharate が腹腔中皮腫を引き起こし，そこでは，ヒトの中皮腫で観察されたのと同様 CDKN2A/2B ホモ接合体欠損という遺伝子変化を引き起こしたという実験事実から，中皮発がんにおける染色体異常誘発性としての酸化ストレスの関与を指摘している。

b）染色体からまり理論　　石綿繊維が，細胞分裂のときに，染色体を損傷する。

c）吸収理論　　タバコの煙の構成成分や内在分子を含む特定の分子に高い親和性を，石綿表面が有している。石綿小体形成のメカニズムの基礎であり，石綿小体は周囲の組織に酸化ストレスを引き起こすかもしれない。

d）慢性炎症理論　　持続的なマクロファージ活性化が，発がんのプロモーションだけでなく，イニシエーションにも役割を果たす。マクロファージは，発がんと複雑に関連している慢性炎症に関係する主要な炎症細胞である。炎症は，病原物質や傷害を受けた細胞に対する生物学的反応であり，そこでは，好中球，マクロファージ，線維芽細胞，血管内皮細胞が相互に作用しあっている。繊維状物質による異物発がんにおいて，慢性炎症は重要な役割を持つ。この種の炎症は，マクロファージからのサイトカインとオキシダントの持続的な放出によって特徴付けられる。炎症誘発性サイトカインは，上皮，中皮の細胞内シグナル伝達を変化させる。他方，オキシダントは，直接に DNA を損傷し，発がんの最初のプロセスにつながる。

〔2〕　エジンバラグループの CNT の安全性に関する研究

エジンバラグループ[15]は，短く，からまった MWCNT と，長い MWCNT をマウス C57BL/6 の腹腔に投与し，後者において長い石綿繊維と同様または大きな炎症，線維化反応が見られたというものである。一方，短い石綿繊維あるいは，短くからまった MWCNT では，炎症反応は見られなかった，というものである。これは，古典的な繊維毒性パラダイムを支持するものである，といわれている。

〔3〕　Takagi らの研究

国立食品医薬品衛生研究所の Takagi らのグループが，p53 ノックアウトマウスの腹腔に MWCNT を注入し，中皮腫を観察したという論文を発表した[16]。これに対しては，英国エジンバラグループ[17]および，日米グループ[18]から Letter to Editor という形で疑問が呈された。そこでは，投与量が極端に多いこと，また，大きな凝集体が観察されたことが問題にされた。エジンバラグループからは，肺においてマクロファージが貪食可能な部位には到達し得ない 100 μm という大きな MWCNT の凝集体が存在し，この大きな凝集体に対して frustrated phagocytosis が起こったと考えられるが，これは，繊維の長さの影響をテストしたことになっていない，との指摘がされた。一方，こうした批判にもかかわらず，Takagi らの研究が，あるタイプの MWCNT が中皮腫を引き起こす可能性を指摘したとの評価も存在する[19]。

〔4〕　腹　腔　投　与　法

K. Donaldson らは，腹腔投与法は，胸膜における繊維の影響を見るための代替法であり，30 年以上の以前に開発された方法であるとしている[20]。腹腔は，胸腔のような繊維の排泄メカニズムを持っていないと考えられているものの，実際は，横隔膜を通して傍胸腺リンパ節に移行すると考えられている。横隔膜には，10 μm 以下の stoma（小孔）があり，それによって，腹腔がリンパ細管とつながっている，というものである。先に紹介した Donaldson らの研究は，この解剖的な構造の理解を基にして，横隔膜における炎症反応に対する，繊維の長さの影響を示した研究であった。

この横隔膜を用いた研究は，すでに石綿において，A. B. Kane ら[21]が行っており，長い石綿繊維は，横隔膜の中皮で，炎症，増殖，肉芽腫形成を誘導するが，短い石綿繊維は起こさない，というものである。ただし，投与量が多い場合には，短い繊維の場合でも，小孔をブロックし繊維が遅滞するため，炎症を引き起こす。この Kane らの実験結果は，エジンバラグループが示した Takagi らの実験での投与量の多さ，凝集体の大きさに対しての懸念の根拠となり得る。

Nagai and Toyokuni は，繊維の炎症，がん誘導作用の力を評価するために，繊維をげっ歯類の体腔に注射することも適切であると考えている[14]。しかし，一方で，この結果は必ずしも，吸入暴露における結果と相関しないことも指摘している。これは，腹腔投与による研究が，繊維の肺胞への沈着，呼吸上皮細胞の貫通，リンパ，血管系など他の場所への転移などの，中皮腫発生においてすべて重要なステップを省いているからである。

〔5〕　吸　入　暴　露　法

吸入暴露法による実験が日本 NEDO プロジェクト，米国国立労働衛生研究所（NIOSH），Bayer 社などによって行われている。吸入暴露法はヒトが実際に経験する暴露に近く，またその結果は，労働現場，一般環境における許容濃度，基準値を決定する上で最も有力な根拠となる。ただし，この吸入暴露においても，動

物種の選択によって違いが起こることが知られている。吸入暴露による動物実験では，ラットは肺がんのモデルとしては用いることができるが，中皮腫のモデルとして適当でないことが知られ，ハムスターが中皮腫のモデルとして適当であるとされている。したがって，もしCNTが中皮腫を起こすかどうかを明らかにしようとするのであれば，ハムスターを用いた2年間の長期吸入暴露実験を行うのが適当といえるが，まだそのような研究はなされていない。

さらに，ヒトとげっ歯類には，呼吸器系に関し種差がある。空気流量，換気率，肺重量，表面積を考えると，究極的な繊維吸着率は，ラットよりヒトのほうが低いと考えられている[14]。げっ歯類は，鼻呼吸しかできず，鼻の構造が複雑であり，良いフィルターとして働いている。短く，細い繊維がヒトの肺より，ラットの肺に沈着しやすい。したがって，げっ歯類の毒性データをヒトに適用する場合には十分な注意が必要である[14]。

CNTは気中においても凝集体を形成している。NEDOプロジェクトにおいては，液中分散をしたCNTを乾かすことで，気中分散性を高めた吸入暴露を行っている。一方，CNTは，労働現場ですでに凝集しているわけであるから，そのままの形の暴露でよい，との考えのもと米国国立労働安全衛生研究所（NIOSH）のV. Castranova博士は，比較的コンパクトな暴露装置を開発し，吸入暴露試験を行っている。

〔6〕 **気管内投与，咽頭吸引法**

一方，彼らは，吸入暴露試験を実施する前に，咽頭吸引法という試験で，マウスを用いたCNT投与実験を行っている[22]。CNTを適当な分散剤で分散させた液を気管に投与する方法である。いわゆるゾンデを用いた気管内投与法の変法である。マウスを麻酔し，上顎の前歯に紐をかけて，マウスをつるした状態にする。マウスは大きな口をあけて，ぶらさがっていることになる。舌をピンセットでつまみ引き出し，咽頭部に，50 μLほどの分散した液をピペットでのせる。マウスが麻酔から覚醒するとき，マウスは大きく息を吸い込む。このときに，分散液が気管内に入る。気管内投与の際，とりわけ小さいマウスにおいては，高度な技術が必要であるのに対し，この方法のメリットは特別な技術が必要でないことである。したがって，誰でも一定の結果が得られる。また，ゾンデを挿入したときにあり得る，気管への傷害などを防ぐことができる。これは，誤嚥を利用しているとも考えられるが，外部からの強い介入をしないという意味で，より自然に近く，ソフトな投与方法であるともいえる。一方，短所は，投与液の一定程度が胃にも入る点であり，同時に消化管からの暴露もしてしまうことである。また，胃へ失われた量があることから，気管への正確な投与量がわからない，という指摘もある。米国NIOSHは，さらに分散剤に工夫を行った。まず，彼らは，肺胞洗浄液を用いて，分散を行った。吸入暴露で気管，肺に入ったCNTは肺胞の界面活性剤によって分散される，と考えられることから，これらの，元々肺に存在する液を用いて分散を試みたのである。そしてその後，市販の試薬を用いて肺胞洗浄液の成分と類似した分散液を作成することに成功している[23]。人工的な界面活性剤を用いたとき，界面活性剤による毒性も懸念されるため，その問題をNIOSHは避けたのである。もちろん，界面活性剤を対照群に入れておくことによって，界面活性剤による毒性影響をキャンセルできる，という考え方もあるが，一方では，ナノマテリアルの効果と界面活性剤の効果は，相加的ではなく，相乗的であると予想されるため，そのような界面活性剤だけを投与した対照群が本当に対照群として有効なのかどうか，という疑問もある。

NIOSHは，上記の咽頭吸引法によって，基本的な肺の病理，炎症などの指標を用いて，毒性評価を最初に行った。それ以降，吸入暴露を行い，定性的には，咽頭暴露と吸入暴露との一致性を確認している。NIOSHの場合，吸入暴露というゴールデンスタンダードを持ちながら，それを機軸にしつつ，咽頭吸引暴露という代替法を位置付け，臨機応変に研究を進めていったことがわかる。

吸入暴露は毒性評価の，特にリスク評価の基礎データとして最も有力であるが，CNTの多様性を考えた場合，気管内投与法や咽頭吸引法を代替法として用いるべきだとする考えがある。繊維を含む基本的なナノマテリアルの評価における吸入暴露とこれらの代替法との間の相関をあらかじめ調べた上で，代替法から，吸入暴露の結果を推測するというロジックであるが，これを可能にするためには基礎データの蓄積が必要である。

〔7〕 **壁側胸膜において発生すること**

肺は，胸膜に包まれている。胸膜は肺という臓器の側の臓側胸膜と，胸壁の側の壁側胸膜から成っている。二つの胸膜の間には狭い空間があり，そこには胸水と呼ばれる液体が存在する。胸膜中皮腫は，壁側胸膜から発生することがすでにわかっている。したがって，問題となる繊維状物質の壁側胸膜における濃度が，中皮腫発生との関連を調べる上で決定的である。実際に，肺内の石綿繊維濃度と，壁側胸膜における石綿濃度とは関係がないことがわかっている。一定以下の径を有する繊維状物質は，繊毛を有する気道を越え

て，肺実質に入り，胸膜腔に到達する．胸膜腔に到達する詳細なルートはまだ十分にわかっていない．胸膜腔から，壁側胸膜の stoma と呼ばれる孔を通って通常の粒子や短い繊維は，壁側胸膜の外側のリンパ管に移行する．このとき，壁側胸膜の外側において，粒子は black spot そして，短い繊維は胸膜プラークという構造物を形成する．一方，長い繊維は，stoma の入り口で孔を通ることができず，ここで frustrated phagocytosis が起こり，結果として中皮腫を発生させるという仮説が，K. Donaldson らにより提唱されている[20]．

〔8〕 マクロファージ活性化と上皮，中皮への影響

H. Nagai and S. Toyokuni は，結核菌がマクロファージによって消化されない場合にも肉芽腫が形成され，慢性炎症が引き起こされ，NLRP3 というマクロファージ内の分子パスウェイを活性化させることから，結核菌と石綿繊維には一定の類似性があると考えた[14]．しかし，繊維には上皮，中皮に対する直接的な影響があること，および病原物質の局在という点で違いがある．上皮，中皮の障害は，長くて生物耐久性の高い繊維に独特なものである．これらの物質は，その大きなサイズから，マクロファージによって完全にカバーされないままであり，少なくとも暴露初期においては，繊維がマクロファージ以外の細胞と相互作用を起こす可能性がある．反対に，結核菌は，肺胞マクロファージの中にとどまる．吸入された繊維状ナノマテリアルは胸膜下の組織に転移し，結核菌に比べて，容易に中皮に影響を与え得る．肉芽腫は好ましくない物質の分離の結果であると考えられ，さらに，それはサイトカイン放出を誘導し，持続的な慢性炎症につながる．繊維は肉芽腫形成を引き起こすが，それが本当に発がんに必須のステップなのかどうかはわからないとされている．

多くの細胞が，繊維状物質への生物学的応答に関与しているが，永井らは，マクロファージ，上皮，中皮に焦点を当て，繊維の細胞への影響を，間接（マクロファージ）と直接（上皮，中皮細胞）に分けた[14]．さらに，マクロファージ活性化と上皮，中皮への損傷は相互作用し，互いに増強し合うとされている．活性化されたマクロファージは，さまざまなサイトカインとオキシダントを放出する．それは，周囲の細胞に影響を与える．中皮細胞は，活性化されたマクロファージが分泌する TNF-α によって細胞死から逃れ，このことが発がんを誘発すると考えられている．こうして，慢性炎症は，発がんにおいておもにプロモーターとして働く．さらに，活性酸素種が同時に酸化的 DNA 損傷を増加させ，変異リスクを増大させる．マクロファージは連続的に活性化されると考えられている．どのような要因がマクロファージを持続的に活性化させるかを明らかにすることは，安全な MWCNT の開発に役立つと考えられる．

〔9〕 トキシコロジーを開発に生かす

CNT は製法によって，その物理化学的性質がきわめて多様であることが知られている．したがって，ある CNT の毒性試験結果を，他の種類の CNT に当てはめることができないと，いわれている．どのように設計したら，より安全なマテリアルを作ることができるか，その指針を提出することが，毒性学の目的の一つでもある．しかし，一方で，石綿の毒性メカニズムはまだ完全にはわかっていない．こうした作用機序に関する研究を，新しいナノマテリアルの開発と同時に行っていかなければならないところに，この研究の難しさがある．ナノマテリアルの開発者の観点の中に，応用する上での特性評価だけでなく，安全性の上での特性評価も取り込む必要が出てくる．そのために，マテリアルサイエンティストとトキシコジストとの共同が必要である．

13.2.3 フラーレンの安全性評価

フラーレンは，元々の炭素のみから成るものと，誘導体化されたものがあり，化学的性質が相当に違っていると考えられる．したがって，当然のことながら，誘導体化の有無あるいは，種類によって，体内動態，生体との相互作用にも違いが生じると考えられる（表 13.4）．

〔1〕 体 内 動 態
（1） 吸 収

a） 経 口　　放射性ラベルした ^{14}C フラーレン誘導体（トリメチレンメタン）をラット，マウスに経口投与した実験では，97％の大部分は 48 時間以内に糞便中に排泄される[24]．しかし，痕跡量は尿中に見い出され，腸壁を通過することが示唆される．

b） 吸 入　　G. L. Baker らによると，吸入暴露後，ラットの血液中にフラーレンは検出できなかった[25]．同等の重量濃度のフラーレン（C_{60}，55 nm 径，2.22 mg/m³）とミクロンサイズの粒子（0.93 μm，2.35 mg/m³）とを比較すると，肺への沈着率は前者が 14.1％，後者が 9.3％と，フラーレンのほうが大きかった．半減期は，前者が 26 日，後者が 29 日で同等であった．N. Shinohara（2009）らは，C_{60} の吸入暴露および気管内投与により，肺以外の臓器への C_{60} の移行が見られなかったと報告している[26]．

c） 経 皮　　*in vivo*（離乳したての豚を使用）および *in vitro* 実験でフラーレンが角質層の深くまで

表13.4 フラーレンのハザード評価[39]

	暴露経路	結果	参考文献
吸 収	吸入	肺からの吸収がないか，または限定的。マクロファージにより貪食される。	25), 26)
	経口	限定的な吸収（<3%）	24), 40)
	経皮	皮膚への貫通はなし。しかし，溶剤の共存で角質層深部まで到達し得る。	27), 29)
分 配	呼吸器暴露	肝臓，脳，腎臓，脾臓への限定的な移行，または移行なし。	26), 41)
	腹腔/経静脈	おもに肝臓での蓄積，腎臓，肺，脾臓，心臓，脳にも蓄積	24), 32), 42)
排 泄	経口，腹腔	糞または尿を通して排泄。おそらく水溶性の程度に応じて。	24), 34)
急性/繰返し投与毒性	経口	急性毒性はきわめて低い。繰返し投与のデータなし。	34), 43)
	吸入暴露	低い急性または亜慢性毒性	25)
	経口暴露	低い急性毒性，慢性暴露に関してはデータなし。	38), 44)
刺 激		高純度フラーレンとフラーレンすすは動物とヒトの皮膚と眼を刺激しなかった。	38), 45)
感 作		高純度フラーレンとフラーレンすすは動物とヒトの皮膚と眼を感作しなかった。	38), 45)
変異原性		活性酸素種の形成を通した間接的な遺伝子影響があるかもしれない。	46)
発がん性		ある種のフラーレンの抗炎症，抗腫瘍効果，腹腔投与25週では発がんが確認されなかった。生理的な暴露経路による発がん実験はない。	16), 47)
生殖/発達毒性	腹腔投与	マウス高投与量で発達影響。ヒト暴露状況での妥当性は疑問である。	48)

到達し，その程度が溶剤によって影響を受けることが明らかとなっている。トルエン，シクロヘキサン，クロロフォルムに分散させるとC_{60}がすみやかに角質層に吸収されるのに対し，ミネラルオイルの場合はほとんど吸収されない。スクアレンに分散させたC_{60}の皮膚透過性を調べたBronaughの拡散チャンバーを用いた研究[27]では，2.23，22.3 ppmの低濃度では，上皮，真皮ともに移行しないが，223 ppmの高濃度では上皮に移行し，真皮には移行しなかった。

（2） **分配，代謝，排泄**　NEDOプロジェクトによると，気管内投与（3.3 mg/kg）または吸入暴露（0.12 mg/m^3）後，脳（肺濃度の0.17%）や他の臓器は無視可能なレベルの移行しかなかった[26]。肺においては，フラーレンは肺胞マクロファージによって貪食される[28), 29]。電子顕微鏡観察では，貪食されたフラーレンが細かく分散された顆粒となり，細胞小器官や核には移行していなかった[30]。ラットへ腹腔投与した水溶性ポリアルキルスルホン酸化フラーレン（500，750，1 000 mg/kg）は血流を介して移行し，肝臓，腎臓，脾臓に蓄積した[31]。^{14}Cラベされたフラーレンを静脈注射すると，速やかに血液から取り除かれ，おもに肝臓に蓄積した[32]。トリメチレンメタン誘導フラーレン（200～500 mg/kg）を静脈注射すると，肝臓，腎臓，肺，脾臓，心臓，脳に移行した[24]。放射性ラベルした125-I-ナノC_{60}を静脈注射すると，肝臓，脾臓に移行したが，甲状腺，胃，肺，腸での蓄積は少なかった[33]。トリメチレンメタン誘導体化フラーレンを静脈注射すると，その排泄はきわめて遅い[24]。注射後160時間で，わずか5.4%のフラーレンが糞中に排泄され，他は体内に残る。尿中排泄もほとんどない。

ポリアルキルスルホン酸化されたフラーレンは速やかに尿中排泄される[31]。これらの尿中排泄は，水溶性かどうかで決まってくると考えられる。

以上より，吸入，経皮，経口暴露など，生理的な暴露ルートでは，フラーレンの体内への吸収はおそらく限定的と考えられる。フラーレンは肺，腸などの沈着部位に残る傾向があるが，肺胞マクロファージ，繊毛運動，糞尿を通して排泄される。皮膚吸収はないか，きわめて限定的であるものの，フラーレンの官能基，分散溶剤，皮膚の状態が皮膚浸透に影響する点には注意が必要である。

〔2〕 **急 性 毒 性**
（1） **経口投与**　2 000 mg/kgのフラーレン（C_{60}とC_{70}の混合）に経口暴露させたラットを14日間観察した実験では，致死的でなく，また行動学的な兆候あるいは体重への影響は観察されなかった。2 500 mg/kgのポリアルキルスルホン酸化フラーレンの単回経口投与による急性毒性は観察されなかった[34]。

（2） **吸入暴露**　F344ラットを，C_{60} 2.22 mg/m^3（ナノ粒子，55 nm）と2.35 mg/m^3（ミクロン粒子，093 μm）に1日3時間，10日暴露した実験で，気管支肺胞洗浄液中のタンパク濃度は，フラーレン暴露群で上昇した。肝臓，心臓には病理組織学的変化が見られなかった。肺における細胞浸潤は見られなかったが，C_{60}はマクロファージによって吸収されていた[25]。Wistarラットを，0.12 mg/m^{3}のフラーレン（4.1×10^4粒子数/cm^3，96 nm径，表面積0.92m^2/g），1日6時間，週5日，4週間暴露した実験で，暴露期間中と引き続く3箇月の観察期間中の有意な炎

症，組織傷害は観察されなかった[28]。異物性肉芽腫も観察されなかった[28]。

（3）気管内投与 0.2, 3 mg/kg の C_{60}（160 nm）と水溶性フラーレン $C_{60}(OH)_{24}$ をラットに気管内投与した実験では，ごくわずかな酸化ストレスが観察されるのみで肺毒性が見られなかった[35]。また，マウスに1匹当り 0.02〜200 µg のフラーレンを投与した実験で，20 µg 投与群で，α-クオーツによる好中球炎症を抑制するという実験事実から，Fullerols（ポリヒドロキシル化フラーレン）が，活性酸素種による炎症を減少させる能力により，防御的，抗炎症作用を有するかもしれないことを示した[36]。200 µg の高い濃度では Fullerols は炎症促進反応を示した。Y. Morimoto ら（2010）らは，Wistar 雄ラットに，フラーレン（33 nm）を動物当り 0.1, 0.2, 1 mg 気管内投与し，好中球浸潤とケモカイン，サイトカイン誘導性好中球走化性因子（CINC）の発現を調べた[30]。0.1 mg, 0.2 mg 投与群では，気管支肺胞洗浄液中の総細胞数，好中球数と CINC 発現の有意な増加はなかった。1 mg 投与群では，一過性の好中球，CINC 発現増加が見られた。投与後6箇月までの観察で，持続的な炎症は観察されなかった。これらのフラーレンの低い毒性を示す実験に比べて，E. J. Park らの実験では，0.5, 1, 2 mg/kg の C_{60} をマウスに気管内投与し，炎症促進サイトカインの量依存的，有意な増加が観察されている[37]。

（4）皮膚暴露 接触性光毒性試験では，25％の高純度フラーレン（C_{60} と C_{70} の混合）を guinea pig の皮膚に塗り，長波長 UV への照射を行ったが，皮膚反応は起きなかった[38]。X. R. Xia らによると，フラーレンは，皮膚からの全身吸収はないものの，溶剤の種類によって角質層の深く貫通し，生細胞上皮まではたどり着くことを明らかにした[29]。

フラーレンの慢性影響を見た実験結果はまだ報告されていない。

引用・参考文献

1) M. F. Stanton, editor.：Some etiological considerations of fibre carcinogensis, Lyon, WHO IARC (1973)
2) J. M. Davis, J. Addison, R. E. Bolton, K. Donaldson, A. D. Jones and T. Smith：The pathogenicity of long versus short fibre samples of amosite asbestos administered to rats by inhalation and intraperitoneal injection, Br. J. Exp. Pathol., **67**, 3, 415〜430 (1986)
3) I. Y. Adamson, J. Bakowska and D. H. Bowden：Mesothelial cell proliferation after instillation of long or short asbestos fibers into mouse lung, Am. J. Pathol., **142**, 4, 1209〜1216 (1993)
4) I. Y. Adamson, J. Bakowska and D. H. Bowden：Mesothelial cell proliferation：a nonspecific response to lung injury associated with fibrosis, Am. J. Respir. Cell Mol. Biol., **10**, 3, 253〜258 (1994)
5) L. A. Goodglick and A. B. Kane：Cytotoxicity of long and short crocidolite asbestos fibers in vitro and in vivo, Cancer Res., **50**, 16, 5153〜5163 (1990)
6) K. Donaldson, G. M. Brown, D. M. Brown, R. E. Bolton and J. M. Davis：Inflammation generating potential of long and short fibre amosite asbestos samples, Br. J. Ind. Med., **46**, 4, 271〜276 (1989)
7) P. A. Moalli, J. L. MacDonald, L. A. Goodglick and A. B. Kane：Acute injury and regeneration of the mesothelium in response to asbestos fibers, Am. J. Pathol., **128**, 3, 426〜445 (1987)
8) K. Donaldson and N. Golyasnya：Cytogenetic and pathogenic effects of long and short amosite asbestos, J. Pathol., **177**, 3, 303〜307 (1995)
9) K. Donaldson, X. Y. Li, S. Dogra and B. G. Miller：Brown GM. Asbestos-stimulated tumour necrosis factor release from alveolar macrophages depends on fibre length and opsonization, J. Pathol., **168**, 2, 243〜248 (1992)
10) I. M. Hill and P. H. Beswick：Donaldson K. Differential release of superoxide anions by macrophages treated with long and short fibre amosite asbestos is a consequence of differential affinity for opsonin, Occup. Environ. Med., **52**, 2, 92〜96 (1995)
11) C. G. Jensen and M. Watson：Inhibition of cytokinesis by asbestos and synthetic fibres, Cell Biol. Int., **23**, 12, 829〜840 (1995)
12) J. Ye, X. Shi, W. Jones, Y. Rojanasakul, N. Cheng, D. Schwegler-Berry, et al.：Critical role of glass fiber length in TNF-alpha production and transcription factor activation in macrophages, Am. J. Physiol., **276**, 3 Pt 1, L426〜1434 (1992)
13) A. Searl, D. Buchanan, R. T. Cullen, A. D. Jones, B. G. Miller and C. A. Soutar：Biopersistence and durability of nine mineral fibre types in rat lungs over 12 months, Ann. Occup. Hyg., **43**, 3, 143〜153 (1995)
14) H. Nagai and S. Toyokuni：Biopersistent fiber-induced inflammation and carcinogenesis：lessons learned from asbestos toward safety of fibrous nanomaterials, Arch. Biochem. Biophys., **502**, 1, 1〜7 (2010)
15) C. A. Poland, R. Duffin, I. Kinloch, A. Maynard, W. A. Wallace and A. Seaton, et al.：Carbon nanotubes introduced into the abdominal cavity of mice show asbestos-like pathogenicity in a pilot study, Nat. Nanotechnol., **3**, 7, 423〜428 (2008)
16) A. Takagi, A. Hirose, T. Nishimura, N. Fukumori, A. Ogata and N. Ohashi, et al.：Induction of mesothelioma in p53+/− mouse by intraperitoneal application of multi-wall carbon nanotube, J. Tox. Sci., **33**, 1, 105〜116 (2008)
17) K. Donaldson, V. Stone, A. Seaton, L. Tran, R. Aitken and C. Poland：Re；Induction of mesothelioma in p53+/− mouse by intraperitoneal application of multi-

wall carbon nanotube, J. Toxicol. Sci., **33**, 3, 385, author reply 386〜388 (2008)
18) G. Ichihara, V. Castranova, A. Tanioka and K. Miyazawa : Re ; Induction of mesothelioma in p53 +/− mouse by intraperitoneal application of multi-wall carbon nanotube, J. Toxicol. Sci., **33**, 3, 381〜382, author reply 382〜384 (2008)
19) K. Kostarelos : The long and short of carbon nanotube toxicity, Nat. Biotechnol., **26**, 7, 774〜776 (2008)
20) K. Donaldson, F. A. Murphy, R. Duffin and C. A. Poland : Asbestos, carbon nanotubes and the pleural mesothelium : a review of the hypothesis regarding the role of long fibre retention in the parietal pleura, inflammation and mesothelioma, Part. Fibre Toxicol., **7**, 5 (2010)
21) A. B. Kane, J. L. Macdonald, P. A. Moalli : Acute injury and regeneration of mesothelial cells produced by crocidolite asbestos fibers, Am. Rev. Respi. Dis., **133**, A198 (1986)
22) D. W. Porter, A. F. Hubbs, R. R. Mercer, N. Wu, M. G. Wolfarth and K. Sriram, et al. : Mouse pulmonary dose- and time course-responses induced by exposure to multi-walled carbon nanotubes, Toxicology, **269**, 2〜3, 136〜147 (2010)
23) D. Porter, K. Sriram, M. Wolfarth, A. Jefferson, D. Schwegler-Berry and M. andrew, et al. : A biocompatible medium for nanoparticle dispersion, Nanotoxicology, **2**, 144〜154 (2008)
24) S. Yamago, H. Tokuyama, E. Nakamura, K. Kikuchi, S. Kananishi and K. Sueki, et al. : In vivo biological behavior of a water-miscible fullerene : 14C labeling, absorption, distribution, excretion and acute toxicity, Chem. Biol., **2**, 6, 385〜389 (1995)
25) G. L. Baker, A. Gupta, M. L. Clark, B. R. Valenzuela, L. M. Staska and S. J. Harbo, et al. : Inhalation toxicity and lung toxicokinetics of C60 fullerene nanoparticles and microparticles, Toxicol. Sci., **101**, 1, 122〜131 (2008)
26) N. Shinohara, M. Gamo and J. Nakanishi : Risk assessment of manufactured nanomaterials-fullerene (C60) -NEDO project "Research and Development of Nanoparticle Characterizations Methods", Interim Report issued October, **16** (2009)
27) S. Kato, H. Aoshima, Y. Saitoh and N. Miwa : Biological safety of Lipo-Fullerene composed of squalane and fullerene-C60 upon mutagenesis, phototoxicity, and permeability into the human skin tissue, Basic Clin. Pharmacol. Toxicol., **104**, 483〜487 (2009)
28) K. Fujita, Y. Morimoto, A. Ogami, T. Myojyo, I. Tanaka and M. Shimada, et al. : Gene expression profiles in rat lung after inhalation exposure to C60 fullerene particles, Toxicology, **258**, 1, 47〜55 (2009)
29) X. R. Xia, N. A. Monteiro-Riviere and J. E. Riviere : Skin penetration and kinetics of pristine fullerenes (C60) topically exposed in industrial organic solvents, Toxicol. Appl. Pharmacol., **242**, 1, 29〜37 (2010)
30) Y. Morimoto, M. Hirohashi, A. Ogami, T. Oyabu, T. Myojo and K. Nishi, et al. : Inflammogenic effect of well-characterized fullerenes in inhalation and intratracheal instillation studies, Part. Fibre Toxicol., **7**, 4 (2010)
31) H. H. Chen, C. Yu, T. H. Ueng, S. Chen, B. J. Chen and K. J. Huang, et al. : Acute and subacute toxicity study of water-soluble polyalkylsulfonated C60 in rats, Toxicol. Pathol., **26**, 143〜151 (1998)
32) R. Bullard-Dillard, K. E. Creek, W. A. Scrivens, S. J. Harbo, J. T. Pierce and J. A. Dill : Tissue sites of uptake of 14C labelled C60, Bioorg. Chem., **24**, 376〜385 (1996)
33) N. Nikolic, S. Vranjes-Ethuric, D. Jankovic, D. Ethokic, M. Mirkovic and N. Bibic, et al. : Preparation and biodistribution of radiolabeled fullerene C60 nanocrystals, Nanotechnology, **20** (2009)
34) T. Mori, H. Takada, S. Ito, K. Matsubayashi, N. Miwa and T. Sawaguchi : Preclinical studies on safety of fullerene upon acute oral administration and evaluation for no mutagenesis, Toxicology, **225**, 1, 48〜54 (2006)
35) C. M. Sayes, A. A. Marchione, K. L. Reed and D. B. Warheit : Comparative pulmonary toxicity assessments of C_{60} water suspensions in rats : few differences in fullerene toxicity in vivo in contrast to in vitro profiles, Nano Lett., **7**, 8, 2399〜2406 (2007)
36) M. Roursgaard, S. S. Poulsen, C. L. Kepley, M. Hammer, G. D. Nielsen and S. T. Larsen : Polyhydroxylated C60 fullerene (fullerenol) attenuates neutrophilic lung inflammation in mice, Basic Clin. Pharmacol. Toxicol., **103**, 4, 386〜388 (2008)
37) E. J. Park, H. Kim, Y. Kim, J. Yi, K. Choi and K. Park : Carbon fullerenes (C60s) can induce inflammatory responses in the lung of mice, Toxicol. Appl. Pharmacol., **244**, 2, 226〜233 (2010)
38) H. Aoshima, Y. Saitoh, S. Ito, S. Yamana and N. Miwa : Safety evaluation of highly purified fullerenes (HPFs) : based on screening of eye and skin damage, J. Toxicol. Sci., **34**, 555〜562 (2009)
39) K. Aschberger, H. J. Johnston, V. Stone, R. J. Aitken, C. L. Tran and S. M. Hankin, et al. : Review of fullerene toxicity and exposure − Appraisal of a human health risk assessment, based on open literature, Regul. Toxicol. Pharmacol., (2010)
40) J. K. Folkmann, L. Risom, N. R. Jacobsen, H. Wallin, S. Loft and P. Moller : Oxidatively damaged DNA in rats exposed by oral gavage to C60 fullerenes and single-walled carbon nanotubes, Environ. Health Perspect., **117**, 5, 703〜708 (2009)
41) Y. Gao and J. K. Grey. : Resonance chemical imaging of polythiophene/fullerene photovoltaic thin films : mapping morphology-dependent aggregated and unaggregated C=C Species, J. Am. Chem. Soc., **131**, 28, 9654〜9662 (2009)
42) N. Gharbi, M. Pressac, M. Hadchouel, H. Szwarc, S. R.

Wilson and F. Moussa : [60] fullerene is a powerful antioxidant in vivo with no acute or subacute toxicity, Nano Lett., **5**, 12 : 2578〜2585 (2005)

43) C. Chen, G. Xing, J. Wang, Y. Zhao, B. Li, J. Tang, et al. : Multihydroxylated [Gd@C82(OH)22] n nanoparticles : antineoplastic activity of high efficiency and low toxicity, Nano Lett., **5**, 10, 2050〜2057 (2005)

44) S. Ito, K. Itoga, M. Yamato, H. Akamatsu and T. Okano : The co-application effects of fullerene and ascorbic acid on UV-B irradiated mouse skin, Toxicology, **267**, 1〜3, 27〜38 (2010)

45) A. Huczko, H. Lange and E. Calko. : Fullerene : experimental evidence for a null risk of skin irritation and allergy, Fullerene Sci. Technol., **7**, 935〜939 (1999)

46) N. Sera, H. Tokiwa and N. Miyata : Mutagenicity of the fullerene C60-generated singlet oxygen dependent formation of lipid peroxides, Carcinogenesis, **17**, 10, 2163〜2169 (1996)

47) Y. Liu, F. Jiao, Y. Qiu, W. Li, Y. Qu and C. Tian, et al. : Immunostimulatory properties and enhanced TNF-alpha mediated cellular immunity for tumor therapy by C60(OH)20 nanoparticles, Nanotechnology, **20**, 41, 415102 (2009)

48) T. Tsuchiya, I. Oguri, Y. N. Yamakoshi and N. Miyata : Novel harmful effects of [60] fullerene on mouse embryos in vitro and in vivo, FEBS Lett., **393**, 1, 139〜145 (1996)

索　　　引

【あ】

アイスナノチューブ	197
アガロースゲル	187
アークスート	45
アクチュエーター	187
アークブラック	45
アーク法	58
アーク放電（法）	1, 40
足場材	283
アスベスト	337
──の毒性	332
アニーリング	49
アハラノフ-ボーム（AB）磁束	98
アハラノフ-ボーム効果	121
アプタマー	251
網状成長	10
アームチェア型	70, 95
アームチェア端	148, 149, 150, 323
アームチェアナノチューブ	145
アモルファスカーボン	58
アモルファス層	9
アルコール CVD	1
アルミナ	3
泡状ナノ炭素	125
安全性評価	332
アンチストークス散乱光	175
アンテナ	32
アンテナ効果	167
アンドレーエフ反射	119
アンバイポーラー	169
暗励起子	165, 168

【い】

イオン化ポテンシャル	203
異常熱伝導現象	141
位相速度	170
1次元的秩序化	197
1次元反強磁性システム	201
移動度	316
陰極堆積物	40
陰極表面	74
インターカレーション	230
咽頭吸引法	344

【う】

ヴィーデマン・フランツの法則	139
ウニ形成長	72
運動方程式	197

【え】

エッジ構造	91
エッジコンタクトモデル	243
エッチング	12
エトナ火山の溶岩石	21
エネルギーギャップ	154, 313
エネルギースペクトル	224
エネルギー損失分光	193
エネルギー分散型 X 線分析	205
エネルギー変換効率	30
エラストマー複合体	216
エレクトロマイグレーション	245
エレクトロルミネセンス	169

【お】

オイラーの座屈	131
大型連続式反応試験装置	27
オージェ効果	169
オストワルドライプニング	13
オンオフ比	302
音響フォノン	137
音響モード	169

【か】

開端モデル	75
回転モーター	270
カイトモデル	15
外部ポテンシャル	198
界面活性剤	7, 68, 181
カイラリティ	111
カイラリティ分布制御	31
カイラル角	70, 96
カイラル型	70, 95
カイラル指数	70, 111, 202, 203
カイラルベクトル	70, 94, 201
改良直噴熱分解合成法	25
化学気相成長法	204
化学修飾	317, 327, 329
化学反応ダイナミクス	195
架橋 SWCNT	5
架橋確率	6
架橋構造	6
拡散運動	196
拡散障害	273
拡散的熱伝導	140
拡散二重層	236
核磁気共鳴	196
核生成サイト	10

　

ガスセンサー	213, 317
ガスフロー成長	5
片浦プロット	174
活性炭	236
カッティングライン	168
カップ積層型 CNT	83
価電子帯	312
加熱処理	21
ガーネット	21
過飽和	7
可飽和吸収	261
可飽和吸収体	179
可飽和吸収特性	179
カーボンナノコイル	80
カーボンナノフォーム	125
カーボンナノホーン	45, 150
カーボンファイバー	1
カーボンブラック	233
カーボンマイクロコイル	77
可溶化剤	185
環境制御型 TEM	87
還元性ガス	254
還元電位	111
還元雰囲気下	17
がん細胞増殖抑制効果	80
換算輝度	224
完全透過のチャネル	100
がん組織	280
がん治療	280, 282

【き】

機械的共振周波数	128
機械的特性	128, 215, 217
機械的剥離	329
気管内投与法	344
貴金属	8
擬似液体状態	74
擬スピン	317
気相成長炭素繊維	20, 25
気相法	192
輝　度	224, 225
キャビティアークジェット法	44
キャリヤー密度	315
吸収係数	176
吸収スペクトル	51
吸収飽和	178
吸着サイト	272
吸着等温線	272
吸着量	201

吸入暴露	342	クーロンダイヤモンド	115	骨膜組織	284
吸入暴露試験	334	クーロンブロッケード	114	古典分子動力学	197
強磁性	125	クーロン力	198	孤立分散処理	23
共振周波数	268	群速度	170	孤立溶解	181
強束縛近似	312			コール酸ナトリウム	181
胸膜	344	【け】		5, 6員環ネットワーク	51
共鳴幅	175	蛍光X線測定	58	コーン異常	172, 173
共鳴ラマン	322	蛍光-励起	29	コーン状構造	55
共鳴ラマン散乱効果	174	欠陥導入機構	30	コンダクタンス	106, 315
共鳴ラマンスペクトル	51	結合状態密度	167	層間の――	108
共鳴ラマン分光	167	結晶性	27	近藤効果	119
共融合金	7	ゲート電圧	194, 316, 323		
強誘電体	199	ゲート電極	313, 315	【さ】	
曲率の効果	102	ケミカルドーピング	242	最近接原子間距離	205
近赤外蛍光	18, 175	減圧ろ過	248	サイクリックボルタンメトリー	236
近赤外レーザー	182	原子間力顕微鏡	8	細孔	273
近接場光	165	原子状炭素	32	細孔構造	272
金属SWCNT	61	原子配列	17	最高被占軌道	203
金属錯体	20	原子マニピュレーション	206	最小電気伝導率	315
金属内包フラーレン	192, 204	元素マッピング	193	再生医療	283
金属内包フラーレンピーポッド	205			最低空軌道	203
金属ナノ粒子	73	【こ】		細胞毒性	185
金属-半導体分離	19, 61	5員環	71, 223	座屈加重	131
		高温酸化処理	22	柘榴石	21
【く】		光温熱治療	281	サーパンタイン	17
空気極	232	高温パルスアーク放電法	46	サファイア	5
空気酸化処理	205	光学遷移	7	差分吸収スペクトル	178
偶奇性効果	116	光学フォノン	137, 322	酸化SWCNH	76
空洞径依存性	197	光学モード	169	三角格子	22
屈折率	176	抗がん剤	279	酸化グラファイト	328
グラッシーカーボン	53	交換転移	198	酸化グラフェン	327, 328
グラファイト	58, 145, 147, 157, 312	高輝度電子源	224	酸化性ガス	254
グラファイト化	305	格子空孔	105	酸化電位	111
グラファイト性	209	格子不整合	108	酸化反応	328
グラファイト層間化合物	329	格子ベクトル	70	酸化マグネシウム	22
グラファイト剥離	290	高周波補償ラングミュアプローブ法		三元系触媒	27
グラフェイン	328		29	3次非線形感受率	176
グラフェン	58, 70, 94	光線力学治療	281	3次非線形性	265
――の作製	329	構造揺らぎ	207	三重らせん酸素ナノチューブ	201
――の電子構造	311	高速液体クロマトグラフィー	205	散乱光共鳴	174
――の特定法	291	高電流駆動	19		
――の反応性	327	光熱変換効果	185	【し】	
――の量子輸送	301	高配向性グラファイト	304	磁化曲線	126
――へのスピン注入	319	高分解能電子顕微鏡	90	磁化率	123
グラフェンCVD膜	297	後方散乱	99	時間反転対称性	101
グラフェン構造	209	――の消失	100	磁気抵抗効果	121
グラフェンシート	34	高密度高分散	21	磁気モーメント	126
グラフェン島	10	交流アーク	44	ジグザグ型	70, 95
グラフェン/シリカ複合体	216	5回対称性	207	ジグザグ端	148, 149, 150, 323
グラフェン成長技術	297	小型X線管	228	軸対称ポテンシャル	200
グラフェン層	209	極微細ナノワイヤー	204	試験管内試験	333
グラフェン層数特定法	291	極細金属ナノワイヤー	206	仕事関数	223
グラフェンナノリボン	60, 152, 316	国立労働安全衛生研究所	332	シース電場	29
グラフェンリボン	149, 150	固着安定化	21	磁性金属触媒	31
グロー領域	33	骨形成	286	磁束量子	121
クーロン振動	115	骨修復	285	7員環	106

実スピン	317	ストカスティッククーロン		粗大化抑制	13
ジッパー	24	ブロッケード	116	その場観察	87
質量計測	269	ストークス・ラマン散乱	172	ソリトンモード同期	263
磁場誘起発光増強効果	166	ストーン・ウェイルズ変形	151	ゾル-ゲル法	213
シミュレーション像	91	スーパーグロース法	3, 11, 60		
弱結合領域	114	スパッタリング法	3	【た】	
集積回路	14	スピン拡散長	258	大気中アーク	43
自由電子的状態	157	スピンコヒーレント伝導	258	体積弾性率	148
充放電曲線	230	スピントンネル磁気抵抗	256	対物レンズ	35
縮退4光波混合	177	スピンバルブ	256	大面積グラファイト膜	304
受動モード同期光ファイバーレーザー		スピンバルブ素子	319	大面積グラフェン	308
	261	スピン分極率	256	大面積の単層グラフェン	303
シュブニコフ・ド・ハース振動	301	スピン偏極率	259	ダイヤモンドナノ粒子	8
準バリスティック・フォノン熱伝導		スピン輸送	317	ダイヤモンドナノワイヤー	160
	140	スプレー塗布	222	ダイヤモンド微粒子	4
常磁性	125			多環芳香族基	181
照射損傷	90	【せ】		多重らせん構成	81
状態密度	164	正 極	232	多層カーボンナノチューブ	1
衝突励起	169	正 孔	165	多値強誘電体メモリー	199
触媒活性	12	生体影響	333	縦 波	169
触媒気相成長法	20	生体材料	283	谷間散乱	99
触媒寿命	12, 30	生体内試験	333	谷内散乱	99
触媒前駆物質	6	生体内滞留性	335	束	150
触媒担持	276	成長量	29	ダマシン	245
触媒担持熱CVD法	4	成長量-成長時間依存性	30	多面体ナノ粒子	74
触媒担体	233	静電容量	236	炭化ケイ素	52
触媒ナノ粒子	71, 73	性能指数	178	炭化シリコン	8
触媒前処理条件	31	生分解	338	担持触媒法	20
触覚センサー	80	ゼオライト	2	担持法	2
ショットキー障壁トランジスター		赤外吸収	170, 196	弾性率	128
モデル	241	赤外線サーモグラフ	79	単層カーボンナノチューブ	1
ショットキーソース・ドレイン	240	赤外発光特性	23	単層カーボンナノホーン	75
シリコン層	6	石 綿	342	単層グラフェン	291, 300, 311, 318
シリル化反応	329	ゼクステット	326	炭素クラスター	49
真空蒸着法	3, 8	接触抵抗	194	炭素収率	26
人工原子	114	セパレーター	232	炭素被覆ナノ粒子	10
信号再生技術	179	セラミックスナノチューブ	213	炭素六角網面	70
振動子強度	164	ゼロギャップ半導体	316	単電子トランジスター	115
振動子強度総和則	164	繊維毒性	342		
シンプレクティック	101	前駆体	11, 33	【ち】	
		先端成長機構	73	窒化ケイ素ファイバー	77
【す】		先端放電型マイクロ波プラズマCVD		秩序化	197
水蒸気添加	11		32	チャネル数	100
水素ガス中アーク放電	40	前立腺特異抗原	252	中間周波数モード	172
水素化反応	328			中性子線回折	196
水素結合系	196	【そ】		中皮腫	342
水素貯蔵量	274	層間隔	73	稠密CNT	55
垂直配向CNTアレイ	59	層間（の）相互作用	169, 314	超高真空中原子マニピュレーション	
垂直配向SWCNT	3	双極子モーメント	28		204
垂直配向成長	9	走査型電子顕微鏡	2	長尺性	14
垂直配向膜	12	走査型トンネル分光	194	調整触媒	22
水平配向成長	14, 244	走査型プローブ顕微鏡	267	超臨界二酸化炭素	60
数密度	11, 200	相転移（点）	197	直噴熱分解合成	27
スクーターモデル	71	層内の相互作用	169	直流アーク放電	40, 67
スクリーン印刷	222	速度低下	12	直交普遍クラス	101
		束縛効果	196		

【つ】

ツイストモード	171
ツイントーチアーク	45

【て】

低速酸化法	76
ディップコート法	3
定電流クロノポテンショメトリー	236
ディラックコーン	312, 321, 323
ディラック点	312, 316
ディラックフェルミオン	315
ディラック方程式	97, 318
デバイ温度	137
デバイス構造	315
電圧電界変換係数	223
電界効果トランジスター	47, 194, 315
電界増強因子	223
電荷移動	206
電荷移動反応	203
電界放出	221
電界放出顕微鏡法	223
電界放出ディスプレイ	225
電界放出ランプ	225
電気泳動法	64
電気化学酸化	59
電気双極子モーメント	196, 198
電気的特性	215, 217
電気伝導率	139, 315
電気二重層キャパシター	235
電子エネルギー欠損分光法	192
電子間相互作用	155
電子顕微鏡用電子源	227
電子格子相互作用	144, 153, 155, 322
電子親和力	203
電子スピン共鳴	124
電子線誘起堆積法	129
電磁波吸収	79
電子ビーム誘起堆積	222, 267
電子放出材料	218
電子輸送	315
電着法	222
伝導帯	312
天然鉱物	22
テンプレート	203

【と】

同位体分離	275
透過型電子顕微鏡	1
同軸2層構造	23
導電補助材	232
透明電極	14
透明導電膜	308
トキシコロジー	345
特殊時間反転	101
毒性	341

特性X線	205
トーチアークジェット法	44
トーチアーク法	43
凸形パターン列	5
トップゲート型トランジスター構造	19
飛び移り積分	313
トポロジカル欠陥	106
ドラッグキャリヤー	76
ドラッグデリバリーシステム	279
トンネル効果	221

【な】

内外層	22
内層	23
内包CNT	191
内包収率	202
ナノインデンテーション	53
ナノグラフェン	327
ナノサイエンス	208
ナノダイヤモンド	8
ナノテンプレート反応	204
ナノバルブ機構	198
ナノピーポッド構造	205
ナノファイバー	332
ナノポリヘドロン	74
ナノリアクター	195
ナノワイヤー	206

【に】

ニアアームチェアチューブ	145
2次元グラフェン	201
二重共鳴ラマン分光	170
二重らせん	78
2層カーボンナノチューブ	20
2層グラフェン	291, 313, 317
入射光共鳴	174

【ね】

熱CVD	29
熱拡散シート	306
熱コンダクタンス	139
熱重量減少測定	58
熱的性質	137
熱的特性	217
熱伝導	138
熱伝導シート	306
熱伝導率	54, 138, 305
熱膨張	141
熱膨張係数	141
熱容量	137
根元成長	4, 17, 35
根元成長機構	73
撚糸	132
燃料極	232
燃料電池	186, 232

【の】

ノッチフィルター	173
伸び縮みのモード	103

【は】

バイオチャネル	199
バイオマーカー	24
配向物理モデル	28
ハイブリッドナノカーボン物質	191
薄膜トランジスター	243
パーコレーション	243
パーコレーション理論	215
ハザード評価	335, 346
波数ベクトル	169
ハチの巣構造の格子	147
バーチ–マーナハンの式	148
発がん性	337
白金	186
バックライトユニット	225
発光の2次元マップ	167
発光パネル	225
ハニカム構造	198
──の格子	147
ばね定数	171
バリスティック	118, 139
バリスティック伝導	245, 247
反強磁性チェーン	201
反強誘電体	199
反磁性磁化率	123
反射型高速電子回折法	8
反電場効果	164
半導体SWCNT	61
半導体加工技術	15
半導体ナノワイヤー	10
バンド間許容遷移	164
バンドギャップ	112, 302, 316
──の変調	194
バンド構造	145, 146, 313
バンドル	150, 151
バンドル構造	273
反応障壁	148
バンブー型CNT	82
バンホーブ特異性	164, 167

【ひ】

ビア孔	245
光カー効果	176
光触媒	213
光の偏光	164
非共鳴励起	178
微傾斜	17
微細柱	6
微細柱間距離依存性	6
ひじ掛け椅子型	95
非磁性触媒	31

微小電子源	226	フロンティアカーボンテクノロジー		マーカー成長	34
非線形感受率	176		27	マクスウェル-ボルツマン分布	154
非線形分極	176	分解領域	33	マグネシア	3
左巻き	90	分光電気化学	111	マクロ孔	273
引張強度	133	分子吸着効果	7	マクロファージ	337, 342
引張破断強度	132	分子動力学	192	マーナハンによる固体の状態方程式	
ヒドロキシラジカル	59	分子動力学計算	17		148
比熱	137	分子篩	76	マルチスライス法	205
比表面積	236, 273	粉末 X 線回折	196	【み】	
皮膚暴露	347	分離精製技術	27	右巻き	90
ピーポッド	22, 146, 151, 157, 158, 191	【へ】		ミクロ孔	273
ピーポッド大量合成法開発	202	平面エミッター	221	ミスカット	17
表面エネルギー	207	ペプチド	185	密度勾配超遠心分離法	63
表面拡散	10	ペリ環状反応	328	明励起子	165, 168
表面酸化処理	233	ヘリシティ	97	【め】	
表面張力	208	ベリーの位相	100	メソ孔	273
ピレン	182, 185	ペリレン誘導体	202	メゾスコピック系	317
【ふ】		ヘリンボーン	78	メソポーラスシリカ	2
ファミリーパターン	175	ヘリンボーン型カーボンファイバー		メタノール酸化触媒	186
ファンデルワールス相互作用	15, 270		83	面外振動	170
ファンデルワールス的な層間の		ヘルムホルツ層	236	面心立方構造	205
弱い相互作用	150	変形ポテンシャル	104	面内振動	170
ファンデルワールス力	192	偏光特性	19	【も】	
ファンホーブ特異点	203	偏光板	19	毛管凝縮	273
フィッシュボーン型 CNT	82	【ほ】		毛細管現象	191
フェルミ準位	112	ポイントエミッター	221	文字情報ディスプレイ	226
フェルミ波数	145, 146	芳香族性	326	【や】	
フォトルミネセンス	7	紡糸	132	薬剤伝達系	282
フォノン	137	放電領域	33	ヤング率	128
フォノン平均自由行程	139	保健福祉省	332	【ゆ】	
負極	232	ホットキャリヤー	153	有機系複合材料	216
複合材料	231	ホットフィラメント	1	有限温度	197
複合体	212	ホットフィラメント CVD	1	融合現象	24
腹腔投与	343	ホッピング伝導	14	有効質量	313
腹腔内投与	334	ポリイソプロピルアクリルアミドゲル		有効質量近似	97
縁なし帽子モデル	71		187	融点	197
不対電子	124	ポリイミド	182	誘電泳動法	222
フッ素化	24	ポリエチレングリコール	185	誘電特性	199
物理吸着	181, 272	ポリスチレンスルフォン酸	186	【よ】	
普遍性クラス	101	ポリフルオレン	182	揺動運動	193
普遍的コンダクタンス	122	ポリベンズイミダゾール	182, 186	溶融粒子	209
浮遊触媒法	20	ポリマーラッピング法	213	横波	169
ブラウニアンラチェットモーター		ポルフィリン	182, 186	横波光学フォノン	209
	270	ポンプ・プローブ分光	177	四光波混合	265
ブラシ状 CNT	133	【ま】		【ら】	
プラズマ CVD	29	マイクロ波照射法	59	ラジアルブリージングモード	35
プラズマ拡散領域	28	マイクロ波電力	33	ラジカル反応	328
プラズマフレーム加熱	55	マイクロ波発熱	79	らせん度依存性	168
ブラッグピーク	197	マイクロ波プラズマ CVD	308	ラッピング	23
フラットパネルディスプレイ	226	マイクロマニピュレーション	222		
フラーレン	40, 49, 58, 186, 202, 345	マイクロリアクション	195		
ブリージングモード	104	マイクロリアクター	195		
フレキシブル	19, 217	マウス咽頭吸引試験	337		
ブレークダウン法	62				
プロトン	199				

ラプラス圧	208	両極性半導体特性	47	レイリー散乱	172
ラマン活性	170	量子化コンダクタンス	114	レーザーアブレーション（法）	58, 209
ラマン散乱	172	量子化抵抗	247	レーザー照射	209
ラマン分光	321	量子化熱コンダクタンス	139	レーザー蒸発法	1, 49
ラマン励起プロファイル	167	量子効率	168	レナード・ジョーンズ型ポテンシャル	198
乱層構造炭素	73	量子サイズ効果	144	連続発振レーザー照射	208
		量子ドット	114	連続反応	20

【り】

リアルタイム観察	7	量子分子篩効果	274		
リスク評価	337	リング状クラスター	197	【ろ】	
リチウムイオン電池	229	リングレーザー	265	六方最密充填構造	205
リニア振動子	271	リン脂質	185	ローレンツ数	139
リニアモーター	270				
流動触媒法	25, 26, 27	【れ】		【わ】	
流動層反応器	13	冷陰極電子源	224	ワイル方程式	97, 318
両極性	169	励起子	165		
両極性伝導	241	——の緩和	178		
		——の束縛エネルギー	165		

【A】

		CNT ラジオ	269	【G】	
		CoMoCAT 法	1		
AAS 効果	121	CVD（法）	1, 58, 73, 222, 297, 308	G-band（バンド）	58
AB 効果	98, 121			——の分裂	172
ACCVD	1	【D】		Gd 2×2 ナノワイヤー	205
AFM	8	D シェイプ光ファイバー	263	G/D 比	58
Al'tshuler-Aronov-Spivak 効果	122	D-band（バンド）	58, 172		
ambipolar	120	d-CNT	55	【H】	
APJ 法	43	DDS	282	H_2/D_2 選択性	275
		DGU	63	HIDE	60
【B】		DIPS	27	HiPco（法）	1, 27, 58
Berry 位相	318	DNA	182	HOMO	203
BET 法	273	DNW	160	HOPG	304
Bi-Cable 構造	24	double-sheet＝DS 系	146	HRTEM（像）	90, 193
Bucky-paper	23	DWCNT	20, 46, 73, 195	HRTEM 像シミュレーション	205
BWF ピーク	173	——の内層	23	HTPAD	46
				Hükel 則	326

【C】

		【E】		【I】	
C_2 分子	50	E 励起子	168	I サイト	199
C_{60}	144, 145, 158	eDIPS（法）	27, 60	ice NT	197
CAJ	44	EDS	205	IgE 抗体	251
CCVD 法	20	EELS	193	in situ CVD 成長法	195
CH-π 相互作用	182	EPR 効果	279	interstitial site	25
Clar 則	326	ESR	124	in vitro	333
CMC	77	ETEM	87	in vivo	333
CMP	247				
CNC	80	【F】		【K】	
CNH	44	FCT	27	K 点のフォノン	105
CNT	1	FED	225	Kekulé 構造	326
CNT 陰極	225	FET（特性）	18, 194, 315	Kish グラファイト	304
CNT 振動子	269	FH アーク法	43	$KMnO_4$	59
CNT 成長速度	12	FL モード	138		
CNT 探針	267	Fowler-Nordheim（F-N）理論	223	【L】	
CNT 電子源	225	FWM	265	LA モード	137
CNT ピンセット	267			Lennard-Jones ポテンシャル	272
CNT モーター	270				

LSI 14	PSA 252	TFT 243
LUMO 203	PSS 186	TGA 58
【M】	Pt 186	TIP4P モデル 198
M バンド 172	**【R】**	T-junction 24
MD 192, 197	RBM 35	Troullier-Martins 型擬ポテンシャル 154
MgO 単結晶 17	**【S】**	TV 表示用 CNT-FED 227
MINT 263	SAINT 263	TW モード 138
Mo 助触媒 13	SEM 2	**【V】**
MWCNT 1, 40, 44, 72, 337	SiC 上グラフェン 297, 300	vapor-liquid-solid 210
【N】	SiC ナノワイヤー 210	VGCF 20, 25, 232
NFE 状態 157, 159	SiC 表面分解法 52	VLS 7, 210
NIOSH 332	Si 含有グラファイト 210	**【X】**
NMR 196	sp^2（混成軌道） 144, 147, 150, 153, 161	X 線源 227
【O】	sp^3（混成軌道） 147, 150, 161	X 線光電子分光法 58
O サイト 199	SPM 267	X 線散乱測定 202
【P】	Stone-Wales 欠陥 107	X 線非弾性散乱 170
PEG 185	STS 194	X-junction 24
photoluminescence 111	SWCNH 75	XPS 58
PL 7, 18, 111	SWCNT 1, 44, 49, 70, 71, 338	XRD 196
PLE 29	SWCNT／アルミナ複合体 215	XRF 58
PL 分光電気化学 111	SWCNT 成長過程 3	**【Y】**
PMMA 膜 18	**【T】**	Y-junction 24
PMN 333	T サイト 199	**【Z】**
PNIPAM 187	TA モード 137	z スキャン法 177
pn 接合 169	TAJ 44	zipping-mechanism 24
Pre-Manufacturing Notice 333	TEM 1, 58	
	TEN 1	

【β】	**【π】**	π-π 相互作用 182
β カロテン 159	π バンド 96	**【σ】**
	π^* バンド 96	σ バンド 96

カーボンナノチューブ・グラフェンハンドブック
Handbook of Carbon Nanotubes and Graphene
ⓒ フラーレン・ナノチューブ・グラフェン学会　2011

2011 年 9 月 12 日　初版第 1 刷発行

検印省略	編　者	フラーレン・ナノチューブ・グラフェン学会
	発行者	株式会社　コロナ社
	代表者	牛来真也
	印刷所	新日本印刷株式会社

112-0011　東京都文京区千石 4-46-10
発行所　株式会社　コロナ社
CORONA PUBLISHING CO., LTD.
Tokyo　Japan
振替 00140-8-14844・電話 (03) 3941-3131 (代)
ホームページ　http://www.coronasha.co.jp

ISBN 978-4-339-06621-0　(横尾)　(製本：牧製本印刷)
Printed in Japan

本書のコピー，スキャン，デジタル化等の無断複製・転載は著作権法上での例外を除き禁じられております。購入者以外の第三者による本書の電子データ化及び電子書籍化は，いかなる場合も認めておりません。

落丁・乱丁本はお取替えいたします

新コロナシリーズ

（各巻B6判，欠番は品切です）

			頁	定価
2.	ギャンブルの数学	木下栄蔵著	174	1223円
3.	音戯話	山下充康著	122	1050円
4.	ケーブルの中の雷	速水敏幸著	180	1223円
5.	自然の中の電気と磁気	高木相著	172	1223円
6.	おもしろセンサ	國岡昭夫著	116	1050円
7.	コロナ現象	室岡義廣著	180	1223円
8.	コンピュータ犯罪のからくり	菅野文友著	144	1223円
9.	雷の科学	饗庭貢著	168	1260円
10.	切手で見るテレコミュニケーション史	山田康二著	166	1223円
11.	エントロピーの科学	細野敏夫著	188	1260円
12.	計測の進歩とハイテク	高田誠二著	162	1223円
13.	電波で巡る国ぐに	久保田博南著	134	1050円
14.	膜とは何か ―いろいろな膜のはたらき―	大矢晴彦著	140	1050円
15.	安全の目盛	平野敏右編	140	1223円
16.	やわらかな機械	木下源一郎著	186	1223円
17.	切手で見る輸血と献血	河瀬正晴著	170	1223円
18.	もの作り不思議百科 ―注射針からアルミ箔まで―	JSTP編	176	1260円
19.	温度とは何か ―測定の基準と問題点―	櫻井弘久著	128	1050円
20.	世界を聴こう ―短波放送の楽しみ方―	赤林隆仁著	128	1050円
21.	宇宙からの交響楽 ―超高層プラズマ波動―	早川正士著	174	1223円
22.	やさしく語る放射線	菅野・関共著	140	1223円
23.	おもしろ力学 ―ビー玉遊びから地球脱出まで―	橋本英文著	164	1260円
24.	絵に秘める暗号の科学	松井甲子雄著	138	1223円
25.	脳波と夢	石山陽事著	148	1223円
26.	情報化社会と映像	樋渡涓二著	152	1223円
27.	ヒューマンインタフェースと画像処理	鳥脇純一郎著	180	1223円
28.	叩いて超音波で見る ―非線形効果を利用した計測―	佐藤拓宋著	110	1050円
29.	香りをたずねて	廣瀬清一著	158	1260円
30.	新しい植物をつくる ―植物バイオテクノロジーの世界―	山川祥秀著	152	1223円

No.	書名	著者	頁	価格
31.	磁石の世界	加藤哲男著	164	**1260円**
32.	体を測る	木村雄治著	134	**1223円**
33.	洗剤と洗浄の科学	中西茂子著	208	**1470円**
34.	電気の不思議 ―エレクトロニクスへの招待―	仙石正和編著	178	**1260円**
35.	試作への挑戦	石田正明著	142	**1223円**
36.	地球環境科学 ―滅びゆくわれらの母体―	今木清康著	186	**1223円**
37.	ニューエイジサイエンス入門 ―テレパシー，透視，予知などの超自然現象へのアプローチ―	窪田啓次郎著	152	**1223円**
38.	科学技術の発展と人のこころ	中村孔治著	172	**1223円**
39.	体を治す	木村雄治著	158	**1260円**
40.	夢を追う技術者・技術士	CEネットワーク編	170	**1260円**
41.	冬季雷の科学	道本光一郎著	130	**1050円**
42.	ほんとに動くおもちゃの工作	加藤孜著	156	**1260円**
43.	磁石と生き物 ―からだを磁石で診断・治療する―	保坂栄弘著	160	**1260円**
44.	音の生態学 ―音と人間のかかわり―	岩宮眞一郎著	156	**1260円**
45.	リサイクル社会とシンプルライフ	阿部絢子著	160	**1260円**
46.	廃棄物とのつきあい方	鹿園直建著	156	**1260円**
47.	電波の宇宙	前田耕一郎著	160	**1260円**
48.	住まいと環境の照明デザイン	饗庭貢著	174	**1260円**
49.	ネコと遺伝学	仁川純一著	140	**1260円**
50.	心を癒す園芸療法	日本園芸療法士協会編	170	**1260円**
51.	温泉学入門 ―温泉への誘い―	日本温泉科学会編	144	**1260円**
52.	摩擦への挑戦 ―新幹線からハードディスクまで―	日本トライボロジー学会編	176	**1260円**
53.	気象予報入門	道本光一郎著	118	**1050円**
54.	続 もの作り不思議百科 ―ミリ，マイクロ，ナノの世界―	JSTP編	160	**1260円**
55.	人のことば，機械のことば ―プロトコルとインタフェース―	石山文彦著	118	**1050円**
56.	磁石のふしぎ	茂吉・早川共著	112	**1050円**
57.	摩擦との闘い ―家電の中の厳しき世界―	日本トライボロジー学会編	136	**1260円**

定価は本体価格＋税5％です。
定価は変更されることがありますのでご了承下さい。

図書目録進呈◆

技術英語・学術論文書き方関連書籍

技術レポート作成と発表の基礎技法
野中謙一郎・渡邉力夫・島野健仁郎・京相雅樹・白木尚人 共著
A5／160頁／定価2,100円／並製

マスターしておきたい 技術英語の基本
Richard Cowell・余　錦華 共著
A5／190頁／定価2,520円／並製

科学英語の書き方とプレゼンテーション
日本機械学会 編／石田幸男 編著
A5／184頁／定価2,310円／並製

続 科学英語の書き方とプレゼンテーション
－スライド・スピーチ・メールの実際－
日本機械学会 編／石田幸男 編著
A5／176頁／定価2,310円／並製

いざ国際舞台へ！
理工系英語論文と口頭発表の実際
富山真知子・富山　健 共著
A5／176頁／定価2,310円／並製

知的な科学・技術文章の書き方
－実験リポート作成から学術論文構築まで－
中島利勝・塚本真也 共著
A5／244頁／定価1,995円／並製　　日本工学教育協会賞（著作賞）受賞

知的な科学・技術文章の徹底演習
塚本真也 著　　工学教育賞（日本工学教育協会）受賞
A5／206頁／定価1,890円／並製

科学技術英語論文の徹底添削
－ライティングレベルに対応した添削指導－
絹川麻理・塚本真也 共著
A5／200頁／定価2,520円／並製

定価は本体価格＋税５％です。
定価は変更されることがありますのでご了承下さい。

図書目録進呈◆